110~220kV输电线路电缆终端杆塔标准化 设计图集

加工图

国网河南省电力公司经济技术研究院 组编

中国电力出版社
CHINA ELECTRIC POWER PRESS

内容提要

　　输电线路标准化设计是国网河南省电力公司贯彻落实能源转型发展战略和构建新型电力系统理念，推动"一体四翼"发展布局和"六精四化"三年行动计划方案实施的重要体现，是大力推进设计优化创新，坚定不移向"大而强"目标迈进，推动输变电工程建设由传统模式向绿色建造方式转型升级，稳妥有序推动机械化施工技术发展，从而更好服务打造数智化坚强电网，推动构建新型电力系统，对提高输电线路设计、物资招标、机械化施工及运行维护等工作效率和质量将发挥重要技术支撑作用。

　　本书为《110～220kV 输电线路电缆终端杆塔标准化设计图集　加工图》，全书共包括 12 个电缆终端杆塔子模块 12 种塔型，各子模块均包括主要技术条件参数表、子模块说明及塔型一览图等内容。

　　本书可供电力系统各设计单位，从事电网建设工程规划、管理、施工、安装、运维、设备制造等专业人员以及院校相关专业的师生参考使用。

图书在版编目（CIP）数据

110～220kV 输电线路电缆终端杆塔标准化设计图集. 加工图 / 国网河南省电力公司经济技术研究院组编. -- 北京：中国电力出版社, 2025. 6. -- ISBN 978-7-5198-9850-2

Ⅰ. TM753-64

中国国家版本馆 CIP 数据核字第 2025D6N545 号

出版发行：中国电力出版社
地　　址：北京市东城区北京站西街 19 号
邮政编码：100005
网　　址：http://www.cepp.sgcc.com.cn
责任编辑：罗　艳　高　芬
责任校对：黄　蓓　郝军燕　马　宁　李　楠
装帧设计：张俊霞
责任印制：石　雷

印　　刷：三河市航远印刷有限公司
版　　次：2025 年 6 月第一版
印　　次：2025 年 6 月北京第一次印刷
开　　本：880 毫米×1230 毫米　横 16 开本
印　　张：25.75
字　　数：918 千字
印　　数：0001—1000 册
定　　价：360.00 元

《110～220kV 输电线路电缆终端杆塔标准化设计图集　加工图》

编　委　会

《110～220kV 输电线路电缆终端杆塔标准化设计图集　加工图》

编　制　组

《110～220kV 输电线路电缆终端杆塔标准化设计图集　加工图》
设计工作组

牵头单位　国网河南省电力公司经济技术研究院

成员单位　河南鼎力铁塔股份有限公司　河南大地电力勘察设计有限公司

　　　　　　东北电力大学　山东大学　重庆大学

前　　言

　　《110～220kV 输电线路电缆终端杆塔标准化设计图集》是国网河南省电力公司标准化建设成果体系的重要组成部分。2022 年年末，在省公司领导的关心指导下、在省公司建设部和互联网部的大力支持下，国网河南省电力公司经济技术研究院牵头组织相关科研单位和设计院，结合河南"十四五"电网规划，在广泛调研的基础上，经专题研究和专家论证，历时两年编制完成《110～220kV 输电线路电缆终端杆塔标准化设计图集》。

　　本书涵盖了河南省区域电缆终端杆塔适用的典型设计气象条件（基本风速 27m/s、覆冰厚度 10mm）、常用导线型号（2×JL3/G1A－240/30、2×JL3/G1A－400/35、2×JL3/G1A－630/45）等技术条件，该研究成果具有安全可靠、技术先进、经济适用、协调统一等显著特点，是国网河南省电力公司标准化体系建设的又一重大研究成果，对指导河南省区域乃至全国 220kV 及 110kV 输电线路标准化体系建设、提高电网建设的质量和效率都将发挥积极推动和技术引领作用。

　　本书在编制过程中得到了国网河南省电力公司相关部门的大力支持，在此谨表感谢。

　　由于编者水平有限，书中难免存在不足之处，敬请广大读者给予指正。

编　者

2024 年 10 月

目　　录

第1章 概 述

1.1 目的和意义

为落实能源转型发展、新型电力系统建设、绿色建造、智能建造等新要求，贯彻公司战略，结合电网建设实际，完善基建专业管理体系，深化工程标准化建设，以科技创新和标准化管理为着重点，以提高电网建设工作质量和效率为出发点，不断提升理论研究集成创新能力和成果应用转化能力。

为统一输电线路设计技术标准、提高工作效率、降低工程造价，贯彻"资源节约型、环境友好型"的设计理念，推进技术创新成果标准化设计的应用转化，开展输电线路电缆终端杆塔标准化设计工作，对强化集约化管理，统一建设标准，统一材料规格，规范设计程序，提高设计、评审、招标、机械化施工的工作效率和工作质量，降低工程造价，实现资源节约、环境友好和全寿命周期建设目标均起到重要的技术支撑作用，是对河南省电力公司输变电工程标准化设计成果的重要补充。

1.2 总体原则

本标准化设计在参考国家电网有限公司现有通用设计的研究成果，并广泛调研河南省电网特点和110～220kV输电线路的建设实践经验的基础上，贯彻执行国家电网有限公司"六精四化"的总体要求与重点任务，经过设计优化和集成创新，形成具有可靠性、先进性、经济性、通用性和适应性的输电线路电缆终端杆塔标准化设计成果。

（1）可靠性：结合河南省区域自然环境、气象条件和经济社会发展状况，在充分调研的基础上，经技术经济比选，优化塔型设计，确保杆塔安全可靠。

（2）先进性：在全面应用国家电网有限公司现有标准化设计成果的基础上，提高设计集成创新能力，积极采用"新材料、新技术、新工艺"，形成技术先进的标准化研究成果。

（3）经济性：全面贯彻全寿命周期研究理念，综合考虑工程初期投资和长期运行费用，合理规划杆塔型式、塔头布置以及塔腿根开取值范围，确保最佳的经济社会效益和技术水平。

（4）统一性：依据最新规程、规范，参照国家电网有限公司标准化设计成果，统一设计技术标准和设备采购标准。

（5）适应性：本标准化设计主要适用以平地地形（海拔1000m以下）为主，且包含户外电缆终端杆塔的110kV及220kV输电线路工程。

（6）灵活性：合理划分杆塔模块、检修平台高度等边界技术条件，设计和施工更加便捷和灵活。

第 2 章 设 计 依 据

2.1 主要规程规范

本标准化设计主要按照以下规程规范执行：

GB 50009—2012《建筑结构荷载规范》

GB 50017—2017《钢结构设计标准》

GB 50545—2010《110kV～750kV 架空输电线路设计规范》

GB 50217—2018《电力工程电缆设计标准》

GB/T 700—2006《碳素结构钢》

GB/T 1179—2017《圆线同心绞架空导线》

GB/T 1591—2018《低合金高强度结构钢》

GB/T 3098.1—2010《紧固件机械性能 螺栓、螺钉和螺柱》

GB/T 3098.2—2015《紧固件机械性能 螺母》

GB/T 50064—2014《交流电气装置的过电压保护和绝缘配合设计规范》

DL/T 284—2021《输电线路杆塔及电力金具用热浸镀锌螺栓与螺母》

DL/T 5582—2020《架空输电线路电气设计规程》

DL/T 5486—2020《架空输电线路杆塔结构设计技术规程》

DL/T 5442—2020《输电线路杆塔制图和构造规定》

DL/T 5551—2018《架空输电线路荷载规范》

Q/GDW 1799.2—2016《电力安全工作规程 线路部分》

Q/GDW 10248.1—2016《输变电工程建设标准强制性条文实施管理规程 第 1 部分：通则》

Q/GDW 10829—2021《架空输电线路防舞设计规范》

2.2 国家电网有限公司有关规定

国家电网设备〔2018〕979 号《国家电网有限公司关于印发十八项电网重大反事故措施（修订版）的通知》

国家电网基建〔2012〕386 号《关于印发国家电网公司输变电工程提高设计使用寿命指导意见（试行）的通知》

基建技术〔2019〕20 号《国网基建部关于发布 35～750kV 输变电工程设计质量控制"一单一册"（2019 年版）的通知》

国家电网基建〔2022〕6 号《国家电网有限公司关于印发基建"六精四化"三年行动计划的通知》

国家电网设备〔2020〕444 号《国家电网公司关于印发架空输电线路"三跨"重大反事故措施的通知》

国网基建〔2018〕387 号《国家电网公司关于印发输电线路工程地脚螺栓全过程管控办法的通知》

3.1　划分原则

结合河南省电网特点、气象条件和地形地貌等区域特点，在充分调研的基础上，确定以下杆塔模块划分原则：

本标准化设计以 30 年重现期、基本风速 27m/s（10m 基准高）、覆冰厚度 10mm、海拔低于 1000m、平地为主要设计边界条件，针对 110kV 及 220kV 电力户外电缆终端杆塔适用的地形及气象条件、电压等级、导线截面、回路数、杆塔型式、地线架设型式、适用档距以及挂线点型式，通过技术经济比较，合理划分塔型模块。

3.1.1　电压等级

本标准化设计仅对 110kV 及 220kV 电压等级的户外电缆终端杆塔进行研究。

3.1.2　回路数

结合河南省电网特点和前期调研情况，按照 110kV 及 220kV 电力户外电缆终端杆塔优化设计原则，本标准化设计考虑 110kV 及 220kV 电压等级的单回和双回架设方式。

3.1.3　导线截面

根据国家电网有限公司标准化设计指导原则，结合河南省电网"十四五"发展规划，经过技术经济综合比选，本标准化设计 220kV 输电线路导线按 2×JL3/G1A−400/35、2×JL3/G1A−630/45 两种标称截面进行选取，110kV 输电线路导线按 2×JL3/G1A−240/30 标称截面进行选取。

3.1.4　杆塔型式

本标准化设计分别采用角钢塔及钢管杆，根据技术先进、安全可靠和经济合理的原则，经技术经济优化比选，角钢选用等边单角钢截面型式，220kV 钢管杆杆体选用正十六边形截面型式，110kV 钢管杆杆体选用正十二边形截面型式，单回路采用干字形排列方式，双回路采用鼓形排列方式。

3.1.5　气象条件

根据调研结果，结合河南省气象特征和典型气象区的气象参数，本标准化设计基本风速取 27m/s（10m 基准高），覆冰厚度取 10mm。

3.1.6　地形条件

本标准化设计适用海拔在 1000m 以下的 110kV 及 220kV 电力户外电缆终端杆塔所处的平地区域。

3.1.7　地线截面

本标准化设计地线配合按如下原则选择：

220kV 输电线路导线截面为 2×JL3/G1A−400mm² 的电缆终端杆塔，地线选用 JLB20A−150 型铝包钢绞线；导线截面为 2×JL3/G1A−630mm² 的电缆终端杆塔，地线选用 JLB20A−150 型铝包钢绞线。

110kV 输电线路导线截面为 2×JL3/G1A−240mm² 的电缆终端杆塔，地线选用 JLB20A−100 型铝包钢绞线。

3.1.8　适用档距

根据调研和线路档距优化配置结果，结合河南省电网发展特点，经过技术经济比较，本标准化设计 220kV 杆塔水平档距取 300m、垂直档距取 350m，220kV 钢管杆水平档距取 200m、垂直档距取 250m。

本标准化设计 110kV 杆塔水平档距取 250m、垂直档距取 300m，110kV 钢管杆水平档距取 150m、垂直档距取 200m。

3.1.9　挂线点型式

电缆终端杆塔导线挂点按照单挂点设计，地线按照单挂点设计，跳线按单挂点设计。

3.2　划分和编号

根据电缆终端杆塔型使用特点，结合导线截面、气象条件、回路数和适用区域等因素，参照《35kV～750kV 线路杆塔通用设计优化技术导则》（试行）划分原则，本标准化设计共划分为 12 个杆塔子模块 12 种塔型，模块划分一览表见表 3.2−1。

表 3.2-1　　　　　**模 块 划 分 一 览 表**

序号	模块编号	系统条件	环境条件	杆塔材料	塔型编号
1	220-GC21D	回路数：单回路 导线截面：2×400mm²	基本风速：27m/s 覆冰厚度：10mm 海拔：0～1000m	角钢	220-GC21D-DL
2	220-GC21S	回路数：双回路 导线截面：2×400mm²	基本风速：27m/s 覆冰厚度：10mm 海拔：0～1000m	角钢	220-GC21S-DL
3	220-HC21D	回路数：单回路 导线截面：2×630mm²	基本风速：27m/s 覆冰厚度：10mm 海拔：0～1000m	角钢	220-HC21D-DL
4	220-HC21S	回路数：双回路 导线截面：2×630mm²	基本风速：27m/s 覆冰厚度：10mm 海拔：0～1000m	角钢	220-HC21S-DL
5	220-GC21GD	回路数：单回路 导线截面：2×400mm²	基本风速：27m/s 覆冰厚度：10mm 海拔：0～1000m	钢管杆	220-GC21GD-DL
6	220-GC21GS	回路数：双回路 导线截面：2×400mm²	基本风速：27m/s 覆冰厚度：10mm 海拔：0～1000m	钢管杆	220-GC21GS-DL
7	220-HC21GD	回路数：单回路 导线截面：2×630mm²	基本风速：27m/s 覆冰厚度：10mm 海拔：0～1000m	钢管杆	220-HC21GD-DL
8	220-HC21GS	回路数：双回路 导线截面：2×630mm²	基本风速：27m/s 覆冰厚度：10mm 海拔：0～1000m	钢管杆	220-HC21GS-DL
9	110-EC21D	回路数：单回路 导线截面：2×240mm²	基本风速：27m/s 覆冰厚度：10mm 海拔：0～1000m	角钢	110-EC21D-DL
10	110-EC21S	回路数：双回路 导线截面：2×240mm²	基本风速：27m/s 覆冰厚度：10mm 海拔：0～1000m	角钢	110-EC21S-DL
11	110-EC21GD	回路数：单回路 导线截面：2×240mm²	基本风速：27m/s 覆冰厚度：10mm 海拔：0～1000m	钢管杆	110-EC21GD-DL
12	110-EC21GS	回路数：双回路 导线截面：2×240mm²	基本风速：27m/s 覆冰厚度：10mm 海拔：0～1000m	钢管杆	110-EC21GS-DL

杆塔模块编号由 2 个字段组成，第一字段为电压等级；第二字段为技术条件组合，由"导线截面+基本风速+覆冰厚度+海拔+杆塔材料+回路数"组成。杆塔塔型编号由 3 个字段组成，即在杆塔模块编号基础上增加第三字段"杆塔塔型"，包括"杆塔型式+塔型系列"。杆塔模块及塔型编号规则见图 3.2-1。

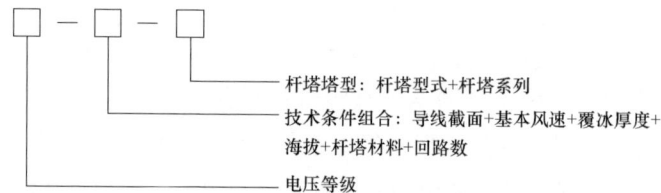

图 3.2-1　杆塔模块及塔型编号规则

编号示例：

220-GC21D-DL：表示电压等级 220kV，导线截面 2×400mm²、基本风速 27m/s，覆冰厚度 10mm、海拔 0～1000m 的单回路终端角钢塔。

110-EC21GS-DL：表示电压等级 110kV，导线截面 2×240mm²、基本风速 27m/s，覆冰厚度 10mm、海拔 0～1000m 的双回路终端钢管杆。

3.3　设计分工

本标准化设计根据导线截面共分 12 个子模块 12 种塔型，具体参与单位及承担设计内容详见表 3.3-1。

表 3.3-1　　　　　　**参与单位及承担内容划分表**

序号	参编单位	负责内容
1	国网河南省电力公司经济技术研究院	组织策划、技术总负责
2	河南大地电力勘察设计有限公司	模块设计
3	河南鼎力杆塔股份有限公司	节点设计优化

4.1　设计气象条件

按照安全可靠、通用适用的原则，结合《110kV～750kV 架空输电线路设计规范》（GB 50545—2010）典型气象区气象参数进行适当归并、制定。

4.1.1　气象条件重现期

依据 GB 50545—2010 中 4.0.1 "110kV～330kV 输电线路及其大跨越重现期应取 30 年" 的规定，本标准化设计气象条件重现期按 30 年设计。

4.1.2　基本风速

根据河南省各地市气象站气象资料汇总统计分析，气象记录最大风速在 24～26m/s 之间的气象站占 90% 以上。依据《建筑结构荷载规范》（GB 50009—2012）中全国基本风压分布图，河南省大部分区域位于基本风压 0.3～0.4kN/m² 区间内，换算出河南省最大风速在 24～25.5m/s 之间。

依据 GB 50545—2010 中 4.0.4 "110kV～330kV 输电线路基本风速不宜低于 23.5m/s" 的规定，本标准化设计基本风速按 27m/s 选取（10m 基准高）。

4.1.3　覆冰厚度

依据《河南省 30 年一遇电网冰区分布图（2024 年版）》可知，河南省 0～10mm 覆冰地域约占 85%，10mm 以上覆冰地域约占 15%（多位于河南省西部和南部山区）。

根据河南省 30 年一遇电网冰区分布图，结合调研情况，本标准化设计覆冰厚度取 10mm。

4.1.4　最高气温

参照河南气象日照站的实际观测数据，全省最高气温月平均气温在 36～38℃之间，参照 GB 50545—2010 典型气象区参数，本标准化设计最高气温取 40℃。

4.1.5　年平均气温

河南省年平均气温一般在 12.8～15.5℃之间，且南部高于北部，东部高于西部。豫西山地和太行山地，因地势较高，气温偏低，年平均气温在 13℃以下；南阳盆地因伏牛山阻挡，北方冷空气势力减弱，淮南地区由于位置偏南，年平均气温均在 15℃以上，成为全省两个比较稳定的暖温区。

全省冬季寒冷，最冷月（多为 1、2 月）平均气温在 0℃左右（南部在 0℃以上，如信阳为 2.3℃；北部在 0℃以下，如郑州为 −0.3℃）。春季气温上升较快，豫西山区升至 13～14℃，黄淮平原可达 15℃左右。夏季炎热（多为 7、8 月），平均气温分布比较均匀，除西部山区因垂直高度的影响，平均气温在 26℃以下外，其他地区都在 27～28℃之间。秋季气温开始下降，10 月平均气温山地下降到 13～14℃，平原下降到 15～16℃，而南阳盆地和淮南地区都在 16℃以上。河南省各地年平均地温差距不大，一般为 15～17℃。北部略低，南部稍高。

依据 GB 50545—2010 中 4.0.10 "当地区年平均气温在 3～17℃时，宜取与年平均气温临近的 5 的倍数值" 的规定，本标准化设计年平均气温取 15℃。

4.1.6　结论

综上分析，本标准化设计气象条件重现期按 30 年一遇、基本风速取 27m/s、覆冰厚度取 10mm。各子模块操作过电压和雷电过电压的对应风速按 GB 50545—2010 中的规定进行取值。设计气象条件组合表见表 4.1–1。

表 4.1–1　　　　　设计气象条件组合表

冰风组合条件		I
大气温度（℃）	最高	40
	最低	−40
	覆冰	−5
	基本风速	−5
	安装	−15
	雷过电压	15
	操作过电压	−5
	年平均气温	15
风速（m/s）	基本风速	27
	覆冰	10
	安装	10
	雷过电压	10
	操作过电压	15
覆冰厚度（mm）		10
		15
冰的密度（g/cm³）		0.9

注　杆塔地线支架按导线设计覆冰厚度增加 5mm 工况进行强度校验。

4.2 导地线

目前我国导线标准采用《圆线同心绞架空导线》（GB/T 1179—2017），参照国家电网有限公司标准物料导地线参数及相关技术要求，本标准化设计导线选用 2×JL3/G1A-240/30、2×JL3/G1A-400/35、2×JL3/G1A-630/45 型钢芯铝绞线，双分裂设计。依据河南省电网特点，110kV 及 220kV 输电线路导线绝大多数采用水平排列方式，故本标准化设计导线排列方式按水平排列方式设计。

目前《国家电网有限公司输变电工程通用设计 35～110kV 输电线路杆塔分册（2022 年版）》《国家电网有限公司输变电工程通用设计 220kV 输电线路杆塔分册（2022 年版）》中 2×JL3/G1A-240/30 导线分裂间距有 400、500mm 两种，2×JL3/G1A-400/35 导线分裂间距有 400、500mm 两种，2×JL3/G1A-630/45 分裂间距有 500、600mm 两种。根据河南省 110、220kV 输电线路现有设计和运行情况，本标准化设计 2×JL3/G1A-240/30 导线分裂间距取 400mm，2×JL3/G1A-400/35 导线分裂间距取 400mm，2×JL3/G1A-630/45 分裂间距取 500mm。

同时参照《国家电网有限公司输变电工程通用设计 35～110kV 输电线路杆塔分册（2022 年版）》《国家电网有限公司输变电工程通用设计 220kV 输电线路杆塔分册（2022 年版）》中相关模块设计条件，本标准化设计地线 110kV 选用 JLB20A-100 型铝包钢绞线，220kV 选用 JLB20A-150 型铝包钢绞线。

输电线路地线应需满足其机械强度和导地线配合等相关技术要求，当采用 OPGW 作为地线时，还应根据系统短路热容量对地线进行校验，并满足杆塔地线支架强度要求。

导地线技术参数及机械特性见表 4.2-1～表 4.2-4。

表 4.2-1 　　　　　　110kV 导线技术参数及机械特性

型号		JL3/G1A-240/30
根数/直径（mm）	钢	7/2.40
	铝	24/3.60
计算截面积（mm²）	钢	31.67
	铝	244.29
	总计	275.96

续表

型号	JL3/G1A-240/30
外径（mm）	21.60
额定抗拉力（kN）	75.19
计算质量（kg/km）	920.7
弹性模量（kN/mm²）	73.0
线膨胀系数（1/℃）	19.4×10^{-6}

表 4.2-2 　　　　　　220kV 导线技术参数及机械特性

型号		JL3/G1A-400/35	JL3/G1A-630/45
根数/直径（mm）	钢	7/2.50	7/2.81
	铝	48/3.22	45/4.22
计算截面积（mm²）	钢	34.36	43.60
	铝	390.88	630.00
	总计	425.24	673.60
外径（mm）		26.8	33.8
额定抗拉力（kN）		103.67	150.45
计算质量（kg/km）		1347.5	2079.2
弹性模量（kN/mm²）		65.0	63.0
线膨胀系数（1/℃）		20.5×10^{-6}	20.9×10^{-6}

表 4.2-3 　　　　　　110kV 地线技术参数及机械特性

型号	JLB20A-100
结构（根/mm）	19/2.60
计算截面积（mm²）	100.88
外径（mm）	13.0
单位长度质量（kg/km）	674.1
绞线破断拉力（kN）	121.66
弹性模量（GPa）	147.2
线膨胀系数（1/℃）	13×10^{-6}

表 4.2－4	220kV 地线技术参数及机械特性
型号	JLB20A－150
结构（根/mm）	19/3.15
计算截面积（mm²）	148.07
外径（mm）	15.75
单位长度质量（kg/km）	989.4
绞线破断拉力（kN）	178.57
弹性模量（GPa）	147.2
线膨胀系数（1/℃）	13×10^{-6}

4.3 安全系数选定

导线安全系数的合理选取主要受气象条件、地形、档距以及经济性等因素影响，并经技术经济综合比选后确定合理的安全系数取值。

4.3.1 气象条件

设计气象条件要素取值为最高气温 40℃，最低气温－40℃，年平均气温 15℃，基本风速 27m/s，覆冰厚度 10mm。

4.3.2 地形

海拔在 1000m 以下的 110kV 及 220kV 电力户外电缆终端杆塔所处的平地区域。

4.3.3 档距

本标准化设计 220kV 杆塔水平档距取 300m、垂直档距取 350m，220kV 钢管杆水平档距取 200m、垂直档距取 250m。

本标准化设计 110kV 杆塔水平档距取 250m、垂直档距取 300m，110kV 钢管杆水平档距取 150m、垂直档距取 200m。

4.3.4 安全系数

220kV 角钢塔导线安全系数取 2.5，年平均运行张力 25%，地线安全系数法计算荷载，JLB20A－150 安全系数取 4.5；220kV 钢管杆导线安全系数取 6.0，年平均运行张力 16%，地线安全系数法计算荷载，JLB20A－150 安全系数取 8.0。

110kV 角钢塔导线安全系数取 2.5，年平均运行张力 25%，地线安全系数法计算荷载，JLB20A－100 安全系数取 4.0；110kV 钢管杆导线安全系数取 6.0，年平均运行张力 16%，地线安全系数法计算荷载，JLB20A－100 安全系数取 8.0。

110kV 及 220kV 导地线的新线系数取 0.95。

地线设计冰厚较导线增加 5mm，仅针对杆塔的机械强度设计，即地线水平、垂直荷载、纵向张力（地线张力计算时，按导线设计冰厚作为覆冰控制工况，计算冰厚增加 5mm 情况下的张力，计入杆塔荷载中），不涉及地线机械特性、间隙验算、断线情况和不均匀覆冰情况（地线不平衡张力取值时对应的冰区应与导线的冰区相同）。

4.4 绝缘配合及防雷接地

4.4.1 绝缘配合原则

结合河南区域经济社会发展情况，根据《架空输电线路电气设计规程》（DL/T 5582—2020）中相关内容，新建的 110～1000kV 输电线路的绝缘配置应以污区分布图为基础，并综合考虑环境污染变化因素。对于 c 级及以下污区，可提高一级进行绝缘配置；d 级污区按照上限配置；e 级污区按照实际情况配置，同时应结合线路附近的污秽和发展情况，绝缘配合应适当留有裕度。本标准化设计按 e 级污秽区（统一爬电比距≥50.4mm/kV）进行设计绝缘配置。

架空引下部分依照《交流电气装置的过电压保护和绝缘配合设计规范》（GB 50064—2014）、《110kV～750kV 架空输电线路设计规范》（GB 50545—2010）进行绝缘设计。电缆终端头、避雷器、支柱绝缘子等设施布置应满足户外配电装置相关规程规范要求。

参照国家电网设备〔2018〕979 号要求，居民区、人口密集区户外电缆终端头应选用复合套管式。

4.4.2 绝缘子选型

采用爬电比距法确定绝缘子型式和数量，绝缘子的片数按下式计算

$$n \geqslant \lambda U/(K_e L_{01}) \qquad (4.4-1)$$

式中 n——每联绝缘子所需片数；

U——相对地最高运行电压，kV；

λ——统一爬电比距，mm/kV；

L_{01}——单片悬式绝缘子的几何爬电距离，mm；

K_e——绝缘子爬电距离的有效系数。

依据《河南电网发展技术及装备原则（2020 年版）》中"35～220kV 线路宜全部采用复合绝缘子"的规定，本标准化设计绝缘子按复合绝缘子选取。

参照国家电网有限公司标准物资标准参数，复合绝缘子高度与爬电距离关系见表4.4-1。

表4.4-1　　　　　　　　　复合绝缘子高度与爬电距离关系

电压等级（kV）	绝缘子型式	结构高度（mm）	最小爬电距离（mm）
110	复合绝缘子	1240	2520
110	复合绝缘子	1240	3150
110	复合绝缘子	1440	3520
220	复合绝缘子	2240	5040
220	复合绝缘子	2350	6340
220	复合绝缘子	2470	7040

结合河南省电网建设及运行特点，本标准化设计选用防污性能较好的复合绝缘子进行电气、荷载及结构验算。110、220kV复合绝缘子电气参数分别见表4.4-2和表4.4-3。

表4.4-2　　　　　　　　　110kV复合绝缘子电气参数

绝缘子型号	额定抗拉负荷（kN）	结构高度（mm）	最小电弧距离（mm）	最小公称爬电距离（mm）	雷电全波冲击耐受电压（峰值）（不小于，kV）	工频1min湿耐受电压（有效值）（不小于，kV）	质量（kg）
FXBW-110/70-3	70	1440±15	1200	3520	550	230	8
FXBW-110/120-3	120	1440±15	1200	3520	550	230	8

表4.4-3　　　　　　　　　220kV复合绝缘子电气参数

绝缘子型号	额定抗拉负荷（kN）	结构高度（mm）	最小电弧距离（mm）	最小公称爬电距离（mm）	雷电全波冲击耐受电压（峰值）（不小于，kV）	工频1min湿耐受电压（有效值）（不小于，kV）	质量（kg）
FXBW-220/100-3	100	2470±15	2400	7040	1000	395	14
FXBW-220/120-3	120	2470±15	2400	7040	1000	395	14
FXBW-220/160-3	160	2470±15	2400	7040	1000	395	15
FXBW-220/210-2	210	2470±15	2400	7040	1000	395	20

4.4.3　绝缘子串

依据 GB 50545—2010 的规定，绝缘子和金具的机械强度需满足下式要求

$$K_I = T_R / T \qquad (4.4-2)$$

式中　K_I——绝缘子的机械强度安全系数，见表4.4-4；

T_R——绝缘子的额定机械破坏负荷，kN；

T——金具的机械强度安全系数，分别取绝缘承受的最大使用荷载、断线荷载、断联荷载、验算荷载或常年荷载的情况，见表4.4-5，kN。

表4.4-4　　　　　　　　　绝缘子的机械强度安全系数

情况	最大使用荷载		常年荷载	验算荷载	断线荷载	断联荷载
	盘型绝缘子	棒形绝缘子				
安全系数	2.7	3.0	4.0	1.5	1.8	1.5

表4.4-5　　　　　　　　　金具的机械强度安全系数

情况	最大使用荷载	验算荷载	断线荷载	断联荷载
安全系数	2.5	1.5	1.5	1.5

4.4.3.1　导线耐张绝缘子串选型

依据国家电网有限公司标准物资参数，结合本标准化设计技术条件，导线耐张绝缘子串选型说明如下：

（1）依据国家电网有限公司标准物资进行选型，坚持"标准统一、余度适当"的原则。

（2）参照《国家电网有限公司 35～750kV 输变电工程通用设计、通用设备应用目录（2024 年版）》选用。

（3）导线耐张绝缘子串组装型式见表4.4-6。

表4.4-6　　　　　　　　　导线耐张绝缘子串组装型式

电压等级	串型	适用导线型号
110kV	1NP21Y-4040-10P（H）	2×JL3/G1A-240/30
220kV	2NP21Y-4040-12P（H）	2×JL3/G1A-400/35
220kV	2NP21Y-5050-21P（H）	2×JL3/G1A-630/45

4.4.3.2　地线耐张绝缘子串

依据国家电网有限公司标准物资参数和《国家电网有限公司 35～750kV 输变电工程通用设计、通用设备应用目录（2024 年版）》，结合本标准化设计技术条件，地线耐张绝缘子串组装型式见表 4.4－7。

表 4.4－7　　　　　　　地线耐张绝缘子串组装型式

电压等级	串型	适用地线型号
110kV	BN2Y－BG－10	JLB20A－100
220kV	BN2Y－BG－12	JLB20A－150

4.4.3.3　跳线绝缘子串

依据国家电网有限公司标准物资参数和《国家电网有限公司 35～750kV 输变电工程通用设计、通用设备应用目录（2024 年版）》，结合本标准化设计技术条件，跳线绝缘子串组装型式见表 4.4－8。

表 4.4－8　　　　　　　跳线绝缘子串组装型式

电压等级	串型	适用导线型号
110kV	1TP－10－07H（P）Z	2×JL3/G1A－240/30
220kV	2TP－20－10H（P）Z	2×JL3/G1A－400/35
220kV	2TP－30－10H（P）Z	2×JL3/G1A－630/45

4.4.4　空气间隙

4.4.4.1　带电部分与杆塔构件的最小间隙

依据 GB 50545—2010，线路带电部分与杆塔构件的最小间隙见表 4.4－9。

表 4.4－9　　　　带电部分与杆塔构件的最小间隙

工作情况	110kV 最小空气间隙（m）	220kV 最小空气间隙（m）	相应风速（m/s）
内过电压	0.70	1.45	15
外过电压	1.00	1.9	10
运行电压	0.25	0.55	27
带电检修	1.0	1.8	10

注　操作部位考虑人活动范围 0.5m。

4.4.4.2　裕度选取

对于电缆终端杆塔在外形布置时，角钢塔结构裕度对应于角钢准线选取，钢管杆对应于钢管构件外缘选取，220kV 电缆终端塔塔身部位 300mm，其余部位 200mm，220kV 电缆终端杆均为 300mm；110kV 电缆终端杆塔塔均为 150mm。

4.4.5　防雷设计

依据 GB 50545—2010 中"1）110kV 输电线路宜沿全线架设地线，在年平均雷暴日数不超过 15d 或运行经验证明雷电活动轻微的地区，可不架设地线。无地线的输电线路，宜在变电站或发电厂的进线段架设 1～2km 地线。2）220～330kV 输电线路应全线架设地线，年平均雷暴日数不超过 15d 的地区或运行经验证明雷电活动轻微的地区，可架设单地线，山区宜架设双地线"的规定，本标准化设计电缆终端杆塔按架设双地线设计。

地线对导线保护角依据 GB 50545—2010 中"对于单回路，330kV 及以下线路的保护角不宜大于 15°；对于同塔双回或多回路，110kV 线路的保护角不宜大于 10°，220kV 及以上线路的保护角均不宜大于 0°"的要求设计。

根据 GB 50545—2010 中"杆塔上两根地线之间的距离应满足，不应超过地线与导线间垂直距离的 5 倍。在一般档距的档距中央，导线与地线间的距离，应满足 $S \geq 0.012L + 1$ 的要求"的规定，本标准化设计按架设双地线设计。

4.4.6　接地设计

依据 GB 50545—2010，有地线的塔型应接地。本标准化设计电缆终端杆塔地线支架、导线横担与绝缘子固定部分之间，具有可靠的电气连接，通过预留接地螺栓与接地装置可靠连接。

电缆终端头的金属护层接地装置与终端杆塔的接地装置宜分开，两者之间应保持 3～5m 距离。

电缆终端头金属护层的工频接地电阻值 $R \leq 4\Omega$。

4.4.7　电气连接

参照国家电网有限公司现行通用设计技术原则相关技术要求，本标准化设计中电缆终端杆塔电气连接应符合以下规定：

（1）电缆终端头的电气设备应采用可靠灵活的接线方式，便于检修维护工作开展。

（2）向同一变电站供电的双回或多回路电缆线路终端应满足一回路检修、一回路正常运行时的安全距离要求，必要时予以物理隔离，如设隔离墙。

（3）架空线与电缆终端头的连接方式应考虑降低风振对电缆终端头密封的影响。

4.5 塔头布置

（1）本标准化设计双回路采用鼓形布置方式（每侧导线垂直排列）。单回路采用两层横担干字形布置方式（导线呈三角形排列）。

（2）依据 GB 50545—2010，本标准化设计杆塔的导线水平线间距离应按下式计算

$$D \geqslant k_i L_k + \frac{U}{110} + 0.65\sqrt{f_c} \qquad (4.5-1)$$

式中：k_i——悬垂绝缘子串系数，本标准化设计为耐张塔，取值为 0；

　　　D——导线水平线间距离，m；

　　　L_k——悬垂绝缘子串长度，m；

　　　U——系统标称电压，kV；

　　　f_c——导线最大弧垂，m。

（3）导线三角排列的等效水平间线间距离应按下式计算

$$D_x = \sqrt{D_p^2 + (4/3 D_z)^2} \qquad (4.5-2)$$

式中　D_x——导线三角排列的等效水平线间距离，m；

　　　D_p——导线间水平投影距离，m；

　　　D_z——导线间垂直投影距离，m。

（4）地线与导线和相邻导线间的水平位移，依据 GB 50545—2010 的规定选取：10mm 冰区 220kV 水平位移不小于 1.0m，10mm 冰区 110kV 水平位移不小于 0.5m。

4.6 挂点设计

导线挂点采用单挂双联的型式，挂线板是否火曲及火曲度数根据电气条件确定。挂线点见图 4.6-1。

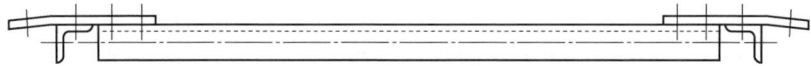

图 4.6-1　挂线点

4.7 杆塔规划

4.7.1 地线配置

本标准化设计电缆终端杆塔按双地线设计。

4.7.2 转角度数

本标准化设计杆塔转角度数划分为 0～10° 出线，共一个系列。

4.7.3 设计档距

本标准设计电缆终端杆塔水平档距及垂直档距见表 4.7-1。

表 4.7-1　　　　水平档距及垂直档距

模块编号	水平档距（m）	垂直档距（m）	代表档距（m）	K_v 系数
220-GC21D	300	350	0/300	—
220-GC21S	300	350	0/300	—
220-HC21D	300	350	0/300	—
220-HC21S	300	350	0/300	—
220-GC21GD	200	250	0/200	—
220-GC21GS	200	250	0/200	—
220-HC21GD	200	250	0/200	—
220-HC21GS	200	250	0/200	—
110-EC21D	250	300	0/250	—
110-EC21S	250	300	0/250	—
110-EC21GD	150	200	0/150	—
110-EC21GS	150	200	0/150	—

4.8 电缆终端杆塔设计的一般规定

（1）所有杆塔呼称高统一为 3 的倍数，级差按 6m 考虑，杆塔按照平腿设计。220kV 角钢塔最小呼高为 18m，最大呼高为 30m；220kV 钢管杆最小呼高为 21m，最大呼高为 33m。110kV 角钢塔最小呼高为 18m，最大呼高为 24m；110kV 钢管杆最小呼高为 18m，最大呼高为 30m。

（2）为增加杆塔顺线路方向的刚度，简化结构型式，本次电缆终端塔采用

方形断面。

（3）为保证杆塔抗扭刚度，隔面设置不大于 4 个主材节间分段且不大于 5 倍的平均宽度。

（4）角钢构件之间的夹角不小于 15°。

（5）电缆终端角钢塔挠度不大于杆塔全高的 7‰，电缆终端钢管杆挠度不大于杆塔全高的 25‰。

4.9 电缆终端杆塔的荷载

4.9.1 气象条件重现期

依据 GB 50545—2010，110kV 及 220kV 输电线路重现期取 30 年。

4.9.2 基本风速距地高度

依据 GB 50545—2010，110kV 及 220kV 输电线路统计风速应取离地面 10m。

4.9.3 杆塔荷载分类

（1）作用在杆塔身的荷载可分为永久荷载和可变荷载。

1）永久荷载：导线及地线、绝缘子及其附件、杆塔结构、各种固定设备等的重力荷载，土压力、拉线或纤绳的初始张力、土压力及预应力等荷载。

2）可变荷载：风和冰（雪）荷载，导线、地线及拉线的张力，安装检修的各种附加荷载，结构变形引起的次生荷载以及各种振动动力荷载。

（2）杆塔承受的荷载及荷载的作用方向。杆塔的荷载分解为横向荷载、纵向荷载和垂直荷载。

1）横向荷载：沿横担方向的荷载，如杆塔导地线水平风力、张力产生的水平横向分力等。

2）纵向荷载：垂直于横担方向的荷载，如导线、地线张力在垂直横担或地线支架方向的分量等。

3）垂直荷载是垂直于地面方向的荷载，如导线、地线的重力等。

4.9.4 杆塔荷载及特殊考虑

（1）本标准化设计的所有杆塔荷载和组合条件均满足《架空输电线路电气设计规程》（DL/T 5582）、《架空输电线路杆塔结构设计技术规程》（DL/T 5486）、《架空输电线路荷载规范》（DL/T 5551）中所规定的杆塔正常、事故、安装的强度要求。以下覆冰、断线荷载及断线组合方式等规定，考虑其特殊重要性，特此突出强调：

1）各类杆塔的安装情况，应按 10m/s 风速、无冰、相应气温的气象条件

下考虑荷载组合。所有直线塔需要考虑双倍起吊工况。

2）杆塔荷载计算时，地线设计冰厚，除无冰区段外，应较导线冰厚增加 5mm；导线和地线距离配合计算时，地线设计冰厚应与导线一致。

3）各类杆塔均按线路的正常运行情况（包括基本风速、设计覆冰、最低气温）、不均匀冰荷载情况、断线情况和安装情况的荷载进行计算。

各种工况下可变荷载组合系数见表 4.9－1。

表 4.9－1　　　　各种工况下可变荷载组合系数

正常运行情况	断线情况	安装情况	不均匀冰荷载情况		
			轻冰区	中冰区	重冰区
1.0	0.9	0.9	0.9	0.9	0.9

（2）覆冰情况下（含不均匀冰）须考虑导地线及杆塔的风荷载增大系数，覆冰风荷载增大系数见表 4.9－2。

表 4.9－2　　　　覆冰风荷载增大系数

覆冰厚度（mm）	覆冰风荷载增大系数	
	导地线、绝缘子	杆塔
10	1.2	1.2

（3）断线（含分裂导线的纵向不平衡张力）情况。

1）耐张塔断线工况下气象条件及荷载组合见表 4.9－3。

表 4.9－3　　　　耐张塔断线工况下气象条件及荷载组合

冰区	气象条件	垂直荷载
轻冰区	－5℃、有冰、无风	100%设计覆冰荷载
中、重冰区	－5℃、有冰、无风	100%设计覆冰荷载

2）耐张塔的断线荷载按下列方式组合：

a. 单回路和双回路杆塔：同一档内，断任意两根导线（或任意两相有纵向不平衡张力）、地线未断；同一档内，断任意一根地线和任意一根导线（或任意一相有纵向不平衡张力）。

b. 多回路塔：同一档内，断任意三根导线（或任意三相有纵向不平衡张

力）、地线未断；同一档内，断任意一根地线和任意两根导线（或任意两相有纵向不平衡张力）。

3）导地线断线张力取值见表4.9－4。

表4.9－4　　　　　　导地线断线张力取值

冰区		断线张力（一相导地线最大使用张力的百分数）			垂直荷载取100%覆冰
		单导线	双分裂及以上导线	地线	
轻冰	10mm及以下	100%	70%	100%	

（4）不均匀冰情况。不均匀冰工况下气象条件见表4.9－5。

表4.9－5　　　　　　不均匀冰工况下气象条件

冰区	气象条件
轻、中冰区	－5℃、不均匀冰、10m/s风

不均匀冰工况下不平衡张力取值见表4.9－6。

表4.9－6　　　　　不均匀冰工况下不平衡张力取值

冰区		导线	地线
轻冰	10mm及以下	30%	40%

（5）对有些情况做了特殊规定，说明如下：

1）本次 220kV 角钢塔按代表档距 0/300m、220kV 钢管杆按代表档距 0/200m、110kV 角钢塔按代表档距 0/250m、110kV 钢管杆按代表档距 0/150m 计算各工况张力。

2）考虑垂直荷载及水平荷载一侧为0，另一侧全部加在线路挂线侧。

3）导地线安装张力：本次杆塔荷载计算时综合考虑导地线安装时的初伸长、过牵引、施工误差等因素，导线张力增加 15%，地线张力增加 10%，张力不再取降温后的导地线张力。

4）本次考虑不同回路不同期施工的安装工况。

5）电缆支架对于 110kV 电缆终端头质量按照 300kg 考虑，220kV 电缆终端头质量按照 990kg 考虑；110kV 电缆座式避雷器质量按照 250kg 考虑，220kV 电缆座式避雷器质量按照 500kg 考虑。

4.10　电缆终端杆塔结构设计方法

电缆终端杆塔的结构设计，采用以概率理论为基础的极限状态设计法。极限状态分为承载能力极限状态和正常使用极限状态。电缆终端杆塔设计时，根据使用过程中在结构上可能同时出现的荷载，按照承载能力极限状态和正常使用极限状态分别进行荷载组合，并取各自最不利的组合进行设计。

4.10.1　承载能力极限状态

（1）承载能力极限状态，按照荷载的基本组合或偶然组合计算荷载的组合效应值，其表达式为

$$\gamma_o \cdot S_d \leqslant R_d \qquad (4.10-1)$$

式中　γ_o——杆塔结构重要性系数，重要线路不应小于 1.1，临时线路取 0.9，其他线路取 1.0；

S_d——荷载组合效应设计值；

R_d——结构构件的抗力设计值，按照 DL/T 5486—2020 确定。

（2）荷载组合效应设计值 S_d，根据各种工况组合的气象条件，从荷载组合值中取用最不利或规定工况效应设计值确定，其表达式为

$$S_d = \gamma_G \cdot S_{GK} + \psi \cdot Y_Q \cdot \Sigma S_{QiR} \qquad (4.10-2)$$

式中　γ_G——永久荷载分项系数，对结构受力有利时不大于 1.0，不利时取 1.2，验算结构抗倾覆或滑移时取 0.9；

S_{GK}——永久荷载效应的标准值；

ψ——可变荷载组合值系数，按表 4.10-1 的规定选取。

Y_Q——可变荷载分项系数，取 1.4；

S_{QiR}——第 i 项可变荷载效应的代表值。

表4.10－1　　　　　　可变荷载调整系数

设计大风情况	设计覆冰情况	低温情况	不均匀覆冰情况	断线情况	安装情况
1.0	1.0	1.0	0.9	0.9	0.9

（3）荷载偶然组合的效应设计值 S_d，根据各种工况组合的气象条件，从荷载组合值中取用最不利或规定工况效应设计值确定，其表达式为

$$S_d = S_{GK} + S_{AD} + \Sigma S_{QiR} \qquad (4.10-3)$$

式中　S_{AD}——偶然荷载效应的标准值。

4.10.2　正常使用极限状态

（1）正常使用极限状态，荷载的标准组合效设计值应满足结构规定限值。其表达式为

$$S_d \leqslant C \qquad (4.10-4)$$

式中　C——结构或构件达到正常使用要求的规定限值。

（2）正常使用极限状态下，荷载的标准组合效设计值，根据各工况气象组合条件计算。其表达式为：

$$S_d = S_{GK} + \psi \cdot \Sigma S_{QiR} \qquad (4.10-5)$$

（3）正常使用极限状态下，电缆终端杆塔的挠度计算，荷载的组合效设计值，根据各工况气象组合条件计算。其表达式为

$$S_d = S_{GK} + \Sigma S_{QiR} \qquad (4.10-6)$$

4.10.3　电缆终端杆塔材料

（1）钢材材质为 GB/T 700—2006 中规定的 Q235 系列以及 GB/T 1591—2018 中规定的 Q355、Q420 系列。按照实际使用条件确定钢材级别，钢材的强度设计值见表 4.10-2。

表 4.10-2　　　　　钢 材 的 强 度 设 计 值　　　　　（N/mm²）

钢材牌号	厚度或直径（mm）	抗拉、抗压和抗弯	抗剪	孔壁挤压
Q235 钢	≤16	215	125	370
	>16，≤40	205	120	
	>40，≤100	200	115	
Q355 钢	≤16	305	175	510
	>16，≤40	295	170	
	>40，≤63	290	165	
	>63，≤80	280	160	
	>80，≤100	270	155	
Q420 钢	≤16	375	215	560
	>16，≤40	355	205	
	>40，≤63	320	185	
	>63，≤100	305	175	

续表

钢材牌号	厚度或直径（mm）	抗拉、抗压和抗弯	抗剪	孔壁挤压
Q460 钢	≤16	410	235	595
	>16，≤40	390	225	
	>40，≤63	355	205	
	>63，≤100	340	195	

（2）电缆终端杆塔连接螺栓主要采用 6.8 级、8.8 级；其性能应符合 GB/T 3098.1—2010、GB/T 3098.2—2015、DL/T 284 的有关规定。螺栓强度设计值见表 4.10-3。

表 4.10-3　　　　　螺 栓 强 度 设 计 值

螺栓、螺母等级		抗拉（N/mm²）	抗剪（N/mm²）
镀锌粗制螺栓C 级	4.8	200	170
	6.8	300	240
	8.8	400	300
地脚螺栓	4.6	160	—
	5.6	200	—
	8.8	310	

注　适用于构件上螺栓端距大于或等于 1.5d（d 为螺栓直径）。

4.10.4　电缆终端杆塔构件连接方式

电缆终端塔塔身及横担角钢及钢板构件采用螺栓连接，塔脚及局部结构采用焊接；电缆终端杆杆身与横担及杆身与杆身连接均采用法兰连接，法兰与法兰通过螺栓连接。M16、M20 螺栓采用 6.8 级，M24 及以上规格螺栓采用 8.8 级。

4.10.5　电缆终端杆塔与基础的连接方式

电缆终端杆塔与基础采用地脚螺栓连接方式，按照《输电线路工程地脚螺栓全过程管控办法》（国网基建〔2018〕387 号）的要求，选用 M24、M30、M36、M42、M48、M56、M64、M72、M80、M90、M100 规格地脚螺栓。地脚螺栓材质优先选用 4.6 级、5.6 级、8.8 级。具有安全可靠、经济合理和施工便捷等优点，符合国家电网公司标准工艺要求。

电缆终端杆塔接地孔为 2 个 ϕ17.5mm 的孔，竖排，孔间距 50mm，四个腿均设置。接地线孔位置及高度示意图见图 4.10-1。

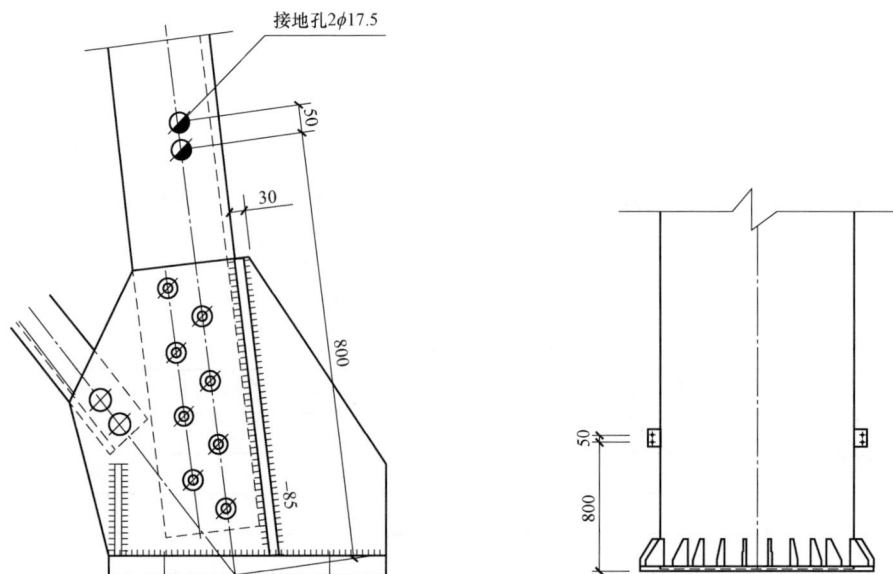

图 4.10-1　接地线孔位置及高度示意图

4.10.6　电缆固定

根据河南省电网 110kV 及 220kV 电缆设计及运行经验，并参考国家电网有限公司现行通用设计技术原则，本标准化设计中电缆终端杆塔电缆固定应符合以下规定：

（1）电缆终端支架、电缆固定金具等金属构件的机械强度及防腐性能应符合设计和长期安全运行的要求，且无尖锐棱角。

（2）交流单芯电缆的固定金具应采用非导磁性材料，与电缆接触面采取防磨损保护措施。

（3）电缆终端头的法兰盘下应有不小于 1m 的垂直段，且刚性固定不少于 2 处，垂直敷设或超过 45° 倾斜敷设时电缆刚性固定间距应不大于 2m，其他倾斜段电缆刚性固定间距按受力要求计算，但不得超过 10m。

（4）在电缆终端杆塔处，露出地面部分的电缆采用保护管（罩）保护，保护管（罩）高度不小于 2.5m。

4.10.7　电缆平台

参照国家电网有限公司现行通用设计技术原则中相关技术要求，结合国网郑州、洛阳地区 110kV 及 220kV 电缆运行经验和情况反馈，本标准化设计中执行以下原则：

（1）110kV 电缆终端头与避雷器的间距不小于 1250mm，220kV 电缆终端头与避雷器的间距不小于 1500mm，满足电气间隙要求。

（2）电缆平台高度根据现场需要调整，一般在 8~12m。

（3）增加护栏、围栏、警示栏等防护措施。

（4）电缆平台支撑立柱需配置基础，基础宜根据地勘报告进行设计。

4.10.8　土建部分

杆塔的设计技术原则参照国家电网有限公司现行通用设计技术原则执行。

电缆终端支架、电缆登塔平台的布置需满足《电力工程电缆设计标准》（GB 50217—2018）的规定。

参照国家电网有限公司现行通用设计技术原则中相关技术要求，本标准化设计中电缆终端杆塔场地选择应符合以下规定：

（1）电缆终端杆塔周围土层应夯实，必要时应采取土层换填、夯实，并采取可靠的排水措施。

（2）电缆终端杆塔的布置满足敷设施工作业和维护巡防活动所需空间。

（3）电缆终端杆塔平台宜设置围栏，围栏高度不宜低于 1.2m，同时满足相关规程规范中要求的最小安全净距。

（4）电缆终端杆塔平台高度应综合考虑安全防护和运行检修便利的要求，各种电气设备布置应满足带电设备电气间隙的要求。平台上根据需要安装避雷器、户外终端、支柱绝缘子等，接地箱宜安装于平台下方。

4.11　其他说明

4.11.1　脚钉安装

电缆终端杆塔塔身采用一侧主材角钢上安装脚钉方式，本标准化设计脚钉距地面高度约 1.5m 开始布置，脚钉统一按 400~450mm 步长配置。特殊情况下，脚钉间距可以适当调整。脚钉布置示意图见图 4.11-1。

电缆终端杆杆身采用单管加脚钉方式，本标准化设计爬梯距根部法兰高度统一按 2.5m 设计，脚钉统一按 350~400mm 步长配置。特殊情况下，脚钉间距可以适当调整。爬梯加工示意图见图 4.11-2。

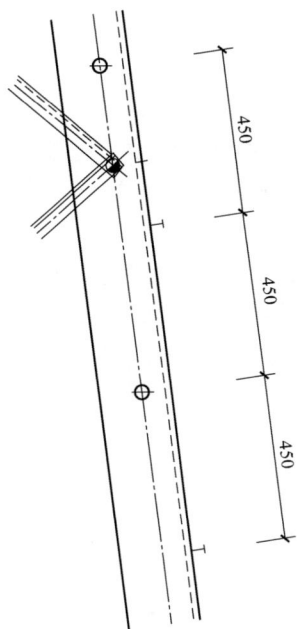

图 4.11-1 脚钉布置示意图

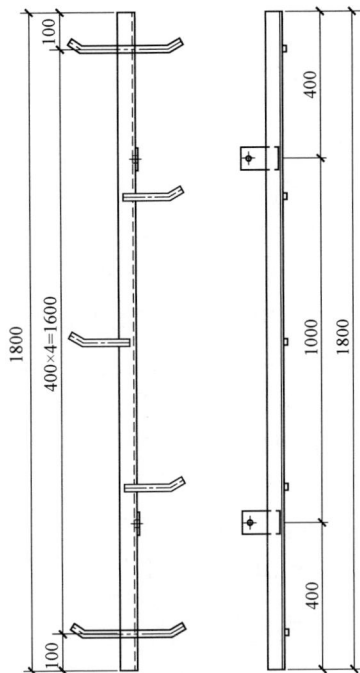

图 4.11-2 爬梯加工示意图

4.11.2 标识牌安装

标识牌、相位牌、警示牌等的安装位置及防盗螺丝的安装高度应结合国家电网有限公司运行等相关规定执行，根据各地工程实际需要处理。但应符合标识牌安装位置的安全、适当、醒目和统一等要求。

第5章 杆塔尺寸及结构优化

杆塔结构及外形优化的总体原则是安全可靠、结构简单、受力均衡、传力清晰、外形美观、经济合理、运维便捷、环境友好、资源节约。

5.1 杆塔优化的主要原则

在杆塔结构的优化设计中，主要遵循以下原则：

（1）结构安全可靠，合理确定边界技术条件，裕度适当。

（2）构件受力均衡，传力清晰，节点处理合理。

（3）构件结构简单，便于加工安装和运行维护。

（4）塔型布局紧凑，外型美观，尽量减少线路宽度，节约杆塔占地面积。

（5）选材经济合理，积极应用新技术、新材料和新工艺，降低杆塔材耗量，确保杆塔整体的技术性和经济性。

5.2 塔头尺寸优化

本标准化设计中电缆终端杆塔采用角钢塔型式及单杆型式，塔头的结构优化是在满足结构安全可靠和电气间隙距离的前提下，依据最新规程规范，以优化杆塔结构型式和减小线路走廊宽度为研究重点，降低杆塔的耗钢量和工程投资，实现"绿色建造"的杆塔设计目标。

1. 导地线水平间距的确定

根据式（4.5-1）可知，导线水平排列的线间距离主要受跳线绝缘子串长度和导线弧垂控制，为合理控制导线水平排列间距，本标准化设计在合理确定气象条件、导线型式参数、档距等设计技术边界条件的前提下，严格参照国家电网有限公司通用金具组装型式和绝缘子标准物资型式参数，通过间隙校验，在满足适当设计裕度的情况下，导地线水平间距经校验结果满足设计规定相关要求。

2. 导线垂直间距的确定

依据 GB 50545—2010，导线垂直线间等效水平距离，宜采用按式（4.5-2）计算结果的 75%，根据计算结果和尺寸优化，本标准化设计上、下层导线垂直距离经校验结果满足设计规定相关要求。

3. 地线与上层导线的垂直间距的确定

根据导地线线间距离配合原则和相关技术要求，本标准化设计电缆终端杆塔地线与上层导线的垂直间距经校验结果满足设计规定相关要求。

4. 地线保护角的确定

依据 GB 50545—2010 中"对于单回路，330kV 及以下线路的保护角不宜大于 15°；对于同塔多回或多回路，110kV 线路的保护角不宜大于 10°，220kV 及以上线路的保护角不宜大于 0°"的规定，本标准化设计地线对导线保护角满足设计规定相关要求。

5. 导线电气间隙圆校验

根据优化后的塔头尺寸进行导线电气三维间隙校验，校验结果应满足 GB 50545—2010 的相关要求。

5.3 杆塔结构优化

5.3.1 电缆终端杆塔结构优化的主要原则

（1）结构形式简洁，杆件受力明确，结构传力路线清晰。

（2）结构构造简单，节点处理合理，利于加工安装和运行安全。

（3）结构布置紧凑，在满足规范的前提下，尽量压缩塔头尺寸和横担长度，减少杆塔高度和线路走廊宽度。

（4）结构节间划分及构件布置合理，充分发挥构件的承载能力。

（5）选材合理，降低钢材用量，降低工程造价。

5.3.2 电缆终端杆塔头部结构的优化

（1）塔头部分的优化，主要是在满足电气间隙要求的前提下，尽量减小线路走廊宽度和杆塔受力。

（2）对于多回路杆塔，横担层数较多，塔头部分较高，塔头刚度十分重要，因此设计时在满足构件强度的同时，还应考虑头部的整体刚度和变形。

5.3.3 电缆终端杆塔塔身优化

（1）电缆终端塔塔身采用变坡设计，塔身上段便于横担的布置。塔身下段采用更大的跟开，有利于降低主材的规格，减轻塔重。

（2）110kV 及 220kV 杆塔高宽比取 4～7，塔高和跟开比不大于 10；110kV

及 220kV 杆塔塔身坡度取 0.12～0.17；荷载较大时取大值。

5.3.4　电缆终端杆塔塔身断面形式

考虑电缆终端塔的塔型及受力特点，塔身断面采用正方形，可以提高断线冲击及防串级倒塔能力。

常用的钢管截面型式有正八边形、正十二边形、正十六边形和环形截面等，本标准化设计 220kV 电缆终端杆采用正十六边形，110kV 电缆终端杆采用正十二边形。

5.3.5　电缆终端塔塔身隔面的设置优化

根据杆塔结构设计技术规定的要求：塔身变坡断面、直接受扭力的断面处和塔顶及腿部断面处应设置横隔面。在同一塔身坡度范围内，横隔面的设置间距，一般不大于平均宽度的 5 倍，也不宜大于 4 个主材分段。合理设置横隔面可加强杆塔整体刚度，对向下传递结构上部因外荷载产生的扭力、减小塔重、均衡塔身构件内力具有明显的作用。但随意增加塔身横隔面，不仅会使杆塔传力复杂，并可能引起塔重的增加。横隔面布置方式见图 5.3-1。方式 3 的隔面布置方式容易使塔身斜材产生同时受压，增加塔重。方式 1 和方式 2 的隔面布置方式：塔身不变坡区段内常用的布置形式，优化了斜材受力，加强了杆塔的整体刚度，宜优先选用。

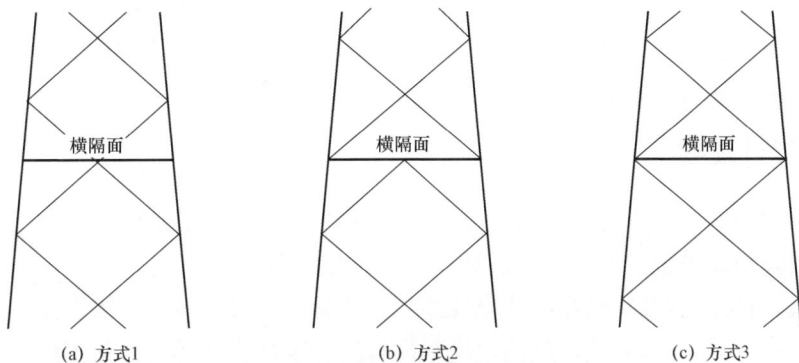

(a) 方式1　　　(b) 方式2　　　(c) 方式3

图 5.3-1　横隔面布置方式

横隔面布置注意以下两点：

（1）在满足规范要求的前提下，尽量少布置横隔面，减轻塔重。

（2）横隔面的设置应不影响杆塔的正常传力路线，避免塔身交叉才同时受压的发生。

横隔面的几何形状也对杆塔有重量较大影响，当塔身断面尺寸较小时，可采用简单的十字交叉型式；塔腿顶面处的横隔面尺寸较大，在布置时尽量减小构件的计算长度，减小构件规格，以达到降低横隔面的重量。

5.3.6　电缆终端塔主材布置及节间优化

杆塔的规划高度、塔头尺寸、塔身坡度确定后，杆塔主材节间的布置与塔身斜材的布置两者是相互关联的、相互影响的。为使主材受力均匀，降低主材的规格，主要从以下两个方面进行调整：

（1）调整主材的计算长度，当外荷载一定时，构件计算长度确定合适与否严重影响其截面的选择，直接影响塔重。

（2）通过对塔身交叉斜材的调整，使塔身交叉材不出现或少出现同时受压控制，以减小斜材规格。

（3）斜材与水平面的夹角一般取 35°～45°；斜材与主材之间夹角不小于 20°；塔腿主材与斜材夹角不小于 18°。

5.3.7　电缆终端杆结构优化

（1）《架空输电线路杆塔结构设计技术规程》（DL/T 5486—2020）要求转角和终端杆的杆顶挠度限值为 25‰。钢管杆梢径对钢管杆杆顶挠度的控制起关键性作用，在其他外形参数不变的情况下，增大钢管杆梢径尺寸，可显著提高钢管杆的整体刚度，减少杆顶位移。

（2）钢管杆所受荷载越大，弯矩包络图斜率就越大，从而需要增大钢管杆的锥度来保证其受力要求，但锥度增大势必导致根径过大，既增大耗钢量又影响美观，因此，需对杆身锥度和梢径进行多方案优化组合和综合比选，合理确定杆身锥度和梢径，在保证杆塔具有足够的强度和刚度的条件下，符合资源节约和外型美观等要求。

5.3.8　电缆终端杆塔材料选型原则

（1）Q420 及以上高强钢，经技术经济比较具有优势时应优先采用。本标准化设计钢管杆主杆材质优先选用 Q420，横担及法兰材质优先选用 Q355。

（2）对钢管塔应用范围以外的杆塔，其构件一般应采用 Q235 及以上强度的热轧角钢。角钢型号的最小厚度为 L40×3、L45×4、L50×4、L56×4、L63×4、L70×5、L75×5、L80×6、L90×7、L100×7、L110×7、L125×8、L140×10、L160×10、L180×12、L200×14。L63×5 及以上角钢规格可以采用 Q355 材质；Q420 及以上高强角钢，经技术经济比较具有优势时应优先采用。一般情况下，杆塔构件规格大于等于 L125×10（肢宽×厚度），可采用高强角钢。

第6章　主 要 技 术 特 点

6.1　安全可靠性高

本标准化设计根据河南省的地形特点、气象条件、海拔情况，以输电线路电缆终端杆塔为设计出发点，结合已建线路在防污闪、防冰闪、防雷击等方面的运行经验，通过校验计算，优化杆塔外型尺寸和合理材料选择，以安全可靠、技术先进和经济合理为原则，积极谨慎地选用新型材料，合理确定安全系数、安全裕度，确保杆塔设计安全可靠，具体措施如下：

（1）严格执行最新规程、规范和国家电网有限公司相关文件技术要求，做到依据充分、引用适用、通用适用。

（2）合理确定边界技术条件，确定基本风速、覆冰厚度、导地线型号、安全系数、档距等设计参数，合理规划塔头布置、合理确定电缆终端杆塔挠度和锥度，确保技术安全可靠的同时，最大限度满足塔型的外观美观要求。

（3）综合技术、经济、加工、施工及运行维护等各个环节，谨慎地选用新型材料，确保杆塔的全寿命周期设计目标。

（4）结合河南省"十四五"经济社会和电网发展规划，结合本标准化设计按 e 级污秽区进行绝缘配合（要求统一爬电比距≥50.4mm/kV），确保本标准化设计的适用性和技术性要求。

6.2　适应性好

本标准化设计共包含 12 个子模块 12 种塔型，采用 110kV 及 220kV 输电线路常用的导线型号（JL3/G1A－240/30、JL3/G1A－400/35、JL3/G1A－630/45）和典型气象参数，广泛适用海拔 1000m 以内输电线路电力户外电缆终端，标准化设计适应性好。

6.3　杆塔规划合理

根据城区地形情况，通过调研确定档距，通过分析确定安全系数，提出杆塔设计档距、计算呼高、塔高系列等合理的方案，使得塔型设计条件更科学、

经济、合理。经过计算分析，得出较为经济的导地线安全系数。

6.4　应用新技术、新材料

本标准化设计的塔型设计过程中，推广采用了近年来成熟适用的新技术成果，经过多次去厂家调研并开会探讨，充分考虑防污闪、防冰闪、防风偏、防雷击、防鸟害等提高运行可靠性措施，杆塔强度综合考虑采用 Q420 高强钢。

6.5　合理优化塔型结构

本标准化设计中，对杆塔结构进行全面的优化，主要从横担尺寸、塔头布置、塔段连接方式、基础连接型式等方面进行合理选择并优化，使得塔型受力合理，具有更好的可靠性和经济性。

6.6　重视环境保护

全面贯彻落实科学发展观以及国家电网有限公司环境友好型的设计理念，本标准化设计重视环境保护，满足技术安全的前提下进行横担尺寸优化，进一步压缩电缆终端杆塔高度宽度及杆塔占地面积，减少房屋拆迁和树木砍伐，社会效益和环保效益显著。

6.7　设计成果

本次编制的标准化设计成果主要分为塔型图集和加工图集两部分，内容涵盖模块说明、塔型一览图、荷载计算、分段加工图。

（1）110～220kV 输电线路电缆终端杆塔标准化设计图集　塔型图。

（2）110～220kV 输电线路电缆终端杆塔标准化设计图集　加工图。

以上两套标准化设计图集应配套对应参照使用。

6.8　提高电网建设和运行质量和效率

本电缆终端杆塔标准化塔型的研究和应用，在提高设计质量和效率方面主要体现在以下几点：

（1）统一电缆终端杆塔设计图纸，能提高设计、评审、采购、设备加工及施工的质量和进度，有效缩短电网建设周期，提高工作效率。

（2）统一建设标准和材料规格，使电缆终端杆塔的招标更加便捷、高效，能有效提高快速抢修能力。

（3）采用标准化设计成果，在确保电网安全运行的同时，可大幅提升电网运行和维护的质量和效率。

（4）本标准化设计以资源节约、环境友好、安全可靠、技术先进和经济合理为研究理念，对电网标准化体系建设将发挥积极的推动作用。

第7章 综合效益分析

7.1 影响因素分析

本标准化设计取得较好经济效益，其主要因素如下：

（1）在塔型结构方面，对影响塔型强度的塔身材质、塔段长度等各种因素进行精心优化，经与以往同等条件塔型比较，费用投资减少10%～15%。

（2）标准化的塔型品种多，为送电线路工程建设提供大量可供选择的指标先进的塔型，为设计人员集中精力进行设计方案优化提供保证。

（3）杆塔规划上比单个工程更完善、合理。

（4）将转角塔的角度划分进行进一步细化，降低工程整体造价。

（5）以往电缆终端杆塔设计，以大代小、单基指标不合理等情况时有发生，且没有形成统一的设计标准。本标准化设计为各设计单位提供了标准化的、通用的电缆终端杆塔标准图集。

7.2 投资效益分析

7.2.1 单基杆塔投资分析

为检验标准化设计塔型的经济先进性，将本标准化设计塔型单基指标与以往设计中所采用的杆塔以及各网省公司技术导则中的杆塔单基指标进行对比分析，电缆终端杆塔经技术经济比较，其具有造价低，占地面积少等优势，从而节约杆塔投资，充分体现资源节约型、环境友好型的设计理念。

7.2.2 实际工程杆塔投资分析

为检验整套塔型设计的经济性，利用以前已经完成施工图设计的实际工程，采用标准化的塔型重新排位，对杆塔耗材和杆塔数量进行分析比较，整个工程的钢材耗量均较原耗量有所下降，综合费用投资相比原设计节省8%。

7.3 社会环保综合效益

标准化的推广使用可以统一电力公司的建设标准，大大节约社会资源、缩短工期、降低造价，并使采购、设计、制造和施工规范化，取得送电线路全寿命周期的效益最大化。

本标准化设计采用多种手段压缩电缆终端杆塔高度及电缆平台尺寸，节省线路通道资源。随着城镇化进程的不断推进，电缆工程将会越来越多地出现在城市基础建设中，本标准化设计的应用将会产生巨大的社会和环保效益。

第 8 章 标准化设计使用总体说明

8.1 标准化设计文件

本标准化设计中，主要设计内容包括设计说明、塔型使用条件、塔型一览图、荷载计算、塔型单线图、基础作用力、分段加工图等相关资料，在具体的工程设计中，可根据实际需要有选择地使用。

该标准化设计可用于基本风速 27m/s（10m 基准高）、覆冰厚度 10 mm、海拔低于 1000m 的平原地区电力户外电缆终端 110kV 及 220kV 输电线路的可行性研究、初步设计、施工图设计阶段。具体工程设计时，需要结合工程实际情况，选择经济、合理的塔型。

8.2 塔型选用说明

根据实际工程所处气象条件、海拔、地形情况，以及所选用导地线的规格、回路数等设计参数，在确保不超条件使用的基础上，选择相应模块塔型。

需要核对的设计参数有：

（1）实际工程所处的气象条件、海拔、地形情况等。

（2）导地线型号及安全系数、水平档距、垂直档距、转角度数。

（3）绝缘配置是否满足工程实际绝缘配置及串长要求。

（4）塔头间隙校验。

（5）杆塔荷载校验。

（6）施工架线方式。

（7）串长、挂线金具型式与挂孔是否匹配。

（8）其他因素。

8.3 塔型选型原则及注意事项

（1）《110～220kV 输电线路电缆终端杆塔标准化设计图集 塔型图》《110～220kV 输电线路电缆终端杆塔标准化设计图集 加工图》两套图集应配套对应参照使用。

（2）结合工程具体情况，选择经济、合理的塔型模块。

（3）在具体工程设计中，根据实际技术条件，选择符合技术边界条件的相关塔型。

（4）当标准化设计塔型中没有完全匹配使用条件的模块时，可按就近的原则并经校验后代用，或选用标准图集以外的其他杆塔型式。

（5）严禁未经验算或超条件使用本标准化设计塔型。

第9章 220kV 输电线路电缆终端杆塔子模块

9.1 220-GC21D-DL 子模块

序号	图号	图名	张数	备注
1	220-GC21D-DL-01	220-GC21D-DL 终端塔总图及材料汇总表	1	
2	220-GC21D-DL-02	220-GC21D-DL 终端塔总图及材料汇总表	1	
3	220-GC21D-DL-03	220-GC21D-DL 终端塔地线支架结构图①	1	
4	220-GC21D-DL-04	220-GC21D-DL 终端塔地线支架结构图②	1	
5	220-GC21D-DL-05	220-GC21D-DL 终端塔导线横担结构图③	1	
6	220-GC21D-DL-06	220-GC21D-DL 终端塔导线横担结构图③A	1	
7	220-GC21D-DL-07	220-GC21D-DL 终端塔塔身结构图④	1	
8	220-GC21D-DL-08	220-GC21D-DL 终端塔塔身结构图⑤	1	
9	220-GC21D-DL-09	220-GC21D-DL 终端塔塔身结构图⑥	1	
10	220-GC21D-DL-10	220-GC21D-DL 终端塔塔身结构图⑦	1	
11	220-GC21D-DL-11	220-GC21D-DL 终端塔塔身结构图⑧	1	
12	220-GC21D-DL-12	220-GC21D-DL 终端塔塔身结构图⑧	1	
13	220-GC21D-DL-13	220-GC21D-DL 终端塔塔身结构图⑨	1	
14	220-GC21D-DL-14	220-GC21D-DL 终端塔塔身结构图⑩	1	
15	220-GC21D-DL-15	220-GC21D-DL 终端塔 18.0m 塔腿结构图⑪	1	
16	220-GC21D-DL-16	220-GC21D-DL 终端塔 18.0m 塔腿结构图⑪	1	
17	220-GC21D-DL-17	220-GC21D-DL 终端塔 18.0m 塔腿结构图⑪	1	
18	220-GC21D-DL-18	220-GC21D-DL 终端塔 24.0m 塔腿结构图⑫	1	
19	220-GC21D-DL-19	220-GC21D-DL 终端塔 24.0m 塔腿结构图⑫	1	
20	220-GC21D-DL-20	220-GC21D-DL 终端塔 30.0m 塔腿结构图⑬	1	
21	220-GC21D-DL-21	220-GC21D-DL 终端塔 30.0m 塔腿结构图⑬	1	
22	220-GC21D-DL-22	220-GC21D-DL 终端塔 30.0m 塔腿结构图⑬	1	
23	220-GC21D-DL-23	220-GC21D-DL 终端塔电缆平台结构图⑭	1	
24	220-GC21D-DL-24	220-GC21D-DL 终端塔电缆平台结构图⑭	1	
25	220-GC21D-DL-25	220-GC21D-DL 终端塔电缆平台结构图⑭	1	
26	220-GC21D-DL-26	220-GC21D-DL 终端塔电缆平台结构图⑭	1	
27	220-GC21D-DL-27	220-GC21D-DL 终端塔下线支柱结构图⑮	1	

220-GC21D-DL-00 220-GC21D-DL 终端塔图纸目录

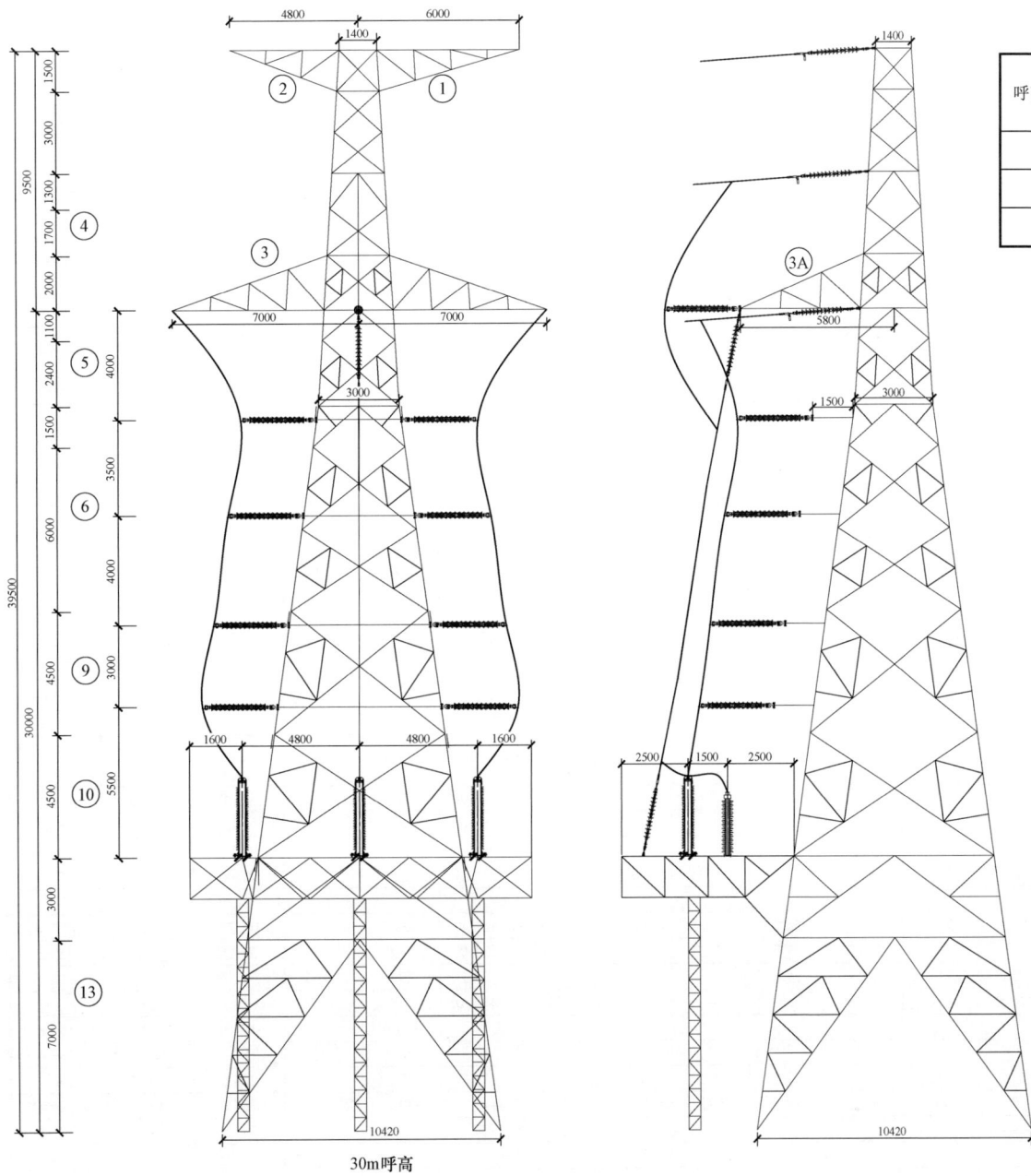

铁塔根开及基础根开表

呼高（m）	铁塔根开（mm）		基础根开（mm）		地脚螺栓间距（mm）	地脚螺栓规格（等级）
	正面根开	侧面根开	正面根开	侧面根开		
18.0	7060	7060	7100	7100	290	M48（5.6级）
24.0	8740	8740	8780	8780	290	M48（5.6级）
30.0	10420	10420	10460	10460	290	M48（5.6级）

30m呼高

图 9.1-1　220-GC21D-DL-01　220-GC21D-DL 终端塔总图及材料汇总表（一）

材 料 汇 总 表

材料	材质	规格	①	②	③	③A	④	⑤	⑥	⑦	⑧	⑨	⑩	⑪	⑫	⑬	⑭	⑮	呼高 18.0	呼高 24.0	呼高 30.0
角钢	Q420	L160×14														1448.4					1448.4
		L160×12							831.3	471.7	694.3	538.1	538.1	1252.5	916.5				1724.2	2442.1	1907.5
		L140×12														66.4					66.4
		L140×10							52.0	52.0	55.9	55.9	55.9	55.9	55.9				107.9	163.8	163.8
		L125×10					623.1												623.1	623.1	623.1
		L125×8			362.0												94.0		456.0	456.0	456.0
		小计			362.0		623.1		883.3	523.7	750.2	594.0	594.0	1308.4	972.4	1514.8	94.0		2911.2	3685.0	4665.2
	Q355	L160×12							32.9		32.9								65.8		32.9
		L110×10						80.3											80.3	80.3	80.3
		L110×8						29.8			898.0			386.0		524.8	47.2		463.0	975.0	601.8
		L100×8			279.8											46.0			325.8	325.8	325.8
		L100×7			114.0		231.5	122.5								224.0			692.0	692.0	692.0
		L90×8				23.2													23.2	23.2	23.2
		L90×7					87.5	111.2	167.0	167.0							317.9		365.7	365.7	683.6
		L80×7	141.0	71.6				214.9			194.7			301.8	221.7		250.3		729.3	843.9	677.8
		L80×6							81.4	81.4							29.1		110.5	110.5	110.5
		L75×6	70.8	55.8		64.4	44.8	74.4								147.7			457.9	457.9	457.9
		L75×5						83.8											83.8	83.8	83.8
		L70×6															669.2	650.2	1319.4	1319.4	1319.4
		L70×5					81.6	62.2								45.4			189.2	189.2	189.2
		L63×5	6.3	6.4		46.6	35.6	52.0								104.7			251.6	251.6	251.6
		小计	218.1	133.8	393.8	134.2	481.0	831.1	281.3	248.4	1125.6			687.8	221.7	1093.0	1313.3	650.2	5091.7	5784.1	5529.8
	Q235	L90×7										569.4							569.4		
		L80×6										435.0	495.4	464.6	495.2					464.6	1425.6
		L75×6							584.6	273.4									273.4	584.6	584.6
		L75×5			136.2		50.8												187.0	187.0	187.0
		L70×6					59.4												59.4	59.4	59.4
		L70×5			126.0		26.0	34.3								148.7	166.6		352.9	352.9	501.6
		L63×5					99.1	20.8						110.4	282.6	383.9			614.2	503.8	786.4
		L56×5	12.4				36.1								94.1	192.4			240.9	240.9	335.0
		L56×4			26.1	48.6	10.1		27.0	27.0	91.2			79.9	303.0	216.1	27.7		219.4	533.7	355.6
		L50×5	43.8	43.8											70.2				87.6	157.8	87.6
		L50×4	10.5			11.6			39.3	39.3	51.7	56.0	114.3	265.7	107.8	439.1	705.6		1032.7	926.5	1376.4
		L45×4	30.2	25.3	67.9	9.3	16.7	30.7			107.7	47.5	79.3	171.8	165.9	135.0	17.6		369.5	471.3	459.5
		L40×4	30.6	20.4	83.8	34.6		115.2	165.6	79.6	50.3	58.6		230.1	218.4	177.2	29.9	504.7	1128.9	1253.5	1220.6
		小计	127.5	89.5	440.0	104.1	298.2	201.0	816.5	419.3	300.9	597.1	689.0	1427.3	1329.9	1988.0	1523.7	504.7	5135.3	5736.0	7379.3
槽钢	Q235	[10														187.6			187.6	187.6	187.6
		小计														187.6			187.6	187.6	187.6
钢板	Q420	−10							145.2	145.2	59.2	59.2	59.2	87.3	77.1	110.7	22.1		254.6	303.6	396.4
		小计							145.2	145.2	59.2	59.2	59.2	87.3	77.1	110.7	22.1		254.6	303.6	396.4
	Q355	−44												331.7	331.7	331.7			331.7	331.7	331.7
		−22			110.6		48.4												159.0	159.0	159.0
		−18	28.0	27.6															55.6	55.6	55.6

图 9.1-1 220-GC21D-DL-01 220-GC21D-DL 终端塔总图及材料汇总表（二）

材料	材质	规格	段号 ①	②	③	③A	④	⑤	⑥	⑦	⑧	⑨	⑩	⑪	⑫	⑬	⑭	⑮	呼高（m）18.0	24.0	30.0
钢板	Q355	−16												242.9	229.3	231.3		186.8	429.7	416.1	418.1
		−12					146.6	29.6			29.6								146.6	205.8	176.2
		−10			71.4	18.1	73.9				218.9			215.1	76.7	231.0	231.5		610.0	690.5	625.9
		−8	32.7	18.6			137.3	159.2	45.1	29.4	15.7			27.8	23.4	23.7	144.5	24.7	574.2	601.2	585.8
		−6			4.5	9.0	32.9	8.8									43.5		98.7	98.7	98.7
		小计	60.7	46.2	186.5	27.1	218.6	388.5	74.7	29.4	264.2			817.5	661.1	817.7	419.5	211.5	2405.5	2558.6	2451.0
	Q235	−26			1.5														1.5	1.5	1.5
		−22					0.4												0.4	0.4	0.4
		−16											1.8								1.8
		−14	0.3	0.3	1.6			2.4		1.6									6.2	4.6	4.6
		−12	0.5	0.2				0.7	2.7			1.4							1.4	4.1	5.5
		−10			0.6			0.6			1.1				1.1				1.2	3.4	1.2
		−8			3.7		14.6	14.2											32.5	32.5	32.5
		−6	22.2	5.1	20.6	8.8	29.5	24.7	11.0	11.0	16.8			54.9	64.8	54.1	92.9		269.7	296.4	268.9
		−5												23.6		24.1	4613.2		4636.8	4613.2	4637.3
		−2					3.1	3.1								4.9			3.1	3.1	8.0
		小计	23.0	5.6	28.0	8.8	44.5	42.6	16.8	15.7	17.9	1.4	1.8	78.5	65.9	83.1	4706.1		4952.8	4959.2	4961.7
套管	Q345	φ60/32			2.7		1.3												4.0	4.0	4.0
		小计			2.7		1.3												4.0	4.0	4.0
螺栓	6.8	M16×40	0.3	0.3		1.3		2.3			2.9			7.0	2.9	7.0	111.8	5.3	128.3	127.1	128.3
		M16×50	11.8	6.2	10.6	5.4	13.4	13.8	16.2	12.3	18.4	6.4	6.4	69.0	58.1	65.3	39.0		181.5	192.9	194.5
		M16×60	2.6	1.1		0.7		2.8	1.4			1.2	1.4						5.8	7.2	9.8
		M16×70					0.2												0.2	0.2	0.2
		小计	14.7	7.6	10.6	7.4	13.6	16.1	19.0	13.7	21.3	7.6	7.8	76.0	61.0	72.3	150.8	5.3	315.8	327.4	332.8
	6.8	M20×45			3.2	5.9	20.9	4.3						4.3		9.1	78.3	3.2	120.1	115.8	124.9
		M20×55	4.6	4.6	23.6	3.5	72.9	102.0	30.8	26.2	49.2	4.3	4.6	66.8	30.8	55.9	97.6		401.8	419.6	404.4
		M20×65			5.0	1.4	2.5	32.9	20.0	16.3	5.9	3.8	3.8	10.0	6.3	36.0	0.6		68.7	74.6	106.0
		M20×75			0.7	4.6					2.7								5.3	8.0	5.3
		小计	4.6	4.6	32.5	15.4	96.3	139.2	50.8	42.5	57.8	8.1	8.4	81.1	37.1	101.0	176.5	3.2	595.9	618.0	640.6
	8.8	M24×75							21.3	21.3	41.6	41.6	41.6	67.2	67.2	67.2			88.5	130.1	171.7
	6.8	M16×55（双帽）	0.8			0.8													1.6	1.6	1.6
		M16×65（双帽）	1.6	0.8			1.6												4.0	4.0	4.0
		小计	2.4	0.8		0.8	1.6												5.6	5.6	5.6
	6.8	M20×65（双帽）	4.3																4.3	4.3	4.3
		M20×75（双帽）	6.1	4.6	3.0			5.3											19.0	19.0	19.0
		M20×85（双帽）			6.5														6.5	6.5	6.5
		M20×95（双帽）			3.4														3.4	3.4	3.4
		小计	10.4	4.6	12.9			5.3											33.2	33.2	33.2
		螺栓合计	32.1	17.6	56.0	23.6	116.8	155.3	91.1	77.5	120.7	57.3	57.8	224.3	165.3	240.5	327.3	8.5	1039.0	1114.3	1183.9
脚钉	6.8	M16×180					3.9	5.4	5.8	3.1	4.2	3.5	3.5	7.7	5.4	7.7			20.1	24.7	29.8
	6.8	M20×200					0.7	3.4	0.7	0.7	1.3	0.7		1.3	0.7	2.0			6.1	6.8	7.5
	8.8	M24×240									2.4	2.4	2.4	2.4					2.4	4.8	7.2
		合计（kg）	461.4	292.7	1469.0	297.8	1165.0	2250.4	2315.4	1463.0	2646.6	1315.6	1407.7	4642.5	3501.9	5859.9	8593.6	1374.9	22010.3	24368.7	26803.4

图 9.1−1　220−GC21D−DL−01　220−GC21D−DL 终端塔总图及材料汇总表（三）

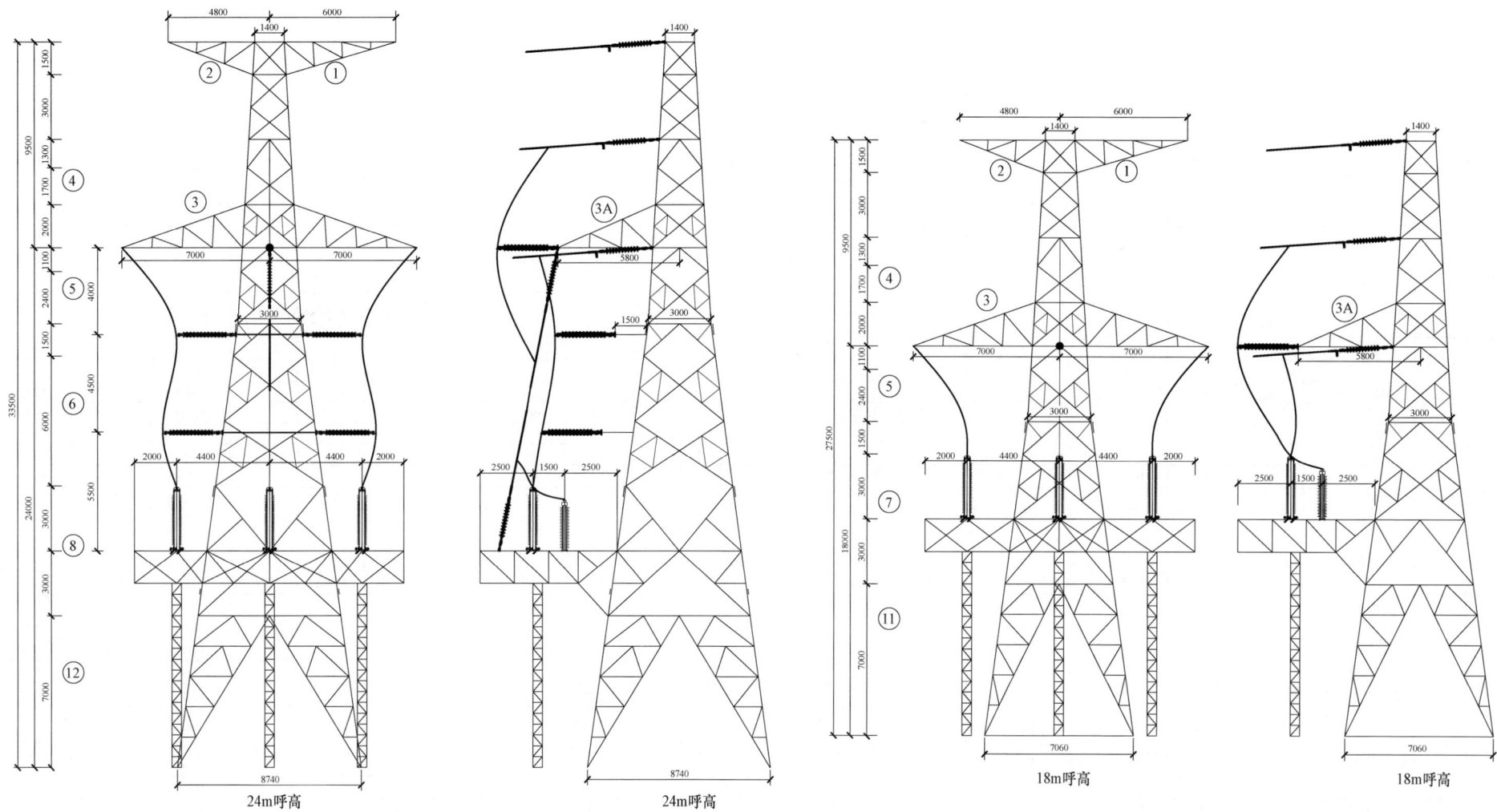

图 9.1-2   220-GC21D-DL-02   220-GC21D-DL 终端塔总图及材料汇总表

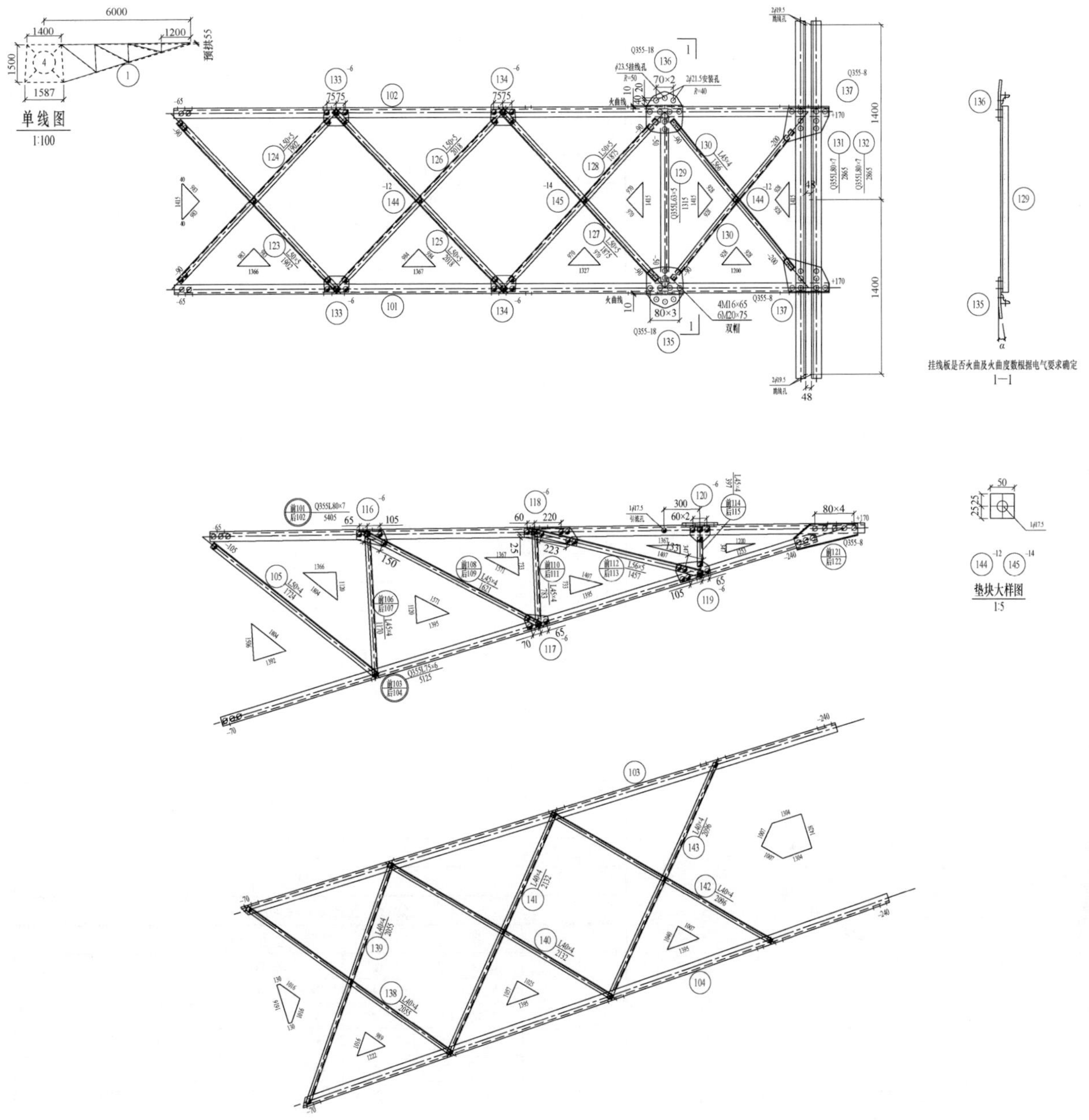

构 件 明 细 表

编号	规格	长度(mm)	数量	质量(kg) 一件	质量(kg) 小计	备注
101	Q355L80×7	5405	1	46.08	46.1	开角（93.6）
102	Q355L80×7	5405	1	46.08	46.1	开角（93.6）
103	Q355L75×6	5125	1	35.39	35.4	切角，合角（86.6）
104	Q355L75×6	5125	1	35.39	35.4	切角，合角（86.6）
105	L50×4	1724	2	5.27	10.5	
106	L45×4	1170	1	3.20	3.2	切角
107	L45×4	1170	1	3.20	3.2	切角
108	L45×4	1621	1	4.44	4.4	
109	L45×4	1621	1	4.44	4.4	
110	L45×4	783	1	2.14	2.1	切角
111	L45×4	783	1	2.14	2.1	切角
112	L56×5	1457	1	6.19	6.2	
113	L56×5	1457	1	6.19	6.2	
114	L45×4	397	1	1.09	1.1	切角
115	L45×4	397	1	1.09	1.1	切角
116	−6×123	270	2	1.57	3.1	
117	−6×125	193	2	1.14	2.3	
118	−6×135	449	2	2.86	5.7	
119	−6×154	283	2	2.06	4.1	
120	−6×125	170	2	1.00	2.0	
121	Q355−8×280	562	1	9.90	9.9	火曲；卷边
122	Q355−8×280	562	1	9.90	9.9	火曲；卷边
123	L50×5	1902	1	7.17	7.2	
124	L50×5	1902	1	7.17	7.2	切角
125	L50×5	2018	1	7.61	7.6	
126	L50×5	2018	1	7.61	7.6	切角
127	L50×5	1875	1	7.07	7.1	
128	L50×5	1875	1	7.07	7.1	切角
129	Q355L63×5	1315	1	6.34	6.3	
130	L45×4	1566	2	4.28	8.6	
131	Q355L80×7	2865	1	24.42	24.4	
132	Q355L80×7	2865	1	24.42	24.4	
133	−6×130	205	2	1.26	2.5	
134	−6×130	203	2	1.25	2.5	
135	Q355−18×300	330	1	14.03	14.0	火曲
136	Q355−18×300	330	1	14.03	14.0	火曲
137	Q355−8×273	375	2	6.46	12.9	
138	L40×4	2055	1	4.98	5.0	
139	L40×4	2055	1	4.98	5.0	切角
140	L40×4	2132	1	5.16	5.2	
141	L40×4	2132	1	5.16	5.2	切角
142	L40×4	2096	1	5.08	5.1	
143	L40×4	2096	1	5.08	5.1	切角
144	−12×50	50	2	0.24	0.5	
145	−14×50	50	1	0.27	0.3	
合计					429.3kg	

螺栓、垫圈、脚钉明细表

名称	级别	规格	符号	数量	质量(kg)	备注
螺栓	6.8	M16×40		2	0.3	
		M16×50		74	11.8	
		M16×55	⊙	4	0.8	双帽
		M16×60		15	2.6	
		M16×65	⊙	8	1.6	双帽
		M20×55	⊘	16	4.6	
		M20×65	⊙	12	4.3	双帽
		M20×75	⊙	16	6.1	双帽
合计					32.1kg	

图 9.1-3　220-GC21D-DL-03　220-GC21D-DL 终端塔地线支架结构图①

构件明细表

编号	规格	长度（mm）	数量	质量（kg）一件	质量（kg）小计	备注
201	Q355L80×7	4195	1	35.76	35.8	开角（93.6）
202	Q355L80×7	4195	1	35.76	35.8	开角（93.6）
203	Q355L75×6	4040	1	27.90	27.9	切角，合角（86.7）
204	Q355L75×6	4040	1	27.90	27.9	切角，合角（86.7）
205	L45×4	1618	2	4.43	8.9	
206	L45×4	1054	2	2.88	5.8	
207	L45×4	1396	2	3.82	7.6	
208	L45×4	552	2	1.51	3.0	
209	Q355−8×286	515	1	9.30	9.3	火曲；卷边
210	Q355−8×286	515	1	9.30	9.3	火曲；卷边
211	L50×5	1902	1	7.17	7.2	
212	L50×5	1902	1	7.17	7.2	切角
213	L50×5	2017	1	7.60	7.6	
214	L50×5	2017	1	7.60	7.6	切角
215	L50×5	1880	1	7.09	7.1	
216	L50×5	1880	1	7.09	7.1	切角
217	Q355L63×5	1325	1	6.39	6.4	
218	−6×132	205	2	1.28	2.6	
219	−6×132	203	2	1.27	2.5	
220	Q355−18×300	325	1	13.80	13.8	火曲
221	Q355−18×300	325	1	13.82	13.8	火曲
222	L40×4	2070	1	5.01	5.0	
223	L40×4	2070	1	5.01	5.0	切角
224	L40×4	2141	1	5.19	5.2	
225	L40×4	2141	1	5.19	5.2	切角
226	−12×50	50	1	0.24	0.2	
227	−14×50	50	1	0.27	0.3	
合计					275.1kg	

螺栓、垫圈、脚钉明细表

名称	级别	规格	符号	数量	质量（kg）	备注
螺栓	6.8	M16×40	◐	2	0.3	
		M16×50	◑	39	6.2	
		M16×60	▣	6	1.1	
		M16×65	⊙	4	0.8	双帽
		M20×55	∅	16	4.6	
		M20×75	⊙	12	4.6	双帽
合计					17.6kg	

挂线板是否火曲及火曲度数根据电气要求确定

1—1

单线图 1:100

垫块大样图 1:5

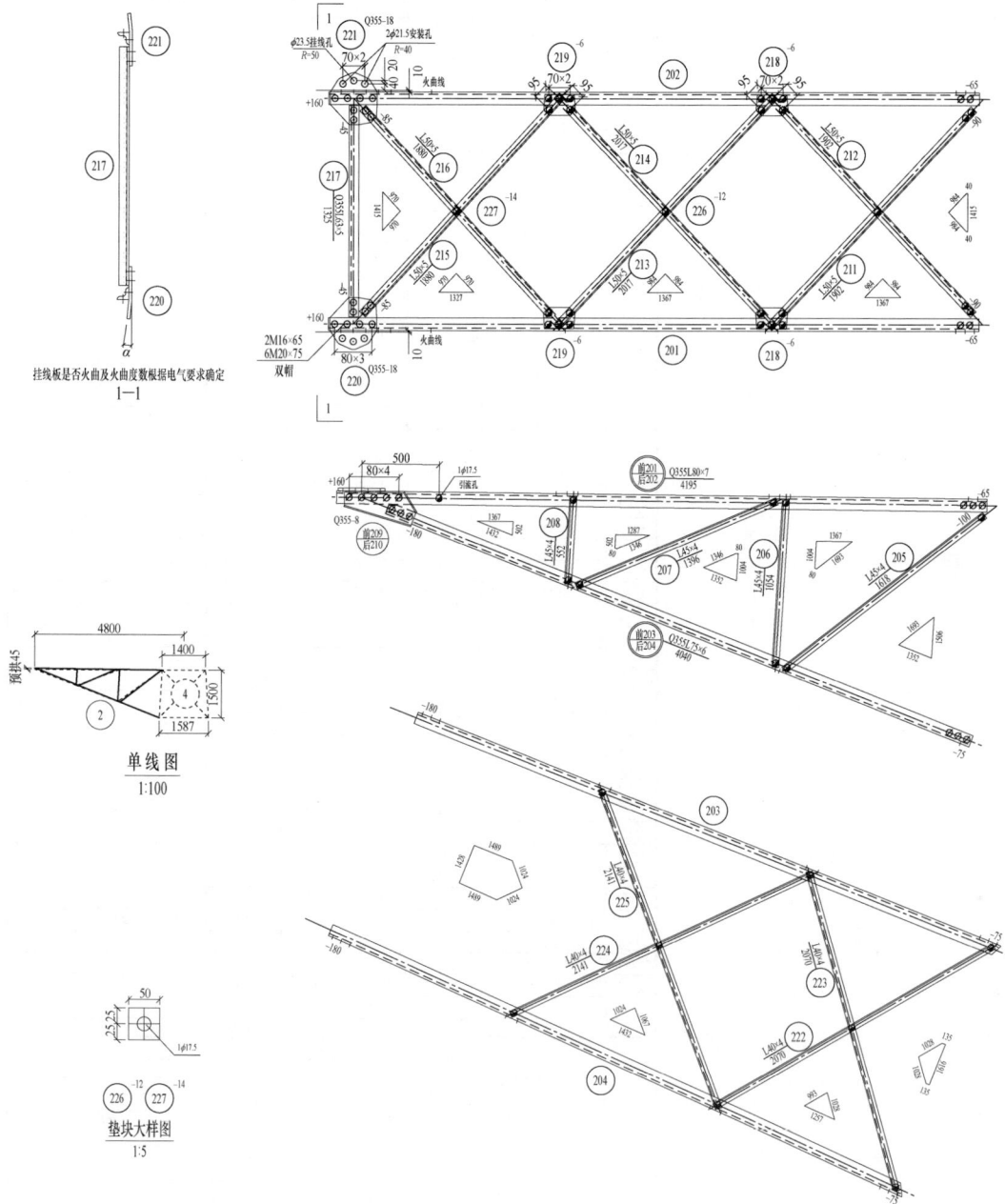

图 9.1−4　220−GC21D−DL−04　220−GC21D−DL 终端塔地线支架结构图②

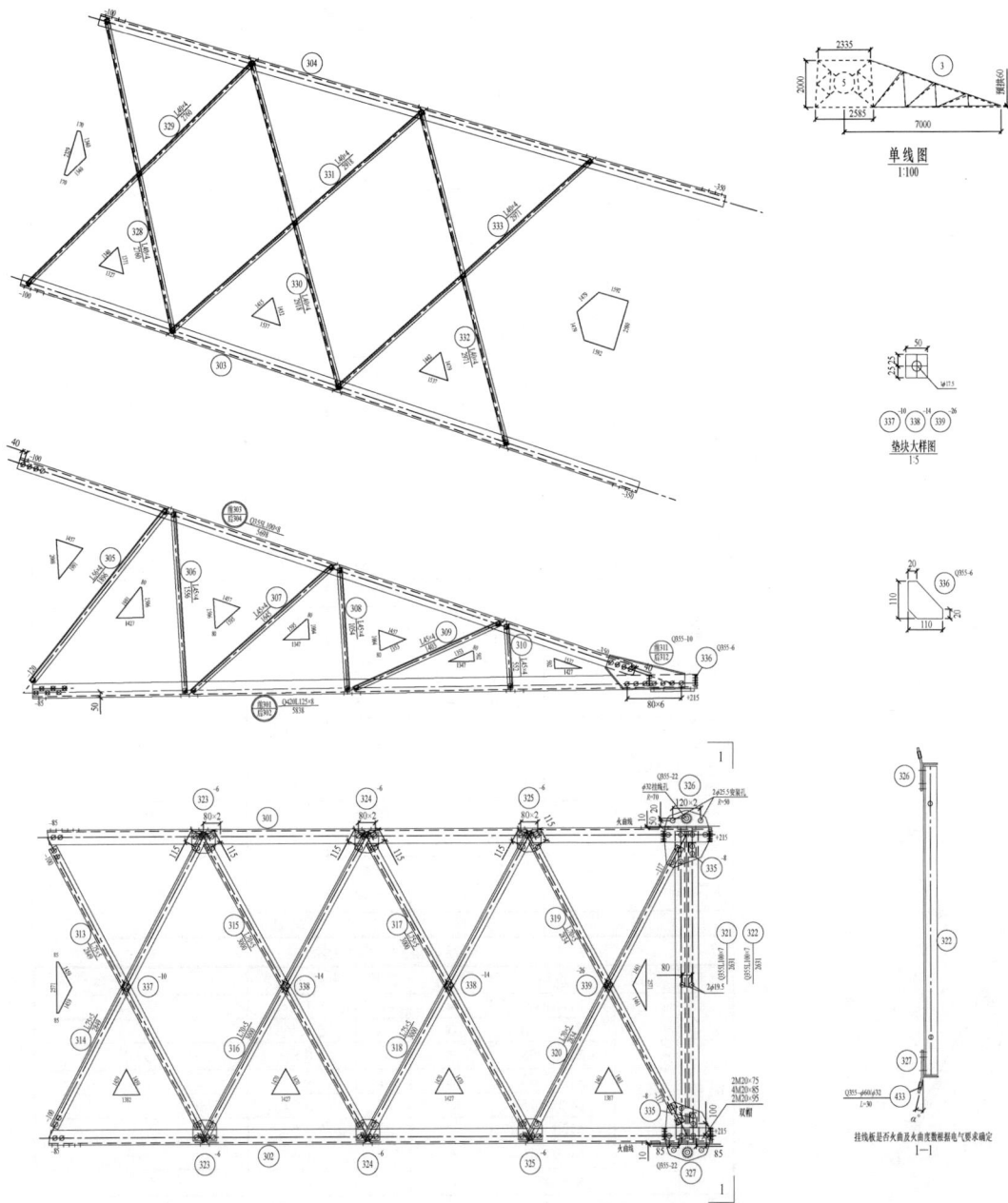

单线图
1:100

垫块大样图
15

构 件 明 细 表

编号	规格	长度(mm)	数量	质量(kg) 一件	质量(kg) 小计	备注
301	Q420L125×8	5838	2	90.51	181.0	切角，电焊，合角（86.4）
302	Q420L125×8	5838	2	90.51	181.0	切角，电焊，合角（86.4）
303	Q355L100×8	5698	2	69.95	139.9	切角，开角（93.4）
304	Q355L100×8	5698	2	69.95	139.9	切角，开角（93.4）
305	L56×4	1896	4	6.53	26.1	切角
306	L45×4	1556	4	4.26	17.0	
307	L45×4	1645	4	4.50	18.0	
308	L45×4	1054	4	2.88	11.5	
309	L45×4	1403	4	3.84	15.4	
310	L45×4	552	4	1.51	6.0	
311	Q355−10×313	724	2	17.83	35.7	火曲；卷边
312	Q355−10×313	724	2	17.83	35.7	火曲；卷边
313	L75×5	2849	2	16.58	33.2	切角
314	L75×5	2849	2	16.58	33.2	
315	L70×5	3000	2	16.19	32.4	切角
316	L70×5	3000	2	16.19	32.4	
317	L75×5	3000	2	17.45	34.9	切角
318	L75×5	3000	2	17.45	34.9	
319	L70×5	2834	2	15.30	30.6	切角
320	L70×5	2834	2	15.30	30.6	
321	Q355L100×7	2631	2	28.49	57.0	
322	Q355L100×7	2631	2	28.49	57.0	
323	−6×173	210	4	1.72	6.9	
324	−6×174	205	4	1.69	6.8	
325	−6×174	210	4	1.72	6.9	
326	Q355−22×380	415	2	27.25	54.5	火曲；电焊
327	Q355−22×380	427	2	28.07	56.1	火曲；电焊
328	L40×4	2760	2	6.68	13.4	
329	L40×4	2760	2	6.68	13.4	
330	L40×4	2918	2	7.07	14.1	
331	L40×4	2918	2	7.07	14.1	
332	L40×4	2971	2	7.20	14.4	
333	L40×4	2971	2	7.20	14.4	
334	Q355φ60/φ32	30	4	0.67	2.7	套管带电焊
335	−8×60	123	8	0.46	3.7	
336	Q355−6×108	109	8	0.56	4.5	电焊
337	−10×60	60	2	0.28	0.6	
338	−14×60	60	4	0.40	1.6	
339	−26×60	60	2	0.73	1.5	
合计					1413.0kg	

螺栓、垫圈、脚钉明细表

名称	级别	规格	符号	数量	质量（kg）	备注
螺栓	6.8	M16×50	⬤	66	10.6	
		M20×45	○	12	3.2	
		M20×55	⊘	82	23.6	
		M20×65	⊠	16	5.0	
		M20×75	⊘	2	0.7	
		M20×75	⊙	8	3.0	双帽
		M20×85	⊙	16	6.5	双帽
		M20×95	⊙	8	3.4	双帽
合计					56.0kg	

图 9.1−5　220−GC21D−DL−05　220−GC21D−DL 终端塔导线横担结构图③

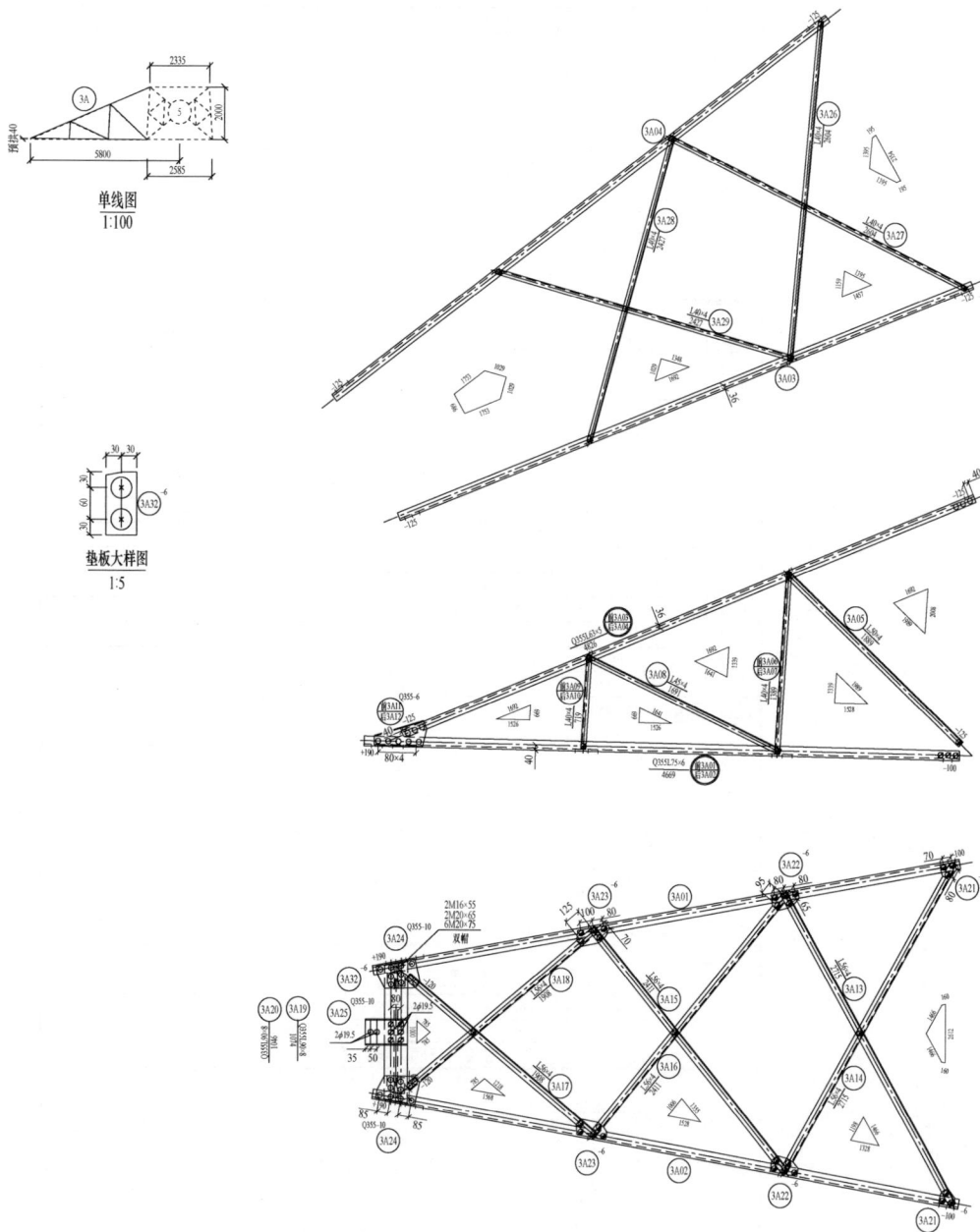

单线图
1:100

垫板大样图
1:5

构件明细表

编号	规格	长度 (mm)	数量	质量（kg）一件	质量（kg）小计	备注
3A01	Q355L75×6	4669	1	32.24	32.2	合角（86.0）
3A02	Q355L75×6	4669	1	32.24	32.2	合角（86.0）
3A03	Q355L63×5	4826	1	23.27	23.3	切角，开角（97.8）
3A04	Q355L63×5	4826	1	23.27	23.3	切角，开角（97.8）
3A05	L50×4	1889	2	5.78	11.6	
3A06	L40×4	1389	1	3.36	3.4	切角
3A07	L40×4	1389	1	3.36	3.4	切角
3A08	L45×4	1691	2	4.63	9.3	
3A09	L40×4	719	1	1.74	1.7	切角
3A10	L40×4	719	1	1.74	1.7	切角
3A11	Q355−6×223	430	1	4.52	4.5	火曲；卷边
3A12	Q355−6×223	430	1	4.52	4.5	火曲；卷边
3A13	L56×4	2715	1	9.36	9.4	
3A14	L56×4	2715	1	9.36	9.4	切角
3A15	L56×4	2411	1	8.31	8.3	
3A16	L56×4	2411	1	8.31	8.3	切角
3A17	L56×4	1908	1	6.57	6.6	
3A18	L56×4	1908	1	6.57	6.6	切角
3A19	Q355L90×8	1074	1	11.76	11.8	切角
3A20	Q355L90×8	1046	1	11.45	11.4	切角
3A21	−6×120	123	2	0.70	1.4	
3A22	−6×123	214	2	1.25	2.5	
3A23	−6×123	249	2	1.45	2.9	
3A24	Q355−10×215	319	2	5.41	10.8	
3A25	Q355−10×280	330	1	7.25	7.3	火曲；卷边
3A26	L40×4	2604	1	6.31	6.3	
3A27	L40×4	2604	1	6.31	6.3	切角
3A28	L40×4	2427	1	5.88	5.9	
3A29	L40×4	2427	1	5.88	5.9	切角
3A30	−6×60	120	6	0.34	2.0	
合计					274.2kg	

螺栓、垫圈、脚钉明细表

名称	级别	规格	符号	数量	质量（kg）	备注
螺栓	6.8	M16×40		9	1.3	
		M16×50		34	5.4	
		M16×55	⊙	4	0.8	双帽
		M16×60		4	0.7	
		M20×45	○	22	5.9	
		M20×55	∅	12	3.5	
		M20×65	⊙	4	1.4	双帽
		M20×75	⊙	12	4.6	双帽
合计					23.6kg	

图 9.1−6 220−GC21D−DL−06 220−GC21D−DL 终端塔导线横担结构图③A

构 件 明 细 表

编号	规格	长度(mm)	数量	质量(kg) 一件	质量(kg) 小计	备注
401	Q355L100×7	5342	2	57.85	115.7	
402	Q355L100×7	5342	1	57.85	57.9	脚钉
403	Q355L100×7	5342	1	57.85	57.9	
404	Q355L75×6	1620	2	11.19	22.4	切角
405	Q355L75×6	1620	2	11.19	22.4	
406	Q355L63×5	1841	2	8.88	17.8	开角(93.6)
407	L63×5	2317	2	11.17	22.3	切角
408	L63×5	2317	2	11.17	22.3	
409	L63×5	2185	2	10.54	21.1	切角
410	L63×5	2185	2	10.54	21.1	
411	L70×5	1467	2	7.92	15.8	开角(93.6)
412	Q355L70×5	1889	4	10.19	40.8	
413	Q355L90×7	1280	2	12.36	24.7	开角(93.6)
414	Q355−8×214	455	2	6.13	12.3	火曲;卷边
415	Q355−6×227	267	4	2.86	11.4	
416	−6×164	238	4	1.85	7.4	
417	Q355−8×369	441	2	10.25	20.5	
418	Q355−8×369	443	2	10.30	20.6	
419	Q355−8×248	485	2	7.58	15.2	
420	Q355−8×248	485	2	7.59	15.2	
421	Q355L90×7	1625	2	15.69	31.4	切角
422	Q355L90×7	1625	2	15.69	31.4	
423	Q355L63×5	1841	2	8.88	17.8	开角(93.6)
424	L70×6	2317	2	14.84	29.7	切角
425	L70×6	2317	2	14.84	29.7	
426	L75×5	2185	2	12.71	25.4	切角
427	L75×5	2185	2	12.71	25.4	
428	L56×4	1467	2	5.06	10.1	开角(93.6)
429	Q355L70×5	1889	4	10.19	40.8	
430	L63×5	1280	2	6.17	12.3	开角(93.6)
431	Q355−8×218	458	2	6.29	12.6	火曲;卷边
432	Q355−8×228	270	4	3.87	15.5	
433	−8×204	286	4	3.66	14.6	
434	Q355−6×275	414	4	5.36	21.5	
435	−6×219	227	4	2.35	9.4	
436	L56×5	1228	4	5.22	20.9	
437	L70×5	1895	1	10.23	10.2	
438	L45×4	1895	1	5.18	5.2	
439	−6×181	301	2	2.58	5.2	
440	Q355−22×339	412	1	24.20	24.2	火曲;电焊
441	Q355−22×339	412	1	24.20	24.2	火曲;电焊
442	L45×4	2100	2	5.75	11.5	
443	−6×118	333	4	1.87	7.5	
444	L56×5	1787	2	7.60	15.2	
445	Q355−8×240	420	2	6.33	12.7	
446	Q355−8×240	420	2	6.33	12.7	套管带电焊
447	Q355ϕ60/ϕ32	30	2	0.67	1.3	
448	−22×50	50	1	0.43	0.4	
合计					1043.6kg	

螺栓、垫圈、脚钉明细表

名称	级别	规格	符号	数量	质量(kg)	备注
螺栓	6.8	M16×50		84	13.4	
		M16×65		8	1.6	双帽
		M16×70		1	0.2	
		M20×45		78	20.9	
		M20×55		253	72.9	
		M20×65		8	2.5	
		M20×75		14	5.3	双帽
脚钉		M16×180		10	3.9	双帽
		M20×200		1	0.7	双帽
合计					121.4kg	

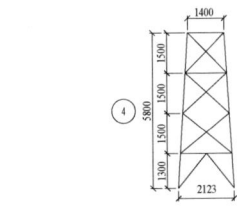

单线图
1:100

垫块大样图
1:5

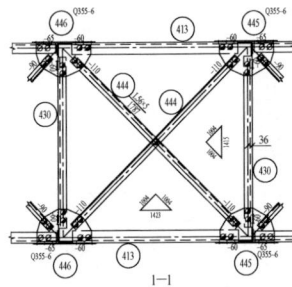

1—1

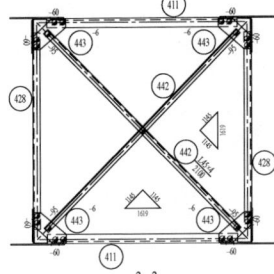

2—2

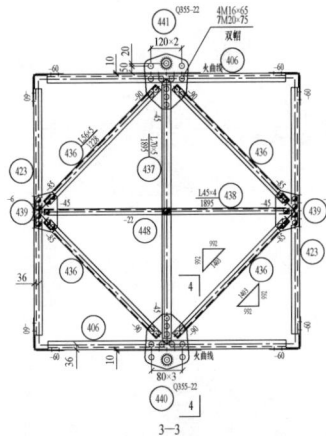

3—3

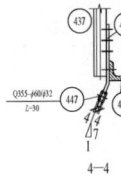

4—4

图 9.1−7　220−GC21D−DL−07　220−GC21D−DL 终端塔塔身结构图④

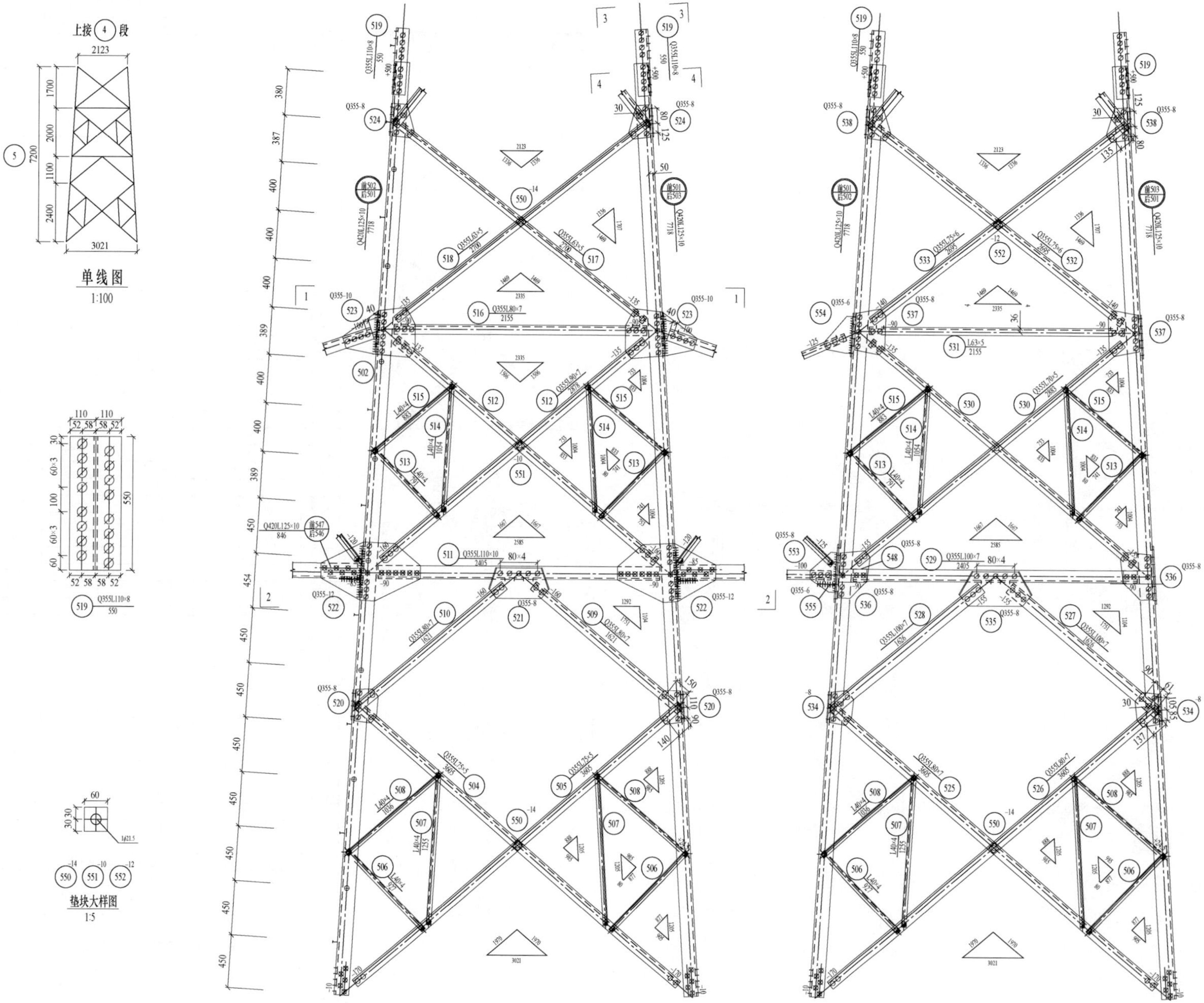

图 9.1-8　220-GC21D-DL-08　220-GC21D-DL 终端塔塔身结构图⑤（一）

1—1

2—2

3—3

4—4

构 件 明 细 表

编号	规格	长度(mm)	数量	质量(kg) 一件	小计	备注	编号	规格	长度(mm)	数量	质量(kg) 一件	小计	备注
501	Q420L125×10	7718	2	147.67	295.3		529	Q355L100×7	2405	2	26.05	52.1	合角(86.4)
502	Q420L125×10	7718	1	147.67	147.7	脚钉	530	Q355L70×5	2883	4	15.56	62.2	
503	Q420L125×10	7718	1	147.67	147.7		531	L63×5	2155	2	10.39	20.8	开角(93.6)
504	Q355L75×5	3605	2	20.97	41.9	切角	532	Q355L75×6	2695	2	18.61	37.2	切角
505	Q355L75×5	3605	2	20.97	41.9		533	Q355L75×6	2695	2	18.61	37.2	
506	L40×4	927	8	2.25	18.0		534	−8×195	289	4	3.56	14.2	
507	L40×4	1255	8	3.04	24.3	切角	535	Q355−8×284	683	2	12.22	24.4	火曲；卷边
508	L40×4	1035	8	2.51	20.1	切角	536	Q355−8×255	402	4	6.46	25.8	
509	Q355L80×7	1621	2	13.82	27.6	切角	537	Q355−8×257	376	4	6.09	24.3	
510	Q355L80×7	1621	2	13.82	27.6		538	Q355−8×186	276	4	3.23	12.9	
511	Q355L110×10	2405	2	40.14	80.3	合角(86.4)	539	L70×5	1589	8	8.58	34.3	
512	Q355L90×7	2878	4	27.79	111.2		540	L45×4	2451	1	6.71	6.7	
513	L40×4	791	8	1.92	15.3		541	L45×4	2471	1	6.76	6.8	
514	L40×4	1054	8	2.55	20.4	切角	542	−6×219	374	2	3.87	7.7	
515	L40×4	884	8	2.14	17.1	切角	543	−6×226	389	2	4.15	8.3	
516	Q355L80×7	2155	2	18.37	36.7	开角(93.6)	544	L45×4	3140	2	8.59	17.2	
517	Q355L63×5	2700	2	13.02	26.0	切角	545	−6×122	378	4	2.18	8.7	
518	Q355L63×5	2700	2	13.02	26.0		546	Q420L125×10	846	1	16.18	16.2	
519	Q355L110×8	550	4	7.44	29.8	清根	547	Q420L125×10	846	1	16.18	16.2	
520	Q355−8×189	279	4	3.32	13.3		548	Q355−8×260	279	2	4.57	9.1	火曲
521	Q355−8×252	593	2	9.40	18.8	火曲；卷边	549	Q355−8×260	279	2	4.57	9.1	火曲
522	Q355−12×480	809	4	36.66	146.6		550	−14×60	60	6	0.40	2.4	
523	Q355−10×376	625	4	18.48	73.9		551	−10×60	60	2	0.28	0.6	
524	Q355−8×181	272	4	3.11	12.4		552	−12×60	60	2	0.34	0.7	
525	Q355L80×7	3605	2	30.73	61.5	切角	553	Q355−8×219	330	2	4.54	9.1	
526	Q355L80×7	3605	2	30.73	61.5		554	Q355−6×233	303	2	3.33	6.7	
527	Q355L100×7	1626	2	17.61	35.2	切角	555	Q355−6×150	150	2	1.06	2.1	
528	Q355L100×7	1626	2	17.61	35.2		合计					2086.3kg	

螺栓、垫、圈脚钉明细表

名称	级别	规格	符号	数量	质量(kg)	备注
螺栓	6.8	M16×40	◖	16	2.3	
		M16×50	◗	86	13.8	
		M20×45	○	16	4.3	
		M20×55	⊘	354	102.0	
		M20×65	⊠	105	32.9	
脚钉		M16×180	⊕⊐	14	5.4	双帽
		M20×200	⊕⊐	5	3.4	双帽
合计					164.1kg	

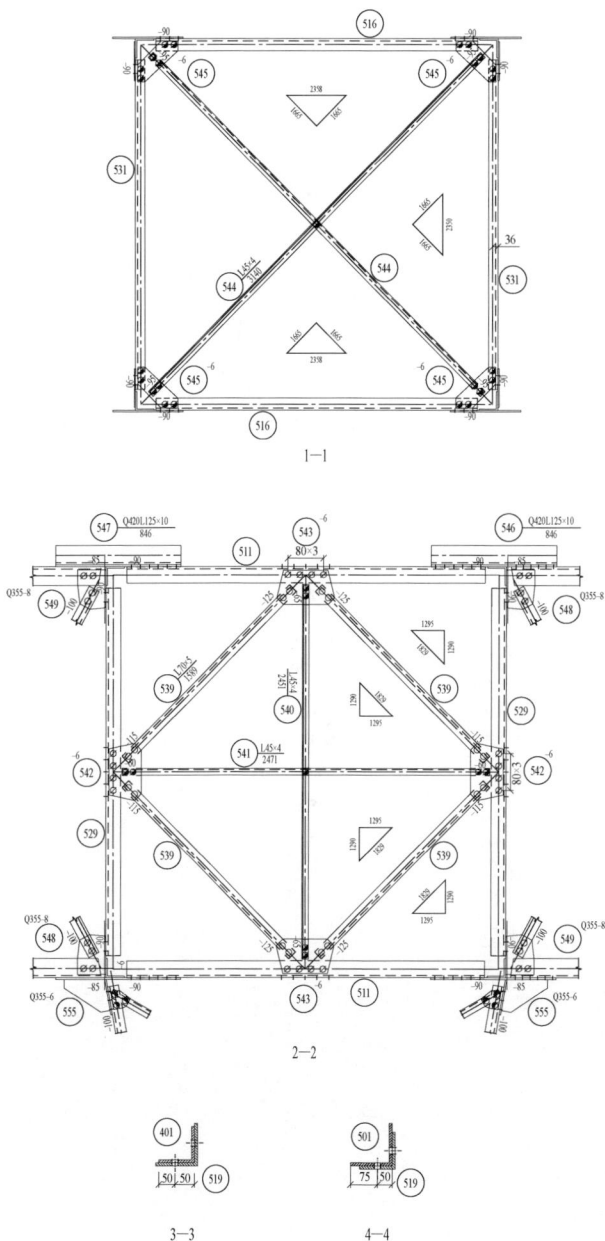

图 9.1−8　220−GC21D−DL−08　220−GC21D−DL 终端塔塔身结构图⑤（二）

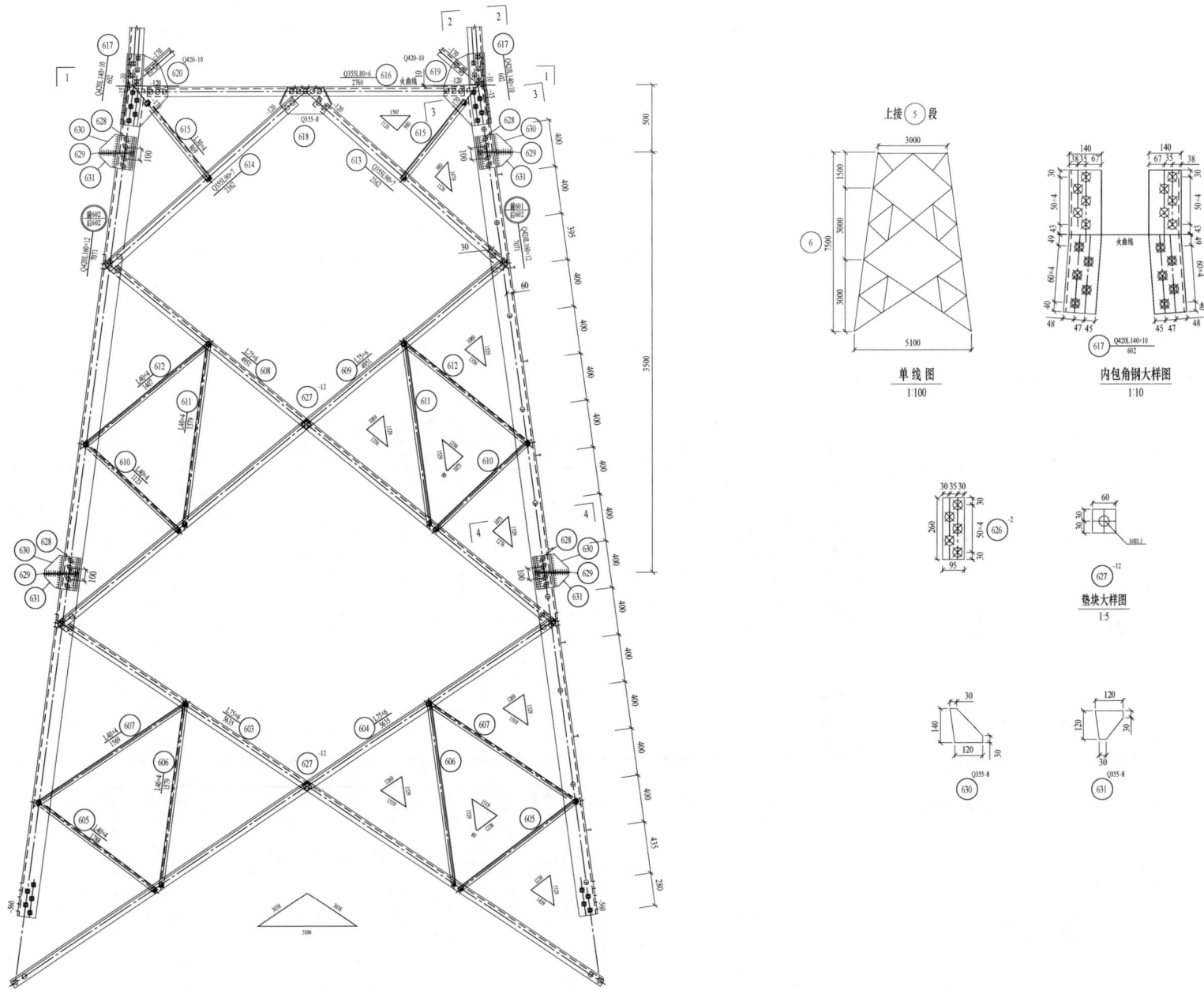

图 9.1-9　220-GC21D-DL-09　220-GC21D-DL 终端塔塔身结构图⑥（一）

构 件 明 细 表

编号	规格	长度(mm)	数量	质量（kg）一件	质量（kg）小计	备注
601	Q420L160×12	7071	1	207.82	207.8	脚钉
602	Q420L160×12	7071	3	207.82	623.5	
603	L75×6	5635	4	38.91	155.6	切角，脚钉
604	L75×6	5635	4	38.91	155.6	
605	L40×4	1288	8	3.12	25.0	
606	L40×4	1579	8	3.82	30.6	切角
607	L40×4	1569	8	3.80	30.4	切角
608	L75×6	4951	4	34.19	136.7	切角
609	L75×6	4951	4	34.19	136.7	
610	L40×4	1123	8	2.72	21.8	
611	L40×4	1579	8	3.82	30.6	切角
612	L40×4	1406	8	3.41	27.2	切角
613	Q355L90×7	2162	4	20.88	83.5	切角
614	Q355L90×7	2162	4	20.88	83.5	
615	L50×4	869	8	2.66	21.3	
616	Q355L80×6	2760	4	20.36	81.4	开角（98.0）
617	Q420L140×10	605	4	13.00	52.0	制弯，铲背
618	Q355−8×222	527	4	7.36	29.4	火曲；卷边
619	Q420−10×380	608	2	18.14	36.3	火曲
620	Q420−10×380	608	2	18.14	36.3	火曲
621	Q420−10×380	608	2	18.14	36.3	火曲
622	Q420−10×380	608	2	18.14	36.3	火曲
623	L56×4	1962	4	6.76	27.0	
624	L50×4	2944	2	9.01	18.0	
625	−6×184	315	4	2.74	11.0	
626	−2×95	260	8	0.39	3.1	
627	−12×60	60	8	0.34	2.7	
628	Q355L160×12	280	4	8.23	32.9	清根，焊接
629	Q355−12×280	280	4	7.39	29.6	焊接
630	Q355−8×120	140	8	1.06	8.5	焊接
631	Q355−8×120	120	8	0.90	7.2	焊接
合计					2217.8kg	

螺栓、垫圈、脚钉明细表

名称	级别	规格	符号	数量	质量（kg）	备注
螺栓	6.8	M16×50		101	16.2	
		M16×60		16	2.8	
		M20×55		107	30.8	
		M20×65		64	20.0	
	8.8	M24×75		40	21.3	
脚钉	6.8	M16×180		15	5.8	双帽
		M20×200		1	0.7	双帽
合计					97.6kg	

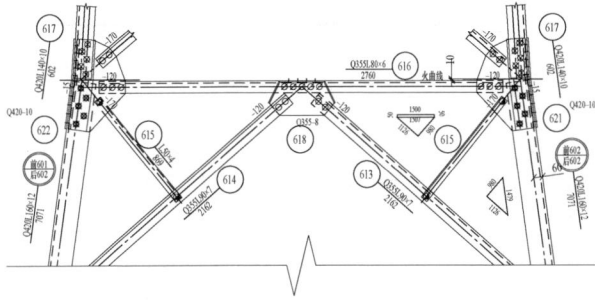

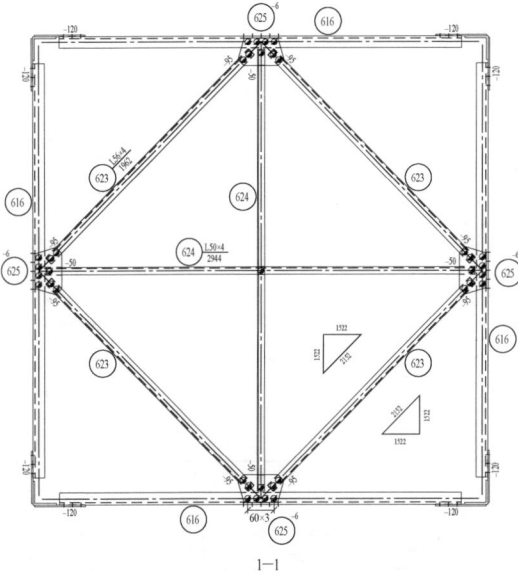

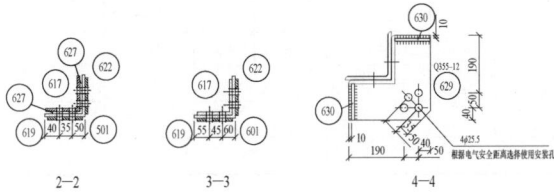

图 9.1-9　220-GC21D-DL-09　220-GC21D-DL 终端塔塔身结构图⑥（二）

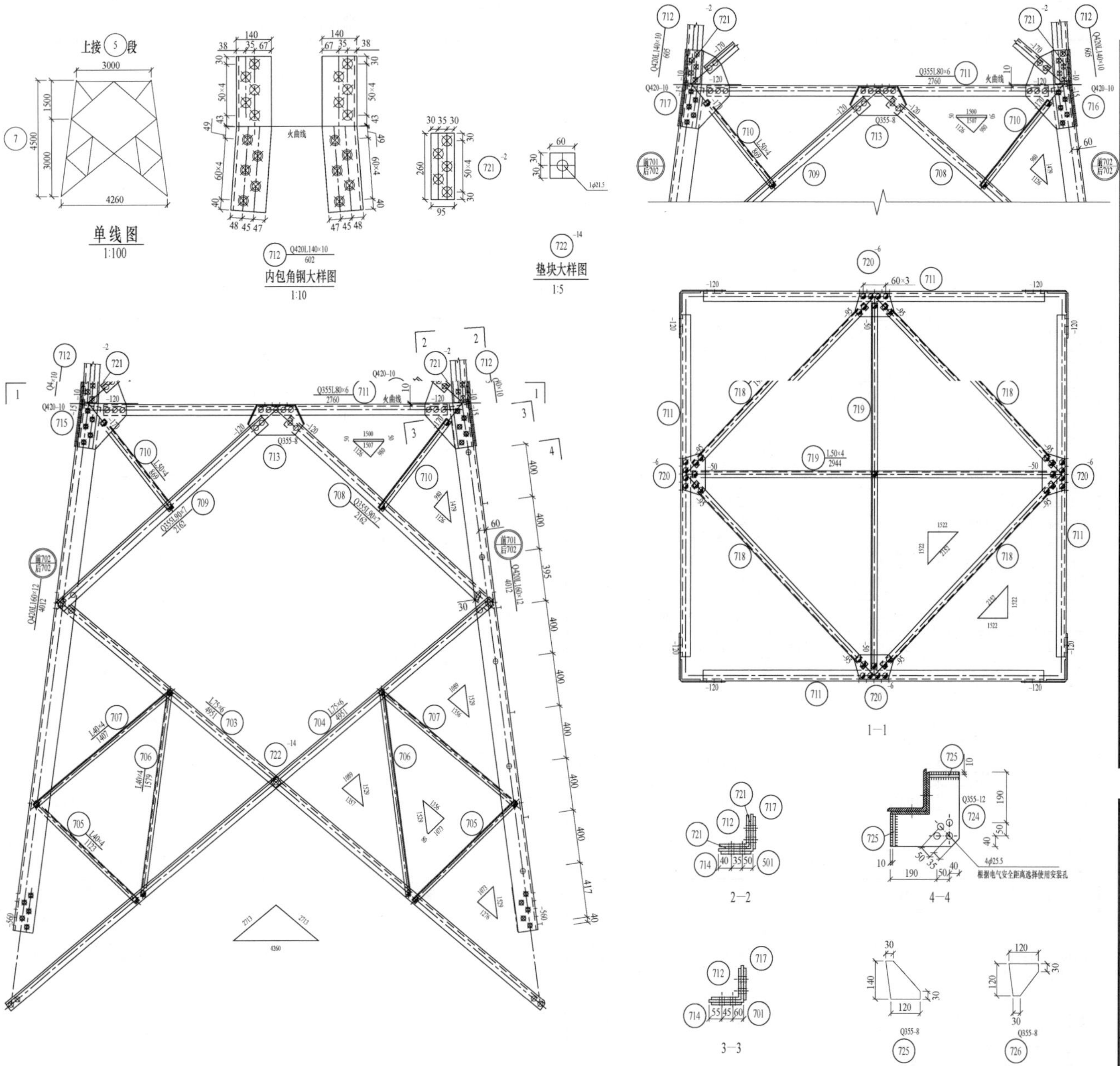

構件明細表 / 构件明细表

编号	规格	长度(mm)	数量	质量(kg) 一件	小计	备注
701	Q420L160×12	4012	1	117.92	117.9	脚钉
702	Q420L160×12	4012	3	117.92	353.8	
703	L75×6	4951	4	34.19	136.7	切角
704	L75×6	4951	4	34.19	136.7	切角
705	L40×4	1123	8	2.72	21.8	
706	L40×4	1579	8	3.82	30.6	切角
707	L40×4	1406	8	3.41	27.2	切角
708	Q355L90×7	2162	4	20.88	83.5	切角
709	Q355L90×7	2162	4	20.88	83.5	
710	L50×4	869	8	2.66	21.3	
711	Q355L80×6	2760	4	20.36	81.4	开角(98.0)
712	Q420L140×10	605	4	13.00	52.0	制弯, 铲背
713	Q355-8×222	527	4	7.36	29.4	火曲; 卷边
714	Q420-10×380	608	2	18.14	36.3	火曲
715	Q420-10×380	608	2	18.14	36.3	火曲
716	Q420-10×380	608	2	18.14	36.3	火曲
717	Q420-10×380	608	2	18.14	36.3	火曲
718	L56×4	1962	4	6.76	27.0	
719	L50×4	2944	2	9.01	18.0	
720	-6×184	315	4	2.74	11.0	
721	-2×95	260	8	0.39	3.1	
722	-14×60	60	4	0.40	1.6	
合计					1381.7kg	

螺栓、垫圈、脚钉明细表

名称	级别	规格	符号	数量	质量(kg)	备注
螺栓	6.8	M16×50		77	12.3	
		M16×60		8	1.4	
		M20×55		91	26.2	
		M20×65		52	16.3	
	8.8	M24×75		40	21.3	
脚钉	6.8	M16×180		8	3.1	双帽
		M20×200		1	0.7	双帽
合计					81.3kg	

上接 ⑤ 段
单线图 1:100

内包角钢大样图 1:10

垫块大样图 1:5

1—1

2—2 4—4

3—3

图 9.1-10　220-GC21D-DL-10　220-GC21D-DL 终端塔塔身结构图⑦

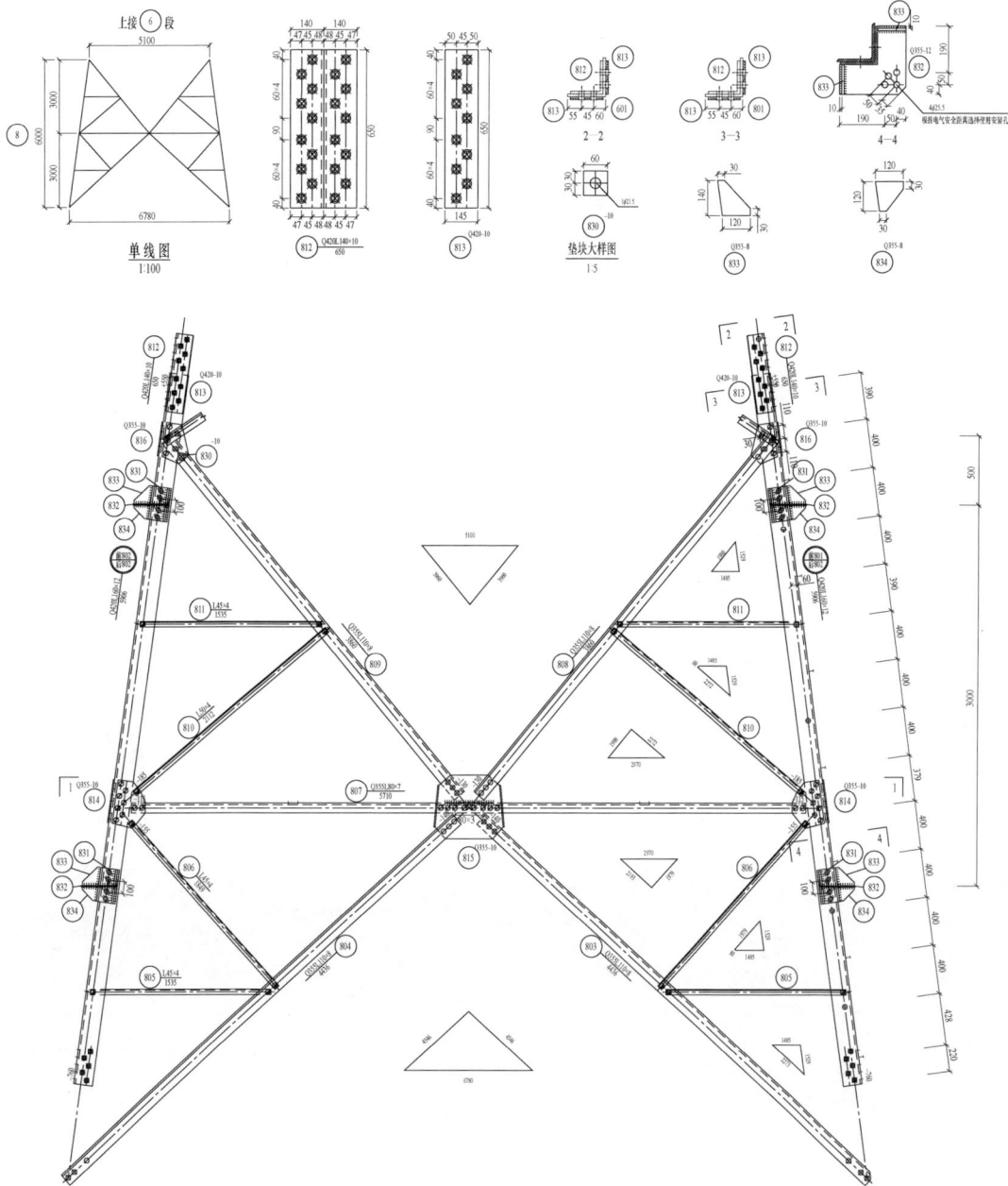

构件明细表

编号	规格	长度（mm）	数量	质量（kg） 一件	质量（kg） 小计	备注
⑧⓪①	Q420L160×12	5906	1	173.58	173.6	脚钉
⑧⓪②	Q420L160×12	5906	3	173.58	520.7	
⑧⓪③	Q355L110×8	4436	4	60.03	240.1	切角
⑧⓪④	Q355L110×8	4436	4	60.03	240.1	
⑧⓪⑤	L45×4	1535	8	4.20	33.6	
⑧⓪⑥	L45×4	1849	8	5.06	40.5	
⑧⓪⑦	Q355L80×7	5710	4	48.68	194.7	开角（98.0）
⑧⓪⑧	Q355L110×8	3860	4	52.23	208.9	
⑧⓪⑨	Q355L110×8	3860	4	52.23	208.9	切角
⑧①⓪	L50×4	2112	8	6.46	51.7	
⑧①①	L45×4	1535	8	4.20	33.6	脚钉
⑧①②	Q420L140×10	650	4	13.97	55.9	铲背
⑧①③	Q420-10×145	650	8	7.40	59.2	
⑧①④	Q355-10×268	377	6	7.96	47.7	
⑧①⑤	Q355-10×526	668	4	27.64	110.5	火曲；电焊；卷边
⑧①⑥	Q355-10×222	320	8	5.60	44.8	
⑧①⑦	Q355-10×268	377	2	7.96	15.9	
⑧①⑧	L56×4	3301	2	11.38	22.8	
⑧①⑨	L56×4	3301	2	11.38	22.8	
⑧②⓪	L56×4	3301	2	11.38	22.8	切角
⑧②①	L56×4	3301	2	11.38	22.8	切角
⑧②②	L40×4	2072	4	5.02	20.1	
⑧②③	L40×4	518	4	1.25	5.0	
⑧②④	L40×4	671	4	1.63	6.5	
⑧②⑤	L40×4	671	2	1.63	3.3	切角
⑧②⑥	L40×4	671	2	1.63	3.3	切角
⑧②⑦	L40×4	1249	4	3.03	12.1	压扁
⑧②⑧	-6×173	424	4	3.47	13.9	火曲；卷边
⑧②⑨	-6×150	403	1	2.85	2.9	电焊
⑧③⓪	-10×60	60	4	0.28	1.1	
⑧③①	Q355L160×12	280	4	8.23	32.9	清根，焊接
⑧③②	Q355-12×280	280	4	7.39	29.6	焊接
⑧③③	Q355-8×120	140	8	1.06	8.5	焊接
⑧③④	Q355-8×120	120	8	0.90	7.2	焊接
合计					2518.0kg	

螺栓、垫圈、脚钉明细表

名称	级别	规格	符号	数量	质量（kg）	备注
螺栓	6.8	M16×40		20	2.9	
		M16×50		115	18.4	
		M20×55		171	49.2	
		M20×65		19	5.9	
		M20×75		8	2.7	
	8.8	M24×75		78	41.6	
脚钉	6.8	M16×180		11	4.2	双帽
		M20×200		2	1.3	双帽
	8.8	M24×240		2	2.4	双帽
合计					128.6kg	

图 9.1-11 220-GC21D-DL-11 220-GC21D-DL 终端塔塔身结构图⑧

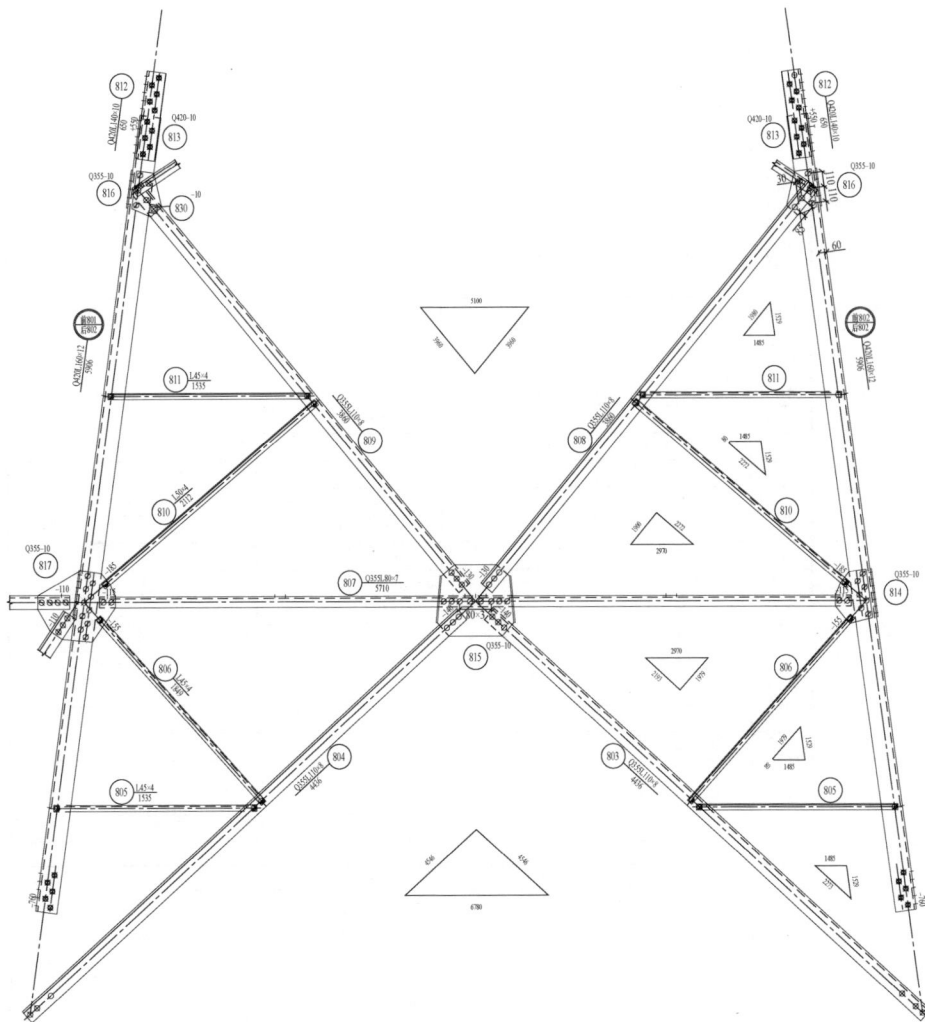

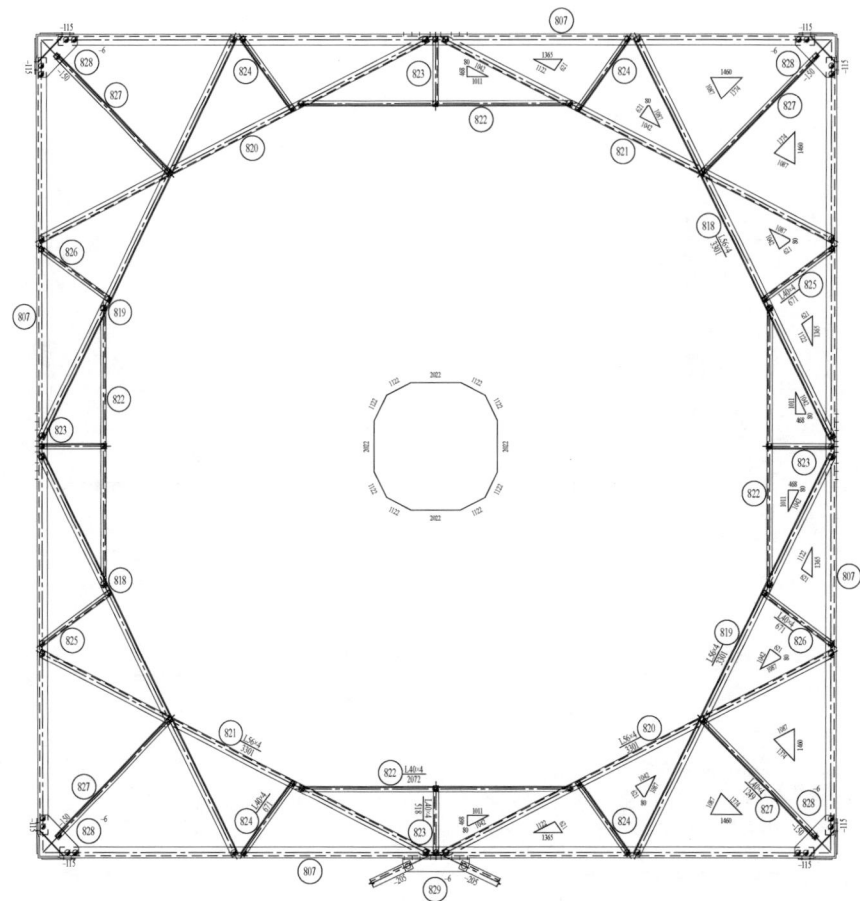

图 9.1-12 220-GC21D-DL-12 220-GC21D-DL 终端塔塔身结构图⑧

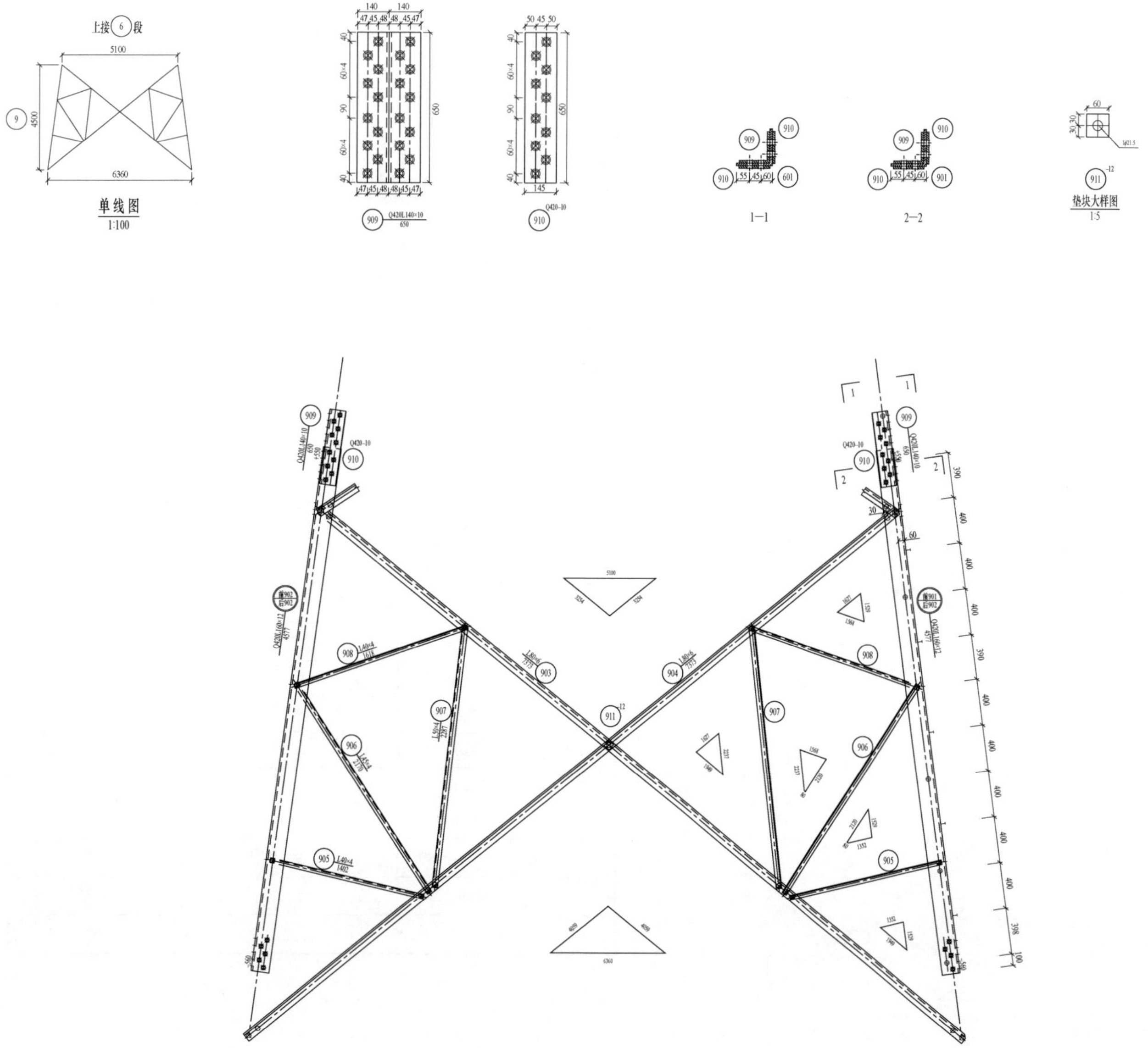

构件明细表

编号	规格	长度(mm)	数量	质量(kg) 一件	质量(kg) 小计	备注
901	Q420L160×12	4577	1	134.52	134.5	脚钉
902	Q420L160×12	4577	3	134.52	403.6	
903	L80×6	7373	4	54.38	217.5	切角
904	L80×6	7373	4	54.38	217.5	
905	L40×4	1402	8	3.40	27.2	
906	L45×4	2170	8	5.94	47.5	
907	L50×4	2287	8	7.00	56.0	切角
908	L40×4	1618	8	3.92	31.4	
909	Q420L140×10	650	4	13.97	55.9	铲背
910	Q420-10×145	650	8	7.40	59.2	
911	-12×60	60	4	0.34	1.4	
合计					1251.7kg	

螺栓、垫圈、脚钉明细表

名称	级别	规格	符号	数量	质量(kg)	备注
螺栓	6.8	M16×50		40	6.4	
		M16×60		7	1.2	
		M20×55	∅	15	4.3	
		M20×65	○	12	3.8	
	8.8	M24×75	⊠	78	41.6	
脚钉	6.8	M16×180	⊕—	9	3.5	双帽
		M20×200	⊕—	1	0.7	双帽
	8.8	M24×240	⊕—	2	2.4	双帽
合计					63.9kg	

图 9.1−13　220−GC21D−DL−13　220−GC21D−DL 终端塔塔身结构图⑨

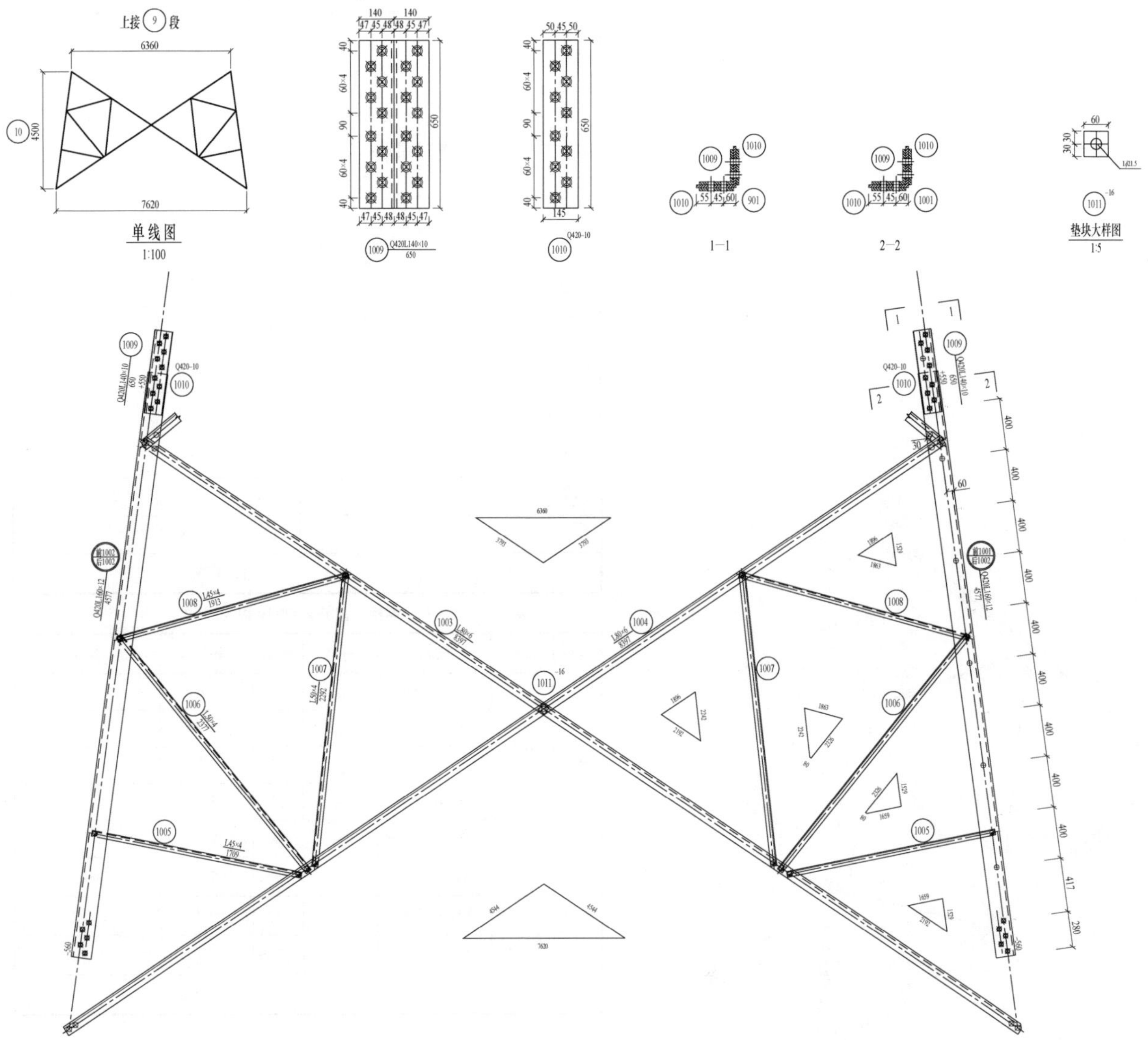

构件明细表

编号	规格	长度（mm）	数量	质量（kg） 一件	质量（kg） 小计	备注
1001	Q420L160×12	4577	1	134.52	134.5	脚钉
1002	Q420L160×12	4577	3	134.52	403.6	
1003	L80×6	8397	4	61.94	247.7	切角
1004	L80×6	8397	4	61.94	247.7	
1005	L45×4	1709	8	4.68	37.4	
1006	L50×4	2377	8	7.27	58.2	
1007	L50×4	2292	8	7.01	56.1	切角
1008	L45×4	1913	8	5.23	41.9	
1009	Q420L140×10	650	4	13.97	55.9	铲背
1010	Q420-10×145	650	8	7.40	59.2	
1011	-16×60	60	4	0.45	1.8	
合计					1344.0kg	

螺栓、垫圈、脚钉明细表

名称	级别	规格	符号	数量	质量（kg）	备注
螺栓	6.8	M16×50		40	6.4	
		M16×60		8	1.4	
		M20×55		16	4.6	
		M20×65		12	3.8	
	8.8	M24×75		78	41.6	
脚钉	6.8	M16×180	⊕—	9	3.5	双帽
	8.8	M24×240	⊕—	2	2.4	双帽
合计					63.7kg	

图 9.1－14 220－GC21D－DL－14 220－GC21D－DL 终端塔塔身结构图⑩

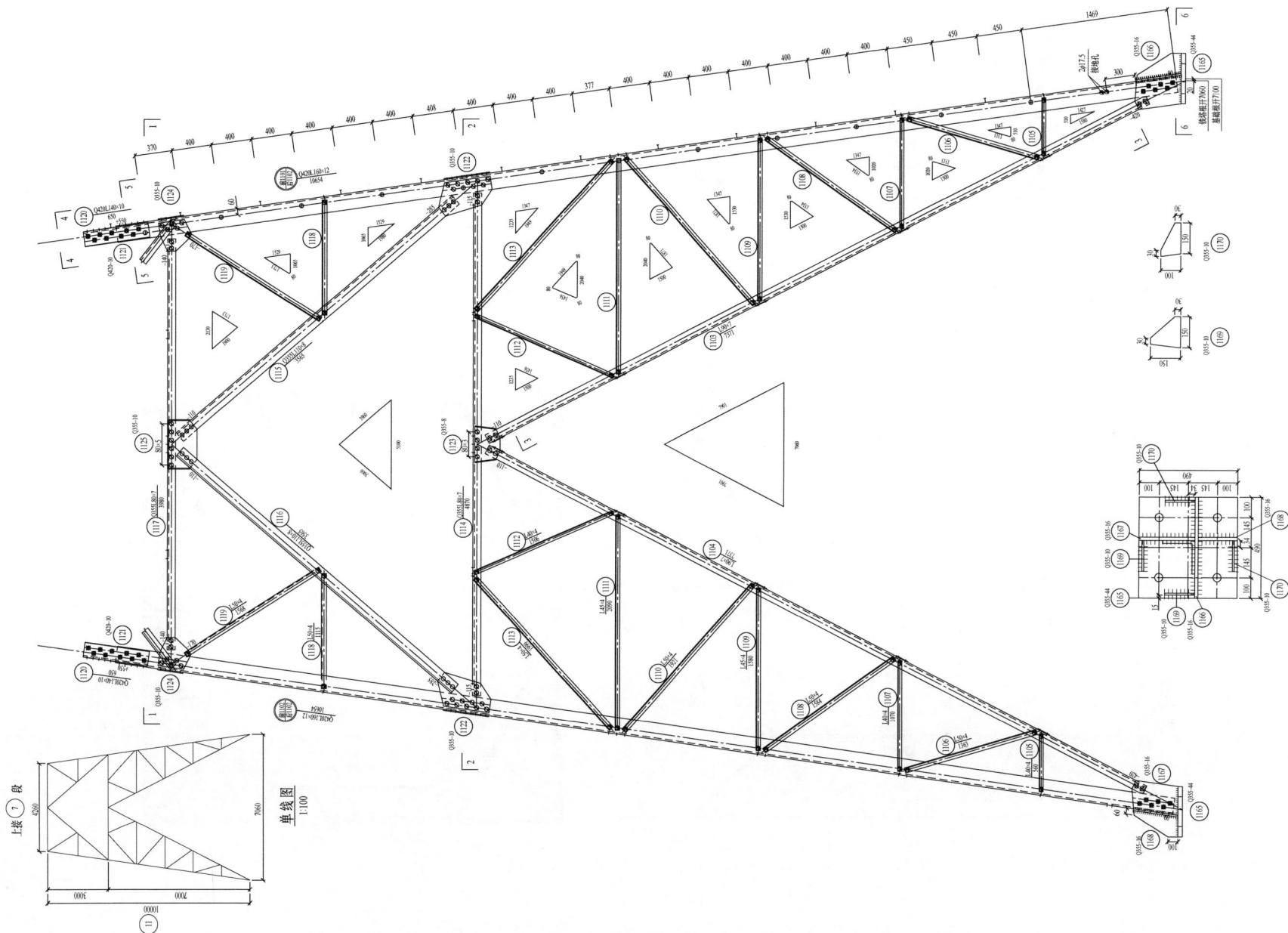

图 9.1-15　220-GC21D-DL-15　220-GC21D-DL 终端塔 18.0m 塔腿结构图⑪

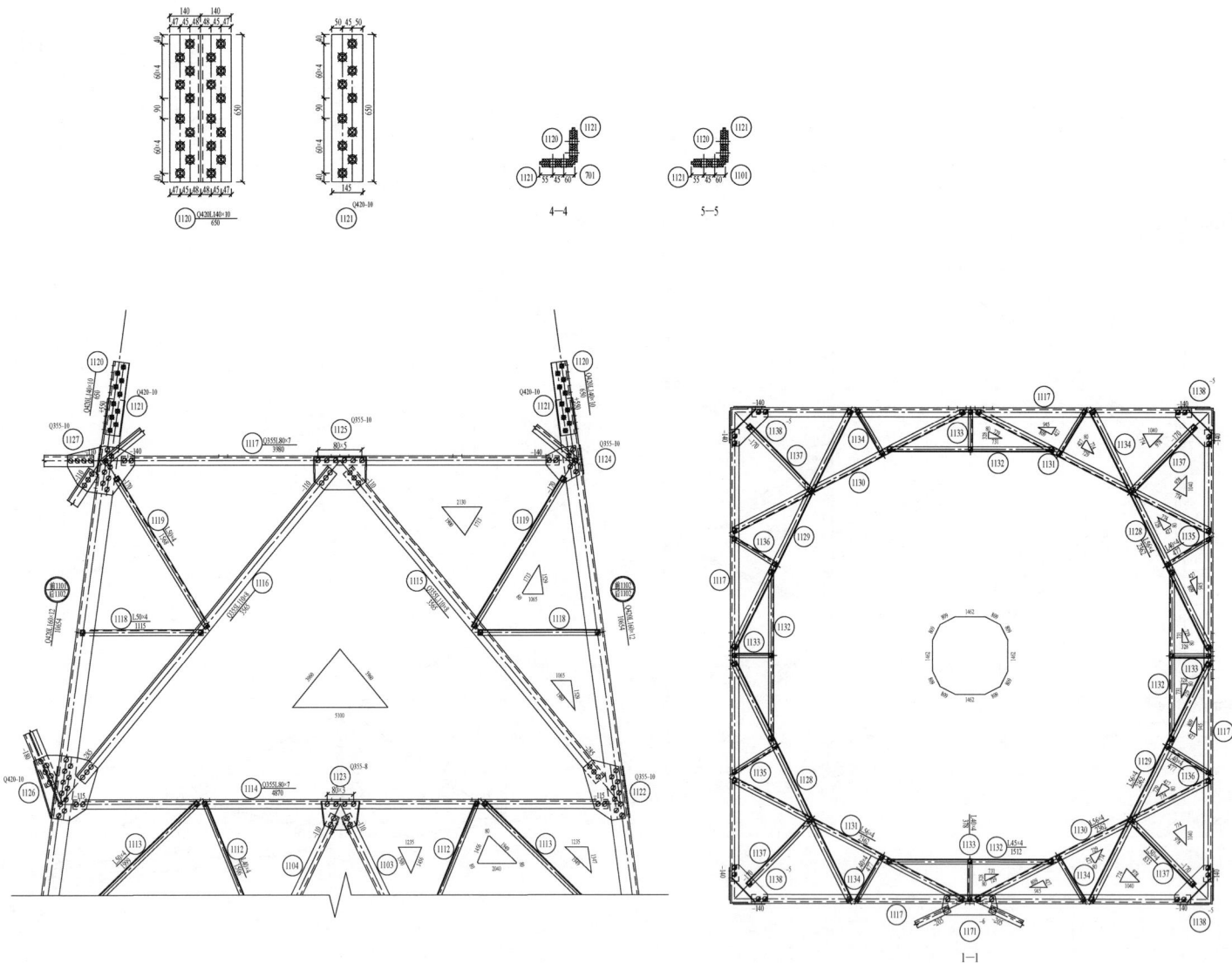

图 9.1-16　220-GC21D-DL-16　220-GC21D-DL 终端塔 18.0m 塔腿结构图⑪（一）

构 件 明 细 表

编号	规格	长度(mm)	数量	质量(kg)一件	质量(kg)小计	备注
⑪₀₁	Q420L160×12	10654	1	313.13	313.1	脚钉
⑪₀₂	Q420L160×12	10654	3	313.13	939.4	
⑪₀₃	L90×7	7371	4	71.17	284.7	切角
⑪₀₄	L90×7	7371	4	71.17	284.7	切角
⑪₀₅	L40×4	560	8	1.36	10.9	
⑪₀₆	L50×4	1363	8	4.17	33.4	
⑪₀₇	L40×4	1070	8	2.59	20.7	
⑪₀₈	L50×4	1584	8	4.85	38.8	
⑪₀₉	L45×4	1580	8	4.32	34.6	
⑪₁₀	L50×4	1921	8	5.88	47.0	
⑪₁₁	L45×4	2090	8	5.72	45.7	
⑪₁₂	L40×4	1506	8	3.65	29.2	
⑪₁₃	L50×4	1999	8	6.11	48.9	
⑪₁₄	Q355L80×7	4870	4	41.52	166.1	开角(98.0)
⑪₁₅	Q355L110×8	3565	4	48.24	193.0	
⑪₁₆	Q355L110×8	3565	4	48.24	193.0	
⑪₁₇	Q355L80×7	3980	4	33.93	135.7	开角(98.0)
⑪₁₈	L50×4	1115	8	3.41	27.3	
⑪₁₉	L50×4	1568	8	4.80	38.4	
⑪₂₀	Q420L140×10	650	4	13.97	55.9	铲背
⑪₂₁	Q420−10×145	650	8	7.40	59.2	
⑪₂₂	Q355−10×324	552	6	14.07	84.4	
⑪₂₃	Q355−8×250	440	4	6.94	27.8	火曲;卷边
⑪₂₄	Q355−10×293	311	6	7.17	43.0	
⑪₂₅	Q355−10×287	560	4	12.63	50.5	火曲;卷边
⑪₂₆	Q420−10×324	552	2	14.07	28.1	
⑪₂₇	Q355−10×293	311	2	7.17	14.3	
⑪₂₈	L56×4	2362	2	8.14	16.3	
⑪₂₉	L56×4	2362	2	8.14	16.3	
⑪₃₀	L56×4	2362	2	8.14	16.3	切角
⑪₃₁	L56×4	2362	2	8.14	16.3	切角
⑪₃₂	L45×4	1512	4	4.14	16.5	
⑪₃₃	L40×4	378	4	0.92	3.7	
⑪₃₄	L40×4	477	4	1.16	4.6	
⑪₃₅	L40×4	477	2	1.16	2.3	切角
⑪₃₆	L40×4	477	2	1.16	2.3	切角
⑪₃₇	L50×4	833	4	2.55	10.2	压扁
⑪₃₈	−5×173	459	4	3.13	12.5	火曲;卷边
⑪₃₉	L63×5	2860	2	13.79	27.6	
⑪₄₀	L63×5	2860	2	13.79	27.6	
⑪₄₁	L63×5	2860	2	13.79	27.6	切角
⑪₄₂	L63×5	2860	2	13.79	27.6	切角
⑪₄₃	L50×4	1775	4	5.43	21.7	
⑪₄₄	L40×4	456	4	1.10	4.4	
⑪₄₅	L40×4	565	4	1.37	5.5	
⑪₄₆	L40×4	565	2	1.37	2.7	
⑪₄₇	L40×4	565	2	1.37	2.7	
⑪₄₈	L56×4	1066	4	3.67	14.7	压扁
⑪₄₉	−5×170	417	4	2.79	11.1	火曲;卷边
⑪₅₀	L40×4	678	4	1.64	6.6	
⑪₅₁	L40×4	1744	8	4.22	33.8	
⑪₅₂	L40×4	2300	8	5.57	44.6	
⑪₅₃	L40×4	2897	8	7.02	56.1	
⑪₅₄	L45×4	3428	8	9.38	75.0	
⑪₅₅	−6×141	210	4	1.40	5.6	火曲
⑪₅₆	−6×141	210	4	1.40	5.6	火曲
⑪₅₇	−6×158	183	4	1.37	5.5	火曲
⑪₅₈	−6×158	183	4	1.37	5.5	火曲
⑪₅₉	−6×161	165	4	1.26	5.0	火曲
⑪₆₀	−6×161	165	4	1.26	5.0	火曲
⑪₆₁	−6×149	172	4	1.22	4.9	火曲
⑪₆₂	−6×149	172	4	1.22	4.9	火曲
⑪₆₃	−6×130	173	4	1.06	4.3	火曲
⑪₆₄	−6×130	173	4	1.06	4.3	火曲
⑪₆₅	Q355−44×490	490	4	82.93	331.7	电焊
⑪₆₆	Q355−16×458	546	4	31.50	126.0	电焊
⑪₆₇	Q355−16×276	488	4	16.97	67.9	电焊
⑪₆₈	Q355−16×206	472	4	12.25	49.0	电焊
⑪₆₉	Q355−10×145	150	8	1.72	13.7	电焊
⑪₇₀	Q355−10×100	145	8	1.14	9.2	电焊
⑪₇₁	−6×200	460	1	4.33	4.3	
	合计				4406.8kg	

螺栓、垫圈、脚钉明细表

名称	级别	规格	符号	数量	质量(kg)	备注
螺栓	6.8	M16×40	◑	48	7.0	
		M16×50	◪	431	69.0	
		M20×45	○	16	4.3	
		M20×55	⊘	232	66.8	
		M20×65	⊠	32	10.0	
	8.8	M24×75	▨	126	67.2	
脚钉	6.8	M16×180	⊕─	20	7.7	双帽
		M20×200	⊕─	2	1.3	双帽
	8.8	M24×240	⊕─	2	2.4	双帽
合计					235.7kg	

图 9.1−16　220−GC21D−DL−16　220−GC21D−DL 终端塔 18.0m 塔腿结构图⑪（二）

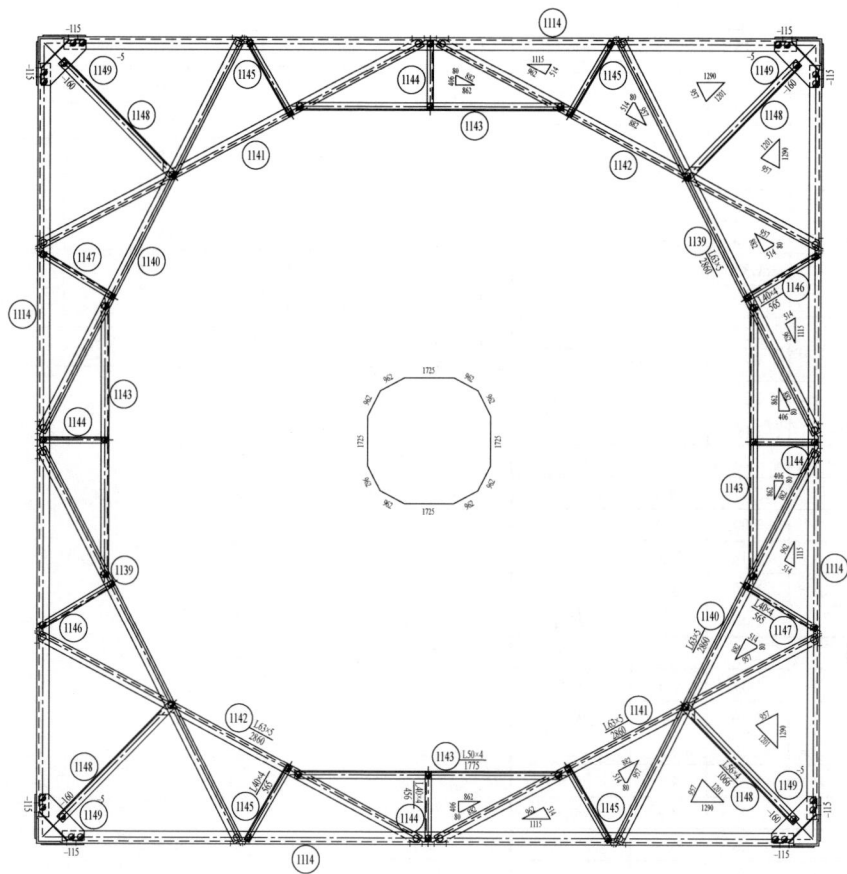

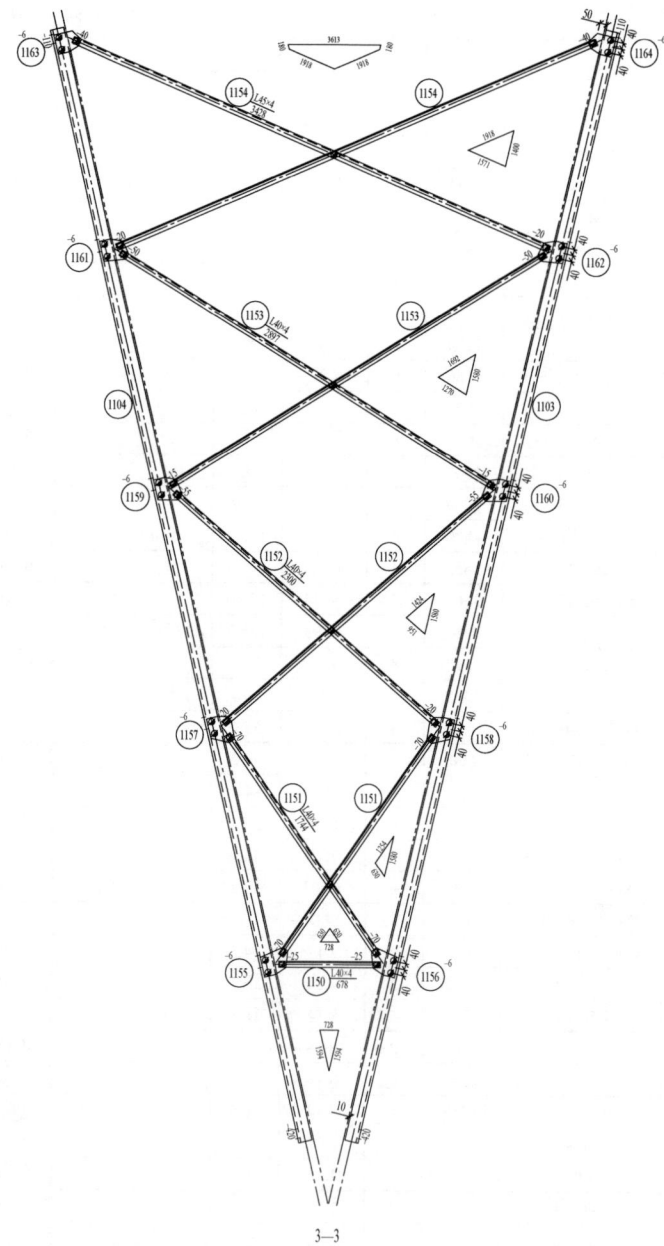

2—2

3—3

图 9.1-17　220-GC21D-DL-17　220-GC21D-DL 终端塔 18.0m 塔腿结构图⑪

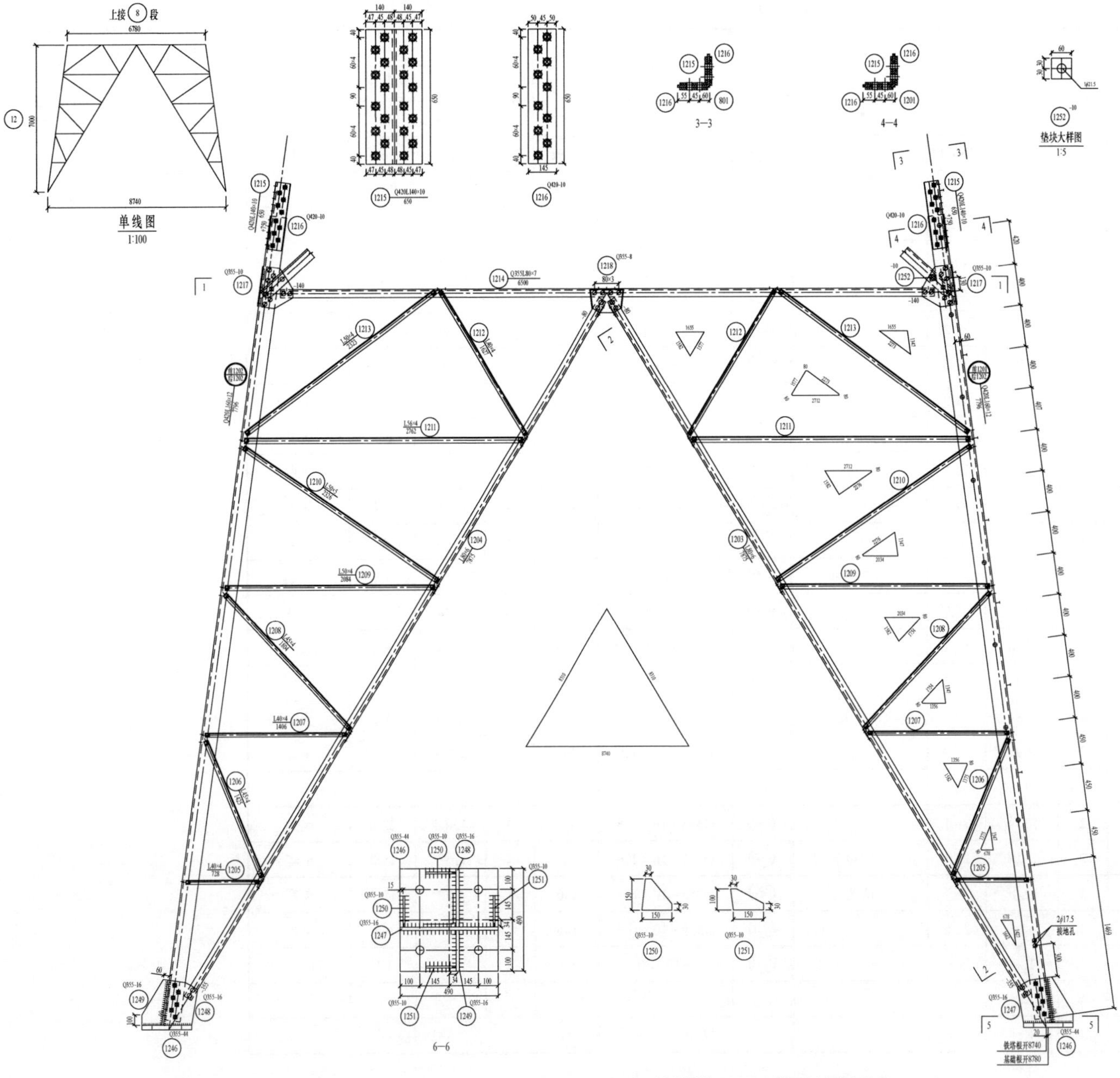

图 9.1-18　220-GC21D-DL-18　220-GC21D-DL 终端塔 24.0m 塔腿结构图⑫（一）

构 件 明 细 表

编号	规格	长度（mm）	数量	质量（kg）一件	质量（kg）小计	备注	编号	规格	长度（mm）	数量	质量（kg）一件	质量（kg）小计	备注
1201	Q420L160×12	7796	1	229.13	229.1	脚钉	1228	L40×4	758	2	1.84	3.7	切角
1202	Q420L160×12	7796	3	229.13	687.4		1229	L45×4	1452	4	3.97	15.9	压扁
1203	L80×6	7875	4	58.09	232.3		1230	−6×173	459	4	3.76	15.0	火曲；卷边
1204	L80×6	7875	4	58.09	232.3		1231	L40×4	921	4	2.23	8.9	
1205	L40×4	728	8	1.76	14.1		1232	L40×4	2018	8	4.89	39.1	
1206	L45×4	1425	8	3.90	31.2		1233	L40×4	2812	8	6.81	54.5	
1207	L40×4	1406	8	3.41	27.2		1234	L45×4	3625	8	9.92	79.3	
1208	L45×4	1804	8	4.94	39.5		1235	L56×4	4444	8	15.31	122.5	
1209	L50×4	2084	8	6.37	51.0		1236	−6×133	187	4	1.18	4.7	火曲
1210	L50×5	2326	8	8.77	70.2		1237	−6×133	187	4	1.18	4.7	火曲
1211	L56×4	2762	8	9.52	76.1		1238	−6×154	186	4	1.36	5.4	火曲
1212	L40×4	1627	8	3.94	31.5		1239	−6×154	186	4	1.36	5.4	火曲
1213	L50×4	2323	8	7.11	56.8		1240	−6×154	156	4	1.14	4.6	火曲
1214	Q355L80×7	6500	4	55.41	221.7	开角（98.0）	1241	−6×154	156	4	1.14	4.6	火曲
1215	Q420L140×10	650	4	13.97	55.9	铲背	1242	−6×141	215	4	1.44	5.8	火曲
1216	Q420−10×145	650	8	7.40	59.2		1243	−6×141	215	4	1.44	5.8	火曲
1217	Q355−10×293	390	6	8.97	53.8		1244	−6×139	167	4	1.10	4.4	火曲
1218	Q355−8×221	420	4	5.84	23.4	火曲；卷边	1245	−6×139	167	4	1.10	4.4	火曲
1219	Q420−10×293	390	2	8.97	17.9		1246	Q355−44×490	490	4	82.93	331.7	电焊
1220	L56×4	3789	2	13.06	26.1		1247	Q355−16×462	511	4	29.68	118.7	电焊
1221	L56×4	3789	2	13.06	26.1		1248	Q355−16×288	432	4	15.64	62.6	电焊
1222	L56×4	3789	2	13.06	26.1	切角	1249	Q355−16×206	462	4	11.99	48.0	电焊
1223	L56×4	3789	2	13.06	26.1	切角	1250	Q355−10×145	150	8	1.72	13.7	电焊
1224	L40×4	2335	4	5.66	22.6		1251	Q355−10×100	145	8	1.14	9.2	电焊
1225	L40×4	596	4	1.44	5.8		1252	−10×60	60	4	0.28	1.1	
1226	L40×4	758	4	1.84	7.3								
1227	L40×4	758	2	1.84	3.7	切角	合计					3328.1kg	

螺栓、垫圈、脚钉明细表

名称	级别	规格	符号	数量	质量（kg）	备注
螺栓	6.8	M16×40	◑	20	2.9	
		M16×50	◑	363	58.1	
		M20×55	∅	107	30.8	
		M20×65	⊠	20	6.3	
	8.8	M24×75	⊠	126	67.2	
脚钉	6.8	M16×180	⊕—	14	5.4	双帽
		M20×200	⊕—	1	0.7	双帽
	8.8	M24×240	⊕—	2	2.4	双帽
合计					173.8kg	

图 9.1−18　220−GC21D−DL−18　220−GC21D−DL 终端塔 24.0m 塔腿结构图⑫（二）

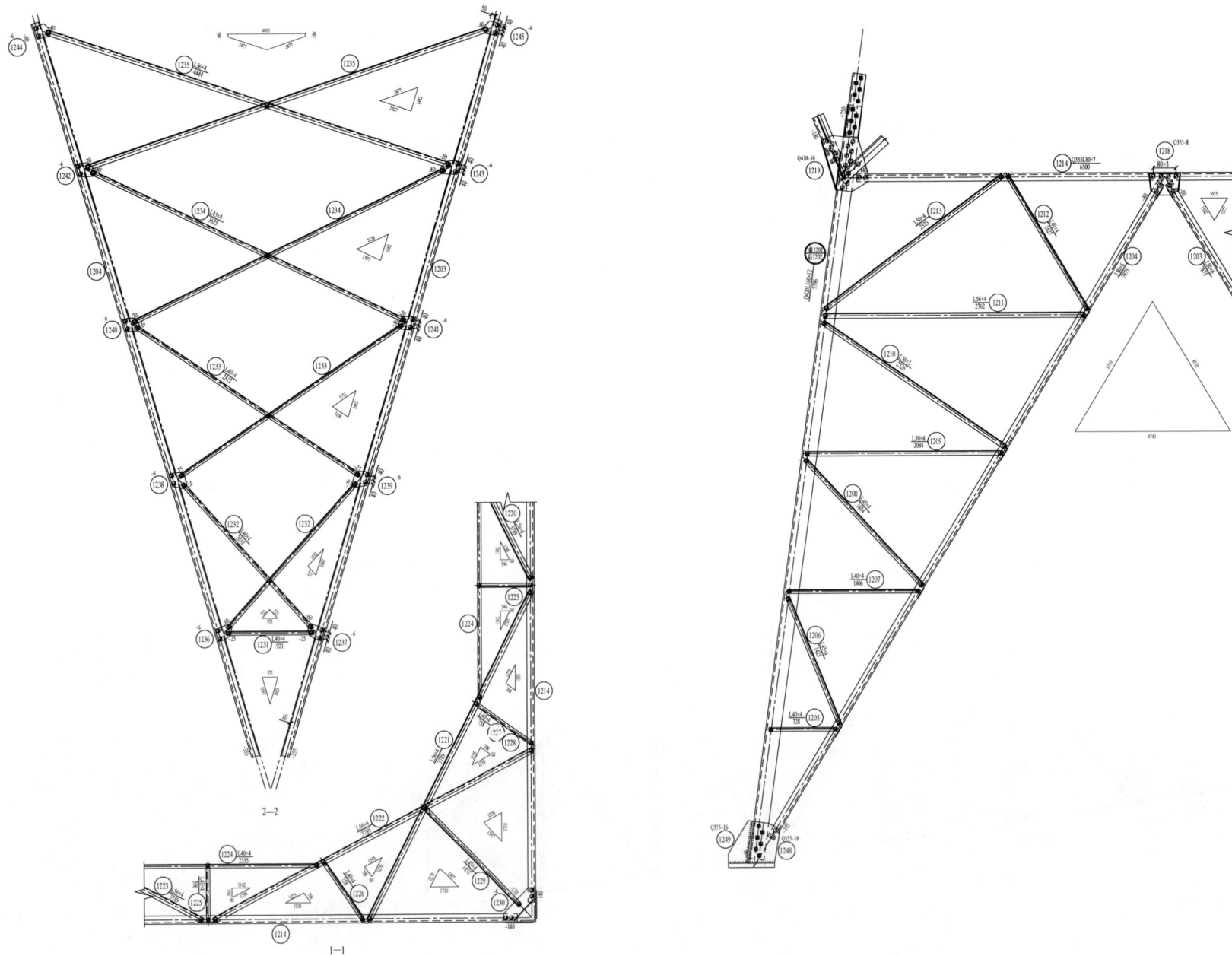

图 9.1-19　220-GC21D-DL-19　220-GC21D-DL 终端塔 24.0m 塔腿结构图⑫

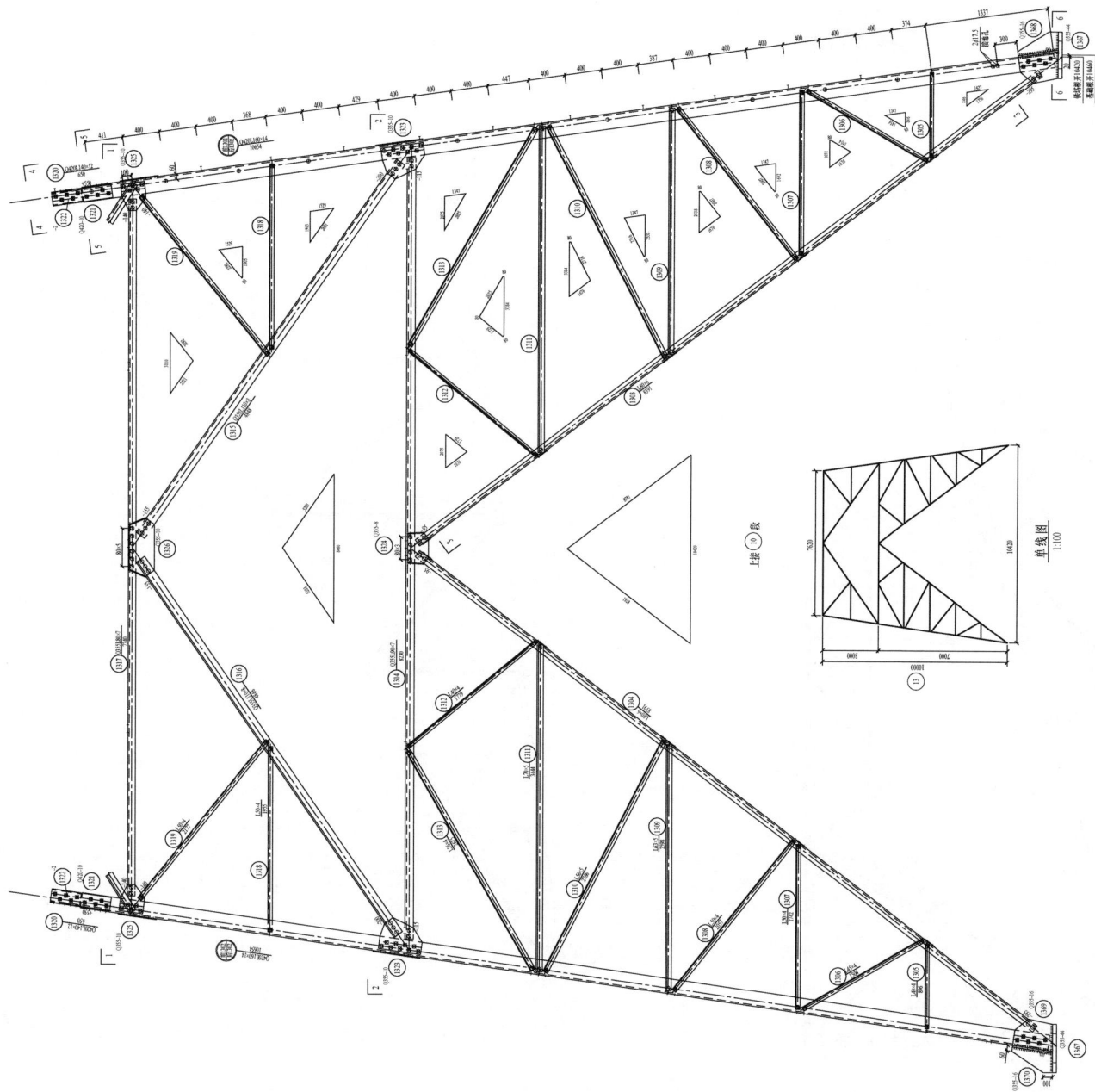

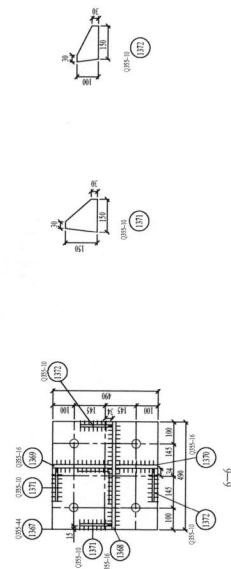

图 9.1-20 **220-GC21D-DL-20** **220-GC21D-DL 终端塔 30.0m 塔腿结构图⑬**

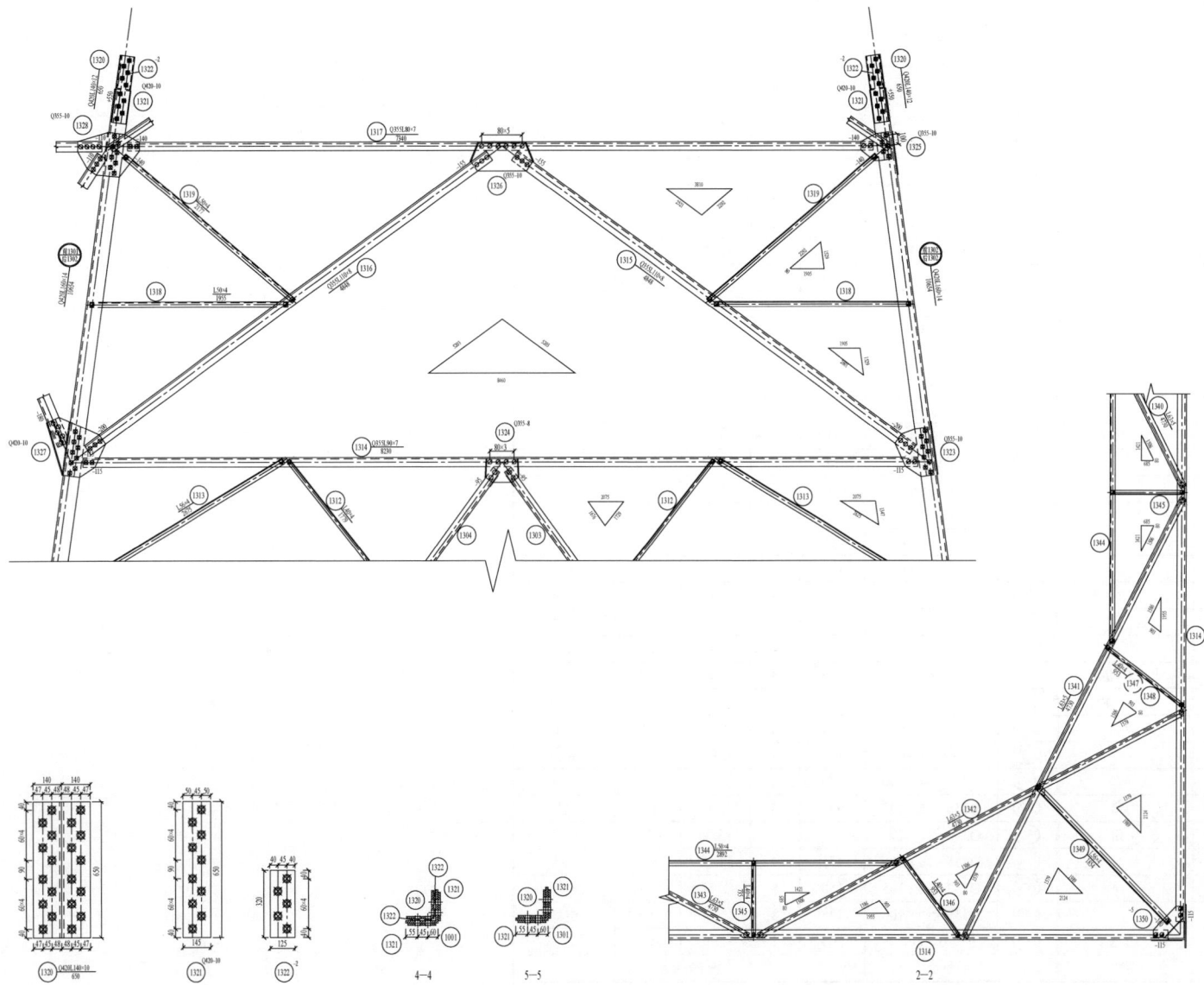

图 9.1-21　220-GC21D-DL-21　220-GC21D-DL 终端塔 30.0m 塔腿结构图⑬（一）

构 件 明 细 表

编号	规格	长度(mm)	数量	质量(kg) 一件	质量(kg) 小计	备注	编号	规格	长度(mm)	数量	质量(kg) 一件	质量(kg) 小计	备注
⑬01	Q420L160×14	10654	1	362.10	362.1	脚钉	⑬38	L50×4	1625	4	4.97	19.9	压扁
⑬02	Q420L160×14	10654	3	362.10	1086.3		⑬39	−5×173	459	4	3.13	12.5	火曲；卷边
⑬03	L80×6	8391	4	61.89	247.6		⑬40	L63×5	4730	2	22.81	45.6	
⑬04	L80×6	8391	4	61.89	247.6		⑬41	L63×5	4730	2	22.81	45.6	
⑬05	L40×4	896	8	2.17	17.4		⑬42	L63×5	4730	2	22.81	45.6	
⑬06	L45×4	1504	8	4.11	32.9		⑬43	L63×5	4730	2	22.81	45.6	
⑬07	L50×4	1742	8	5.33	42.6		⑬44	L50×4	2892	4	8.85	35.4	
⑬08	L50×4	2057	8	6.29	50.3		⑬45	L40×4	735	4	1.78	7.1	
⑬09	L63×5	2598	8	12.53	100.2		⑬46	L40×4	953	4	2.31	9.2	
⑬10	L56×5	2766	8	11.76	94.1		⑬47	L40×4	953	2	2.31	4.6	
⑬11	L70×5	3444	8	18.59	148.7		⑬48	L40×4	953	2	2.31	4.6	
⑬12	L40×4	1779	8	4.31	34.5		⑬49	L56×4	1854	4	6.39	25.6	压扁
⑬13	L56×4	2675	8	9.22	73.7		⑬50	−5×177	416	4	2.90	11.6	火曲；卷边
⑬14	Q355L90×7	8230	4	79.47	317.9	开角(98.0)	⑬51	L40×4	1156	4	2.80	11.2	
⑬15	Q355L110×8	4848	4	65.60	262.4		⑬52	L40×4	2306	8	5.59	44.7	
⑬16	Q355L110×8	4848	4	65.60	262.4		⑬53	L45×4	3350	4	9.17	73.3	
⑬17	Q355L80×7	7340	4	62.57	250.3	开角(98.0)	⑬54	L50×4	5612	8	17.17	137.3	
⑬18	L50×4	1955	8	5.98	47.8		⑬55	L50×4	2147	8	6.57	52.5	
⑬19	L50×4	2177	8	6.66	53.3		⑬56	L40×4	1070	8	2.59	20.7	切角
⑬20	Q420L140×12	650	4	16.59	66.4	铲背	⑬57	−6×130	195	4	1.20	4.8	火曲
⑬21	Q420−10×145	650	8	7.40	59.2		⑬58	−6×130	195	4	1.20	4.8	火曲
⑬22	−2×122	320	8	0.61	4.9		⑬59	−6×150	180	4	1.28	5.1	火曲
⑬23	Q355−10×343	460	6	12.40	74.4		⑬60	−6×150	180	4	1.28	5.1	火曲
⑬24	Q355−8×226	415	4	5.92	23.7	火曲；卷边	⑬61	−6×163	238	4	1.84	7.4	火曲
⑬25	Q355−10×260	293	6	5.98	35.9		⑬62	−6×163	238	4	1.84	7.4	火曲
⑬26	Q355−10×269	677	4	14.35	57.4	火曲；卷边	⑬63	−6×130	149	4	0.92	3.7	火曲
⑬27	Q420−10×536	611	2	25.74	51.5	火曲；卷边	⑬64	−6×130	149	4	0.92	3.7	火曲
⑬28	Q355−10×417	615	2	20.18	40.4		⑬65	−6×130	165	4	1.01	4.0	火曲
⑬29	L56×4	4240	2	14.61	29.2		⑬66	−6×130	165	4	1.01	4.0	火曲
⑬30	L56×4	4240	2	14.61	29.2		⑬67	Q355−44×490	490	4	82.93	331.7	电焊
⑬31	L56×4	4240	2	14.61	29.2	切角	⑬68	Q355−16×437	543	4	29.88	119.5	电焊
⑬32	L56×4	4240	2	14.61	29.2	切角	⑬69	Q355−16×292	433	4	15.94	63.8	电焊
⑬33	L45×4	2632	4	7.20	28.8		⑬70	Q355−16×206	462	4	11.99	48.0	电焊
⑬34	L40×4	658	4	1.59	6.4		⑬71	Q355−10×145	150	8	1.72	13.7	电焊
⑬35	L40×4	867	4	2.10	8.4		⑬72	Q355−10×100	145	8	1.14	9.2	电焊
⑬36	L40×4	867	2	2.10	4.2	切角	⑬73	−6×171	505	1	4.09	4.1	
⑬37	L40×4	867	2	2.10	4.2	切角	合计					5607.3kg	

螺栓、垫圈、脚钉明细表

名称	级别	规格	符号	数量	质量(kg)	备注
螺栓	6.8	M16×40	◑	48	7.0	
		M16×50	◑	408	65.3	
		M20×45	○	34	9.1	
		M20×55	⊘	194	55.9	
		M20×65	⊠	115	36.0	
	8.8	M24×75	⊠	126	67.2	
脚钉	6.8	M16×180	⊕⟶	20	7.7	双帽
		M20×200	⊕⟶	3	2.0	双帽
	8.8	M24×240	⊕⟶	2	2.4	双帽
合计					252.6kg	

图 9.1−21　220−GC21D−DL−21　220−GC21D−DL 终端塔 30.0m 塔腿结构图⑬（二）

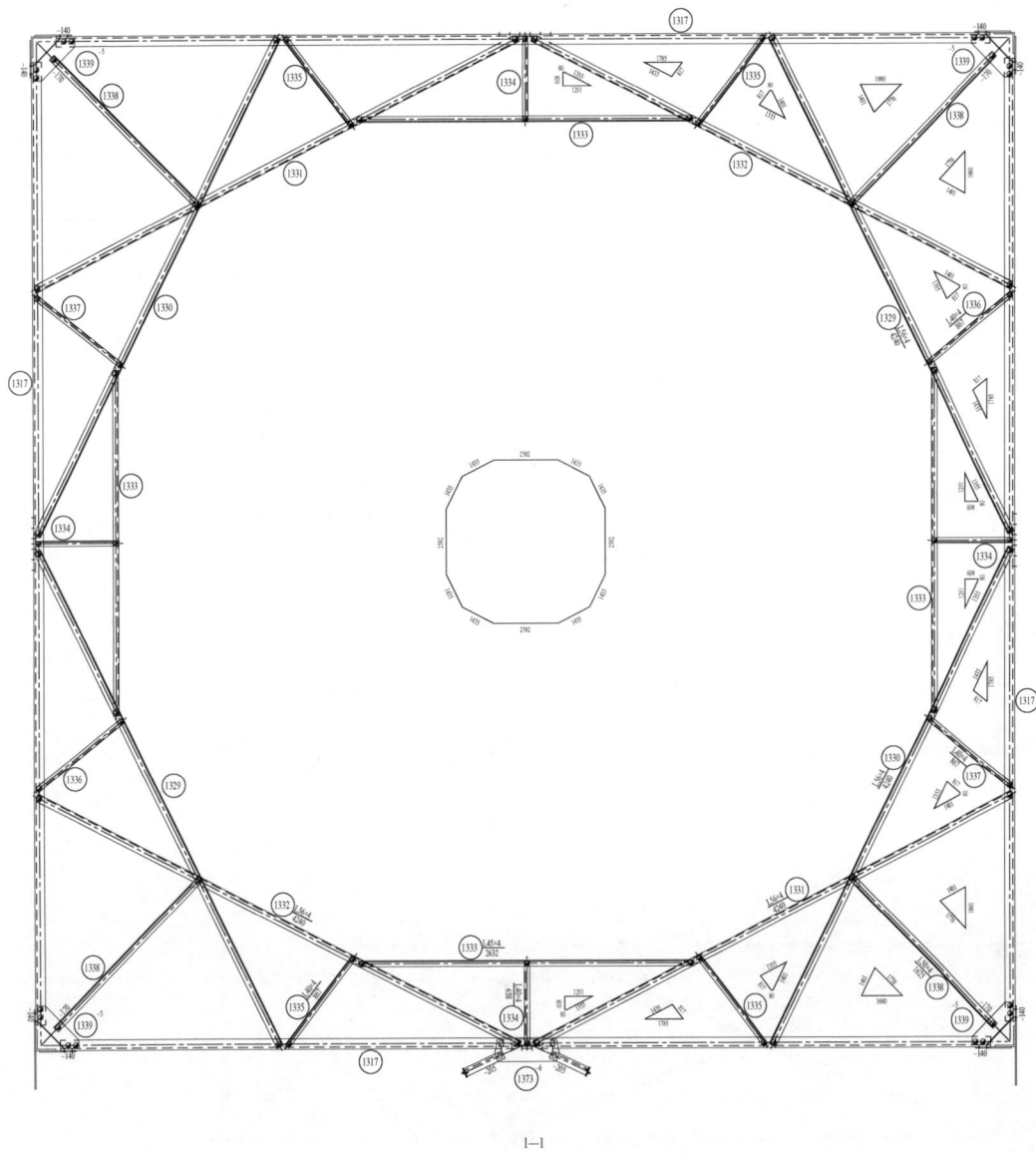

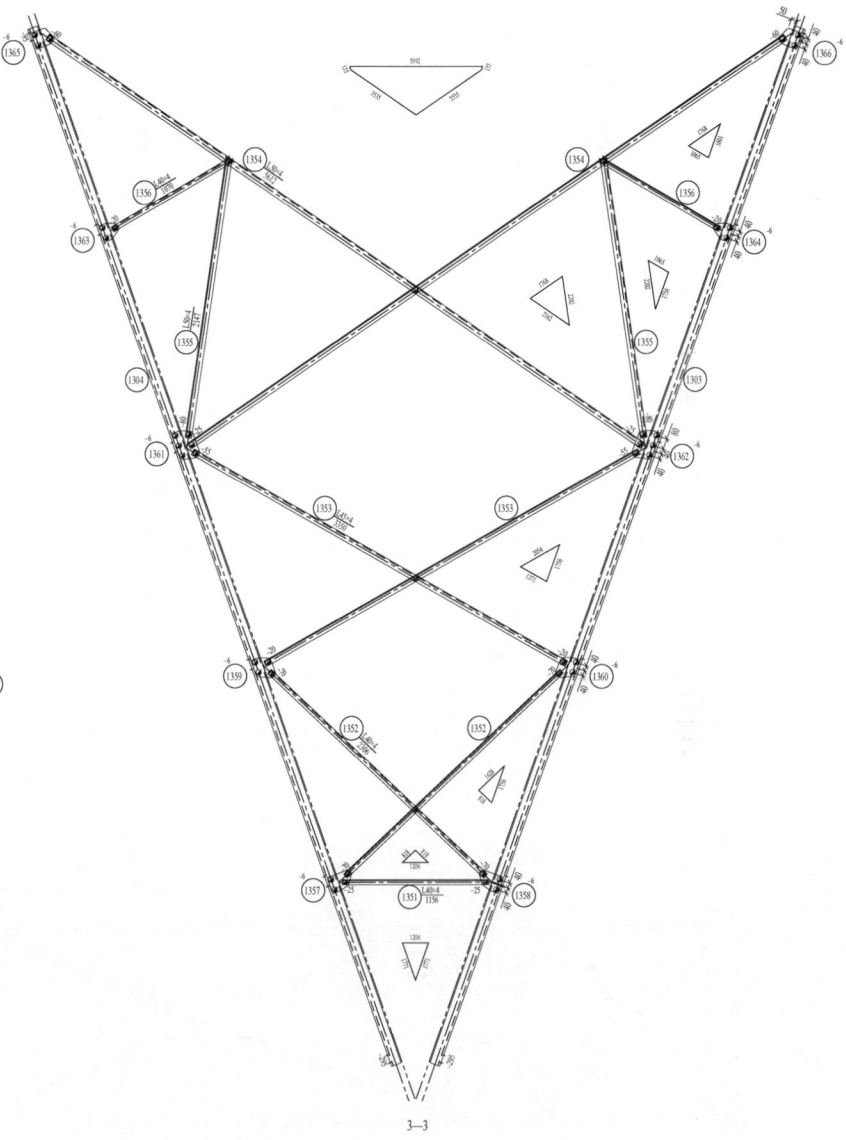

图 9.1-22　220-GC21D-DL-22　220-GC21D-DL 终端塔 30.0m 塔腿结构图⑬

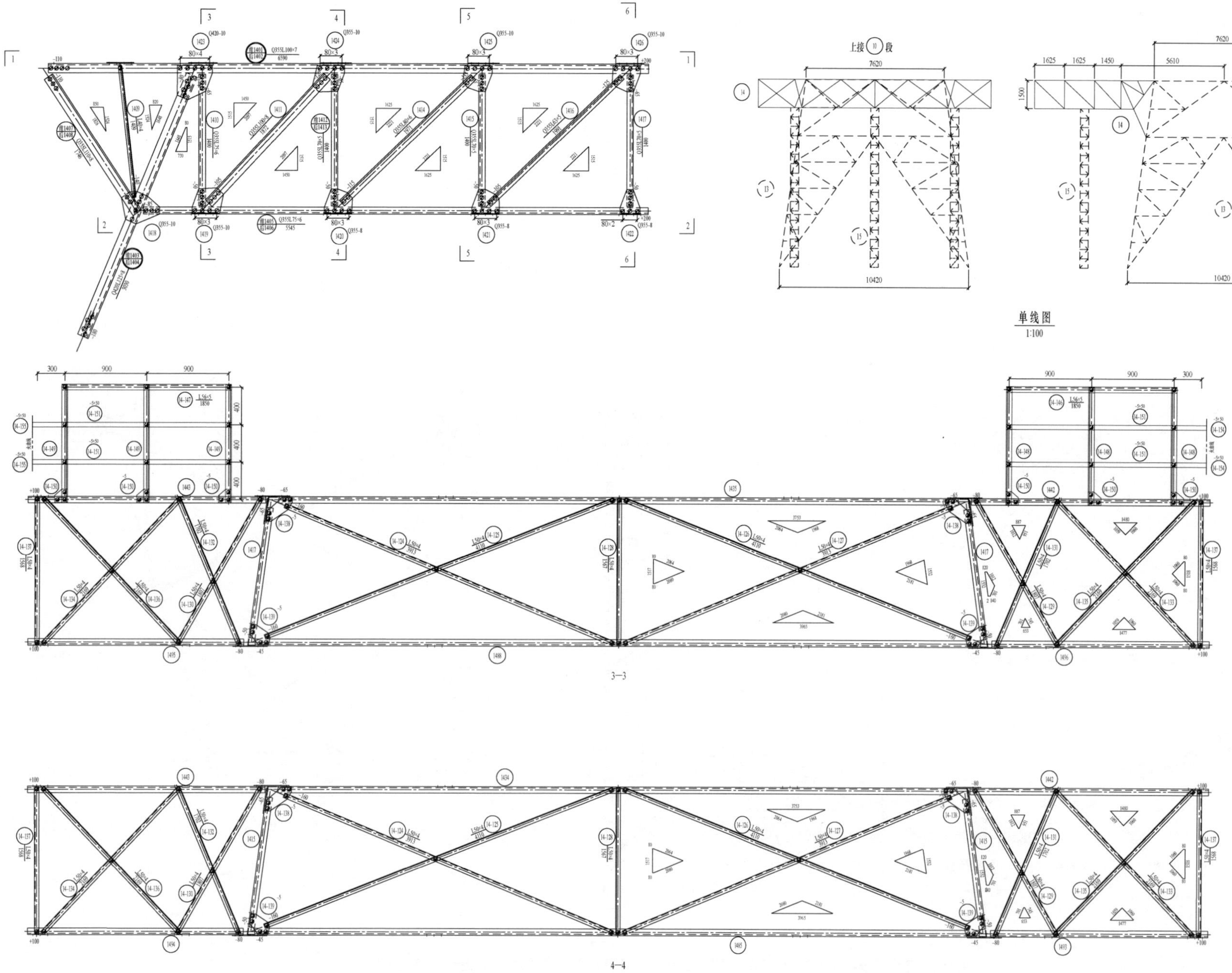

图 9.1-23 220-GC21D-DL-23 220-GC21D-DL 终端塔电缆平台结构图⑭

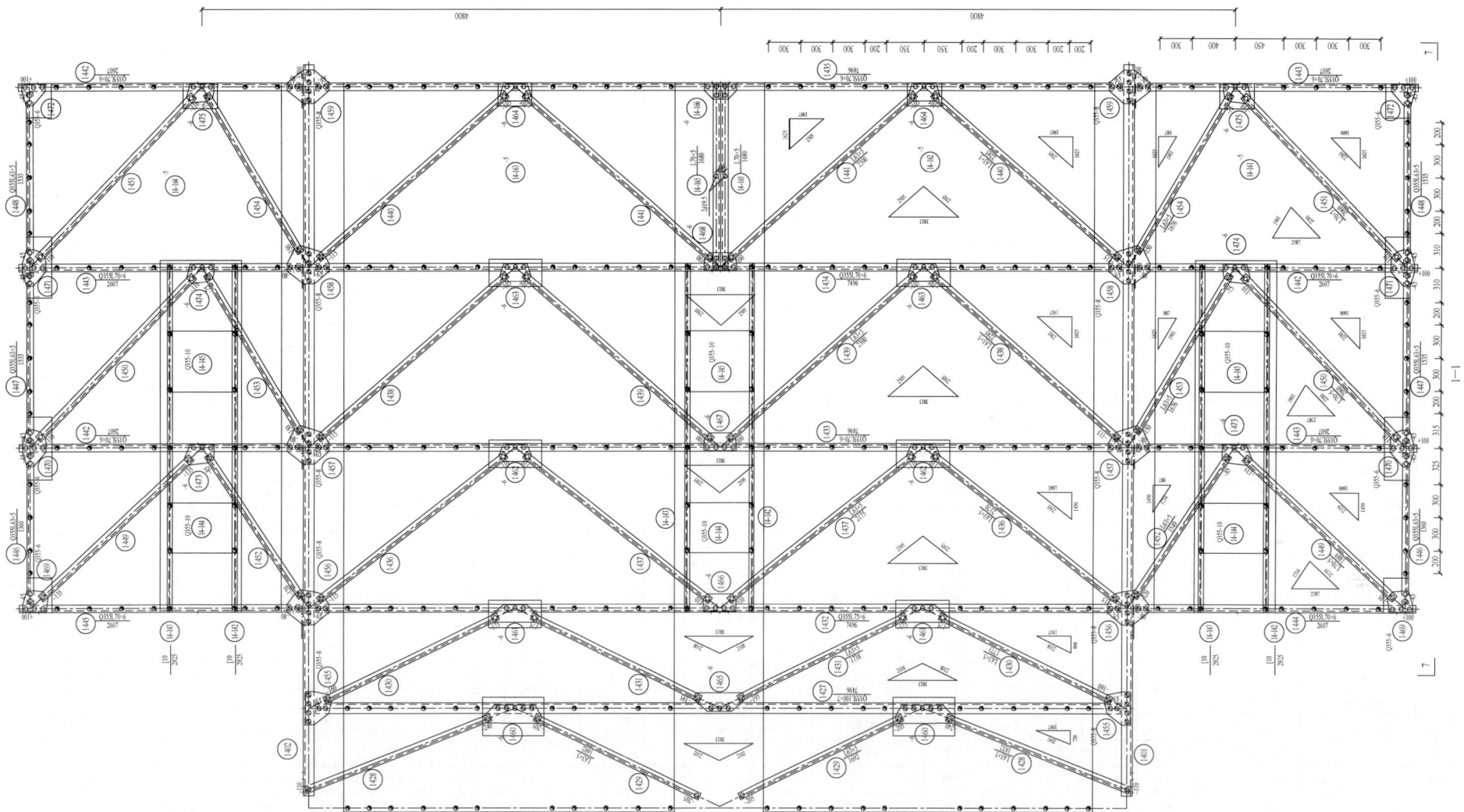

图 9.1-24 220-GC21D-DL-24 220-GC21D-DL 终端塔电缆平台结构图⑭（一）

构 件 明 细 表

编号	规格	长度(mm)	数量	一件	小计	备注	编号	规格	长度(mm)	数量	一件	小计	备注	编号	规格	长度(mm)	数量	一件	小计	备注
1401	Q355L100×7	6590	1	71.37	71.4	开角(98.0)	1435	Q355L70×6	7496	1	48.02	48.0		1469	Q355-6×195	237	2	2.19	4.4	
1402	Q355L100×7	6590	1	71.37	71.4	开角(98.0)	1436	L63×5	2170	2	10.46	20.9		1470	Q355-6×220	330	2	3.42	6.8	
1403	Q420L125×8	3030	1	46.98	47.0	切角,合角(86.7)	1437	L63×5	2175	2	10.49	21.0		1471	Q355-6×220	330	2	3.42	6.8	
1404	Q420L125×8	3030	1	46.98	47.0	切角,合角(86.7)	1438	L63×5	2285	2	11.02	22.0		1472	Q355-6×195	220	2	2.02	4.0	
1405	Q355L75×6	5545	1	38.29	38.3	合角(82.0)	1439	L63×5	2300	2	11.09	22.2		1473	-6×186	277	2	2.45	4.9	
1406	Q355L75×6	5545	1	38.29	38.3	合角(82.0)	1440	L63×5	2285	2	11.02	22.0		1474	-6×175	254	2	2.10	4.2	
1407	Q355L110×8	1746	1	23.63	23.6		1441	L63×5	2300	2	11.09	22.2		1475	-6×175	254	2	2.10	4.2	
1408	Q355L110×8	1746	1	23.63	23.6		1442	Q355L70×6	2607	3	16.70	50.1		1476	L56×4	4020	2	13.85	27.7	
1409	L40×4	1409	2	3.41	6.8	切角	1443	Q355L70×6	2607	3	16.70	50.1		1477	L40×4	1952	2	4.73	9.5	切角
1410	Q355L75×6	1400	2	9.67	19.3		1444	Q355L70×6	2607	1	16.70	16.7		1478	Q355L70×6	8004	1	51.27	51.3	
1411	Q355L100×8	1872	2	22.98	46.0		1445	Q355L70×6	2607	1	16.70	16.7		1479	L63×5	2294	2	11.06	22.1	切角
1412	Q355L70×5	1400	1	7.56	7.6		1446	Q355L63×5	1360	2	6.56	13.1		1480	L63×5	2259	2	10.89	21.8	
1413	Q355L70×5	1400	1	7.56	7.6		1447	Q355L63×5	1535	2	7.40	14.8		1481	L40×4	1360	2	3.29	6.6	
1414	Q355L80×6	1971	2	14.54	29.1		1448	Q355L63×5	1535	2	7.40	14.8		1482	Q355L70×6	8004	1	51.27	51.3	
1415	Q355L70×5	1400	2	7.56	15.1	切角	1449	L70×5	1889	2	10.19	20.4		1483	L63×5	2385	2	11.50	23.0	切角
1416	Q355L63×5	1991	2	9.60	19.2		1450	L70×5	2060	2	11.12	22.2		1484	L63×5	2385	2	11.50	23.0	
1417	Q355L70×5	1400	2	7.56	15.1		1451	L70×5	2060	2	11.12	22.2		1485	Q355L70×6	8004	1	51.27	51.3	
1418	Q355-10×341	397	2	10.65	21.3		1452	L63×5	1549	2	7.47	14.9	切角	1486	L63×5	2385	2	11.50	23.0	
1419	Q355-10×270	343	2	7.29	14.6		1453	L63×5	1676	2	8.08	16.2	切角	1487	L63×5	2385	2	11.50	23.0	
1420	Q355-8×259	309	2	5.05	10.1		1454	L63×5	1676	2	8.08	16.2	切角	1488	Q355L70×6	8004	1	51.27	51.3	
1421	Q355-8×259	300	2	4.90	9.8		1455	Q355-8×241	300	2	4.55	9.1		1489	Q355L70×6	2373	1	15.20	15.2	
1422	Q355-8×220	259	2	3.59	7.2		1456	Q355-8×326	350	2	7.19	14.4		1490	Q355L70×6	2373	1	15.20	15.2	
1423	Q420-10×366	383	2	11.03	22.1		1457	Q355-8×327	374	2	7.71	15.4		1491	Q355L70×6	2373	1	15.20	15.2	
1424	Q355-10×281	353	2	7.81	15.6		1458	Q355-8×327	374	2	7.71	15.4		1492	Q355L70×6	2373	1	15.20	15.2	
1425	Q355-10×274	323	2	6.99	14.0		1459	Q355-8×302	338	2	6.44	12.9		1493	Q355L70×6	2373	1	15.20	15.2	
1426	Q355-10×274	309	2	6.69	13.4		1460	-6×168	546	2	4.34	8.7		1494	Q355L70×6	2373	1	15.20	15.2	
1427	Q355L100×7	7496	1	81.18	81.2		1461	-6×157	453	2	3.36	6.7		1495	Q355L70×6	2373	1	15.20	15.2	
1428	L63×5	1832	2	8.83	17.7	切角	1462	-6×156	310	2	2.29	4.6		1496	Q355L70×6	2373	1	15.20	15.2	
1429	L63×5	1692	2	8.16	16.3		1463	-6×159	293	2	2.21	4.4		1497	Q355L63×5	1360	2	6.56	13.1	
1430	L63×5	1773	2	8.55	17.1	切角	1464	-6×159	293	2	2.21	4.4		1498	Q355L63×5	1540	2	7.43	14.9	
1431	L63×5	1738	2	8.38	16.8		1465	-6×168	486	1	3.87	3.9		1499	Q355L63×5	1535	2	7.40	14.8	
1432	Q355L75×6	7496	1	51.76	51.8		1466	-6×159	306	1	2.30	2.3		14-100	L70×5	1959	2	10.57	21.1	
1433	Q355L70×6	7496	1	48.02	48.0		1467	-6×158	300	1	2.25	2.2								
1434	Q355L70×6	7496	1	48.02	48.0		1468	-6×158	300	1	2.25	2.2		合计					5607.3kg	

图 9.1－24　220－GC21D－DL－24　220－GC21D－DL 终端塔电缆平台结构图⑭（二）

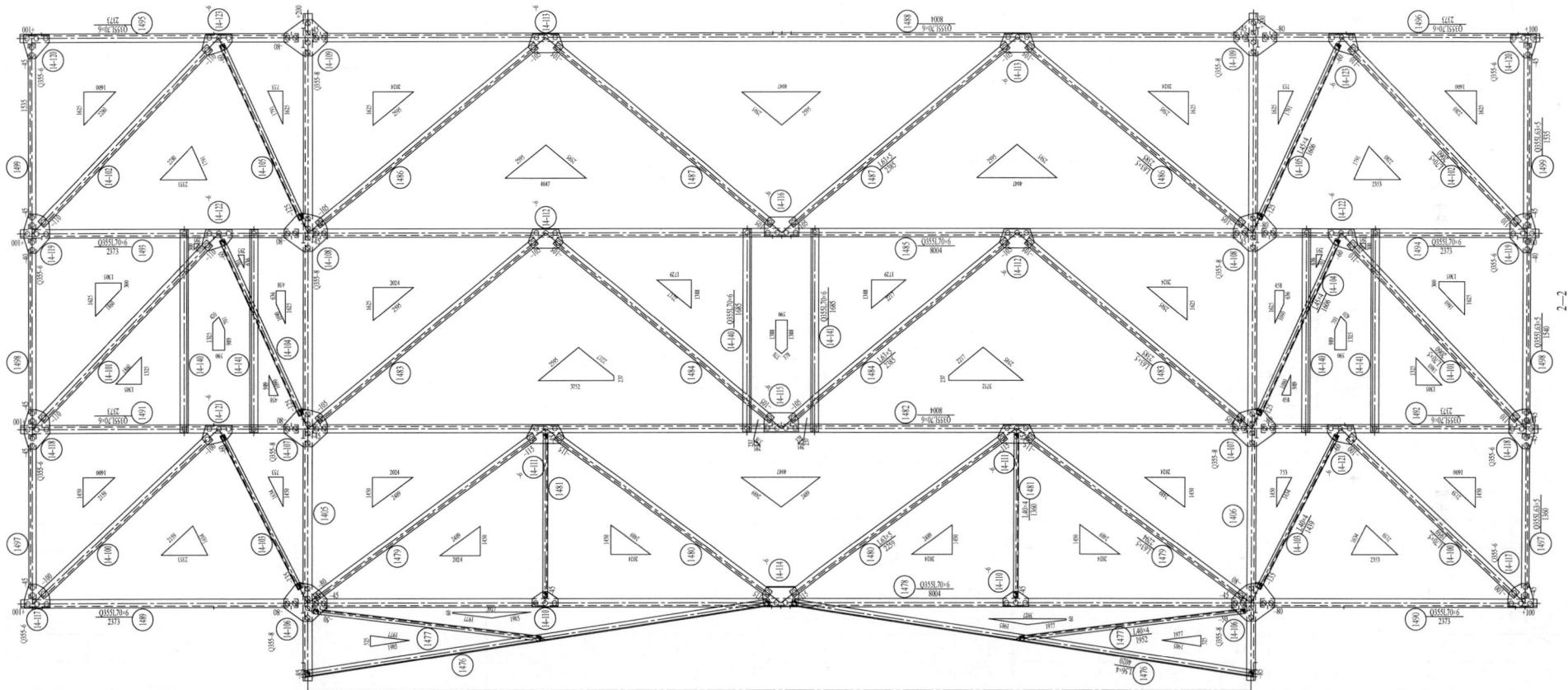

图 9.1-25 220-GC21D-DL-25 220-GC21D-DL 终端塔电缆平台结构图⑭（一）

构件明细表

编号	规格	长度(mm)	数量	质量(kg) 一件	质量(kg) 小计	备注	编号	规格	长度(mm)	数量	质量(kg) 一件	质量(kg) 小计	备注
⑭-101	L70×5	2060	2	11.12	22.2		⑭-135	L50×4	2169	4	6.63	26.5	
⑭-102	L70×5	2060	2	11.12	22.2		⑭-136	L50×4	2169	4	6.63	26.5	切角
⑭-103	L40×4	1439	2	3.49	7.0		⑭-137	L50×4	1568	8	4.80	38.4	
⑭-104	L45×4	1606	2	4.39	8.8	切角	⑭-138	−5×138	379	8	2.07	16.5	
⑭-105	L45×4	1606	2	4.39	8.8	切角	⑭-139	−5×163	275	8	1.77	14.1	
⑭-106	Q355−8×288	336	2	6.11	12.2		⑭-140	Q355L70×6	1685	3	10.79	32.4	
⑭-107	Q355−8×315	329	2	6.53	13.1		⑭-141	Q355L70×6	1685	3	10.79	32.4	
⑭-108	Q355−8×315	329	2	6.53	13.1		⑭-142	[10	3125	3	31.27	93.8	
⑭-109	Q355−8×296	318	2	5.92	11.8		⑭-143	[10	3125	3	31.27	93.8	
⑭-110	−6×125	220	2	1.30	2.6		⑭-144	Q355−10×450	648	3	22.89	68.7	
⑭-111	−6×156	322	2	2.38	4.8		⑭-145	Q355−10×550	648	3	27.98	83.9	
⑭-112	−6×156	298	2	2.20	4.4		⑭-146	L56×5	1850	2	7.86	15.7	
⑭-113	−6×156	298	2	2.20	4.4		⑭-147	L56×5	1850	2	7.86	15.7	
⑭-114	−6×208	319	1	3.14	3.1	火曲；卷边	⑭-148	L50×4	1250	34	3.82	129.9	
⑭-115	−6×159	300	1	2.25	2.2		⑭-149	L50×4	1250	34	3.82	129.9	
⑭-116	−6×159	300	1	2.25	2.2		⑭-150	−5×130	130	68	0.66	44.9	
⑭-117	Q355−6×195	220	2	2.02	4.0		⑭-151	−5×50	1850	8	3.63	29.0	
⑭-118	Q355−6×220	330	2	3.42	6.8		⑭-152	L56×5	4150	2	17.64	35.3	
⑭-119	Q355−6×220	325	2	3.37	6.7		⑭-153	L56×5	4150	2	17.64	35.3	
⑭-120	Q355−6×195	220	2	2.02	4.0		⑭-154	−5×50	5350	4	10.50	42.0	火曲
⑭-121	−6×163	252	2	1.94	3.9		⑭-155	−5×50	5350	4	10.50	42.0	火曲
⑭-122	−6×175	254	2	2.10	4.2		⑭-156	L56×5	5320	2	22.62	45.2	
⑭-123	−6×175	254	2	2.10	4.2		⑭-157	L56×5	5320	2	22.62	45.2	
⑭-124	L50×4	3913	4	11.97	47.9	切角	⑭-158	L63×5	260	2	1.25	2.5	
⑭-125	L50×4	4110	4	12.57	50.3		⑭-159	−5×50	4950	4	9.71	38.8	
⑭-126	L50×4	4110	4	12.57	50.3		⑭-160	−5×50	7350	4	14.42	57.7	
⑭-127	L50×4	3913	4	11.97	47.9	切角	⑭-161	−5×2350	4750	2	503.62	1007.2	花纹板
⑭-128	L50×4	1567	4	4.79	19.2		⑭-162	−5×3000	6550	2	578.45	1156.9	花纹板
⑭-129	L50×4	1807	4	5.53	22.1	切角	⑭-163	−5×3000	6550	2	578.45	1156.9	花纹板
⑭-130	L50×4	1807	4	5.53	22.1	切角	⑭-164	−5×2350	4750	2	503.62	1007.2	花纹板
⑭-131	L50×4	1702	4	5.21	20.8		⑭-165	L70×5	1680	4	9.07	36.3	
⑭-132	L50×4	1702	4	5.21	20.8		⑭-166	−6×150	300	2	2.12	4.2	
⑭-133	L50×4	2169	4	6.63	26.5	切角							
⑭-134	L50×4	2169	4	6.63	26.5	切角	合计					8266.3kg	

螺栓、垫圈、脚钉明细表

名称	级别	规格	符号	数量	质量(kg)	备注
螺栓	6.8	M16×40	⊘	774	111.8	
		M16×50	⊘	244	39.0	
		M20×45	○	292	78.3	
		M20×55	⊘	339	97.6	
		M20×65	⊗	2	0.6	
合计					327.3kg	

图 9.1−25 220−GC21D−DL−25 220−GC21D−DL 终端塔电缆平台结构图⑭（二）

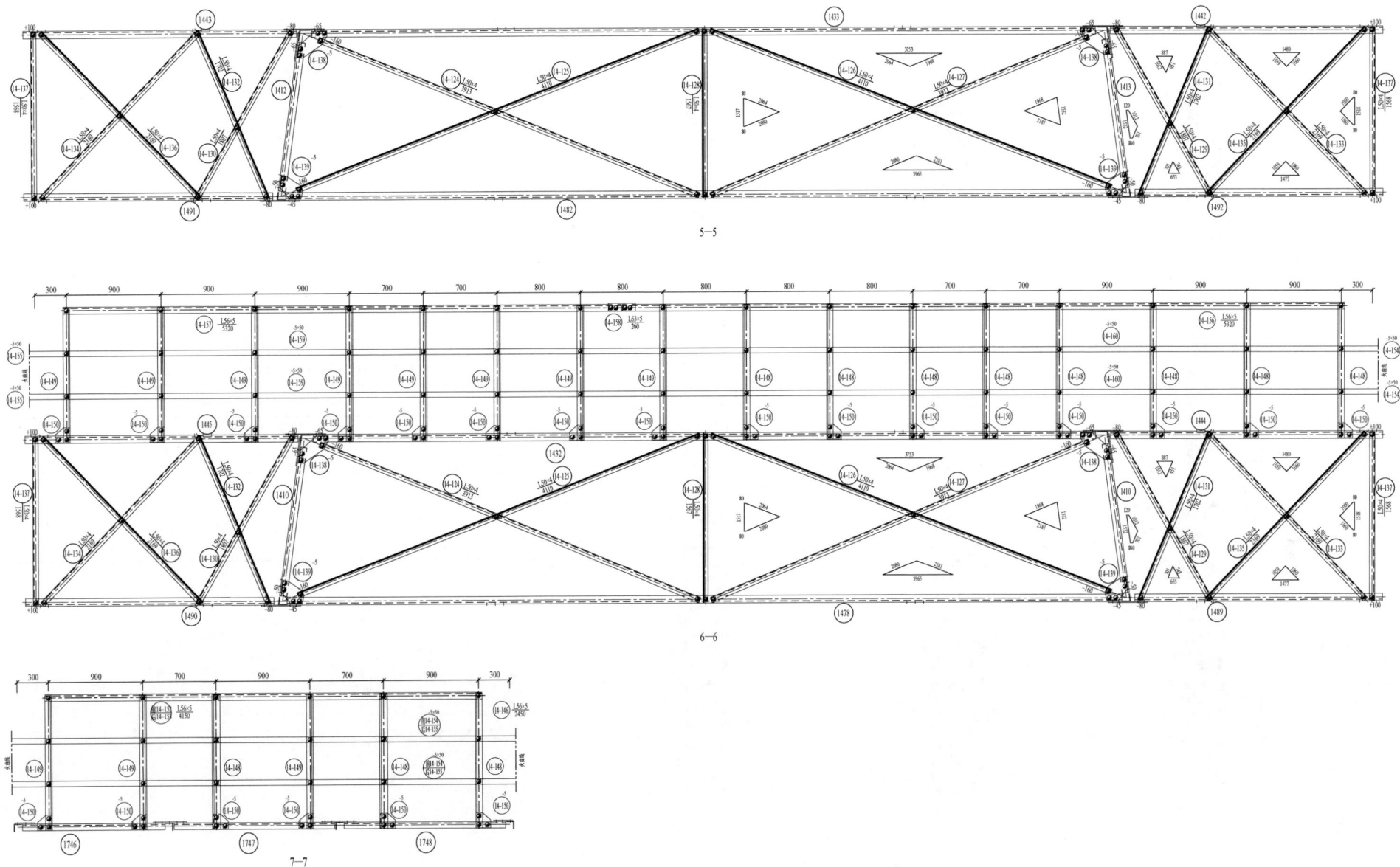

5—5

6—6

7—7

图 9.1-26 220-GC21D-DL-26 220-GC21D-DL 终端塔电缆平台结构图⑭

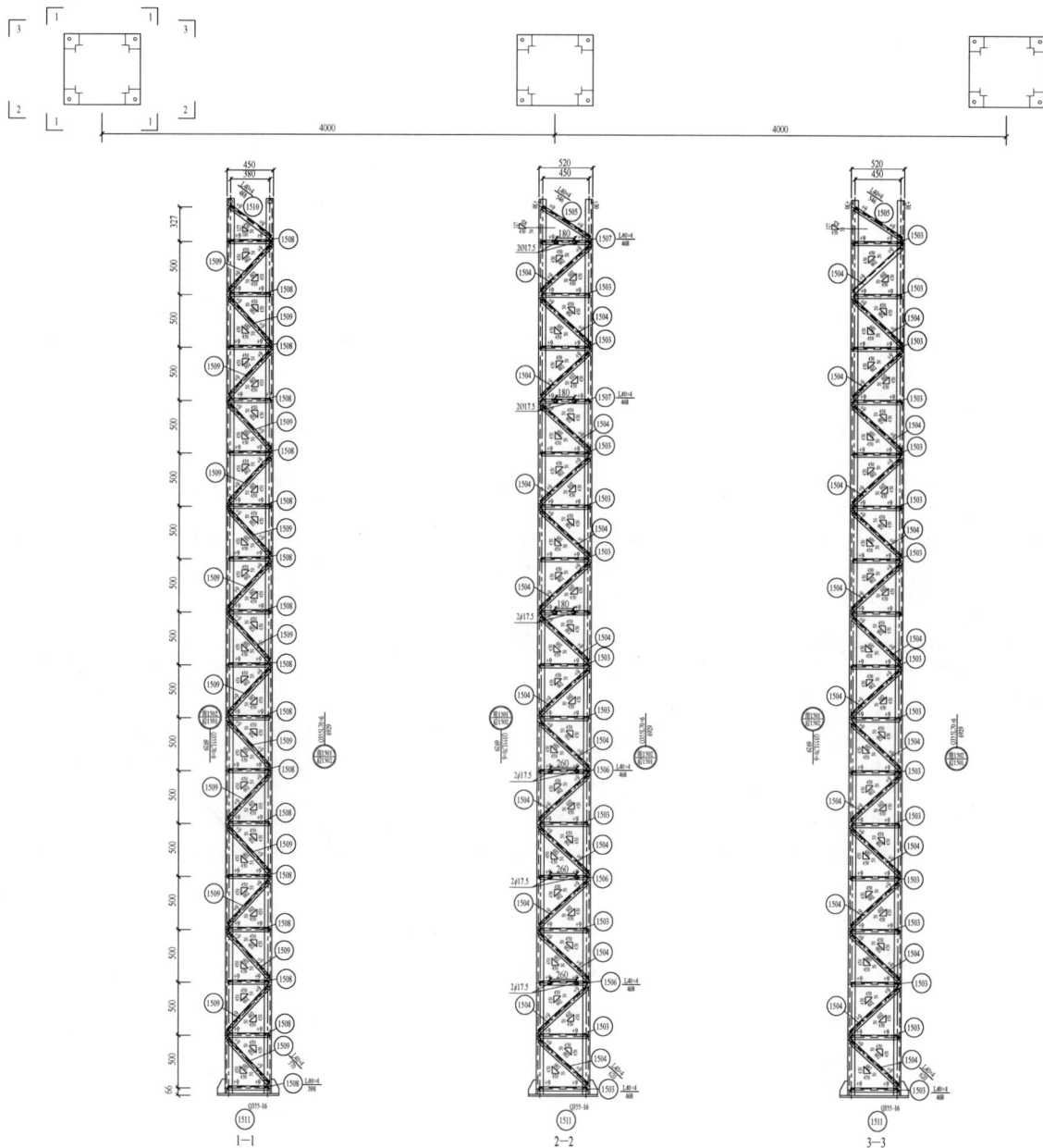

构 件 明 细 表

编号	规格	长度(mm)	数量	一件	小计	备注
⑮00	Q355L70×6	8457	6	54.18	325.1	
⑮01	Q355L70×6	8457	6	54.18	325.1	
⑮02	L40×4	468	84	1.13	94.9	切角
⑮03	L40×4	620	96	1.50	144.0	
⑮04	L40×4	546	6	1.32	7.9	
⑮05	L40×4	468	9	1.13	10.2	切角
⑮06	L40×4	468	9	1.13	10.2	切角
⑮07	L40×4	398	102	0.96	97.9	切角
⑮08	L40×4	570	96	1.38	132.5	
⑮09	L40×4	488	6	1.18	7.1	
⑮10	Q355-16×670	740	3	62.27	186.8	
⑮11	Q355-8×110	150	24	1.03	24.7	
合计					1366.4kg	

螺栓、垫圈、脚钉明细表

名称	级别	规格	符号	数量	质量（kg）	备注
螺栓	6.8	M16×40	◑	36	5.3	
		M20×45	○	12	3.2	
合计					8.5kg	

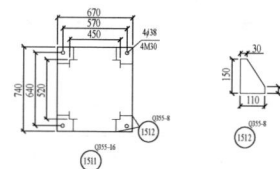

图 9.1-27　220-GC21D-DL-27　220-GC21D-DL 终端塔下线支柱结构图⑮

9.2 220-GC21S-DL 子模块

序号	图号	图名	张数	备注
1	220-GC21S-DL-01	220-GC21S-DL 终端塔总图及材料汇总表	1	
2	220-GC21S-DL-02	220-GC21S-DL 终端塔总图及材料汇总表	1	
3	220-GC21S-DL-03	220-GC21S-DL 终端塔地线支架结构图①	1	
4	220-GC21S-DL-04	220-GC21S-DL 终端塔导线横担结构图②	1	
5	220-GC21S-DL-05	220-GC21S-DL 终端塔导线横担结构图③	1	
6	220-GC21S-DL-06	220-GC21S-DL 终端塔导线横担结构图④	1	
7	220-GC21S-DL-07	220-GC21S-DL 终端塔塔身结构图⑤	1	
8	220-GC21S-DL-08	220-GC21S-DL 终端塔塔身结构图⑥	1	
9	220-GC21S-DL-09	220-GC21S-DL 终端塔塔身结构图⑦	1	
10	220-GC21S-DL-10	220-GC21S-DL 终端塔塔身结构图⑧	1	
11	220-GC21S-DL-11	220-GC21S-DL 终端塔塔身结构图⑨	1	
12	220-GC21S-DL-12	220-GC21S-DL 终端塔塔身结构图⑨	1	
13	220-GC21S-DL-13	220-GC21S-DL 终端塔塔身结构图⑩	1	
14	220-GC21S-DL-14	220-GC21S-DL 终端塔塔身结构图⑪	1	
15	220-GC21S-DL-15	220-GC21S-DL 终端塔塔身结构图⑪	1	
16	220-GC21S-DL-16	220-GC21S-DL 终端塔塔身结构图⑫	1	
17	220-GC21S-DL-17	220-GC21S-DL 终端塔塔身结构图⑬	1	
18	220-GC21S-DL-18	220-GC21S-DL 终端塔 18.0m 塔腿结构图⑭	1	
19	220-GC21S-DL-19	220-GC21S-DL 终端塔 18.0m 塔腿结构图⑭	1	
20	220-GC21S-DL-20	220-GC21S-DL 终端塔 24.0m 塔腿结构图⑮	1	
21	220-GC21S-DL-21	220-GC21S-DL 终端塔 24.0m 塔腿结构图⑮	1	
22	220-GC21S-DL-22	220-GC21S-DL 终端塔 30.0m 塔腿结构图⑯	1	
23	220-GC21S-DL-23	220-GC21S-DL 终端塔 30.0m 塔腿结构图⑯	1	
24	220-GC21S-DL-24	220-GC21S-DL 终端塔 30.0m 塔腿结构图⑯	1	
25	220-GC21S-DL-25	220-GC21S-DL 终端塔电缆平台结构图⑰	1	
26	220-GC21S-DL-26	220-GC21S-DL 终端塔电缆平台结构图⑰	1	
27	220-GC21S-DL-27	220-GC21S-DL 终端塔电缆平台结构图⑰	1	
28	220-GC21S-DL-28	220-GC21S-DL 终端塔电缆平台结构图⑰	1	
29	220-GC21S-DL-29	220-GC21S-DL 终端塔下线支柱结构图⑱	1	

220-GC21S-DL-00 220-GC21S-DL 终端塔图纸目录

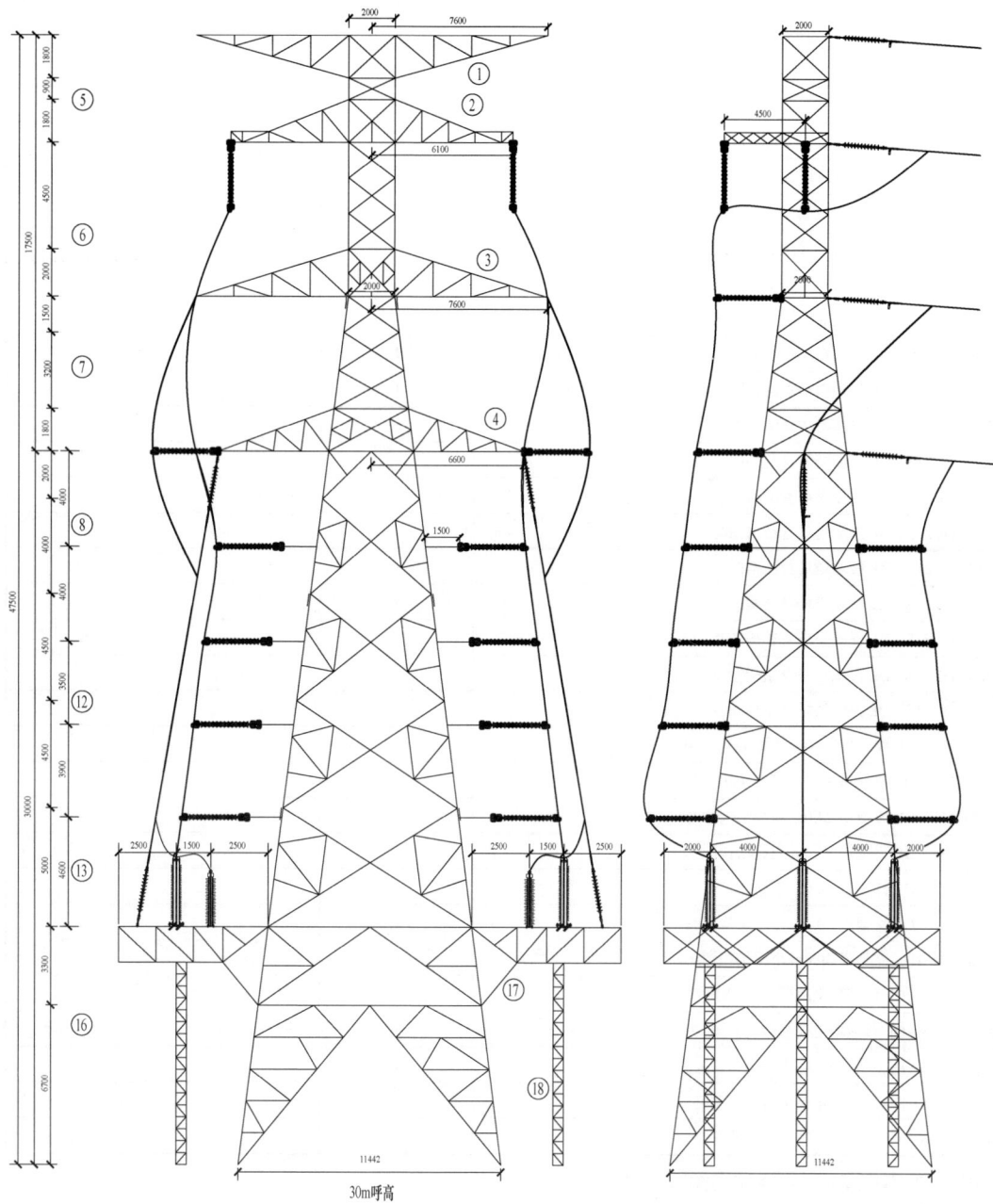

铁塔根开及基础根开表

呼高（m）	铁塔根开（mm）		基础根开（mm）		地脚螺栓间距（mm）	地脚螺栓规格（等级）
	正面根开	侧面根开	正面根开	侧面根开		
18.0	8328	8328	8378	8378	370	M64（5.6级）
24.0	9885	9885	9935	9935	370	M64（5.6级）
30.0	11442	11442	11492	11492	370	M64（5.6级）

30m呼高

图 9.2-1　220-GC21S-DL-01　220-GC21S-DL 终端塔总图及材料汇总表（一）

材 料 汇 总 表

材料	材质	规格	①	②	③	④	⑤	⑥	⑦	⑧	⑨	⑩	⑪	⑫	⑬	⑭	⑮	⑯	⑰	⑱	呼高 18.0	呼高 24.0	呼高 30.0
角钢	Q420	L200×18																2343.0					2343.0
		L200×16									1028.0		1324.8	1779.8	988.0	1462.8	1462.8				2490.8	2787.6	2767.8
		L180×16										795.0										795.0	
		L180×14							892.0	935.0											1827.0	1827.0	1827.0
		L180×12									102.0		102.0	102.0	102.1	102.1	102.1	102.1			204.1	204.1	306.2
		L160×12							88.0	90.5		90.5									178.5	269.0	178.5
		L140×12						90.4													90.4	90.4	90.4
		L140×10		451.2	580.2				80.8												1112.2	1112.2	1112.2
		L125×12						654.6													654.6	654.6	654.6
		L125×8																	209.6		209.6	209.6	209.6
		小计		451.2	580.2			745.0	1060.8	1025.5	1130.0	885.5	1426.8	1881.8	1090.1	1564.9	1564.9	2445.1	209.6		6767.2	7949.5	9489.3
	Q355	L160×12								32.9		65.8		65.8	32.9						32.9	98.7	131.6
		L125×12						84.0													84.0	84.0	
		L125×10		157.6	157.6	286.4			66.6	316.7											984.9	984.9	984.9
		L125×8						57.4								391.3	487.8	584.4			448.7	545.2	641.8
		L110×8				266.4		132.2		296.6	462.0								100.0		1257.2	795.2	795.2
		L100×8		222.2			72.0						478.2					540.0	85.3		379.5	857.7	919.5
		L100×7			278.4	213.6	167.6		63.8	542.2		643.0	404.8	1368.4	818.2		682.8	726.8	407.5		1673.1	3403.7	4586.5
		L90×8	293.8					107.4													401.2	401.2	401.2
		L90×7	251.6				128.5	583.0	862.7		456.8		270.7					329.3			2282.6	2096.5	2155.1
		L80×7					32.4														32.4	32.4	32.4
		L80×6																	58.1		58.1	58.1	58.1
		L75×6					136.3												264.9		401.2	401.2	401.2
		L75×5		10.6				21.5	81.1												113.2	113.2	113.2
		L70×6					64.0	23.7	22.3										1280.0	1300.2	2690.2	2690.2	2690.2
		L70×5					67.5												90.6		158.1	158.1	158.1
		L63×5	6.7	92.0			89.8												201.7		390.2	390.2	390.2
		小计	552.1	482.4	436.0	766.4	758.1	1009.2	1096.5	1188.4	918.8	708.8	1153.7	1434.2	851.1	391.3	1170.6	2180.5	2488.1	1300.2	11387.5	13110.5	14543.2
	Q235	L90×8														648.6					648.6		
		L80×7			64.2																64.2	64.2	64.2
		L80×6		44.0						68.7											112.7	112.7	112.7
		L75×6				164.8			32.1												196.9	196.9	196.9
		L75×5				178.4		27.5													205.9	205.9	205.9
		L70×5		149.2	165.0												234.0	330.1			644.3	644.3	878.3
		L63×5		175.9	40.0	34.9			41.2				96.8				33.8	1064.9	660.5		952.5	1083.1	2017.4
		L56×5	30.4												68.2	88.7	84.3	189.0			219.4	308.1	371.9
		L56×4	56.5	22.1								62.6	162.8	62.8	206.4	117.4	311.2	196.4	42.7		238.7	657.9	586.9
		L50×5								60.8	56.3			120.6		162.4	96.1	46.3			279.5	156.9	227.7
		L50×4	80.0	4.0	22.8	153.4				21.8	78.4	89.0	99.6	193.6		252.2	233.7	128.6	1105.2		1717.8	1809.5	1709.4
		L45×4	17.7	37.5	17.9	15.0		14.2		65.6	32.4	35.8	17.0	35.6		84.4	30.5	84.0	36.6		321.3	287.8	324.1
		L40×4	101.4	276.8	131.6	53.6	35.3	69.3	59.6	48.6	82.0		46.6			268.0	288.3	204.6	50.8	1011.3	2188.3	2173.2	2042.9
		小计	286.0	709.5	441.5	600.1	35.3	111.0	132.9	265.5	249.1	187.4	422.8	412.6	274.6	1533.0	1082.3	2043.1	2414.9	1011.3	7790.1	7700.5	8738.3
槽钢	Q235	[10		9.3														351.2			360.5	360.5	360.5
		小计		9.3														351.2			360.5	360.5	360.5
钢板	Q420	−14						235.2								121.9					235.2	235.2	357.1
		−12							382.8		98.4	89.9	98.4	95.6	104.4	104.4	104.4				585.6	675.5	582.8
		−10								109.8						108.5	48.0	43.5	44.5		262.8	202.3	197.8
		小计						235.2	382.8	109.8	98.4	89.9	98.4	95.6	104.4	212.9	152.4	165.4	44.5		1083.6	1113.0	1137.7
	Q355	−52														648.1	648.1	648.1			648.1	648.1	648.1
		−26		240.1	197.4	152.0															589.5	589.5	589.5
		−20														516.3	531.2	543.6			516.3	531.2	543.6

图 9.2−1　220−GC21S−DL−01　220−GC21S−DL 终端塔总图及材料汇总表（二）

续表

材料	材质	规格	段号																		呼高(m)		
			①	②	③	④	⑤	⑥	⑦	⑧	⑨	⑩	⑪	⑫	⑬	⑭	⑮	⑯	⑰	⑱	18.0	24.0	30.0
钢板	Q355	−18	60.8													88.7	88.8	88.8			149.5	149.6	149.6
		−16																	373.6		373.6	373.6	373.6
		−12								256.6		59.1		59.1	29.6						256.6	315.7	345.3
		−10	44.8	83.6	88.0	80.0	142.1	171.2	58.3	60.8	219.8		152.3			54.6	103.7	130.2	463.1		1466.3	1447.9	1322.1
		−8		37.6		4.9	157.6	150.0	166.6	15.7		31.4		31.4	15.7			34.1	297.5	49.7	879.6	911.0	960.8
		−6	2.4	58.6															90.2		151.2	151.2	151.2
		小计	108.0	419.9	285.4	236.9	299.7	321.2	224.9	333.1	219.8	90.5	152.3	90.5	45.3	1307.7	1371.8	1444.8	850.8	423.3	5030.7	5117.8	5083.8
	Q235	−30				1.7															1.7	1.7	1.7
		−22								2.5											2.5	2.5	2.5
		−20		1.1	1.1				2.3												4.5	4.5	4.5
		−16	0.6	2.4	1.8	1.8		0.9	1.8			1.8		3.6							9.3	11.1	12.9
		−14					1.6		7.9	1.6											11.6	11.6	11.6
		−12	0.5					11.6							1.4						12.1	12.1	13.5
		−10	0.4	9.1						1.1						63.7		55.4			74.3	10.6	66.0
		−8		30.1	25.0	31.1		45.4	48.3	44.6											224.5	224.5	224.5
		−6	18.0	60.7	21.2				13.4		21.4		22.3			19.7	16.2	44.9	164.2		318.6	316.0	322.4
		−5	5.3				15.8	14.5								39.8	41.2	40.2	4639.4		4714.8	4716.2	4715.2
		−2								3.3	6.4	6.4		6.4				6.7			9.7	9.7	16.4
		小计	25.3	103.4	49.1	34.6	15.8	76.3	78.3	46.2	27.8	8.2	22.3	10.0	1.4	123.2	57.4	147.2	4803.6		5383.6	5320.5	5391.2
套管	Q355	φ60/32		1.3	2.7	2.7															6.7	6.7	6.7
		小计		1.3	2.7	2.7															6.7	6.7	6.7
螺栓	6.8	M16×40	1.2	3.2	0.3	0.3	2.3	1.5	1.2		2.9		2.9			18.1	18.1	18.7	110.9	10.5	152.4	152.4	150.1
		M16×50	19.8	42.9	11.8	11.8	7.4	9.0	4.6	13.6	14.7	5.1	13.4	10.2	5.1	32.0	32.0	32.6	70.4		238.0	241.8	239.2
		M16×60	3.2	0.4			0.7	2.1		1.4	1.1	2.8	2.5	5.6	2.5	6.7	5.3	1.1	1.4		17.0	19.8	18.4
		M16×70		0.4															3.1		3.5	3.5	3.5
		小计	24.2	46.9	12.1	12.1	10.4	12.6	5.8	15.0	18.7	7.9	18.8	15.8	7.6	56.8	55.4	52.4	185.8	10.5	410.9	417.5	411.2
	6.8	M20×45		48.8	3.2	1.1	17.2		2.1		1.1		2.1				2.1	20.4	156.5	6.4	236.4	239.5	255.7
		M20×55	11.5	50.1	27.6	27.6	77.5	114.0	91.9	41.5	28.8		23.0			31.1	27.6	61.1	193.0		694.6	685.3	695.8
		M20×65		11.9	6.9	5.0	8.8	43.8	44.4	33.2	29.4	8.8	26.3	16.9	8.8	29.4	26.9	58.2	1.3		214.1	217.3	239.2
		M20×75		5.4		0.7		27.0	18.3	2.7											54.1	54.1	54.1
		M20×85							1.4												1.4	1.4	1.4
		小计	11.5	116.2	37.7	34.4	103.5	184.8	158.1	77.4	59.3	8.8	51.4	16.9	8.8	60.5	56.6	139.7	350.8	6.4	1200.6	1197.6	1246.2
	8.8	M24×75								49.0						38.4	38.4				87.4	87.4	49.0
		M24×85						27.3			53.5	53.5	52.3	52.3	52.3	52.3	52.3	93.3			133.1	185.4	225.2
		小计						27.3		49.0	53.5	53.5	52.3	52.3	52.3	90.7	90.7	93.3			220.5	272.8	274.2
	6.8	M16×70（双帽）	2.5																		2.5	2.5	2.5
		M16×80（双帽）		0.4																	0.4	0.4	0.4
		小计	2.5	0.4																	2.9	2.9	2.9
	6.8	M20×80（双帽）	9.1	1.5	3.0																13.6	13.6	13.6
		M20×90（双帽）		9.7	6.5	6.9															23.1	23.1	23.1
		M20×100（双帽）		3.4	10.3	9.9															23.6	23.6	23.6
		小计	9.1	14.6	19.8	16.8															60.3	60.3	60.3
		螺栓合计	47.3	178.1	69.6	63.3	113.9	197.4	191.2	141.4	131.5	70.2	122.5	85.0	68.7	208.0	202.7	285.4	536.6	16.9	1895.2	1951.1	1994.8
脚钉	6.8	M16×180				4.6	9.2	8.5	9.2	8.5	7.7	10.0	15.4	8.5		10.0	10.0	15.4			50.0	59.2	70.8
	6.8	M20×200					2.7	8.1	4.1		1.4	1.4		2.7	1.4	1.4	1.4	4.1			19.1	20.4	21.8
	8.8	M24×240								4.7	2.4	2.4	4.7	4.7	4.7	4.7	4.7	4.7			11.8	16.5	18.8
	合计（kg）		1018.7	2355.1	1864.5	1704.0	1230.1	2712.6	3180.0	3125.2	2787.7	2050.6	3416.2	4031.2	2448.8	5357.1	5618.2	8735.7	11699.3	2751.7	39786.0	42726.2	46856.9

图 9.2−1　220−GC21S−DL−01　220−GC21S−DL 终端塔总图及材料汇总表（三）

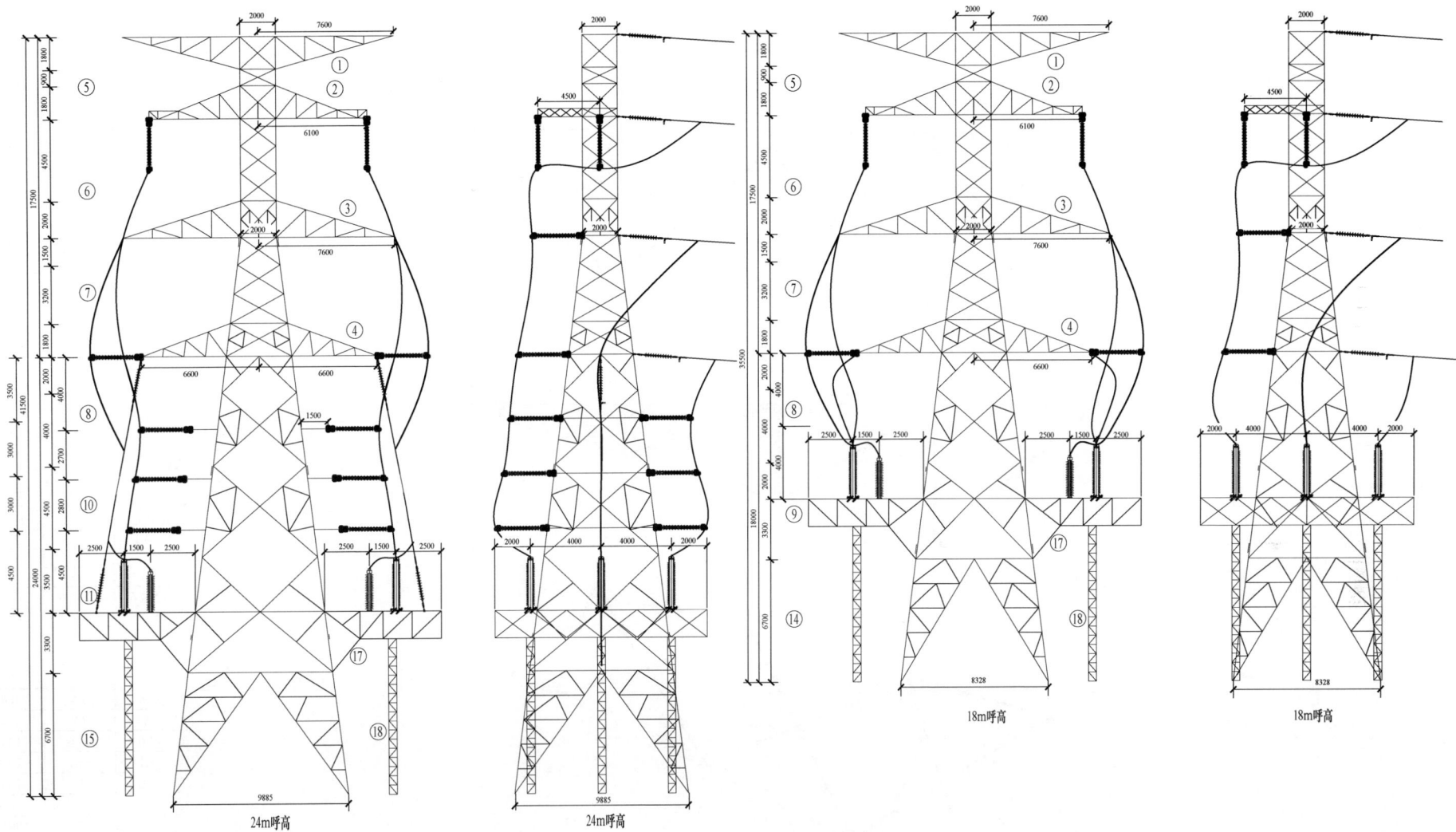

图 9.2-2　220-GC21S-DL-02　220-GC21S-DL 终端塔总图及材料汇总表

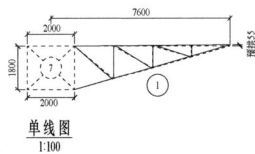

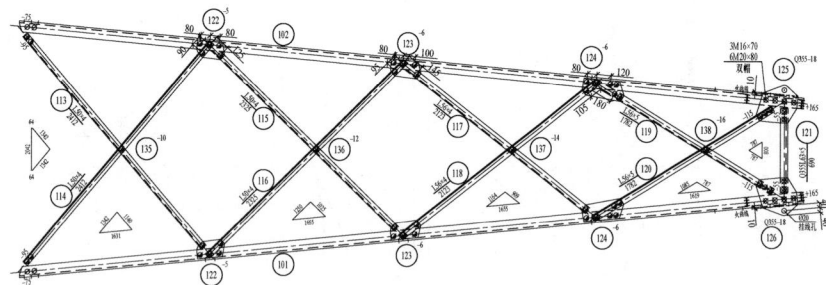

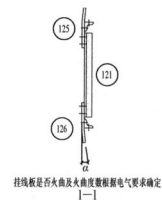

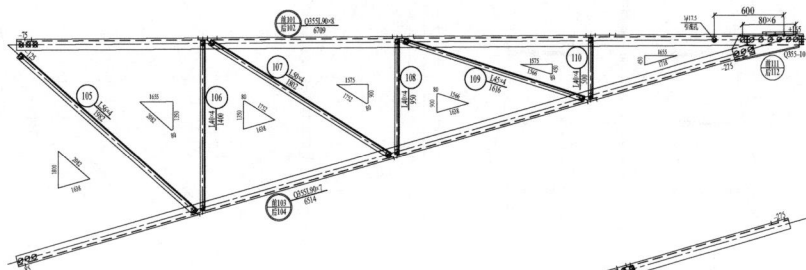

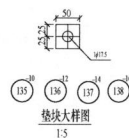

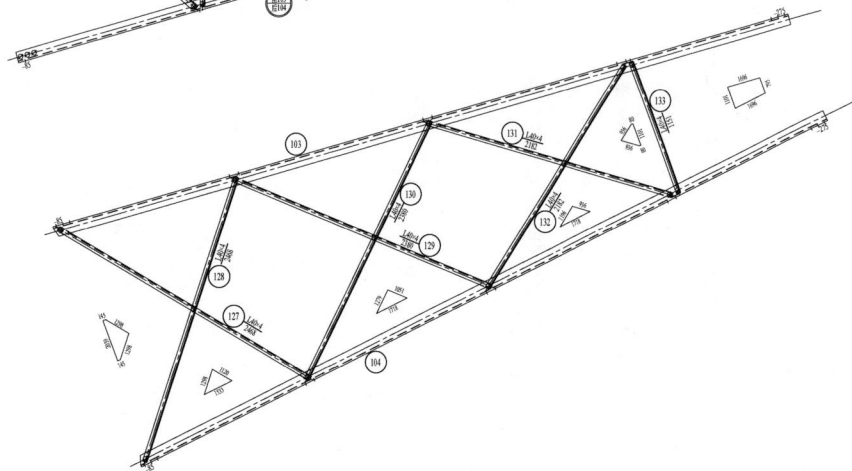

图 9.2-3　220-GC21S-DL-03　220-GC21S-DL 终端塔地线支架结构图①（一）

构 件 明 细 表

编号	规格	长度（mm）	数量	质量（kg） 一件	质量（kg） 小计	备注
⑩⑴	Q355L90×8	6709	2	73.44	146.9	切角，电焊
⑩⑵	Q355L90×8	6709	2	73.44	146.9	切角，电焊
⑩⑶	Q355L90×7	6514	2	62.90	125.8	切角
⑩⑷	Q355L90×7	6514	2	62.90	125.8	切角
⑩⑸	L56×4	1982	4	6.83	27.3	
⑩⑹	L40×4	1400	4	3.39	13.6	
⑩⑺	L50×4	1802	4	5.51	22.0	
⑩⑻	L40×4	950	4	2.30	9.2	
⑩⑼	L45×4	1616	4	4.42	17.7	
⑾⓪	L40×4	500	4	1.21	4.8	
⑾⑴	Q355−10×241	591	2	11.20	22.4	火曲；卷边
⑾⑵	Q355−10×241	591	2	11.20	22.4	火曲；卷边
⑾⑶	L50×4	2412	2	7.38	14.8	切角
⑾⑷	L50×4	2412	2	7.38	14.8	
⑾⑸	L50×4	2325	2	7.11	14.2	切角
⑾⑹	L50×4	2325	2	7.11	14.2	
⑾⑺	L56×4	2123	2	7.32	14.6	切角
⑾⑻	L56×4	2123	2	7.32	14.6	
⑾⑼	L56×5	1782	2	7.58	15.2	切角
⑿⓪	L56×5	1782	2	7.58	15.2	
⑿⑴	Q355L63×5	690	2	3.33	6.7	
⑿⑵	−5×142	238	4	1.33	5.3	
⑿⑶	−6×143	264	4	1.79	7.2	
⑿⑷	−6×161	357	4	2.71	10.8	
⑿⑸	Q355−18×312	343	2	15.20	30.4	火曲
⑿⑹	Q355−18×312	343	2	15.20	30.4	火曲
⑿⑺	L40×4	2468	2	5.98	12.0	切角
⑿⑻	L40×4	2468	2	5.98	12.0	
⑿⑼	L40×4	2380	2	5.76	11.5	切角
⒀⓪	L40×4	2380	2	5.76	11.5	
⒀⑴	L40×4	2182	2	5.28	10.6	切角
⒀⑵	L40×4	2182	2	5.28	10.6	
⒀⑶	L40×4	1151	2	2.79	5.6	
⒀⑷	Q355−6×79	79	8	0.30	2.4	电焊
⒀⑸	−10×50	50	2	0.20	0.4	
⒀⑹	−12×50	50	2	0.24	0.5	
⒀⑻	−16×50	50	2	0.31	0.6	
合计					971.4kg	

螺栓、垫圈、脚钉明细表

名称	级别	规格	符号	数量	质量（kg）	备注
螺栓	6.8	M16×40	◕	8	1.2	
		M16×50	◑	124	19.8	
		M16×60	◪	18	3.2	
		M16×70	⊙	12	2.5	双帽
		M20×55	⊘	40	11.5	
		M20×80	⊙	24	9.1	双帽
合计					47.3kg	

图 9.2−3 220−GC21S−DL−03 220−GC21S−DL 终端塔地线支架结构图①（二）

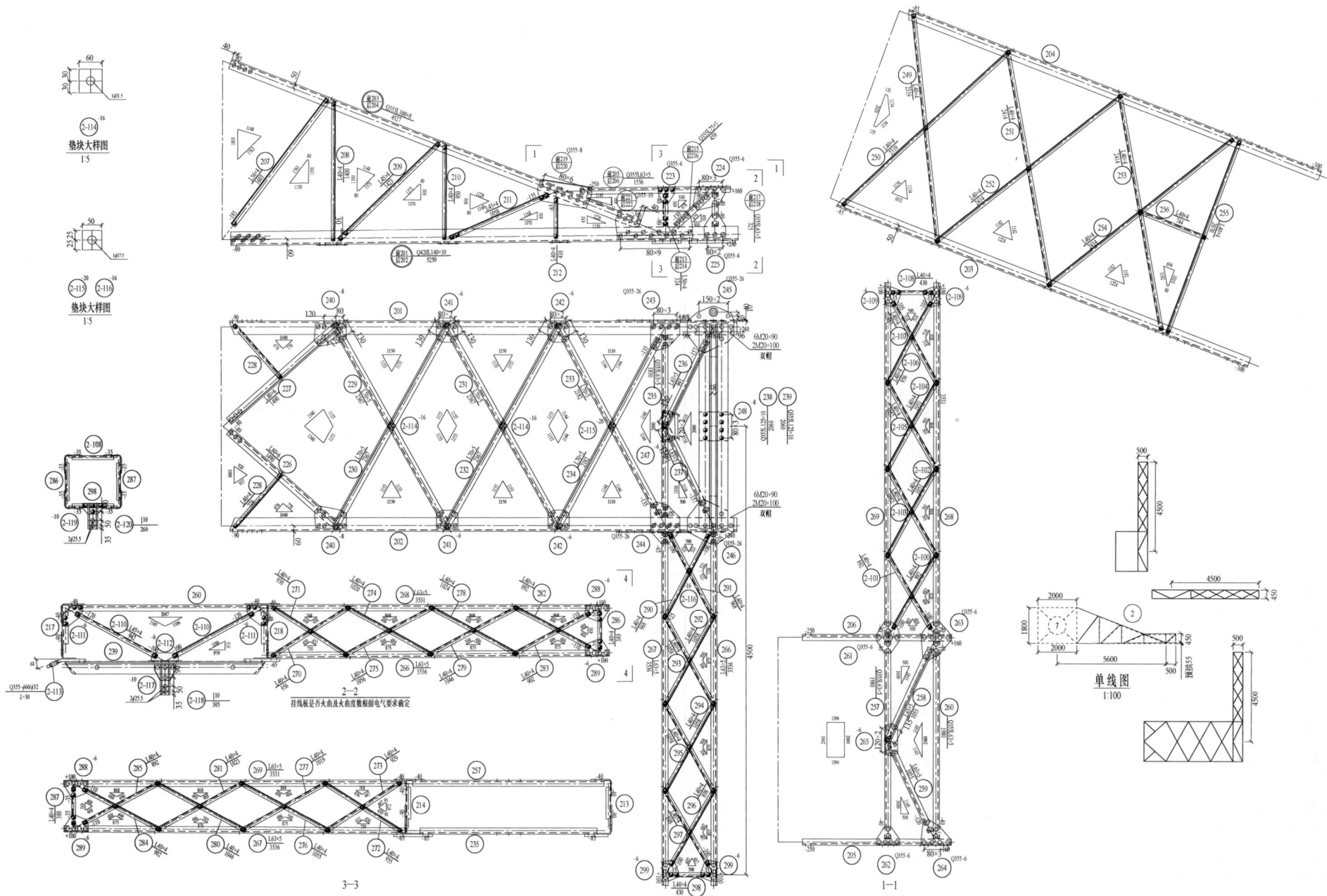

图 9.2-4　220-GC21S-DL-04　220-GC21S-DL 终端塔导线横担结构图②（一）

编号	规格	长度(mm)	数量	一件	小计	备注	编号	规格	长度(mm)	数量	一件	小计	备注	编号	规格	长度(mm)	数量	一件	小计	备注
201	Q420L140×10	5250	2	112.81	225.6	切角	245	Q355-26×386	499	2	39.49	79.0	火曲；电焊	289	-6×165	240	4	1.87	7.5	
202	Q420L140×10	5250	2	112.81	225.6	切角	246	Q355-26×382	480	2	37.47	74.9		290	L40×4	968	2	2.34	4.7	
203	Q355L100×8	4527	2	55.57	111.1	切角	247	-6×131	314	2	1.94	3.9		291	L40×4	968	2	2.34	4.7	切角
204	Q355L100×8	4527	2	55.57	111.1	切角	248	-8×290	298	2	5.43	10.9	电焊	292	L40×4	1058	2	2.56	5.1	
205	Q355L63×5	1556	2	7.50	15.0		249	L40×4	2319	2	5.62	11.2	切角	293	L40×4	1058	2	2.56	5.1	切角
206	Q355L63×5	1556	2	7.50	15.0		250	L40×4	2319	2	5.62	11.2		294	L40×4	1058	2	2.56	5.1	
207	L56×4	1603	4	5.52	22.1		251	L40×4	2414	2	5.85	11.7	切角	295	L40×4	1058	2	2.56	5.1	切角
208	L40×4	1400	4	3.39	13.6		252	L40×4	2414	2	5.85	11.7	切角	296	L40×4	898	2	2.17	4.3	
209	L45×4	1423	4	3.89	15.6		253	L40×4	2414	2	5.85	11.7		297	L40×4	898	2	2.17	4.3	切角
210	L40×4	950	4	2.30	9.2		254	L40×4	2414	2	5.85	11.7	切角	298	L40×4	430	2	1.04	2.1	
211	L45×4	1058	4	2.89	11.6		255	L40×4	2070	2	5.01	10.0		299	-6×165	198	4	1.55	6.2	
212	L40×4	410	4	0.99	4.0		256	L40×4	744	2	1.80	3.6	下压扁	2-100	L40×4	892	2	2.16	4.3	
213	L50×4	324	2	0.99	2.0		257	Q355L63×5	1980	2	9.55	19.1		2-101	L40×4	892	2	2.16	4.3	切角
214	L50×4	324	2	0.99	2.0		258	L63×5	1055	2	5.09	10.2		2-102	L40×4	1051	2	2.55	5.1	
215	Q355L75×5	459	2	2.67	5.3		259	L63×5	1055	2	5.09	10.2		2-103	L40×4	1052	2	2.55	5.1	切角
216	Q355L75×5	459	2	2.67	5.3		260	Q355L63×5	1980	2	9.55	19.1		2-104	L40×4	1051	2	2.55	5.1	
217	Q355L63×5	325	2	1.57	3.1		261	Q355-6×235	304	2	3.38	6.8		2-105	L40×4	1052	2	2.55	5.1	切角
218	Q355L63×5	325	2	1.57	3.1		262	Q355-6×187	240	2	2.11	4.2		2-106	L40×4	956	2	2.32	4.6	
219	Q355-8×263	566	2	9.38	18.8	火曲；卷边	263	Q355-6×295	366	2	5.10	10.2		2-107	L40×4	957	2	2.32	4.6	切角
220	Q355-8×263	566	2	9.38	18.8	火曲；卷边	264	Q355-6×257	300	2	3.64	7.3		2-108	L40×4	430	2	1.04	2.1	
221	Q355-10×332	800	2	20.89	41.8	火曲；卷边	265	-6×131	324	2	2.01	4.0		2-109	-6×165	205	4	1.60	6.4	
222	Q355-10×332	800	2	20.89	41.8	火曲；卷边	266	L63×5	3536	2	17.05	34.1		2-110	L45×4	942	4	2.58	10.3	
223	Q355-6×167	170	4	1.34	5.4		267	L63×5	3536	2	17.05	34.1		2-111	-6×137	297	4	1.93	7.7	
224	Q355-6×233	334	4	3.68	14.7		268	L63×5	3531	2	17.03	34.1		2-112	-6×79	277	2	1.03	2.1	电焊
225	Q355-6×220	240	4	2.49	10.0	套管带电焊	269	L63×5	3530	2	17.02	34.0		2-113	Q355φ60/φ32	30	2	0.67	1.3	套管带电焊
226	L80×6	1490	2	10.99	22.0		270	L40×4	930	2	2.25	4.5		2-114	-16×60	60	4	0.45	1.8	
227	L80×6	1490	2	10.99	22.0		271	L40×4	956	2	2.32	4.6	切角	2-115	-20×60	60	2	0.57	1.1	
228	L40×4	726	4	1.76	7.0		272	L40×4	955	2	2.31	4.6		2-116	-16×50	50	2	0.31	0.6	
229	L70×5	2367	2	12.77	25.5		273	L40×4	929	2	2.25	4.5	切角	2-117	-10×160	220	2	2.76	5.5	
230	L70×5	2367	2	12.77	25.5		274	L40×4	1020	2	2.47	4.9		2-118	[10	305	2	3.05	6.1	
231	L70×5	2367	2	12.77	25.5		275	L40×4	1056	2	2.56	5.1	切角	2-119	-10×110	210	2	1.81	3.6	
232	L70×5	2367	2	12.77	25.5		276	L40×4	1055	2	2.56	5.1		2-120	[10	260	2	2.60	3.2	
233	L70×5	2182	2	11.78	23.6		277	L40×4	1019	2	2.47	4.9	切角	合计					2177.0kg	
234	L70×5	2182	2	11.78	23.6		278	L40×4	1023	2	2.48	5.0								
235	Q355L63×5	1830	2	8.82	17.6		279	L40×4	1046	2	2.53	5.1	切角							
236	L63×5	991	2	4.78	9.6		280	L40×4	1046	2	2.53	5.1								
237	L63×5	991	2	4.78	9.6		281	L40×4	1023	2	2.48	5.0	切角							
238	Q355L125×10	2060	2	39.41	78.8	切角	282	L40×4	892	2	2.16	4.3								
239	Q355L125×10	2060	2	39.41	78.8	切角	283	L40×4	902	2	2.18	4.4	切角							
240	-8×229	333	4	4.81	19.2		284	L40×4	902	2	2.18	4.4								
241	-6×186	220	4	1.93	7.7		285	L40×4	892	2	2.16	4.3	切角							
242	-6×186	220	4	1.94	7.7		286	L40×4	380	2	0.92	1.8								
243	Q355-26×269	304	2	16.77	33.5		287	L40×4	380	2	0.92	1.8								
244	Q355-26×302	426	2	26.33	52.7		288	-6×165	241	4	1.87	7.5								

螺栓、垫圈、脚钉明细表

名称	级别	规格	符号	数量	质量（kg）	备注
螺栓	6.8	M16×40	∅	22	3.2	
		M16×50	∅	268	42.9	
		M16×60	⊠	2	0.4	
		M16×70	⊘	2	0.4	
		M16×80	○	2	0.4	双帽
		M20×45	○	182	48.8	
		M20×55	∅	174	50.1	
		M20×65	⊠	38	11.9	
		M20×75	∅	16	5.4	
		M20×80	○	4	1.5	双帽
		M20×90	○	24	9.7	双帽
		M20×100	○	8	3.4	双帽
合计					178.1kg	

图 9.2-4　220-GC21S-DL-04　220-GC21S-DL 终端塔导线横担结构图②（二）

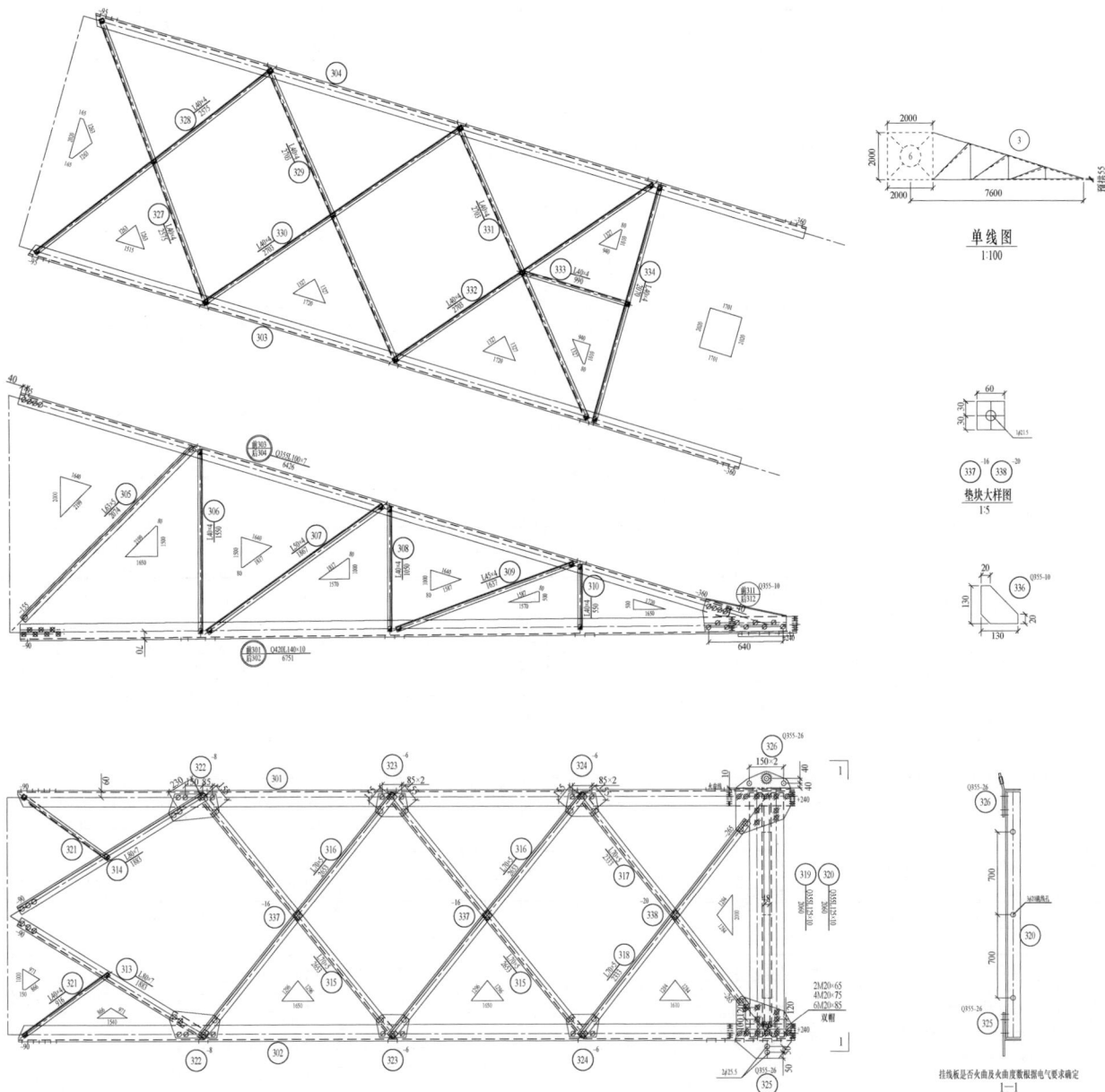

构件明细表

编号	规格	长度(mm)	数量	质量(kg) 一件	质量(kg) 小计	备注
301	Q420L140×10	6751	2	145.07	290.1	切角，电焊
302	Q420L140×10	6751	2	145.07	290.1	切角，电焊
303	Q355L100×7	6426	2	69.59	139.2	切角
304	Q355L100×7	6426	2	69.59	139.2	切角
305	L63×5	2074	4	10.00	40.0	
306	L40×4	1550	4	3.75	15.0	
307	L50×4	1867	4	5.71	22.8	
308	L40×4	1050	4	2.54	10.2	
309	L45×4	1637	4	4.48	17.9	
310	L40×4	550	4	1.33	5.3	
311	Q355-10×333	741	2	19.37	38.7	火曲；卷边
312	Q355-10×333	741	2	19.37	38.7	火曲；卷边
313	L80×7	1883	2	16.05	32.1	切角
314	L80×7	1883	2	16.05	32.1	切角
315	L70×5	2653	4	14.32	57.3	切角
316	L70×5	2653	4	14.32	57.3	切角
317	L70×5	2333	2	12.59	25.2	切角
318	L70×5	2333	2	12.59	25.2	切角
319	Q355L125×10	2060	2	39.41	78.8	切角
320	Q355L125×10	2060	2	39.41	78.8	切角
321	L40×4	916	4	2.22	8.9	切角
322	−8×226	438	4	6.24	25.0	
323	−6×194	289	4	2.66	10.6	
324	−6×196	288	4	2.66	10.6	
325	Q355−26×427	564	2	49.33	98.7	
326	Q355−26×427	564	2	49.33	98.7	火曲；电焊
327	L40×4	2575	2	6.24	12.5	切角
328	L40×4	2575	2	6.24	12.5	
329	L40×4	2703	2	6.55	13.1	切角
330	L40×4	2703	2	6.55	13.1	切角
331	L40×4	2703	2	6.55	13.1	切角
332	L40×4	2703	2	6.55	13.1	切角
333	L40×4	990	2	2.40	4.8	下压扁
334	L40×4	2070	2	5.01	10.0	
335	Q355φ60/φ32	30	4	0.67	2.7	套管带电焊
336	Q355−10×130	130	8	1.33	10.6	电焊
337	−16×60	60	4	0.45	1.8	
338	−20×60	60	2	0.57	1.1	
合计					1794.9kg	

螺栓、垫圈、脚钉明细表

名称	级别	规格	符号	数量	质量(kg)	备注
螺栓	6.8	M16×40	◐	2	0.3	
		M16×50	●	74	11.8	
		M20×45	○	12	3.2	
		M20×55	⊘	96	27.6	
		M20×65	⊠	22	6.9	
		M20×80	⊙	8	3.0	双帽
		M20×90	⊙	16	6.5	双帽
		M20×100	⊙	24	10.3	双帽
合计					69.6kg	

图 9.2-5　220-GC21S-DL-05　220-GC21S-DL 终端塔导线横担结构图③

构件明细表

编号	规格	长度(mm)	数量	重量(kg)一件	重量(kg)小计	备注
401	Q355L110×8	4922	2	66.60	133.2	切角，电焊，合角（82.6）
402	Q355L110×8	4922	2	66.60	133.2	切角，电焊，合角（82.6）
403	Q355L100×7	4930	2	53.39	106.8	切角，开角（97.1）
404	Q355L100×7	4930	2	53.39	106.8	切角，开角（97.1）
405	L50×4	1551	4	4.74	19.0	
406	L40×4	1423	4	3.45	13.8	
407	L45×4	1368	4	3.74	15.0	
408	L40×4	965	4	2.34	9.3	
409	L40×4	1143	4	2.77	11.1	
410	L40×4	508	4	1.23	4.9	
411	Q355−10×302	657	2	15.58	31.2	火曲；卷边
412	Q355−10×302	657	2	15.58	31.2	火曲；卷边
413	L75×6	2026	2	13.99	28.0	切角
414	L75×6	2026	2	13.99	28.0	切角
415	L75×5	3946	2	22.96	45.9	切角
416	L75×5	3946	2	22.96	45.9	切角
417	L75×6	3939	2	27.20	54.4	切角
418	L75×6	3939	2	27.20	54.4	切角
419	L75×5	3720	2	21.64	43.3	切角
420	L75×5	3719	2	21.64	43.3	
421	Q355L125×10	3741	2	71.58	143.2	切角
422	Q355L125×10	3741	2	71.58	143.2	切角
423	L40×4	1090	4	2.64	10.6	切角
424	−8×167	230	4	2.42	9.7	
425	−8×193	220	4	2.68	10.7	
426	−8×193	220	4	2.68	10.7	
427	Q355−26×379	489	2	37.95	75.9	
428	Q355−26×379	490	2	38.07	76.1	火曲；电焊
429	L50×4	3512	2	10.74	21.5	切角
430	L50×4	3512	2	10.74	21.5	切角
431	L50×4	3685	2	11.27	22.5	切角
432	L50×4	3685	2	11.27	22.5	切角
433	L50×4	3788	2	11.59	23.2	切角
434	L50×4	3788	2	11.59	23.2	切角
435	L40×4	802	2	1.94	3.9	下压扁
436	L63×5	3618	2	17.45	34.9	
437	Q355−8×98	99	8	0.61	4.9	电焊
438	Q355φ60/φ32	30	4	0.67	2.7	套管带电焊
439	Q355−10×280	400	2	8.79	17.6	火曲；卷边
440	−16×60	60	4	0.45	1.8	
441	−30×60	60	2	0.85	1.7	
合计					1640.7 kg	

螺栓、垫圈、脚钉明细表

名称	级别	规格	符号	数量	质量(kg)	备注
螺栓	6.8	M16×40		2	0.3	
		M16×50		74	11.8	
		M20×45		4	1.1	
		M20×55		96	27.6	
		M20×65		16	5.0	
		M20×75		2	0.7	
		M20×90		17	6.9	双帽
		M20×100		23	9.9	双帽
合计					63.3kg	

单线图
1:100

垫块大样图
1:5

挂线板是否火曲及火曲度数根据电气要求确定
1—1

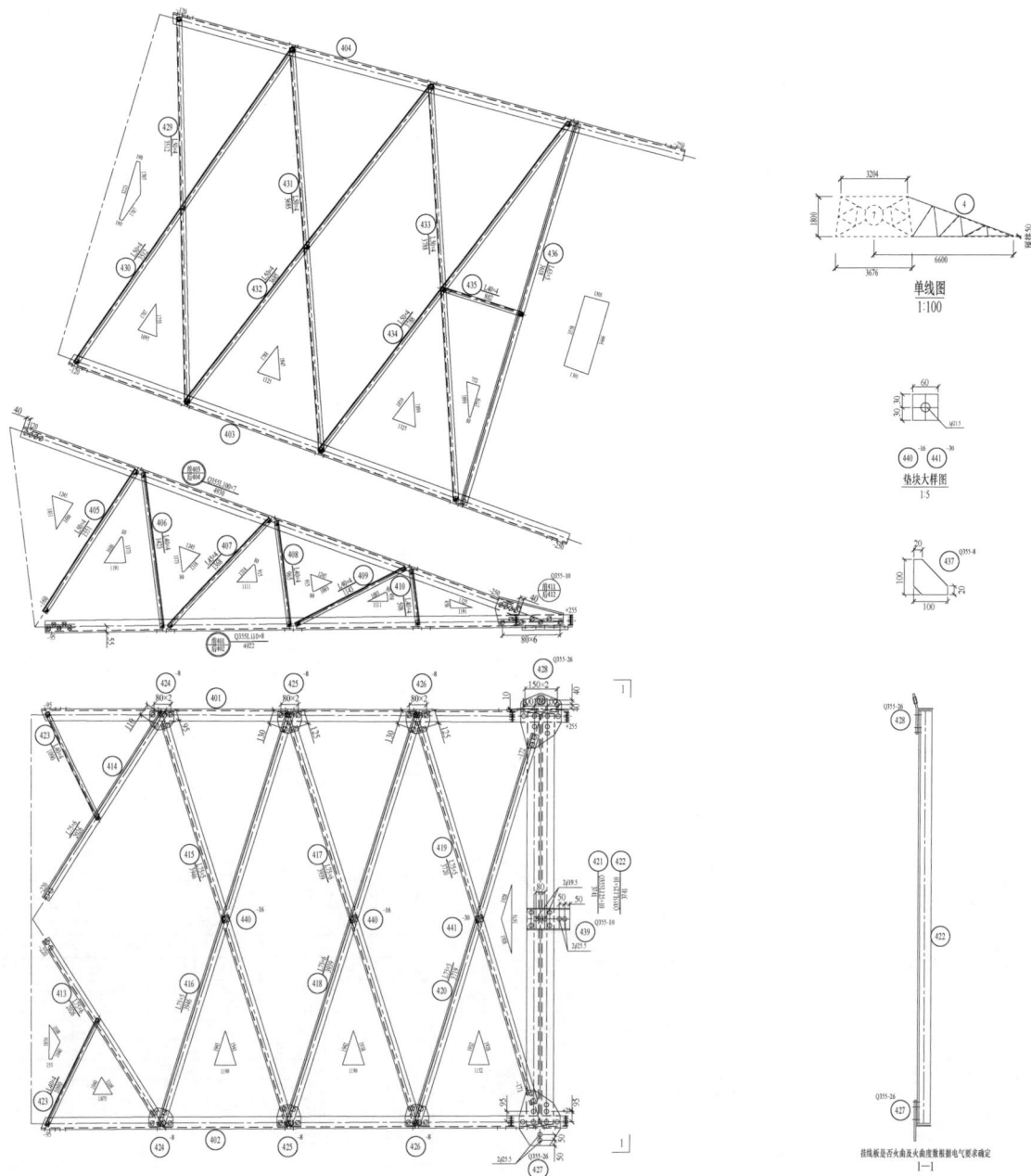

图9.2−6 220−GC21S−DL−06 220−GC21S−DL 终端塔导线横担结构图④

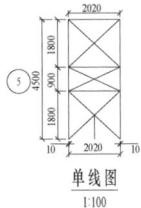

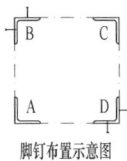

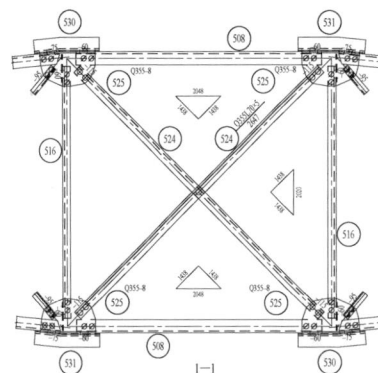

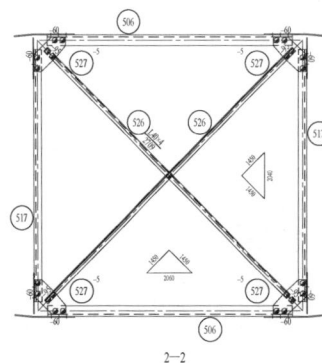

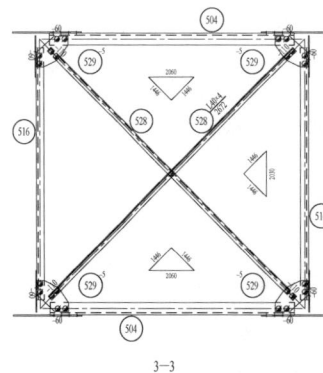

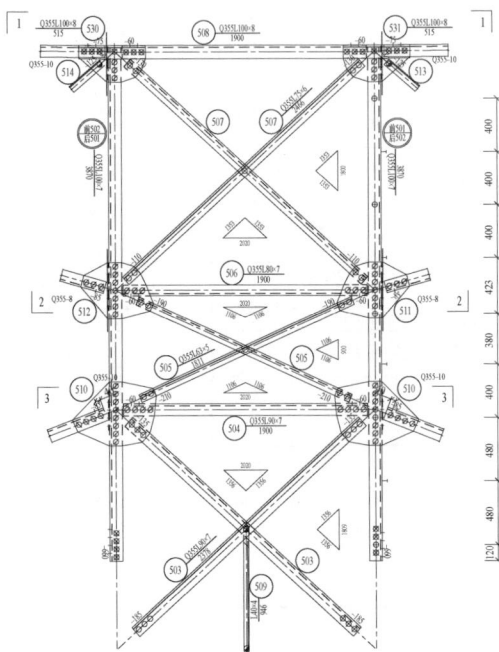

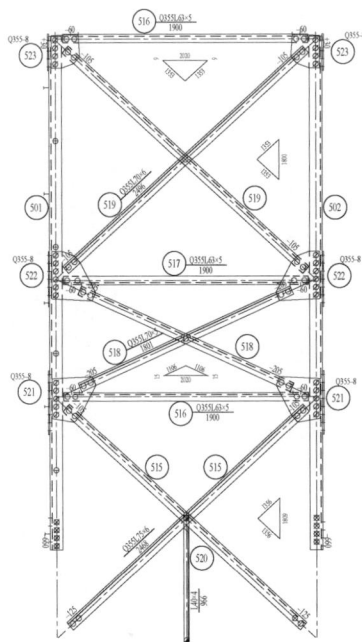

单线图
1:100

脚钉布置示意图

构件明细表

编号	规格	长度(mm)	数量	质量(kg) 一件	质量(kg) 小计	备注
501	Q355L100×7	3870	2	41.91	83.8	脚钉
502	Q355L100×7	3870	2	41.91	83.8	
503	Q355L90×7	2378	4	22.96	91.8	
504	Q355L90×7	1900	2	18.35	36.7	
505	Q355L63×5	1811	4	8.73	34.9	切角
506	Q355L80×7	1900	2	16.20	32.4	
507	Q355L75×6	2466	4	17.03	68.1	
508	Q355L100×8	1900	2	23.32	46.6	
509	L40×4	946	2	2.29	4.6	下压扁
510	Q355-10×490	632	4	24.33	97.3	
511	Q355-8×456	477	2	13.68	27.4	火曲
512	Q355-8×456	477	2	13.68	27.4	火曲
513	Q355-10×276	515	2	11.19	22.4	火曲
514	Q355-10×276	515	2	11.19	22.4	火曲
515	Q355L75×6	2468	4	17.04	68.2	
516	Q355L63×5	1900	4	9.16	36.6	
517	Q355L63×5	1900	2	9.16	18.3	
518	Q355L70×5	1801	4	9.72	38.9	切角
519	Q355L70×6	2496	4	15.99	64.0	
520	L40×4	966	2	2.34	4.7	下压扁
521	Q355-8×341	341	4	7.30	29.2	
522	Q355-8×341	374	4	8.01	32.0	
523	Q355-8×221	249	4	3.46	13.8	
524	Q355L70×5	2647	2	14.29	28.6	
525	Q355-8×250	442	4	6.96	27.8	
526	L40×4	2709	2	6.56	13.1	
527	−5×135	360	4	1.92	7.7	
528	L40×4	2672	2	6.47	12.9	
529	−5×151	339	4	2.02	8.1	
530	Q355L100×8	516	2	6.33	12.7	制弯
531	Q355L100×8	516	2	6.33	12.7	制弯
合计					1108.9kg	

螺栓、垫圈、脚钉明细表

名称	级别	规格	符号	数量	质量(kg)	备注
螺栓	6.8	M16×40		16	2.3	
		M16×50		46	7.4	
		M16×60		4	0.7	
		M20×45	○	64	17.2	
		M20×55	∅	269	77.5	
		M20×65	⊠	28	8.8	
脚钉		M16×180	⊕—	12	4.6	双帽
		M20×200	⊕—	4	2.7	双帽
合计					121.2kg	

图 9.2-7　220-GC21S-DL-07　220-GC21S-DL 终端塔塔身结构图⑤

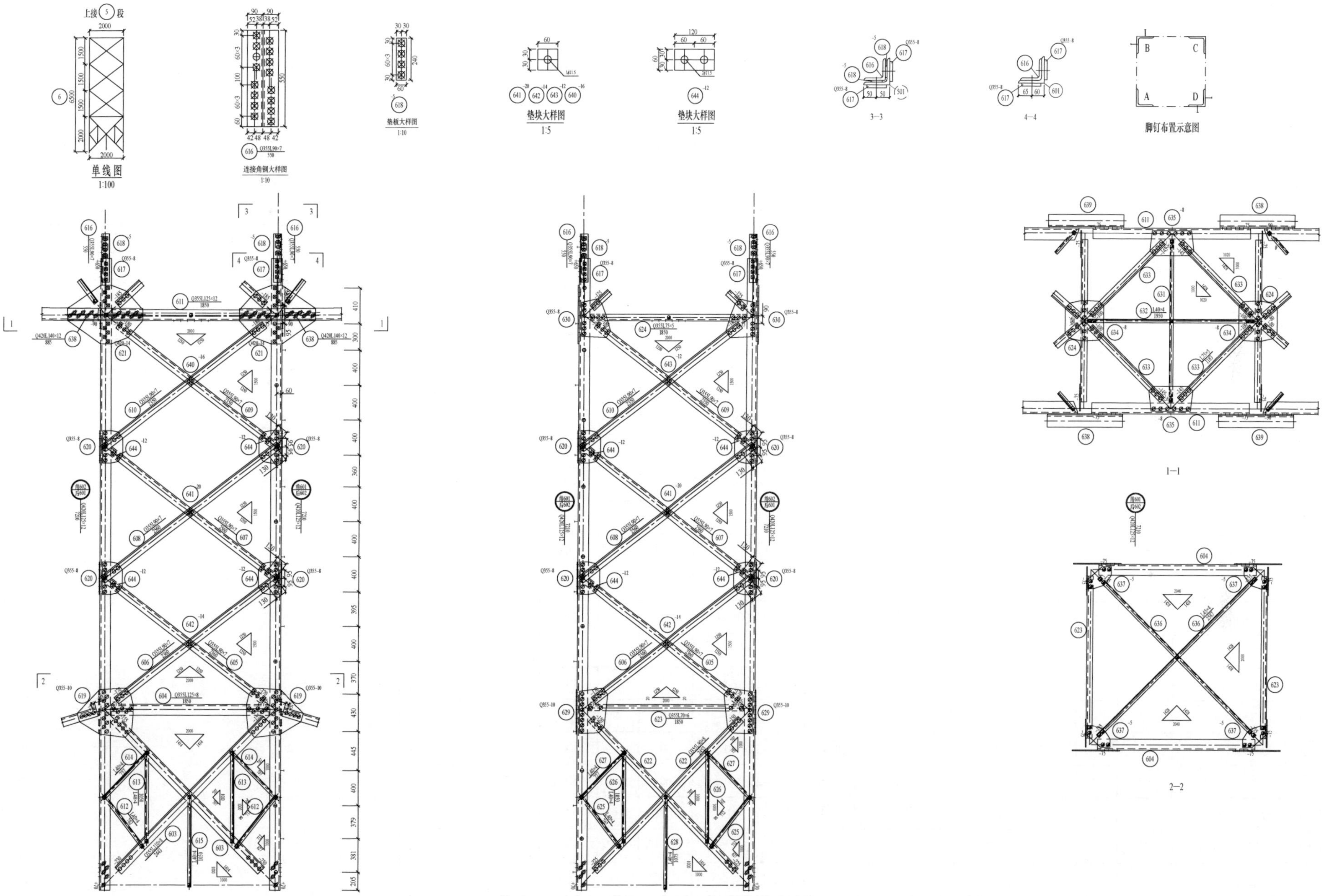

图 9.2-8　220-GC21S-DL-08　220-GC21S-DL 终端塔塔身结构图⑥（一）

编号	规格	长度（mm）	数量	质量（kg）一件	质量（kg）小计	备注	编号	规格	长度（mm）	数量	质量（kg）一件	质量（kg）小计	备注
⑥⑴	Q420L125×12	7210	2	163.64	327.3	脚钉	⑥㉔	Q355L75×5	1850	2	10.76	21.5	
⑥⑵	Q420L125×12	7210	2	163.64	327.3		⑥㉕	L40×4	762	4	1.85	7.4	
⑥⑶	Q355L110×8	2443	4	33.06	132.2		⑥㉖	L40×4	1050	4	2.54	10.2	
⑥⑷	Q355L125×8	1850	2	28.68	57.4		⑥㉗	L40×4	757	4	1.83	7.3	
⑥⑸	Q355L90×7	2360	4	22.79	91.2	切角	⑥㉘	L40×4	1075	2	2.60	5.2	下压扁
⑥⑹	Q355L90×7	2360	4	22.79	91.2		⑥㉙	Q355−10×336	515	4	13.65	54.6	
⑥⑺	Q355L90×7	2560	4	24.72	98.9	切角	⑥㉚	Q355−8×344	443	4	9.61	38.5	
⑥⑻	Q355L90×7	2560	4	24.72	98.9		⑥㉛	L40×4	1850	1	4.48	4.5	
⑥⑼	Q355L90×7	2350	4	22.69	90.8	切角	⑥㉜	L40×4	1950	1	4.72	4.7	
⑥⑽	Q355L90×7	2350	4	22.69	90.8		⑥㉝	L75×5	1183	4	6.88	27.5	
⑥⑾	Q355L125×12	1850	2	41.99	84.0		⑥㉞	−8×459	466	2	13.48	27.0	
⑥⑿	L40×4	762	4	1.85	7.4		⑥㉟	−8×284	515	2	9.22	18.4	
⑥⒀	L40×4	1050	4	2.54	10.2	切角	⑥㊱	L45×4	2587	2	7.08	14.2	
⑥⒁	L40×4	757	4	1.83	7.3		⑥㊲	−5×173	367	4	2.50	10.0	
⑥⒂	L40×4	1050	2	2.54	5.1	下压扁	⑥㊳	Q420L140×12	885	2	22.59	45.2	
⑥⒃	Q355L90×7	550	4	5.31	21.2	铲背,脚钉	⑥㊴	Q420L140×12	885	2	22.59	45.2	
⑥⒄	Q355−8×90	550	8	3.11	24.9		⑥㊵	−16×60	60	2	0.45	0.9	
⑥⒅	−5×60	240	8	0.57	4.5		⑥㊶	−20×60	60	4	0.57	2.3	
⑥⒆	Q355−10×562	659	4	29.16	116.6		⑥㊷	−14×60	60	4	0.40	1.6	
⑥⒇	Q355−8×233	370	16	5.41	86.6		⑥㊸	−12×60	60	2	0.34	0.7	
⑥㉑	Q420−14×726	736	4	58.79	235.2		⑥㊹	−12×60	120	16	0.68	10.9	
⑥㉒	Q355L90×8	2453	4	26.85	107.4								
⑥㉓	Q355L70×6	1850	2	11.85	23.7		合计					2497.9kg	

名称	级别	规格	符号	数量	质量（kg）	备注
螺栓	6.8	M16×40		10	1.5	
		M16×50		56	9.0	
		M16×60		12	2.1	
		M20×55		396	114.0	
		M20×65		140	43.8	
		M20×75		80	27.0	
脚钉		M16×180		24	9.2	双帽
		M20×200		12	8.1	双帽
合计					214.7kg	

图 9.2−8 220−GC21S−DL−08 220−GC21S−DL 终端塔塔身结构图⑥（二）

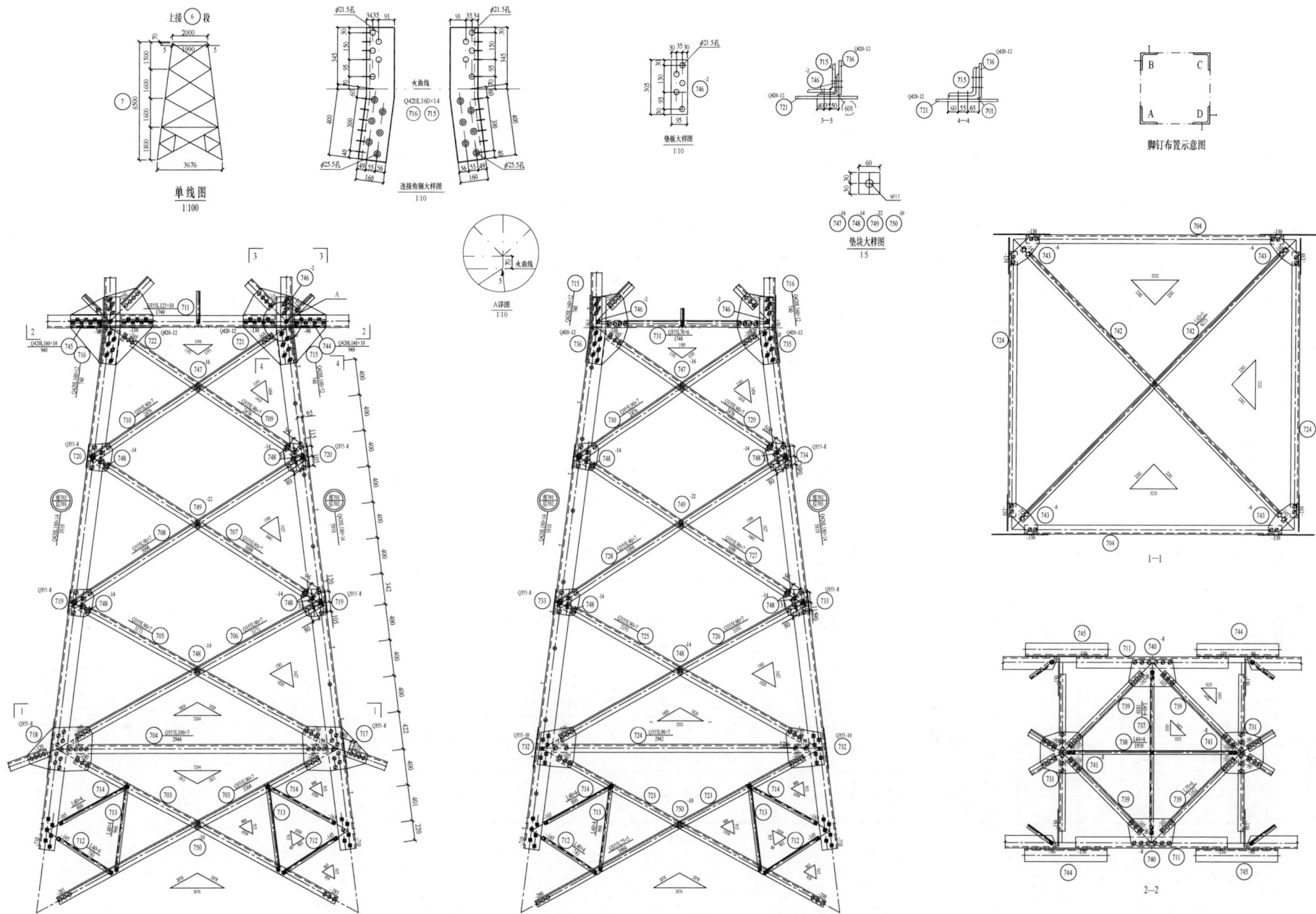

图 9.2-9　220-GC21S-DL-09　220-GC21S-DL 终端塔塔身结构图⑦（一）

构 件 明 细 表

编号	规格	长度(mm)	数量	一件	小计	备注	编号	规格	长度(mm)	数量	一件	小计	备注
⑦⑩①	Q420L180×14	5810	2	223.01	446.0	脚钉	⑦②⑦	Q355L90×7	3098	2	29.91	59.8	切角
⑦⑩②	Q420L180×14	5810	2	223.01	446.0		⑦②⑧	Q355L90×7	3098	2	29.91	59.8	
⑦⑩③	Q355L90×7	3364	4	32.48	129.9		⑦②⑨	Q355L90×7	2476	2	23.91	47.8	切角
⑦⑩④	Q355L100×7	2944	2	31.88	63.8	开角(97.5)	⑦③⑩	Q355L90×7	2476	2	23.91	47.8	
⑦⑩⑤	Q355L90×7	3171	2	30.62	61.2	切角	⑦③①	Q355L70×6	1740	2	11.15	22.3	
⑦⑩⑥	Q355L90×7	3171	2	30.62	61.2		⑦③②	Q355-10×405	457	4	14.57	58.3	
⑦⑩⑦	Q355L90×7	3098	2	29.91	59.8	切角	⑦③③	Q355-8×236	301	4	4.46	17.9	
⑦⑩⑧	Q355L90×7	3098	2	29.91	59.8		⑦③④	Q355-8×236	311	4	4.64	18.5	
⑦⑩⑨	Q355L90×7	2476	2	23.91	47.8	切角	⑦③⑤	Q420-12×452	810	2	34.56	69.1	火曲
⑦①⑩	Q355L90×7	2476	2	23.91	47.8		⑦③⑥	Q420-12×452	810	2	34.56	69.1	火曲
⑦①①	Q355L125×10	1740	2	33.29	66.6		⑦③⑦	L40×4	1820	1	4.41	4.4	
⑦①②	L40×4	743	8	1.80	14.4		⑦③⑧	L40×4	1950	1	4.72	4.7	
⑦①③	L40×4	965	8	2.34	18.7		⑦③⑨	L75×6	1162	4	8.02	32.1	
⑦①④	L40×4	899	8	2.18	17.4		⑦④⑩	-8×298	545	2	10.21	20.4	
⑦①⑤	Q420L160×12	748	2	21.98	44.0	制弯,铲背,脚钉	⑦④①	-8×460	482	2	13.94	27.9	
⑦①⑥	Q420L160×12	748	2	21.98	44.0	制弯,铲背	⑦④②	L63×5	4273	2	20.60	41.2	
⑦①⑦	Q355-8×483	763	2	23.21	46.4	火曲	⑦④③	-6×160	444	4	3.35	13.4	
⑦①⑧	Q355-8×483	763	2	23.21	46.4	火曲	⑦④④	Q420L140×10	940	2	20.20	40.4	
⑦①⑨	Q355-8×236	316	4	4.69	18.7		⑦④⑤	Q420L140×10	940	2	20.20	40.4	
⑦②⑩	Q355-8×233	319	4	4.68	18.7		⑦④⑥	-2×85	305	8	0.41	3.3	
⑦②①	Q420-12×757	856	2	61.13	122.3	火曲	⑦④⑦	-16×60	60	4	0.45	1.8	
⑦②②	Q420-12×757	856	2	61.13	122.3	火曲	⑦④⑧	-14×60	60	20	0.40	7.9	
⑦②③	Q355L75×5	3484	4	20.27	81.1		⑦④⑨	-22×60	60	4	0.62	2.5	
⑦②④	Q355L90×7	2942	2	28.41	56.8	开角(97.5)	⑦⑤⑩	-10×60	60	4	0.28	1.1	
⑦②⑤	Q355L90×7	3191	2	30.81	61.6	切角	合计					2976.2kg	
⑦②⑥	Q355L90×7	3191	2	30.81	61.6								

螺栓、垫圈、脚钉明细表

名称	级别	规格	符号	数量	质量(kg)	备注
螺栓	6.8	M16×40	⊘	8	1.2	
		M16×50	⊘	29	4.6	
		M20×45	○	8	2.1	
		M20×55	⊘	319	91.9	
		M20×65	⊠	142	44.4	
		M20×75	⊘	54	18.3	
		M20×85	⊠	4	1.4	
	8.8	M24×85	⊘	48	27.3	
脚钉	6.8	M16×180	⊕—	22	8.5	双帽
		M20×200	⊕—	6	4.1	双帽
合计					203.8kg	

图 9.2－9 220－GC21S－DL－09 220－GC21S－DL 终端塔塔身结构图⑦（二）

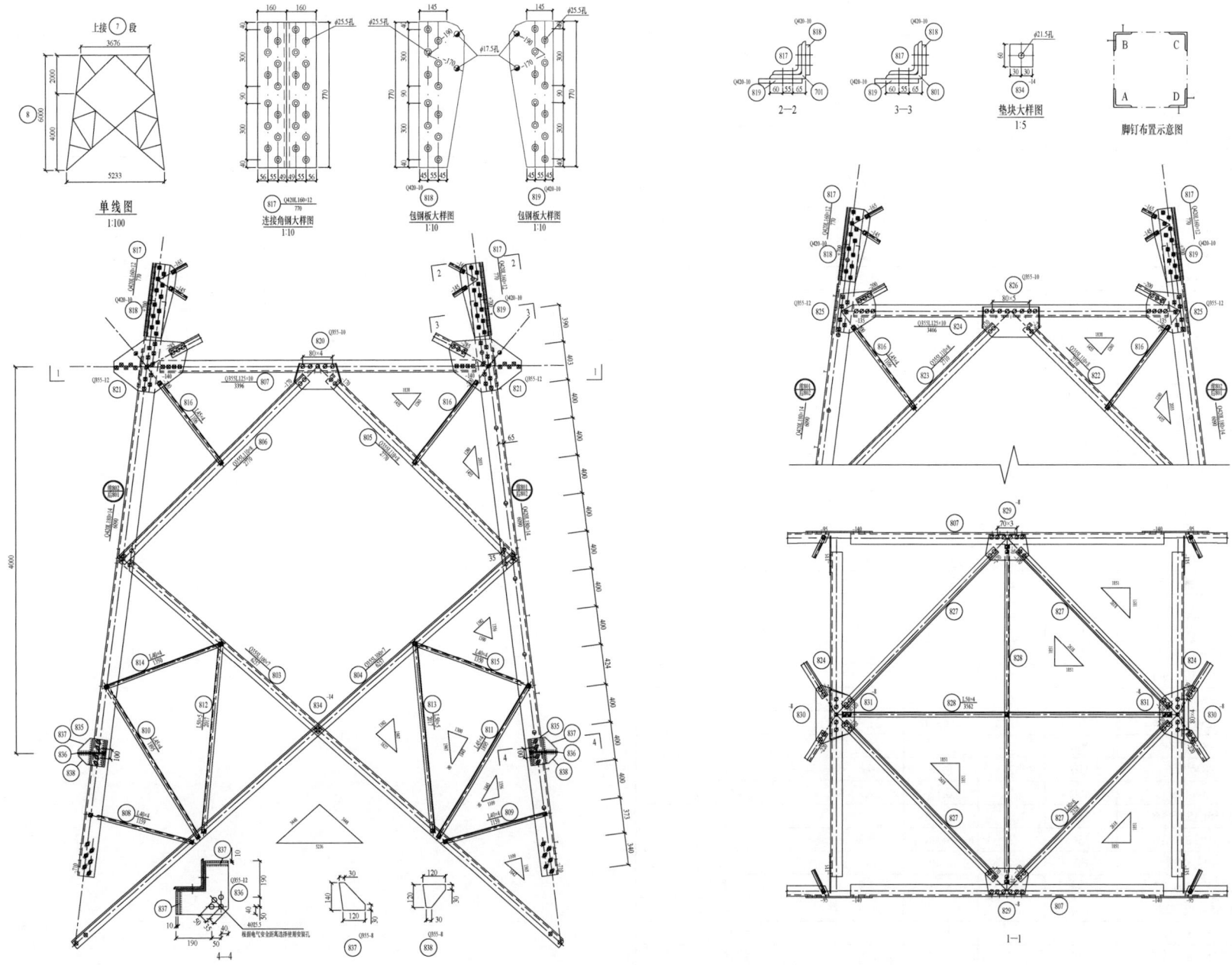

图 9.2-10　220-GC21S-DL-10　220-GC21S-DL 终端塔塔身结构图⑧（一）

构 件 明 细 表

编号	规格	长度(mm)	数量	质量（kg）一件	质量（kg）小计	备注
801	Q420L180×14	6090	2	233.75	467.5	脚钉
802	Q420L180×14	6090	2	233.75	467.5	
803	Q355L100×7	6257	4	67.76	271.1	切角
804	Q355L100×7	6257	4	67.76	271.1	
805	Q355L110×8	2770	2	37.48	75.0	切角
806	Q355L110×8	2770	2	37.48	75.0	
807	Q355L125×10	3396	2	64.98	130.0	合角（82.6）
808	L40×4	1159	4	2.81	11.2	
809	L40×4	1159	4	2.81	11.2	
810	L45×4	1895	4	5.18	20.7	
811	L45×4	1895	4	5.18	20.7	
812	L50×5	2017	4	7.60	30.4	
813	L50×5	2017	4	7.60	30.4	
814	L40×4	1350	4	3.27	13.1	
815	L40×4	1350	4	3.27	13.1	
816	L45×4	1106	8	3.03	24.2	
817	Q420L160×12	770	4	22.63	90.5	铲背，脚钉
818	Q420−10×227	770	4	13.73	54.9	
819	Q420−10×227	770	4	13.73	54.9	
820	Q355−10×270	574	2	12.20	24.4	火曲；卷边
821	Q355−12×520	787	4	38.64	154.6	
822	Q355L110×8	2710	2	36.67	73.3	切角
823	Q355L110×8	2710	2	36.67	73.3	切角
824	Q355L125×10	3406	2	65.17	130.3	合角（82.6）
825	Q355−12×432	443	4	18.10	72.4	
826	Q355−10×321	721	2	18.22	36.4	火曲；电焊；卷边
827	L80×6	2328	4	17.17	68.7	
828	L50×4	3562	2	10.90	21.8	
829	−8×268	466	2	7.86	15.7	
830	−8×257	510	2	8.28	16.6	电焊
831	−8×169	580	2	6.16	12.3	电焊
832	Q355L125×10	736	2	14.08	28.2	
833	Q355L125×10	736	2	14.08	28.2	
834	−14×60	60	4	0.40	1.6	
835	Q355L160×12	280	4	8.23	32.9	清根，焊接
836	Q355−12×280	280	4	7.39	29.6	焊接
837	Q355−8×120	140	8	1.06	8.5	焊接
838	Q355−8×120	120	8	0.90	7.2	焊接
合计				2968.5kg		

螺栓、垫圈、脚钉明细表

名称	级别	规格	符号	数量	质量（kg）	备注
螺栓	6.8	M16×50	⊘	85	13.6	
		M16×60	⊠	8	1.4	
		M20×55	⊘	144	41.5	
		M20×65	⊠	106	33.2	
		M20×75	⊘	8	2.7	
	8.8	M24×75	⊠	92	49.0	
脚钉	6.8	M16×180	⊕—	24	9.2	双帽
		M20×200	⊕—	2	1.4	双帽
	8.8	M24×240	⊕—	4	4.7	双帽
合计					156.7kg	

图 9.2−10　220−GC21S−DL−10　220−GC21S−DL 终端塔塔身结构图⑧（二）

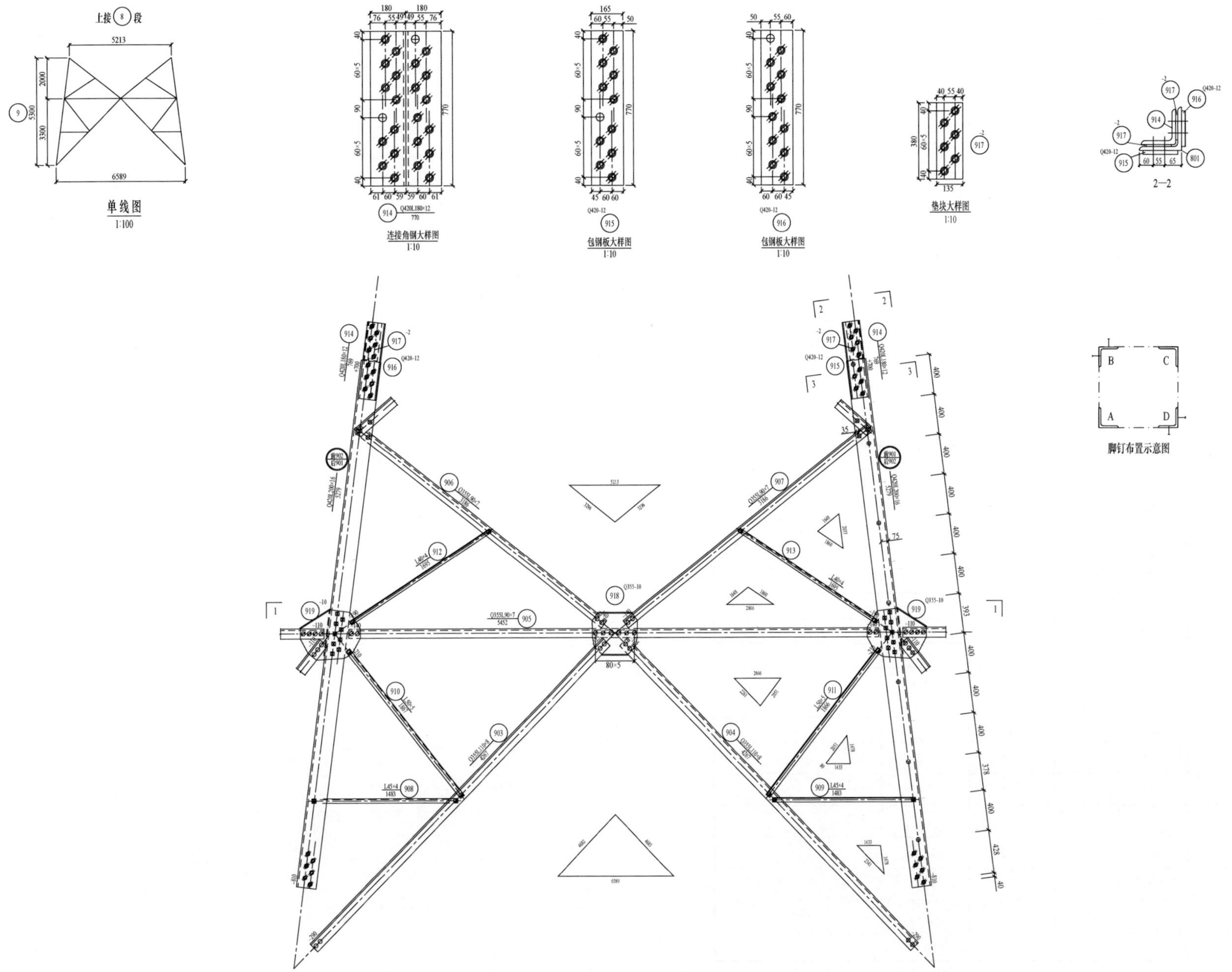

图 9.2-11　220-GC21S-DL-11　220-GC21S-DL 终端塔塔身结构图⑨（一）

构 件 明 细 表

编号	规格	长度（mm）	数量	质量（kg）一件	小计	备注
901	Q420L200×16	5279	2	256.98	514.0	脚钉
902	Q420L200×16	5279	2	256.98	514.0	
903	Q355L110×8	4267	4	57.74	231.0	
904	Q355L110×8	4267	4	57.74	231.0	
905	Q355L90×7	5452	4	52.64	210.6	开角（97.4）
906	Q355L90×7	3186	4	30.76	123.1	切角
907	Q355L90×7	3186	4	30.76	123.1	
908	L45×4	1483	4	4.06	16.2	
909	L45×4	1483	4	4.06	16.2	
910	L50×5	1867	4	7.04	28.2	
911	L50×5	1866	4	7.03	28.1	
912	L40×4	1695	4	4.11	16.4	
913	L40×4	1695	4	4.11	16.4	
914	Q420L180×12	769	4	25.50	102.0	铲背，脚钉
915	Q420−12×170	768	4	12.31	49.2	
916	Q420−12×170	768	4	12.31	49.2	
917	−2×135	380	8	0.81	6.4	
918	Q355−10×466	507	4	18.55	74.2	火曲；卷边
919	Q355−10×504	614	4	24.35	97.4	火曲；卷边
920	Q355−10×333	460	4	12.05	48.2	
921	L50×4	3198	2	9.78	19.6	
922	L50×4	3198	2	9.78	19.6	
923	L50×4	3198	2	9.78	19.6	
924	L50×4	3198	2	9.78	19.6	
925	L40×4	2078	4	5.03	20.1	
926	L40×4	521	4	1.26	5.0	
927	L40×4	643	4	1.56	6.2	
928	L40×4	643	2	1.56	3.1	
929	L40×4	643	2	1.56	3.1	
930	L40×4	1208	4	2.93	11.7	压扁
931	−6×187	494	4	4.38	17.5	火曲；卷边
932	−6×101	411	2	1.96	3.9	电焊
合计					2643.9kg	

螺栓、垫圈、脚钉明细表

名称	级别	规格	符号	数量	质量（kg）	备注
螺栓	6.8	M16×40	●	20	2.9	
		M16×50	●	92	14.7	
		M16×60	▣	6	1.1	
		M20×45	○	4	1.1	
		M20×55	∅	100	28.8	
		M20×65	⊠	94	29.4	
	8.8	M24×85	∅	94	53.5	
脚钉	6.8	M16×180	⊕—|	22	8.5	双帽
		M20×200	⊕—|	2	1.4	双帽
	8.8	M24×240	⊕—|	2	2.4	双帽
合计					143.8kg	

图 9.2−11　220−GC21S−DL−11　220−GC21S−DL 终端塔塔身结构图⑨（二）

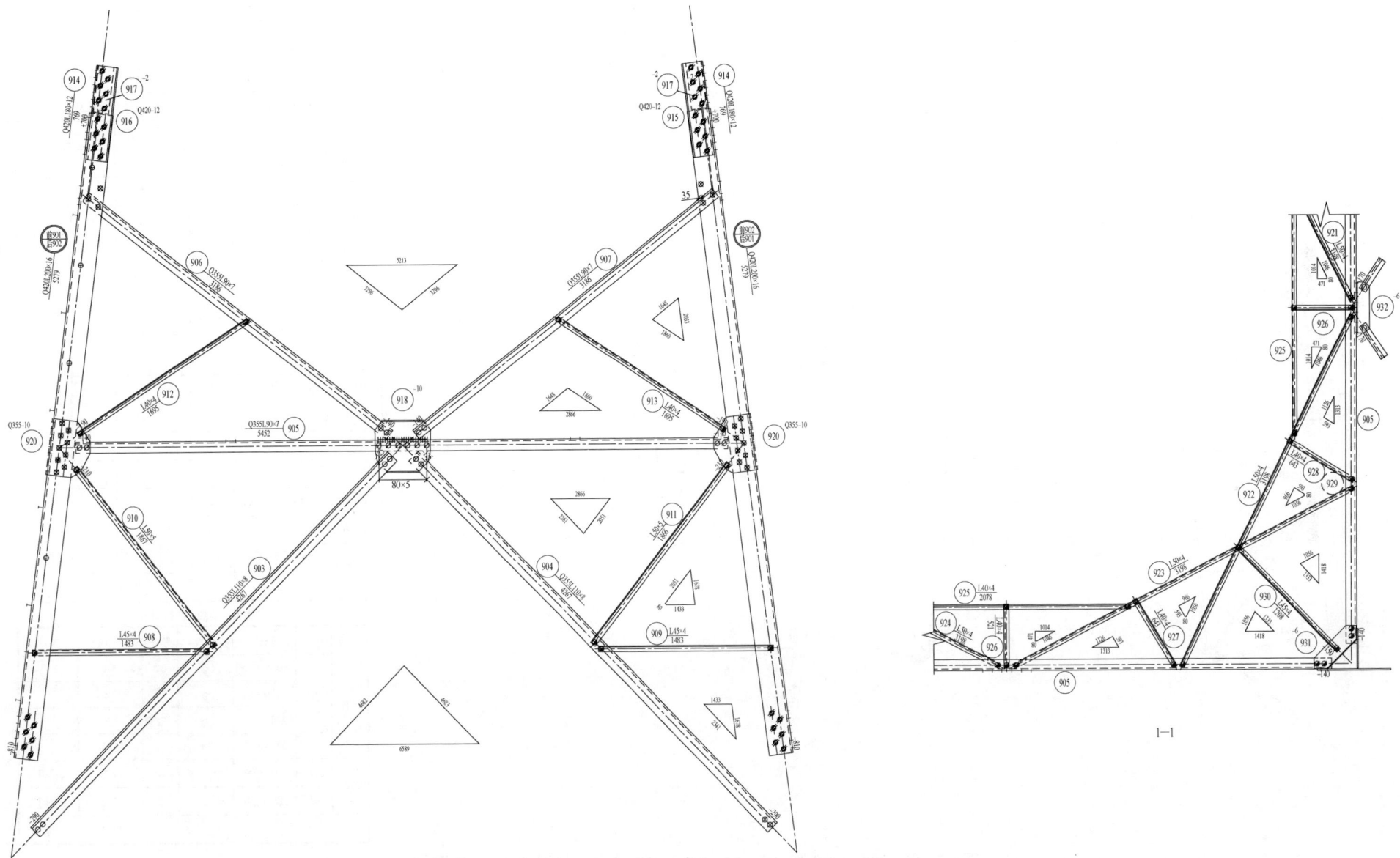

图 9.2-12 220-GC21S-DL-12 220-GC21S-DL 终端塔塔身结构图⑨

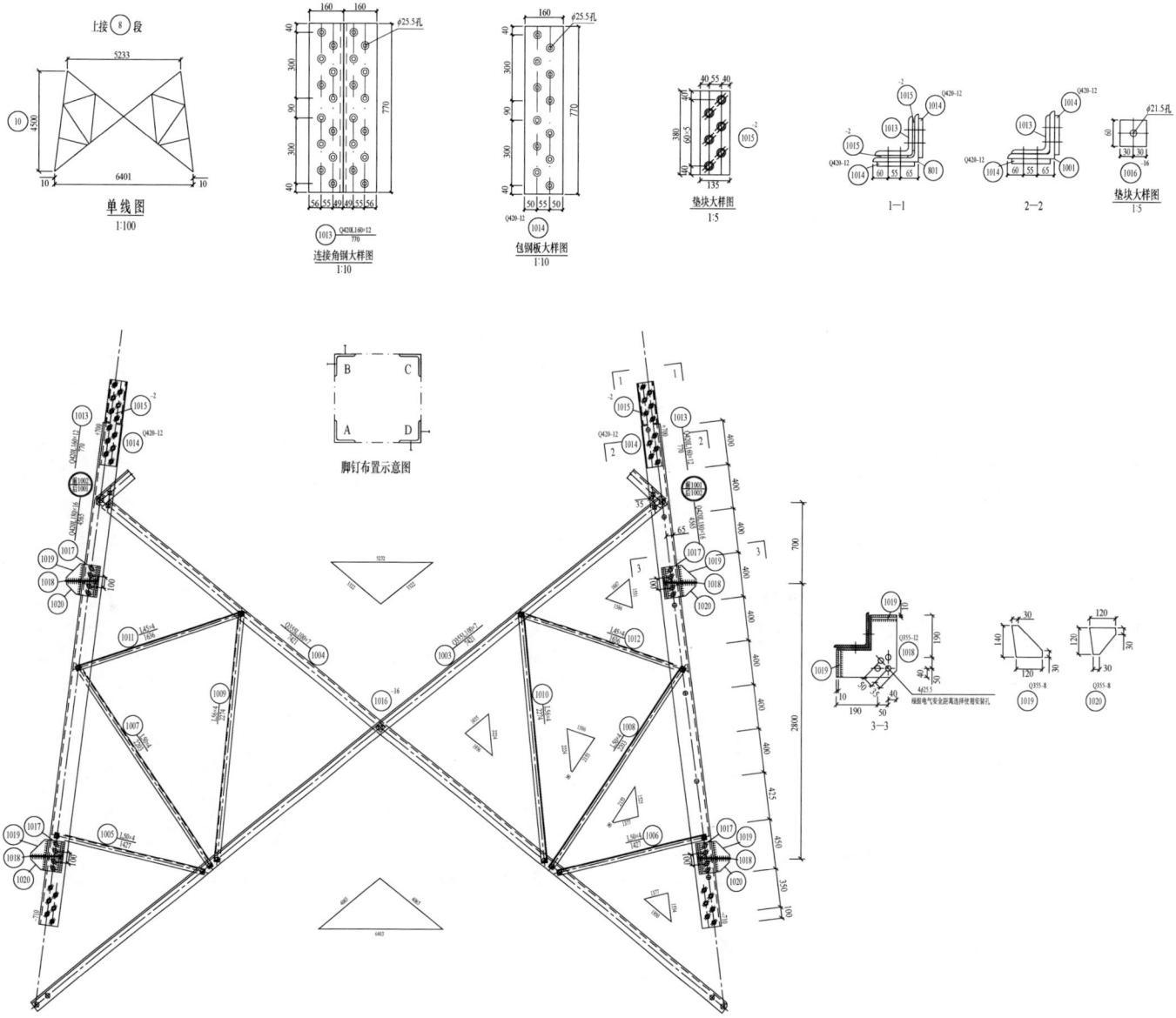

构 件 明 细 表

编号	规格	长度(mm)	数量	质量(kg) 一件	质量(kg) 小计	备注
1001	Q420L180×16	4565	2	198.77	397.5	脚钉
1002	Q420L180×16	4565	2	198.77	397.5	
1003	Q355L100×7	7421	4	80.37	321.5	
1004	Q355L100×7	7421	4	80.37	321.5	切角
1005	L50×4	1427	4	4.37	17.5	
1006	L50×4	1427	4	4.37	17.5	
1007	L50×4	2203	4	6.74	27.0	
1008	L50×4	2203	4	6.74	27.0	
1009	L56×4	2274	4	7.84	31.3	切角
1010	L56×4	2274	4	7.84	31.3	切角
1011	L45×4	1636	4	4.48	17.9	
1012	L45×4	1636	4	4.48	17.9	
1013	Q420L160×12	770	4	22.63	90.5	铲背,脚钉
1014	Q420-12×155	770	8	11.24	89.9	
1015	-2×135	380	8	0.81	6.4	
1016	-16×60	60	4	0.45	1.8	
1017	Q355L160×12	280	8	8.23	65.8	清根,焊接
1018	Q355-12×280	280	8	7.39	59.1	焊接
1019	Q355-8×120	140	16	1.06	17.0	焊接
1020	Q355-8×120	120	16	0.90	14.4	焊接
合计					1970.3kg	

螺栓、垫圈、脚钉明细表

名称	级别	规格	符号	数量	质量(kg)	备注
螺栓	6.8	M16×50		32	5.1	
		M16×60		16	2.8	
		M20×65	⊠	28	8.8	
	8.8	M24×85	∅	94	53.5	
脚钉	6.8	M16×180	⊕──	20	7.7	双帽
	8.8	M24×240	⊕──	2	2.4	双帽
合计					80.3kg	

图 9.2-13 220-GC21S-DL-13 220-GC21S-DL 终端塔塔身结构图⑩

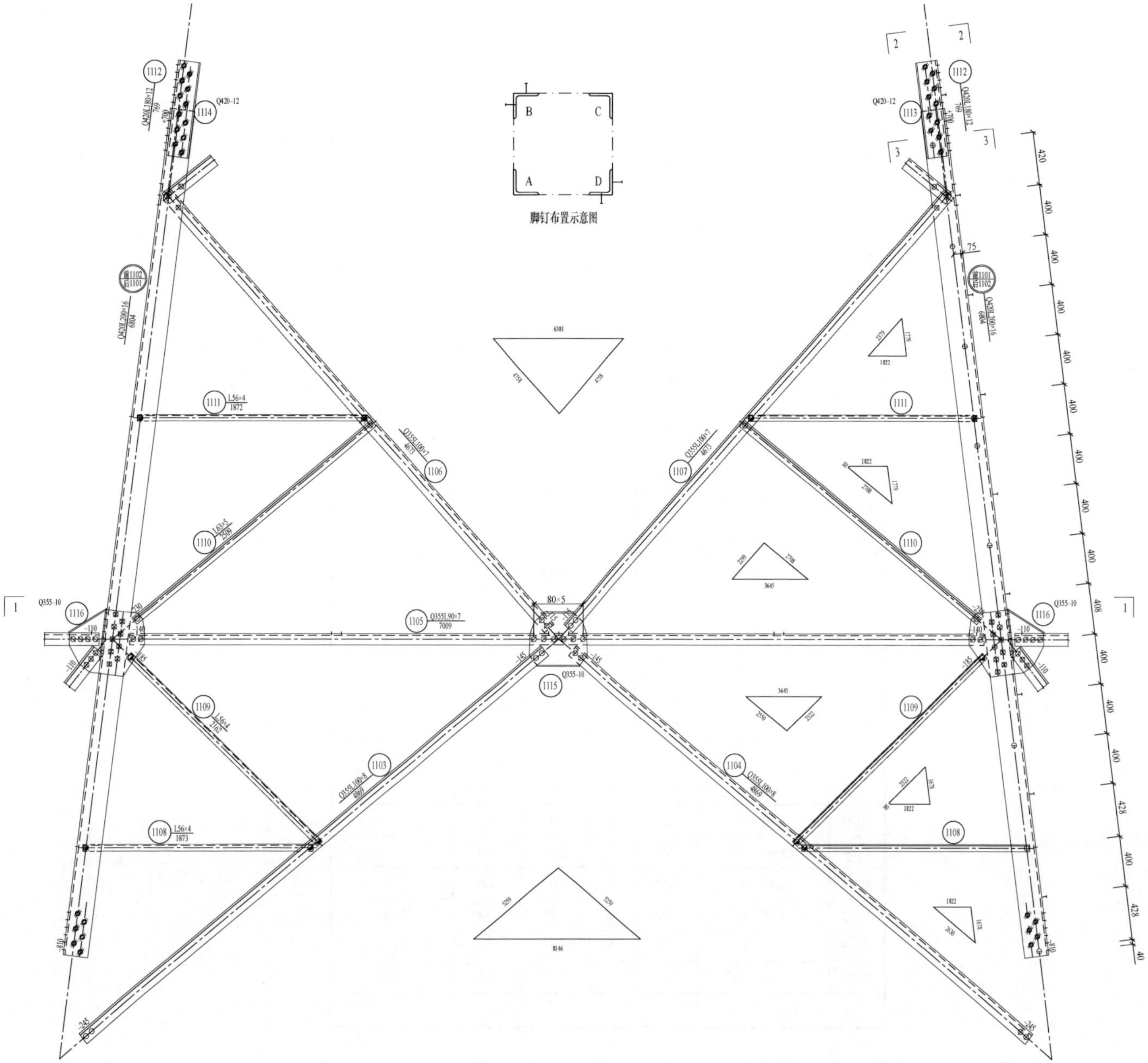

脚钉布置示意图

图 9.2-14　220-GC21S-DL-14　220-GC21S-DL 终端塔塔身结构图⑪（一）

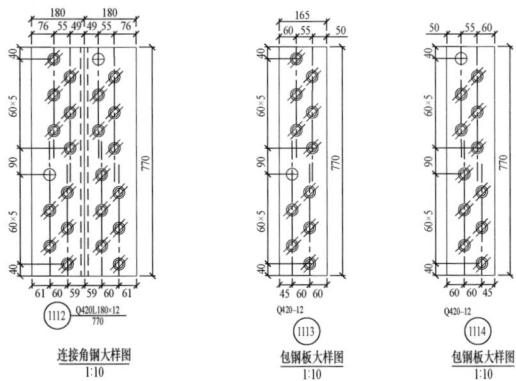

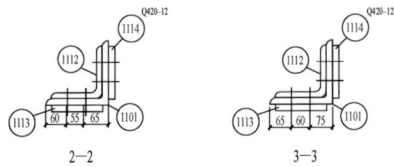

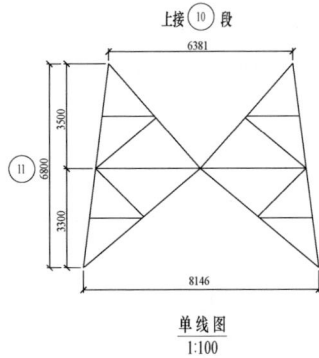

连接角钢大样图 1:10

包钢板大样图 1:10

包钢板大样图 1:10

2—2

3—3

上接⑩段

单线图 1:100

构件明细表

编号	规格	长度(mm)	数量	质量(kg) 一件	质量(kg) 小计	备注
1101	Q420L200×16	6804	2	331.22	662.4	脚钉
1102	Q420L200×16	6804	2	331.22	662.4	
1103	Q355L100×8	4869	4	59.77	239.1	
1104	Q355L100×8	4869	4	59.77	239.1	
1105	Q355L90×7	7009	4	67.68	270.7	开角（97.4）
1106	Q355L100×7	4673	4	50.61	202.4	切角
1107	Q355L100×7	4673	4	50.61	202.4	
1108	L56×4	1873	8	6.45	51.6	
1109	L56×4	2162	8	7.45	59.6	
1110	L63×5	2509	8	12.10	96.8	
1111	L56×4	1872	8	6.45	51.6	切角
1112	Q420L180×12	769	4	25.50	102.0	铲背，脚钉
1113	Q420－12×170	768	4	12.31	49.2	
1114	Q420－12×170	768	4	12.31	49.2	
1115	Q355－10×473	514	4	19.12	76.5	火曲；卷边
1116	Q355－10×293	410	4	9.46	37.9	
1117	Q355－10×293	410	4	9.46	37.9	
1118	L50×4	4069	2	12.45	24.9	
1119	L50×4	4069	2	12.45	24.9	
1120	L50×4	4069	2	12.45	24.9	
1121	L50×4	4069	2	12.45	24.9	
1122	L40×4	2526	4	6.12	24.5	
1123	L40×4	633	4	1.53	6.1	
1124	L40×4	829	4	2.01	8.0	
1125	L40×4	829	2	2.01	4.0	
1126	L40×4	829	2	2.01	4.0	
1127	L45×4	1555	4	4.25	17.0	压扁
1128	－6×177	473	4	3.95	15.8	火曲；卷边
1129	－6×200	347	2	3.27	6.5	电焊
合计					3276.3kg	

螺栓、垫圈、脚钉明细表

名称	级别	规格	符号	数量	质量(kg)	备注
螺栓	6.8	M16×40		20	2.9	
		M16×50		84	13.4	
		M16×60		14	2.5	
		M20×45	○	8	2.1	
		M20×55	∅	80	23.0	
		M20×65	⊠	84	26.3	
	8.8	M24×85	∅	92	52.3	
脚钉	6.8	M16×180	⊕—	26	10.0	双帽
		M20×200	⊕—	4	2.7	双帽
	8.8	M24×240	⊕—	4	4.7	双帽
合计					139.9kg	

图 9.2－14　220－GC21S－DL－14　220－GC21S－DL 终端塔塔身结构图⑪（二）

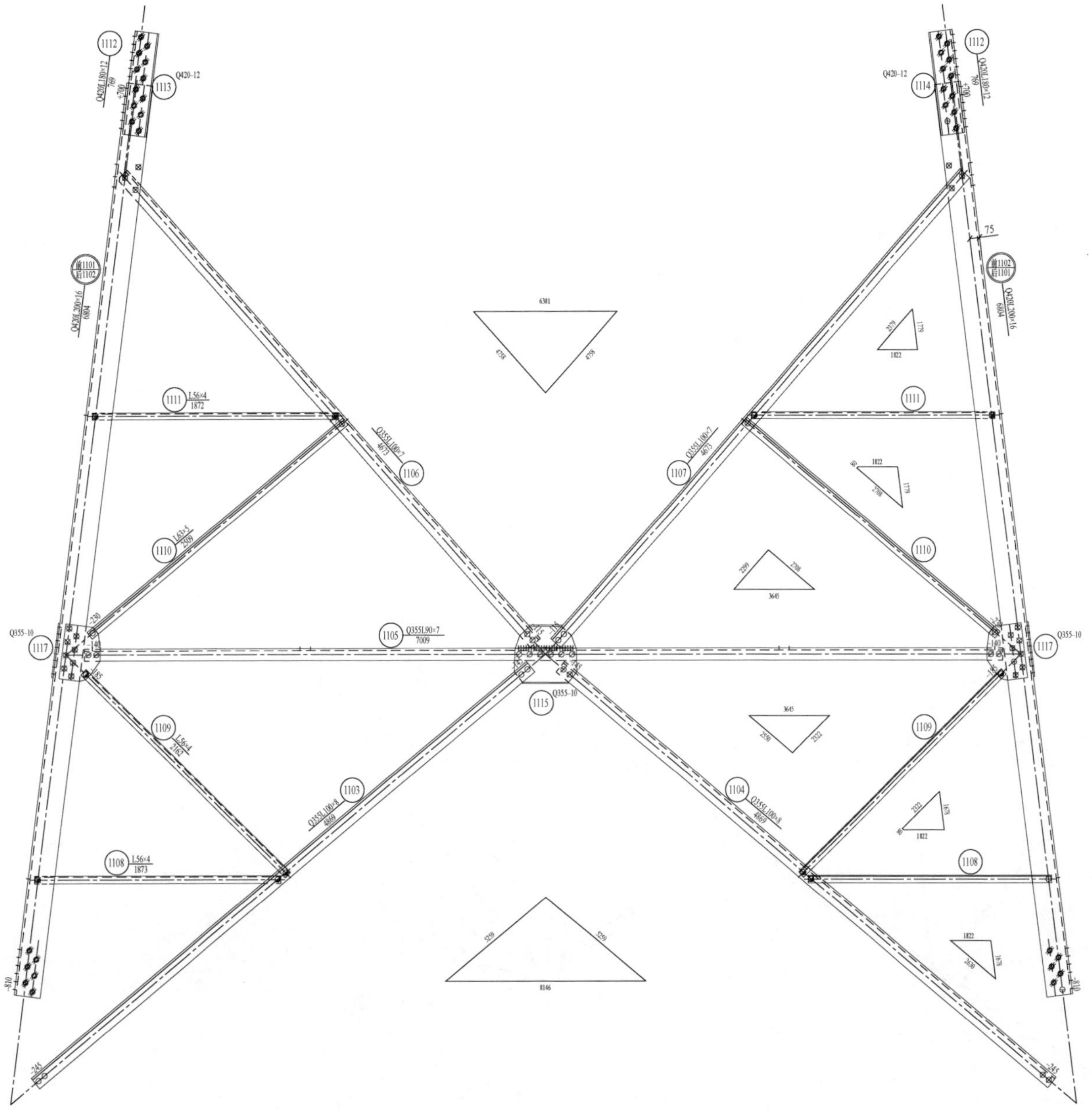

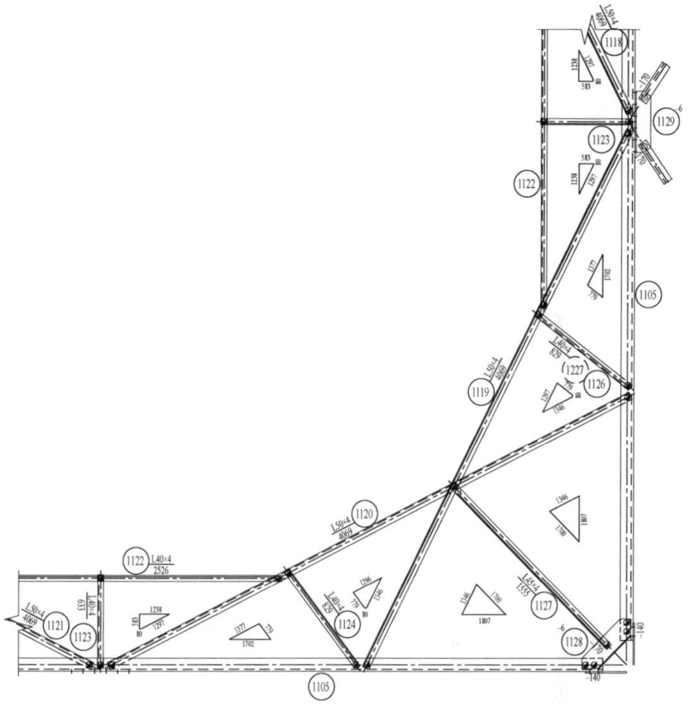

图 9.2-15　220-GC21S-DL-15　220-GC21S-DL 终端塔塔身结构图⑪

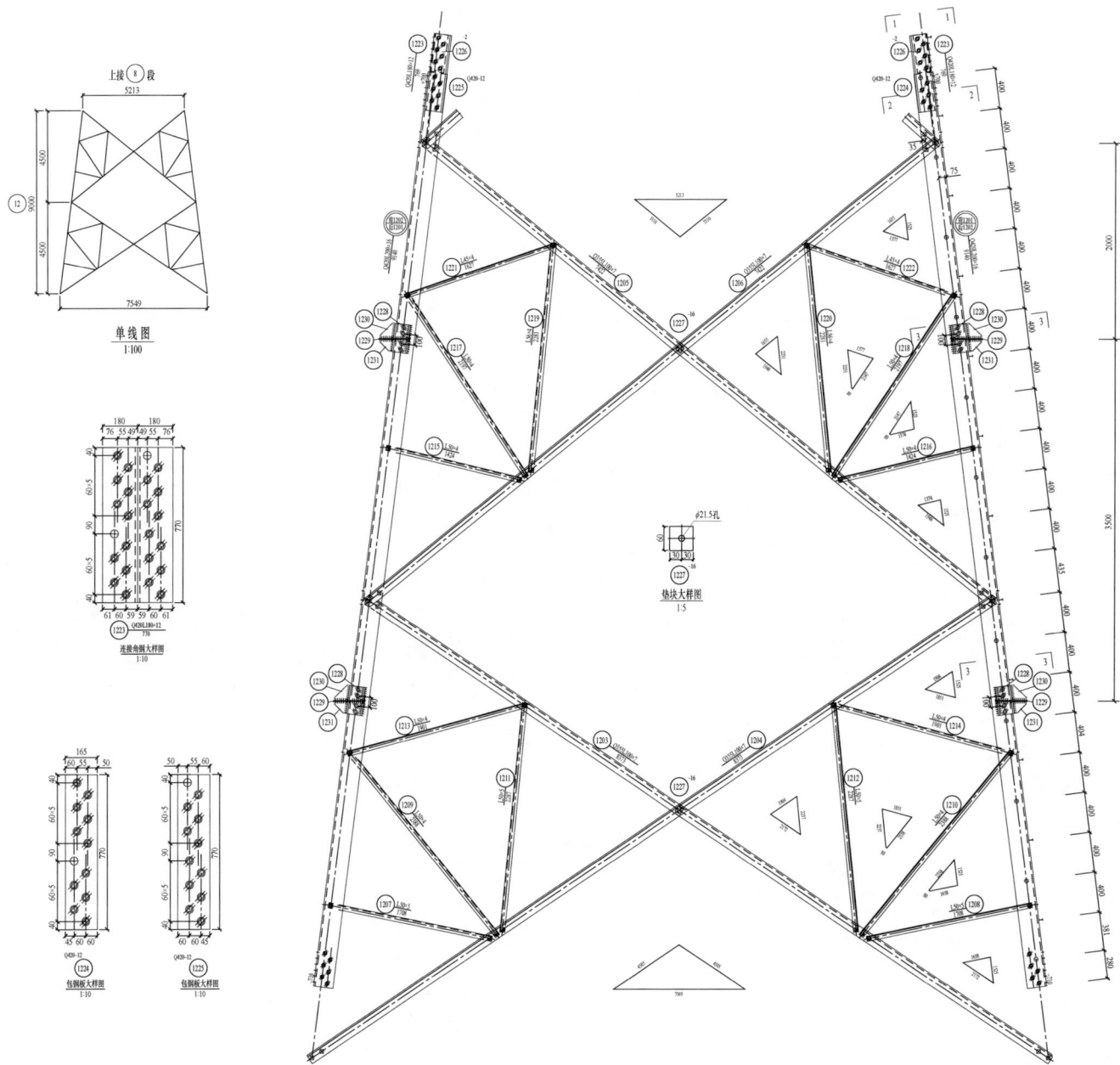

图 9.2－16 220－GC21S－DL－16 220－GC21S－DL 终端塔塔身结构图⑫（一）

构件明细表

编号	规格	长度(mm)	数量	质量(kg)一件	质量(kg)小计	备注
⑫01	Q420L200×16	9140	2	444.94	889.9	脚钉
⑫02	Q420L200×16	9140	2	444.94	889.9	
⑫03	Q355L100×7	8373	4	90.68	362.7	切角,脚钉
⑫04	Q355L100×7	8373	4	90.68	362.7	
⑫05	Q355L100×7	7422	4	80.38	321.5	切角
⑫06	Q355L100×7	7422	4	80.38	321.5	脚钉
⑫07	L50×5	1708	4	6.44	25.8	
⑫08	L50×5	1708	4	6.44	25.8	
⑫09	L50×4	2388	4	7.30	29.2	
⑫10	L50×4	2388	4	7.30	29.2	
⑫11	L50×5	2287	4	8.62	34.5	
⑫12	L50×5	2287	4	8.62	34.5	
⑫13	L50×4	1901	4	5.82	23.3	
⑫14	L50×4	1901	4	5.82	23.3	
⑫15	L50×4	1424	4	4.36	17.4	
⑫16	L50×4	1424	4	4.36	17.4	
⑫17	L50×4	2197	4	6.72	26.9	
⑫18	L50×4	2197	4	6.72	26.9	
⑫19	L56×4	2281	4	7.86	31.4	切角
⑫20	L56×4	2281	4	7.86	31.4	切角
⑫21	L45×4	1627	4	4.45	17.8	
⑫22	L45×4	1627	4	4.45	17.8	
⑫23	Q420L180×12	769	4	25.50	102.0	铲背,脚钉
⑫24	Q420-12×165	768	4	11.95	47.8	
⑫25	Q420-12×165	768	4	11.95	47.8	
⑫26	-2×135	380	8	0.81	6.4	
⑫27	-16×60	60	8	0.45	3.6	
⑫28	Q355L160×12	280	8	8.23	65.8	清根,焊接
⑫29	Q355-12×280	280	8	7.39	59.1	焊接
⑫30	Q355-8×120	140	16	1.06	17.0	焊接
⑫31	Q355-8×120	120	16	0.90	14.4	焊接
合计					3924.7kg	

螺栓、垫圈、脚钉明细表

名称	级别	规格	符号	数量	质量(kg)	备注
螺栓	6.8	M16×50		64	10.2	
		M16×60		32	5.6	
		M20×65		54	16.9	
	8.8	M24×85		92	52.3	
脚钉	6.8	M16×180		40	15.4	双帽
		M20×200		2	1.4	双帽
	8.8	M24×240		4	4.7	双帽
合计					106.5kg	

垫块大样图 1:10

脚钉布置示意图

1—1 2—2 3—3

图 9.2-16 220-GC21S-DL-16 220-GC21S-DL 终端塔塔身结构图⑫（二）

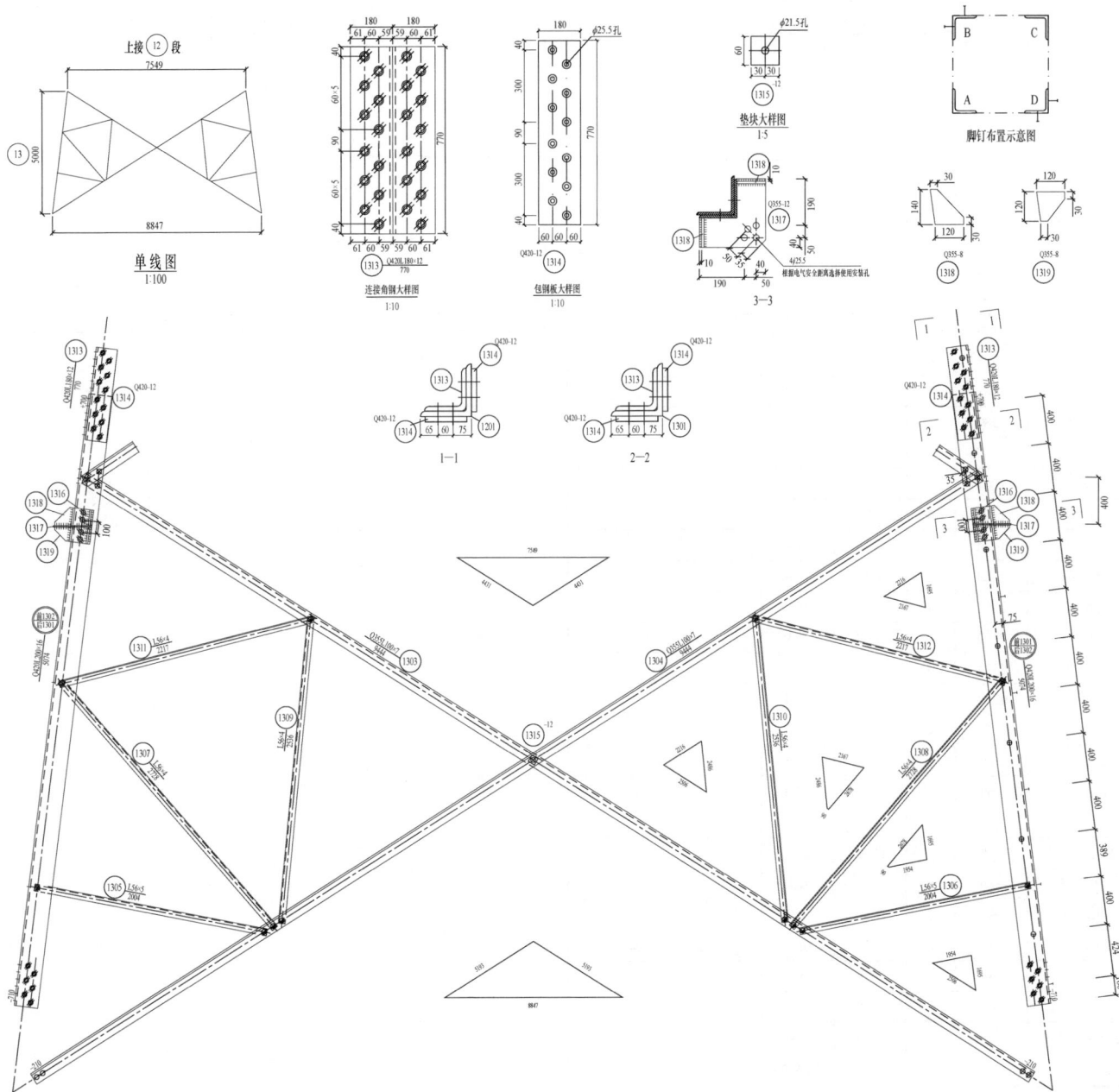

构件明细表

编号	规格	长度(mm)	数量	质量(kg) 一件	质量(kg) 小计	备注
1301	Q420L200×16	5074	2	247.00	494.0	脚钉
1302	Q420L200×16	5074	2	247.00	494.0	
1303	Q355L100×7	9444	4	102.28	409.1	切角
1304	Q355L100×7	9444	4	102.28	409.1	
1305	L56×5	2004	4	8.52	34.1	脚钉
1306	L56×5	2004	4	8.52	34.1	
1307	L56×4	2728	4	9.40	37.6	
1308	L56×4	2728	4	9.40	37.6	
1309	L56×4	2536	4	8.74	35.0	
1310	L56×4	2536	4	8.74	35.0	
1311	L56×4	2217	4	7.64	30.6	
1312	L56×4	2217	4	7.64	30.6	
1313	Q420L180×12	770	4	25.53	102.1	铲背
1314	Q420-12×180	770	8	13.06	104.4	
1315	-12×60	60	4	0.34	1.4	
1316	Q355L160×12	280	4	8.23	32.9	清根，焊接
1317	Q355-12×280	280	4	7.39	29.6	焊接
1318	Q355-8×120	140	8	1.06	8.5	焊接
1319	Q355-8×120	120	8	0.90	7.2	焊接
合计					2366.9kg	

螺栓、垫圈、脚钉明细表

名称	级别	规格	符号	数量	质量(kg)	备注
螺栓	6.8	M16×50		32	5.1	
	6.8	M16×60		14	2.5	
	6.8	M20×65		28	8.8	
	8.8	M24×85		92	52.3	
脚钉	6.8	M16×180		22	8.5	双帽
	8.8	M24×240		4	4.7	双帽
合计					81.9kg	

图 9.2-17 220-GC21S-DL-17 220-GC21S-DL 终端塔塔身结构图⑬

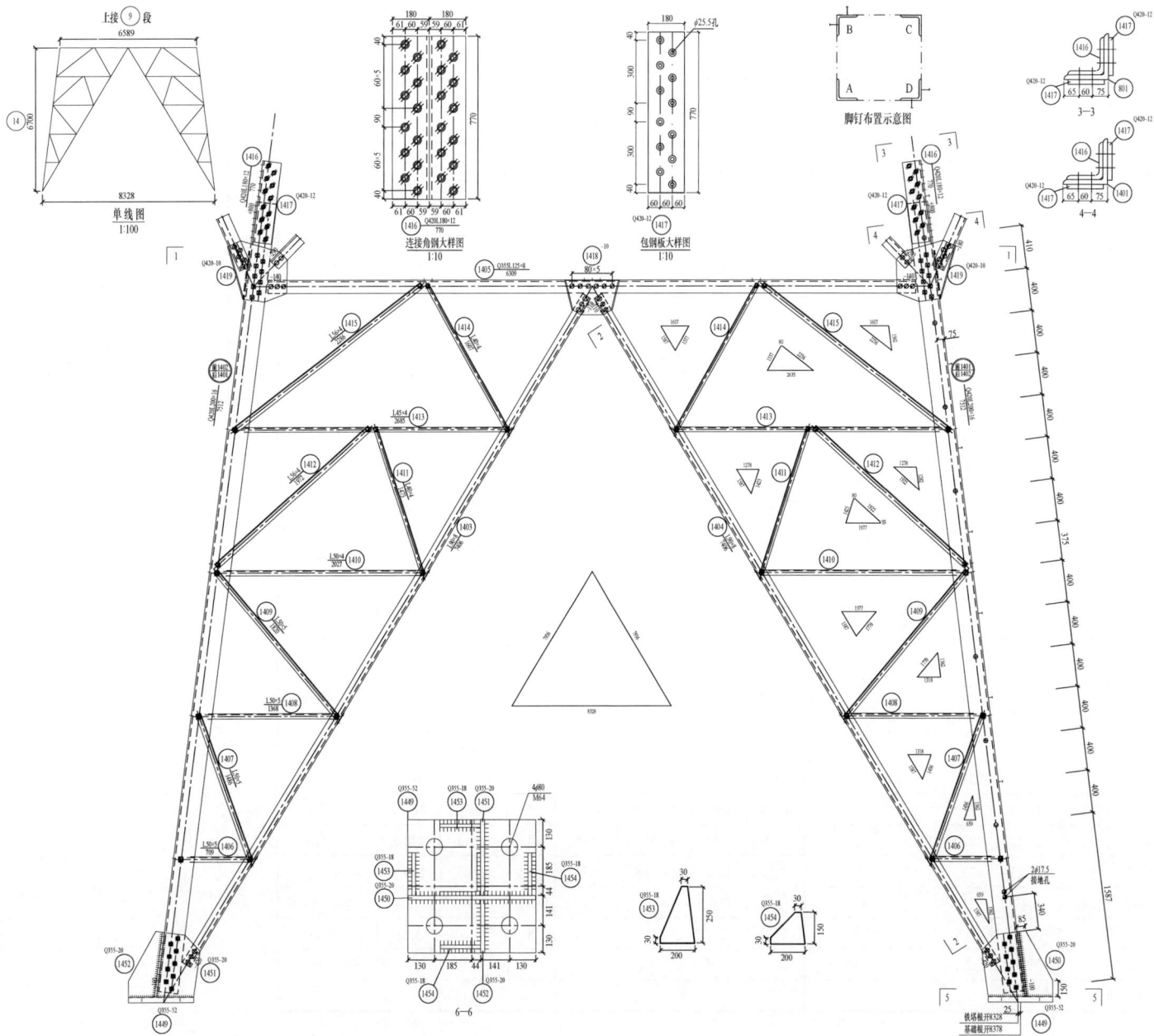

图 9.2-18 220-GC21S-DL-18 220-GC21S-DL 终端塔 18.0m 塔腿结构图⑭ (一)

构 件 明 细 表

编号	规格	长度（mm）	数量	质量（kg）一件	质量（kg）小计	备注	编号	规格	长度（mm）	数量	质量（kg）一件	质量（kg）小计	备注
1401	Q420L200×16	7512	2	365.68	731.4	脚钉	1429	L40×4	731	2	1.77	3.5	
1402	Q420L200×16	7512	2	365.68	731.4		1430	L40×4	1421	4	3.44	13.8	压扁
1403	L90×8	7406	4	81.07	324.3		1431	−6×212	492	4	4.93	19.7	火曲；卷边
1404	L90×8	7406	4	81.07	324.3		1432	L40×4	907	4	2.20	8.8	
1405	Q355L125×8	6309	4	97.81	391.3	开角（97.4）	1433	L40×4	1945	8	4.71	37.7	
1406	L50×5	709	8	2.67	21.4	切角	1434	L40×4	2731	8	6.61	52.9	
1407	L50×5	1486	8	5.60	44.8		1435	L50×4	4601	8	14.07	112.6	
1408	L50×5	1368	8	5.16	41.3	切角	1436	L40×4	1483	8	3.59	28.7	
1409	L50×5	1820	8	6.86	54.9	脚钉	1437	L40×4	866	8	2.10	16.8	
1410	L50×4	2027	8	6.20	49.6	切角，脚钉	1438	L40×4	1539	8	3.73	29.8	切角
1411	L40×4	1473	8	3.57	28.5		1439	−5×132	191	4	1.00	4.0	火曲
1412	L56×4	1972	8	6.80	54.4		1440	−5×132	191	4	1.00	4.0	火曲
1413	L45×4	2685	8	7.35	58.8	切角	1441	−5×154	186	4	1.13	4.5	火曲
1414	L40×4	1607	8	3.89	31.1		1442	−5×154	186	4	1.13	4.5	火曲
1415	L56×4	2286	8	7.88	63.0		1443	−5×154	161	4	0.98	3.9	火曲
1416	Q420L180×12	770	4	25.53	102.1	铲背，脚钉	1444	−5×154	161	4	0.98	3.9	火曲
1417	Q420−12×180	770	8	13.06	104.4		1445	−5×159	164	4	1.03	4.1	火曲
1418	−10×325	623	4	15.92	63.7	火曲；卷边	1446	−5×159	164	4	1.03	4.1	火曲
1419	Q420−10×556	621	4	27.12	108.5	火曲；卷边	1447	−5×130	168	4	0.86	3.4	火曲
1420	Q355−10×355	489	4	13.66	54.6		1448	−5×130	168	4	0.86	3.4	火曲
1421	L50×4	3672	2	11.23	22.5		1449	Q355−52×630	630	4	162.01	648.1	电焊
1422	L50×4	3672	2	11.23	22.5		1450	Q355−20×651	651	4	66.61	266.4	电焊
1423	L50×4	3672	2	11.23	22.5		1451	Q355−20×362	615	4	35.05	140.2	电焊
1424	L50×4	3672	2	11.23	22.5		1452	Q355−20×268	651	4	27.44	109.7	电焊
1425	L45×4	2339	4	6.40	25.6		1453	Q355−18×196	250	8	6.93	55.4	电焊
1426	L40×4	597	4	1.45	5.8		1454	Q355−18×150	196	8	4.16	33.3	电焊
1427	L40×4	731	4	1.77	7.1								
1428	L40×4	731	2	1.77	3.5			合计				5133.0kg	

螺栓、垫圈、脚钉明细表

名称	级别	规格	符号	数量	质量（kg）	备注
螺栓	6.8	M16×40	◐	124	18.1	
		M16×50	◑	200	32.0	
		M16×60	⊡	38	6.7	
		M20×55	∅	108	31.1	
		M20×65	⊠	94	29.4	
	8.8	M24×75	⊠	72	38.4	
		M24×85	∅	92	52.3	
脚钉	6.8	M16×180	⊕—	26	10.0	双帽
		M20×200	⊕—	2	1.4	双帽
脚钉	8.8	M24×240	⊕—	4	4.7	双帽
合计					224.1kg	

图 9.2−18　220−GC21S−DL−18　220−GC21S−DL 终端塔 18.0m 塔腿结构图⑭（二）

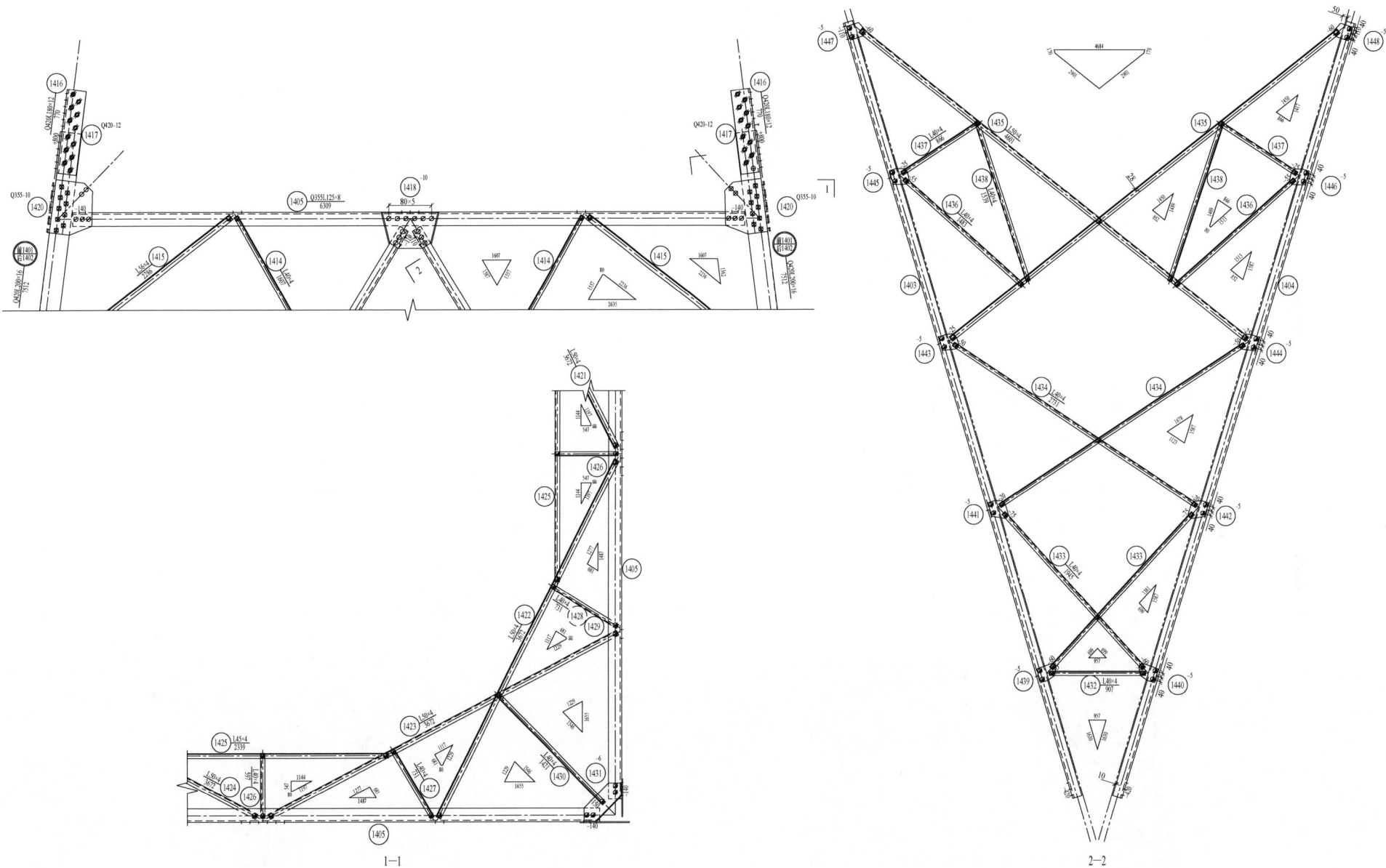

图 9.2–19　220–GC21S–DL–19　220–GC21S–DL 终端塔 18.0m 塔腿结构图⑭

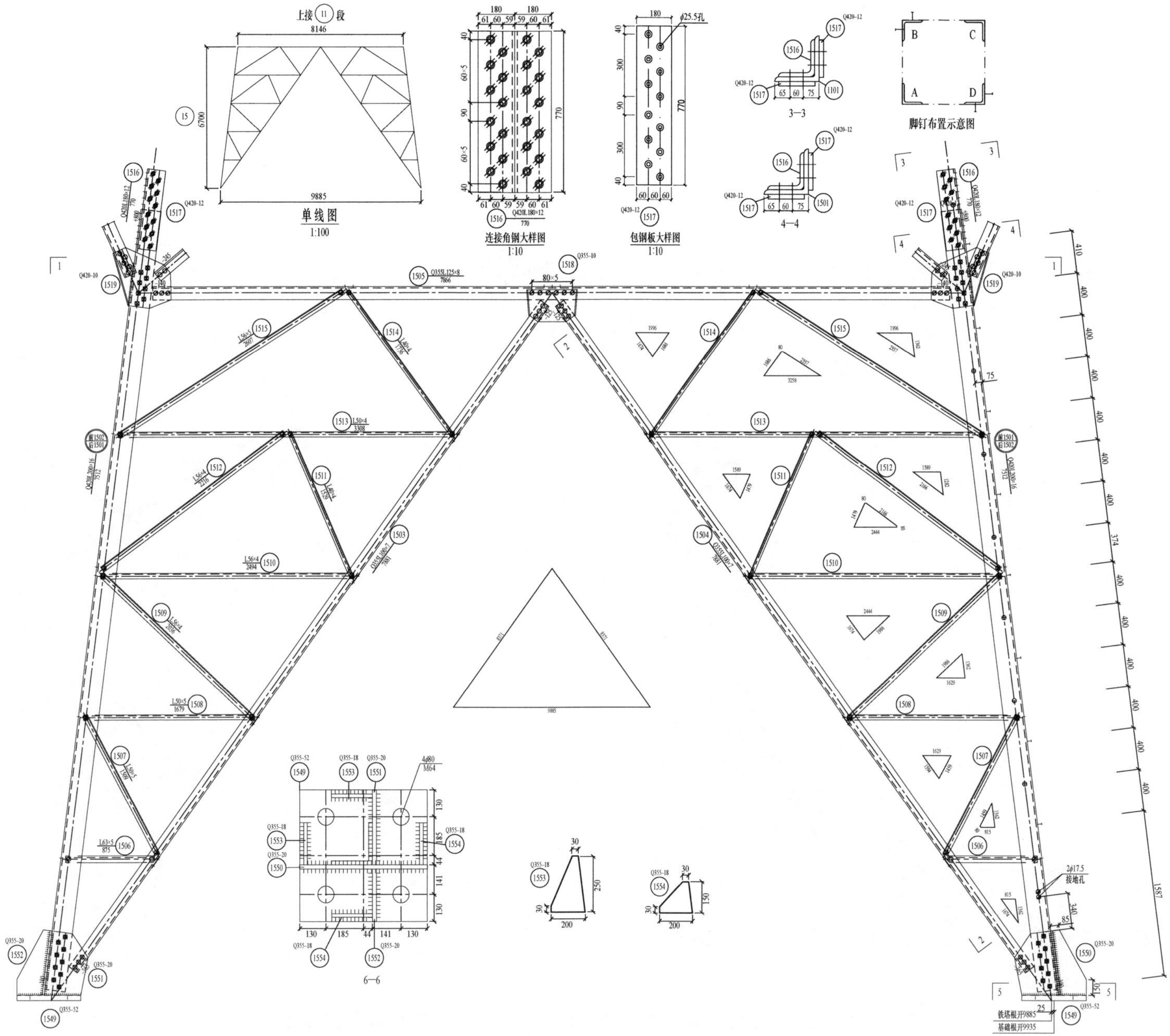

图 9.2-20　220-GC21S-DL-20　220-GC21S-DL 终端塔 24.0m 塔腿结构图⑮（一）

构 件 明 细 表

编号	规格	长度(mm)	数量	质量(kg)一件	质量(kg)小计	备注	编号	规格	长度(mm)	数量	质量(kg)一件	质量(kg)小计	备注
1501	Q420L200×16	7512	2	365.68	731.4	脚钉	1529	L40×4	916	2	2.22	4.4	
1502	Q420L200×16	7512	2	365.68	731.4		1530	L50×4	1768	4	5.41	21.6	压扁
1503	Q355L100×7	7881	4	85.35	341.4		1531	−6×191	449	4	4.05	16.2	火曲;卷边
1504	Q355L100×7	7881	4	85.35	341.4		1532	L40×4	1117	4	2.71	10.8	
1505	Q355L125×8	7866	4	121.95	487.8	开角(97.4)	1533	L40×4	2207	8	5.35	42.8	
1506	L63×5	875	8	4.22	33.8	切角	1534	L40×4	3224	8	7.81	62.5	
1507	L50×5	1509	8	5.69	45.5		1535	L50×4	5357	8	16.39	131.1	
1508	L50×5	1679	8	6.33	50.6	切角	1536	L40×4	1715	8	4.15	33.2	
1509	L56×4	2036	8	7.02	56.1		1537	L40×4	1623	8	3.93	31.4	
1510	L56×4	2494	8	8.59	68.8	切角	1538	L40×4	1024	8	2.48	19.8	
1511	L40×4	1529	8	3.70	29.6		1539	−5×130	205	4	1.05	4.2	火曲
1512	L56×4	2216	8	7.64	61.1		1540	−5×130	205	4	1.05	4.2	火曲
1513	L50×4	3308	8	10.12	81.0	切角	1541	−5×160	180	4	1.14	4.6	火曲
1514	L40×4	1736	8	4.20	33.6		1542	−5×160	180	4	1.14	4.6	火曲
1515	L56×5	2607	8	11.08	88.7		1543	−5×153	168	4	1.01	4.0	火曲
1516	Q420L180×12	770	4	25.53	102.1	铲背,脚钉	1544	−5×153	168	4	1.01	4.0	火曲
1517	Q420−12×180	770	8	13.06	104.4		1545	−5×161	163	4	1.04	4.2	火曲
1518	Q355−10×305	580	4	13.93	55.7	火曲;卷边	1546	−5×161	163	4	1.04	4.2	火曲
1519	Q420−10×355	429	4	11.99	48.0		1547	−5×130	175	4	0.89	3.6	火曲
1520	Q355−10×355	429	4	11.99	48.0		1548	−5×130	175	4	0.89	3.6	火曲
1521	L56×4	4543	2	15.66	31.3		1549	Q355−52×630	630	4	162.01	648.1	电焊
1522	L56×4	4543	2	15.66	31.3		1550	Q355−20×651	670	4	68.53	274.1	电焊
1523	L56×4	4543	2	15.66	31.3		1551	Q355−20×381	615	4	36.86	147.4	电焊
1524	L56×4	4543	2	15.66	31.3		1552	Q355−20×268	651	4	27.44	109.7	电焊
1525	L45×4	2787	4	7.63	30.5		1553	Q355−18×196	250	8	6.93	55.5	电焊
1526	L40×4	708	4	1.71	6.9		1554	Q355−18×150	196	8	4.16	33.3	电焊
1527	L40×4	916	4	2.22	8.9								
1528	L40×4	916	2	2.22	4.4		合计					5399.4kg	

螺栓、垫圈、脚钉明细表

名称	级别	规格	符号	数量	质量(kg)	备注
螺栓	6.8	M16×40	◓	124	18.1	
		M16×50	◓	200	32.0	
		M16×60	▩	30	5.3	
		M20×45	○	8	2.1	
		M20×55	∅	96	27.6	
		M20×65	⊠	86	26.9	
	8.8	M24×75	▩	72	38.4	
		M24×85	∅	92	52.3	
脚钉	6.8	M16×180	⊕—⊢	26	10.0	双帽
	6.8	M20×200	⊕—⊢	2	1.4	双帽
	8.8	M24×240	⊕—⊢	4	4.7	双帽
合计					218.8kg	

图 9.2−20 220−GC21S−DL−20 220−GC21S−DL 终端塔 24.0m 塔腿结构图⑮（二）

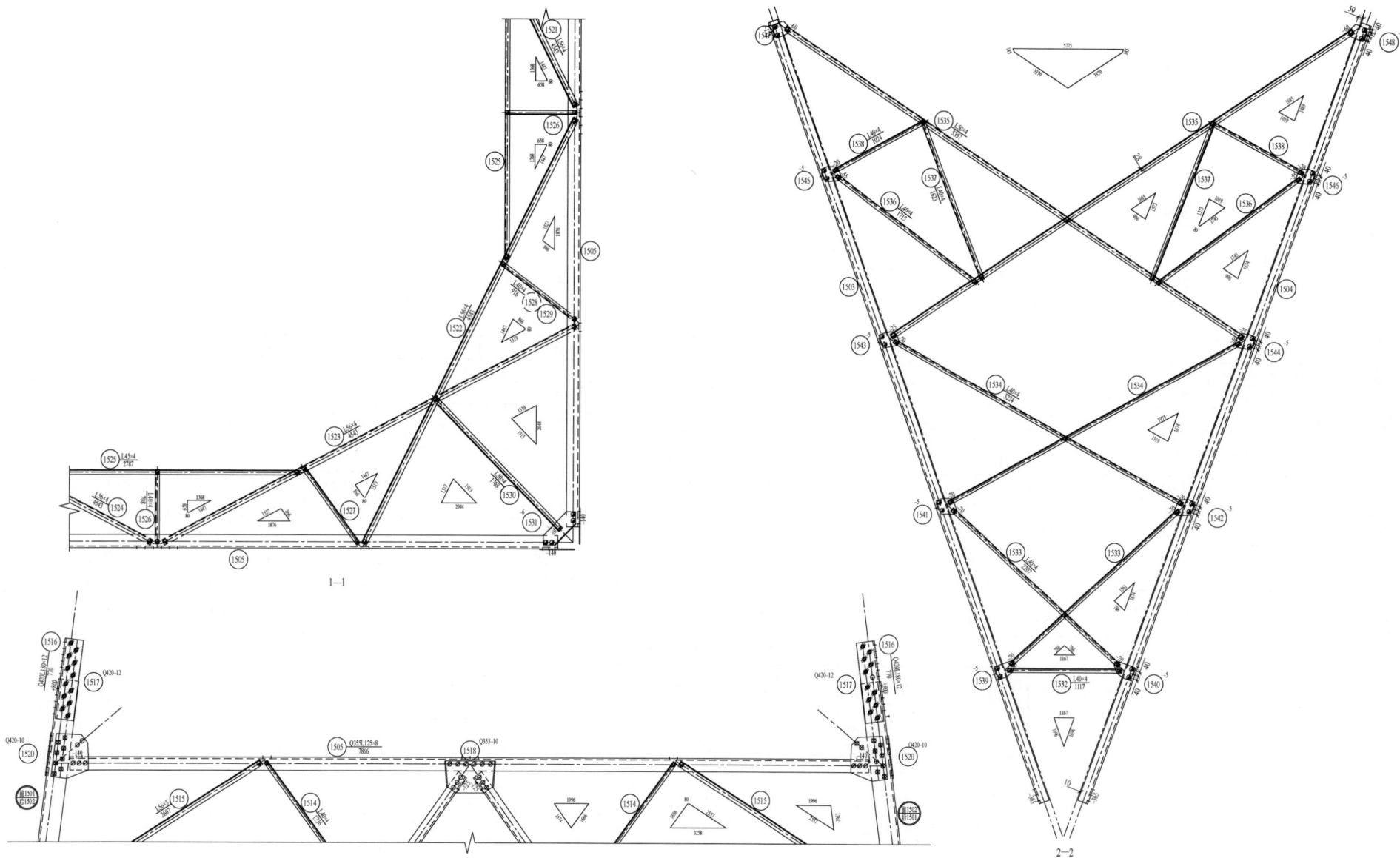

图 9.2-21 220-GC21S-DL-21 220-GC21S-DL 终端塔 24.0m 塔腿结构图⑮

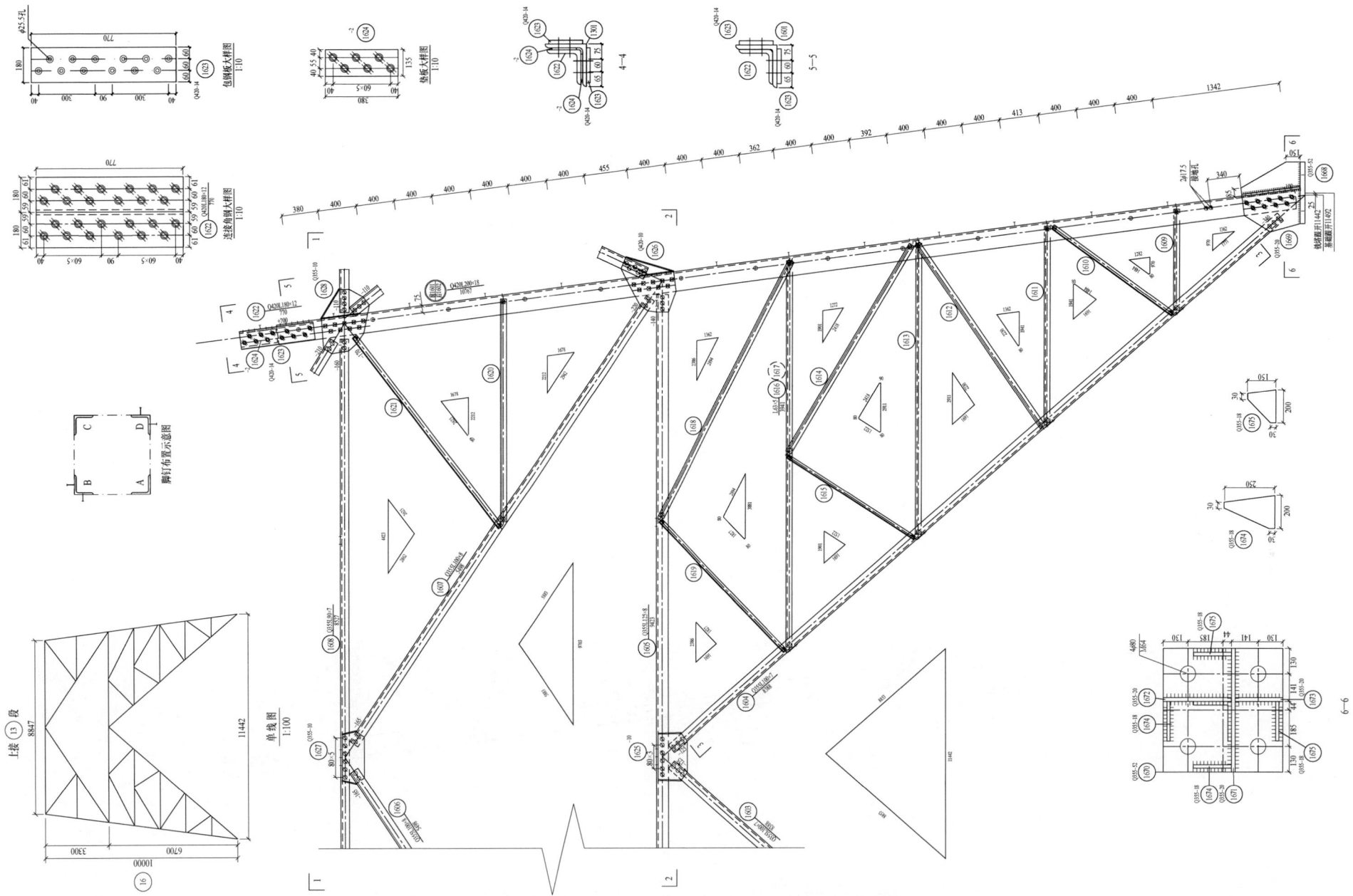

图 9.2 - 22　220 - GC21S - DL - 22　220 - GC21S - DL 终端塔 30.0m 塔腿结构图⑯

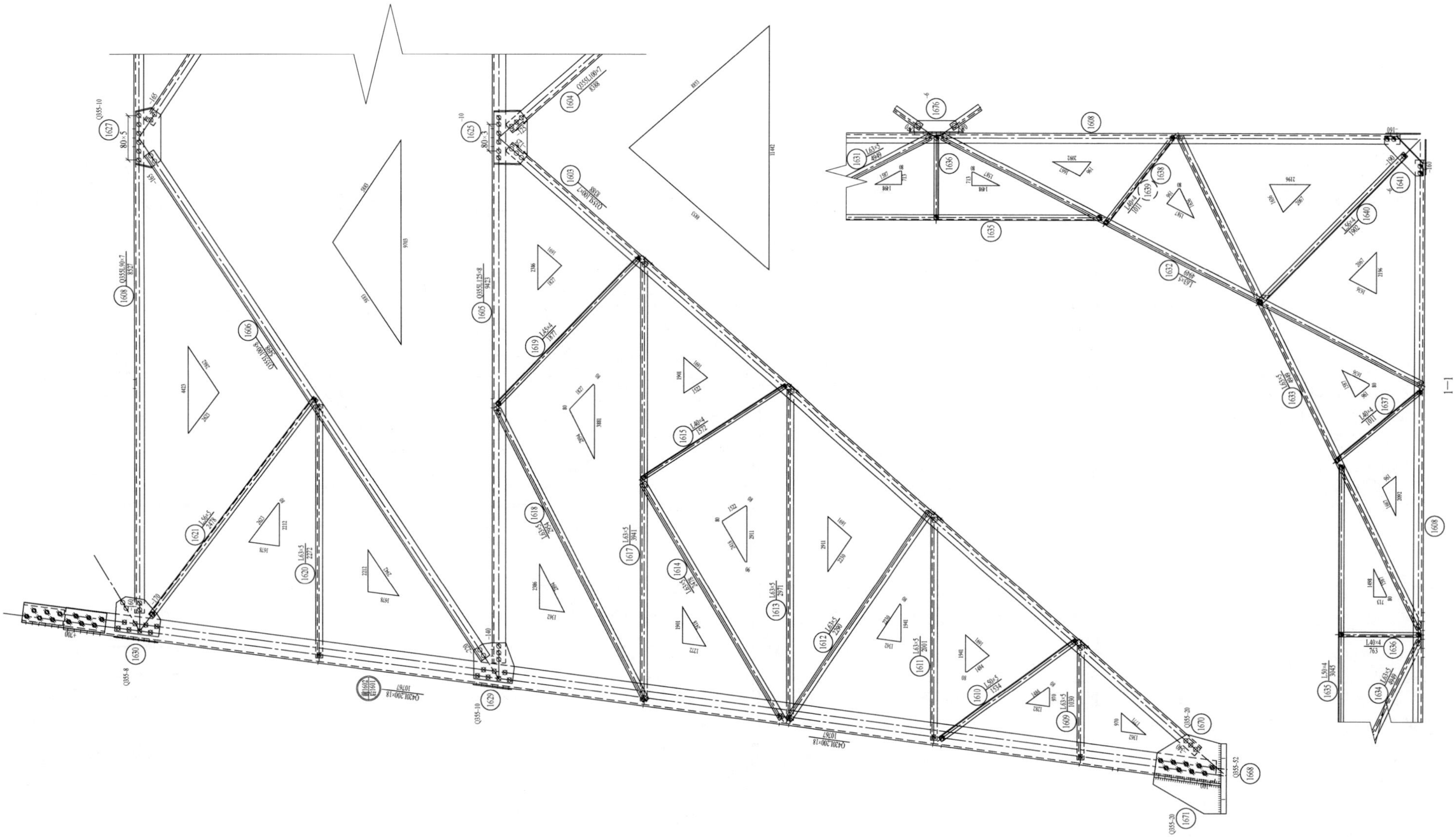

图 9.2-23　220-GC21S-DL-23　220-GC21S-DL 终端塔 30.0m 塔腿结构图⑯

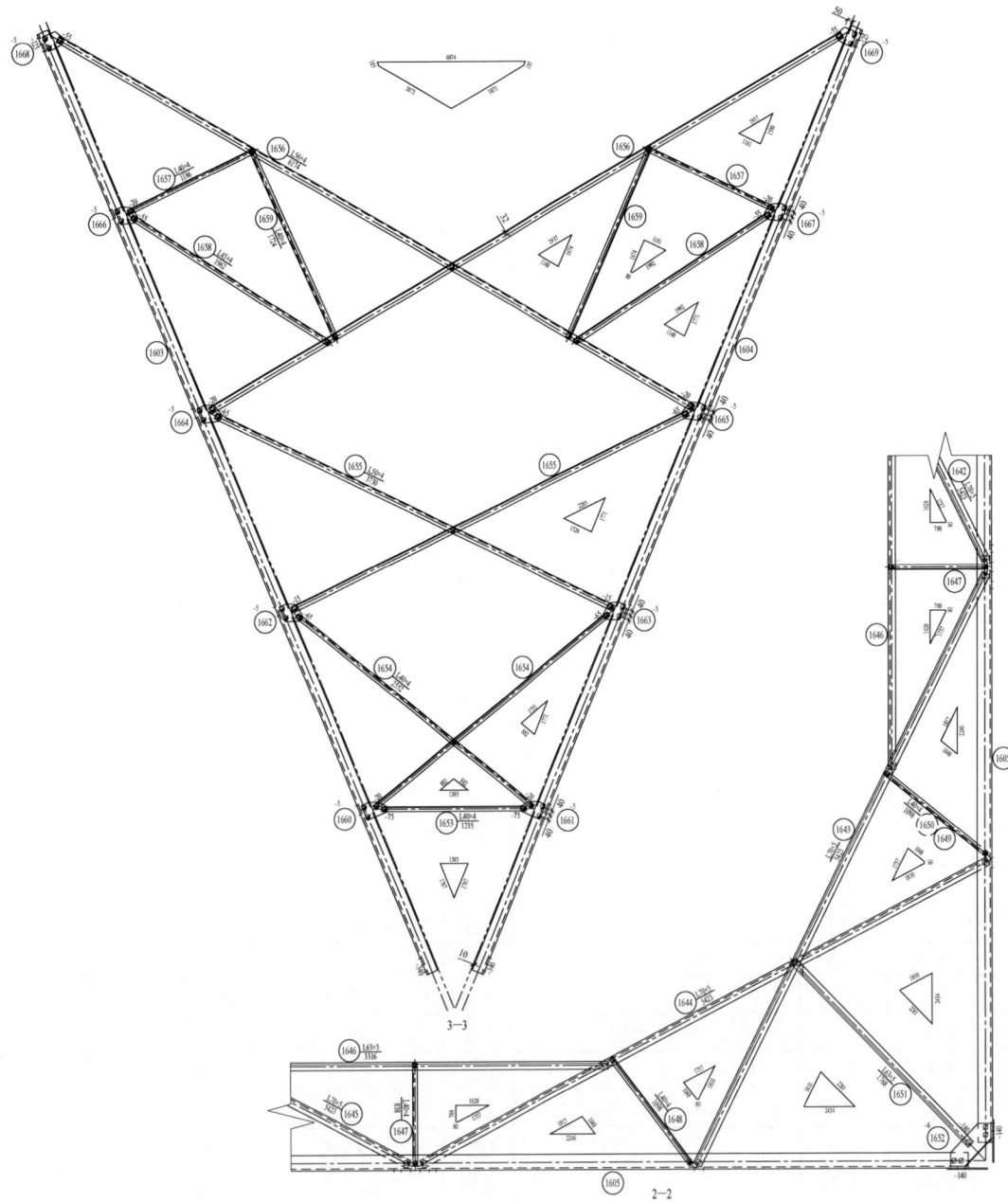

图 9.2 - 24　220 - GC21S - DL - 24　220 - GC21S - DL 终端塔 30.0m 塔腿结构图⑯（一）

构 件 明 细 表

编号	规格	长度(mm)	数量	质量（kg） 一件	质量（kg） 小计	备注	编号	规格	长度(mm)	数量	质量（kg） 一件	质量（kg） 小计	备注
1601	Q420L200×18	10767	2	585.74	1171.5	切角，脚钉	1630	Q355−8×318	426	4	8.52	34.1	
1602	Q420L200×18	10767	2	585.74	1171.5	切角	1631	L63×5	4949	2	23.86	47.7	
1603	Q355L100×7	8388	4	90.84	363.4	切角	1632	L63×5	4949	2	23.86	47.7	
1604	Q355L100×7	8388	4	90.84	363.4	切角	1633	L63×5	4949	2	23.86	47.7	切角
1605	Q355L125×8	9423	4	146.09	584.4	开角（97.4）	1634	L63×5	4949	2	23.86	47.7	切角
1606	Q355L100×8	5498	4	67.49	270.0		1635	L50×4	3045	4	9.31	37.3	
1607	Q355L100×8	5498	4	67.49	270.0		1636	L40×4	763	4	1.85	7.4	
1608	Q355L90×7	8527	4	82.34	329.3	开角（97.4）	1637	L40×4	1011	4	2.45	9.8	
1609	L63×5	1030	8	4.97	39.7		1638	L40×4	1011	2	2.45	4.9	
1610	L50×5	1534	8	5.78	46.3		1639	L40×4	1011	2	2.45	4.9	
1611	L63×5	2001	8	9.65	77.2		1640	L56×4	1902	4	6.55	26.2	压扁
1612	L63×5	2290	8	11.04	88.3		1641	−6×177	501	4	4.19	16.8	火曲；卷边
1613	L63×5	2971	8	14.33	114.6		1642	L70×5	5423	2	29.27	58.5	
1614	L63×5	2478	8	11.95	95.6		1643	L70×5	5423	2	29.27	58.5	
1615	L40×4	1572	8	3.81	30.5		1644	L70×5	5423	2	29.27	58.5	切角
1616	L63×5	3941	4	19.00	76.0		1645	L70×5	5423	2	29.27	58.5	切角
1617	L63×5	3941	4	19.00	76.0		1646	L63×5	3316	4	15.99	64.0	
1618	L63×5	2954	8	14.24	114.0		1647	L40×4	838	4	2.03	8.1	
1619	L45×4	1877	8	5.14	41.1		1648	L40×4	1098	4	2.66	10.6	
1620	L63×5	2272	8	10.96	87.6		1649	L40×4	1098	2	2.66	5.3	
1621	L56×5	2478	8	10.53	84.3		1650	L40×4	1098	2	2.66	5.3	
1622	Q420L180×12	770	4	25.53	102.1	铲背	1651	L63×5	2131	4	10.28	41.1	压扁
1623	Q420−14×180	770	8	15.23	121.9		1652	−6×212	484	4	4.86	19.4	火曲；卷边
1624	−2×140	380	8	0.84	6.7		1653	L40×4	1235	4	2.99	12.0	
1625	−10×310	568	4	13.84	55.4	火曲；卷边	1654	L40×4	2552	8	6.18	49.4	
1626	Q420−10×366	378	4	10.88	43.5		1655	L50×4	3730	8	11.41	91.3	
1627	Q355−10×232	603	4	11.02	44.1	火曲；电焊；卷边	1656	L56×4	6174	8	21.28	170.2	
1628	Q355−10×318	426	4	10.65	42.6		1657	L40×4	1186	8	2.87	23.0	
1629	Q355−10×366	378	4	10.88	43.5		1658	L45×4	1962	8	5.37	42.9	

图 9.2−24　220−GC21S−DL−24　220−GC21S−DL 终端塔 30.0m 塔腿结构图⑯（二）

编号	规格	长度（mm）	数量	质量（kg）一件	质量（kg）小计	备注	编号	规格	长度（mm）	数量	质量（kg）一件	质量（kg）小计	备注
⑯59	L40×4	1724	8	4.18	33.4	切角	⑯69	−5×130	166	4	0.85	3.4	火曲
⑯60	−5×130	200	4	1.03	4.1	火曲	⑯70	Q355−52×630	630	4	162.01	648.1	电焊
⑯61	−5×130	200	4	1.03	4.1	火曲	⑯71	Q355−20×622	714	4	69.83	279.3	电焊
⑯62	−5×150	175	4	1.03	4.1	火曲	⑯72	Q355−20×399	616	4	38.66	154.6	电焊
⑯63	−5×150	175	4	1.03	4.1	火曲	⑯73	Q355−20×268	651	4	27.44	109.7	电焊
⑯64	−5×142	201	4	1.13	4.5	火曲	⑯74	Q355−18×196	250	8	6.94	55.5	电焊
⑯65	−5×142	201	4	1.13	4.5	火曲	⑯75	Q355−18×150	196	8	4.16	33.3	电焊
⑯66	−5×155	163	4	1.00	4.0	火曲	⑯76	−6×200	460	2	4.33	8.7	电焊
⑯67	−5×155	163	4	1.00	4.0	火曲							
⑯68	−5×130	166	4	0.85	3.4	火曲		合计				8426.1kg	

螺栓、垫圈、脚钉明细表

名称	级别	规格	符号	数量	质量（kg）	备注
螺栓	6.8	M16×40	◔	128	18.7	
		M16×50	◓	204	32.6	
		M16×60	▨	6	1.1	
		M20×45	○	76	20.4	
		M20×55	∅	212	61.1	
		M20×65	⊠	186	58.2	
	8.8	M24×85	∅	164	93.3	
脚钉	6.8	M16×180	⊕—⊣	40	15.4	双帽
		M20×200	⊕—⊣	6	4.1	双帽
	8.8	M24×240	⊕—⊣	4	4.7	双帽
合计					309.6kg	

图 9.2−24　220−GC21S−DL−24　220−GC21S−DL 终端塔 30.0m 塔腿结构图⑯（三）

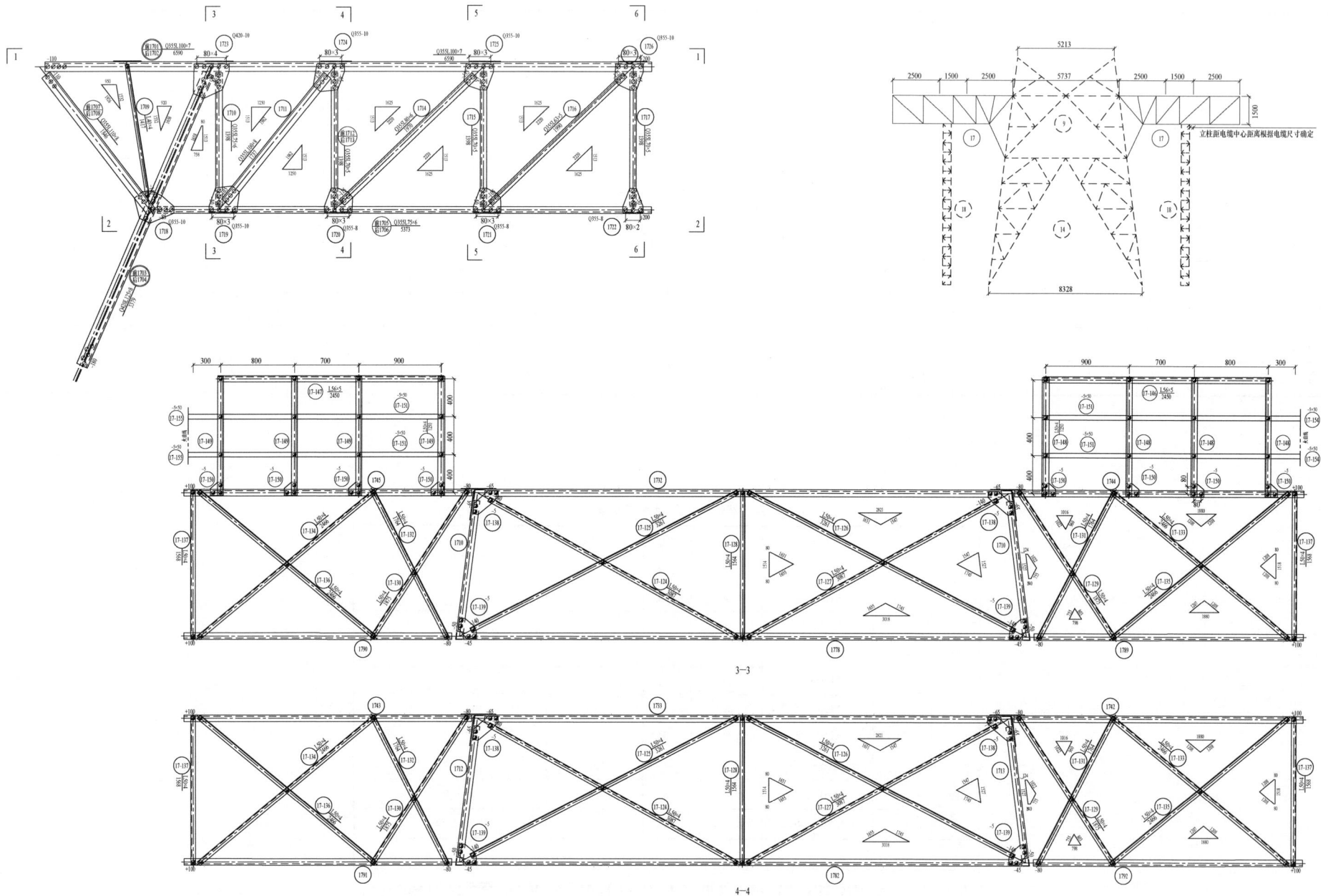

图 9.2-25　220-GC21S-DL-25　220-GC21S-DL 终端塔电缆平台结构图⑰

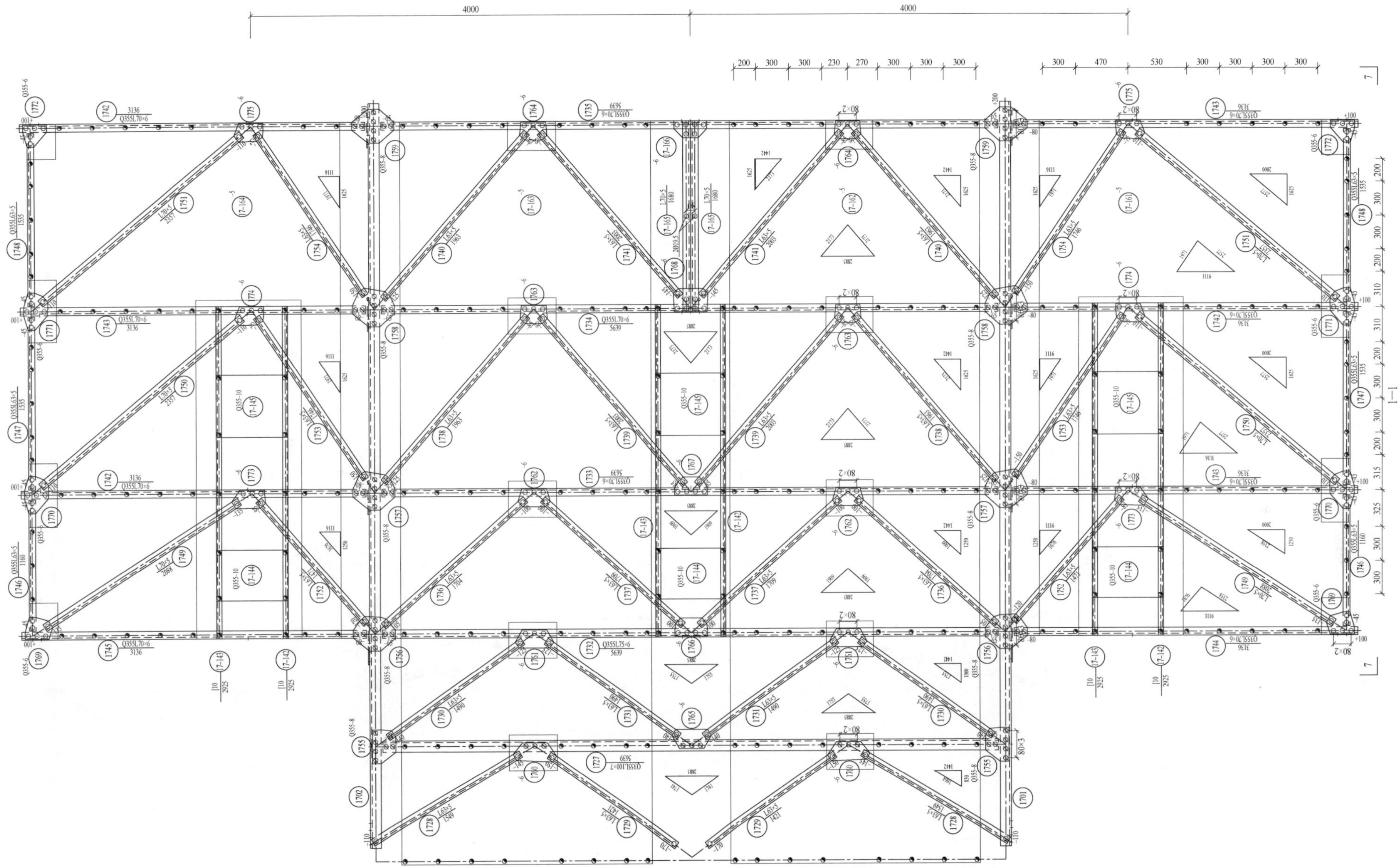

图 9.2-26　220-GC21S-DL-26　220-GC21S-DL 终端塔电缆平台结构图⑰

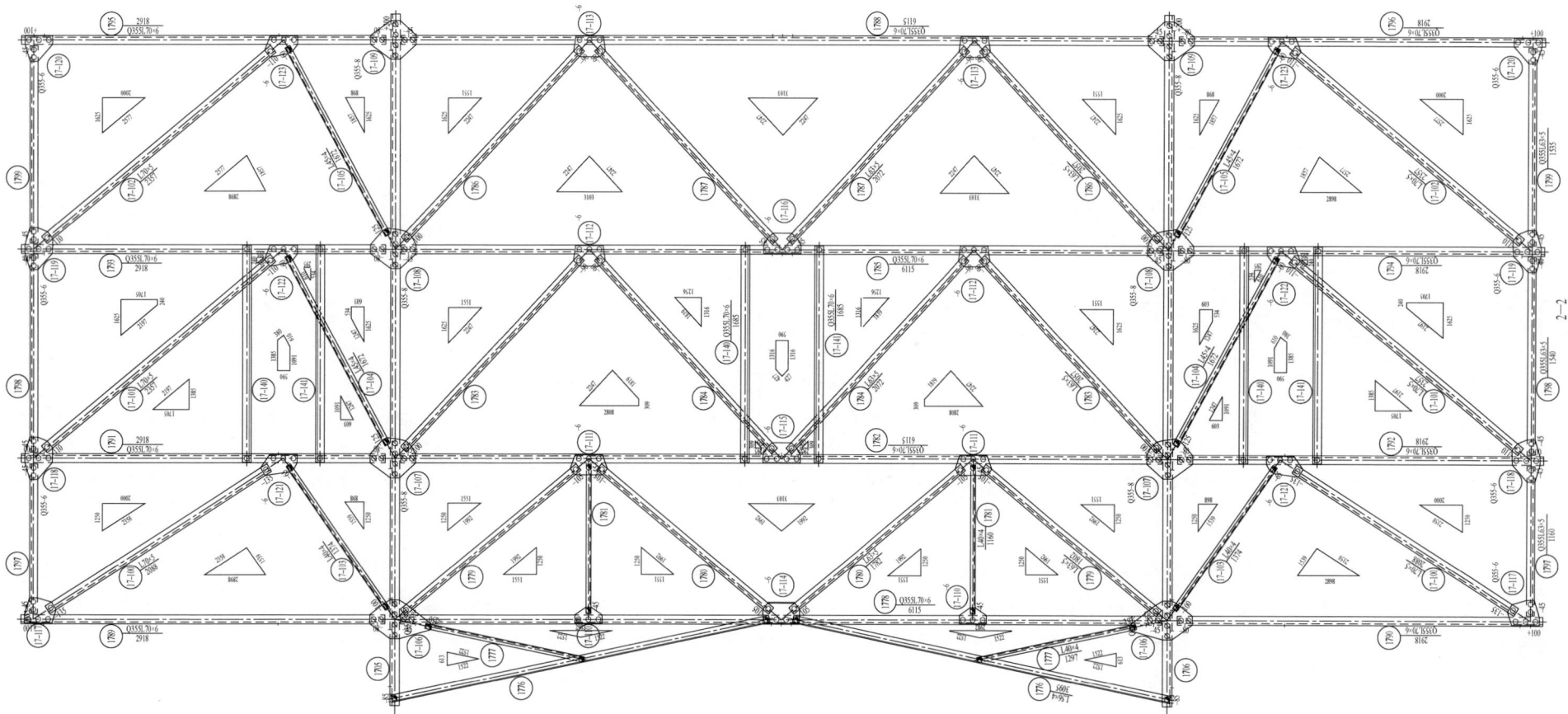

图 9.2-27　220-GC21S-DL-27　220-GC21S-DL 终端塔电缆平台结构图⑰（一）

构 件 明 细 表

编号	规格	长度(mm)	数量	一件	小计	备注	编号	规格	长度(mm)	数量	一件	小计	备注
1701	Q355L100×7	6590	2	71.37	142.7	开角(97.4)	1731	L63×5	1490	4	7.18	28.7	
1702	Q355L100×7	6590	2	71.37	142.7	开角(97.4)	1732	Q355L75×6	5639	2	38.94	77.9	
1703	Q420L125×8	3379	2	52.39	104.8	切角,合角(86.8)	1733	Q355L70×6	5639	2	36.12	72.2	
1704	Q420L125×8	3379	2	52.39	104.8	切角,合角(86.8)	1734	Q355L70×6	5639	2	36.12	72.2	
1705	Q355L75×6	5373	2	37.10	74.2	切角,合角(82.6)	1735	Q355L70×6	5639	2	36.12	72.2	
1706	Q355L75×6	5373	2	37.10	74.2	切角,合角(82.6)	1736	L63×5	1704	4	8.22	32.9	
1707	Q355L110×8	1846	2	24.98	50.0		1737	L63×5	1709	4	8.24	33.0	
1708	Q355L110×8	1846	2	24.98	50.0		1738	L63×5	1963	4	9.47	37.9	
1709	L40×4	1417	4	3.43	13.7	切角	1739	L63×5	2003	4	9.66	38.6	切角
1710	Q355L75×6	1398	4	9.65	38.6		1740	L63×5	1963	4	9.47	37.9	
1711	Q355L100×8	1737	4	21.32	85.3		1741	L63×5	2003	4	9.66	38.6	
1712	Q355L70×5	1398	2	7.55	15.1		1742	Q355L70×6	3136	6	20.09	120.5	
1713	Q355L70×5	1398	2	7.55	15.1		1743	Q355L70×6	3136	6	20.09	120.5	
1714	Q355L80×6	1970	4	14.53	58.1		1744	Q355L70×6	3136	2	20.09	40.2	
1715	Q355L70×5	1398	4	7.55	30.2		1745	Q355L70×6	3136	2	20.09	40.2	
1716	Q355L63×5	1990	4	9.60	38.4		1746	Q355L63×5	1160	4	5.59	22.4	
1717	Q355L70×5	1398	4	7.55	30.2		1747	Q355L63×5	1535	4	7.40	29.6	
1718	Q355-10×340	398	4	10.66	42.7		1748	Q355L63×5	1535	4	7.40	29.6	
1719	Q355-10×281	330	4	7.30	29.2		1749	L70×5	2088	4	11.27	45.1	
1720	Q355-8×260	309	4	5.05	20.2		1750	L70×5	2357	4	12.72	50.9	切角
1721	Q355-8×260	300	4	4.90	19.6		1751	L70×5	2357	4	12.72	50.9	
1722	Q355-8×220	260	4	3.59	14.4		1752	L63×5	1471	4	7.09	28.4	切角
1723	Q420-10×364	388	4	11.12	44.5		1753	L63×5	1746	4	8.42	33.7	
1724	Q355-10×293	339	4	7.81	31.3		1754	L63×5	1746	4	8.42	33.7	
1725	Q355-10×275	323	4	6.99	28.0		1755	Q355-8×215	300	4	4.05	16.2	
1726	Q355-10×275	309	4	6.69	26.7		1756	Q355-8×317	352	4	7.03	28.1	
1727	Q355L100×7	5639	2	61.07	122.1		1757	Q355-8×336	377	4	7.96	31.9	
1728	L63×5	1549	4	7.47	29.9	切角	1758	Q355-8×336	377	4	7.97	31.9	
1729	L63×5	1421	4	6.85	27.4	切角	1759	Q355-8×302	338	4	6.44	25.8	
1730	L63×5	1490	4	7.18	28.7		1760	-6×170	386	4	3.10	12.4	

图 9.2-27　220-GC21S-DL-27　220-GC21S-DL 终端塔电缆平台结构图⑰（二）

编号	规格	长度(mm)	数量	质量(kg) 一件	质量(kg) 小计	备注	编号	规格	长度(mm)	数量	质量(kg) 一件	质量(kg) 小计	备注
⑰61	−6×160	341	4	2.58	10.3		⑰91	Q355L70×6	2918	2	18.69	37.4	
⑰62	−6×157	285	4	2.11	8.5		⑰92	Q355L70×6	2918	2	18.69	37.4	
⑰63	−6×158	241	4	1.80	7.2		⑰93	Q355L70×6	2918	2	18.69	37.4	
⑰64	−6×158	241	4	1.80	7.2		⑰94	Q355L70×6	2918	2	18.69	37.4	
⑰65	−6×171	362	2	2.92	5.8		⑰95	Q355L70×6	2918	2	18.69	37.4	
⑰66	−6×159	300	2	2.26	4.5		⑰96	Q355L70×6	2918	2	18.69	37.4	
⑰67	−6×160	300	2	2.27	4.5		⑰97	Q355L63×5	1160	4	5.59	22.4	
⑰68	−6×160	300	2	2.27	4.5		⑰98	Q355L63×5	1540	4	7.43	29.7	
⑰69	Q355−6×195	253	4	2.33	9.3		⑰99	Q355L63×5	1535	4	7.40	29.6	
⑰70	Q355−6×222	331	4	3.48	13.9		⑰-100	L70×5	2088	4	11.27	45.1	
⑰71	Q355−6×222	331	4	3.48	13.9		⑰-101	L70×5	2357	4	12.72	50.9	
⑰72	Q355−6×195	220	4	2.02	8.1		⑰-102	L70×5	2357	4	12.72	50.9	
⑰73	−6×162	304	4	2.33	9.3		⑰-103	L40×4	1374	4	3.33	13.3	
⑰74	−6×164	264	4	2.04	8.2		⑰-104	L45×4	1672	4	4.57	18.3	
⑰75	−6×164	264	4	2.04	8.2		⑰-105	L45×4	1672	4	4.57	18.3	
⑰76	L56×4	3095	4	10.67	42.7		⑰-106	Q355−8×292	465	4	8.57	34.3	
⑰77	L40×4	1297	4	3.14	12.6	切角	⑰-107	Q355−8×319	320	4	6.42	25.7	
⑰78	Q355L70×6	6115	2	39.17	78.3		⑰-108	Q355−8×319	320	4	6.42	25.7	
⑰79	L63×5	1802	4	8.69	34.8	切角	⑰-109	Q355−8×296	318	4	5.92	23.7	
⑰80	L63×5	1782	4	8.59	34.4		⑰-110	−6×125	220	4	1.30	5.2	
⑰81	L40×4	1160	4	2.81	11.2		⑰-111	−6×156	298	4	2.20	8.8	
⑰82	Q355L70×6	6115	2	39.17	78.3		⑰-112	−6×159	254	4	1.91	7.6	
⑰83	L63×5	2057	4	9.92	39.7	切角	⑰-113	−6×159	254	4	1.91	7.6	
⑰84	L63×5	2072	4	9.99	40.0	切角	⑰-114	−6×209	294	2	2.90	5.8	火曲；卷边
⑰85	Q355L70×6	6115	2	39.17	78.3		⑰-115	−6×157	300	2	2.23	4.5	
⑰86	L63×5	2057	4	9.92	39.7		⑰-116	−6×157	300	2	2.23	4.5	
⑰87	L63×5	2072	4	9.99	40.0		⑰-117	Q355−6×195	253	4	2.33	9.3	
⑰88	Q355L70×6	6115	2	39.17	78.3		⑰-118	Q355−6×222	331	4	3.48	13.9	
⑰89	Q355L70×6	2918	2	18.69	37.4		⑰-119	Q355−6×222	326	4	3.42	13.7	
⑰90	Q355L70×6	2918	2	18.69	37.4		⑰-120	Q355−6×195	220	4	2.02	8.1	

图 9.2−27　220−GC21S−DL−27　220−GC21S−DL 终端塔电缆平台结构图⑰（三）

续表

编号	规格	长度(mm)	数量	一件	小计	备注	编号	规格	长度(mm)	数量	一件	小计	备注
17-121	-6×156	305	4	2.25	9.0		17-145	$Q355-10\times550$	648	6	27.98	167.9	
17-122	-6×164	264	4	2.04	8.2		17-146	$L56\times5$	2450	2	10.41	20.8	
17-123	-6×164	264	4	2.04	8.2		17-147	$L56\times5$	2450	2	10.41	20.8	
17-124	$L50\times4$	3091	8	9.46	75.6	切角	17-148	$L50\times4$	1250	34	3.82	129.9	
17-125	$L50\times4$	3266	8	9.99	79.9		17-149	$L50\times4$	1250	34	3.82	129.9	
17-126	$L50\times4$	3266	8	9.99	79.9		17-150	-5×130	130	68	0.66	44.9	
17-127	$L50\times4$	3091	8	9.46	75.6	切角	17-151	-5×50	2450	8	4.81	38.5	
17-128	$L50\times4$	1567	8	4.79	38.3		17-152	$L56\times5$	3950	2	12.54	25.1	
17-129	$L50\times4$	1875	8	5.74	45.9	切角	17-153	$L56\times5$	3950	2	12.54	25.1	
17-130	$L50\times4$	1875	8	5.74	45.9	切角	17-154	-5×50	5150	4	10.11	40.4	火曲
17-131	$L50\times4$	1764	8	5.40	43.2		17-155	-5×50	5150	4	10.11	40.4	火曲
17-132	$L50\times4$	1764	8	5.40	43.2		17-156	$L56\times5$	5720	2	24.32	48.6	
17-133	$L50\times4$	2466	8	7.54	60.3	切角	17-157	$L56\times5$	5720	2	24.32	48.6	
17-134	$L50\times4$	2466	8	7.54	60.3	切角	17-158	$L63\times5$	260	2	1.25	2.5	
17-135	$L50\times4$	2466	8	7.54	60.3		17-159	-5×50	5250	4	10.30	41.2	
17-136	$L50\times4$	2466	8	7.54	60.3		17-160	-5×50	6250	4	12.27	49.1	
17-137	$L50\times4$	1568	16	4.80	76.7		17-161	-5×2820	4550	2	503.62	1007.2	花纹板
17-138	-5×126	377	16	1.88	30.1		17-162	-5×2250	6550	2	578.45	1156.9	花纹板
17-139	-5×146	289	16	1.67	26.6		17-163	-5×2250	6550	2	578.45	1156.9	花纹板
17-140	$Q355L70\times6$	1685	6	10.79	64.8		17-164	-5×2820	4550	2	503.62	1007.2	花纹板
17-141	$Q355L70\times6$	1685	6	10.79	64.8		17-165	$L70\times5$	1680	4	9.07	36.3	
17-142	[10	2925	6	29.27	175.6		17-166	-6×150	300	2	2.12	4.2	
17-143	[10	2925	6	29.27	175.6		合计					11162.7kg	
17-144	$Q355-10\times450$	648	6	22.89	137.3								

螺栓、垫圈、脚钉明细表

名称	级别	规格	符号	数量	质量(kg)	备注
螺栓	6.8	M16×40	◑	756	110.9	
		M16×50	◐	440	70.4	
		M16×60	▨	8	1.4	
		M16×70	◕	16	3.1	
		M20×45	○	584	156.5	
		M20×55	⊘	670	193.0	
		M20×65	⊠	4	1.3	
合计					536.6kg	

图 9.2-27　220-GC21S-DL-27　220-GC21S-DL 终端塔电缆平台结构图⑰(四)

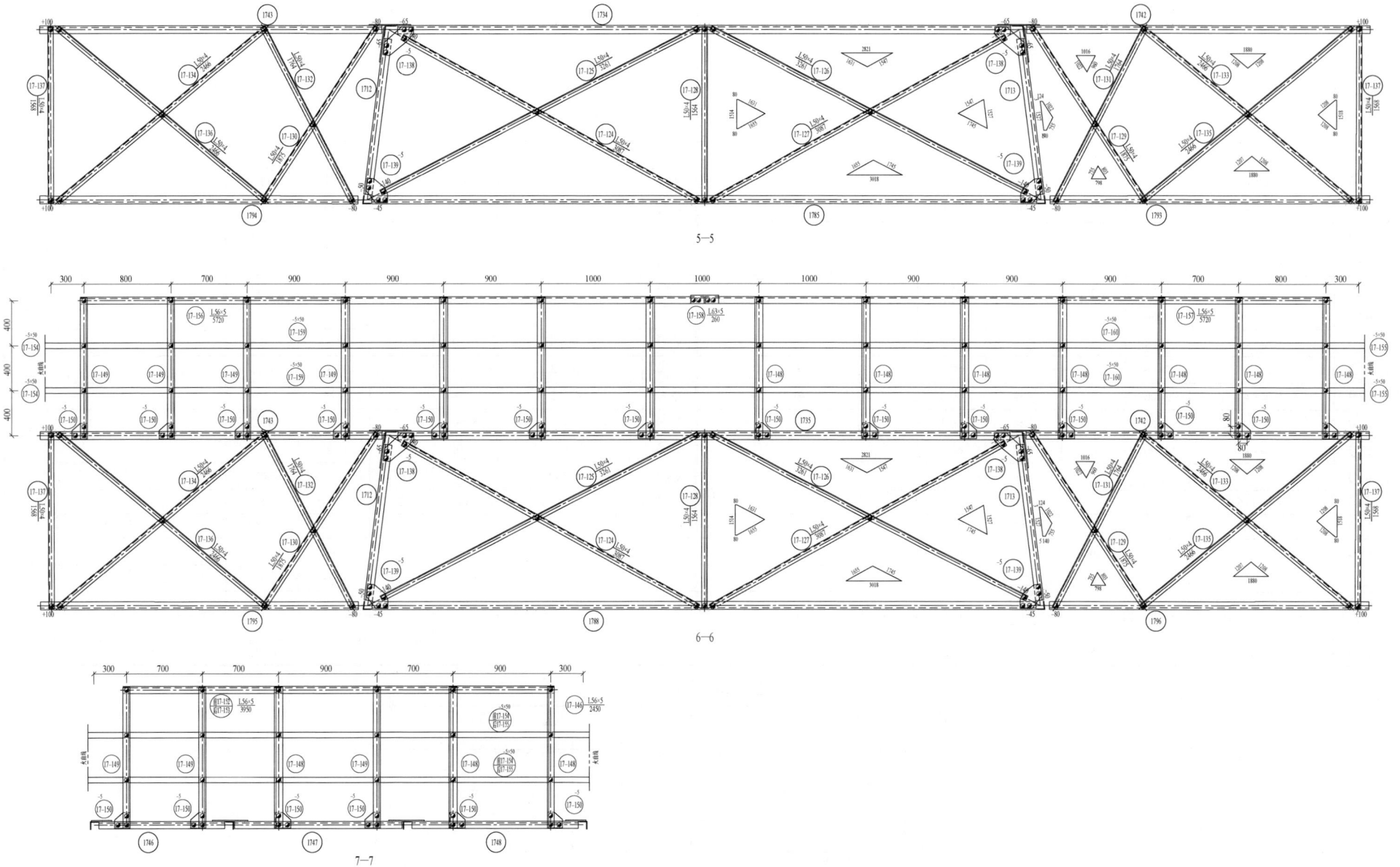

图 9.2−28　220−GC21S−DL−28　220−GC21S−DL 终端塔电缆平台结构图⑰

构 件 明 细 表

编号	规格	长度(mm)	数量	质量(kg) 一件	质量(kg) 小计	备注
1801	Q355 L70×6	8457	12	54.18	650.1	
1802	Q355 L70×6	8457	12	54.18	650.1	
1803	L40×4	468	168	1.13	190.4	切角
1804	L40×4	620	192	1.50	288.3	
1805	L40×4	546	12	1.32	15.9	
1806	L40×4	468	18	1.13	20.4	切角
1807	L40×4	468	18	1.13	20.4	切角
1808	L40×4	398	204	0.96	196.6	切角
1809	L40×4	570	192	1.38	265.1	
1810	L40×4	488	12	1.18	14.2	
1811	Q355−16×670	740	6	62.27	373.6	
1812	Q355−8×110	150	48	1.03	49.7	
合计					2734.8kg	

螺栓、垫圈、脚钉明细表

名称	级别	规格	符号	数量	质量(kg)	备注
螺栓	6.8	M16×40	◔	72	10.5	
		M20×45	○	24	6.4	
合计					16.9kg	

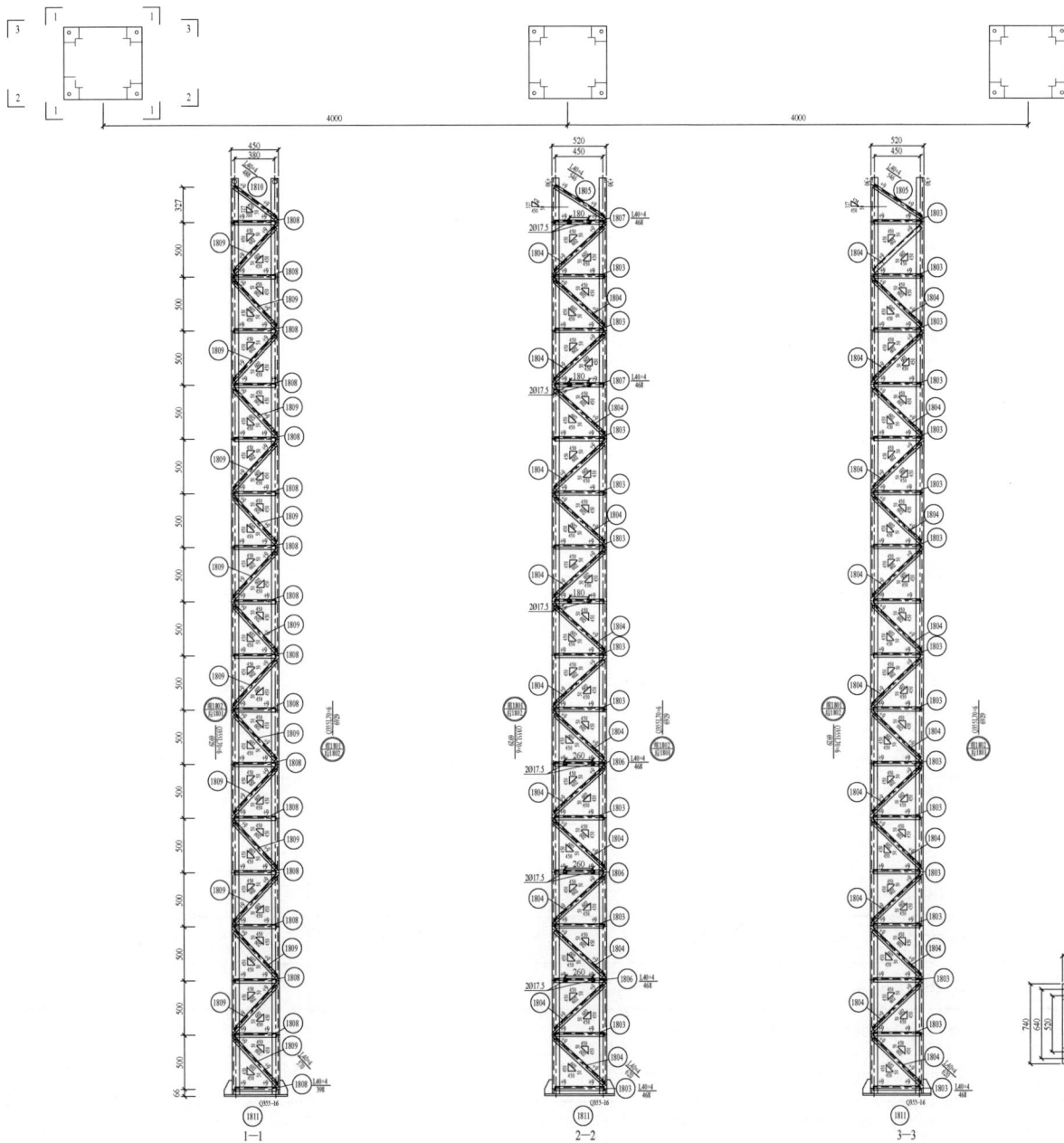

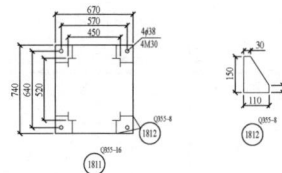

图 9.2−29 220−GC21S−DL−29 220−GC21S−DL 终端塔下线支柱结构图⑱

9.3 220-HC21D-DL 子模块

序号	图号	图名	张数	备注
1	220-HC21D-DL-01	220-HC21D-DL 终端塔总图及材料汇总表	1	
2	220-HC21D-DL-02	220-HC21D-DL 终端塔总图及材料汇总表	1	
3	220-HC21D-DL-03	220-HC21D-DL 终端塔地线支架结构图①	1	
4	220-HC21D-DL-04	220-HC21D-DL 终端塔地线支架结构图②	1	
5	220-HC21D-DL-05	220-HC21D-DL 终端塔导线横担结构图③	1	
6	220-HC21D-DL-05A	220-HC21D-DL 终端塔导线横担结构图③A		
7	220-HC21D-DL-06	220-HC21D-DL 终端塔塔身结构图④	1	
8	220-HC21D-DL-07	220-HC21D-DL 终端塔塔身结构图⑤	1	
9	220-HC21D-DL-08	220-HC21D-DL 终端塔塔身结构图⑥	1	
10	220-HC21D-DL-09	220-HC21D-DL 终端塔塔身结构图⑦	1	
11	220-HC21D-DL-10	220-HC21D-DL 终端塔塔身结构图⑧	1	
12	220-HC21D-DL-11	220-HC21D-DL 终端塔塔身结构图⑨	1	
13	220-HC21D-DL-12（1/2）	220-HC21D-DL 终端塔 18.0m 塔腿结构图⑩	1	
14	220-HC21D-DL-12（2/2）	220-HC21D-DL 终端塔 18.0m 塔腿结构图⑩	1	
15	220-HC21D-DL-13（1/2）	220-HC21D-DL 终端塔 24.0m 塔腿结构图⑪	1	
16	220-HC21D-DL-13（2/2）	220-HC21D-DL 终端塔 24.0m 塔腿结构图⑪	1	
17	220-HC21D-DL-14（1/2）	220-HC21D-DL 终端塔 30.0m 塔腿结构图⑫	1	
18	220-HC21D-DL-14（2/2）	220-HC21D-DL 终端塔 30.0m 塔腿结构图⑫	1	
19	220-HC21D-DL-15（1/3）	220-HC21D-DL 终端塔电缆平台结构图⑬	1	
20	220-HC21D-DL-15（2/3）	220-HC21D-DL 终端塔电缆平台结构图⑬	1	
21	220-HC21D-DL-15（3/3）	220-HC21D-DL 终端塔电缆平台结构图⑬	1	
22	220-HC21D-DL-16	220-HC21D-DL 终端塔电缆立柱结构图⑭	1	

220-HC21D-DL-00　220-HC21D-DL 终端塔图纸目录

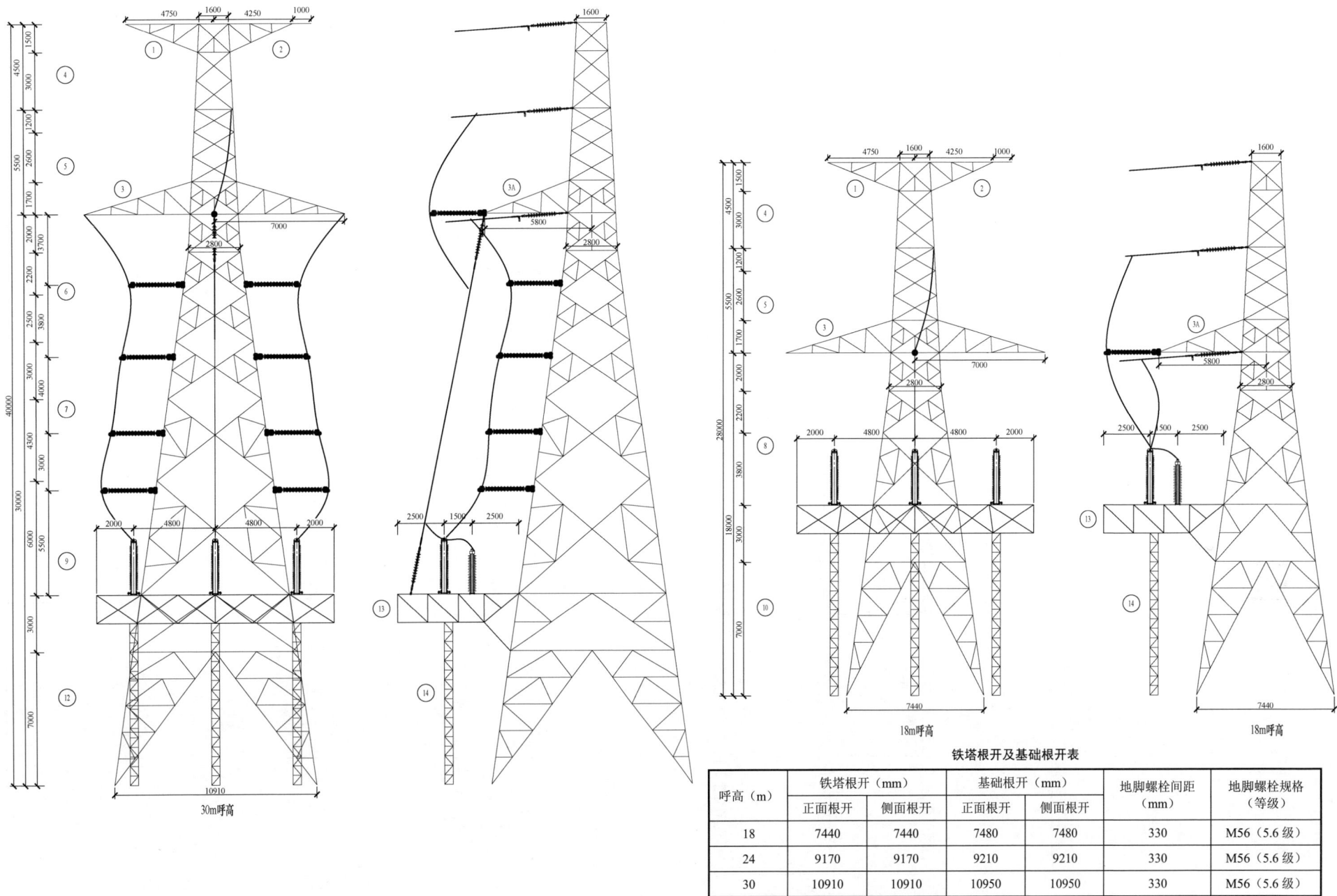

30m 呼高

18m 呼高

18m 呼高

铁塔根开及基础根开表

呼高（m）	铁塔根开（mm）		基础根开（mm）		地脚螺栓间距（mm）	地脚螺栓规格（等级）
	正面根开	侧面根开	正面根开	侧面根开		
18	7440	7440	7480	7480	330	M56（5.6级）
24	9170	9170	9210	9210	330	M56（5.6级）
30	10910	10910	10950	10950	330	M56（5.6级）

图 9.3−1　220−HC21D−DL−01　220−HC21D−DL 终端塔总图及材料汇总表

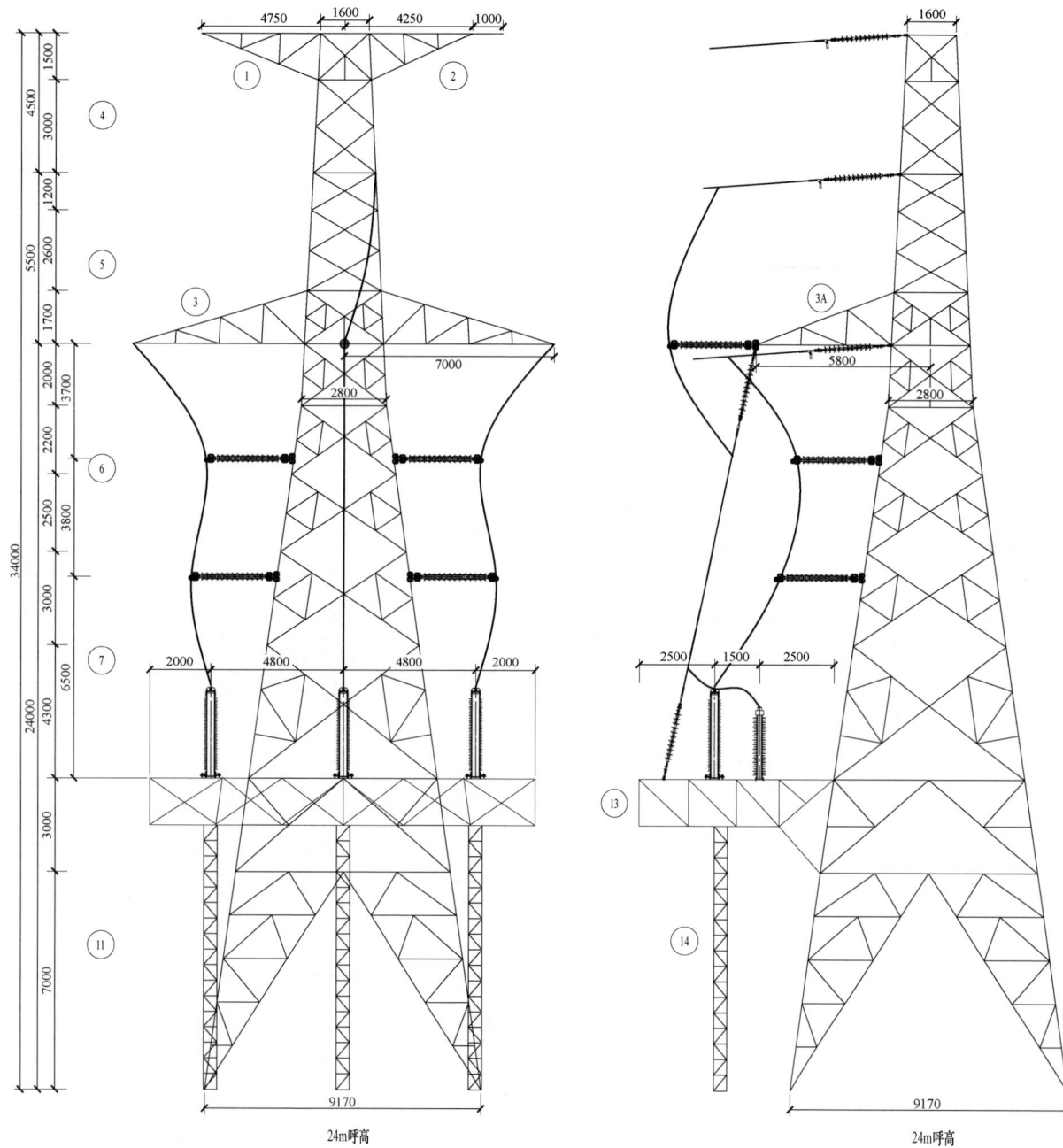

图 9.3-2　220-HC21D-DL-02　220-HC21D-DL 终端塔总图及材料汇总表（一）

材 料 汇 总 表

材料	材质	规格	①	②	③	③A	④	⑤	⑥	⑦	⑧	⑨	⑩	⑪	⑫	⑬	⑭	18.0	24.0	30.0
										段号								呼高（m）		
角钢	Q420	L180×14									908.1		1675.5	1675.5					1675.5	2583.6
		L160×14							1011.7			1483.6						1483.6	1011.7	1011.7
		L160×12					491.2			623.6	82.2		82.2	90.5				623.6	573.4	663.9
		L140×12			30.6				64.3			64.3						94.9	94.9	94.9
		L140×10					54.8												54.8	54.8
		L125×10			446.6			571.5										1018.1	1018.1	1018.1
		L125×8													93.8			93.8	93.8	93.8
		小计			477.2		546.0	571.5	1076.0	623.6	990.3	1547.9	1757.7	1766.0	93.8			3314.0	4522.2	5520.8
	Q355	L160×12							16.5	32.9		16.5							49.4	65.9
		L140×10									54.8							54.8		
		L125×10					12.2	226.7										238.9	238.9	238.9
		L125×8						74.7					452.5	528.1	617.8			527.2	602.8	692.5
		L110×10			368.4													368.4	368.4	368.4
		L110×8					280.8									47.4		328.2	328.2	328.2
		L100×8		112.0				54.9								46.0		212.9	212.9	212.9
		L100×7			105.4						461.0	788.1				228.3		794.7	333.7	1121.8
		L90×8				23.2												23.2	23.2	23.2
		L90×7						114.8	98.4	555.4	98.4		198.5	265.3	988.6			411.7	1033.9	1757.2
		L90×6	65.0						241.2		241.2							306.2	306.2	306.2
		L80×7			126.0			90.6	315.2	379.6			145.6	204.3	263.9			362.2	1115.7	1175.3
		L80×6	59.8	24.8	108.8			195.5								29.1		418.0	418.0	418.0
		L75×6		47.2		64.2	106.3	69.6								150.2		437.5	437.5	437.5
		L75×5					22.4											22.4	22.4	22.4
		L70×6														707.4	650.2	1357.6	1357.6	1357.6
		L70×5					194.8									45.4		240.2	240.2	240.2
		L63×5	7.4	7.2		45.0	138.8	152.5	34.8		34.8					104.7		490.4	490.4	490.4
		小计	132.2	191.2	708.6	132.4	755.3	979.3	706.1	967.9	890.2	804.6	796.6	997.7	1870.3	1358.5	650.2	6594.5	7579.4	9256.6
	Q235	L90×7										574.4	617.2					574.4	617.2	
		L70×5														185.5		185.5	185.5	185.5
		L63×5										116.5		298.9				398.0	398.0	813.4
		L56×5					56.8											214.6	271.4	271.4

图 9.3－2　220－HC21D－DL－02　220－HC21D－DL 终端塔总图及材料汇总表（二）

材料	材质	规格	段号 ①	②	③	③A	④	⑤	⑥	⑦	⑧	⑨	⑩	⑪	⑫	⑬	⑭	呼高（m）18.0	24.0	30.0
角钢	Q235	L56×4	28.2	27.0		48.6	16.4						132.0		225.1	29.1		281.3	149.3	374.4
		L50×5											110.5		136.1			110.5		136.1
		L50×4	12.6	11.6	20.9	10.7		19.8		53.5		87.7	123.6	409.7	437.1	728.5		927.7	1267.3	1382.4
		L45×4	8.6		31.4	9.1	22.8	6.3		46.0	42.2	104.6	127.8	282.0	139.7	16.6		264.8	422.8	385.1
		L40×4	45.7	59.2	195.9	33.6	4.0	114.0	145.8	142.7	149.5		346.9	389.1	284.8	29.6	505.8	1484.2	1665.4	1561.1
		L40×3						11.8										11.8	11.8	11.8
		小计	95.1	97.8	248.2	102.0	100.0	151.9	145.8	242.2	191.7	308.8	1415.2	1698.0	1521.7	1601.9	505.8	4509.6	4988.7	5121.2
槽钢	Q235	[10											187.6					187.6	187.6	187.6
		小计											187.6					187.6	187.6	187.6
钢板	Q420	−14					200.9											200.9	200.9	200.9
		−12			143.4		121.8											265.2	265.2	265.2
		−10						190.6	53.4		68.0		108.8	123.4	130.4	22.0		130.8	389.4	464.4
		−8			10.5													10.5	10.5	10.5
		小计			153.9		322.7	190.6	53.4		68.0		108.8	123.4	130.4	22.0		607.4	866.0	941.0
钢板	Q355	−46											469.3	469.3	469.3			469.3	469.3	469.3
		−24					30.7											30.7	30.7	30.7
		−20			158.4													158.4	158.4	158.4
		−18											350.9	338.8	354.9			350.9	338.8	354.9
		−16															186.8	186.8	186.8	186.8
		−12	19.0	20.2					14.8	29.6		14.8						39.2	83.6	98.4
		−10				19.4	23.4	7.5			190.6		165.0	160.7	153.7	231.2		637.1	442.2	435.2
		−8	14.2	21.7	15.3		186.6	140.7	43.0	15.7	37.1	7.8	179.1	152.3	169.7	147.8	24.9	767.4	762.2	787.4
		−6	1.9	1.9	2.8	9.0	2.8	12.8	7.4		7.4					44.7		83.3	83.3	83.3
		小计	35.1	43.8	176.5	28.4	243.5	161.0	65.2	45.3	235.1	22.6	1164.3	1121.1	1147.6	423.7	211.7	2723.1	2555.3	2604.4
	Q235	−20						2.3										2.3	2.3	2.3
		−18			1.0			2.0										1.0	3.0	3.0
		−16						0.9	1.8									0.9	2.7	2.7
		−14		0.3	0.8		1.6	0.8	1.6	3.2	3.2							6.7	8.3	8.3
		−12	0.5	0.5				1.4			1.4							3.8	2.4	2.4
		−10	0.2	0.2	1.9		2.2	3.4						1.1				7.9	7.9	9.0

图 9.3−2 220−HC21D−DL−02 220−HC21D−DL 终端塔总图及材料汇总表（三）

材料	材质	规格	段号 ①	②	③	③A	④	⑤	⑥	⑦	⑧	⑨	⑩	⑪	⑫	⑬	⑭	呼高（m）18.0	24.0	30.0
钢板	Q235	−6	4.5	5.4		8.8	14.5	9.5					2.0	2.0	2.0	88.3		133.0	133.0	133.0
		−5											53.3	56.6	56.3	5943.5		5996.8	6000.1	5999.8
		−2							3.3	4.1	3.3		4.1					7.4	7.4	7.4
		小计	5.2	6.4	3.7	8.8	18.3	18.3	8.7	7.3	7.9	1.1	59.4	58.6	58.3	6031.8		6159.8	6167.1	6167.9
套管	Q355	−φ60/φ38			2.8		1.4											4.2	4.2	4.2
		小计			2.8		1.4											4.2	4.2	4.2
螺栓	6.8	M16×40	0.3	0.3	0.3	1.3	0.3	1.2			0.1		19.9	23.9	21.9	116.9	5.3	145.9	149.8	147.8
		M16×50	6.7	6.9	16.3	5.4	18.4	21.1	13.0	10.2	15.4	7.7	56.0	56.0	52.8	35.2		181.4	189.2	193.7
		M16×60	1.1	1.4		0.7		1.1	2.5	2.6	2.5	1.4						6.8	9.4	10.8
		小计	8.1	8.6	16.6	7.4	18.7	23.4	15.5	12.8	18.0	9.1	75.9	79.9	74.7	152.1	5.3	334.1	348.4	352.3
	6.8	M20×45				5.9	0.5		1.6			2.2			7.0	78.8		85.2	86.8	96.0
		M20×55	4.7	7.7	33.0	3.5	76.4	85.8	30.7	8.9	21.3	4.4	46.1	39.2	71.7	98.8		377.3	388.7	425.6
		M20×65			6.4		3.8	38.4	38.7	7.7	19.7	3.8	44.4	37.2	24.0	0.6		113.3	132.8	123.4
		M20×75							2.8	32.5	34.5	16.3	31.8	16.2				66.3	51.5	51.6
		小计	4.7	7.7	39.4	9.4	80.7	124.2	73.8	49.1	75.5	26.7	122.3	92.6	102.7	178.2		642.1	659.8	696.6
	8.8	M24×75										25.2	29.8	29.8	80.6		3.2	33.0	33.0	109.0
		M24×85												26.7					26.7	
		小计										25.2	29.8	56.5	80.6		3.2	33.0	59.7	109.0
	6.8	M16×60（双帽）	0.8	1.2		0.8												2.8	2.8	2.8
		M20×70（双帽）	3.9	3.9		1.4												9.2	9.2	9.2
		M20×80（双帽）			13.2	4.6	8.2											26.0	26.0	26.0
		M20×90（双帽）			7.0													7.0	7.0	7.0
		小计	3.9	3.9	20.2	6.8	8.2											43.0	43.0	43.0
		螺栓合计	17.5	21.4	76.2	23.6	107.6	147.6	89.3	61.9	93.5	61.0	228.0	229.0	258.0	330.3	8.5	1054.2	1112.9	1202.9
脚钉	6.8	M16×180							2.9	3.9	2.3	4.9	3.9	3.9	8.1	8.5	6.8	18.8	22.5	24.7
		M20×200							1.9	3.1	1.9	2.5	2.0	1.2	2.7	0.7	1.2	9.7	10.1	11.8
	8.8	M24×240												0.9		1.2	1.8		1.2	2.7
		小计							4.8	7.0	4.2	7.4	5.9	6.0	10.8	10.4	9.8	28.5	33.8	39.2
		合计（kg）	285.1	360.6	1847.1	295.2	1230.9	2359.3	1755.9	2461.4	2047.9	2262.4	5331.0	5995.9	6762.1	10049.6	1376.2	25182.9	28017.2	31045.8

图 9.3−2　220−HC21D−DL−02　220−HC21D−DL 终端塔总图及材料汇总表（四）

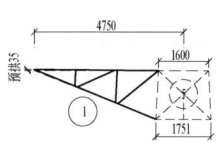

单线图
1:100

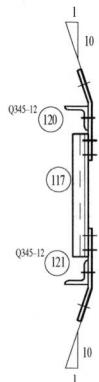

1-1

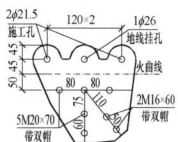

120 详图
1:10

说明: 挂线板是否反向向火曲根据工程实际应用再确定。

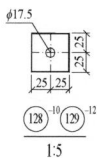

1:5

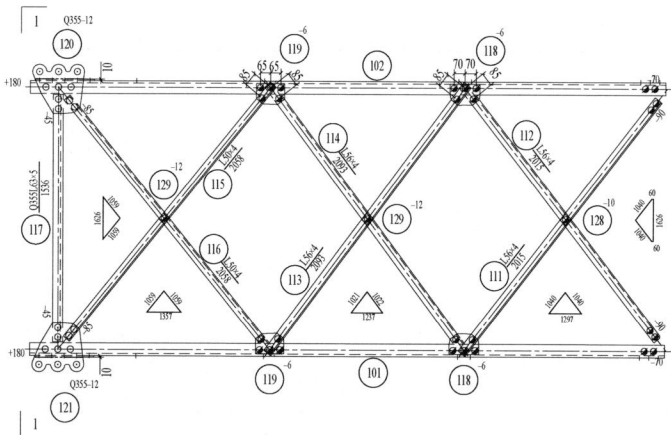

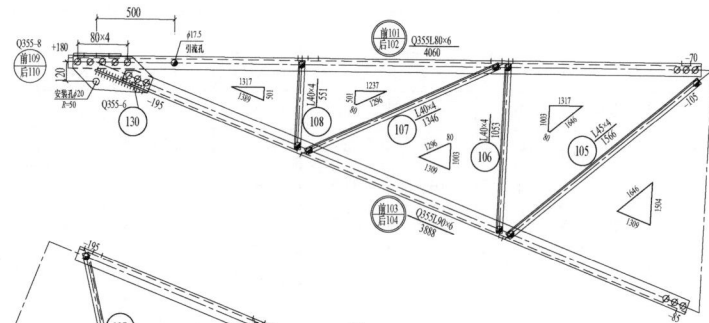

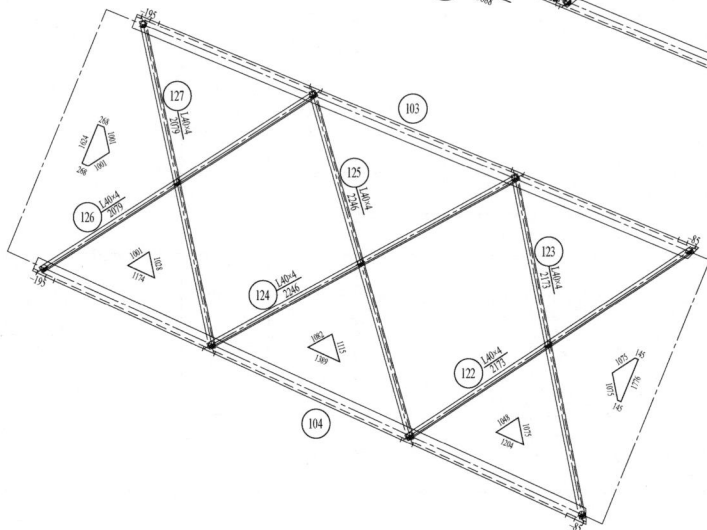

构件明细表

编号	规格	长度（mm）	数量	质量（kg） 一件	质量（kg） 小计	备注
101	Q355L80×6	4060	1	29.95	29.9	
102	Q355L80×6	4060	1	29.95	29.9	
103	Q355L90×6	3888	1	32.46	32.5	切角，合角
104	Q355L90×6	3888	1	32.46	32.5	切角，合角
105	L45×4	1566	2	4.28	8.6	
106	L40×4	1053	2	2.55	5.1	
107	L40×4	1346	2	3.26	6.5	
108	L40×4	551	2	1.33	2.7	
109	Q355-8×216	521	1	7.09	7.1	焊接
110	Q355-8×216	521	1	7.09	7.1	焊接
111	L56×4	2015	1	6.94	6.9	
112	L56×4	2015	1	6.94	6.9	切角
113	L56×4	2093	1	7.21	7.2	
114	L56×4	2093	1	7.21	7.2	切角
115	L50×4	2058	1	6.30	6.3	
116	L50×4	2058	1	6.30	6.3	切角
117	Q355L63×5	1536	1	7.41	7.4	
118	-6×129	190	2	1.16	2.3	
119	-6×129	180	2	1.10	2.2	
120	Q355-12×305	329	1	9.49	9.5	火曲
121	Q355-12×305	329	1	9.49	9.5	火曲
122	L40×4	2173	1	5.26	5.3	
123	L40×4	2173	1	5.26	5.3	切角
124	L40×4	2246	1	5.44	5.4	
125	L40×4	2246	1	5.44	5.4	切角
126	L40×4	2079	1	5.04	5.0	
127	L40×4	2079	1	5.04	5.0	切角
128	-10×50	50	1	0.20	0.2	
129	-12×50	50	2	0.24	0.5	
130	Q355-6×60	330	2	0.93	1.9	焊接
合计					267.6kg	

螺栓、垫圈、脚钉明细表

名称	级别	规格	符号	数量	质量（kg）	备注
螺栓	6.8	M16×40	◐	2	0.3	
		M16×50	◪	42	6.7	
		M16×60	◩	6	1.1	
		M16×60	⊙	4	0.8	双帽
		M20×55	∅	16	4.7	
		M20×70	⊙	10	3.9	双帽
合计					17.5kg	

图 9.3-3 220-HC21D-DL-03 220-HC21D-DL 终端塔地线支架结构图①

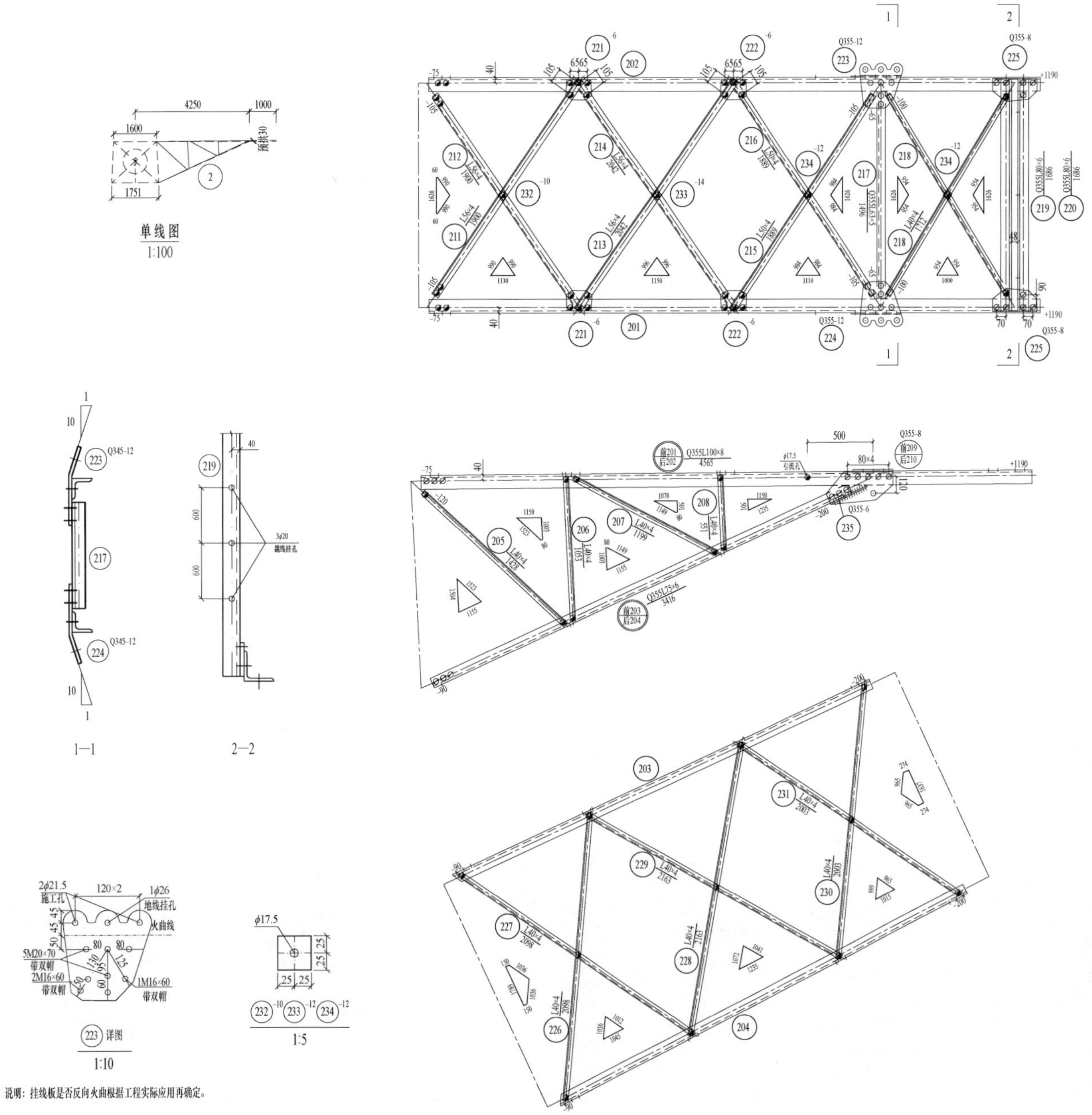

编号	规格	长度(mm)	数量	质量(kg) 一件	质量(kg) 小计	备注
⑳①	Q355L100×8	4565	1	56.04	56.0	开角
⑳②	Q355L100×8	4565	1	56.04	56.0	开角
⑳③	Q355L75×6	3416	1	23.59	23.6	切角
⑳④	Q355L75×6	3416	1	23.59	23.6	切角
⑳⑤	L40×4	1428	2	3.46	6.9	
⑳⑥	L40×4	1053	2	2.55	5.1	
⑳⑦	L40×4	1199	2	2.90	5.8	
⑳⑧	L40×4	551	2	1.33	2.7	
⑳⑨	Q355-8×223	523	1	7.36	7.4	焊接
②⑩	Q355-8×223	523	1	7.36	7.4	焊接
②⑪	L56×4	1900	1	6.55	6.5	
②⑫	L56×4	1900	1	6.55	6.5	切角
②⑬	L56×4	2042	1	7.04	7.0	
②⑭	L56×4	2042	1	7.04	7.0	切角
②⑮	L50×4	1889	1	5.78	5.8	
②⑯	L50×4	1889	1	5.78	5.8	切角
②⑰	Q355L63×5	1496	1	7.21	7.2	切角
②⑱	L40×4	1712	2	4.15	8.3	切角
②⑲	Q355L80×6	1686	1	12.44	12.4	
②⑳	Q355L80×6	1686	1	12.44	12.4	
②㉑	-6×147	195	2	1.36	2.7	
②㉒	-6×147	191	2	1.33	2.7	
②㉓	Q355-12×325	329	1	10.11	10.1	火曲
②㉔	Q355-12×325	329	1	10.11	10.1	火曲
②㉕	Q355-8×165	330	2	3.44	6.9	
②㉖	L40×4	2098	1	5.08	5.1	
②㉗	L40×4	2098	1	5.08	5.1	切角
②㉘	L40×4	2163	1	5.24	5.2	
②㉙	L40×4	2163	1	5.24	5.2	切角
②㉚	L40×4	2003	1	4.85	4.9	
②㉛	L40×4	2003	1	4.85	4.9	切角
②㉜	-10×50	50	1	0.20	0.2	
②㉝	-14×50	50	1	0.27	0.3	
②㉞	-12×50	50	2	0.24	0.5	
②㉟	Q355-6×60	330	2	0.93	1.9	焊接
合计					339.2kg	

螺栓、垫圈、脚钉明细表

名称	级别	规格	符号	数量	质量(kg)	备注
螺栓	6.8	M16×40	◐	2	0.3	
		M16×50	◗	43	6.9	
		M16×60	◩	8	1.4	
		M16×60	⊙	6	1.2	双帽
		M20×55	⊘	26	7.7	
		M20×70	⊙	10	3.9	双帽
合计					21.4kg	

单线图
1:100

1—1

2—2

⑳③ 详图
1:10

说明：挂线板是否反向火曲根据工程实际应用再确定。

图 9.3-4 220-HC21D-DL-04 220-HC21D-DL 终端塔地线支架结构图②

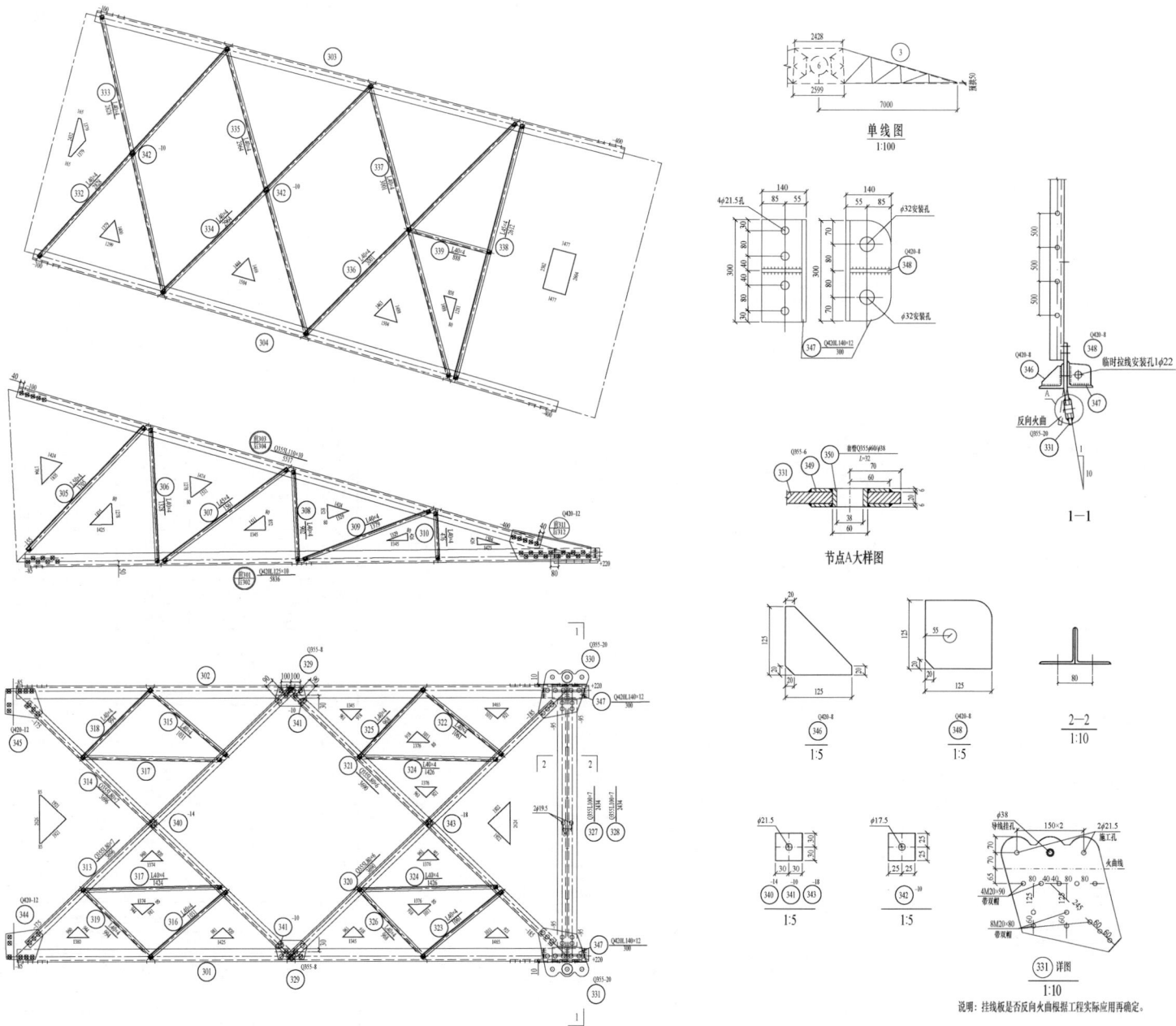

图 9.3-5　220-HC21D-DL-05　220-HC21D-DL 终端塔导线横担结构图③（一）

构 件 明 细 表

编号	规格	长度(mm)	数量	质量（kg）一件	质量（kg）小计	备注	编号	规格	长度(mm)	数量	质量（kg）一件	质量（kg）小计	备注
⑳301	Q420L125×10	5836	2	111.66	223.3	焊接，合角	⑳327	Q355L100×7	2434	2	26.36	52.7	
⑳302	Q420L125×10	5836	2	111.66	223.3	焊接，合角	⑳328	Q355L100×7	2434	2	26.36	52.7	
⑳303	Q355L110×10	5517	2	92.08	184.2	切角，开角	⑳329	Q355−8×186	326	4	3.81	15.3	
⑳304	Q355L110×10	5517	2	92.08	184.2	切角，开角	⑳330	Q355−20×430	585	2	39.60	79.2	火曲；焊接
⑳305	L50×4	1705	4	5.22	20.9		⑳331	Q355−20×430	585	2	39.60	79.2	火曲；焊接
⑳306	L40×4	1328	4	3.22	12.9		⑳332	L40×4	2828	2	6.85	13.7	
⑳307	L45×4	1561	4	4.27	17.1		⑳333	L40×4	2828	2	6.85	13.7	
⑳308	L40×4	902	4	2.18	8.7		⑳334	L40×4	2964	2	7.18	14.4	
⑳309	L40×4	1379	4	3.34	13.4		⑳335	L40×4	2964	2	7.18	14.4	
⑳310	L40×4	476	4	1.15	4.6		⑳336	L40×4	3001	2	7.27	14.5	
⑳311	Q420−12×319	846	2	25.48	51.0	火曲；卷边（50）	⑳337	L40×4	3001	2	7.27	14.5	
⑳312	Q420−12×319	846	2	25.48	51.0	火曲；卷边（50）	⑳338	L45×4	2612	2	7.15	14.3	
⑳313	Q355L80×7	3696	2	31.51	63.0		⑳339	L40×4	888	2	2.15	4.3	下压扁
⑳314	Q355L80×7	3696	2	31.51	63.0	切角	⑳340	−14×60	60	2	0.40	0.8	
⑳315	L40×4	1031	2	2.50	5.0	切角	⑳341	−10×60	60	4	0.28	1.1	
⑳316	L40×4	1031	2	2.50	5.0		⑳342	−10×50	50	4	0.20	0.8	
⑳317	L40×4	1424	4	3.45	13.8	切角	⑳343	−18×60	60	2	0.51	1.0	
⑳318	L40×4	994	2	2.41	4.8		⑳344	Q420−12×296	370	2	10.35	20.7	火曲
⑳319	L40×4	994	2	2.41	4.8	切角	⑳345	Q420−12×296	370	2	10.35	20.7	火曲
⑳320	Q355L80×6	3690	2	27.22	54.4		⑳346	Q420−8×113	114	8	0.82	6.6	焊接
⑳321	Q355L80×6	3690	2	27.22	54.4	切角	⑳347	Q420L140×12	300	4	7.66	30.6	焊接
⑳322	L40×4	1061	2	2.57	5.1	切角	⑳348	Q420−8×125	125	4	0.98	3.9	焊接
⑳323	L40×4	1061	2	2.57	5.1		⑳349	Q355−6×120	120	4	0.71	2.8	焊接
⑳324	L40×4	1426	4	3.45	13.8	切角	⑳350	Q355φ60/φ38	32	4	0.71	2.8	套管带焊接
⑳325	L40×4	968	2	2.34	4.7		合计					1770.9kg	
⑳326	L40×4	968	2	2.34	4.7	切角							

螺栓、垫圈、脚钉明细表

名称	级别	规格	符号	数量	质量（kg）	备注
螺栓	6.8	M16×40	◐	2	0.3	
		M16×50	◑	102	16.3	
		M20×55	∅	112	33.0	
		M20×65	⊠	20	6.4	
		M20×80	⊙	32	13.2	双帽
		M20×90	⊙	16	7.0	双帽
合计					76.2kg	

图 9.3−5　220−HC21D−DL−05　220−HC21D−DL 终端塔导线横担结构图③（二）

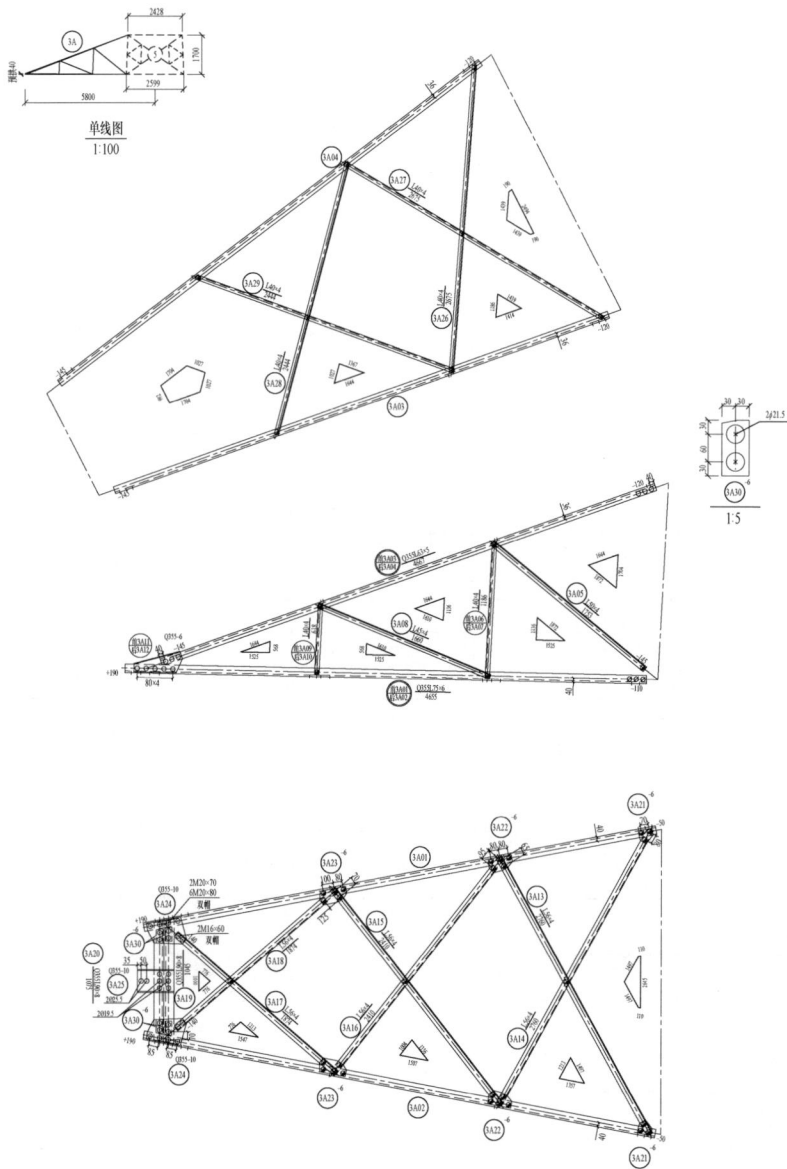

单线图
1:100

构件明细表

编号	规格	长度（mm）	数量	质量（kg）一件	质量（kg）小计	备注
3A01	Q355L75×6	4656	1	32.15	32.1	合角（86.7）
3A02	Q355L75×6	4656	1	32.15	32.1	合角（86.7）
3A03	Q355L63×5	4667	1	22.50	22.5	切角，开角（96.7）
3A04	Q355L63×5	4667	1	22.50	22.5	切角，开角（96.7）
3A05	L50×4	1753	2	5.36	10.7	
3A06	L40×4	1186	1	2.87	2.9	切角
3A07	L40×4	1186	1	2.87	2.9	切角
3A08	L45×4	1660	2	4.54	9.1	
3A09	L40×4	618	1	1.50	1.5	切角
3A10	L40×4	618	1	1.50	1.5	切角
3A11	Q355−6×210	450	1	4.48	4.5	火曲；卷边（50）
3A12	Q355−6×210	450	1	4.48	4.5	火曲；卷边（50）
3A13	L56×4	2760	1	9.51	9.5	
3A14	L56×4	2760	1	9.51	9.5	切角
3A15	L56×4	2410	1	8.30	8.3	
3A16	L56×4	2410	1	8.30	8.3	切角
3A17	L56×4	1874	1	6.46	6.5	
3A18	L56×4	1874	1	6.46	6.5	切角
3A19	Q355L90×8	1075	1	11.77	11.8	切角
3A20	Q355L90×8	1045	1	11.44	11.4	切角
3A21	−6×120	123	2	0.70	1.4	
3A22	−6×124	214	2	1.26	2.5	
3A23	−6×123	249	2	1.45	2.9	
3A24	Q355−10×233	329	2	6.04	12.1	
3A25	Q355−10×280	330	1	7.25	7.3	火曲；卷边（50）
3A26	L40×4	2675	1	6.48	6.5	
3A27	L40×4	2675	1	6.48	6.5	切角
3A28	L40×4	2444	1	5.92	5.9	
3A29	L40×4	2444	1	5.92	5.9	切角
3A30	−6×60	120	6	0.34	2.0	
合计					271.6kg	

螺栓、垫圈、脚钉明细表

名称	级别	规格	符号	数量	质量（kg）	备注
螺栓	6.8	M16×40	◑	9	1.3	
		M16×50	◐	34	5.4	
		M16×60	○	4	0.8	双帽
		M16×60	⊗	4	0.7	
		M20×45	∅	22	5.9	
		M20×55	∅	12	3.5	
		M20×70	○	4	1.4	双帽
		M20×80	○	12	4.6	双帽
合计					23.6kg	

图 9.3−6　220−HC21D−DL−05A　220−HC21D−DL 终端塔导线横担结构图 3A

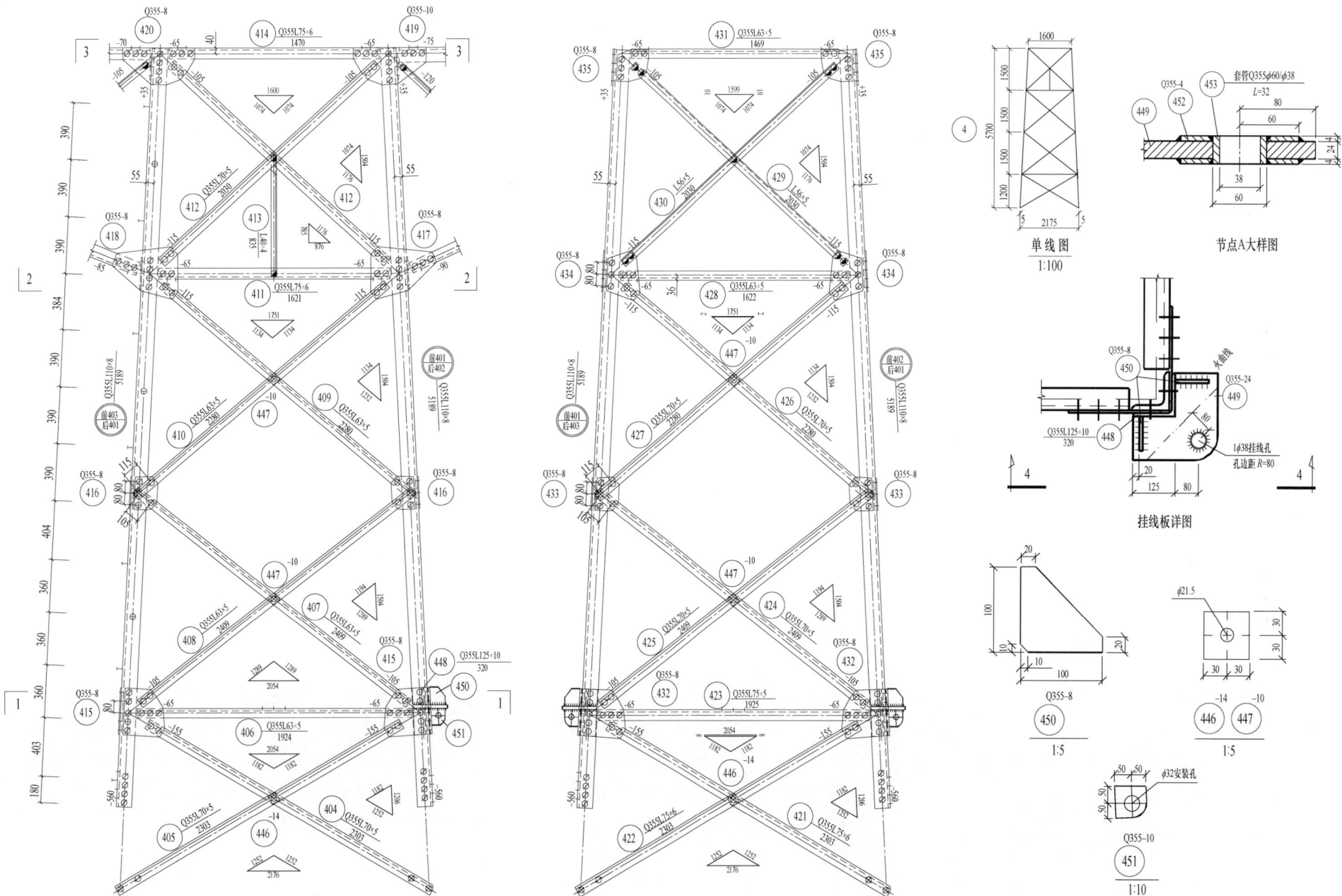

图 9.3-7　220-HC21D-DL-06　220-HC21D-DL 终端塔塔身结构图④（一）

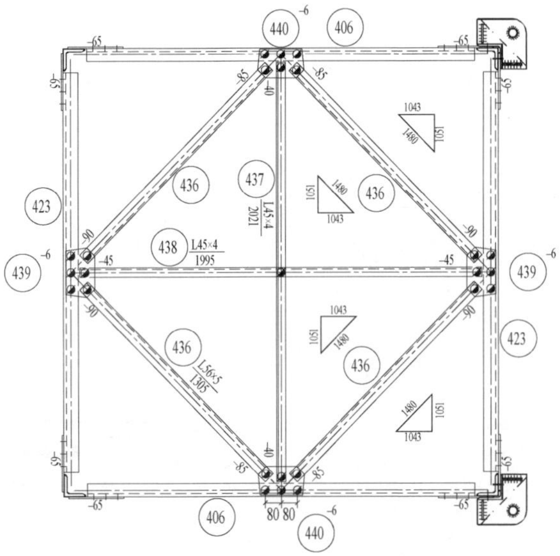

1—1

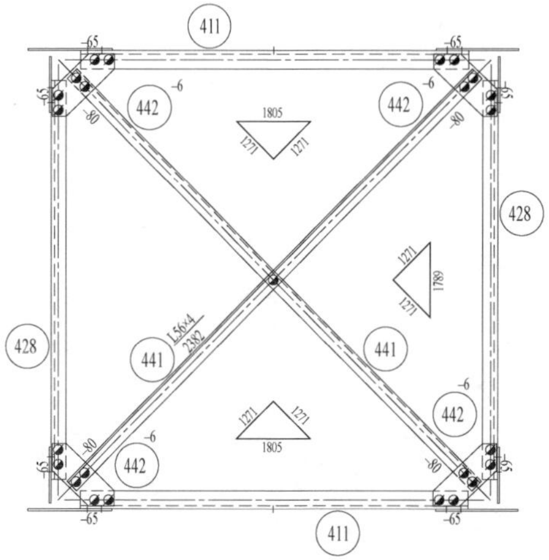

2—2

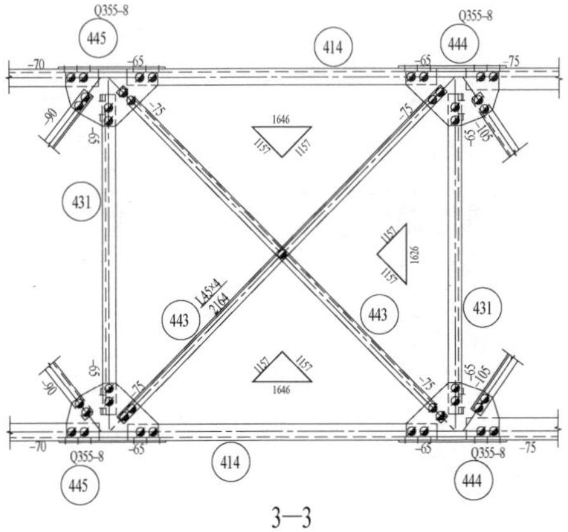

3—3

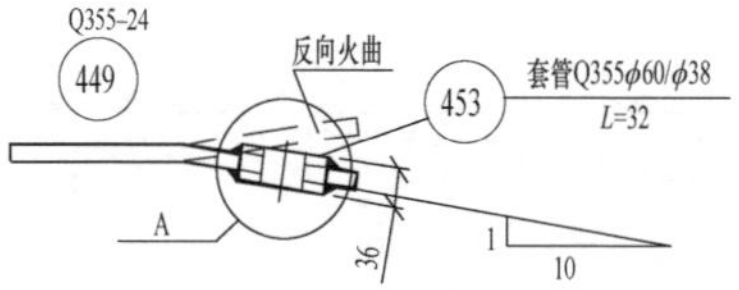

4—4

说明：挂线板是否反向火曲，根据电气要求来确定。

图 9.3－7　220－HC21D－DL－06　220－HC21D－DL 终端塔塔身结构图④（二）

构 件 明 细 表

编号	规格	长度 (mm)	数量	质量（kg） 一件	质量（kg） 小计	备注	编号	规格	长度 (mm)	数量	质量（kg） 一件	质量（kg） 小计	备注
④01	Q355L110×8	5189	2	70.22	140.4		④28	Q355L63×5	1622	2	7.82	15.6	
④02	Q355L110×8	5189	1	70.22	70.2		④29	L56×5	2030	2	8.63	17.3	
④03	Q355L110×8	5189	1	70.22	70.2	脚钉	④30	L56×5	2030	2	8.63	17.3	
④04	Q355L70×5	2303	2	12.43	24.9	切角	④31	Q355L63×5	1469	2	7.08	14.2	
④05	Q355L70×5	2303	2	12.43	24.9		④32	Q355-8×292	328	4	6.04	24.2	
④06	Q355L63×5	1924	2	9.28	18.6		④33	Q355-8×161	233	4	2.36	9.5	
④07	Q355L63×5	2409	2	11.62	23.2	切角	④34	Q355-8×236	340	4	5.06	20.2	
④08	Q355L63×5	2409	2	11.62	23.2		④35	Q355-8×216	226	4	3.08	12.3	
④09	Q355L63×5	2280	2	10.99	22.0	切角	④36	L56×5	1305	4	5.55	22.2	
④10	Q355L63×5	2280	2	10.99	22.0		④37	L45×4	2021	1	5.53	5.5	
④11	Q355L75×6	1621	2	11.19	22.4		④38	L45×4	1995	1	5.46	5.5	
④12	Q355L70×5	2030	4	10.96	43.8		④39	-6×143	238	2	1.61	3.2	
④13	L40×4	835	2	2.02	4.0	下压扁	④40	-6×140	229	2	1.52	3.0	
④14	Q355L75×6	1470	2	10.15	20.3		④41	L56×4	2382	2	8.21	16.4	
④15	Q355-8×291	325	4	5.95	23.8		④42	-6×120	364	4	2.07	8.3	
④16	Q355-8×159	229	4	2.30	9.2		④43	L45×4	2164	2	5.92	11.8	
④17	Q355-8×357	460	2	10.34	20.7		④44	Q355-8×248	439	2	6.86	13.7	
④18	Q355-8×357	461	2	10.38	20.8		④45	Q355-8×248	434	2	6.78	13.6	
④19	Q355-10×253	510	2	10.15	20.3		④46	-14×60	60	4	0.40	1.6	
④20	Q355-8×253	505	2	8.04	16.1		④47	-10×60	60	8	0.28	2.2	
④21	Q355L75×6	2303	2	15.90	31.8	切角	④48	Q355L125×10	320	2	6.12	12.2	焊接
④22	Q355L75×6	2303	2	15.90	31.8		④49	Q355-24×285	285	2	15.34	30.7	火曲；焊接
④23	Q355L75×5	1925	2	11.20	22.4		④50	Q355-8×70	141	4	0.63	2.5	焊接
④24	Q355L70×5	2409	2	13.00	26.0	切角	④51	Q355-10×100	100	4	0.79	3.1	焊接
④25	Q355L70×5	2409	2	13.00	26.0		④52	Q355-6×120	120	4	0.71	2.8	焊接
④26	Q355L70×5	2280	2	12.31	24.6	切角	④53	Q355φ60/φ38	32	2	0.71	1.4	套管带焊接
④27	Q355L70×5	2280	2	12.31	24.6		合计					1118.5kg	

螺栓、垫圈、脚钉明细表

名称	级别	规格	符号	数量	质量（kg）	备注
螺栓	4.8	M16×40	◑	2	0.3	
	6.8	M16×50	◐	115	18.4	
		M20×45	⊙	2	0.5	
		M20×55	∅	259	76.4	
		M20×65	⊠	12	3.8	
		M20×80	⊙	20	8.2	双帽
脚钉		M16×180	⊕—	9	2.9	双帽
		M20×200	⊕—	3	1.9	双帽
合计					112.4kg	

图 9.3-7 220-HC21D-DL-06 220-HC21D-DL 终端塔塔身结构图④（三）

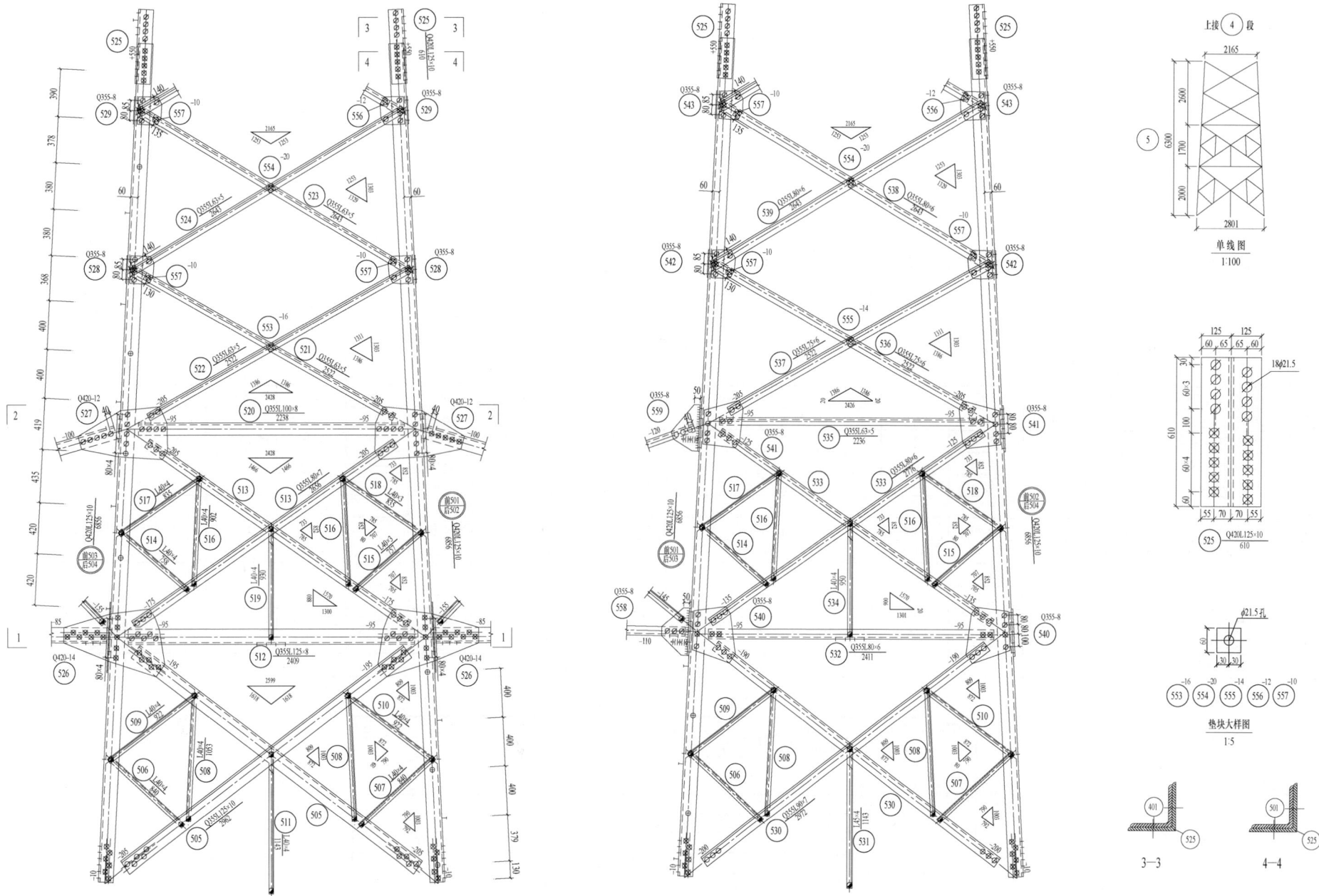

图 9.3-8　220-HC21D-DL-07　220-HC21D-DL 终端塔塔身结构图⑤（一）

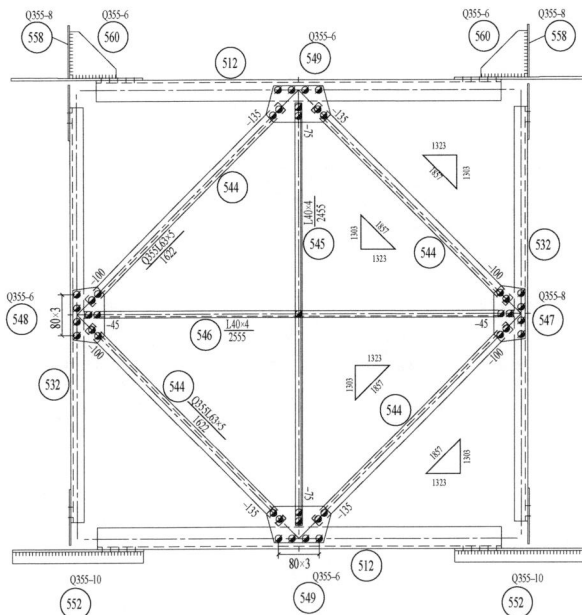

1—1

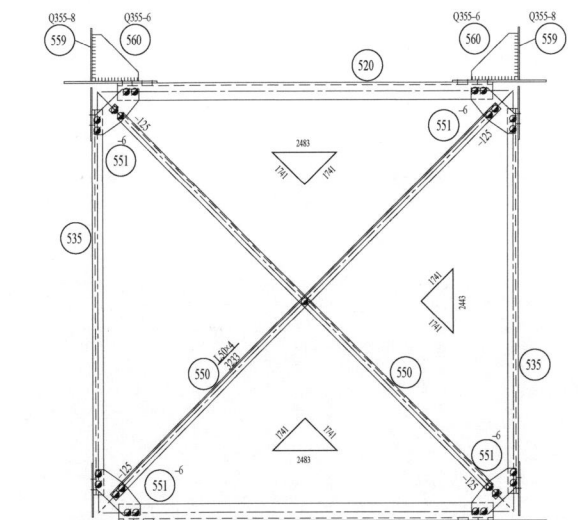

2—2

构件明细表

编号	规格	长度(mm)	数量	一件	小计	备注	编号	规格	长度(mm)	数量	一件	小计	备注
501	Q420L125×10	6856	1	131.18	131.2	脚钉	532	Q355L80×6	2411	2	17.78	35.6	
502	Q420L125×10	6856	1	131.18	131.2		533	Q355L80×6	2776	4	20.48	81.9	
503	Q420L125×10	6856	1	131.18	131.2	脚钉	534	L40×4	950	2	2.30	4.6	下压扁
504	Q420L125×10	6856	1	131.18	131.2		535	Q355L63×5	2236	2	10.78	21.6	
505	Q355L125×10	2962	4	56.67	226.7		536	Q355L75×6	2522	2	17.41	34.8	切角
506	L40×4	840	4	2.03	8.1	切角	537	Q355L75×6	2522	2	17.41	34.8	切角
507	L40×4	840	4	2.03	8.1	切角	538	Q355L80×6	2643	2	19.49	39.0	切角
508	L40×4	1053	8	2.55	20.4	切角	539	Q355L80×6	2643	2	19.49	39.0	
509	L40×4	922	4	2.23	8.9		540	Q355-8×367	424	4	9.81	39.3	
510	L40×4	922	4	2.23	8.9	切角	541	Q355-8×318	365	4	7.30	29.2	
511	L40×4	1143	2	2.77	5.5	下压扁	542	Q355-8×199	236	4	2.96	11.8	
512	Q355L125×8	2409	2	37.35	74.7	合角	543	Q355-8×199	234	4	2.95	11.8	
513	Q355L80×7	2656	4	22.64	90.6	切角	544	Q355L63×5	1622	4	7.82	31.3	
514	L40×4	758	4	1.84	7.3	切角	545	L40×4	2455	1	5.95	5.9	
515	L40×3	757	4	1.40	5.6		546	L40×4	2555	1	6.19	6.2	
516	L40×4	902	8	2.18	17.5	切角	547	Q355-8×188	327	1	3.88	3.9	
517	L40×4	835	4	2.02	8.1		548	Q355-6×188	327	1	2.91	2.9	
518	L40×3	835	4	1.55	6.2	切角	549	Q355-6×211	381	2	3.79	7.6	
519	L40×4	930	2	2.25	4.5	下压扁	550	L50×4	3233	2	9.89	19.8	
520	Q355L100×8	2238	2	27.47	54.9	开角	551	-6×133	375	4	2.37	9.5	
521	Q355L63×5	2522	2	12.16	24.3	切角	552	Q355-10×60	800	2	3.77	7.5	焊接
522	Q355L63×5	2522	2	12.16	24.3		553	-16×60	60	2	0.45	0.9	
523	Q355L63×5	2643	2	12.74	25.5	切角	554	-20×60	60	4	0.57	2.3	
524	Q355L63×5	2643	2	12.74	25.5		555	-14×60	60	2	0.40	0.8	
525	Q420L125×10	610	4	11.67	46.7	清根,脚钉	556	-12×60	60	4	0.34	1.4	
526	Q420-14×558	818	4	50.22	200.9	焊接	557	-10×60	60	12	0.28	3.4	
527	Q420-12×432	747	4	30.45	121.8		558	Q355-8×225	390	2	5.51	11.0	焊接
528	Q355-8×195	228	4	2.80	11.2		559	Q355-8×232	380	2	5.54	11.1	焊接
529	Q355-8×197	230	4	2.86	11.4		560	Q355-6×100	120	4	0.57	2.3	焊接
530	Q355L90×7	2972	4	28.70	114.8		合计					2204.7kg	
531	L45×4	1143	2	3.13	6.3	下压扁							

螺栓、垫圈、脚钉明细表

名称	级别	规格	符号	数量	质量(kg)	备注
螺栓	6.8	M16×40	◐	8	1.2	
		M16×50	◑	132	21.1	
		M16×60	▨	6	1.1	
		M20×55	∅	291	85.8	
		M20×65	⊠	120	38.4	
脚钉	6.8	M16×180	⊕━━┤	12	3.9	双帽
		M20×200	⊕━━┤	5	3.1	双帽
合计					154.6kg	

图 9.3-8　220-HC21D-DL-07　220-HC21D-DL 终端塔塔身结构图⑤（二）

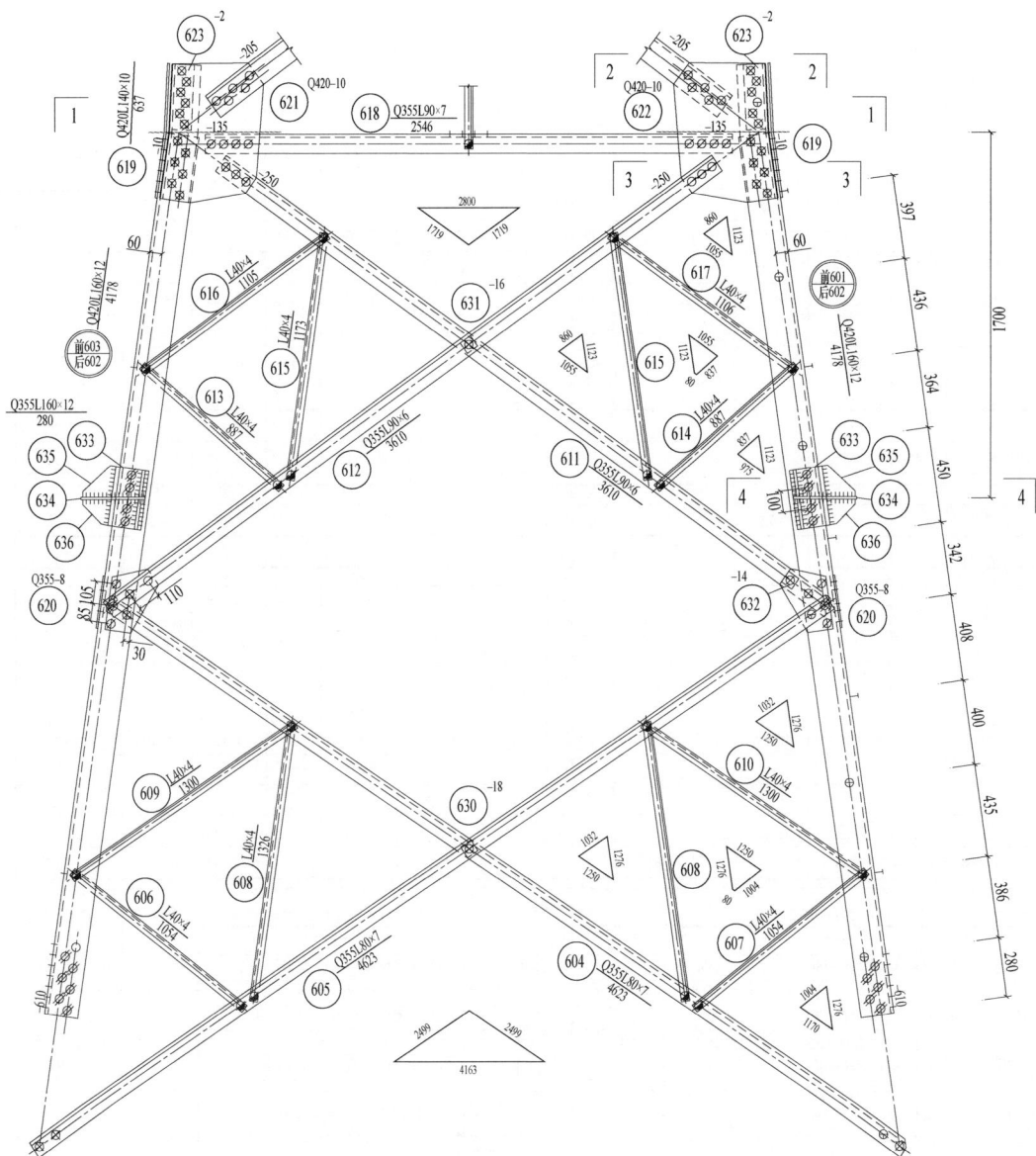

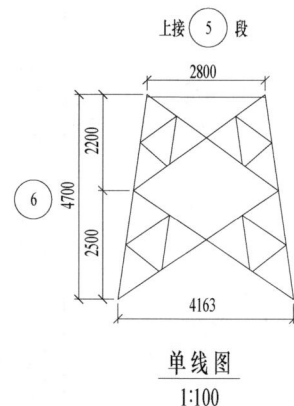

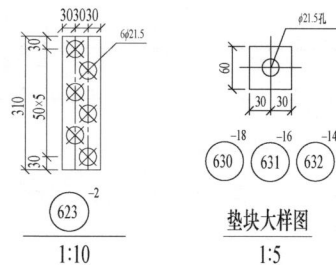

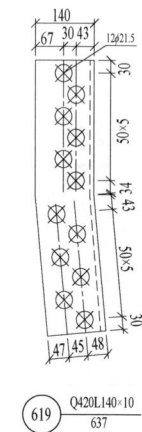

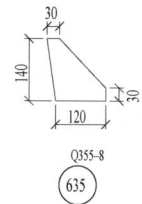

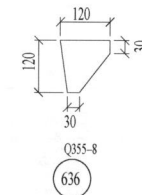

图 9.3-9　220-HC21D-DL-08　220-HC21D-DL 终端塔塔身结构图⑥（一）

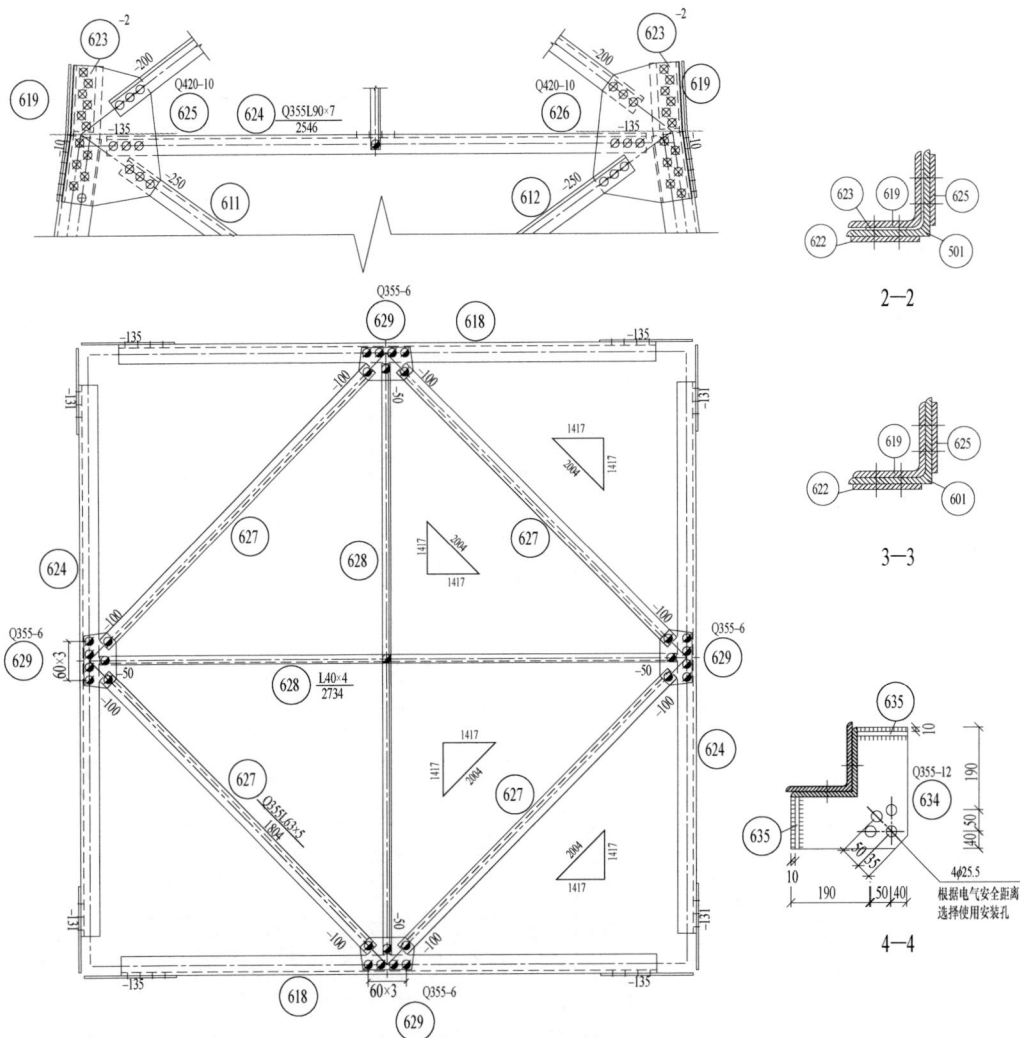

构件明细表

编号	规格	长度(mm)	数量	质量(kg) 一件	质量(kg) 小计	备注
601	Q420L160×12	4178	1	122.80	122.8	脚钉
602	Q420L160×12	4178	2	122.80	245.6	
603	Q420L160×12	4178	1	122.80	122.8	
604	Q355L80×7	4623	4	39.41	157.6	切角，脚钉
605	Q355L80×7	4623	4	39.41	157.6	脚钉
606	L40×4	1054	4	2.55	10.2	切角
607	L40×4	1054	4	2.55	10.2	
608	L40×4	1326	8	3.21	25.7	切角
609	L40×4	1300	4	3.15	12.6	
610	L40×4	1300	4	3.15	12.6	
611	Q355L90×6	3610	4	30.14	120.6	切角
612	Q355L90×6	3610	4	30.14	120.6	
613	L40×4	887	4	2.15	8.6	切角
614	L40×4	887	4	2.15	8.6	
615	L40×4	1173	8	2.84	22.7	
616	L40×4	1105	4	2.68	10.7	
617	L40×4	1106	4	2.68	10.7	切角
618	Q355L90×7	2546	2	24.58	49.2	开角
619	Q420L140×10	637	4	13.69	54.8	制弯，铲背
620	Q355-8×226	309	8	4.40	35.2	
621	Q420-10×456	676	2	24.26	48.5	火曲
622	Q420-10×456	676	2	24.26	48.5	火曲
623	-2×85	310	8	0.41	3.3	
624	Q355L90×7	2546	2	24.58	49.2	开角
625	Q420-10×460	647	2	23.42	46.8	火曲
626	Q420-10×460	647	2	23.42	46.8	火曲
627	Q355L63×5	1804	4	8.70	34.8	
628	L40×4	2734	2	6.62	13.2	
629	Q355-6×152	258	4	1.86	7.4	
630	-18×60	60	4	0.51	2.0	
631	-16×60	60	4	0.45	1.8	
632	-14×60	60	4	0.40	1.6	
633	Q355L160×12	280	2	8.23	16.5	清根，焊接
634	Q355-12×280	280	2	7.39	14.8	焊接
635	Q355-8×120	140	4	1.06	4.2	焊接
636	Q355-8×120	120	4	0.90	3.6	焊接
合计					1662.4kg	

螺栓、垫圈、脚钉明细表

名称	级别	规格	符号	数量	质量(kg)	备注
螺栓	6.8	M16×50	◑	81	13.0	
		M16×60	◨	14	2.5	
		M20×45	○	6	1.6	
		M20×55	∅	104	30.7	
		M20×65	⊠	121	38.7	
		M20×75	∅	8	2.8	
脚钉		M16×180	⊕—	7	2.3	双帽
		M20×200	⊕—	3	1.9	双帽
合计					93.5kg	

图 9.3-9　220-HC21D-DL-08　220-HC21D-DL 终端塔塔身结构图⑥（二）

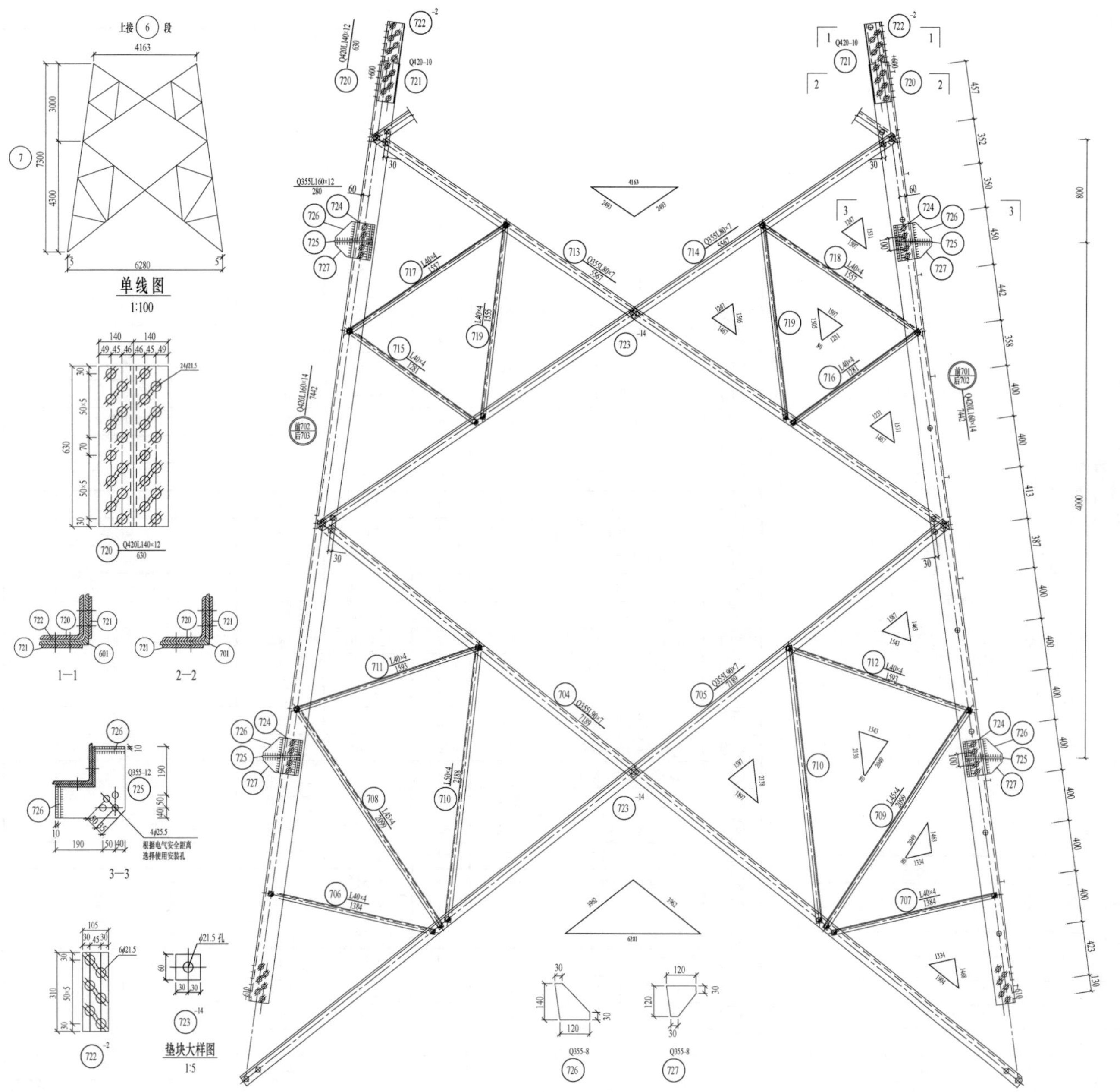

构 件 明 细 表

编号	规格	长度 (mm)	数量	质量 (kg)		备注
				一件	小计	
701	Q420L160×14	7442	1	252.93	252.9	脚钉
702	Q420L160×14	7442	2	252.93	505.9	
703	Q420L160×14	7442	1	252.93	252.9	
704	Q355L90×7	7189	4	69.42	277.7	切角
705	Q355L90×7	7189	4	69.42	277.7	脚钉
706	L40×4	1384	4	3.35	13.4	
707	L40×4	1384	4	3.35	13.4	
708	L45×4	2099	4	5.74	23.0	
709	L45×4	2099	4	5.74	23.0	
710	L50×4	2188	8	6.69	53.5	切角
711	L40×4	1593	4	3.86	15.4	
712	L40×4	1593	4	3.86	15.4	切角
713	Q355L80×7	5567	4	47.46	189.8	切角
714	Q355L80×7	5567	4	47.46	189.8	切角
715	L40×4	1281	4	3.10	12.4	
716	L40×4	1281	4	3.10	12.4	脚钉
717	L40×4	1557	4	3.77	15.1	
718	L40×4	1557	4	3.77	15.1	切角，脚钉
719	L40×4	1555	8	3.77	30.1	切角
720	Q420L140×12	630	4	16.08	64.3	铲背，脚钉
721	Q420-10×135	630	8	6.68	53.4	
722	-2×105	310	8	0.51	4.1	
723	-14×60	60	8	0.40	3.2	
724	Q355L160×12	280	4	8.23	32.9	清根，焊接
725	Q355-12×280	280	4	7.39	29.6	焊接
726	Q355-8×120	140	8	1.06	8.5	焊接
727	Q355-8×120	120	8	0.90	7.2	焊接
合计					2392.1kg	

螺栓、垫圈、脚钉明细表

名称	级别	规格	符号	数量	质量 (kg)	备注
螺栓	6.8	M16×50	◔	64	10.2	
		M16×60	◨	15	2.6	
		M20×55	∅	30	8.8	
		M20×65	⊠	24	7.7	
		M20×75	∅	94	32.5	
脚钉		M16×180	⊕—	15	4.9	双帽
		M20×200	⊕—	4	2.5	双帽
合计					69.3kg	

图 9.3-10　220-HC21D-DL-09　220-HC21D-DL 终端塔塔身结构图⑦

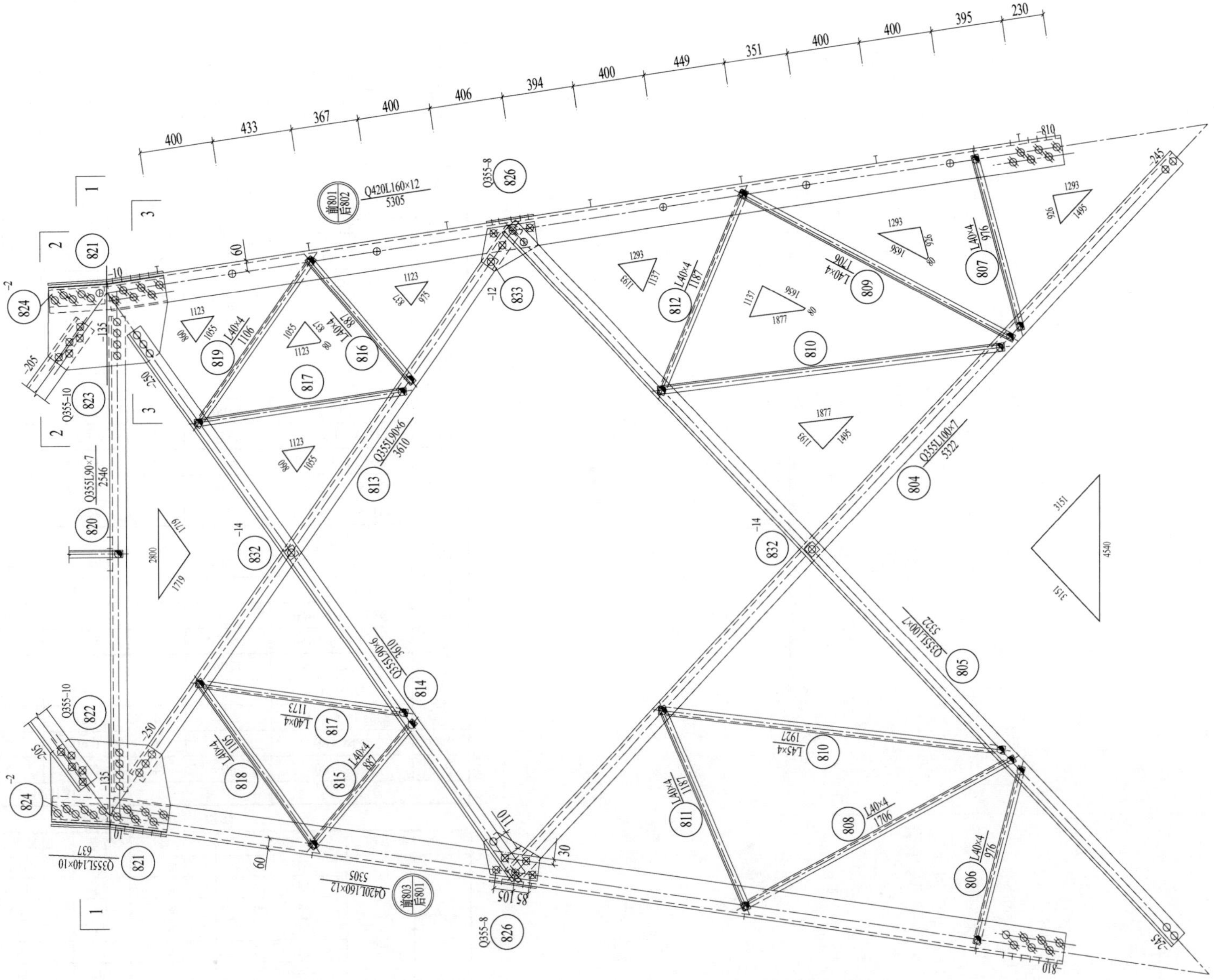

图 9.3-11　220-HC21D-DL-10　220-HC21D-DL 终端塔塔身结构图⑧（一）

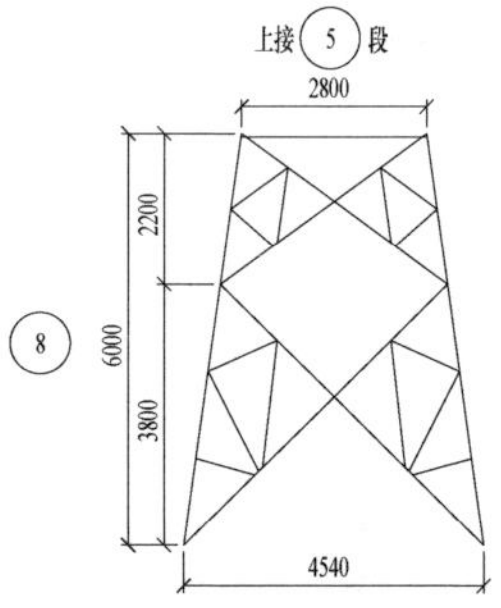

构件明细表

编号	规格	长度(mm)	数量	质量（kg）		备注
				一件	小计	
801	Q420L160×12	5305	1	155.92	155.9	脚钉
802	Q420L160×12	5305	2	155.92	311.8	
803	Q420L160×12	5305	1	155.92	155.9	
804	Q355L100×7	5322	4	57.64	230.5	
805	Q355L100×7	5322	4	57.64	230.5	
806	L40×4	976	4	2.36	9.5	
807	L40×4	976	4	2.36	9.5	
808	L40×4	1706	4	4.13	16.5	
809	L40×4	1706	4	4.13	16.5	
810	L45×4	1927	8	5.27	42.2	
811	L40×4	1187	4	2.87	11.5	
812	L40×4	1187	4	2.87	11.5	
813	Q355L90×6	3610	4	30.14	120.6	切角
814	Q355L90×6	3610	4	30.14	120.6	
815	L40×4	887	4	2.15	8.6	切角
816	L40×4	887	4	2.15	8.6	
817	L40×4	1173	8	2.84	22.7	
818	L40×4	1105	4	2.68	10.7	
819	L40×4	1106	4	2.68	10.7	切角
820	Q355L90×7	2546	2	24.58	49.2	开角
821	Q355L140×10	637	4	13.69	54.8	制弯，铲背
822	Q355-10×456	676	2	24.26	48.5	火曲
823	Q355-10×456	676	2	24.26	48.5	火曲
824	-2×85	310	8	0.41	3.3	
825	Q355L90×7	2546	2	24.58	49.2	开角
826	Q355-8×231	319	8	4.64	37.1	
827	Q355-10×460	647	2	23.42	46.8	火曲
828	Q355-10×460	647	2	23.42	46.8	火曲
829	Q355L63×5	1804	4	8.70	34.8	
830	L40×4	2734	4	6.62	13.2	
831	Q355-6×152	258	4	1.86	7.4	
832	-14×60	60	8	0.40	3.2	
833	-12×60	60	4	0.34	1.4	
合计					1948.5kg	

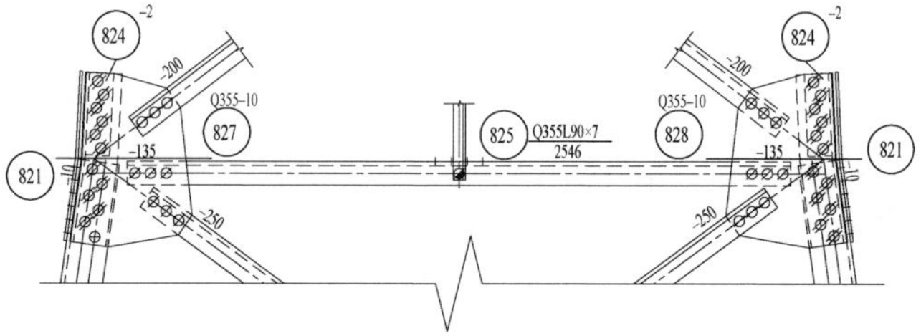

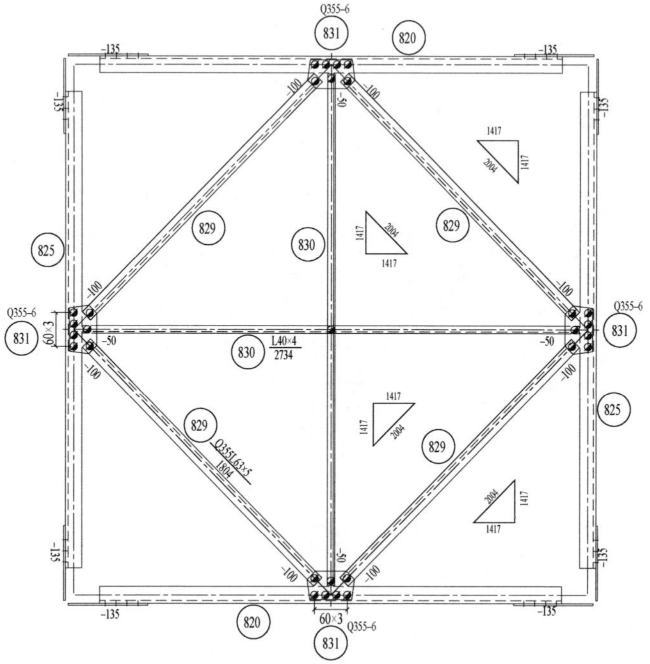

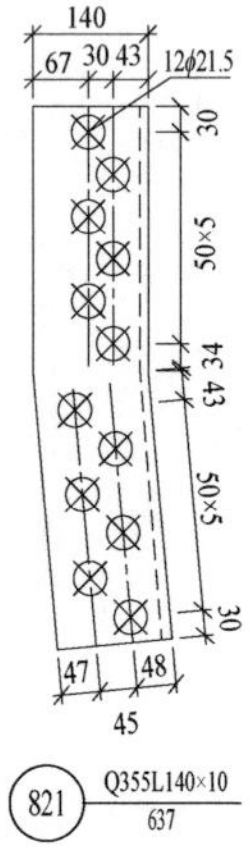

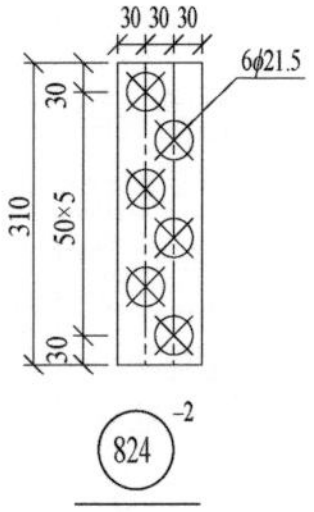

螺栓、垫圈、脚钉明细表

名称	级别	规格	符号	数量	质量（kg）	备注
螺栓	6.8	M16×40	◔	1	0.1	
		M16×50	◑	96	15.4	
		M16×60	▨	14	2.5	
		M20×55	∅	74	21.3	
		M20×65	⊠	63	19.7	
		M20×75	⊘	102	34.5	
脚钉		M16×180	⊕ ──	10	3.9	双帽
		M20×200	⊕ ──	3	2.0	双帽
合计					99.4kg	

单线图
1:100

824 -2
1:10

821 Q355L140×10 / 637

1—1

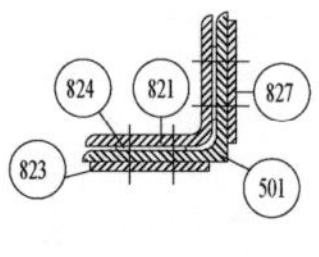

2—2

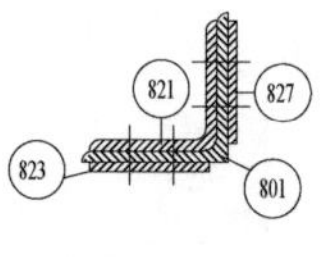

3—3

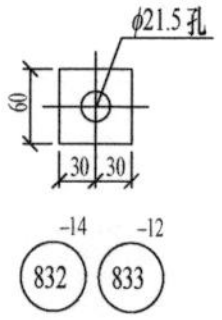

垫块大样图
1:5

图 9.3-11　220-HC21D-DL-10　220-HC21D-DL 终端塔塔身结构图⑧（二）

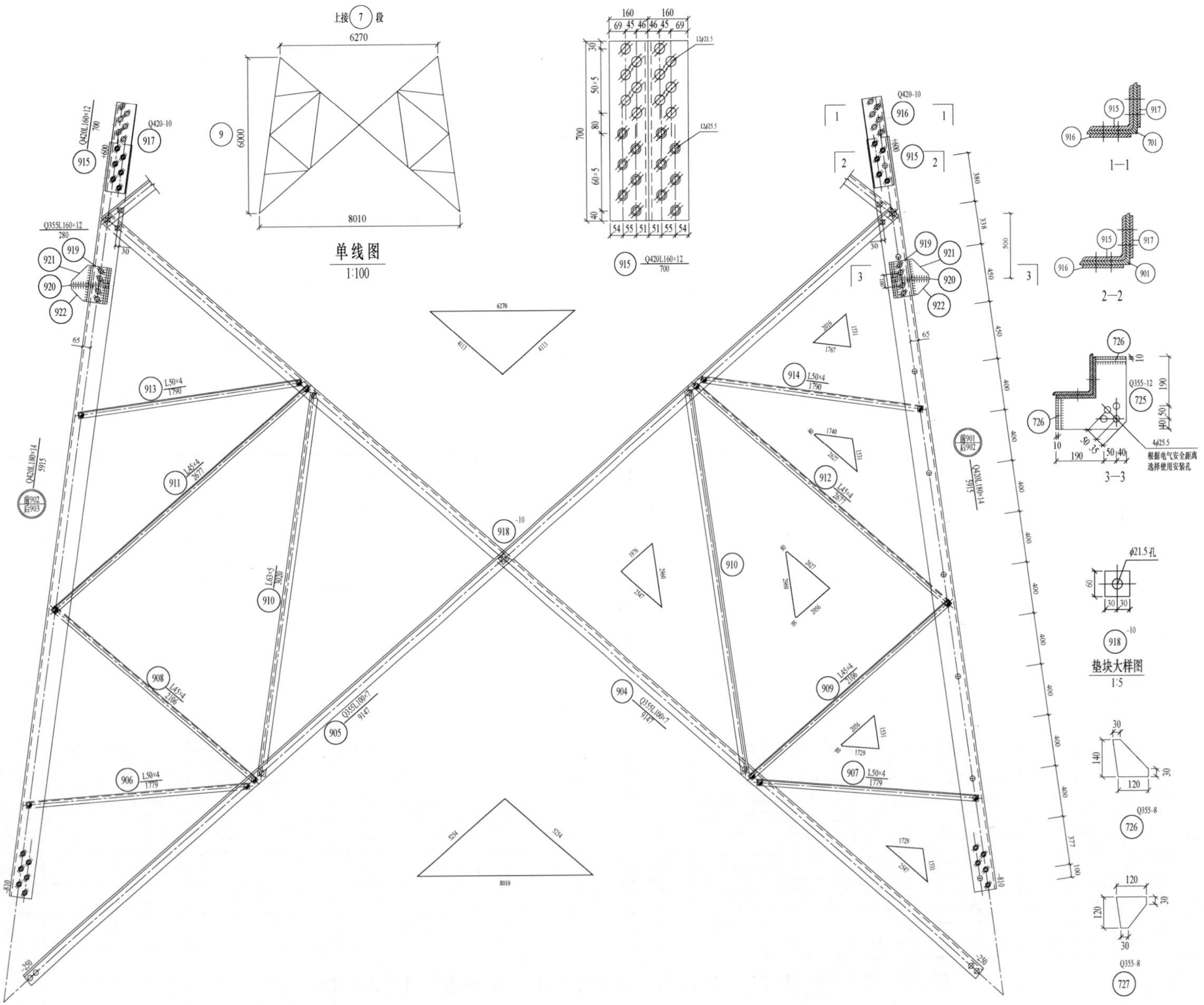

图 9.3-12 **220-HC21D-DL-11** **220-HC21D-DL** 终端塔塔身结构图⑨（一）

构件明细表

编号	规格	长度（mm）	数量	质量（kg）一件	质量（kg）小计	备注
⑨01	Q420L180×14	5915	1	227.04	227.0	脚钉
⑨02	Q420L180×14	5915	2	227.04	454.1	
⑨03	Q420L180×14	5915	1	227.04	227.0	
⑨04	Q355L100×7	9046	4	97.97	391.9	
⑨05	Q355L100×7	9147	4	99.06	396.2	
⑨06	L50×4	1779	4	5.44	21.8	
⑨07	L50×4	1779	4	5.44	21.8	
⑨08	L45×4	2106	4	5.76	23.0	切角
⑨09	L45×4	2106	4	5.76	23.0	
⑨10	L63×5	3020	8	14.56	116.5	切角
⑨11	L45×4	2677	4	7.32	29.3	
⑨12	L45×4	2677	4	7.32	29.3	切角
⑨13	L50×4	1790	4	5.48	21.9	
⑨14	L50×4	1817	4	5.56	22.2	
⑨15	Q420L160×12	700	4	20.54	82.2	铲背，脚钉
⑨16	Q420-10×155	700	4	8.51	34.0	
⑨17	Q420-10×155	700	4	8.51	34.0	
⑨18	-10×60	60	4	0.28	1.1	
⑨19	Q355L160×12	280	2	8.23	16.5	清根，焊接
⑨20	Q355-12×280	280	2	7.39	14.8	焊接
⑨21	Q355-8×120	140	4	1.06	4.2	焊接
⑨22	Q355-8×120	120	4	0.90	3.6	焊接
合计					2195.4kg	

螺栓、垫圈、脚钉明细表

名称	级别	规格	符号	数量	质量（kg）	备注
螺栓	6.8	M16×50	◨	48	7.7	
		M16×60	▨	8	1.4	
		M20×45	○	8	2.2	
		M20×55	⦰	15	4.4	
		M20×65	⊠	12	3.8	
		M20×75	⦰	47	16.3	
	8.8	M24×75	⊠	47	25.2	
脚钉	6.8	M16×180	⊕—	12	3.9	双帽
		M20×200	⊕—	2	1.2	双帽
	8.8	M24×240	⊕—	1	0.9	双帽
合计					67.0kg	

图 9.3－12　220－HC21D－DL－11　220－HC21D－DL 终端塔塔身结构图⑨（二）

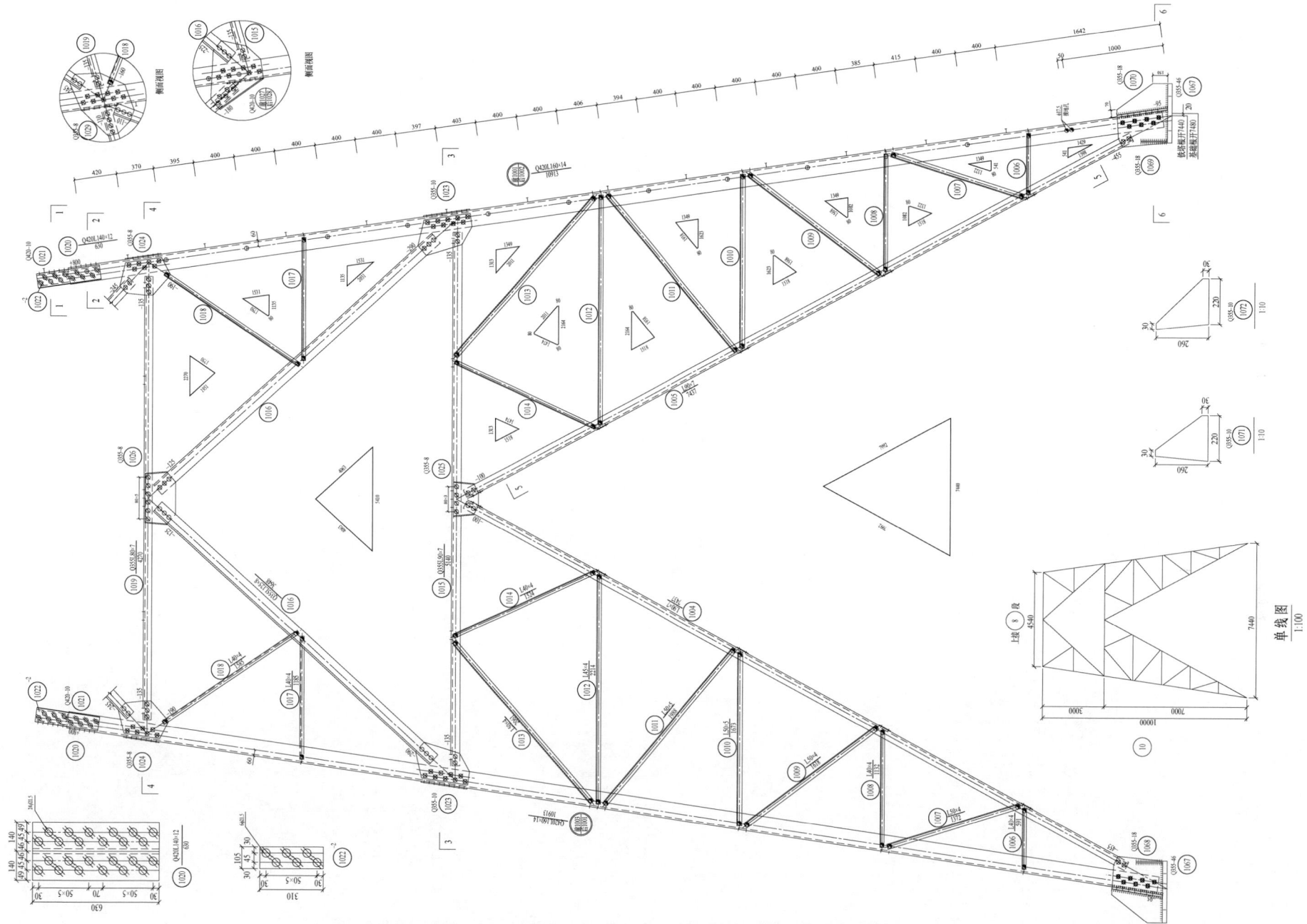

图 9.3-13 220-HC21D-DL-12（1/2） 220-HC21D-DL 终端塔 18.0m 塔腿结构图⑩

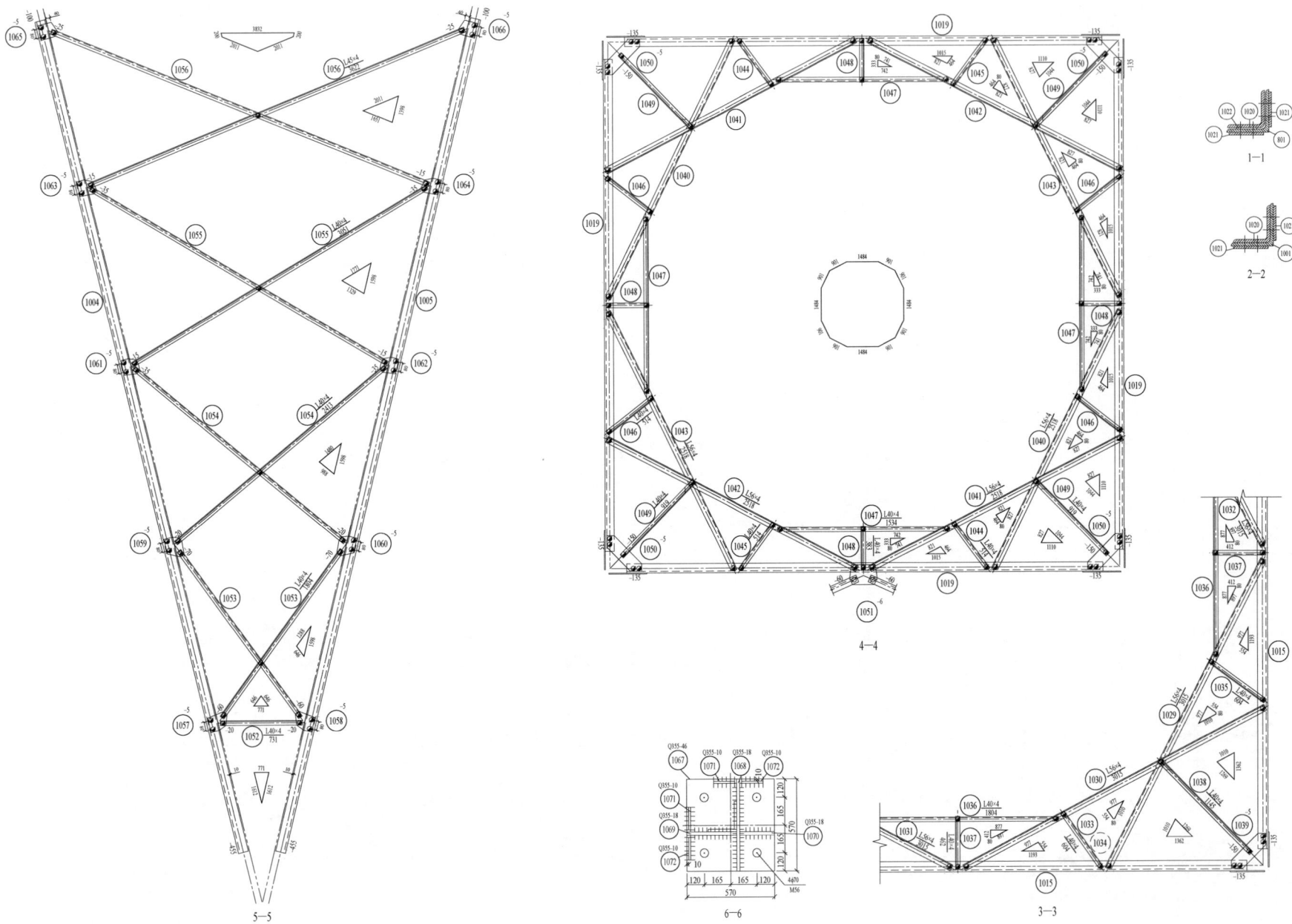

图 9.3−14　220−HC21D−DL−12（2/2）　220−HC21D−DL 终端塔 18.0m 塔腿结构图⑩（一）

编号	规格	长度(mm)	数量	质量(kg) 一件	质量(kg) 小计	备注	编号	规格	长度(mm)	数量	质量(kg) 一件	质量(kg) 小计	备注
1001	Q420L160×14	10913	1	370.90	370.9	脚钉	1038	L40×4	1145	4	2.77	11.1	压扁
1002	Q420L160×14	10913	2	370.90	741.8		1039	−5×120	430	4	2.03	8.1	
1003	Q420L160×14	10913	1	370.90	370.9		1040	L56×4	2518	2	8.68	17.4	切角
1004	L90×7	7437	4	71.81	287.2		1041	L56×4	2518	2	8.68	17.4	
1005	L90×7	7437	4	71.81	287.2		1042	L56×4	2518	2	8.68	17.4	
1006	L40×4	591	8	1.43	11.5		1043	L56×4	2518	2	8.68	17.4	切角
1007	L50×4	1372	8	4.20	33.6		1044	L40×4	514	2	1.24	2.5	切角
1008	L40×4	1132	8	2.74	21.9		1045	L40×4	514	2	1.24	2.5	切角
1009	L50×4	1618	8	4.95	39.6		1046	L40×4	514	4	1.24	5.0	
1010	L50×5	1673	8	6.31	50.5		1047	L40×4	1534	4	3.72	14.9	
1011	L50×5	1988	8	7.49	60.0		1048	L40×4	383	4	0.93	3.7	
1012	L45×4	2214	8	6.06	48.5	压扁	1049	L40×4	919	4	2.23	8.9	
1013	L50×4	2061	8	6.30	50.4		1050	−5×116	438	4	2.01	8.0	
1014	L40×4	1524	8	3.69	29.5		1051	−6×172	244	1	1.99	2.0	
1015	Q355L90×7	5140	4	49.63	198.5	开角	1052	L40×4	731	4	1.77	7.1	
1016	Q355L125×8	3648	8	56.56	452.5		1053	L40×4	1804	8	4.37	35.0	
1017	L40×4	1185	8	2.87	23.0		1054	L40×4	2413	8	5.84	46.8	
1018	L40×4	1585	8	3.84	30.7		1055	L40×4	3051	8	7.39	59.1	
1019	Q355L80×7	4270	4	36.40	145.6	开角	1056	L45×4	3622	8	9.91	79.3	
1020	Q420L140×12	630	4	16.08	64.3	铲背	1057	−5×138	193	4	1.05	4.2	火曲
1021	Q420−10×135	630	8	6.68	53.4		1058	−5×138	193	4	1.05	4.2	火曲
1022	−2×105	310	8	0.51	4.1		1059	−5×153	183	4	1.11	4.4	火曲
1023	Q355−10×344	554	6	14.98	89.9		1060	−5×153	183	4	1.11	4.4	火曲
1024	Q355−8×347	510	6	11.15	66.9		1061	−5×144	150	4	0.85	3.4	火曲
1025	Q355−8×245	420	4	6.49	25.9	火曲;卷边(50)	1062	−5×144	150	4	0.85	3.4	火曲
1026	Q355−8×300	589	4	11.13	44.5	火曲;卷边(50)	1063	−5×138	157	4	0.85	3.4	火曲
1027	Q420−10×511	688	1	27.67	27.7	火曲;卷边(50)	1064	−5×138	157	4	0.85	3.4	火曲
1028	Q420−10×511	688	1	27.67	27.7	火曲;卷边(50)	1065	−5×130	156	4	0.80	3.2	火曲
1029	Q355−8×471	704	2	20.88	41.8		1066	−5×130	156	4	0.80	3.2	火曲
1030	L56×4	3015	2	10.39	20.8		1067	Q355−46×570	570	4	117.32	469.3	焊接
1031	L56×4	3015	2	10.39	20.8		1068	Q355−18×516	619	4	45.27	181.1	焊接
1032	L56×4	3015	2	10.39	20.8	切角	1069	Q355−18×320	518	4	23.50	94.0	焊接
1033	L40×4	604	2	1.46	2.9		1070	Q355−18×250	536	4	18.94	75.8	焊接
1034	L40×4	604	2	1.46	2.9		1071	Q355−10×218	260	8	4.46	35.7	焊接
1035	L40×4	604	4	1.46	5.9		1072	Q355−10×171	365	8	4.93	39.4	焊接
1036	L40×4	1804	4	4.37	17.5								
1037	L40×4	462	4	1.12	4.5		合计					5092.2kg	

螺栓、垫圈、脚钉明细表

名称	级别	规格	符号	数量	质量(kg)	备注
螺栓	6.8	M16×40	◔	136	19.9	
		M16×50	◔	350	56.0	
		M20×55	⊘	160	46.1	
		M20×65	⊠	142	44.4	
		M20×75	⊘	94	31.8	
	8.8	M24×75	⊠	56	29.8	
脚钉	6.8	M16×180	⊖—|	21	8.1	双帽
		M20×200	⊖—|	4	2.7	双帽
合计					238.8kg	

图 9.3−14　220−HC21D−DL−12（2/2）　220−HC21D−DL 终端塔 18.0m 塔腿结构图⑩（二）

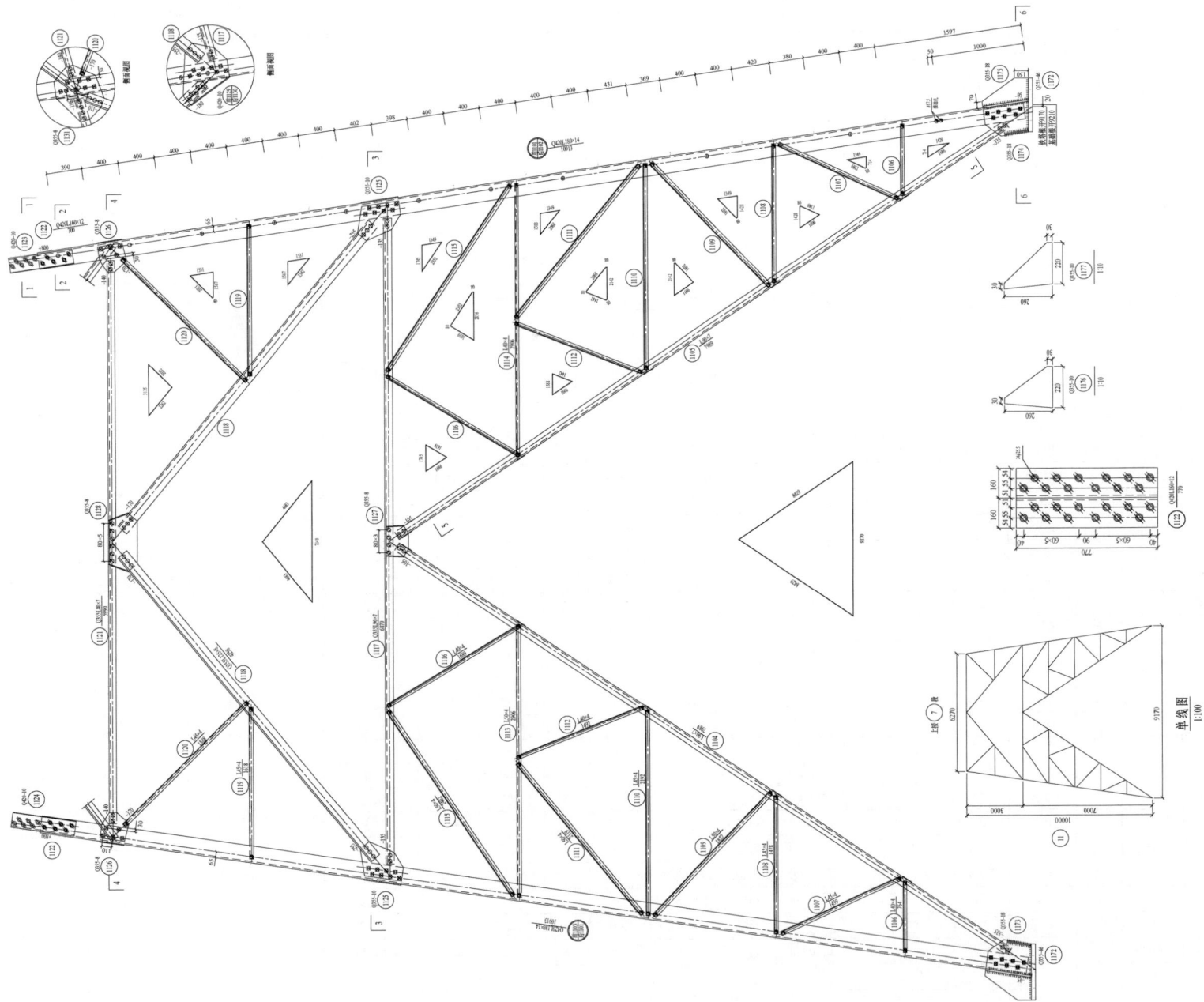

图 9.3－15　220－HC21D－DL－13（1/2）　220－HC21D－DL 终端塔 24.0m 塔腿结构图⑪

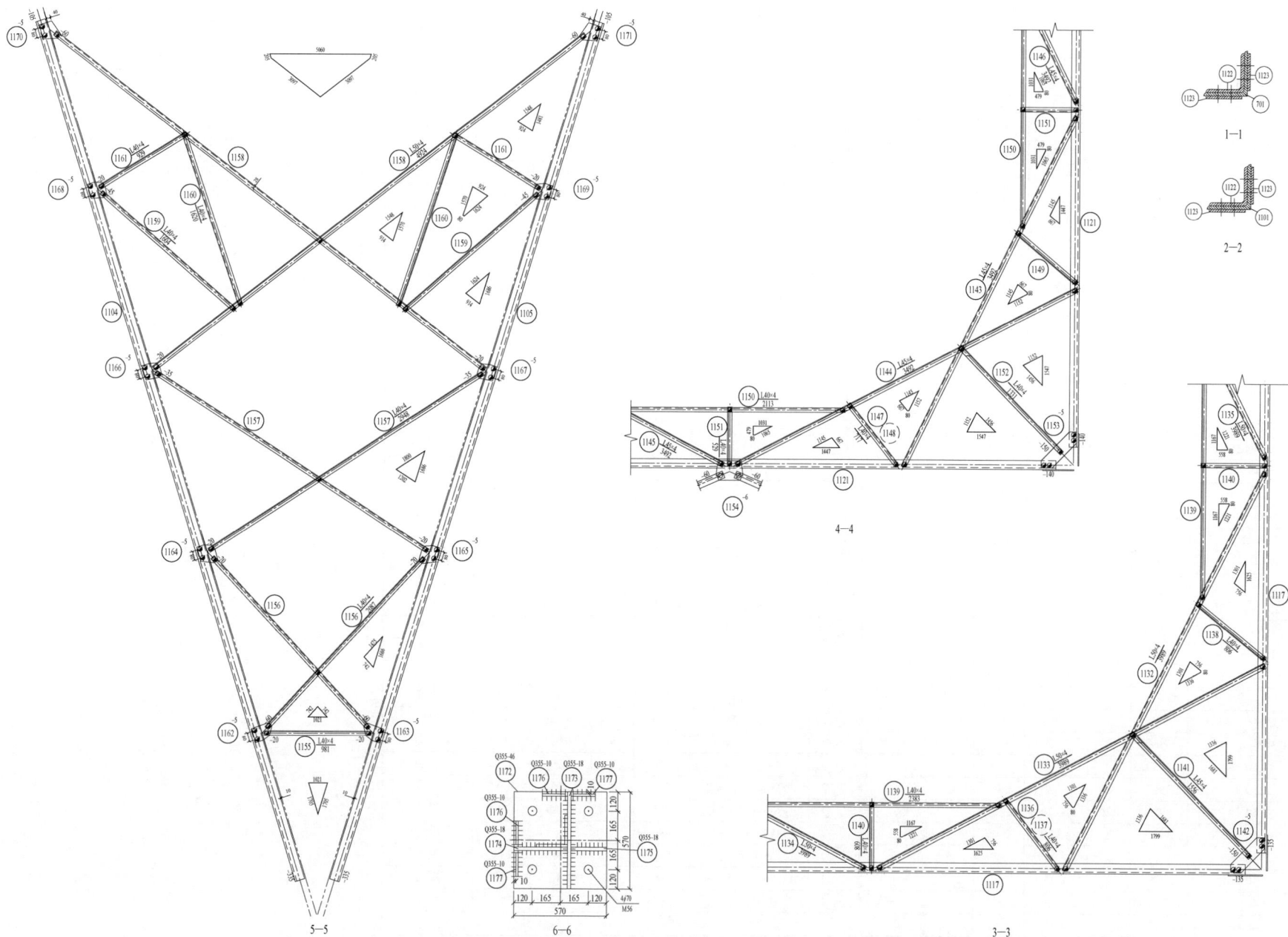

图 9.3-16　220-HC21D-DL-13（2/2）　220-HC21D-DL 终端塔 24.0m 塔腿结构图⑪（一）

构 件 明 细 表

编号	规格	长度(mm)	数量	一件	小计	备注	编号	规格	长度(mm)	数量	一件	小计	备注
1101	Q420L180×14	10913	1	418.87	418.9	脚钉	1140	L40×4	608	4	1.47	5.9	
1102	Q420L180×14	10913	2	418.87	837.7		1141	L45×4	1556	4	4.26	17.0	压扁
1103	Q420L180×14	10913	1	418.87	418.9		1142	−5×120	437	4	2.06	8.3	
1104	L90×7	7989	4	77.14	308.6	切角	1143	L45×4	3492	2	9.55	19.1	切角
1105	L90×7	7989	4	77.14	308.6	切角	1144	L45×4	3492	2	9.55	19.1	
1106	L40×4	764	8	1.85	14.8		1145	L45×4	3492	2	9.55	19.1	
1107	L45×4	1439	8	3.94	31.5		1146	L45×4	3492	2	9.55	19.1	切角
1108	L45×4	1478	8	4.04	32.4		1147	L40×4	717	2	1.74	3.5	切角
1109	L50×4	1852	8	5.67	45.3		1148	L40×4	717	2	1.74	3.5	切角
1110	L45×4	2192	8	6.00	48.0		1149	L40×4	717	4	1.74	6.9	
1111	L50×4	2119	8	6.48	51.9	脚钉	1150	L40×4	2113	4	5.12	20.5	
1112	L40×4	1492	8	3.61	28.9		1151	L40×4	529	4	1.28	5.1	
1113	L50×4	2906	4	8.89	35.6	切角	1152	L40×4	1331	4	3.22	12.9	压扁
1114	L40×4	2906	4	7.04	28.2	切角	1153	−5×116	452	4	2.07	8.3	
1115	L50×4	2402	8	7.35	58.8		1154	−6×172	244	1	1.99	2.0	
1116	L40×4	1689	8	4.09	32.7		1155	L40×4	981	4	2.38	9.5	
1117	Q355L90×7	6870	4	66.34	265.3	开角	1156	L40×4	2087	8	5.05	40.4	
1118	Q355L125×8	4258	8	66.02	528.1		1157	L40×4	2948	8	7.14	57.1	
1119	L45×4	1618	8	4.43	35.4		1158	L50×4	4924	8	15.06	120.5	
1120	L45×4	1888	8	5.17	41.3		1159	L40×4	1604	8	3.88	31.1	
1121	Q355L80×7	5990	4	51.06	204.3	开角	1160	L40×4	1620	8	3.92	31.4	切角
1122	Q420L160×12	699	4	20.54	82.2	铲背	1161	L40×4	929	8	2.25	18.0	
1123	Q420−10×155	699	4	8.51	34.0		1162	−5×132	191	4	0.99	4.0	火曲
1124	Q420−10×155	699	4	8.51	34.0		1163	−5×132	191	4	0.99	4.0	火曲
1125	Q355−10×366	495	6	14.27	85.6		1164	−5×154	181	4	1.10	4.4	火曲
1126	Q355−8×292	293	6	5.38	32.3		1165	−5×154	181	4	1.10	4.4	火曲
1127	Q355−8×243	417	4	6.37	25.5	火曲；卷边（50）	1166	−5×141	154	4	0.86	3.4	火曲
1128	Q355−8×306	685	4	13.19	52.7	火曲；卷边（50）	1167	−5×141	154	4	0.86	3.4	火曲
1129	Q420−10×511	688	1	27.67	27.7	火曲；卷边（50）	1168	−5×154	156	4	0.95	3.8	火曲
1130	Q420−10×511	688	1	27.67	27.7	火曲；卷边（50）	1169	−5×154	156	4	0.95	3.8	火曲
1131	Q355−8×471	704	2	20.88	41.8		1170	−5×164	168	4	1.09	4.4	火曲
1132	L50×4	3989	2	12.20	24.4	切角	1171	−5×164	168	4	1.09	4.4	火曲
1133	L50×4	3989	2	12.20	24.4		1172	Q355−46×570	570	4	117.32	469.3	焊接
1134	L50×4	3989	2	12.20	24.4		1173	Q355−18×502	615	4	43.69	174.8	焊接
1135	L50×4	3989	2	12.20	24.4	切角	1174	Q355−18×321	497	4	22.58	90.3	焊接
1136	L40×4	806	2	1.95	3.9		1175	Q355−18×245	532	4	18.43	73.7	焊接
1137	L40×4	806	2	1.95	3.9		1176	Q355−10×218	260	8	4.46	35.7	焊接
1138	L40×4	806	4	1.95	7.8		1177	Q355−10×171	365	8	4.93	39.4	焊接
1139	L40×4	2383	4	5.77	23.1			合计				5756.5kg	

螺栓、垫圈、脚钉明细表

名称	级别	规格	符号	数量	质量（kg）	备注
螺栓	6.8	M16×40	◕	164	23.9	
		M16×50	◔	350	56.0	
		M20×55	⌀	136	39.2	
		M20×65	⊠	119	37.2	
		M20×75	⌀	48	16.2	
	8.8	M24×75	⊠	56	29.8	
		M24×85	⌀	47	26.7	
脚钉	6.8	M16×180	⊕——	22	8.5	双帽
		M20×200	⊕—	1	0.7	双帽
	8.8	M24×240	⊕——	1	1.2	双帽
合计					239.4kg	

图 9.3−16　220−HC21D−DL−13（2/2）　220−HC21D−DL 终端塔 24.0m 塔腿结构图⑪（二）

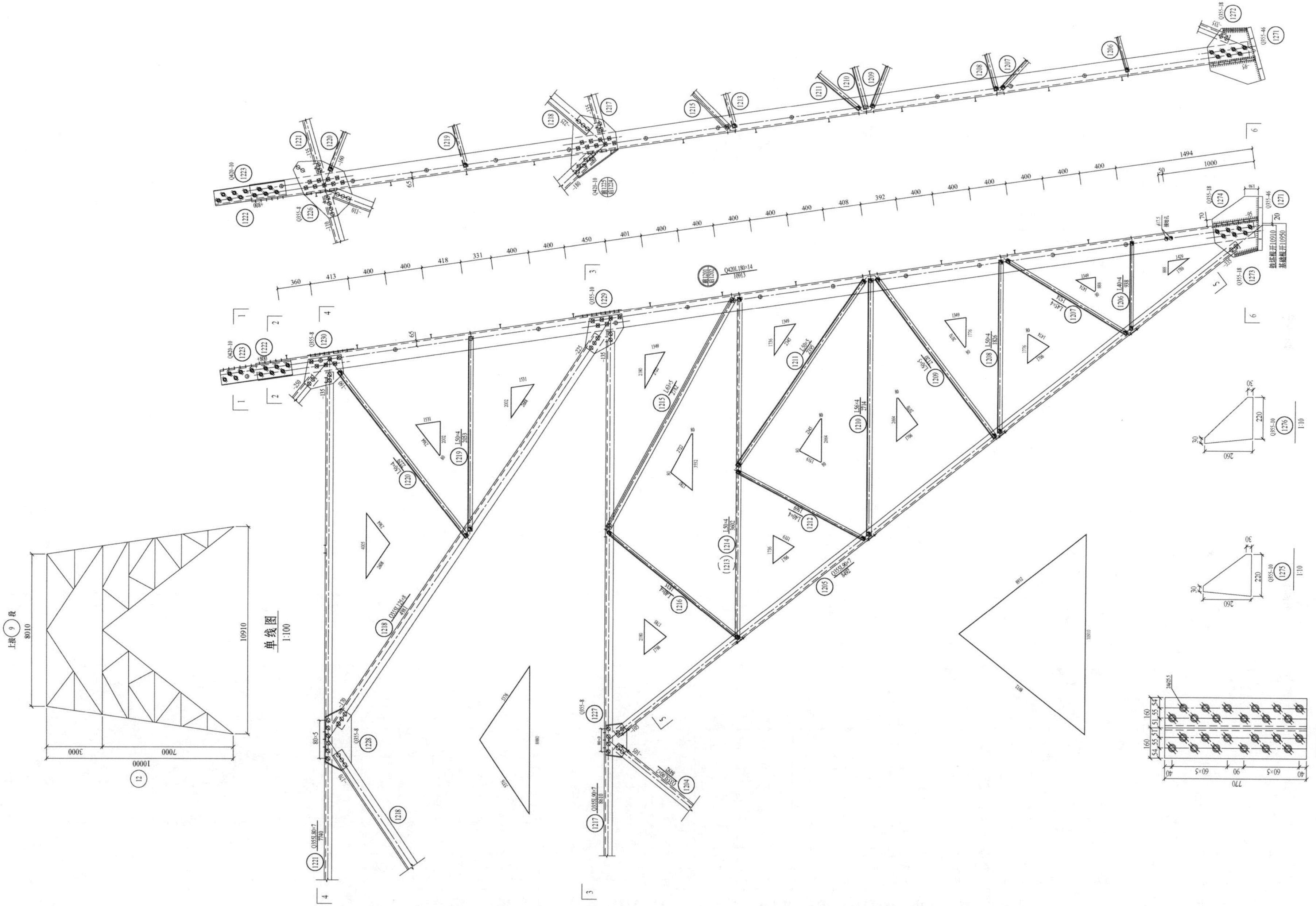

图 9.3-17 220-HC21D-DL-14（1/2） 220-HC21D-DL 终端塔 30.0m 塔腿结构图⑫

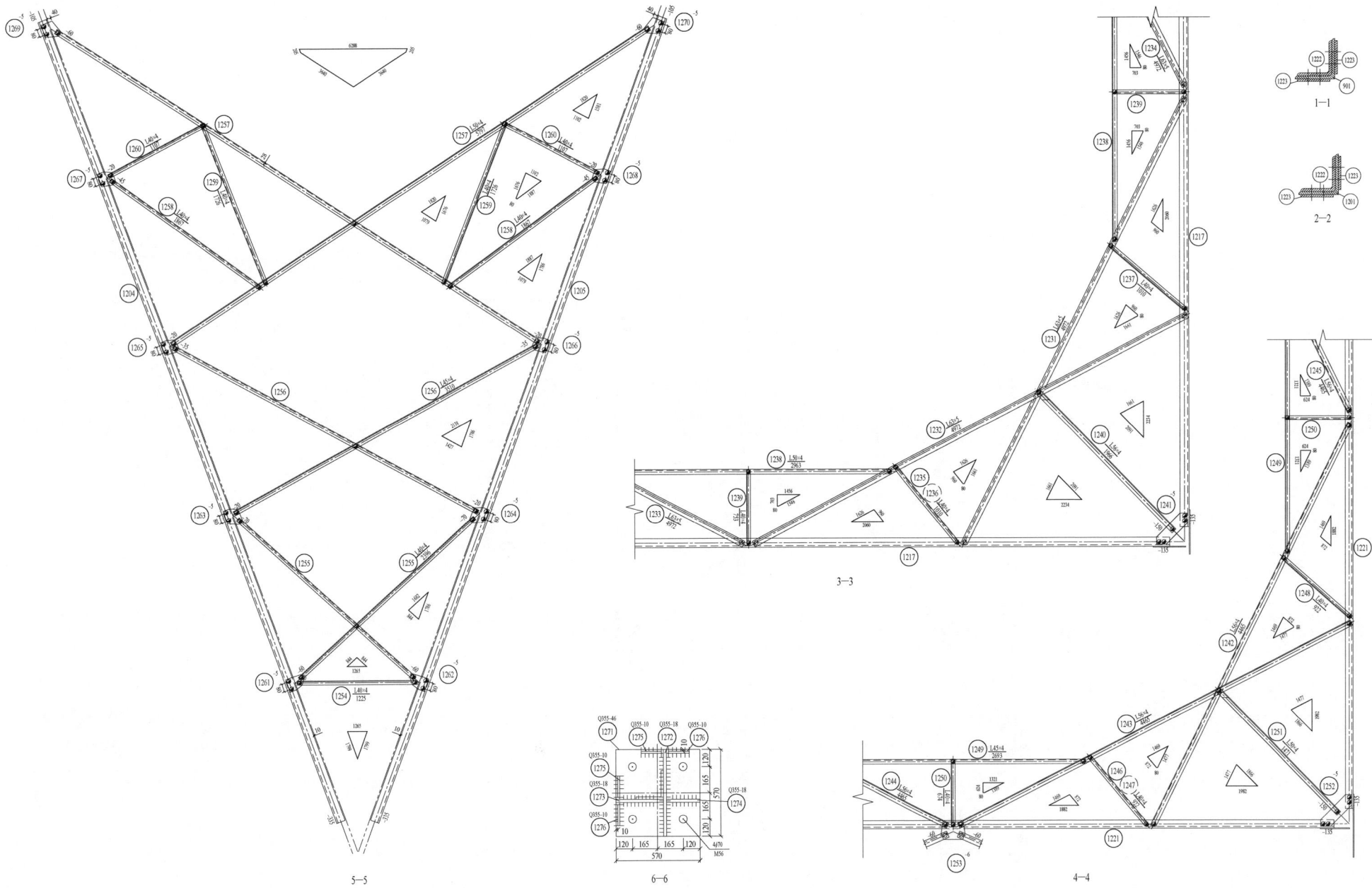

图 9.3-18　220-HC21D-DL-14（2/2）　220-HC21D-DL 终端塔 30.0m 塔腿结构图⑫（一）

构 件 明 细 表

编号	规格	长度(mm)	数量	一件	小计	备注	编号	规格	长度(mm)	数量	一件	小计	备注
1201	Q420L180×14	10913	1	418.87	418.9	脚钉	1240	L56×4	1966	4	6.77	27.1	压扁
1202	Q420L180×14	10913	2	418.87	837.7		1241	−5×120	437	4	2.06	8.3	
1203	Q420L180×14	10913	1	418.87	418.9		1242	L56×4	4465	2	15.39	30.8	切角
1204	Q355L90×7	8492	4	82.00	328.0		1243	L56×4	4465	2	15.39	30.8	
1205	Q355L90×7	8492	4	82.00	328.0		1244	L56×4	4465	2	15.39	30.8	
1206	L40×4	938	8	2.27	18.2		1245	L56×4	4465	2	15.39	30.8	切角
1207	L45×4	1524	8	4.17	33.4		1246	L40×4	922	2	2.23	4.5	切角
1208	L50×4	1826	8	5.59	44.7		1247	L40×4	922	2	2.23	4.5	切角
1209	L50×5	2120	8	7.99	63.9		1248	L40×4	922	4	2.23	8.9	
1210	L56×4	2714	8	9.35	74.8		1249	L45×4	2693	4	7.37	29.5	
1211	L50×5	2395	8	9.03	72.2		1250	L40×4	674	4	1.63	6.5	
1212	L40×4	1569	8	3.80	30.4	压扁	1251	L50×4	1741	4	5.33	21.3	压扁
1213	L50×4	3602	4	11.02	44.1	切角	1252	−5×116	445	4	2.04	8.2	
1214	L50×4	3602	4	11.02	44.1	切角	1253	−6×172	244	1	1.99	2.0	
1215	L63×5	2782	8	13.41	107.3		1254	L40×4	1225	4	2.97	11.9	
1216	L40×4	1835	8	4.44	35.6		1255	L40×4	2396	8	5.80	46.4	
1217	Q355L90×7	8610	4	83.14	332.6	开角	1256	L45×4	3510	8	9.60	76.8	
1218	Q355L125×8	4981	8	77.23	617.8		1257	L50×4	5797	8	17.73	141.9	
1219	L50×4	2053	8	6.28	50.2		1258	L40×4	1867	8	4.52	36.2	
1220	L50×4	2229	8	6.82	54.5		1259	L40×4	1726	8	4.18	33.4	切角
1221	Q355L80×7	7740	4	65.98	263.9	开角	1260	L40×4	1107	8	2.68	21.4	
1222	Q420L160×12	770	4	22.63	90.5	铲背,脚钉	1261	−5×130	191	4	0.98	3.9	火曲
1223	Q420−10×155	770	8	9.37	75.0		1262	−5×130	191	4	0.98	3.9	火曲
1224	Q420−10×511	688	1	27.67	27.7	火曲;卷边(50)	1263	−5×155	180	4	1.10	4.4	火曲
1225	Q420−10×511	688	1	27.67	27.7	火曲;卷边(50)	1264	−5×155	180	4	1.10	4.4	火曲
1226	Q355−8×471	704	2	20.88	41.8		1265	−5×143	155	4	0.87	3.5	火曲
1227	Q355−8×235	437	4	6.48	25.9	火曲;卷边(50)	1266	−5×143	155	4	0.87	3.5	火曲
1228	Q355−8×281	709	4	12.53	50.1	火曲;卷边(50)	1267	−5×153	154	4	0.94	3.7	火曲
1229	Q355−10×372	447	6	13.10	78.6		1268	−5×153	154	4	0.93	3.7	火曲
1230	Q355−8×312	440	6	8.64	51.9		1269	−5×166	170	4	1.11	4.4	火曲
1231	L63×5	4972	2	23.97	47.9	切角	1270	−5×166	170	4	1.11	4.4	火曲
1232	L63×5	4972	2	23.97	47.9		1271	Q355−46×570	570	4	117.32	469.3	焊接
1233	L63×5	4972	2	23.97	47.9		1272	Q355−18×502	642	4	45.60	182.4	焊接
1234	L63×5	4972	2	23.97	47.9	切角	1273	Q355−18×351	497	4	24.71	98.8	焊接
1235	L40×4	1010	2	2.45	4.9		1274	Q355−18×245	532	4	18.43	73.7	焊接
1236	L40×4	1010	2	2.45	4.9		1275	Q355−10×218	260	8	4.46	35.7	焊接
1237	L40×4	1010	4	2.45	9.8		1276	Q355−10×171	365	8	4.93	39.4	焊接
1238	L50×4	2963	4	9.06	36.3		合计					6494.3kg	
1239	L40×4	753	4	1.82	7.3								

螺栓、垫圈、脚钉明细表

名称	级别	规格	符号	数量	质量(kg)	备注
螺栓	6.8	M16×40	◑	152	21.9	
		M16×50	◑	330	52.8	
		M20×45	○	26	7.0	
		M20×55	∅	243	71.7	
		M20×65	⊗	75	24.0	
	8.8	M24×75	▨	150	80.6	
脚钉	6.8	M16×180	⊕—	21	6.8	双帽
		M20×200	⊕—	2	1.2	双帽
	8.8	M24×240	⊕—	2	1.8	双帽
合计					267.8kg	

图 9.3−18　220−HC21D−DL−14（2/2）　220−HC21D−DL 终端塔 30.0m 塔腿结构图⑫（二）

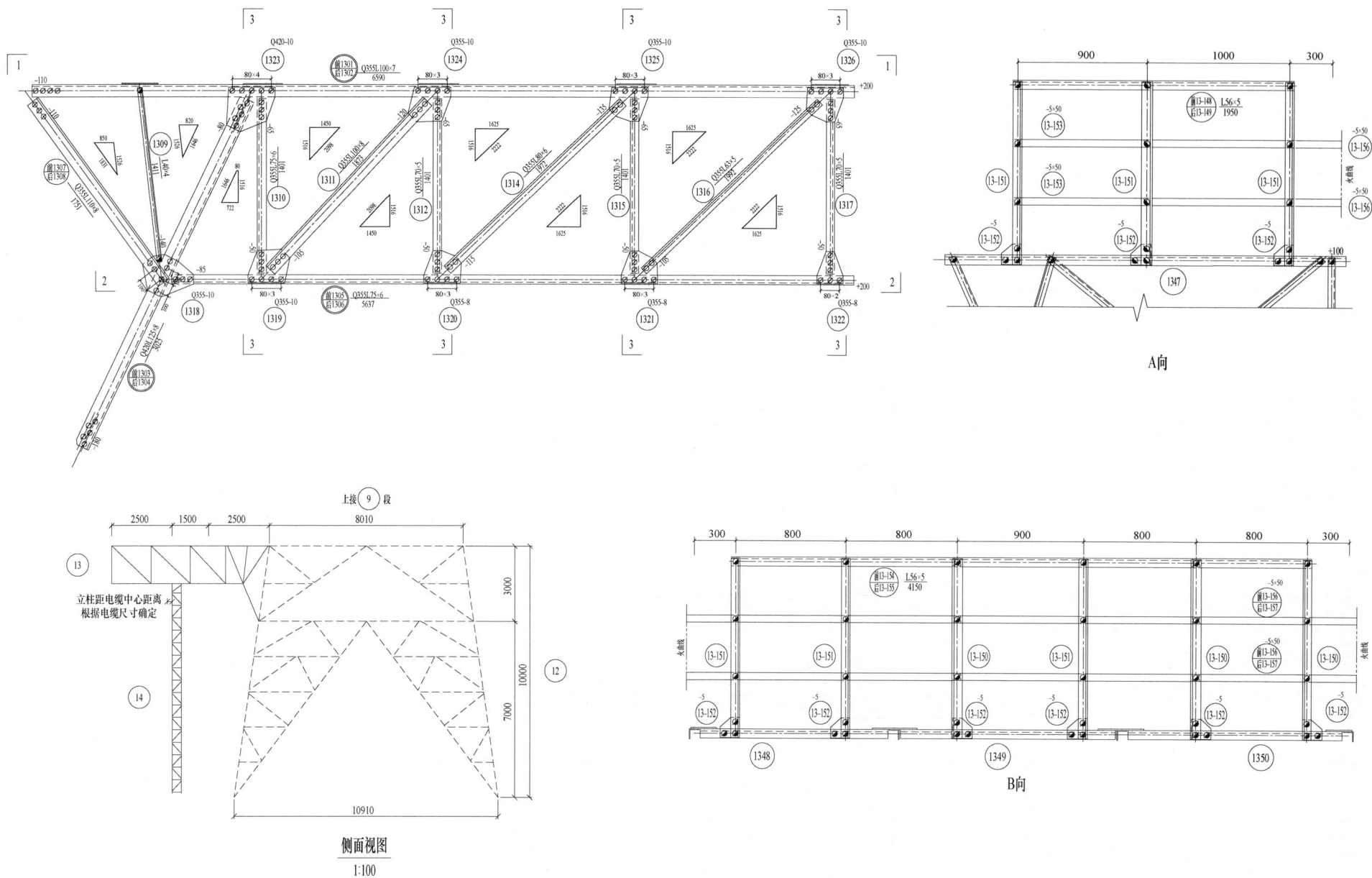

图 9.3-19　220-HC21D-DL-15（1/3）　220-HC21D-DL 终端塔电缆平台结构图⑬（一）

编号	规格	长度（mm）	数量	质量（kg）一件	质量（kg）小计	备注	编号	规格	长度（mm）	数量	质量（kg）一件	质量（kg）小计	备注
1301	Q355L100×7	6590	1	71.37	71.4	开角	1338	L63×5	2352	2	11.34	22.7	
1302	Q355L100×7	6590	1	71.37	71.4	开角	1339	L63×5	2357	2	11.37	22.7	切角
1303	Q420L125×8	3025	1	46.90	46.9	切角，合角	1340	L63×5	2352	2	11.34	22.7	
1304	Q420L125×8	3025	1	46.90	46.9	切角，合角	1341	L63×5	2357	2	11.37	22.7	
1305	Q355L75×6	5537	1	38.23	38.2	切角，合角	1342	Q355L70×6	2808	1	17.99	18.0	
1306	Q355L75×6	5537	1	38.23	38.2	切角，合角	1343	Q355L70×6	2808	1	17.99	18.0	
1307	Q355L110×8	1751	1	23.69	23.7		1344	Q355L70×6	2808	2	17.99	36.0	
1308	Q355L110×8	1751	1	23.69	23.7		1345	Q355L70×6	2808	2	17.99	36.0	
1309	L40×4	1411	2	3.42	6.8	切角	1346	Q355L70×6	2808	1	17.99	18.0	
1310	Q355L75×6	1401	2	9.67	19.3		1347	Q355L70×6	2808	1	17.99	18.0	
1311	Q355L100×8	1873	2	22.99	46.0		1348	Q355L63×5	1360	2	6.56	13.1	
1312	Q355L70×5	1401	1	7.56	7.6		1349	Q355L63×5	1535	2	7.40	14.8	
1313	Q355L70×5	1401	1	7.56	7.6		1350	Q355L63×5	1535	2	7.40	14.8	
1314	Q355L80×6	1972	2	14.55	29.1		1351	L70×5	2220	2	11.98	24.0	
1315	Q355L70×5	1401	2	7.56	15.1		1352	L70×5	2347	2	12.67	25.3	切角
1316	Q355L63×5	1992	2	9.61	19.2		1353	L70×5	2347	2	12.67	25.3	
1317	Q355L70×5	1401	2	7.56	15.1		1354	L63×5	1427	2	6.88	13.8	
1318	Q355−10×336	397	2	10.50	21.0		1355	L63×5	1585	2	7.64	15.3	
1319	Q355−10×270	343	2	7.29	14.6		1356	L63×5	1580	2	7.62	15.2	
1320	Q355−8×260	309	2	5.05	10.1		1357	Q355−8×215	300	2	4.05	8.1	
1321	Q355−8×260	300	2	4.90	9.8		1358	Q355−8×313	390	2	7.71	15.4	
1322	Q355−8×220	260	2	3.59	7.2		1359	Q355−8×316	390	2	7.76	15.5	
1323	Q420−10×366	382	2	11.01	22.0		1360	Q355−8×316	390	2	7.76	15.5	
1324	Q355−10×281	353	2	7.81	15.6		1361	Q355−8×302	338	2	6.44	12.9	
1325	Q355−10×274	323	2	6.99	14.0		1362	−6×162	323	2	2.48	5.0	
1326	Q355−10×274	309	2	6.68	13.4		1363	−6×154	311	2	2.27	4.5	
1327	Q355L100×7	7896	1	85.51	85.5		1364	−6×162	338	2	2.59	5.2	
1328	L63×5	2044	2	9.86	19.7	切角	1365	−6×163	313	2	2.41	4.8	
1329	L63×5	1991	2	9.60	19.2	切角	1366	−6×163	313	2	2.41	4.8	
1330	L63×5	1979	2	9.54	19.1	切角	1367	−6×167	300	1	2.36	2.4	
1331	L63×5	1981	2	9.55	19.1		1368	−6×162	335	1	2.56	2.6	
1332	Q355L75×6	7896	1	54.52	54.5		1369	−6×162	301	1	2.31	2.3	
1333	Q355L70×6	7896	1	50.58	50.6		1370	−6×162	301	1	2.31	2.3	
1334	Q355L70×6	7896	1	50.58	50.6		1371	Q355−6×195	240	2	2.21	4.4	
1335	Q355L70×6	7896	1	50.58	50.6		1372	Q355−6×224	333	2	3.52	7.0	
1336	L63×5	2231	2	10.76	21.5		1373	Q355−6×224	333	2	3.52	7.0	
1337	L63×5	2226	2	10.73	21.5		1374	Q355−6×195	220	2	2.02	4.0	

图 9.3−19　220−HC21D−DL−15（1/3）　220−HC21D−DL 终端塔电缆平台结构图⑬（二）

编号	规格	长度(mm)	数量	质量(kg)		备注	编号	规格	长度(mm)	数量	质量(kg)		备注
				一件	小计						一件	小计	
1375	−6×166	280	2	2.20	4.4		13-108	Q355−8×314	371	2	7.33	14.7	
1376	−6×167	267	2	2.11	4.2		13-109	Q355−8×316	342	2	6.82	13.6	
1377	−6×167	267	2	2.11	4.2		13-110	Q355−8×306	342	2	6.61	13.2	
1378	L56×4	4225	2	14.56	29.1		13-111	Q355−8×296	318	2	5.92	11.8	
1379	L40×4	2003	2	4.85	9.7		13-112	−6×125	220	2	1.30	2.6	
1380	Q355L70×6	8419	1	53.93	53.9		13-113	−6×161	352	2	2.68	5.4	
1381	L63×5	2342	2	11.29	22.6		13-114	−6×163	326	2	2.51	5.0	
1382	L63×5	2319	2	11.18	22.4		13-115	−6×144	278	2	1.90	3.8	
1383	L40×4	1360	2	3.29	6.6		13-116	−6×211	339	1	3.38	3.4	火曲；卷边（50）
1384	Q355L70×6	8419	1	53.93	53.9		13-117	−6×162	314	1	2.41	2.4	
1385	L63×5	2447	2	11.80	23.6		13-118	−6×144	300	1	2.04	2.0	
1386	L63×5	2442	2	11.78	23.6		13-119	Q355−6×195	240	2	2.21	4.4	
1387	Q355L70×6	8419	1	53.93	53.9		13-120	Q355−6×224	333	2	3.52	7.0	
1388	L63×5	2487	2	11.99	24.0	切角	13-121	Q355−6×224	328	2	3.47	6.9	
1389	L63×5	2502	2	12.06	24.1	切角	13-122	Q355−6×195	220	2	2.02	4.0	
1390	Q355L70×6	8419	1	53.93	53.9		13-123	−6×166	280	2	2.20	4.4	
1391	Q355L70×6	2566	1	16.44	16.4		13-124	−6×167	267	2	2.11	4.2	
1392	Q355L70×6	2566	1	16.44	16.4		13-125	−6×167	267	2	2.11	4.2	
1393	Q355L70×6	2566	1	16.44	16.4		13-126	L50×4	4150	4	12.69	50.8	切角
1394	Q355L70×6	2566	1	16.44	16.4		13-127	L50×4	4366	4	13.36	53.4	
1395	Q355L70×6	2566	1	16.44	16.4		13-128	L50×4	4366	4	13.36	53.4	
1396	Q355L70×6	2566	1	16.44	16.4		13-129	L50×4	4150	4	12.69	50.8	切角
1397	Q355L70×6	2566	1	16.44	16.4		13-130	L50×4	1567	4	4.79	19.2	
1398	Q355L70×6	2566	1	16.44	16.4		13-131	L50×4	1715	4	5.25	21.0	切角
1399	Q355L63×5	1360	2	6.56	13.1		13-132	L50×4	1715	4	5.25	21.0	切角
13-100	Q355L63×5	1540	2	7.43	14.9		13-133	L50×4	1631	4	4.99	20.0	
13-101	Q355L63×5	1535	2	7.40	14.8		13-134	L50×4	1631	4	4.99	20.0	
13-102	L70×5	2220	2	11.98	24.0		13-135	L50×4	2466	4	7.54	30.2	切角
13-103	L70×5	2347	2	12.67	25.3		13-136	L50×4	2466	4	7.54	30.2	切角
13104	L70×5	2347	2	12.67	25.3		13137	L50×4	2466	4	7.54	30.2	
13105	L40×4	1346	2	3.26	6.5		13138	L50×4	2466	4	7.54	30.2	切角
13106	L45×4	1518	2	4.15	8.3	切角	13139	L50×4	1565	8	4.79	38.3	
13107	L45×4	1513	2	4.14	8.3		13140	−5×117	380	8	1.75	14.0	

图 9.3−19　220−HC21D−DL−15（1/3）　220−HC21D−DL 终端塔电缆平台结构图⑬（三）

续表

编号	规格	长度(mm)	数量	质量（kg）一件	质量（kg）小计	备注	编号	规格	长度(mm)	数量	质量（kg）一件	质量（kg）小计	备注
③-141	−5×122	286	8	1.38	11.1		③-156	−5×50	5350	4	10.50	42.0	火曲
③-142	Q355L70×6	1685	3	10.79	32.4		③-157	−5×50	5350	4	10.50	42.0	火曲
③-143	Q355L70×6	1685	3	10.79	32.4		③-158	L56×5	6520	2	27.72	55.4	
③-144	[10	3125	3	31.27	93.8		③-159	L56×5	6520	2	27.72	55.4	
③-145	[10	3125	3	31.27	93.8		③-160	L63×5	260	2	1.25	2.5	
③-146	Q355−10×450	648	3	22.89	68.7		③-161	−5×50	6100	4	11.97	47.9	
③-147	Q355−10×550	648	3	27.98	83.9		③-162	−5×50	7000	4	13.74	55.0	
③-148	L56×5	1950	2	8.29	16.6		③-163	−5×2838	4750	2	529.11	1058.2	花纹板
③-149	L56×5	1950	2	8.29	16.6		③-164	−5×3350	6730	2	884.91	1769.8	花纹板
③-150	L50×4	1250	34	3.82	129.9		③-165	−5×3350	6730	2	884.91	1769.8	花纹板
③-151	L50×4	1250	34	3.82	129.9		③-166	−5×2838	4750	2	529.11	1058.2	花纹板
③-152	−5×130	130	68	0.66	44.9		③-167	L70×5	1680	4	9.07	36.3	
③-153	−5×50	1950	8	3.83	30.6		③-168	−6×150	300	2	2.12	4.2	
③-154	L56×5	4150	2	17.64	35.3		合计					9719.3kg	
③-155	L56×5	4150	2	17.64	35.3								

螺栓、垫圈、脚钉明细表

名称	级别	规格	符号	数量	质量（kg）	备注
螺栓	6.8	M16×40	◑	818	116.9	
		M16×50	◔	220	35.2	
		M20×45	○	292	78.8	
		M20×55	∅	335	98.8	
		M20×65	⊠	2	0.6	
合计					330.3kg	

图 9.3−19　220−HC21D−DL−15（1/3）　220−HC21D−DL 终端塔电缆平台结构图⑬（四）

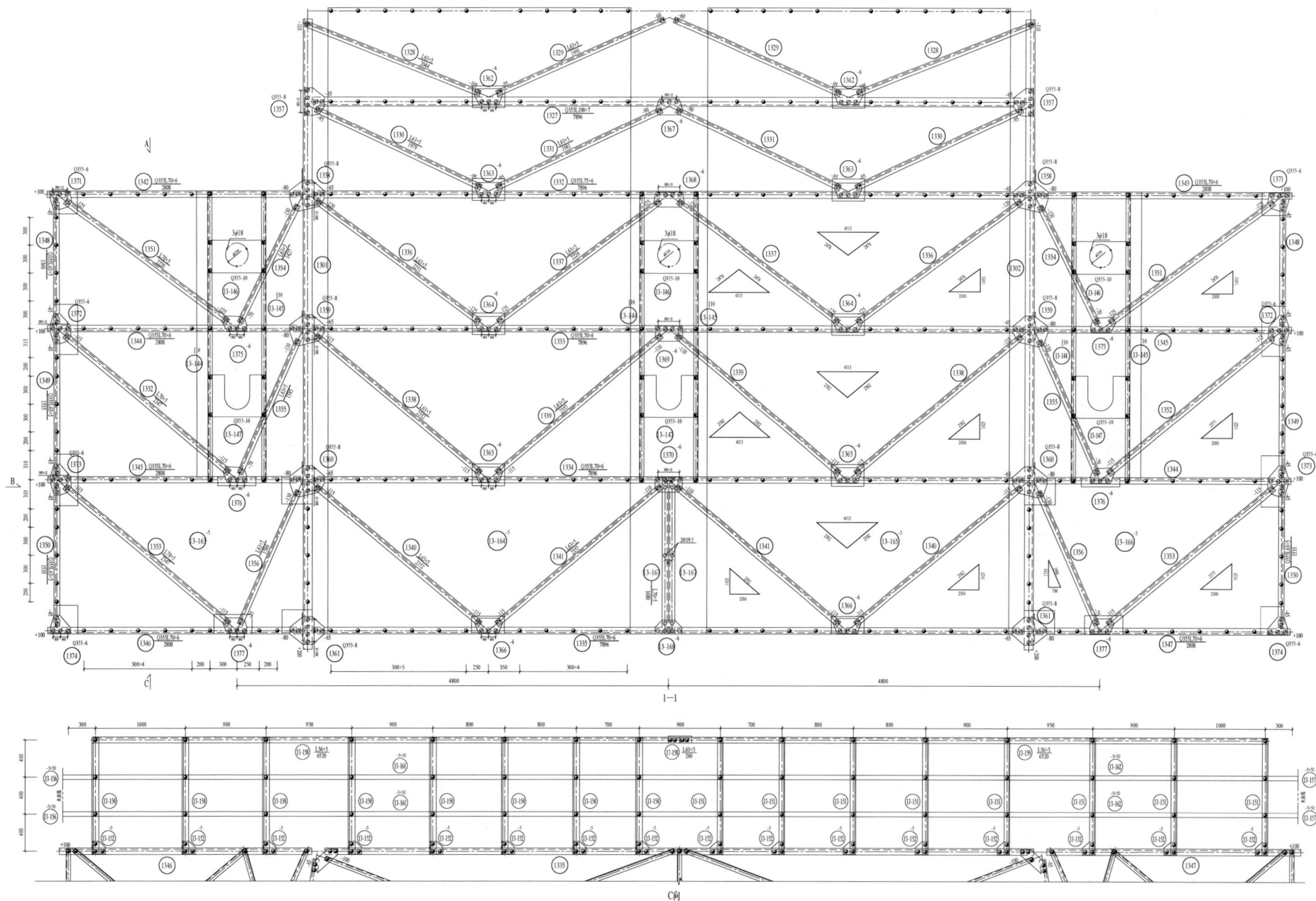

图 9.3-20 220-HC21D-DL-15（2/3） 220-HC21D-DL 终端塔电缆平台结构图⑬

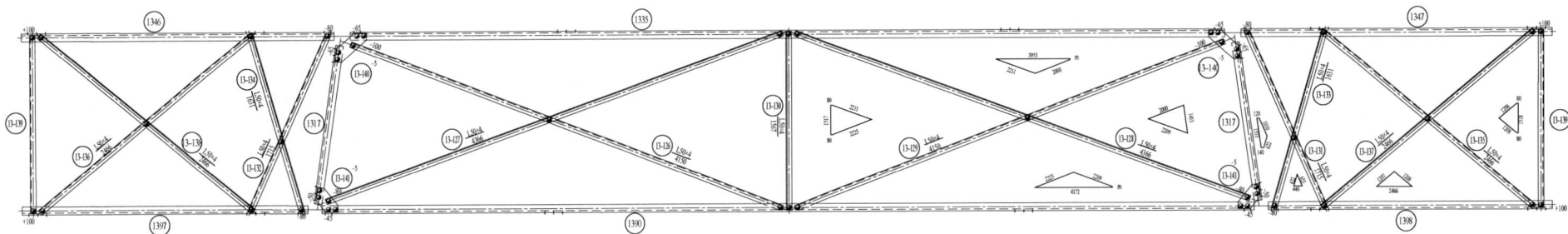

3—3

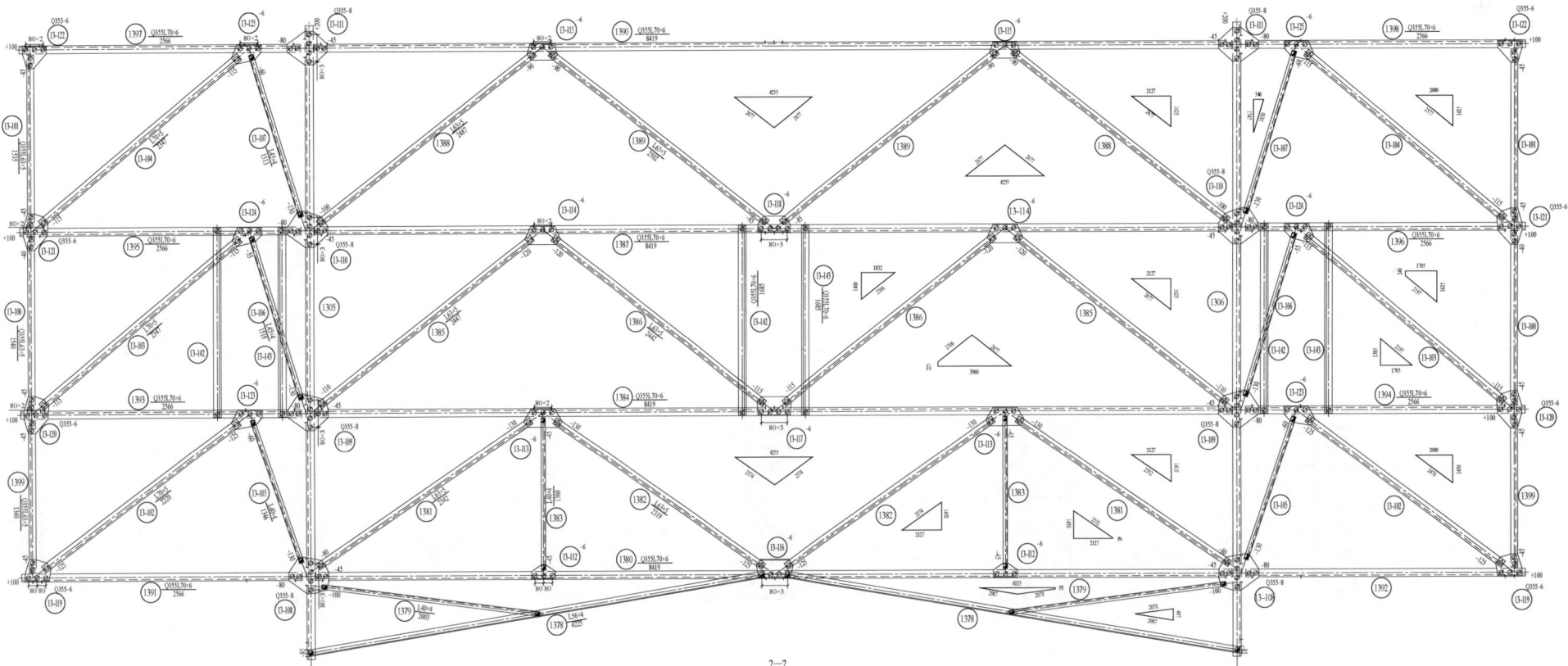

2—2

图 9.3-21　220-HC21D-DL-15（3/3）　220-HC21D-DL 终端塔电缆平台结构图⑬

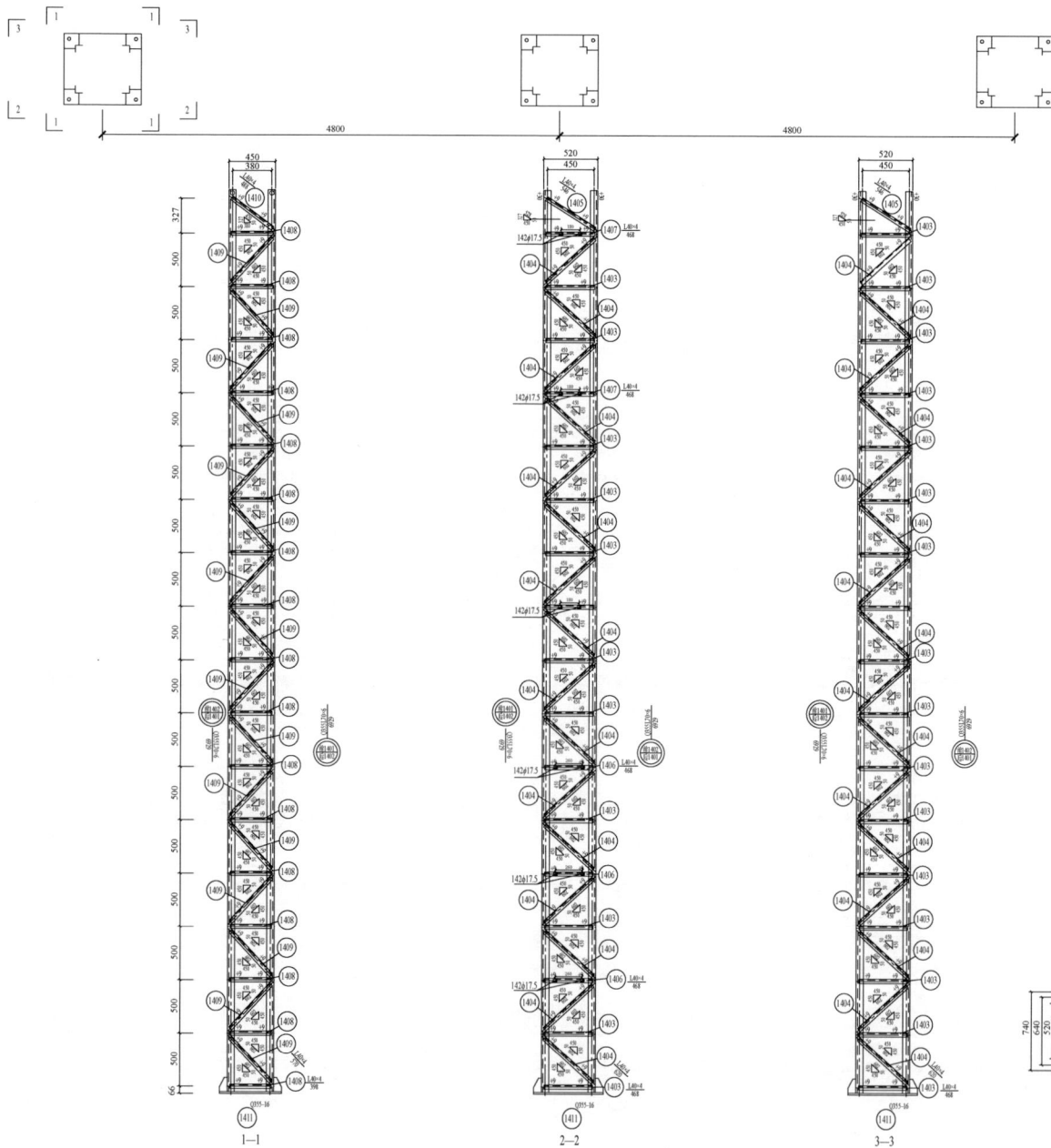

构 件 明 细 表

编号	规格	长度 （mm）	数量	质量（kg）		备注
				一件	小计	
⑭01	Q355L70×6	8457	6	54.18	325.1	
⑭02	Q355L70×6	8457	6	54.18	325.1	
⑭03	L40×4	468	84	1.13	95.2	切角
⑭04	L40×4	620	96	1.50	144.2	
⑭05	L40×4	546	6	1.32	8.0	
⑭06	L40×4	468	9	1.13	10.2	切角
⑭07	L40×4	468	9	1.13	10.2	切角
⑭08	L40×4	398	102	0.96	98.3	切角
⑭09	L40×4	570	96	1.38	132.6	
⑭10	L40×4	488	6	1.18	7.1	
⑭11	Q355−16×670	740	3	62.27	186.8	
⑭12	Q355−8×110	150	24	1.03	24.9	
合计					1367.7kg	

螺栓、垫圈、脚钉明细表

名称	级别	规格	符号	数量	质量（kg）	备注
螺栓	6.8	M16×40	●	36	5.3	
		M20×45	○	12	3.2	
合计					8.5kg	

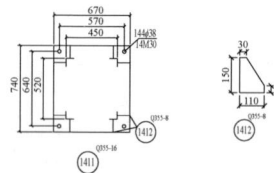

图 9.3−22　220−HC21D−DL−16　220−HC21D−DL 终端塔电缆立柱结构图⑭

9.4　220－HC21S－DL 子模块

序号	图号	图名	张数	备注
1	220－HC21S－DL－01（1/3）	220－HC21S－DL 终端塔总图	1	
2	220－HC21S－DL－01（2/3）	220－HC21S－DL 终端塔总图	1	
3	220－HC21S－DL－01（3/3）	220－HC21S－DL 终端塔总图	1	
4	220－HC21S－DL－02	220－HC21S－DL 终端塔材料汇总表	1	
5	220－HC21S－DL－03	220－HC21S－DL 终端塔地线支架结构图①	1	
6	220－HC21S－DL－04（1/2）	220－HC21S－DL 终端塔导线横担结构图②	1	
7	220－HC21S－DL－04（2/2）	220－HC21S－DL 终端塔导线横担结构图②	1	
8	220－HC21S－DL－05	220－HC21S－DL 终端塔导线横担结构图③	1	
9	220－HC21S－DL－06	220－HC21S－DL 终端塔导线横担结构图④	1	
10	220－HC21S－DL－07	220－HC21S－DL 终端塔塔身结构图⑤	1	
11	220－HC21S－DL－08	220－HC21S－DL 终端塔塔身结构图⑥	1	
12	220－HC21S－DL－09（1/2）	220－HC21S－DL 终端塔塔身结构图⑦	1	
13	220－HC21S－DL－09（2/2）	220－HC21S－DL 终端塔塔身结构图⑦	1	
14	220－HC21S－DL－10	220－HC21S－DL 终端塔塔身结构图⑧	1	
15	220－HC21S－DL－11	220－HC21S－DL 终端塔塔身结构图⑨	1	
16	220－HC21S－DL－12	220－HC21S－DL 终端塔塔身结构图⑩	1	
17	220－HC21S－DL－13	220－HC21S－DL 终端塔塔身结构图⑪	1	
18	220－HC21S－DL－14	220－HC21S－DL 终端塔塔身结构图⑫	1	
19	220－HC21S－DL－15（1/2）	220－HC21S－DL 终端塔 18.0m 塔腿结构图 ⑬	1	
20	220－HC21S－DL－15（2/2）	220－HC21S－DL 终端塔 18.0m 塔腿结构图⑬	1	
21	220－HC21S－DL－16（1/2）	220－HC21S－DL 终端塔 24.0m 塔腿结构图⑭	1	
22	220－HC21S－DL－16（2/2）	220－HC21S－DL 终端塔 24.0m 塔腿结构图⑭	1	
23	220－HC21S－DL－17（1/3）	220－HC21S－DL 终端塔 30.0m 塔腿结构图⑮	1	
24	220－HC21S－DL－17（2/3）	220－HC21S－DL 终端塔 30.0m 塔腿结构图⑮	1	
25	220－HC21S－DL－17（3/3）	220－HC21S－DL 终端塔 30.0m 塔腿结构图⑮	1	
26	220－HC21S－DL－18（1/3）	220－HC21S－DL 终端塔电缆平台结构图⑯	1	
27	220－HC21S－DL－18（2/3）	220－HC21S－DL 终端塔电缆平台结构图⑯	1	
28	220－HC21S－DL－18（3/3）	220－HC21S－DL 终端塔电缆平台结构图⑯	1	
29	220－HC21S－DL－19	220－HC21S－DL 终端塔电缆立柱结构图⑰	1	

220－HC21S－DL－00　220－HC21S－DL 终端塔图纸目录

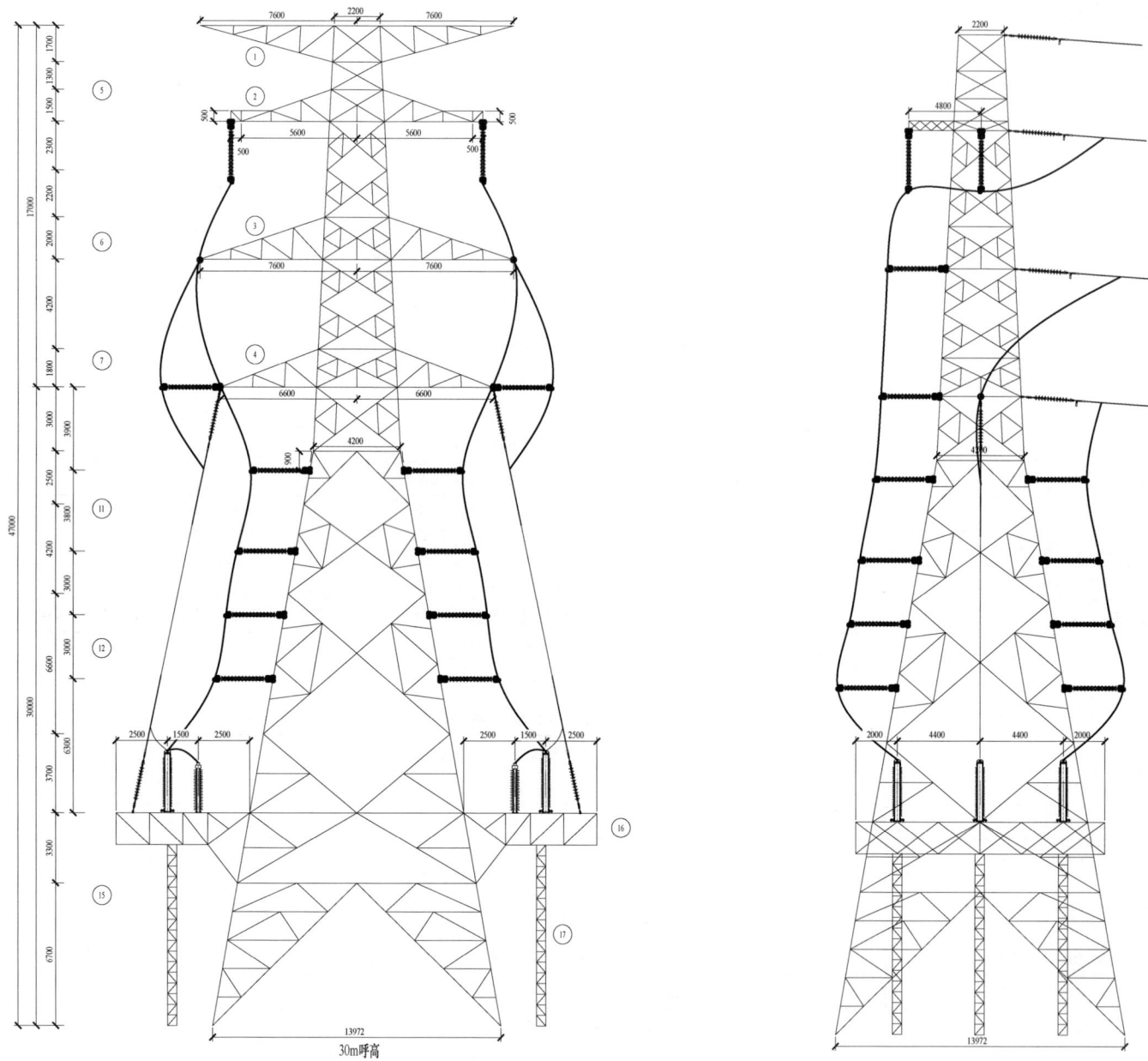

图 9.4-1　220-HC21S-DL-01（1/3）　220-HC21S-DL 终端塔总图

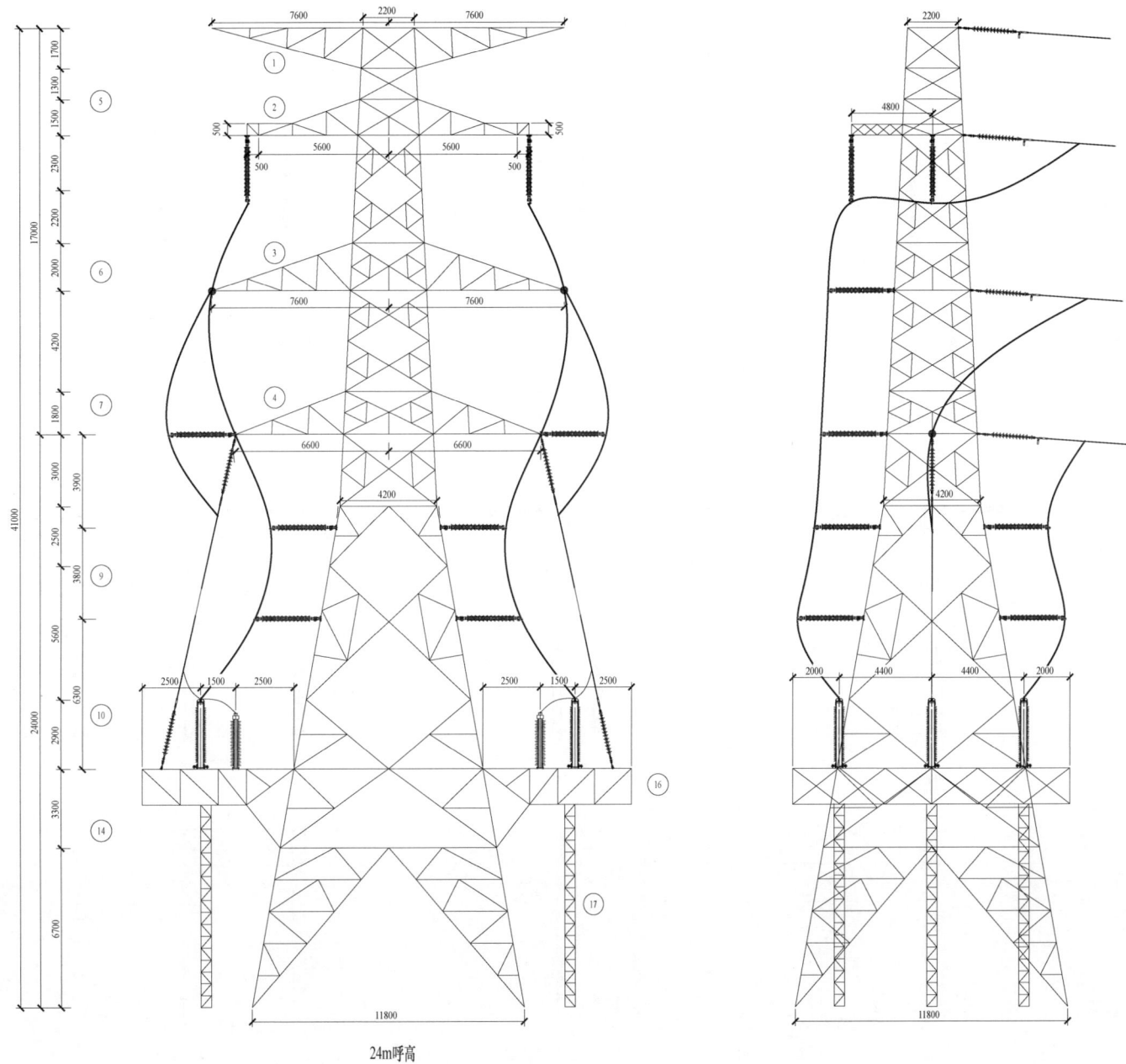

24m呼高

图 9.4-2 220-HC21S-DL-01（2/3） 220-HC21S-DL 终端塔总图

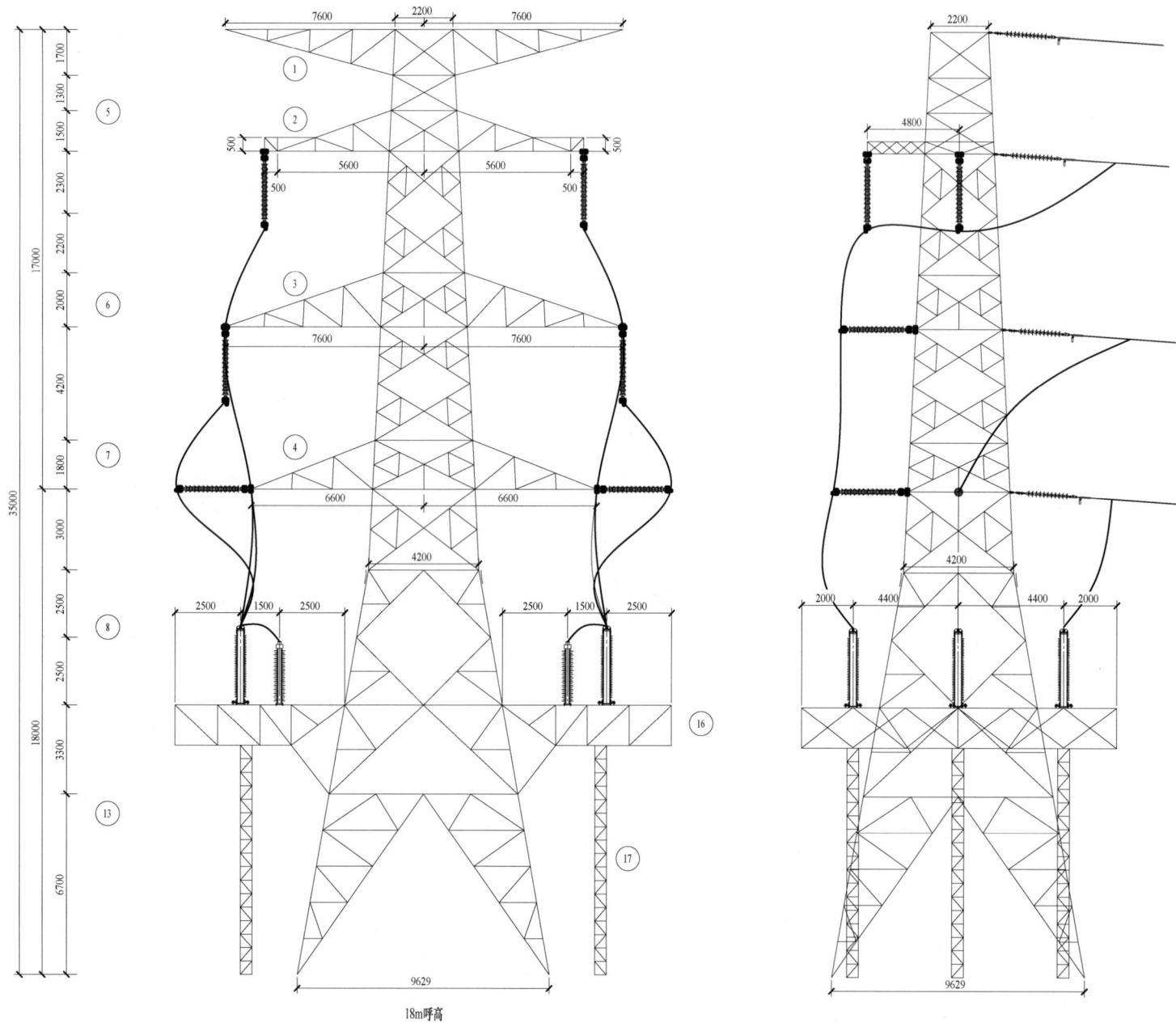

图 9.4-3　220-HC21S-DL-01（3/3）　220-HC21S-DL 终端塔总图

材 料 汇 总 表

材料	材质	规格	段号																	呼高（m）		
			①	②	③	④	⑤	⑥	⑦	⑧	⑨	⑩	⑪	⑫	⑬	⑭	⑮	⑯	⑰	18.0	24.0	30.0
角钢	Q420	L200×20								1015.2	1808.0	716.6	1460.8	2551.6	2667.0	2643.0	2643.0			3682.2	5167.6	6655.4
		L180×16								170.7	170.7	175.9	170.7	175.9	175.9	175.9	175.9			346.6	522.5	522.5
		L180×14							1143.6											1143.6	1143.6	1143.6
		L160×12							89.2											89.2	89.2	89.2
		L140×12						60.2												60.2	60.2	60.2
		L125×12						577.2												577.2	577.2	577.2
		L125×10		377.6	466.6		50.8	55.4												950.4	950.4	950.4
		L125×8		256.4	364.0	297.0												207.6		1125.0	1125.0	1125.0
		小计		634.0	830.6	297.0	50.8	692.8	1232.8	1185.9	1978.7	892.5	1631.5	2727.5	2842.9	2818.9	2818.9	207.6		7974.4	9635.7	11123.5
	Q355	L160×12									65.8		65.8	65.8							65.8	131.6
		L140×12							471.3											471.3	471.3	471.3
		L125×10					97.3		410.3											507.6	507.6	507.6
		L125×8				248.6							243.7							248.6	248.6	492.3
		L110×10						105.4												105.4	105.4	105.4
		L110×8			183.8	251.0												100.8		535.6	535.6	535.6
		L100×8		134.0			51.1	187.8	197.6											570.5	570.5	570.5
		L100×7					270.2		79.4	170.2	170.2							582.3		1102.1	1102.1	931.9
		L90×8					49.3													49.3	49.3	49.3
		L90×7	500.0				286.4	341.4												1127.8	1127.8	1127.8
		L80×7			291.2	247.2	128.1													666.5	666.5	666.5
		L80×6							169.9									99.8		269.7	269.7	269.7
		L75×6		291.4					103.7									145.2		540.3	540.3	540.3
		L75×5					61.4											32.7		94.1	94.1	94.1
		L70×6		270.0			137.0									1300.2		1340.8		3048.0	3048.0	3048.0
		L70×5					107.0													107.0	107.0	107.0
		L63×5	20.5	43.9			23.0											300.5		387.9	387.9	387.9
		L40×4																13.7		13.7	13.7	13.7
		小计	520.5	739.3	475.0	746.8	1210.8	634.6	1432.2	170.2	236.0		309.5	65.8		1300.2		2615.8		9845.4	9911.2	10050.5
	Q235	L125×10													861.5							861.5
		L125×8								426.6	1470.4		423.8	1285.2	554.0	659.2	772.4			980.6	2129.6	2481.4
		L110×8								378.4		487.2		623.0						378.4	487.2	623.0
		L100×10													418.2	549.5				418.2	549.5	
		L100×8											718.2		766.4	838.2	913.8			766.4	838.2	1632.0
		L100×7							165.3											165.3	165.3	165.3

图 9.4－4　220－HC21S－DL－02　220－HC21S－DL 终端塔材料汇总表（一）

材料	材质	规格	①	②	③	④	⑤	⑥	⑦	⑧	⑨	⑩	⑪	⑫	⑬	⑭	⑮	⑯	⑰	18.0	24.0	30.0
角钢	Q235	L90×7						270.2							220.9	304.8	388.7	211.0		702.1	786.0	869.9
		L80×7							62.5											62.5	62.5	62.5
		L80×6						150.0									380.8			150.0	150.0	530.8
		L75×6		28.8																28.8	28.8	28.8
		L75×5					40.7							313.2		164.0	116.2			156.9	156.9	634.1
		L70×5					27.4				123.4			243.7	67.5		671.8	620.7		715.6	771.5	1563.6
		L63×5					69.8	72.3	33.6				181.0		457.5	1172.6	889.1	293.3		926.5	1822.6	1358.1
		L56×5	31.6											133.5		138.4		183.2		214.8	353.2	348.3
		L56×4	92.7		26.6	115.0		28.9		68.6	82.3		115.2		178.7	126.4	169.1	130.1		640.6	602.0	677.6
		L50×5								74.6	176.8		75.8	66.7	109.9	29.8	36.3			184.5	206.6	178.8
		L50×4	51.7		131.6	21.5			23.4	36.8			90.8		192.5	195.8	95.8	967.6		1425.1	1391.6	1382.4
		L45×4	17.6	31.8	18.6	17.0	36.2	8.9	57.6	29.2	29.2		29.3		117.1	69.4	108.3			334.0	286.3	325.3
		L40×4	99.8	280.1	118.6	69.6	63.6	201.0	237.7	13.4	13.4		13.4		210.8	199.8	177.3		1011.3	2305.9	2294.9	2272.4
		小计	293.4	340.7	295.4	223.1	237.7	731.3	580.1	1027.6	1895.5	668.2	1466.5	2665.3	3293.5	4283.9	5628.9	2522.1	1011.3	10556.2	13082.7	15995.8
槽钢	Q235	[10		19.8													351.2			371.0	371.0	371.0
		小计		19.8													351.2			371.0	371.0	371.0
钢板	Q420	−14						193.5		419.6	419.6	159.8	419.6	159.8	236.4	159.8	159.8			849.5	932.7	932.7
		−12		103.2	79.0	80.0	122.2	123.8												508.2	508.2	508.2
		−10					81.2	88.7	171.7						115.8	115.8	115.8	42.8		500.2	500.2	500.2
		小计		103.2	79.0	80.0	203.4	212.5	365.2	419.6	419.6	159.8	419.6	159.8	352.2	275.6	275.6	42.8		1857.9	1941.1	1941.1
钢板	Q355	−50													623.1	623.1	623.1			623.1	623.1	623.1
		−24													747.5	791.3	836.7			747.5	791.3	836.7
		−18													128.0	128.0	128.0			128.0	128.0	128.0
		−16		71.8	125.6	110.2											219.7	373.6		900.9	900.9	900.9
		−14	59.0																	59.0	59.0	59.0
		−12						66.6	207.7		59.1		59.1	59.1			128.2			402.5	461.6	520.7
		−10				16.9		67.7		64.9	64.9		66.8			98.0		98.9		248.4	346.4	250.3
		−8	33.8	146.2		12.7	144.5	13.4	28.2		31.4		31.4	31.4	70.5	70.5	70.5	436.8	49.7	935.8	967.2	998.6
		−6		43.6			17.2											43.6		104.4	104.4	104.4
		小计	92.8	261.6	125.6	139.8	161.7	147.7	235.9	64.9	155.4		157.3	90.5	1569.1	1710.9	1658.3	927.2	423.3	4149.6	4381.9	4421.7
钢板	Q235	−20				1.1					2.3		2.3	2.3						1.1	3.4	5.7
		−18		2.0				1.0	1.0											4.0	4.0	4.0
		−16	1.8		0.9		0.9													3.6	3.6	3.6
		−14					0.8	1.6	3.6											6.0	6.0	6.0

图 9.4−4 220−HC21S−DL−02 220−HC21S−DL 终端塔材料汇总表（二）

材料	材质	规格	段号																	呼高（m）		
			①	②	③	④	⑤	⑥	⑦	⑧	⑨	⑩	⑪	⑫	⑬	⑭	⑮	⑯	⑰	18.0	24.0	30.0
钢板	Q235	−12	1.4	0.7	0.7			5.5	0.7											9.0	9.0	9.0
		−10	0.4	5.9	1.1		47.1	29.2	0.6						195.1	87.8	217.4			279.4	172.1	301.7
		−8	17.7	0.6	14.5	0.6	11.7								26.6		37.1			82.2	108.8	82.2
		−6	11.4	1.7			28.3	34.0	14.8	22.4	22.4		22.4		25.1	39.6	66.2	184.4		322.1	336.6	363.2
		−5													41.2	34.4	26.0	5775.0		5816.2	5809.4	5801.0
		−2							2.7											2.7	2.7	2.7
		小计	32.7	10.9	17.2	1.7	88.8	71.3	23.4	22.4	24.7		24.7	2.3	261.4	188.4	309.6	5996.5		6526.3	6455.6	6579.1
套管	Q355	φ70/φ38		2.1	2.1	2.1														6.3	6.3	6.3
		小计		2.1	2.1	2.1														6.3	6.3	6.3
螺栓	6.8	M16×40		0.6			1.5	3.2	1.2	1.2			1.2		18.4	15.8	11.7	126.9	10.5	162.3	159.7	155.6
		M16×50	19.2	32.3	14.7	9.6	14.7	20.3	19.5	8.3	9.6		10.9	3.8	40.0	30.1	28.2	32.6		211.2	202.6	205.8
		M16×60	3.2	0.7	1.1	0.7	0.4	4.6	5.6	1.4	4.2		3.9	4.2	5.3	5.3	2.5	8.4		31.4	34.2	35.3
		小计	22.4	33.6	15.8	10.3	15.1	26.4	28.3	10.9	15.0		16.0	8.0	63.7	51.2	42.4	167.9	10.5	404.9	396.5	396.7
	6.8	M20×45	1.1	12.9			10.7	6.4							9.6	16.1	131.9		6.4	169.4	179.0	185.5
		M20×55	9.2	89.9	16.1	16.7	119.2	78.9	50.1	21.9	26.5	4.6	21.9	9.2	57.6	78.3	104.8	224.6		684.2	714.1	740.6
		M20×65		6.9	2.5	1.9	18.8	47.6	63.2	18.2	18.8	6.9	18.2	14.4	50.1	45.1	57.0	1.3		210.5	213.0	231.8
		M20×75			1.4	0.7		4.7	41.9	2.7	4.1	2.0	4.1	6.8						51.4	54.8	59.6
		小计	10.3	109.7	20.0	19.3	148.7	137.6	155.2	42.8	49.4	13.5	44.2	30.4	107.7	133.0	177.9	357.8	6.4	1115.5	1160.9	1217.5
	8.8	M24×85								0.6			46.1		46.1	45.5	45.5			46.1	46.1	45.5
		M24×95								71.3	71.3	73.1	70.1	74.9	73.1	74.9	73.7			144.4	219.3	218.7
		小计								71.3	71.3	73.7	70.1	74.9	119.2	120.4	119.2			190.5	265.4	264.2
	6.8	M16×55（双帽）	2.3																	2.3	2.3	2.3
		M16×65（双帽）		0.4																0.4	0.4	0.4
		小计	2.3	0.4																2.7	2.7	2.7
	6.8	M20×65（双帽）	5.7	1.4																7.1	7.1	7.1
		M20×75（双帽）	3.0	9.1	12.2	12.2														36.5	36.5	36.5
		M20×85（双帽）		3.2	3.2															6.4	6.4	6.4
		小计	8.7	13.7	15.4	12.2														50.0	50.0	50.0
		螺栓合计	43.7	157.4	51.2	41.8	163.8	164.0	183.5	125.0	135.7	87.2	130.3	113.3	290.6	304.6	339.5	525.7	16.9	1763.6	1875.5	1931.1
脚钉	6.8	M16×180					10.8	8.5	10.8	5.4	12.3	2.3	9.2	17.7	14.6	15.4	15.4			50.1	60.1	72.4
		M20×200					1.3	5.4	6.7	1.3		2.7	1.3	1.3	5.4	5.4	4.0			20.1	21.5	20.0
	8.8	M24×240							2.4	2.4	7.1	4.7	4.7	7.1	4.7	7.1				9.5	14.2	16.5
		小计					12.1	13.9	17.5	9.1	14.7	12.1	15.2	23.7	27.1	25.5	26.5			79.7	95.8	108.9
合计（kg）			983.1	2269.0	1876.1	1532.3	2129.1	2668.1	4070.6	3024.7	4860.3	1819.8	4154.6	5848.2	8636.8	9607.8	11057.3	13188.9	2751.7	43130.4	47756.8	52529.0

图 9.4−4　220−HC21S−DL−02　220−HC21S−DL 终端塔材料汇总表（三）

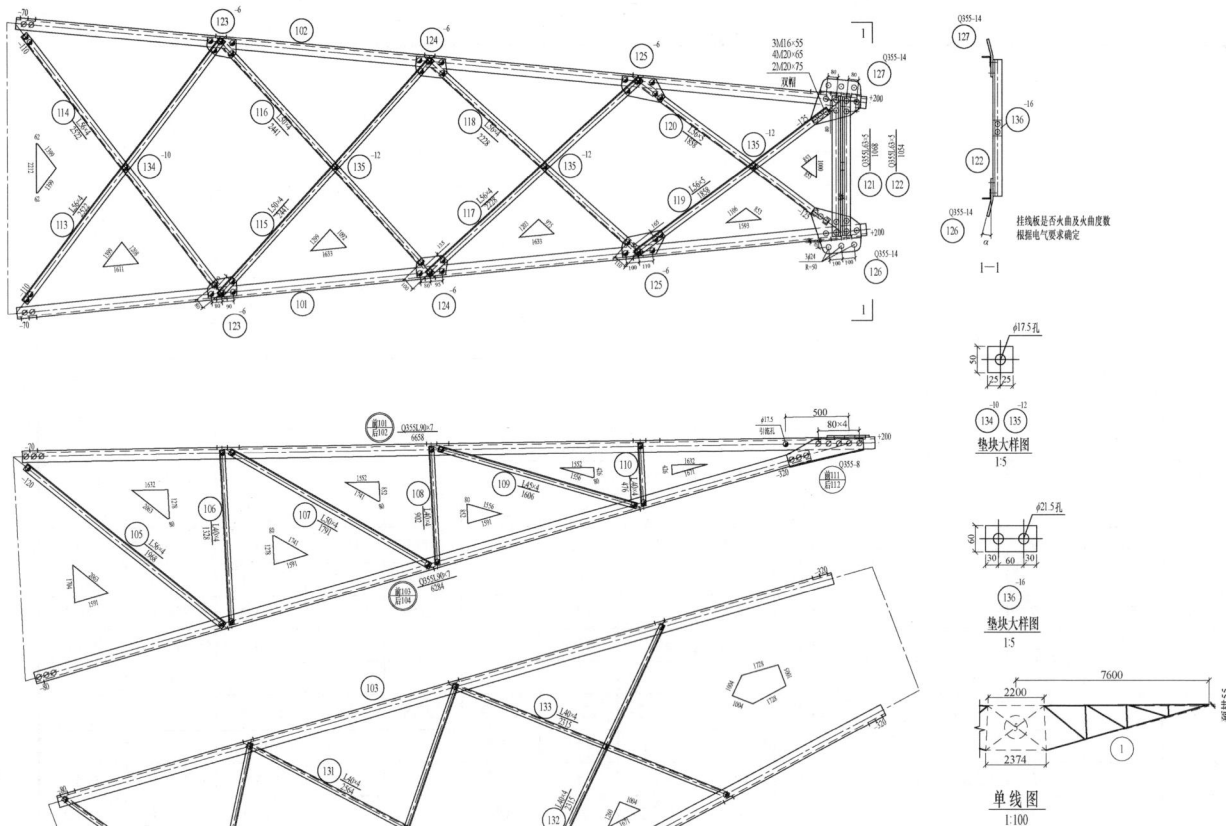

构 件 明 细 表

编号	规格	长度(mm)	数量	质量(kg) 一件	质量(kg) 小计	备注
⑩	Q355L90×7	6658	2	64.29	128.6	开角
⑩	Q355L90×7	6658	2	64.29	128.6	开角
⑩	Q355L90×7	6284	2	60.68	121.4	切角
⑩	Q355L90×7	6284	2	60.68	121.4	切角
⑩	L56×4	1968	4	6.78	27.1	
⑩	L40×4	1328	4	3.22	12.9	
⑩	L50×4	1791	4	5.48	21.9	
⑩	L40×4	902	4	2.18	8.7	
⑩	L45×4	1606	4	4.39	17.6	
⑩	L40×4	476	4	1.15	4.6	
⑪	Q355−8×218	616	2	8.46	16.9	火曲；卷边（50）
⑪	Q355−8×218	616	2	8.46	16.9	火曲；卷边（50）
⑪	L56×4	2522	2	8.69	17.4	
⑪	L56×4	2522	2	8.69	17.4	切角
⑪	L50×4	2441	2	7.47	14.9	
⑪	L50×4	2441	2	7.47	14.9	切角
⑪	L56×4	2228	2	7.68	15.4	
⑪	L56×4	2228	2	7.68	15.4	切角
⑪	L56×5	1858	2	7.90	15.8	
⑫	L56×5	1858	2	7.90	15.8	切角
⑫	Q355L63×5	1068	2	5.15	10.3	
⑫	Q355L63×5	1054	2	5.08	10.2	
⑫	−8×145	229	4	2.10	8.4	
⑫	−8×147	250	4	2.32	9.3	
⑫	−6×169	357	4	2.85	11.4	
⑫	Q355−14×358	375	2	14.77	29.5	火曲
⑫	Q355−14×358	375	2	14.77	29.5	火曲
⑫	L40×4	2715	2	6.58	13.2	
⑫	L40×4	2715	2	6.58	13.2	切角
⑬	L40×4	2564	2	6.21	12.4	
⑬	L40×4	2564	2	6.21	12.4	切角
⑬	L40×4	2315	2	5.61	11.2	
⑬	L40×4	2315	2	5.61	11.2	切角
⑬	−10×50	50	2	0.20	0.4	
⑬	−12×50	50	6	0.24	1.4	
⑬	−16×60	120	2	0.90	1.8	
合计					939.4kg	

螺栓、垫圈、脚钉明细表

名称	级别	规格	符号	数量	质量（kg）	备注
螺栓	6.8	M16×50	⊘	120	19.2	
		M16×55	⊙	12	2.3	双帽
		M16×60	▣	18	3.2	
		M20×45	○	4	1.1	
		M20×55	∅	32	9.2	
		M20×65	⊙	16	5.7	双帽
		M20×75	⊙	8	3.0	双帽
合计					43.7kg	

图 9.4−5　220−HC21S−DL−03　220−HC21S−DL 终端塔地线支架结构图①

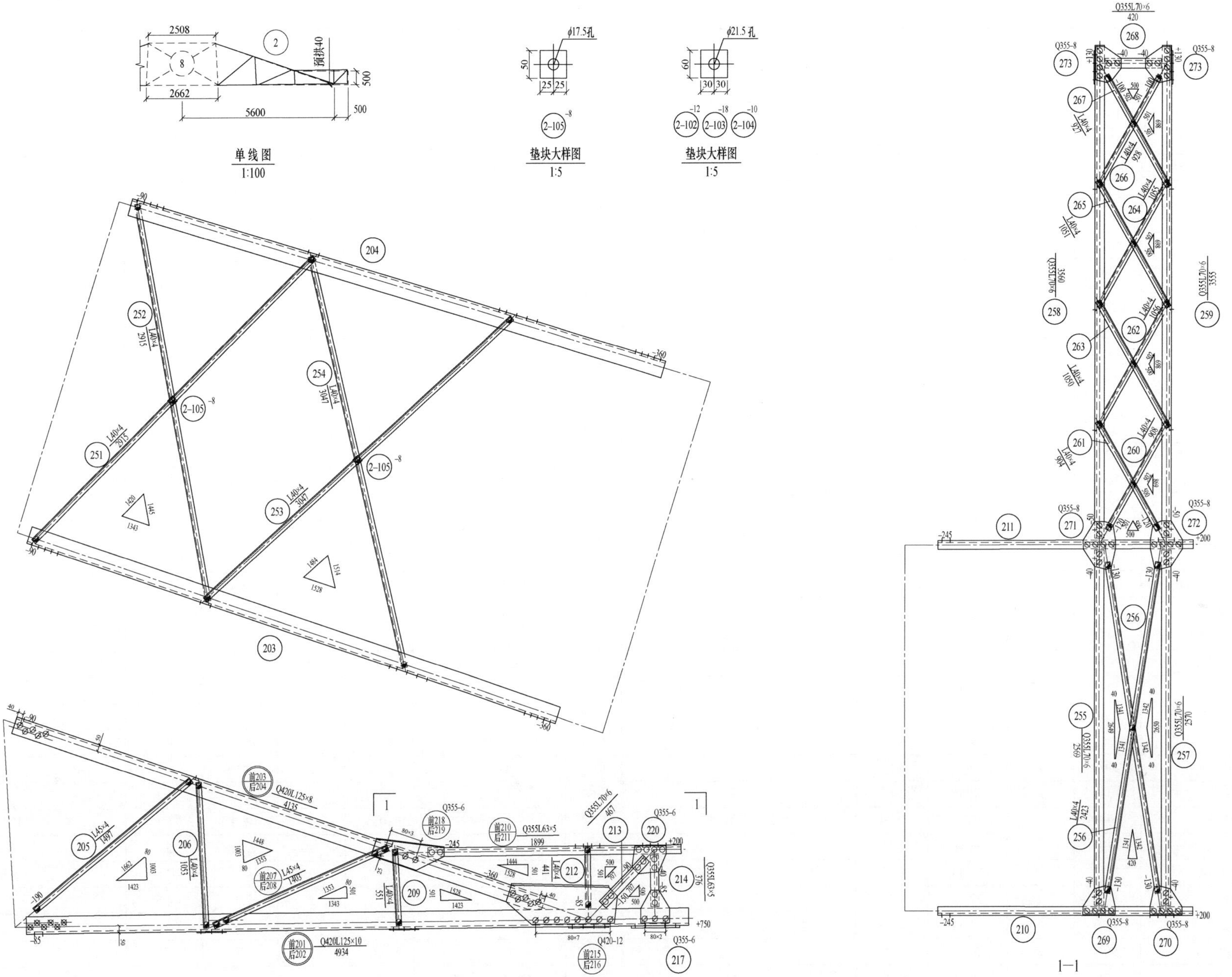

单线图
1:100

垫块大样图
1:5

垫块大样图
1:5

图 9.4-6　220-HC21S-DL-04（1/2）　220-HC21S-DL 终端塔导线横担结构图②（一）

构 件 明 细 表

编号	规格	长度（mm）	数量	质量（kg）一件	质量（kg）小计	备注	编号	规格	长度（mm）	数量	质量（kg）一件	质量（kg）小计	备注
⑳①	Q420L125×10	4934	2	94.40	188.8	合角	㉟⑥	L40×4	1051	2	2.55	5.1	
⑳②	Q420L125×10	4934	2	94.40	188.8	合角	㉟⑦	L40×4	1051	2	2.55	5.1	切角
⑳③	Q420L125×8	4135	2	64.11	128.2	切角，开角	㉟⑧	L40×4	1051	2	2.55	5.1	
⑳④	Q420L125×8	4135	2	64.11	128.2	切角，开角	㉟⑨	L40×4	1051	2	2.55	5.1	切角
⑳⑤	L45×4	1497	4	4.10	16.4		㉔⓪	L40×4	926	2	2.24	4.5	
⑳⑥	L40×4	1053	4	2.55	10.2		㉔①	L40×4	926	2	2.24	4.5	切角
⑳⑦	L45×4	1403	2	3.84	7.7		㉔②	Q355L75×6	420	2	2.90	5.8	
⑳⑧	L45×4	1403	2	3.84	7.7		㉔③	Q355-8×192	222	4	2.70	10.8	
⑳⑨	L40×4	551	4	1.33	5.3		㉔④	Q355-8×192	223	4	2.70	10.8	
㉑⓪	Q355L63×5	1899	2	9.16	18.3	切角	㉔⑤	Q355-8×313	343	2	6.75	13.5	
㉑①	Q355L63×5	1899	2	9.16	18.3	切角	㉔⑥	Q355-16×358	399	2	18.01	36.0	火曲；焊接
㉑②	L40×4	441	4	1.07	4.3		㉔⑦	Q355-8×313	509	2	10.03	20.1	
㉑③	Q355L70×6	467	4	2.99	12.0		㉔⑧	Q355-8×248	290	2	4.52	9.0	焊接
㉑④	Q355L63×5	376	4	1.81	7.3		㉔⑨	Q355-16×368	387	2	17.91	35.8	
㉑⑤	Q420-12×328	833	2	25.82	51.6	火曲；卷边（50）	㉕⓪	Q355-8×190	259	4	3.10	12.4	
㉑⑥	Q420-12×328	833	2	25.82	51.6	火曲；卷边（50）	㉕①	L40×4	2915	2	7.06	14.1	
㉑⑦	Q355-6×220	234	4	2.43	9.7		㉕②	L40×4	2915	2	7.06	14.1	
㉑⑧	Q355-6×236	536	2	5.99	12.0	火曲；卷边（50）	㉕③	L40×4	3047	2	7.38	14.8	
㉑⑨	Q355-6×236	536	2	5.99	12.0	火曲；卷边（50）	㉕④	L40×4	3047	2	7.38	14.8	
㉒⓪	Q355-6×200	263	4	2.48	9.9		㉕⑤	Q355L70×6	2569	2	16.46	32.9	
㉒①	Q355L75×6	2917	2	20.14	40.3		㉕⑥	L40×4	2423	4	5.87	23.5	
㉒②	Q355L75×6	2917	2	20.14	40.3	切角	㉕⑦	Q355L70×6	2570	2	16.46	32.9	
㉒③	Q355L75×6	3083	2	21.29	42.6		㉕⑧	Q355L70×6	3560	2	22.81	45.6	
㉒④	Q355L75×6	3083	2	21.29	42.6	切角	㉕⑨	Q355L70×6	3555	2	22.77	45.5	
㉒⑤	Q355L75×6	2869	2	19.81	39.6		㉖⓪	L40×4	908	2	2.20	4.4	切角
㉒⑥	Q355L75×6	2869	2	19.81	39.6	切角	㉖①	L40×4	904	2	2.19	4.4	
㉒⑦	Q355L75×6	2507	2	17.31	34.6		㉖②	L40×4	1056	2	2.56	5.1	切角
㉒⑧	L75×6	1043	2	7.20	14.4	切角	㉖③	L40×4	1050	2	2.54	5.1	
㉒⑨	L75×6	1043	2	7.20	14.4	切角	㉖④	L40×4	1055	2	2.56	5.1	切角
㉓⓪	Q355L100×8	2727	2	33.48	67.0		㉖⑤	L40×4	1051	2	2.55	5.1	
㉓①	Q355L100×8	2727	2	33.48	67.0		㉖⑥	L40×4	928	2	2.25	4.5	切角
㉓②	Q355L70×6	3519	2	22.54	45.1		㉖⑦	L40×4	927	2	2.25	4.5	
㉓③	Q355L70×6	3519	2	22.54	45.1		㉖⑧	Q355L70×6	420	2	2.69	5.4	
㉓④	L40×4	904	2	2.19	4.4		㉖⑨	Q355-8×207	240	2	3.13	6.3	
㉓⑤	L40×4	904	2	2.19	4.4	切角	㉗⓪	Q355-8×207	240	2	3.13	6.3	

图 9.4－6　220－HC21S－DL－04（1/2）　220－HC21S－DL 终端塔导线横担结构图②（二）

编号	规格	长度（mm）	数量	质量（kg）一件	质量（kg）小计	备注	编号	规格	长度（mm）	数量	质量（kg）一件	质量（kg）小计	备注
271	Q355-8×247	335	2	5.22	10.4		291	L40×4	940	2	2.28	4.6	
272	Q355-8×247	339	2	5.29	10.6		292	L40×4	1053	2	2.55	5.1	切角
273	Q355-8×190	260	4	3.10	12.4		293	L40×4	1064	2	2.58	5.2	
274	L40×4	1276	2	3.09	6.2		294	L40×4	1055	2	2.56	5.1	切角
275	L40×4	1276	2	3.09	6.2		295	L40×4	1062	2	2.57	5.1	
276	L40×4	904	2	2.19	4.4	切角	296	L40×4	947	2	2.29	4.6	切角
277	L40×4	936	2	2.27	4.5		297	L40×4	949	2	2.30	4.6	
278	L40×4	1055	2	2.56	5.1	切角	298	Q355L75×6	432	2	2.98	6.0	切角
279	L40×4	1061	2	2.57	5.1		299	Q355-8×190	247	2	2.96	5.9	
280	L40×4	1056	2	2.56	5.1	切角	2-100	Q355-8×190	247	2	2.96	5.9	
281	L40×4	1060	2	2.57	5.1		2-101	Q355φ70/φ38	34	2	1.03	2.1	套管带焊接
282	L40×4	947	2	2.29	4.6	切角	2-102	-12×60	60	2	0.34	0.7	
283	L40×4	948	2	2.30	4.6		2-103	-18×60	60	4	0.51	2.0	
284	Q355L70×6	432	2	2.77	5.5	切角	2-104	-10×60	60	8	0.28	2.3	
285	-6×62	289	2	0.85	1.7	焊接	2-105	-8×50	50	4	0.16	0.6	
286	Q355-8×190	247	2	2.96	5.9		2-106	[10	305	2	3.05	6.1	
287	Q355-8×190	247	2	2.96	5.9		2-107	-10×110	210	2	1.81	3.6	
288	L40×4	1339	2	3.24	6.5		2-108	[10	685	2	6.85	13.7	
289	L40×4	1339	2	3.24	6.5		合计					2111.6kg	
290	L40×4	901	2	2.18	4.4	切角							

螺栓、垫圈、脚钉明细表

名称	级别	规格	符号	数量	质量（kg）	备注
螺栓	6.8	M16×40	◑	4	0.6	
		M16×50	◑	202	32.3	
		M16×60	▨	4	0.7	
		M16×65	⊙	2	0.4	双帽
		M20×45	○	48	12.9	
		M20×55	⊘	312	89.9	
		M20×65	⊠	22	6.9	
		M20×65	⊙	4	1.4	双帽
		M20×75	⊙	24	9.1	双帽
		M20×85	⊙	8	3.2	双帽
合计					157.4kg	

图 9.4-6 220-HC21S-DL-04（1/2） 220-HC21S-DL 终端塔导线横担结构图②（三）

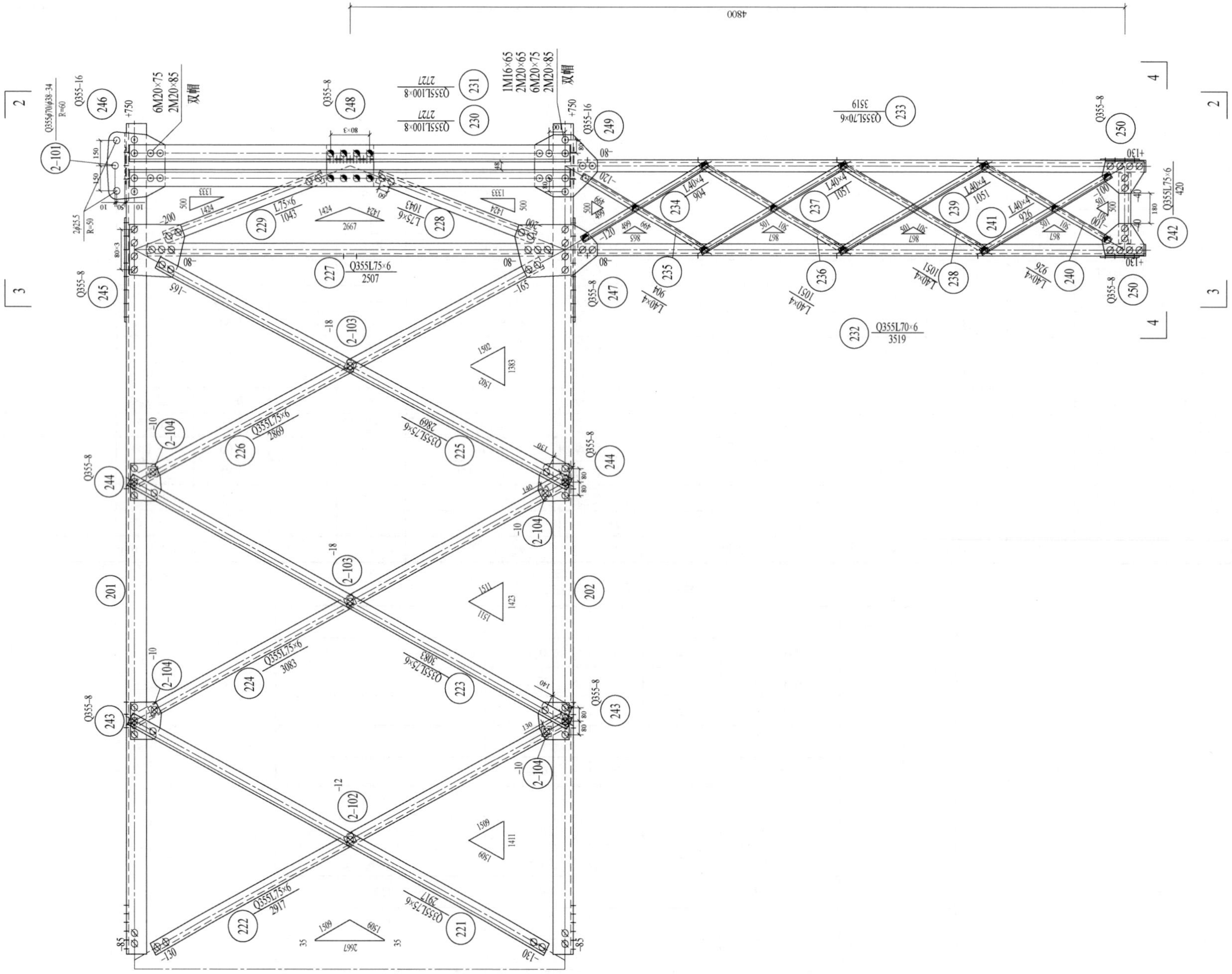

图 9.4-7　220-HC21S-DL-04（2/2）　220-HC21S-DL 终端塔导线横担结构图②（一）

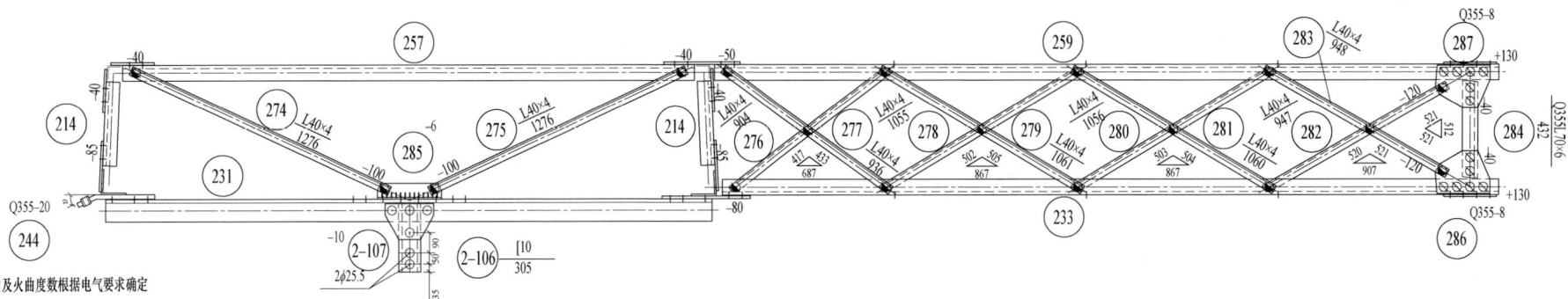

2—2

挂线板是否火曲及火曲度数根据电气要求确定

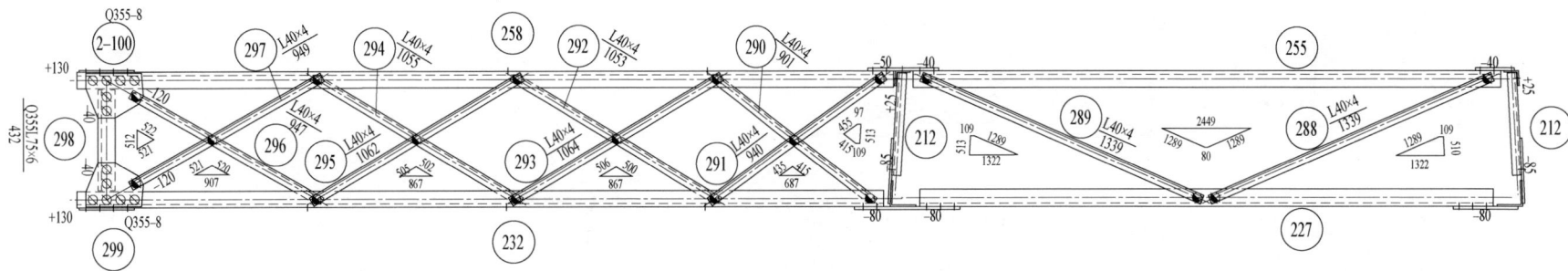

3—3

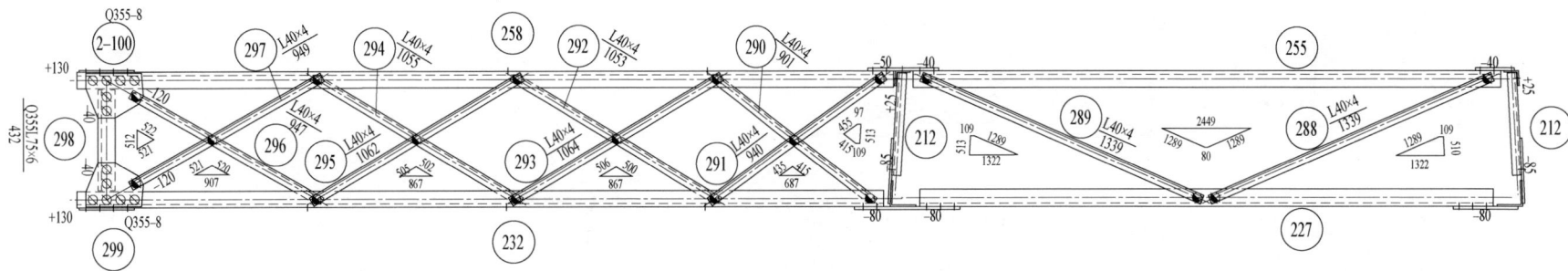

4—4

图 9.4－7　220－HC21S－DL－04（2/2）　220－HC21S－DL 终端塔导线横担结构图②（二）

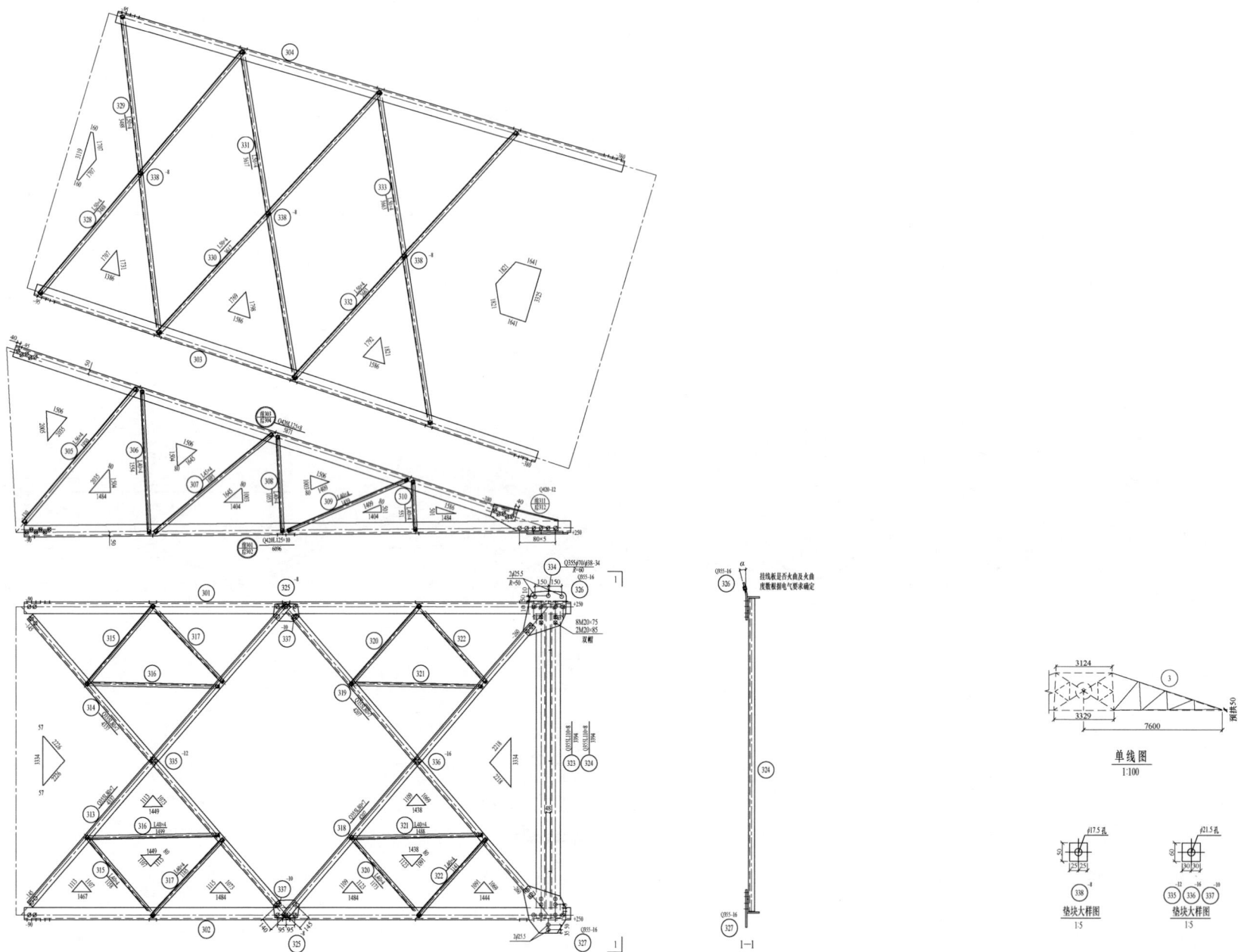

图 9.4 - 8　220 - HC21S - DL - 05　220 - HC21S - DL 终端塔导线横担结构图③（一）

构件明细表

编号	规格	长度（mm）	数量	质量（kg）一件	质量（kg）小计	备注
③⓪①	Q420L125×10	6096	2	116.63	233.3	合角
③⓪②	Q420L125×10	6096	2	116.63	233.3	合角
③⓪③	Q420L125×8	5871	2	91.02	182.0	切角，开角
③⓪④	Q420L125×8	5871	2	91.02	182.0	切角，开角
③⓪⑤	L56×4	1930	4	6.65	26.6	
③⓪⑥	L40×4	1554	4	3.76	15.1	
③⓪⑦	L45×4	1695	4	4.64	18.6	
③⓪⑧	L40×4	1053	4	2.55	10.2	
③⓪⑨	L40×4	1459	4	3.53	14.1	
③①⓪	L40×4	551	4	1.33	5.3	
③①①	Q420−12×273	767	2	19.77	39.5	火曲；卷边（50）
③①②	Q420−12×273	767	2	19.77	39.5	火曲；卷边（50）
③①③	Q355L80×7	4337	2	36.97	73.9	
③①④	Q355L80×7	4337	2	36.97	73.9	切角
③①⑤	L40×4	1157	4	2.80	11.2	
③①⑥	L40×4	1499	4	3.63	14.5	切角
③①⑦	L40×4	1165	4	2.82	11.3	
③①⑧	Q355L80×7	4207	2	35.86	71.7	
③①⑨	Q355L80×7	4207	2	35.86	71.7	切角
③②⓪	L40×4	1173	4	2.84	11.4	
③②①	L40×4	1488	4	3.60	14.4	切角
③②②	L40×4	1141	4	2.76	11.1	
③②③	Q355L110×8	3394	2	45.93	91.9	
③②④	Q355L110×8	3394	2	45.93	91.9	
③②⑤	−8×187	288	4	3.40	13.6	
③②⑥	Q355−16×457	546	2	31.40	62.8	火曲；焊接
③②⑦	Q355−16×457	546	2	31.40	62.8	
③②⑧	L50×4	3488	2	10.67	21.3	
③②⑨	L50×4	3488	2	10.67	21.3	切角
③③⓪	L50×4	3617	2	11.06	22.1	
③③①	L50×4	3617	2	11.06	22.1	切角
③③②	L50×4	3663	2	11.21	22.4	
③③③	L50×4	3663	2	11.21	22.4	切角
③③④	Q355φ70/φ38	34	4	1.03	2.1	套管带焊接
③③⑤	−12×60	60	2	0.34	0.7	
③③⑥	−16×60	60	2	0.45	0.9	
③③⑦	−10×60	60	4	0.28	1.1	
③③⑧	−8×50	50	6	0.16	0.9	
合计					1824.9kg	

螺栓、垫圈、脚钉明细表

名称	级别	规格	符号	数量	质量（kg）	备注
螺栓	6.8	M16×50	⊘	92	14.7	
		M16×60	⊠	6	1.1	
		M20×55	⊘	56	16.1	
		M20×65	⊗	8	2.5	
		M20×75	⊘	4	1.4	
		M20×75	⊙	32	12.2	双帽
		M20×85	⊙	8	3.2	双帽
合计					51.2kg	

图 9.4−8　220−HC21S−DL−05　220−HC21S−DL 终端塔导线横担结构图③（二）

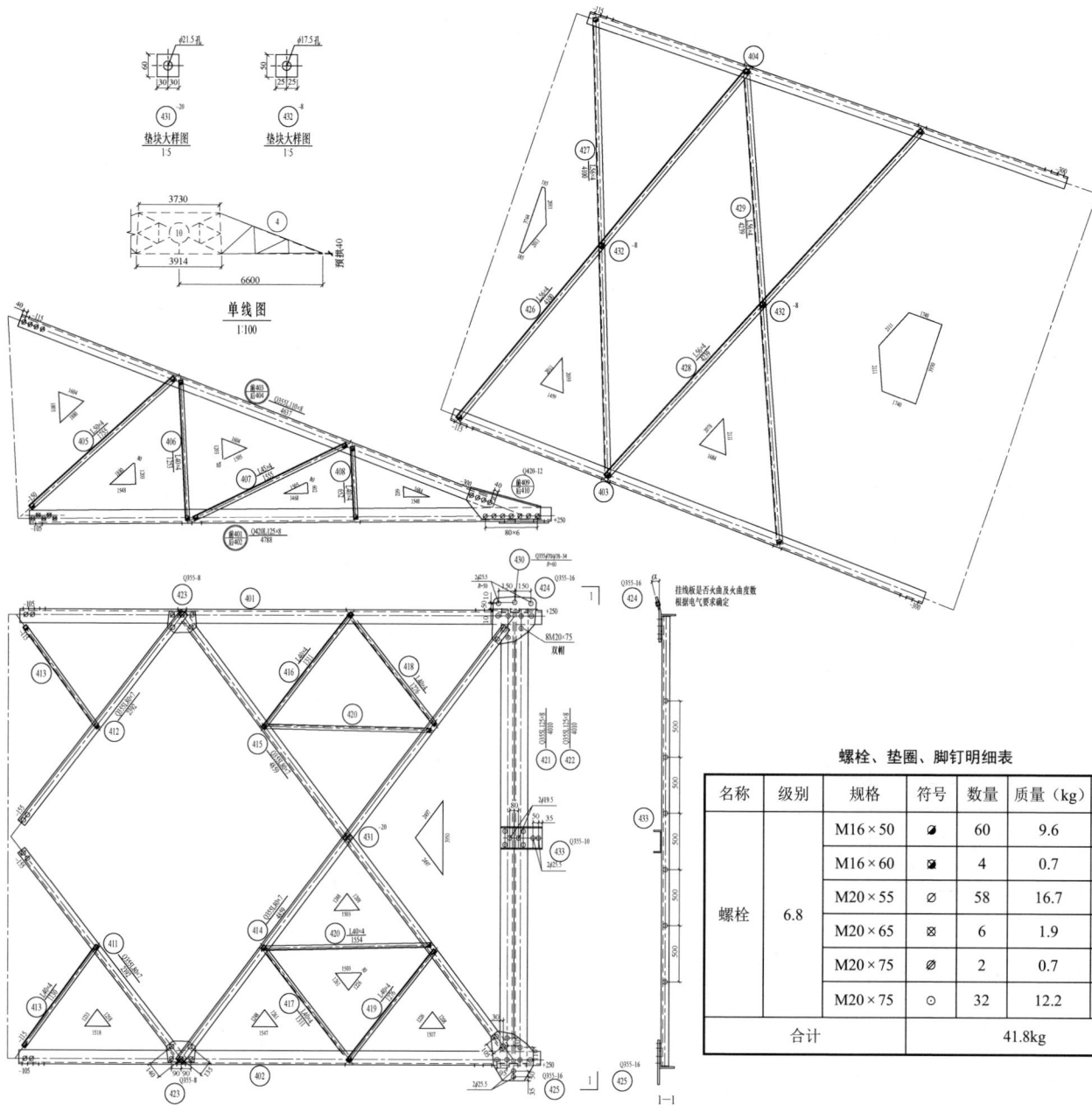

单线图
1:100

垫块大样图
15

垫块大样图
15

构件明细表

编号	规格	长度(mm)	数量	质量(kg) 一件	质量(kg) 小计	备注
401	Q420L125×8	4788	2	74.23	148.5	合角
402	Q420L125×8	4788	2	74.23	148.5	合角
403	Q355L110×8	4637	2	62.75	125.5	切角，开角
404	Q355L110×8	4637	2	62.75	125.5	切角，开角
405	L50×4	1755	4	5.37	21.5	
406	L40×4	1253	4	3.03	12.1	
407	L45×4	1555	4	4.25	17.0	
408	L40×4	652	4	1.58	6.3	
409	Q420-12×301	705	2	20.02	40.0	火曲；卷边（50）
410	Q420-12×301	705	2	20.02	40.0	火曲；卷边（50）
411	Q355L80×7	2392	2	20.39	40.8	切角
412	Q355L80×7	2392	2	20.39	40.8	
413	L40×4	1130	4	2.74	10.9	
414	Q355L80×7	4859	2	41.42	82.8	
415	Q355L80×7	4859	2	41.42	82.8	切角
416	L40×4	1311	2	3.18	6.4	
417	L40×4	1311	2	3.18	6.4	
418	L40×4	1276	2	3.09	6.2	
419	L40×4	1276	2	3.09	6.2	
420	L40×4	1554	4	3.76	15.1	切角
421	Q355L125×8	4010	2	62.17	124.3	
422	Q355L125×8	4010	2	62.17	124.3	
423	Q355-8×188	269	4	3.18	12.7	
424	Q355-16×459	477	2	27.56	55.1	火曲；焊接
425	Q355-16×459	477	2	27.56	55.1	
426	L56×4	4100	2	14.13	28.3	
427	L56×4	4100	2	14.13	28.3	
428	L56×4	4239	2	14.61	29.2	
429	L56×4	4239	2	14.61	29.2	
430	Q355φ70/φ38	34	4	1.03	2.1	套管带焊接
431	-20×60	60	2	0.57	1.1	
432	-8×50	50	2	0.16	0.6	
433	Q355-10×280	385	2	8.46	16.9	火曲；卷边（50）
合计					1490.5kg	

挂线板是否火曲及火曲度数根据电气要求确定

双帽

螺栓、垫圈、脚钉明细表

名称	级别	规格	符号	数量	质量（kg）	备注
螺栓	6.8	M16×50	◢	60	9.6	
		M16×60	◪	4	0.7	
		M20×55	∅	58	16.7	
		M20×65	⊠	6	1.9	
		M20×75	∅	2	0.7	
		M20×75	⊙	32	12.2	双帽
合计					41.8kg	

图9.4-9 220-HC21S-DL-06 220-HC21S-DL 终端塔导线横担结构图④

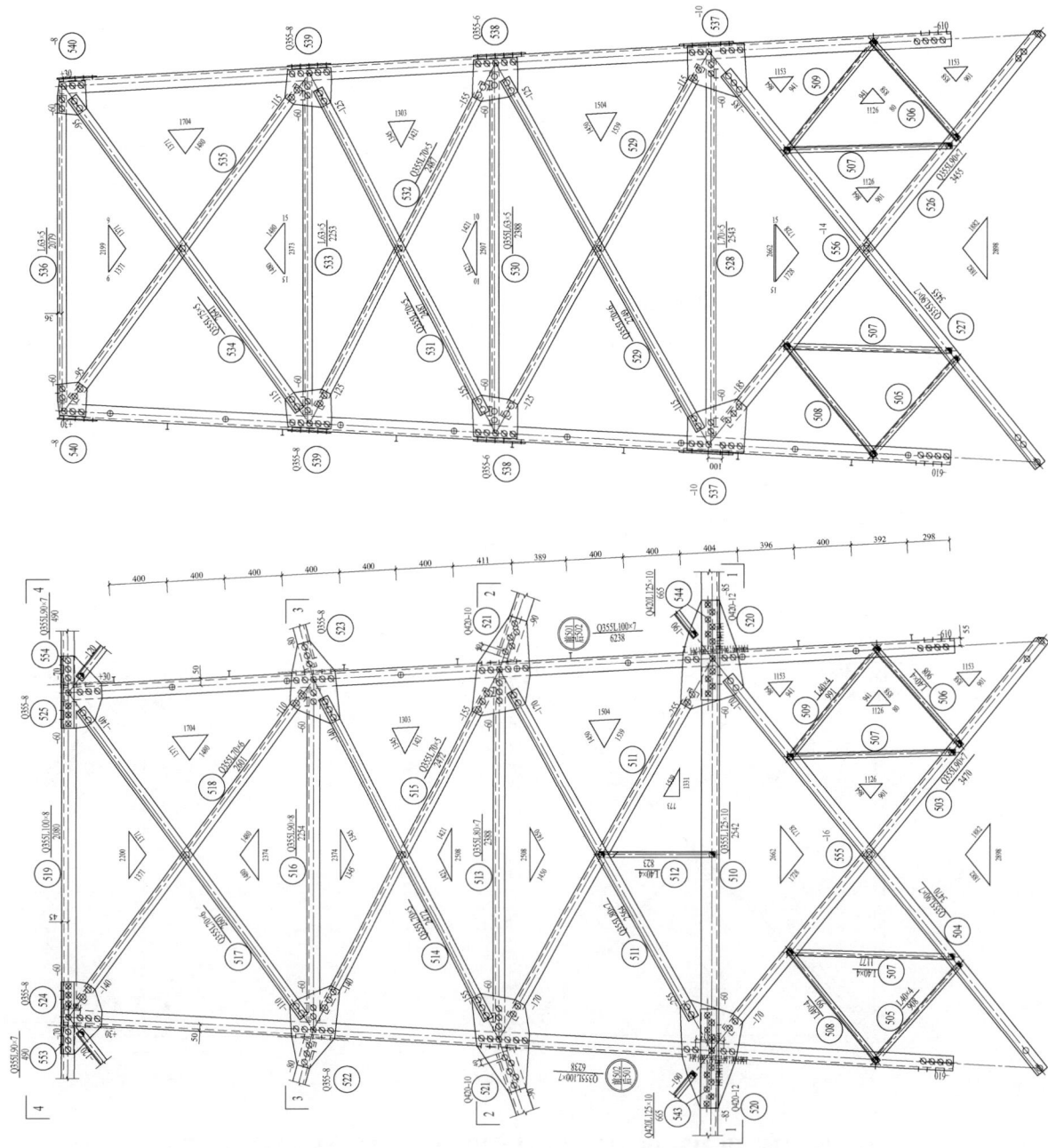

图 9.4-10　220-HC21S-DL-07　220-HC21S-DL 终端塔塔身结构图⑤（一）

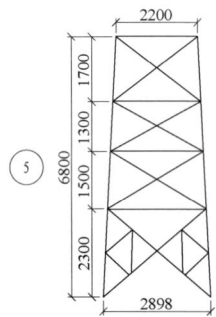

单线图
1:100

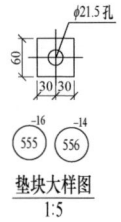

垫块大样图
1:5

脚钉位置示意图

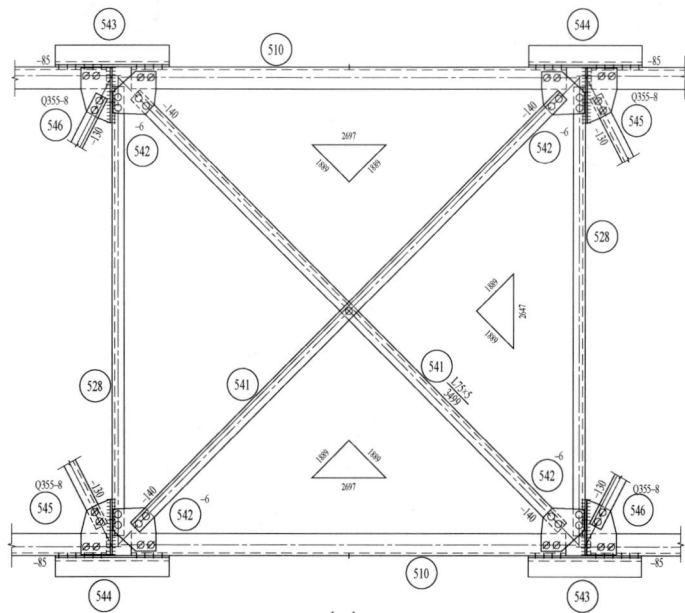

1—1

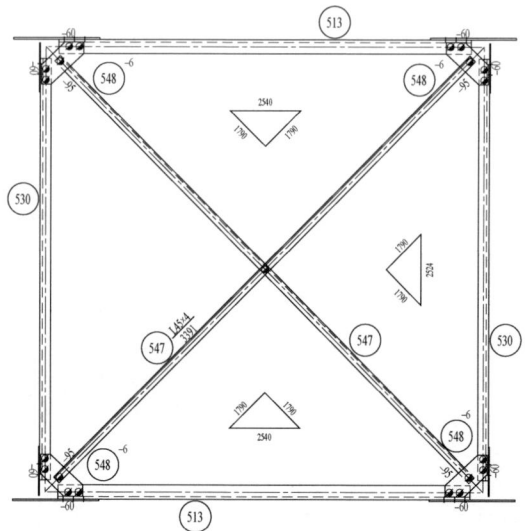

2—2

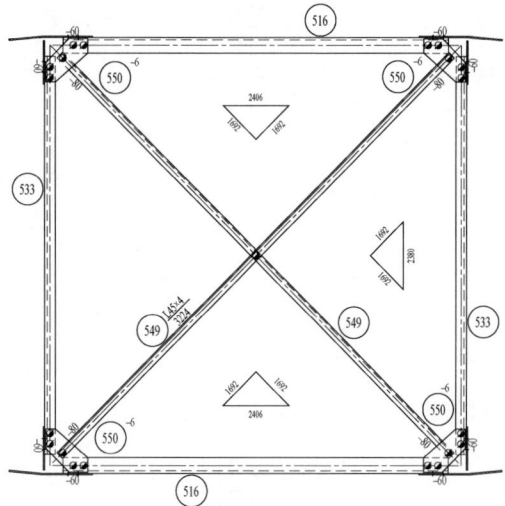

3—3

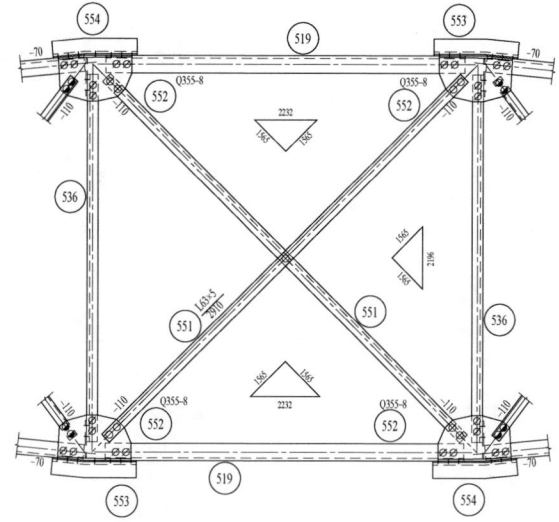

4—4

图 9.4-10 220-HC21S-DL-07 220-HC21S-DL 终端塔塔身结构图⑤（二）

构 件 明 细 表

编号	规格	长度(mm)	数量	质量(kg) 一件	小计	备注	编号	规格	长度(mm)	数量	质量(kg) 一件	小计	备注
501	Q355L100×7	6238	2	67.56	135.1	脚钉	530	Q355L63×5	2388	2	11.51	23.0	
502	Q355L100×7	6238	2	67.56	135.1		531	Q355L70×5	2487	2	13.42	26.8	
503	Q355L90×7	3470	2	33.51	67.0	切角	532	Q355L70×5	2487	2	13.42	26.8	
504	Q355L90×7	3470	2	33.51	67.0		533	L63×5	2253	2	10.86	21.7	
505	L40×4	908	4	2.20	8.8	切角	534	Q355L75×5	2641	2	15.37	30.7	
506	L40×4	908	4	2.20	8.8	切角	535	Q355L75×5	2641	2	15.37	30.7	
507	L40×4	1177	8	2.85	22.8	切角	536	L63×5	2079	2	10.02	20.0	
508	L40×4	991	4	2.40	9.6		537	−10×364	411	4	11.79	47.1	焊接
509	L40×4	991	4	2.40	9.6	切角	538	Q355−6×283	321	4	4.30	17.2	
510	Q355L125×10	2542	2	48.64	97.3	合角	539	Q355−8×272	318	4	5.44	21.8	
511	Q355L80×7	2564	4	21.86	87.4		540	−8×202	229	4	2.92	11.7	
512	L40×4	823	2	1.99	4.0	下压扁	541	L75×5	3499	2	20.36	40.7	
513	Q355L80×7	2388	2	20.36	40.7		542	−6×244	252	4	2.91	11.6	
514	Q355L70×5	2472	2	13.34	26.7		543	Q420L125×10	665	2	12.72	25.4	
515	Q355L70×5	2472	2	13.34	26.7	切角	544	Q420L125×10	665	2	12.72	25.4	
516	Q355L90×8	2254	2	24.67	49.3	开角	545	Q355−8×172	312	2	3.39	6.8	焊接
517	Q355L70×6	2601	2	16.66	33.3		546	Q355−8×172	312	2	3.39	6.8	焊接
518	Q355L70×6	2601	2	16.66	33.3	切角	547	L45×4	3391	2	9.28	18.6	
519	Q355L100×8	2080	2	25.53	51.1	开角	548	−6×122	342	4	1.97	7.9	
520	Q420−12×455	712	4	30.54	122.2		549	L45×4	3224	2	8.82	17.6	
521	Q420−10×371	696	4	20.31	81.2		550	−6×134	347	4	2.20	8.8	
522	Q355−8×334	573	2	12.05	24.1	火曲	551	L63×5	2910	2	14.03	28.1	
523	Q355−8×334	573	2	12.05	24.1	火曲	552	Q355−8×246	427	4	6.63	26.5	
524	Q355−8×278	491	2	8.59	17.2	火曲	553	Q355L90×7	490	2	4.73	9.5	制弯
525	Q355−8×278	491	2	8.59	17.2	火曲	554	Q355L90×7	490	2	4.73	9.5	制弯
526	Q355L90×7	3455	2	33.36	66.7	切角	555	−16×60	60	2	0.45	0.9	
527	Q355L90×7	3455	2	33.36	66.7	切角	556	−14×60	60	2	0.40	0.8	
528	L70×5	2543	2	13.72	27.4		合计				1953.2kg		
529	Q355L70×6	2749	4	17.61	70.4								

螺栓、垫圈、脚钉明细表

名称	级别	规格	符号	数量	质量(kg)	备注
螺栓	6.8	M16×50	⬛	92	14.7	
		M16×60	⬛	2	0.4	
		M20×45	○	40	10.7	
		M20×55	∅	414	119.2	
		M20×65	⊠	60	18.8	
脚钉		M16×180	⊕—|	28	10.8	双帽
		M20×200	⊕—	2	1.3	双帽
合计					175.9kg	

图 9.4−10　220−HC21S−DL−07　220−HC21S−DL 终端塔塔身结构图⑤（三）

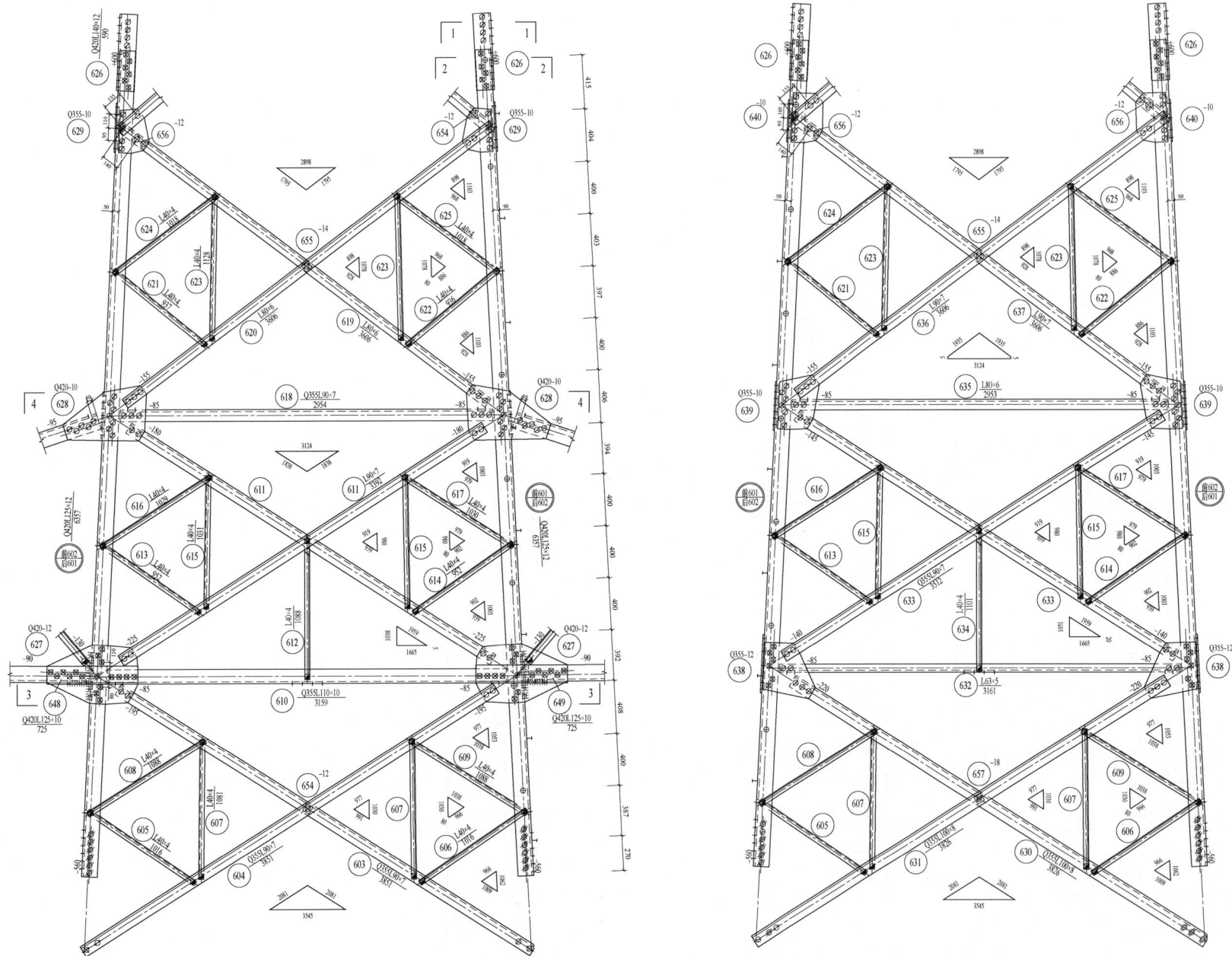

图 9.4-11　220-HC21S-DL-08　220-HC21S-DL 终端塔塔身结构图⑥（一）

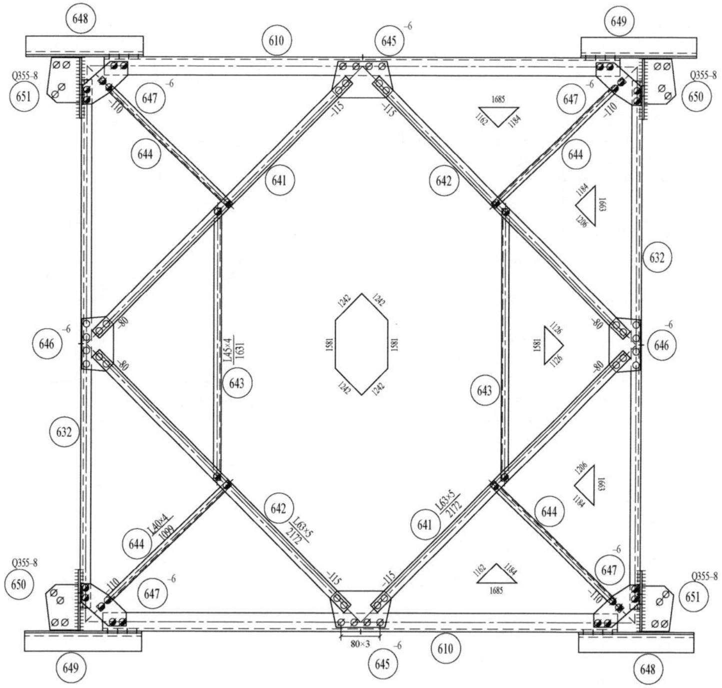

3—3

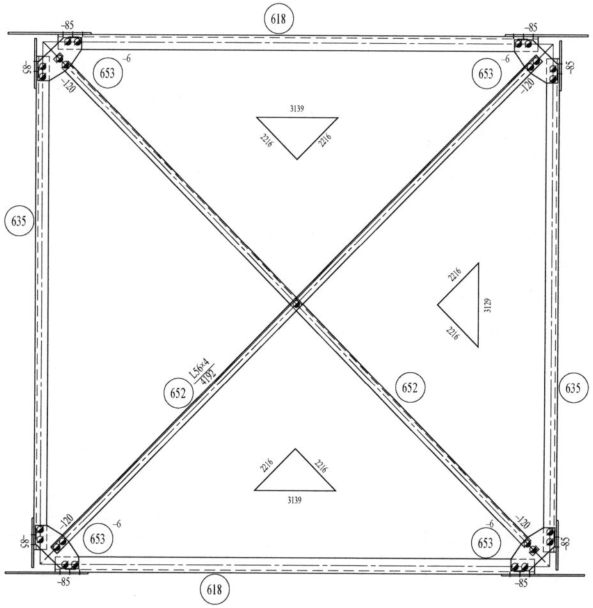

4—4

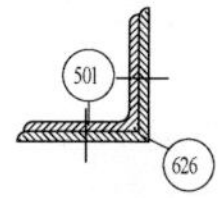

1—1

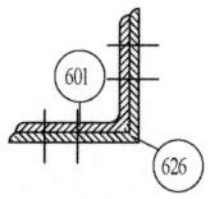

2—2

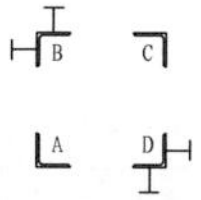

脚钉位置示意图

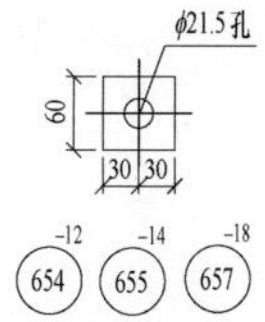

垫块大样图
1:5

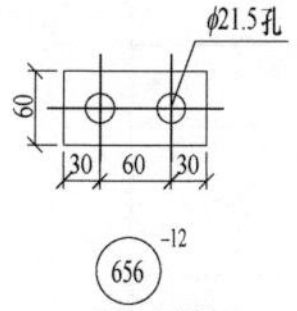

垫块大样图
1:5

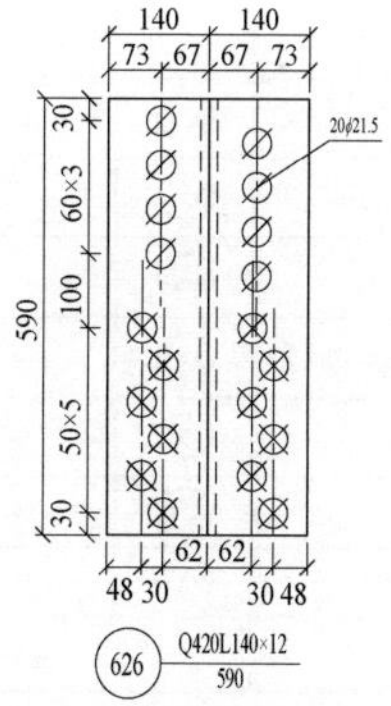

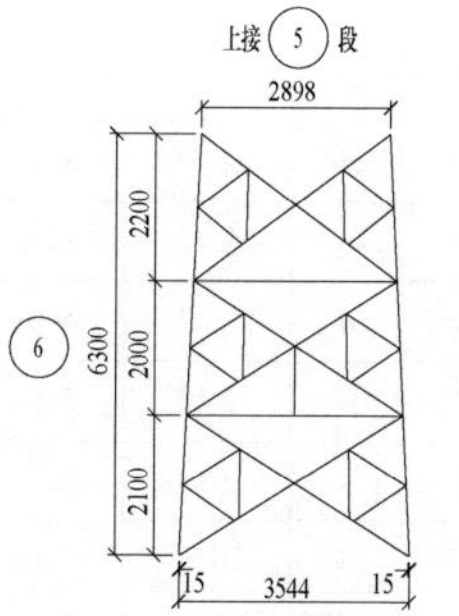

单线图
1:100

图 9.4-11　220-HC21S-DL-08　220-HC21S-DL 终端塔塔身结构图⑥（二）

构件明细表

编号	规格	长度(mm)	数量	质量(kg)一件	质量(kg)小计	备注	编号	规格	长度(mm)	数量	质量(kg)一件	质量(kg)小计	备注
601	Q420L125×12	6357	2	144.28	288.6	脚钉	630	Q355L100×8	3826	2	46.97	93.9	切角
602	Q420L125×12	6357	2	144.28	288.6		631	Q355L100×8	3826	2	46.97	93.9	脚钉
603	Q355L90×7	3851	2	37.19	74.4	切角	632	L63×5	3161	2	15.24	30.5	
604	Q355L90×7	3851	2	37.19	74.4		633	Q355L90×7	3512	4	33.91	135.6	
605	L40×4	1016	4	2.46	9.8	切角	634	L40×4	1101	2	2.67	5.3	下压扁
606	L40×4	1016	4	2.46	9.8		635	L80×6	2953	2	21.78	43.6	
607	L40×4	1081	8	2.62	20.9		636	L90×7	3606	2	34.82	69.6	
608	L40×4	1088	4	2.64	10.5	切角	637	L90×7	3606	2	34.82	69.6	切角
609	L40×4	1088	4	2.64	10.5	切角	638	Q355−12×420	420	4	16.65	66.6	焊接
610	Q355L110×10	3159	2	52.72	105.4	合角	639	Q355−10×313	426	4	10.48	41.9	
611	L90×7	3392	4	32.75	131.0		640	−10×242	383	4	7.29	29.2	
612	L40×4	1088	2	2.64	5.3	下压扁	641	L63×5	2172	2	10.47	20.9	
613	L40×4	952	4	2.31	9.2	切角	642	L63×5	2172	2	10.47	20.9	
614	L40×4	952	4	2.31	9.2		643	L45×4	1631	2	4.46	8.9	
615	L40×4	1031	8	2.50	20.0	切角	644	L40×4	1099	4	2.66	10.6	
616	L40×4	1029	4	2.49	10.0		645	−6×217	378	2	3.88	7.8	
617	L40×4	1030	4	2.49	10.0	切角	646	−6×191	325	2	2.94	5.9	
618	Q355L90×7	2954	2	28.52	57.0	开角	647	−6×138	373	4	2.43	9.7	
619	L80×6	3606	2	26.60	53.2	切角	648	Q420L125×10	725	2	13.87	27.7	
620	L80×6	3606	2	26.60	53.2	切角	649	Q420L125×10	725	2	13.87	27.7	
621	L40×4	937	4	2.27	9.1	切角	650	Q355−8×198	270	2	3.36	6.7	焊接
622	L40×4	936	4	2.27	9.1	脚钉	651	Q355−8×198	270	2	3.36	6.7	焊接
623	L40×4	1128	8	2.73	21.9	切角	652	L56×4	4192	2	14.45	28.9	
624	L40×4	1018	4	2.47	9.9		653	−6×151	371	4	2.66	10.6	
625	L40×4	1018	4	2.47	9.9	切角,脚钉	654	−12×60	60	4	0.34	1.4	
626	Q420L140×12	590	4	15.06	60.2	清根,脚钉	655	−14×60	60	4	0.40	1.6	
627	Q420−12×450	730	4	30.95	123.8		656	−12×60	120	6	0.68	4.1	
628	Q420−10×426	662	4	22.18	88.7		657	−18×60	60	2	0.51	1.0	
629	Q355−10×239	343	4	6.45	25.8			合计				2490.2kg	

螺栓、垫圈、脚钉明细表

名称	级别	规格	符号	数量	质量(kg)	备注
螺栓	6.8	M16×40		10	1.5	
		M16×50		127	20.3	
		M16×60		26	4.6	
		M20×45	○	24	6.4	
		M20×55	⊘	274	78.9	
螺栓	6.8	M20×65	⊗	152	47.6	
		M20×75	⊘	14	4.7	
脚钉		M16×180	⊕—	22	8.5	双帽
		M20×200	⊕—	8	5.4	双帽
合计					177.9kg	

图9.4−11 220−HC21S−DL−08 220−HC21S−DL 终端塔塔身结构图⑥（三）

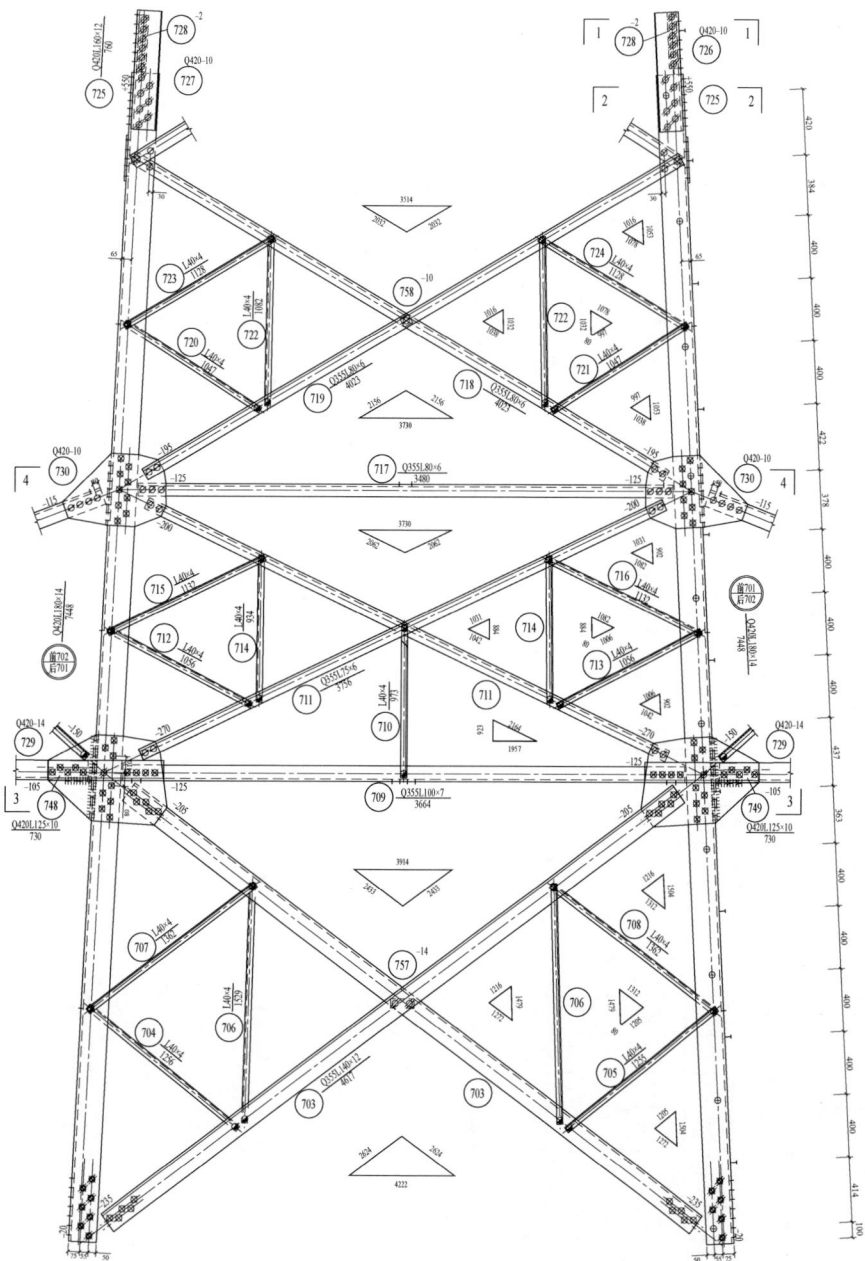

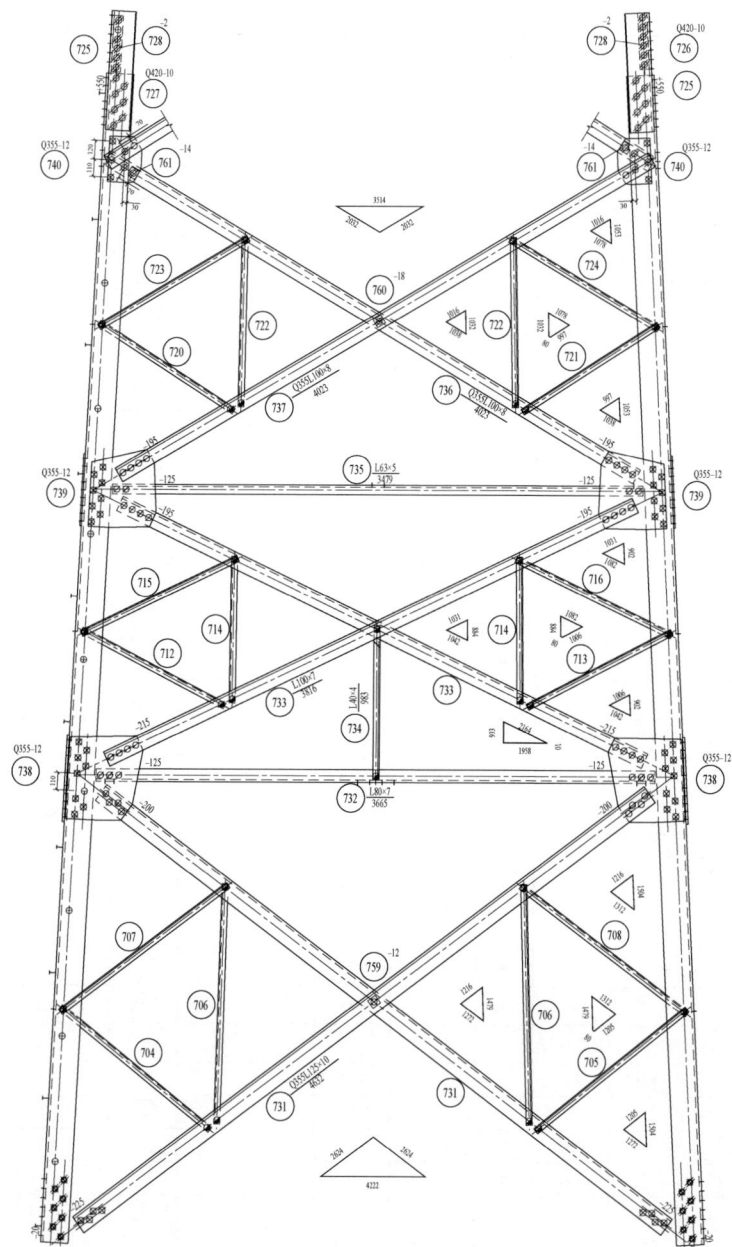

图 9.4 – 12　220 – HC21S – DL – 09（1/2）　220 – HC21S – DL 终端塔塔身结构图⑦（一）

构 件 明 细 表

编号	规格	长度(mm)	数量	质量(kg) 一件	质量(kg) 小计	备注	编号	规格	长度(mm)	数量	质量(kg) 一件	质量(kg) 小计	备注
701	Q420L180×14	7448	2	285.88	571.8	脚钉	732	L80×7	3665	2	31.24	62.5	
702	Q420L180×14	7448	2	285.88	571.8		733	L100×7	3816	4	41.33	165.3	
703	Q355L140×12	4617	4	117.84	471.3	下压扁	734	L40×4	983	2	2.38	4.8	
704	L40×4	1256	4	3.04	12.2		735	L63×5	3479	2	16.78	33.6	
705	L40×4	1255	4	3.04	12.2		736	Q355L100×8	4023	2	49.39	98.8	切角，脚钉
706	L40×4	1529	8	3.70	29.6		737	Q355L100×8	4023	2	49.39	98.8	
707	L40×4	1362	4	3.30	13.2		738	Q355−12×484	548	4	25.06	100.3	焊接
708	L40×4	1362	4	3.30	13.2		739	Q355−12×448	492	4	20.79	83.2	
709	Q355L100×7	3664	2	39.68	79.4	合角	740	Q355−12×216	296	4	6.05	24.2	
710	L40×4	973	2	2.36	4.7	下压扁	741	L45×4	2600	2	7.11	14.2	
711	Q355L75×6	3756	4	25.94	103.7		742	L45×4	2600	2	7.11	14.2	
712	L40×4	1056	4	2.56	10.2		743	L50×4	1968	2	6.02	12.0	
713	L40×4	1056	4	2.56	10.2		744	L40×4	1286	4	3.11	12.5	
714	L40×4	934	8	2.26	18.1	切角	745	−6×152	243	2	1.75	3.5	
715	L40×4	1132	4	2.74	11.0		746	Q355−8×324	481	2	9.80	19.6	
716	L40×4	1132	4	2.74	11.0		747	−6×133	448	4	2.82	11.3	
717	Q355L80×6	3480	2	25.67	51.3		748	Q355L125×10	730	2	13.97	27.9	
718	Q355L80×6	4023	2	29.67	59.3	切角	749	Q355L125×10	730	2	13.97	27.9	
719	Q355L80×6	4023	2	29.67	59.3	焊接	750	Q355−8×170	199	2	2.13	4.3	焊接
720	L40×4	1047	4	2.54	10.1		751	Q355−8×170	199	2	2.13	4.3	焊接
721	L40×4	1047	4	2.54	10.1		752	L45×4	2669	2	7.30	14.6	
722	L40×4	1082	8	2.62	21.0	切角	753	L45×4	2669	2	7.30	14.6	
723	L40×4	1128	4	2.73	10.9		754	L50×4	1865	2	5.71	11.4	
724	L40×4	1128	4	2.73	10.9		755	L40×4	1216	2	2.95	5.9	切角
725	Q420L160×12	759	4	22.31	89.2	铲背，脚钉	756	L40×4	1222	2	2.96	5.9	切角
726	Q420−10×155	759	4	9.24	37.0		757	−14×60	152	2	1.01	2.0	
727	Q420−10×155	759	4	9.24	37.0		758	−10×60	60	2	0.28	0.6	
728	−2×60	360	8	0.34	2.7		759	−12×60	60	2	0.34	0.7	
729	Q420−14×552	797	4	48.38	193.5		760	−18×60	60	2	0.51	1.0	
730	Q420−10×460	676	4	24.43	97.7		761	−14×60	60	4	0.40	1.6	
731	Q355L125×10	4632	4	88.62	354.5		合计					3869.6kg	

螺栓、垫圈、脚钉明细表

名称	级别	规格	符号	数量	质量(kg)	备注
螺栓	6.8	M16×40	⊘	22	3.2	
		M16×50	⊘	122	19.5	
		M16×60	⊞	32	5.6	
		M20×55	⊘	174	50.1	
		M20×65	⊠	202	63.2	
		M20×75	⊘	124	41.9	
脚钉		M16×180	⊕—	28	10.8	双帽
		M20×200	⊕—	10	6.7	双帽
合计					201.0kg	

图 9.4−12　220−HC21S−DL−09（1/2）　220−HC21S−DL 终端塔塔身结构图⑦（二）

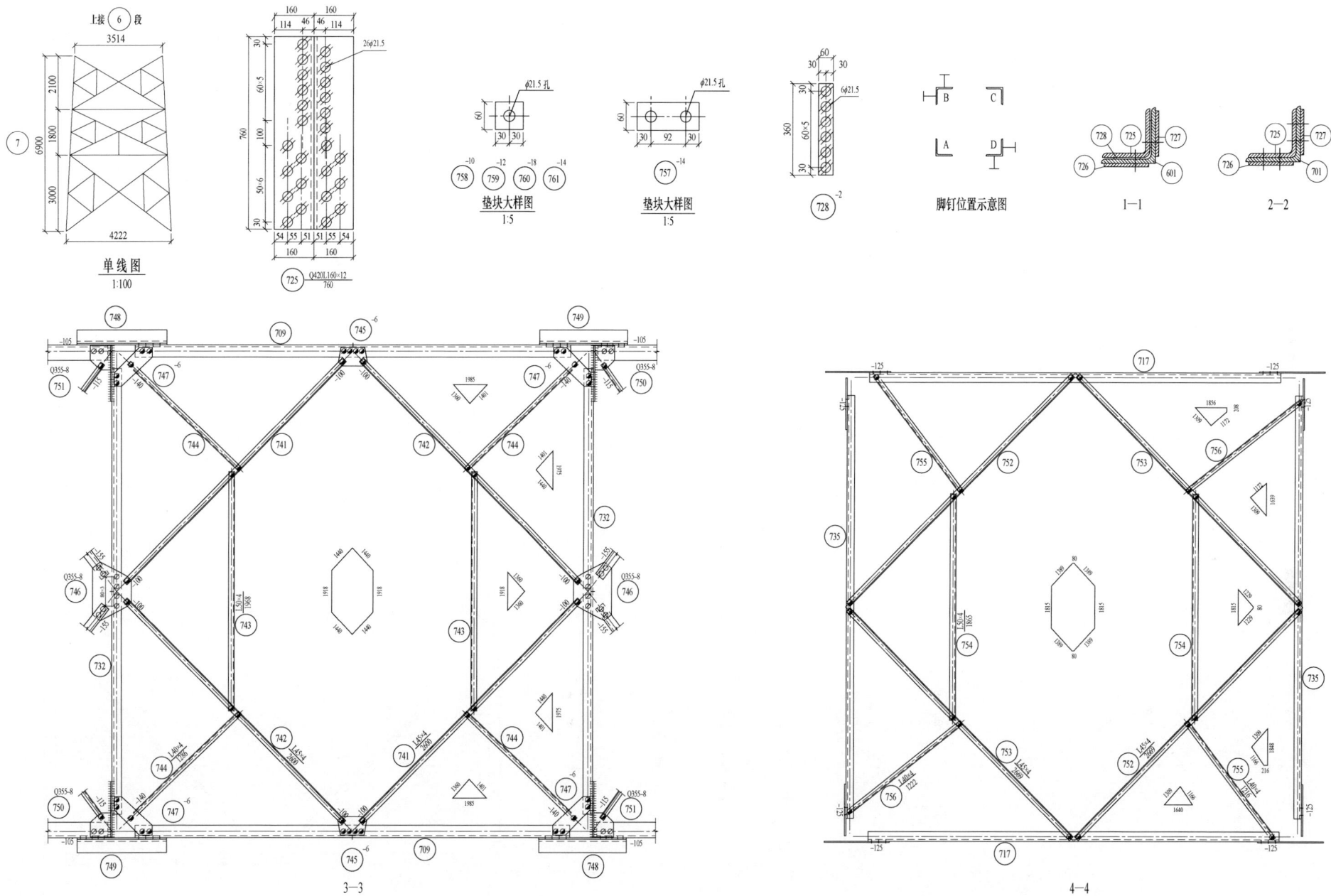

图 9.4-13 220-HC21S-DL-09（2/2） 220-HC21S-DL 终端塔塔身结构图⑦

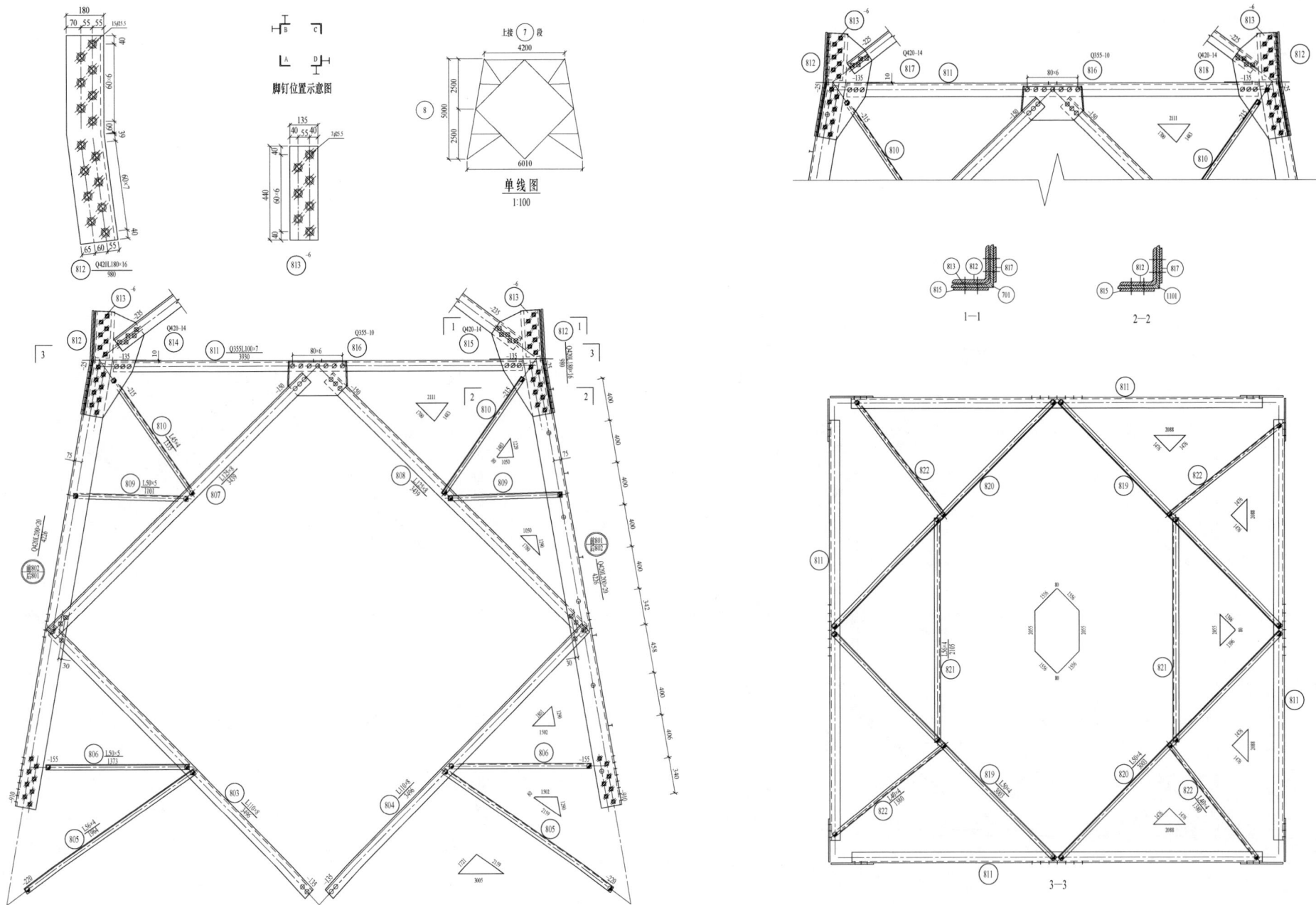

图 9.4－14　220－HC21S－DL－10　220－HC21S－DL 终端塔塔身结构图⑧（一）

构 件 明 细 表

编号	规格	长度（mm）	数量	质量（kg） 一件	质量（kg） 小计	备注
801	Q420L200×20	4226	2	253.80	507.6	脚钉
802	Q420L200×20	4226	2	253.80	507.6	
803	L110×8	3496	4	47.31	189.2	切角，脚钉
804	L110×8	3496	4	47.31	189.2	
805	L56×4	1964	8	6.77	54.1	
806	L50×5	1373	8	5.18	41.4	
807	L125×8	3439	4	53.32	213.3	
808	L125×8	3439	4	53.32	213.3	切角
809	L50×5	1101	8	4.15	33.2	
810	L45×4	1335	8	3.65	29.2	
811	Q355L100×7	3930	4	42.56	170.2	开角
812	Q420L180×16	980	4	42.67	170.7	制弯，铲背
813	−6×135	440	8	2.80	22.4	
814	Q420−14×503	992	2	54.91	109.8	火曲
815	Q420−14×503	992	2	54.91	109.8	火曲
816	Q355−10×316	653	4	16.24	64.9	火曲；卷边（50）
817	Q420−14×458	992	2	50.01	100.0	火曲
818	Q420−14×458	992	2	50.01	100.0	火曲
819	L50×4	3003	2	9.19	18.4	
820	L50×4	3003	2	9.19	18.4	
821	L56×4	2105	2	7.25	14.5	
822	L40×4	1380	4	3.34	13.4	
合计					2890.6kg	

螺栓、垫圈、脚钉明细表

名称	级别	规格	符号	数量	质量（kg）	备注
螺栓	6.8	M16×40	◑	8	1.2	
		M16×50	◔	52	8.3	
		M16×60	◼	8	1.4	
		M20×55	⊘	76	21.9	
		M20×65	⊠	58	18.2	
		M20×75	⊘	8	2.7	
	8.8	M24×95	⊠	118	71.3	
脚钉	6.8	M16×180	⊕——|	14	5.4	双帽
		M20×200	⊕——|	2	1.3	双帽
	8.8	M24×240	⊕——|	2	2.4	双帽
合计					134.1kg	

图 9.4−14 220−HC21S−DL−10 220−HC21S−DL 终端塔塔身结构图⑧（二）

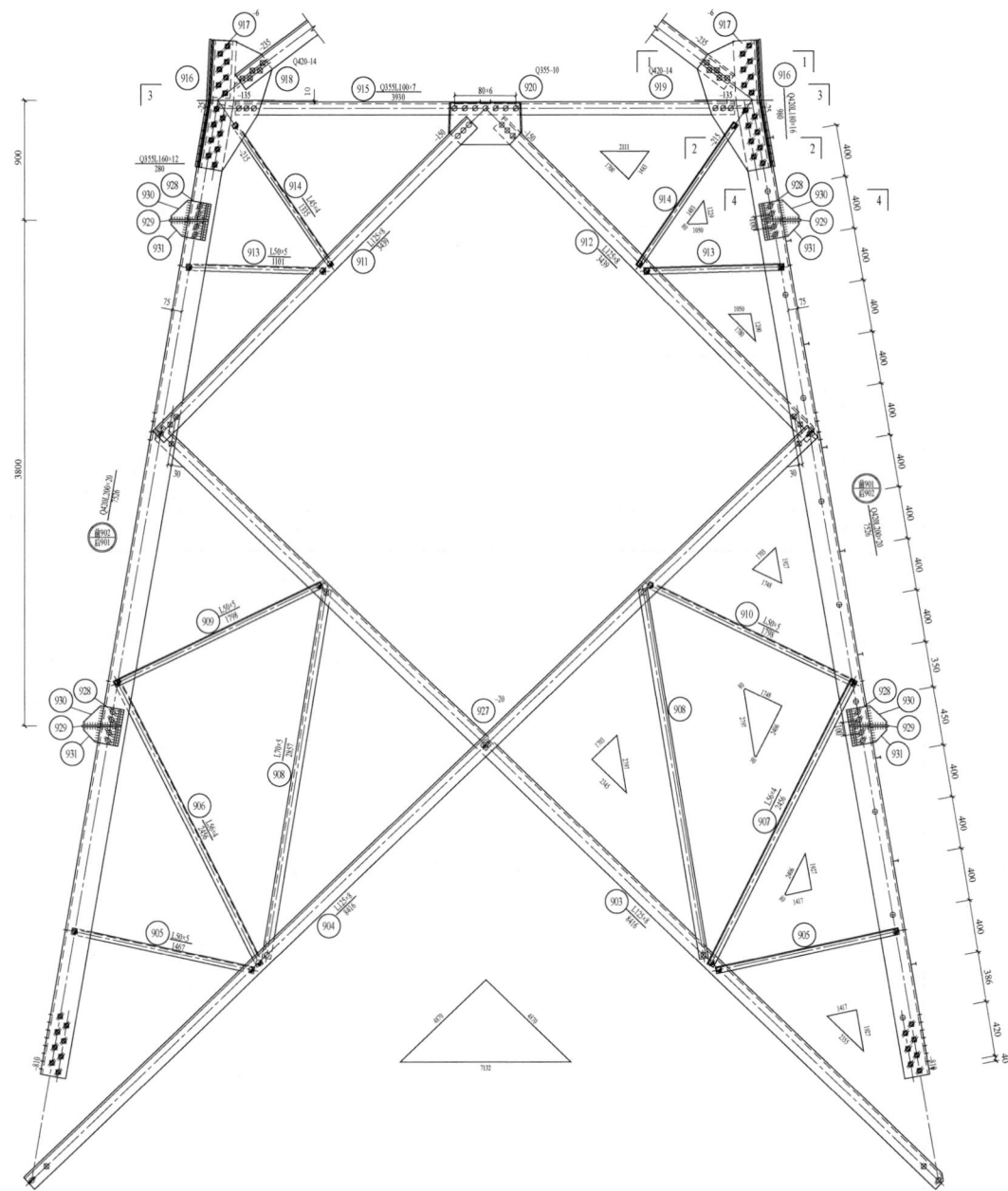

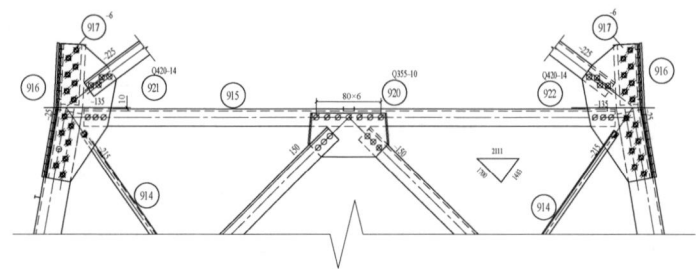

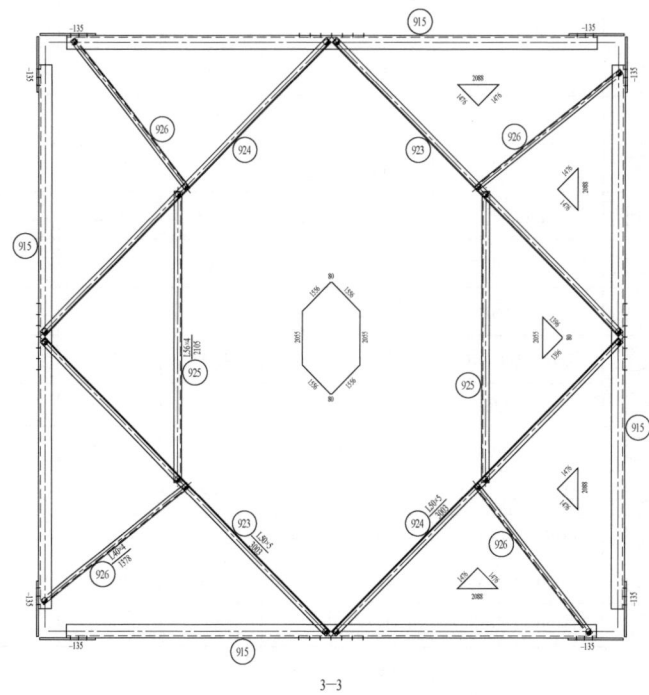

图 9.4-15 220-HC21S-DL-11 220-HC21S-DL 终端塔塔身结构图⑨（一）

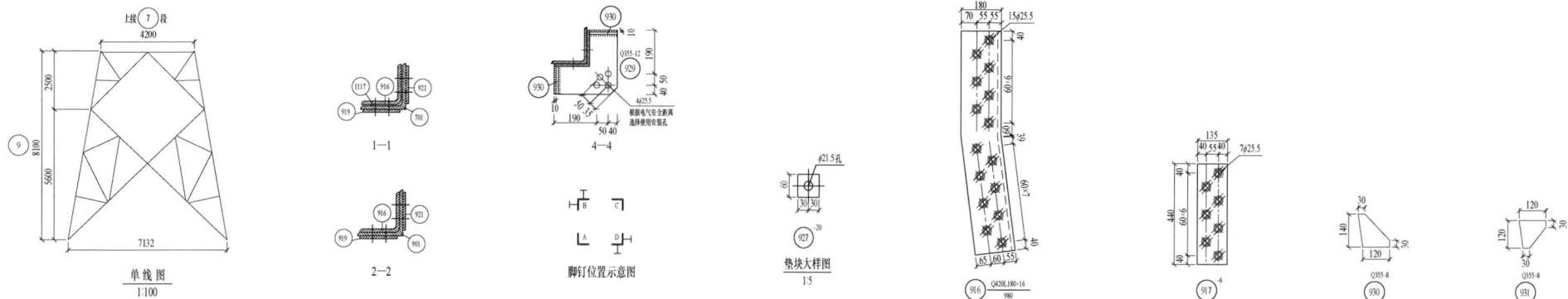

构 件 明 细 表

编号	规格	长度(mm)	数量	质量(kg) 一件	质量(kg) 小计	备注	编号	规格	长度(mm)	数量	质量(kg) 一件	质量(kg) 小计	备注
⑨01	Q420L200×20	7526	2	451.98	904.0	脚钉	⑨17	−6×135	440	8	2.80	22.4	
⑨02	Q420L200×20	7526	2	451.98	904.0		⑨18	Q420−14×503	992	2	54.91	109.8	火曲
⑨03	L125×8	8416	4	130.48	521.9	切角	⑨19	Q420−14×503	992	2	54.91	109.8	火曲
⑨04	L125×8	8416	4	130.48	521.9	脚钉	⑨20	Q355−10×316	653	4	16.24	64.9	火曲；卷边（50）
⑨05	L50×5	1467	8	5.53	44.2		⑨21	Q420−14×458	992	2	50.01	100.0	火曲
⑨06	L56×4	2456	4	8.46	33.9		⑨22	Q420−14×458	992	2	50.01	100.0	火曲
⑨07	L56×4	2456	4	8.46	33.9		⑨23	L50×5	3003	2	11.32	22.6	
⑨08	L70×5	2857	8	15.42	123.4	切角	⑨24	L50×5	3003	2	11.32	22.6	
⑨09	L50×5	1798	4	6.78	27.1		⑨25	L56×4	2105	2	7.25	14.5	
⑨10	L50×5	1798	4	6.78	27.1		⑨26	L40×4	1378	4	3.34	13.4	
⑨11	L125×8	3439	4	53.32	213.3		⑨27	−20×60	60	4	0.57	2.3	
⑨12	L125×8	3439	4	53.32	213.3	切角	⑨28	Q355L160×12	280	8	8.23	65.8	清根，焊接
⑨13	L50×5	1101	8	4.15	33.2		⑨29	Q355−12×280	280	8	7.39	59.1	焊接
⑨14	L45×4	1335	8	3.65	29.2		⑨30	Q355−8×120	140	16	1.06	17.0	焊接
⑨15	Q355L100×7	3930	4	42.56	170.2	开角	⑨31	Q355−8×120	120	16	0.90	14.4	焊接
⑨16	Q420L180×16	980	4	42.67	170.7	制弯，铲背	合计					4709.9kg	

螺栓、垫圈、脚钉明细表

名称	级别	规格	符号	数量	质量(kg)	备注
螺栓	6.8	M16×40	◑	8	1.2	
		M16×50	◑	60	9.6	
		M16×60	▧	24	4.2	
		M20×55	∅	92	26.5	
		M20×65	⊠	60	18.8	
		M20×75	∅	12	4.1	
	8.8	M24×95	⊠	118	71.3	
脚钉	6.8	M16×180	⊕──	32	12.3	双帽
	8.8	M24×240	⊕──	2	2.4	双帽
合计					150.4kg	

图 9.4−15 220−HC21S−DL−11 220−HC21S−DL 终端塔塔身结构图⑨（二）

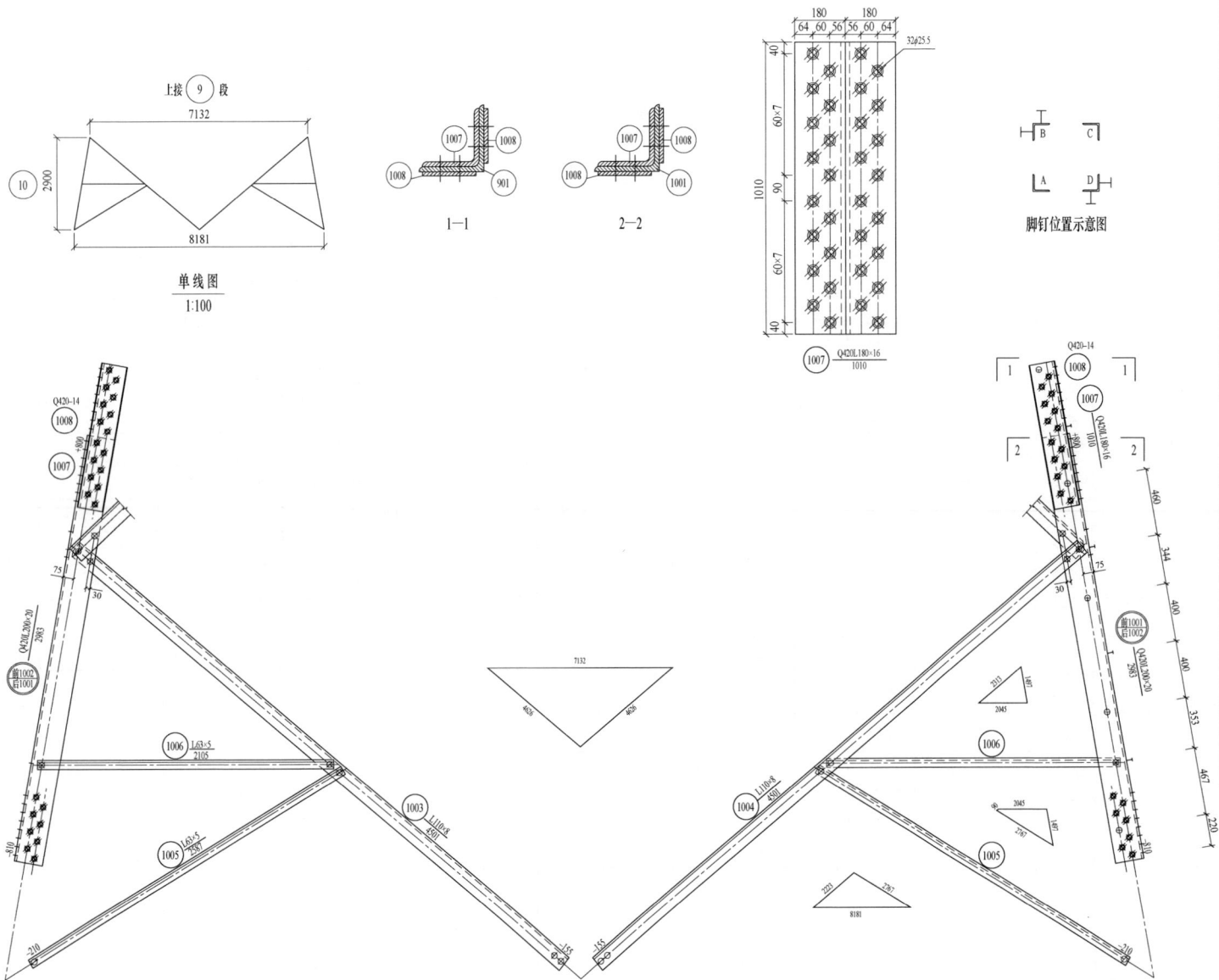

构件明细表

编号	规格	长度(mm)	数量	质量(kg)一件	质量(kg)小计	备注
1001	Q420L200×20	2983	2	179.15	358.3	脚钉
1002	Q420L200×20	2983	2	179.15	358.3	
1003	L110×8	4501	4	60.91	243.6	切角,脚钉
1004	L110×8	4501	4	60.91	243.6	
1005	L63×5	2587	8	12.47	99.8	
1006	L63×5	2105	8	10.15	81.2	脚钉
1007	Q420L180×16	1010	4	43.98	175.9	铲背
1008	Q420−14×180	1010	8	19.98	159.8	
合计					1720.5kg	

螺栓、垫圈、脚钉明细表

名称	级别	规格	符号	数量	质量(kg)	备注
螺栓	6.8	M20×55	∅	16	4.6	
		M20×65	⊠	22	6.9	
		M20×75	∅	6	2.0	
	8.8	M24×85	∅	1	0.6	
		M24×95	⊠	121	73.1	
脚钉	6.8	M16×180	⊕—┤	6	2.3	双帽
		M20×200	⊕—┤	4	2.7	双帽
	8.8	M24×240	⊕—┤	6	7.1	双帽
合计					99.3kg	

图 9.4-16　220-HC21S-DL-12　220-HC21S-DL 终端塔塔身结构图⑩

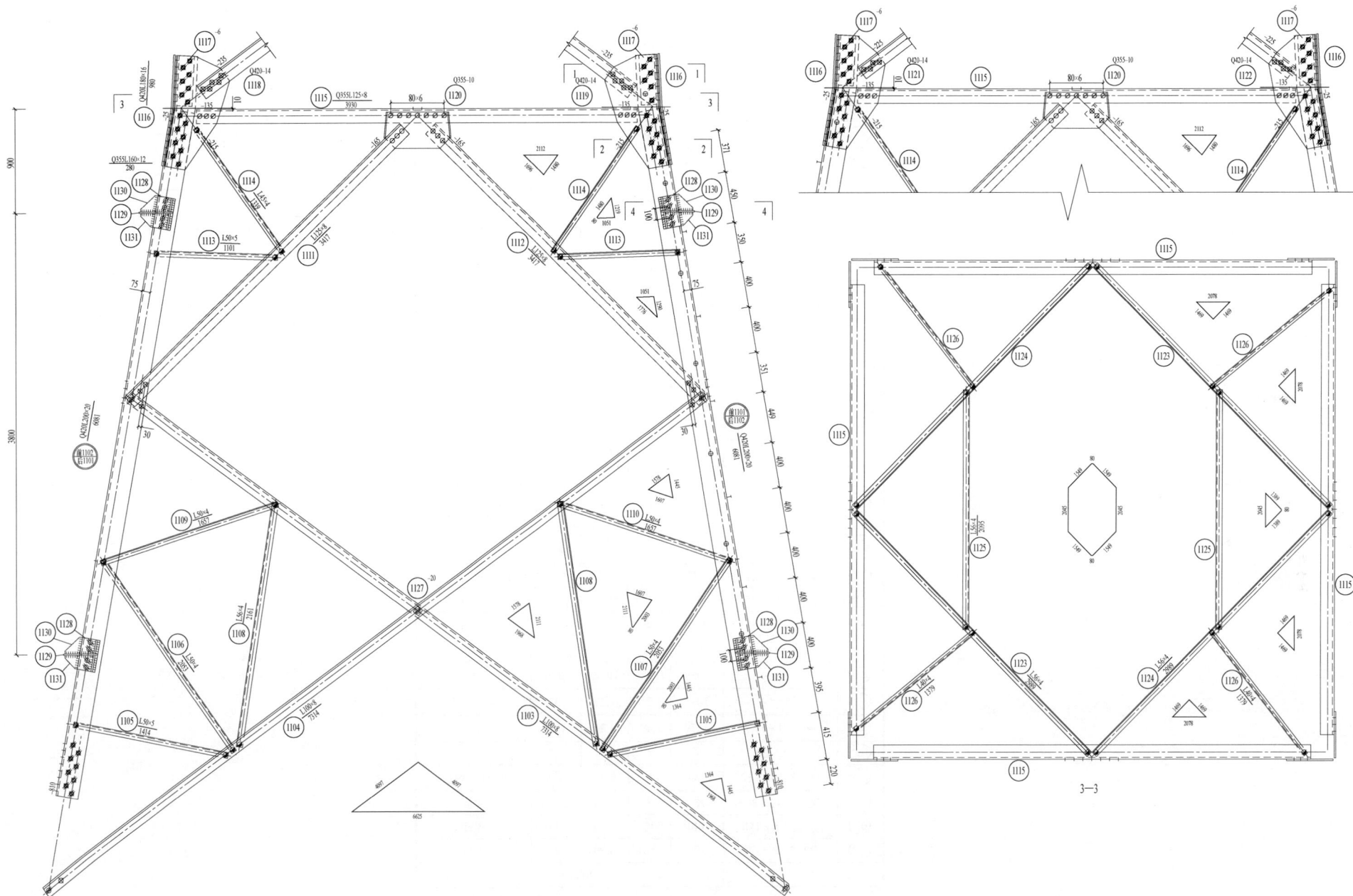

图 9.4-17 220-HC21S-DL-13 220-HC21S-DL 终端塔塔身结构图⑪（一）

构件明细表

编号	规格	长度(mm)	数量	质量(kg) 一件	质量(kg) 小计	备注
1101	Q420L200×20	6081	2	365.20	730.4	脚钉
1102	Q420L200×20	6081	2	365.20	730.4	
1103	L100×8	7314	4	89.79	359.1	切角
1104	L100×8	7314	4	89.79	359.1	
1105	L50×5	1414	8	5.33	42.6	
1106	L50×4	2053	4	6.28	25.1	
1107	L50×4	2053	4	6.28	25.1	
1108	L56×4	2161	8	7.45	59.6	切角
1109	L50×4	1657	4	5.07	20.3	
1110	L50×4	1657	4	5.07	20.3	
1111	L125×8	3417	4	52.98	211.9	
1112	L125×8	3417	4	52.98	211.9	切角
1113	L50×5	1101	8	4.15	33.2	
1114	L45×4	1339	8	3.66	29.3	
1115	Q355L125×8	3930	4	60.92	243.7	开角
1116	Q420L180×16	980	4	42.67	170.7	制弯，铲背，脚钉
1117	−6×135	440	8	2.80	22.4	
1118	Q420−14×503	992	2	54.91	109.8	火曲
1119	Q420−14×503	992	2	54.91	109.8	火曲
1120	Q355−10×316	671	4	16.69	66.8	火曲；卷边（50）
1121	Q420−14×458	992	2	50.01	100.0	火曲
1122	Q420−14×458	992	2	50.01	100.0	火曲
1123	L56×4	2989	2	10.30	20.6	
1124	L56×4	2989	2	10.30	20.6	
1125	L56×4	2095	2	7.22	14.4	
1126	L40×4	1379	4	3.34	13.4	
1127	−20×60	60	4	0.57	2.3	
1128	Q355L160×12	280	8	8.23	65.8	清根，焊接
1129	Q355−12×280	280	8	7.39	59.1	焊接
1130	Q355−8×120	140	16	1.06	17.0	焊接
1131	Q355−8×120	120	16	0.90	14.4	焊接
合计					4009.1kg	

螺栓、垫圈、脚钉明细表

名称	级别	规格	符号	数量	质量(kg)	备注
螺栓	6.8	M16×40		8	1.2	
		M16×50		68	10.9	
		M16×60		22	3.9	
		M20×55		76	21.9	
		M20×65		58	18.2	
		M20×75		12	4.1	
	8.8	M24×95		116	70.1	
脚钉	6.8	M16×180		24	9.2	双帽
		M20×200		2	1.3	双帽
	8.8	M24×240		4	4.7	双帽
合计					145.5kg	

图 9.4−17 220−HC21S−DL−13 220−HC21S−DL 终端塔塔身结构图⑪（二）

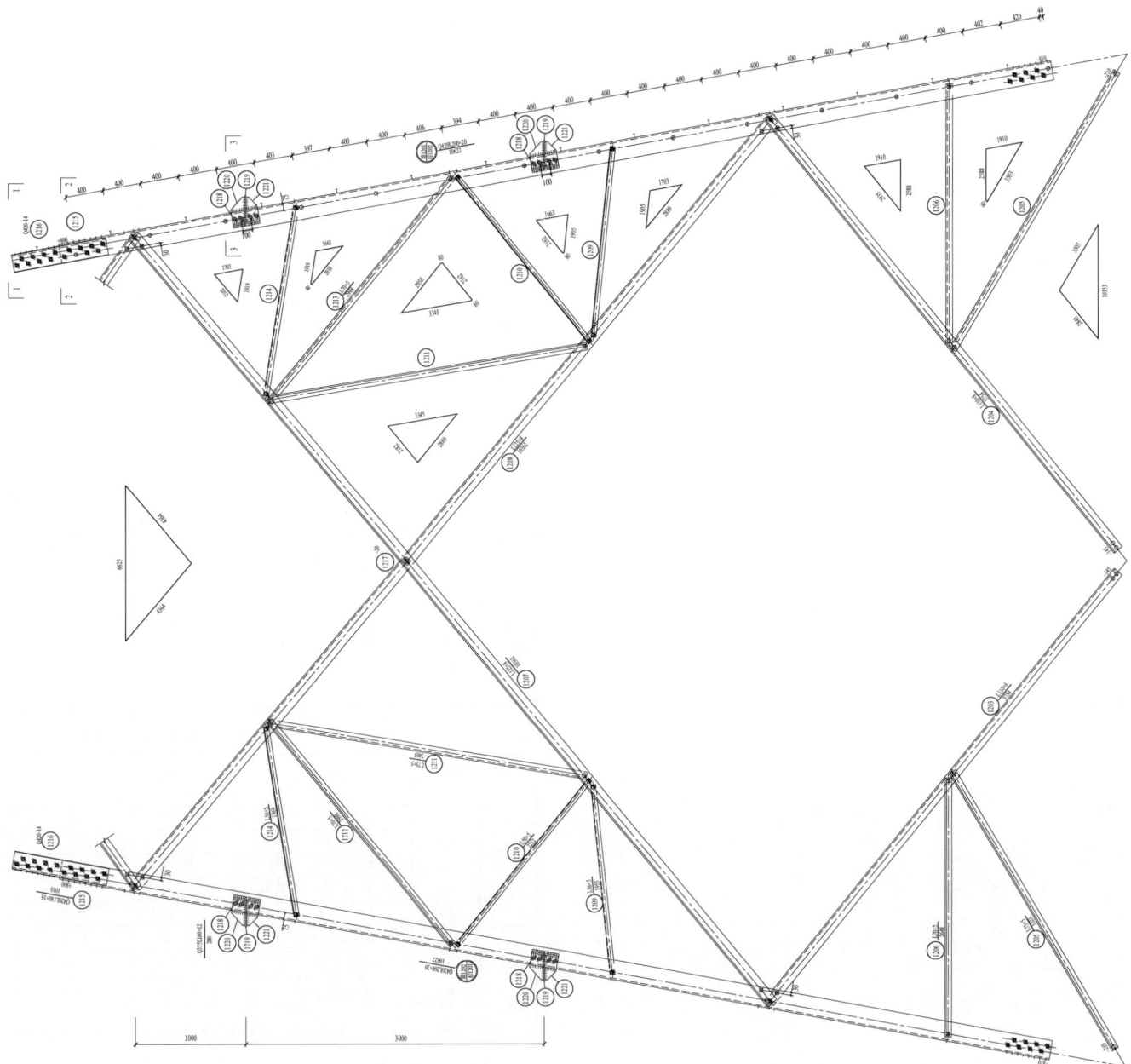

图 9.4 - 18　220 - HC21S - DL - 14　220 - HC21S - DL 终端塔塔身结构图⑫（一）

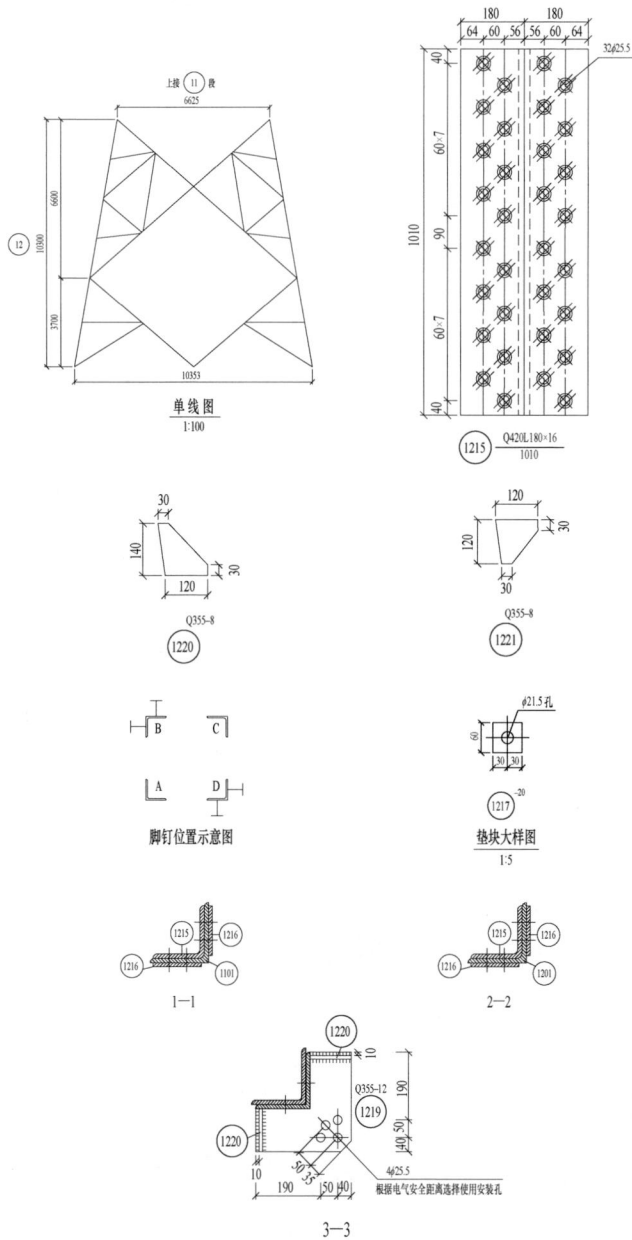

构件明细表

编号	规格	长度（mm）	数量	一件	小计	备注
1201	Q420L200×20	10622	2	637.91	1275.8	脚钉
1202	Q420L200×20	10622	2	637.91	1275.8	
1203	L110×8	5754	4	77.86	311.5	切角
1204	L110×8	5754	4	77.86	311.5	
1205	L75×5	3323	8	19.33	154.7	
1206	L70×5	2648	8	14.29	114.3	切角
1207	L125×8	10362	4	160.65	642.6	
1208	L125×8	10362	4	160.65	642.6	切角
1209	L56×5	1955	8	8.31	66.5	
1210	L50×5	2212	8	8.34	66.7	
1211	L75×5	3405	8	19.81	158.5	切角
1212	L70×5	2998	4	16.18	64.7	
1213	L70×5	2998	4	16.18	64.7	切角，脚钉
1214	L56×5	1969	8	8.37	67.0	
1215	Q420L180×16	1010	4	43.98	175.9	铲背，脚钉
1216	Q420−14×180	1010	8	19.98	159.8	
1217	−20×60	60	4	0.57	2.3	
1218	Q355L160×12	280	8	8.23	65.8	清根，焊接
1219	Q355−12×280	280	8	7.39	59.1	焊接
1220	Q355−8×120	140	16	1.06	17.0	焊接
1221	Q355−8×120	120	16	0.90	14.4	焊接
合计					5711.2kg	

螺栓、垫圈、脚钉明细表

名称	级别	规格	符号	数量	质量（kg）	备注
螺栓	6.8	M16×50		24	3.8	
		M16×60		24	4.2	
		M20×55		32	9.2	
		M20×65		46	14.4	
		M20×75		20	6.8	
	8.8	M24×95		124	74.9	
脚钉	6.8	M16×180		46	17.7	双帽
		M20×200		2	1.3	双帽
	8.8	M24×240		4	4.7	双帽
合计					137.0kg	

图 9.4−18　220−HC21S−DL−14　220−HC21S−DL 终端塔塔身结构图⑫（二）

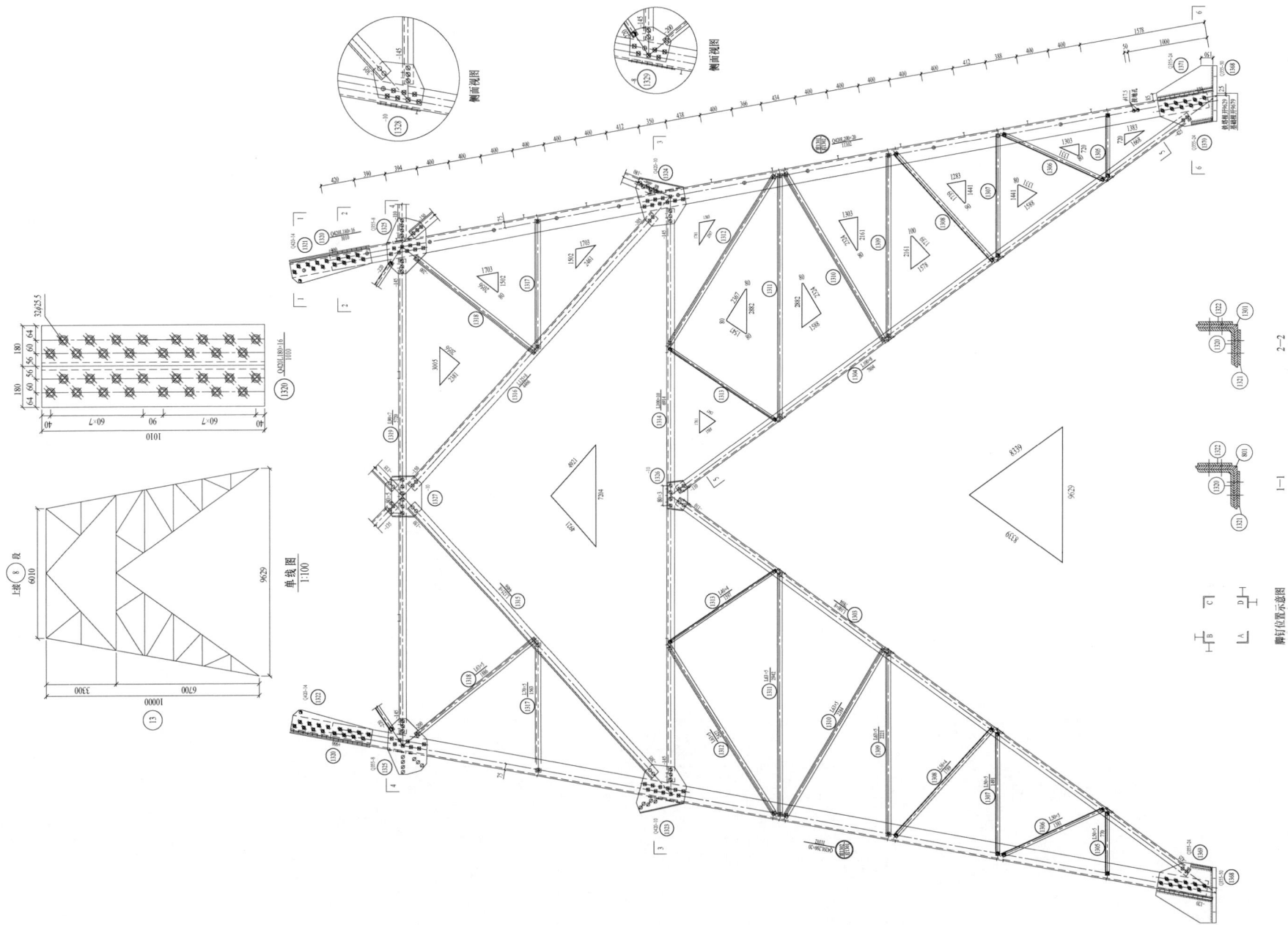

图 9.4-19 220-HC21S-DL-15（1/2） 220-HC21S-DL 终端塔 18.0m 塔腿结构图⑬

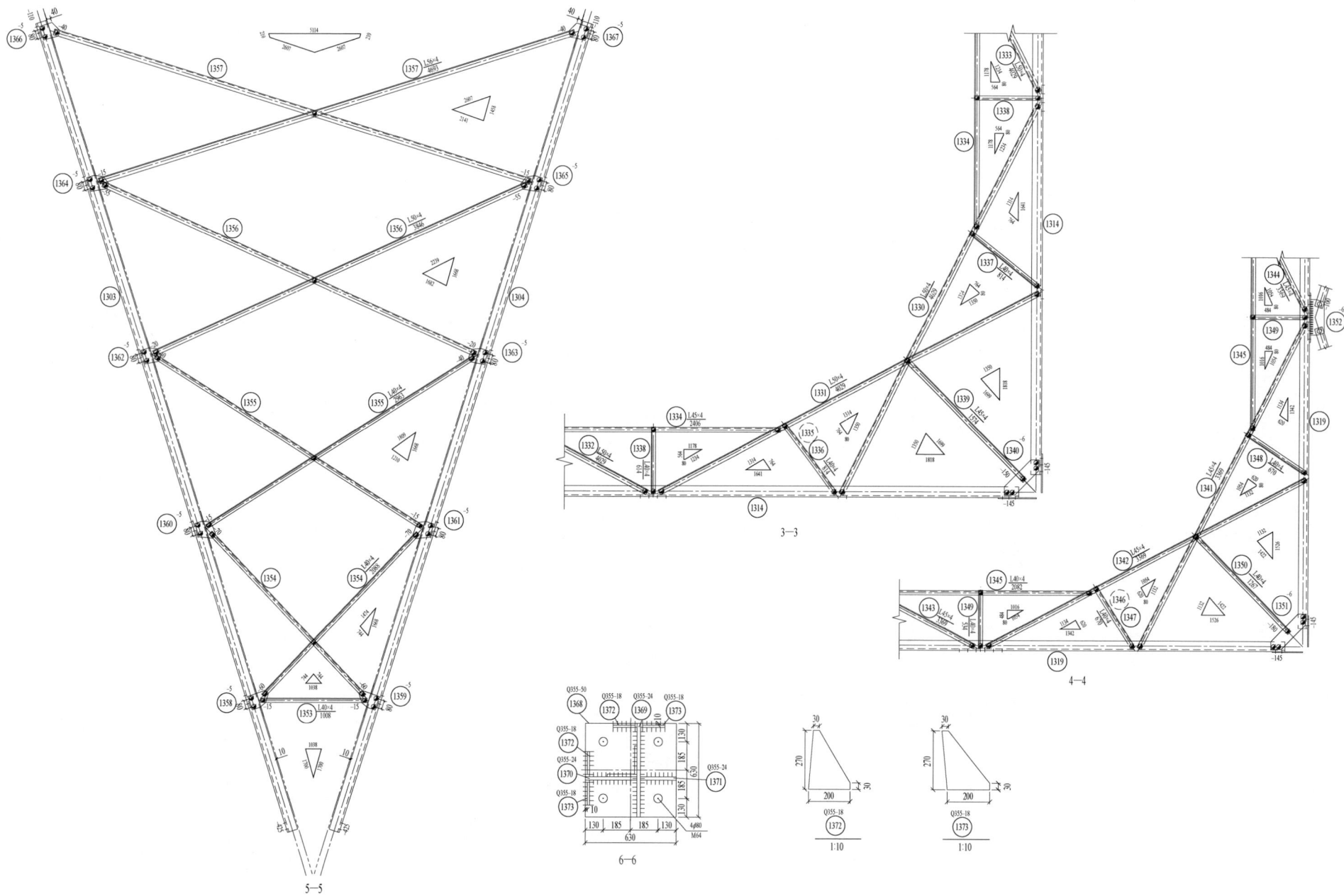

图 9.4 – 20 220 – HC21S – DL – 15（2/2） 220 – HC21S – DL 终端塔 18.0m 塔腿结构图⑬（一）

构 件 明 细 表

编号	规格	长度(mm)	数量	质量(kg) 一件	小计	备注	编号	规格	长度(mm)	数量	质量(kg) 一件	小计	备注
1301	Q420L200×20	11102	2	666.74	1333.5	脚钉	1338	L40×4	614	4	1.49	5.9	
1302	Q420L200×20	11102	2	666.74	1333.5		1339	L45×4	1574	4	4.31	17.2	压扁
1303	L100×8	7804	4	95.80	383.2		1340	−6×123	455	4	2.66	10.6	
1304	L100×8	7804	4	95.80	383.2		1341	L45×4	3369	2	9.22	18.4	
1305	L50×5	770	8	2.90	23.2		1342	L45×4	3369	2	9.22	18.4	
1306	L50×5	1381	8	5.21	41.7		1343	L45×4	3369	2	9.22	18.4	
1307	L50×5	1491	8	5.62	45.0		1344	L45×4	3369	2	9.22	18.4	
1308	L56×4	1789	8	6.16	49.3		1345	L40×4	2082	4	5.04	20.2	
1309	L63×5	2221	8	10.71	85.7		1346	L40×4	670	2	1.62	3.2	
1310	L63×5	2384	8	11.50	92.0		1347	L40×4	670	2	1.62	3.2	
1311	L63×5	2942	8	14.19	113.5		1348	L40×4	670	4	1.62	6.5	
1312	L63×5	2427	8	11.70	93.6	脚钉	1349	L40×4	534	4	1.29	5.2	
1313	L40×4	1597	8	3.87	30.9		1350	L40×4	1267	4	3.07	12.3	压扁
1314	L100×10	6914	4	104.54	418.2	开角	1351	−6×120	464	4	2.63	10.5	
1315	L125×8	4466	4	69.24	277.0		1352	−6×128	327	2	1.98	4.0	焊接
1316	L125×8	4466	4	69.24	277.0		1353	L40×4	1008	4	2.44	9.8	
1317	L70×5	1563	8	8.44	67.5		1354	L40×4	2088	8	5.06	40.5	
1318	L63×5	1886	8	9.09	72.7		1355	L40×4	2963	8	7.18	57.4	
1319	L90×7	5720	4	55.23	220.9	开角	1356	L50×4	3846	8	11.76	94.1	
1320	Q420L180×16	1010	4	43.98	175.9	铲背	1357	L56×4	4693	8	16.17	129.4	
1321	Q420−14×266	1010	4	29.55	118.2		1358	−5×131	195	4	1.01	4.1	火曲
1322	Q420−14×266	1010	4	29.55	118.2		1359	−5×131	195	4	1.01	4.1	火曲
1323	Q420−10×552	667	2	28.95	57.9	火曲；卷边（50）	1360	−5×158	181	4	1.13	4.5	火曲
1324	Q420−10×552	667	2	28.95	57.9	火曲；卷边（50）	1361	−5×158	181	4	1.13	4.5	火曲
1325	Q355−8×451	622	4	17.64	70.5		1362	−5×146	160	4	0.92	3.7	火曲
1326	−10×256	440	4	8.87	35.5	火曲；卷边（50）	1363	−5×146	160	4	0.92	3.7	火曲
1327	−10×450	575	4	20.34	81.3	火曲；卷边（50）	1364	−5×140	197	4	1.09	4.4	火曲
1328	−10×361	411	4	11.68	46.7		1365	−5×140	197	4	1.09	4.4	火曲
1329	−10×298	337	4	7.91	31.6		1366	−5×139	176	4	0.97	3.9	火曲
1330	L50×4	4029	2	12.32	24.6	切角	1367	−5×139	176	4	0.97	3.9	火曲
1331	L50×4	4029	2	12.32	24.6		1368	Q355−50×630	630	4	155.78	623.1	焊接
1332	L50×4	4029	2	12.32	24.6		1369	Q355−24×685	752	4	97.26	389.0	焊接
1333	L50×4	4029	2	12.32	24.6	切角	1370	Q355−24×368	701	4	48.64	194.5	焊接
1334	L45×4	2406	4	6.58	26.3		1371	Q355−24×289	753	4	41.01	164.0	焊接
1335	L40×4	814	2	1.97	3.9		1372	Q355−18×198	270	8	7.56	60.5	焊接
1336	L40×4	814	2	1.97	3.9		1373	Q355−18×162	366	8	8.44	67.5	焊接
1337	L40×4	814	4	1.97	7.9		合计					8319.1kg	

螺栓、垫圈、脚钉明细表

名称	级别	规格	符号	数量	质量（kg）	备注
螺栓	6.8	M16×40	⊘	126	18.4	
		M16×50	⊘	250	40.0	
		M16×60	▣	30	5.3	
		M20×55	∅	200	57.6	
		M20×65	⊗	160	50.1	
	8.8	M24×85	∅	81	46.1	
		M24×95	⊠	121	73.1	
脚钉	6.8	M16×180	⊖—	38	14.6	双帽
		M20×200	⊖—	8	5.4	双帽
	8.8	M24×240	⊖—	6	7.1	双帽
合计					317.7kg	

图 9.4−20　220−HC21S−DL−15（2/2）　220−HC21S−DL 终端塔 18.0m 塔腿结构图⑬（二）

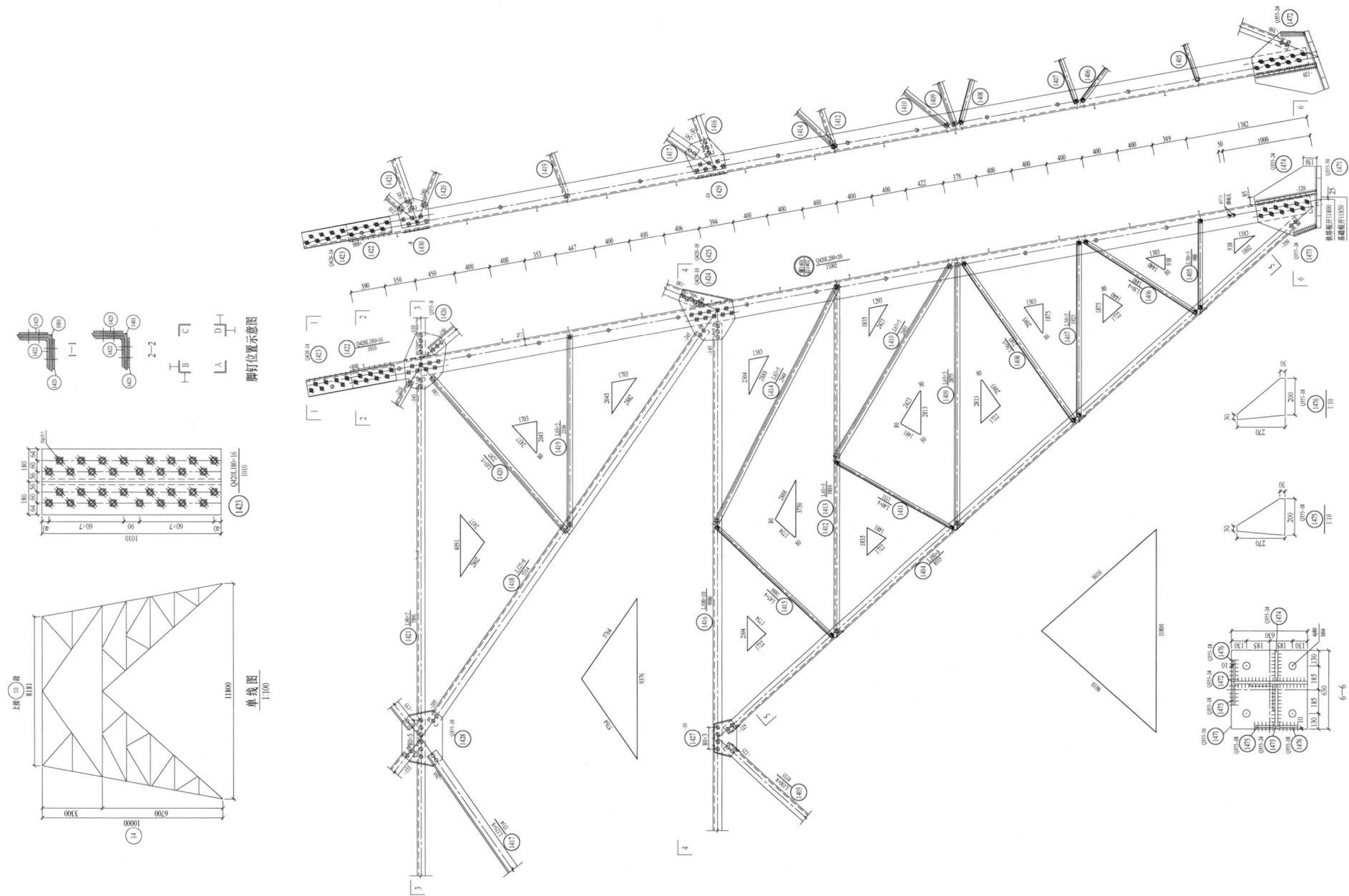

图 9.4-21 220-HC21S-DL-16（1/2） 220-HC21S-DL 终端塔 24.0m 塔腿结构图⑭

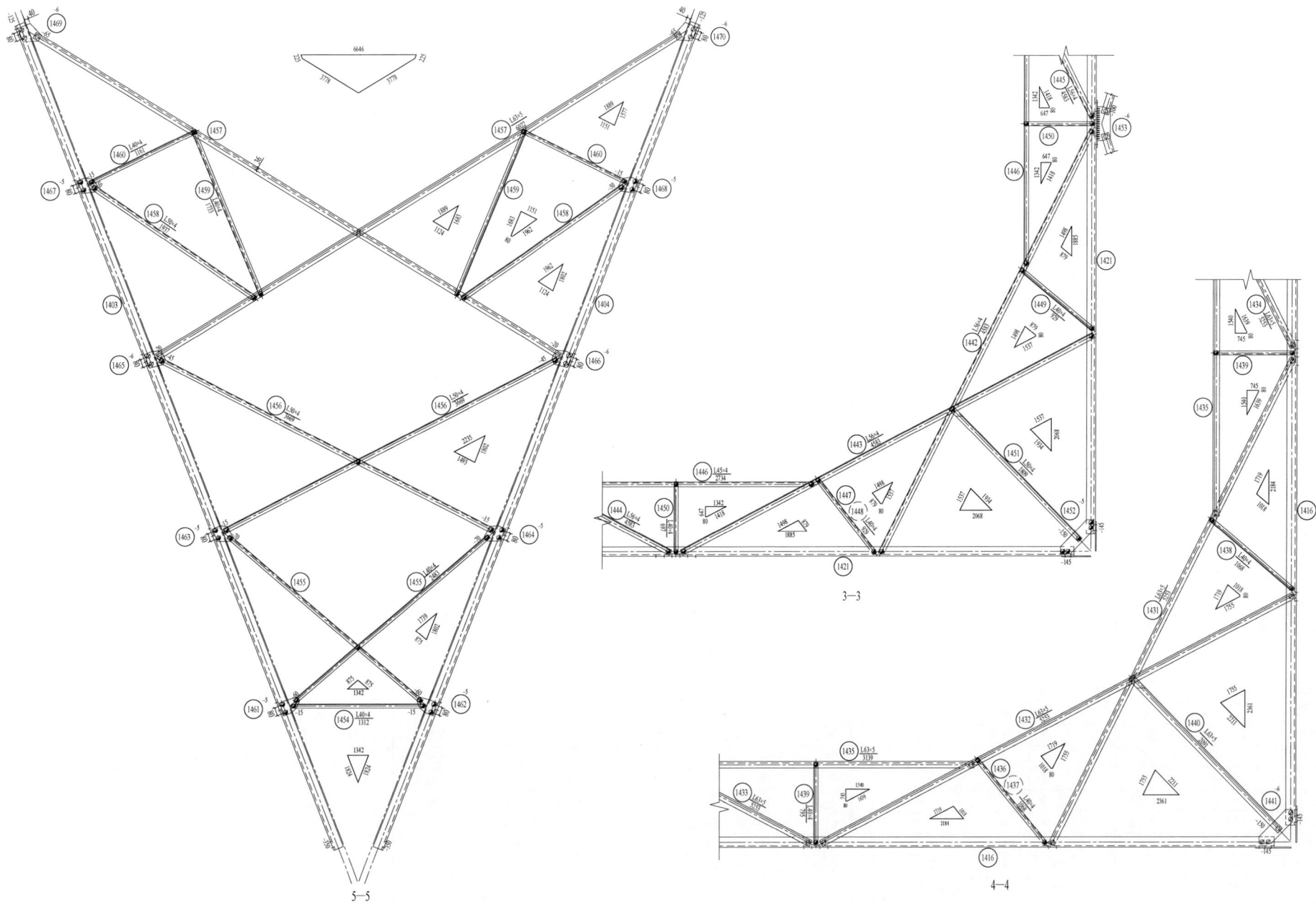

图 9.4 – 22 220 – HC21S – DL – 16（2/2） 220 – HC21S – DL 终端塔 24.0m 塔腿结构图⑭（一）

构 件 明 细 表

编号	规格	长度(mm)	数量	质量(kg) 一件	质量(kg) 小计	备注	编号	规格	长度(mm)	数量	质量(kg) 一件	质量(kg) 小计	备注
1401	Q420L200×20	11002	2	660.74	1321.5	脚钉	1440	L63×5	2091	4	10.08	40.3	压扁
1402	Q420L200×20	11002	2	660.74	1321.5		1441	−6×130	462	4	2.85	11.4	
1403	L100×8	8535	4	104.78	419.1	切角	1442	L56×4	4583	2	15.79	31.6	
1404	L100×8	8535	4	104.78	419.1		1443	L56×4	4583	2	15.79	31.6	
1405	L50×5	988	8	3.72	29.8	脚钉	1444	L56×4	4583	2	15.79	31.6	
1406	L50×4	1490	8	4.56	36.5		1445	L56×4	4583	2	15.79	31.6	切角
1407	L56×5	1925	8	8.18	65.5		1446	L45×4	2734	4	7.48	29.9	
1408	L56×5	2143	8	9.11	72.9		1447	L40×4	929	2	2.25	4.5	
1409	L63×5	2873	8	13.85	110.8		1448	L40×4	929	2	2.25	4.5	
1410	L63×5	2483	8	11.97	95.8		1449	L40×5	929	4	2.25	9.0	
1411	L40×4	1531	8	3.71	29.7		1450	L40×4	697	4	1.69	6.8	
1412	L63×5	3810	4	18.37	73.5	切角	1451	L50×4	1809	4	5.53	22.1	压扁
1413	L63×5	3810	4	18.37	73.5	切角	1452	−5×120	464	4	2.19	8.8	
1414	L63×5	2948	8	14.22	113.7		1453	−6×128	327	2	1.98	4.0	焊接
1415	L45×4	1804	8	4.94	39.5		1454	L40×4	1312	4	3.18	12.7	
1416	L100×10	9086	4	137.38	549.5	开角	1455	L40×4	2483	8	6.01	48.1	
1417	L125×8	5314	4	82.39	329.6		1456	L50×4	3669	8	11.22	89.8	
1418	L125×8	5314	4	82.39	329.6		1457	L63×5	6022	8	29.04	232.3	
1419	L63×5	2106	8	10.16	81.2	脚钉	1458	L50×4	1937	8	5.93	47.4	
1420	L63×5	2287	8	11.03	88.2		1459	L40×4	1733	8	4.20	33.6	切角
1421	L90×7	7891	4	76.20	304.8	开角	1460	L40×4	1161	8	2.81	22.5	
1422	Q420L180×16	1010	4	43.98	175.9	铲背	1461	−5×130	197	4	1.01	4.0	火曲
1423	Q420−14×180	1010	8	19.98	159.8		1462	−5×130	197	4	1.01	4.0	火曲
1424	Q420−10×552	667	2	28.95	57.9	火曲；卷边（50）	1463	−5×161	179	4	1.14	4.6	火曲
1425	Q420−10×552	667	2	28.95	57.9	火曲；卷边（50）	1464	−5×161	179	4	1.14	4.6	火曲
1426	Q355−8×451	622	4	17.64	70.5		1465	−6×157	176	4	1.31	5.2	火曲
1427	−10×257	481	4	9.74	39.0	火曲；卷边（50）	1466	−6×157	176	4	1.31	5.2	火曲
1428	Q355−10×459	678	4	24.49	98.0	火曲；卷边（50）	1467	−5×161	164	4	1.04	4.2	火曲
1429	−10×358	433	4	12.19	48.8		1468	−5×161	164	4	1.04	4.2	火曲
1430	−8×298	353	4	6.64	26.6		1469	−6×188	193	4	1.72	6.9	火曲
1431	L63×5	5253	2	25.33	50.7	切角	1470	−6×188	193	4	1.72	6.9	火曲
1432	L63×5	5253	2	25.33	50.7		1471	Q355−50×630	630	4	155.78	623.1	焊接
1433	L63×5	5253	2	25.33	50.7		1472	Q355−24×705	764	4	101.64	406.6	焊接
1434	L63×5	5253	2	25.33	50.7	切角	1473	Q355−24×417	701	4	55.19	220.7	焊接
1435	L63×5	3139	4	15.14	60.5		1474	Q355−24×289	753	4	41.01	164.0	焊接
1436	L40×4	1068	2	2.59	5.2		1475	Q355−18×198	270	8	7.57	60.5	焊接
1437	L40×4	1068	2	2.59	5.2		1476	Q355−18×163	365	8	8.43	67.5	焊接
1438	L40×4	1068	4	2.59	10.3			合计				9277.7kg	
1439	L40×4	795	4	1.93	7.7								

螺栓、垫圈、脚钉明细表

名称	级别	规格	符号	数量	质量(kg)	备注
螺栓	6.8	M16×40	◔	108	15.8	
		M16×50	◑	188	30.1	
		M16×60	▩	30	5.3	
		M20×45	○	36	9.6	
		M20×55	∅	272	78.3	
		M20×65	⊠	144	45.1	
	8.8	M24×85	∅	80	45.5	
		M24×95	⊠	124	74.9	
脚钉	6.8	M16×180	⊕—	40	15.4	双帽
		M20×200	⊕—	8	5.4	双帽
	8.8	M24×240	⊕—	4	4.7	双帽
合计					330.1kg	

图 9.4−22　220−HC21S−DL−16（2/2）　220−HC21S−DL 终端塔 24.0m 塔腿结构图⑭（二）

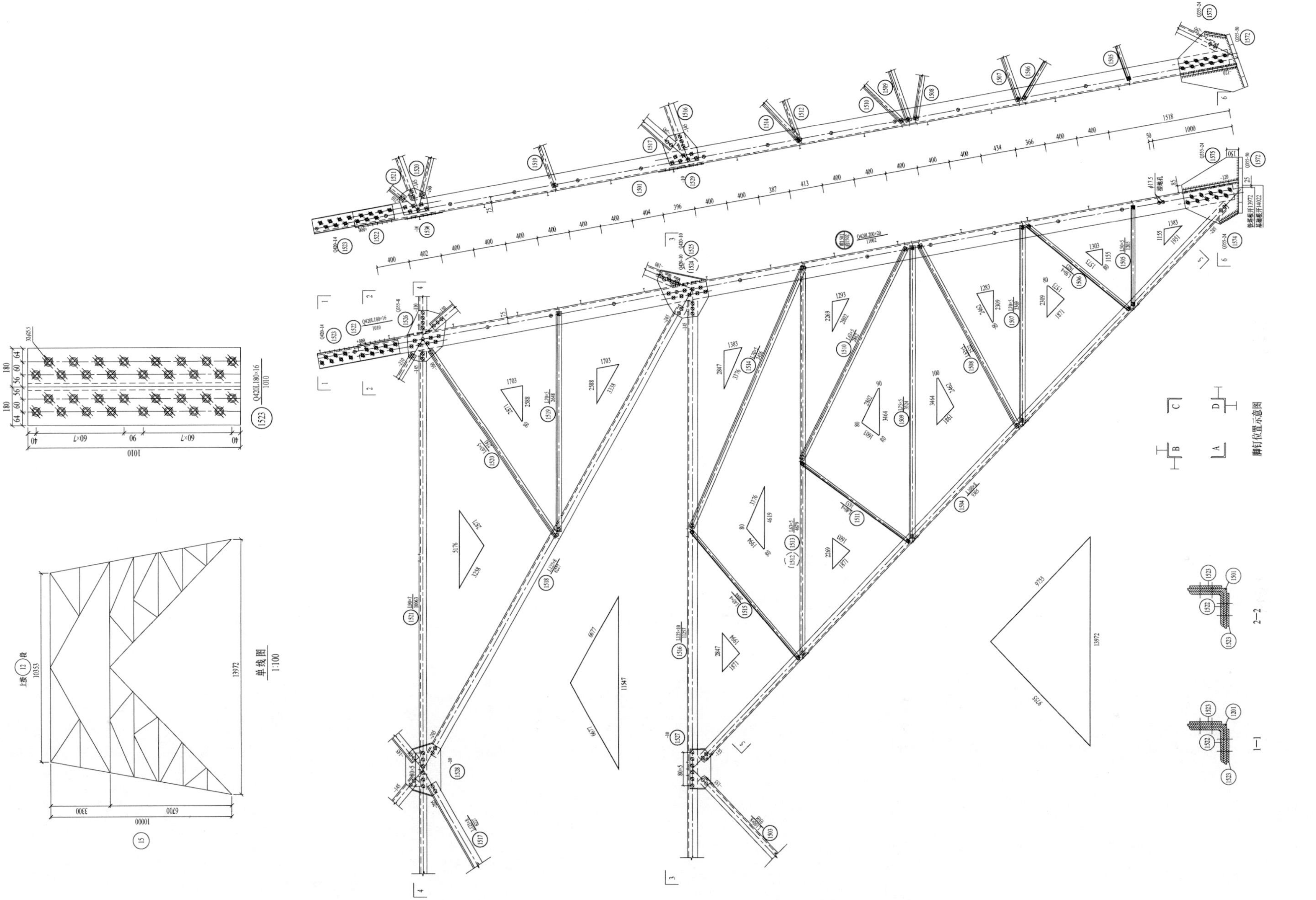

图 9.4 – 23　220 – HC21S – DL – 17（1/3）　220 – HC21S – DL 终端塔 30.0m 塔腿结构图⑮

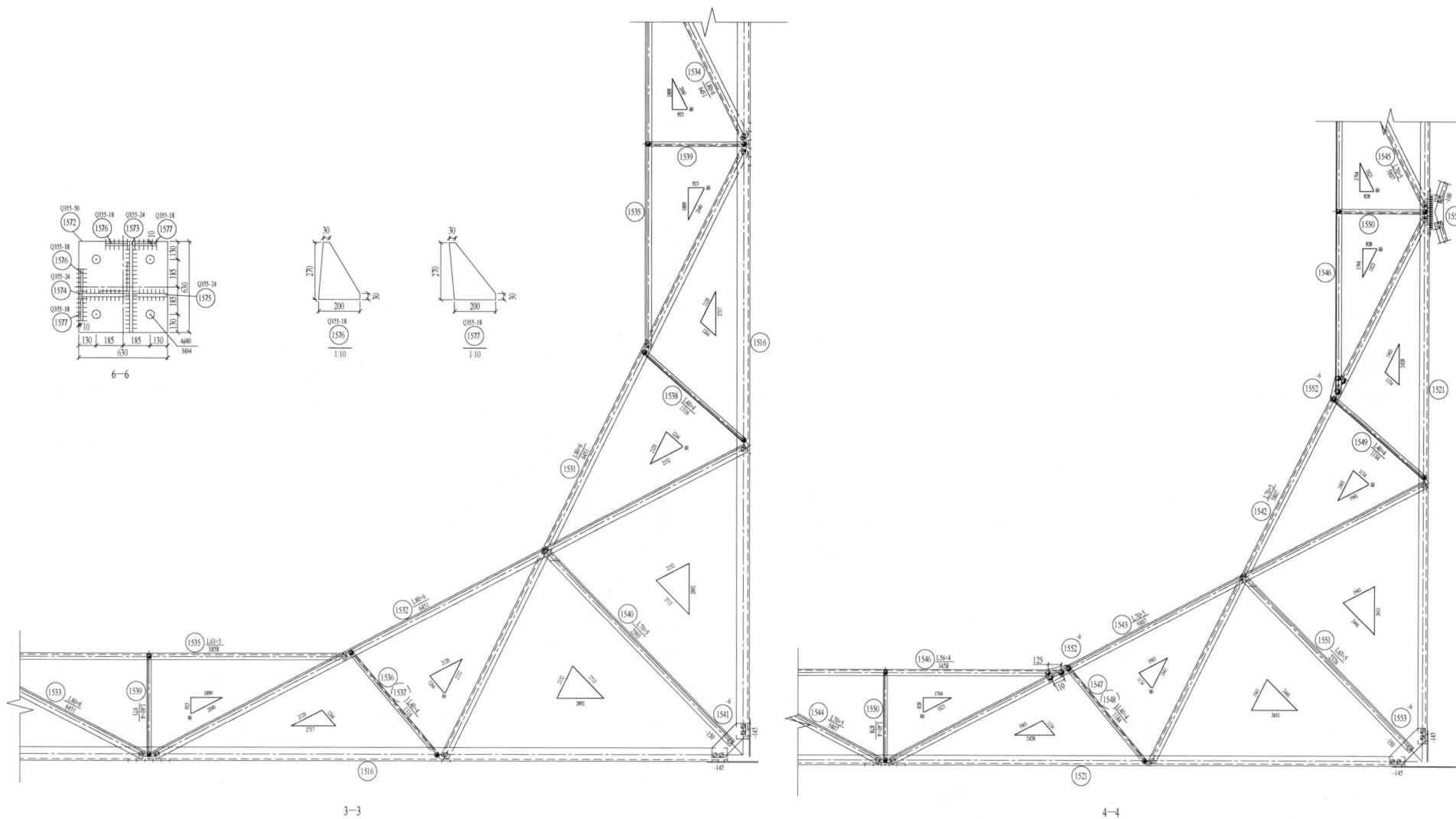

图 9.4-24　220-HC21S-DL-17（2/3）　220-HC21S-DL 终端塔 30.0m 塔腿结构图⑮

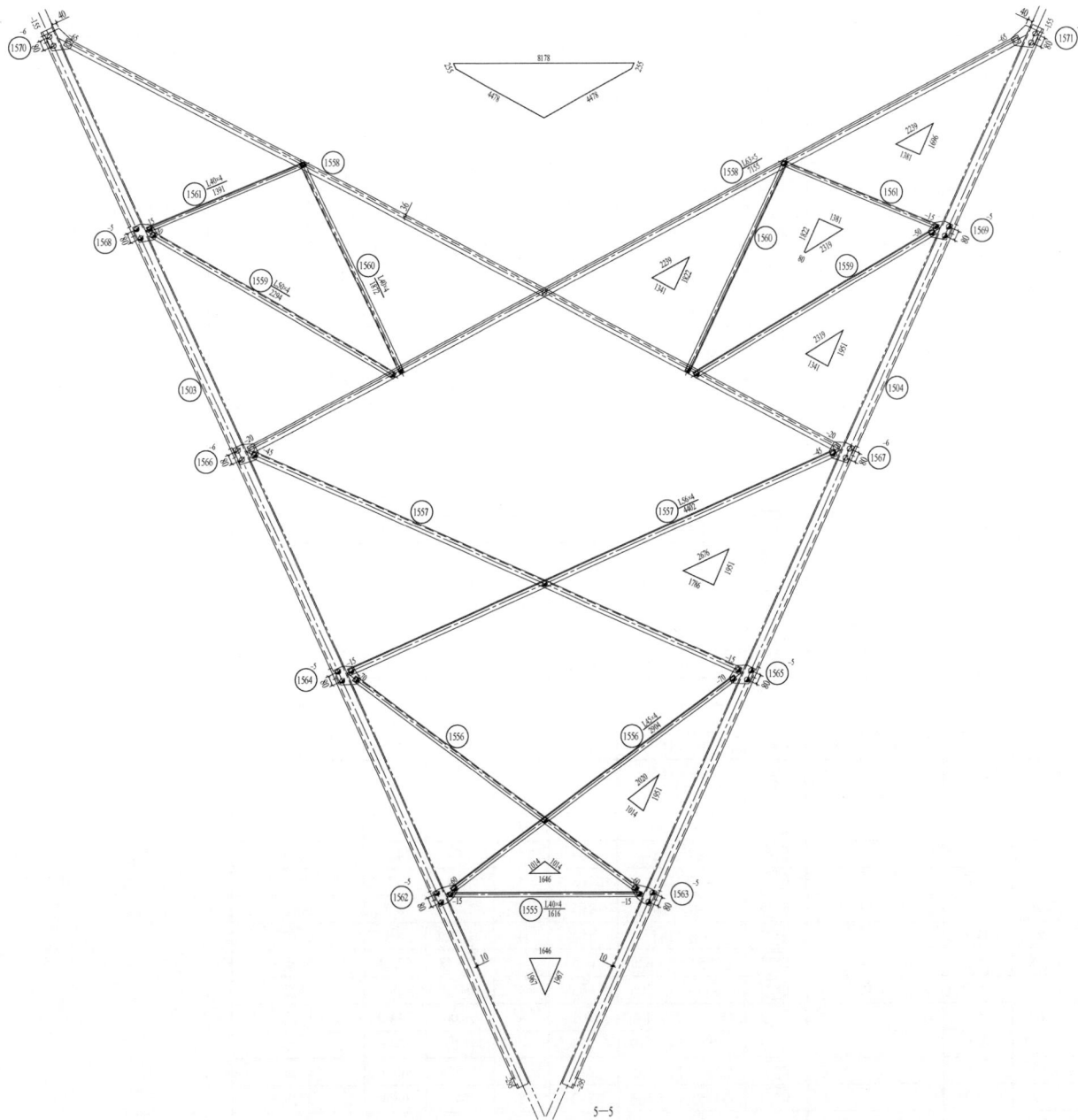

图 9.4 – 25　220 – HC21S – DL – 17（3/3）　220 – HC21S – DL 终端塔 30.0m 塔腿结构图⑮（一）

构 件 明 细 表

编号	规格	长度(mm)	数量	质量(kg) 一件	质量(kg) 小计	备注	编号	规格	长度(mm)	数量	质量(kg) 一件	质量(kg) 小计	备注
1501	Q420L200×20	11002	2	660.74	1321.5	脚钉	1540	L70×5	2593	4	13.99	56.0	压扁
1502	Q420L200×20	11002	2	660.74	1321.5		1541	−6×148	460	4	3.22	12.9	
1503	L100×8	9305	4	114.23	456.9		1542	L70×5	5807	2	31.34	62.7	切角
1504	L100×8	9305	4	114.23	456.9		1543	L70×5	5807	2	31.34	62.7	切角
1505	L50×5	1205	8	4.54	36.3		1544	L70×5	5807	2	31.34	62.7	切角
1506	L50×4	1623	8	4.96	39.7		1545	L70×5	5807	2	31.34	62.7	切角
1507	L70×5	2369	8	12.79	102.3		1546	L56×4	3458	4	11.92	47.7	
1508	L63×5	2522	8	12.16	97.3		1547	L40×4	1184	2	2.87	5.7	
1509	L75×5	3524	8	20.50	164.0		1548	L40×4	1184	2	2.87	5.7	
1510	L63×5	2862	8	13.80	110.4		1549	L40×4	1184	4	2.87	11.5	
1511	L40×4	1653	8	4.00	32.0		1550	L40×4	878	4	2.13	8.5	
1512	L63×5	4679	4	22.56	90.2	切角	1551	L63×5	2326	4	11.22	44.9	压扁
1513	L63×5	4679	4	22.56	90.2	切角,脚钉	1552	−6×128	251	8	1.52	12.1	
1514	L70×5	3436	8	18.54	148.4	脚钉	1553	−6×137	492	4	3.20	12.8	
1515	L45×4	2044	8	5.59	44.7		1554	−6×128	327	2	1.98	4.0	焊接
1516	L125×10	11257	4	215.38	861.5	开角	1555	L40×4	1616	4	3.91	15.7	
1517	L125×8	6227	4	96.54	386.2		1556	L45×4	2904	8	7.95	63.6	
1518	L125×8	6227	4	96.54	386.2		1557	L56×4	4402	8	15.17	121.4	
1519	L70×5	2648	4	14.29	114.3	切角	1558	L63×5	7155	8	34.50	276.0	
1520	L63×5	2741	4	13.22	105.7		1559	L50×4	2294	8	7.02	56.1	
1521	L90×7	10063	4	97.17	388.7	开角	1560	L40×4	1872	8	4.53	36.3	切角
1522	Q420L180×16	1010	4	43.98	175.9	铲背,脚钉	1561	L40×4	1391	8	3.37	27.0	
1523	Q420−14×180	1010	8	19.98	159.8		1562	−5×130	198	4	1.02	4.1	火曲
1524	Q420−10×552	667	2	28.95	57.9	火曲;卷边(50)	1563	−5×130	198	4	1.02	4.1	火曲
1525	Q420−10×552	667	2	28.95	57.9	火曲;卷边(50)	1564	−5×165	180	4	1.17	4.7	火曲
1526	Q355−8×451	622	4	17.64	70.5		1565	−5×165	180	4	1.17	4.7	火曲
1527	−10×257	562	4	11.38	45.5	火曲;卷边(50)	1566	−6×159	176	4	1.32	5.3	火曲
1528	−10×431	690	4	23.40	93.6	火曲;卷边(50)	1567	−6×159	176	4	1.32	5.3	火曲
1529	−10×361	411	4	11.68	46.7		1568	−5×161	164	4	1.04	4.2	火曲
1530	−10×298	337	4	7.91	31.6		1569	−5×161	165	4	1.04	4.2	火曲
1531	L80×6	6451	2	47.58	95.2	切角	1570	−6×187	194	4	1.72	6.9	火曲
1532	L80×6	6451	2	47.58	95.2		1571	−6×187	194	4	1.72	6.9	火曲
1533	L80×6	6451	2	47.58	95.2		1572	Q355−50×630	630	4	155.78	623.1	焊接
1534	L80×6	6451	2	47.58	95.2	切角	1573	Q355−24×705	805	4	107.17	428.7	焊接
1535	L63×5	3858	4	18.60	74.4		1574	Q355−24×461	701	4	61.00	244.0	焊接
1536	L40×4	1316	2	3.19	6.4		1575	Q355−24×289	753	4	41.01	164.0	焊接
1537	L40×4	1316	2	3.19	6.4		1576	Q355−18×198	270	8	7.57	60.6	焊接
1538	L40×4	1316	4	3.19	12.7		1577	Q355−18×164	362	8	8.42	67.4	焊接
1539	L40×4	973	4	2.36	9.4			合计				10691.3kg	

螺栓、垫圈、脚钉明细表

名称	级别	规格	符号	数量	质量(kg)	备注
螺栓	6.8	M16×40	●	80	11.7	
		M16×50	●	176	28.2	
		M16×60	■	14	2.5	
		M20×45	○	60	16.1	
		M20×55	⌀	364	104.8	
		M20×65	⊗	182	57.0	
	8.8	M24×85	⌀	80	45.5	
		M24×95	⊠	122	73.7	
脚钉	6.8	M16×180	⊕—	40	15.4	双帽
		M20×200	⊕—	6	4.0	双帽
	8.8	M24×240	⊕—	6	7.1	双帽
合计					366.0kg	

图 9.4−25　220−HC21S−DL−17(3/3)　220−HC21S−DL 终端塔 30.0m 塔腿结构图⑮(二)

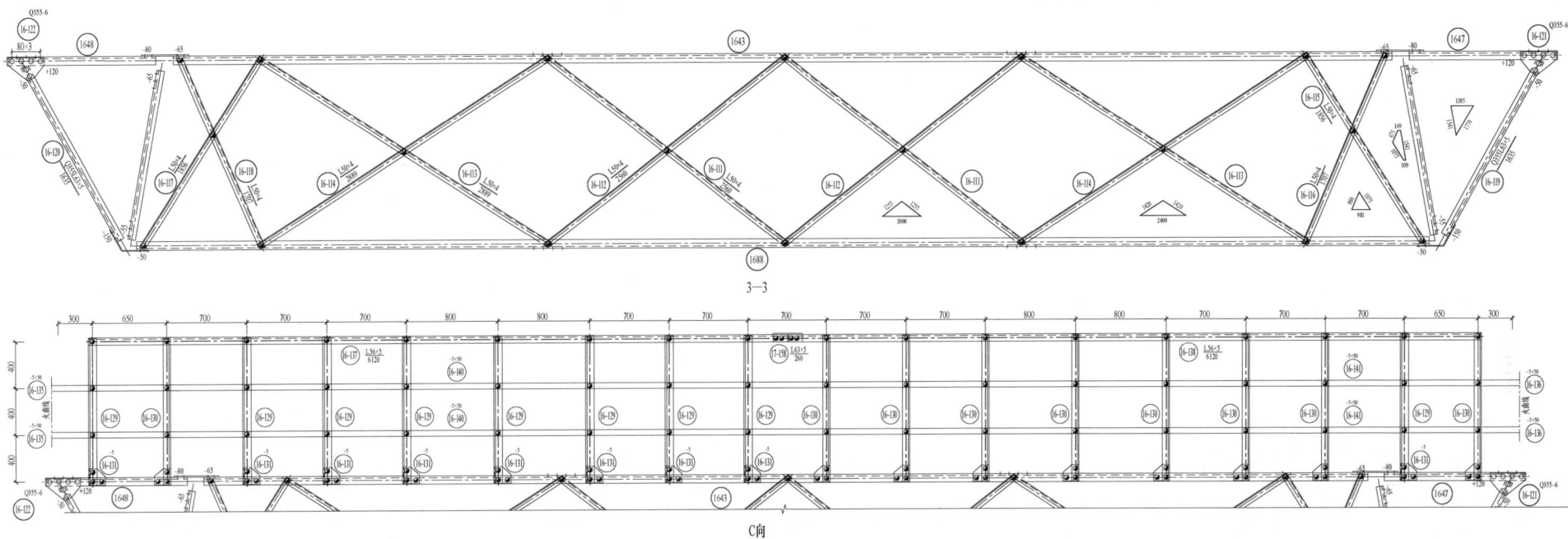

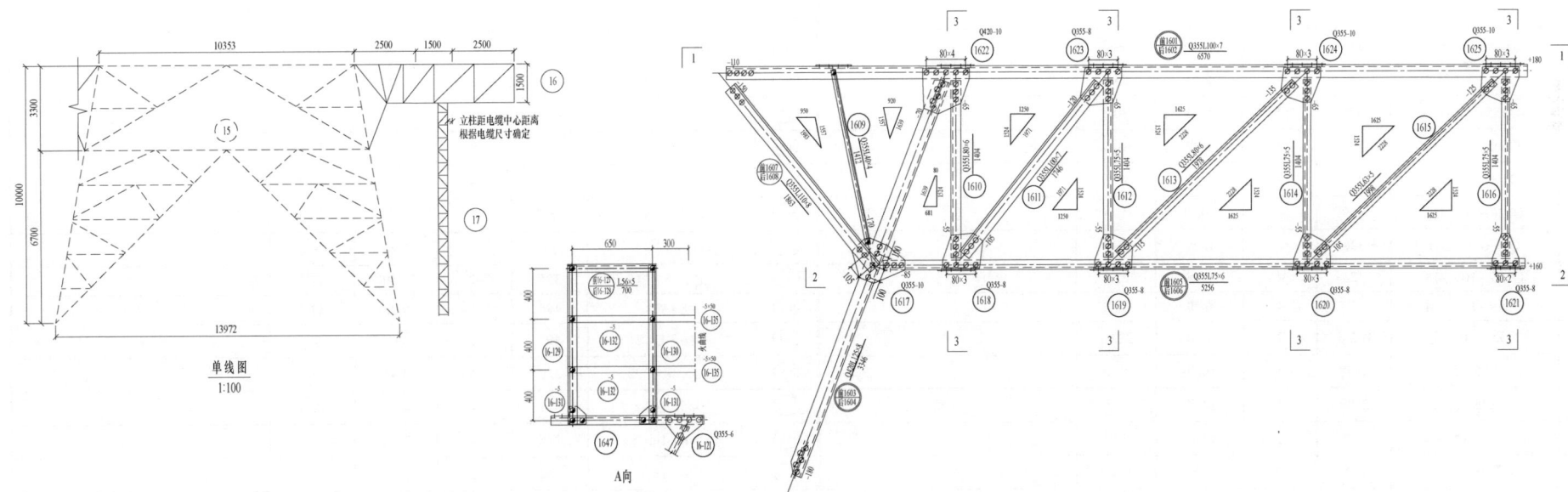

图 9.4-26　220-HC21S-DL-18（1/3）　220-HC21S-DL 终端塔电缆平台结构图⑯（一）

构 件 明 细 表

编号	规格	长度 (mm)	数量	质量 (kg) 一件	质量 (kg) 小计	备注	编号	规格	长度 (mm)	数量	质量 (kg) 一件	质量 (kg) 小计	备注
⑯01	Q355L100×7	6570	2	71.15	142.3	开角	⑯31	L63×5	1866	4	9.00	36.0	
⑯02	Q355L100×7	6570	2	71.15	142.3	开角	⑯32	L63×5	999	4	4.82	19.3	
⑯03	Q420L125×8	3346	2	51.88	103.8	切角，合角	⑯33	L63×5	1722	4	8.30	33.2	
⑯04	Q420L125×8	3346	2	51.88	103.8	切角，合角	⑯34	L63×5	1046	4	5.04	20.2	
⑯05	Q355L75×6	5256	2	36.29	72.6	合角	⑯35	Q355L70×6	10255	2	65.69	131.4	
⑯06	Q355L75×6	5256	2	36.29	72.6	合角	⑯36	L70×5	2068	4	11.16	44.6	
⑯07	Q355L110×8	1863	2	25.21	50.4		⑯37	L70×5	2371	4	12.80	51.2	
⑯08	Q355L110×8	1863	2	25.21	50.4		⑯38	L56×4	1245	4	4.29	17.2	
⑯09	Q355L40×4	1412	4	3.42	13.7		⑯39	Q355L70×6	10255	2	65.69	131.4	
⑯10	Q355L80×6	1404	4	10.36	41.4		⑯40	L70×5	2347	4	12.67	50.7	
⑯11	Q355L100×7	1746	4	18.91	75.6		⑯41	L70×5	2628	4	14.18	56.7	
⑯12	Q355L75×5	1404	4	8.17	32.7		⑯42	L56×4	1548	4	5.33	21.3	
⑯13	Q355L80×6	1978	4	14.59	58.4		⑯43	Q355L70×6	10255	2	65.69	131.4	
⑯14	Q355L63×5	1404	4	6.77	27.1		⑯44	L70×5	2347	4	12.67	50.7	
⑯15	Q355L63×5	1998	4	9.63	38.5		⑯45	L70×5	2628	4	14.18	56.7	
⑯16	Q355L63×5	1404	4	6.77	27.1		⑯46	L56×4	1548	4	5.33	21.3	
⑯17	Q355−10×355	396	4	11.05	44.2		⑯47	Q355L70×6	1249	8	8.00	64.0	
⑯18	Q355−8×282	329	4	5.83	23.3		⑯48	Q355L70×6	1249	8	8.00	64.0	
⑯19	Q355−8×264	308	4	5.14	20.6		⑯49	L56×4	1529	4	5.27	21.1	
⑯20	Q355−8×264	300	4	4.99	20.0		⑯50	L56×4	1785	8	6.15	49.2	
⑯21	Q355−8×220	264	4	3.66	14.6		⑯51	Q355L63×5	1160	4	5.59	22.4	
⑯22	Q420−10×359	380	4	10.71	42.8		⑯52	Q355L63×5	1535	4	7.40	29.6	
⑯23	Q355−8×293	338	4	6.25	25.0		⑯53	Q355L63×5	1535	4	7.40	29.6	
⑯24	Q355−10×274	323	4	6.98	27.9		⑯54	Q355−8×215	325	4	4.40	17.6	
⑯25	Q355−10×274	310	4	6.70	26.8		⑯55	−8×298	494	4	9.28	37.1	
⑯26	Q355L100×7	10255	2	111.06	222.1		⑯56	−6×174	493	2	4.05	8.1	
⑯27	L75×5	2458	4	14.30	57.2		⑯57	Q355−8×302	338	4	6.44	25.8	
⑯28	L75×5	2539	2	14.77	29.5	切角	⑯58	−6×269	341	4	4.33	17.3	
⑯29	L75×5	2539	2	14.77	29.5		⑯59	−6×160	315	4	2.38	9.5	
⑯30	Q355L70×6	10255	2	65.69	131.4		⑯60	−6×165	384	2	3.00	6.0	

图 9.4−26　220−HC21S−DL−18（1/3）　220−HC21S−DL 终端塔电缆平台结构图⑯（二）

编号	规格	长度（mm）	数量	质量（kg） 一件	质量（kg） 小计	备注	编号	规格	长度（mm）	数量	质量（kg） 一件	质量（kg） 小计	备注
⑯61	Q355−8×318	383	4	7.67	30.7		⑯89	L63×5	1742	4	8.40	33.6	
⑯62	−6×168	255	4	2.03	8.1		⑯90	L70×5	2628	4	14.18	56.7	
⑯63	−6×168	408	4	3.23	12.9		⑯91	L70×5	2347	4	12.67	50.7	
⑯64	−6×167	315	2	2.49	5.0		⑯92	Q355−8×301	426	2	8.09	16.2	火曲
⑯65	Q355−8×348	395	4	8.65	34.6		⑯93	Q355−8×301	426	2	8.09	16.2	火曲
⑯66	−6×168	255	4	2.03	8.1		⑯94	−6×163	332	4	2.56	10.2	
⑯67	−6×168	338	4	2.69	10.7		⑯95	−6×238	322	2	3.62	7.2	
⑯68	−6×167	315	2	2.49	5.0		⑯96	Q355−8×301	428	2	8.12	16.2	火曲
⑯69	Q355−8×348	395	4	8.65	34.6		⑯97	Q355−8×301	428	2	8.12	16.2	火曲
⑯70	−6×168	338	4	2.69	10.7		⑯98	−6×168	285	4	2.26	9.1	
⑯71	Q355−8×195	220	4	2.69	10.8		⑯99	−6×160	391	4	2.96	11.8	
⑯72	Q355−8×220	330	4	4.56	18.2		⑯-100	−6×167	315	2	2.49	5.0	
⑯73	Q355−8×220	330	4	4.56	18.2		⑯-101	Q355−8×301	444	2	8.42	16.8	火曲
⑯74	Q355−8×195	220	4	2.69	10.8		⑯-102	Q355−8×301	444	2	8.42	16.8	火曲
⑯75	Q355L70×6	10883	2	69.72	139.4		⑯-103	−6×168	285	4	2.26	9.1	
⑯76	L90×7	5462	2	52.74	105.5		⑯-104	−6×168	338	4	2.69	10.7	
⑯77	L90×7	5462	2	52.74	105.5		⑯-105	−6×167	315	2	2.49	5.0	
⑯78	L70×5	2735	2	14.76	29.5	切角	⑯-106	Q355−8×301	444	2	8.42	16.8	火曲
⑯79	L70×5	2735	2	14.76	29.5	切角	⑯-107	Q355−8×301	444	2	8.42	16.8	火曲
⑯80	Q355L70×6	10883	2	69.72	139.4		⑯-108	−6×168	338	4	2.69	10.7	
⑯81	L63×5	1459	4	7.04	28.1		⑯-109	Q355L70×6	1686	6	10.80	64.8	
⑯82	L63×5	2386	4	11.51	46.0		⑯-110	Q355L70×6	1686	6	10.80	64.8	
⑯83	L63×5	2113	4	10.19	40.8		⑯-111	L50×4	2560	16	7.83	125.3	切角
⑯84	Q355L70×6	10883	2	69.72	139.4		⑯-112	L50×4	2560	16	7.83	125.3	切角
⑯85	L63×5	1742	4	8.40	33.6		⑯-113	L50×4	2889	16	8.84	141.4	切角
⑯86	L70×5	2628	4	14.18	56.7		⑯-114	L50×4	2889	16	8.84	141.4	
⑯87	L70×5	2347	4	12.67	50.7		⑯-115	L50×4	1856	8	5.68	45.4	切角
⑯88	Q355L70×6	10883	2	69.72	139.4		⑯-116	L50×4	1707	8	5.22	41.8	

图 9.4−26　220−HC21S−DL−18（1/3）　220−HC21S−DL 终端塔电缆平台结构图⑯（三）

编号	规格	长度(mm)	数量	质量(kg) 一件	质量(kg) 小计	备注	编号	规格	长度(mm)	数量	质量(kg) 一件	质量(kg) 小计	备注
16-117	L50×4	1856	8	5.68	45.4		16-133	L56×5	3950	2	16.79	33.6	
16-118	L50×4	1707	8	5.22	41.8	切角	16-134	L56×5	3950	2	16.79	33.6	
16-119	Q355L63×5	1635	8	7.88	63.1	切角	16-135	−5×50	5150	4	10.11	40.4	火曲
16-120	Q355L63×5	1635	8	7.88	63.1	切角	16-136	−5×50	5150	4	10.11	40.4	火曲
16-121	Q355−6×193	300	8	2.73	21.8		16-137	L56×5	6120	2	26.02	52.0	
16-122	Q355−6×193	300	8	2.73	21.8		16-138	L56×5	6120	2	26.02	52.0	
16-123	[10	2925	6	29.27	175.6		16-139	L63×5	260	2	1.25	2.5	
16-124	[10	2925	6	29.27	175.6		16-140	−5×50	5800	4	11.38	45.5	
16-125	Q355−12×350	648	6	21.36	128.2		16-141	−5×50	6500	4	12.76	51.0	
16-126	Q355−16×450	648	6	36.62	219.7		16-142	−5×920	4550	2	164.30	328.6	花纹板
16-127	L56×5	700	2	2.98	6.0		16-143	−5×4750	6550	2	1221.17	2442.3	花纹板
16-128	L56×5	700	2	2.98	6.0		16-144	−5×4750	6550	2	1221.17	2442.3	花纹板
16-129	L50×4	1250	34	3.82	129.9		16-145	−5×920	4550	2	164.30	328.6	花纹板
16-130	L50×4	1250	34	3.82	129.9		16-146	L70×5	1680	4	9.07	36.3	
16-131	−5×130	130	68	0.66	44.9		16-147	−6×150	300	2	2.12	4.2	
16-132	−5×50	700	8	1.37	11.0			合计				12663.2kg	

螺栓、垫圈、脚钉明细表

名称	级别	规格	符号	数量	质量(kg)	备注
螺栓	6.8	M16×40	⊘	870	126.9	
		M16×50	⊘	204	32.6	
		M16×60	▨	48	8.4	
		M20×45	○	492	131.9	
		M20×55	⊘	780	224.6	
		M20×65	⊗	4	1.3	
合计					525.7kg	

图 9.4−26　220−HC21S−DL−18（1/3）　220−HC21S−DL 终端塔电缆平台结构图⑯（四）

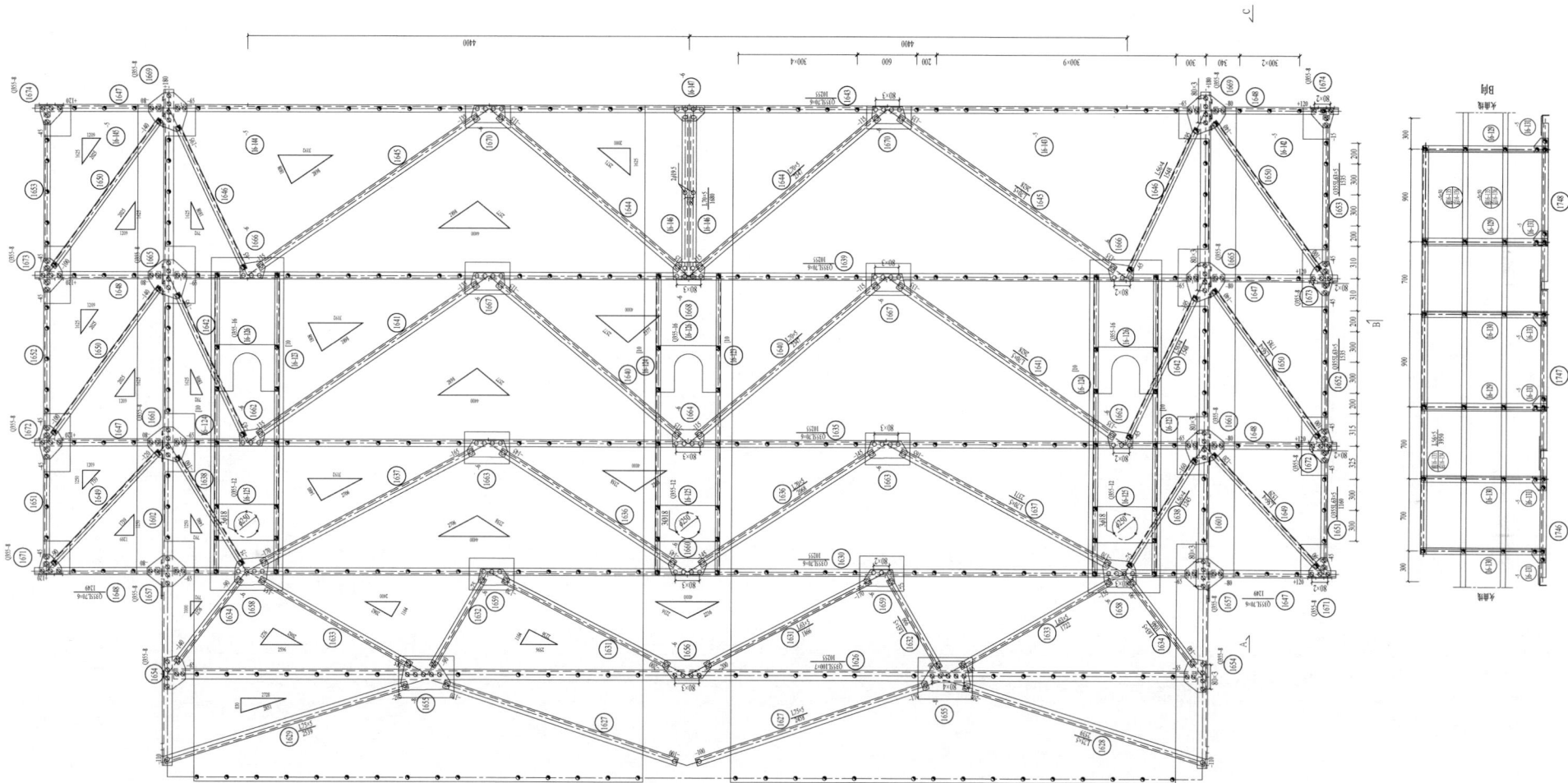

图 9.4-27 220-HC21S-DL-18（2/3） 220-HC21S-DL 终端塔电缆平台结构图⑯

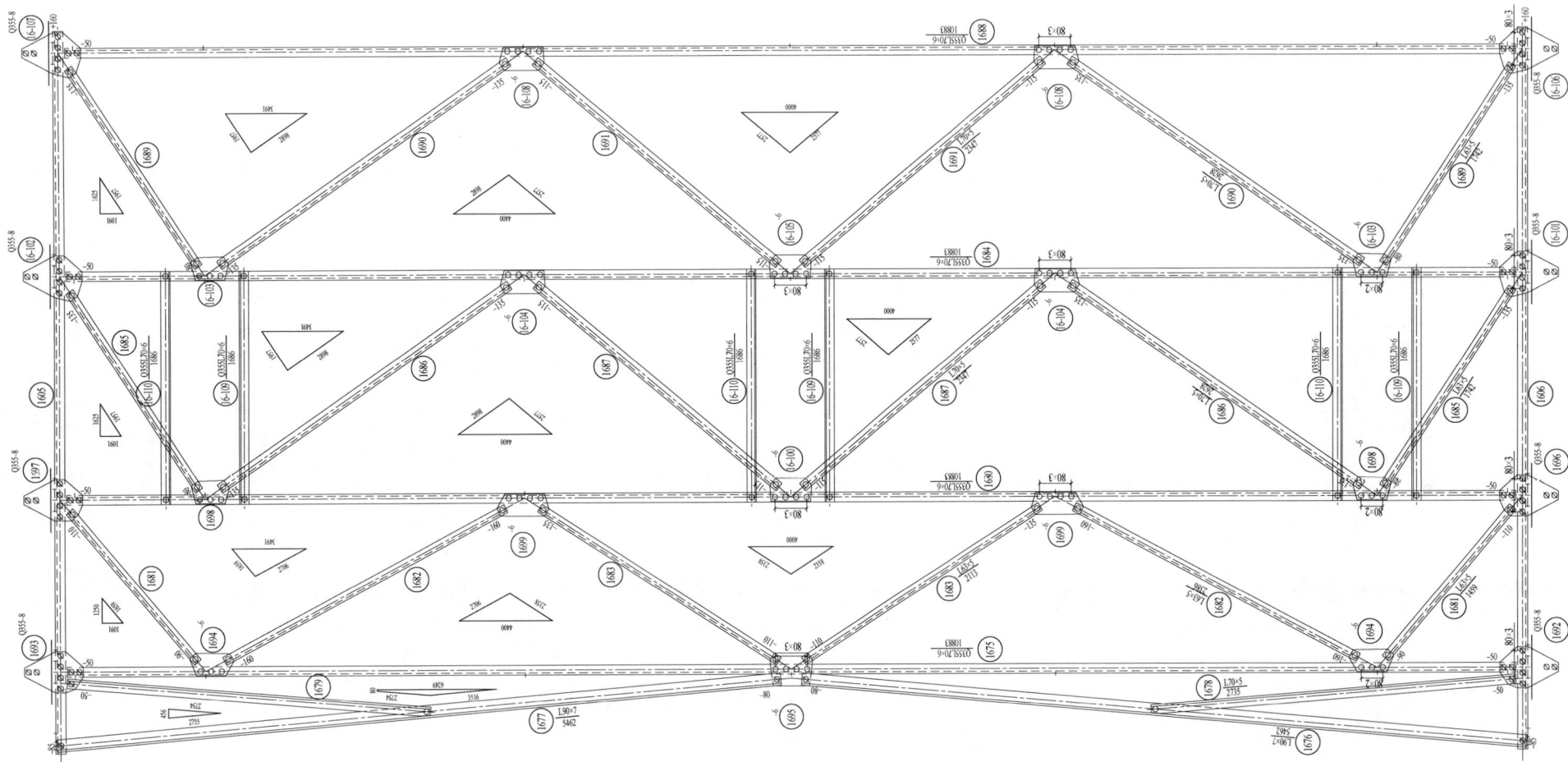

图 9.4-28 220-HC21S-DL-18（3/3） 220-HC21S-DL 终端塔电缆平台结构图⑯

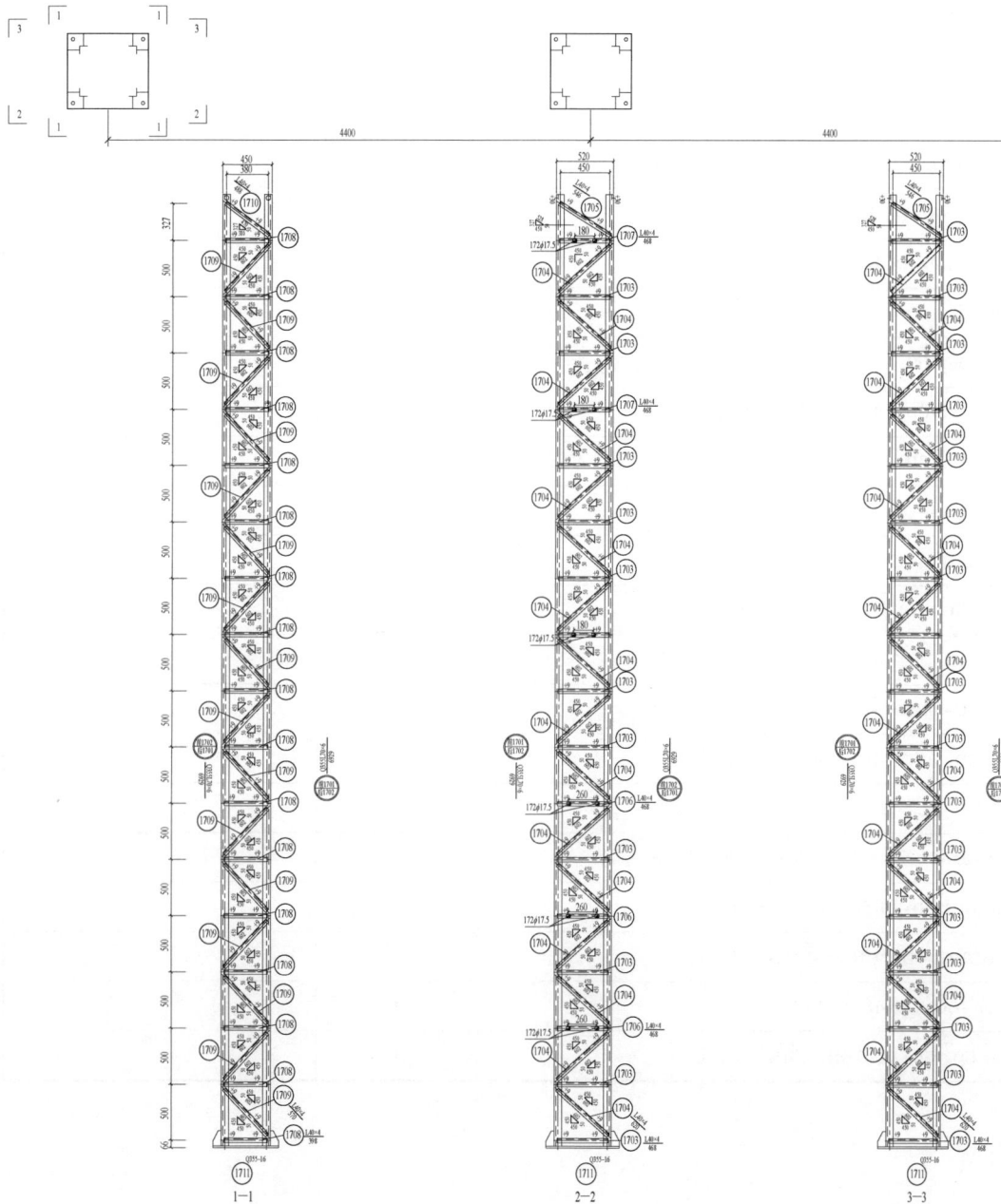

构 件 明 细 表

编号	规格	长度 (mm)	数量	质量（kg） 一件	质量（kg） 小计	备注
1701	Q355L70×6	8457	12	54.18	650.1	
1702	Q355L70×6	8457	12	54.18	650.1	
1703	L40×4	468	168	1.13	190.4	切角
1704	L40×4	620	192	1.50	288.3	
1705	L40×4	546	12	1.32	15.9	
1706	L40×4	468	18	1.13	20.4	切角
1707	L40×4	468	18	1.13	20.4	切角
1708	L40×4	398	204	0.96	196.6	切角
1709	L40×4	570	192	1.38	265.1	
1710	L40×4	488	12	1.18	14.2	
1711	Q355-16×670	740	6	62.27	373.6	
1712	Q355-8×110	150	48	1.03	49.7	
合计					2734.8kg	

螺栓、垫圈、脚钉明细表

名称	级别	规格	符号	数量	质量（kg）	备注
螺栓	6.8	M16×40	●	72	10.5	
		M20×45	○	24	6.4	
合计					16.9kg	

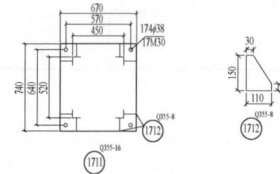

图 9.4-29　220-HC21S-DL-19　220-HC21S-DL 终端塔电缆立柱结构图⑰

第 9 章　220kV 输电线路电缆终端杆塔子模块·195·

9.5　220-GC21GD-DL 子模块

序号	图号	图名	张数	备注
1	220-GC21GD-DL-01	220-GC21GD-DL 终端杆总图	1	
2	220-GC21GD-DL-02	220-GC21GD-DL 终端杆地线横担①结构图	1	
3	220-GC21GD-DL-03	220-GC21GD-DL 终端杆导线横担②结构图	1	
4	220-GC21GD-DL-04	220-GC21GD-DL 终端杆身部④结构图	1	
5	220-GC21GD-DL-05	220-GC21GD-DL 终端杆身部⑤结构图	1	
6	220-GC21GD-DL-06	220-GC21GD-DL 终端杆身部⑥结构图	1	
7	220-GC21GD-DL-07	220-GC21GD-DL 终端杆身部⑦结构图	1	
8	220-GC21GD-DL-08	220-GC21GD-DL 终端杆 33.0m 腿部⑧结构图	1	
9	220-GC21GD-DL-09	220-GC21GD-DL 终端杆 27.0m 腿部⑨结构图	1	
10	220-GC21GD-DL-10	220-GC21GD-DL 终端杆 21.0m 腿部⑩结构图	1	
11	220-GC21GD-DL-11	220-GC21GD-DL 终端杆地线横担连接法兰结构图	1	
12	220-GC21GD-DL-12	220-GC21GD-DL 终端杆导线横担②连接法兰结构图	1	
13	220-GC21GD-DL-13	220-GC21GD-DL 终端杆 33.0m 电缆平台下线示意图	1	
14	220-GC21GD-DL-14	220-GC21GD-DL 终端杆 27.0m 电缆平台下线示意图	1	
15	220-GC21GD-DL-15	220-GC21GD-DL 终端杆 21.0m 电缆平台下线示意图	1	
16	220-GC21GD-DL-16	220-GC21GD-DL 终端杆电缆平台俯视图	1	
17	220-GC21GD-DL-17	220-GC21GD-DL 终端杆电缆平台框架示意图	1	
18	220-GC21GD-DL-18	220-GC21GD-DL 终端杆独立柱支架	1	
19	220-GC21GD-DL-19	220-GC21GD-DL 终端杆角钢爬梯加工图	1	

220-GC21GD-DL-00　220-GC21GD-DL 终端杆图纸目录

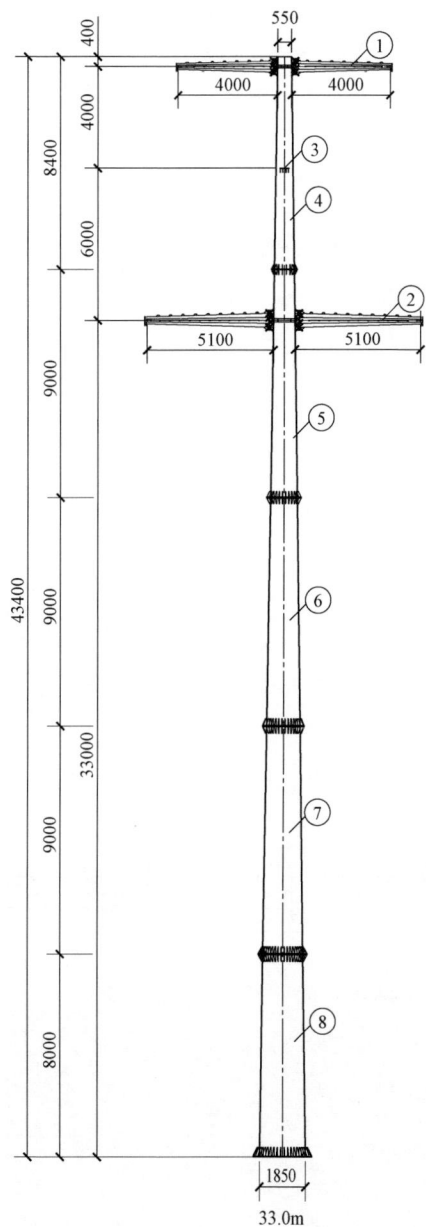

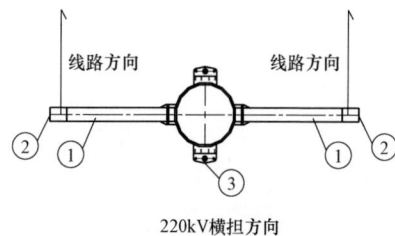

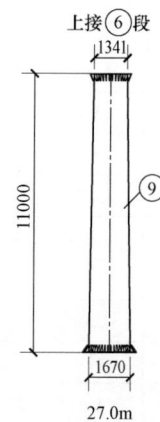

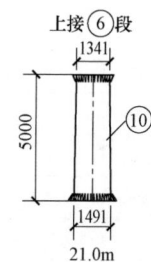

根 开 尺 寸 表

呼高（m）	根径（mm）	地脚螺栓所在圆直径（mm）	地脚螺栓规格	质量（kg）
21.0	1491	1750	24M72（8.8 级）	24283.9
27.0	1670	1950	24M72（8.8 级）	27647.7
33.0	1850	2150	28M72（8.8 级）	31679.3

图 9.5－1　220-GC21GD-DL-01　220-GC21GD-DL 终端杆总图

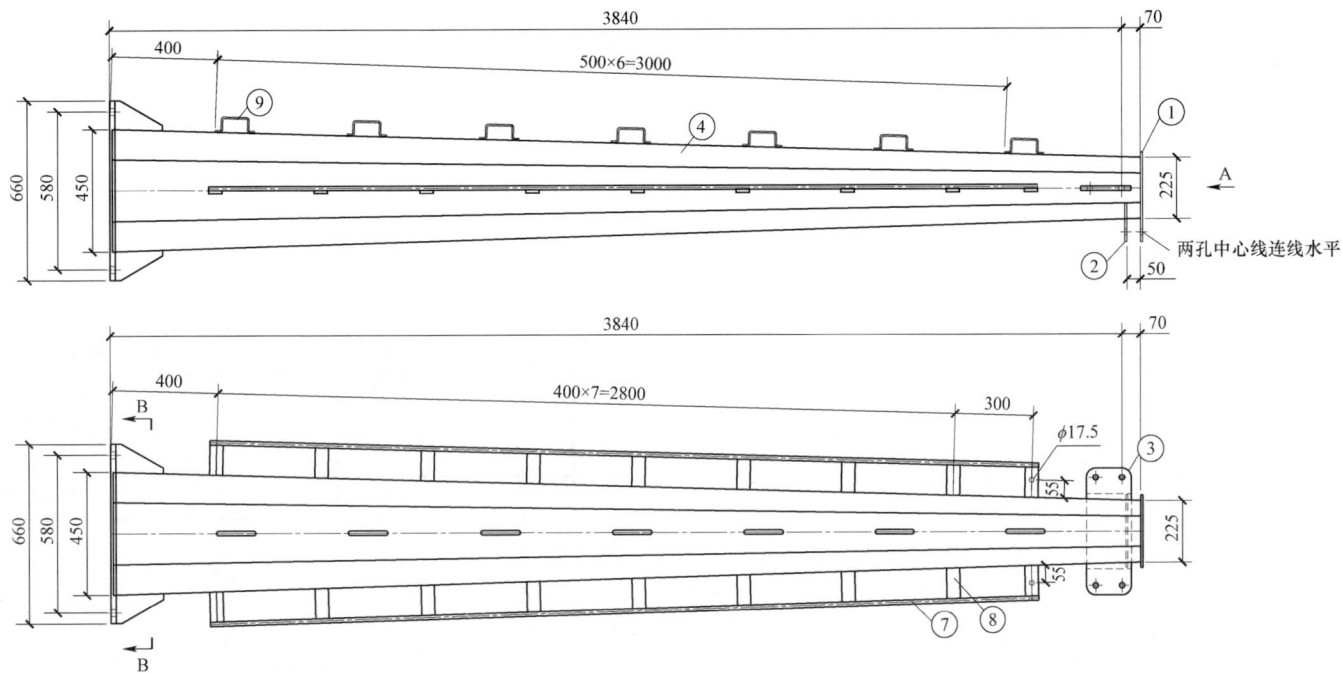

编号	名称	规格	数量	单重（kg）	总重（kg）	备注
①	下挂板	$-8 \times 265 \times 330$	1	5.5	5.5	
②	下挂板	$-8 \times 265 \times 149$	1	2.5	2.5	
③	挂线板	$-16 \times 180 \times 475$	1	10.7	10.7	
④	主管	$(D225/D450) \times 6 \times 3915$	1	202.6	202.6	Q355B
⑤	法兰	$\phi 660 \times 20$	1	27.4	27.4	
⑥	加劲板	$-10 \times 90 \times 180$	16	0.89	14.24	
⑦	脚踏	$\phi 16 \times 3150$	2	5	10	
⑧	加强筋	$-12 \times 50 \times 128$	18	0.6	10.8	
⑨	扶手	$\phi 16 \times 250$	7	0.39	2.73	
⑩	螺栓	$M24 \times 100$	16	0.56	8.96	8.8 级
⑪	焊条				10.6	
合计					306.03kg	

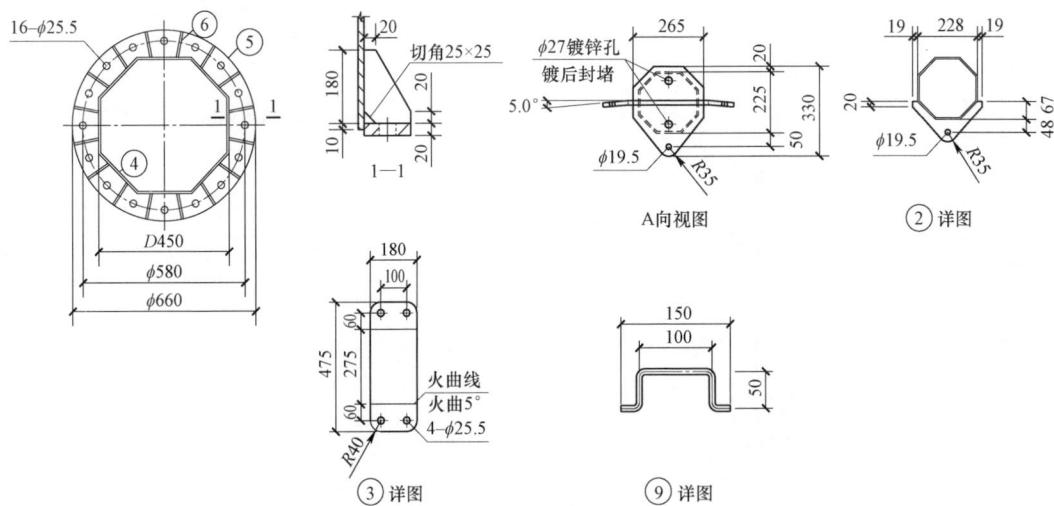

图 9.5-2 220-GC21GD-DL-02 220-GC21GD-DL 终端杆地线横担①结构图

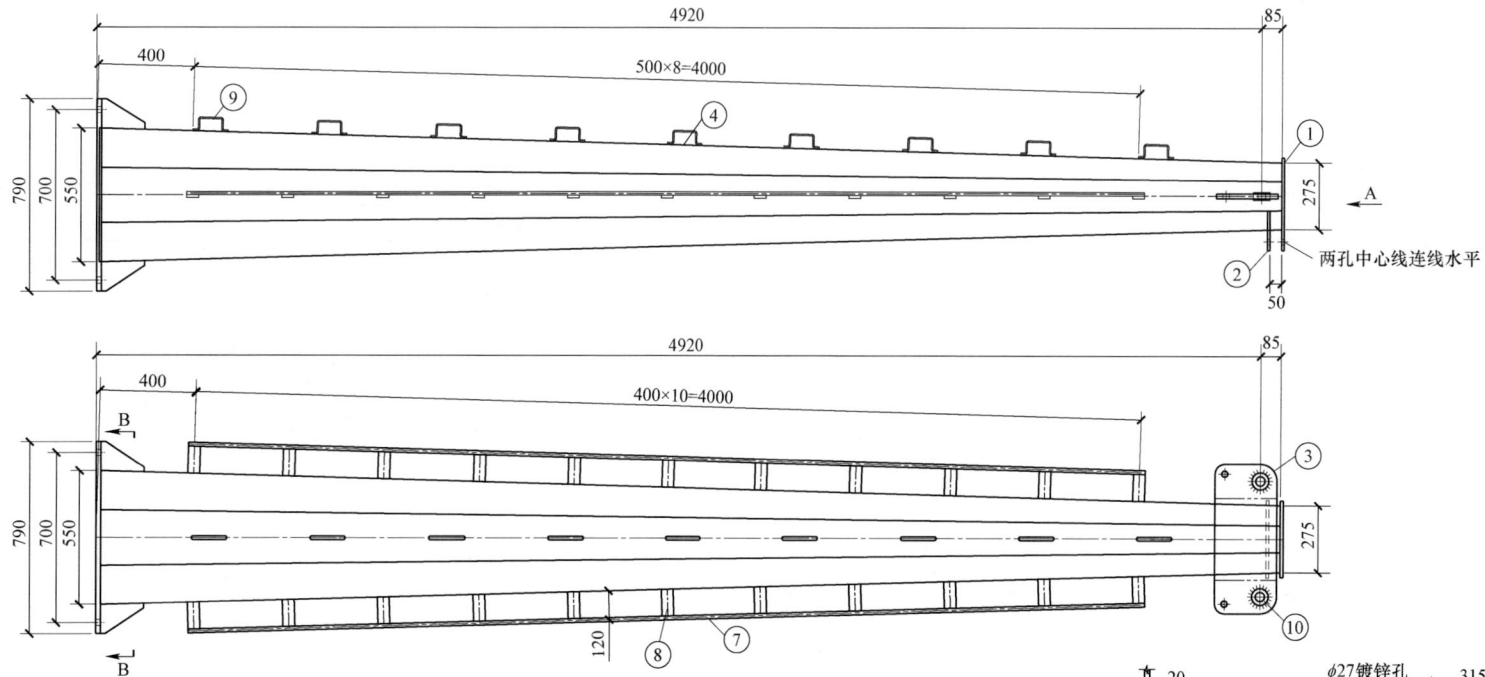

编号	名称	规格	数量	单重（kg）	总重（kg）	备注
①	下挂板	$-8 \times 315 \times 380$	1	7.5	7.5	
②	下挂板	$-8 \times 165 \times 315$	1	3.3	3.3	
③	挂线板	$-16 \times 610 \times 260$	1	19.9	19.9	Q355B
④	主管	$(D275/D550) \times 6 \times 5012$	1	318.2	318.2	
⑤	法兰	$-20 \times \phi 790$	1	37.72	37.72	
⑥	加劲板	$-10 \times 105 \times 180$	16	1	16	
⑦	脚踏	$\phi 16 \times 4050$	2	6.4	12.8	
⑧	加强筋	$-12 \times 50 \times 128$	22	0.6	13.2	
⑨	扶手	$\phi 16 \times 260$	9	0.4	3.6	
⑩	套管	$\phi 70 \times 32$	2	1.1	2.2	Q355B
⑪	螺栓	$M27 \times 120$	16	1.01	16.16	8.8级
⑫	焊条				13.01	
合计					463.59kg	

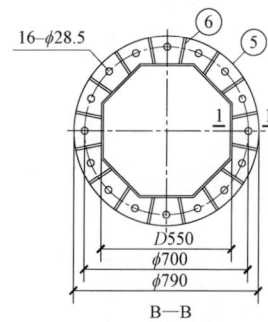

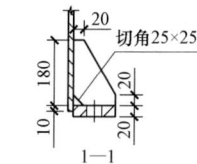

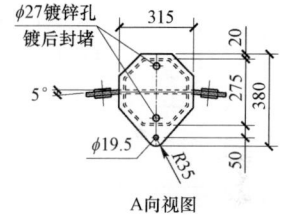

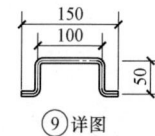

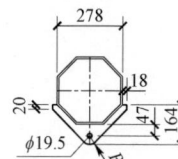

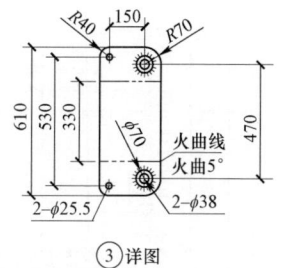

图 9.5-3 220-GC21GD-DL-03 220-GC21GD-DL 终端杆导线横担②结构图

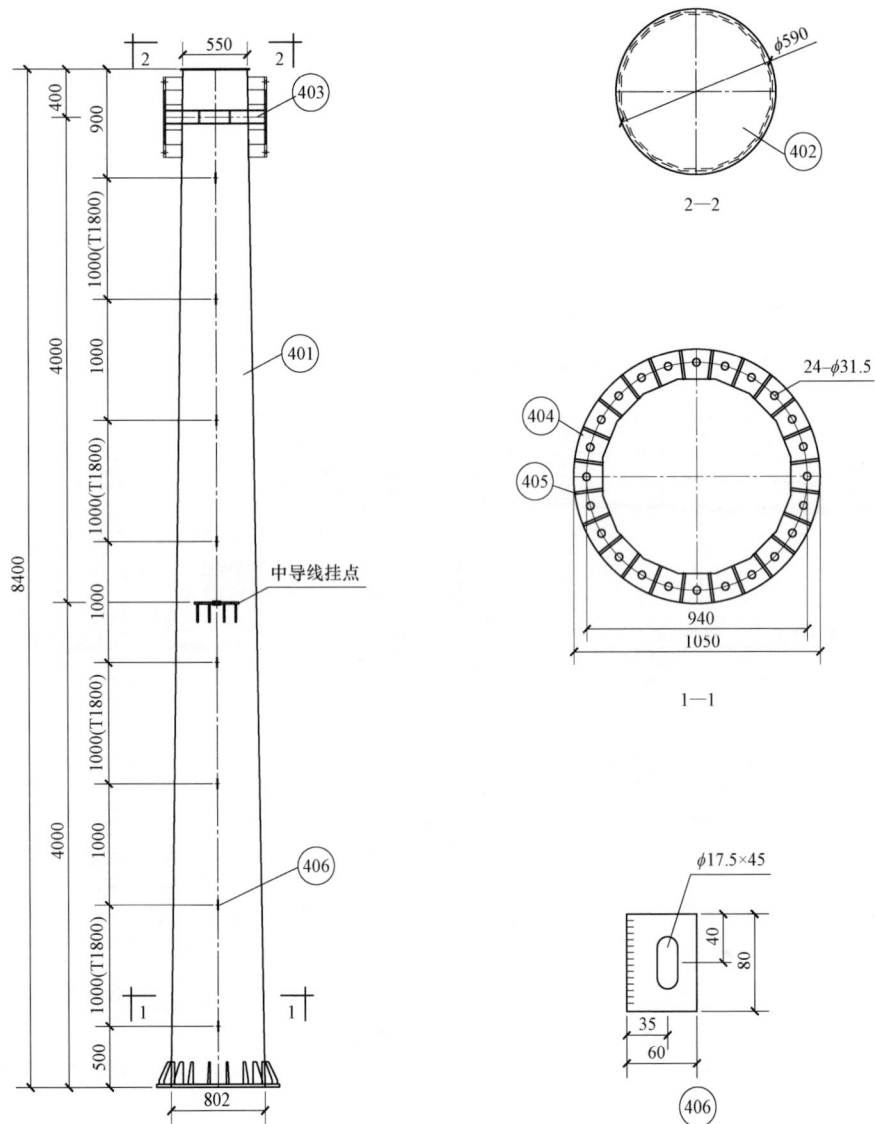

构 件 明 细 表

编号	规格	数量	单重（kg）	总重（kg）	备注
401	$(D550/D802) \times 8 \times 8389$	1	1121.5	1121.5	Q420B
402	$\phi 590 \times 8$	1	17.1	17.1	Q355B
403	地线横担法兰	1	168.6	168.6	标准件
404	$\phi 1050 \times 22$	1	62.3	62.3	Q355B
405	$-10 \times 115 \times 180$	24	1.1	26.4	
406	$-8 \times 60 \times 80$	8	0.3	24	
407	$M30 \times 130$	24	1.38	33.1	8.8级
408	$-20 \times 310 \times 380$	2	18.5	37	
409	$-12 \times 150 \times 150$	8	1.5	12	Q355B
410	$-32 \times \phi 70 / \phi 38$	2	1	2	
合计				1504kg	

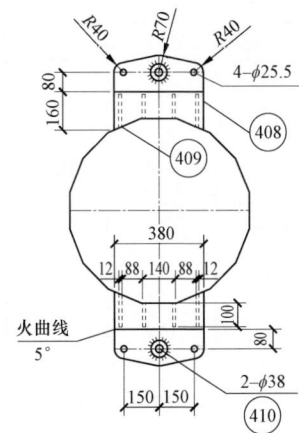

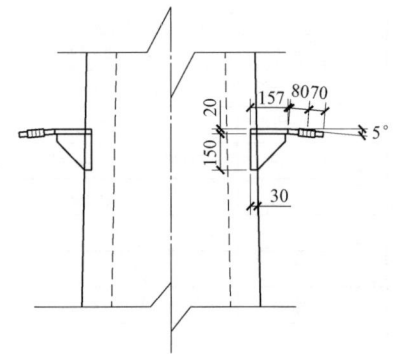

图 9.5－4　220－GC21GD－DL－04　220－GC21GD－DL 终端杆身部④结构图

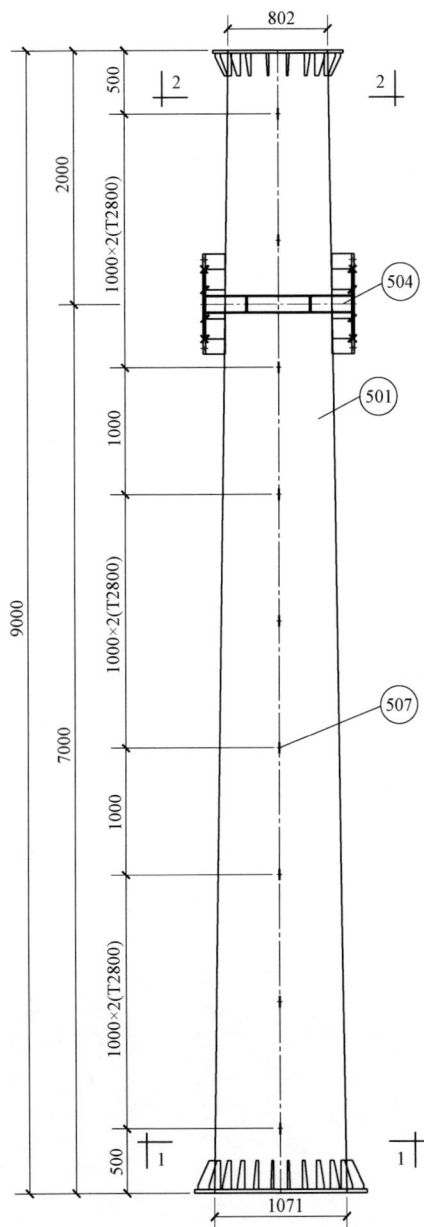

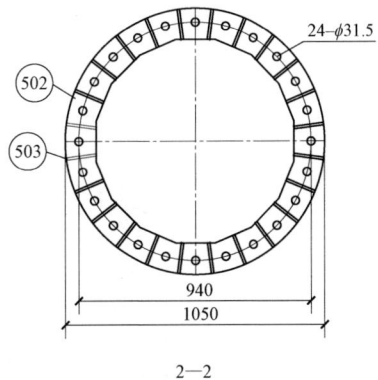

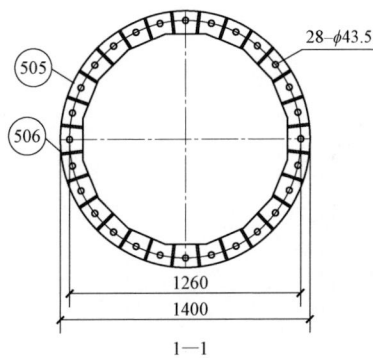

构 件 明 细 表

编号	规格	数量	单重（kg）	总重（kg）	备注
501	（D802/D1071）×12×8976	1	2494.5	2494.5	Q420B
502	ϕ1050×22	1	62.3	62.3	Q355B
503	−10×115×180	24	1.1	26.4	
504	导线横担法兰	1	261.4	261.4	标准件
505	ϕ1400×26	1	130.3	130.3	Q355B
506	−14×155×220	28	2.3	64.4	
507	−8×60×80	9	0.3	2.7	
508	M42×170	28	3.62	101.36	8.8 级
合计				3143.36kg	

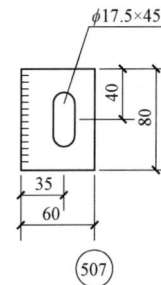

图 9.5−5　220−GC21GD−DL−05　220−GC21GD−DL 终端杆身部⑤结构图

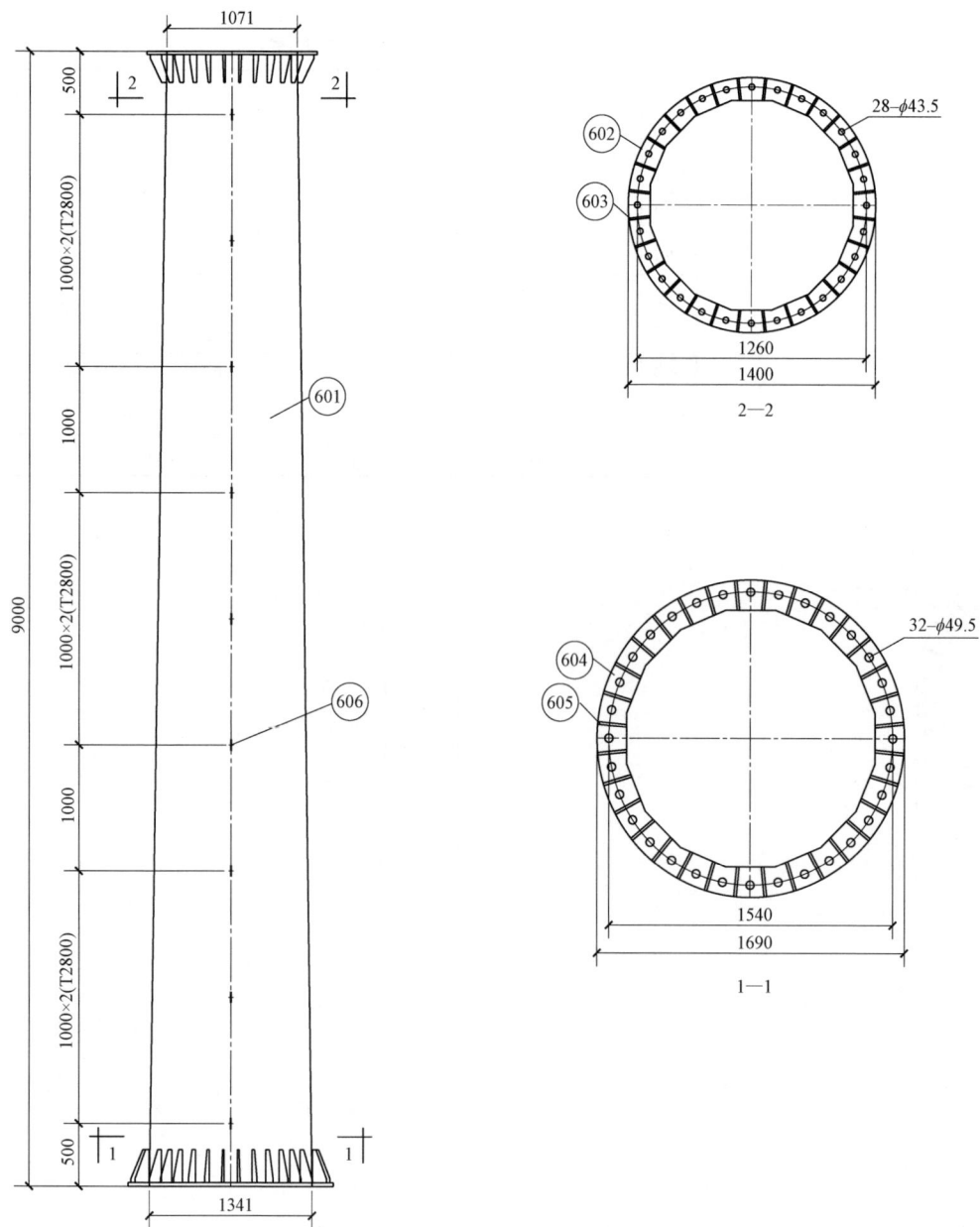

构 件 明 细 表

编号	规格	数量	单重（kg）	总重（kg）	备注
601	$(D1071/D1341) \times 12 \times 8972$	1	3221.7	3221.7	Q420B
602	$\phi 1400 \times 26$	1	130.3	130.3	Q355B
603	$-14 \times 155 \times 220$	28	2.3	64.4	
604	$\phi 1690 \times 30$	1	195.7	195.7	
605	$-14 \times 160 \times 260$	32	3	96	
606	$-8 \times 60 \times 80$	9	0.3	2.7	
607	$M48 \times 200$	32	5.6	179.2	8.8 级
合 计				3890kg	

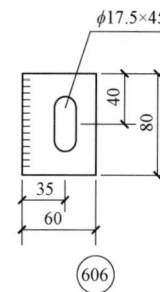

图 9.5－6　220－GC21GD－DL－06　220－GC21GD－DL 终端杆身部⑥结构图

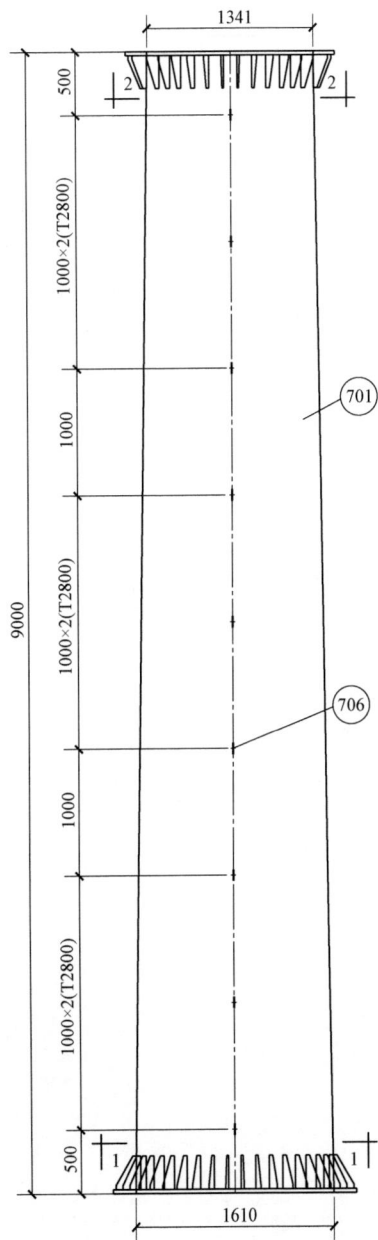

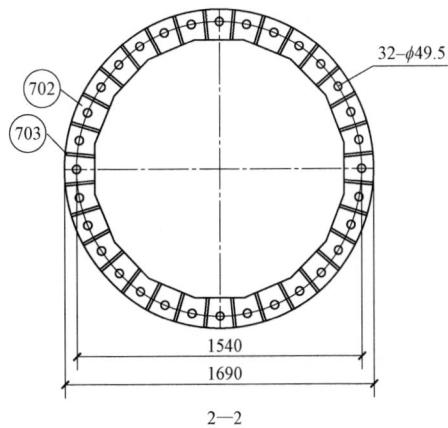

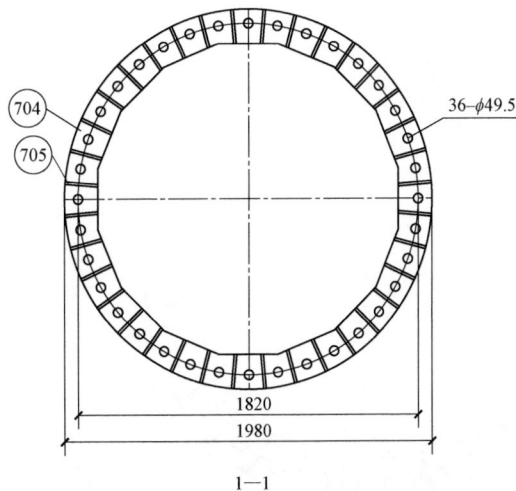

構件明細表

编号	规格	数量	单重（kg）	总重（kg）	备注
⑦01	(D1341/D1610)×12×8970	1	3948.8	3948.8	Q420B
⑦02	φ1690×30	1	195.7	195.7	
⑦03	−14×160×260	32	3	96	Q355B
⑦04	φ1980×30	1	245.7	245.7	
⑦05	−14×170×260	36	3.1	111.6	
⑦06	−8×60×80	9	0.3	2.7	
⑦07	M48×200	36	5.6	201.6	8.8级
合计				4802.1kg	

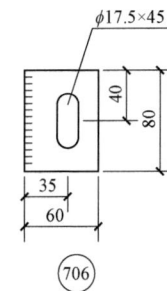

图9.5−7 220−GC21GD−DL−07 220−GC21GD−DL终端杆身部⑦结构图

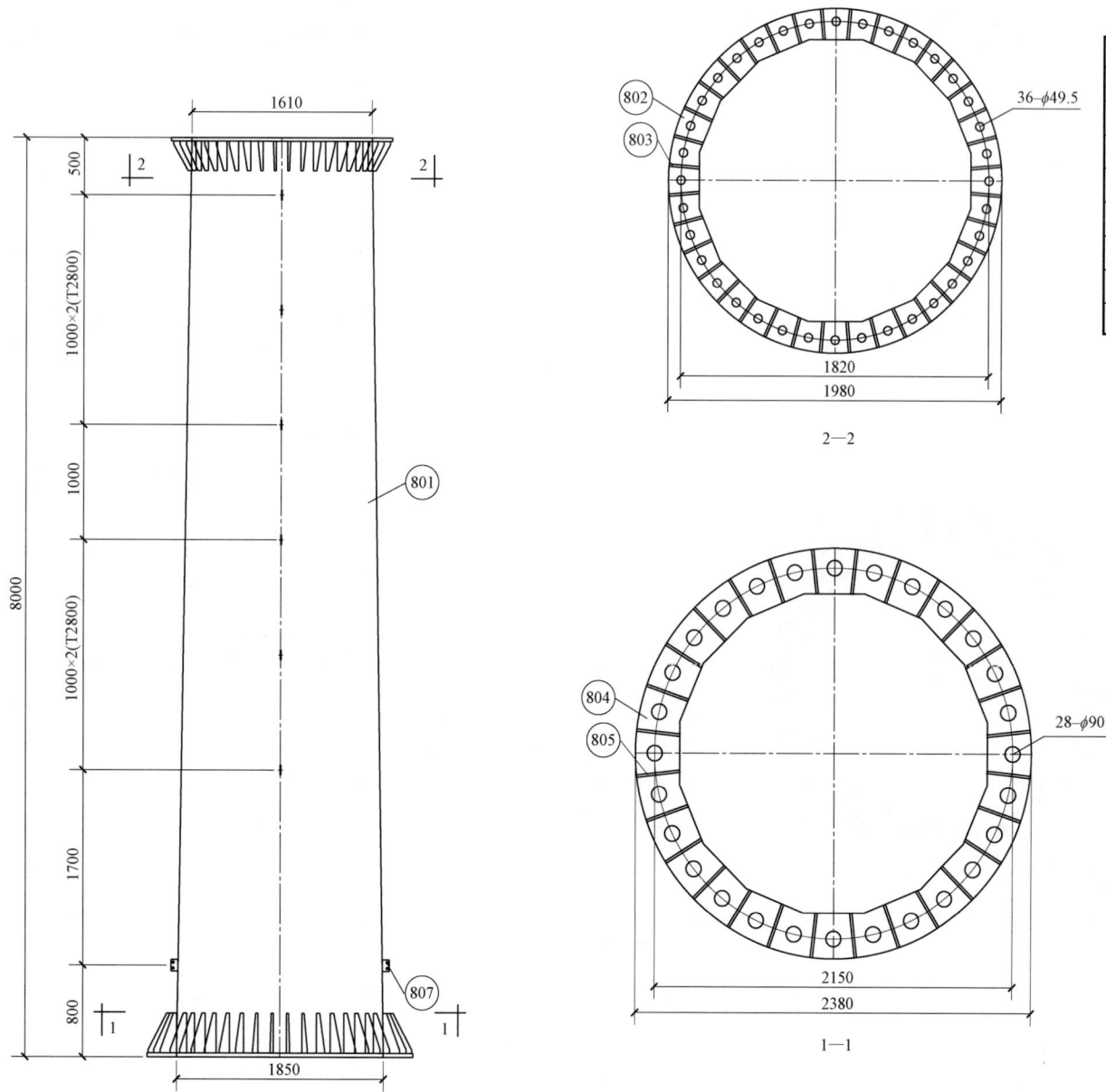

构 件 明 细 表

编号	规格	数量	单重（kg）	总重（kg）	备注
801	(D1610/D1850)×14×7970	1	4801.6	4801.6	Q420B
802	φ1980×30	1	245.7	245.7	Q355B
803	−14×170×260	36	3.1	111.6	
804	φ2380×35	1	483.8	483.8	
805	−14×240×350	28	6.4	179.2	
806	−8×60×80	6	0.3	1.8	
807	−8×70×100	2	0.4	0.8	
合计				5824.5kg	

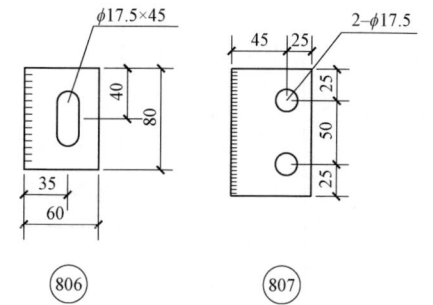

图 9.5−8　220−GC21GD−DL−08　220−GC21GD−DL 终端杆 33.0m 腿部⑧结构图

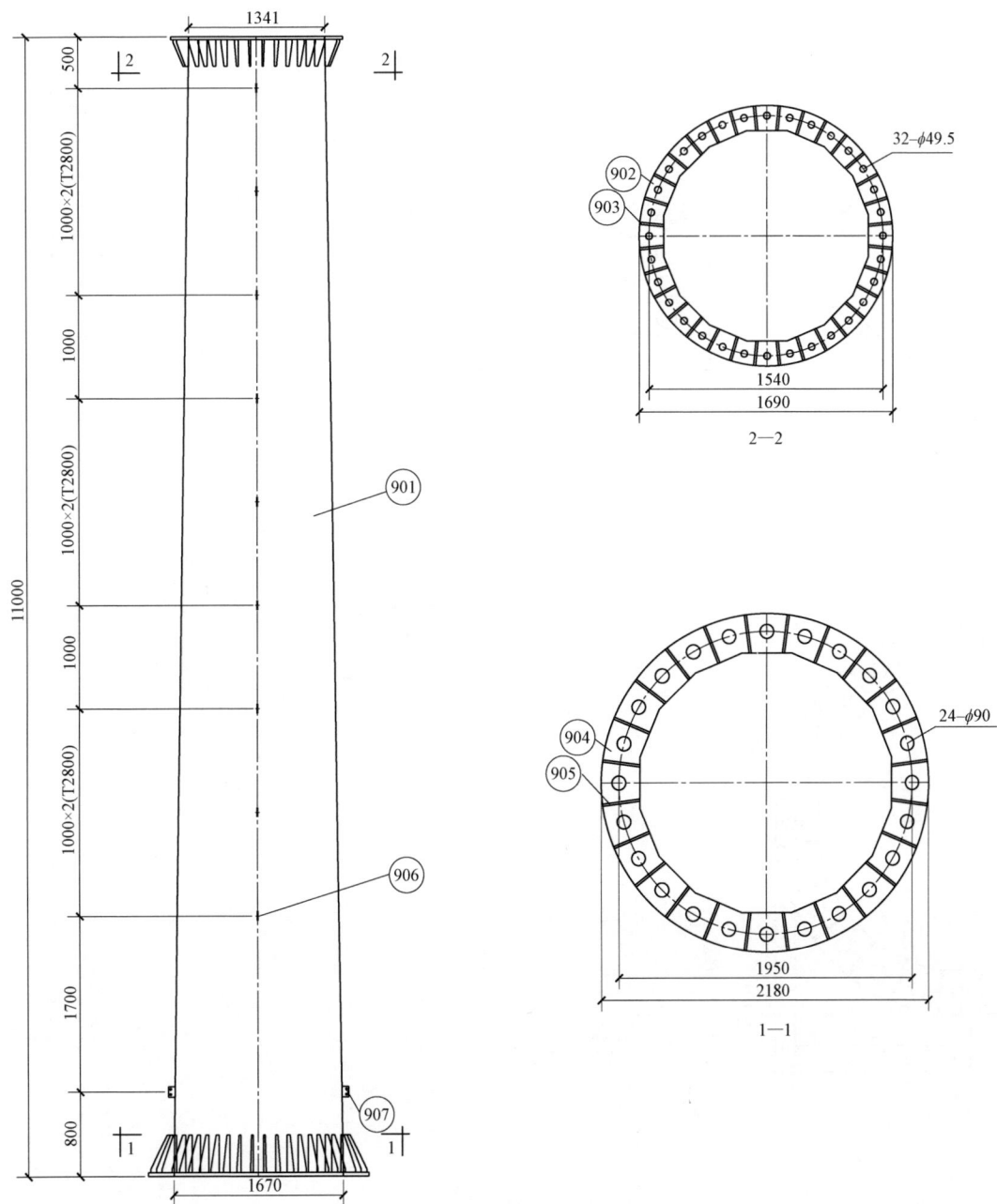

构 件 明 细 表

编号	规格	数量	单重（kg）	总重（kg）	备注
901	$(D1341/D1670) \times 14 \times 10970$	1	5738.5	5738.5	Q420B
902	$\phi 1690 \times 30$	1	195.7	195.7	
903	$-14 \times 160 \times 260$	32	3	96	Q355B
904	$\phi 2180 \times 35$	1	423.7	423.7	
905	$-14 \times 240 \times 350$	24	6.4	153.6	
906	$-8 \times 60 \times 80$	9	0.3	2.7	
907	$-8 \times 70 \times 100$	2	0.4	0.8	
合计				6611kg	

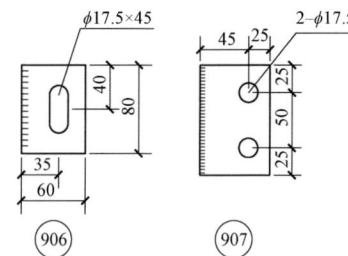

图 9.5－9 220－GC21GD－DL－09 220－GC21GD－DL 终端杆 27.0m 腿部⑨结构图

构件明细表

编号	规格	数量	单重（kg）	总重（kg）	备注
1001	（D1341/D1491）×14×4970	1	2451.9	2451.9	Q420B
1002	φ1690×30	1	195.7	195.7	Q355B
1003	−14×160×260	32	3	96	
1004	φ1980×35	1	366.3	366.3	
1005	−14×240×350	24	6.4	153.6	
1006	−8×60×80	3	0.3	0.9	
1007	−8×70×100	2	0.4	0.8	
合计				3265.2kg	

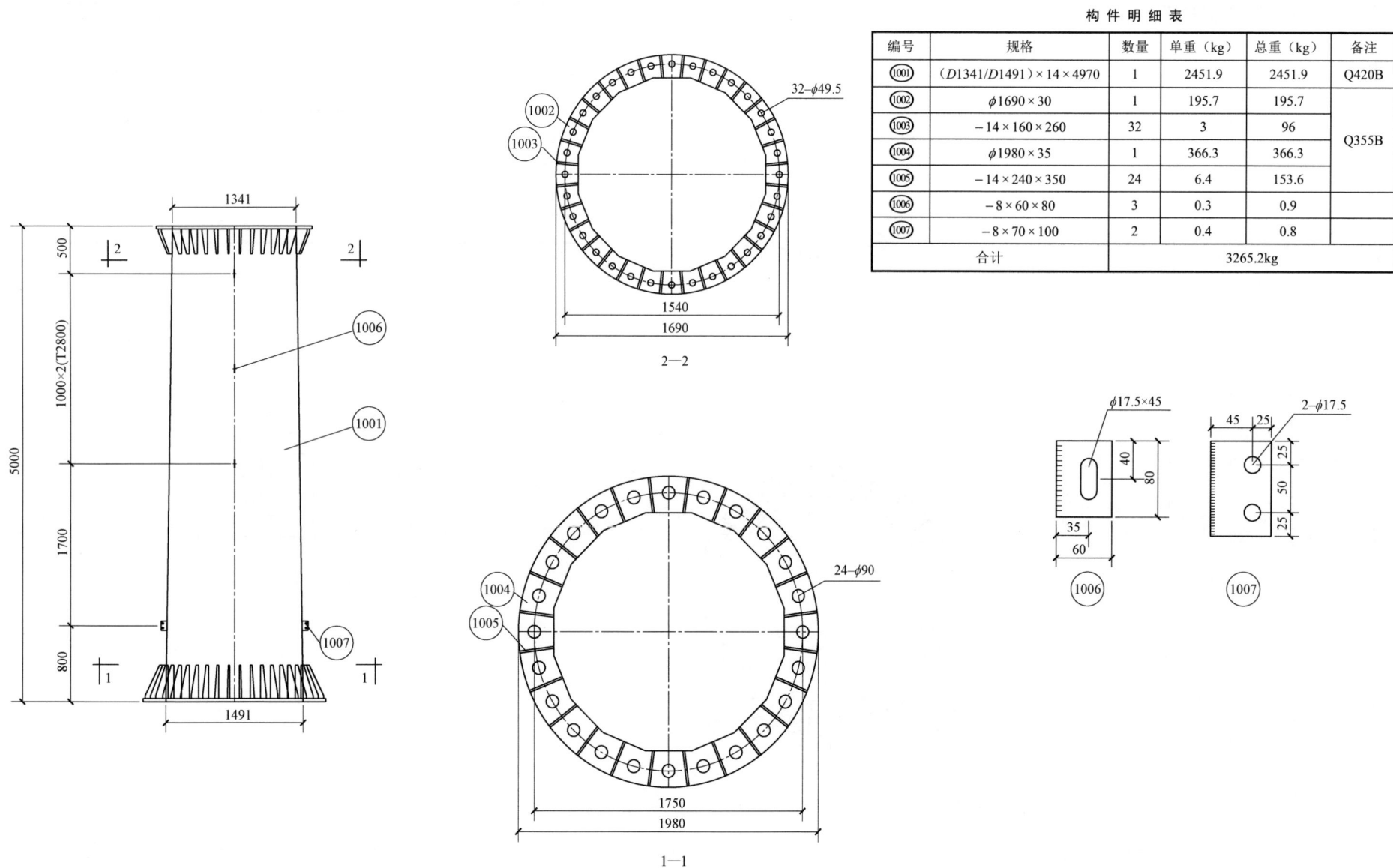

图 9.5−10 220−GC21GD−DL−10 220−GC21GD−DL 终端杆 21.0m 腿部⑩结构图

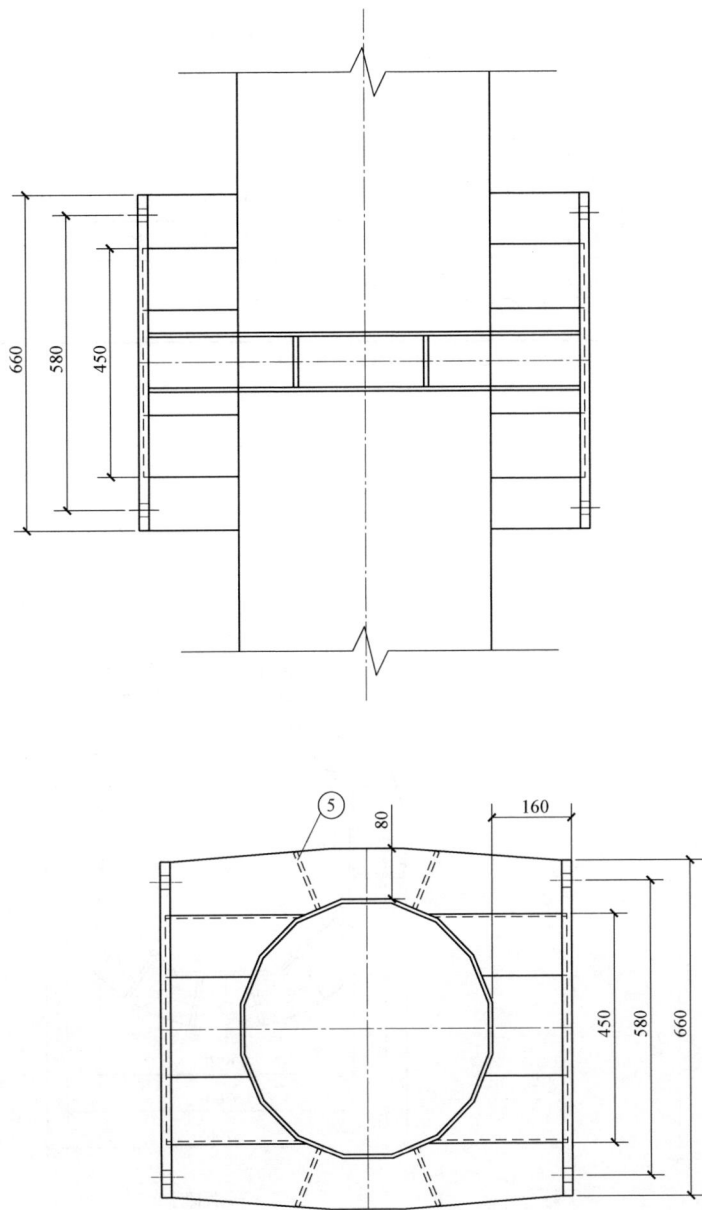

材 料 表

编号	规格	数量	单重（kg）	小计（kg）	备注
①	$-20 \times \phi 660$	2	27.4	54.8	
②	-8×95	24	1.2	28.8	
③	-8×80	4	6.3	25.2	Q355B
④	$D450 \times 8$	2	28.1	56.2	
⑤	$-10 \times 90 \times 100$	4	0.9	3.6	
合计				168.6kg	

注　编号②、③、④长度以实际放样为准。

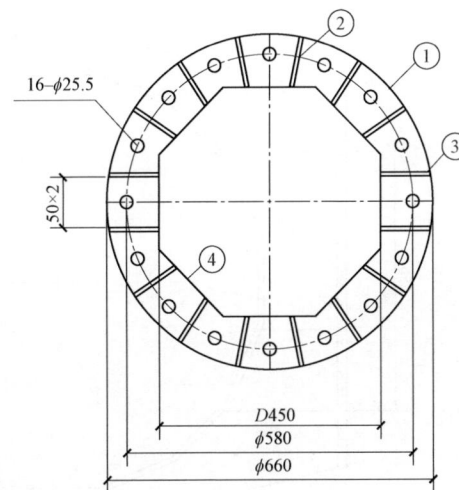

图 9.5 - 11　220 - GC21GD - DL - 11　220 - GC21GD - DL 终端杆地线横担连接法兰结构图

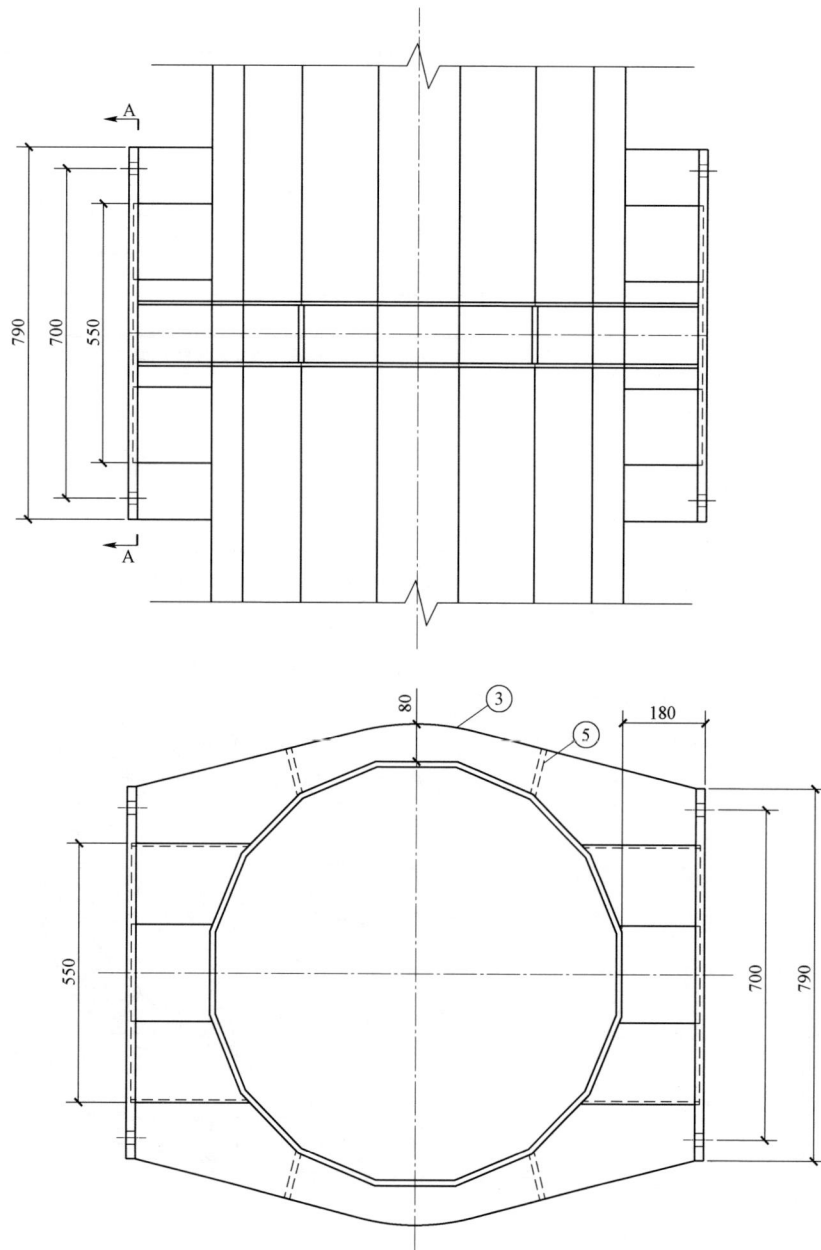

材 料 表

编号	规格	数量	单重（kg）	小计（kg）	备注
①	$\phi790 \times 20$	2	37.72	75.4	
②	-10×105	24	1.0	24.0	
③	-10×255	4	24.4	97.6	Q355B
④	$D550 \times 8$	2	30	60	
⑤	$-12 \times 90 \times 122$	4	1.1	4.4	
合计				261.4kg	

注 编号②、③、④长度以实际放样为准。

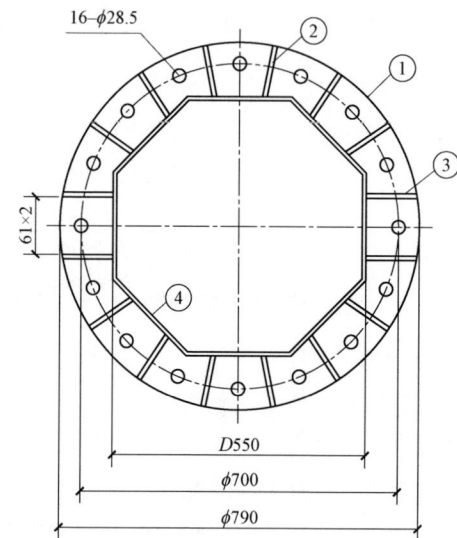

A—A视图

图 9.5－12 220－GC21GD－DL－12 220－GC21GD－DL 终端杆导线横担②连接法兰结构图

	材 料 表				
编号	名称	规格	数量	质量（kg）	
				单重	小计
①	独立柱支架		3	1209.3	3627.9
②	电缆平台托架横担	Q355−8×400×280	2	496	992
③	独立柱平台托梁	Q235H200×200×8×12	2	540	1080
④	电缆平台槽钢横梁	Q235[14a×100000	1	1454	1454
⑤	杆身平台托架角钢	Q235L100×10×1180	1	17.8	17.8
⑥	避雷器连接板	Q355−14	3	64	192
⑦	电缆终端头连接板	Q355−16	3	102	306
⑧	电缆平台花纹板	Q355−4	1	2250	2250
⑨	平台护栏角钢	Q235L45×4×60500	1	166.8	166.8
⑩	平台护栏扁钢	Q235−4×40×73300	1	95	95
⑪	螺栓螺母总质量		1		122.2
	合计			10303.7kg	

注　配 10 个复合绝缘子。

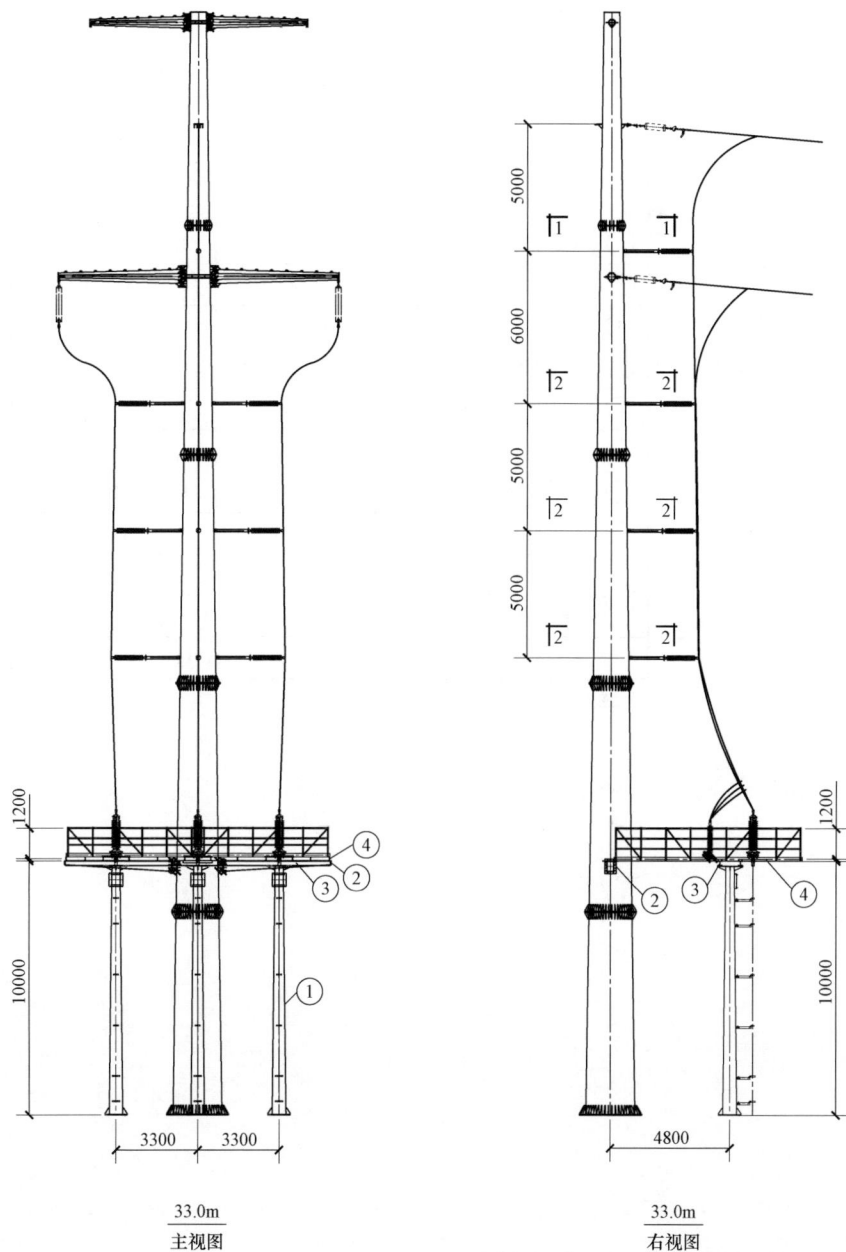

1—1复合绝缘子支架示意图

2—2复合绝缘子支架示意图

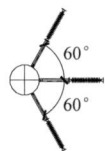

33.0m
主视图

33.0m
右视图

图 9.5−13　220−GC21GD−DL−13　220−GC21GD−DL 终端杆 33.0m 电缆平台下线示意图

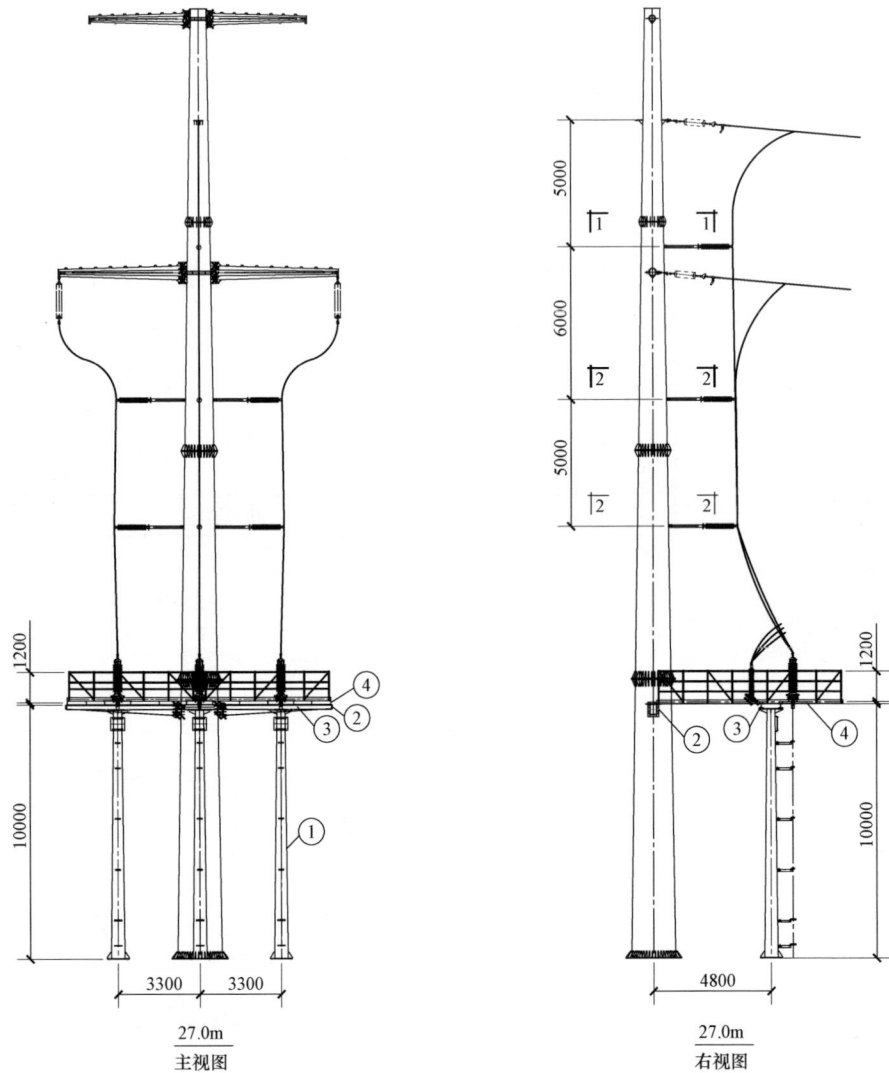

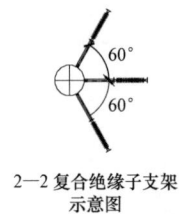

材 料 表

编号	名称	规格	数量	质量（kg）	
				单重	小计
①	独立柱支架		3	1209.3	3627.9
②	电缆平台托架横担	Q355−8×400×280	2	506	1012
③	独立柱平台托梁	Q235H200×200×8×12	2	540	1080
④	电缆平台槽钢横梁	Q235[14a×100000	1	1454	1454
⑤	杆身平台托架角钢	Q235L100×10×1180	1	17.8	17.8
⑥	避雷器连接板	Q355−14	3	64	192
⑦	电缆终端头连接板	Q355−16	3	102	306
⑧	电缆平台花纹板	Q355−4	1	2250	2250
⑨	平台护栏角钢	Q235L45×4×60500	1	166.8	166.8
⑩	平台护栏扁钢	Q235−4×40×73300	1	95	95
⑪	螺栓螺母总质量		1		122.2
合计					10323.7kg

注 配 7 个复合绝缘子。

1—1 复合绝缘子支架
示意图

2—2 复合绝缘子支架
示意图

主视图　　27.0m

右视图　　27.0m

图 9.5−14　220−GC21GD−DL−14　220−GC21GD−DL 终端杆 27.0m 电缆平台下线示意图

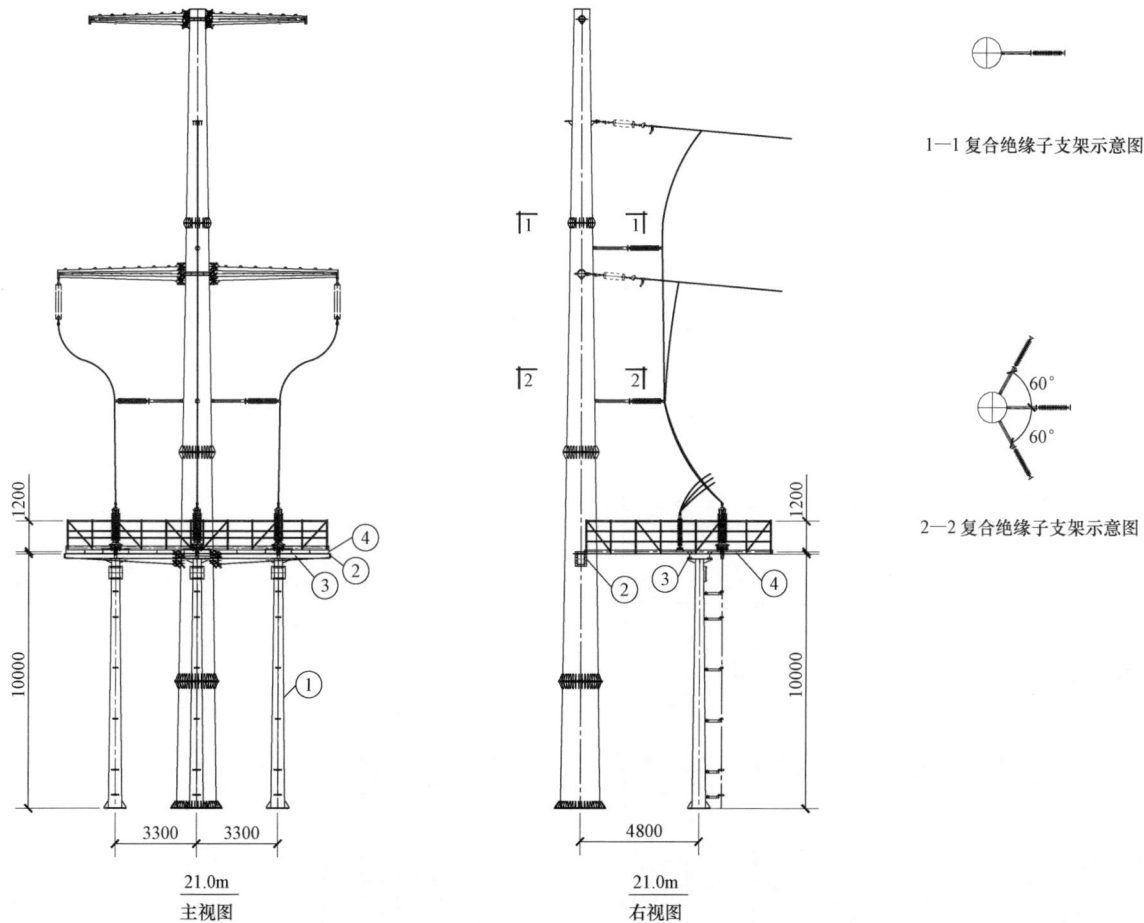

1—1 复合绝缘子支架示意图

2—2 复合绝缘子支架示意图

材 料 表				
编号	名称	规格	数量	质量（kg）	
				单重	小计
①	独立柱支架		3	1209.3	3627.9
②	电缆平台托架横担	Q355−8×400×280	2	515	1030
③	独立柱平台托梁	Q235H200×200×8×12	2	540	1080
④	电缆平台槽钢横梁	Q235[14a×100000	1	1454	1454
⑤	杆身平台托架角钢	Q235L100×10×1180	1	17.8	17.8
⑥	避雷器连接板	Q355−14	3	64	192
⑦	电缆终端头连接板	Q355−16	3	102	306
⑧	电缆平台花纹板	Q355−4	1	2250	2250
⑨	平台护栏角钢	Q235L45×4×60500	1	166.8	166.8
⑩	平台护栏扁钢	Q235−4×40×73300	1	95	95
⑪	螺栓螺母总质量		1		122.2
	合计		10341.7kg		

注 配4个复合绝缘子。

1200

10000

3300 3300

21.0m
主视图

1200

10000

4800

21.0m
右视图

图 9.5−15 220−GC21GD−DL−15 220−GC21GD−DL 终端杆 21.0m 电缆平台下线示意图

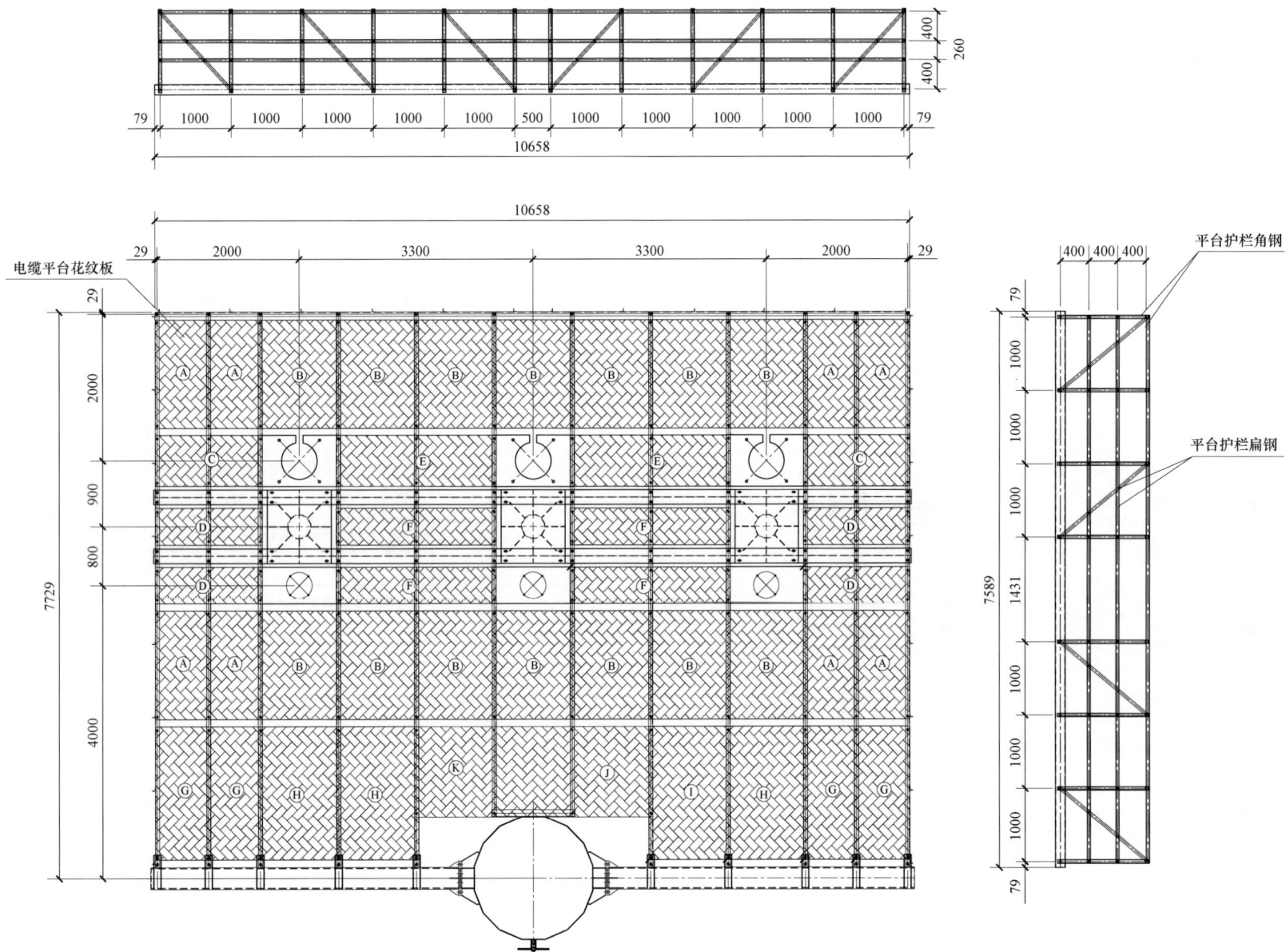

图 9.5－16　220－GC21GD－DL－16　220－GC21GD－DL 终端杆电缆平台俯视图

电缆平台花纹板

平台护栏角钢

平台护栏扁钢

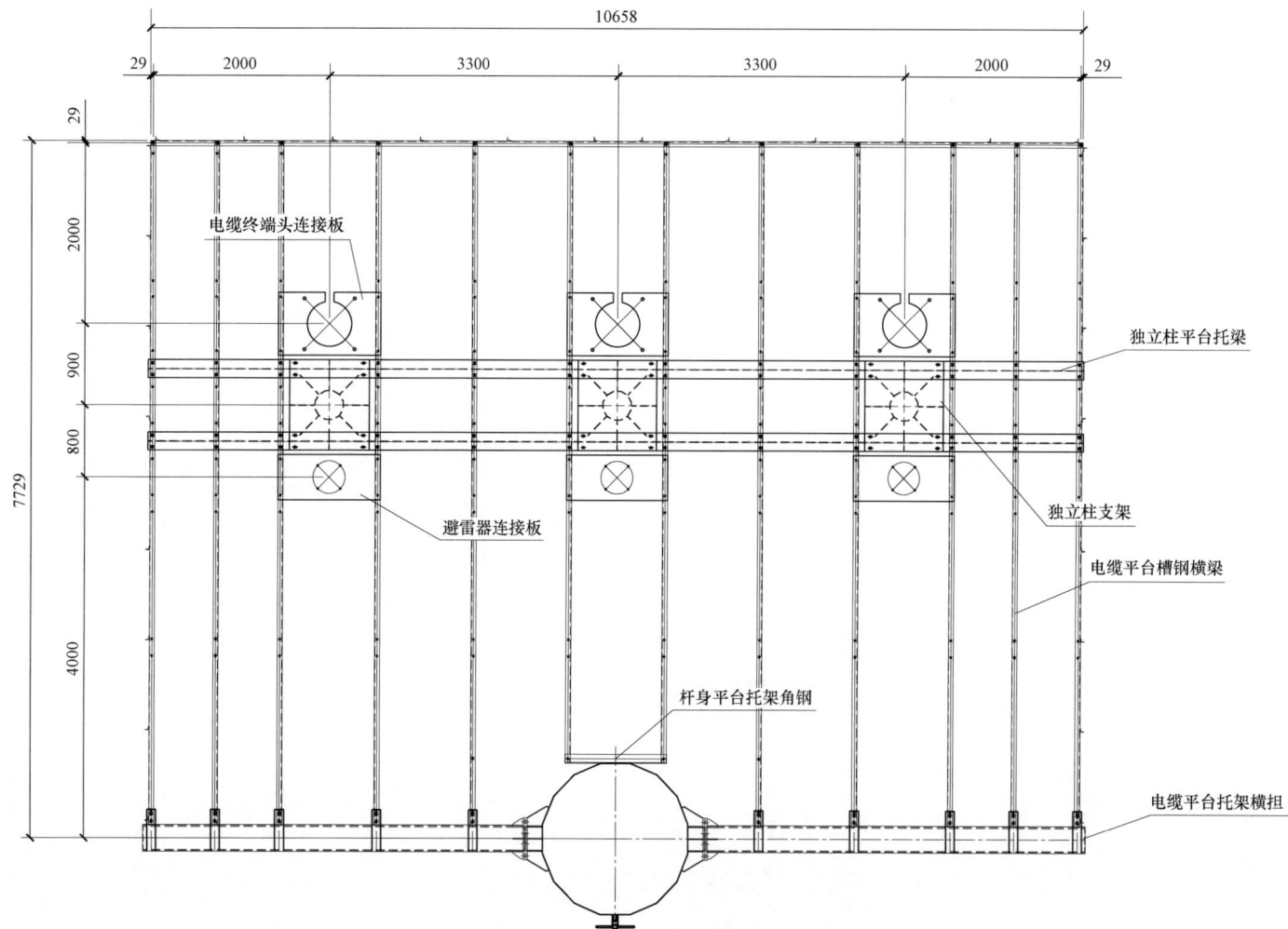

图 9.5－17　220－GC21GD－DL－17　220－GC21GD－DL 终端杆电缆平台框架示意图

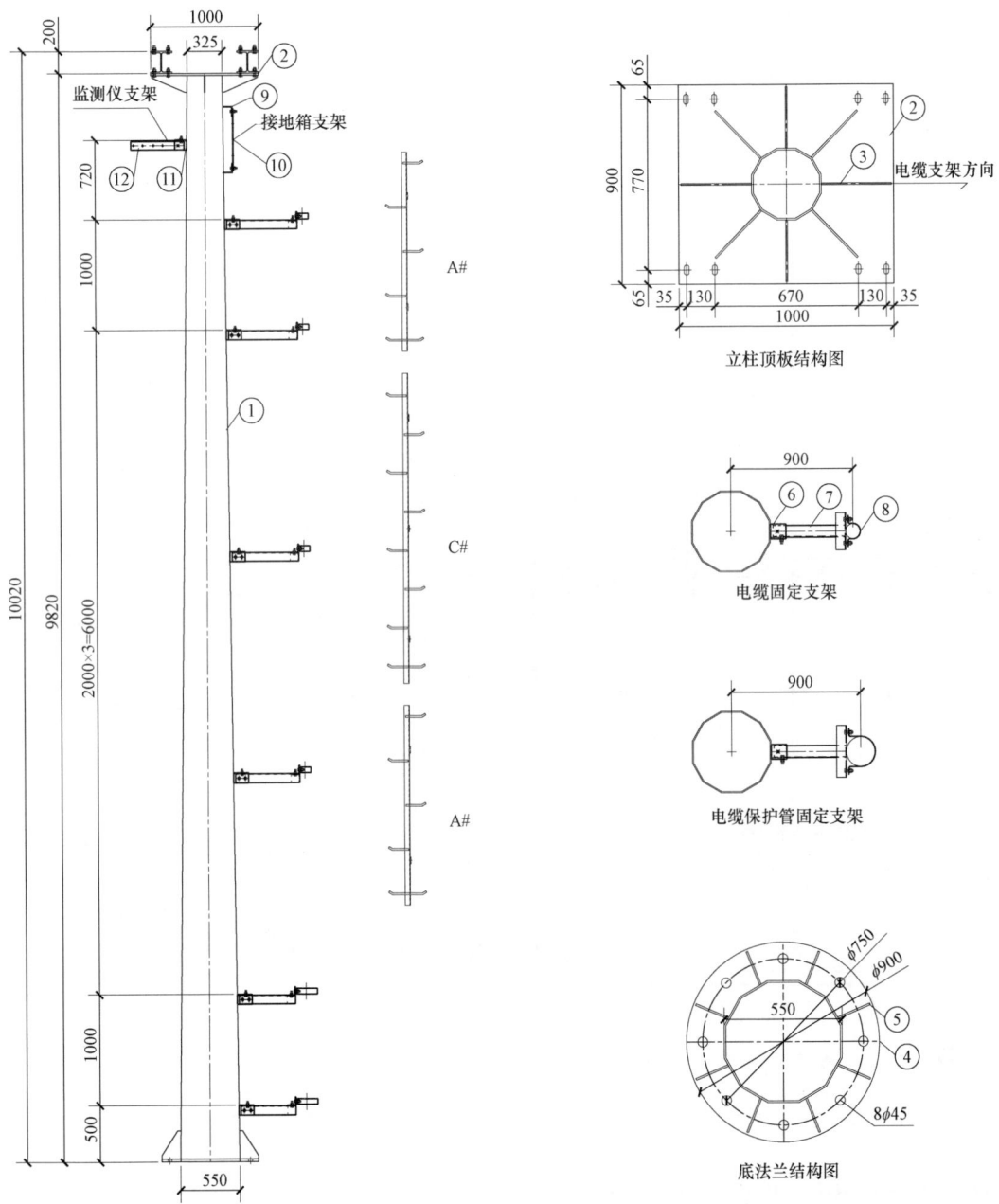

独立柱材料表（单根）

编号	名称	规格	数量	质量（kg）小计
①	立柱主管（12边形）	（边对边）325/550 $L=9800Q355\delta=8$	1	850
②	立柱顶板	$Q355-20\times900\times1000$	1	141.3
③	立柱顶板筋肋	$Q355-8$	8	20
④	立柱下法兰	$Q355-25\times\phi900$	1	78.2
⑤	立柱下法兰筋肋	$Q355-10$	8	16.9
⑥	电缆支架连接角钢	$Q235B\angle100\times10$	6	10
⑦	电缆支架角钢	$Q235B\angle80\times8$	6	16.5
⑧	电缆及保护管抱箍	铝制-4×50	6	1.5
⑨	接地箱连接角钢	$Q235B\angle90\times8$	2	10
⑩	接地箱连接钢板	$Q235B-8$	1	16
⑪	监测支架连接角钢	$Q235B\angle100\times10$	1	1.7
⑫	监测支架角钢	$Q235B\angle80\times8$	1	4.8
⑬	爬梯			36
⑭	螺栓			6.4
合计				1209.3kg

立柱顶板结构图

电缆固定支架

电缆保护管固定支架

底法兰结构图

图 9.5−18　220−GC21GD−DL−18　220−GC21GD−DL 终端杆独立柱支架

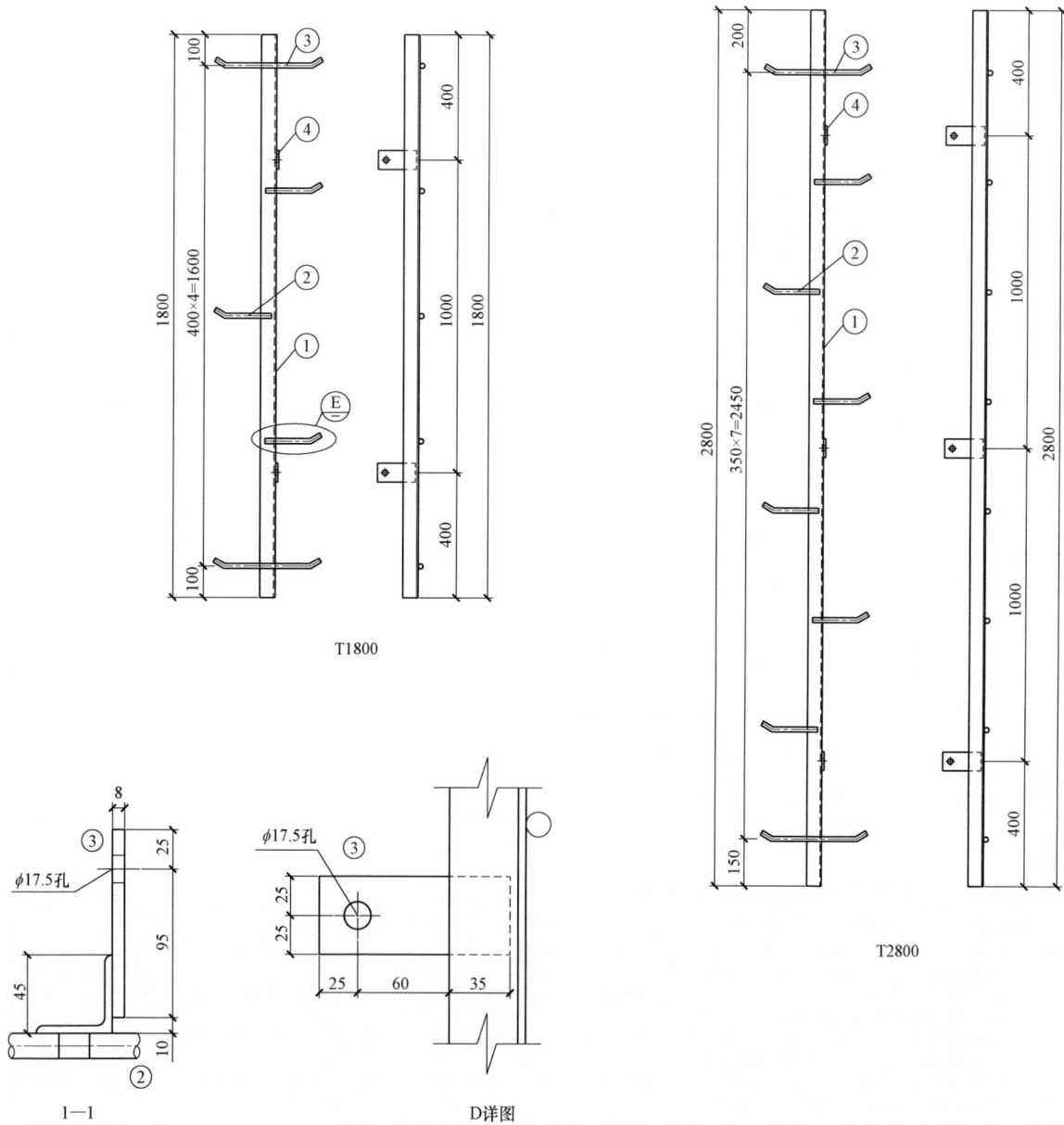

构 件 明 细 表

型号	编号	规格	数量	单重（kg）	总重（kg）	备注
T1800	①	L45×5×1800	1	6.1	6.1	
	②	φ16×220	3	0.3	0.9	
	③	φ16×415	2	0.7	1.4	
	④	−8×50×120	2	0.4	0.8	
	⑤	M16×40	2	0.1	0.2	
小计				9.4kg		
T2800	①	L45×5×2800	1	9.5	9.5	
	②	φ16×220	6	0.3	1.8	
	③	φ16×415	2	0.7	1.4	
	④	−8×50×120	3	0.4	1.2	
	⑤	M16×40	3	0.1	0.3	
小计				14.2kg		

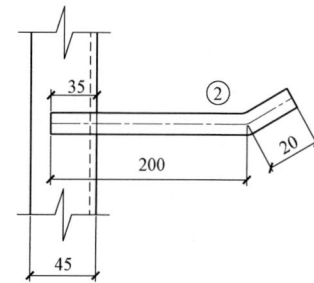

E详图

说明：

1. 钢材采用 Q235，焊条采用 E43 系列。

2. 所有尺寸按实际放样确定。

3. 采用热浸锌防腐，锌层厚度不小于 86μm。

4. 连接螺栓采用 4.8 级螺栓，单帽单垫。

图 9.5−19　220−GC21GD−DL−19　220−GC21GD−DL 终端杆角钢爬梯加工图

9.6 220−GC21GS−DL 子模块

序号	图号	图名	张数	备注
1	220−GC21GS−DL−01	220−GC21GS−DL 终端杆总图	1	
2	220−GC21GS−DL−02	220−GC21GS−DL 终端杆地线横担①结构图	1	
3	220−GC21GS−DL−03	220−GC21GS−DL 终端杆导线横担②结构图	1	
4	220−GC21GS−DL−04	220−GC21GS−DL 终端杆导线横担③结构图	1	
5	220−GC21GS−DL−05	220−GC21GS−DL 终端杆导线横担④结构图	1	
6	220−GC21GS−DL−06	220−GC21GS−DL 终端杆导线横担⑤结构图	1	
7	220−GC21GS−DL−07	220−GC21GS−DL 终端杆身部⑥结构图	1	
8	220−GC21GS−DL−08	220−GC21GS−DL 终端杆身部⑦结构图	1	
9	220−GC21GS−DL−09	220−GC21GS−DL 终端杆身部⑧结构图	1	
10	220−GC21GS−DL−10	220−GC21GS−DL 终端杆身部⑨结构图	1	
11	220−GC21GS−DL−11	220−GC21GS−DL 终端杆 33.0m 腿部⑩结构图	1	
12	220−GC21GS−DL−12	220−GC21GS−DL 终端杆 27.0m 腿部⑪结构图	1	
13	220−GC21GS−DL−13	220−GC21GS−DL 终端杆 21.0m 腿部⑫结构图	1	
14	220−GC21GS−DL−14	220−GC21GS−DL 终端杆地线横担连接法兰结构图	1	
15	220−GC21GS−DL−15	220−GC21GS−DL 终端杆导线横担②、③连接法兰结构图	1	
16	220−GC21GS−DL−16	220−GC21GS−DL 终端杆导线横担④、⑤连接法兰结构图	1	
17	220−GC21GS−DL−17	220−GC21GS−DL 终端杆 33.0m 电缆平台下线示意图	1	
18	220−GC21GS−DL−18	220−GC21GS−DL 终端杆 27.0m 电缆平台下线示意图	1	
19	220−GC21GS−DL−19	220−GC21GS−DL 终端杆 21.0m 电缆平台下线示意图	1	
20	220−GC21GS−DL−20	220−GC21GS−DL 终端杆电缆平台俯视图	1	
21	220−GC21GS−DL−21	220−GC21GS−DL 终端杆电缆平台框架示意图	1	
22	220−GC21GS−DL−22	220−GC21GS−DL 终端杆独立柱支架	1	
23	220−GC21GS−DL−23	220−GC21GS−DL 终端杆角钢爬梯加工图	1	

220−GC21GS−DL−00　220−GC21GS−DL 终端杆图纸目录

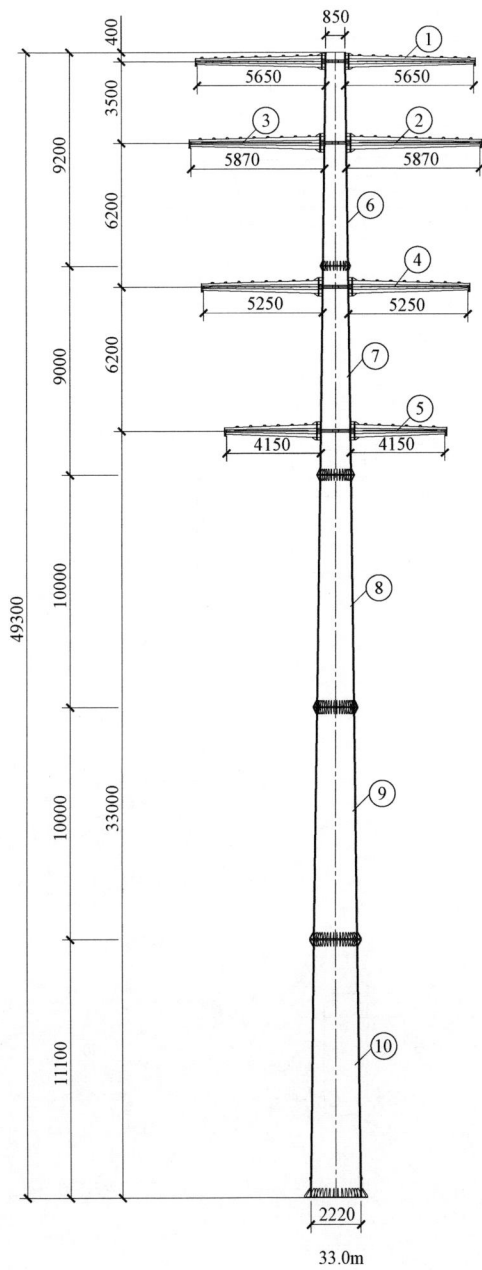

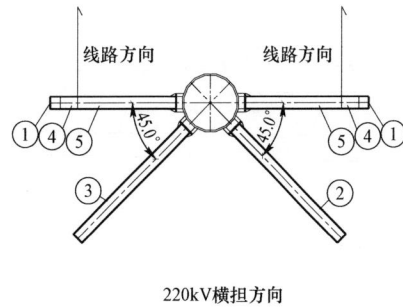

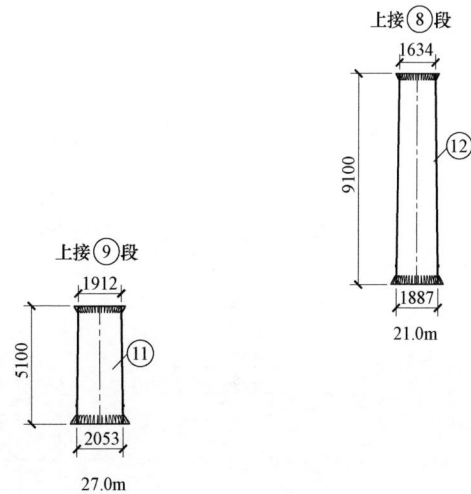

根 开 尺 寸 表				
呼高（m）	根径（mm）	地脚螺栓所在圆直径（mm）	地脚螺栓规格	质量（kg）
21.0	1887	2150	32M72（8.8 级）	45261.18
27.0	2053	2400	36M72（8.8 级）	51253.68
33.0	2220	2550	40M72（8.8 级）	56409.58

220kV横担方向

上接⑧段

1634

9100

⑫

1887

21.0m

上接⑨段

1912

5100

⑪

2053

27.0m

2220

33.0m

图 9.6-1　220-GC21GS-DL-01　220-GC21GS-DL 终端杆总图

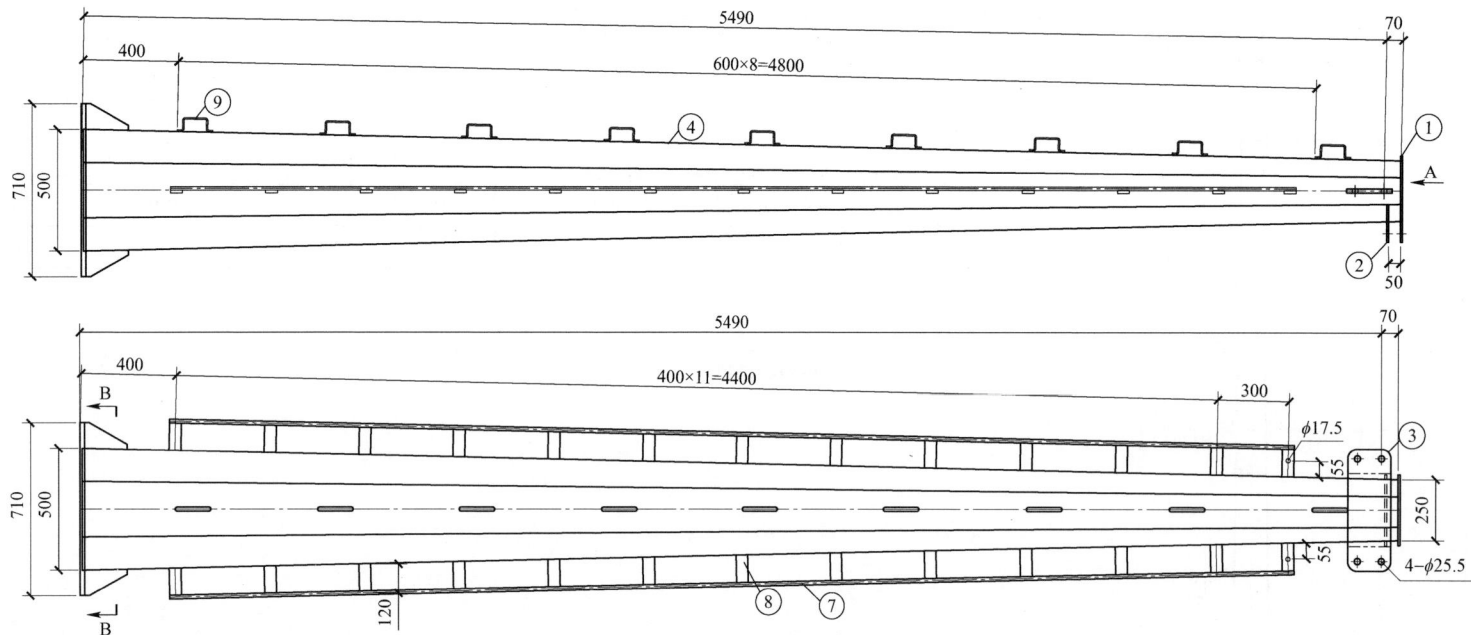

编号	名称	规格	数量	单重（kg)	总重（kg)	备注
①	下挂板	$-8 \times 290 \times 355$	1	6.46	6.46	
②	下挂板	$-8 \times 290 \times 158$	1	2.84	2.84	
③	挂线板	$-16 \times 180 \times 500$	1	11.7	11.7	Q355B
④	主管	$(D250/D500) \times 6 \times 5564$	1	320.5	320.5	
⑤	法兰	$\phi 710 \times 20$	1	27.9	27.9	
⑥	加劲板	$-12 \times 95 \times 180$	16	0.89	14.24	
⑦	脚踏	$\phi 16 \times 4750$	2	7.5	15	
⑧	加强筋	$-12 \times 50 \times 128$	26	0.6	15.6	
⑨	扶手	$\phi 16 \times 250$	9	0.39	3.51	
⑩	螺栓	$M24 \times 100$	16	0.56	8.96	8.8 级
⑪	焊条				15.63	
合计				442.34kg		

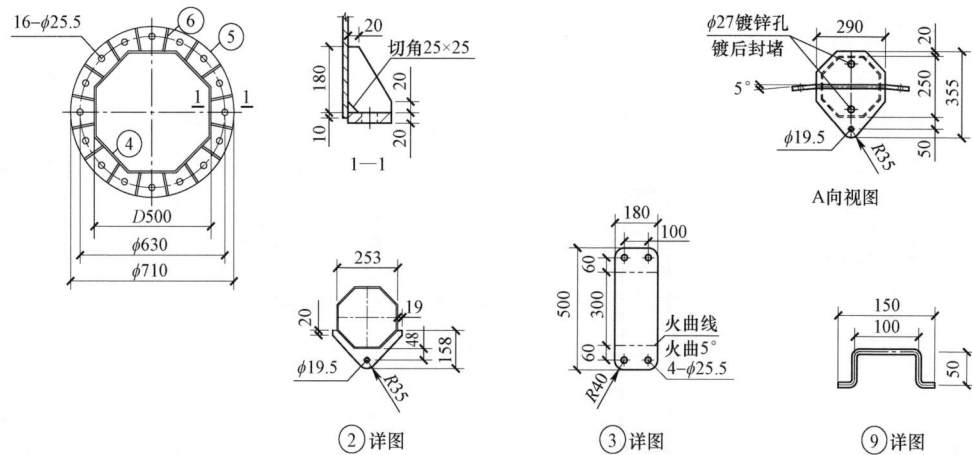

图 9.6-2　220-GC21GS-DL-02　220-GC21GS-DL 终端杆地线横担①结构图

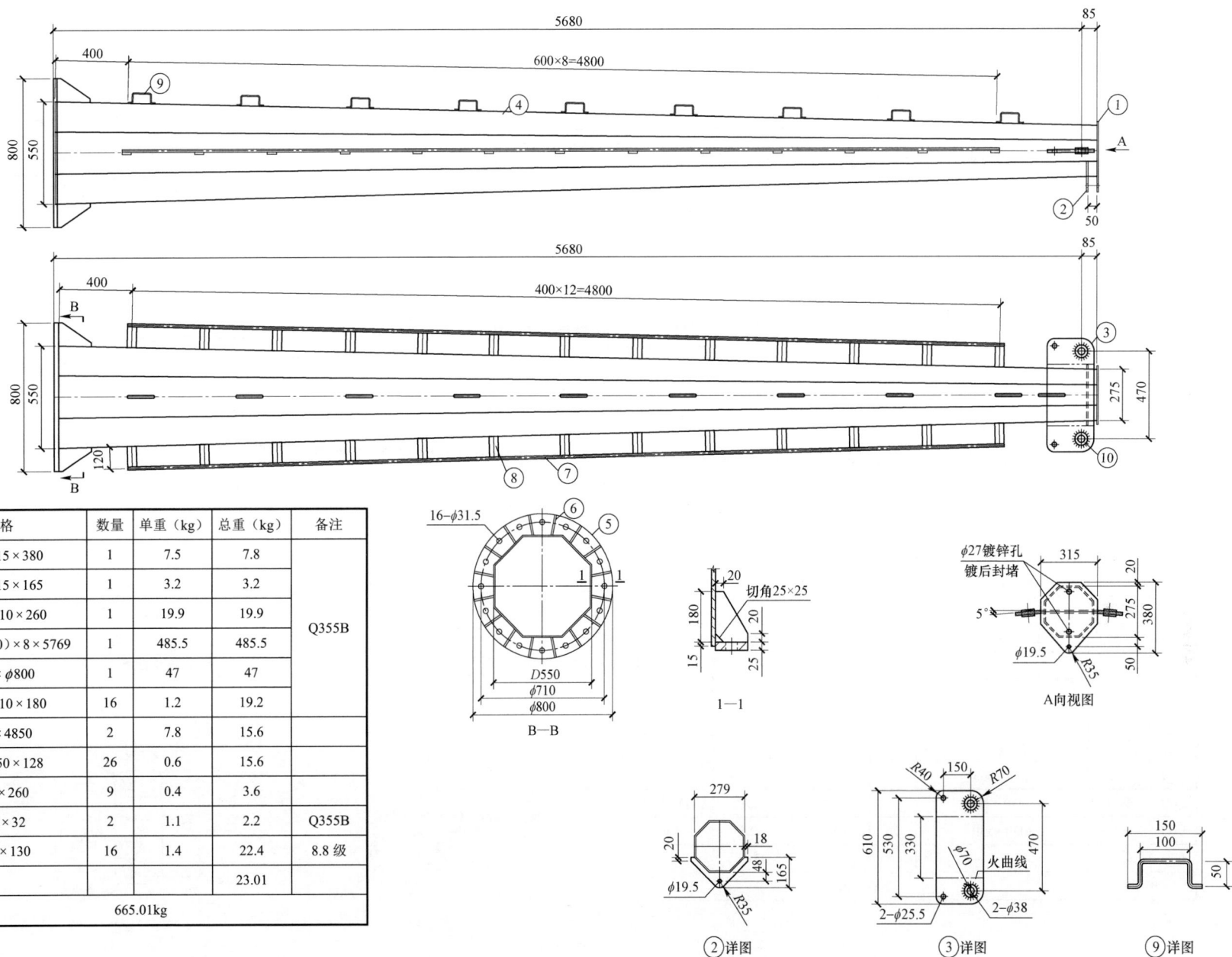

编号	名称	规格	数量	单重（kg）	总重（kg）	备注
①	挂线板	$-8×315×380$	1	7.5	7.8	
②	挂线板	$-8×315×165$	1	3.2	3.2	
③	挂线板	$-16×610×260$	1	19.9	19.9	Q355B
④	主管	$(D275/D550)×8×5769$	1	485.5	485.5	
⑤	法兰	$-25×\phi800$	1	47	47	
⑥	加劲板	$-12×110×180$	16	1.2	19.2	
⑦	脚踏	$\phi16×4850$	2	7.8	15.6	
⑧	加强筋	$-12×50×128$	26	0.6	15.6	
⑨	扶手	$\phi16×260$	9	0.4	3.6	
⑩	套管	$\phi70×32$	2	1.1	2.2	Q355B
⑪	螺栓	$M30×130$	16	1.4	22.4	8.8级
⑫	焊条				23.01	
合计				665.01kg		

图9.6-3 220-GC21GS-DL-03 220-GC21GS-DL终端杆导线横担②结构图

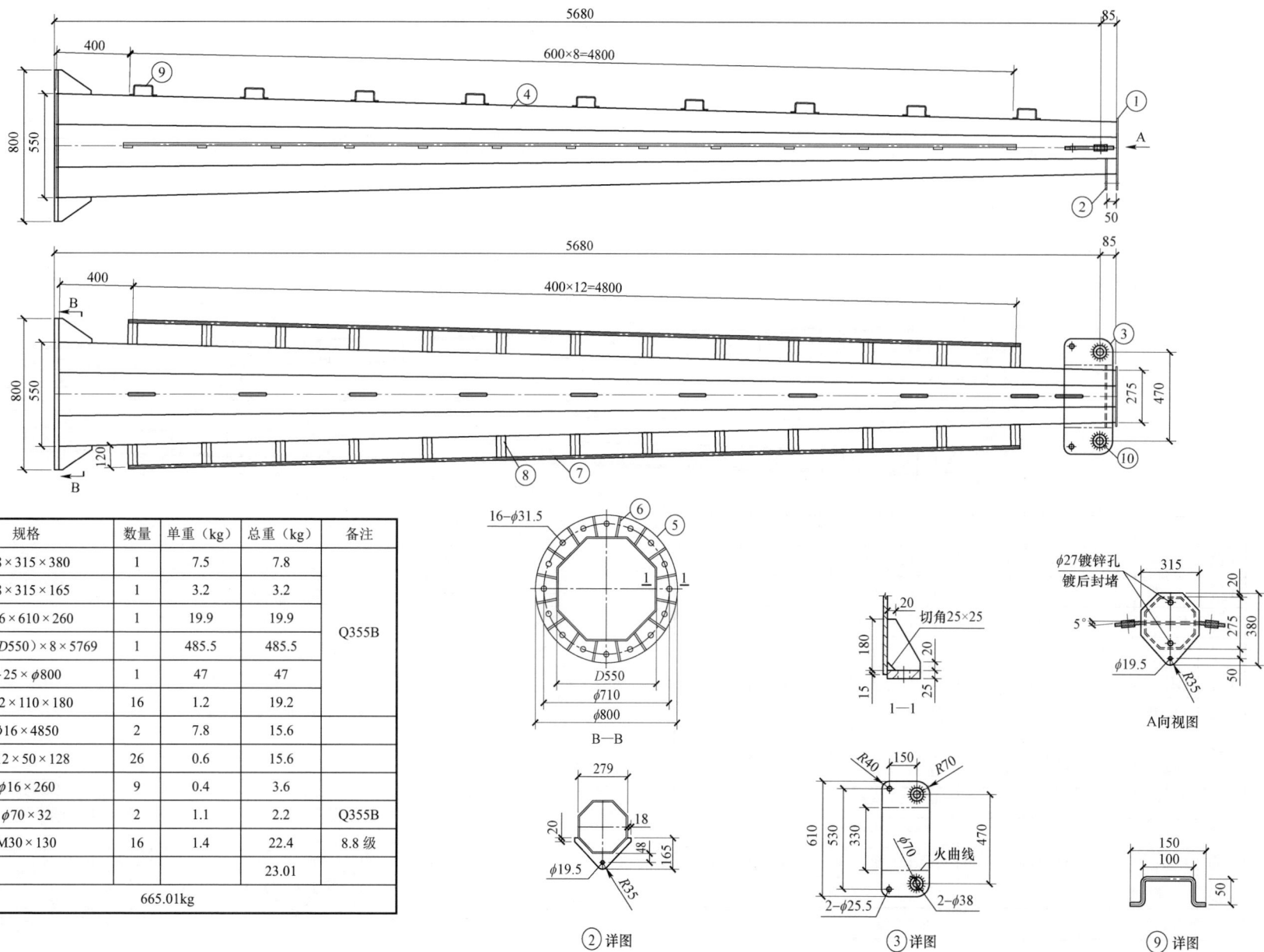

编号	名称	规格	数量	单重（kg）	总重（kg）	备注
①	挂线板	−8×315×380	1	7.5	7.8	
②	挂线板	−8×315×165	1	3.2	3.2	
③	挂线板	−16×610×260	1	19.9	19.9	
④	主管	（D275/D550）×8×5769	1	485.5	485.5	Q355B
⑤	法兰	−25×φ800	1	47	47	
⑥	加劲板	−12×110×180	16	1.2	19.2	
⑦	脚踏	φ16×4850	2	7.8	15.6	
⑧	加强筋	−12×50×128	26	0.6	15.6	
⑨	扶手	φ16×260	9	0.4	3.6	
⑩	套管	φ70×32	2	1.1	2.2	Q355B
⑪	螺栓	M30×130	16	1.4	22.4	8.8 级
⑫	焊条				23.01	
合计				665.01kg		

图 9.6−4　220−GC21GS−DL−04　220−GC21GS−DL 终端杆导线横担③结构图

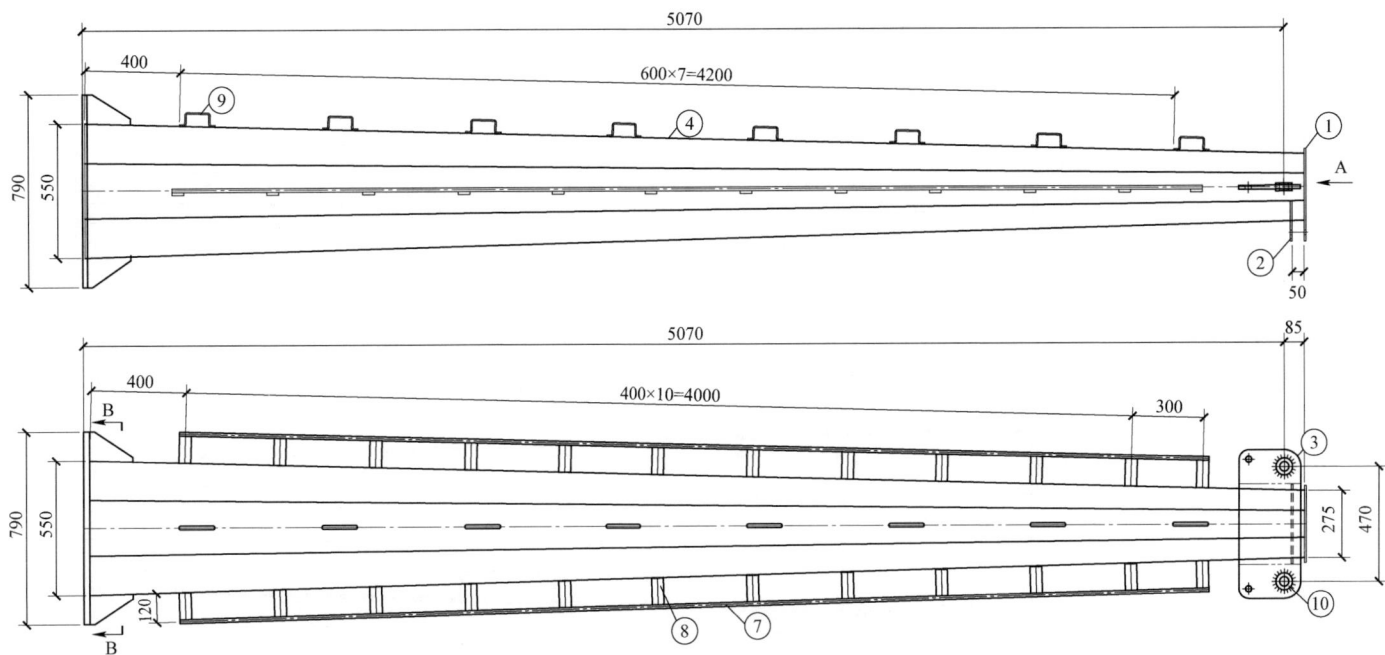

编号	名称	规格	数量	单重（kg）	总重（kg）	备注
①	挂线板	$-8 \times 315 \times 380$	1	7.5	7.8	
②	挂线板	$-8 \times 315 \times 164$	1	3.2	3.2	
③	挂线板	$-16 \times 610 \times 260$	1	19.9	19.9	
④	主管	$(D275/D550) \times 8 \times 5161$	1	434.4	434.4	Q355B
⑤	法兰	$-20 \times \phi790$	1	37.72	37.72	
⑥	加劲板	$-12 \times 110 \times 180$	16	1.2	19.2	
⑦	脚踏	$\phi16 \times 4350$	2	7	14	
⑧	加强筋	$-12 \times 50 \times 128$	24	0.6	14.4	
⑨	扶手	$\phi16 \times 260$	8	0.4	3.2	
⑩	套管	$\phi70 \times 32$	2	1.1	2.2	Q355B
⑪	螺栓	$M27 \times 120$	16	1.01	16.16	8.8级
⑫	焊条				23.01	
合计					595.19kg	

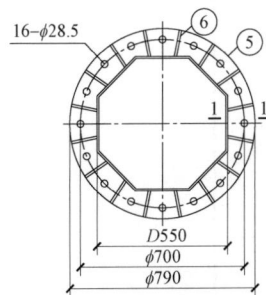

B—B

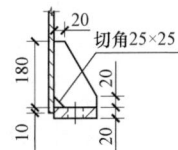

1—1

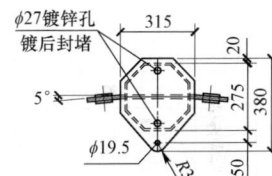

A向视图

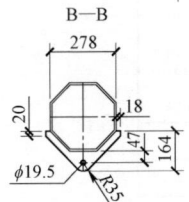

②详图

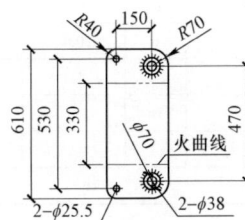

③详图

⑨详图

图 9.6 – 5　220 – GC21GS – DL – 05　220 – GC21GS – DL 终端杆导线横担④结构图

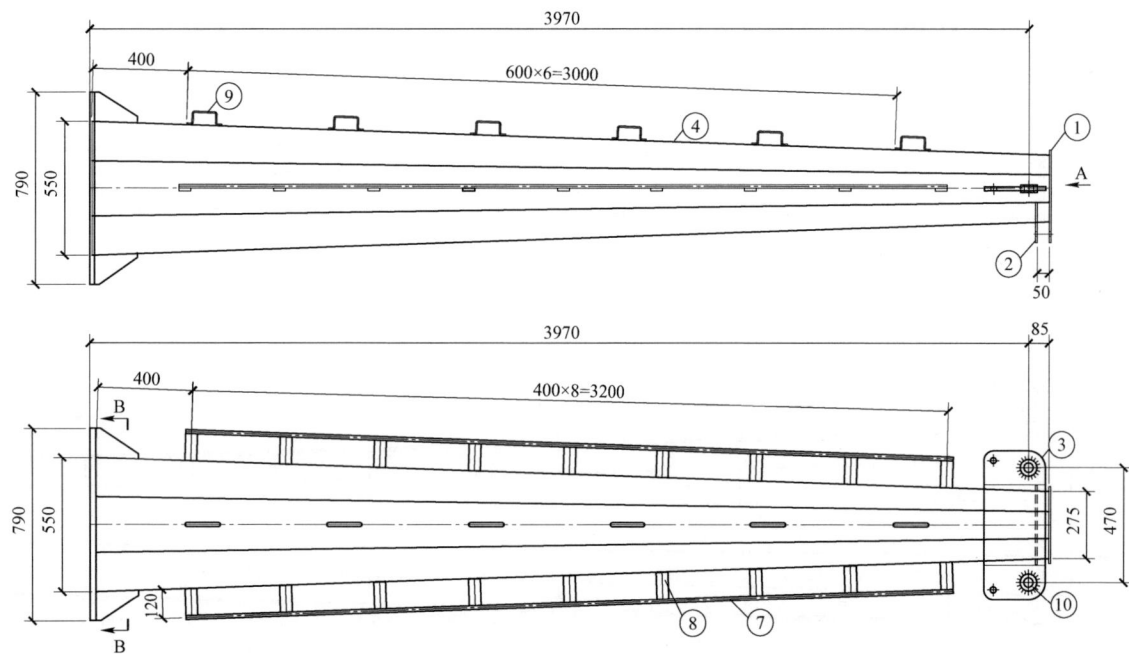

编号	名称	规格	数量	单重（kg）	总重（kg）	备注
①	挂线板	−8×315×380	1	7.5	7.8	
②	挂线板	−8×315×164	1	3.2	3.2	
③	挂线板	−16×610×260	1	19.9	19.9	
④	主管	(D275/D550)×8×4066	1	342.23	342.23	Q355B
⑤	法兰	−20×φ790	1	37.72	37.72	
⑥	加劲板	−12×110×180	16	1.2	19.2	
⑦	脚踏	φ16×3250	2	5.2	10.4	
⑧	加强筋	−12×50×128	18	0.6	10.8	
⑨	扶手	φ16×260	6	0.4	2.4	
⑩	套管	φ70×32	2	1.1	2.2	Q355B
⑪	螺栓	M27×120	16	1.01	16.16	8.8 级
⑫	焊条				23.01	
合计				495.02kg		

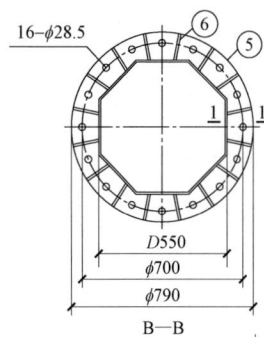

B—B

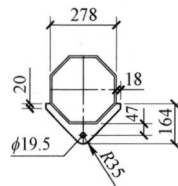

②详图

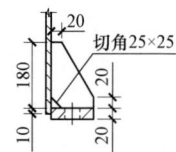

1—1

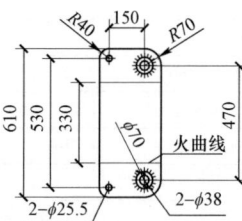

③详图

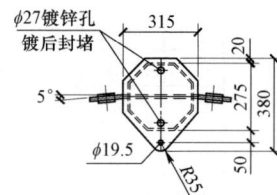

A向视图

⑨详图

图 9.6−6　220−GC21GS−DL−06　220−GC21GS−DL 终端杆导线横担⑤结构图

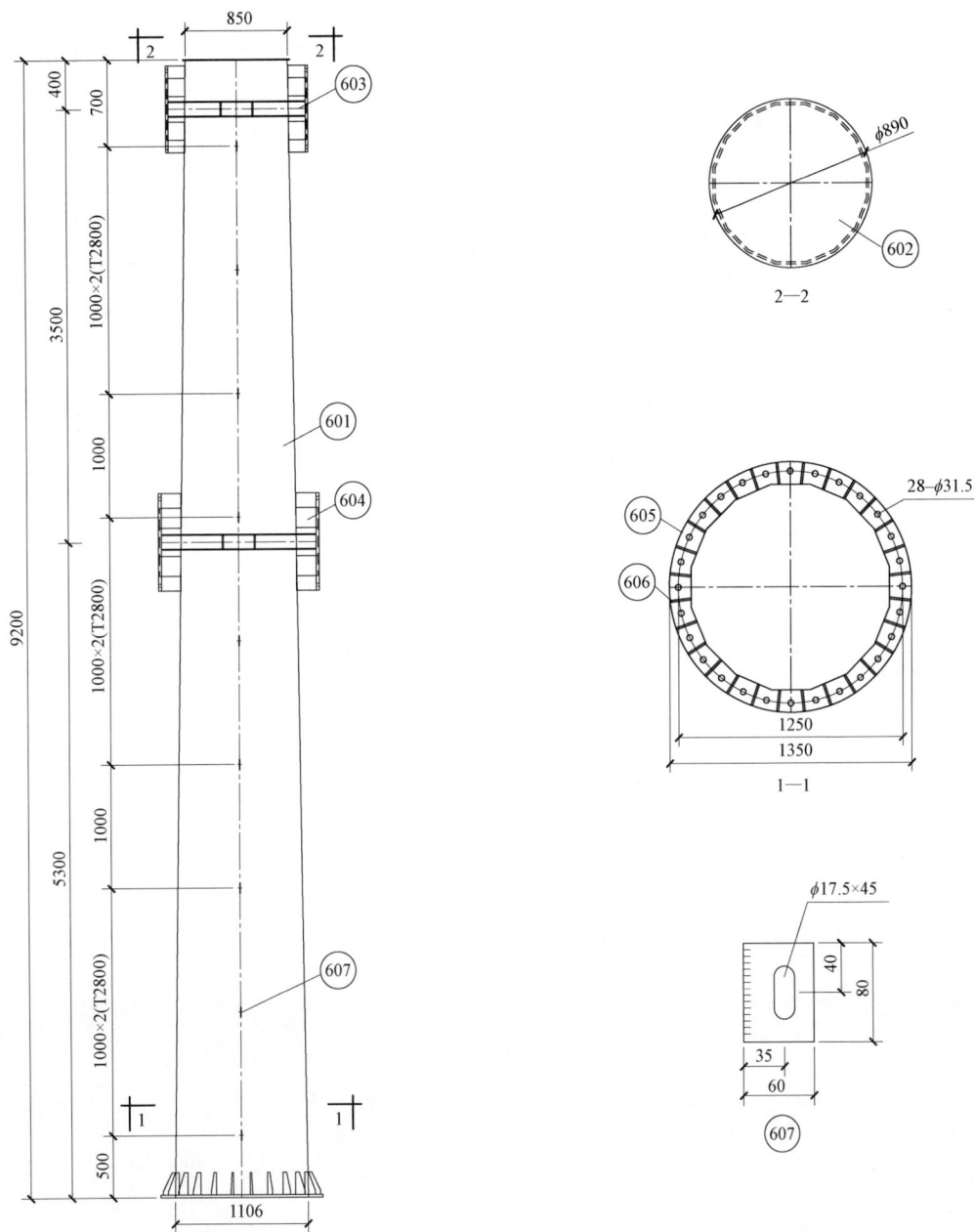

构 件 明 细 表

编号	规格	数量	单重（kg）	总重（kg）	备注
601	（D850/D1106）×8×9189	1	1783.6	1783.6	Q420B
602	φ890×8	1	39	39	
603	地线横担法兰	1	172.4	172.4	
604	导线横担2、3法兰	1	300.8	300.8	标准件
605	φ1350×22	1	81.3	81.3	Q355B
606	−10×115×180	28	1.1	30.8	Q420B
607	−8×60×80	9	0.3	2.7	
608	M30×130	28	1.38	38.64	8.8级
合计				2449.24kg	

图 9.6−7　220−GC21GS−DL−07　220−GC21GS−DL 终端杆身部⑥结构图

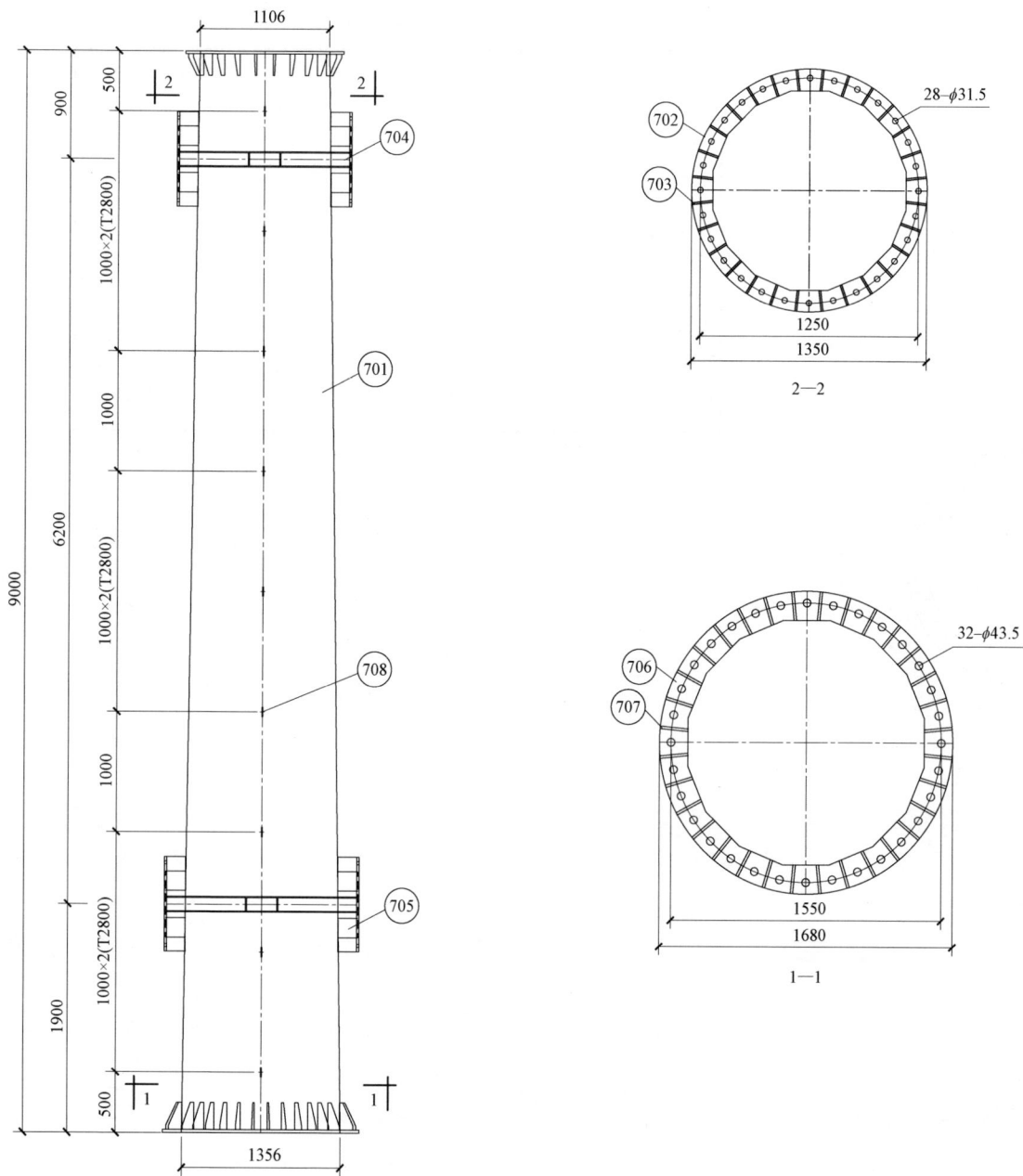

构件明细表

编号	规格	数量	单重(kg)	总重(kg)	备注
701	（D1106/D1356）×12×8976	1	3289.1	3289.1	Q420B
702	φ1350×22	1	81.3	81.3	Q355B
703	−10×115×180	28	1.1	30.8	Q420B
704	导线横担4法兰	1	261.4	261.4	标准件
705	导线横担5法兰	1	261.4	261.4	
706	φ1680×26	1	153.8	153.8	Q355B
707	−14×155×220	32	2.3	73.6	Q420B
708	−8×60×80	9	0.3	2.7	
709	M42×170	32	3.62	115.84	8.8级
合计				4269.94kg	

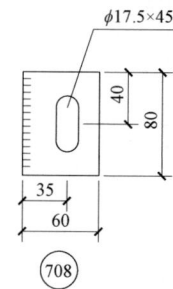

图 9.6－8　220－GC21GS－DL－08　220－GC21GS－DL 终端杆身部⑦结构图

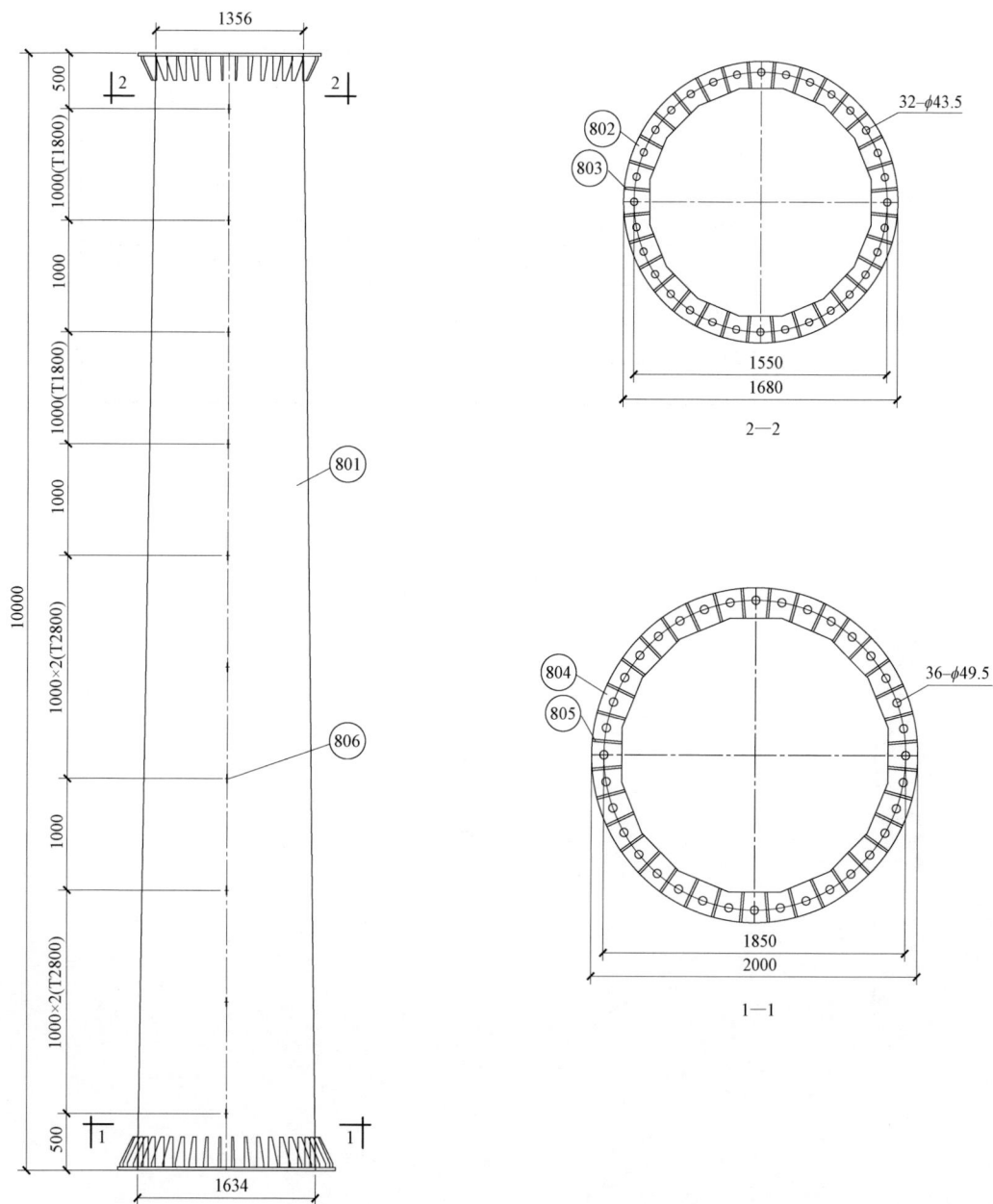

构 件 明 细 表

编号	规格	数量	单重（kg）	总重（kg）	备注
801	$(D1356/D1634)\times14\times9972$	1	5180	5180	Q420B
802	$\phi1680\times26$	1	153.8	153.8	Q355B
803	$-14\times155\times220$	32	2.3	73.6	Q420B
804	$\phi2000\times30$	1	246.1	246.1	Q355B
805	$-14\times170\times260$	36	3	108	Q420B
806	$-8\times60\times80$	10	0.3	3	
807	$M48\times200$	36	5.68	204.48	8.8 级
合计				5968.98kg	

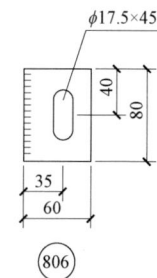

图 9.6－9　220－GC21GS－DL－09　220－GC21GS－DL 终端杆身部⑧结构图

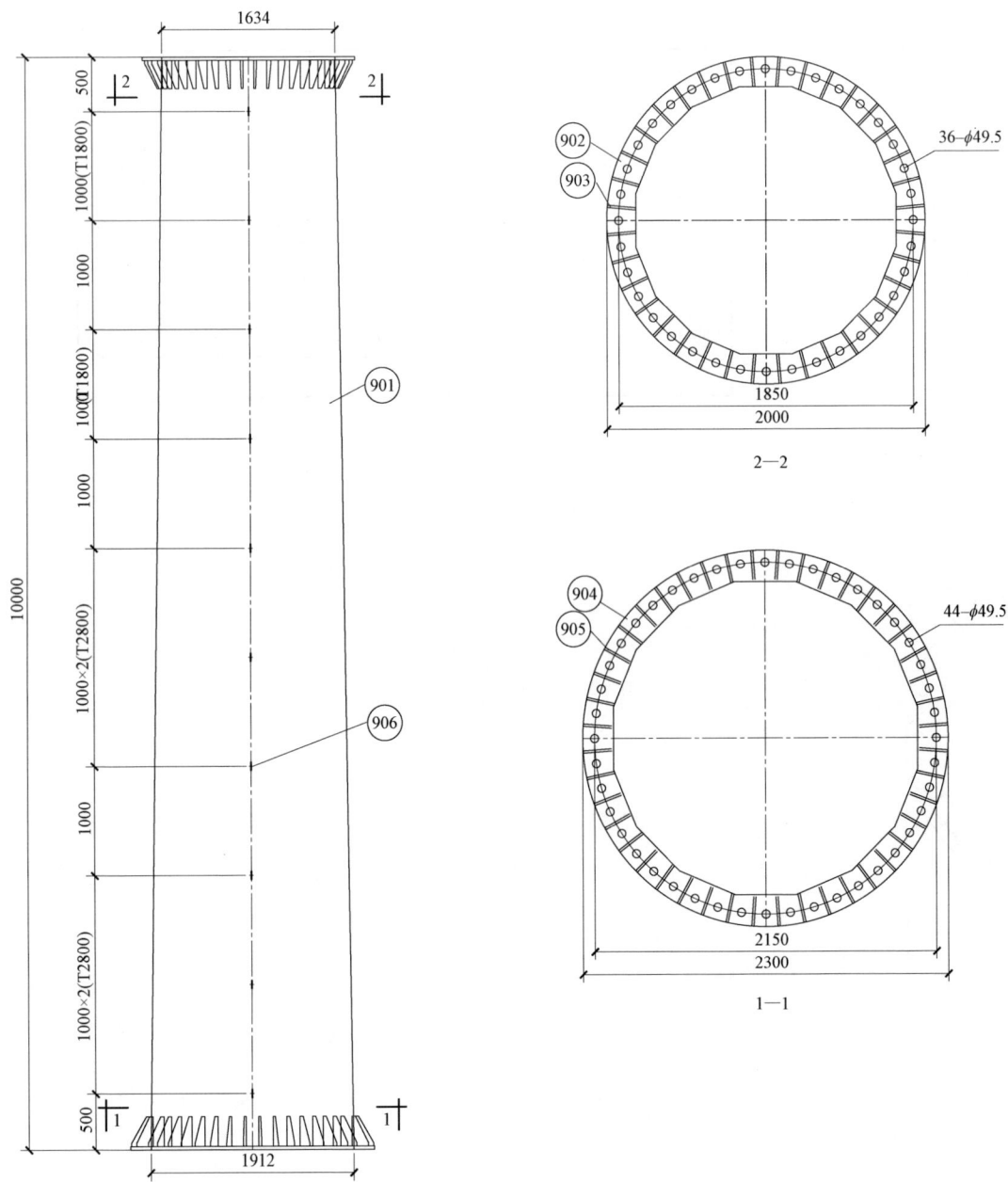

构 件 明 细 表

编号	规格	数量	单重（kg）	总重（kg）	备注
901	（D1634/D1912）×16×9970	1	7023.3	7023.3	Q420B
902	$\phi2000\times30$	1	246.1	246.1	Q355B
903	$-14\times170\times260$	36	3	108	Q420B
904	$\phi2300\times30$	1	302.3	302.3	Q355B
905	$-14\times170\times260$	44	3	132	Q420B
906	$-8\times60\times80$	10	0.3	3	
907	M48×180	44	5.7	250.8	8.8 级
合计				8065.5kg	

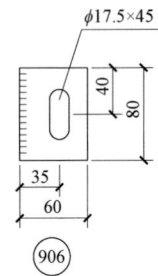

图 9.6−10　220−GC21GS−DL−10　220−GC21GS−DL 终端杆身部⑨结构图

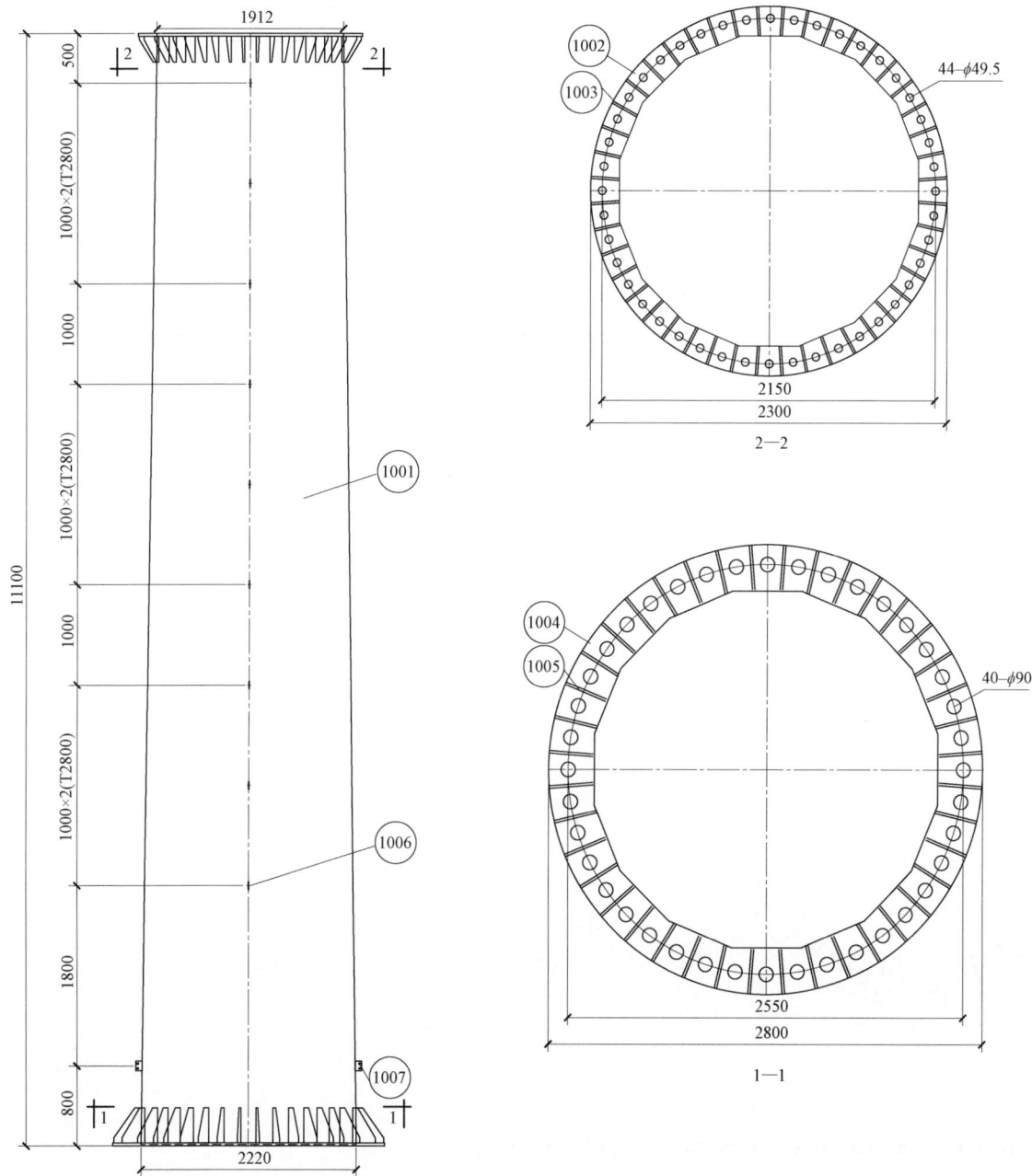

构 件 明 细 表

编号	规格	数量	单重（kg）	总重（kg）	备注
⑩⑪	（D1912/D2220）×16×11068	1	9096	9096	Q420B
⑩⑫	φ2300×30	1	302.3	302.3	Q355B
⑩⑬	−14×170×260	44	3	132	Q420B
⑩⑭	φ2800×35	1	628.3	628.3	Q355B
⑩⑮	−16×270×350	40	7	280	Q420B
⑩⑯	−8×60×80	9	0.3	2.7	
⑩⑰	−8×70×100	2	0.4	0.8	
合计				10442.1kg	

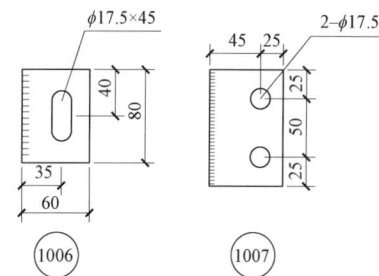

图 9.6-11　220-GC21GS-DL-11　220-GC21GS-DL 终端杆 33.0m 腿部⑩结构图

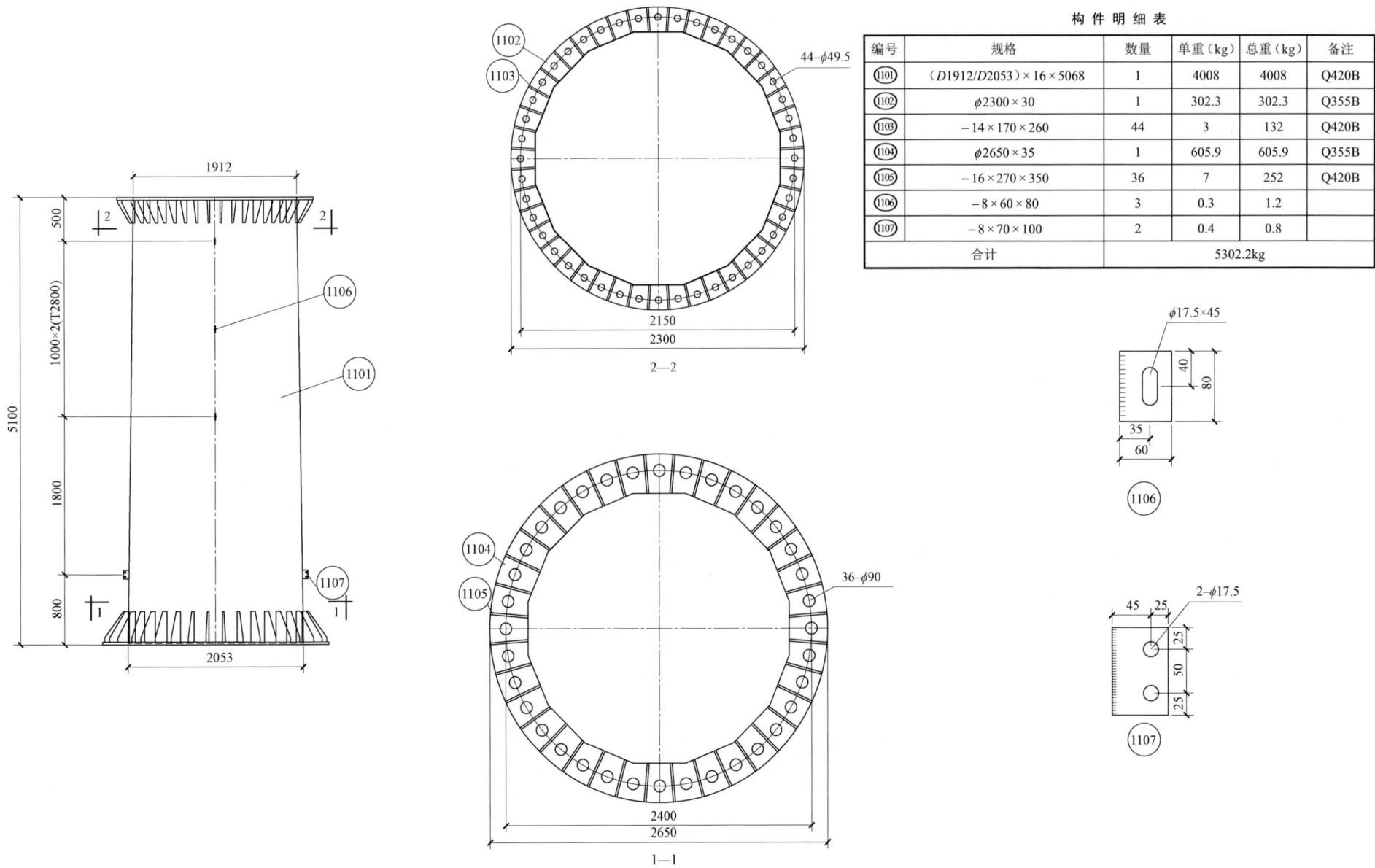

构件明细表

编号	规格	数量	单重（kg）	总重（kg）	备注
1101	$(D1912/D2053) \times 16 \times 5068$	1	4008	4008	Q420B
1102	$\phi 2300 \times 30$	1	302.3	302.3	Q355B
1103	$-14 \times 170 \times 260$	44	3	132	Q420B
1104	$\phi 2650 \times 35$	1	605.9	605.9	Q355B
1105	$-16 \times 270 \times 350$	36	7	252	Q420B
1106	$-8 \times 60 \times 80$	3	0.3	1.2	
1107	$-8 \times 70 \times 100$	2	0.4	0.8	
合计				5302.2kg	

图 9.6-12　220-GC21GS-DL-12　220-GC21GS-DL 终端杆 27.0m 腿部⑪结构图

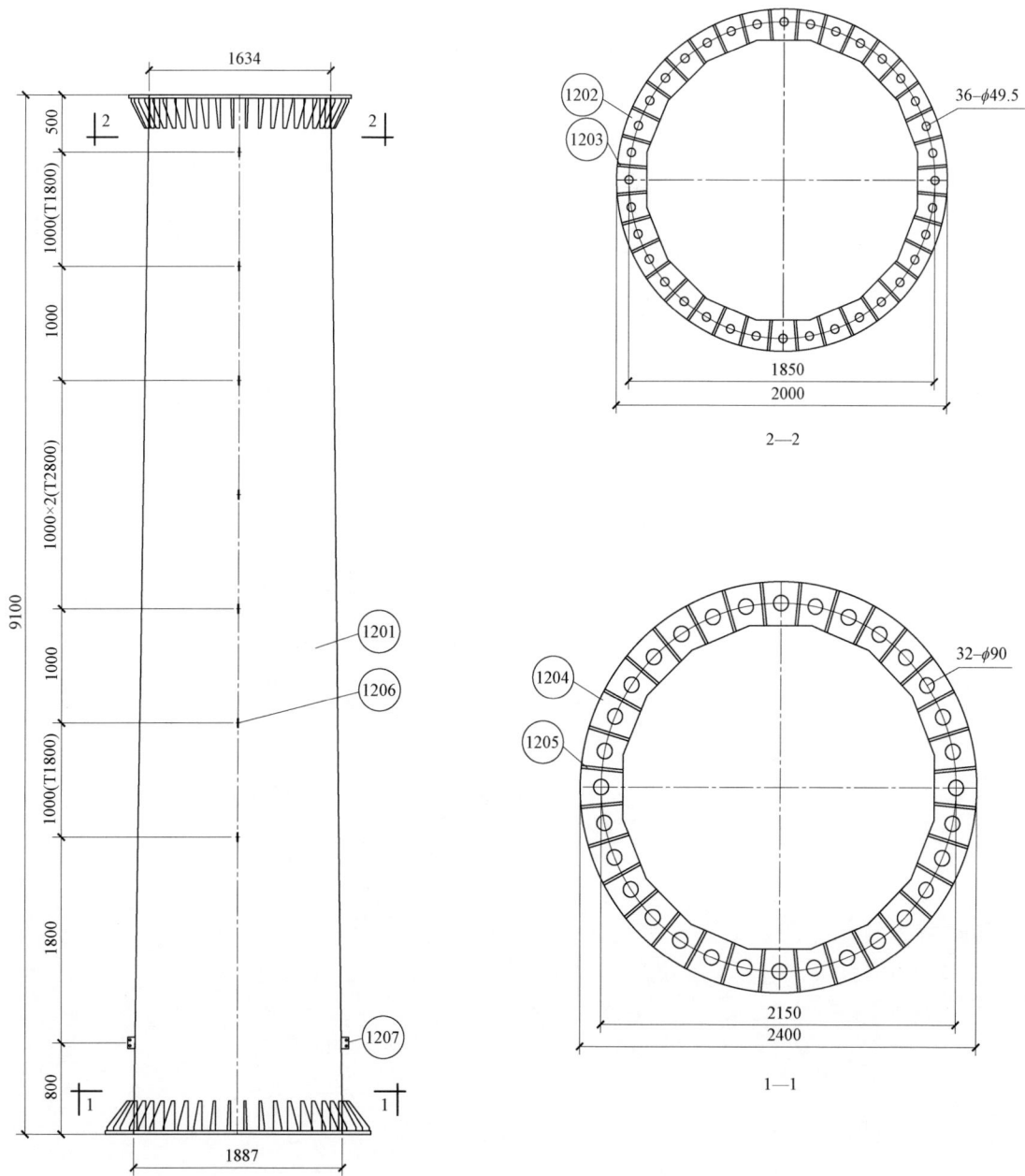

构件明细表

编号	规格	数量	单重(kg)	总重(kg)	备注
1201	(D1634/D1887)×16×9068	1	6345.8	6345.8	Q420B
1202	φ2000×30	1	246.1	246.1	Q355B
1203	−14×170×260	36	3	108	Q420B
1204	φ2400×35	1	474	474	Q355B
1205	−16×250×350	32	6.7	214.4	Q420B
1206	−8×60×80	7	0.3	2.1	
1207	−8×70×100	2	0.4	0.8	
合计				7391.2kg	

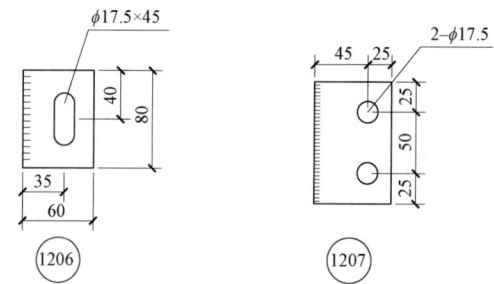

图 9.6−13　220−GC21GS−DL−13　220−GC21GS−DL 终端杆 21.0m 腿部⑫结构图

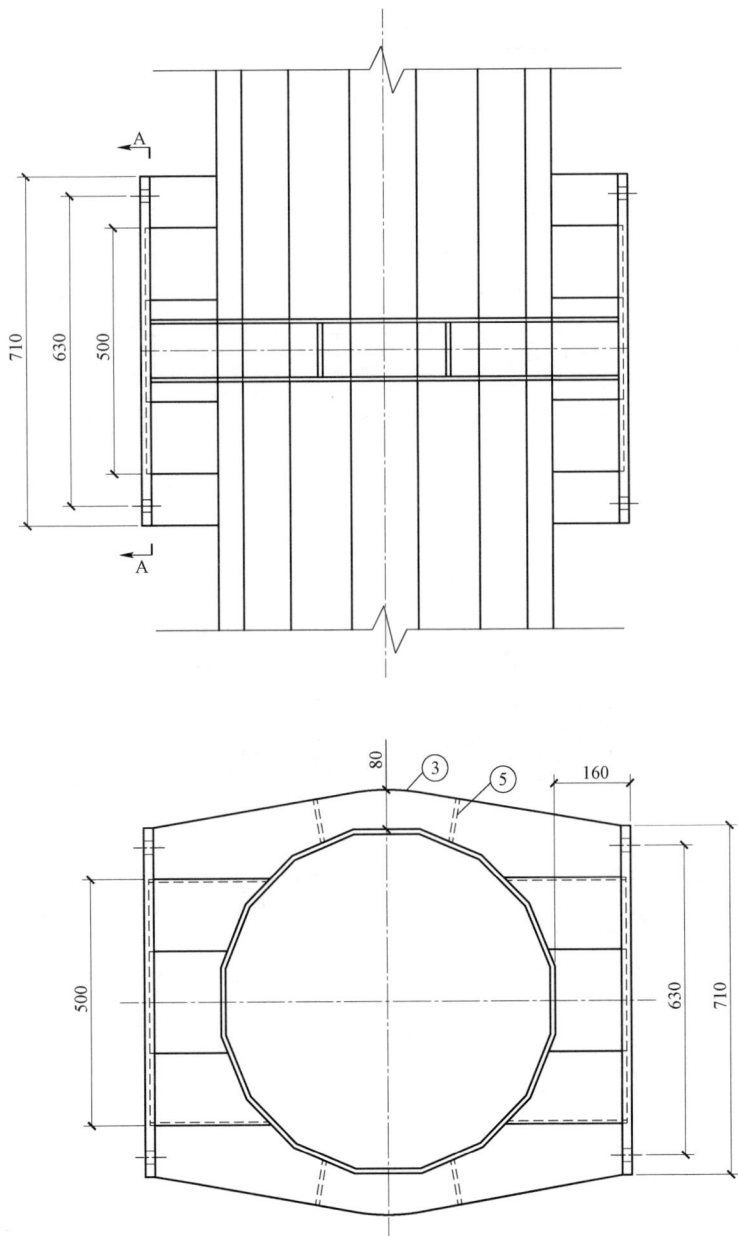

材 料 表

编号	规格	数量	单重（kg）	小计（kg）	备注
①	−20×ϕ710	2	27.9	55.8	
②	−10×90	24	0.8	19.2	
③	−10×170	4	10.5	42.0	
④	D500×8	2	26.3	52.6	
⑤	−12×85×110	4	0.7	2.8	
合计				172.4kg	

注 序号②、③、④长度以实际放样为准。

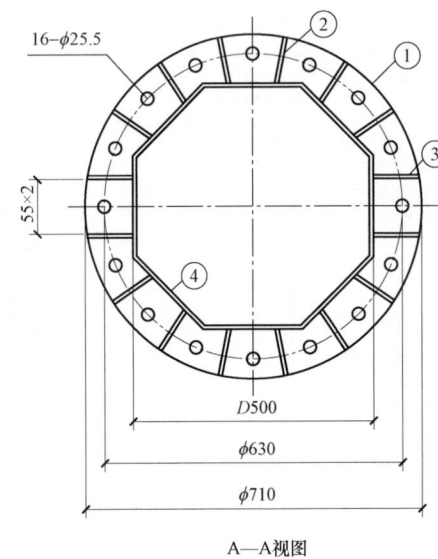

A—A视图

图 9.6−14　220−GC21GS−DL−14　220−GC21GS−DL 终端杆地线横担连接法兰结构图

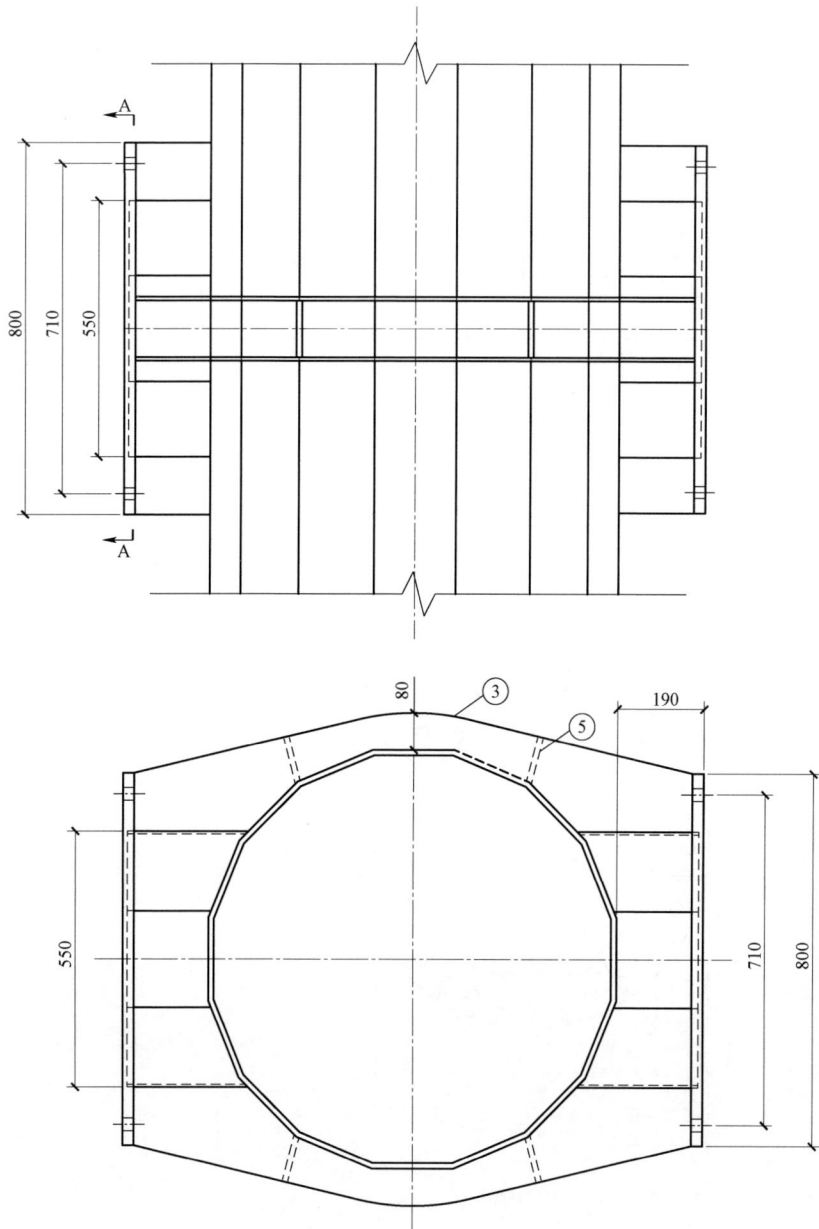

材 料 表

编号	规格	数量	单重（kg）	小计（kg）	备注
①	$\phi 800 \times 25$	2	47	94	
②	-10×115	24	1.1	26.4	
③	-10×255	4	24.4	97.6	Q355B
④	$D550 \times 10$	2	39.2	78.4	
⑤	$-12 \times 90 \times 122$	4	1.1	4.4	
合计				300.8kg	

注 编号②、③、④长度以实际放样为准。

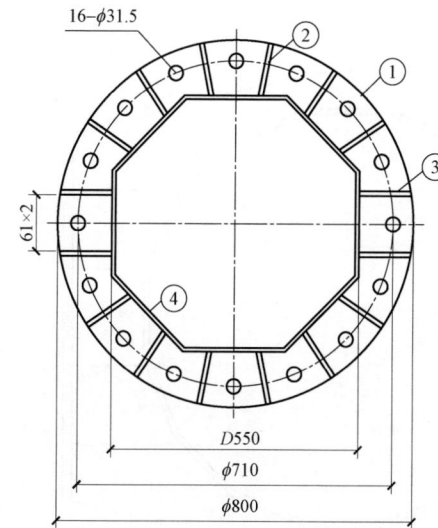

图 9.6-15　220-GC21GS-DL-15　220-GC21GS-DL 终端杆导线横担②、③连接法兰结构图

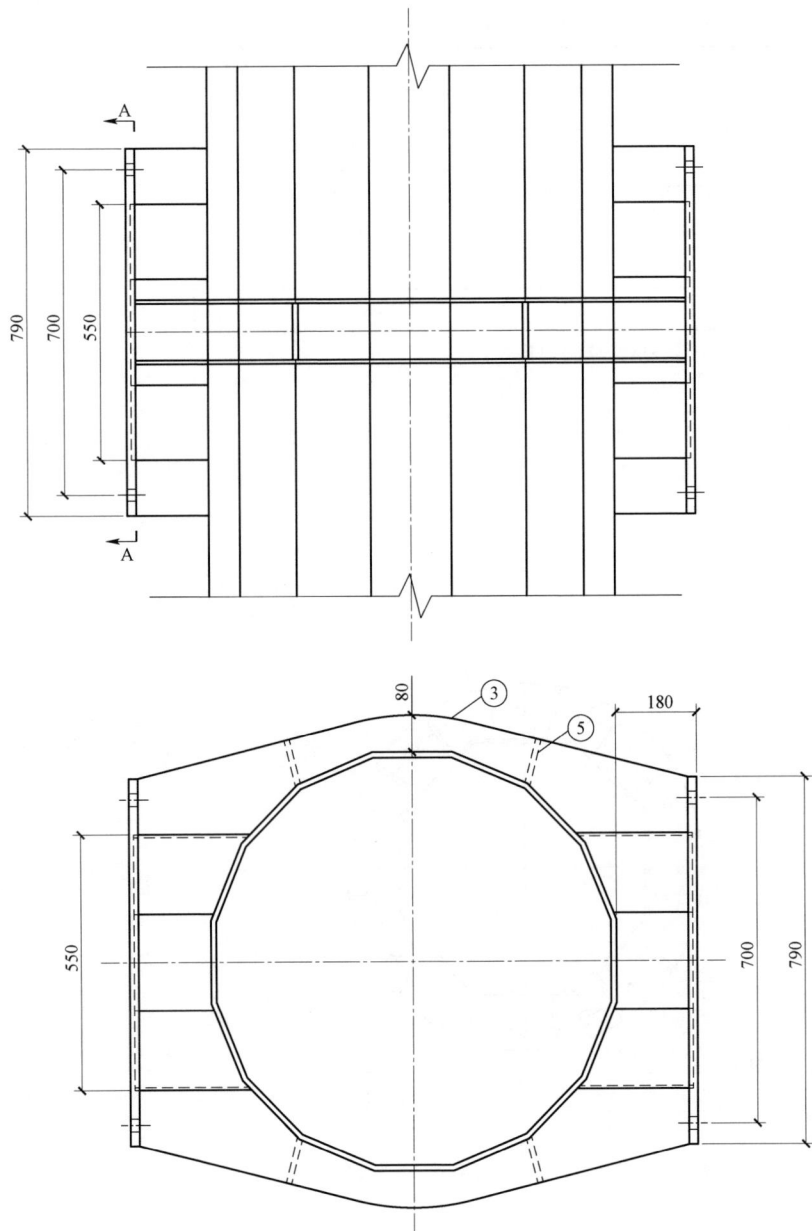

材 料 表

编号	规格	数量	单重（kg）	小计（kg）	备注
①	$\phi790\times20$	2	37.72	75.4	
②	-10×105	24	1.0	24.0	
③	-10×255	4	24.4	97.6	Q355B
④	$D550\times8$	2	30	60	
⑤	$-12\times90\times122$	4	1.1	4.4	
合计				261.4kg	

注 编号②、③、④长度以实际放样为准。

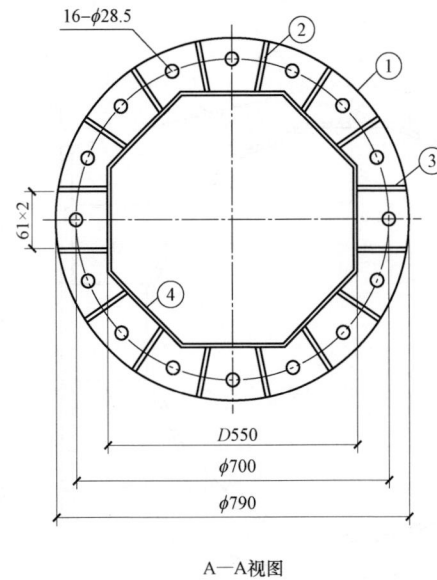

A—A视图

图 9.6－16　220－GC21GS－DL－16　220－GC21GS－DL 终端杆导线横担④、⑤连接法兰结构图

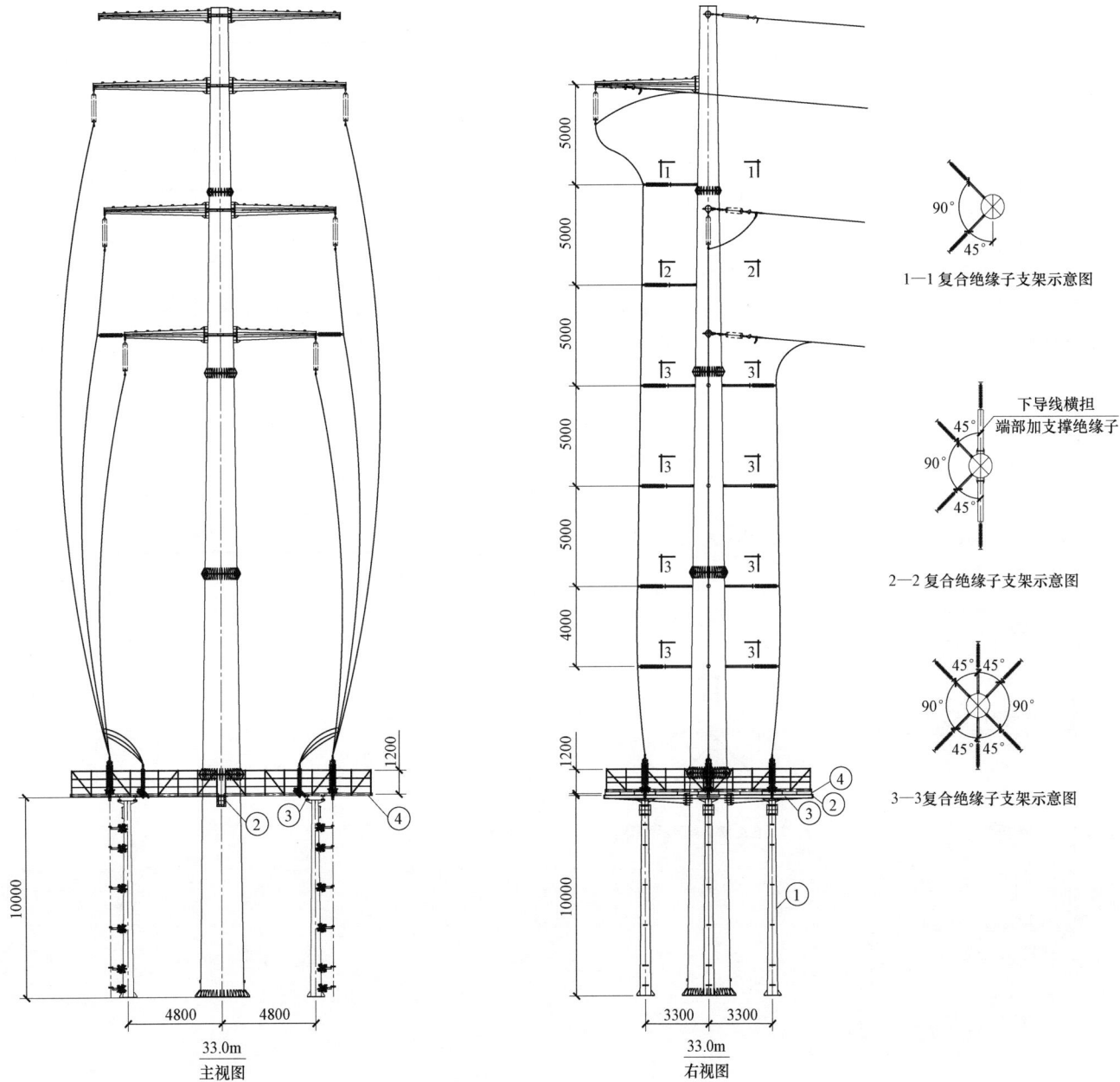

平 台 材 料 表

编号	名称	规格	数量	质量（kg）	
				单重	小计
①	独立柱支架		6	1209.3	7255.8
②	电缆平台托架横担	Q355－8×400×280	2	465.2	930.4
③	独立柱平台托梁	Q235H200×200×8×12	4	540	2160
④	电缆平台槽钢横梁	Q235[14a×200000	1	2907	2907
⑤	杆身平台托架角钢	Q235L100×10×2350	1	35.5	35.5
⑥	避雷器连接板	Q355－14	6	64	384
⑦	电缆终端头连接板	Q355－16	6	102	612
⑧	电缆平台花纹板	Q355－4	1	4500	4500
⑨	平台护栏角钢	Q235L45×4×121000	1	333.5	333.5
⑩	平台护栏扁钢	Q235－4×40×146500	1	184	184
⑪	螺栓螺母总质量		1		242.7
合计				19544.9kg	

注 配 30 个复合绝缘子。

图 9.6－17　220－GC21GS－DL－17　220－GC21GS－DL 终端杆 33.0m 电缆平台下线示意图

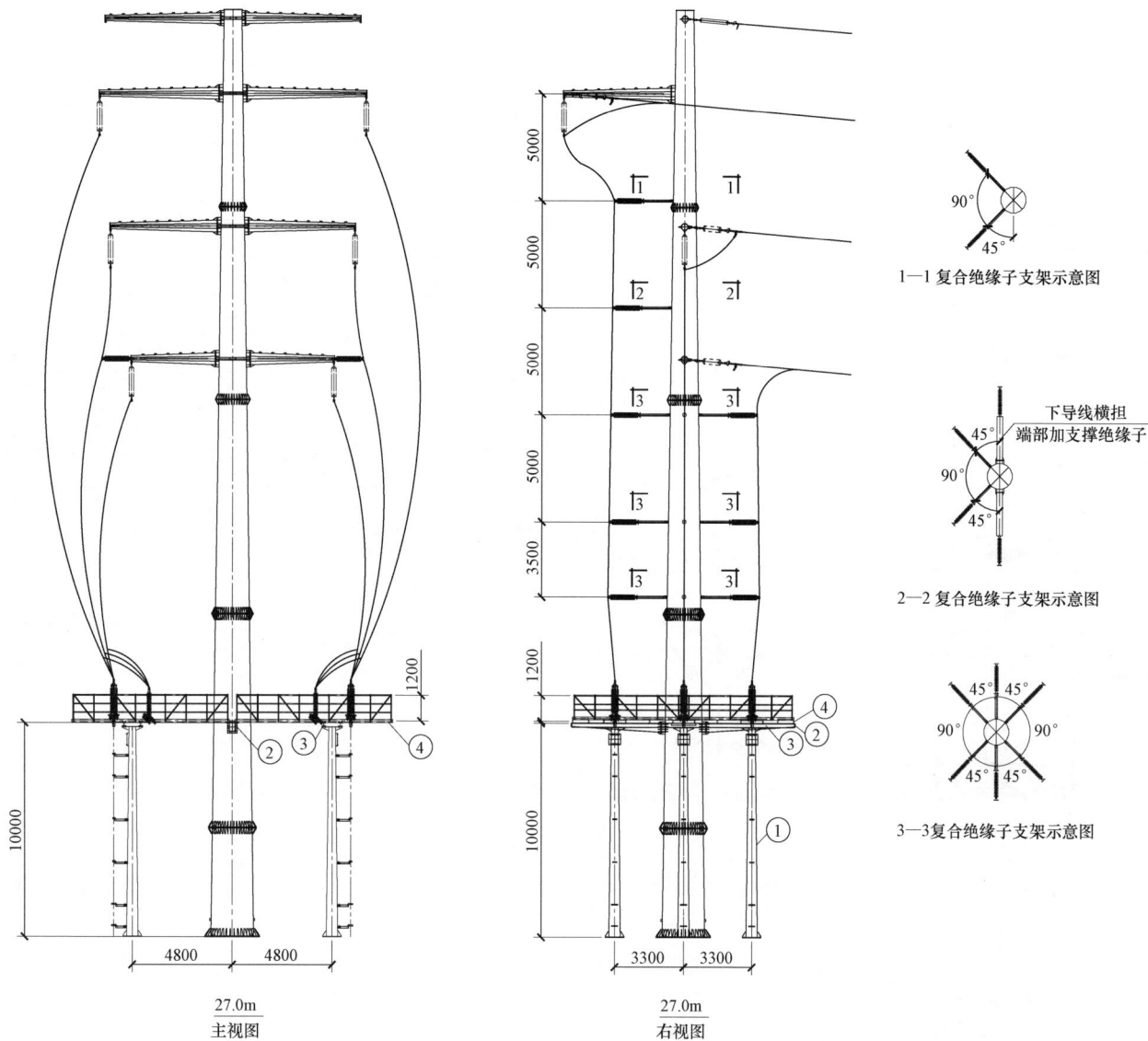

平台材料表

编号	名称	规格	数量	质量（kg） 单重	质量（kg） 小计
①	独立柱支架		6	1209.3	7255.8
②	电缆平台托架横担	Q355−8×400×280	2	475.2	950.4
③	独立柱平台托梁	Q235H200×200×8×12	4	540	2160
④	电缆平台槽钢横梁	Q235[14a×200000	1	2907	2907
⑤	杆身平台托架角钢	Q235L100×10×2350	1	35.5	35.5
⑥	避雷器连接板	Q355−14	6	64	384
⑦	电缆终端头连接板	Q355−16	6	102	612
⑧	电缆平台花纹板	Q355−4	1	4500	4500
⑨	平台护栏角钢	Q235L45×4×121000	1	333.5	333.5
⑩	平台护栏扁钢	Q235−4×40×146500	1	184	184
⑪	螺栓螺母总质量		1		242.7
合计		19564.9kg			

注 配24个复合绝缘子。

1—1 复合绝缘子支架示意图

2—2 复合绝缘子支架示意图

3—3 复合绝缘子支架示意图

27.0m
主视图

27.0m
右视图

图 9.6−18　220−GC21GS−DL−18　220−GC21GS−DL 终端杆 27.0m 电缆平台下线示意图

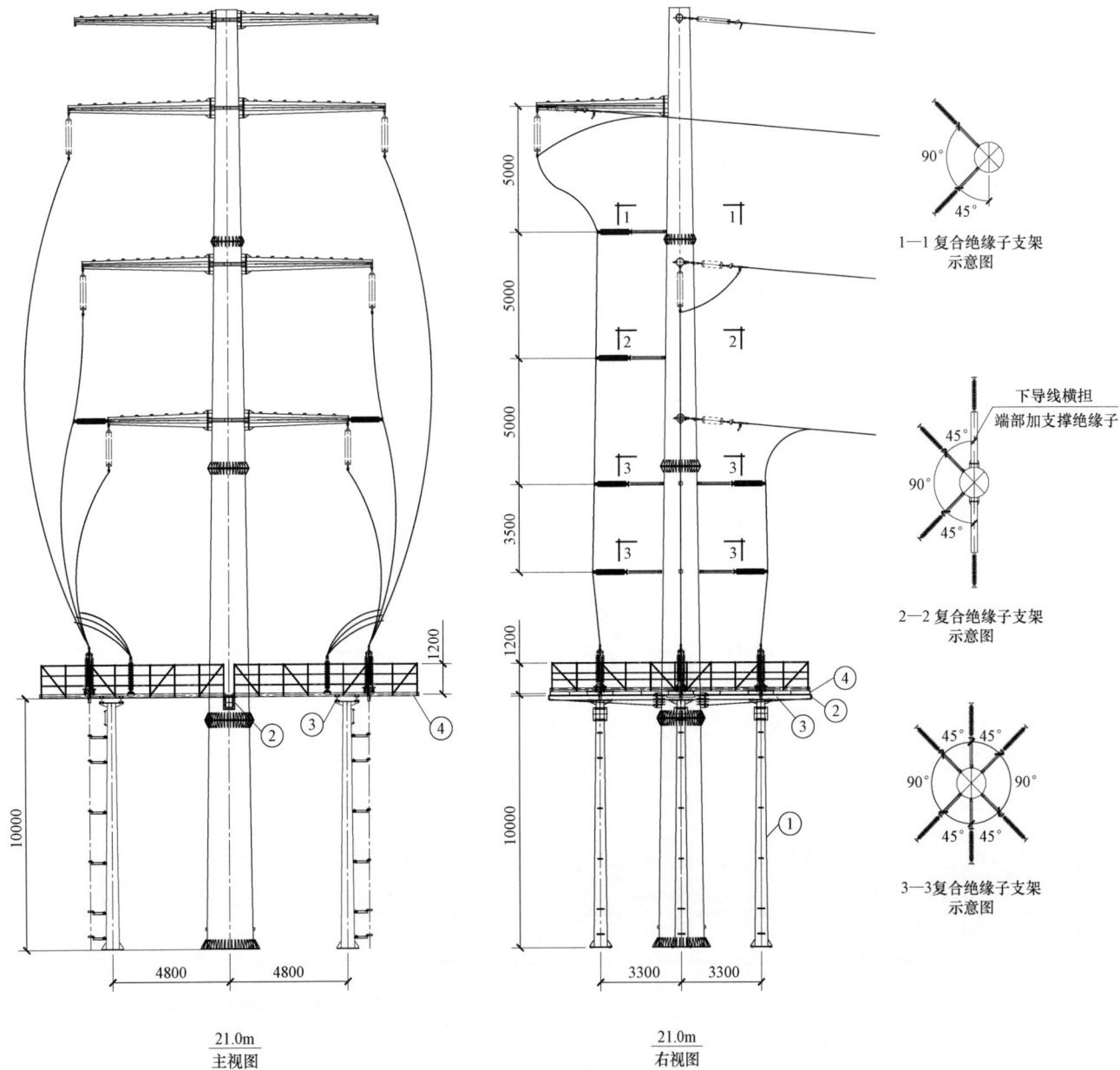

平 台 材 料 表					
编号	名称	规格	数量	质量（kg）	
				单重	小计
①	独立柱支架		6	1209.3	7255.8
②	电缆平台托架横担	Q355−8×400×280	2	485.2	970.4
③	独立柱平台托梁	Q235H200×200×8×12	4	540	2160
④	电缆平台槽钢横梁	Q235[14a×200000	1	2907	2907
⑤	杆身平台托架角钢	Q235L100×10×2350	1	35.5	35.5
⑥	避雷器连接板	Q355−14	6	64	384
⑦	电缆终端头连接板	Q355−16	6	102	612
⑧	电缆平台花纹板	Q355−4	1	4500	4500
⑨	平台护栏角钢	Q235L45×4×121000	1	333.5	333.5
⑩	平台护栏扁钢	Q235−4×40×146500	1	184	184
⑪	螺栓螺母总质量		1		242.7
	合计			19584.9kg	

注 配18个复合绝缘子。

图 9.6−19　220−GC21GS−DL−19　220−GC21GS−DL 终端杆 21.0m 电缆平台下线示意图

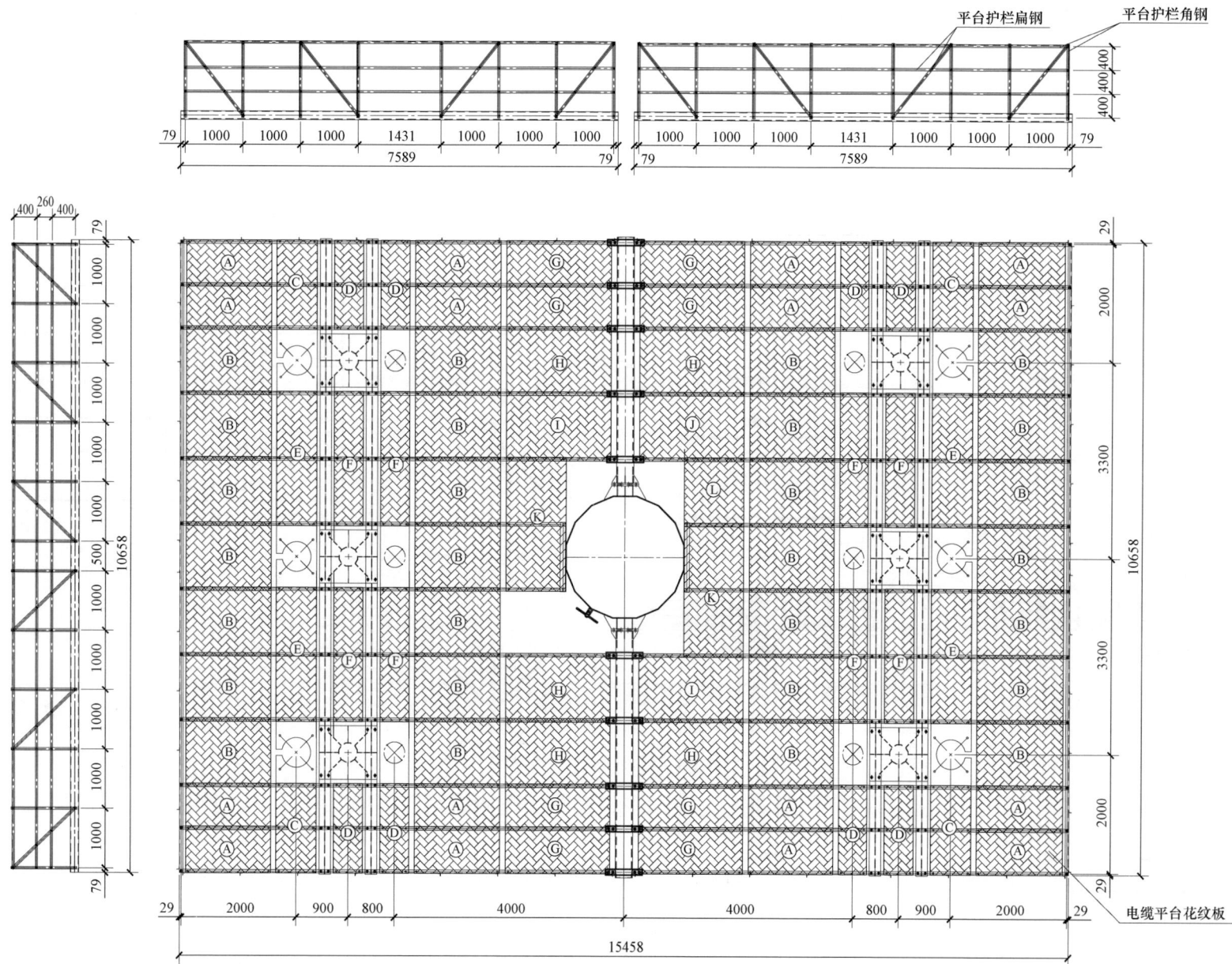

平台护栏扁钢

平台护栏角钢

电缆平台花纹板

图 9.6-20　220-GC21GS-DL-20　220-GC21GS-DL 终端杆电缆平台俯视图

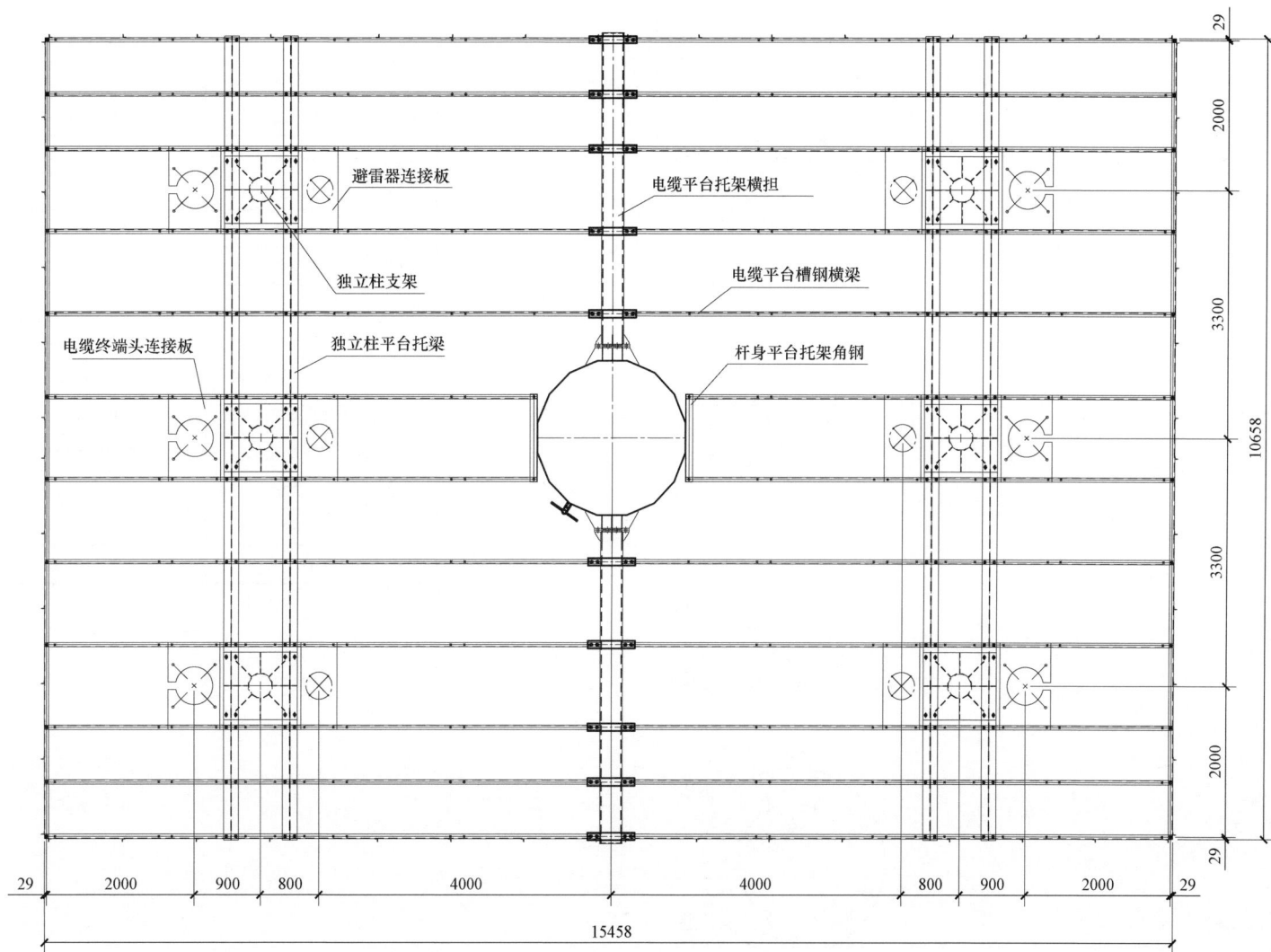

避雷器连接板

电缆平台托架横担

独立柱支架

电缆平台槽钢横梁

电缆终端头连接板

独立柱平台托梁

杆身平台托架角钢

29

2000

3300

10658

3300

2000

29

29　2000　900　800　4000　4000　800　900　2000　29

15458

图 9.6-21　220-GC21GS-DL-21　220-GC21GS-DL 终端杆电缆平台框架示意图

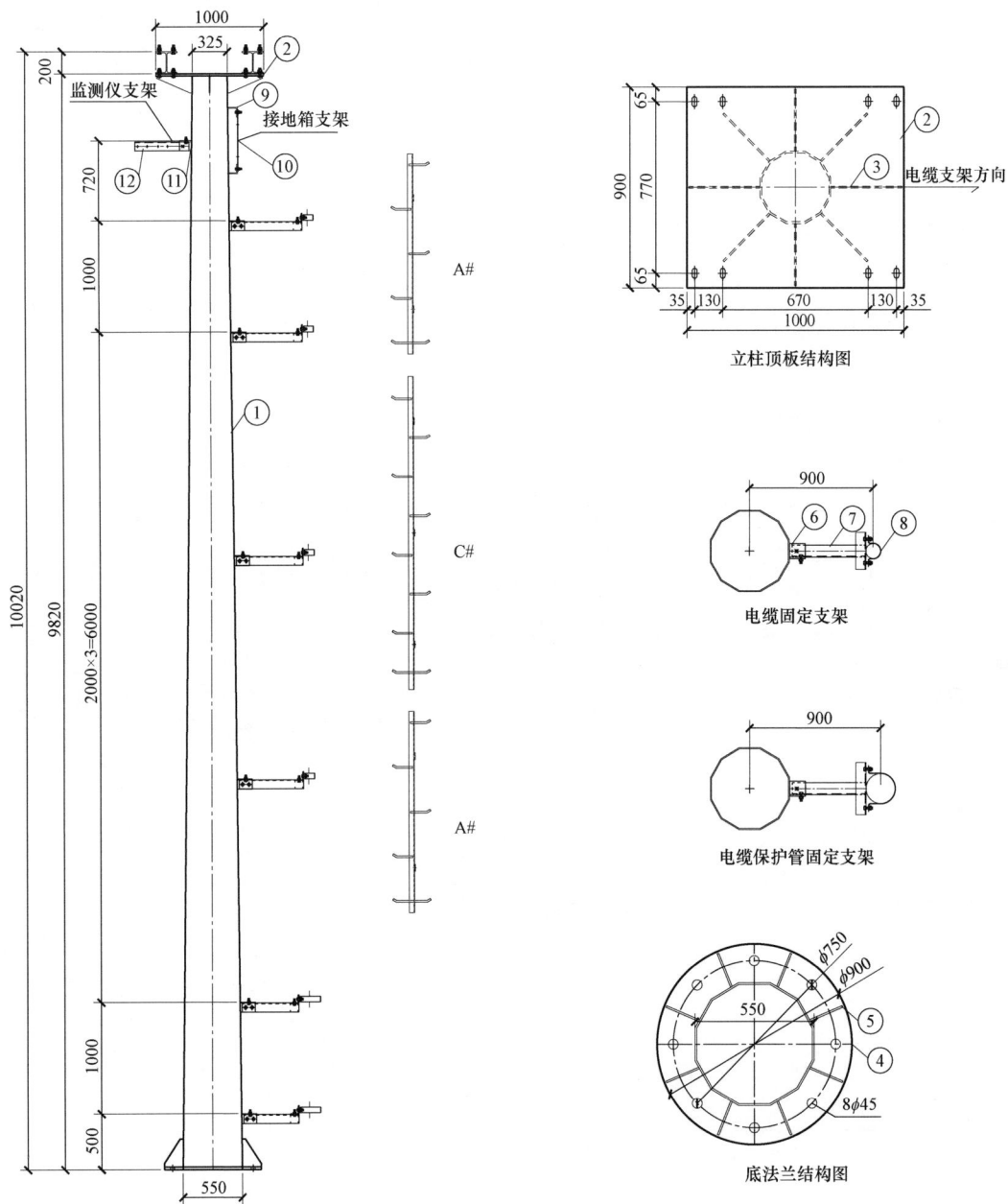

独立柱材料表（单根）

编号	名称	规格	数量	质量（kg）小计
①	立柱主管（12边形）	（边对边）325/550 $L=9800 Q355 \delta=8$	1	850
②	立柱顶板	$Q355-20\times900\times1000$	1	141.3
③	立柱顶板筋肋	$Q355-8$	8	20
④	立柱下法兰	$Q355-25\times\phi900$	1	78.2
⑤	立柱下法兰筋肋	$Q355-10$	8	16.9
⑥	电缆支架连接角钢	$Q235B\angle100\times10$	6	10
⑦	电缆支架角钢	$Q235B\angle80\times8$	6	16.5
⑧	电缆及保护管抱箍	铝制-4×50	6	1.5
⑨	接地箱连接角钢	$Q235B\angle90\times8$	2	10
⑩	接地箱连接钢板	$Q235B-8$	1	16
⑪	监测支架连接角钢	$Q235B\angle100\times10$	1	1.7
⑫	监测支架角钢	$Q235B\angle80\times8$	1	4.8
⑬	爬梯			36
⑭	螺栓			6.4
合计				1209.3kg

监测仪支架
接地箱支架

A#
C#
A#

立柱顶板结构图

电缆支架方向

电缆固定支架

电缆保护管固定支架

底法兰结构图

图 9.6-22　220-GC21GS-DL-22　220-GC21GS-DL 终端杆独立柱支架

构 件 明 细 表

型号	编号	规格	数量	单重（kg）	总重（kg）	备注
T1800	①	L45×5×1800	1	6.1	6.1	
	②	$\phi16×220$	3	0.3	0.9	
	③	$\phi16×415$	2	0.7	1.4	
	④	$-8×50×120$	2	0.4	0.8	
	⑤	M16×40	2	0.1	0.2	
小计					9.4kg	
T2800	①	L45×5×2800	1	9.5	9.5	
	②	$\phi16×220$	6	0.3	1.8	
	③	$\phi16×415$	2	0.7	1.4	
	④	$-8×50×120$	3	0.4	1.2	
	⑤	M16×40	3	0.1	0.3	
小计					14.2kg	

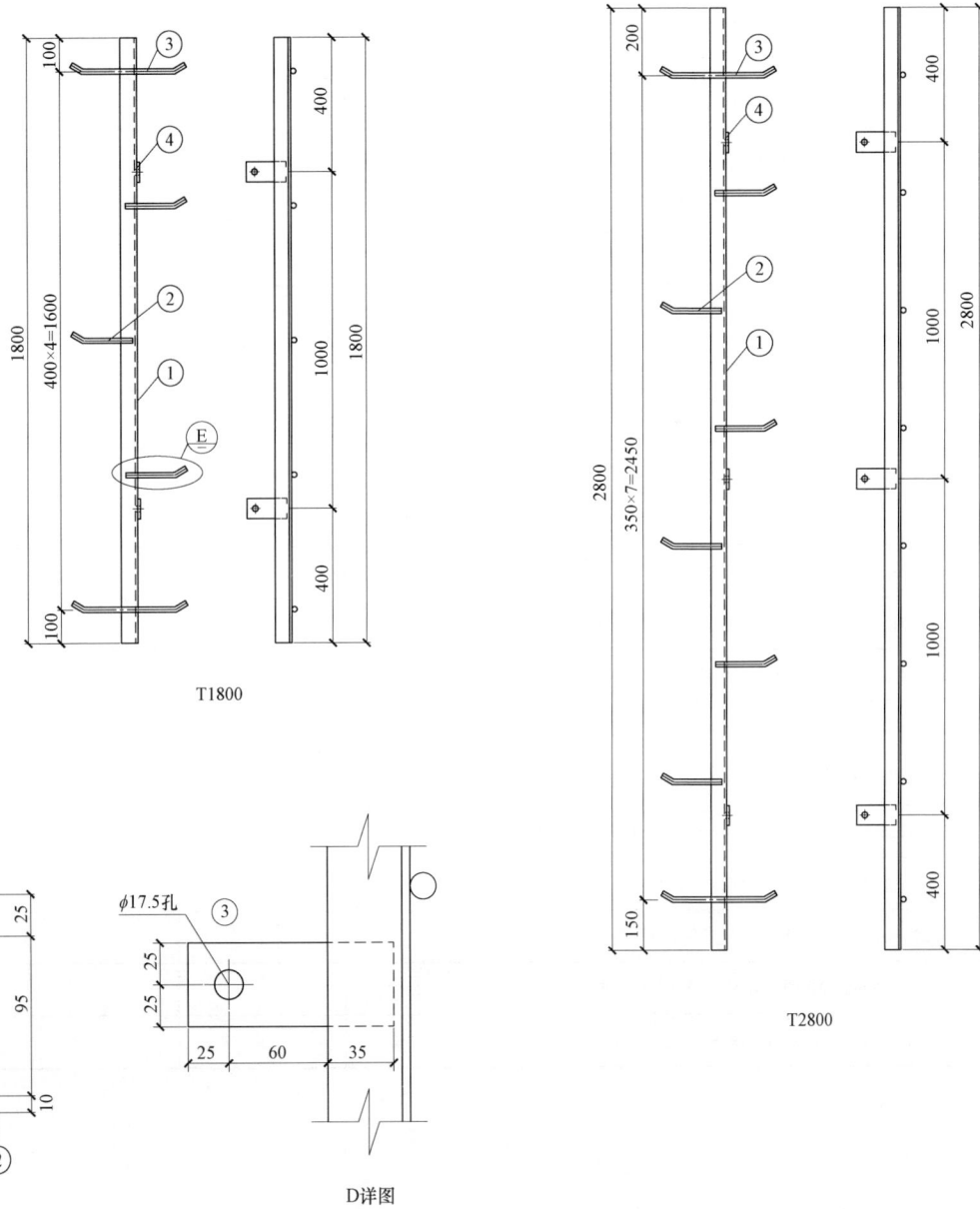

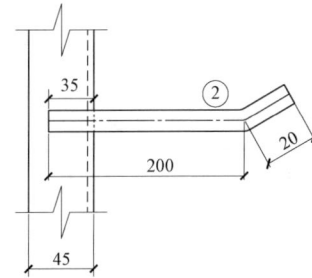

T1800

T2800

1—1

D详图

E详图

说明：

1. 钢材采用 Q235，焊条采用 E43 系列。

2. 所有尺寸按实际放样确定。

3. 采用热浸锌防腐，锌层厚度不小于 86μm。

4. 连接螺栓采用 4.8 级螺栓，单帽单垫。

图 9.6－23　220－GC21GS－DL－23　220－GC21GS－DL 终端杆角钢爬梯加工图

9.7 220-HC21GD-DL 子模块

序号	图号	图名	张数	备注
1	220-HC21GD-DL-01	220-HC21GD-DL 终端杆总图	1	
2	220-HC21GD-DL-02	220-HC21GD-DL 终端杆地线横担①结构图	1	
3	220-HC21GD-DL-03	220-HC21GD-DL 终端杆导线横担②结构图	1	
4	220-HC21GD-DL-04	220-HC21GD-DL 终端杆身部④结构图	1	
5	220-HC21GD-DL-05	220-HC21GD-DL 终端杆身部⑤结构图	1	
6	220-HC21GD-DL-06	220-HC21GD-DL 终端杆身部⑥结构图	1	
7	220-HC21GD-DL-07	220-HC21GD-DL 终端杆身部⑦结构图	1	
8	220-HC21GD-DL-08	220-HC21GD-DL 终端杆 33.0m 腿部⑧结构图	1	
9	220-HC21GD-DL-09	220-HC21GD-DL 终端杆 27.0m 腿部⑨结构图	1	
10	220-HC21GD-DL-10	220-HC21GD-DL 终端杆 21.0m 腿部⑩结构图	1	
11	220-HC21GD-DL-11	220-HC21GD-DL 终端杆地线横担连接法兰结构图	1	
12	220-HC21GD-DL-12	220-HC21GD-DL 终端杆导线横担②连接法兰结构图	1	
13	220-HC21GD-DL-13	220-HC21GD-DL 终端杆 33.0m 电缆平台下线示意图	1	
14	220-HC21GD-DL-14	220-HC21GD-DL 终端杆 27.0m 电缆平台下线示意图	1	
15	220-HC21GD-DL-15	220-HC21GD-DL 终端杆 21.0m 电缆平台下线示意图	1	
16	220-HC21GD-DL-16	220-HC21GD-DL 终端杆电缆平台俯视图	1	
17	220-HC21GD-DL-17	220-HC21GD-DL 终端杆电缆平台框架示意图	1	
18	220-HC21GD-DL-18	220-HC21GD-DL 终端杆独立柱支架	1	
19	220-HC21GD-DL-19	220-HC21GD-DL 终端杆角钢爬梯加工图	1	

220-HC21GD-DL-00 220-HC21GD-DL 终端杆图纸目录

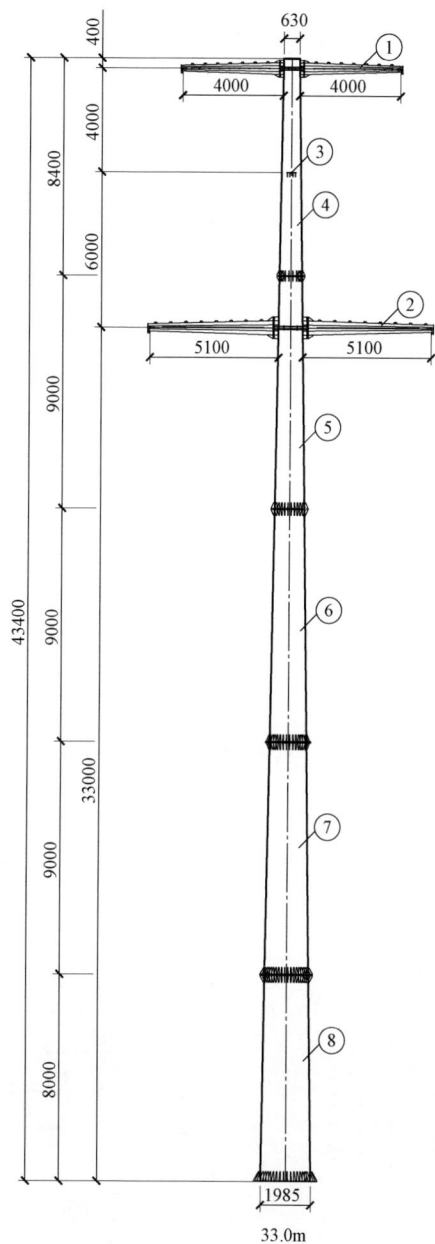

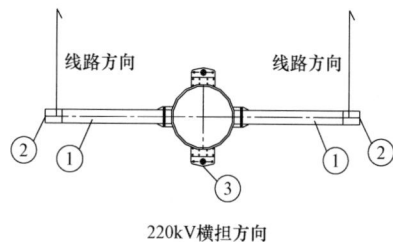

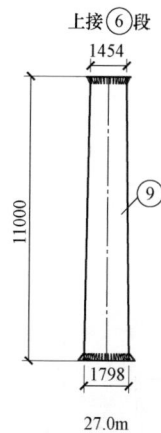

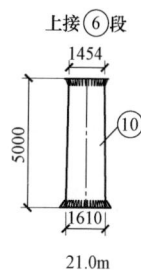

根 开 尺 寸 表

呼高（m）	根径（mm）	地脚螺栓所在圆直径（mm）	地脚螺栓规格	质量（kg）
21.0	1610	1870	28M72（8.8 级）	26543.64
27.0	1798	2060	28M72（8.8 级）	30157.14
33.0	1985	2300	32M72（8.8 级）	35200.44

图 9.7−1 220−HC21GD−DL−01 220−HC21GD−DL 终端杆总图

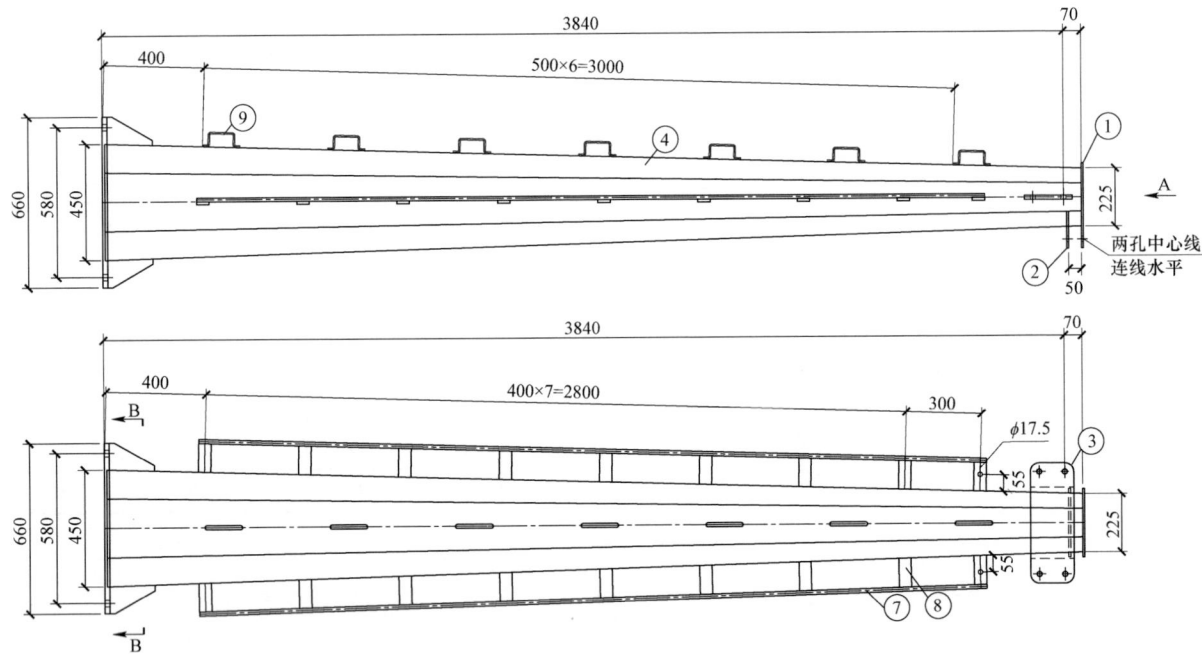

编号	名称	规格	数量	单重（kg）	总重（kg）	备注
①	下挂板	−8×265×330	1	5.5	5.5	
②	下挂板	−8×265×149	1	2.5	2.5	
③	挂线板	−16×180×475	1	10.7	10.7	Q355B
④	主管	(D225/D450)×6×3915	1	202.6	202.6	
⑤	法兰	φ660×20	1	27.4	27.4	
⑥	加劲板	−10×90×180	16	0.89	14.24	
⑦	脚踏	φ16×3150	2	5	10	
⑧	加强筋	−12×50×128	18	0.6	10.8	
⑨	扶手	φ16×250	7	0.39	2.73	
⑩	螺栓	M24×100	16	0.56	8.96	8.8 级
⑪	焊条				10.6	
合计					306.03kg	

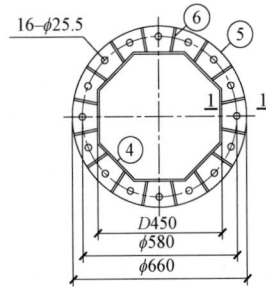

② 详图

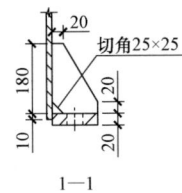

③ 详图

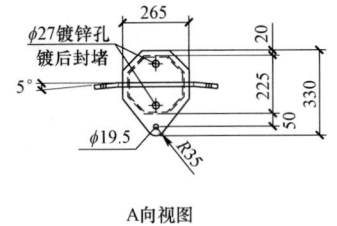

A 向视图

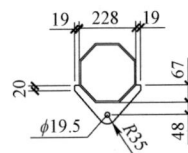

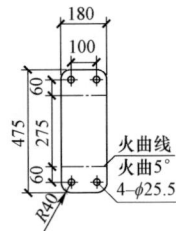

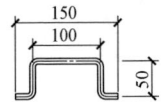

⑨ 详图

图 9.7-2　220-HC21GD-DL-02　220-HC21GD-DL 终端杆地线横担①结构图

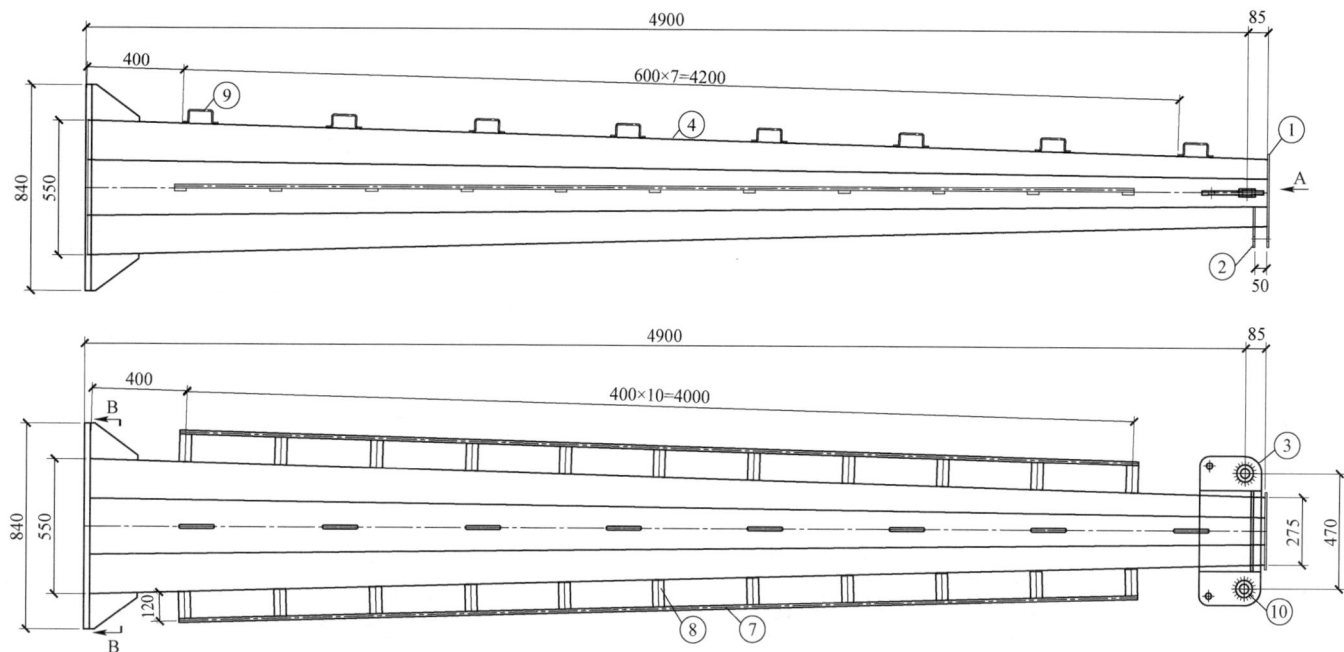

编号	名称	规格	数量	单重（kg）	总重（kg）	备注
①	挂线板	$-8\times315\times380$	1	7.5	7.8	
②	挂线板	$-8\times315\times164$	1	3.2	3.2	
③	挂线板	$-16\times610\times260$	1	19.9	19.9	Q355B
④	主管	$(D275/D550)\times10\times4991$	1	525.1	525.1	
⑤	法兰	$-25\times\phi840$	1	59.6	59.6	
⑥	加劲板	$-12\times130\times200$	16	1.6	25.6	
⑦	脚踏	$\phi16\times4050$	2	6.6	6.6	
⑧	加强筋	$-12\times50\times128$	22	0.6	13.2	
⑨	扶手	$\phi16\times260$	8	0.4	3.2	
⑩	套管	$\phi70\times32$	2	1.1	2.2	Q355B
⑪	螺栓	$M36\times140$	16	2.2	35.2	8.8级
⑫	焊条				23.01	
合计			724.61kg			

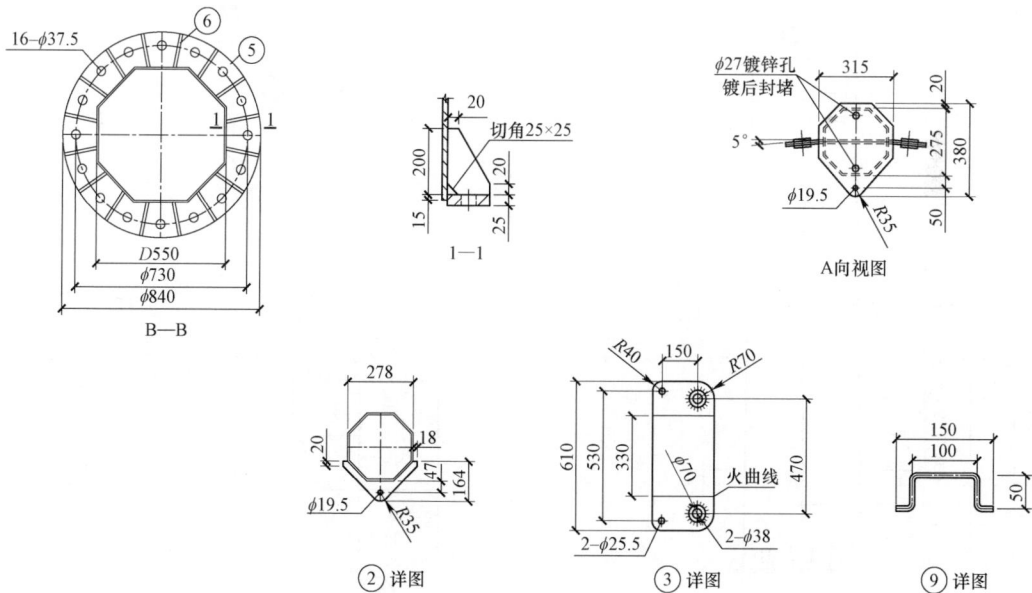

图 9.7 - 3　220 - HC21GD - DL - 03　220 - HC21GD - DL 终端杆导线横担②结构图

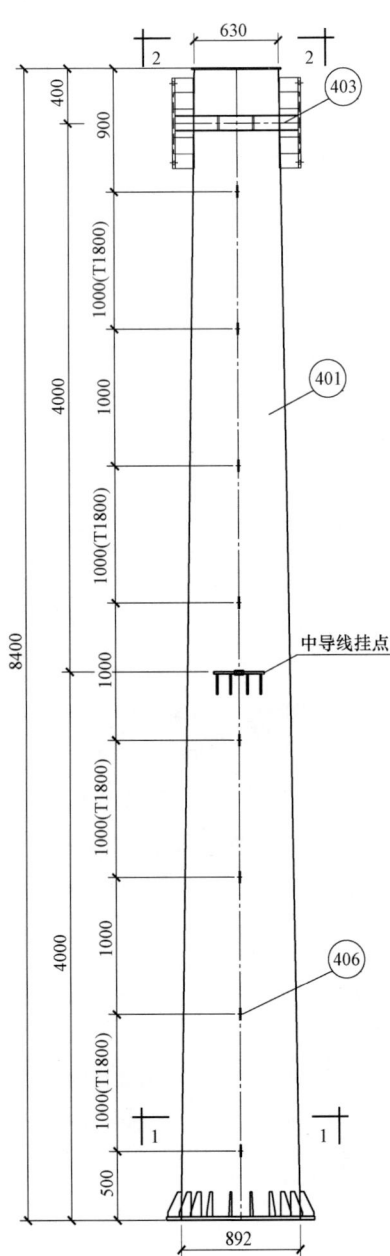

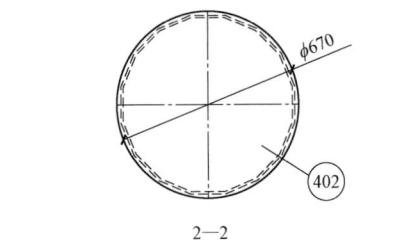

2—2

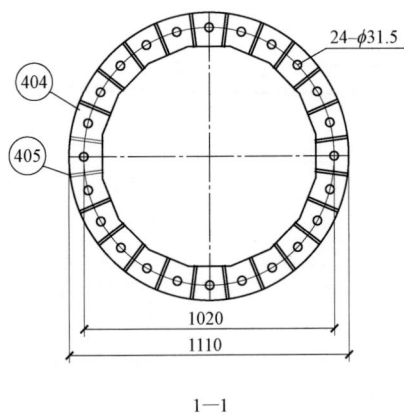

1—1

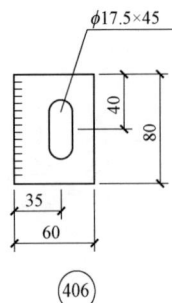

406

中导线挂点

中导线挂点3

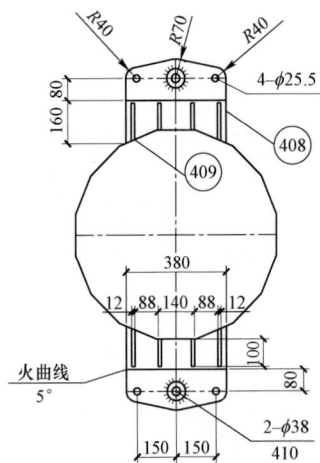

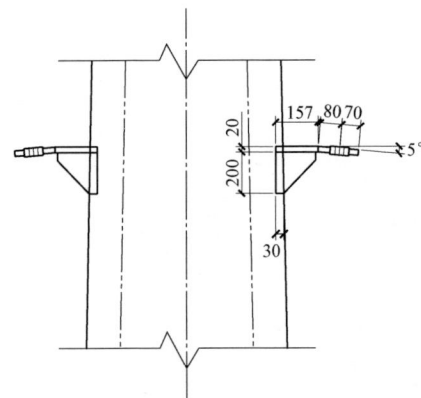

构 件 明 细 表					
编号	规格	数量	单重(kg)	总重(kg)	备注
401	(D630/D892)×8×8389	1	1264.2	1264.2	Q420B
402	φ670×8	1	20.8	20.8	Q355B
403	地线横担法兰	1	168.6	168.6	标准件
404	φ1110×22	1	59.2	59.2	Q355B
405	−12×100×180	24	1.2	28.8	
406	−8×60×80	8	0.3	24	
407	M30×130	24	1.38	33.1	8.8 级
408	−20×310×380	2	18.5	37	Q355B
409	−12×150×200	8	2	16	
410	−32×φ70/φ38	2	1	2	
合计				1653.7kg	

图 9.7−4 220−HC21GD−DL−04 220−HC21GD−DL 终端杆身部④结构图

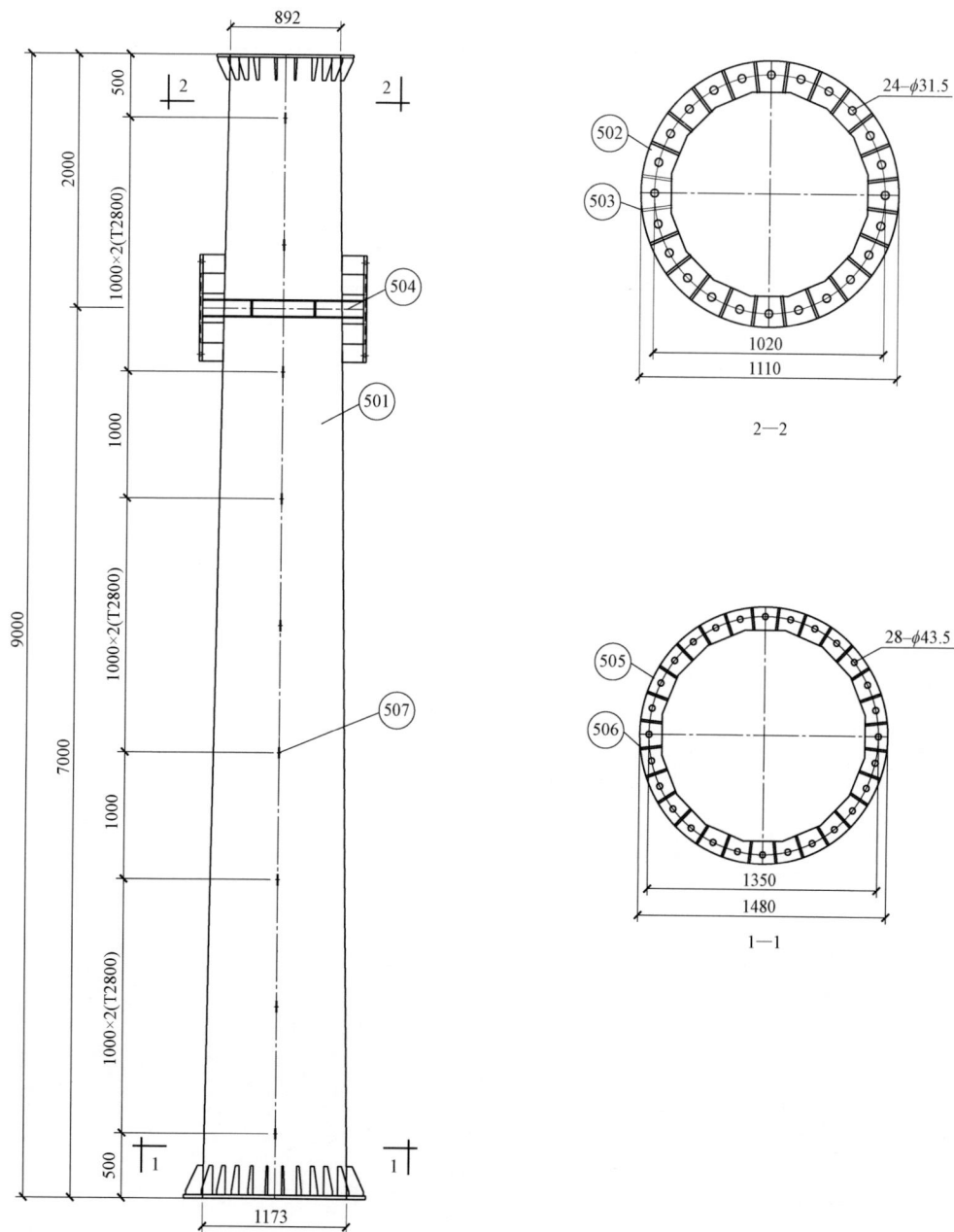

构件明细表

编号	规格	数量	单重(kg)	总重(kg)	备注
501	$(D892/D1173) \times 12 \times 8976$	1	2753.5	2753.5	Q420B
502	$\phi1110 \times 22$	1	59.2	59.2	Q355B
503	$-12 \times 100 \times 180$	24	1.2	28.8	
504	导线横担法兰	1	349.2	349.2	标准件
505	$\phi1480 \times 26$	1	130.6	130.6	Q355B
506	$-14 \times 145 \times 220$	28	2.2	61.6	
507	$-8 \times 60 \times 80$	9	0.3	2.7	
508	$M42 \times 170$	28	3.62	101.36	8.8 级
合计				3486.96kg	

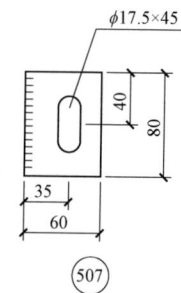

图 9.7-5 220-HC21GD-DL-05 220-HC21GD-DL 终端杆身部⑤结构图

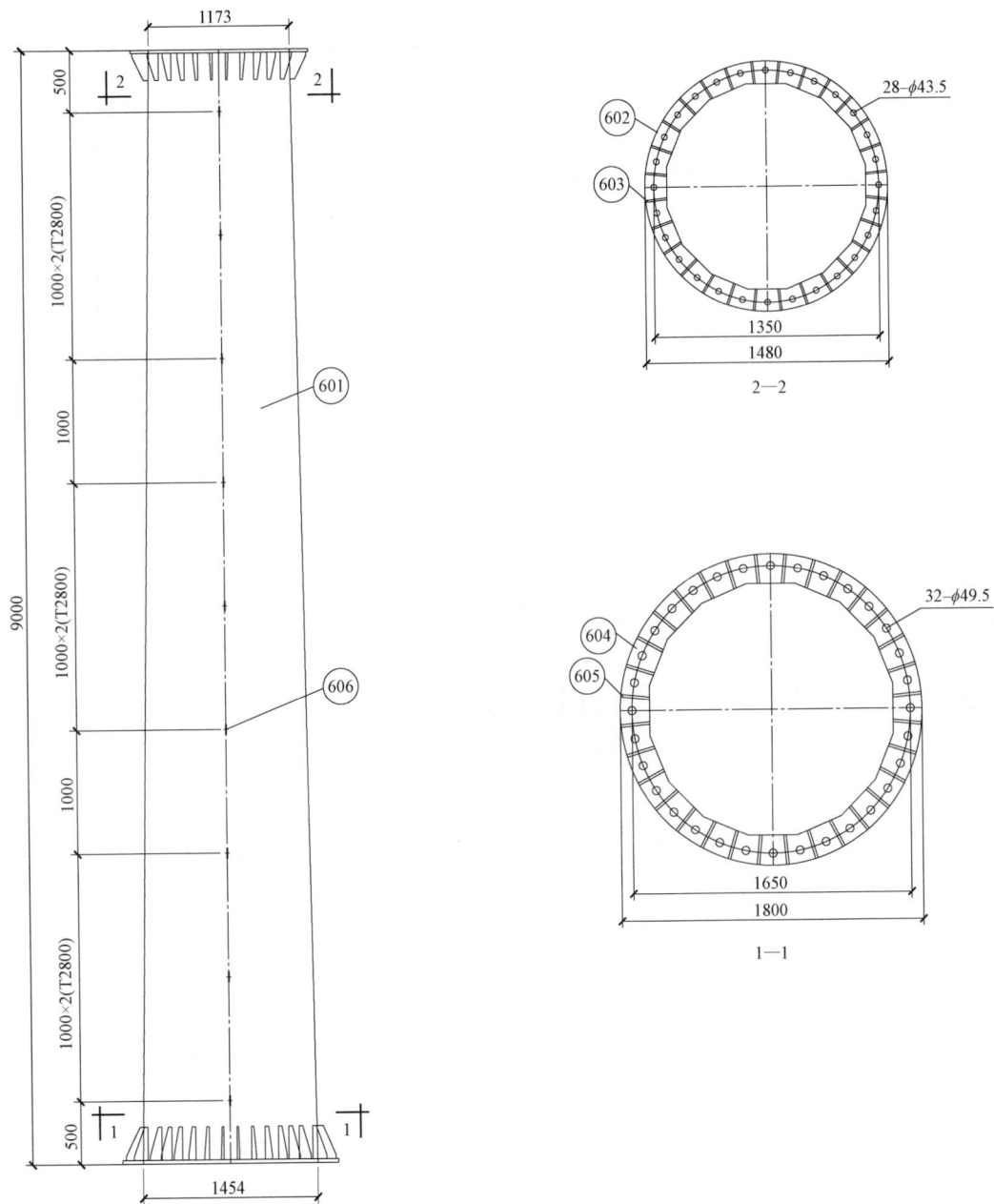

构件明细表

编号	规格	数量	单重(kg)	总重(kg)	备注
601	(D1173/D1454)×14×8972	1	4090.7	4090.7	Q420B
602	ϕ1480×26	1	130.6	130.6	
603	−14×145×220	28	2.2	61.6	Q355B
604	ϕ1800×30	1	208.3	208.3	
605	−16×160×260	32	3.4	108.8	
606	−8×60×80	9	0.3	2.7	
607	M48×200	32	5.6	179.2	8.8级
合计				4781.9kg	

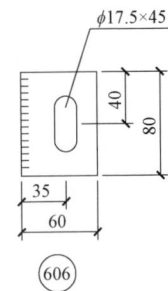

图 9.7−6　220−HC21GD−DL−06　220−HC21GD−DL 终端杆身部⑥结构图

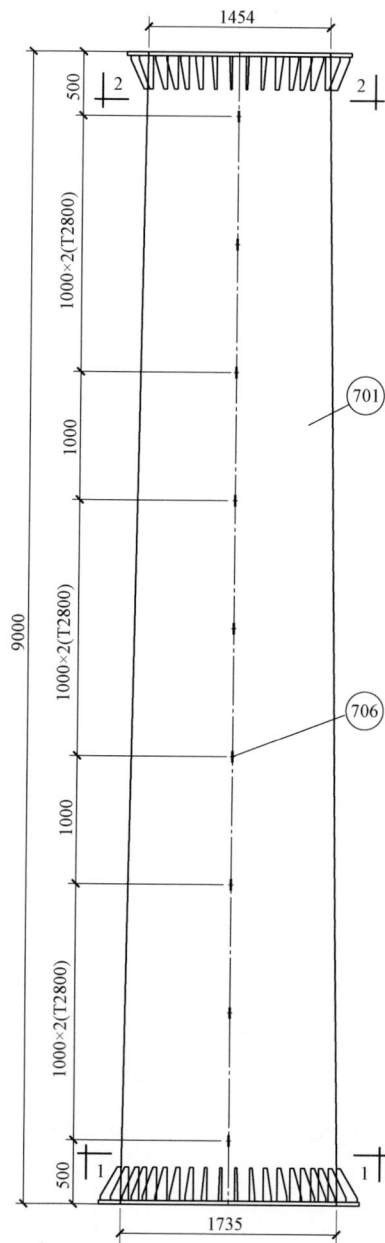

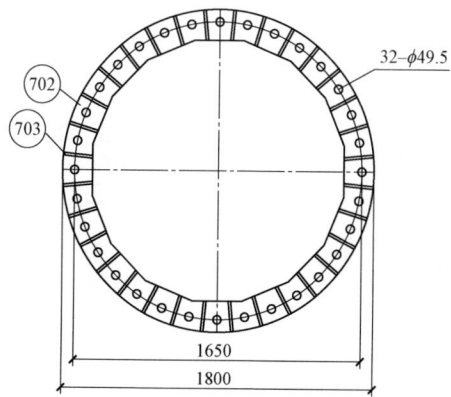

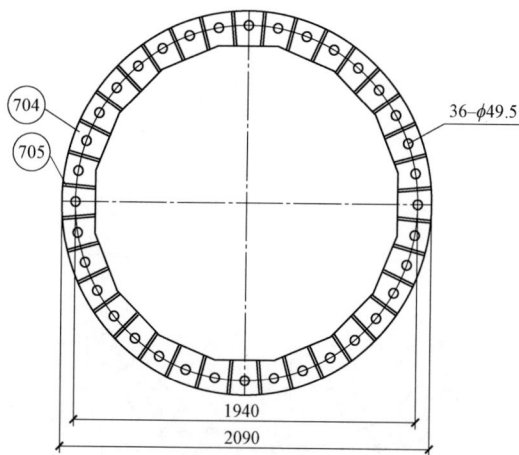

构 件 明 细 表

编号	规格	数量	单重(kg)	总重(kg)	备注
701	$(D1454/D1735) \times 14 \times 8970$	1	4975.3	4975.3	Q420B
702	$\phi 1800 \times 30$	1	208.3	208.3	
703	$-16 \times 160 \times 260$	32	3.4	108.8	Q355B
704	$\phi 2090 \times 30$	1	251.1	251.1	
705	$-16 \times 160 \times 260$	36	3.4	122.4	
706	$-8 \times 60 \times 80$	9	0.3	2.7	
707	$M48 \times 200$	36	5.6	201.6	8.8 级
合计				5870.2kg	

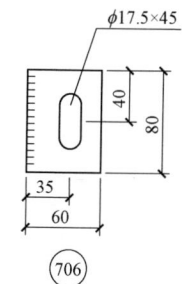

图 9.7－7 220－HC21GD－DL－07 220－HC21GD－DL 终端杆身部⑦结构图

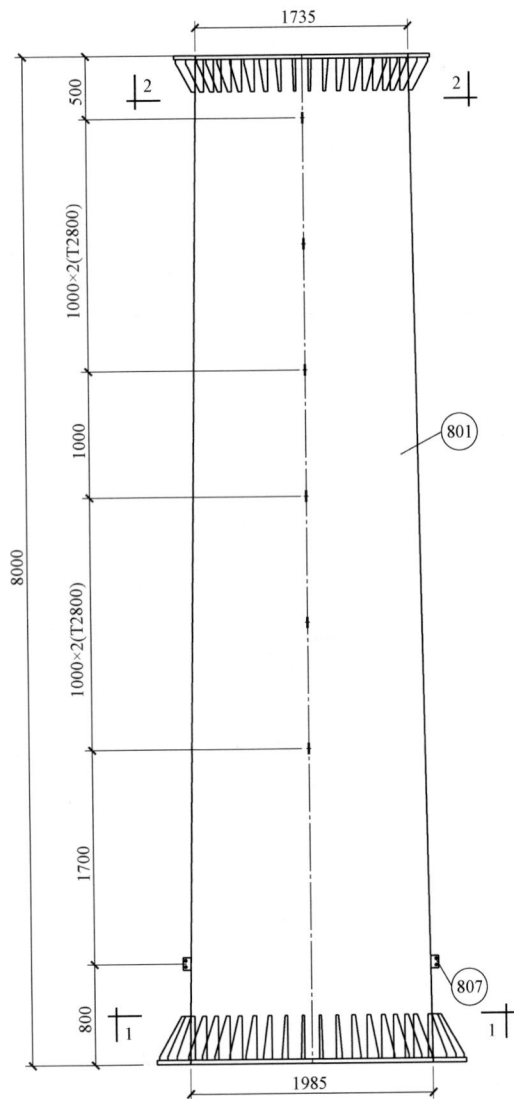

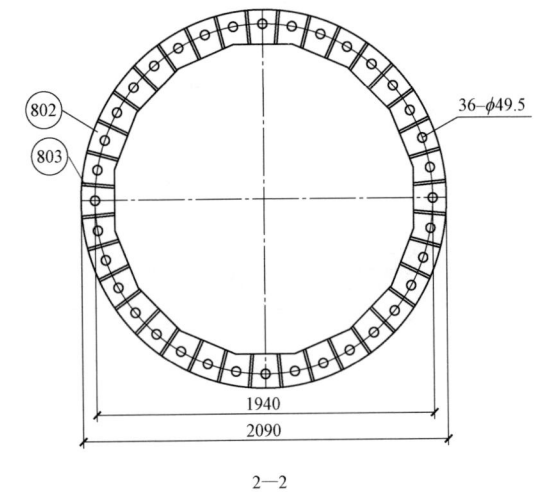

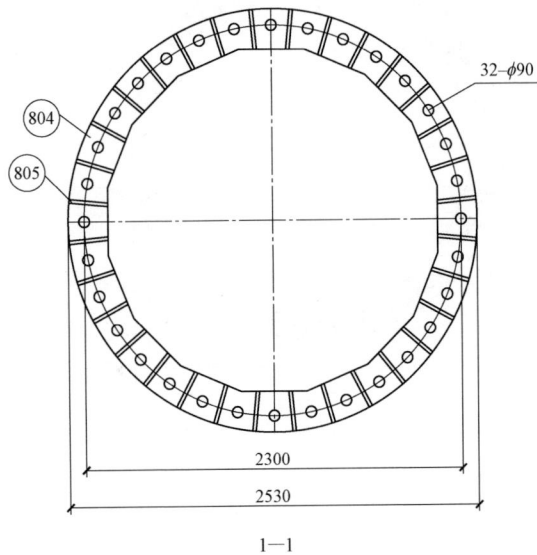

构 件 明 细 表					
编号	规格	数量	单重(kg)	总重(kg)	备注
801	(D1735/D1950)×14×7970	1	5165.4	5165.4	Q420B
802	φ2090×30	1	251.1	251.1	
803	−16×160×260	36	3.4	122.4	Q355B
804	φ2530×35	1	531	531	
805	−16×250×350	32	7.5	240	
806	−8×60×80	6	0.3	1.8	
807	−8×70×100	2	0.4	0.8	
合计				6312.5kg	

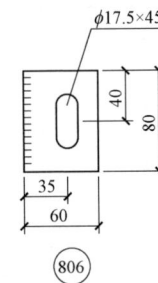

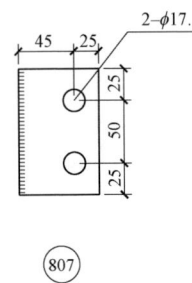

图 9.7−8 220−HC21GD−DL−08 220−HC21GD−DL 终端杆 33.0m 腿部⑧结构图

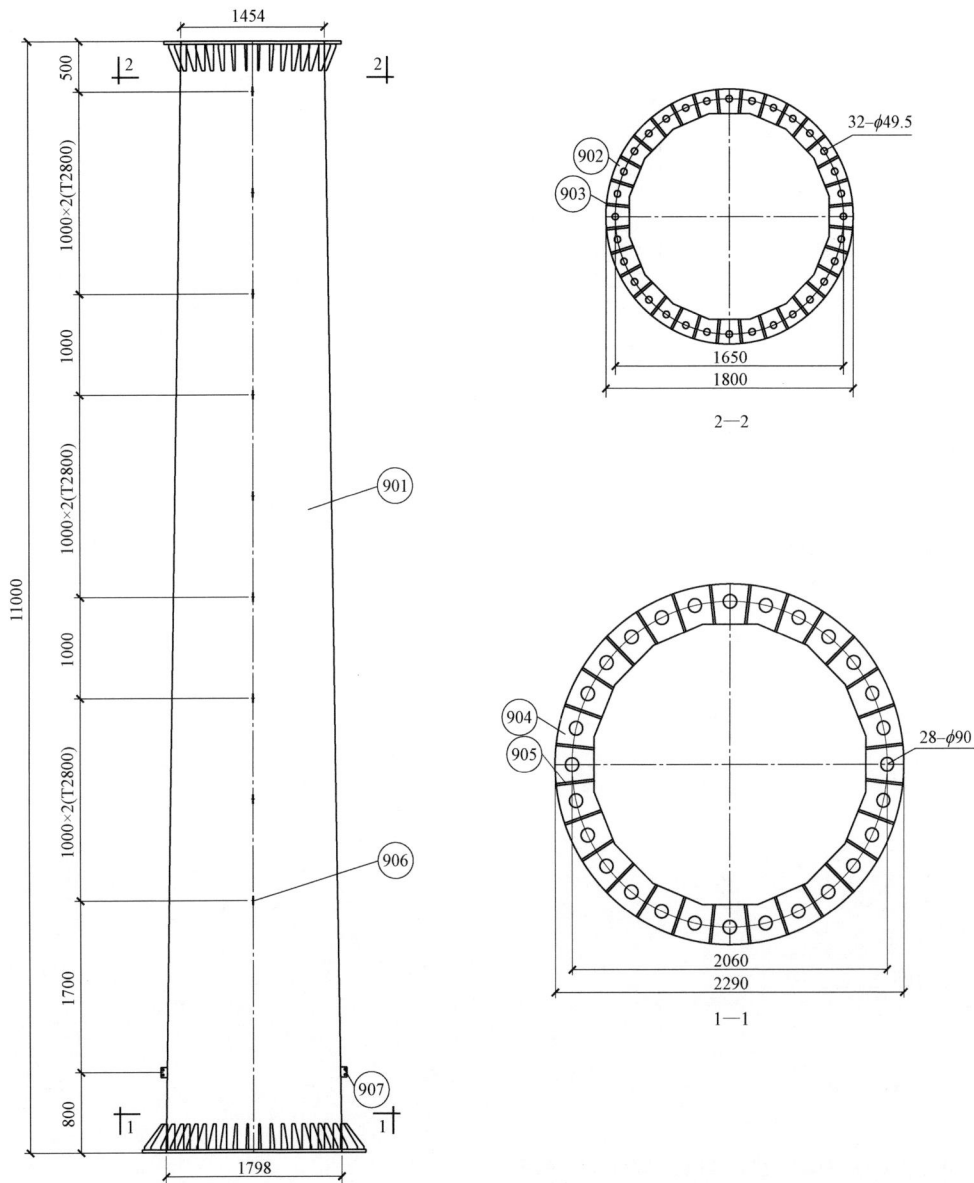

构 件 明 细 表

编号	规格	数量	单重(kg)	总重(kg)	备注
901	(D1454/D1798)×14×10970	1	6202	6202	Q420B
902	φ1800×30	1	208.3	208.3	
903	−16×160×260	32	3.4	108.8	Q355B
904	φ2290×35	1	434	434	
905	−16×230×350	28	7.1	198.8	
906	−8×60×80	9	0.3	2.7	
907	−8×70×100	2	0.4	0.8	
合计				7155.4kg	

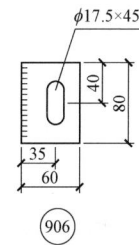

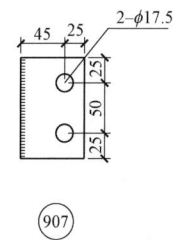

图 9.7 − 9   220−HC21GD−DL−09   220−HC21GD−DL 终端杆 27.0m 腿部⑨结构图

构 件 明 细 表

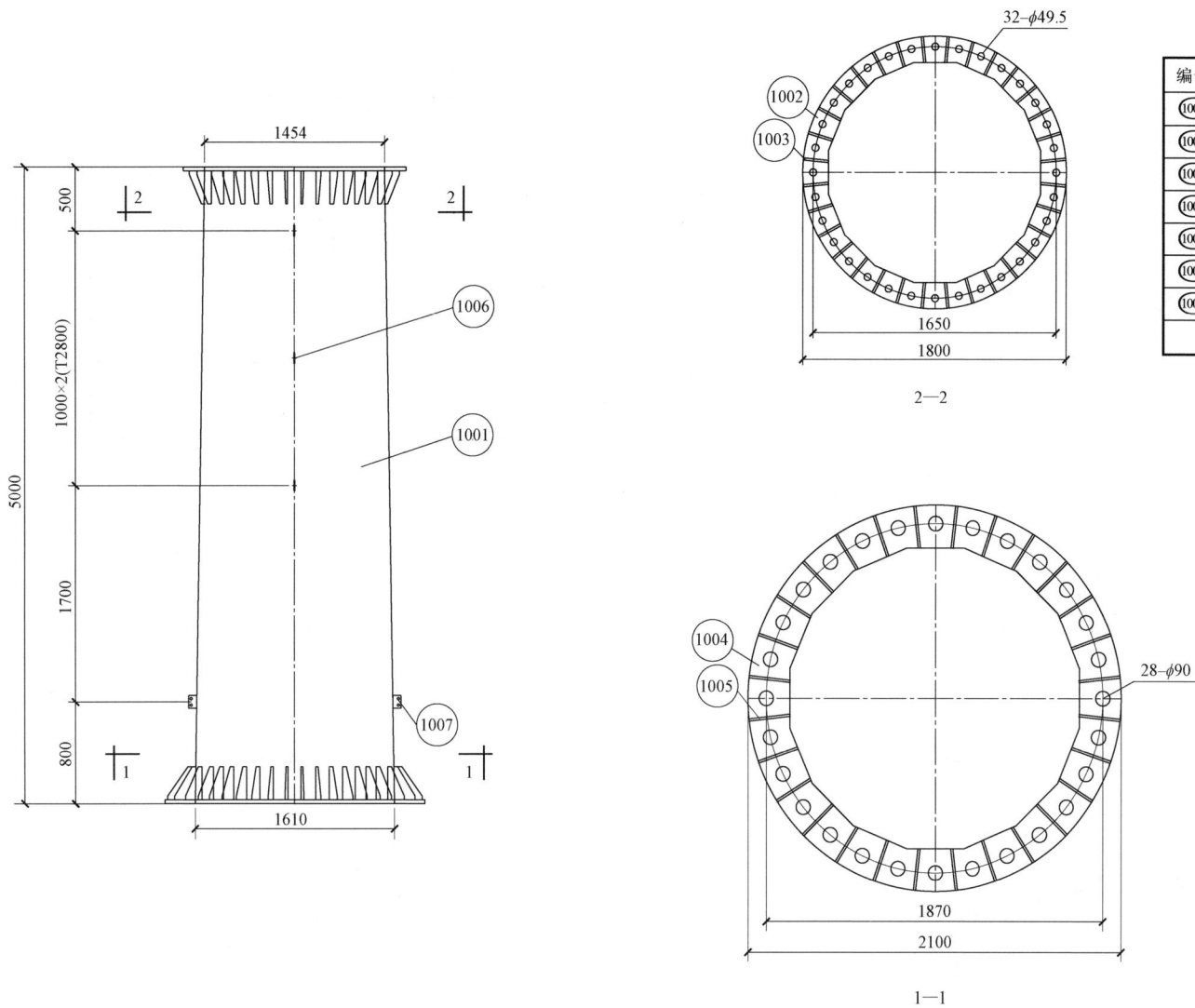

编号	规格	数量	单重（kg）	总重（kg）	备注
1001	（D1454/D1610）×14×4970	1	2654.8	2654.8	Q420B
1002	φ1800×30	1	208.3	208.3	
1003	−16×160×260	32	3.4	108.8	Q355B
1004	φ2100×35	1	392.3	392.3	
1005	−16×230×350	28	7	196	
1006	−8×60×80	3	0.3	0.9	
1007	−8×70×100	2	0.4	0.8	
合计				3561.9kg	

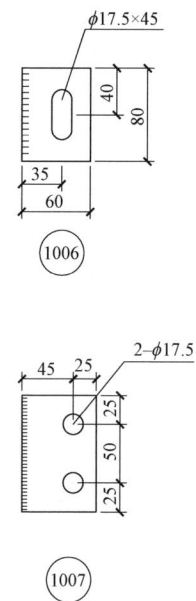

图 9.7－10 220－HC21GD－DL－10 220－HC21GD－DL 终端杆 21.0m 腿部⑩结构图

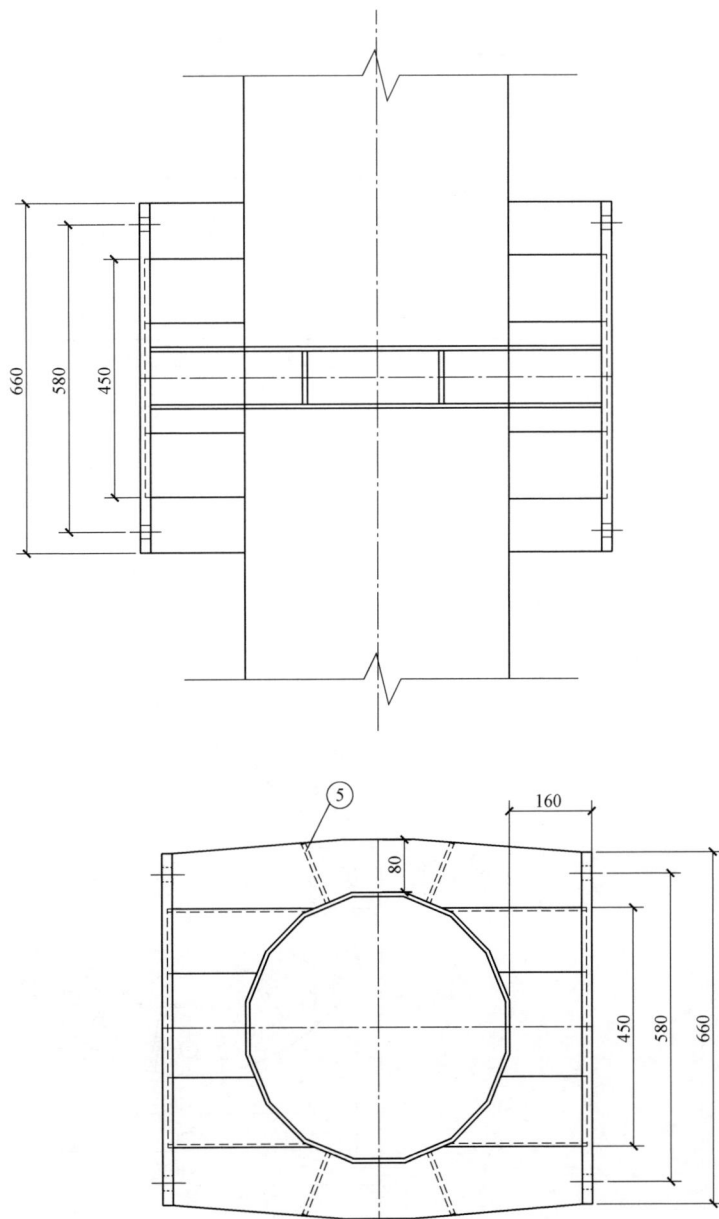

编号	规格	数量	单重（kg）	小计（kg）	备注
①	−20×φ660	2	27.4	54.8	
②	−8×95	24	1.2	28.8	
③	−8×80	4	6.3	25.2	Q355B
④	D450×8	2	28.1	56.2	
⑤	−10×90×100	4	0.9	3.6	
合计				168.6kg	

注　编号②、③、④长度以实际放样为准。

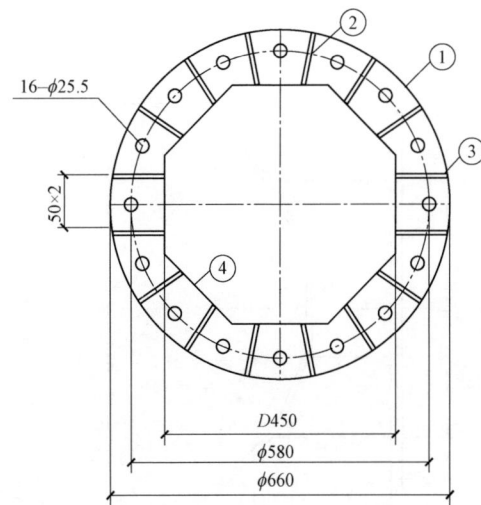

图 9.7−11　220−HC21GD−DL−11　220−HC21GD−DL 终端杆地线横担连接法兰结构图

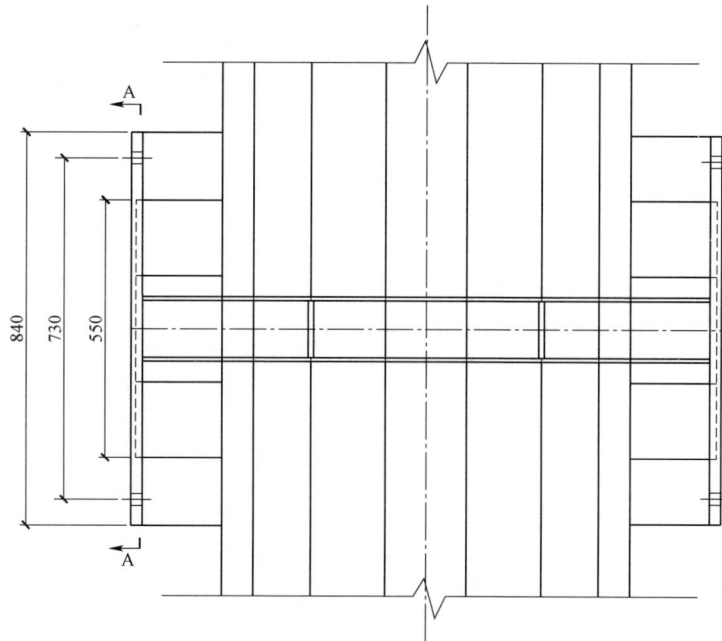

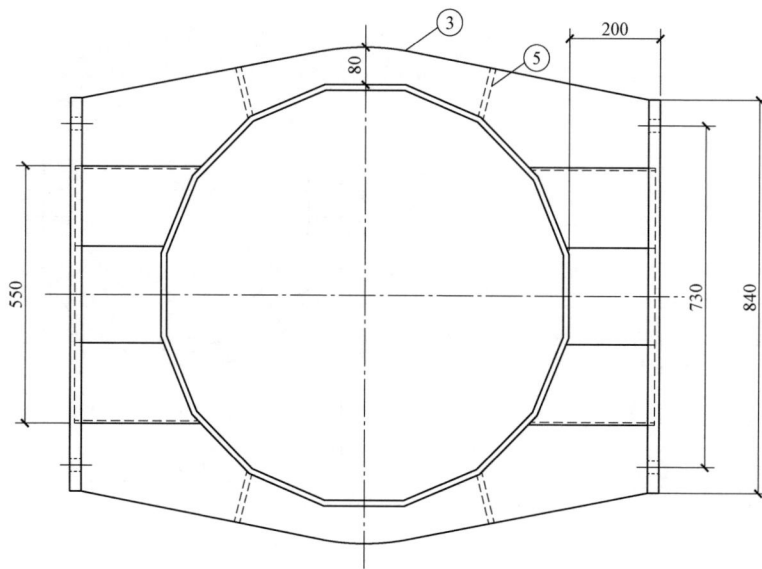

材 料 表

编号	规格	数量	单重（kg）	小计（kg）	备注
①	φ840×25	2	59.6	119.2	
②	−12×130	24	2.5	60	
③	−12×255	4	21.4	85.6	Q355B
④	D550×12	2	39.2	78.4	
⑤	−12×120×130	4	1.5	6	
合计				349.2kg	

注 编号②、③、④长度以实际放样为准。

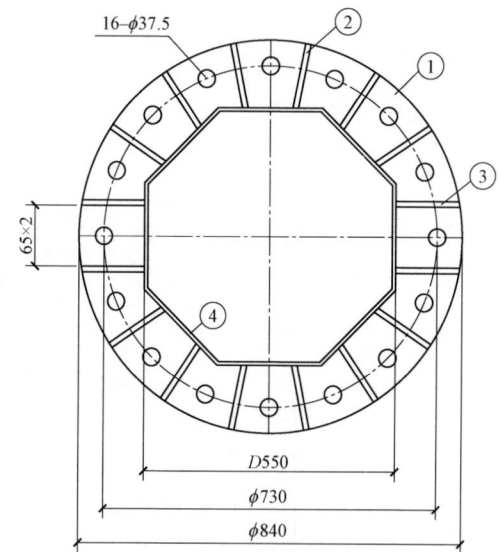

图 9.7－12   220－HC21GD－DL－12   220－HC21GD－DL 终端杆导线横担②连接法兰结构图

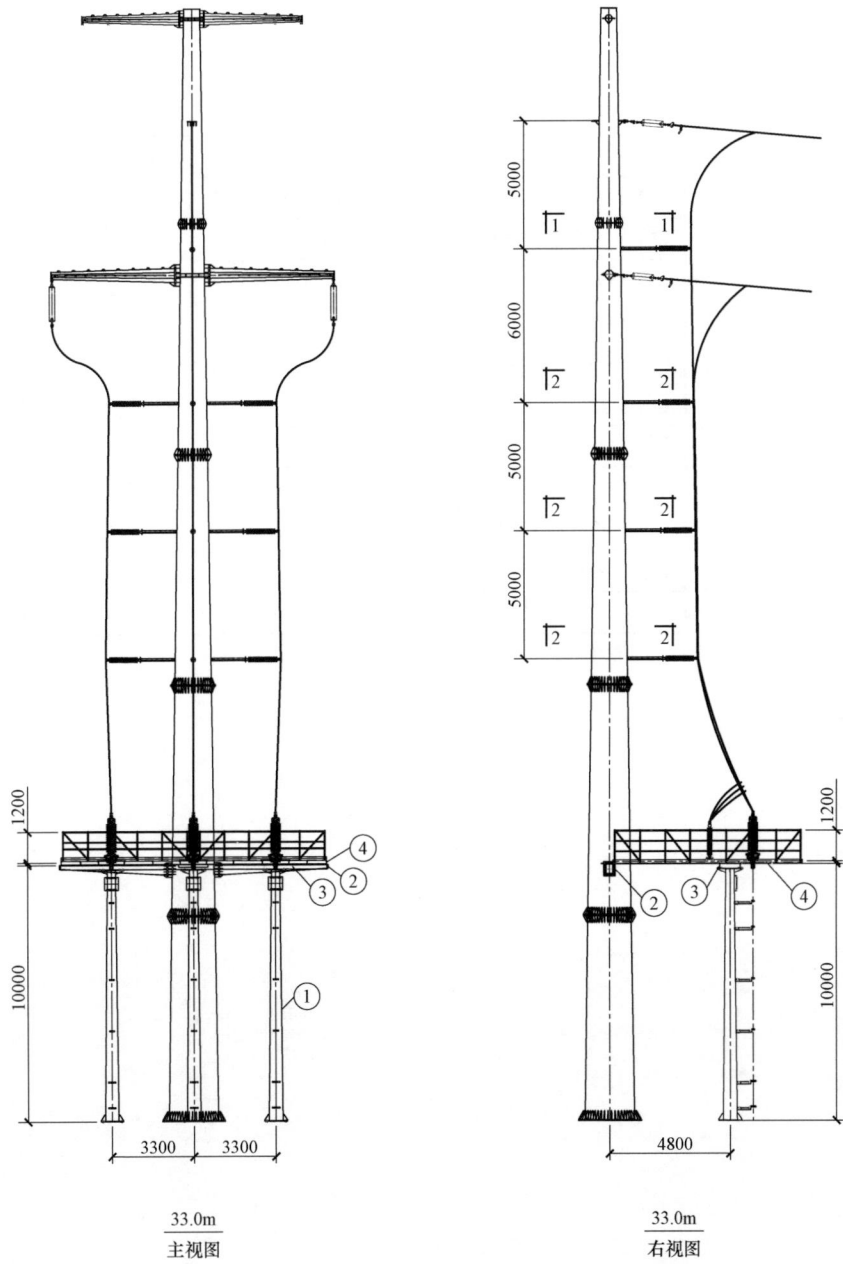

平 台 材 料 表

编号	名称	规格	数量	质量（kg）	
				单重	小计
①	独立柱支架		3	1209.3	3627.9
②	电缆平台托架横担	Q355−8×400×280	2	481	962
③	独立柱平台托梁	Q235H200×200×8×12	2	540	1080
④	电缆平台槽钢横梁	Q235〔14a×100000	1	1454	1454
⑤	杆身平台托架角钢	Q235L100×10×1180	1	17.8	17.8
⑥	避雷器连接板	Q355−14	3	64	192
⑦	电缆终端头连接板	Q355−16	3	102	306
⑧	电缆平台花纹板	Q355−4	1	2250	2250
⑨	平台护栏角钢	Q235L45×4×60500	1	166.8	166.8
⑩	平台护栏扁钢	Q235−4×40×73300	1	95	95
⑪	螺栓螺母总质量		1		122.2
	合计			10273.7kg	

注 配 10 个复合绝缘子。

图 9.7−13　220−HC21GD−DL−13　220−HC21GD−DL 终端杆 33.0m 电缆平台下线示意图

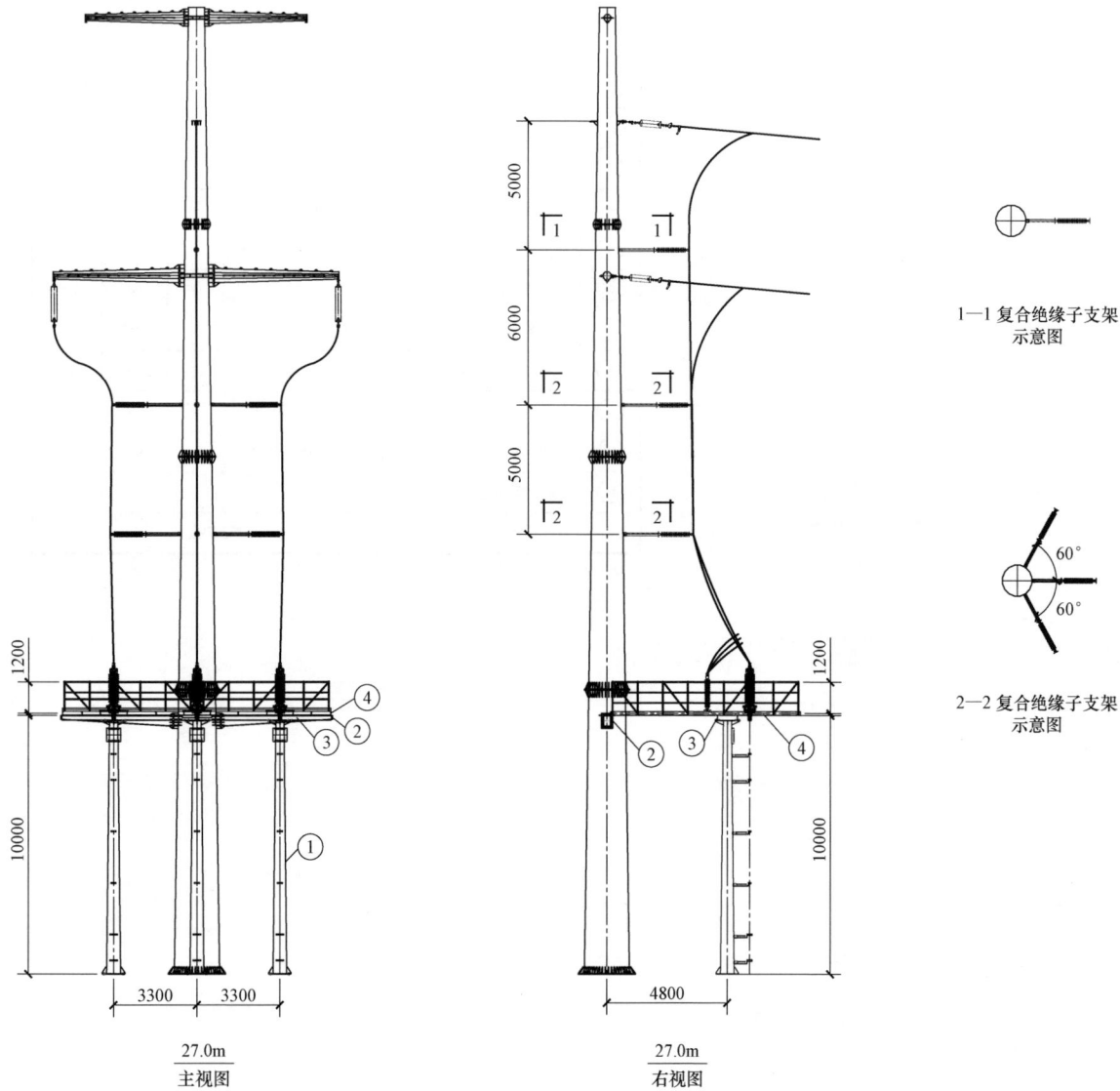

平台材料表

编号	名称	规格	数量	质量（kg）	
				单重	小计
①	独立柱支架		3	1209.3	3627.9
②	电缆平台托架横担	Q355−8×400×280	2	491	982
③	独立柱平台托梁	Q235H200×200×8×12	2	540	1080
④	电缆平台槽钢横梁	Q235 ［14a×100000	1	1454	1454
⑤	杆身平台托架角钢	Q235L100×10×1180	1	17.8	17.8
⑥	避雷器连接板	Q355−14	3	64	192
⑦	电缆终端头连接板	Q355−16	3	102	306
⑧	电缆平台花纹板	Q355−4	1	2250	2250
⑨	平台护栏角钢	Q235L45×4×60500	1	166.8	166.8
⑩	平台护栏扁钢	Q235−4×40×73300	1	95	95
⑪	螺栓螺母总质量		1		122.2
合计				10293.7kg	

注 配 7 个复合绝缘子。

1—1 复合绝缘子支架示意图

2—2 复合绝缘子支架示意图

27.0m
主视图

27.0m
右视图

图 9.7−14　220−HC21GD−DL−14　220−HC21GD−DL 终端杆 27.0m 电缆平台下线示意图

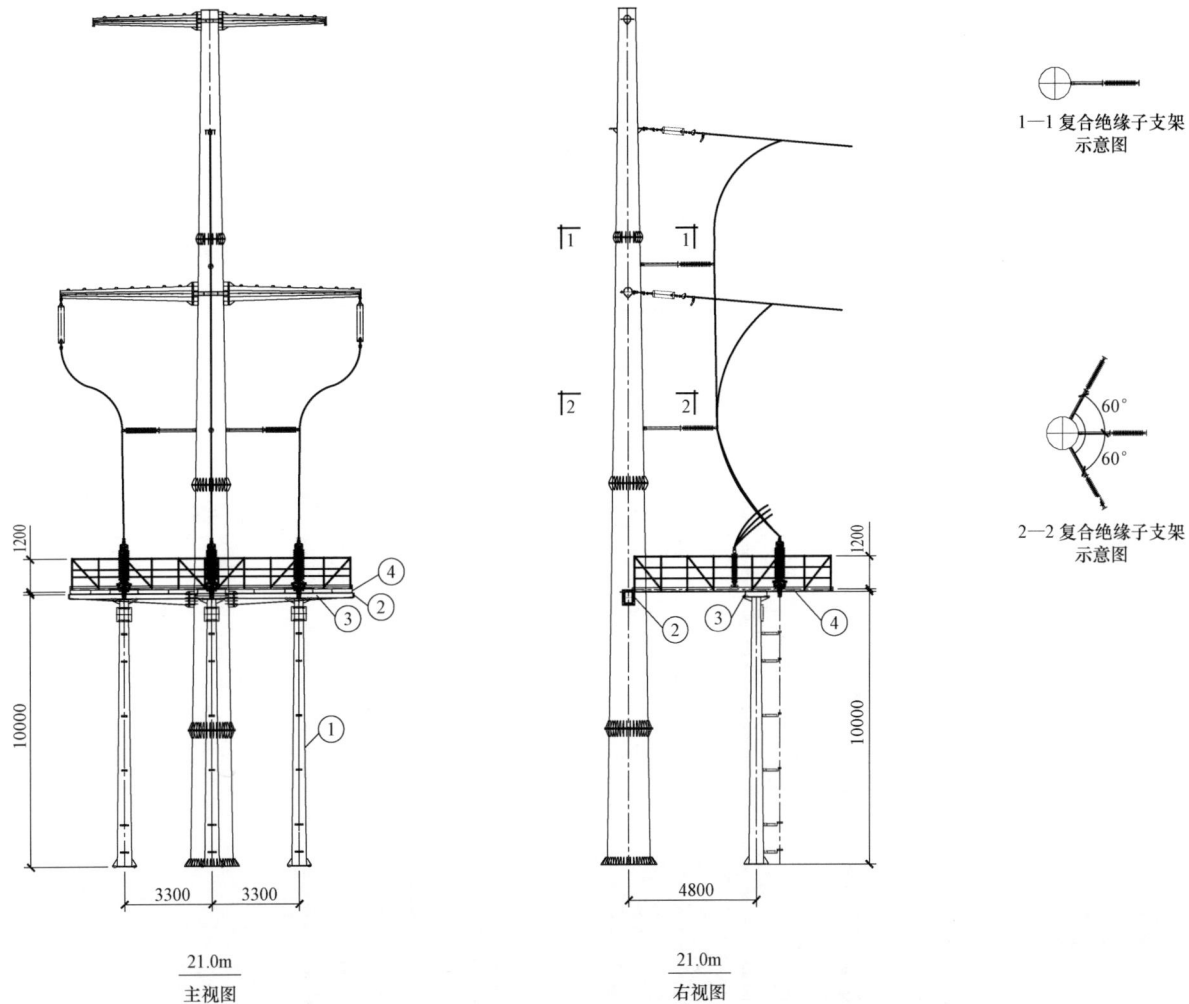

平 台 材 料 表

编号	名称	规格	数量	质量（kg）	
				单重	小计
①	独立柱支架		3	1209.3	3627.9
②	电缆平台托架横担	Q355−8×400×280	2	499	998
③	独立柱平台托梁	Q235H200×200×8×12	2	540	1080
④	电缆平台槽钢横梁	Q235 [14a×100000	1	1454	1454
⑤	杆身平台托架角钢	Q235L100×10×1180	1	17.8	17.8
⑥	避雷器连接板	Q355−14	3	64	192
⑦	电缆终端头连接板	Q355−16	3	102	306
⑧	电缆平台花纹板	Q355−4	1	2250	2250
⑨	平台护栏角钢	Q235L45×4×60500	1	166.8	166.8
⑩	平台护栏扁钢	Q355−4×40×73300	1	95	95
⑪	螺栓螺母总质量		1		122.2
合计				10309.7kg	

注 配 4 个复合绝缘子。

图 9.7−15　220−HC21GD−DL−15　220−HC21GD−DL 终端杆 21.0m 电缆平台下线示意图

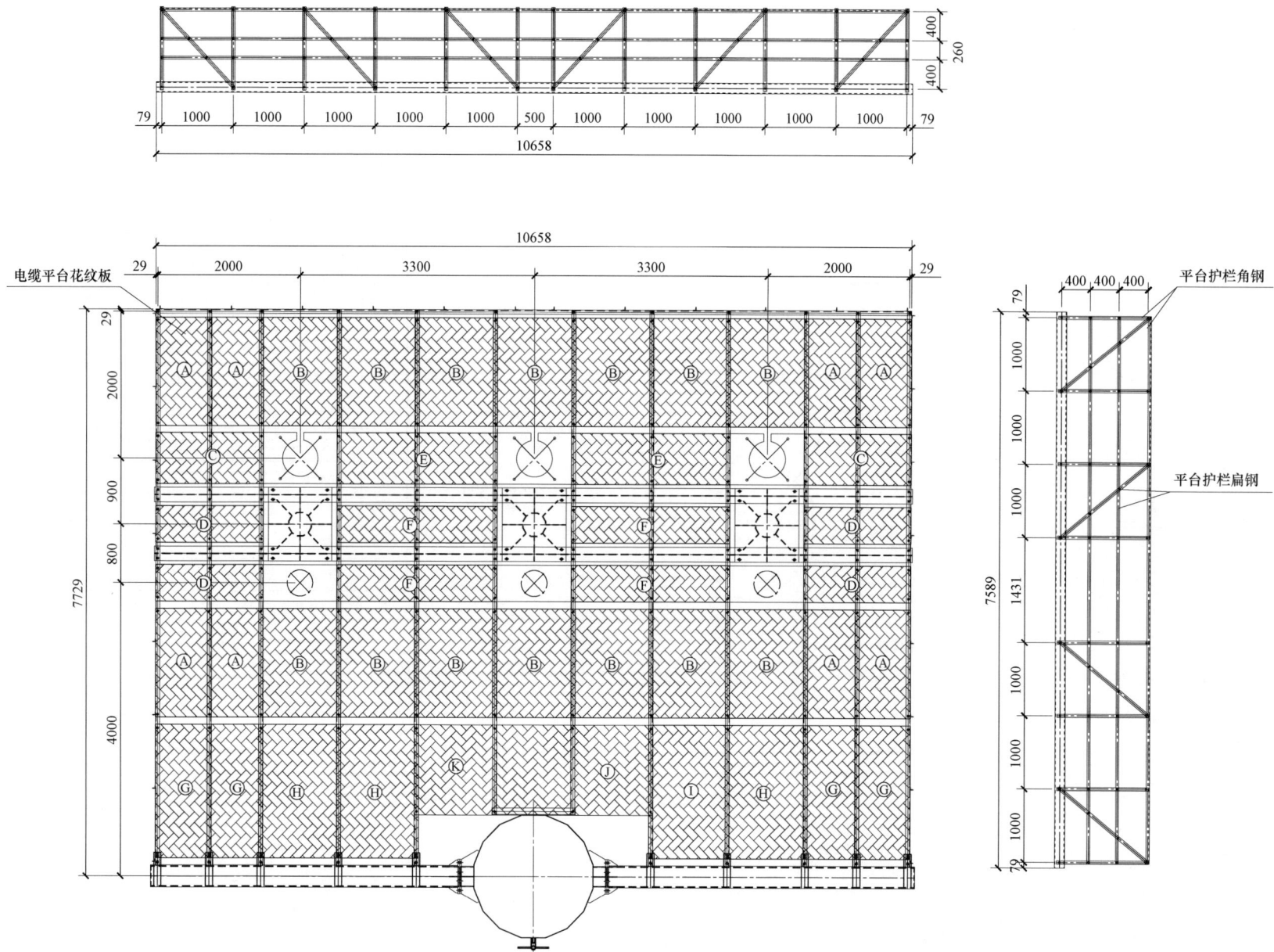

图 9.7 - 16 220 - HC21GD - DL - 16 220 - HC21GD - DL 终端杆电缆平台俯视图

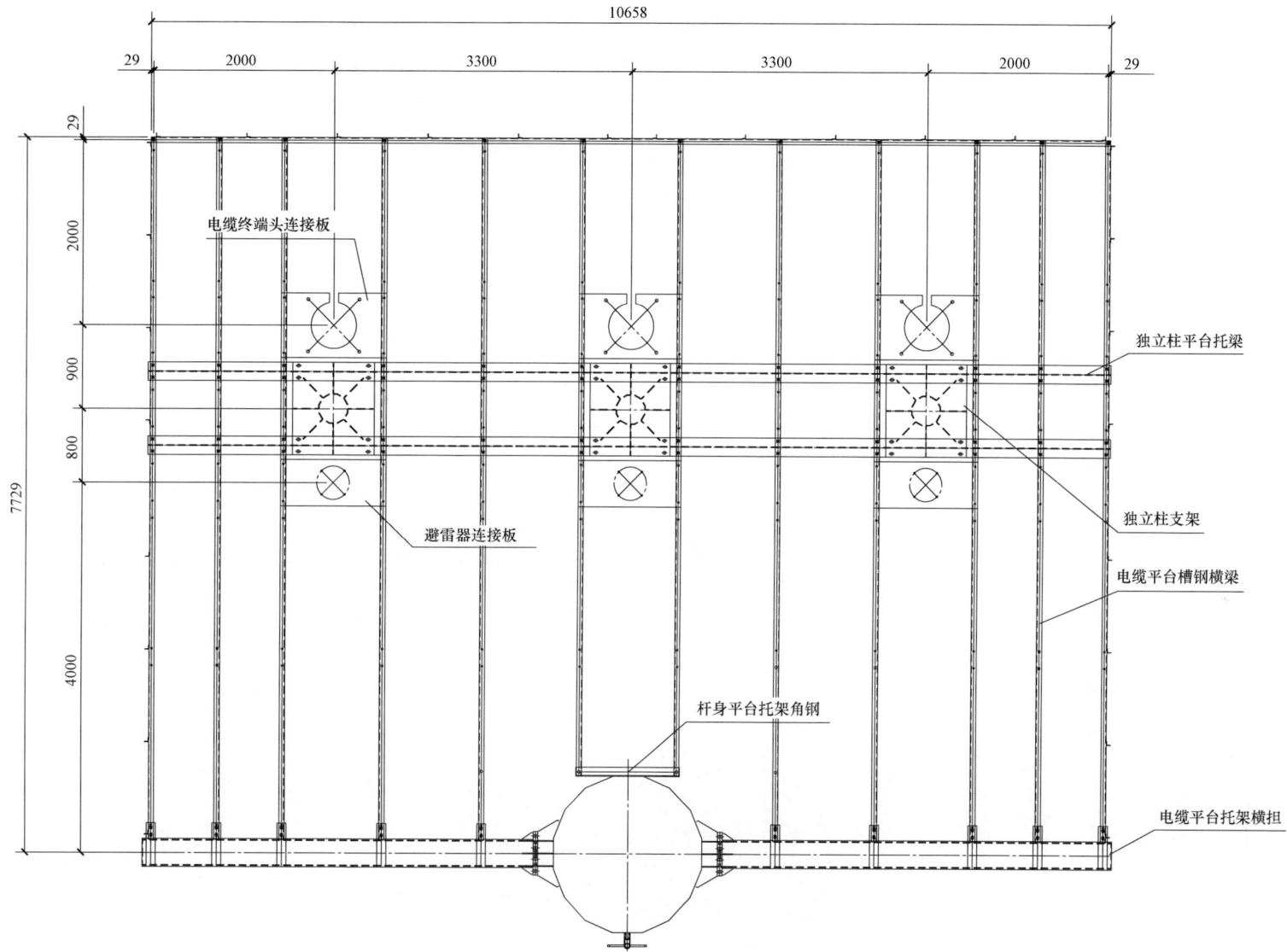

图 9.7-17　220-HC21GD-DL-17　220-HC21GD-DL 终端杆电缆平台框架示意图

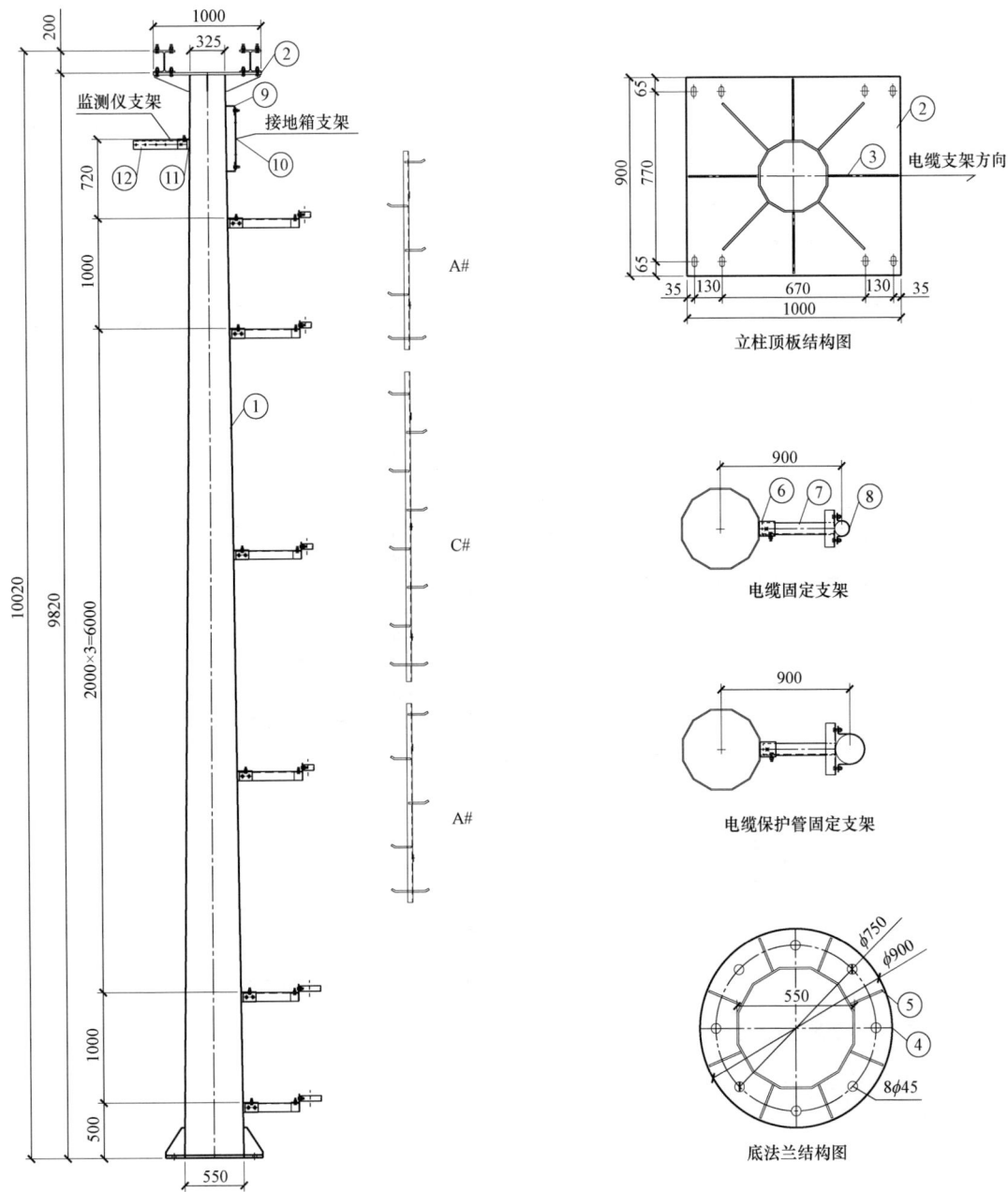

独立柱材料表（单根）

编号	名称	规格	数量	质量（kg）小计
①	立柱主管（12边形）	（边对边）325/550 $L=9800$ Q355 $\delta=8$	1	850
②	立柱顶板	Q355$-20\times900\times1000$	1	141.3
③	立柱顶板筋肋	Q355-8	8	20
④	立柱下法兰	Q355$-25\times\phi900$	1	78.2
⑤	立柱下法兰筋肋	Q355-10	8	16.9
⑥	电缆支架连接角钢	Q235B∠100×10	6	10
⑦	电缆支架角钢	Q235B∠80×8	6	16.5
⑧	电缆及保护管抱箍	铝制-4×50	6	1.5
⑨	接地箱连接角钢	Q235B∠90×8	2	10
⑩	接地箱连接钢板	Q235B-8	1	16
⑪	监测支架连接角钢	Q235B∠100×10	1	1.7
⑫	监测支架角钢	Q235B∠80×8	1	4.8
⑬	爬梯			36
⑭	螺栓			6.4
	合计			1209.3kg

立柱顶板结构图

电缆固定支架

电缆保护管固定支架

底法兰结构图

图 9.7−18　220−HC21GD−DL−18　220−HC21GD−DL 终端杆独立柱支架

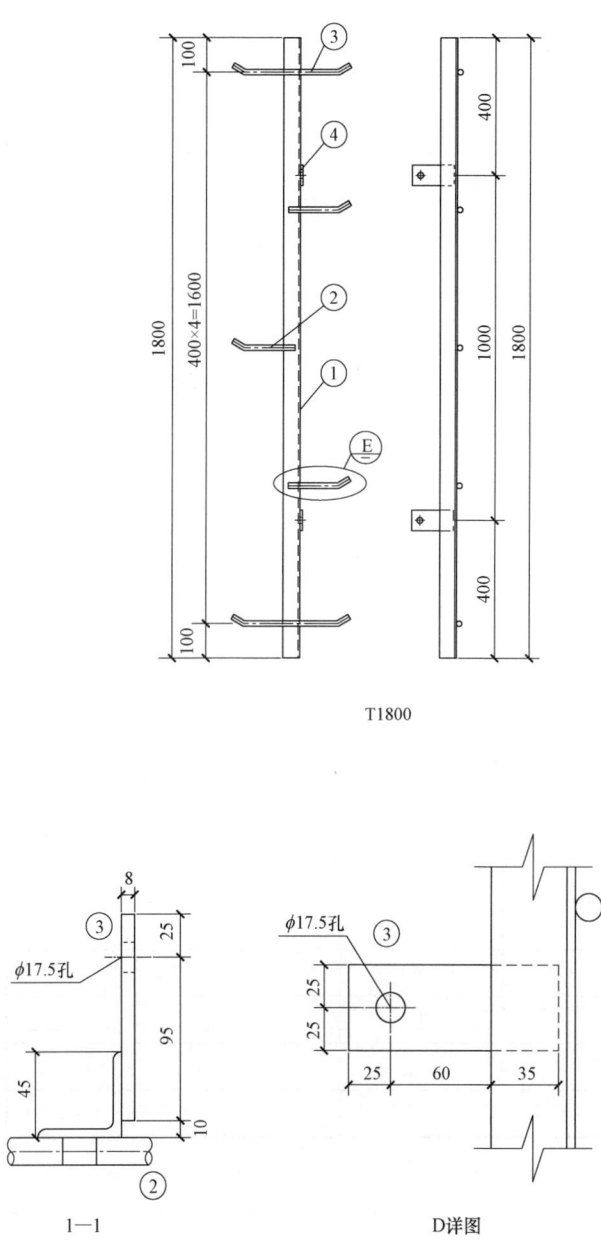

构 件 明 细 表						
型号	编号	规格	数量	单重（kg）	总重（kg）	备注
T1800	①	L45×5×1800	1	6.1	6.1	
	②	φ16×220	3	0.3	0.9	
	③	φ16×415	2	0.7	1.4	
	④	−8×50×120	2	0.4	0.8	
	⑤	M16×40	2	0.1	0.2	
小计		9.4kg				
T2800	①	L45×5×2800	1	9.5	9.5	
	②	φ16×220	6	0.3	1.8	
	③	φ16×415	2	0.7	1.4	
	④	−8×50×120	3	0.4	1.2	
	⑤	M16×40	3	0.1	0.3	
小计		14.2kg				

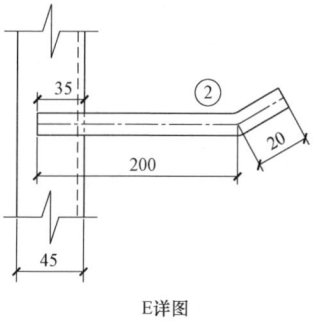

T1800

T2800

1—1

D详图

E详图

说明：

1. 钢材采用 Q235，焊条采用 E43 系列。

2. 所有尺寸按实际放样确定。

3. 采用热浸锌防腐，锌层厚度不小于 86μm。

4. 连接螺栓采用 4.8 级螺栓，单帽单垫。

图 9.7−19　220−HC21GD−DL−19　220−HC21GD−DL 终端杆角钢爬梯加工图

9.8 220-HC21GS-DL 子模块

序号	图号	图名	张数	备注
1	220-HC21GS-DL-01	220-HC21GS-DL 终端杆总图	1	
2	220-HC21GS-DL-02	220-HC21GS-DL 终端杆地线横担①结构图	1	
3	220-HC21GS-DL-03	220-HC21GS-DL 终端杆导线横担②结构图	1	
4	220-HC21GS-DL-04	220-HC21GS-DL 终端杆导线横担③结构图	1	
5	220-HC21GS-DL-05	220-HC21GS-DL 终端杆导线横担④结构图	1	
6	220-HC21GS-DL-06	220-HC21GS-DL 终端杆导线横担⑤结构图	1	
7	220-HC21GS-DL-07	220-HC21GS-DL 终端杆身部⑥结构图	1	
8	220-HC21GS-DL-08	220-HC21GS-DL 终端杆身部⑦结构图	1	
9	220-HC21GS-DL-09	220-HC21GS-DL 终端杆身部⑧结构图	1	
10	220-HC21GS-DL-10	220-HC21GS-DL 终端杆身部⑨结构图	1	
11	220-HC21GS-DL-11	220-HC21GS-DL 终端杆 33.0m 腿部⑩结构图	1	
12	220-HC21GS-DL-12	220-HC21GS-DL 终端杆 27.0m 腿部⑪结构图	1	
13	220-HC21GS-DL-13	220-HC21GS-DL 终端杆 21.0m 腿部⑫结构图	1	
14	220-HC21GS-DL-14	220-HC21GS-DL 终端杆地线横担连接法兰结构图	1	
15	220-HC21GS-DL-15	220-HC21GS-DL 终端杆导线横担②、③、④、⑤连接法兰结构图	1	
16	220-HC21GS-DL-16	220-HC21GS-DL 终端杆 33.0m 电缆平台下线示意图	1	
17	220-HC21GS-DL-17	220-HC21GS-DL 终端杆 27.0m 电缆平台下线示意图	1	
18	220-HC21GS-DL-18	220-HC21GS-DL 终端杆 21.0m 电缆平台下线示意图	1	
19	220-HC21GS-DL-19	220-HC21GS-DL 终端杆电缆平台俯视图	1	
20	220-HC21GS-DL-20	220-HC21GS-DL 终端杆电缆平台框架示意图	1	
21	220-HC21GS-DL-21	220-HC21GS-DL 终端杆独立柱支架	1	
22	220-HC21GS-DL-22	220-HC21GS-DL 终端杆角钢爬梯加工图	1	

220-HC21GS-DL-00　220-HC21GS-DL 终端杆图纸目录

110～220kV 输电线路电缆终端杆塔标准化设计图集　加工图

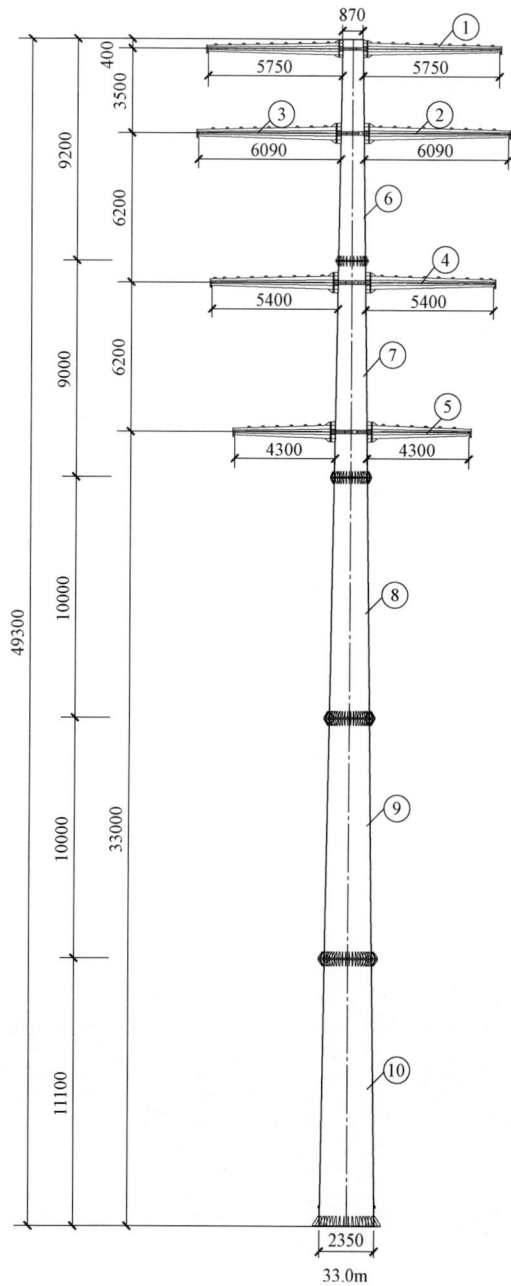

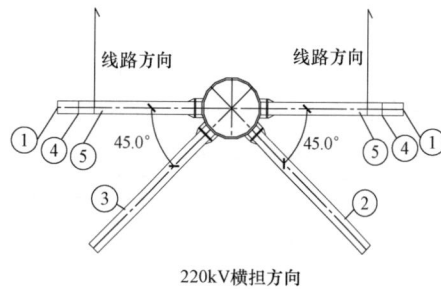

根开尺寸表

呼高（m）	根径（mm）	地脚螺栓所在圆直径（mm）	地脚螺栓规格	质量（kg）
21.0	1990	2260	32M80（8.8级）	50344.5
27.0	2170	2460	36M80（8.8级）	57934.5
33.0	2350	2660	40M80（8.8级）	64145.2

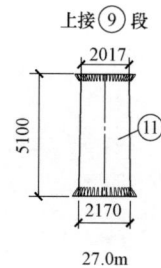

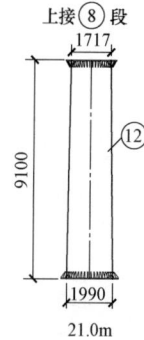

220kV横担方向

上接⑧段

9100

1717

1990

21.0m

上接⑨段

2017

5100

2170

27.0m

图 9.8-1　220-HC21GS-DL-01　220-HC21GS-DL 终端杆总图

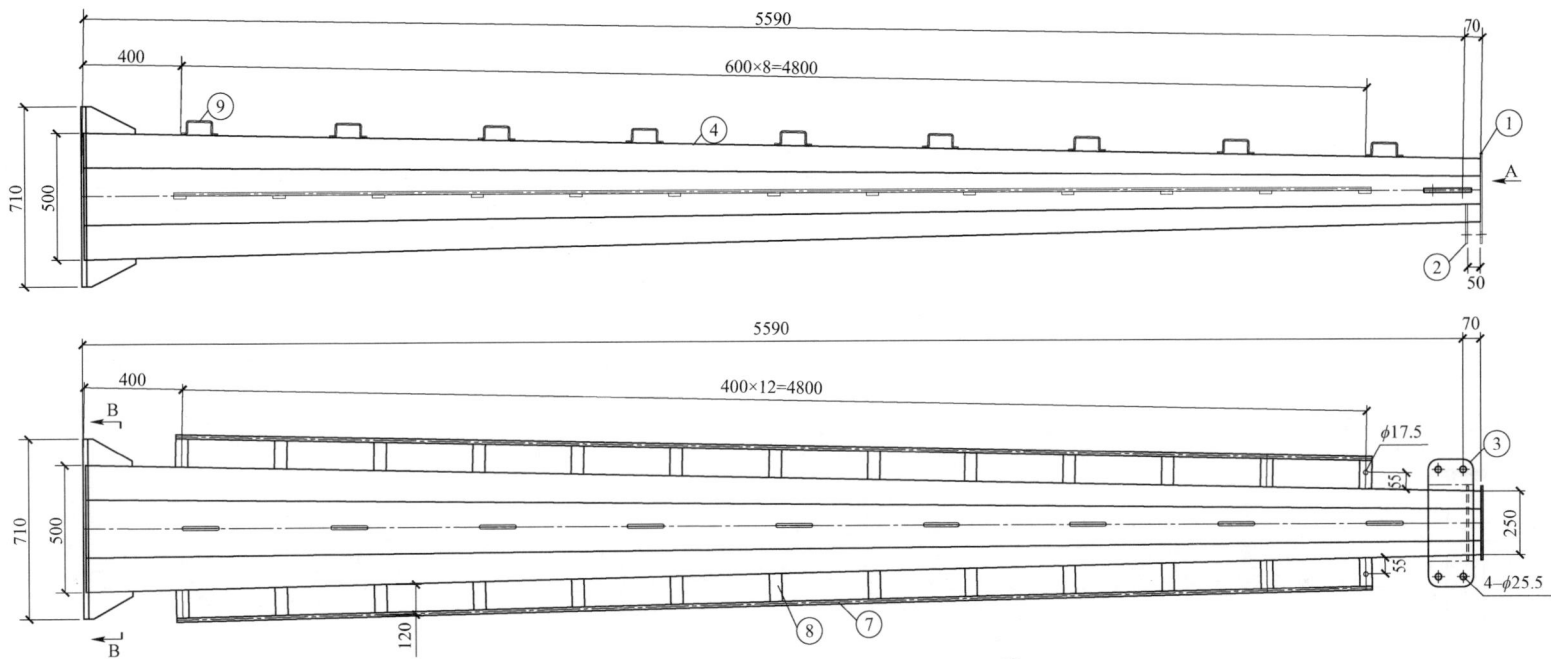

编号	名称	规格	数量	单重（kg）	总重（kg）	备注
①	下挂板	−8×290×355	1	6.46	6.46	
②	下挂板	−8×290×158	1	2.84	2.84	
③	挂线板	−16×180×500	1	11.7	11.7	Q355B
④	主管	(D250/D500)×6×5664	1	326.5	326.5	
⑤	法兰	φ710×20	1	27.9	27.9	
⑥	加劲板	−12×95×200	16	0.99	15.84	
⑦	脚踏	φ16×4850	2	7.7	15.4	
⑧	加强筋	−12×50×128	26	0.6	15.6	
⑨	扶手	φ16×250	9	0.39	3.51	
⑩	螺栓	M24×100	16	0.56	8.96	8.8 级
⑪	焊条				15.83	
合计					450.54kg	

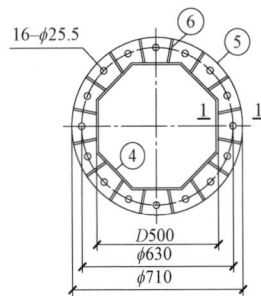

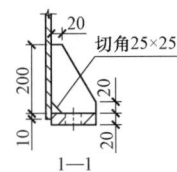

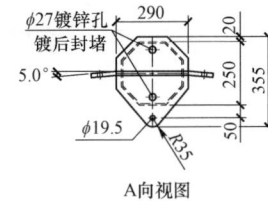

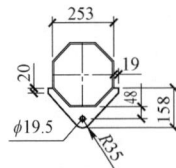

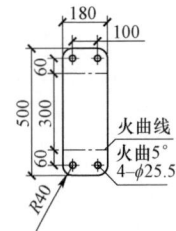

图 9.8−2　220−HC21GS−DL−02　220−HC21GS−DL 终端杆地线横担①结构图

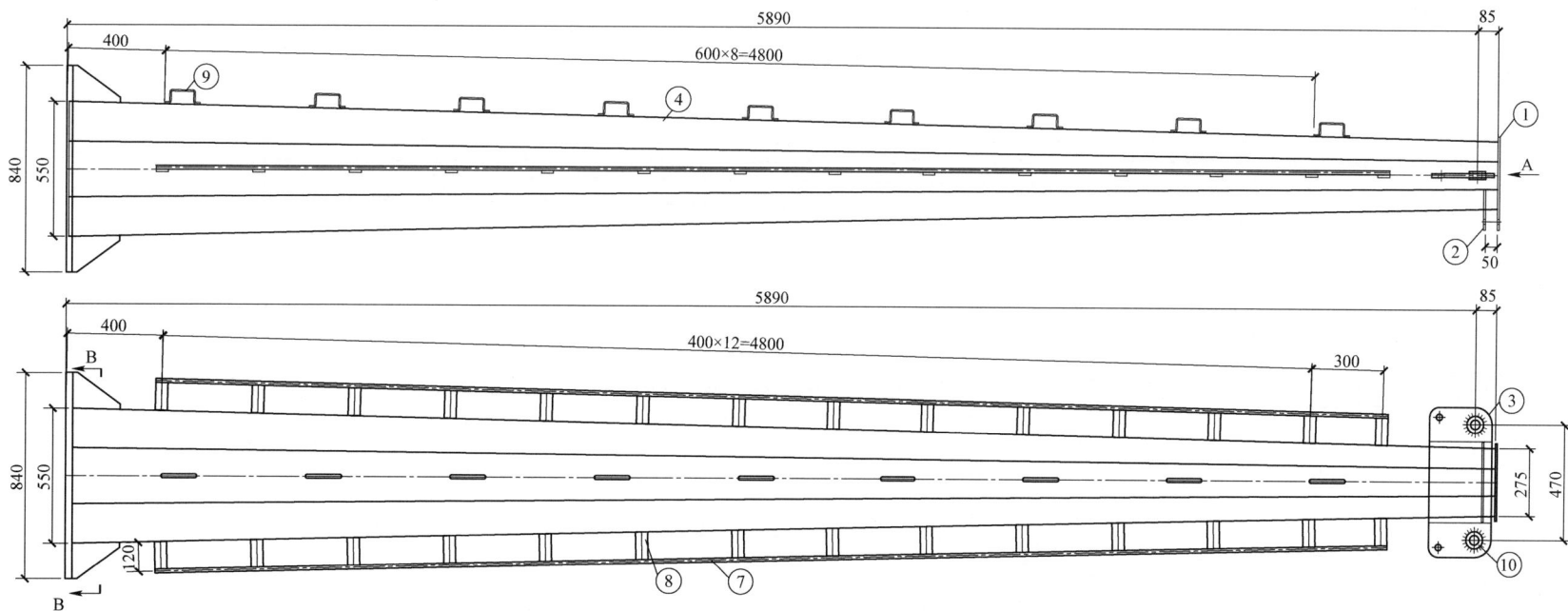

编号	名称	规格	数量	单重（kg）	总重（kg）	备注
①	挂线板	−8×315×380	1	7.5	7.8	
②	挂线板	−8×315×165	1	3.2	3.2	
③	挂线板	−16×610×260	1	19.9	19.9	
④	主管	(D275/D550)×12×5979	1	751.2	751.2	Q355B
⑤	法兰	−25×φ840	1	59.6	59.6	
⑥	加劲板	−12×130×200	16	1.6	25.6	
⑦	脚踏	φ16×5150	2	8.3	16.6	
⑧	加强筋	−12×50×128	28	0.6	16.8	
⑨	扶手	φ16×260	9	0.4	3.6	
⑩	套管	φ70×32	2	1.1	2.2	Q355B
⑪	螺栓	M36×140	16	2.2	35.2	8.8级
⑫	焊条				24.01	
合计					965.71kg	

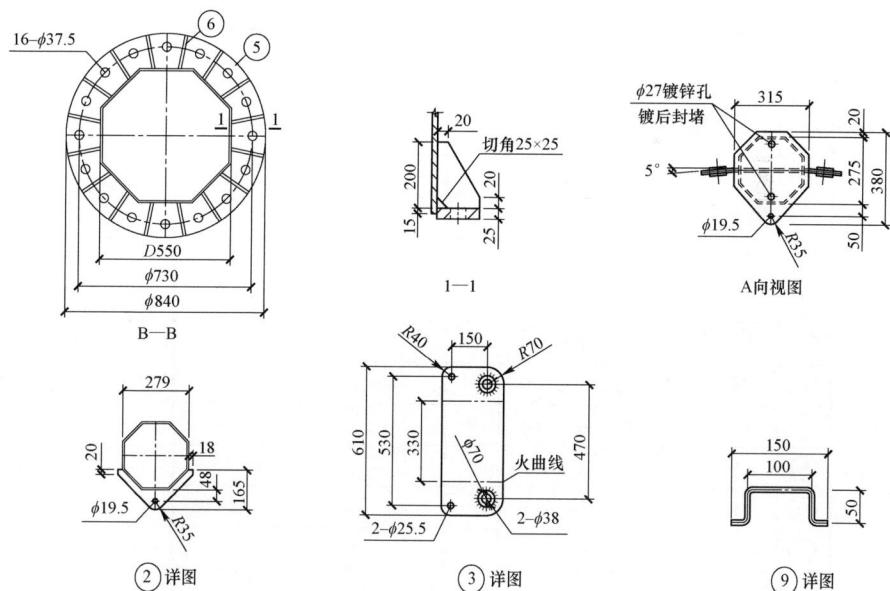

图 9.8−3 220−HC21GS−DL−03 220−HC21GS−DL 终端杆导线横担②结构图

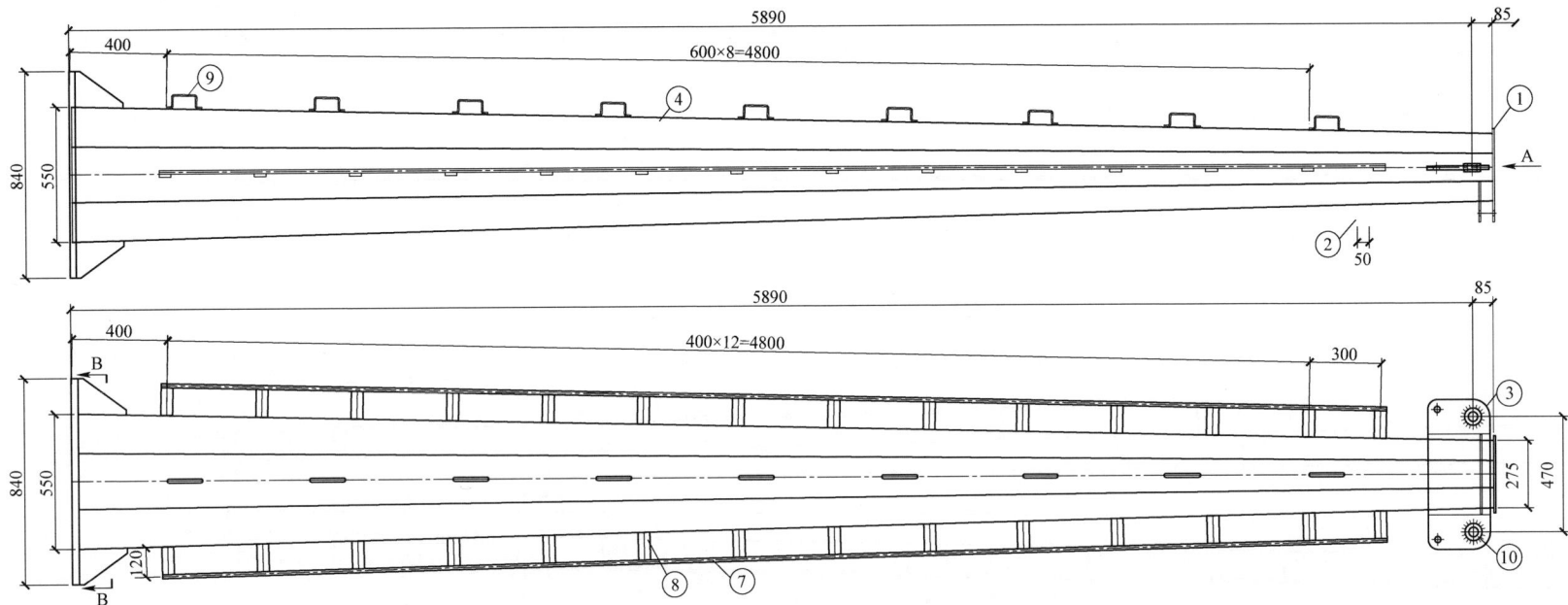

编号	名称	规格	数量	单重（kg）	总重（kg）	备注
①	挂线板	−8×315×380	1	7.5	7.8	
②	挂线板	−8×315×165	1	3.2	3.2	
③	挂线板	−16×610×260	1	19.9	19.9	Q355B
④	主管	(D275/D550)×12×5979	1	751.2	751.2	
⑤	法兰	−25×φ840	1	59.6	59.6	
⑥	加劲板	−12×130×200	16	1.6	25.6	
⑦	脚踏	φ16×5150	2	8.3	16.6	
⑧	加强筋	−12×50×128	28	0.6	16.8	
⑨	扶手	φ16×260	9	0.4	3.6	
⑩	套管	φ70×32	2	1.1	2.2	Q355B
⑪	螺栓	M36×140	16	2.2	35.2	8.8 级
⑫	焊条				24.01	
合计					965.71kg	

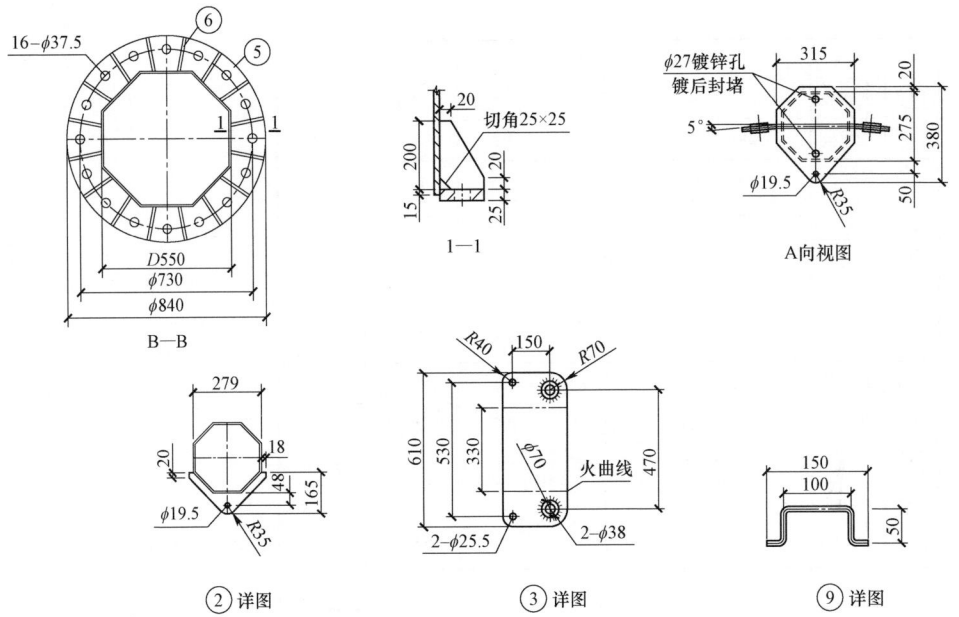

图 9.8－4 220－HC21GS－DL－04 220－HC21GS－DL 终端杆导线横担③结构图

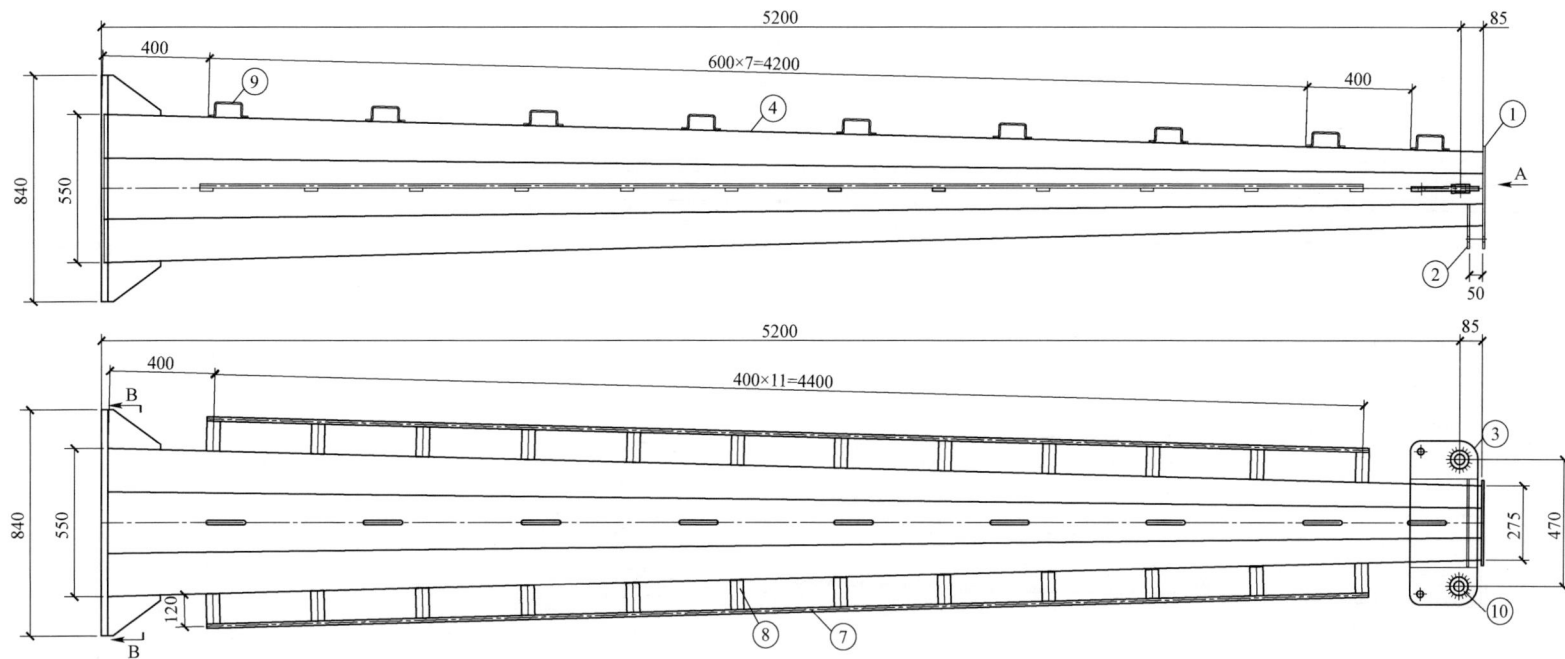

编号	名称	规格	数量	单重（kg）	总重（kg）	备注
①	挂线板	−8×315×380	1	7.5	7.8	
②	挂线板	−8×315×164	1	3.2	3.2	
③	挂线板	−16×610×260	1	19.9	19.9	Q355B
④	主管	(D275/D550)×10×5291	1	556.7	556.7	
⑤	法兰	−25×φ840	1	59.6	59.6	
⑥	加劲板	−12×130×200	16	1.6	25.6	
⑦	脚踏	φ16×4450	2	7.2	14.4	
⑧	加强筋	−12×50×128	24	0.6	14.4	
⑨	扶手	φ16×260	9	0.4	3.6	
⑩	套管	φ70×32	2	1.1	2.2	Q355B
⑪	螺栓	M36×140	16	2.2	35.2	8.8 级
⑫	焊条				23.01	
合计				765.61kg		

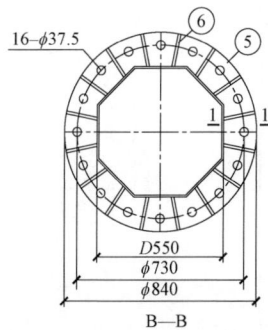

B—B

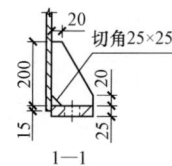

1—1

A向视图

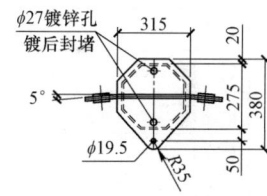

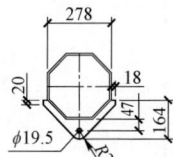

② 详图

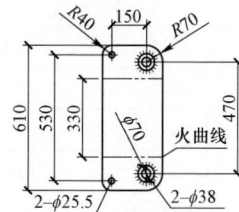

③ 详图

⑨ 详图

图 9.8−5　220−HC21GS−DL−05　220−HC21GS−DL 终端杆导线横担④结构图

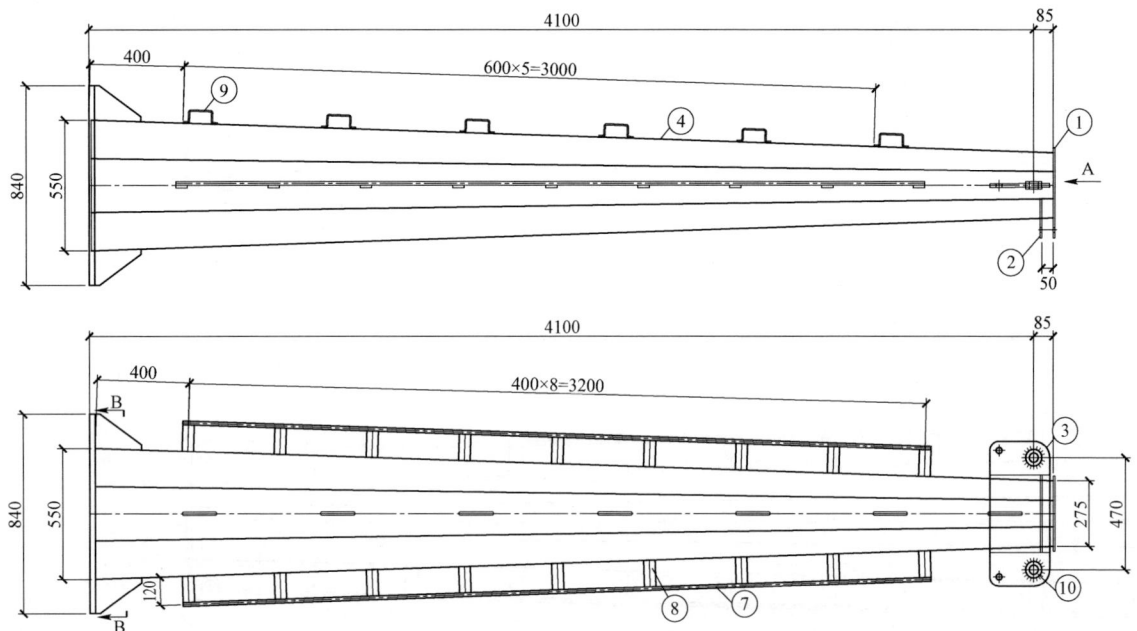

编号	名称	规格	数量	单重（kg）	总重（kg）	备注
①	挂线板	−8×315×380	1	7.5	7.8	
②	挂线板	−8×315×164	1	3.2	3.2	
③	挂线板	−16×610×260	1	19.9	19.9	
④	主管	(D275/D550)×10×4195	1	441.4	441.4	Q355B
⑤	法兰	−25×φ840	1	59.6	59.6	
⑥	加劲板	−12×130×200	16	1.6	25.6	
⑦	脚踏	φ16×3250	2	5.3	10.6	
⑧	加强筋	−12×50×128	18	0.6	10.8	
⑨	扶手	φ16×260	6	0.4	2.4	
⑩	套管	φ70×32	2	1.1	2.2	Q355B
⑪	螺栓	M36×140	16	2.2	35.2	8.8级
⑫	焊条				23.01	
合计		641.71kg				

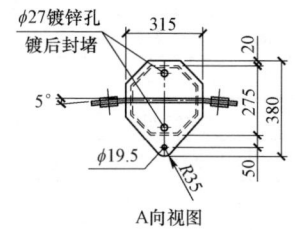

B—B

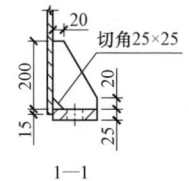

1—1

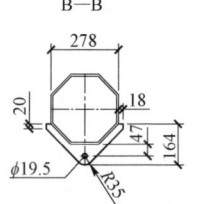

A向视图

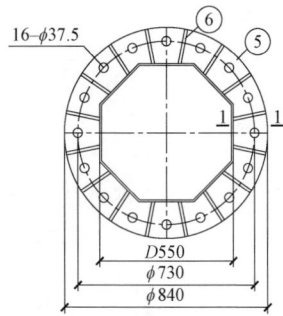

② 详图

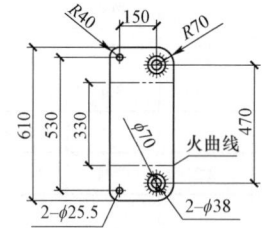

③ 详图

⑨ 详图

图 9.8－6　220－HC21GS－DL－06　220－HC21GS－DL 终端杆导线横担⑤结构图

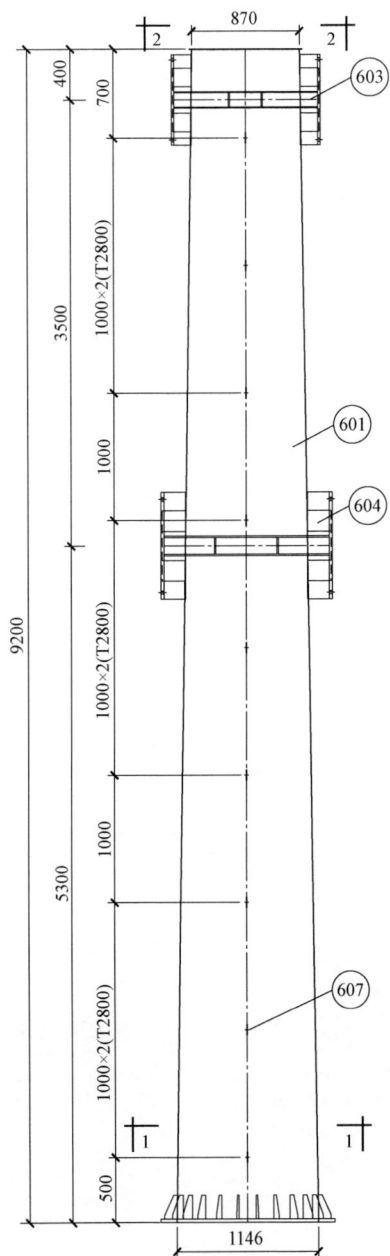

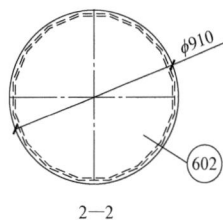

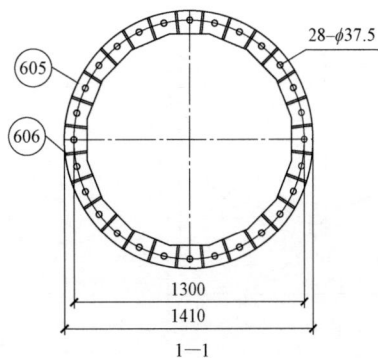

构 件 明 细 表

编号	规格	数量	单重（kg）	总重（kg）	备注
601	(D870/D1146)×8×9190	1	1838.8	1838.8	Q420B
602	φ910×8	1	40.8	40.8	
603	地线横担法兰	1	172.4	172.4	标准件
604	导线横担法兰	1	349.2	349.2	
605	φ1410×25	1	104	104	Q355B
606	−10×120×200	28	1.4	39.2	Q420B
607	−8×60×80	9	0.3	2.7	
608	M36×140	28	2.2	61.6	8.8级
合计				2608.7kg	

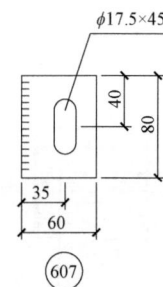

图 9.8−7 220−HC21GS−DL−07 220−HC21GS−DL 终端杆身部⑥结构图

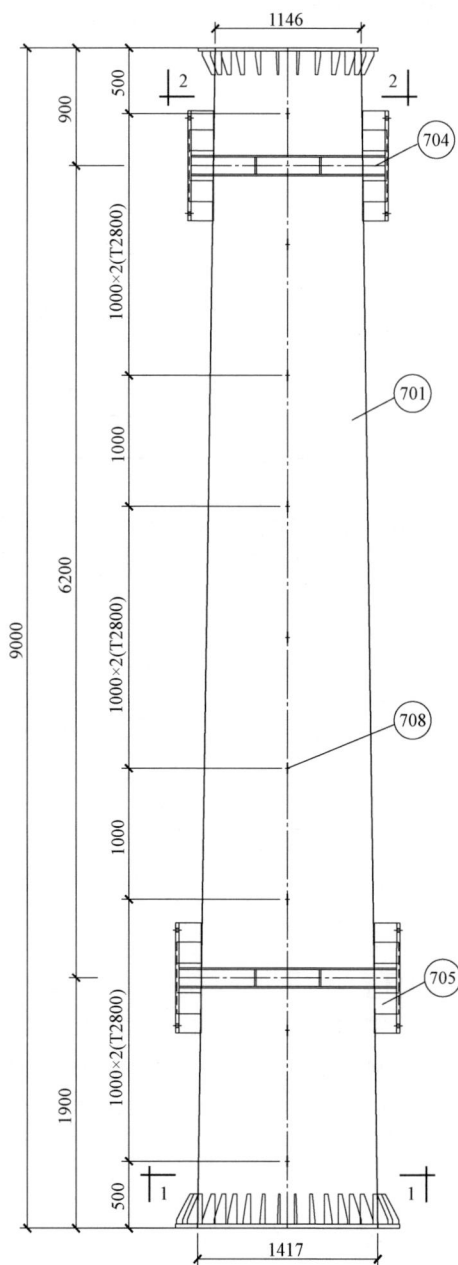

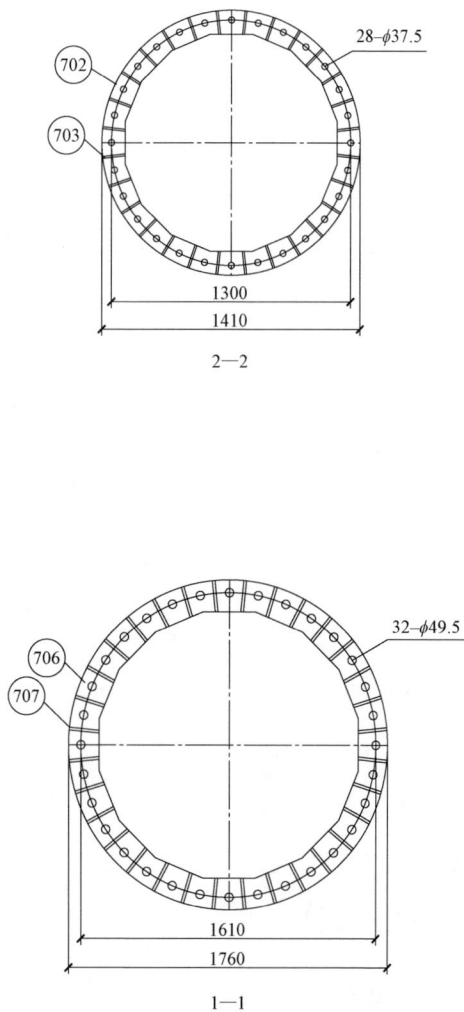

构 件 明 细 表					
编号	规格	数量	单重 （kg）	总重 （kg）	备注
701	（D1146/D1417）×12×8975	1	3424	3424	Q420B
702	φ1410×25	1	104	104	Q355B
703	−10×120×200	28	1.4	39.2	Q420B
704	导线横担法兰	1	349.2	349.2	标准件
705	导线横担法兰	1	349.2	349.2	
706	φ1760×30	1	202.1	202.1	Q355B
707	−14×150×260	32	3	96	Q420B
708	−8×60×80	9	0.3	2.7	
709	M48×190	32	5.5	176	8.8级
合计				4742.4kg	

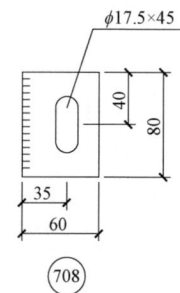

图 9.8－8　220－HC21GS－DL－08　220－HC21GS－DL 终端杆身部⑦结构图

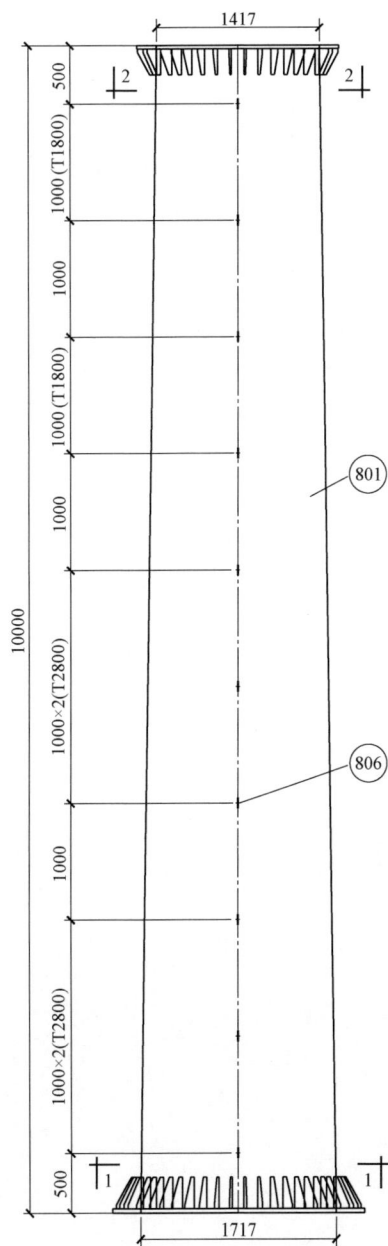

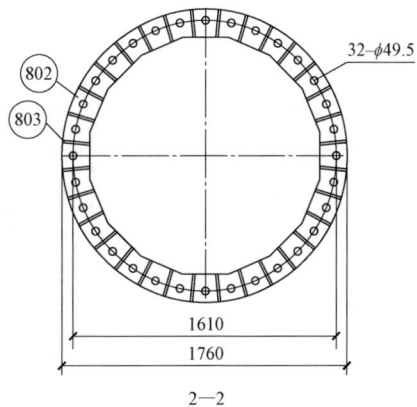

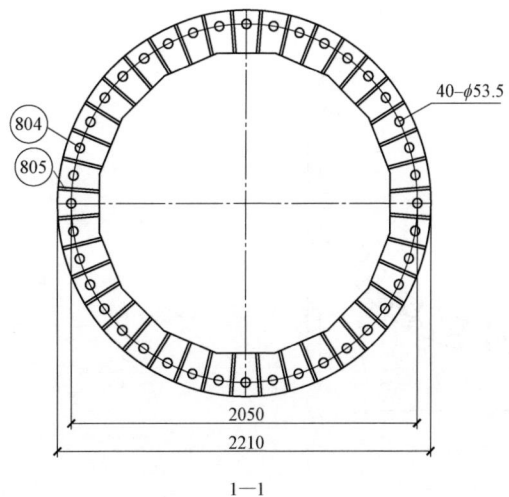

構 件 明 細 表

编号	规格	数量	单重 （kg）	总重 （kg）	备注
801	$(D1417/D1717) \times 16 \times 9970$	1	6197.9	6197.9	Q420B
802	$\phi 1760 \times 30$	1	202.1	202.1	Q355B
803	$-14 \times 150 \times 260$	32	3	96	Q420B
804	$\phi 2210 \times 35$	1	417.8	417.8	Q355B
805	$-16 \times 220 \times 300$	40	5.4	216	Q420B
806	$-8 \times 60 \times 80$	10	0.3	3	
807	$M52 \times 200$	40	6	240	8.8 级
合计				7372.8kg	

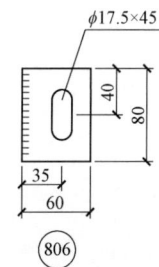

图 9.8 – 9　220 – HC21GS – DL – 09　220 – HC21GS – DL 终端杆身部⑧结构图

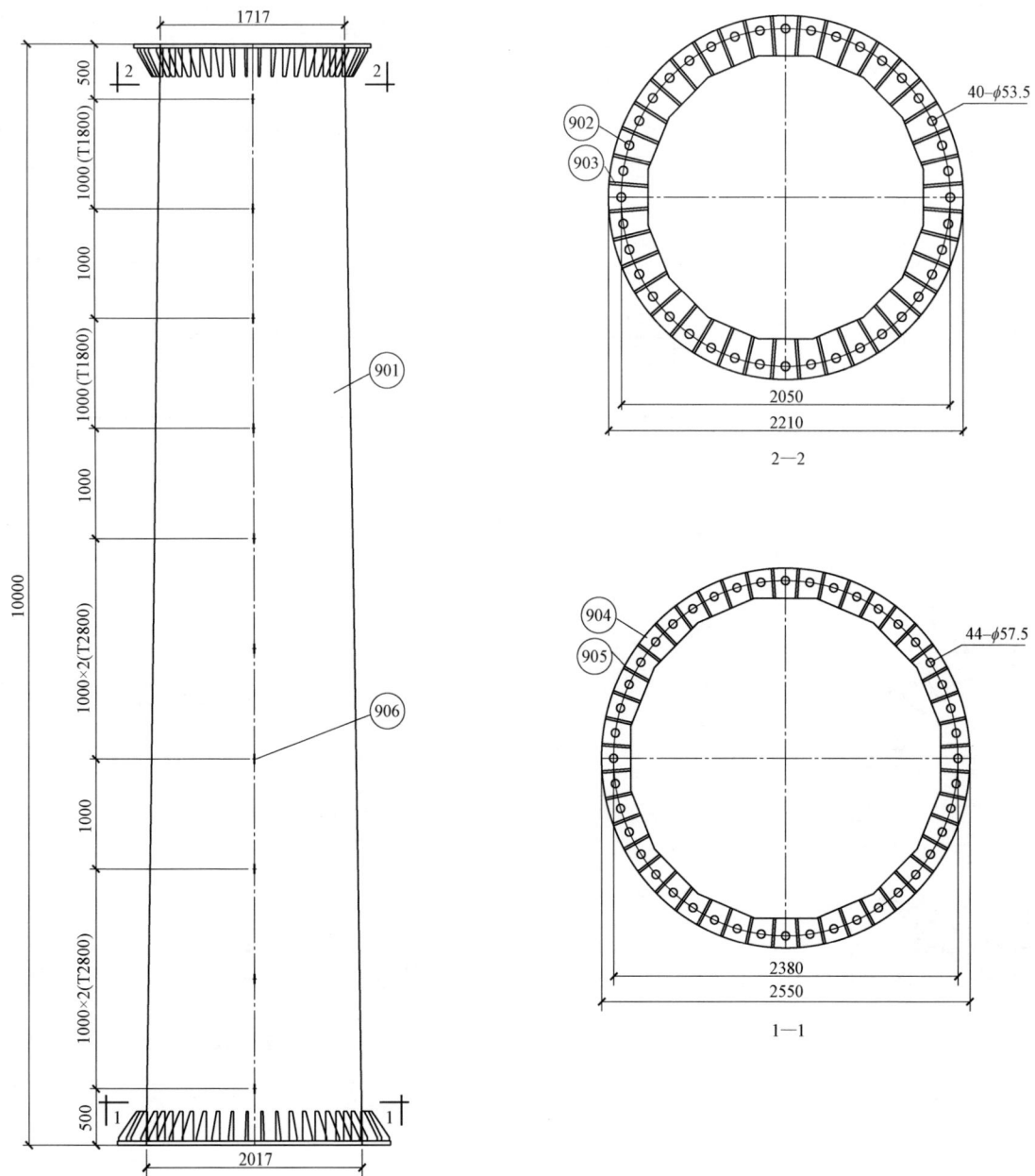

构 件 明 细 表

编号	规格	数量	单重（kg）	总重（kg）	备注
901	$(D1717/D2017) \times 18 \times 9970$	1	8315	8315	Q420B
902	$\phi 2210 \times 35$	1	417.8	417.8	Q355B
903	$-16 \times 220 \times 300$	40	5.4	216	Q420B
904	$\phi 2550 \times 35$	1	525.3	525.3	Q355B
905	$-16 \times 240 \times 330$	44	6.3	277.2	Q420B
906	$-8 \times 60 \times 80$	10	0.3	3	
907	$M56 \times 220$	44	6.8	299.2	8.8 级
合计				10053.5kg	

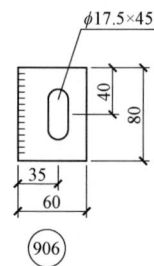

图 9.8 – 10　220 – HC21GS – DL – 10　220 – HC21GS – DL 终端杆身部⑨结构图

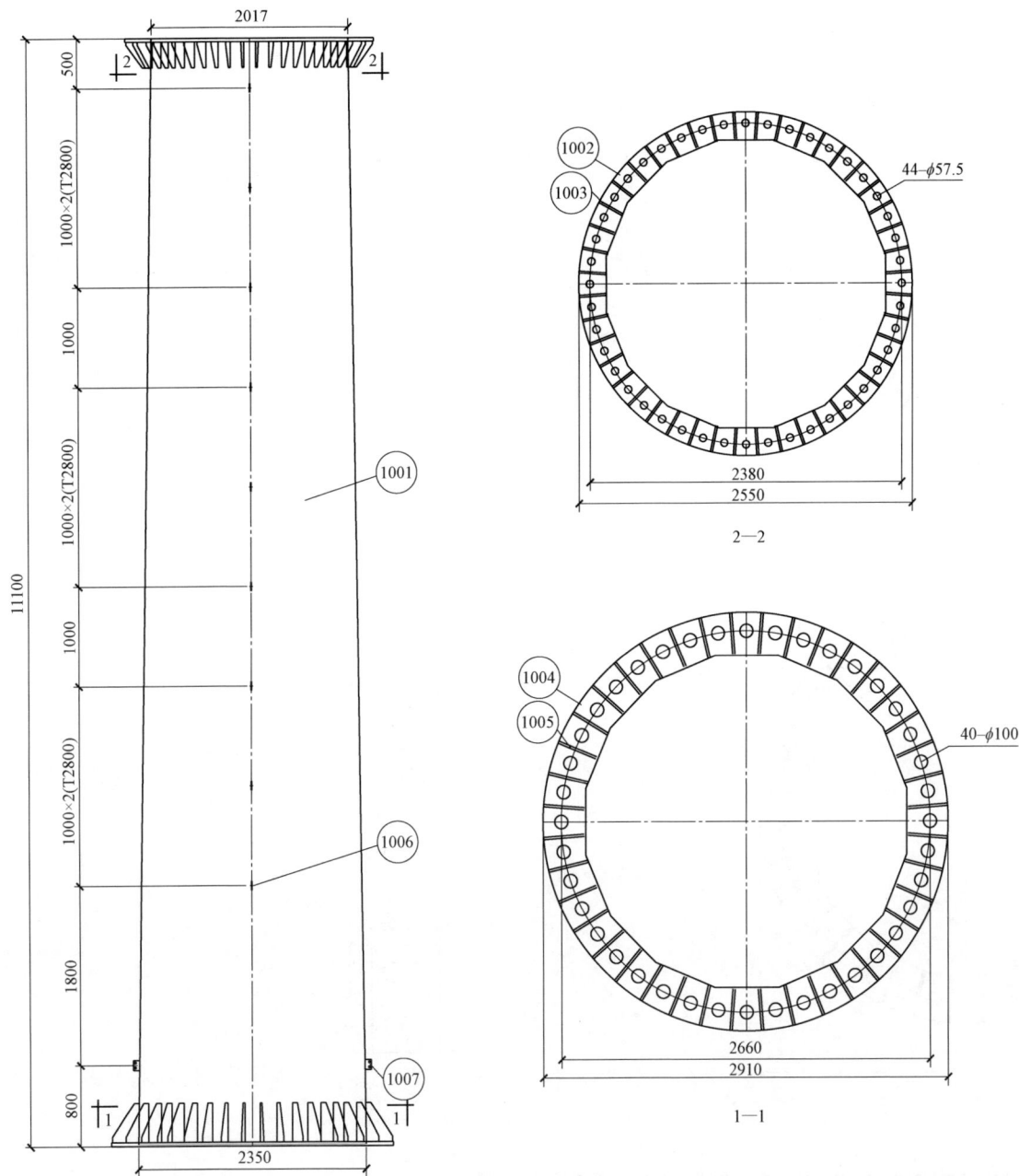

构 件 明 细 表

编号	规格	数量	单重（kg）	总重（kg）	备注
1001	（D2017/D2350）×18×11065	1	10809.5	10809.5	Q420B
1002	φ2550×35	1	525.3	525.3	Q355B
1003	−16×240×330	44	6.3	277.2	Q420B
1004	φ2910×40	1	726.5	726.5	Q355B
1005	−16×250×380	40	8.7	348	Q420B
1006	−8×60×80	9	0.3	2.7	
1007	−8×70×100	2	0.4	0.8	
合计			12690kg		

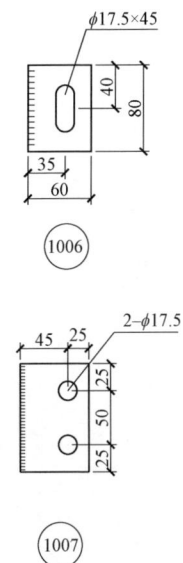

图 9.8−11　220−HC21GS−DL−11　220−HC21GS−DL 终端杆 33.0m 腿部⑩结构图

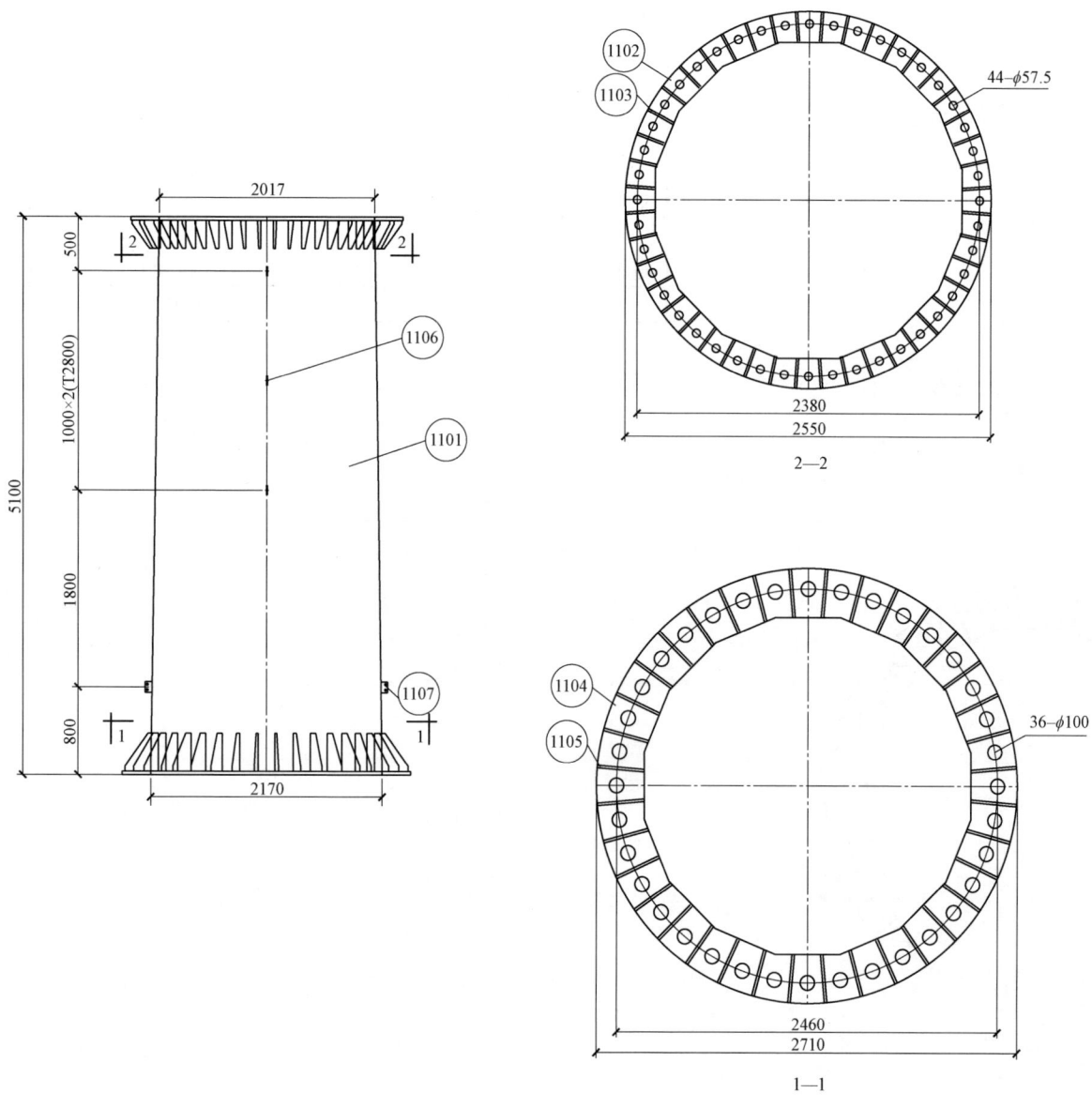

构件明细表

编号	规格	数量	单重（kg）	总重（kg）	备注
1101	(D2017/D2170)×18×5065	1	4760.1	4760.1	Q420B
1102	φ2550×35	1	525.3	525.3	Q355B
1103	−16×240×330	44	6.3	277.2	Q420B
1104	φ2710×40	1	649.9	649.9	Q355B
1105	−16×240×380	36	7.8	280.8	Q420B
1106	−8×60×80	3	0.3	1.2	
1107	−8×70×100	2	0.4	0.8	
合计				6495.3kg	

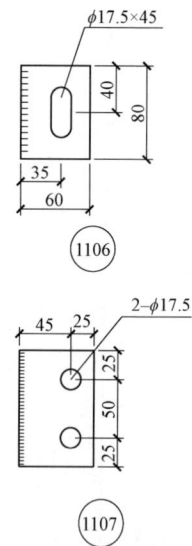

图 9.8－12　220－HC21GS－DL－12　220－HC21GS－DL 终端杆 27.0m 腿部⑪结构图

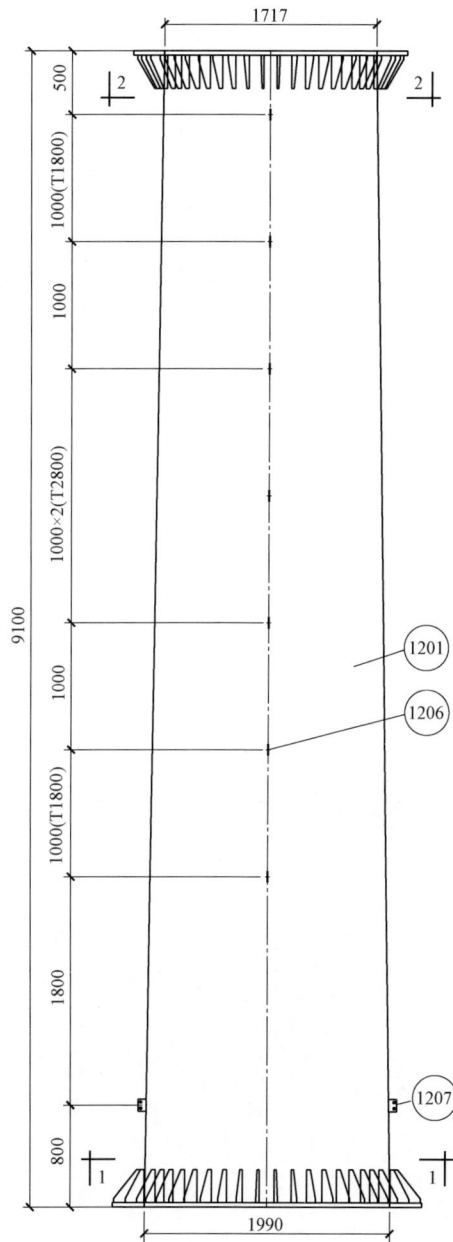

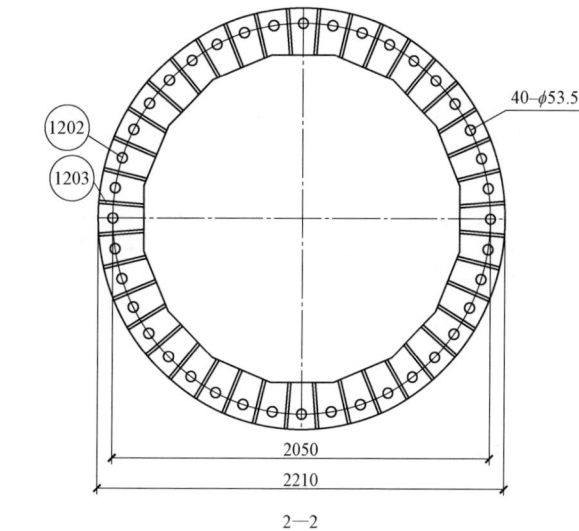

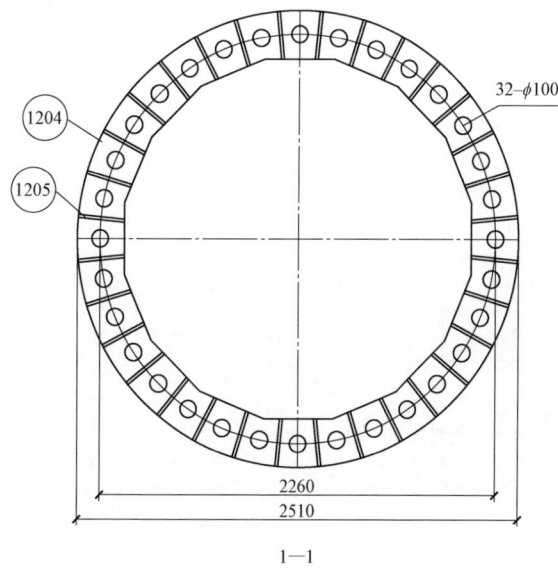

构件明细表

编号	规格	数量	单重（kg）	总重（kg）	备注
⑫01	$(D1717/D1990) \times 18 \times 9065$	1	7511.4	7511.4	Q420B
⑫02	$\phi 2210 \times 35$	1	417.8	417.8	Q355B
⑫03	$-16 \times 220 \times 300$	40	5.4	216	Q420B
⑫04	$\phi 2510 \times 40$	1	577.1	577.1	Q355B
⑫05	$-16 \times 240 \times 380$	32	7.8	249.6	Q420B
⑫06	$-8 \times 60 \times 80$	7	0.3	2.1	
⑫07	$-8 \times 70 \times 100$	2	0.4	0.8	
合计				8974.8kg	

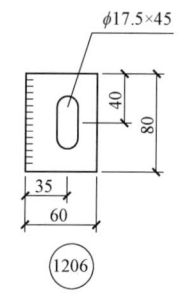

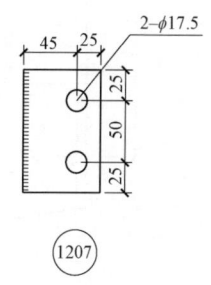

图 9.8－13　220－HC21GS－DL－13　220－HC21GS－DL 终端杆 21.0m 腿部⑫结构图

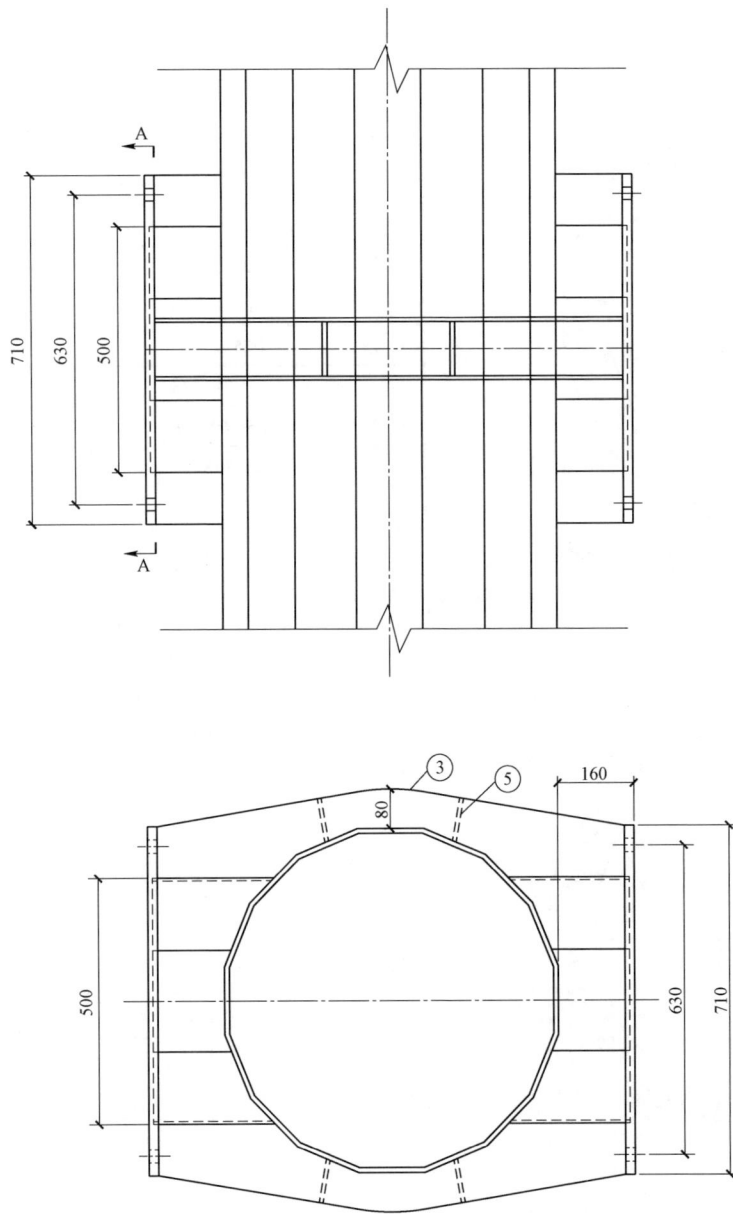

材　料　表

编号	规格	数量	单重（kg）	小计（kg）	备注
①	$-20 \times \phi 710$	2	27.9	55.8	
②	-10×90	24	0.8	19.2	
③	-10×170	4	10.5	42.0	
④	$D500 \times 8$	2	26.3	52.6	
⑤	$-12 \times 85 \times 110$	4	0.7	2.8	
合计				172.4kg	

注　编号②、③、④长度以实际放样为准。

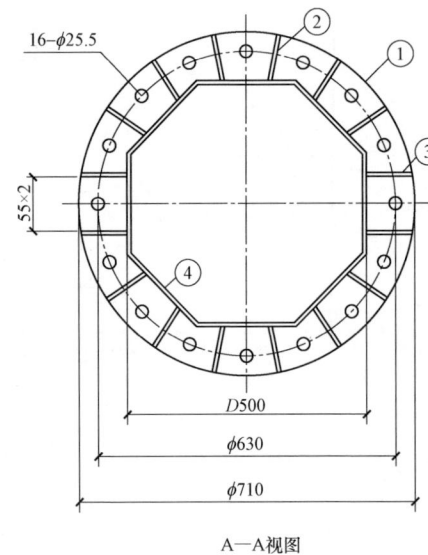

A—A视图

图9.8-14　220-HC21GS-DL-14　220-HC21GS-DL终端杆地线横担连接法兰结构图

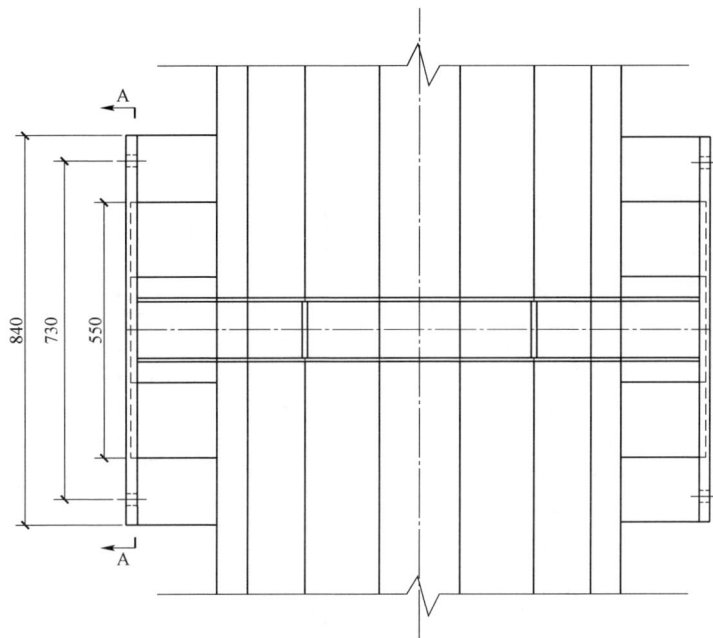

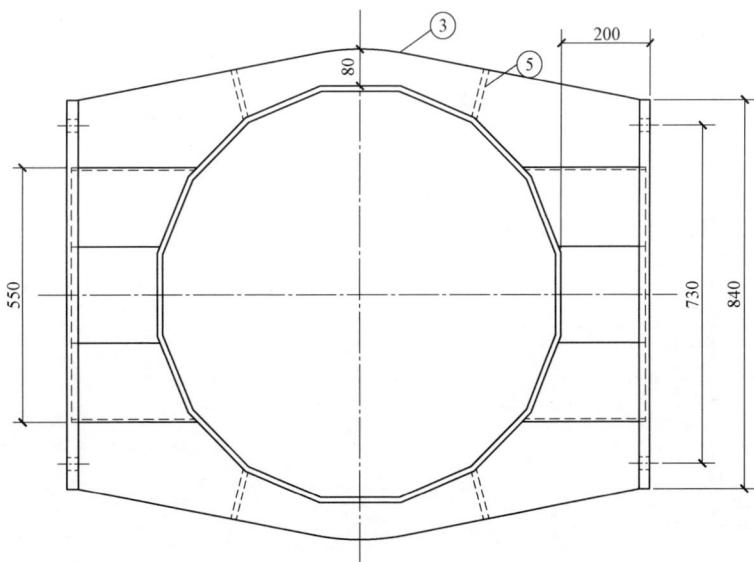

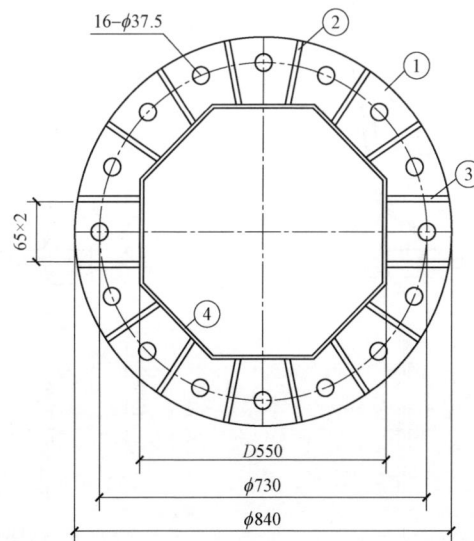

材 料 表

编号	规格	数量	单重（kg）	小计（kg）	备注
①	$\phi840\times25$	2	59.6	119.2	
②	-12×130	24	2.5	60	
③	-12×255	4	21.4	85.6	Q355B
④	$D550\times12$	2	39.2	78.4	
⑤	$-12\times120\times130$	4	1.5	6	
合计				349.2kg	

注　编号②、③、④长度以实际放样为准。

图 9.8−15　220−HC21GS−DL−15　220−HC21GS−DL 终端杆导线横担②、③、④、⑤连接法兰结构图

平台材料表

编号	名称	规格	数量	质量（kg）	
				单重	小计
①	独立柱支架		6	1209.3	7255.8
②	电缆平台托架横担	Q355－8×400×280	2	459.2	918.4
③	独立柱平台托梁	Q235 H200×200×8×12	4	540	2160
④	电缆平台槽钢横梁	Q235 [14a×200000	1	2907	2907
⑤	杆身平台托架角钢	Q235 L100×10×2350	1	35.5	35.5
⑥	避雷器连接板	Q355－14	6	64	384
⑦	电缆终端头连接板	Q355－16	6	102	612
⑧	电缆平台花纹板	Q355－4	1	4500	4500
⑨	平台护栏角钢	Q235 L45×4×121000	1	333.5	333.5
⑩	平台护栏扁钢	Q235－4×40×146500	1	184	184
⑪	螺栓螺母总质量		1		242.7
	合计			19532.9kg	

注 配 30 个复合绝缘子。

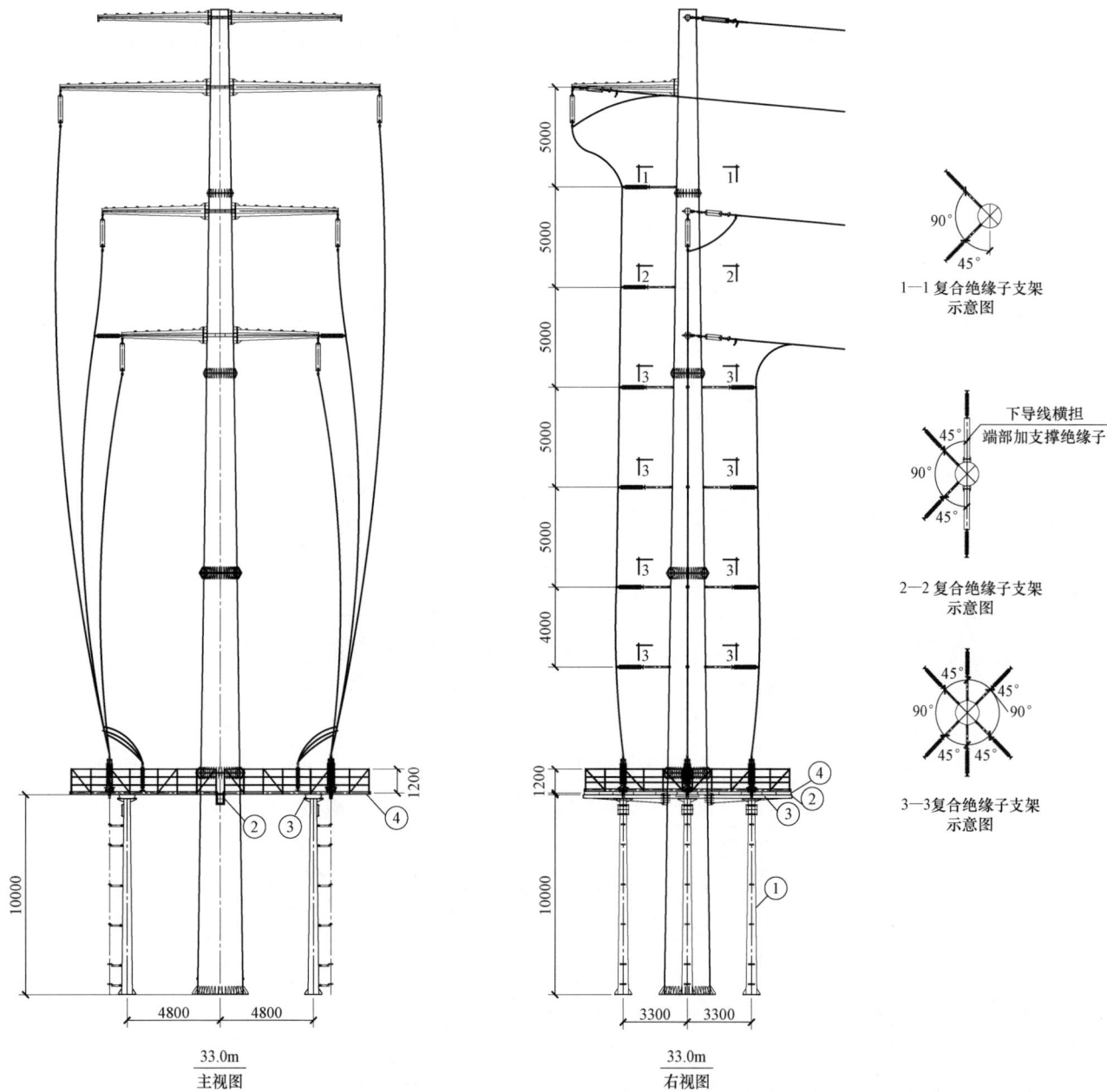

1—1复合绝缘子支架示意图

2—2复合绝缘子支架示意图

下导线横担
端部加支撑绝缘子

3—3复合绝缘子支架示意图

33.0m
主视图

33.0m
右视图

图 9.8－16　220－HC21GS－DL－16　220－HC21GS－DL 终端杆 33.0m 电缆平台下线示意图

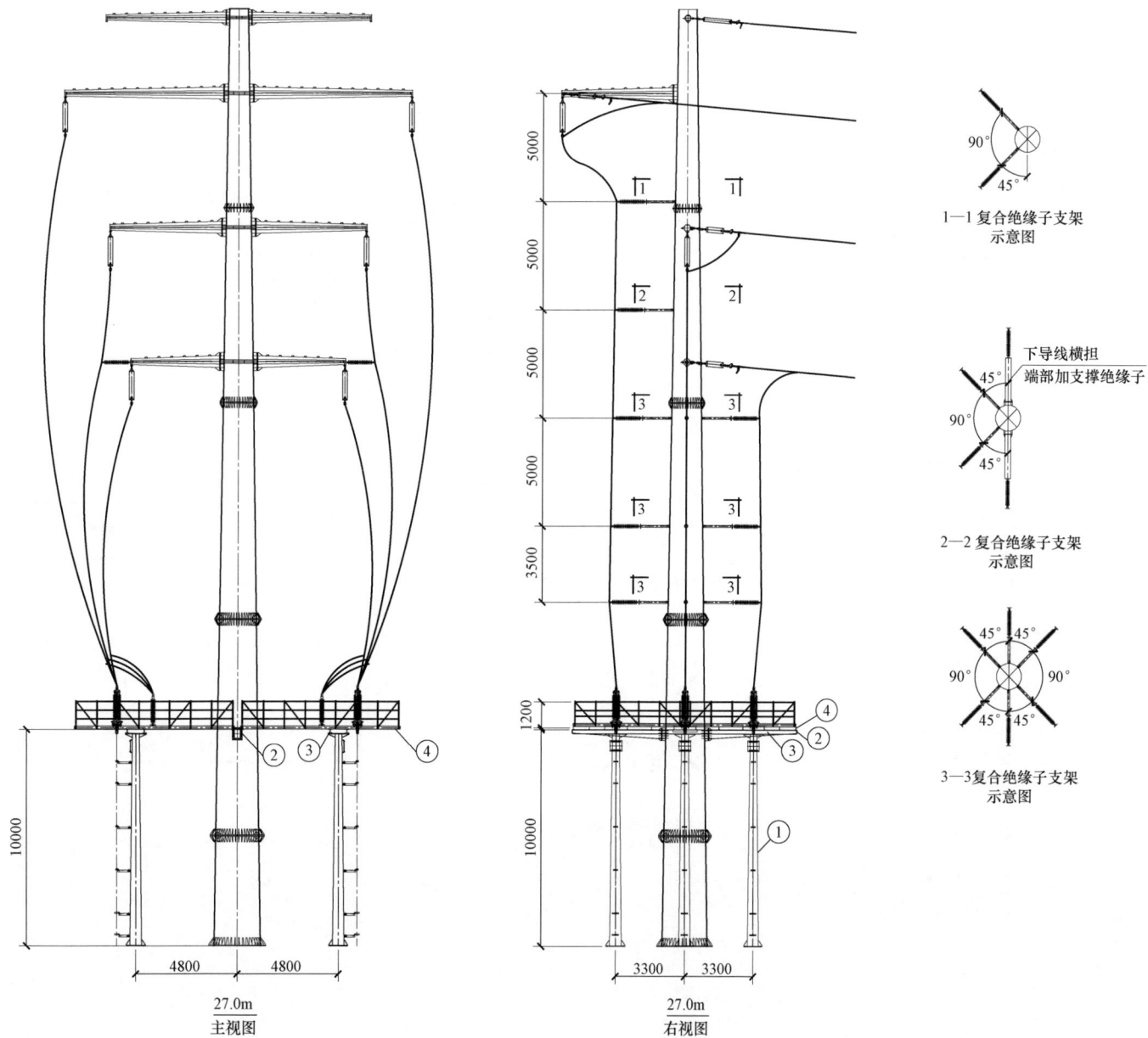

平 台 材 料 表

编号	名称	规格	数量	质量（kg） 单重	质量（kg） 小计
①	独立柱支架		6	1209.3	7255.8
②	电缆平台托架横担	Q355-8×400×280	2	469.2	938.4
③	独立柱平台托梁	Q235 H200×200×8×12	4	540	2160
④	电缆平台槽钢横梁	Q235 [14a×200000	1	2907	2907
⑤	杆身平台托架角钢	Q235 L100×10×2350	1	35.5	35.5
⑥	避雷器连接板	Q355-14	6	64	384
⑦	电缆终端头连接板	Q355-16	6	102	612
⑧	电缆平台花纹板	Q355-4	1	4500	4500
⑨	平台护栏角钢	Q235 L45×4×121000	1	333.5	333.5
⑩	平台护栏扁钢	Q235-4×40×146500	1	184	184
⑪	螺栓螺母总质量		1		242.7
合计				19552.9kg	

注 配 24 个复合绝缘子。

1—1 复合绝缘子支架示意图

2—2 复合绝缘子支架示意图

3—3 复合绝缘子支架示意图

下导线横担端部加支撑绝缘子

27.0m 主视图

27.0m 右视图

图 9.8-17　220-HC21GS-DL-17　220-HC21GS-DL 终端杆 27.0m 电缆平台下线示意图

平 台 材 料 表

编号	名称	规格	数量	质量（kg）	
				单重	小计
①	独立柱支架		6	1209.3	7255.8
②	电缆平台托架横担	Q355−8×400×280	2	479.2	958.4
③	独立柱平台托梁	Q235 H200×200×8×12	4	540	2160
④	电缆平台槽钢横梁	Q235 [14a×200000	1	2907	2907
⑤	杆身平台托架角钢	Q235 L100×10×2350	1	35.5	35.5
⑥	避雷器连接板	Q355−14	6	64	384
⑦	电缆终端头连接板	Q355−16	6	102	612
⑧	电缆平台花纹板	Q355−4	1	4500	4500
⑨	平台护栏角钢	Q235 L45×4×121000	1	333.5	333.5
⑩	平台护栏扁钢	Q235−4×40×146500	1	184	184
⑪	螺栓螺母总质量		1		242.7
合计				19572.9kg	

注 配18个复合绝缘子。

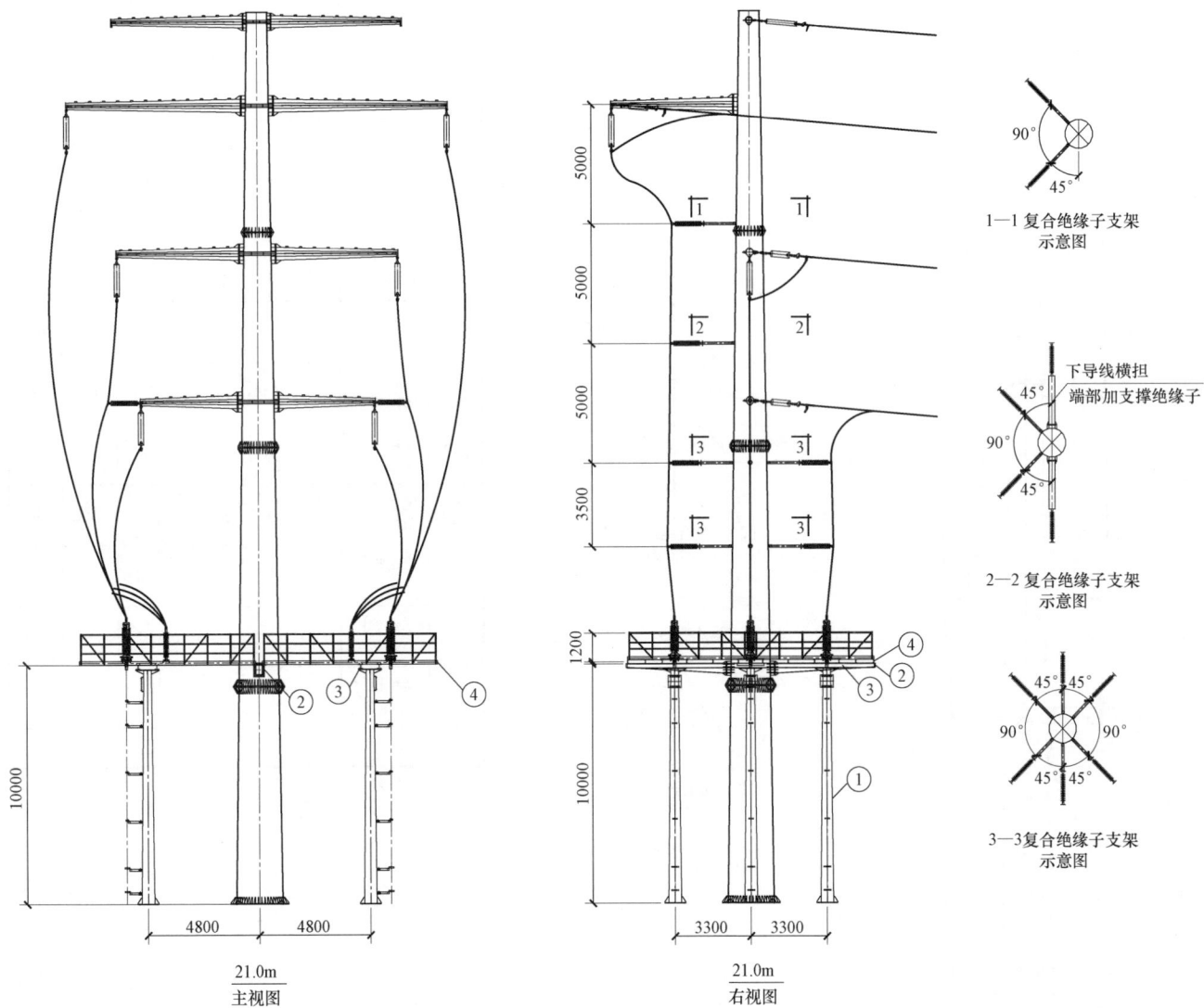

1—1复合绝缘子支架示意图

2—2复合绝缘子支架示意图

下导线横担端部加支撑绝缘子

3—3复合绝缘子支架示意图

21.0m
主视图

21.0m
右视图

图 9.8−18　220−HC21GS−DL−18　220−HC21GS−DL 终端杆 21.0m 电缆平台下线示意图

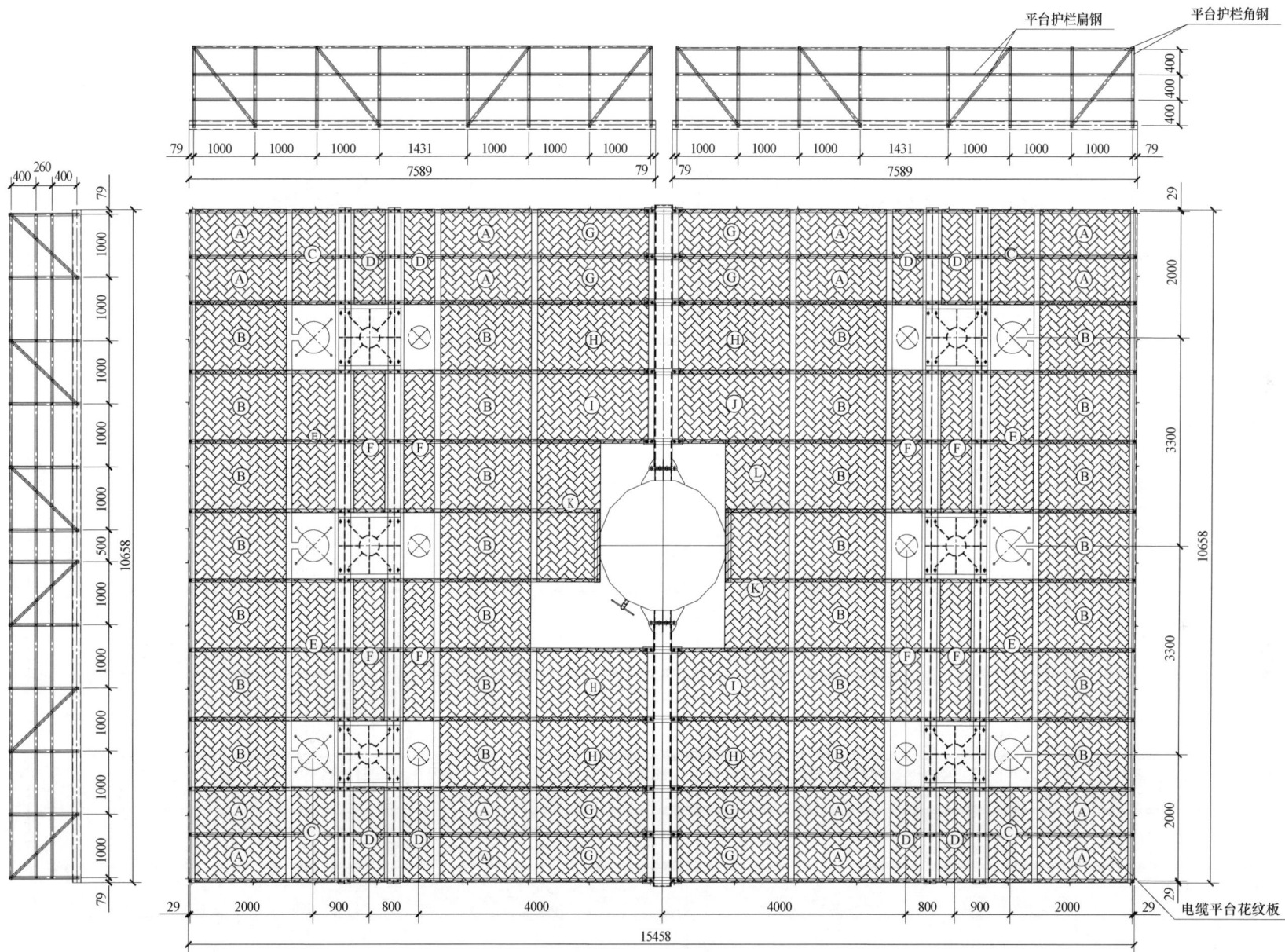

图 9.8 – 19　220 – HC21GS – DL – 19　220 – HC21GS – DL 终端杆电缆平台俯视图

避雷器连接板

电缆平台托架横担

独立柱支架

电缆平台槽钢横梁

电缆终端头连接板

独立柱平台托梁

杆身平台托架角钢

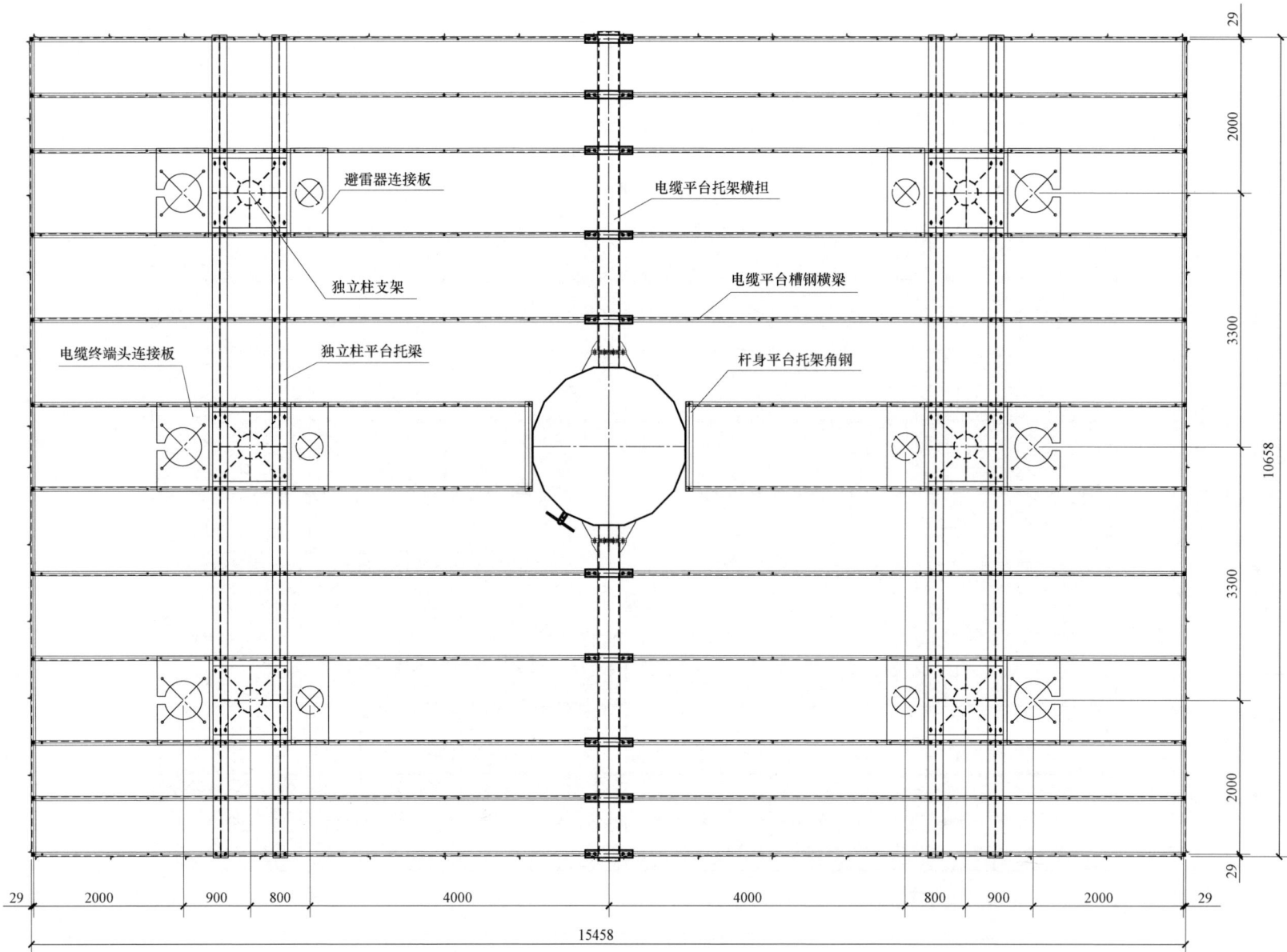

图 9.8 - 20　220 - HC21GS - DL - 20　220 - HC21GS - DL 终端杆电缆平台框架示意图

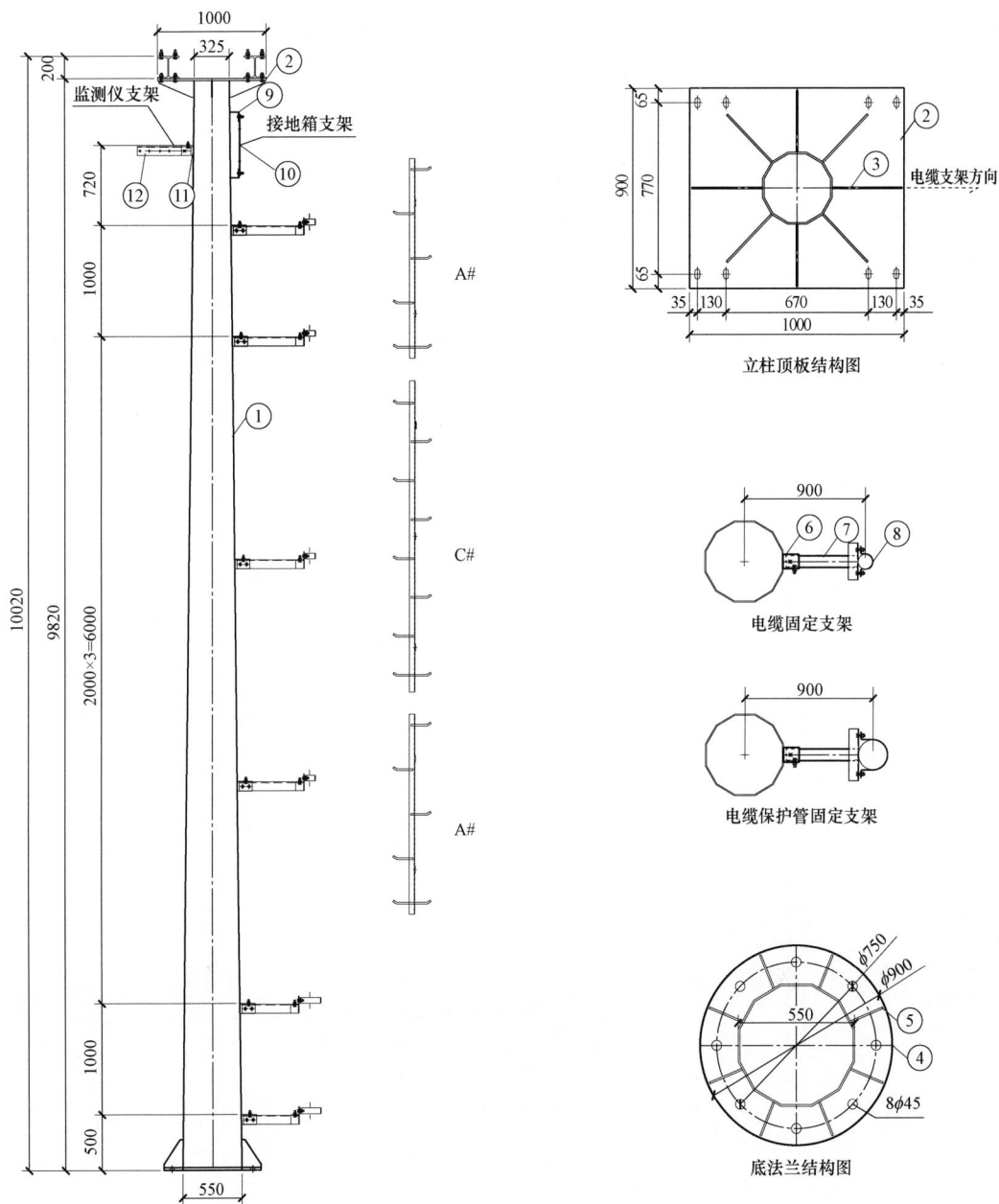

独立柱材料表（单根）

编号	名称	规格	数量	质量（kg）小计
①	立柱主管（12边形）	（边对边）325/550 L=9800 Q355 δ=8	1	850
②	立柱顶板	Q355－20×900×1000	1	141.3
③	立柱顶板筋肋	Q355－8	8	20
④	立柱下法兰	Q355－25×φ900	1	78.2
⑤	立柱下法兰筋肋	Q355－10	8	16.9
⑥	电缆支架连接角钢	Q235B ∠100×10	6	10
⑦	电缆支架角钢	Q235B ∠80×8	6	16.5
⑧	电缆及保护管抱箍	铝制－4×50	6	1.5
⑨	接地箱连接角钢	Q235B ∠90×8	2	10
⑩	接地箱连接钢板	Q235B－8	1	16
⑪	监测支架连接角钢	Q235B ∠100×10	1	1.7
⑫	监测支架角钢	Q235B ∠80×8	1	4.8
⑬	爬梯			36
⑭	螺栓			6.4
合计				1209.3kg

图 9.8－21　220－HC21GS－DL－21　220－HC21GS－DL 终端杆独立柱支架

构 件 明 细 表

型号	编号	规格	数量	单重(kg)	总重(kg)	备注
T1800	①	L45×5×1800	1	6.1	6.1	
	②	φ16×220	3	0.3	0.9	
	③	φ16×415	2	0.7	1.4	
	④	−8×50×120	2	0.4	0.8	
	⑤	M16×40	2	0.1	0.2	
小计					9.4kg	
T2800	①	L45×5×2800	1	9.5	9.5	
	②	φ16×220	6	0.3	1.8	
	③	φ16×415	2	0.7	1.4	
	④	−8×50×120	3	0.4	1.2	
	⑤	M16×40	3	0.1	0.3	
小计					14.2kg	

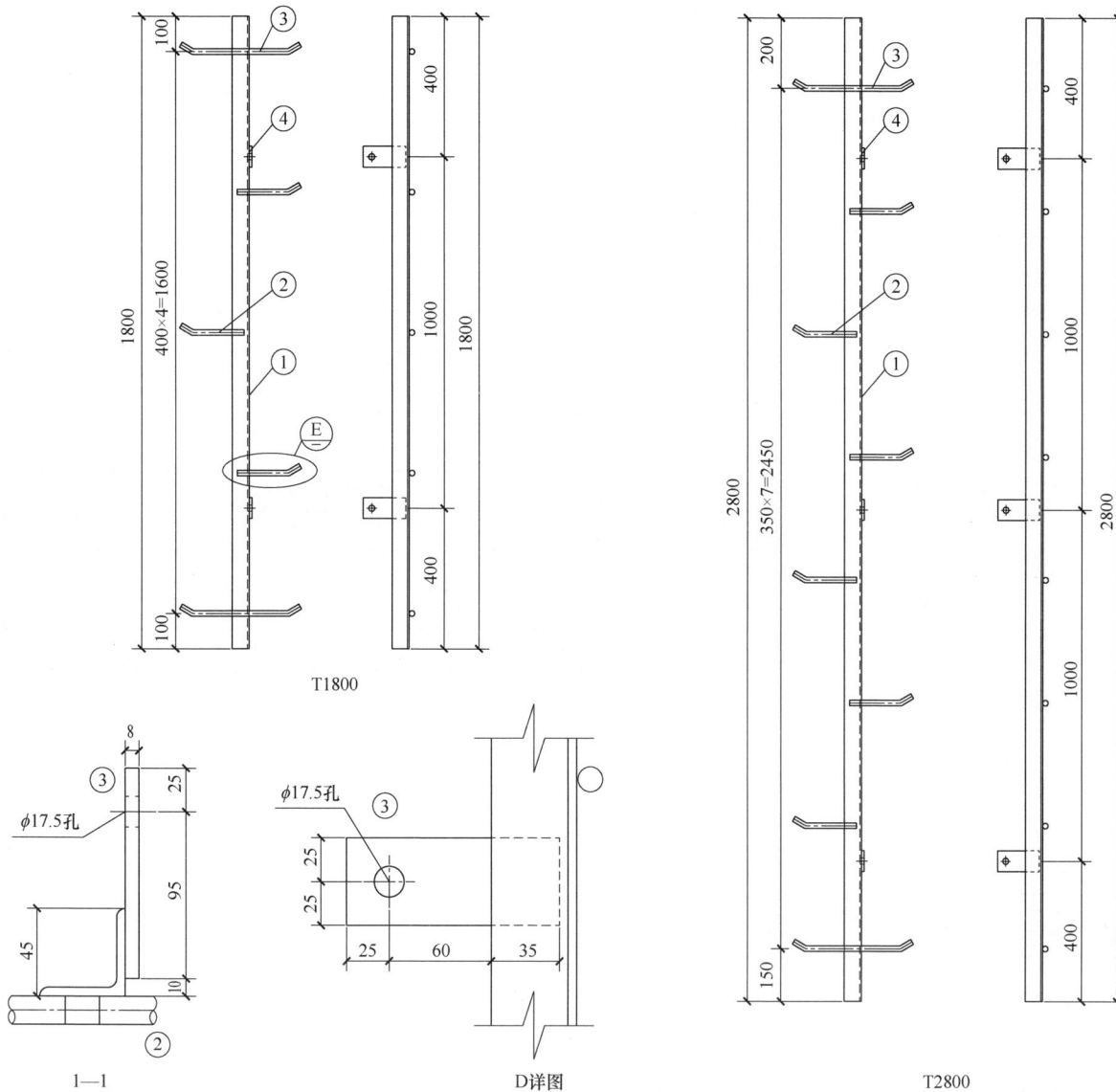

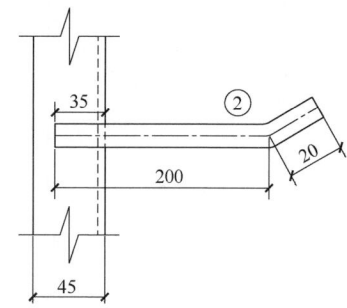

说明：1. 钢材采用 Q235，焊条采用 E43 系列。
2. 所有尺寸按实际放样确定。
3. 采用热浸锌防腐，锌层厚度不小于 86μm。
4. 连接螺栓采用 4.8 级螺栓，单帽单垫。

图 9.8−22   220−HC21GS−DL−22   220−HC21GS−DL 终端杆角钢爬梯加工图

10.1　110－EC21D－DL 子模块

序号	图号	图名	张数	备注
1	110－EC21D－DL－01	110－EC21D－DL 终端塔总图及材料汇总表	1	
2	110－EC21D－DL－02	110－EC21D－DL 终端塔地线支架结构图①	1	
3	110－EC21D－DL－03	110－EC21D－DL 终端塔地线支架结构图②	1	
4	110－EC21D－DL－04	110－EC21D－DL 终端塔导线横担结构图③	1	
5	110－EC21D－DL－05	110－EC21D－DL 终端塔塔身结构图④	1	
6	110－EC21D－DL－06	110－EC21D－DL 终端塔塔身结构图⑤	1	
7	110－EC21D－DL－07	110－EC21D－DL 终端塔塔身结构图⑥	1	
8	110－EC21D－DL－08	110－EC21D－DL 终端塔塔身结构图⑦	1	
9	110－EC21D－DL－09	110－EC21D－DL 终端塔 24.0m 腿部及电缆平台结构图⑧	1	
10	110－EC21D－DL－10	110－EC21D－DL 终端塔 24.0m 腿部及电缆平台结构图⑧	1	
11	110－EC21D－DL－11	110－EC21D－DL 终端塔 24.0m 腿部及电缆平台结构图⑧	1	
12	110－EC21D－DL－12	110－EC21D－DL 终端塔 24.0m 腿部及电缆平台结构图⑧	1	
13	110－EC21D－DL－13	110－EC21D－DL 终端塔塔身结构图⑨	1	
14	110－EC21D－DL－14	110－EC21D－DL 终端塔 18.0m 腿部及电缆平台结构图⑩	1	
15	110－EC21D－DL－15	110－EC21D－DL 终端塔 18.0m 腿部及电缆平台结构图⑩	1	
16	110－EC21D－DL－16	110－EC21D－DL 终端塔 18.0m 腿部及电缆平台结构图⑩	1	
17	110－EC21D－DL－17	110－EC21D－DL 终端塔 18.0m 腿部及电缆平台结构图⑩	1	
18	110－EC21D－DL－18	110－EC21D－DL 终端塔 24.0m 电缆平台下线示意图	1	
19	110－EC21D－DL－19	110－EC21D－DL 终端塔 18.0m 电缆平台下线示意图	1	
20	110－EC21D－DL－20	110－EC21D－DL 终端塔绝缘子固定支架结构图⑫	1	
21	110－EC21D－DL－21	110－EC21D－DL 终端塔电缆支柱结构图⑪	1	
22	110－EC21D－DL－22	110－EC21D－DL 终端塔铁塔加工说明	1	

110－EC21D－DL－00　110－EC21D－DL 终端塔图纸目录

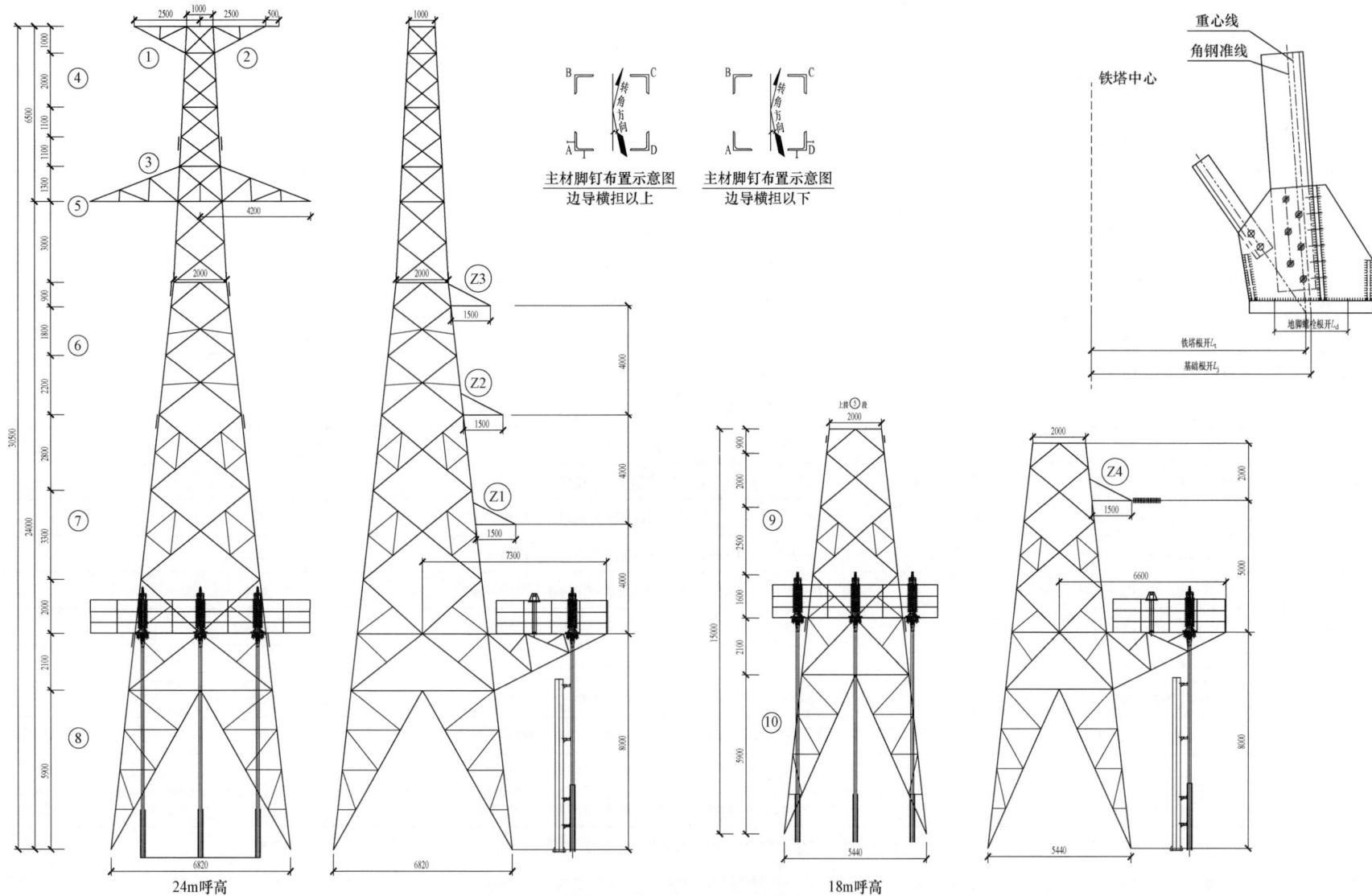

主材脚钉布置示意图
边导横担以上

主材脚钉布置示意图
边导横担以下

24m呼高

18m呼高

铁塔根开、基础根开及底脚螺栓间距表

呼高（m）	铁塔根开 $2L_t$		基础根开 $2L_j$		底脚螺栓间距 L_d	底脚板螺栓直径及个数
	正面	侧面	正面	侧面		
18.0	5440	5440	5480	5480	320	4M56（5.6）
24.0	6820	6820	6860	6860		

图 10.1－1　110－EC21D－DL－01　110－EC21D－DL 终端塔总图及材料汇总表（一）

材料汇总表

材料名称	材质	规格	①	②	③	④	⑤	⑥	⑦	⑧	⑨	⑩	⑪	18.0	24.0
角钢	Q420	L160×12							951.8	1025.2		1013.4		1013.4	1977
		L140×12									660.2		720	660.2	0
		L140×10						372.9		571.2		584.5		957.4	944.1
		L125×10					455.8							455.8	455.8
		L125×8						34.9	37.8		34.9			69.8	72.7
		小计					455.8	407.8	989.6	1596.4	695.1	1597.9	720	3156.6	3449.6
	Q355	L125×8								145.1		144.8		144.8	145.1
		L110×8								189.6		163		163	189.6
		L100×8					62.7			271.6		223.7	218	286.4	334.3
		L100×7			148.7									148.7	148.7
		L90×7					22.6			83.2		166.5		189.1	105.8
		L80×6			105.7									105.7	105.7
		L75×6			93		125.2			305.1		238.6		456.8	523.3
		L70×6						188.8		197.3		144.3		333.1	386.1
		L70×5			38		62.8	229.1		278.4	405.4	260.6		995.9	608.3
		L63×5	43.9	59		64.1	127.7		495	60.3	85.4	60.2		440.3	850
		小计	43.9	59	279.7	169.8	401	417.9	495	1530.6	490.8	1401.7	218	3263.8	3396.9
	Q235	L56×5			99.1	16.2	30.9							146.2	146.2
		L56×4		6.1		24.4	24.6			225.4		179.3		234.4	280.5
		L50×4			15.7	81.1	21.3			180.9		170.5		288.6	299
		L45×4		7.6	31.9	26.1		59	37	192.1	27.8	161.5		313.9	353.7
		L40×4	5	11.3		12.4	9.5	23.1	27.9	39.1		29.4		90.7	128.3
		L40×3	22.9	12.9	10.4	10.2			100.9	83.6	86.7	76.1		219.2	240.9
		小计	27.9	37.9	157.1	170.4	86.3	82.1	165.8	721.1	114.5	616.8		1293	1448.6
钢管	Q355	φ40×10.25	0.3	0.3										0.6	0.6
		φ50×10.75			1.1	0.5								1.6	1.6
		小计	0.3	0.3	1.1	0.5								2.2	2.2
槽钢	Q235	[14a								499.1		627.4		627.4	499.1
		小计								499.1		627.4		627.4	499.1
钢板	Q420	−10						97.8	51.7	55.1	97.8	51.7		247.3	204.6
		−12								57.8		57.8		57.8	57.8
		小计						97.8	51.7	112.9	97.8	109.5		305.1	262.4
	Q355	−6		4.9		56.7	34.7	22		55.2	22	56.9		197.2	173.5
		−8	7.1		33.1	16.4	133.7			128.1		127.6		317.9	318.4
		−10					38.6			142.2		148.5	32.7	187.1	180.8
		−12	17.9	18.5										36.4	36.4
		−14								242.6		252.2		252.2	242.6
		−16			80.3	38.1				101.9		101.9		220.3	220.3
		−40								366.2		366.2		366.2	366.2
		小计	25	23.4	113.4	111.2	207	22		1036.2	22	1053.3	32.7	1577.3	1538.2

图 10.1-1　110-EC21D-DL-01　110-EC21D-DL 终端塔总图及材料汇总表（二）

材料名称	材质	规格	段别											呼高（m）	
			①	②	③	④	⑤	⑥	⑦	⑧	⑨	⑩	⑪	18.0	24.0
钢板	Q235	−2							3.4					0	3.4
		−4				3.6				813.3		859.4	99.8	863	816.9
		−5	1.8	1.8		24.4	14.5	6.8		31	6.8	31	30.6	87.1	80.3
		−6			23	15.4				14.2		14.2		52.6	52.6
		−8		7.1						1.8		1.8	40.4	8.9	8.9
		−10	0.2	0.2			2.2	2.2		1.1		1.1		5.9	5.9
		−12			0.5		2.7		2.7		2.7			5.9	5.9
		−14		0.3	0.5									0.8	0.8
		−18								0.5		0.5		0.5	0.5
		小计	2	9.4	24	39.8	23	9	6.1	861.9	9.5	908	170.8	1024.7	975.2
螺栓	8.8	M24×75								42.4		20.9		20.9	42.4
		M24×65							19.5	24		24		24	43.5
		小计							20.4	67.3		45.8		45.8	87.7
	6.8	M20×80			8.2									8.2	8.2
		M20×70	4.6	6.2	3.1	4.6								18.5	18.5
		M20×65					24	25.3	12.8	5.4	25.3	17.3		91.9	67.5
		M20×60		2.2										2.2	2.2
		M20×55			7.1		49.3	11.8	23.6	55.8	26	57.6		151.8	147.6
		M20×45	3.2	3.2	10.8	25.7	18.4	22.7		53.2	20.5	48.9	18.6	153.4	137.2
		M16×70								0.2				0	0.2
		M16×60	0.8	1.6	3.4					8.3		8.5		14.3	14.1
		M16×50	0.8	1	5.8	5.8	6.1	2.6	2.6	22.7	2.6	24.8		49.5	47.4
		M16×40	3	3	4.6	33.2	10.4	7.5	8.1	59.7	11	57.7	52.8	130.4	129.5
		小计	12.4	17.2	35.9	79.3	113.3	73.8	53.3	211.7	90.6	221.6		644.1	596.9
脚钉	6.8	M16×180				2.3	3.9	3.3	6.2	5.2	4.6	4.9	71.4	19	20.9
	6.8	M20×200				0.6	1.2	0.6		1.2	0.6	1.9		4.9	3.6
	8.8	M24×240							0.9	0.9		0.9		0.9	1.8
		小计				2.9	5.1	3.9	7.1	7.3	5.2	7.7		24.8	26.3
	Q235	−4扁铁								85.1				0	85.1
		小计								85.1				0	85.1
垫圈	Q235	−3（φ17.5）	0.1	0.1	0.1	0.2	0		6	0.3	6	0.3		6.8	6.8
		−4（φ17.5）	0.2	0.2	0.3	1.9	0.6							3.2	3.2
		−3（φ22）			0.1					0		0		0.1	0.1
		−4（φ22）				0.2			3		3			3.2	3.2
		小计	0.3	0.3	0.5	2.1	0.8			0.3	3	0.3		7.3	4.3
合计（kg）			111.8	147.5	611.7	573.1	1287.2	1145.3	1781.9	6722.6	1555.1	6586.2	1212.9	12374.1	14459.8

说明：18、24m 总重包含支架质量。每个支架质量按照 288.6kg 考虑。

图 10.1−1　110−EC21D−DL−01　110−EC21D−DL 终端塔总图及材料汇总表（三）

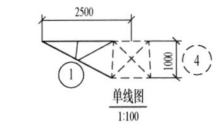

单线图
1:100

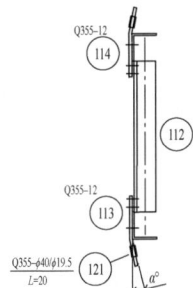

Q355-12
114

Q355-12
112

Q355-12
113

Q355-φ40/φ19.5
L=20
121

挂线板是否火曲及火曲度数据根据电气要求确定

1—1

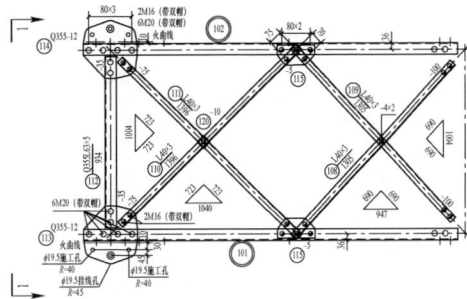

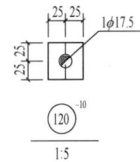

25 25
25 25
1φ17.5

120 10
1:5

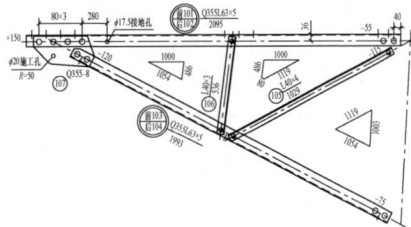

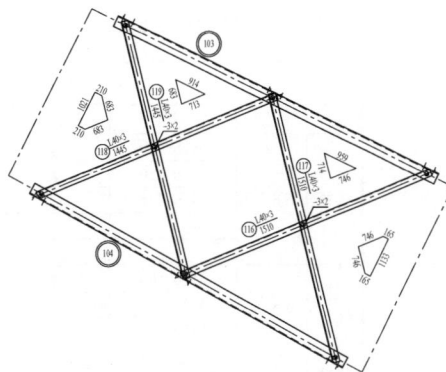

构件明细表

编号	规格	长度（mm）	数量	质量（kg）一件	质量（kg）小计	备注
101	Q355 L63×5	2095	1	10.10	10.1	开角处理
102	Q355 L63×5	2095	1	10.10	10.1	开角处理
103	Q355 L63×5	1993	1	9.61	9.6	切角合角处理
104	Q355 L63×5	1993	1	9.61	9.6	切角合角处理
105	L40×4	1029	2	2.49	5.0	
106	L40×3	536	2	0.99	2.0	
107	Q355-8×167	338	2	3.54	7.1	
108	L40×3	1305	1	2.42	2.4	
109	L40×3	1305	1	2.42	2.4	切肢
110	L40×3	1396	1	2.58	2.6	
111	L40×3	1396	1	2.58	2.6	切角
112	Q355 L63×5	934	1	4.50	4.5	
113	Q355-12×300	316	1	8.93	8.9	火曲焊接
114	Q355-12×300	316	1	8.93	8.9	火曲焊接
115	-5×109	210	2	0.90	1.8	
116	L40×3	1510	1	2.80	2.8	切角切肢
117	L40×3	1510	1	2.80	2.8	
118	L40×3	1445	1	2.68	2.7	切角切肢
119	L40×3	1445	1	2.68	2.7	
120	-10×50	50	1	0.20	0.2	垫板
121	Q355φ40/19.5	20	2	0.15	0.3	焊接
合计					99.1kg	

螺栓、脚钉、垫圈明细表

名称	级别	规格	符号	数量	质量（kg）	备注
螺栓	6.8级	M16×40	◐	21	3.0	
		M16×50	◐	5	0.8	
		M20×45	○	12	3.2	
双帽螺栓	6.8级	M16×60	◐	4	0.8	
		M20×70	○	12	4.6	
垫圈	Q235	-3（φ17.5）	规格×个数	6	0.1	
		-4（φ17.5）		2	0.2	
合计					12.7kg	

图 10.1-2 110-EC21D-DL-02 110-EC21D-DL 终端塔地线支架结构图①

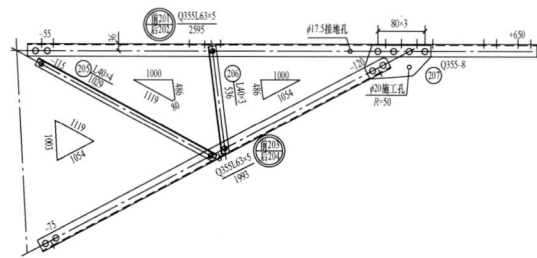

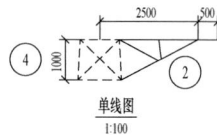

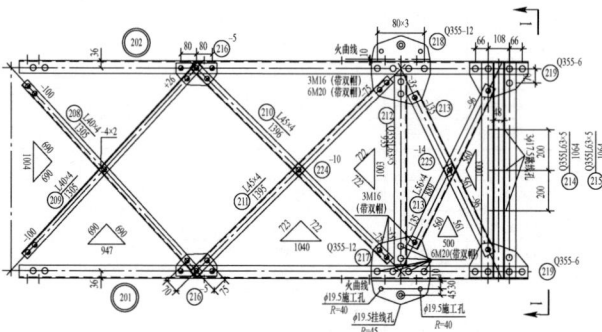

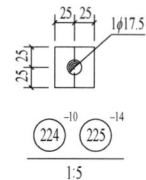

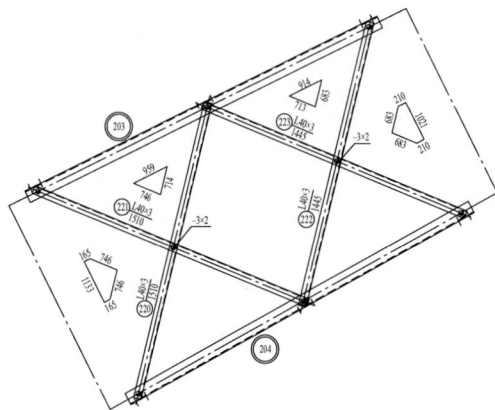

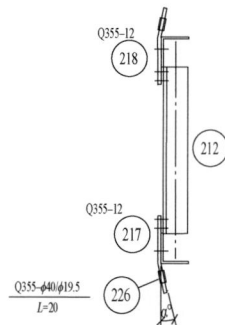

构件明细表

编号	规格	长度(mm)	数量	质量（kg）一件	质量（kg）小计	备注
⑳①	Q355 L63×5	2595	1	12.51	12.5	
⑳②	Q355 L63×5	2595	1	12.51	12.5	
⑳③	Q355 L63×5	1993	1	9.61	9.6	切角
⑳④	Q355 L63×5	1993	1	9.61	9.6	切角
⑳⑤	L40×4	1029	2	2.49	5.0	
⑳⑥	L40×3	536	2	0.99	2.0	
⑳⑦	Q355−8×167	338	2	3.54	7.1	
⑳⑧	L40×4	1305	1	3.16	3.2	切肢
⑳⑨	L40×4	1305	1	3.16	3.2	
㉑⓪	L45×4	1396	1	3.82	3.8	切角
㉑①	L45×4	1395	1	3.82	3.8	
㉑②	Q355 L63×5	935	1	4.51	4.5	
㉑③	L56×4	891	2	3.07	6.1	
㉑④	Q355 L63×5	1064	1	5.13	5.1	切肢
㉑⑤	Q355 L63×5	1064	1	5.13	5.1	
㉑⑥	−5×111	210	2	0.91	1.8	
㉑⑦	Q355−12×309	317	1	9.24	9.2	火曲 焊接
㉑⑧	Q355−12×310	317	1	9.25	9.3	火曲 焊接
㉑⑨	Q355−6×173	300	2	2.45	4.9	
㉒⓪	L40×3	1510	1	2.80	2.8	
㉒①	L40×3	1510	1	2.80	2.8	切角切肢
㉒②	L40×3	1445	1	2.68	2.7	
㉒③	L40×3	1445	1	2.68	2.7	切角切肢
㉒④	−10×50	50	1	0.20	0.2	垫板
㉒⑤	−14×50	50	1	0.27	0.3	垫板
㉒⑥	Q355φ40/19.5	20	2	0.15	0.3	焊接
合计					130.1kg	

螺栓、脚钉、垫圈明细表

名称	级别	规格	符号	数量	质量（kg）	备注
螺栓	6.8级	M16×40	◑	21	3.0	
		M16×50	◑	6	1.0	
		M20×45	○	12	3.2	
双帽螺栓	6.8级	M16×60	◑	8	1.6	
		M20×60	○	6	2.2	
		M20×70	○	16	6.2	
垫圈	Q235	−3（φ17.5）	规格×个数	6	0.1	
		−4（φ17.5）		2	0.2	
合计					17.5kg	

图 10.1−3　110−EC21D−DL−03　110−EC21D−DL 终端塔地线支架结构图②

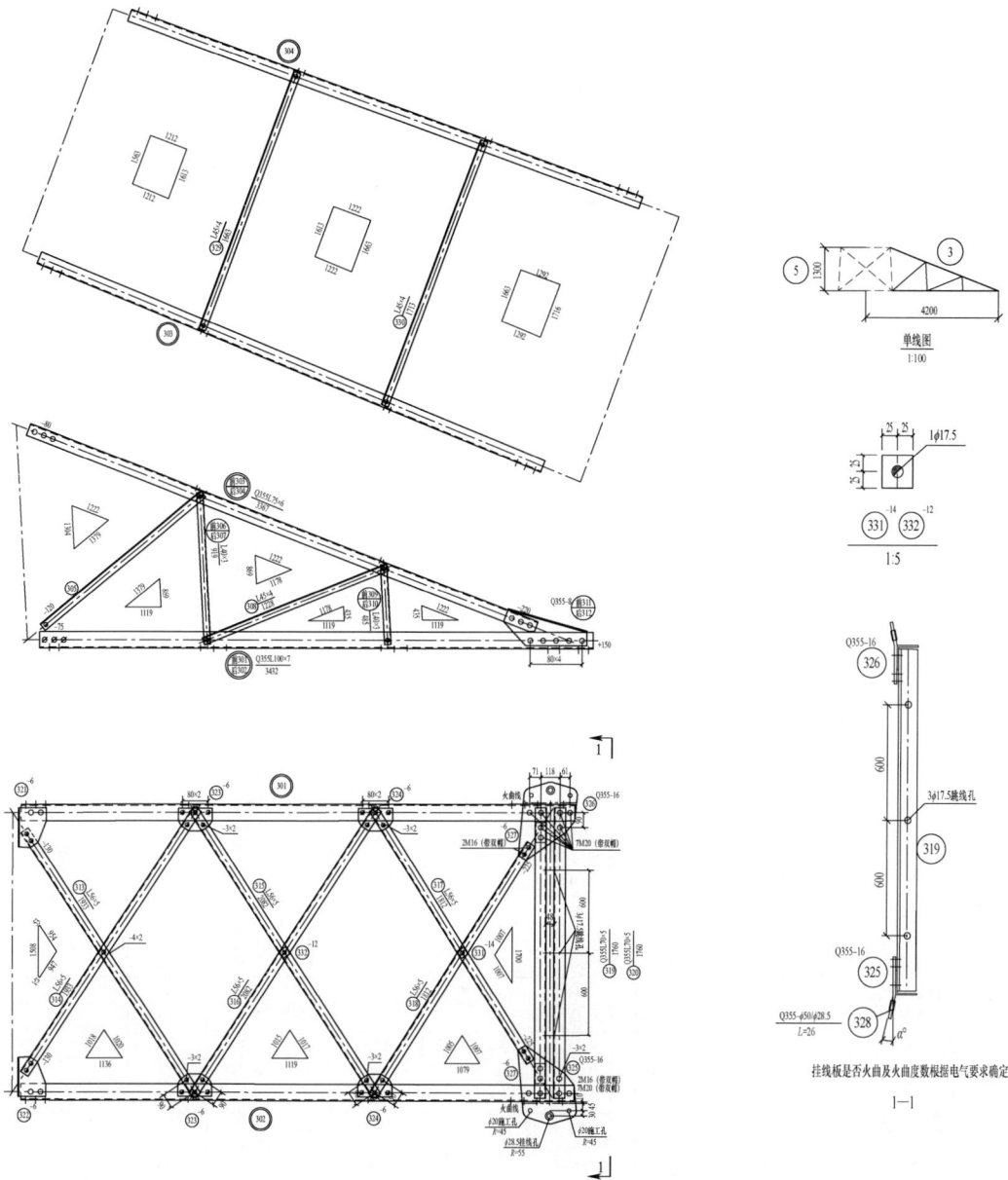

构 件 明 细 表

编号	规格	长度(mm)	数量	质量（kg）一件	质量（kg）小计	备注
301	Q355 L100×7	3432	2	37.17	74.3	合角处理
302	Q355 L100×7	3432	2	37.17	74.3	合角处理
303	Q355 L75×6	3367	2	23.25	46.5	切角开角处理
304	Q355 L75×6	3367	2	23.25	46.5	切角开角处理
305	L50×4	1284	4	3.93	15.7	
306	L40×3	919	2	1.70	3.4	切肢
307	L40×3	919	2	1.70	3.4	切肢
308	L45×4	1228	4	3.36	13.4	
309	L40×3	485	2	0.90	1.8	切肢
310	L40×3	485	2	0.90	1.8	切肢
311	Q355−8×246	536	2	8.27	16.5	卷边60mm
312	Q355−8×246	536	2	8.27	16.5	卷边60mm
313	L56×5	1933	2	8.22	16.4	
314	L56×5	1933	2	8.22	16.4	
315	L56×5	2082	2	8.85	17.7	
316	L56×5	2082	2	8.85	17.7	
317	L56×5	1812	2	7.70	15.4	切角
318	L56×5	1812	2	7.70	15.4	
319	Q355 L70×5	1760	2	9.50	19.0	
320	Q355 L70×5	1760	2	9.50	19.0	
321	−6×237	242	2	2.70	5.4	火曲
322	−6×237	242	2	2.70	5.4	火曲
323	−6×136	210	4	1.35	5.4	
324	−6×137	210	4	1.36	5.4	
325	Q355−16×329	486	2	20.08	40.2	火曲 焊接
326	Q355−16×329	486	2	20.08	40.2	火曲 焊接
327	−6×60	120	4	0.34	1.4	垫板
328	Q355φ50/28.5	26	4	0.27	1.1	焊接
329	L45×4	1663	2	4.55	9.1	
330	L45×4	1713	2	4.69	9.4	
331	−14×50	50	2	0.27	0.5	垫板
332	−12×50	50	2	0.24	0.5	垫板
合计					575.3kg	

螺栓、脚钉、垫圈明细表

名称	级别	规格	符号	数量	质量（kg）	备注
螺栓	6.8级	M16×40	●	32	4.6	
		M16×50	●	36	5.8	
		M16×60	✕	10	1.8	
		M20×45	○	40	10.8	
双帽螺栓	6.8级	M16×60	◑	8	1.6	
		M20×70	◑	8	3.1	
		M20×80	○	20	8.2	
垫圈	Q235	−3（φ17.5）	规格×个数	8	0.1	
		−4（φ17.5）		4	0.3	
		−3（φ22）		8	0.1	
合计					36.4kg	

图 10.1−4　110−EC21D−DL−04　110−EC21D−DL 终端塔导线横担结构图③

构件明细表

编号	规格	长度(mm)	数量	质量(kg) 一件	质量(kg) 小计	备注
⑷⑴	Q355 L80×6	3582	1	26.42	26.4	
⑷⑵	Q355 L80×6	3582	1	26.42	26.4	
⑷⑶	Q355 L80×6	3582	1	26.42	26.4	带脚钉
⑷⑷	Q355 L80×6	3582	1	26.42	26.4	
⑷⑸	L50×4	1697	2	5.19	10.4	切肢
⑷⑹	L50×4	1697	2	5.19	10.4	
⑷⑺	Q355 L63×5	1385	1	6.68	6.7	合角处理
⑷⑻	Q355 L63×5	1385	1	6.68	6.7	合角处理
⑷⑼	L50×4	1518	1	4.64	4.6	切角
⑷⑩	L50×4	1518	3	4.64	13.9	
⑷⑾	L50×4	1480	1	4.53	4.5	切肢
⑷⑿	L50×4	1480	3	4.53	13.6	
⑷⒀	L56×5	1008	2	4.29	8.6	开角处理
⑷⒁	L56×4	1269	4	4.37	17.5	
⑷⒂	L56×5	900	2	3.83	7.7	开角处理
⑷⒃	Q355-6×215	320	4	3.25	13.0	
⑷⒄	Q355-6×129	210	8	1.28	10.2	
⑷⒅	Q355-6×306	353	4	5.09	20.4	
⑷⒆	Q355-8×188	348	4	4.11	16.4	
⑷⒇	Q355 L63×5	1697	2	8.18	16.4	切肢
⑷21	Q355 L63×5	1697	2	8.18	16.4	
⑷22	Q355 L63×5	1385	1	6.68	6.7	合角处理
⑷23	Q355 L63×5	1385	1	6.68	6.7	
⑷24	L45×4	1518	2	4.15	8.3	切角
⑷25	L45×4	1518	2	4.15	8.3	
⑷26	L50×4	1480	2	4.53	9.1	切肢
⑷27	L50×4	1480	2	4.53	9.1	
⑷28	L56×4	1008	2	3.48	7.0	开角处理
⑷29	L40×4	1284	4	3.11	12.4	
⑷30	L50×4	900	2	2.75	5.5	开角处理
⑷31	Q355-6×218	320	4	3.29	13.2	
⑷32	-5×183	282	4	2.02	8.1	
⑷33	-5×176	191	4	1.32	5.3	
⑷34	L40×3	1307	2	2.42	4.8	
⑷35	-6×209	391	4	3.85	15.4	
⑷36	L40×3	1457	2	2.70	5.4	
⑷37	-5×108	298	4	1.26	5.0	
⑷38	L45×4	1741	2	4.76	9.5	
⑷39	Q355 L63×5	120	4	0.58	2.3	
⑷40	Q355 L63×5	120	4	0.58	2.3	
⑷41	-5×136	279	4	1.49	6.0	
⑷42	Q355-16×349	434	1	19.05	19.1	火曲 焊接
⑷43	Q355-16×349	434	1	19.05	19.1	火曲 焊接
⑷44	Q355φ50/28.5	26	2	0.27	0.5	焊接
合计					492.1kg	

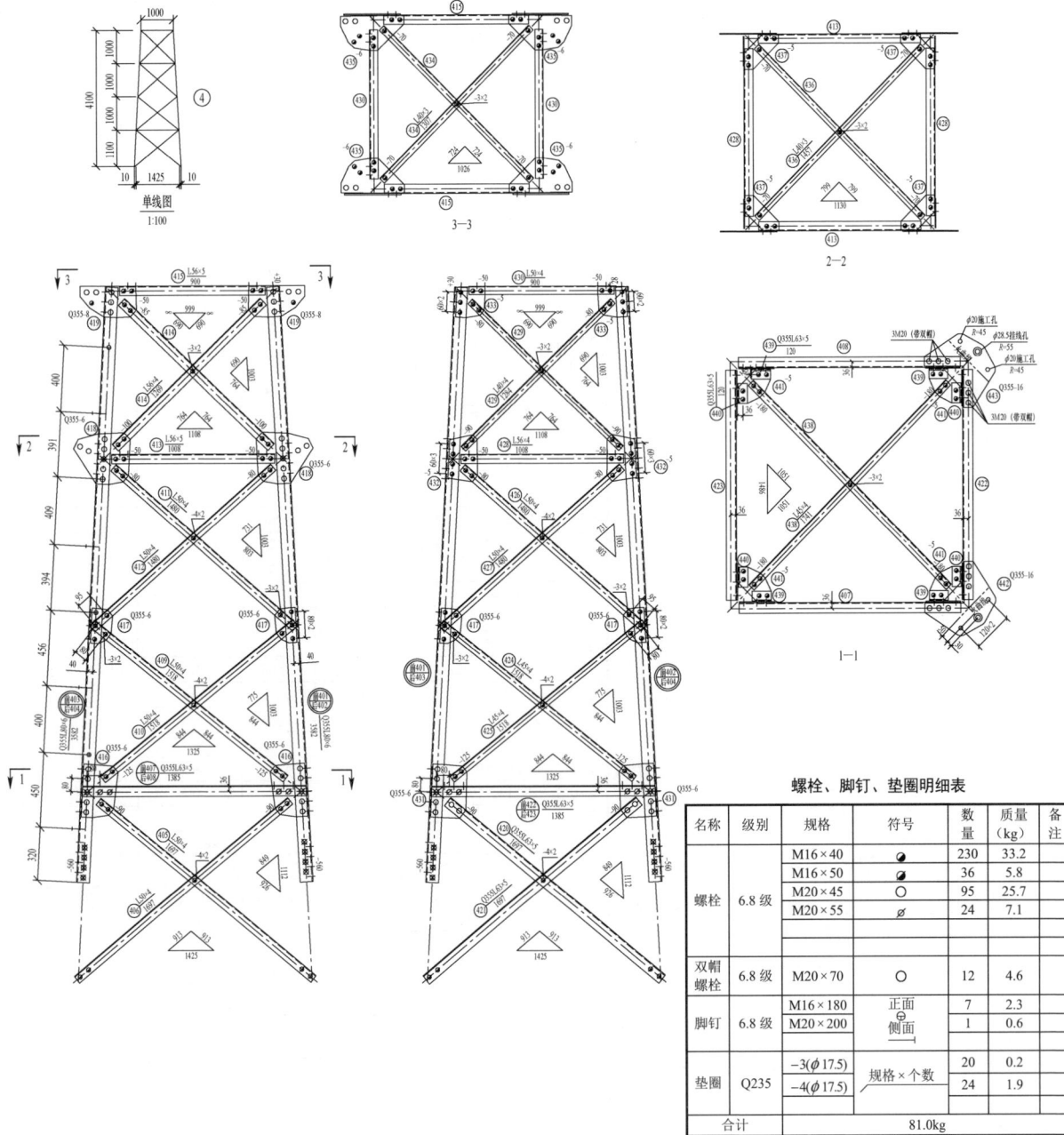

螺栓、脚钉、垫圈明细表

名称	级别	规格	符号	数量	质量(kg)	备注
螺栓	6.8级	M16×40	◑	230	33.2	
		M16×50	◑	36	5.8	
		M20×45	○	95	25.7	
		M20×55	∅	24	7.1	
双帽螺栓	6.8级	M20×70	○	12	4.6	
脚钉	6.8级	M16×180	正面	7	2.3	
		M20×200	侧面	1	0.6	
垫圈	Q235	-3(φ17.5)	规格×个数	20	0.2	
		-4(φ17.5)		24	1.9	
合计					81.0kg	

图 10.1-5 110-EC21D-DL-05 110-EC21D-DL 终端塔塔身结构图④

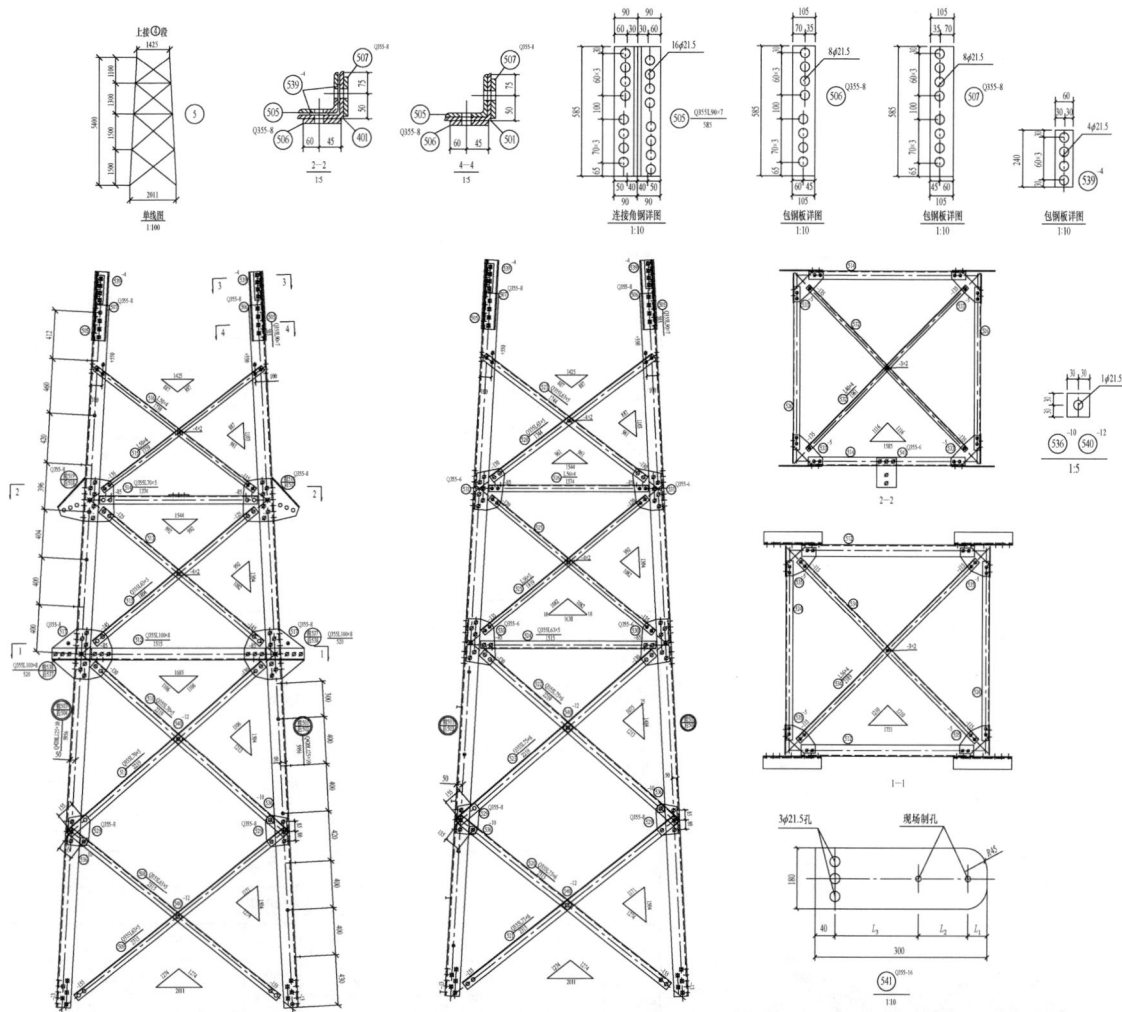

构 件 明 细 表

编号	规格	长度(mm)	数量	质量(kg) 一件	质量(kg) 小计	备注
501	Q420 L125×10	5956	1	113.95	114.0	带脚钉
502	Q420 L125×10	5956	1	113.95	114.0	
503	Q420 L125×10	5956	1	113.95	114.0	带脚钉
504	Q420 L125×10	5956	1	113.95	114.0	
505	Q355 L90×7	585	4	5.65	22.6	
506	Q355-8×105	585	4	4.82	19.3	
507	Q355-8×105	585	4	4.82	19.3	
508	Q355 L63×5	2315	2	11.16	22.3	切角
509	Q355 L63×5	2315	2	11.16	22.3	
510	Q355 L70×5	2219	2	11.98	24.0	切肢
511	Q355 L70×5	2219	2	11.98	24.0	
512	Q355 L100×8	1515	2	18.60	37.2	合角处理
513	Q355 L63×5	1804	4	8.70	34.8	
514	Q355 L70×5	1374	2	7.42	14.8	开角处理
515	L50×4	1739	2	5.32	10.6	
516	L50×4	1739	2	5.32	10.6	切角
517	Q355-8×420	525	4	13.84	55.4	
518	Q355-8×390	546	2	13.36	26.7	卷边60mm
519	Q355-8×390	546	2	13.36	26.7	卷边60mm
520	Q355 L75×6	2315	2	15.99	32.0	切角
521	Q355 L75×6	2315	2	15.99	32.0	
522	Q355 L75×6	2219	2	15.32	30.6	切肢
523	Q355 L75×6	2219	2	15.32	30.6	
524	Q355 L63×5	1515	2	7.31	14.6	合角处理
525	L56×5	1819	4	7.73	30.9	
526	L56×4	1374	2	4.74	9.5	开角处理
527	Q355 L63×5	1744	2	8.41	16.8	切角
528	Q355 L63×5	1744	2	8.41	16.8	
529	Q355-8×185	268	8	3.11	24.9	
530	Q355-6×252	381	4	4.52	18.1	
531	Q355-6×243	363	4	4.16	16.6	
532	L40×4	1961	2	4.75	9.5	
533	-5×114	356	4	1.59	6.4	
534	L56×4	2189	2	7.54	15.1	
535	-5×148	351	4	2.04	8.2	
536	-10×60	60	8	0.28	2.2	垫板
537	Q355 L100×8	520	2	6.38	12.8	
538	Q355 L100×8	520	2	6.38	12.8	
539	-4×60	240	8	0.45	3.6	垫板
540	-12×60	60	8	0.34	2.7	垫板
541	Q355-16×180	300	1	6.78	6.8	支撑绝缘子板
合计					1173.1kg	

螺栓、脚钉、垫圈明细表

名称	级别	规格	符号	数量	质量(kg)	备注
螺栓	6.8级	M16×40	◕	72	10.4	
		M16×50	◑	38	6.1	
		M20×45	○	68	18.4	
		M20×55	∅	167	49.3	
		M20×65	⊠	75	24.0	
脚钉	6.8级	M16×180	正面	12	3.9	
		M20×200	侧面	2	1.2	
垫圈	Q235	-3(φ17.5)	规格×个数	4	0.0	
		-4(φ17.5)		8	0.6	
		-4(φ22)		8	0.2	
合计					114.1kg	

图 10.1-6 110-EC21D-DL-06 110-EC21D-DL 终端塔塔身结构图⑤

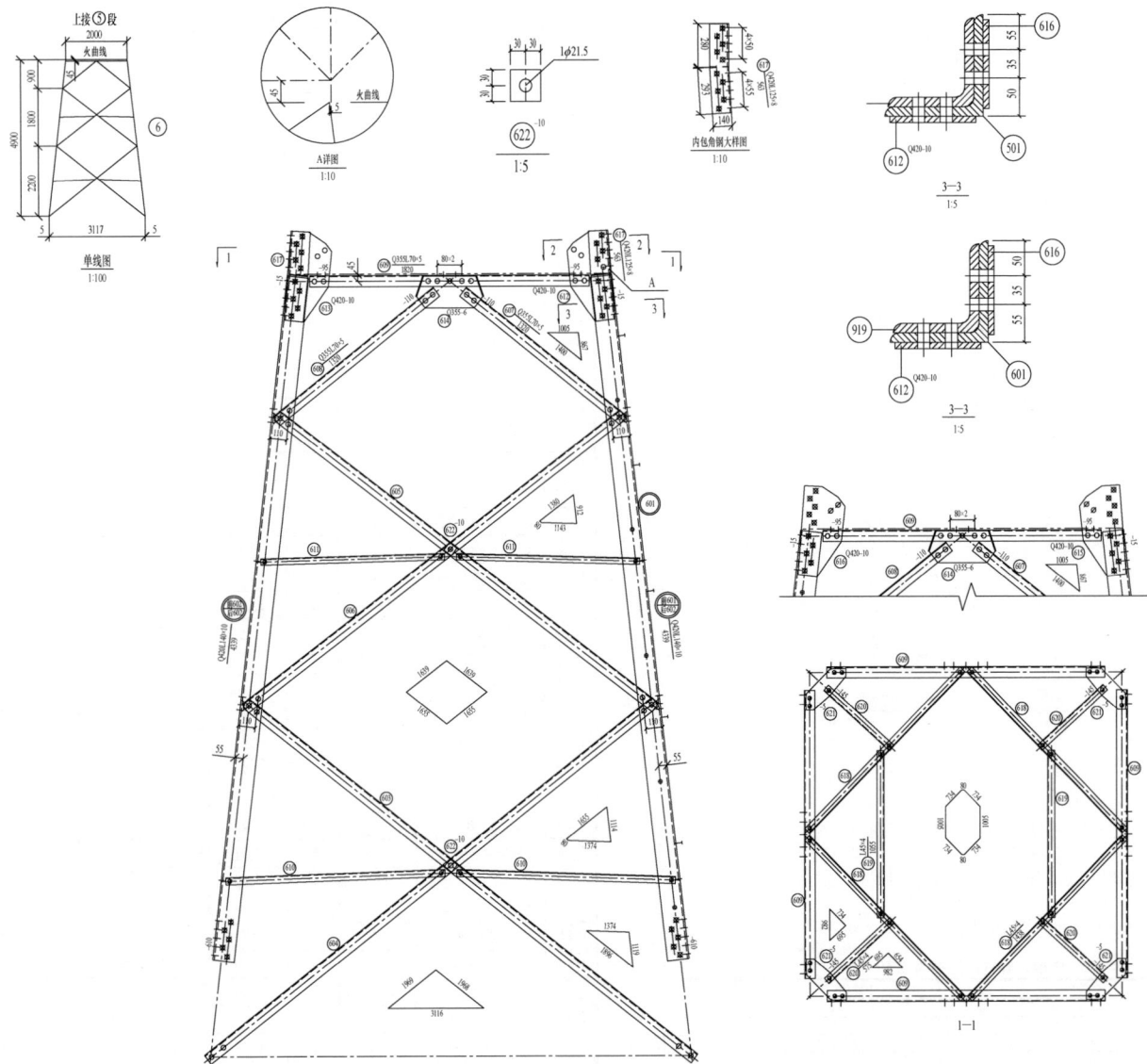

构件明细表

编号	规格	长度(mm)	数量	质量（kg）一件	质量（kg）小计	备注
601	Q420 L140×10	4339	1	93.23	93.2	带脚钉
602	Q420 L140×10	4339	3	93.23	279.7	
603	Q355 L70×6	3684	4	23.60	94.4	切角切肢
604	Q355 L70×6	3684	4	23.60	94.4	
605	Q355 L70×5	3078	4	16.61	66.4	切角切肢
606	Q355 L70×5	3078	4	16.61	66.4	
607	Q355 L70×5	1320	4	7.12	28.5	切肢
608	Q355 L70×5	1320	4	7.12	28.5	
609	Q355 L70×5	1820	4	9.82	39.3	开角处理
610	L45×4	1424	8	3.90	31.2	
611	L40×4	1193	8	2.89	23.1	
612	Q420−10×273	569	2	12.18	24.4	火曲
613	Q420−10×273	569	2	12.18	24.4	火曲
614	Q355−6×218	536	4	5.50	22.0	卷边50mm
615	Q420−10×274	569	2	12.26	24.5	火曲
616	Q420−10×274	569	2	12.26	24.5	火曲
617	Q420 L125×8	563	8	8.72	69.8	
618	L45×4	1438	8	3.93	15.7	
619	L45×4	1055	4	2.89	5.8	
620	L45×4	575	4	1.57	6.3	
621	−5×117	370	4	1.70	6.8	
622	−10×60	60	8	0.28	2.2	垫板
合计					1071.5kg	

螺栓、脚钉、垫圈明细表

名称	级别	规格	符号	数量	质量（kg）	备注
螺栓	6.8级	M16×40	◑	52	7.5	
		M16×50	◐	16	2.6	
		M20×45	○	84	22.7	
		M20×55	∅	40	11.8	
		M20×65	⊗	79	25.3	
脚钉	6.8级	M16×180	正面⊕	10	3.3	
		M20×200	侧面	1	0.6	
合计					73.8kg	

图 10.1−7 110−EC21D−DL−07 110−EC21D−DL 终端塔塔身结构图⑥

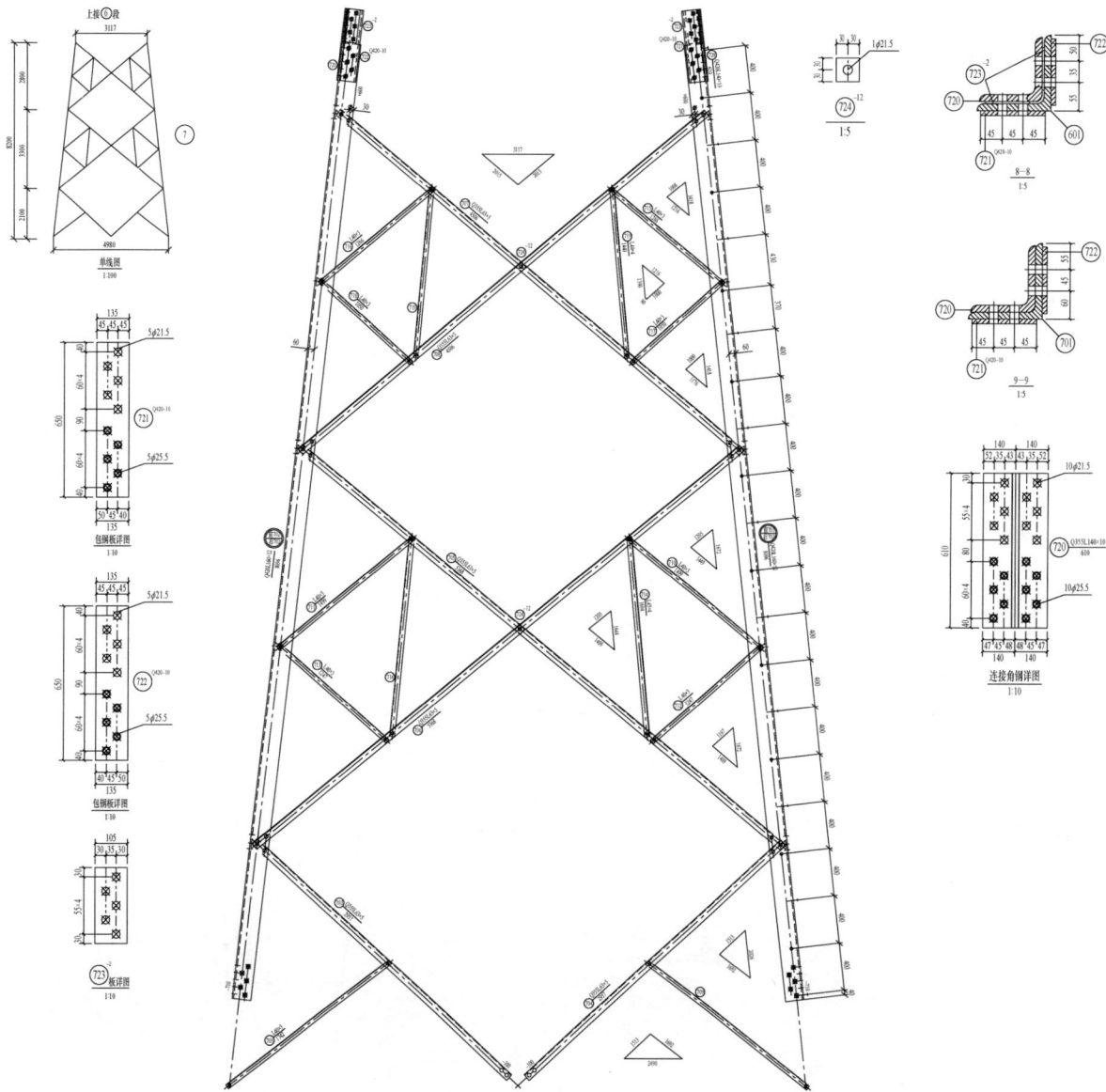

构 件 明 细 表

编号	规格	长度（mm）	数量	质量（kg） 一件	质量（kg） 小计	备注
701	Q420 L160×12	8096	1	237.96	238.0	带脚钉
702	Q420 L160×12	8096	3	237.96	713.9	
703	Q355 L63×5	2957	4	14.26	57.0	切角
704	Q355 L63×5	2957	4	14.26	57.0	
705	Q355 L63×5	5368	4	25.89	103.6	切角切肢
706	Q355 L63×5	5368	4	25.89	103.6	
707	Q355 L63×5	4506	4	21.73	86.9	切角切肢
708	Q355 L63×5	4506	4	21.73	86.9	
709	L40×3	1742	8	3.23	25.8	
710	L40×3	1499	4	2.78	11.1	
711	L40×3	1499	4	2.78	11.1	
712	L40×3	1247	4	2.31	9.2	
713	L40×3	1247	4	2.31	9.2	
714	L45×4	1694	8	4.63	37.0	切角
715	L40×3	1266	4	2.34	9.4	
716	L40×3	1266	4	2.34	9.4	
717	L40×3	1050	4	1.95	7.8	
718	L40×3	1050	4	1.95	7.8	
719	L40×4	1440	8	3.49	27.9	切角
720	Q420 L140×10	610	4	9.46	37.8	
721	Q420-10×135	610	4	6.46	25.8	
722	Q420-10×135	610	4	6.46	25.8	
723	-2×95	280	8	0.42	3.4	垫板
724	-12×60	60	8	0.34	2.7	垫板
合计					1708.2kg	

螺栓、脚钉、垫圈明细表

名称	级别	规格	符号	数量	质量（kg）	备注
螺栓	6.8级	M16×40	●	56	8.1	
		M16×50	◑	16	2.6	
		M20×55	∅	80	23.6	
		M20×65	⊠	40	12.8	
	8.8级	M24×65	∅	39	19.5	
脚钉	6.8级	M16×180	正面 ⊕	19	6.2	
	8.8级	M24×240	侧面 ⊕	1	0.9	
合计					73.7kg	

图 10.1-8 110-EC21D-DL-08 110-EC21D-DL 终端塔塔身结构图⑦

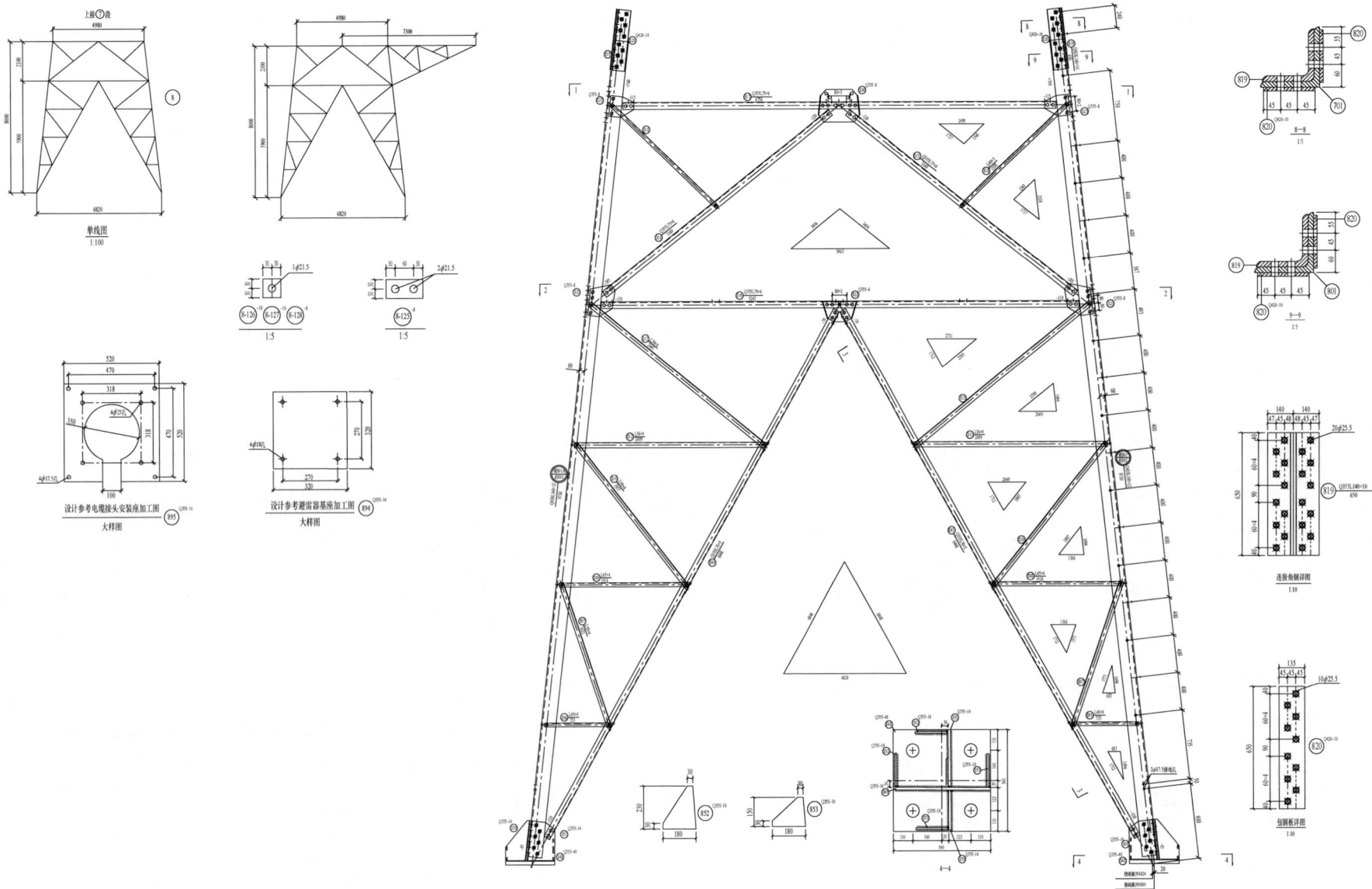

说明：1. 电缆头、避雷器安装尺寸按照设计参考尺寸设计，具体工程按照实际电缆头、避雷器安装尺寸预留。
2. 电缆终端头附近交叉杆件的紧固件均采用不锈钢螺栓和垫片。
3. 材料表中构件尺寸仅为备料用，具体尺寸放样确定。
4. 花纹钢板需增加 ϕ13.5 流水孔。

图 10.1−9　110−EC21D−DL−09　110−EC21D−DL 终端塔 24.0m 腿部及电缆平台结构图⑧

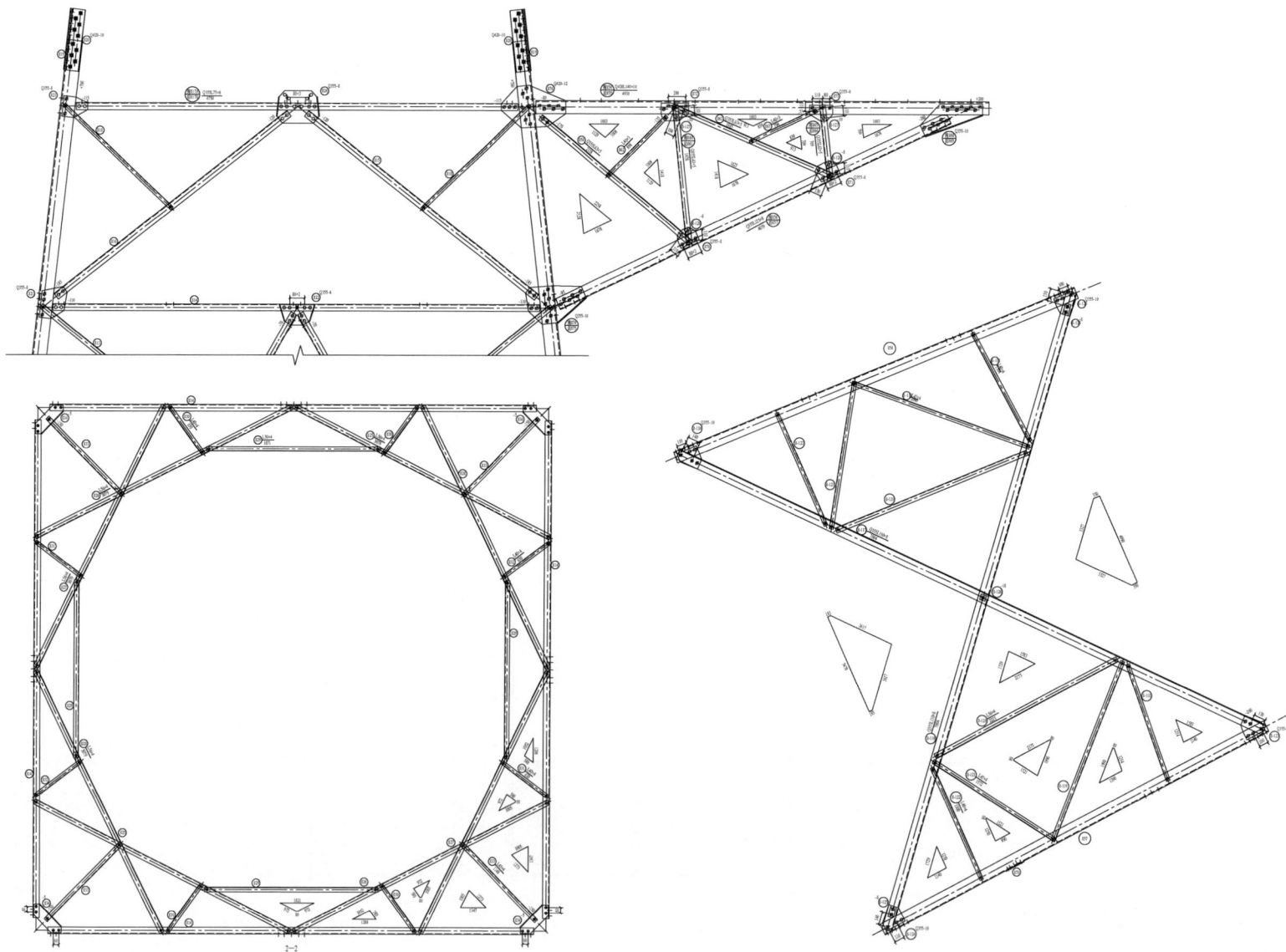

图 10.1−10 110−EC21D−DL−10 110−EC21D−DL 终端塔 24.0m 腿部及电缆平台结构图⑧

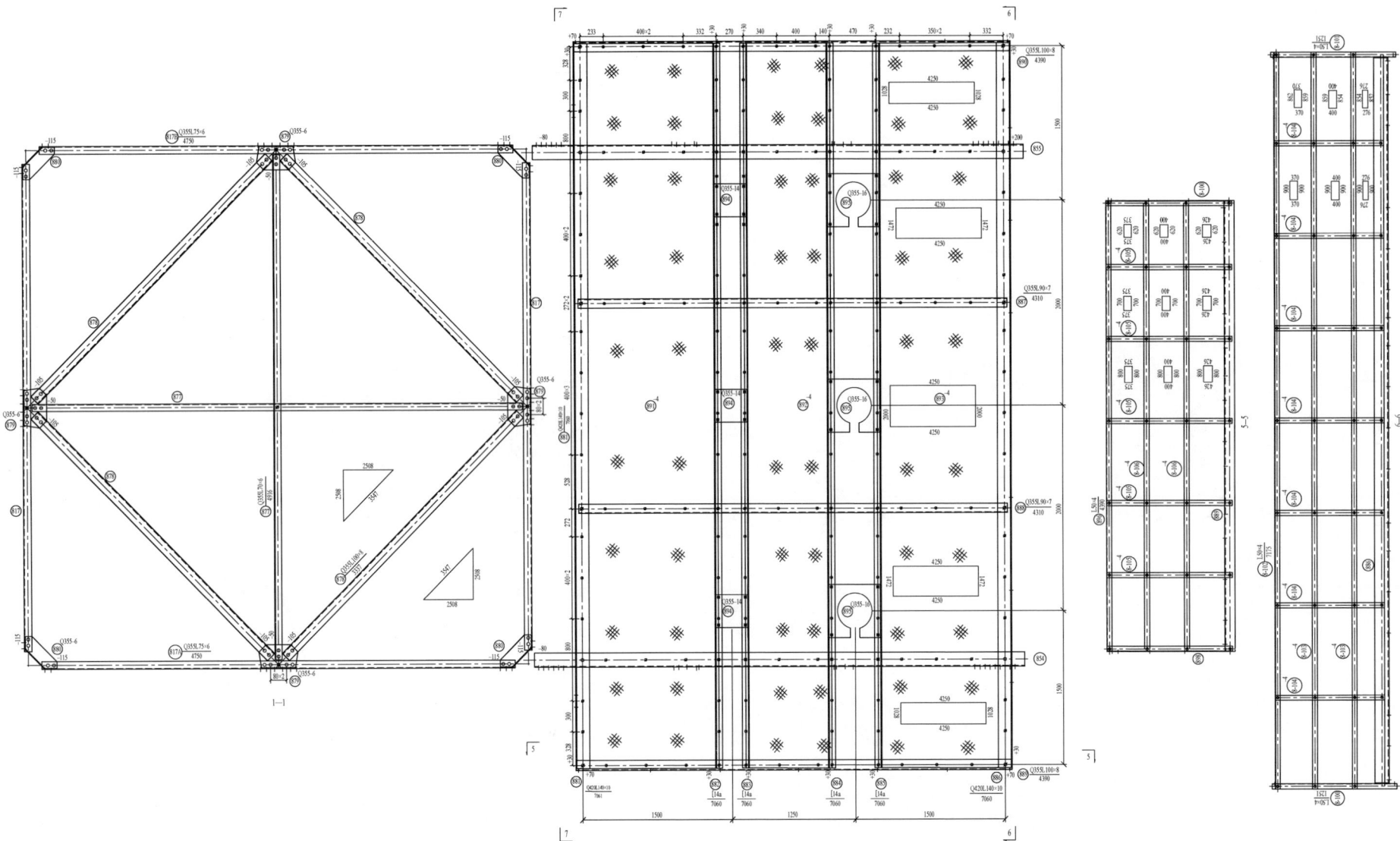

图 10.1 - 11　110 - EC21D - DL - 11　110 - EC21D - DL 终端塔 24.0m 腿部及电缆平台结构图⑧

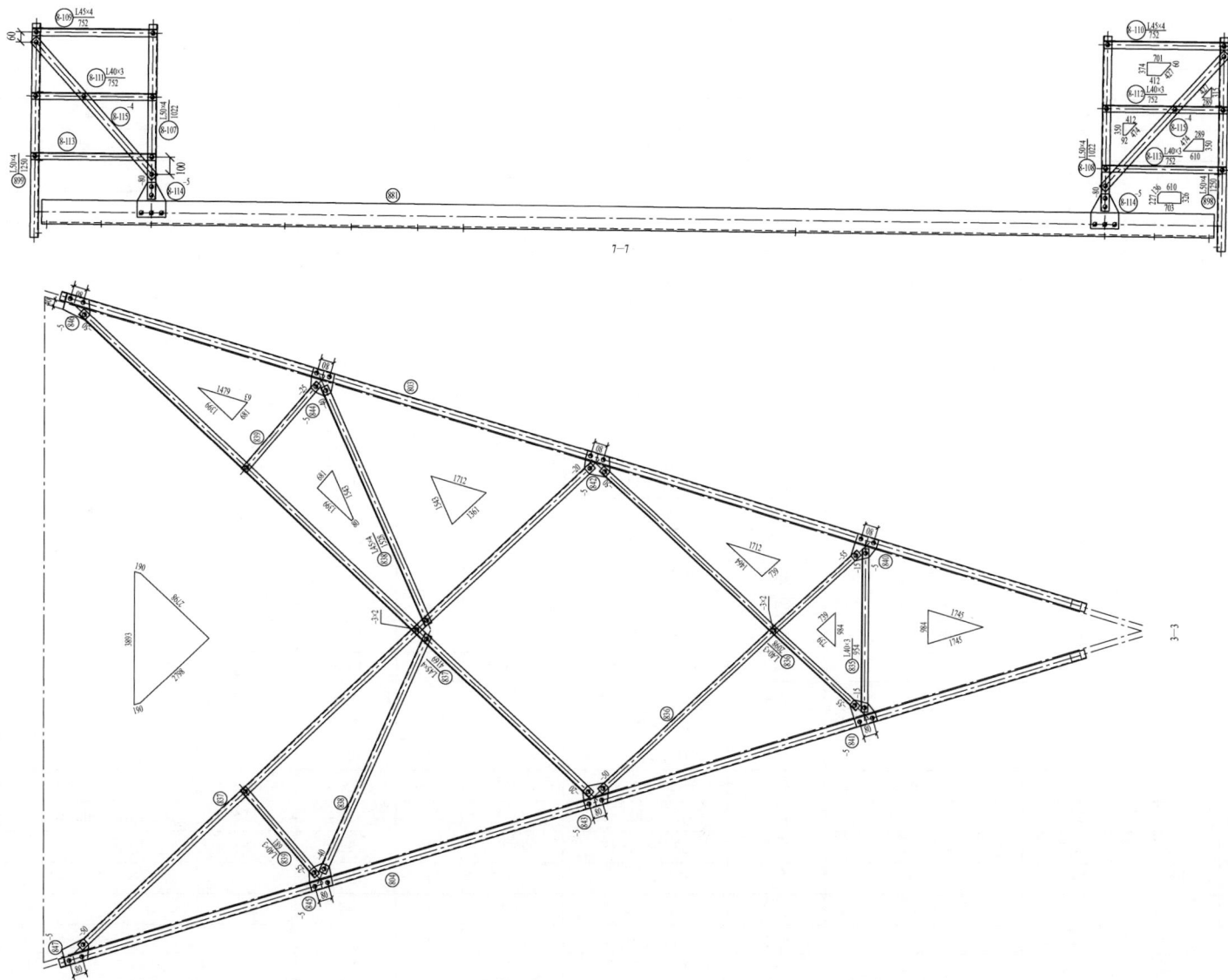

螺栓、脚钉、垫圈明细表

名称	级别	规格	符号	数量	质量(kg)	备注
螺栓	6.8级	M16×40	◑	414	59.7	
		M16×50	◐	142	22.7	
		M16×60	✖	47	8.3	
		M16×70	⬤	1	0.2	
		M20×45	○	197	53.2	
		M20×55	∅	189	55.8	
		M20×65	✖	17	5.4	
	8.8级	M24×65	⬤	48	24.0	
		M24×75	✖	79	42.4	
脚钉	6.8级	M16×180	正面⊕侧面┬	16	5.2	
		M20×200		2	1.2	
	8.8级	M24×240		1	0.9	
垫圈	Q235	−3(φ17.5)	规格×个数	24	0.3	
		−3(φ22)		2	0.0	
合计		279.3kg				

图 10.1－12　110－EC21D－DL－12　110－EC21D－DL 终端塔 24.0m 腿部及电缆平台结构图⑧（一）

编号	规格	长度（mm）	数量	质量（kg） 一件	质量（kg） 小计	备注	编号	规格	长度（mm）	数量	质量（kg） 一件	质量（kg） 小计	备注
⑧01	Q420 L160×12	8720	1	256.29	256.3	带脚钉	⑧31	L40×4	630	2	1.53	3.1	切角
⑧01A	Q420 L160×12	8720	1	256.29	256.3		⑧32	L40×4	630	2	1.53	3.1	切角
⑧02	Q420 L160×12	8720	2	256.29	512.6		⑧33	L45×4	1148	4	3.14	12.6	压扁
⑧03	Q355 L70×5	6448	4	34.80	139.2	切角	⑧34	−6×176	426	4	3.54	14.2	卷边 50mm
⑧04	Q355 L70×5	6448	4	34.80	139.2	切角	⑧35	L40×3	954	4	1.77	7.1	
⑧05	L40×4	733	4	1.78	7.1	切角	⑧36	L40×3	2098	8	3.88	31.0	
⑧06	L40×4	733	4	1.78	7.1	切角	⑧37	L45×4	4169	8	11.41	91.3	
⑧07	L50×4	1621	8	4.96	39.7		⑧38	L45×4	1528	8	4.18	33.4	
⑧08	L45×4	1416	4	3.87	15.5	切角	⑧39	L40×3	681	8	1.26	10.1	
⑧09	L45×4	1416	4	3.87	15.5	切角	⑧40	−5×133	175	4	0.91	3.6	火曲
⑧10	L50×4	1957	8	5.99	47.9		⑧41	−5×133	175	4	0.91	3.6	火曲
⑧11	L56×4	2099	4	7.23	28.9	切角	⑧42	−5×141	164	4	0.91	3.6	火曲
⑧12	L56×4	2099	4	7.23	28.9	切角	⑧43	−5×141	164	4	0.91	3.6	火曲
⑧13	L56×4	2445	8	8.42	67.4		⑧44	−5×141	153	4	0.84	3.4	火曲
⑧14	Q355 L70×6	5243	4	33.59	134.4	开角处理	⑧45	−5×141	153	4	0.84	3.4	火曲
⑧15	Q355 L75×6	3149	4	21.74	87.0		⑧46	−5×135	164	4	0.87	3.5	火曲
⑧16	Q355 L75×6	3149	4	21.74	87.0		⑧47	−5×135	164	4	0.87	3.5	火曲
⑧17	Q355 L75×6	4750	2	32.80	65.6	开角处理	⑧48	Q355−40×540	540	4	91.56	366.2	
⑧17A	Q355 L75×6	4750	1	32.80	32.8	开角处理	⑧49	Q355−14×544	434	4	25.94	103.8	
⑧17B	Q355 L75×6	4750	1	32.80	32.8	开角处理	⑧50	Q355−14×269	434	4	11.86	47.4	
⑧18	L40×3	1593	8	2.95	23.6		⑧51	Q355−14×310	429	4	14.40	57.6	
⑧19	Q420 L140×10	650	4	13.97	55.9		⑧52	Q355−10×180	230	8	3.19	25.5	
⑧20	Q420−10×135	650	8	6.89	55.1		⑧53	Q355−10×180	150	8	2.08	16.6	
⑧21	Q355−8×274	350	6	6.03	36.2		⑧54	Q420 L140×10	4930	1	105.94	105.9	开角处理
⑧22	Q355−6×212	477	4	4.76	19.0	卷边 50mm	⑧55	Q420 L140×10	4930	1	105.94	105.9	开角处理
⑧23	Q355−8×220	268	7	3.70	25.9		⑧56	Q355 L125×8	4679	1	72.54	72.5	切角合角处理
⑧24	Q355−8×345	562	4	12.18	48.7	卷边 50mm	⑧57	Q355 L125×8	4679	1	72.54	72.5	切角合角处理
⑧25	L56×4	3079	2	10.61	21.2	切角	⑧58	Q355 L63×5	2118	1	10.21	10.2	
⑧26	L56×4	3079	2	10.61	21.2	切角	⑧59	Q355 L63×5	2118	1	10.21	10.2	
⑧27	L56×4	3079	2	10.61	21.2		⑧60	Q355 L63×5	1478	1	7.13	7.1	
⑧28	L56×4	3079	2	10.61	21.2		⑧61	Q355 L63×5	1478	1	7.13	7.1	
⑧29	L50×4	1871	4	5.72	22.9		⑧62	L40×3	898	2	1.66	3.3	
⑧30	L40×4	630	4	1.53	6.1		⑧63	Q355 L63×5	1885	1	9.09	9.1	

图 10.1−12　110−EC21D−DL−12　110−EC21D−DL 终端塔 24.0m 腿部及电缆平台结构图⑧（二）

续表

编号	规格	长度（mm）	数量	一件	小计	备注	编号	规格	长度（mm）	数量	一件	小计	备注
864	Q355 L63×5	1885	1	9.09	9.1		897	L50×4	4390	1	13.43	13.4	
865	Q355 L63×5	769	1	3.71	3.7		898	L50×4	1250	1	3.83	3.8	
866	Q355 L63×5	769	1	3.71	3.7		899	L50×4	1250	1	3.83	3.8	
867	L40×3	794	2	1.47	2.9		8-100	L50×4	1251	1	3.83	3.8	
868	Q355−10×324	711	1	18.08	18.1	卷边 50mm	8-101	L50×4	1251	1	3.83	3.8	
869	Q355−10×324	711	1	18.08	18.1	卷边 50mm	8-102	L50×4	7175	1	21.95	21.9	
870	Q355−8×172	220	2	2.38	4.8		8-103	−50×4	7175	2	11.26	22.5	
871	Q355−8×172	242	2	2.62	5.2		8-104	−50×4	1097	7	1.72	12.0	
872	Q355−8×189	310	2	3.67	7.3		8-105	−50×4	1250	10	1.96	19.6	
873	Q355−6×172	250	2	2.03	4.1		8-106	−50×4	4390	4	6.89	27.6	
874	Q355−10×431	697	1	23.61	23.6	卷边 50mm	8-107	L50×4	1022	1	3.13	3.1	
875	Q355−10×431	697	1	23.61	23.6	卷边 50mm	8-108	L50×4	1022	1	3.13	3.1	
876	Q420−12×448	684	2	28.90	57.8		8-109	L45×4	752	1	2.06	2.1	
877	Q355 L70×6	4916	2	31.49	63.0		8-110	L45×4	752	1	2.06	2.1	
878	Q355 L100×8	3337	4	40.96	163.8	切角	8-111	L40×3	752	1	1.39	1.4	
879	Q355−6×224	389	4	4.11	16.4		8-112	L40×3	752	1	1.39	1.4	
880	Q355−6×188	443	4	3.92	15.7	卷边 50mm	8-113	L40×3	752	1	1.39	2.8	
881	Q420 L140×10	7061	1	151.72	151.7		8-114	−5×170	205	2	1.37	2.7	
882	[14a	7060	1	124.79	124.8		8-115	−50×4	1088	2	1.71	3.4	
883	[14a	7060	1	124.79	124.8		8-116	Q355 L110×8	7004	1	94.78	94.8	切角切肢
884	[14a	7060	1	124.78	124.8		8-117	Q355 L110×8	7004	1	94.78	94.8	
885	[14a	7060	1	124.78	124.8		8-118	L40×4	1304	2	3.16	6.3	
886	Q420 L140×10	7060	1	151.71	151.7		8-119	L45×4	2040	2	5.58	11.2	
887	Q355 L90×7	4310	1	41.62	41.6		8-120	L56×4	2225	2	7.67	15.3	
888	Q355 L90×7	4310	1	41.62	41.6		8-121	L45×4	1572	2	4.30	8.6	
889	Q355 L100×8	4390	1	53.89	53.9		8-122	L40×4	1300	2	3.15	6.3	
890	Q355 L100×8	4390	1	53.89	53.9		8-123	Q355−10×220	237	2	4.09	8.2	
891	−4×1320	7060	1	292.62	292.6		8-124	Q355−10×230	234	2	4.23	8.5	
892	−4×930	7050	1	205.87	205.9		8-125	−8×60	120	2	0.45	0.9	垫板
893	−4×1420	7060	1	314.79	314.8		8-126	−18×60	60	1	0.51	0.5	垫板
894	Q355−14×320	320	3	11.25	33.8		8-127	−10×60	60	4	0.28	1.1	垫板
895	Q355−16×520	520	3	33.96	101.9		8-128	−8×60	60	4	0.23	0.9	垫板
896	L50×4	4390	1	13.43	13.4		合计					6443.3kg	

图 10.1−12　110−EC21D−DL−12　110−EC21D−DL 终端塔 24.0m 腿部及电缆平台结构图⑧（三）

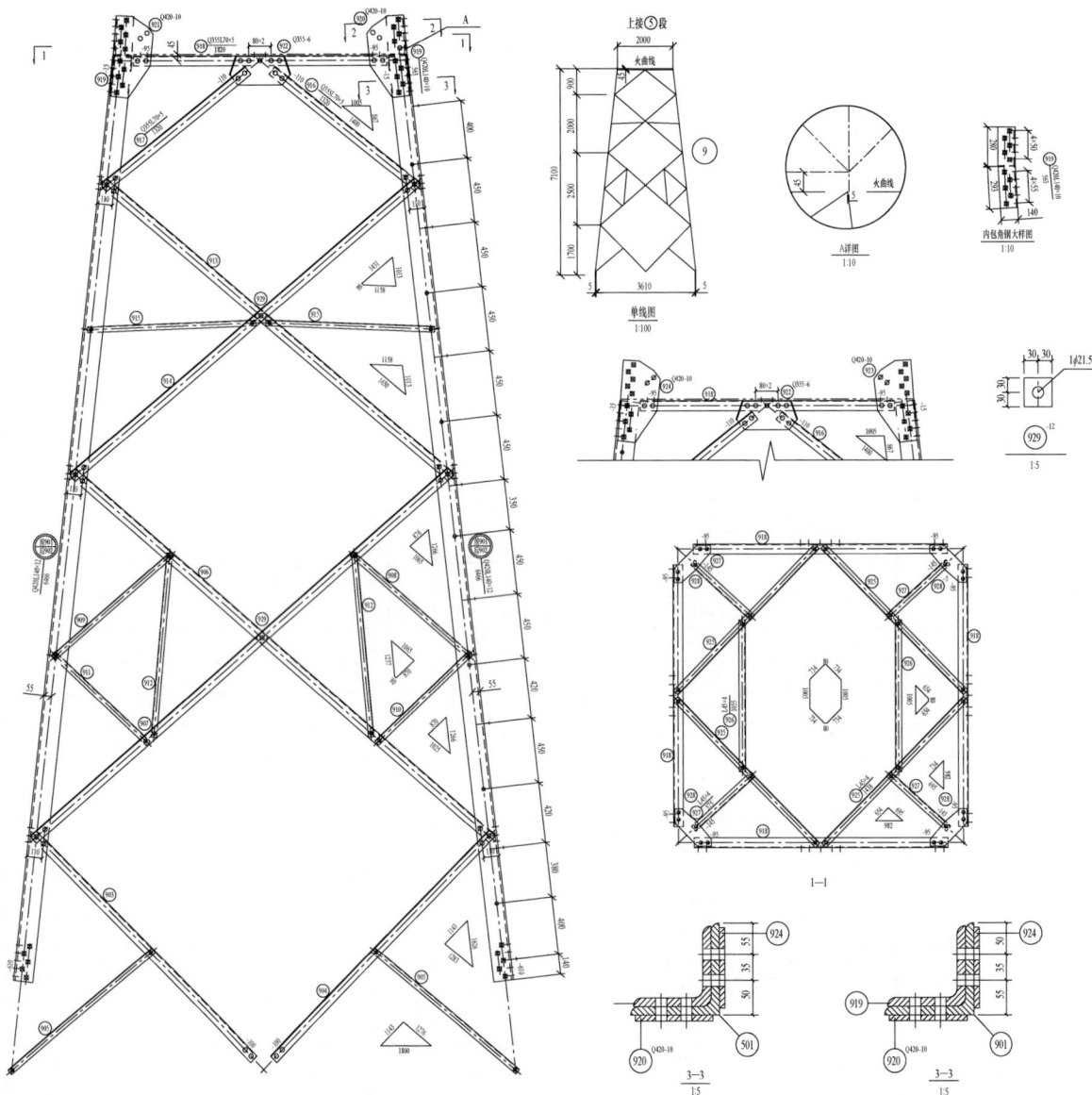

构件明细表

编号	规格	长度(mm)	数量	质量（kg）一件	质量（kg）小计	备注
⑨01	Q420 L140×12	6466	1	165.04	165.0	带脚钉
⑨02	Q420 L140×12	6466	3	165.04	495.1	
⑨03	Q355 L63×5	2215	4	10.68	42.7	切角
⑨04	Q355 L63×5	2215	4	10.68	42.7	
⑨05	L40×3	1326	8	2.46	19.7	
⑨06	Q355 L70×5	3941	4	21.27	85.1	切角切肢
⑨07	Q355 L70×5	3941	4	21.27	85.1	
⑨08	L40×3	1115	4	2.06	8.2	
⑨09	L40×3	1115	4	2.06	8.2	
⑨10	L40×3	920	4	1.70	6.8	
⑨11	L40×3	920	4	1.70	6.8	
⑨12	L40×3	1288	8	2.38	19.0	切角
⑨13	Q355 L70×5	3221	4	17.38	69.5	切角切肢
⑨14	Q355 L70×5	3221	4	17.38	69.5	
⑨15	L40×3	1208	8	2.24	17.9	
⑨16	Q355 L70×5	1320	4	7.12	28.5	切肢
⑨17	Q355 L70×5	1320	4	7.12	28.5	
⑨18	Q355 L70×5	1820	4	9.82	39.3	开角处理
⑨19	Q420 L140×10	563	8	8.72	69.8	
⑨20	Q420−10×273	569	2	12.18	24.4	火曲
⑨21	Q420−10×273	569	2	12.18	24.4	火曲
⑨22	Q355−6×218	536	4	5.50	22.0	卷边50mm
⑨23	Q420−10×274	569	2	12.26	24.5	火曲
⑨24	Q420−10×274	569	2	12.26	24.5	火曲
⑨25	L45×4	1438	4	3.93	15.7	
⑨26	L45×4	1055	2	2.89	5.8	
⑨27	L45×4	575	4	1.57	6.3	
⑨28	−5×117	370	4	1.70	6.8	
⑨29	−12×60	60	8	0.34	2.7	垫板
合计					1464.5kg	

螺栓、脚钉、垫圈明细表

名称	级别	规格	符号	数量	质量（kg）	备注
螺栓	6.8级	M16×40	⬮	76	11.0	
		M16×50	⬯	16	2.6	
		M20×45	○	76	20.5	
		M20×55	⌀	88	26.0	
		M20×65	⊠	79	25.3	
脚钉	6.8级	M16×180	正面⊕侧面	14	4.6	
		M20×200		1	0.6	
合计					90.6kg	

图 10.1−13　110−EC21D−DL−13　110−EC21D−DL 终端塔塔身结构图⑨

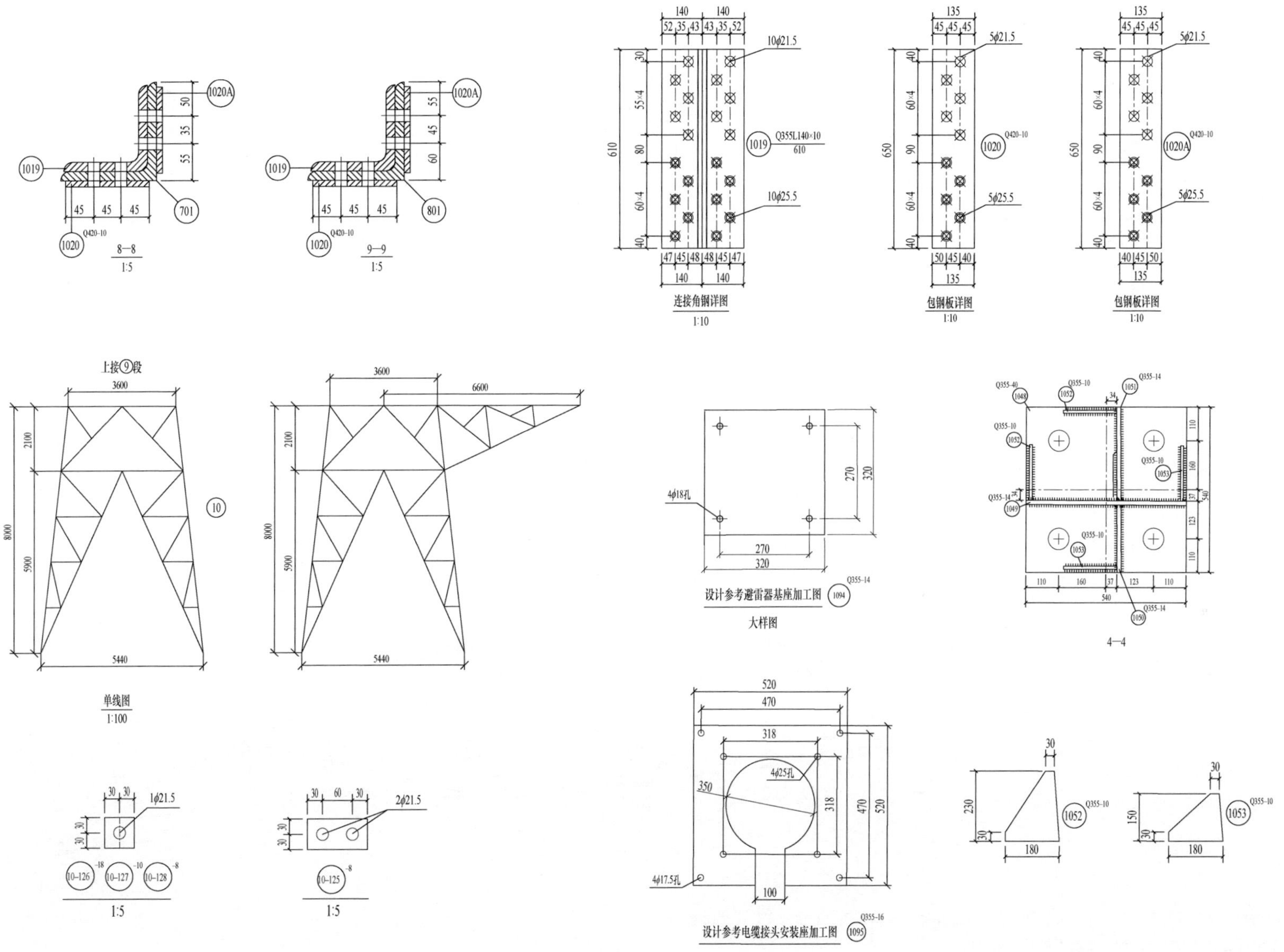
8—8
1:5
9—9
1:5
连接角钢详图
1:10
包钢板详图
1:10
包钢板详图
1:10
上接⑨段
单线图
1:100
设计参考避雷器基座加工图
大样图
4—4
设计参考电缆接头安装座加工图
1:5
1:5

图 10.1－14　110－EC21D－DL－14　110－EC21D－DL 终端塔 18.0m 腿部及电缆平台结构图⑩（一）

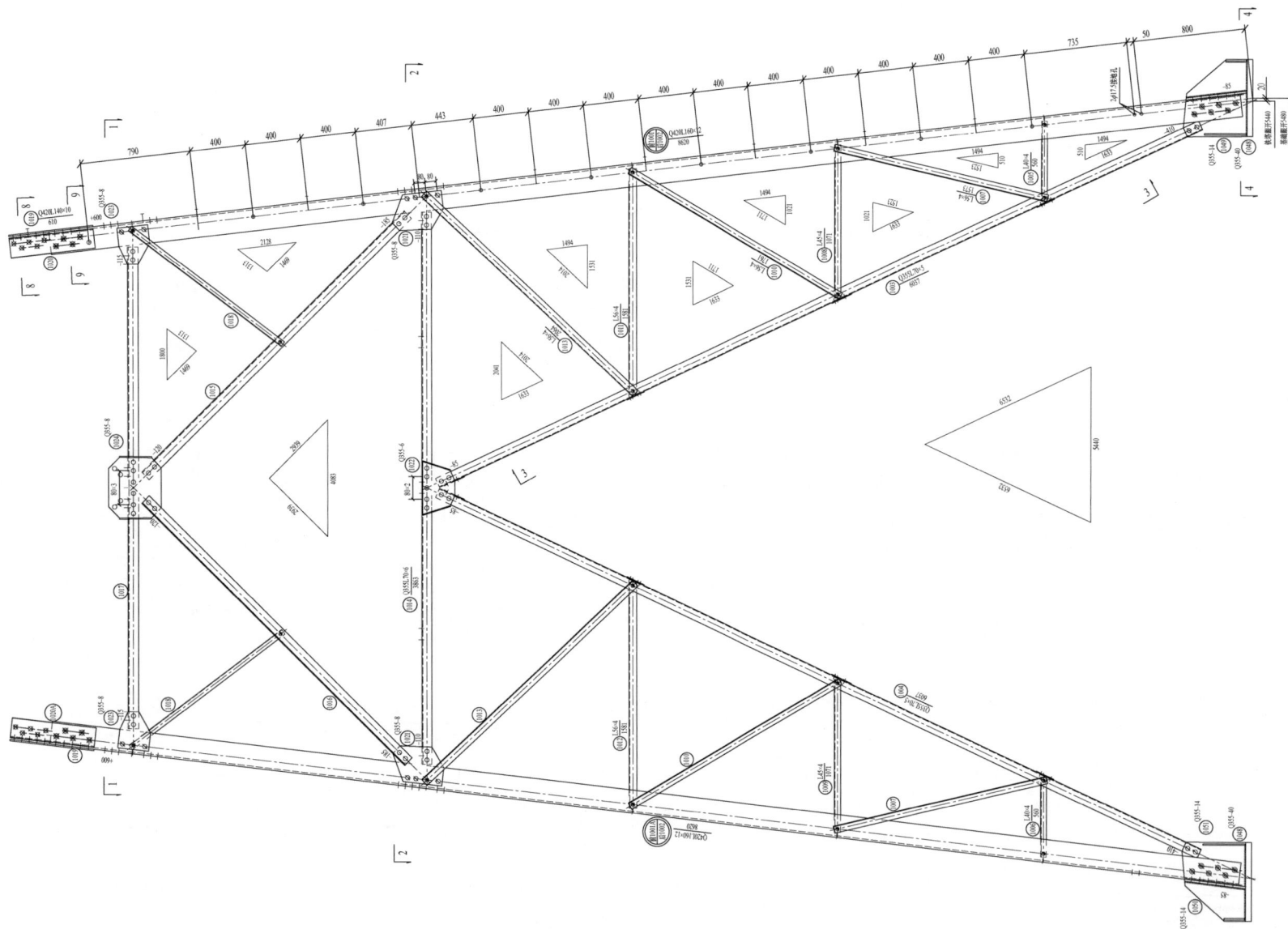

说明：1. 电缆头、避雷器安装尺寸按照设计参考尺寸设计，具体工程按照实际电缆头、避雷器安装尺寸预留。

2. 电缆终端头附近交叉杆件的紧固件均采用不锈钢螺栓和垫片。

3. 材料表中构件尺寸仅为备料用，具体尺寸放样确定。

4. 花纹钢板需增加φ13.5流水孔。

图 10.1-14　110-EC21D-DL-14　110-EC21D-DL 终端塔 18.0m 腿部及电缆平台结构图⑩（二）

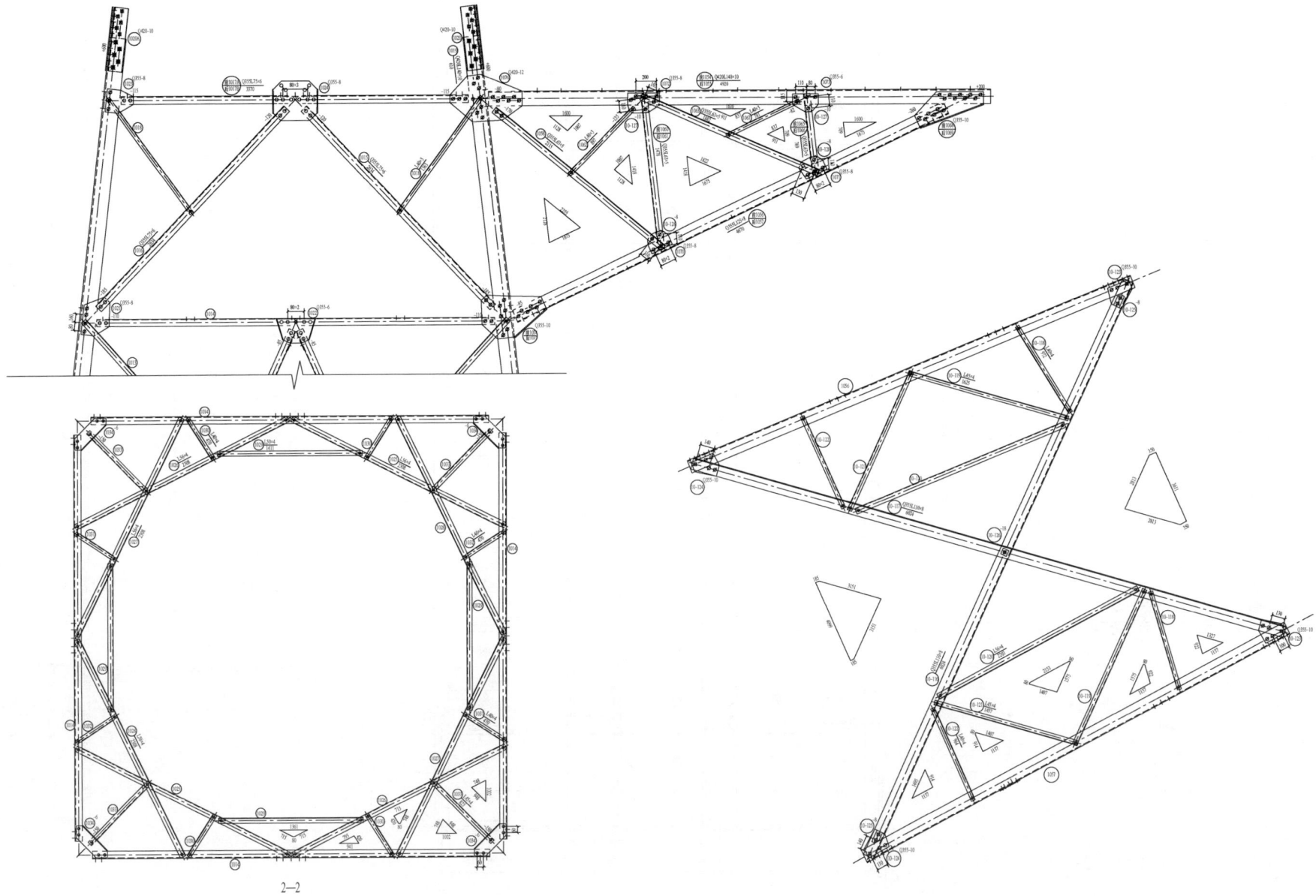

图 10.1-15 110-EC21D-DL-15 110-EC21D-DL 终端塔 18.0m 腿部及电缆平台结构图⑩

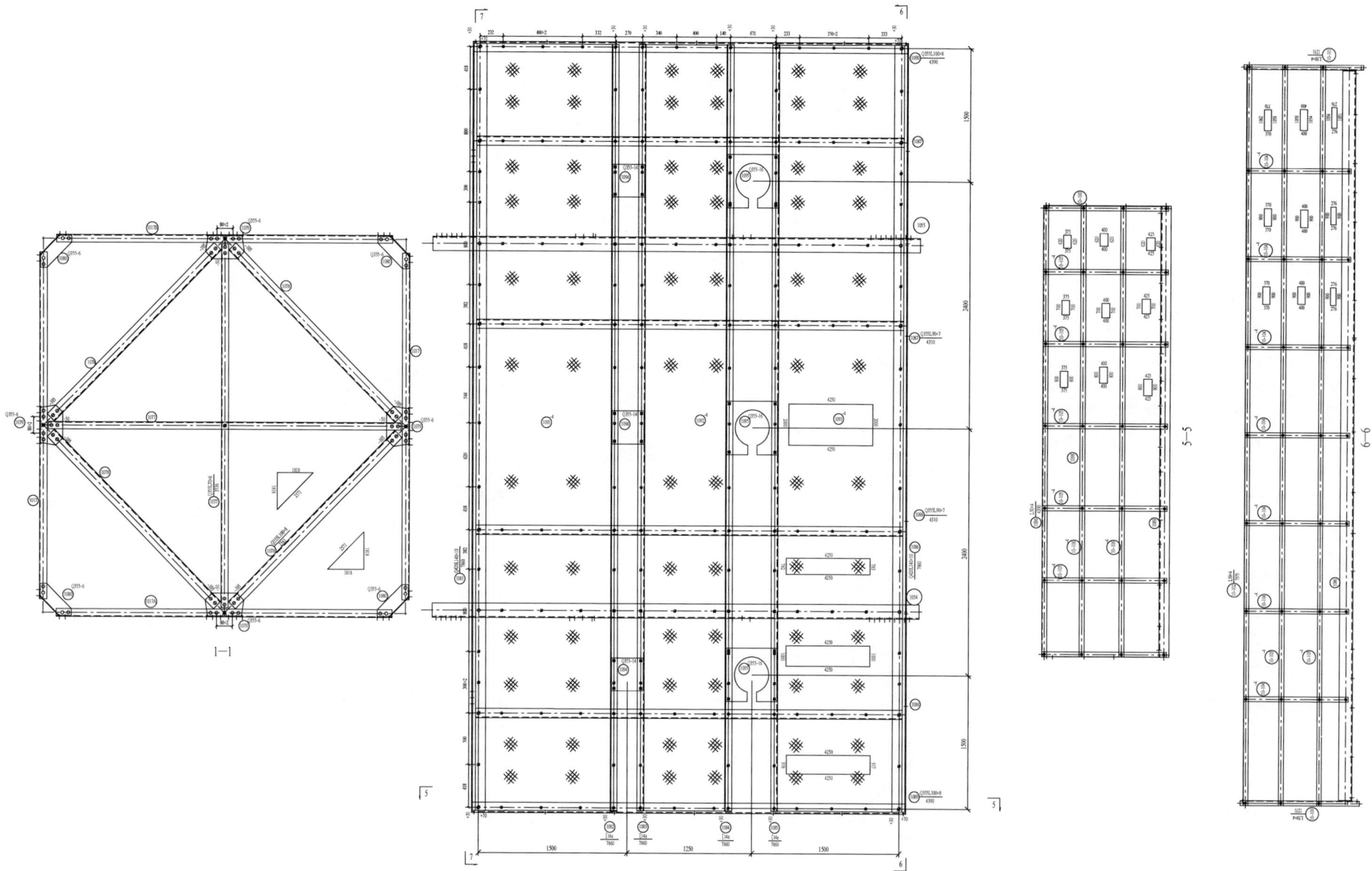

图 10.1－16　110－EC21D－DL－16　110－EC21D－DL 终端塔 18.0m 腿部及电缆平台结构图⑩

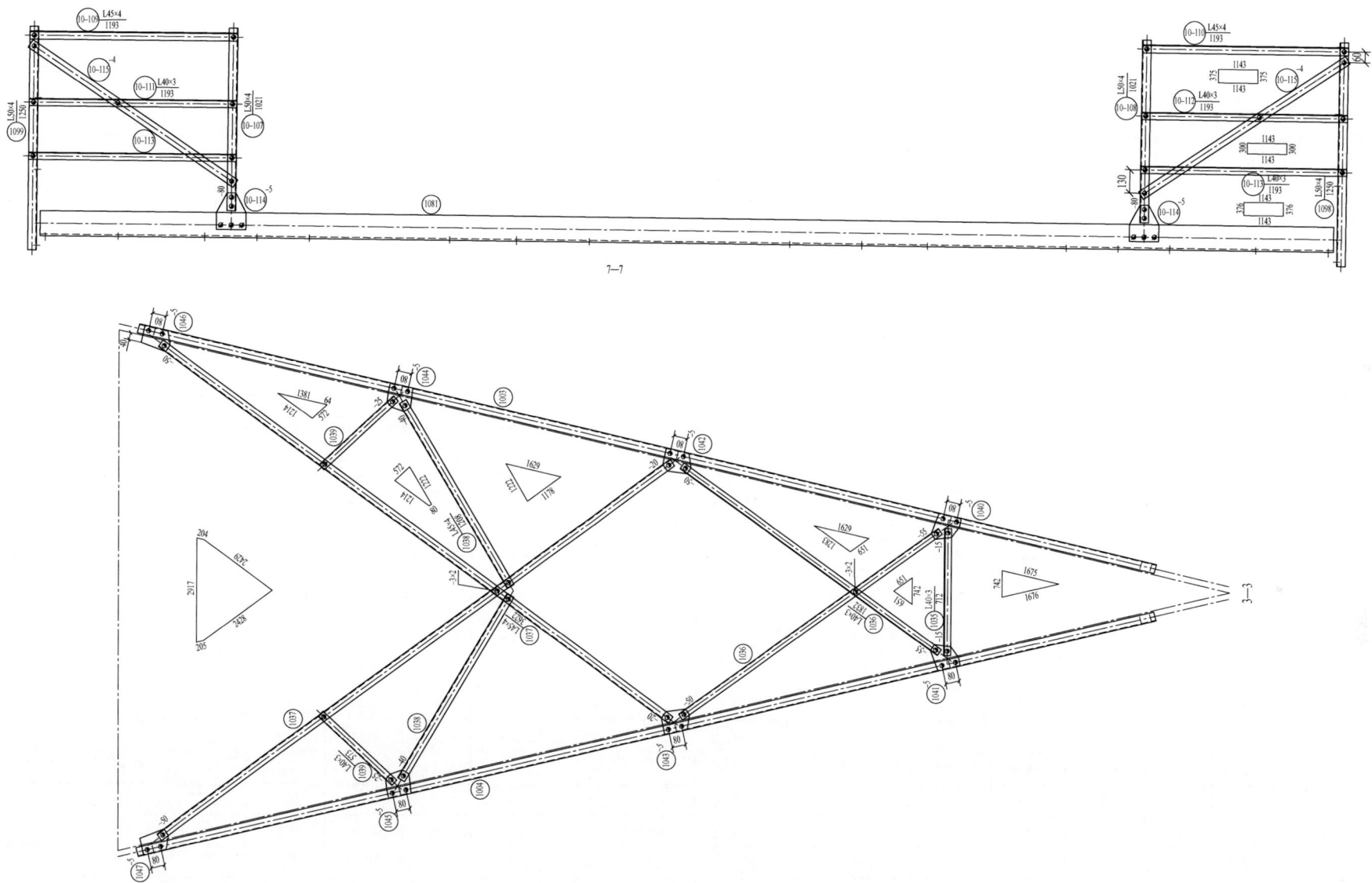

图 10.1 – 17　110 – EC21D – DL – 17　110 – EC21D – DL 终端塔 18.0m 腿部及电缆平台结构图⑩（一）

编号	规格	长度（mm）	数量	质量（kg）一件	质量（kg）小计	备注	编号	规格	长度（mm）	数量	质量（kg）一件	质量（kg）小计	备注
1001	Q420 L160×12	8620	1	253.35	253.3	带脚钉	1025	L56×4	2308	2	7.95	15.9	切角
1001A	Q420 L160×12	8620	1	253.35	253.3		1026	L56×4	2308	2	7.95	15.9	切角
1002	Q420 L160×12	8620	2	253.35	506.7		1027	L56×4	2308	2	7.95	15.9	
1003	Q355 L70×5	6037	4	32.58	130.3	切角	1028	L56×4	2308	2	7.95	15.9	
1004	Q355 L70×5	6037	4	32.58	130.3	切角	1029	L50×4	1411	4	4.32	17.3	
1005	L40×4	560	4	1.36	5.4	切角	1030	L40×4	470	4	1.14	4.6	
1006	L40×4	560	4	1.36	5.4	切角	1031	L40×4	470	2	1.14	2.3	切角
1007	L56×4	1573	8	4.81	38.5		1032	L40×4	470	2	1.14	2.3	切角
1008	L45×4	1071	4	2.93	11.7	切角	1033	L45×4	823	4	2.25	9.0	压扁
1009	L45×4	1071	4	2.93	11.7	切角	1034	−6×176	426	4	3.54	14.2	卷边50mm
1010	L56×4	1761	8	5.39	43.1		1035	L40×3	712	4	1.32	5.3	
1011	L56×4	1581	4	5.45	21.8	切角	1036	L40×3	1832	8	3.39	27.1	
1012	L56×4	1581	4	5.45	21.8	切角	1037	L45×4	3622	8	9.91	79.3	
1013	L56×4	2064	8	7.11	56.9		1038	L45×4	1208	8	3.30	26.4	
1014	Q355 L70×6	3863	4	24.75	99.0	开角处理	1039	L40×3	573	8	1.06	8.5	
1015	Q355 L75×6	2634	4	18.19	72.8	切肢	1040	−5×151	161	4	0.95	3.8	火曲
1016	Q355 L75×6	2634	4	18.19	72.8		1041	−5×151	161	4	0.95	3.8	火曲
1017	Q355 L75×6	3370	2	23.27	46.5	开角处理	1042	−5×137	165	4	0.89	3.6	火曲
1017A	Q355 L75×6	3370	1	23.27	23.3	开角处理	1043	−5×137	165	4	0.89	3.6	火曲
1017B	Q355 L75×6	3370	1	23.27	23.3	开角处理	1044	−5×143	151	4	0.85	3.4	火曲
1018	L40×3	1363	8	2.52	20.2		1045	−5×143	151	4	0.85	3.4	火曲
1019	Q420 L140×10	610	4	13.11	52.4		1046	−5×130	166	4	0.84	3.4	火曲
1020	Q420 −10×135	610	4	6.46	25.8		1047	−5×130	166	4	0.84	3.4	火曲
1020A	Q420 −10×135	610	4	6.46	25.8		1048	Q355 −40×540	540	4	91.56	366.2	
1021	Q355 −8×263	375	6	6.19	37.1		1049	Q355 −14×543	456	4	27.20	108.8	
1022	Q355 −6×231	476	4	5.18	20.7	卷边50mm	1050	Q355 −14×270	436	4	12.03	48.1	
1023	Q355 −8×220	268	6	3.70	22.2		1051	Q355 −14×308	456	4	15.38	61.5	
1024	Q355 −8×375	541	4	12.73	50.9	卷边50mm	1052	Q355 −10×180	300	8	4.16	33.3	

图 10.1−17　110−EC21D−DL−17　110−EC21D−DL 终端塔 18.0m 腿部及电缆平台结构图⑩（二）

编号	规格	长度 (mm)	数量	质量（kg）		备注	编号	规格	长度 (mm)	数量	质量（kg）		备注
				一件	小计						一件	小计	
⑩53	Q355−10×180	150	8	2.08	16.6		⑩82	[14a	7860	1	131.85	131.8	
⑩54	Q420 L140×10	4920	1	105.72	105.7	开角处理	⑩83	[14a	7860	1	131.85	131.8	
⑩55	Q420 L140×10	4920	1	105.72	105.7	开角处理	⑩84	[14a	7860	1	131.85	131.8	
⑩56	Q355 L125×8	4670	1	72.40	72.4	切角合角处理	⑩85	[14a	7860	1	131.85	131.8	
⑩57	Q355 L125×8	4670	1	72.40	72.4	切角合角处理	⑩86	Q420 L140×10	7860	1	160.30	160.3	
⑩58	Q355 L63×5	2115	1	10.20	10.2		⑩87	Q355 L90×7	4310	2	41.62	83.2	
⑩59	Q355 L63×5	2115	1	10.20	10.2		⑩88	Q355 L90×7	4310	2	41.62	83.2	
⑩60	Q355 L63×5	1478	1	7.13	7.1		⑩89	Q355 L100×8	4390	1	53.89	53.9	
⑩61	Q355 L63×5	1478	1	7.13	7.1		⑩90	Q355 L100×8	4390	1	53.89	53.9	
⑩62	L40×3	897	2	1.66	3.3		⑩91	−4×1320	7460	1	309.20	309.2	
⑩63	Q355 L63×5	1882	1	9.08	9.1		⑩92	−4×930	7450	1	217.55	217.6	
⑩64	Q355 L63×5	1882	1	9.08	9.1		⑩93	−4×1420	7460	1	332.63	332.6	
⑩65	Q355 L63×5	769	1	3.71	3.7		⑩94	Q355−14×320	320	3	11.25	33.8	
⑩66	Q355 L63×5	769	1	3.71	3.7		⑩95	Q355−16×520	520	3	33.96	101.9	
⑩67	L40×3	781	2	1.45	2.9		⑩96	L50×4	4390	1	13.43	13.4	
⑩68	Q355−10×324	711	1	18.10	18.1	卷边50mm	⑩97	L50×4	4390	1	13.43	13.4	
⑩69	Q355−10×324	711	1	18.10	18.1	卷边50mm	⑩98	L50×4	1250	1	3.83	3.8	
⑩70	Q355−8×172	220	2	2.38	4.8		⑩99	L50×4	1250	1	3.83	3.8	
⑩71	Q355−8×172	242	2	2.62	5.2		⑩-100	L50×4	1251	1	3.83	3.8	
⑩72	Q355−8×189	310	2	3.67	7.3		⑩-101	L50×4	1251	1	3.83	3.8	
⑩73	Q355−6×173	250	2	2.03	4.1		⑩-102	L50×4	7575	1	23.17	23.2	
⑩74	Q355−10×438	672	1	23.10	23.1	卷边50mm	⑩-103	−50×4	7575	2	11.89	23.8	
⑩75	Q355−10×438	672	1	23.10	23.1	卷边50mm	⑩-104	−50×4	1097	7	1.72	12.0	
⑩76	Q420−12×448	684	2	28.90	57.8		⑩-105	−50×4	1250	10	1.96	19.6	
⑩77	Q355 L70×6	3536	2	22.65	45.3		⑩-106	−50×4	4390	4	6.89	27.6	
⑩78	Q355 L100×8	2361	4	28.98	115.9	切角	⑩-107	L50×4	1021	1	3.12	3.1	
⑩79	Q355−6×224	389	4	4.11	16.4		⑩-108	L50×4	1021	1	3.12	3.1	
⑩80	Q355−6×188	443	4	3.92	15.7	卷边50mm	⑩-109	L45×4	1193	1	3.26	3.3	
⑩81	Q420 L140×10	7860	1	160.30	160.3		⑩-110	L45×4	1193	1	3.26	3.3	

图 10.1−17　110−EC21D−DL−17　110−EC21D−DL 终端塔 18.0m 腿部及电缆平台结构图⑩（三）

编号	规格	长度(mm)	数量	质量(kg) 一件	小计	备注	编号	规格	长度(mm)	数量	质量(kg) 一件	小计	备注
10-111	L40×3	1193	1	2.21	2.2		10-121	L45×4	1457	2	3.99	8.0	
10-112	L40×3	1193	1	2.21	2.2		10-122	L40×4	964	2	2.34	4.7	
10-113	L40×3	1193	2	2.21	4.4		10-123	Q355−10×221	228	2	3.95	7.9	
10-114	−5×170	205	2	1.37	2.7		10-124	Q355−10×214	246	2	4.13	8.3	
10-115	−50×4	1414	2	2.22	4.4		10-125	−8×60	120	2	0.45	0.9	垫板
10-116	Q355 L110×8	6024	1	81.52	81.5	切角切肢	10-126	−18×60	60	1	0.51	0.5	垫板
10-117	Q355 L110×8	6024	1	81.52	81.5		10-127	−10×60	60	4	0.28	1.1	垫板
10-118	L40×4	972	2	2.36	4.7		10-128	−8×60	60	4	0.23	0.9	垫板
10-119	L45×4	1625	2	4.45	8.9								
10-120	L56×4	2203	2	7.59	15.2		合计					6318.5kg	

螺栓、垫圈、脚钉明细表

名称	级别	规格	符号	数量	质量(kg)	备注
螺栓	6.8级	M16×40	◑	400	57.7	
		M16×50	◐	155	24.8	
		M16×60	✖	48	8.5	
		M20×45	○	181	48.9	
		M20×55	⌀	195	57.6	
		M20×65	⊠	54	17.3	
	8.8级	M24×65	⌀	48	24.0	
		M24×75	⊠	39	20.9	
脚钉	6.8级	M16×180	正面 ⊕ 侧面 ——	15	4.9	
		M20×200		3	1.9	
	8.8级	M24×240		1	0.9	
垫圈	Q235	−3（φ17.5）	规格×个数	24	0.3	
		−3（φ22）		2	0.0	
合计					267.7kg	

图 10.1−17 110−EC21D−DL−17 110−EC21D−DL 终端塔 18.0m 腿部及电缆平台结构图⑩（四）

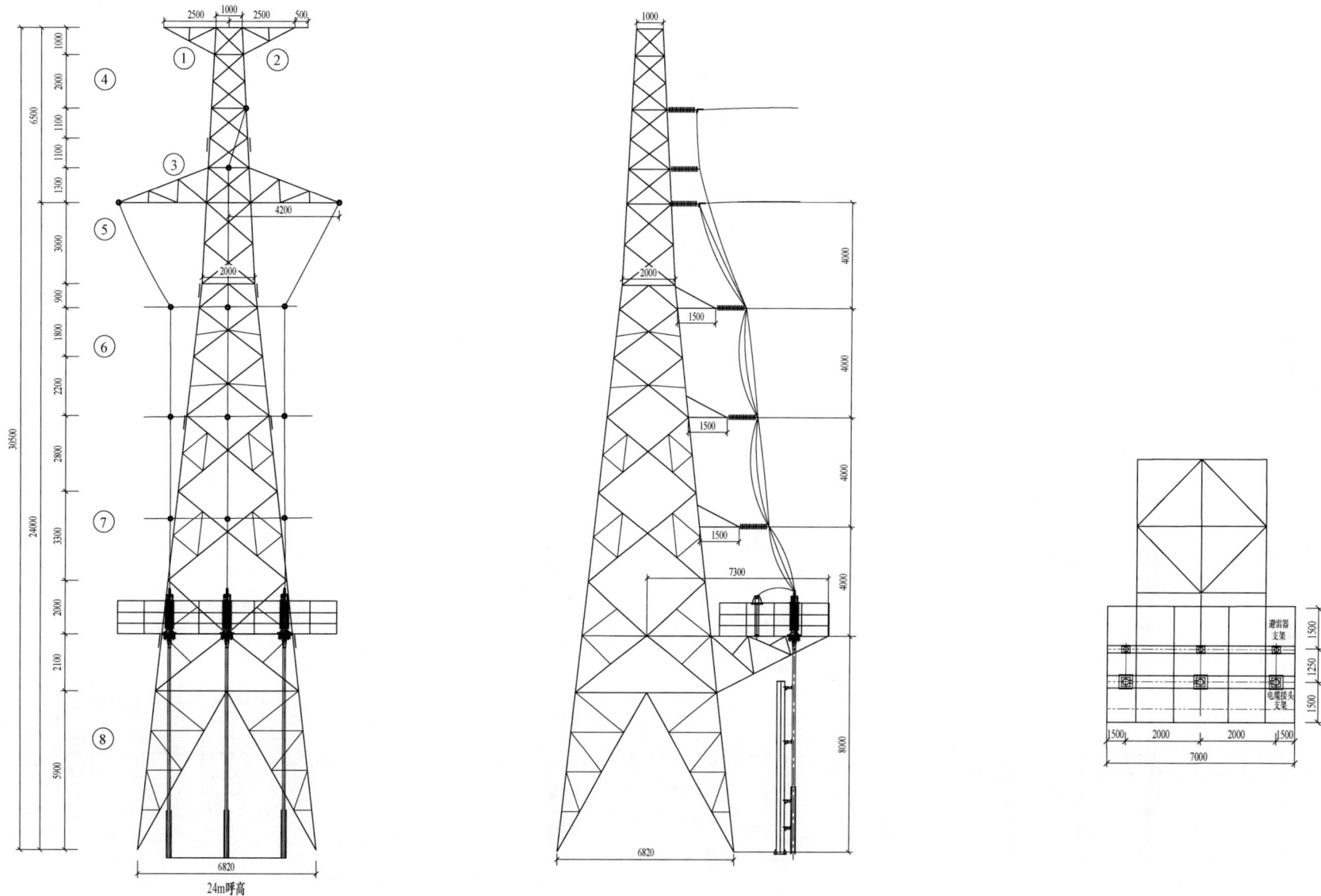

图 10.1-18 110-EC21D-DL-18 110-EC21D-DL 终端塔 24.0m 电缆平台下线示意图

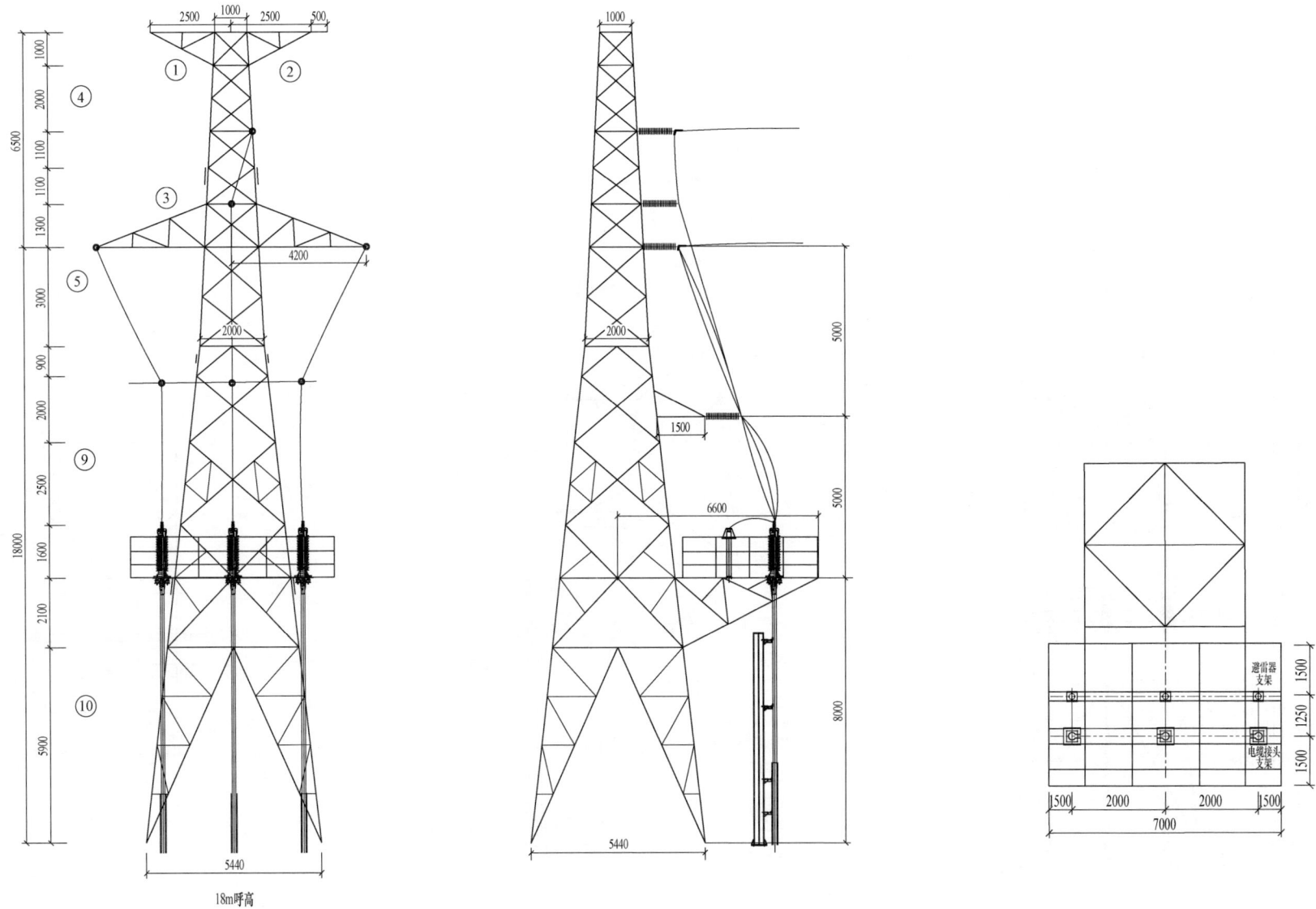

图 10.1 – 19 110 – EC21D – DL – 19 110 – EC21D – DL 终端塔 18.0m 电缆平台下线示意图

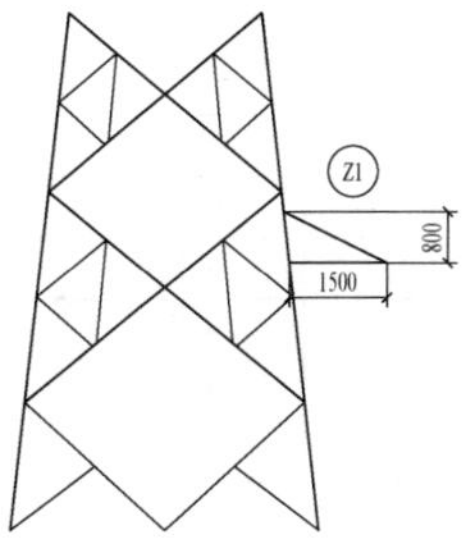

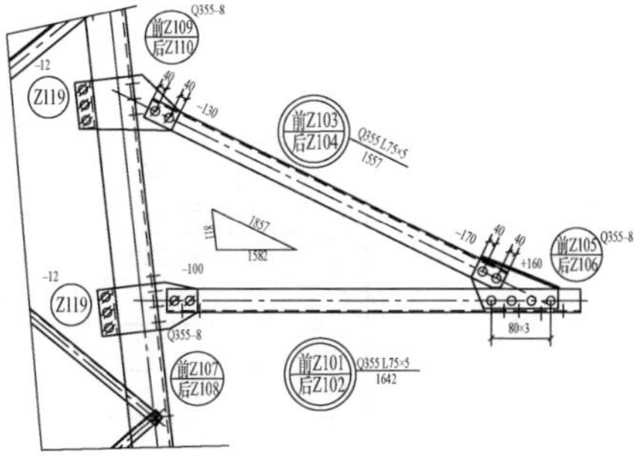

说明：1. 支撑绝缘子板安装尺寸按照设计参考尺寸设计，具体工程按照实际工程型号预留。
2. 其他段绝缘子固定支架参照本支架进行调整放样。
3. 放样时，应检查支架夹具及构件与原塔杆件碰撞情况，同时根据碰撞情况可略微调整支架位置，并及时通知设计。
4. 材料表中构件尺寸仅为备料用，具体尺寸放样确定。
5. 24m呼高绝缘子固定支架用Z1/Z2/Z3，18m呼高绝缘子固定支架用Z4。
6. 夹具垫板厚度根据主材厚度确定。

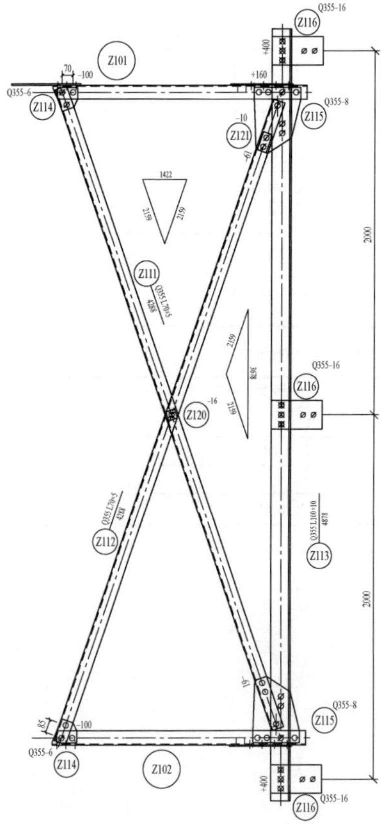

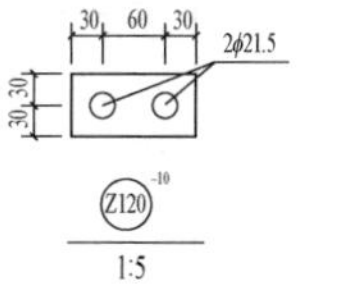

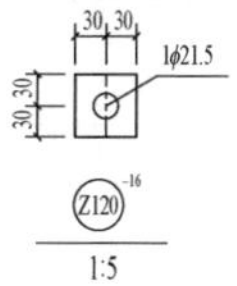

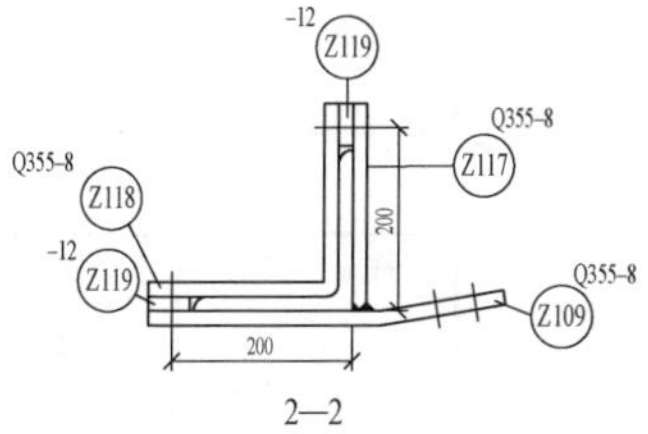

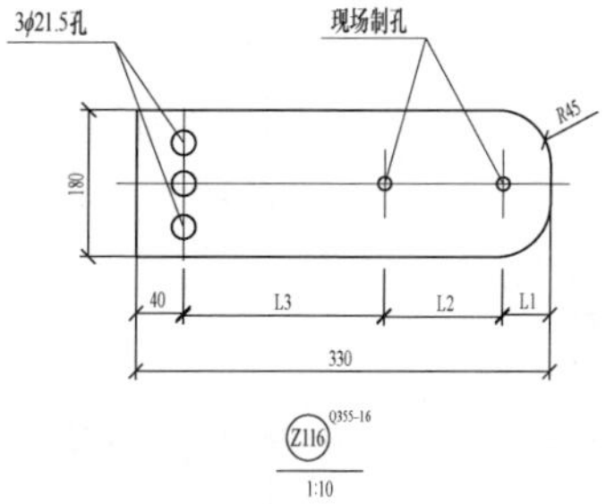

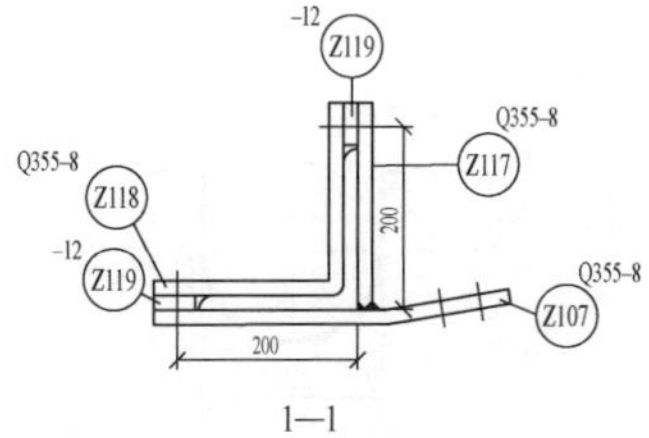

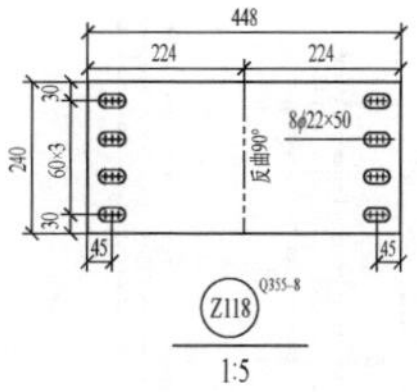

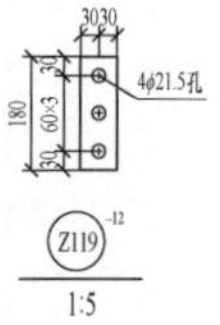

构 件 明 细 表

编号	规格	长度（mm）	数量	质量（kg） 一 件	质量（kg） 小计	备注
Z101	Q355 L75×5	1642	1	9.55	9.6	切角合角处理
Z102	Q355 L75×5	1642	1	9.55	9.6	切角合角处理
Z103	Q355 L75×5	1557	1	9.06	9.1	切角
Z104	Q355 L75×5	1557	1	9.06	9.1	切角
Z105	Q355-8×233	428	1	6.27	6.3	卷边50mm
Z106	Q355-8×232	428	1	6.25	6.3	卷边50mm
Z107	Q355-8×180	393	1	4.44	4.4	
Z108	Q355-8×180	393	1	4.44	4.4	
Z109	Q355-8×210	419	1	5.53	5.5	
Z110	Q355-8×212	418	1	5.56	5.6	
Z111	Q355 L70×5	4263	1	23.01	23.0	切角
Z112	Q355 L70×5	4263	1	23.01	23.0	
Z113	Q355 L100×10	4878	1	73.76	73.8	
Z114	Q355-6×130	150	2	0.92	1.8	
Z115	Q355-8×300	445	2	8.38	16.8	
Z116	Q355-16×180	315	3	7.12	21.4	支撑绝缘子板
Z117	Q355-8×180	230	4	2.60	10.4	焊接
Z118	Q355-8×180	447	4	5.05	20.2	火曲
Z119	-12×60	180	8	1.02	8.2	
Z120	-16×60	60	1	0.45	0.5	垫板
Z121	-10×60	120	1	0.57	0.6	垫板
合计					269.6kg	

螺栓、脚钉、垫圈明细表

名称	级别	规格	符号	数量	质量（kg）	备注
螺栓	6.8级	M20×45	○	22	5.9	
		M20×55	∅	8	8.9	
		M20×65	∅	36	4.1	
合计					19.0kg	

图 10.1-20 110-EC21D-DL-20 110-EC21D-DL 终端塔绝缘子固定支架结构图㉑

构 件 明 细 表

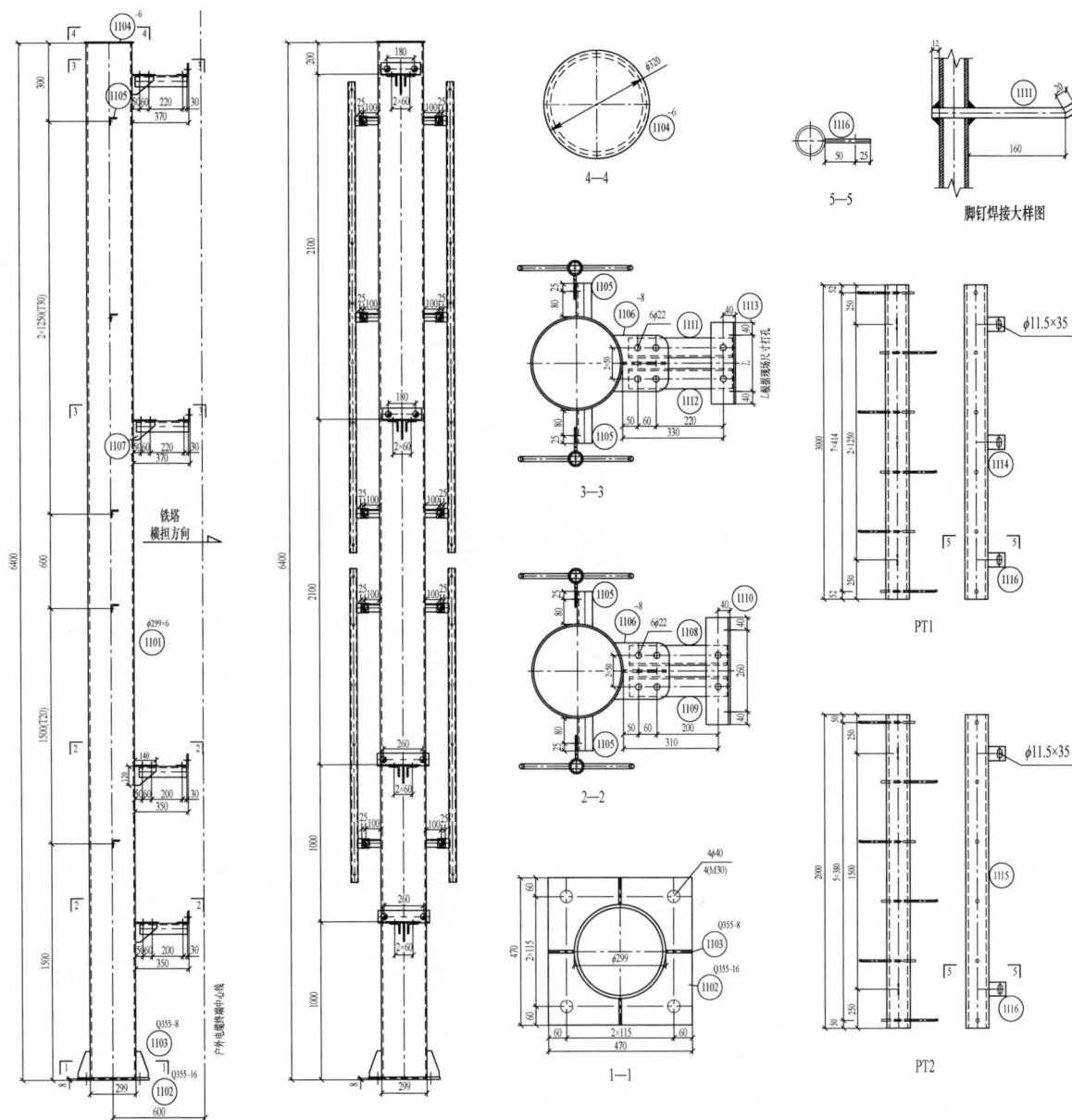

编号	规格	长度(mm)	数量	质量（kg） 一件	质量（kg） 小计	备注
1101	$\phi 299 \times 6$	6392	1	259.78	259.8	
1102	$Q355-18 \times 470$	470	1	31.21	31.2	
1103	$Q355-8 \times 80$	160	4	0.80	3.2	
1104	-6×320	320	1	4.82	4.8	
1105	$L50 \times 5$	105	8	0.40	3.2	
1106	-8×180	180	4	2.03	8.1	
1107	-8×120	150	4	1.13	4.5	
1108	$L63 \times 5$	320	2	1.54	3.1	
1109	$L63 \times 5$	320	2	1.54	3.1	
1110	$L80 \times 6$	340	2	2.51	5.0	
1111	$L63 \times 5$	340	2	1.64	3.3	
1112	$L63 \times 5$	340	2	1.64	3.3	
1113	$L80 \times 6$	260	2	1.92	3.8	
1114	$\phi 48 \times 4$	3000	2	13.02	26.0	
1115	$\phi 48 \times 4$	2000	2	8.68	11.4	
1116	-8×60	75	10	0.28	2.8	
1117	$\phi 16$	240	30	0.38	11.4	
1118	-4×50	610	2	0.96	1.9	铝合金
合计					395.9kg	

螺栓、脚钉、垫圈明细表

名称	级别	规格	符号	数量	质量（kg）	备注
螺栓	6.8 级	$M16 \times 40$	●	14	2.0	
		$M20 \times 45$	○	24	6.4	
合计					8.4kg	

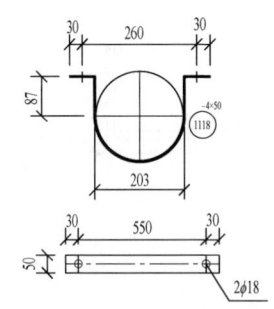

图 10.1-21 110-EC21D-DL-21 110-EC21D-DL 终端塔电缆支柱结构图⑪

铁 塔 加 工 说 明

（1）除结构图上特别注明外，均按本要求进行加工。
（2）本塔所用钢材、焊条必须符合现行国家标准的各项技术条件要求。
（3）角钢准线除图纸中特别注明外，均按下表取值：

（单位：mm）

序号	角钢肢宽 b	基准线距 g	螺栓准线距 单排 g	螺栓准线距 双排 g₁	螺栓准线距 双排 g₂	最大使用孔径 φ
1	40	20	20			
2	45	23	23			
3	50	25（28）	25（28）			φ17.5
4	56	28（32）	28（32）			
5	63	30（36）	30（36）			
6	70	35（40）	35（40）			
7	75	38（40）	38（40）			
8	80	40	40			φ21.5
9	90	45	45			
10	100	50	50			
11	110	55	55	45	75	
12	125	60	60	50	85	
13	140	70	70	55	90	
14	160	80	80	60	105	φ25.5
15	180	90	90	65	120	
16	200	100	100	75	135	

注　括号内数字用于当其他构件与本角钢塔接面螺栓边距不足时，在塔接位置上的螺栓孔可使用的准线值，当采用括号内准线值时，需在结构图中标注。

（4）螺栓、脚钉、垫圈规格表如下：

螺 栓 规 格 表

级别	单帽螺栓（带一垫，一扣紧螺母）规格	符号	通过厚	无扣长	质量	双帽螺栓 规格	符号	通过厚	无扣长	质量
	M16×40		8~12	7	0.146	M16×45		8~12	7	0.1741
	M16×50		13~22	12	0.16	M16×55		13~22	12	0.1896
	M16×60		23~32	22	0.176	M16×65		23~32	22	0.2054
	M16×70		33~42	32	0.192	M16×75		33~42	32	0.2212
	M20×45		10~15	9	0.268	M20×55		10~15	9	0.3304
	M20×55		16~25	15	0.288	M20×65		16~25	15	0.3350
	M20×65		26~35	25	0.313	M20×75		26~35	25	0.3796
	M20×75		36~45	35	0.338	M20×85		36~45	35	0.4042
	M20×85		46~55	45	0.362	M20×95		46~55	45	0.4288
	M20×95		56~65	55	0.387	M20×105		56~65	55	0.4537
	M24×55		16~20	15	0.468	M24×70		16~20	15	0.5956
	M24×65		21~30	20	0.498	M24×80		21~30	20	0.6312
	M24×75		31~40	30	0.533	M24×90		31~40	30	0.6668
	M24×85		41~50	40	0.569	M24×100		41~50	40	0.7024
	M24×95		51~60	50	0.604	M24×110		51~60	50	0.7380
	M24×105		61~70	60	0.6376	M24×120		61~70	60	0.7736

脚钉、垫圈规格表

脚钉 规格	符号	质量	无扣长	垫圈 规格	符号	质量	内径	外径
M16×180	⊕→	0.3799	120	-3（17.5）		0.01065	17.5	30
				-4（17.5）		0.0142	17.5	30
M20×200	⊕→	0.6749	120	-3（22）		0.01637	22	37
				-4（22）		0.02183	22	37
M24×240	⊕→	1.1803	120	-3（26）		0.02331	26	44
				-4（26）		0.03108	26	44

（5）螺栓孔距和边距按下表取值：

（单位：mm）

螺栓规格	螺栓孔径	螺栓间距 单排孔 S_1	螺栓间距 双排孔 S_2	边距 端孔 L_d	边距 轧制孔 L_z	边距 切角孔 L_Q
M12	φ13.5	40	60	20	≥17	≥18
M16	φ17.5	50	80	25	≥21 20（L40 角钢时）	≥23
M20	φ21.5	60	100	30	≥26	≥28
M24	φ25.5	80	120	40	≥31	≥33
备注	螺孔顺力线方向重心最大距离：12d 或 18t（取二者较小者），其中 d 为螺栓直径，L 为较薄板的厚度。					

（6）结构图中未注明详细尺寸的节点板，可按下图所示原则放样。

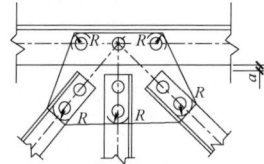

单位：mm

符号＼孔径	17.5	21.5
R	25	30	25.5
a	5≤a≤10	40

（7）铁塔构件连接主要以螺栓连接为主，少数采用焊接（如塔脚板连接等）。构件焊接应按照焊接规程、规范和有关规定进行，焊缝高度不得小于连接构件的最小厚度，当被焊接构件厚 8mm 及以上时，要按规定进行剖口后再焊，以便焊透。

（8）焊条：Q355 钢采用 E50，Q235 钢采用 E43，Q355 钢与 Q235 钢焊接时采用 E43。

（9）主材与主材，塔腿与塔脚板接头螺栓排列，应按正面左侧主材为基准，逆时针转动，左高右低布置。

（10）连接螺栓长度因通过厚度不同而不同。

（11）铁塔构件所用钢种除注明 Q355 外，其余均为 Q235，材质均为 B 级，所有构件均须热镀锌。所有螺栓（包括防盗螺栓）的高度等级为热镀锌后的强度值。

（12）结构图材料表中的尺寸供统计材料之用，除结构控制尺寸外，下料尺寸按实际放样确定。

（13）本塔 M16、M20L 螺栓 6.8 级（包含脚钉），M24 螺栓 8.8 级（包含脚钉）。

（14）脚钉一般从离地面 1.2m 处以上开始向上装设，间距 400~450mm，加工放样时可适当调整脚钉的位置，脚钉采用防滑带直钩形式。

（15）加工时如需材料代用及改变节点形式等情况，须与设计单位联系解决。材料代用时，需注意相关影响（螺栓长度、主材接头相平、内垫片增减等），应与图纸对应列表统计，并由加工厂书面通知施工安装。

（16）钢材质量标准应符合《碳素结构钢》（GB 700—2006）及《低合金高强度结构钢》（GB/T 1591—2008）的有关要求；螺栓、螺母、扣紧螺母应符合的标准分别为《六角头螺栓 C 级》（GB/T 5780—2000），《I 型六角螺母》（GB/T 6170—2000），《扣紧螺母》（GB 805—88）。所有材料，包括角钢、螺栓、防盗螺栓、扣紧螺母、焊条等均应有出厂合格证书。

（17）铁塔的设计执行《架空输电线路杆塔结构设计技术规程》（DL/T 5486—2020）的有关规定。

（18）本铁塔结构图根据《输电线路铁塔制图和构造规定》（DL/T 5442—2020）和本塔加工说明要求绘制的。

（19）铁塔加工时应严格执行《输电线路铁塔制造技术条件》（GB 2694—2018）的要求。本系列铁塔构件的尺寸均以放样为准，构件加工后必须试组装，验收合格后方可批量加工。

（20）除上述各项规定外，铁塔加工还应按照《110~750kV架空输电线路施工及验收规范》（GB 50233—2014）的要求。

（21）其他事项：
节点板考虑到钢度要求，形状不宜狭长，节点板边缘与构件轴线夹角 α 不小于 15°，如下图所示。

构件厚度大于 10mm 须采用钻孔方法加工，构件接头中外包角钢铲芯，内包角钢铲背。凡图中所要求的火曲，开合角，切肢，压扁、切角的尺寸均由加工放样决定。

两构件连接面间的间隙大于 3mm 时，构件应局部开、合角或制弯。

当构件需采用切肢或压扁时，应优先采用切肢。

图 10.1－22　110－EC21D－DL－22　110－EC21D－DL 终端塔铁塔加工说明

10.2　110-EC21S-DL 子模块

序号	图号	图名	张数	备注
1	110-EC21S-DL-01	110-EC21S-DL 终端塔总图及材料汇总表	1	
2	110-EC21S-DL-02	110-EC21S-DL 终端塔地线支架结构图①	1	
3	110-EC21S-DL-03	110-EC21S-DL 终端塔地线支架结构图②	1	
4	110-EC21S-DL-04	110-EC21S-DL 终端塔导线横担结构图③	1	
5	110-EC21S-DL-05	110-EC21S-DL 终端塔塔身结构图④	1	
6	110-EC21S-DL-06	110-EC21S-DL 终端塔塔身结构图⑤	1	
7	110-EC21S-DL-07	110-EC21S-DL 终端塔塔身结构图⑥	1	
8	110-EC21S-DL-08	110-EC21S-DL 终端塔塔身结构图⑦	1	
9	110-EC21S-DL-09	110-EC21S-DL 终端塔塔身结构图⑧	1	
10	110-EC21S-DL-10	110-EC21S-DL 终端塔塔身结构图⑨	1	
11	110-EC21S-DL-11	110-EC21S-DL 终端塔 24.0m 塔腿部结构图⑩	1	
12	110-EC21S-DL-12	110-EC21S-DL 终端塔 24.0m 塔腿部结构图⑩	1	
13	110-EC21S-DL-13	110-EC21S-DL 终端塔塔身结构图⑪	1	
14	110-EC21S-DL-14	110-EC21S-DL 终端塔 18.0m 塔腿部结构图⑫	1	
15	110-EC21S-DL-15	110-EC21S-DL 终端塔 24.0m 电缆平台结构图⑬	1	
16	110-EC21S-DL-16	110-EC21S-DL 终端塔 24.0m 电缆平台结构图⑬	1	
17	110-EC21S-DL-17	110-EC21S-DL 终端塔 24.0m 电缆平台结构图⑬	1	
18	110-EC21S-DL-18	110-EC21S-DL 终端塔 18.0m 电缆平台结构图⑭	1	
19	110-EC21S-DL-19	110-EC21S-DL 终端塔 18.0m 电缆平台结构图⑭	1	
20	110-EC21S-DL-20	110-EC21S-DL 终端塔 24.0m 电缆平台下线示意图	1	
21	110-EC21S-DL-21	110-EC21S-DL 终端塔 18.0m 电缆平台下线示意图	1	
22	110-EC21S-DL-22	110-EC21S-DL 终端塔绝缘子固定支架结构图	1	
23	110-EC21S-DL-23	110-EC21S-DL 终端塔电缆支柱结构图	1	
24	110-EC21S-DL-24	110-EC21S-DL 终端塔铁塔加工说明	1	

110-EC21S-DL-00　110-EC21S-DL 终端塔图纸目录

铁塔根开及基础根开表

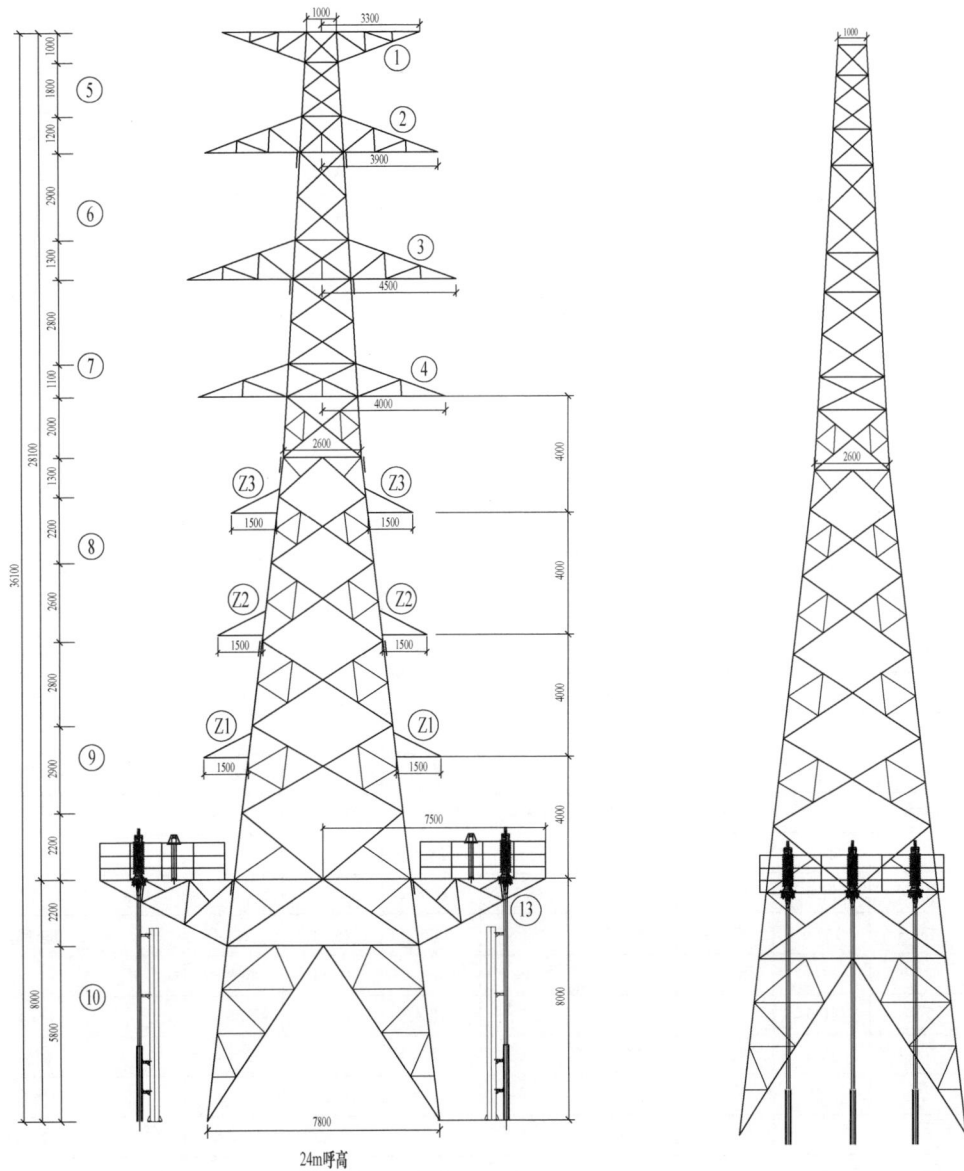

呼高（m）	铁塔根开（mm）		基础根开（mm）		地脚螺栓间距（mm）	地脚螺栓规格（等级）
	正面根开	侧面根开	正面根开	侧面根开		
18.0	6382	6382	6432	6432	340	M64（5.6级）
24.0	7800	7800	7850	7850	340	M64（5.6级）

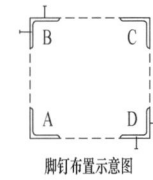

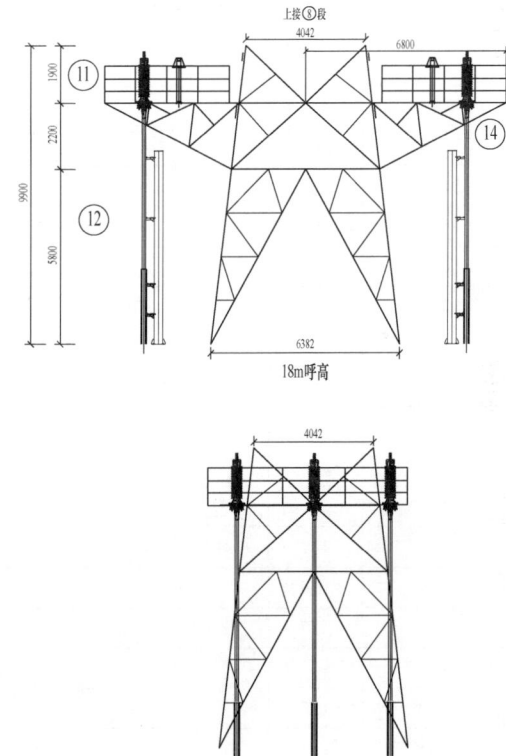

脚钉布置示意图

18m呼高

24m呼高

图 10.2-1　110-EC21S-DL-01　110-EC21S-DL 终端塔总图及材料汇总表（一）

材 料 汇 总 表

材料	材质	规格	段号															质量（kg）	
			①	②	③	④	⑤	⑥	⑦	⑧	⑨	⑩	⑪	⑫	⑬	⑭	⑮	18.0	24.0
角钢	Q420	L180×14								838.3	778.9	1697.4	578.9	1297.4			1450	4164.6	4764.6
		L140×12							664.1		154.9	155.1	134.9	135.1				934.1	974.1
		小计							664.1	838.3	933.8	1852.5	833.8	1652.5				3988.7	4288.7
	Q355	L140×10						46.6	49.7						431.4	461.4		557.7	527.7
		L125×10						46.6	49.7						319.3	329.3		425.6	415.6
		L110×10						280.7										280.7	280.7
		L100×8		160.4					282.5						927.4	1027.4		1470.3	1370.3
		L90×10				155.1			29.9						463.5	363.5		548.5	648.5
		L90×8			157.4			79.2	21.7			136.4		132.7				391	394.7
		L90×7							67.2	141.3		373.7		323.7	91.9	81.9	126	740.1	800.1
		L80×6		137.1	162	152.4	101.3		477.3			449.6		459.6	293.6	273.6		1763.3	1773.3
		L70×6						314		69.4	198.6	165.9	198.6	185.9	123.2	153.2		921.1	871.1
		L70×5	61.9				21.7			471.9	615		615					1170.5	1170.5
		L63×5	51.8							682.6								734.4	734.4
		小计	113.7	297.5	319.4	307.5	123	720.5	928.3						2650.3	2850.3		5660.2	5460.2
	Q235	L63×5				97.4	102.8	31.6	39.9			54		54			80.7	406.4	406.4
		L56×5		87.5	110.8	89.7						230.8		230.8				518.8	518.8
		L56×4	9					16.3	17.4			278.4		278.4	90.1	92.1		413.2	411.2
		L50×5					44.5	14				157.6		157.6	20.7	10.7		226.8	236.8
		L45×4	13.8			43.8			34.1	21.1	139.4	106.3	139.4	106.3	355.6	255.6		614.1	714.1
		L40×4	22.4		55.8		12.9			29.9	28	28.9	28	28.9				177.9	177.9
		L40×3	52.5	53.7	20.3	4.5	11.3	5.4	44.9	92.6	38.3	60.8	38.3	60.8				384.3	384.3
		小计	97.7	141.2	186.9	145.7	261.2	67.3	136.3	143.6	984.6	1086.2	984.6	1086.2	466.4	412.4		3663.1	3717.1
钢板	Q355	−6	19.6				102.6	66.8	85.1			27.6	10	4.9	106.4	108.8		397.8	408.1
		−8		33.4	32.3	34.9	52.6	97.8	76.7	10.6	30		30	18.8	146.3	186.3		573.4	514.6
		−10							205.7	39.4	120.8	34.8	110.8	40.7	251.4	211.4		608	652.1
		−14	33.7							3.2		50.6		30.4	67.5	47.5		114.8	155
		−16		76.7	83.7	95.1									203.8	173.8		429.3	459.3
		小计	53.3	110.1	116	130	155.2	164.6	367.5	53.2	150.8	113	150.8	94.8	775.4	675.4		2070.9	2189.1

图 10.2－1　110－EC21S－DL－01　110－EC21S－DL 终端塔总图及材料汇总表（二）

材料	材质	规格	段号															质量（kg）	
			①	②	③	④	⑤	⑥	⑦	⑧	⑨	⑩	⑪	⑫	⑬	⑭	⑮	18.0	24.0
钢板	Q235	-2							2.3									2.3	2.3
		-6	12.1	12.6	12	12.9	16.4	9.7	31.8			18.8		15.2			60.2	182.9	186.5
		-8				12	0.9				25.4	17.9	23.7	16.8				53.4	56.2
		-10	0.8	0.4	0.4	1		2.3				95.4	16.9	95.4	116.7	216.7		333.9	217
		-12	0.5	0.5	0.5				2.7	228.9	17.8	454.9		454.9	1728.6	1928.6		2616.6	2434.4
		-14		0.5	0.5							485.9		485.9	1.6	1.6		488.5	488.5
		小计	13.4	14	13.4	13.9	16.4	24	37.7	228.9		1060.4		1060.4	1846.9	1746.9		3169	3269
螺栓	6.8	M16×40	8.2	5.5	4.6	1.3	14.8	3.7	7.9	25	10	49.9	7.99	49.9	51.6	31.6	20.8	181.29	203.3
		M16×50	6.2	5.1	6.4	1.8	7	1.9	5.8	30	20	31.8	10.8	31.8	88.4	108.4	22.6	237.8	227
		M16×60	1.4	2.1	2.5		1.4											7.4	7.4
		M16×70	0.8	0.4														1.2	1.2
		小计	16.6	13.1	13.5	3.1	23.2	5.6	13.7	12.6	11.9	25.6	11.9	16.9	83.9	93.9	32	256.1	254.8
	6.8	M20×45	8.6	3.2	3.2	10.5	68	38.9	46.4	25.4	10.5	68.7	10.5	58.7	19.4	29.4		302.8	302.8
		M20×55		8.9	8.9	12.4		57.8	78.2	22.8	40.8	80.4	20.8	78.8				288.6	310.2
		M20×65		5.1	5.1	10.2		3.8	44.8	60.2	50.8		30.8					160	180
		M20×75			0.7	0.3												1	1
		M20×85		0.7														0.7	0.7
		小计	8.6	17.9	17.9	33.4	68	100.5	169.4	176	144	256.4	104	176.4	243.3	253.3	75.4	1200.8	1310.8
		螺栓合计	25.2	31	31.4	36.5	91.2	106.1	183.1	176	144	256.4	104	176.4	243.3	253.3	75.4	1289.6	1399.6
脚钉	6.8	M16×180						3.3	3.9	7.2	5.2	6.4	7.6	5.3	6.1			14.4	14.4
	6.8	M20×200						2.5	4.9	6.8	3.3	2.2	3.6	2.7	3.3			14.2	14.2
垫圈	Q235	-3（17.5）	0.2	0.2	0.4	0.8	1.2	2.2	2.6	1.8	2.4	1.6	1.6	1.9	2.2	1.4		16.8	16.8
		-4（22）																0	0
		小计	0.2	0.2	0.4	0.8	1.2	2.2	2.6	1.8	2.4	1.6	1.6	1.9	2.2	1.4		16.8	16.8
合计（kg）			303.3	593.8	667.1	633.7	653.0	1091.3	2331	2146.6	2899.8	5766.5	1817.9	3929.6	8059.4	8189.9	2425.8	25360.2	29302.9

说明：18、24m 总重包含支架质量，每个支架质量按照 288.6kg 考虑。

图 10.2-1 110-EC21S-DL-01 110-EC21S-DL 终端塔总图及材料汇总表（三）

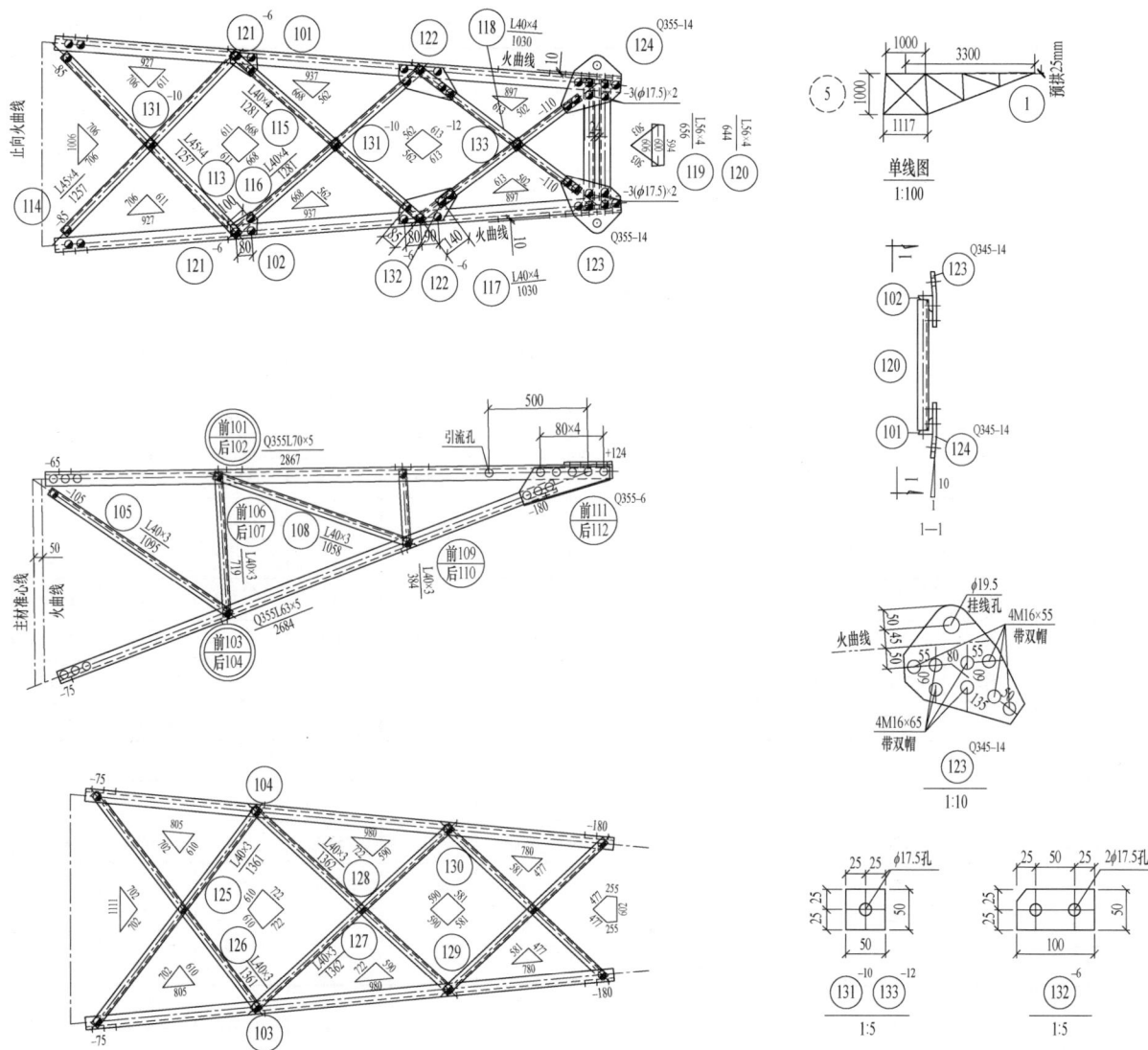

单线图
1:100

1-1

1:10

1:5

1:5

构件明细表

编号	规格	长度(mm)	数量	质量(kg) 一件	质量(kg) 小计	备注
101	Q355L70×5	2867	2	15.47	30.9	开角（93.5°）
102	Q355L70×5	2867	2	15.47	30.9	开角（93.5°）
103	Q355L63×5	2684	2	12.94	25.9	
104	Q355L63×5	2684	2	12.94	25.9	
105	L40×3	1095	4	2.03	8.1	
106	L40×3	719	2	1.33	2.7	切角
107	L40×3	719	2	1.33	2.7	切角
108	L40×3	1058	4	1.96	7.8	
109	L40×3	384	2	0.71	1.4	切角
110	L40×3	384	2	0.71	1.4	切角
111	Q355−6×219	473	2	4.91	9.8	火曲；卷边
112	Q355−6×219	473	2	4.91	9.8	火曲；卷边
113	L45×4	1257	2	3.44	6.9	
114	L45×4	1257	2	3.44	6.9	切角
115	L40×4	1281	2	3.10	6.2	
116	L40×4	1281	2	3.10	6.2	切角
117	L40×4	1030	2	2.49	5.0	
118	L40×4	1030	2	2.49	5.0	切角
119	L56×4	656	2	2.26	4.5	切角
120	L56×4	644	2	2.22	4.4	切角
121	−6×114	140	4	0.76	3.0	
122	−6×144	315	4	2.15	8.6	
123	Q355−14×228	327	2	8.24	16.5	火曲
124	Q355−14×232	336	2	8.62	17.2	火曲
125	L40×3	1361	2	2.52	5.0	
126	L40×3	1361	2	2.52	5.0	切角
127	L40×3	1362	2	2.52	5.0	
128	L40×3	1362	2	2.52	5.0	切角
129	L40×3	1108	2	2.05	4.1	
130	L40×3	1108	2	2.05	4.1	切角
131	−10×50	50	4	0.20	0.8	
132	−6×50	100	2	0.24	0.5	
133	−12×50	50	2	0.24	0.5	
合计					278.0kg	

螺栓、垫圈、脚钉明细表

名称	级别	规格	符号	数量	质量（kg）	备注
螺栓	6.8级	M16×40	◑	57	8.2	
		M16×50	◐	39	6.2	
		M16×60	▣	8	1.4	
		M16×70	◿	4	0.8	
		M20×45	○	32	8.6	
合计					25.3kg	

图 10.2−2　110−EC21S−DL−02　110−EC21S−DL 终端塔地线支架结构图①

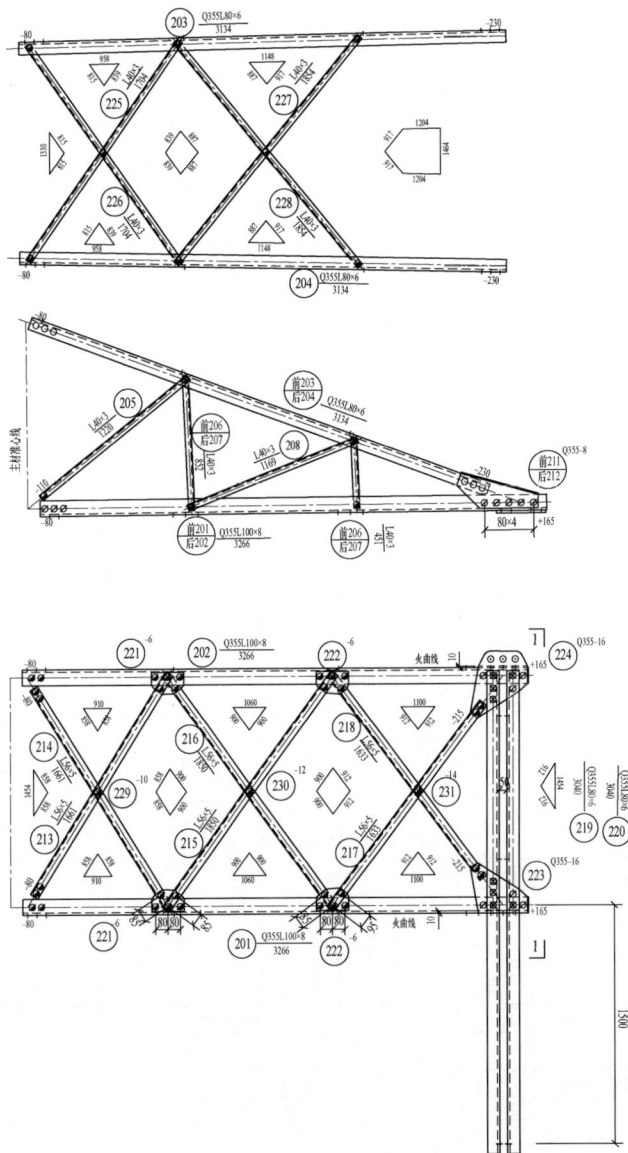

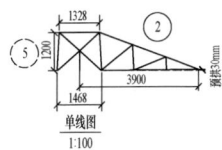

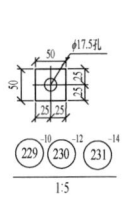

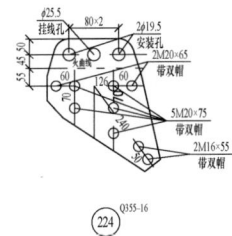

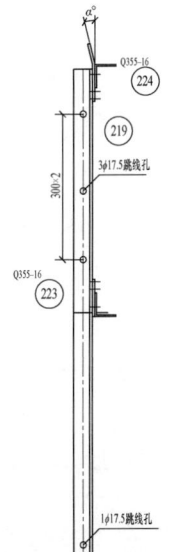

构件明细表

编号	规格	长度(mm)	数量	质量(kg) 一件	质量(kg) 小计	备注
201	Q355L100×8	3266	2	40.09	80.2	合角（86.7°）
202	Q355L100×8	3266	2	40.09	80.2	合角（86.7°）
203	Q355L80×6	3134	2	23.12	46.2	切角，开角（93.1°）
204	Q355L80×6	3134	2	23.12	46.2	切角，开角（93.1°）
205	L40×3	1220	4	2.26	9.0	
206	L40×3	852	2	1.58	3.2	切角
207	L40×3	852	2	1.58	3.2	切角
208	L40×3	1169	4	2.16	8.7	
209	L40×3	451	2	0.84	1.7	切角
210	L40×3	451	2	0.84	1.7	切角
211	Q355−8×242	547	2	8.35	16.7	火曲；卷边
212	Q355−8×242	547	2	8.35	16.7	火曲；卷边
213	L56×5	1661	2	7.06	14.1	
214	L56×5	1661	2	7.06	14.1	
215	L56×5	1850	2	7.86	15.7	
216	L56×5	1850	2	7.86	15.7	
217	L56×5	1633	2	6.94	13.9	
218	L56×5	1633	2	6.94	13.9	
219	Q355L80×6	3040	2	22.31	44.6	
220	Q355L80×6	3040	2	22.31	44.6	
221	−6×138	210	4	1.37	5.5	
222	−6×142	210	4	1.41	5.6	
223	Q355−16×320	476	2	19.16	38.3	
224	Q355−16×320	476	2	19.16	38.3	火曲
225	L40×3	1704	2	3.16	6.3	
226	L40×3	1704	2	3.16	6.3	切角
227	L40×3	1854	2	3.43	6.9	
228	L40×3	1854	2	3.43	6.9	
229	−10×50	50	2	0.20	0.4	
230	−12×50	50	2	0.24	0.5	
231	−14×50	50	2	0.27	0.5	
合计					562.8kg	

螺栓、垫圈、脚钉明细表

名称	级别	规格	符号	数量	质量(kg)	备注
螺栓	6.8级	M16×40	●	38	5.5	
		M16×50	●	32	5.1	
		M16×60	●	12	2.1	
		M16×70	●	2	0.4	
		M20×45	○	12	3.2	
		M20×55	∅	30	8.8	
		M20×65	⊗	16	5.1	
		M20×85	⊠	2	0.7	
合计					31.0kg	

图 10.2−3 110−EC21S−DL−03 110−EC21S−DL 终端塔地线支架结构图②

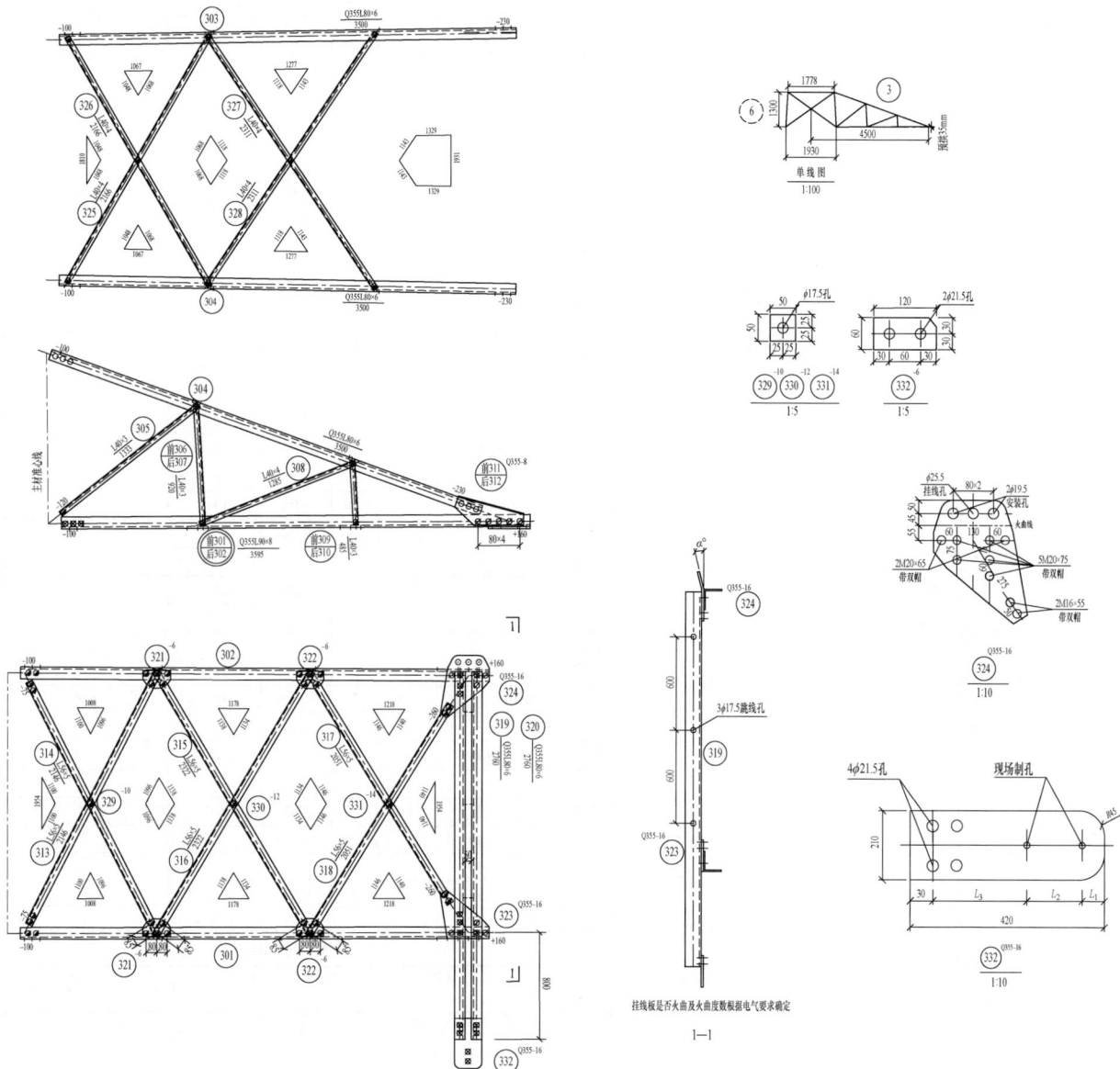

构 件 明 细 表

编号	规格	长度 (mm)	数量	质量 (kg) 一件	质量 (kg) 小计	备注
301	Q355L90×8	3595	2	39.35	78.7	合角（86.6°）
302	Q355L90×8	3595	2	39.35	78.7	合角（86.6°）
303	Q355L80×6	3500	2	25.82	51.6	切角，开角（93.3°）
304	Q355L80×6	3500	2	25.82	51.6	切角，开角（93.3°）
305	L40×3	1333	4	2.47	9.9	
306	L40×3	920	2	1.70	3.4	切角
307	L40×3	920	2	1.70	3.4	切角
308	L40×4	1285	4	3.11	12.4	
309	L40×3	485	2	0.90	1.8	切角
310	L40×3	485	2	0.90	1.8	切角
311	Q355-8×235	545	2	8.07	16.1	火曲；卷边
312	Q355-8×235	545	2	8.07	16.1	火曲；卷边
313	L56×5	2146	2	9.12	18.2	
314	L56×5	2146	2	9.12	18.2	切角
315	L56×5	2322	2	9.87	19.7	
316	L56×5	2322	2	9.87	19.7	切角
317	L56×5	2051	2	8.72	17.4	
318	L56×5	2051	2	8.72	17.4	切角
319	Q355L80×6	2760	2	14.68	29.4	
320	Q355L80×6	2760	2	14.68	29.4	
321	-6×135	210	4	1.34	5.4	
322	-6×133	210	4	1.32	5.3	
323	Q355-16×331	502	2	20.92	41.8	
324	Q355-16×331	502	2	20.92	41.8	火曲
325	L40×4	2166	2	5.25	10.5	
326	L40×4	2166	2	5.25	10.5	切角
327	L40×4	2311	2	5.60	11.2	
328	L40×4	2311	2	5.60	11.2	切角
329	-10×50	50	2	0.20	0.4	
330	-12×50	50	2	0.24	0.5	
331	-14×50	50	2	0.27	0.5	
332	Q355-16×210	420	1	11.08	11.1	支撑绝缘子板
合计					635.7kg	

螺栓、垫圈、脚钉明细表

名称	级别	规格	符号	数量	质量（kg）	备注
螺栓	6.8级	M16×40	●	32	4.6	
		M16×50	◢	40	6.4	
		M16×60	▨	14	2.5	
		M20×45	○	12	3.2	
		M20×55	∅	30	8.8	
		M20×65	⊠	16	5.1	
		M20×75	∅	2	0.7	
合计					31.4kg	

图 10.2－4 110－EC21S－DL－04 110－EC21S－DL 终端塔导线横担结构图③

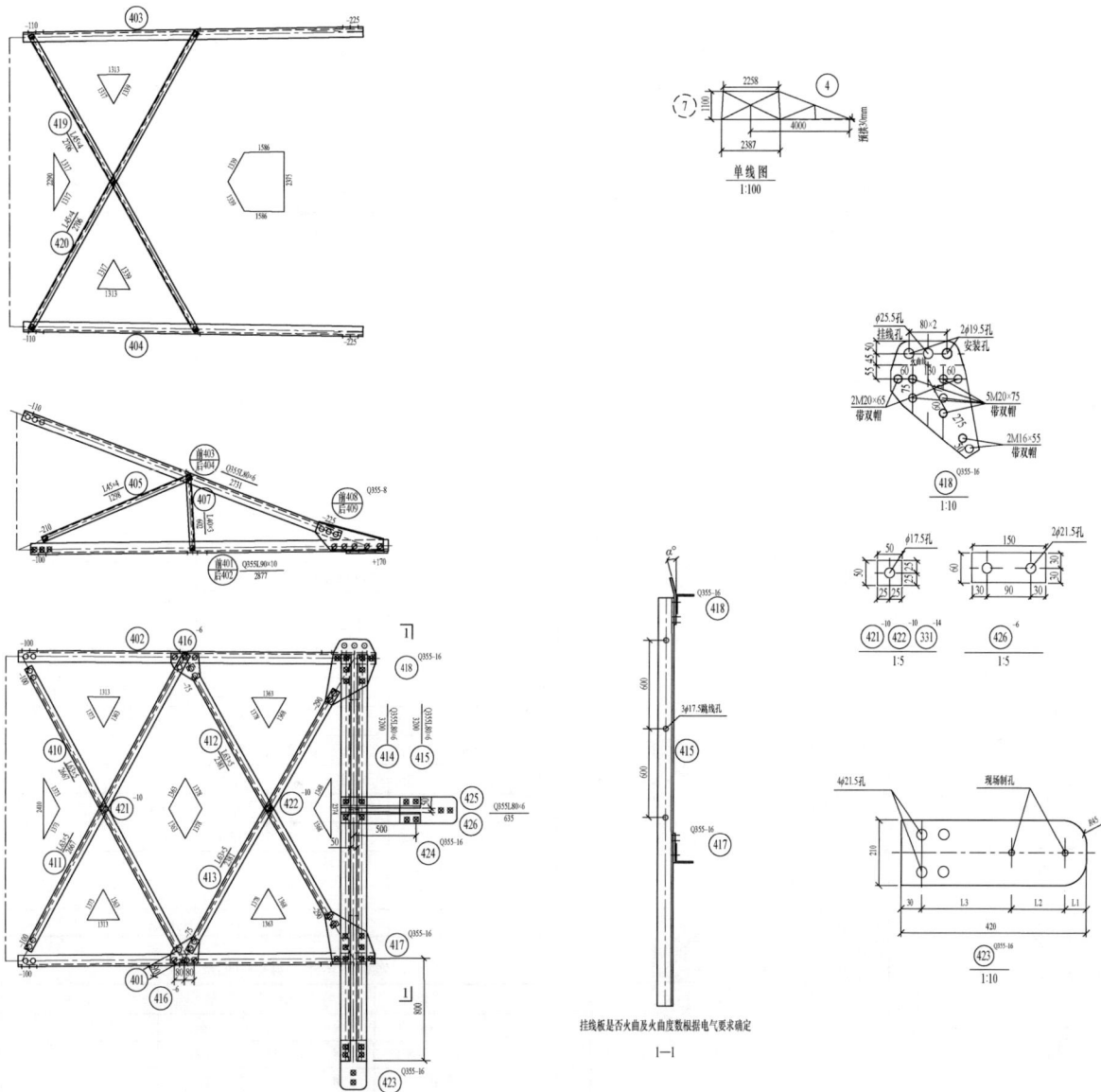

构 件 明 细 表

编号	规格	长度(mm)	数量	质量(kg) 一件	质量(kg) 小计	备注
401	Q355L90×10	2877	2	38.77	77.5	合角（86.6°）
402	Q355L90×10	2877	2	38.77	77.5	合角（86.6°）
403	Q355L80×6	2731	2	20.14	40.3	切角，开角（93.4°）
404	Q355L80×6	2731	2	20.14	40.3	切角，开角（93.4°）
405	L45×4	1298	4	3.55	14.2	
406	L40×3	602	2	1.11	2.2	切角
407	L40×3	602	2	1.11	2.2	切角
408	Q355−8×248	560	2	8.72	17.4	火曲；卷边
409	Q355−8×248	560	2	8.72	17.4	火曲；卷边
410	L63×5	2667	2	12.86	25.7	
411	L63×5	2667	2	12.86	25.7	切角
412	L63×5	2381	2	11.48	23.0	
413	L63×5	2381	2	11.48	23.0	
414	Q355L80×6	3200	2	17.96	35.9	
415	Q355L80×6	3200	2	17.95	35.9	
416	−6×213	236	4	2.38	9.5	
417	Q355−16×340	556	2	23.77	47.5	
418	Q355−16×340	556	2	23.77	47.5	火曲
419	L45×4	2706	2	7.40	14.8	
420	L45×4	2706	2	7.40	14.8	切角
421	−10×60	60	2	0.28	0.6	
422	−10×50	50	2	0.20	0.4	
423	Q355−16×210	420	1	11.08	11.1	支撑绝缘子板
424	Q355−16×210	435	1	11.51	11.5	支撑绝缘子板
425	Q355L80×6	635	2	4.69	9.4	
426	Q355L80×6	635	2	4.69	9.4	
合计					596.9kg	

螺栓、垫圈、脚钉明细表

名称	级别	规格	符号	数量	质量（kg）	备注
螺栓	6.8级	M16×40	◑	9	1.3	
		M16×50	◑	11	1.8	
		M20×45	○	39	10.5	
		M20×55	∅	42	12.4	
		M20×65	⊠	32	10.2	
		M20×75	∅	1	0.3	
垫圈	Q235	−3（φ17.5）		4	0.0	
		−4（φ22.0）		8	0.2	
合计					36.8kg	

挂线板是否火曲及火曲度数据据电气要求确定

图 10.2−5　110−EC21S−DL−05　110−EC21S−DL 终端塔塔身结构图④

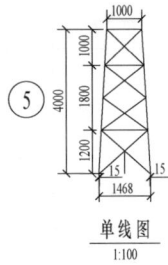

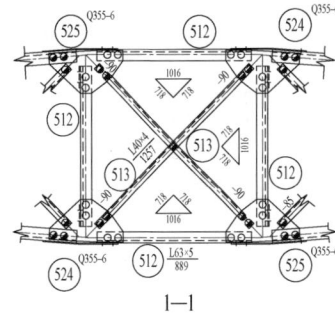

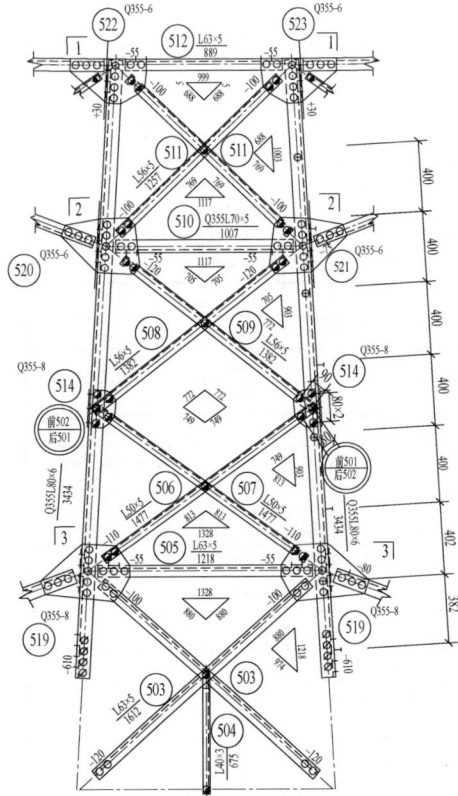

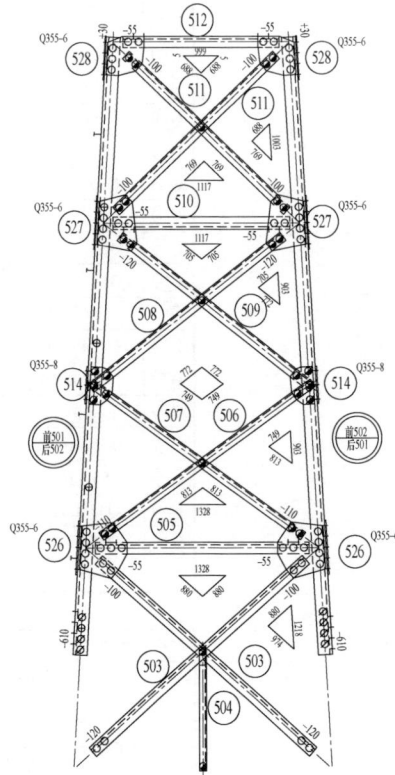

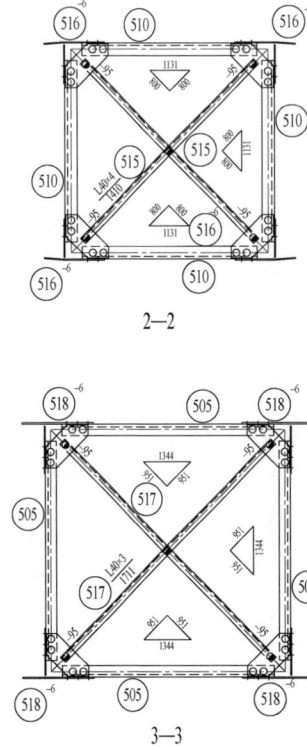

构件明细表

编号	规格	长度(mm)	数量	质量(kg) 一件	质量(kg) 小计	备注
501	Q355L80×6	3434	2	25.33	50.7	脚钉
502	Q355L80×6	3434	2	25.33	50.7	
503	L63×5	1612	8	7.77	62.2	
504	L40×3	675	4	1.25	5.0	压扁
505	L63×5	1218	4	5.87	23.5	
506	L50×5	1477	4	5.57	22.3	
507	L50×5	1477	4	5.57	22.3	切角
508	L56×5	1382	4	5.87	23.5	
509	L56×5	1382	4	5.87	23.5	切角
510	Q355L70×5	1007	4	5.43	21.7	合角
511	L56×5	1257	8	5.34	42.7	
512	L63×5	889	4	4.29	17.1	
513	L40×4	1257	2	3.04	6.1	
514	Q355-8×130	210	8	1.72	13.7	
515	L40×4	1410	2	3.42	6.8	
516	-6×130	342	4	2.11	8.4	
517	L40×3	1711	2	3.17	6.3	
518	-6×125	337	4	2.00	8.0	
519	Q355-8×310	497	4	9.70	38.8	
520	Q355-6×315	436	2	6.48	13.0	火曲
521	Q355-6×315	436	2	6.48	13.0	火曲
522	Q355-6×248	430	2	5.04	10.1	火曲
523	Q355-6×248	430	2	5.04	10.1	火曲
524	Q355-6×235	423	2	4.69	9.4	
525	Q355-6×235	423	2	4.69	9.4	
526	Q355-6×266	311	4	3.91	15.6	
527	Q355-6×227	311	4	3.34	13.4	
528	Q355-6×206	225	4	2.19	8.8	
合计					556.0kg	

螺栓、垫圈、脚钉明细表

名称	级别	规格	符号	数量	质量(kg)	备注
螺栓	6.8级	M16×40	●	103	14.8	
		M16×50	●	44	7.0	
		M16×60	●	8	1.4	
		M20×45	○	252	68.0	
脚钉		M16×180	⊕—	10	3.3	双帽
		M20×200	⊕—	4	2.5	双帽
合计					97.0kg	

单线图
1:100

1—1

2—2

3—3

图 10.2 – 6   110 – EC21S – DL – 06   110 – EC21S – DL 终端塔塔身结构图⑤

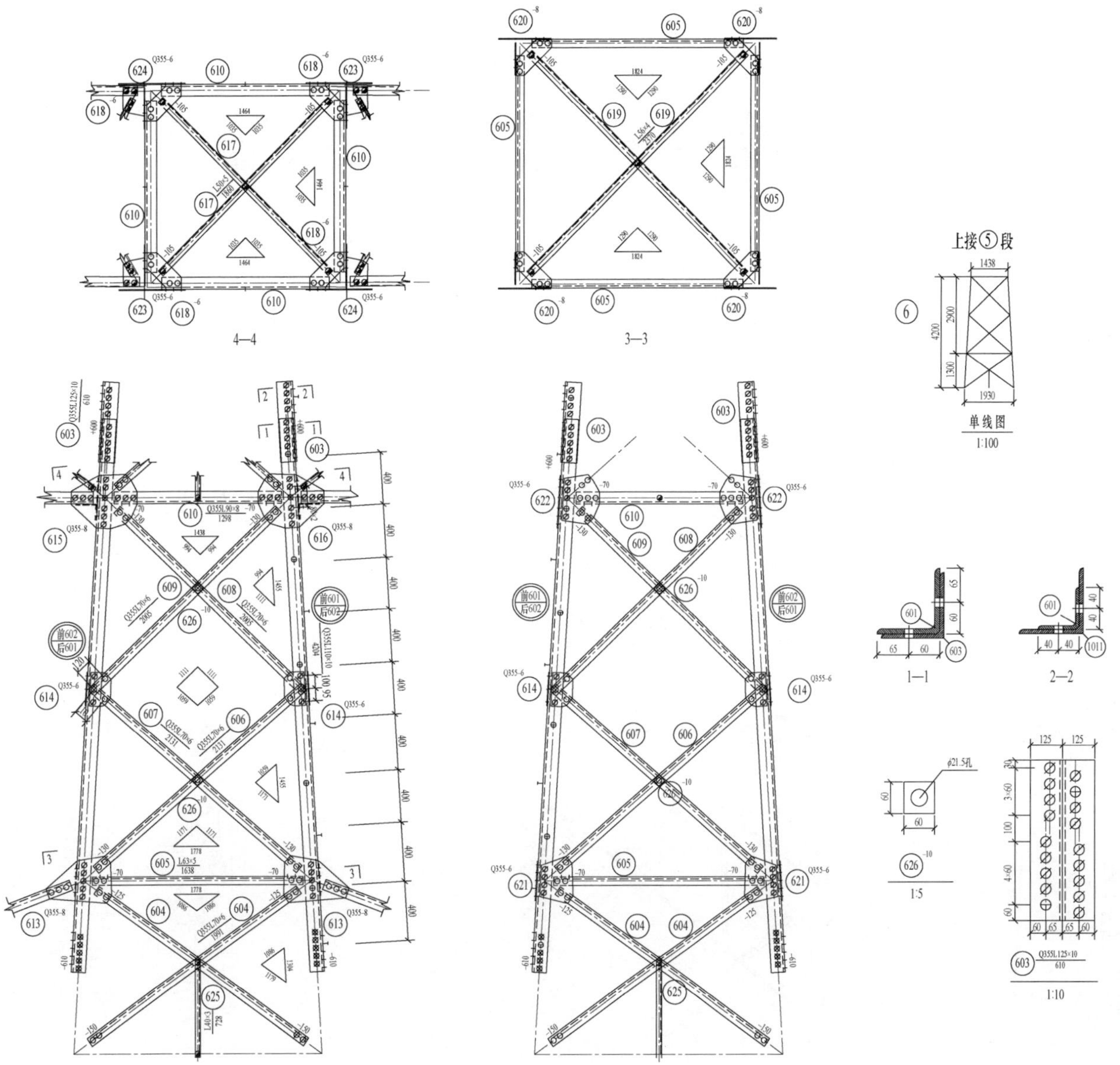

构 件 明 细 表

编号	规格	长度(mm)	数量	一件	小计	备注
601	Q355L110×10	4204	2	70.16	140.3	脚钉
602	Q355L110×10	4204	2	70.16	140.3	
603	Q355L125×10	610	4	11.65	46.6	清根
604	Q355L70×6	1991	8	12.75	102.0	
605	L63×5	1638	4	7.90	31.6	
606	Q355L70×6	2131	4	13.65	54.6	
607	Q355L70×6	2131	4	13.65	54.6	切角
608	Q355L70×6	2005	4	12.84	51.4	
609	Q355L70×6	2005	4	12.84	51.4	切角
610	Q355L90×8	1298	4	14.21	56.8	合角
611	Q355L90×8	510	2	5.58	11.2	
612	Q355L90×8	510	2	5.58	11.2	
613	Q355-8×359	505	4	11.40	45.6	
614	Q355-6×162	258	8	1.98	15.8	
615	Q355-8×422	492	2	13.04	26.1	
616	Q355-8×422	492	2	13.04	26.1	
617	L50×5	1860	2	7.01	14.0	
618	-6×137	371	4	2.41	9.7	
619	L56×4	2370	2	8.17	16.3	
620	-8×125	379	4	3.00	12.0	
621	Q355-6×256	357	4	4.32	17.3	
622	Q355-6×282	377	4	5.02	20.1	
623	Q355-6×240	300	2	3.41	6.8	火曲
624	Q355-6×240	300	2	3.41	6.8	压扁
625	L40×3	728	4	1.35	5.4	切角
626	-10×60	60	8	0.28	2.3	
合计					976.3kg	

螺栓、垫圈、脚钉明细表

名称	级别	规格	符号	数量	质量（kg）	备注
螺栓	6.8级	M16×40	◑	26	3.7	
		M16×50	◗	12	1.9	
		M20×45	○	144	38.9	
		M20×55	⊘	196	57.8	
		M20×65	⊠	12	3.8	
脚钉		M16×180	⊕—	12	3.9	双帽
		M20×200	⊕—	8	4.9	双帽
合计					115.0kg	

图 10.2-7   110-EC21S-DL-07   110-EC21S-DL 终端塔塔身结构图⑥

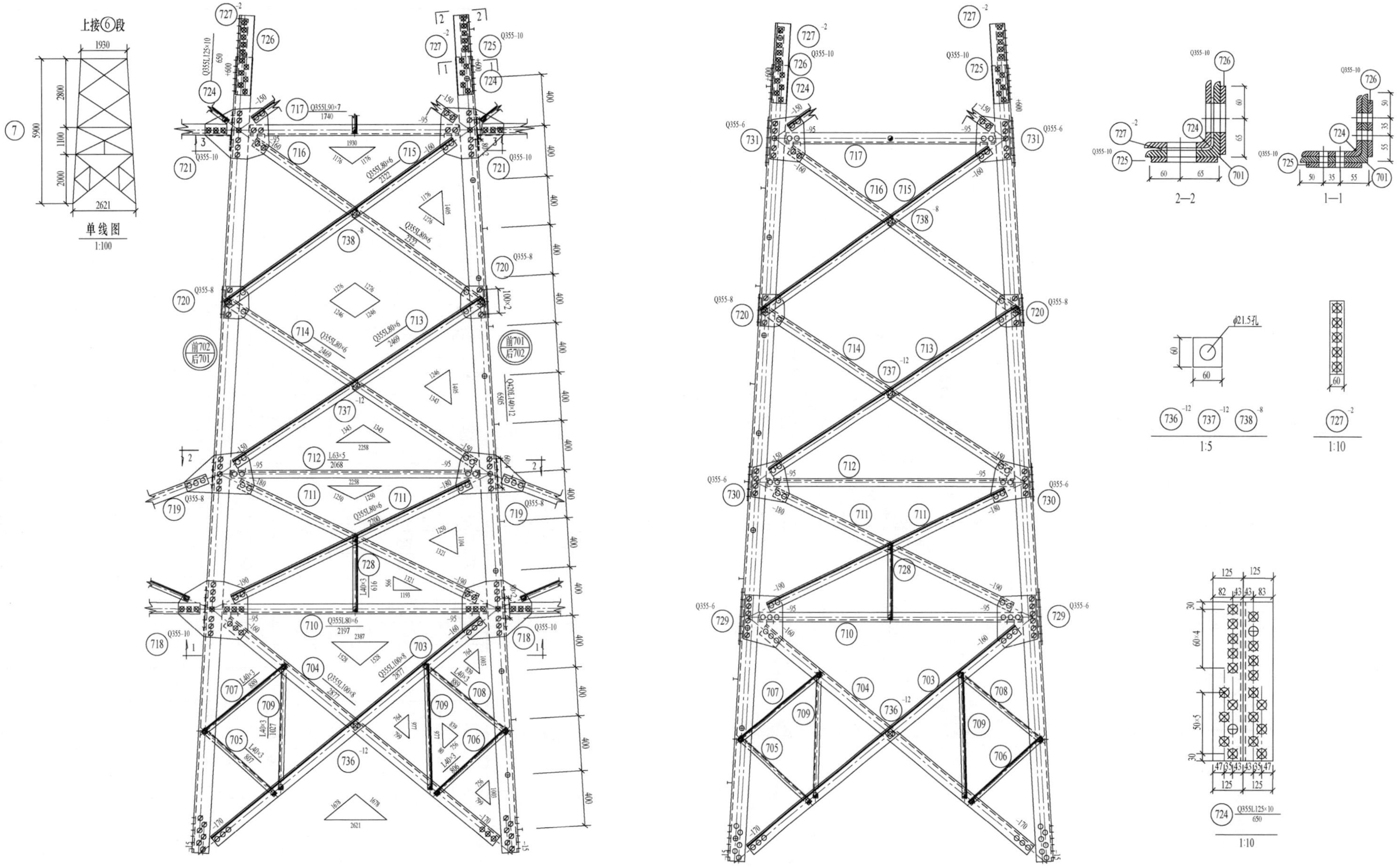

图 10.2 - 8　110 - EC21S - DL - 08　110 - EC21S - DL 终端塔塔身结构图⑦（一）

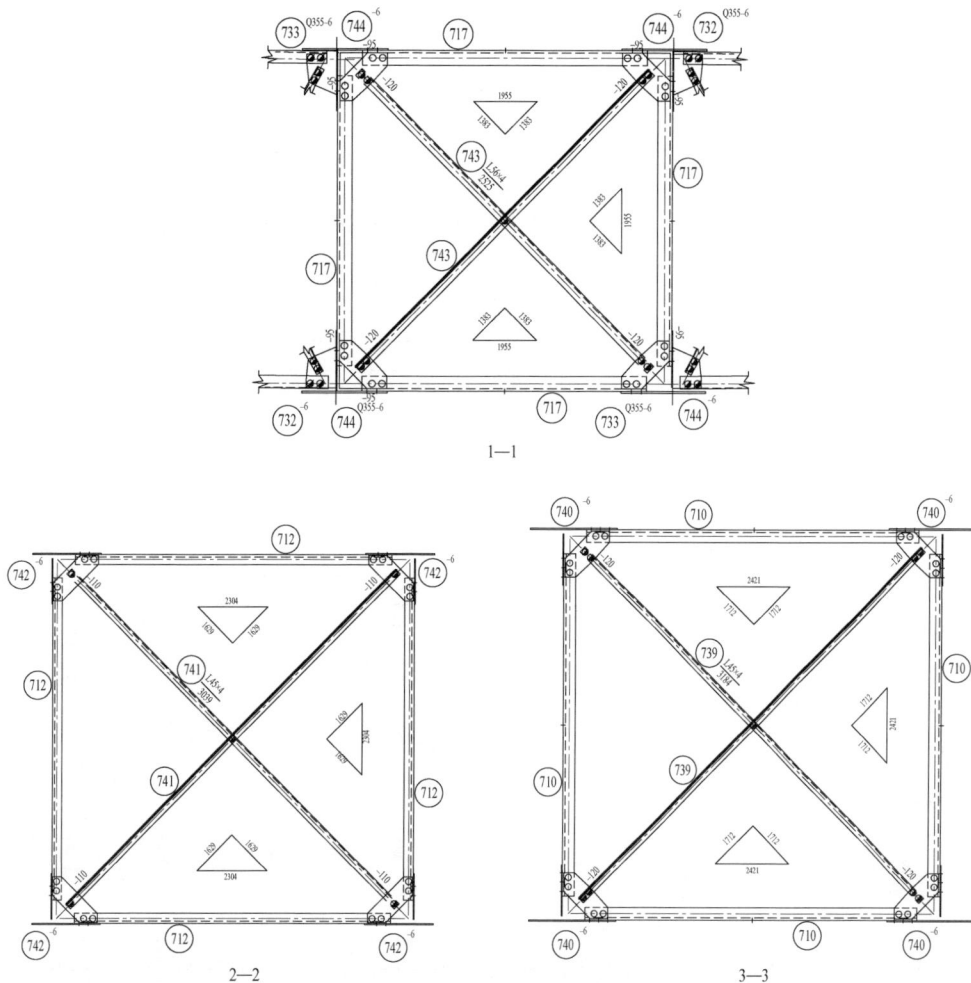

构 件 明 细 表

编号	规格	长度 (mm)	数量	质量（kg）		备注
				一件	小计	
701	Q420L140×12	6505	2	166.02	332.0	脚钉
702	Q420L140×12	6505	2	166.02	332.0	
703	Q355L100×8	2877	4	35.32	141.3	
704	Q355L100×8	2877	4	35.32	141.3	
705	L40×3	807	4	1.49	6.0	
706	L40×3	806	4	1.49	6.0	
707	L40×3	889	4	1.65	6.6	
708	L40×3	889	4	1.65	6.6	切角
709	L40×3	1027	8	1.90	15.2	
710	Q355L80×6	2197	4	16.21	64.8	合角
711	Q355L80×6	2200	8	16.23	129.8	
712	L63×5	2068	4	9.97	39.9	
713	Q355L80×6	2469	4	18.21	72.8	
714	Q355L80×6	2469	4	18.21	72.8	切角
715	Q355L80×6	2322	4	17.13	68.5	
716	Q355L80×6	2322	4	17.13	68.5	切角
717	Q355L90×7	1740	4	16.80	67.2	合角
718	Q355−10×463	592	4	21.56	86.2	
719	Q355−8×342	583	4	12.55	50.2	
720	Q355−8×197	266	8	3.31	26.5	
721	Q355−10×412	528	4	17.10	68.4	
722	Q355L90×8	495	2	5.42	10.8	
723	Q355L90×8	495	2	5.42	10.8	
724	Q355L125×10	650	4	12.44	49.7	铲背
725	Q355−10×125	650	4	6.38	25.5	
726	Q355−10×125	650	4	6.38	25.5	
727	−2×60	300	8	0.28	2.3	
728	L40×3	616	4	1.14	4.6	切角，压扁
729	Q355−6×336	421	4	6.68	26.7	
730	Q355−6×323	341	4	5.19	20.8	
731	Q355−6×289	375	4	5.13	20.5	
732	Q355−6×286	317	2	4.29	8.6	火曲
733	Q355−6×286	317	2	4.29	8.6	火曲
734	Q355L90×10	555	2	7.48	15.0	
735	Q355L90×10	555	2	7.48	15.0	
736	−12×60	60	4	0.34	1.4	
737	−12×60	60	4	0.34	1.4	
738	−8×60	60	4	0.23	0.9	
739	L45×4	3184	2	8.71	17.4	
740	−6×140	413	4	2.74	10.9	
741	L45×4	3039	2	8.31	16.6	
742	−6×125	414	4	2.46	9.8	
743	L56×4	2525	2	8.70	17.4	
744	−6×143	406	4	2.76	11.0	
合计					2133.9kg	

螺栓、垫圈、脚钉明细表

名称	级别	规格	符号	数量	质量（kg）	备注
螺栓	6.8级	M16×40	◑	55	7.9	
		M16×50	◪	36	5.8	
		M20×45	○	172	46.4	
		M20×55	⊘	265	78.2	
		M20×65	⊠	140	44.8	
脚钉		M16×180	⊕—	22	7.2	双帽
		M20×200	⊕—	11	6.8	双帽
合计					197.1kg	

图 10.2−8　110−EC21S−DL−08　110−EC21S−DL 终端塔塔身结构图⑦（二）

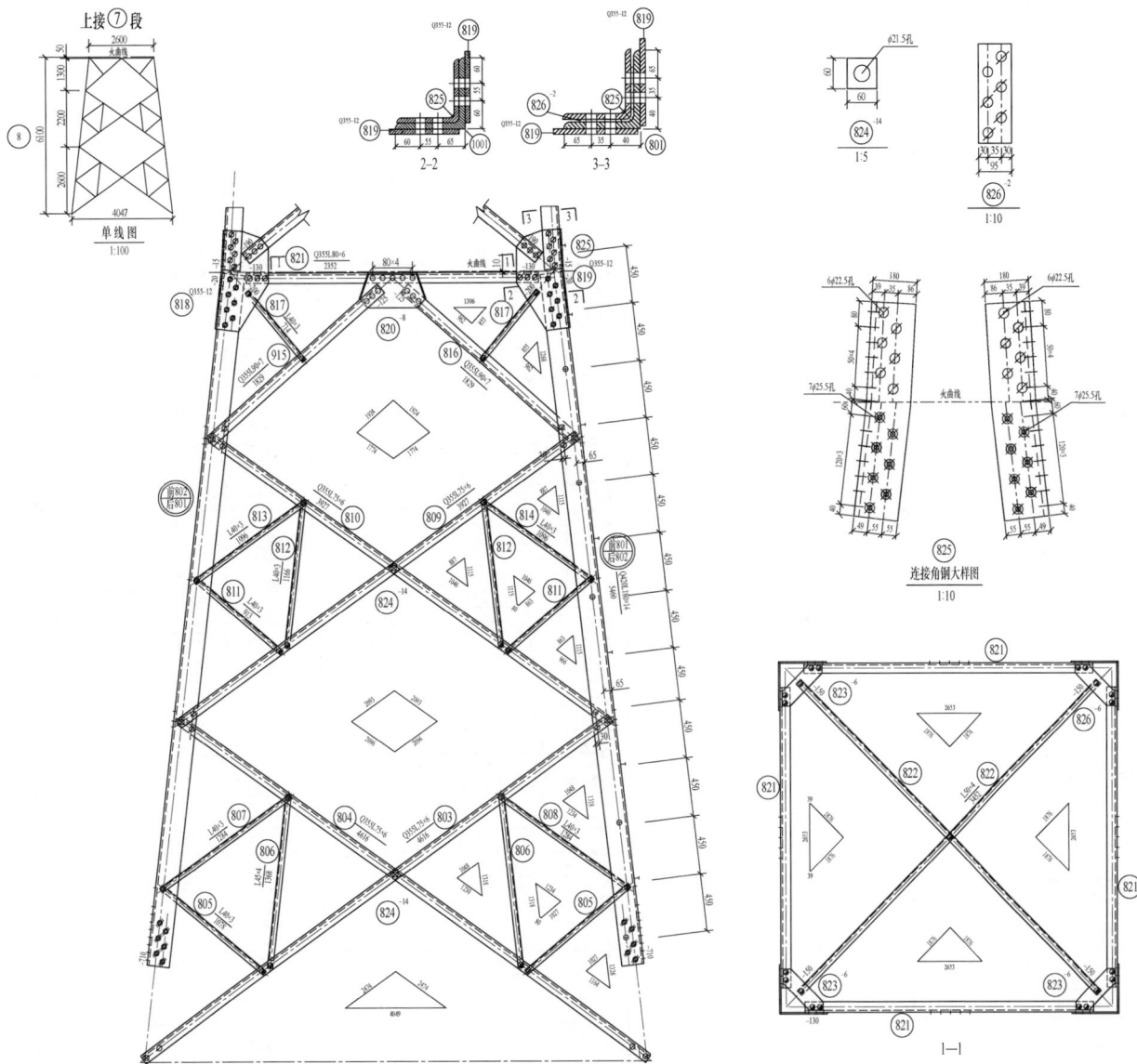

构件明细表

编号	规格	长度(mm)	数量	质量(kg) 一件	质量(kg) 小计	备注
⑧⑴	Q420L180×14	5460	2	209.57	419.1	脚钉
⑧⑵	Q420L180×14	5460	2	209.57	419.1	
⑧⑶	Q355L75×6	4616	4	31.87	127.5	
⑧⑷	Q355L75×6	4616	4	31.87	127.5	切角
⑧⑸	L40×3	1078	8	2.00	16.0	
⑧⑹	L45×4	1368	8	3.74	29.9	切角
⑧⑺	L40×3	1284	4	2.38	9.5	
⑧⑻	L40×3	1284	4	2.38	9.5	
⑧⑼	L75×6	3927	4	27.12	108.5	
⑧⑩	L75×6	3927	4	27.12	108.5	切角
⑧⑾	L40×3	913	8	1.69	13.5	
⑧⑿	L40×3	1166	8	2.16	17.3	切角
⑧⒀	L40×3	1096	4	2.03	8.1	
⑧⒁	L40×3	1096	4	2.03	8.1	
⑧⒂	L90×7	1829	4	17.66	70.6	
⑧⒃	L90×7	1829	4	17.66	70.6	切角
⑧⒄	L40×3	714	8	1.32	10.6	
⑧⒅	Q355−12×387	784	4	28.62	114.5	火曲
⑧⒆	Q355−12×387	784	4	28.62	114.5	火曲
⑧⒇	−8×263	595	4	9.86	39.4	卷边
⑧㉑	Q355L80×6	2352	4	17.35	69.4	开角
⑧㉒	L50×4	3452	2	10.56	21.1	
⑧㉓	−6×123	453	4	2.64	10.6	
⑧㉔	−14×60	60	8	0.40	3.2	
⑧㉕	Q355L160×14	777	4	18.85	75.4	
⑧㉖	−2×95	300	8	1.06	8.5	
合计					1955.0kg	

螺栓、垫圈、脚钉明细表

名称	级别	规格	符号	数量	质量(kg)	备注
螺栓	6.8级	M16×40		76	21.9	
		M16×50		24	9	
		M16×60		24	10	
		M20×45	○	25	18.6	
		M20×55	⌀	44	25.4	
		M20×65	⊠	140	22.8	
		M20×75	⊠	48	38.2	
		M24×75	⌀	56	41.2	
脚钉	6.8级	M16×180	⊕—	8	2.6	双帽
		M20×200	⊕—	2	1.2	双帽
	8.8级	M24×240	⊕—	1	0.9	双帽
合计					191.6kg	

图 10.2−9 110−EC21S−DL−09 110−EC21S−DL 终端塔塔身结构图⑧

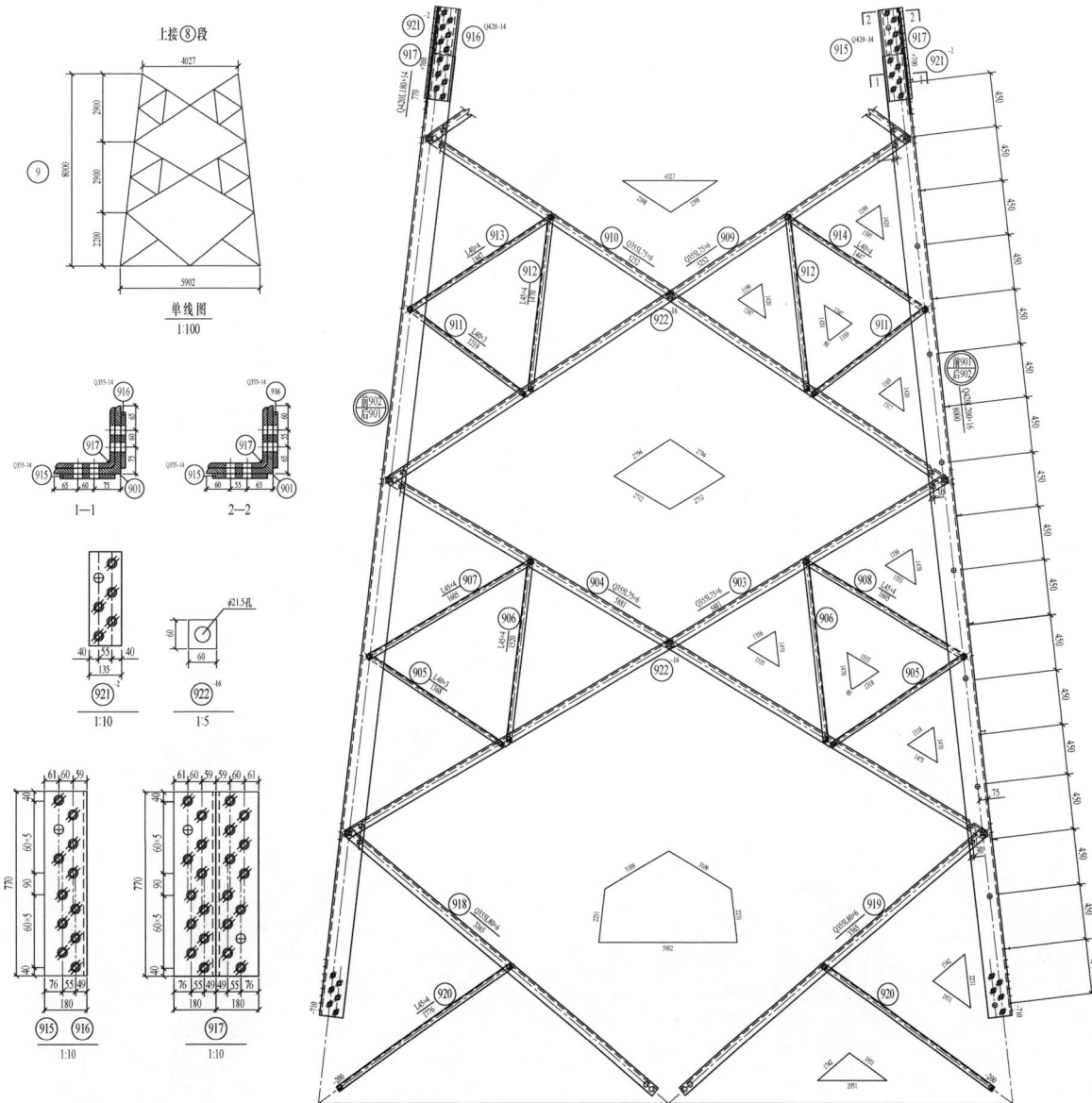

构件明细表

编号	规格	长度(mm)	数量	质量（kg）一件	质量（kg）小计	备注
901	Q420L200×16	8000	2	389.44	778.9	脚钉
902	Q420L200×16	8000	2	389.44	778.9	
903	Q355L75×6	5881	4	40.61	162.4	
904	Q355L75×6	5881	4	40.61	162.4	切角
905	L40×3	1368	8	2.53	20.3	
906	L45×4	1520	8	4.16	33.3	切角
907	L45×4	1605	4	4.39	17.6	
908	L45×4	1605	4	4.39	17.6	
909	Q355L75×6	5252	4	36.27	145.1	脚钉
910	Q355L75×6	5252	4	36.27	145.1	切角
911	L40×3	1219	8	2.26	18.1	
912	L45×4	1470	8	4.02	32.2	切角
913	L40×4	1447	4	3.50	14.0	
914	L40×4	1447	4	3.50	14.0	
915	Q420−14×180	770	4	18.85	75.4	
916	Q420−14×180	770	4	18.85	75.4	
917	Q420L180×14	770	4	38.73	154.9	铲背
918	Q355L80×6	3365	4	24.82	99.3	切角
919	Q355L80×6	3365	4	24.82	99.3	
920	L45×4	1776	8	4.86	38.9	
921	−2×135	500	8	1.06	8.5	
922	−16×60	60	8	0.45	3.6	
合计					2659.8kg	

螺栓、垫圈、脚钉明细表

名称	级别	规格	符号	数量	质量（kg）	备注
螺栓	6.8级	M16×40		44	13.9	
		M16×50		32	12	
		M16×60		8	6	
		M20×45	○	48	24.6	
		M20×55	∅	44	20.4	
		M20×65	⊠	48	45.8	
		M20×75	⊠	32	40.2	
		M24×75		96	70.2	
脚钉	6.8级	M16×180	⊕ ──	14	4.5	双帽
		M20×200	⊕ ──	1	0.6	双帽
	8.8级	M24×240	⊕ ──	2	1.8	双帽
合计					240.0kg	

图 10.2−10　110−EC21S−DL−10　110−EC21S−DL 终端塔塔身结构图⑨

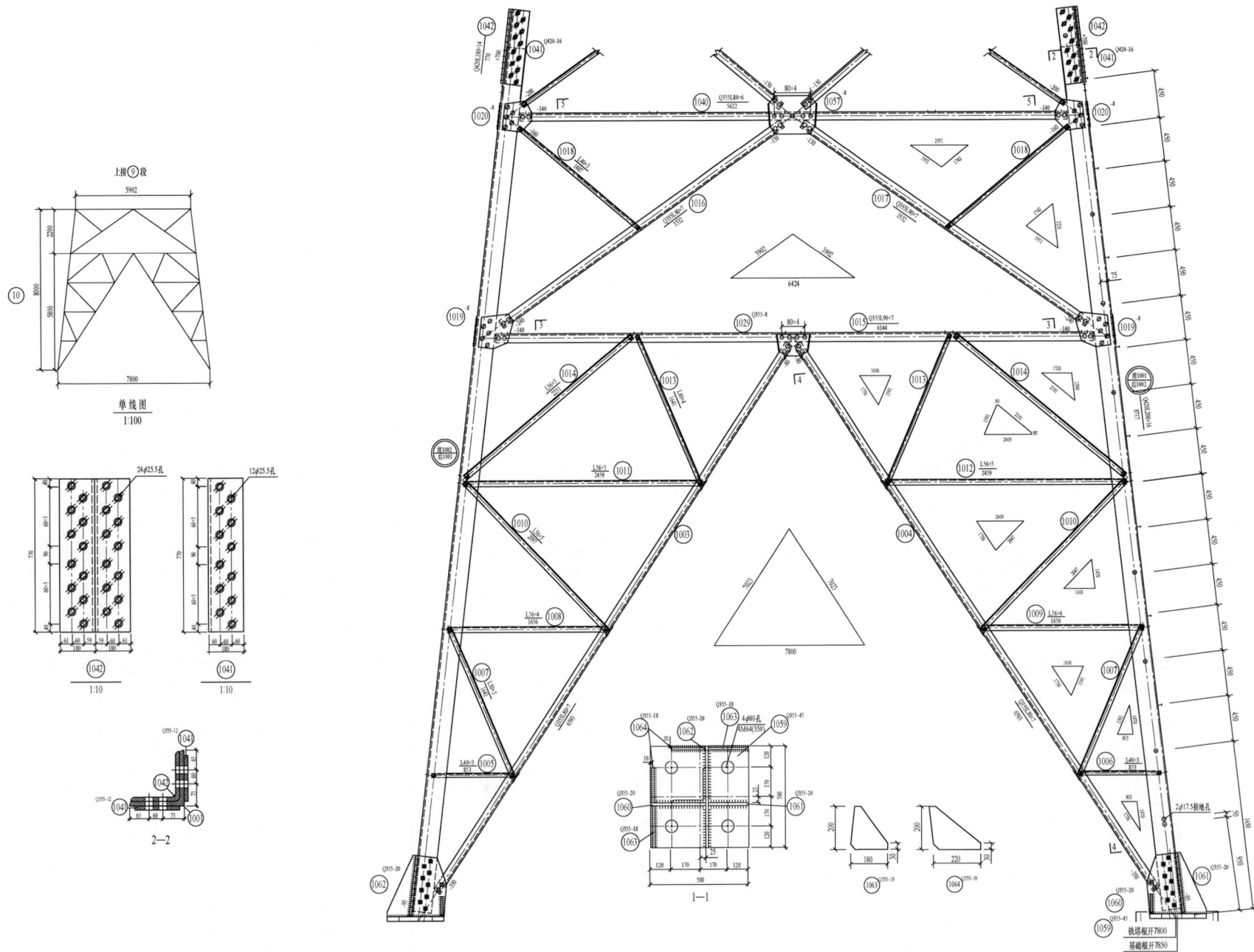

图 10.2－11　110－EC21S－DL－11　110－EC21S－DL 终端塔 24.0m 塔腿部结构图⑩（一）

构 件 明 细 表

编号	规格	长度(mm)	数量	质量(kg) 一件	小计	备注	编号	规格	长度(mm)	数量	质量(kg) 一件	小计	备注
⑩⑪ 1001	Q420L200×16	8717	2	424.34	848.7	脚钉	1034	L56×4	3319	2	11.44	22.9	切角
1002	Q420L200×16	8717	2	424.34	848.7		1035	L40×3	663	4	1.23	4.9	切角
1003	Q355L80×7	6593	4	56.21	224.8	切角	1036	L40×3	663	4	1.23	4.9	
1004	Q355L80×7	6593	4	56.21	224.8	切角	1037	L45×4	1267	4	3.47	13.9	下压扁
1005	L40×3	853	4	1.58	6.3	切角	1038	L56×4	1978	4	6.82	27.3	
1006	L40×3	853	4	1.58	6.3	切角	1039	−6×123	481	4	2.81	11.2	
1007	L50×5	1641	8	6.19	49.5		1040	Q355L80×6	5622	4	41.47	165.9	切角,开角
1008	L56×4	1656	4	5.71	22.8	切角	1041	Q420−16×180	770	8	22.83	182.7	
1009	L56×4	1656	4	5.71	22.8	切角	1042	Q420L180×14	770	4	38.77	155.1	铲背
1010	L56×5	2097	8	8.91	71.3	切角	1043	L40×3	493	4	0.91	3.7	
1011	L56×5	2459	4	10.45	41.8	切角	1044	L40×4	1137	4	2.75	11.0	
1012	L56×5	2459	4	10.45	41.8	切角	1045	L40×4	2282	8	5.53	44.2	切角
1013	L40×4	1641	8	3.97	31.8		1046	L50×4	3261	8	9.98	79.8	
1014	L56×5	2231	8	9.48	75.9		1047	L56×4	4136	8	14.25	114.0	
1015	Q355L90×7	6144	4	59.33	237.3	切角,开角(96.8°)	1048	−6×130	185	4	1.14	4.5	火曲
1016	Q355L90×7	3532	4	34.10	136.4	切角	1049	−6×130	185	4	1.14	4.5	火曲
1017	L90×7	3532	4	34.10	136.4	切角	1050	−6×145	171	4	1.18	4.7	火曲
1018	L40×3	1607	8	2.98	23.8		1051	−6×145	171	4	1.18	4.7	火曲
1019	−8×330	361	4	7.49	30.0		1052	−6×138	190	4	1.24	5.0	火曲
1021	L50×5	3585	2	13.52	27.0		1053	−6×138	190	4	1.24	5.0	火曲
1022	L50×5	3585	2	13.52	27.0	切角	1054	−6×134	164	4	1.04	4.2	火曲
1023	L50×5	3585	2	13.52	27.0		1055	−6×134	164	4	1.04	4.2	火曲
1024	L50×5	3585	2	13.52	27.0	切角	1056	−8×292	312	2	5.75	11.5	
1025	L40×3	736	4	1.36	5.5		1057	−8×381	585	4	14.04	56.2	卷边
1026	L40×3	736	4	1.36	5.5		1059	Q355−45×580	580	4	121.47	485.9	电焊
1027	L50×4	2166	4	6.63	26.5		1060	Q355−20×331	615	4	32.04	128.1	电焊
1028	−8×177	474	4	5.28	21.1	火曲,卷边	1061	Q355−20×228	645	4	23.15	92.6	电焊
1029	Q355−8×218	441	4	6.05	24.2	火曲,卷边	1062	Q355−20×582	640	4	58.55	234.2	电焊
1030	L56×4	3319	2	11.44	22.9	切角	1063	Q355−18×178	200	8	5.05	40.4	电焊
1031	L56×4	3319	2	11.44	22.9		1064	Q355−18×154	315	8	6.87	55.0	电焊
1032	L45×4	1371	4	3.75	15.0	下压扁	合计					5575.3kg	
1033	L56×4	3319	2	11.44	22.9								

螺栓、垫圈、脚钉明细表

名称	级别	规格	符号	数量	质量(kg)	备注
螺栓	6.8 级	M16×40	●	186	28.4	
		M16×50	◑	148	26.5	
		M20×45	○	76	18.1	
		M20×55	⊘	48	13.2	
		M20×65	⊗	28	9.7	
	8.8 级	M24×75	⊠	164	88.1	
脚钉	6.8 级	M16×180	⊕—	13	4.2	双帽
		M20×200	⊕—	2	1.2	双帽
	8.8 级	M24×240	⊕—	2	1.8	双帽
合计					191.2kg	

图 10.2−11　110−EC21S−DL−11　110−EC21S−DL 终端塔 24.0m 塔腿部结构图⑩（二）

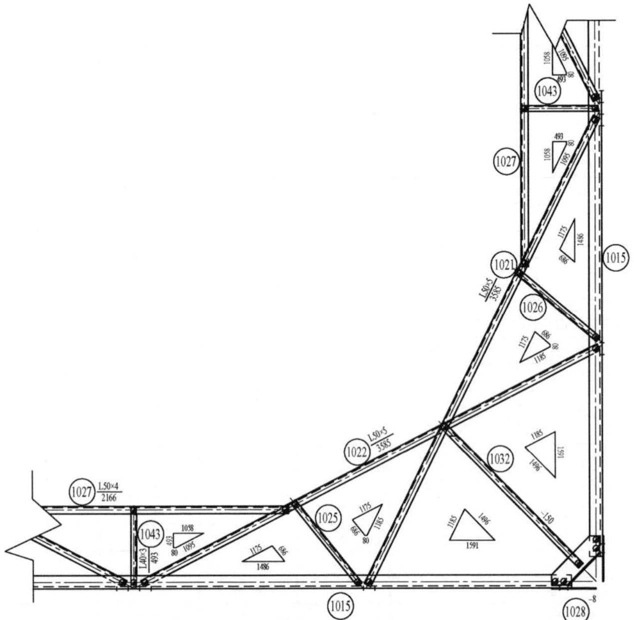

3—3

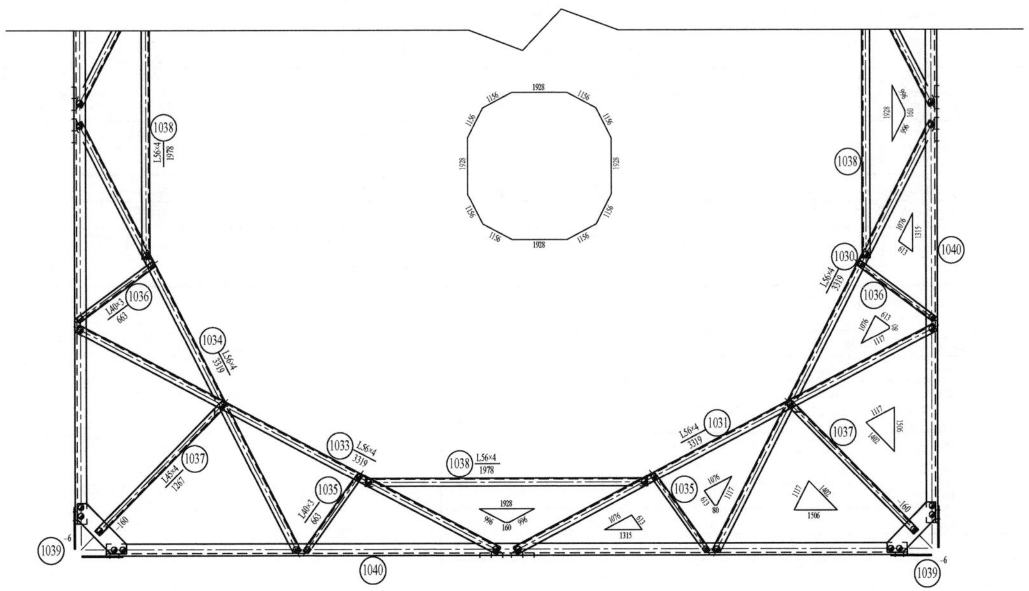

5—5

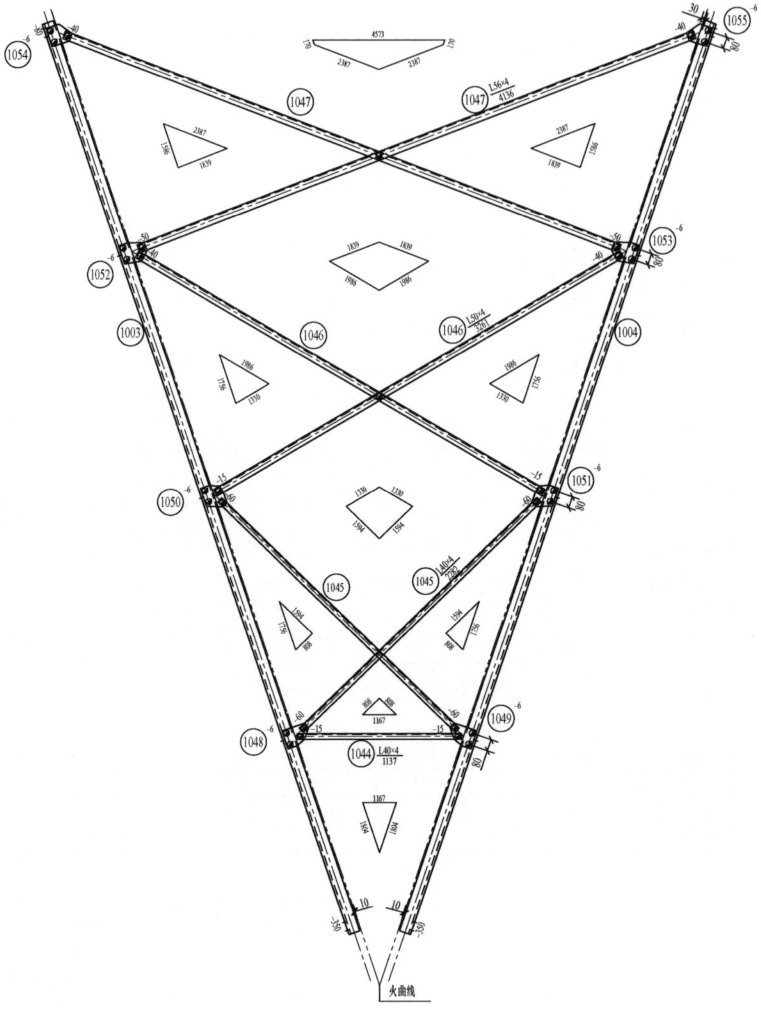

4—4

图 10.2-12　110-EC21S-DL-12　110-EC21S-DL 终端塔 24.0m 塔腿部结构图⑩

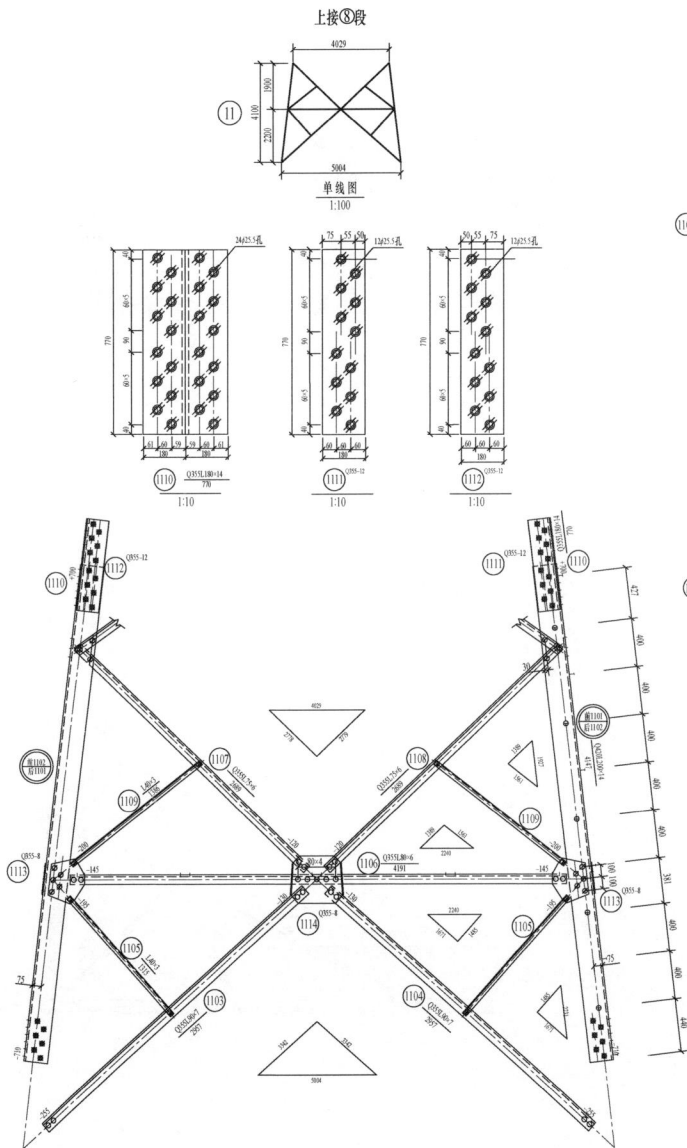

构 件 明 细 表

编号	规格	长度 (mm)	数量	质量（kg） 一件	质量（kg） 小计	备注
1101	Q420L200×14	4147	2	177.88	355.8	脚钉
1102	Q420L200×14	4147	2	177.88	355.8	
1103	Q355L90×7	2957	4	28.55	114.2	
1104	Q355L90×7	2957	4	28.55	114.2	
1105	L40×3	1315	8	2.44	19.5	
1106	Q355L80×6	4191	4	30.91	123.7	开角
1107	Q355L75×6	2689	4	18.57	74.3	切角
1108	Q355L75×6	2689	4	18.57	74.3	
1109	L40×3	1386	8	2.57	20.5	
1110	Q355L180×14	770	4	29.52	118.1	铲背
1111	Q355−12×180	770	4	13.77	55.1	
1112	Q355−12×180	770	4	13.77	55.1	
1113	Q355−8×297	374	8	7.00	56.0	
1114	Q355−8×392	546	4	13.45	53.8	卷边 60mm
1115	L56×4	2543	2	8.76	17.5	
1116	L56×4	2543	2	8.76	17.5	切角
1117	L56×4	2543	2	8.76	17.5	切角
1118	L56×4	2543	2	8.76	17.5	
1119	L50×4	1548	4	4.74	18.9	
1120	L40×3	517	2	0.96	1.9	
1121	L40×3	517	2	0.96	1.9	
1122	L40×3	517	4	0.96	3.8	
1123	L45×4	924	4	2.53	10.1	切角
1124	−6×183	489	4	4.23	16.9	卷边 60mm
合计					1713.9kg	

螺栓、垫圈、脚钉明细表

名称	级别	规格	符号	数量	质量（kg）	备注
螺栓	6.8 级	M16×40	◐	96	13.8	
		M20×45	○	48	13.0	
		M20×55	⊘	54	15.9	
		M20×65	⊗	8	2.6	
	8.8 级	M24×75	⦸	94	50.5	
脚钉	6.8 级	M16×180	⊕—	16	5.2	双帽
		M20×200	⊕—	2	1.2	双帽
	8.8 级	M24×240	⊕—	2	1.8	双帽
合计					104.0kg	

图 10.2−13 110−EC21S−DL−13 110−EC21S−DL 终端塔塔身结构图⑪

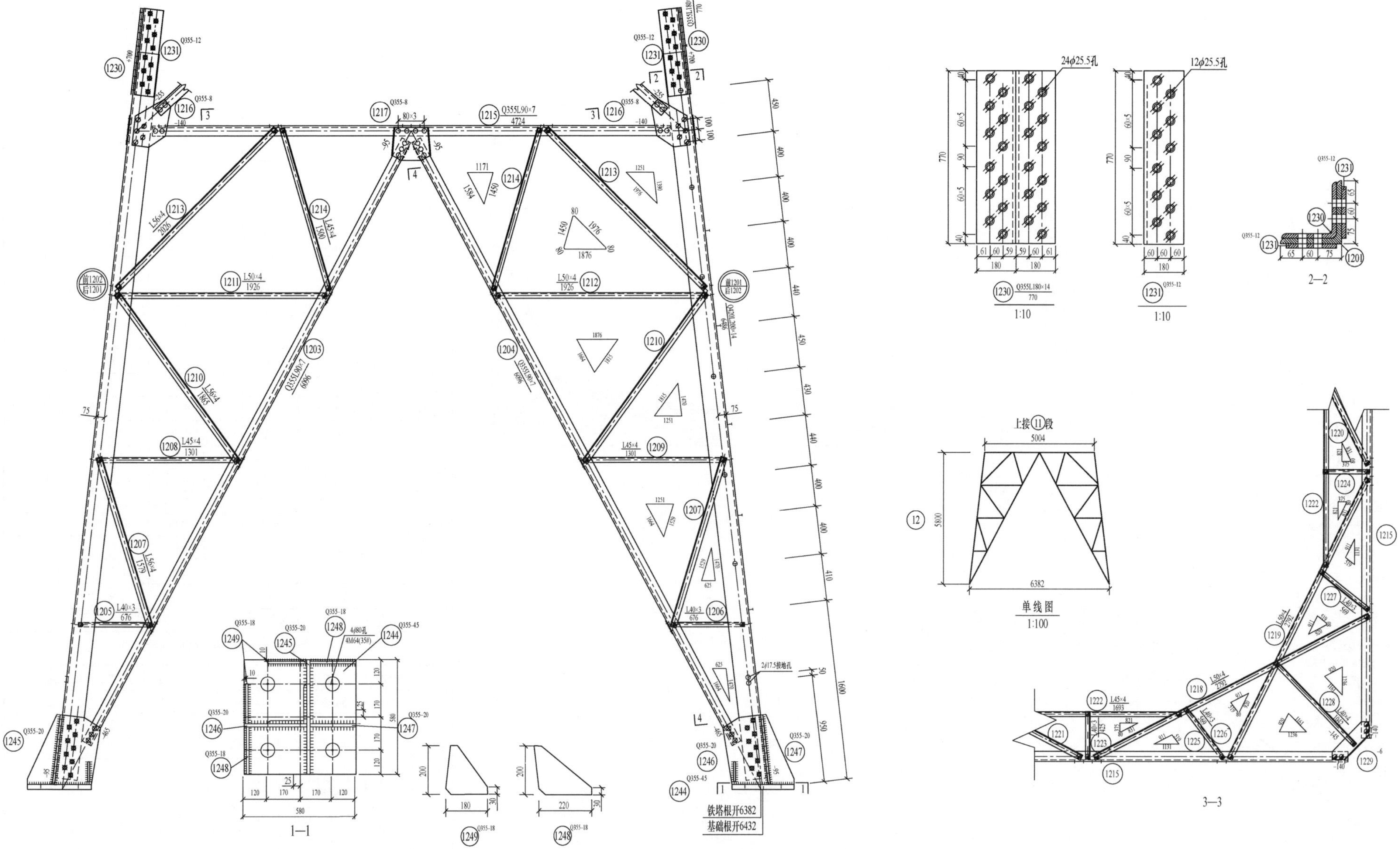

图 10.2−14　110−EC21S−DL−14　110−EC21S−DL 终端塔 18.0m 塔腿部结构图⑫（一）

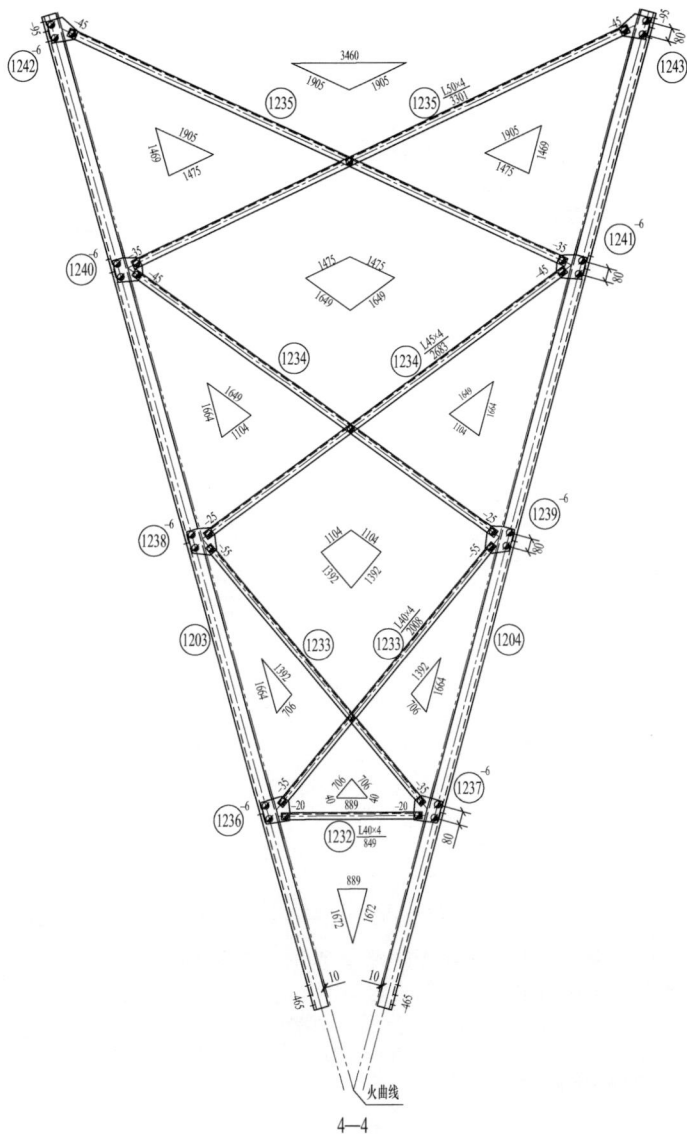

构 件 明 细 表

编号	规格	长度(mm)	数量	质量(kg) 一件	质量(kg) 小计	备注	编号	规格	长度(mm)	数量	质量(kg) 一件	质量(kg) 小计	备注
1201	Q420L200×14	6486	2	278.21	556.4	脚钉	1226	L40×3	569	2	1.05	2.1	
1202	Q420L200×14	6486	2	278.21	556.4		1227	L40×3	569	4	1.05	4.2	
1203	Q355L90×7	6096	4	58.86	235.5		1228	L40×4	1042	4	2.52	10.1	切角
1204	Q355L90×7	6096	4	58.86	235.5		1229	−6×187	474	4	4.18	16.7	卷边60mm
1205	L40×3	676	4	1.25	5.0	切角	1230	Q355L180×14	770	4	29.55	118.2	铲背
1206	L40×3	676	4	1.25	5.0	切角	1231	Q355−12×180	770	8	13.06	104.4	
1207	L56×4	1579	8	5.44	43.5		1232	L40×4	849	4	2.06	8.2	
1208	L45×4	1301	4	3.56	14.2	切角	1233	L40×4	2008	8	4.86	38.9	
1209	L45×4	1301	4	3.56	14.2	切角	1234	L45×4	2683	8	7.34	58.7	
1210	L56×4	1865	8	6.43	51.4		1235	L50×4	3301	8	10.10	80.8	
1211	L50×4	1926	4	5.89	23.6	切角	1236	−6×151	166	4	1.19	4.8	火曲
1212	L50×4	1926	4	5.89	23.6	切角	1237	−6×151	166	4	1.19	4.8	火曲
1213	L56×4	2026	8	6.98	55.9		1238	−6×161	170	4	1.30	5.2	火曲
1214	L45×4	1500	8	4.10	32.8		1239	−6×161	170	4	1.30	5.2	火曲
1215	Q355L90×7	4724	4	45.61	182.5	开角	1240	−6×141	182	4	1.21	4.9	火曲
1216	Q355−8×313	439	8	8.65	69.2		1241	−6×141	182	4	1.21	4.9	火曲
1217	Q355−8×292	457	4	8.42	33.7	卷边60mm	1242	−6×145	171	4	1.17	4.7	火曲
1218	L50×4	2792	2	8.54	17.1		1243	−6×145	171	4	1.17	4.7	火曲
1219	L50×4	2792	2	8.54	17.1		1244	Q355−45×580	580	4	118.83	475.3	电焊
1220	L50×4	2792	2	8.54	17.1		1245	Q355−20×580	667	4	60.85	243.4	电焊
1221	L50×4	2792	2	8.54	17.1		1246	Q355−20×356	618	4	34.57	138.3	电焊
1222	L45×4	1693	4	4.63	18.5		1247	Q355−20×228	646	4	23.17	92.7	电焊
1223	L40×3	425	2	0.79	1.6		1248	Q355−18×144	315	8	6.45	51.6	电焊
1224	L40×3	425	2	0.79	1.6	切角	1249	Q355−18×177	200	8	5.00	40.0	电焊
1225	L40×3	569	2	1.05	2.1		合计					3753.2kg	

螺栓、垫圈、脚钉明细表

名称	级别	规格	符号	数量	质量(kg)	备注
螺栓	6.8级	M16×40	◗	156	22.4	
		M16×50	◢	128	20.5	
		M20×45	○	56	15.1	
		M20×55	∅	38	11.2	
		M20×65	⊠	24	7.7	
	8.8级	M24×75	⦰	164	88.1	
脚钉	6.8级	M16×180	⊕—	20	6.5	双帽
		M20×200	⊕—	2	1.2	双帽
	8.8级	M24×240	⊕—	4	3.6	双帽
合计					176.4	

图 10.2−14　110−EC21S−DL−14　110−EC21S−DL 终端塔 18.0m 塔腿部结构图⑫（二）

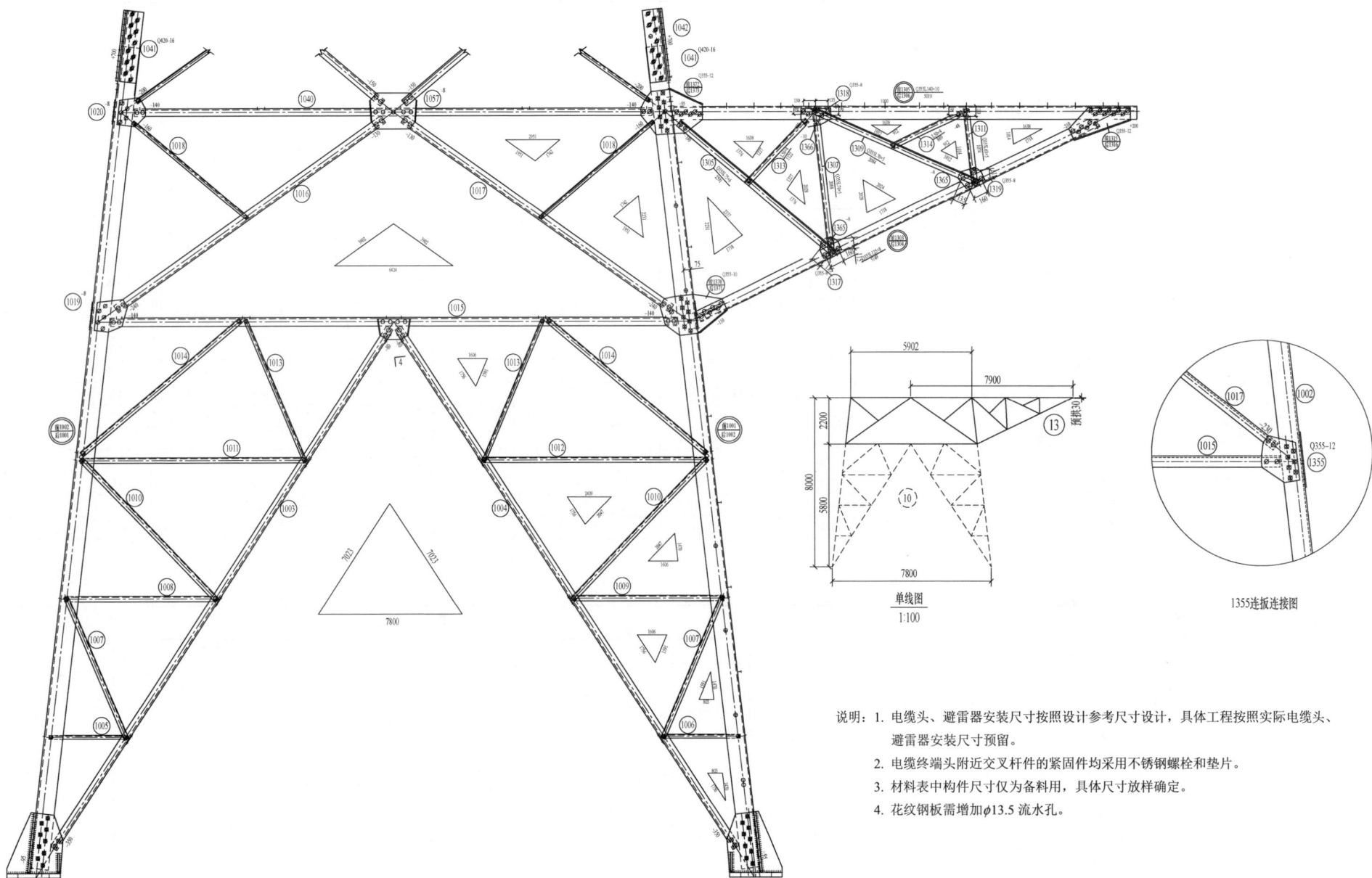

单线图
1:100

1355连扳连接图

说明: 1. 电缆头、避雷器安装尺寸按照设计参考尺寸设计, 具体工程按照实际电缆头、避雷器安装尺寸预留。

2. 电缆终端头附近交叉杆件的紧固件均采用不锈钢螺栓和垫片。

3. 材料表中构件尺寸仅为备料用, 具体尺寸放样确定。

4. 花纹钢板需增加ϕ13.5流水孔。

图 10.2-15　110-EC21S-DL-15　110-EC21S-DL 终端塔 24.0m 电缆平台结构图⑬

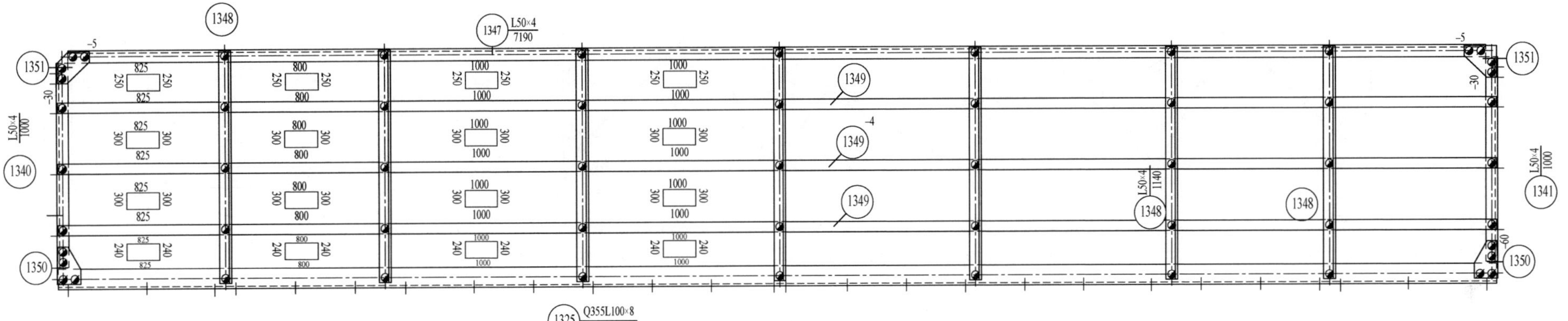

1—1

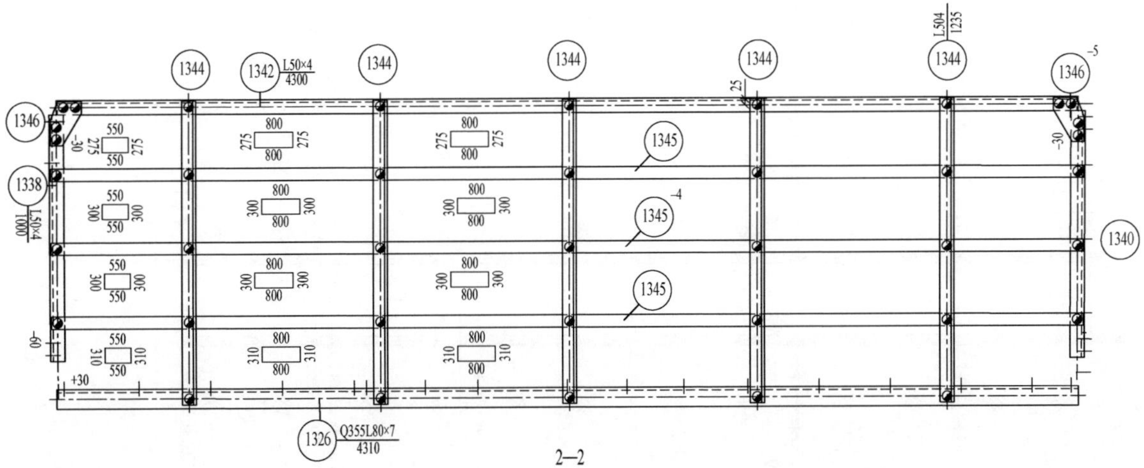

2—2

图 10.2－16　110－EC21S－DL－16　110－EC21S－DL 终端塔 24.0m 电缆平台结构图⑬（一）

图 10.2-16　110-EC21S-DL-16　110-EC21S-DL 终端塔 24.0m 电缆平台结构图⑬（二）

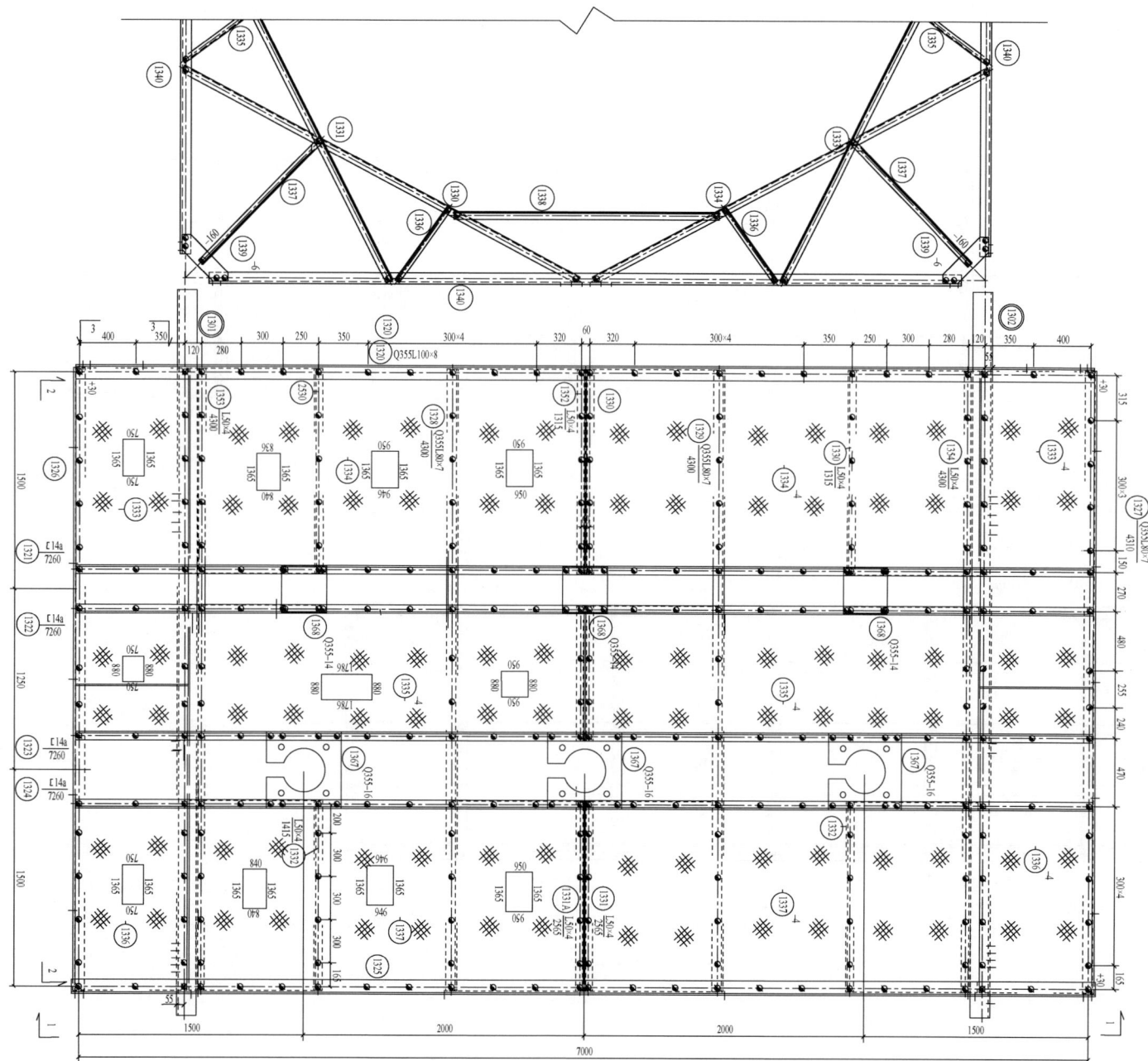

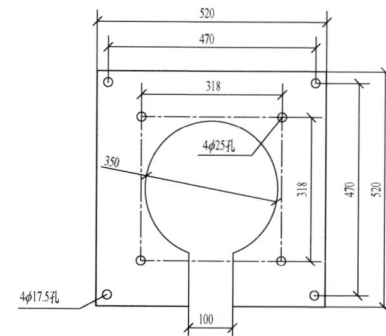

电缆接头安装座加工图 Q355-16 ⑬⑰
大样图

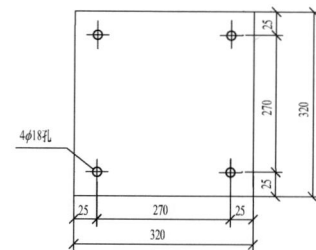

避雷器基座加工图 Q355-14 ⑬⑱
大样图

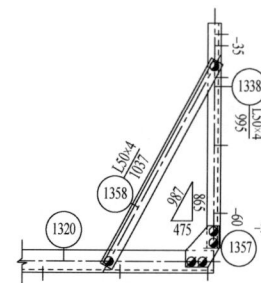

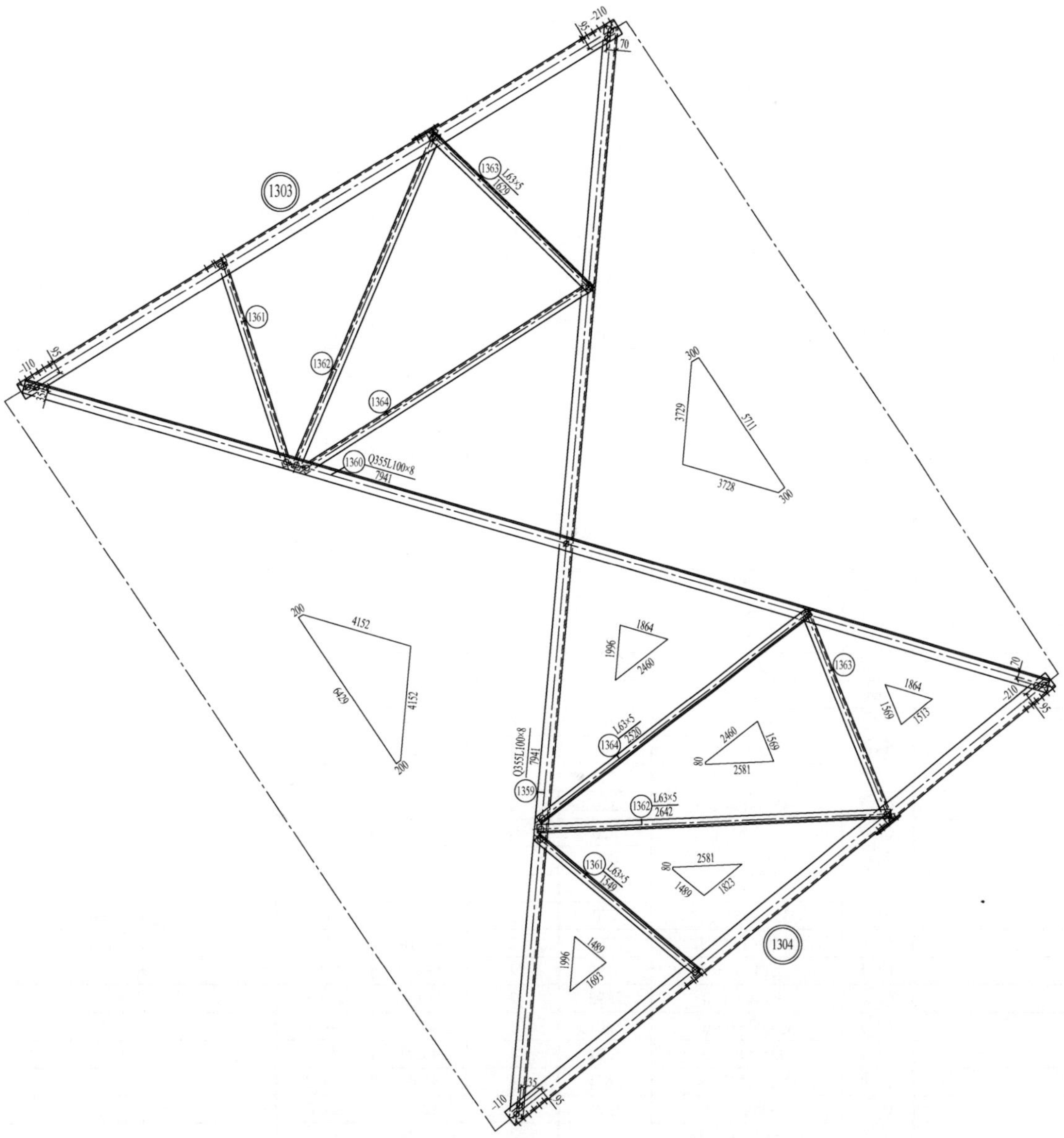

螺栓、脚钉、垫圈明细表

名称	级别	规格	符号	数量	质量（kg）	备注
螺栓	6.8级	M16×40	◐	607	87.5	
		M16×50	◑	384	61.5	
		M16×60	▣	8	1.4	
		M20×45	○	64	17.3	
		M20×55	∅	288	85.0	
		M20×65	⊗	104	33.3	
		M20×75	∅	4	1.4	
垫圈	Q235	−4（φ22）	规格×个数	4	0.1	
合计					287.5kg	

图 10.2−17　110−EC21S−DL−17　110−EC21S−DL 终端塔 24.0m 电缆平台结构图⑬（一）

构 件 明 细 表

编号	规格	长度(mm)	数量	一件	小计	备注	编号	规格	长度(mm)	数量	一件	小计	备注
1301	Q355L140×10	5019	2	107.84	215.7	开角	1342	L50×4	4300	2	13.15	26.3	
1302	Q355L140×10	5019	2	107.84	215.7	开角	1343	L50×4	4300	2	13.15	26.3	
1303	Q355L125×8	5149	2	79.83	159.7	切角合角	1344	L50××4	1235	20	3.78	75.6	
1304	Q355L125×8	5149	2	79.83	159.7	切角合角	1345	-4×50	4355	12	6.85	82.2	
1305	Q355L75×6	2591	2	17.89	35.8		1346	-5×130	180	8	0.92	7.4	
1306	Q355L75×6	2591	2	17.89	35.8		1347	L50×4	7190	2	21.99	44.0	
1307	Q355L70×5	2088	2	11.27	22.5		1348	L50×4	1140	13	3.49	45.4	
1308	Q355L70×5	2088	2	11.27	22.5		1349	-4×50	7300	3	11.51	34.5	
1309	Q355L70×5	2084	2	11.25	22.5		1350	-5×120	185	4	0.87	3.5	
1310	Q355L70×5	2084	2	11.25	22.5		1351	-5×111	206	4	0.89	3.6	
1311	Q355L63×5	1074	2	5.18	10.4	切角	1352	L50×4	1315	2	4.02	8.0	
1312	Q355L63×5	1074	2	5.18	10.4		1353	L50×4	4300	2	13.15	26.3	
1313	L56×4	1122	4	3.87	15.5		1354	L50×4	4300	2	13.15	26.3	
1314	L50×4	889	4	2.72	10.9		1355	Q355-8×393	422	4	10.41	41.6	
1315	Q355-12×368	656	2	22.75	45.5	卷边50mm	1356	-10×60	60	1	0.28	0.3	垫板
1316	Q355-12×368	656	2	22.75	45.5	卷边50mm	1357	-5×150	185	4	1.09	4.4	
1317	Q355-8×184	220	4	2.54	10.2		1358	L50×4	1037	4	3.17	12.7	
1318	Q355-8×194	325	4	3.95	15.8		1359	Q355L100×8	7941	2	97.48	195.0	切角
1319	Q355-8×173	220	4	2.39	9.6		1360	Q355L100×8	7941	2	97.48	195.0	
1320	Q355L100×8	7250	2	89.00	178.0		1361	L63×5	1549	4	7.47	29.9	
1321	[14a	7260	2	143.02	286.05	槽钢	1362	L63×5	2642	4	12.74	51.0	
1322	[14a	7260	2	143.02	286.05	槽钢	1363	L63×5	1629	4	7.86	31.4	
1323	[14a	7260	2	143.02	286.05	槽钢	1364	L63×5	2520	4	12.15	48.6	切角
1324	[14a	7260	2	143.02	286.05	槽钢	1365	-8×60	60	8	0.23	1.8	垫板
1325	Q355L100×8	7300	2	89.61	179.2		1366	-10×60	60	1	0.28	0.3	垫板
1326	Q355L80×7	4310	2	36.74	73.5		1367	Q355-16×520	520	6	33.96	203.8	
1327	Q355L80×7	4310	2	36.74	73.5		1368	Q355-14×320	320	6	11.25	67.5	
1328	Q355L80×7	4300	2	36.66	73.3		1369	-10×200	520	16	8.16	130.6	
1329	Q355L80×7	4300	2	36.66	73.3		1370	Q355-10×521	630	2	25.79	51.6	卷边60mm
1330	L50×4	1315	6	4.02	24.1		1371	Q355-10×521	630	2	25.79	51.6	卷边60mm
1331	L50×4	2565	2	7.85	15.7		1372	Q355-12×552	770	2	40.10	80.2	卷边60mm
1331A	L50×4	2565	2	7.85	15.7		1373	Q355-12×552	770	2	40.10	80.2	卷边60mm
1332	L50×4	1415	4	4.33	17.3		1374	L140×10	5393	2	115.88	231.8	开角
1333	-5×800	2265	4	71.11	284.4		1375	L140×10	5393	2	115.88	231.8	开角
1334	-5×1315	2810	4	145.05	580.2		1376	Q355L90×6	5501	1	45.93	45.9	
1335	-5×1145	2810	4	126.29	505.2		1377	Q355L90×6	5501	1	45.93	45.9	
1336	Q355-5×795	2025	4	63.19	252.8		1378	Q355L100×8	3671	4	45.07	180.3	
1337	-5×1415	2810	4	156.07	624.3		1379	Q355L75×6	1871	4	12.92	51.7	
1338	L50×4	1000	2	3.06	6.1		1380	Q355-10×277	495	4	10.78	43.1	
1339	L50×4	1000	2	3.06	6.1		1381	Q355-8×209	557	4	7.30	29.2	
1340	L50×4	1000	2	3.06	6.1		合计					7781.9kg	
1341	L50×4	1000	2	3.06	6.1								

图 10.2-17　110-EC21S-DL-17　110-EC21S-DL 终端塔 24.0m 电缆平台结构图⑬（二）

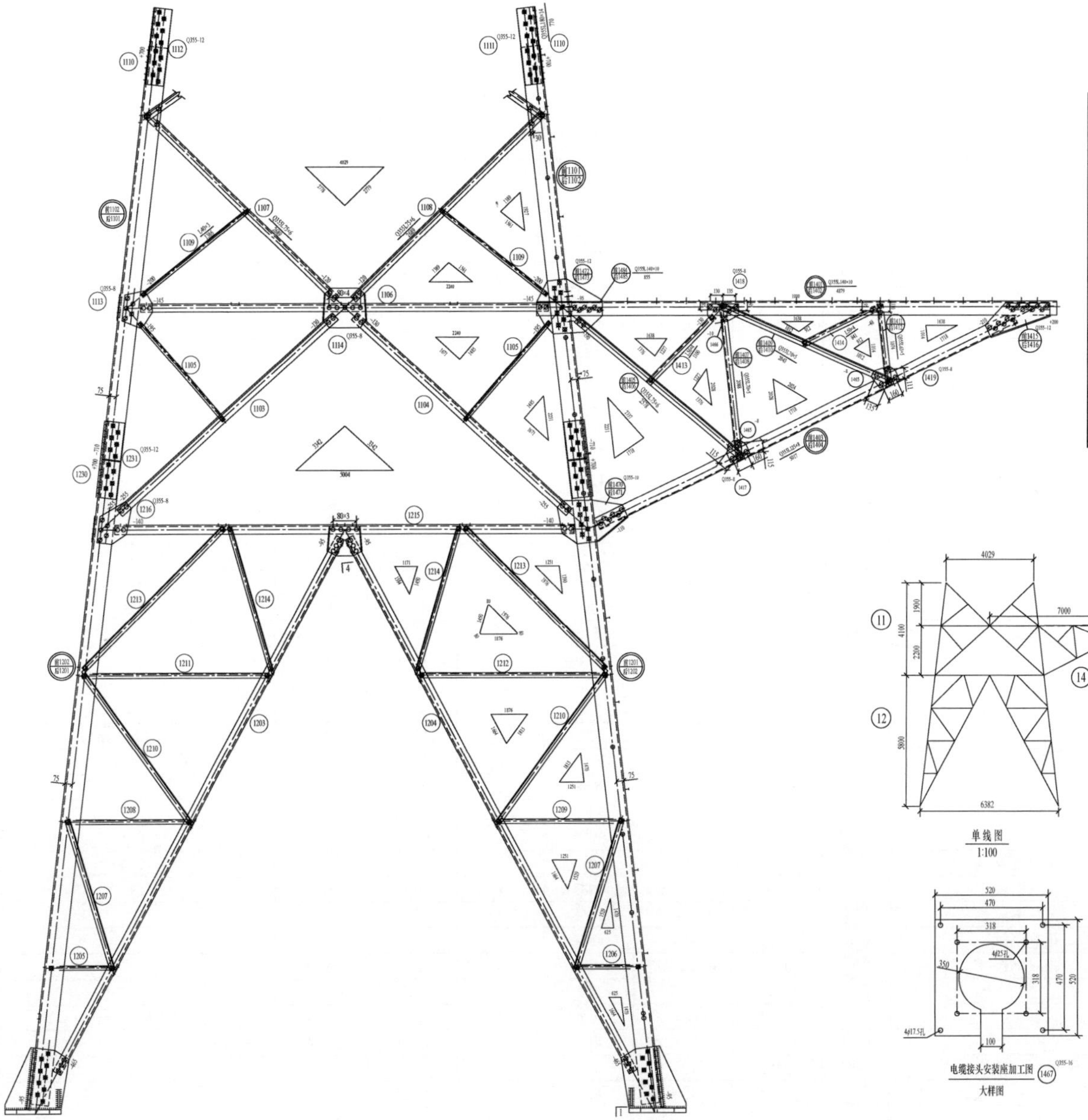

螺栓、垫圈、脚钉明细表

名称	级别	规格	符号	数量	质量（kg）	备注
螺栓	6.8 级	M16×40	◓	290	41.82	
		M16×50	◓	315	50.46	
		M16×60	○	146	25.73	
	6.8 级	M20×45	○	64	17.29	
		M20×55	⊘	271	80.02	
		M20×65	⊠	168	53.84	
垫圈	Q235	−4（ϕ21.5）	规格×个数	4	0.1	
合计					269.3kg	

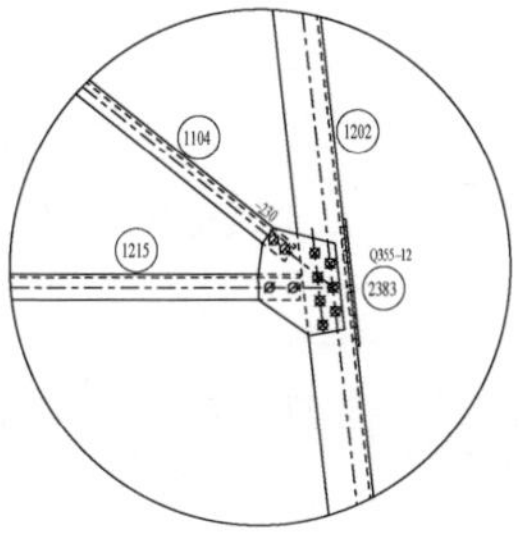

单线图
1:100

2383 连板连接图

电缆接头安装座加工图
大样图

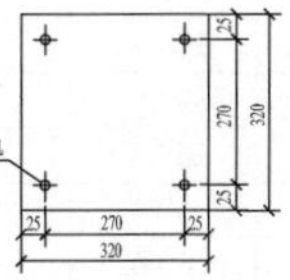

避雷器基座加工图
大样图

图 10.2−18　110−EC21S−DL−18　110−EC21S−DL 终端塔 18.0m 电缆平台结构图⑭（一）

构 件 明 细 表

编号	规格		长度(mm)	数量	质量（kg）		备注	编号	规格		长度(mm)	数量	质量（kg）		备注
					一件	小计							一件	小计	
1401	Q355	L140×10	4878	2	104.82	209.6	开角	1444	Q235	L50×4	1245	12	3.81	45.72	
1402	Q355	L140×10	4878	2	104.82	209.6	开角	1445	Q235	−4×50	4309	12	6.76	81.12	
1403	Q355	L125×8	5016	2	77.77	155.5	切角合角	1446	Q235	−5×105	180	8	0.74	5.92	
1404	Q355	L125×8	5016	2	77.77	155.5	切角合角	1447	Q235	L50×4	7990	2	24.45	49.9	
1405	Q355	L75×6	2578	2	17.80	35.6		1448	Q235	L50×4	1145	14	3.5	49	
1406	Q355	L75×6	2578	2	17.80	35.6		1449	Q235	−4×50	8100	6	12.72	76.3	
1407	Q355	L70×5	2088	2	11.27	22.5	切角	1450	Q235	−5×180	190	4	1.34	5.36	
1408	Q355	L70×5	2088	2	11.27	22.5	切角	1451	Q235	−5×155	165	4	1	4	
1409	Q355	L70×5	2043	2	11.03	22.1		1452	Q235	L50×4	1145	2	3.5	7	
1410	Q355	L70×5	2043	2	11.03	22.1		1453	Q235	L50×4	1145	2	3.5	7	
1411	Q355	L63×5	1074	2	5.18	10.4	切角	1454	Q235	L50×4	537	2	1.64	3.28	
1412	Q355	L63×5	1074	2	5.18	10.4	切角	1455	Q235	L50×4	537	2	1.64	3.28	
1413	Q235	L56×4	1100	4	3.79	15.2		1456	Q235	−4×50	583	12	0.92	11.04	
1414	Q235	L50×4	841	2	2.57	10.3		1457	Q235	−5×128	186	4	0.93	3.72	
1415	Q355	−10×356	654	2	18.78	37.6	卷边60mm	1458	Q235	−5×107	220	4	0.93	3.72	
1416	Q355	−10×356	654	2	18.78	37.6	卷边60mm	1459	Q355	L100×8	6817	2	83.69	167.4	切角
1417	Q355	−8×171	220	4	2.35	9.4		1460	Q355	L100×8	6817	2	83.69	167.4	
1418	Q355	−8×200	300	4	3.83	15.3		1461	Q235	L63×5	1209	4	5.83	23.3	
1419	Q355	−8×169	220	4	2.33	9.3		1462	Q235	L63×5	2402	4	11.58	46.3	切角
1420	Q355	L100×8	8056	2	99.09	198.2		1463	Q235	L63×5	1289	4	6.22	24.9	
1421		[14a	8100	2	159.57	319.2	槽钢	1464	Q235	L63×5	2452	4	11.82	47.3	切角
1422		[14a	8100	2	159.57	319.2	槽钢	1465	Q235	−8×60	60	8	0.23	1.84	垫块
1423		[14a	8100	2	159.57	319.2	槽钢	1466	Q235	−10×60	60	4	0.28	1.12	垫块
1424		[14a	8100	2	159.57	319.2	槽钢	1467	Q355	−16×530	530	6	35.28	211.68	
1425	Q355	L100×8	8230	2	101.23	202.5		1468	Q355	−10×320	320	6	8.04	48.24	
1426	Q355	L100×10	4310	2	65.17	130.34		1469	Q235	−10×200	530	24	8.32	199.68	
1427	Q355	L100×10	4310	2	65.17	130.34		1470	Q355	−10×434	732	2	24.96	49.9	卷边60mm
1428	Q355	L100×10	4300	2	65.02	130.04		1471	Q355	−10×434	732	2	24.96	49.9	卷边60mm
1429	Q355	L100×10	4300	2	65.02	130.04		1472	Q355	−12×531	865	2	43.34	86.7	
1430	Q235	L56×4	1315	2	4.53	9.06		1473	Q355	−12×531	865	2	43.34	86.7	
1431	Q235	L56×4	930	2	3.2	6.4		1474	Q355	L140×10	3975	2	85.41	170.8	开角
1432	Q235	L56×4	1415	2	4.88	9.76		1475	Q355	L140×10	3975	2	85.41	170.8	开角
1433	Q355	−5×1054	2240	4	92.68	370.72	花纹钢板	1476	Q355	L80×6	4083	1	30.12	30.1	
1434	Q235	−5×1325	2456	4	127.7	510.88	花纹钢板	1477	Q355	L80×6	4083	1	30.12	30.1	
1435	Q235	−5×870	2456	4	83.87	335.48	花纹钢板	1478	Q355	L100×8	2668	4	32.75	131.0	
1436	Q355	−5×1054	2060	4	85.23	340.92	花纹钢板	1479	Q355	L75×6	1384	4	9.56	38.2	
1437	Q235	−5×1695	2456	4	163.4	653.56	花纹钢板	1480	Q355	−12×277	495	4	12.94	51.76	
1438	Q235	L50×4	1002	2	3.07	6.14		1481	Q355	−8×209	557	4	7.3	29.2	
1439	Q235	L50×4	1002	2	3.07	6.14		1482	Q235	−12×60	60	1	0.34	0.34	垫块
1440	Q235	L50×4	1006	2	3.08	6.16		1483	Q355	−12×387	468	4	17.09	68.4	
1441	Q235	L50×4	1006	2	3.08	6.16		1484	Q355	L140×10	855	2	18.37	36.7	
1442	Q235	L50×4	4270	2	13.06	26.12		1485	Q355	L140×10	855	2	18.37	36.7	
1443	Q235	L50×4	4270	2	13.06	26.12		合计						7920.6kg	

图 10.2－18　110－EC21S－DL－18　110－EC21S－DL 终端塔 18.0m 电缆平台结构图⑭（二）

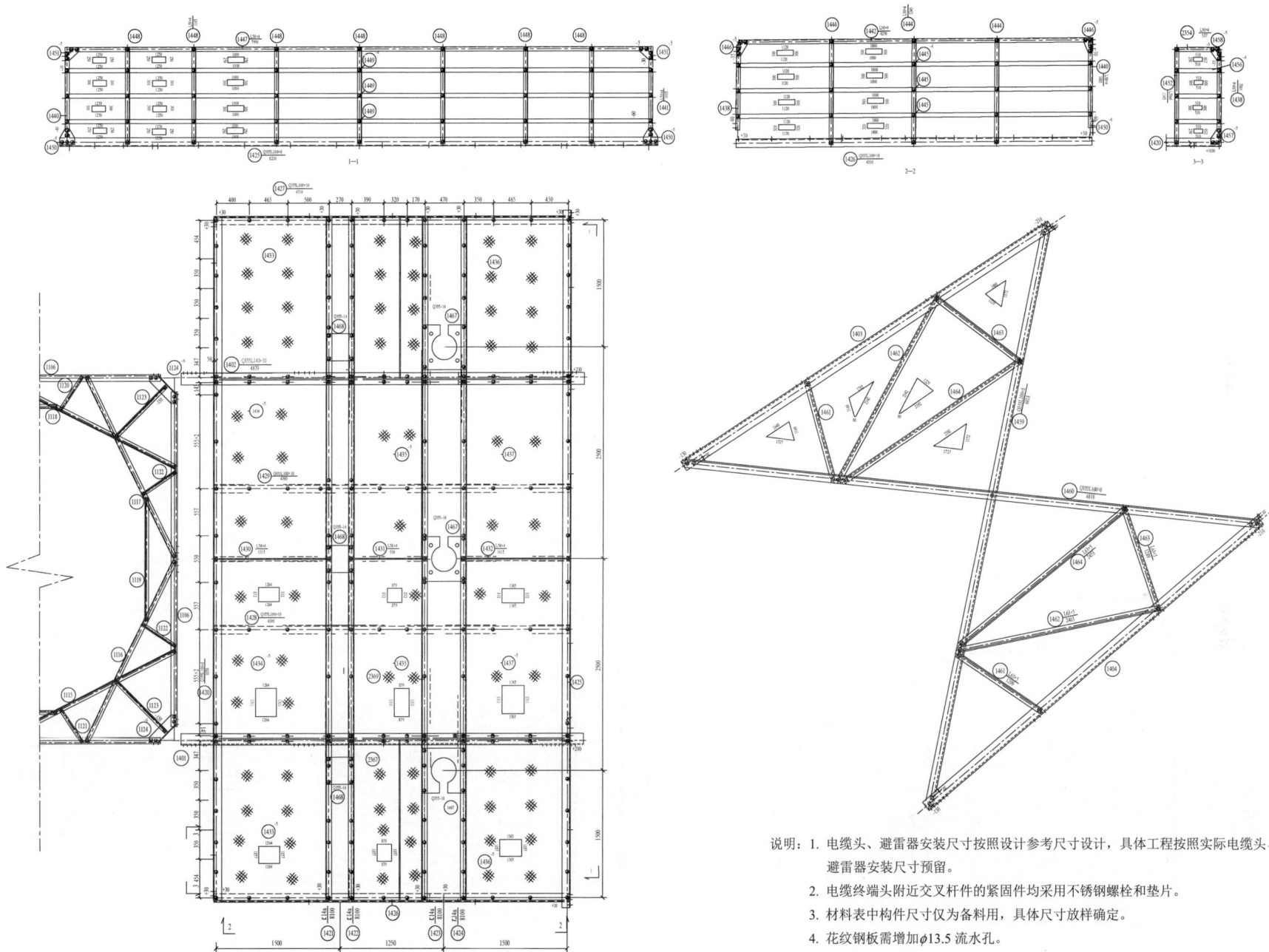

说明: 1. 电缆头、避雷器安装尺寸按照设计参考尺寸设计, 具体工程按照实际电缆头、避雷器安装尺寸预留。
2. 电缆终端头附近交叉杆件的紧固件均采用不锈钢螺栓和垫片。
3. 材料表中构件尺寸仅为备料用, 具体尺寸放样确定。
4. 花纹钢板需增加φ13.5流水孔。

图 10.2-19 110-EC21S-DL-19 110-EC21S-DL 终端塔 18.0m 电缆平台结构图⑭

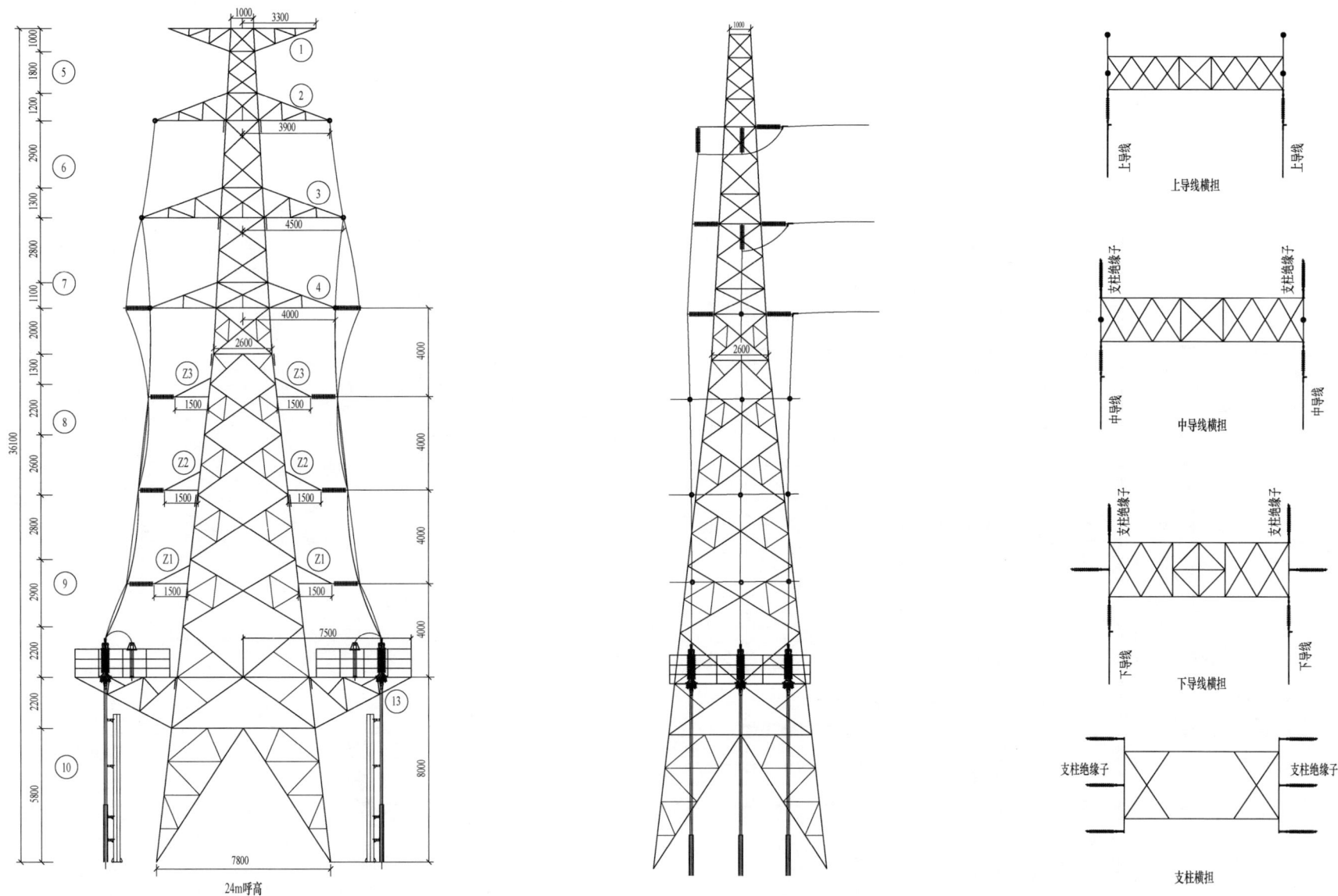

图 10.2-20　110-EC21S-DL-20　110-EC21S-DL 终端塔 24.0m 电缆平台下线示意图

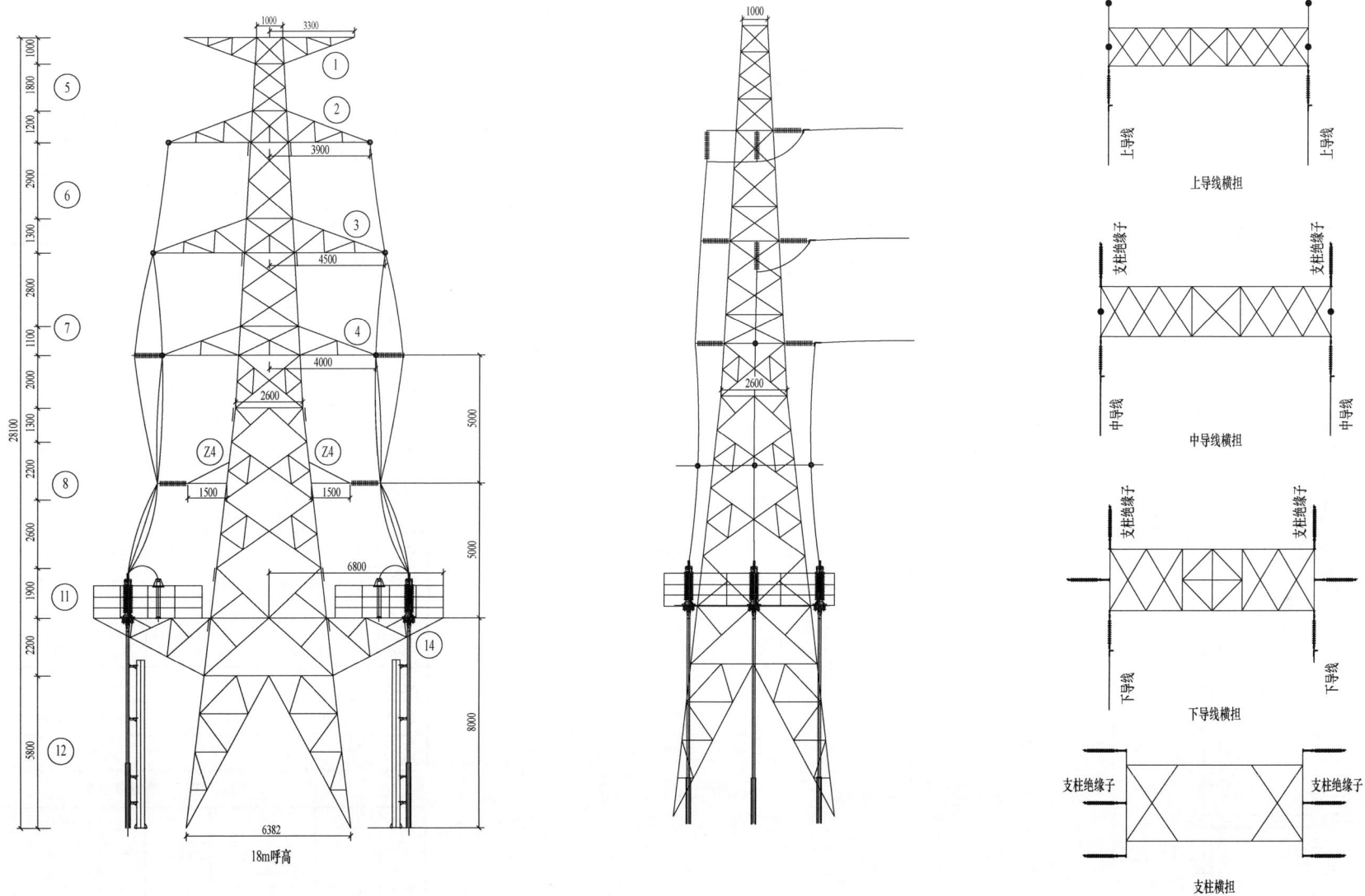

图 10.2−21　110−EC21S−DL−21　110−EC21S−DL 终端塔 18.0m 电缆平台下线示意图

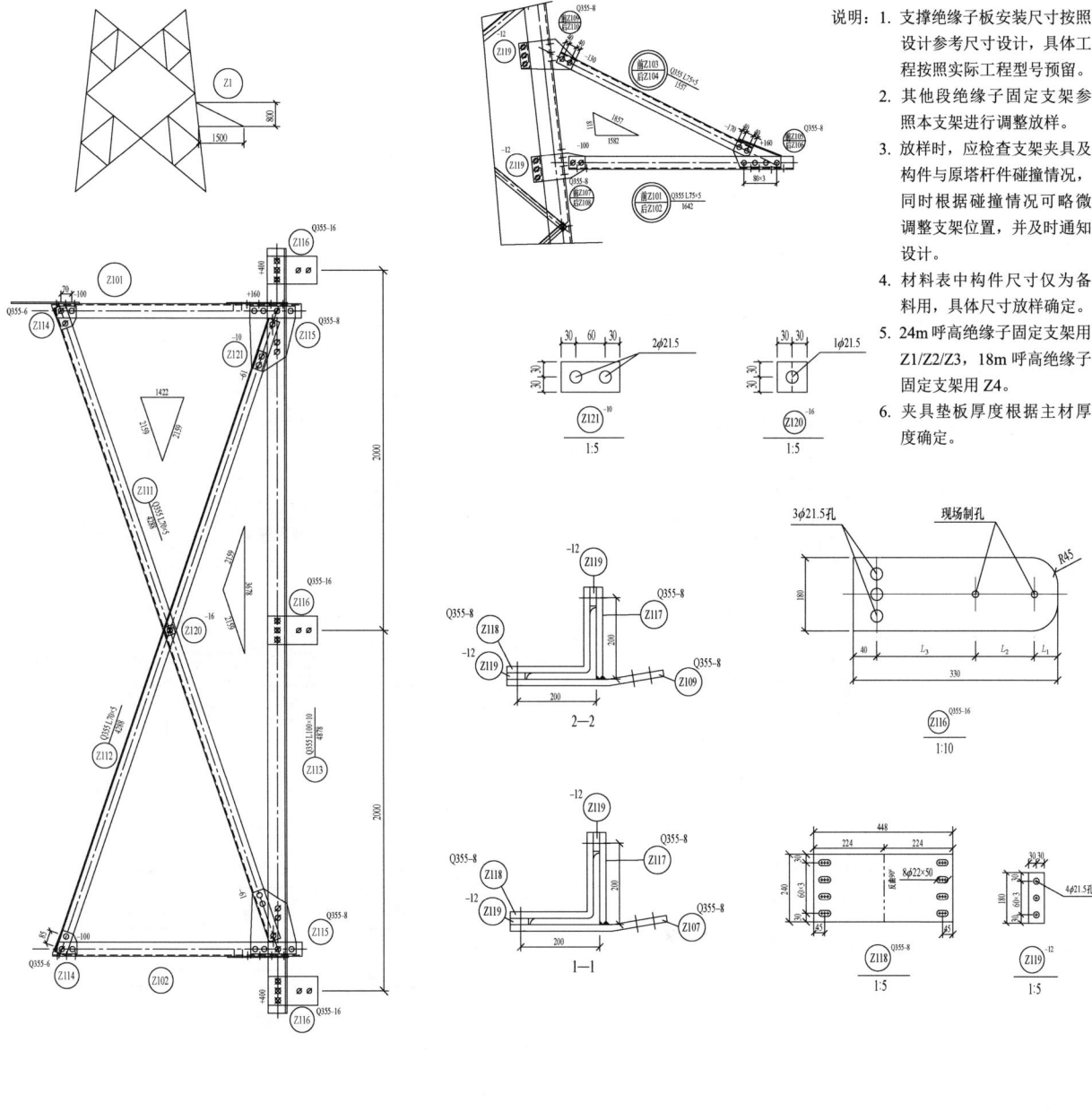

说明：
1. 支撑绝缘子板安装尺寸按照设计参考尺寸设计，具体工程按照实际工程型号预留。
2. 其他段绝缘子固定支架参照本支架进行调整放样。
3. 放样时，应检查支架夹具及构件与原塔杆件碰撞情况，同时根据碰撞情况可略微调整支架位置，并及时通知设计。
4. 材料表中构件尺寸仅为备料用，具体尺寸放样确定。
5. 24m呼高绝缘子固定支架用Z1/Z2/Z3，18m呼高绝缘子固定支架用Z4。
6. 夹具垫板厚度根据主材厚度确定。

构件明细表

编号	规格	长度（mm）	数量	质量（kg）一件	质量（kg）小计	备注
Z101	Q355L75×5	1642	1	9.55	9.6	切角合角处理
Z102	Q355L75×5	1642	1	9.55	9.6	切角合角处理
Z103	Q355L75×5	1557	1	9.06	9.1	切角
Z104	Q355L75×5	1557	1	9.06	9.1	切角
Z105	Q355-8×233	428	1	6.27	6.3	卷边50mm
Z106	Q355-8×232	428	1	6.25	6.3	卷边50mm
Z107	Q355-8×180	393	1	4.44	4.4	
Z108	Q355-8×180	393	1	4.44	4.4	
Z109	Q355-8×210	419	1	5.53	5.5	
Z110	Q355-8×212	418	1	5.56	5.6	
Z111	Q355L70×5	4263	1	23.01	23.0	切角
Z112	Q355L70×5	4263	1	23.01	23.0	
Z113	Q355L100×10	4878	1	73.76	73.8	
Z114	Q355-6×130	150	2	0.92	1.8	
Z115	Q355-8×300	445	2	8.38	16.8	
Z116	Q355-16×180	315	3	7.12	21.4	支撑绝缘子板
Z117	Q355-8×180	230	4	2.60	10.4	焊接
Z118	Q355-8×180	447	4	5.05	20.2	火曲
Z119	-12×60	180	8	1.02	8.2	
Z120	-16×60	60	1	0.45	0.5	垫板
Z121	-10×60	120	1	0.57	0.6	垫板
合计					269.6kg	

螺栓、脚钉、垫圈明细表

名称	级别	规格	符号	数量	质量（kg）	备注
螺栓	6.8级	M20×45	○	22	5.9	
		M20×55	∅	8	8.9	
		M20×65	∅	36	4.1	
合计					19.0kg	

图 10.2−22　110−EC21S−DL−22　110−EC21S−DL 终端塔绝缘子固定支架结构图

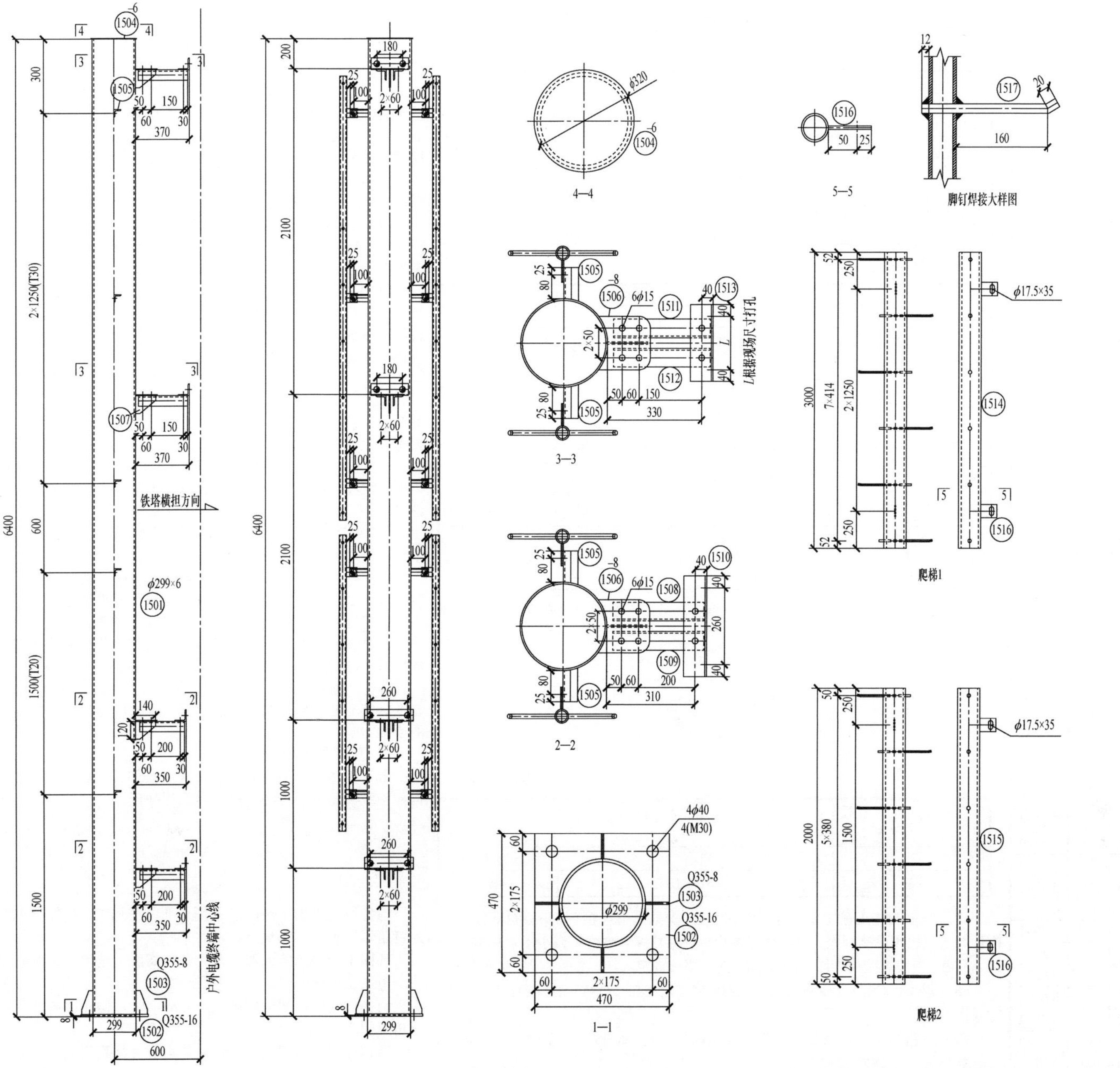

构 件 明 细 表

编号	规格	长度(mm)	数量	质量（kg） 一件	质量（kg） 小计	备注
1501	φ299×6	6392	1	259.78	259.8	
1502	Q355-18×470	470	1	31.21	31.2	
1503	Q355-8×80	160	4	0.80	3.2	
1504	-6×320	320	1	4.82	4.8	
1505	L50×5	105	8	0.40	3.2	
1506	-8×180	180	4	2.03	8.1	
1507	-8×120	150	4	1.13	4.5	
1508	L63×5	320	2	1.54	3.1	
1509	L63×5	320	2	1.54	3.1	
1510	L80×6	340	2	2.51	5.0	
1511	L63×5	340	2	1.64	3.3	
1512	L63×5	340	2	1.64	3.3	
1513	L80×6	260	2	1.92	3.8	
1514	φ48×4	3000	2	13.02	26.0	
1515	φ48×4	2000	2	8.68	17.4	
1516	-8×60	75	10	0.28	2.8	
1517	φ16	240	30	0.38	11.4	
1518	-4×50	610	2	0.96	1.9	铝合金
合计					395.9kg	

螺栓、脚钉、垫圈明细表

名称	级别	规格	符号	数量	质量（kg）	备注
螺栓	6.8 级	M16×40	●	14	2.0	
		M20×45	○	24	6.4	
合计					8.4kg	

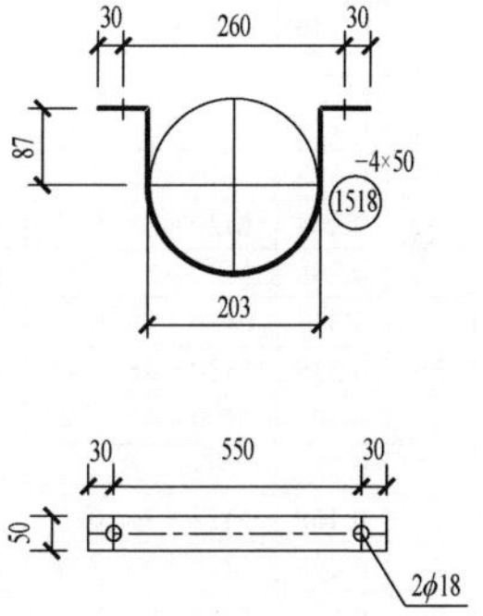

图 10.2-23　110-EC21S-DL-23　110-EC21S-DL 终端塔电缆支柱结构图

铁 塔 加 工 说 明

（1）除结构图上特别注明外，均按本要求进行加工。

（2）本塔所用钢材、焊条必须符合现行国家标准的各项技术条件要求。

（3）角钢准线距除图纸中特别注明外，均按下表取值：　（单位：mm）

序号	角钢肢宽 b	基准线距 g	螺栓准线距 单排 g	双排 g_1	双排 g_2	最大使用孔径 ϕ
1	40	20	20			
2	45	23	23			
3	50	25（28）	25（28）			φ17.5
4	56	28（32）	28（32）			
5	63	30（36）	30（36）			
6	70	35（40）	35（40）			
7	75	38（40）	38（40）			
8	80	40	40			
9	90	45	45			φ21.5
10	100	50	50			
11	110	55	55	45	75	
12	125	60	60	50	85	
13	140	70	70	55	90	
14	160	80	80	60	105	φ25.5
15	180	90	90	65	120	
16	200	100	100	75	135	

注　括号内数字用于当其他构件与本角钢搭接面螺栓边距不足时，在搭接位置上的螺栓孔可使用的准线值，当采用括号内准线值时，需在结构图中标注。

（4）螺栓、脚钉、垫圈规格表如下：

螺 栓 规 格 表

级别	单帽螺栓（带一垫，一扣紧螺母）					双帽螺栓				
	规格	符号	通过厚	无扣长	质量	规格	符号	通过厚	无扣长	质量
	M16×40		8~12	7	0.146	M16×45	○	8~12	7	0.1741
	M16×50		13~22	12	0.16	M16×55	○	13~22	12	0.1896
	M16×60		23~32	22	0.176	M16×65	○	23~32	22	0.2054
	M16×70		33~42	32	0.192	M16×75	○	33~42	32	0.2212
	M20×45	○	10~15	9	0.268	M20×55	○	10~15	9	0.3304
	M20×55		16~25	15	0.288	M20×65	○	16~25	15	0.3350
	M20×65		26~35	25	0.313	M20×75	○	26~35	25	0.3796
	M20×75		36~45	35	0.338	M20×85	○	36~45	35	0.4042
	M20×85		46~55	45	0.362	M20×95	○	46~55	45	0.4288
	M20×95	✶	56~65	55	0.387	M20×105	○	56~65	55	0.4537
	M24×55	◎	16~20	15	0.468	M24×70	◎	16~20	15	0.5956
	M24×65		21~30	20	0.498	M24×80	◎	21~30	20	0.6312
	M24×75		31~40	30	0.533	M24×90	◎	31~40	30	0.6668
	M24×85		41~50	40	0.569	M24×100	◎	41~50	40	0.7024
	M24×95		51~60	50	0.604	M24×110	◎	51~60	50	0.7380
	M24×105	✶	61~70	60	0.6376	M24×120	◎	61~70	60	0.7736

脚钉、垫圈规格表

脚钉 规格	符号	质量	无扣长	垫圈 规格	符号	质量	内径	外径
M16×180	⊕	0.3799	120	-3 (17.5)		0.01065	17.5	30
				-4 (17.5)		0.0142	17.5	30
M20×200	⊕	0.6749	120	-3 (22)		0.01637	22	37
				-4 (22)		0.02183	22	37
M24×240	⊕	1.1803	120	-3 (26)		0.02331	26	44
				-4 (26)		0.03108	26	44

（5）螺栓孔距和边距按下表取值：　（单位：mm）

螺栓规格	螺栓孔径	螺栓间距 单排孔 S_1	双排孔 S_2	边距 端孔 L_d	轧制孔 L_z	切角孔 L_Q
M12	φ13.5	40	60	20	≥17	≥18
M16	φ17.5	50	80	25	≥21 / 20（L40角钢时）	≥23
M20	φ21.5	60	100	30	≥26	≥28
M24	φ25.5	80	120	40	≥31	≥33

备注：螺孔顺线方向重心最大间距：12d 或 18t（取二者较小者），其中 d 为螺栓直径，L 为较薄板的厚度

（6）结构图中未注明详细尺寸的节点板，可按下图所示原则放样。

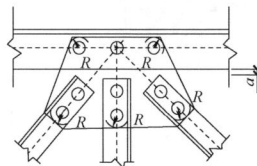

（单位：mm）

符号 \ 孔径	17.5	21.5
R	25 | 30	25.5
a	5≤a≤10	40

（7）铁塔构件连接主要以螺栓连接为主，少数采用焊接（如塔脚板连接等）。构件焊接应按照焊接规程、规范和有关规定进行，焊缝高度不得小于连接构件的最小厚度，当被焊接构件厚8mm 及以上时，要按规定进行剖口后再焊，以便焊透。

（8）焊条：Q355 钢采用 E50，Q235 钢采用 E43，Q355 钢与 Q235 钢焊接时采用 E43。

（9）主材与主材，塔腿与塔脚板接头螺栓排列，应按正面左侧主材为基准，逆时针旋转，左高右低布置。

（10）连接螺栓长度因通过厚度不同而不同。

（11）铁塔构件所用钢种除注明 Q355 外，其余均为 Q235，材质均为 B 级，所有构件均须热镀锌。所有螺栓（包括防盗螺栓）的高度等级为热镀锌后的强度值。

（12）结构图材料表中的尺寸供统计材料之用，除结构控制尺寸外，下料尺寸按实际放样确定。

（13）本塔 M16、M20L 螺栓 6.8 级（包含脚钉），M24 螺栓 8.8 级（包含脚钉）。

（14）脚钉一般从离地面 1.2m 处以上开始向上装设，间距 400~450mm，加工放样时可适当调整脚钉的位置，脚钉采用防滑带直钩形式。

（15）加工时如需材料代用及改变节点形式等情况，须与设计单位联系解决。材料代用时，需注意相关影响（螺栓长度，主材接头相平，内垫片增减等），应与图纸对应列表统计，并由加工厂书面通知施工安装。

（16）钢材质量标准应符合《碳素结构钢》（GB 700—2006）及《低合金高强度结构钢》（GB/T 1591—2008）的有关要求；螺栓，螺母，扣紧螺母应符合的标准分别为《六角头螺栓 C 级》（GB/T 5780—2000），《Ⅰ型六角螺母》（GB/T 6170—2000），《扣紧螺母》（GB 805—88）。所有材料，包括角钢，螺栓，防盗螺栓，扣紧螺母，焊条等均应有出厂合格证明。

（17）铁塔的设计执行《架空输电线路杆塔结构设计技术规程》（DL/T 5486—2020）的有关规定。

（18）本铁塔结构图根据《输电线路铁塔制图和构造规定》（DL/T 5442—2020）和本塔加工说明要求绘制的。

（19）铁塔加工时应严格执行《输电线路铁塔制造技术条件》（GB 2694—2018）的要求。本系列铁塔构件的尺寸均以放样为准，构件加工后必须试组装，验收合格后方可批量加工。

（20）除上述各项规定外，铁塔加工还应按照《110～750kV 架空输电线路施工及验收规范》（GB 50233—2014）的要求。

（21）其他事项：

节点板考虑到钢度要求，形状不宜狭长，节点板边缘与构件轴线夹角 α 不小于 15°，如下图所示。

构件厚度大于 10mm 须采用钻孔方法加工，构件接头中外包角钢铲芯，内包角钢铲背。

凡图中所要求的火曲、开合角、切肢、压扁、切角的尺寸均由加工放样决定。

两构件连接面间的间隙大于 3mm 时，构件应局部开、合角或制弯。

当构件需采用切肢或压扁时，应优先采用切肢。

图 10.2－24　110－EC21S－DL－24　110－EC21S－DL 终端塔铁塔加工说明

10.3　110-EC21GD-DL 子模块

序号	图号	图名	张数	备注
1	110-EC21GD-DL-01	110-EC21GD-DL 终端杆总图	1	
2	110-EC21GD-DL-02	110-EC21GD-DL 终端杆地线横担①结构图	1	
3	110-EC21GD-DL-03	110-EC21GD-DL 终端杆导线横担②结构图	1	
4	110-EC21GD-DL-04	110-EC21GD-DL 终端杆身部③结构图	1	
5	110-EC21GD-DL-05	110-EC21GD-DL 终端杆身部④结构图	1	
6	110-EC21GD-DL-06	110-EC21GD-DL 终端杆身部⑤结构图	1	
7	110-EC21GD-DL-07	110-EC21GD-DL 终端杆 30.0m 腿部⑥结构图	1	
8	110-EC21GD-DL-08	110-EC21GD-DL 终端杆 24.0m 腿部⑦结构图	1	
9	110-EC21GD-DL-09	110-EC21GD-DL 终端杆 18.0m 腿部⑧结构图	1	
10	110-EC21GD-DL-10	110-EC21GD-DL 终端杆地线横担法兰结构图	1	
11	110-EC21GD-DL-11	110-EC21GD-DL 终端杆导线横担法兰结构图	1	
12	110-EC21GD-DL-12	110-EC21GD-DL 终端杆 30.0m 电缆平台下线示意图	1	
13	110-EC21GD-DL-13	110-EC21GD-DL 终端杆 24.0m 电缆平台下线示意图	1	
14	110-EC21GD-DL-14	110-EC21GD-DL 终端杆 18.0m 电缆平台下线示意图	1	
15	110-EC21GD-DL-15	110-EC21GD-DL 终端杆绝缘子固定支架连接件	1	
16	110-EC21GD-DL-16	110-EC21GD-DL 终端杆 2.0m 电缆固定支架	1	
17	110-EC21GD-DL-17	110-EC21GD-DL 终端杆电缆平台俯视图	1	
18	110-EC21GD-DL-18	110-EC21GD-DL 终端杆电缆平台框架示意图	1	
19	110-EC21GD-DL-19	110-EC21GD-DL 终端杆电缆平台支撑支架	1	
20	110-EC21GD-DL-20	110-EC21GD-DL 终端杆电缆平台支撑槽钢	1	
21	110-EC21GD-DL-21	110-EC21GD-DL 终端杆电缆平台花纹钢板	1	
22	110-EC21GD-DL-22	110-EC21GD-DL 终端杆电缆平台护栏	1	
23	110-EC21GD-DL-23	110-EC21GD-DL 终端杆立柱支架	1	
24	110-EC21GD-DL-24	110-EC21GD-DL 终端杆角钢爬梯加工图	1	
25	110-EC21GD-DL-25	110-EC21GD-DL 终端杆脚踏、扶手及镀锌孔位置图	1	

110-EC21GD-DL-00　110-EC21GD-DL 终端杆图纸目录

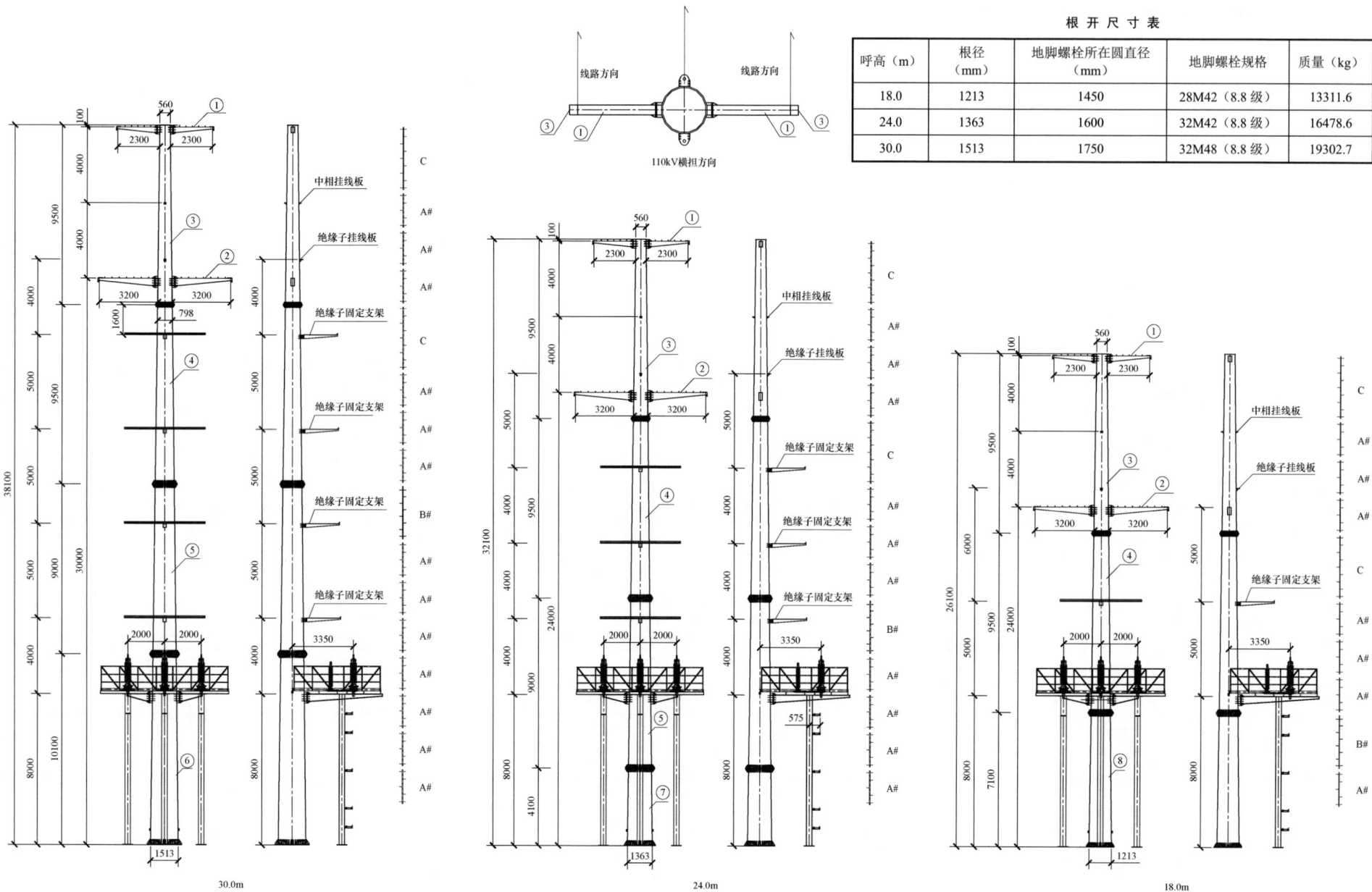

根开尺寸表

呼高（m）	根径（mm）	地脚螺栓所在圆直径（mm）	地脚螺栓规格	质量（kg）
18.0	1213	1450	28M42（8.8级）	13311.6
24.0	1363	1600	32M42（8.8级）	16478.6
30.0	1513	1750	32M48（8.8级）	19302.7

图 10.3-1　110-EC21GD-DL-01　110-EC21GD-DL 终端杆总图

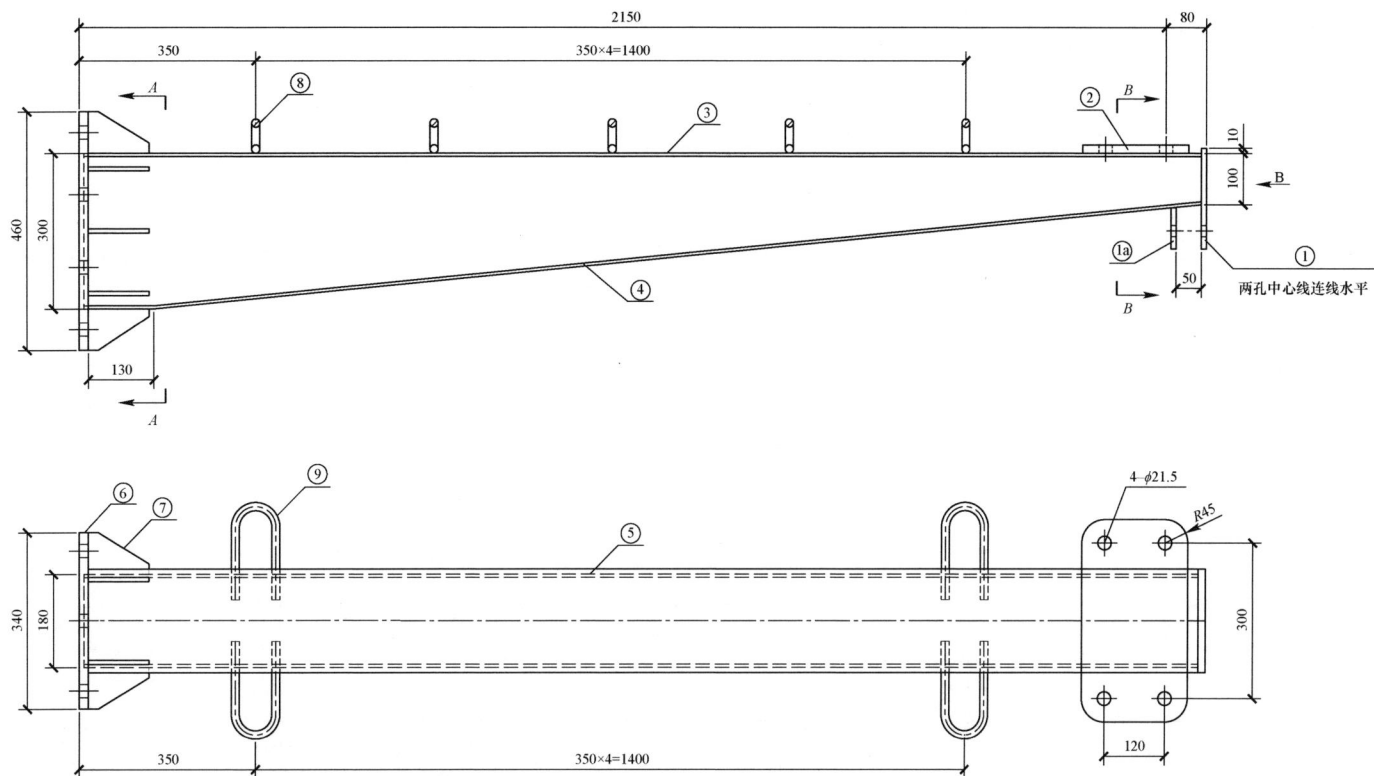

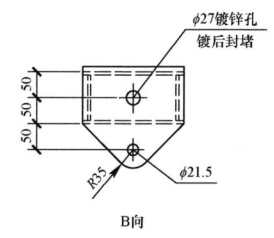

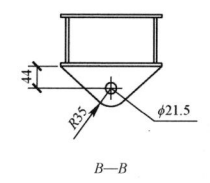

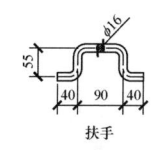

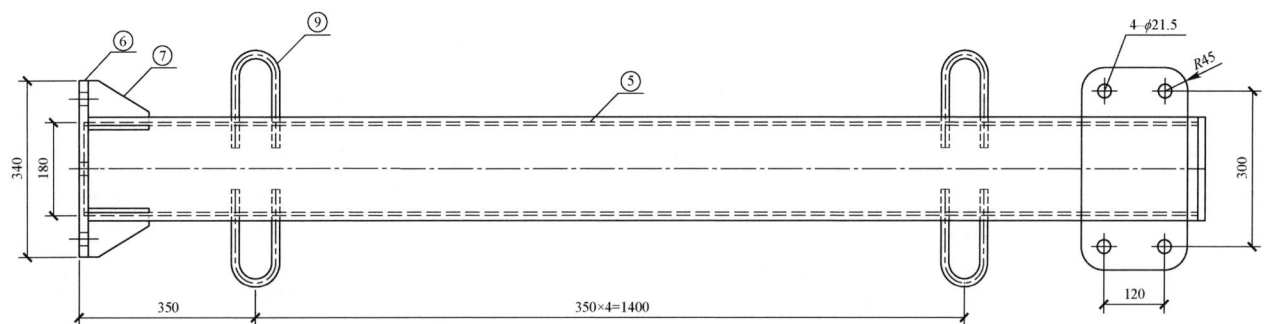

构 件 明 细 表

编号	名称	规格	数量	单重（kg）	总重（kg）	备注
①	下挂板	−10×195×200	1	3.06	3.1	
①a	下挂板	−10×79×200	1	1.25	1.3	
②	挂板	−16×210×390	1	10.29	10.3	
③	上板	−6×200×2211	1	20.81	20.8	Q355B
④	下板	−6×200×2221	1	20.92	20.9	
⑤	侧板	−6×288×2211	2	20.81	41.6	
⑥	法兰	−18×460×340	1	14.47	14.5	
⑦	加劲板	−8×80×120	10	0.4	4.0	
⑧	扶手	φ16×280	5	0.4	2.0	
⑨	脚踏	φ16×406	10	0.6	6.0	
⑩	螺栓	M24×100	10	0.8	8.0	8.8级
合计					132.5kg	

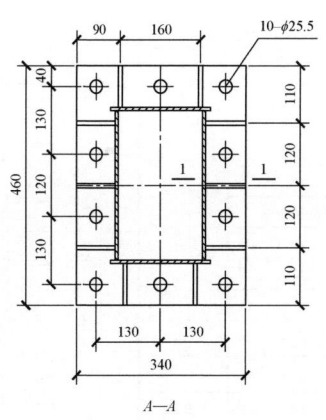

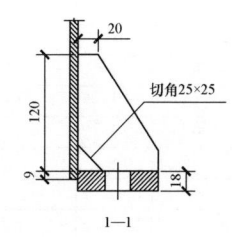

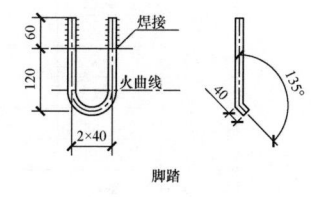

图 10.3−2　110−EC21GD−DL−02　110−EC21GD−DL 终端杆地线横担①结构图

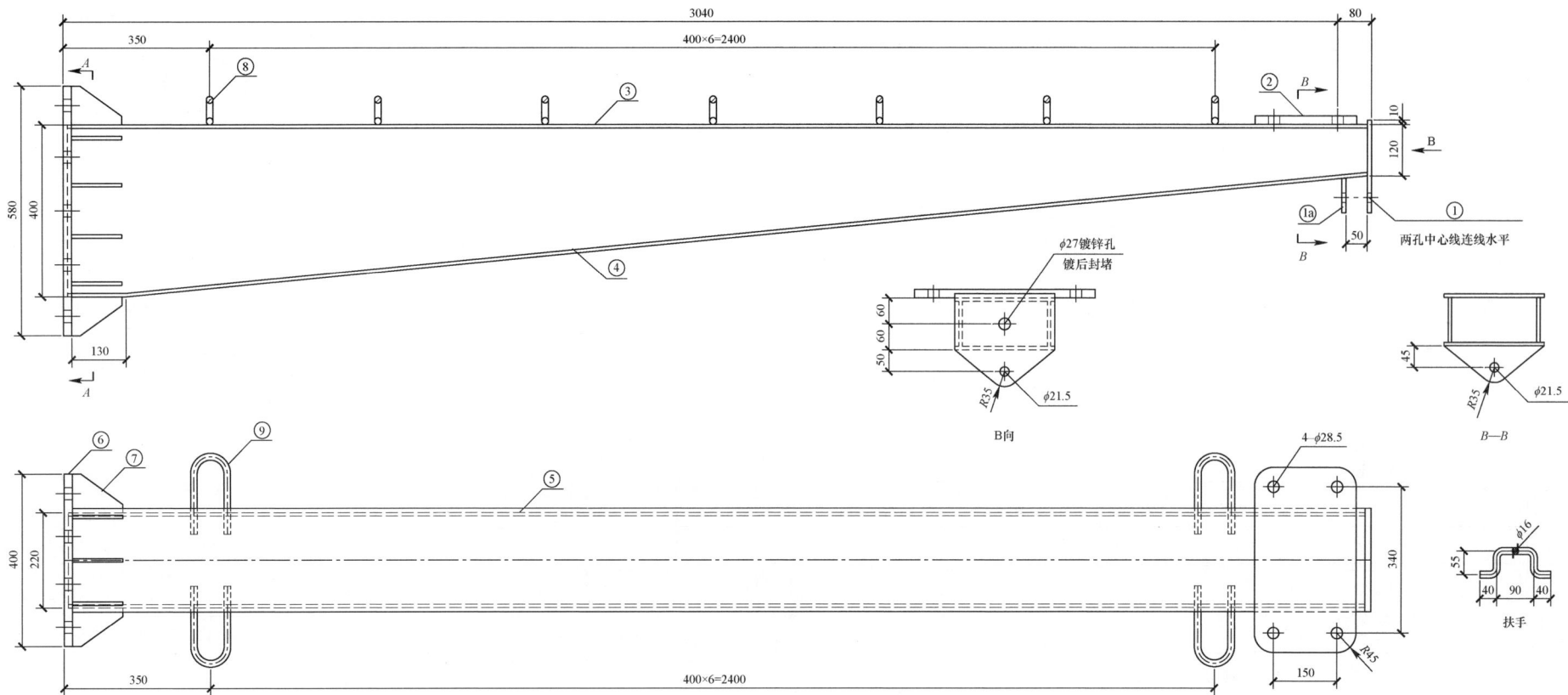

构 件 明 细 表

编号	名称	规格	数量	单重（kg）	总重（kg）	备注
①	下挂板	−10×215×240	1	4.05	4.1	
①a	下挂板	−10×80×240	1	1.43	1.4	
②	挂线板	−20×240×430	1	15.16	15.2	
③	上板	−8×240×3100	1	46.7	46.7	
④	下板	−8×240×3113	1	46.91	46.9	Q355B
⑤	侧板	−8×384×3100	2	49.63	99.3	
⑥	法兰	−20×400×580	1	22.61	22.6	
⑦	加劲板	−8×90×120	14	0.68	9.5	
⑧	扶手	φ16×280	7	0.4	2.8	
⑨	脚踏	φ16×400	14	0.6	8.4	
⑩	螺栓	M27×120	14	1.01	14.1	8.8级
合计				271.0kg		

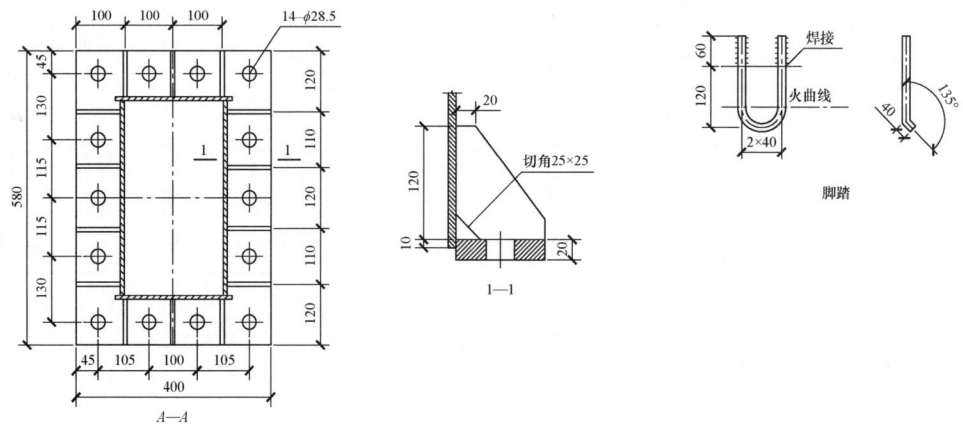

图 10.3−3　110−EC21GD−DL−03　110−EC21GD−DL 终端杆导线横担②结构图

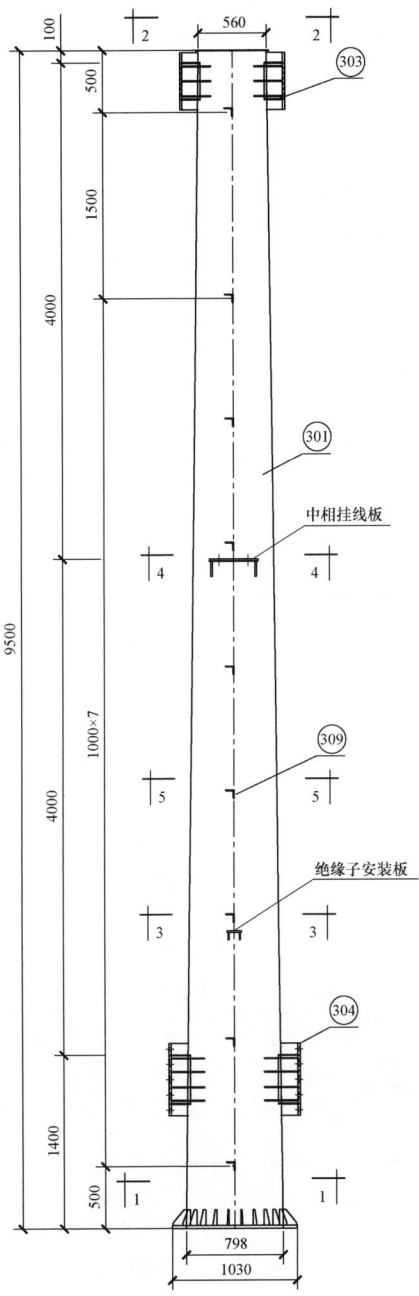

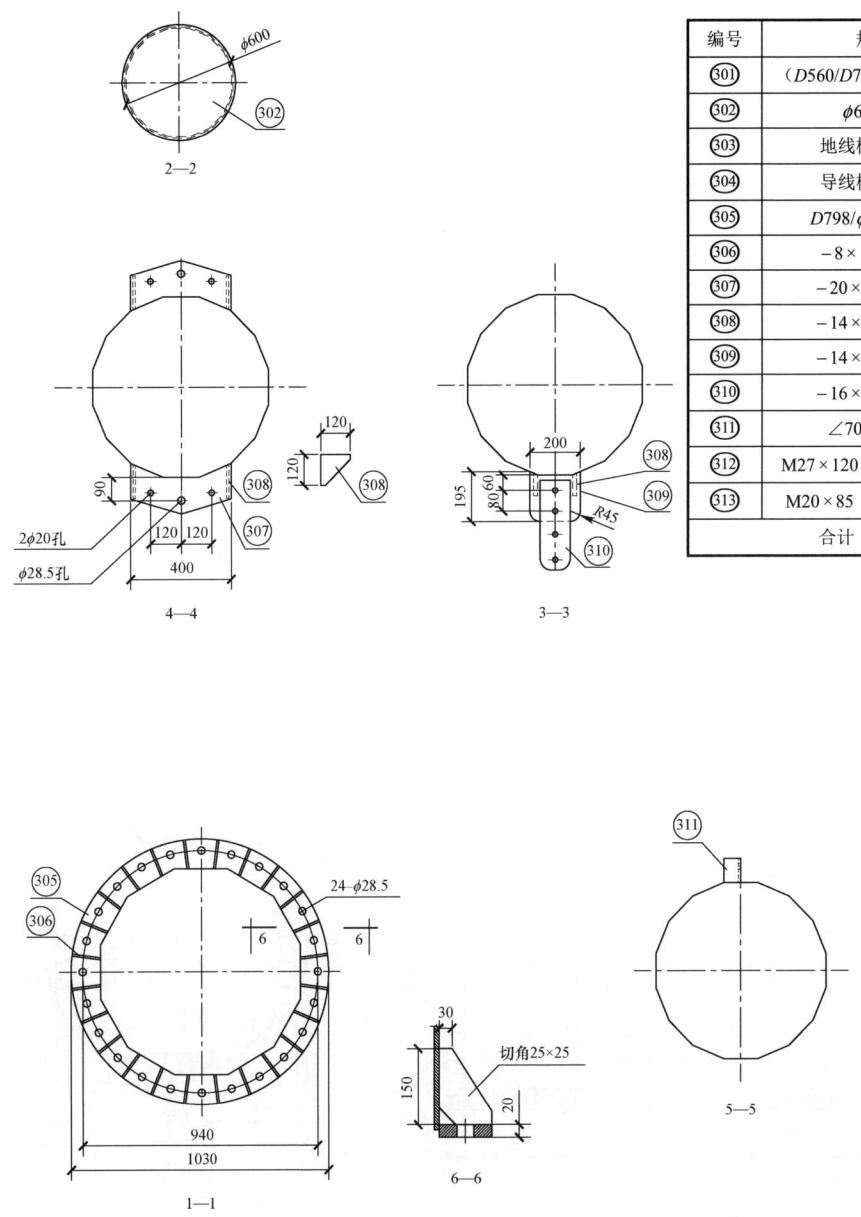

构件明细表					
编号	规格	数量	单重（kg）	总重（kg）	备注
③⓪①	（D560/D798）×6×9500	1	968.3	968.3	Q420B
③⓪②	φ600×8	1	17.8	17.8	
③⓪③	地线横担法兰	2	31.9	63.8	标准件
③⓪④	导线横担法兰	2	47.4	94.8	
③⓪⑤	D798/φ1030×20	1	52.3	52.3	Q355B
③⓪⑥	−8×100×150	24	0.73	16.8	Q355B
③⓪⑦	−20×195×400	2	15.3	30.6	Q355B
③⓪⑧	−14×120×120	6	1.1	6.6	Q355B
③⓪⑨	−14×200×195	1	4.2	4.2	Q355B
③①⓪	−16×150×350	1	6.1	6.1	8.8 级
③①①	∠70×7×75	9	0.56	5.0	
③①②	M27×120（双帽双垫）	24	1.0	24.0	8.8 级
③①③	M20×85（双帽单垫）	2	0.25	0.5	8.8 级
合计				1290.8kg	

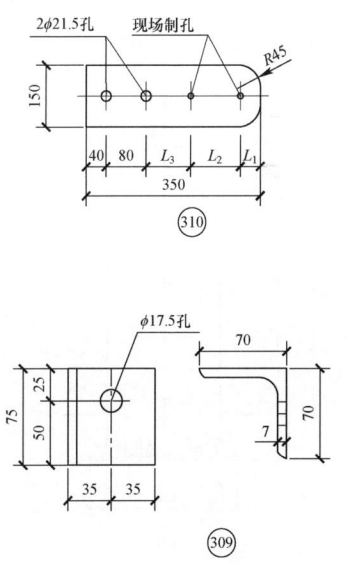

图 10.3−4　110−EC21GD−DL−04　110−EC21GD−DL 终端杆身部③结构图

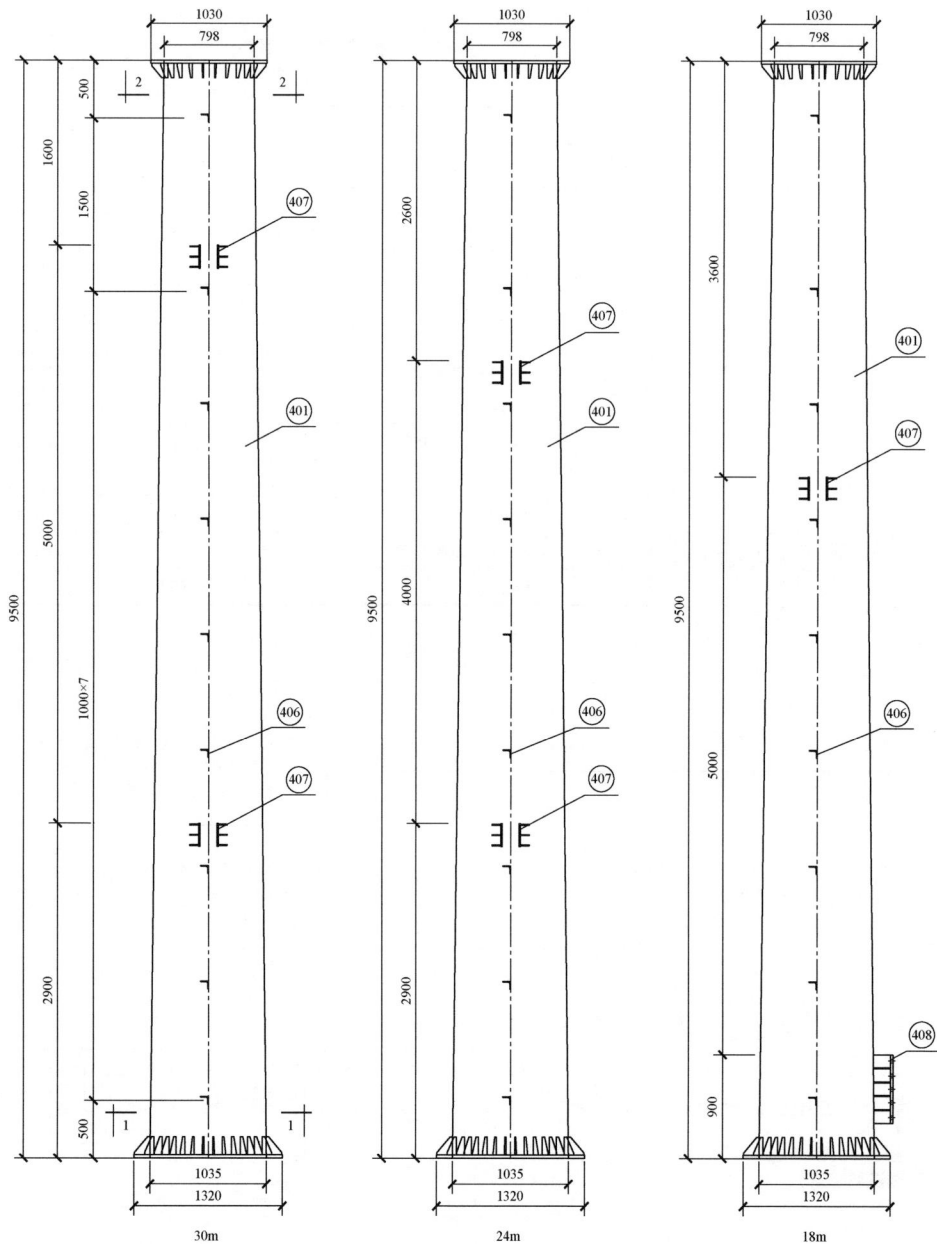

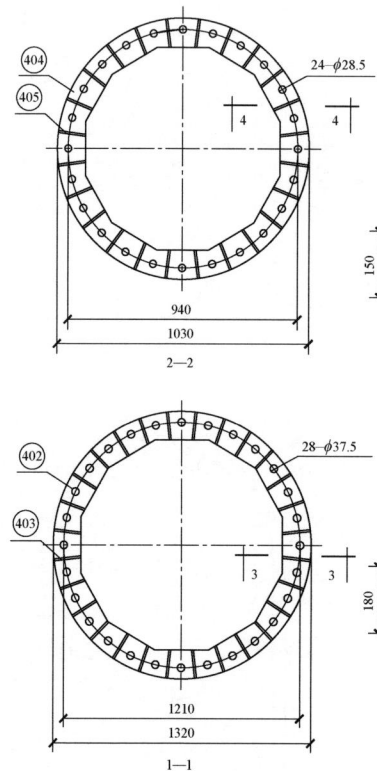

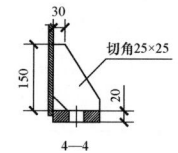

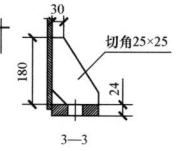

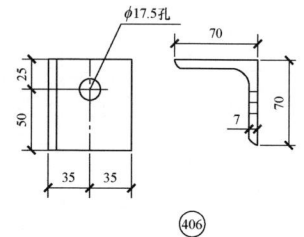

构 件 明 细 表

编号	规格	数量	单重 (kg)	总重 (kg)	备注
401	（D798/D1035）× 10×9500	1	2173.7	2173.7	Q420B
402	D1035/φ1320×24	1	99.3	99.3	
403	−12×125×180	28	1.5	42.0	Q355B
404	D798/φ1030×20	1	52.3	52.3	
405	−8×100×150	24	0.7	16.8	
406	∠70×7×75	9	0.56	5.0	
407	绝缘子固定支架连接件	2/2/1	17.4	35.8/ 35.8/ 17.4	见图 10.3 −15
408	电缆平台支撑横担连接件	0/0/1	/	/	见图 10.3 −19
409	M36×150 （双帽双垫）	28	2.3	64.4	8.8级
18m 合计			2470.9kg		
24m 合计			2488.3kg		
30m 合计			2488.3kg		

图 10.3−5 110−EC21GD−DL−05 110−EC21GD−DL 终端杆身部④结构图

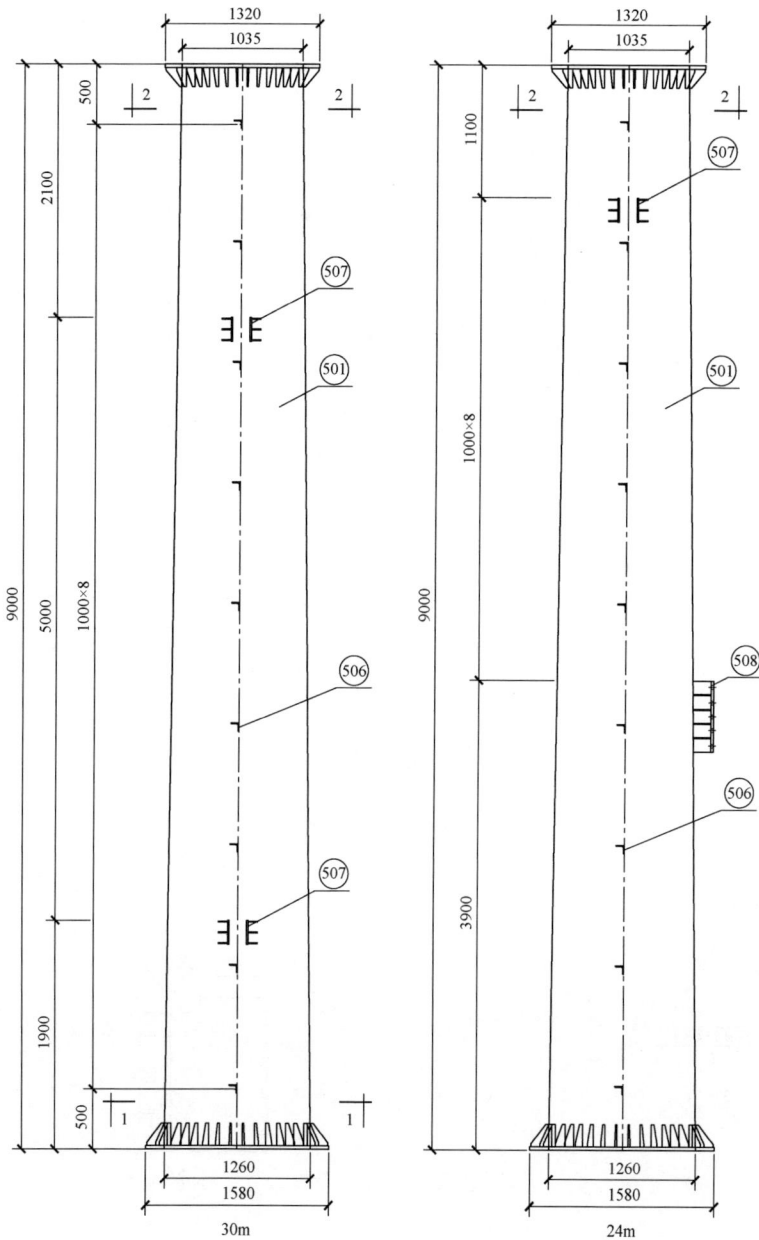

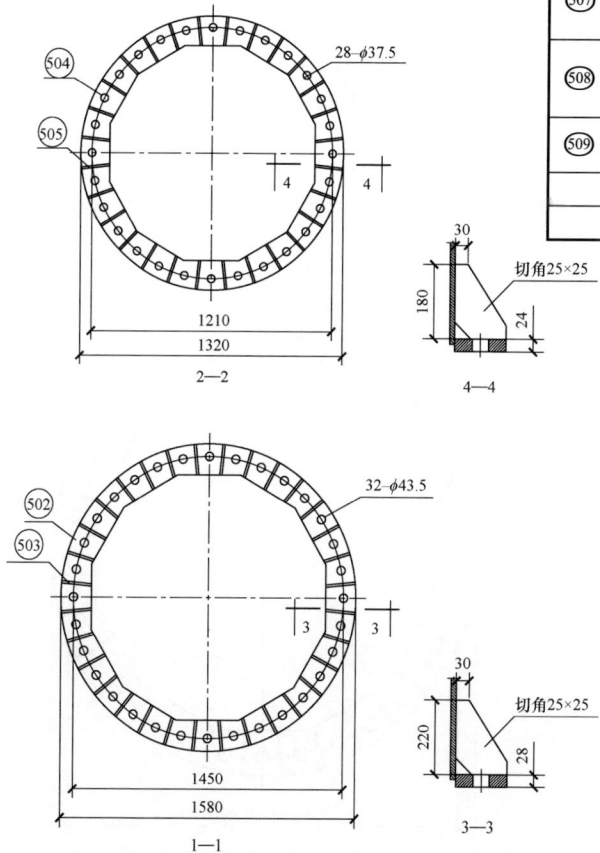

构件明细表

编号	规格	数量	单重(kg)	总重(kg)	备注
501	(D1035/D1260)×10×9000	1	2584.0	2584.0	Q420B
502	D1260/φ1580×28	1	156.9	156.9	Q355B
503	−12×140×220	32	2.0	64.0	
504	D1035/φ1320×24	1	99.3	99.3	
505	−12×125×180	28	1.5	42.0	
506	∠70×7×75	9	0.56	5.0	
507	绝缘子固定支架连接件	2/1	17.4	35.8/17.4	见图10.3−15
508	电缆平台支撑横担连接件	0/1	/	/	见图10.3−19
509	M42×170(双帽双垫)	32	3.6	115.2	8.8级
24m 合计				3083.8kg	
30m 合计				3102.2kg	

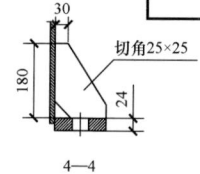

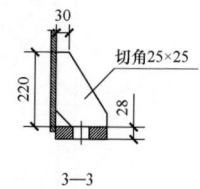

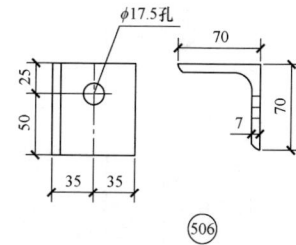

图 10.3−6 110−EC21GD−DL−06 110−EC21GD−DL 终端杆身部⑤结构图

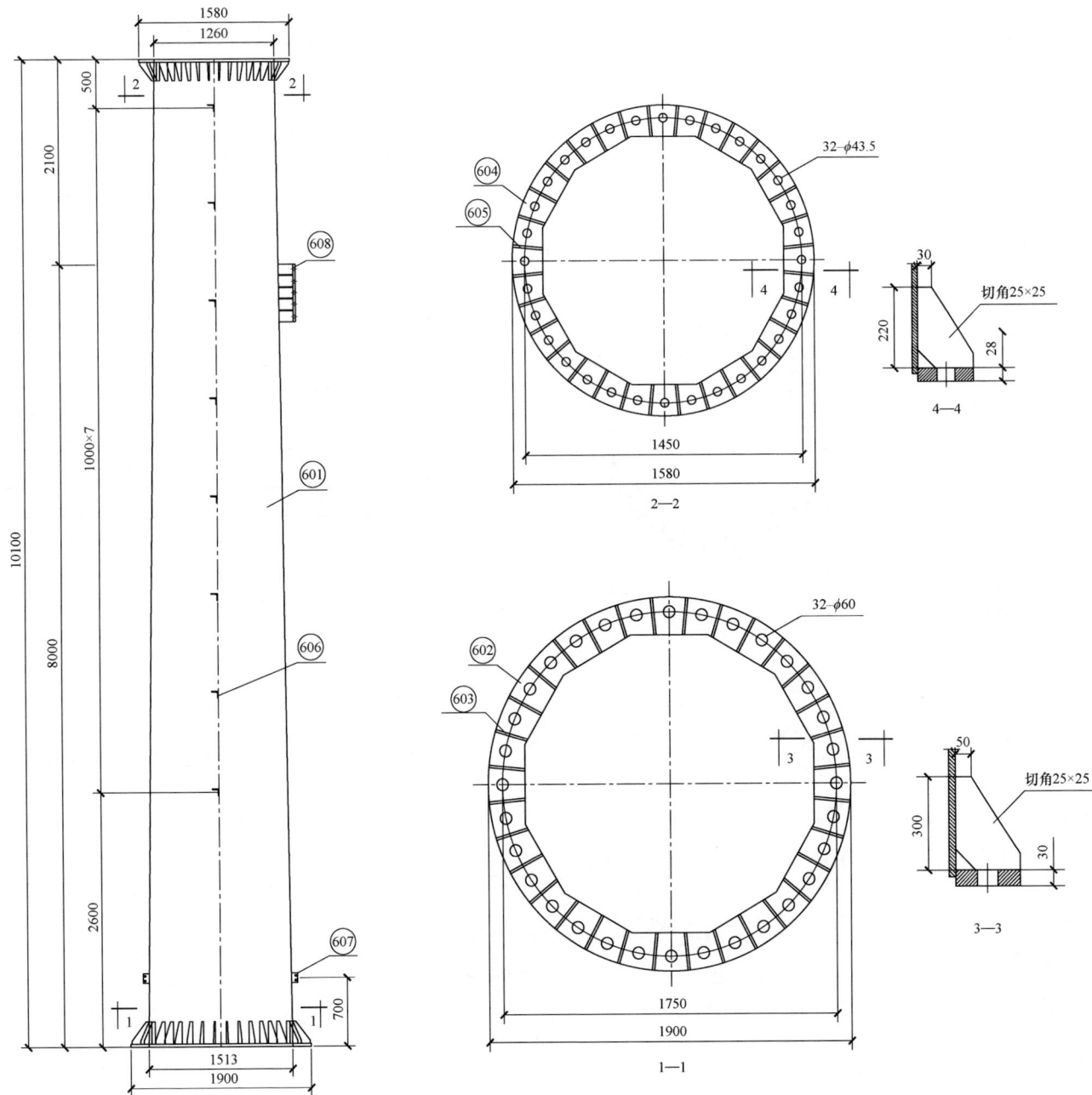

构 件 明 细 表

编号	规格	数量	单重（kg）	总重（kg）	备注
601	（D1260/D1513）×12×10100	1	4204.9	4204.9	Q420B
602	D1513/ϕ1900×30	1	244.3	244.3	Q355B
603	−12×170×300	32	3.6	115.2	
604	D1260/ϕ1580×28	1	156.9	156.9	
605	−12×140×220	32	2.0	64.0	
606	∠70×7×75	8	0.56	4.5	
607	−8×70×100	2	0.4	0.8	
608	电缆平台支撑横担连接件	1			见图10.3−19
合计				4790.6kg	

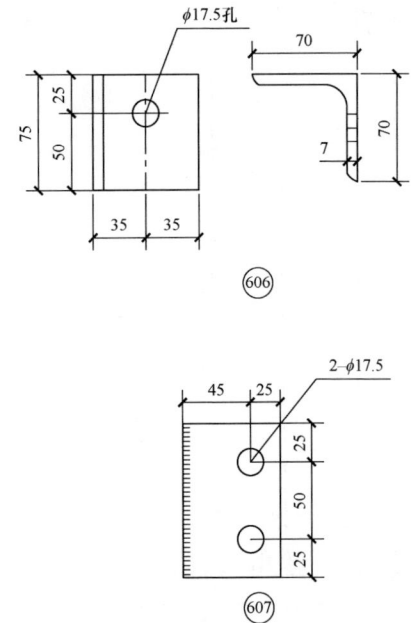

图 10.3−7　110−EC21GD−DL−07　110−EC21GD−DL 终端杆 30.0m 腿部⑥结构图

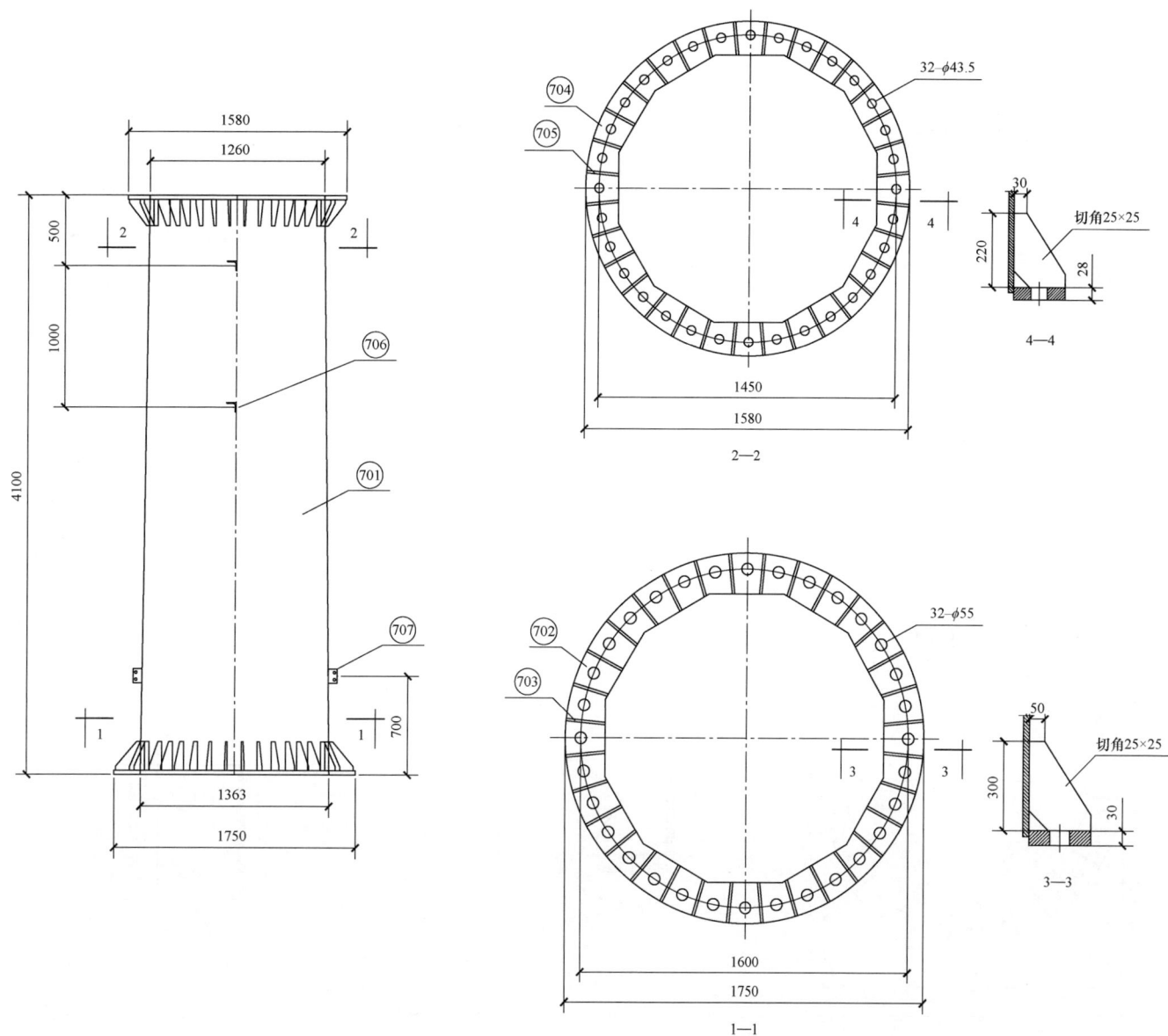

構 件 明 細 表

编号	规格	数量	单重（kg）	总重（kg）	备注
⑦⑩①	（D1260/D1363）× 12×4100	1	1613.8	1613.8	Q420B
⑦⑩②	$\phi1363/\phi1750\times30$	1	222.8	222.8	
⑦⑩③	$-12\times170\times300$	32	3.6	115.2	Q355B
⑦⑩④	$D1260/\phi1580\times28$	1	156.9	156.9	
⑦⑩⑤	$-12\times140\times220$	32	2.0	64.0	
⑦⑩⑥	$\angle70\times7\times75$	2	0.56	1.1	
⑦⑩⑦	$-8\times70\times100$	2	0.4	0.8	
合计				2174.6kg	

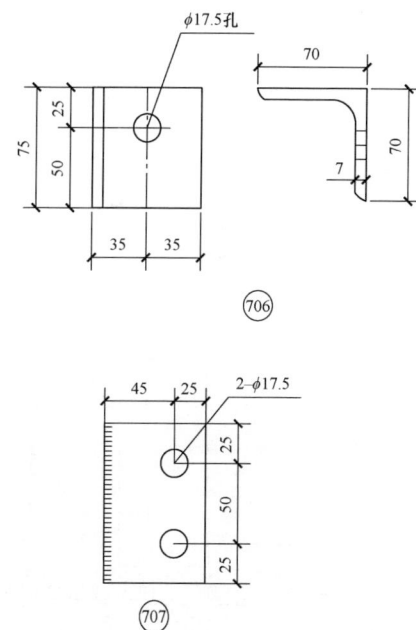

图 10.3－8　110－EC21GD－DL－08　110－EC21GD－DL 终端杆 24.0m 腿部⑦结构图

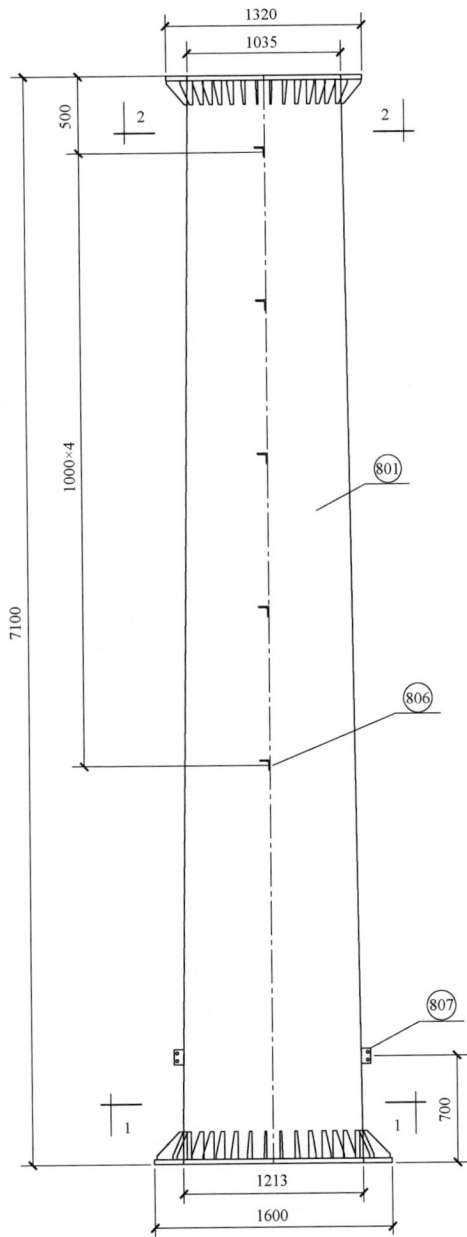

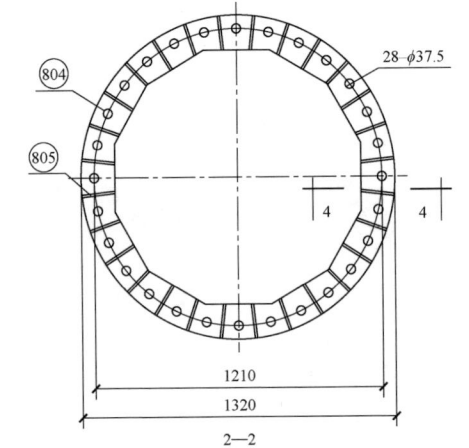

28—φ37.5

2—2

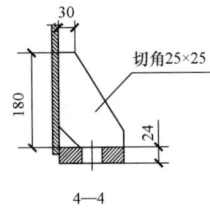

4—4

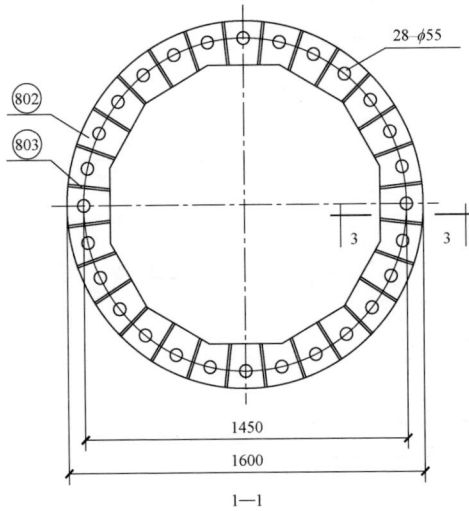

28—φ55

1—1

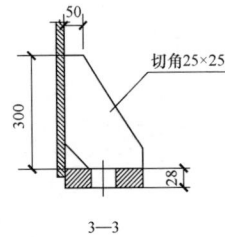

3—3

构 件 明 细 表

编号	规格	数量	单重（kg）	总重（kg）	备注
⑧⓪①	（D1035/D1213）× 10×7100	1	1996.4	1996.4	Q420B
⑧⓪②	D1213/φ1600×28	1	187.9	187.9	Q355B
⑧⓪③	−12×170×300	28	3.6	100.8	
⑧⓪④	D1035/φ1320×24	1	99.3	99.3	
⑧⓪⑤	−12×125×180	28	1.5	42.0	
⑧⓪⑥	∠70×7×75	5	0.56	2.8	
⑧⓪⑦	−8×70×100	2	0.4	0.8	
合计				2430.0kg	

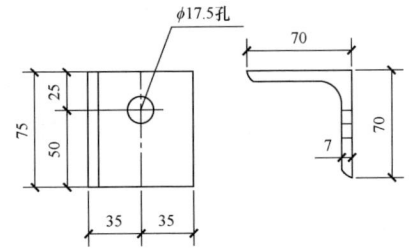

806

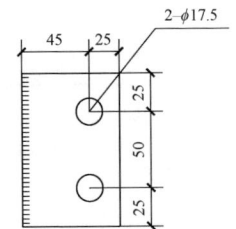

807

图 10.3 – 9   110 – EC21GD – DL – 09   110 – EC21GD – DL 终端杆 18.0m 腿部⑧结构图

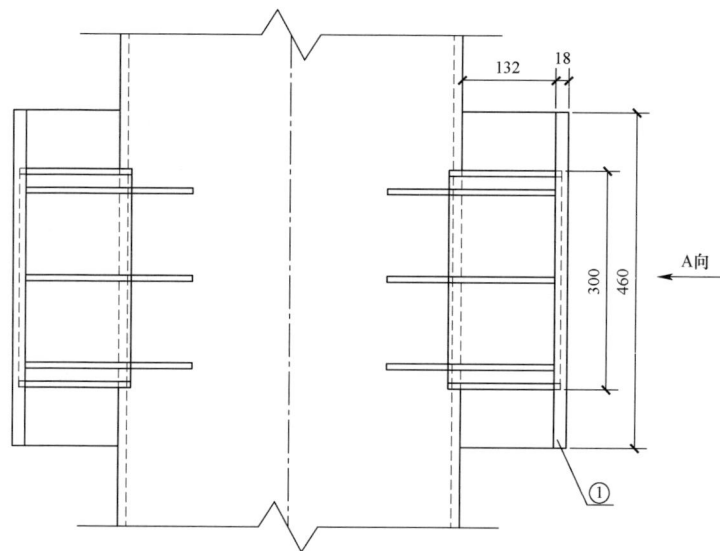

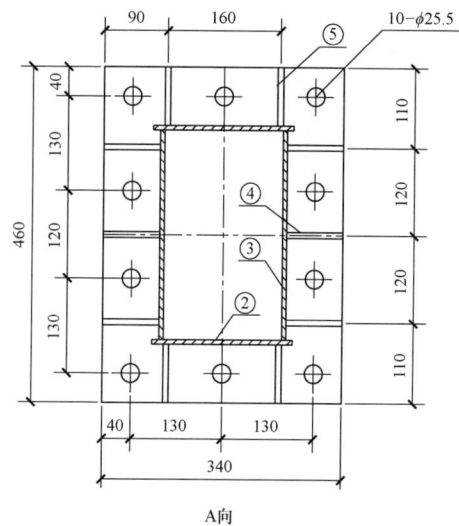

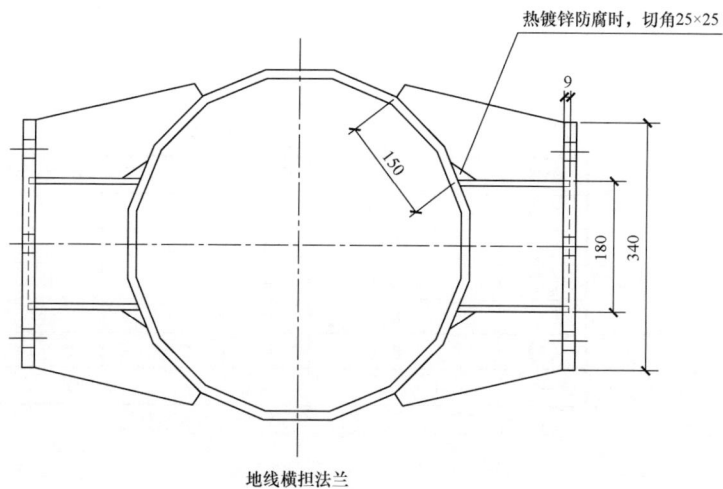

材　料　表

编号	规格	数量	单重（kg）	总重（kg）	备注
①	−18×340×460	2	14.5	29.0	
②	−8×200	4	1.8	7.2	
③	−8×284	4	2.9	11.6	Q355B
④	−8	12	0.8	9.6	
⑤	−8	8	0.8	6.4	
合计				63.8kg	

注　编号②、③、④、⑤尺寸以实际放样为准。

图 10.3−10　110−EC21GD−DL−10　110−EC21GD−DL 终端杆地线横担法兰结构图

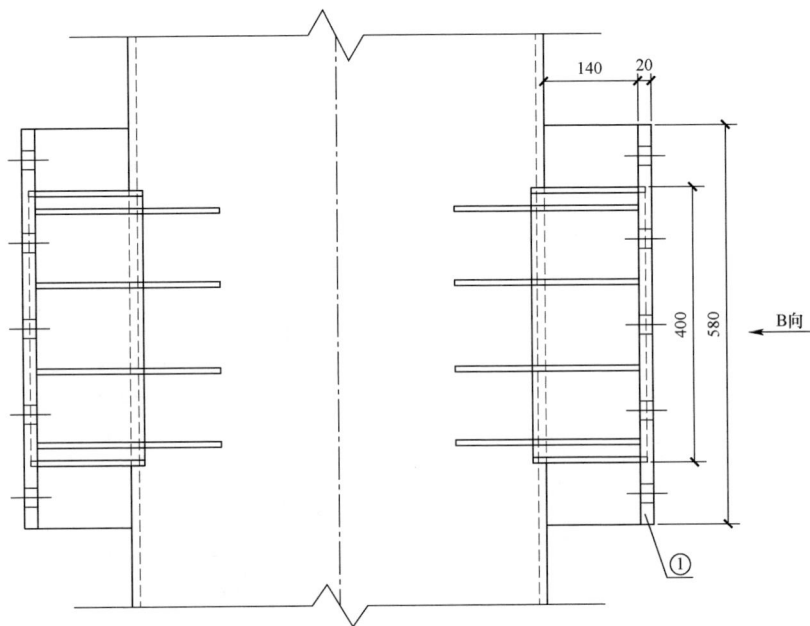

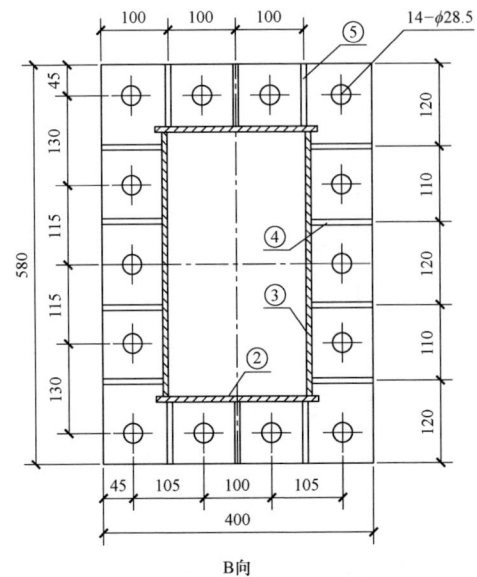

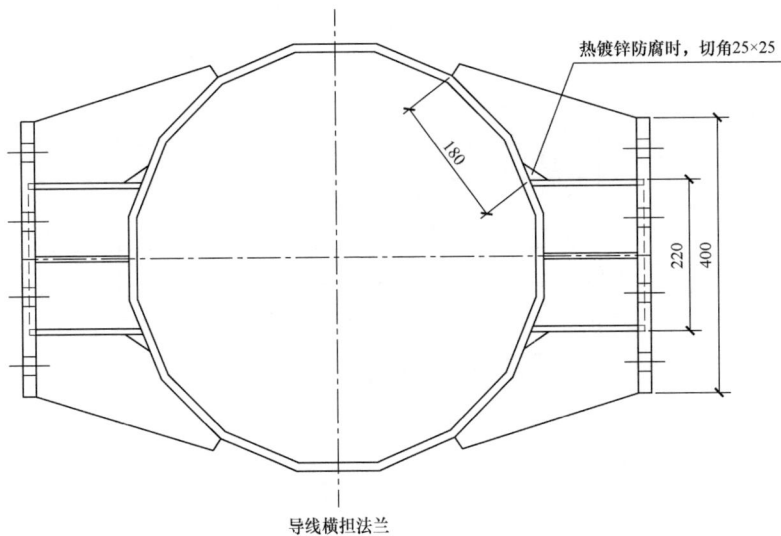

140 20

B向

400 580

①

热镀锌防腐时，切角25×25

180

220 400

导线横担法兰

100 100 100   14-φ28.5

⑤

45 130 115 115 130

580

120 110 120 110 120

④

③

②

45 105 100 105
400

B向

材　料　表

编号	规格	数量	单重（kg）	总重（kg）	备注
①	−20×400×580	2	22.6	45.2	
②	−8×240	4	2.1	8.4	
③	−8×384	4	3.9	15.6	Q355B
④	−8	16	1.0	16.0	
⑤	−8	12	0.8	9.6	
合计				94.8kg	

注　编号②、③、④、⑤尺寸以实际放样为准。

图 10.3-11　110-EC21GD-DL-11　110-EC21GD-DL 终端杆导线横担法兰结构图

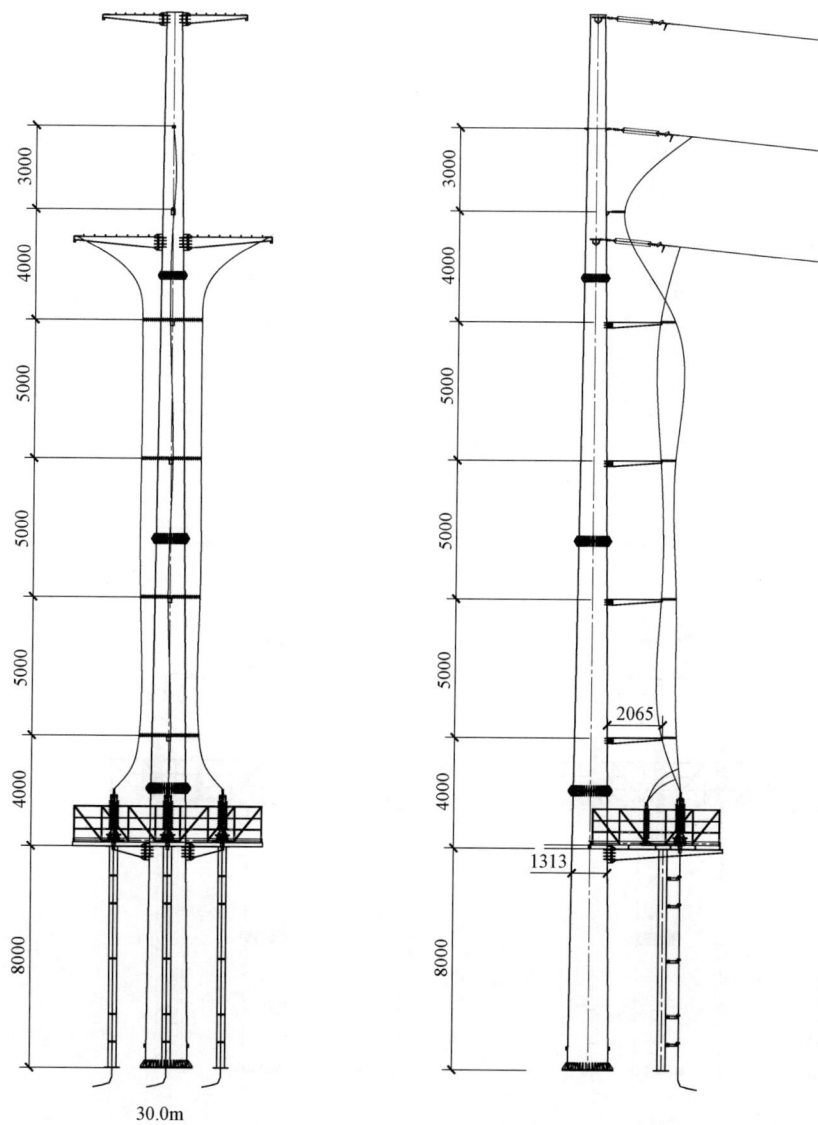

图 10.3−12　110−EC21GD−DL−12　110−EC21GD−DL 终端杆 30.0m 电缆平台下线示意图

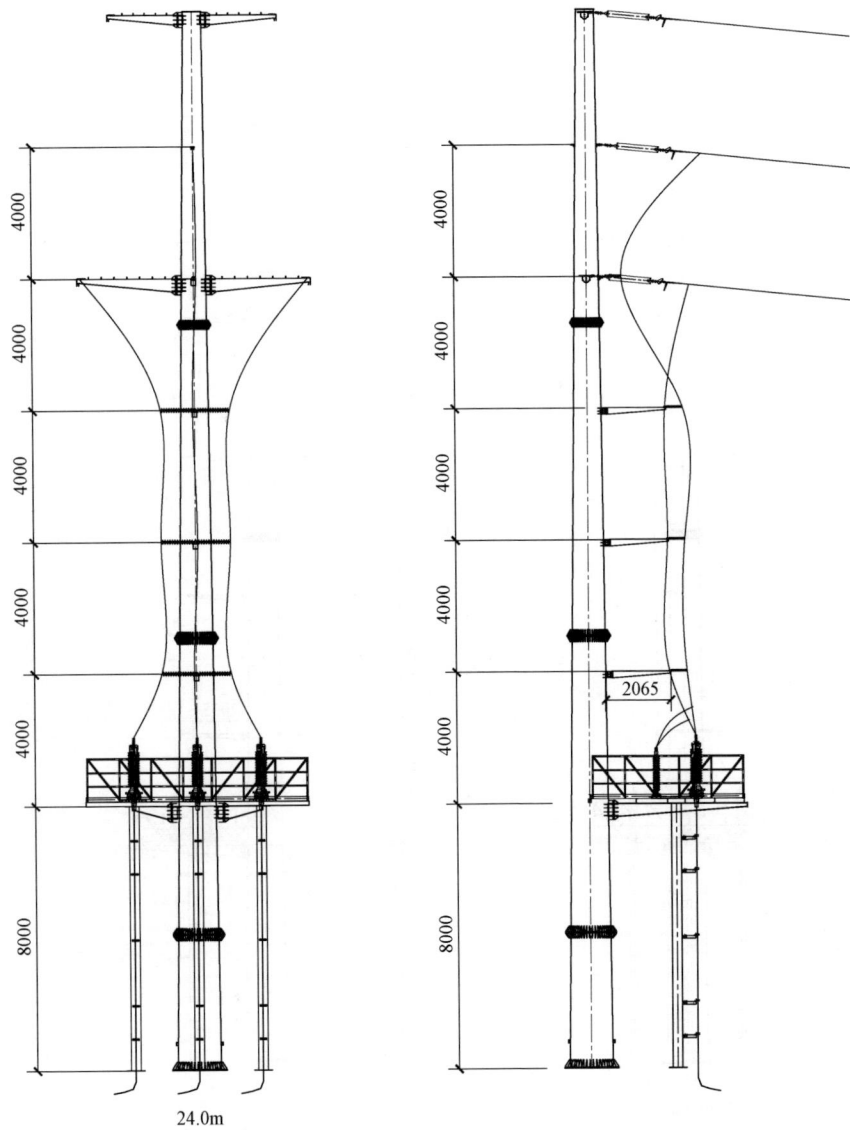

图 10.3−13   110−EC21GD−DL−13   110−EC21GD−DL 终端杆 24.0m 电缆平台下线示意图

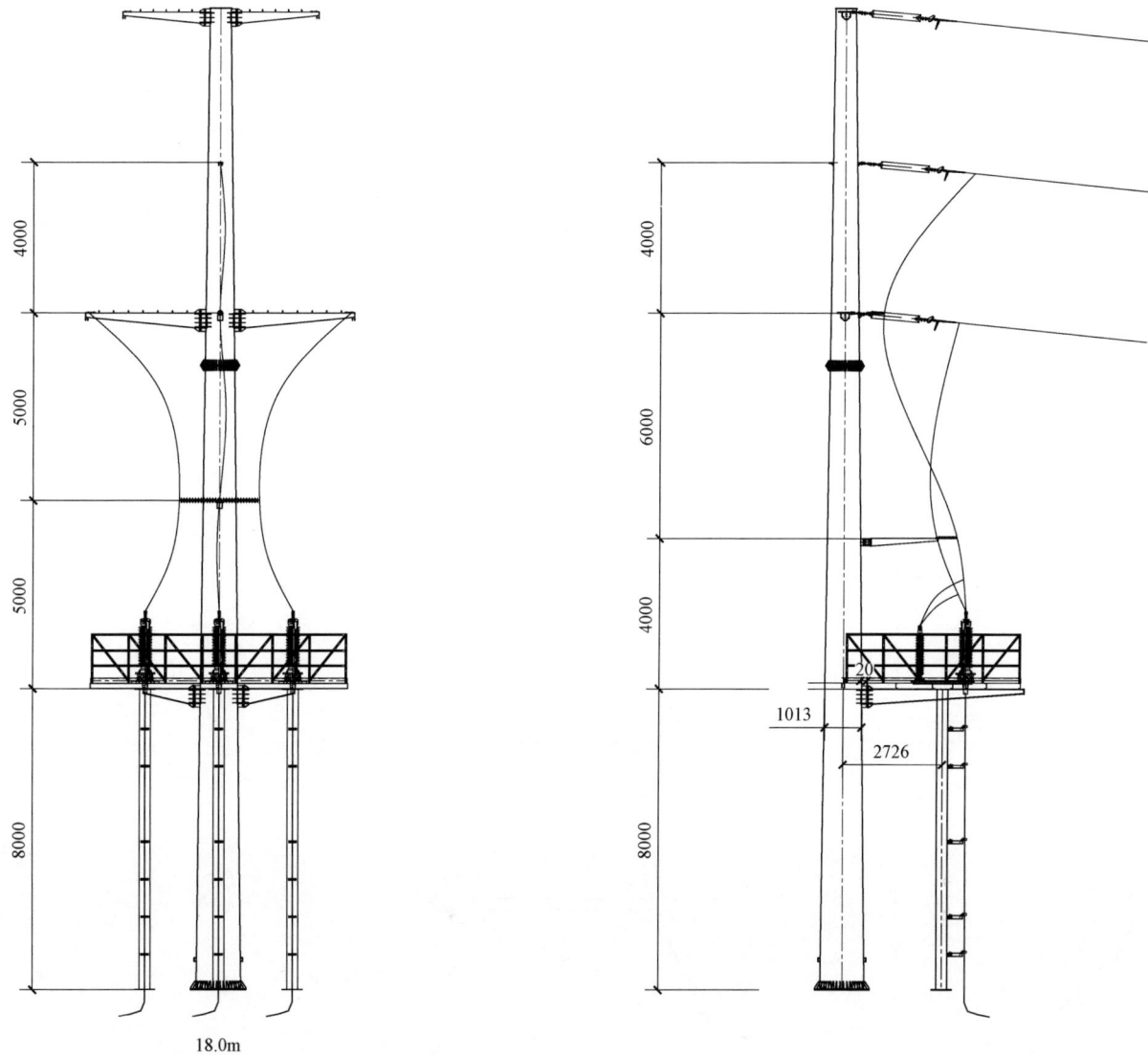

图 10.3－14 110－EC21GD－DL－14 110－EC21GD－DL 终端杆 18.0m 电缆平台下线示意图

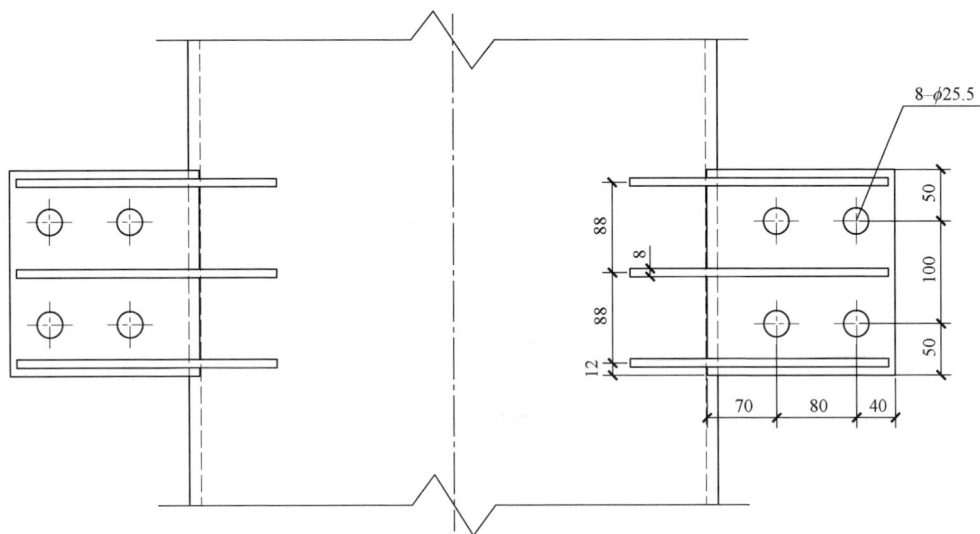

材 料 表

编号	规格	数量	单重（kg）	总重（kg）	备注
①	$-12 \times 200 \times 190$	4	3.6	14.4	34.8
②	-8	12	1.7	20.4	

说明：1. 材质 Q355B。

2. 编号 ② 尺寸以实际放样为准。

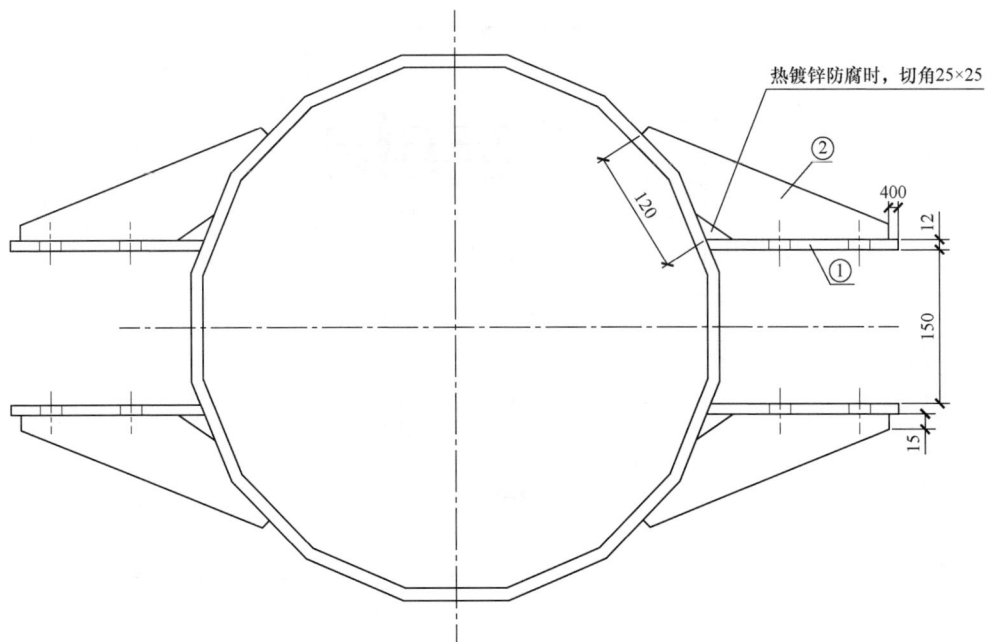

$8-\phi 25.5$

热镀锌防腐时，切角25×25

图 10.3－15　110－EC21GD－DL－15　110－EC21GD－DL 终端杆绝缘子固定支架连接件

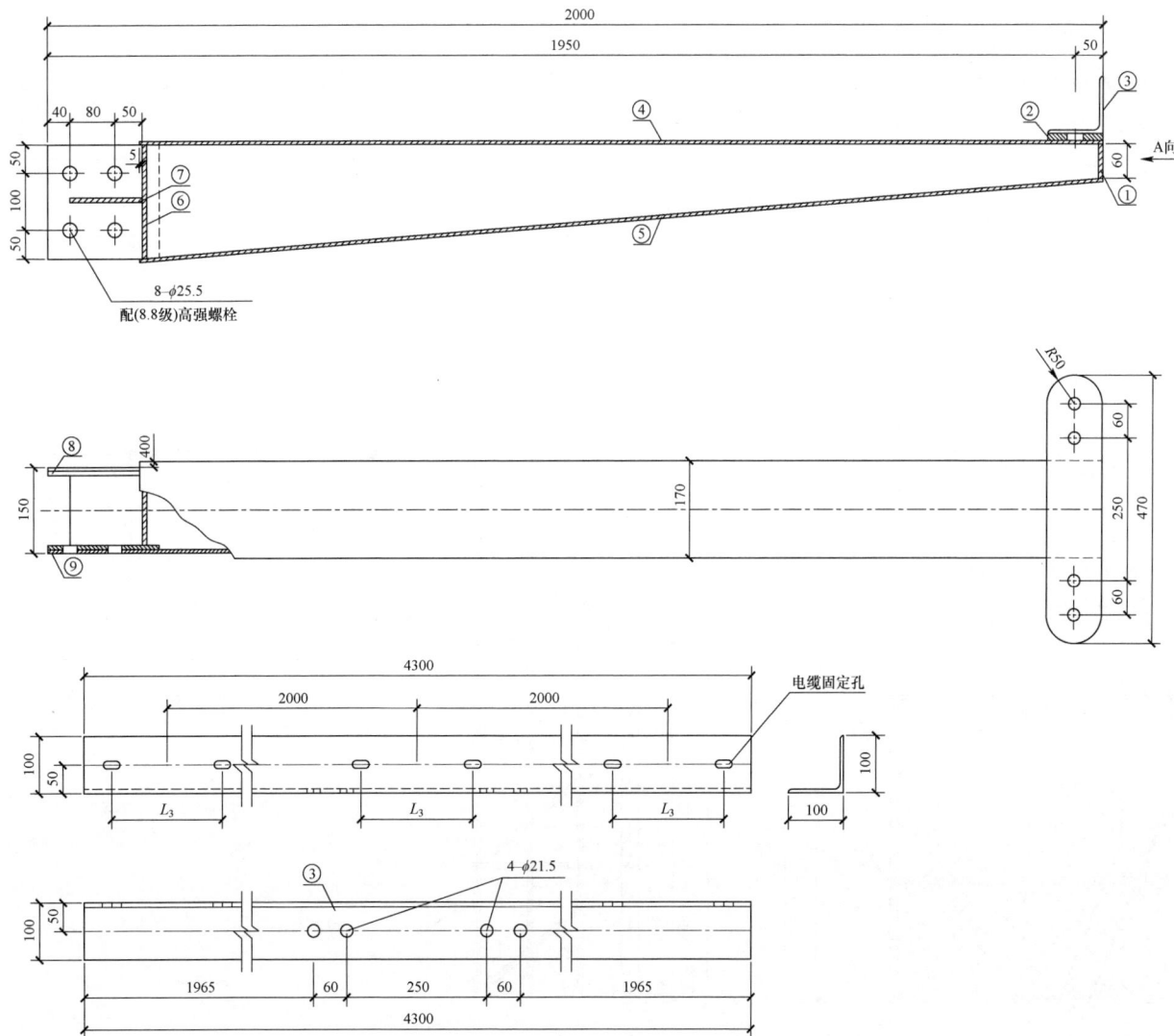

材 料 表

编号	名称	规格	数量	质量（kg） 单件	质量（kg） 小计	备注
①	封口板	170×60×8	1	0.6	0.6	
②	挂线板	470×100×16	1	5.9	5.9	
③	角钢	∠100×10×4700	1	65.0	65.0	
④	上板	170×1835×6	1	14.7	14.7	Q355B
⑤	下板	170×1845×6	1	14.8	14.8	Q355B
⑥	堵板	200×122×8	1	1.5	1.5	
⑦	中隔板	130×122×8	1	1.0	1.0	
⑧	贴板	200×200×8	2	2.5	5.0	
⑨	侧板	1992×200×6	2	13.6	27.2	Q355B
⑩	螺栓	M24×60	8	0.5	4.0	
⑪	螺栓	M20×85	4	0.45	1.8	双帽双垫
合计				141.5kg		

说明：1. 横担加工完毕，再加工 8−φ25.5 孔。

2. 所有横担必须进行试组装。

3. 电缆固定孔大小和间距 L_3 待电气工程师确定后再加工。

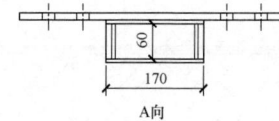

图 10.3−16　110−EC21GD−DL−16　110−EC21GD−DL 终端杆 2.0m 电缆固定支架

编号	规格	数量	单重（kg）	小计（kg）	备注
①	平台支撑支架	1组	1072.9	1072.9	详见图10.3－19
②～⑫	平台支撑槽钢	1组	1236.7	1236.7	详见图10.3－20
⑬～⑯	平台花纹钢板	1组	1603.0	1603.0	详见图10.3－21
⑰	平台护栏	1组	287.1	287.1	详见图10.3－22
合计				4199.7kg	

说明：1. ① 和 ⑴Ａ、② 和 ②Ａ 对称加工。

2. 花纹钢板及护栏角钢对称加工。

3. 具体尺寸以实际放样为准，加工完成后要求工厂内试组装，试组合格方可批量加工。

4. 电缆头固定板 ⑤ 和避雷器固定板 ⑧ 孔大小、间距需和电气人员确认后方可加工。

5. 电缆卡具型号暂不确定，相关孔径暂不加工。

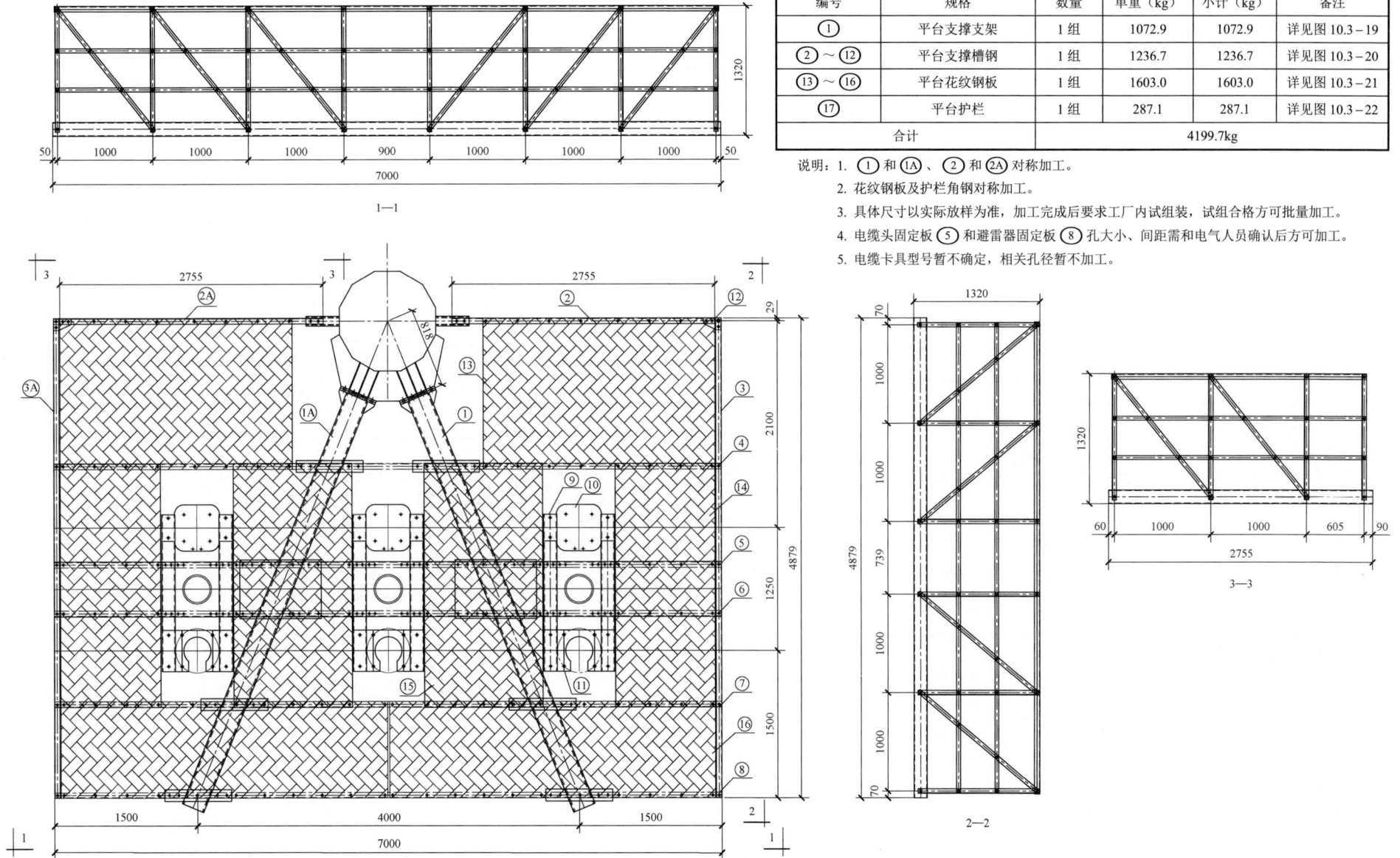

图 10.3－17　110－EC21GD－DL－17　110－EC21GD－DL 终端杆电缆平台俯视图

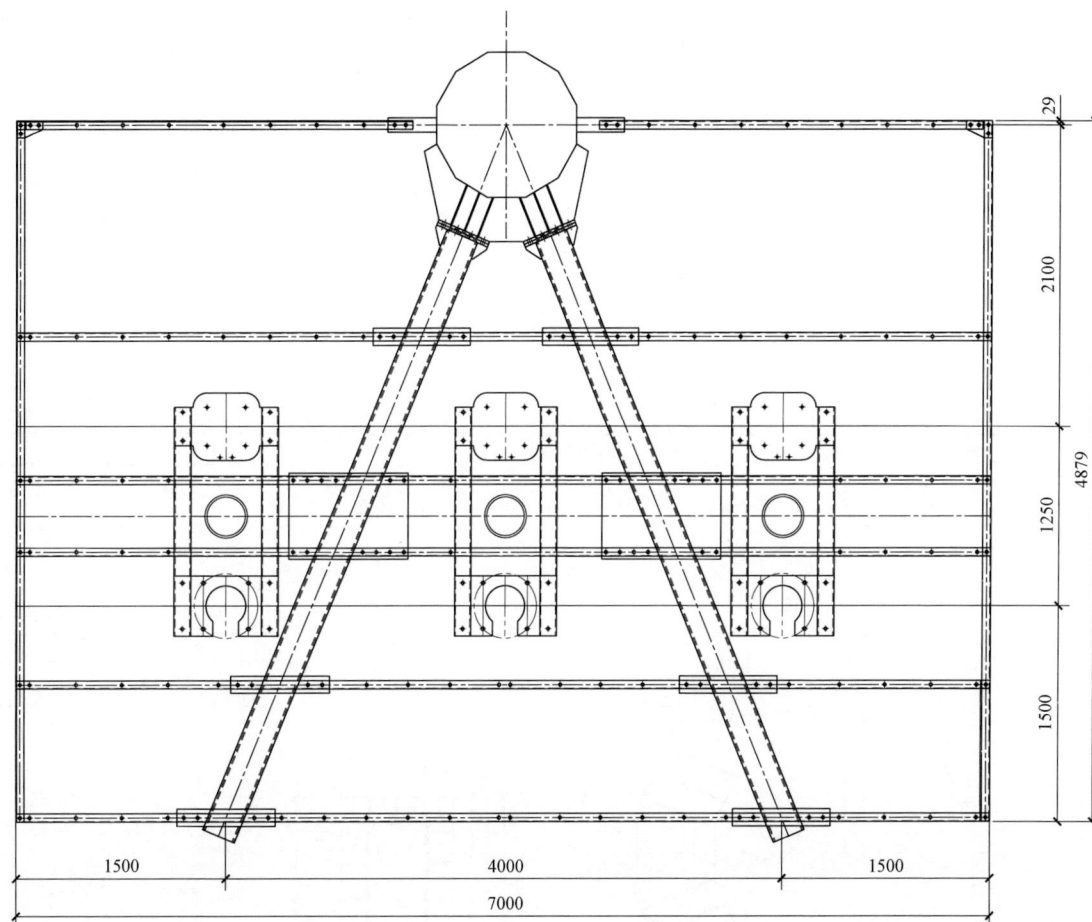

图 10.3–18　110–EC21GD–DL–18　110–EC21GD–DL 终端杆电缆平台框架示意图

材 料 表

编号	名称	规格	数量	单重（kg）	总重（kg）	备注
①	封口板	−10×140×240	2	2.64	2.6	
②	上板	−8×240×4520	2	68.13	136.3	
③	下板	−8×240×4535	2	68.35	136.7	
④	侧板	−8×384×4520	4	75.79	303.2	
⑤	法兰	−20×400×580	4	22.61	90.4	
⑥	加劲板	−8×90×120	28	0.48	13.4	
⑦	支撑板	−20×120×700	6	13.19	79.1	Q355B
⑧	支撑板	−20×600×850	2	80.07	160.1	
⑨	加劲板	−8	8	6.78	54.3	
⑩	加劲板	−8	12	1.62	19.4	
⑪	加劲板	−8	4	7.87	31.5	
⑫	支撑板	−16×120×350	2	4.40	8.8	
⑬	加劲板	−8	4	2.20	8.8	
⑭	螺栓	M27×120	28	1.01	28.3	8.8级
合计					1072.9kg	

注 编号⑨、⑩、⑪、⑫、⑬钢板具体尺寸以实际放样为准。

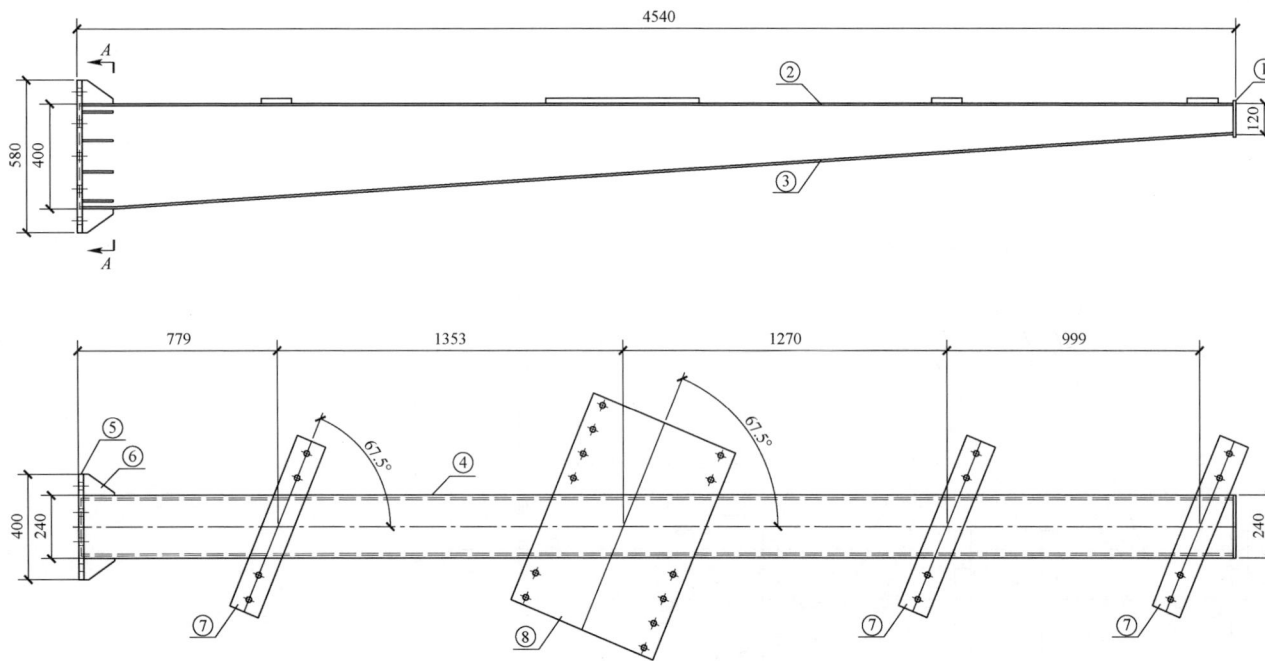

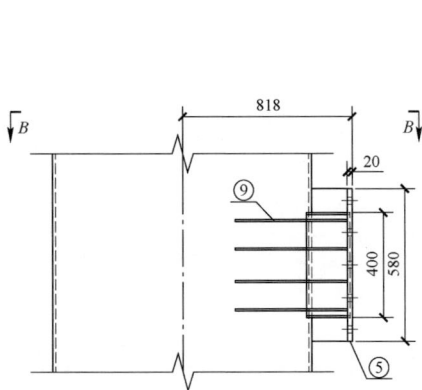

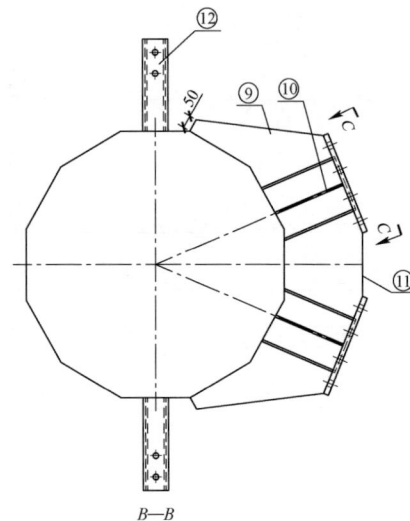

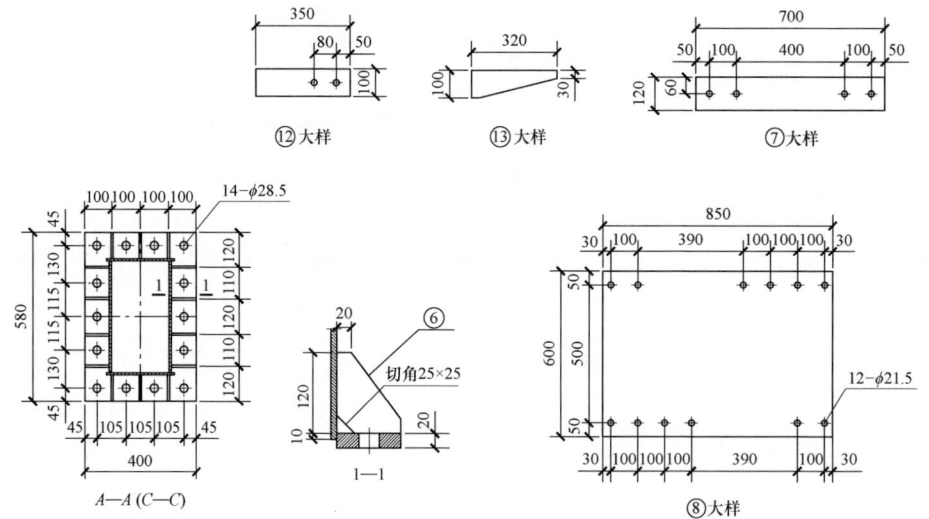

图 10.3−19　110−EC21GD−DL−19　110−EC21GD−DL 终端杆电缆平台支撑支架

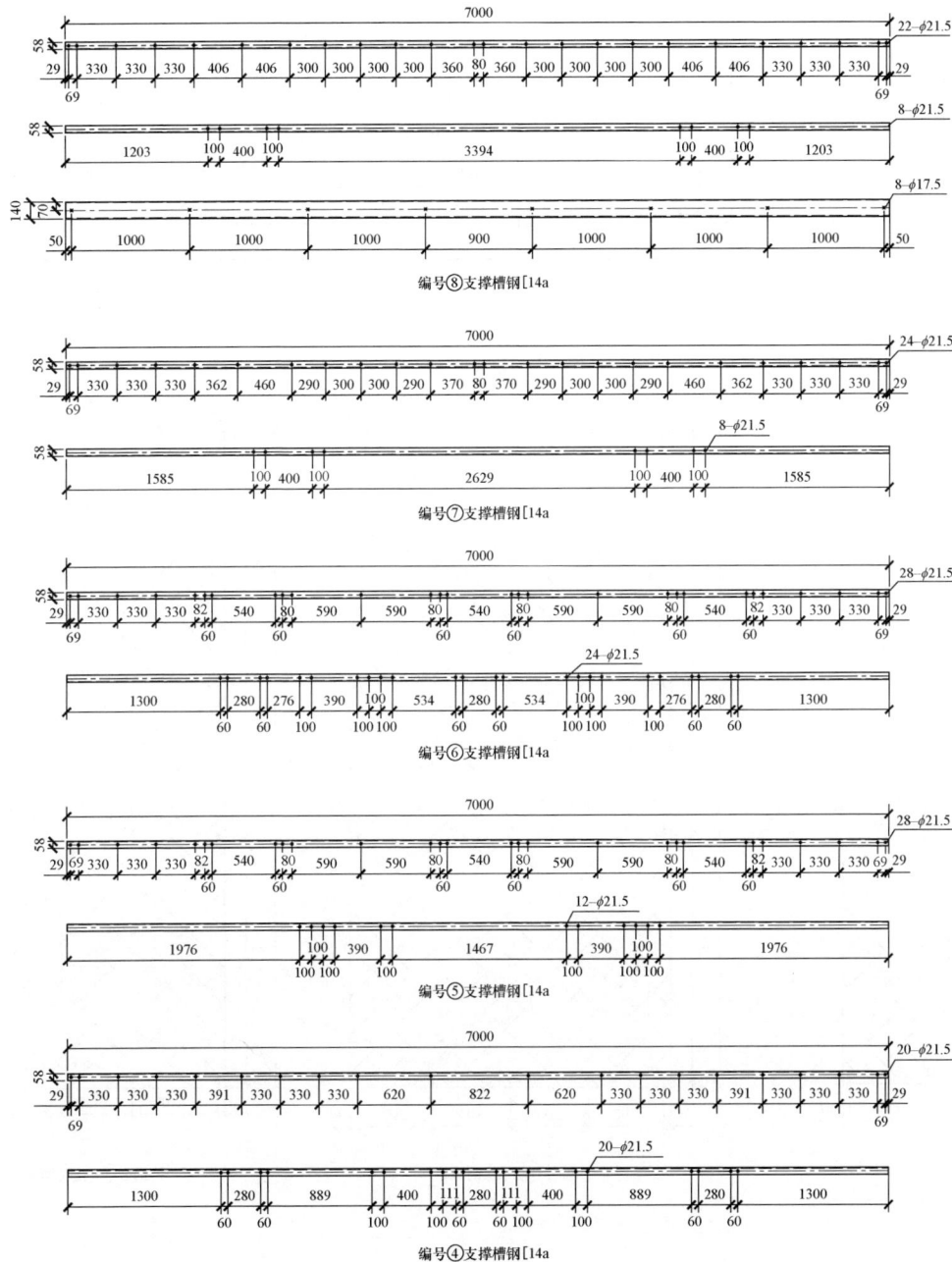

材 料 表

编号	名称	规格	数量	单重 (kg)	总重 (kg)	备注
② / ②A	槽钢	[14a×2755	各1	39.95	79.9	
③ / ③A	槽钢	[14a×4879	各1	70.75	141.5	
④ ~ ⑧	槽钢	[14a×7000	各1	101.5	507.5	
⑨	槽钢	[14a×1594	6	23.11	138.7	
⑩	钢板	−16×470×740	3	43.68	131.1	
⑪	钢板	−16×418×740	3	38.85	116.6	
⑫	钢板	−10×188×119	2	1.77	3.5	
	螺栓	M20×120	24	0.60	14.4	
	螺栓	M20×85	72	0.50	36.0	
	螺栓	M20×80	150	0.45	67.5	
合计					1236.7kg	

注 1. 螺栓为6.8级,配双帽单垫。
   2. 编号⑩和⑪钢板设备连接孔径、孔距需和电气人员确认方可加工。

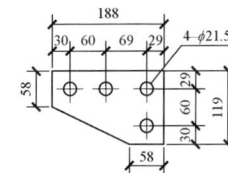

编号⑫大样

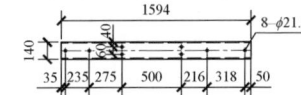

编号⑨支撑槽钢[14a

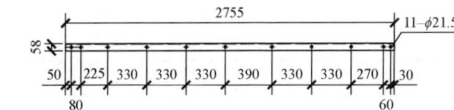

编号②支撑槽钢[14a

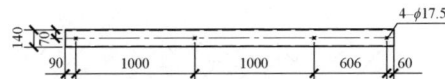

编号③支撑槽钢[14a

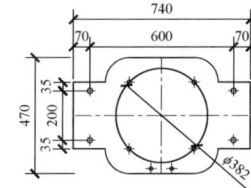

编号⑩大样

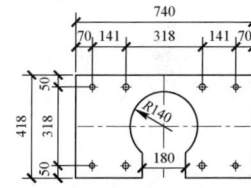

编号⑪大样

图 10.3−20   110−EC21GD−DL−20   110−EC21GD−DL 终端杆电缆平台支撑槽钢

材　料　表

编号	名称	规格	数量	单重（kg）	总重（kg）	备注
⑬	花纹钢板	$-8 \times 1533 \times 2430$	2	233.9	467.8	
⑭	花纹钢板	$-8 \times 1050 \times 2481$	2	163.6	327.2	
⑮	花纹钢板	$-8 \times 1240 \times 2481$	2	193.2	386.4	
⑯	花纹钢板	$-8 \times 981 \times 3422$	2	210.8	421.6	
合计					1603kg	

注　所有孔直径为$\phi21.5mm$。

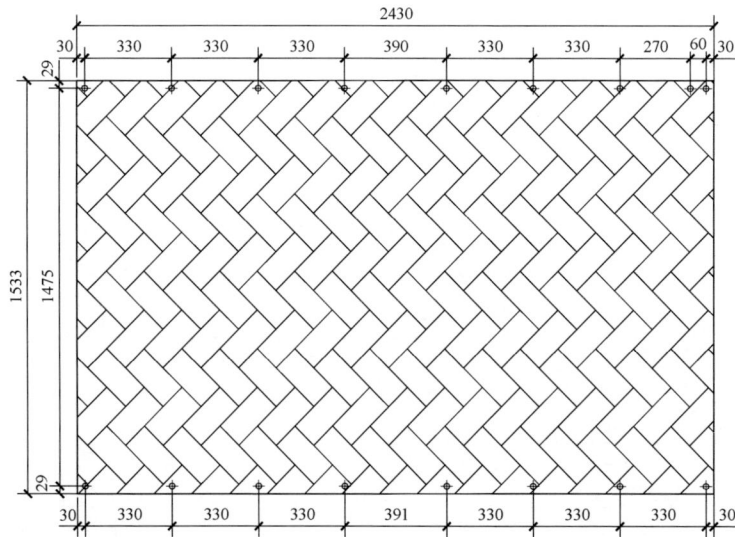

编号⑬花纹钢板

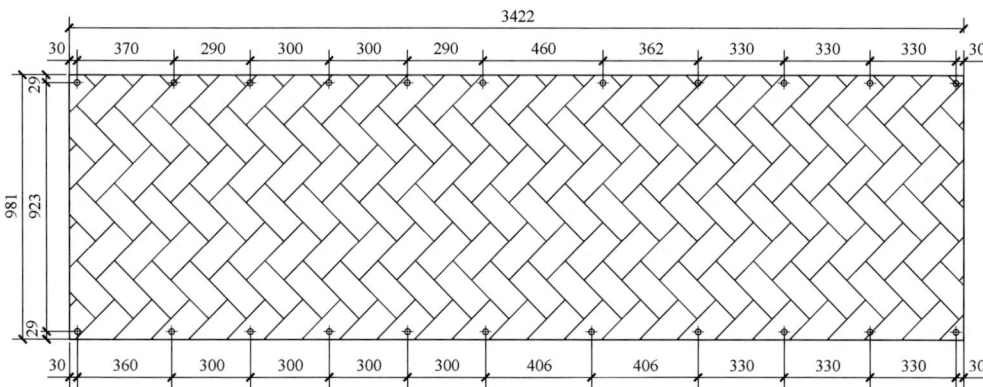

编号⑯花纹钢板

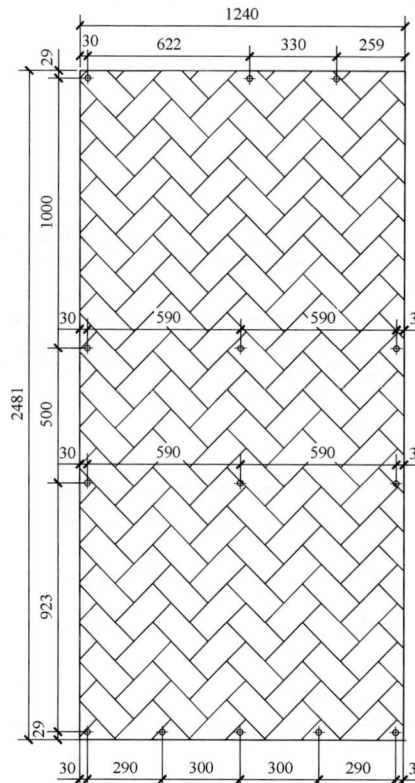

编号⑮花纹钢板

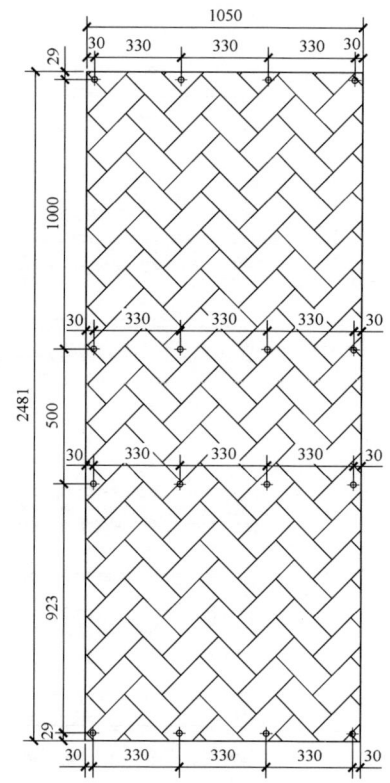

编号⑭花纹钢板

图 10.3-21　110-EC21GD-DL-21　110-EC21GD-DL 终端杆电缆平台花纹钢板

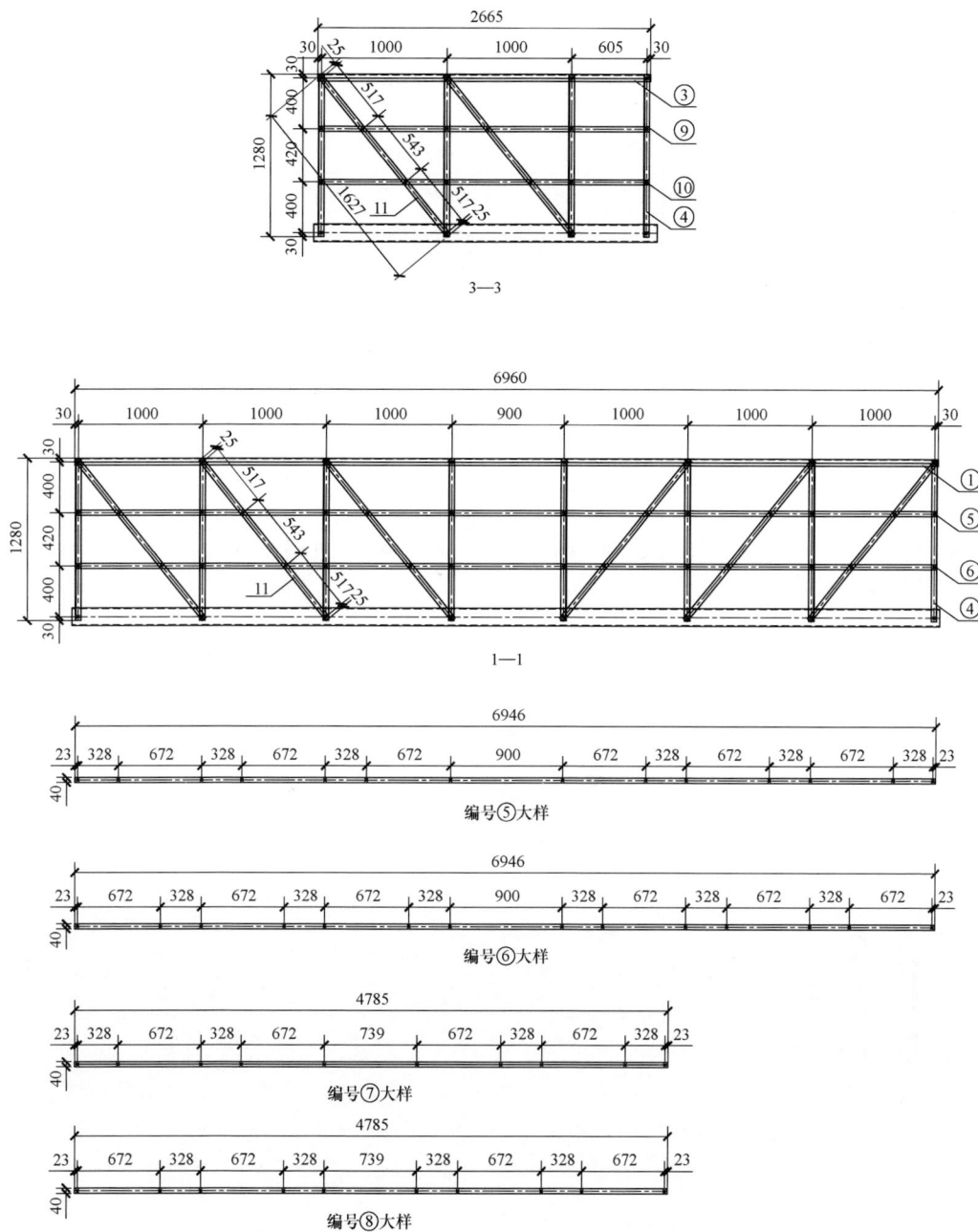

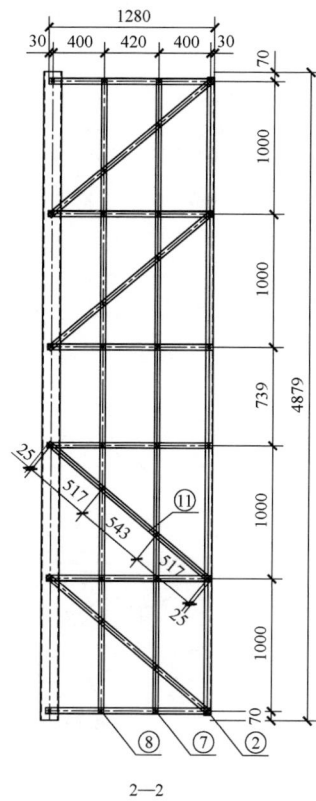

材料表

编号	名称	规格	数量	单重（kg）	总重（kg）	备注
①	角钢	∠56×5×6960	1	29.6	29.6	
②	角钢	∠56×5×4879	2	20.7	41.4	
③	角钢	∠56×5×2665	2	11.3	22.6	
④	角钢	∠45×4×1280	28	3.5	98.0	
⑤/⑥	扁钢	−4×40×6946	各1	8.7	17.4	
⑦/⑧	扁钢	−4×40×4785	各1	6.0	12.0	
⑨/⑩	扁钢	−4×40×2651	各1	3.3	6.6	
⑪	扁钢	−4×40×1627	18	2.05	36.8	
	螺栓	M16×60	46	0.16	7.4	
	螺栓	M16×50	102	0.15	15.3	
合计					287.1kg	

注 1. 所有孔直径为φ17.5mm。

2. 螺栓为6.8级，配双帽单垫。

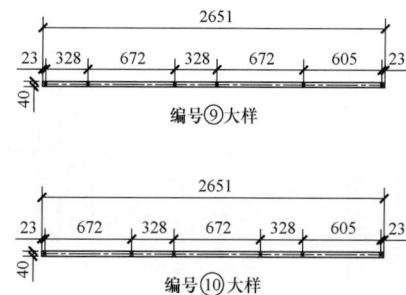

图 10.3−22　110−EC21GD−DL−22　110−EC21GD−DL 终端杆电缆平台护栏

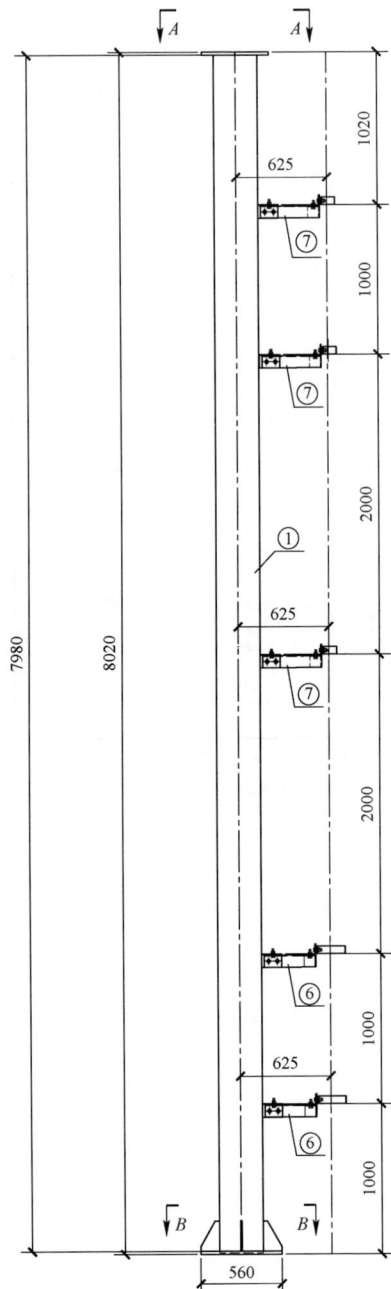

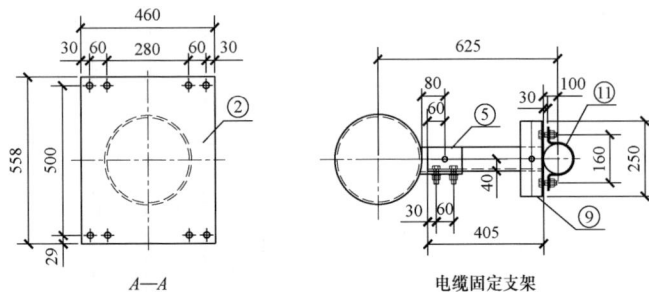

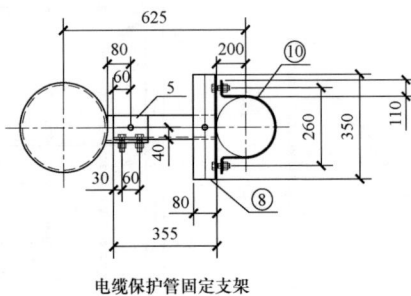

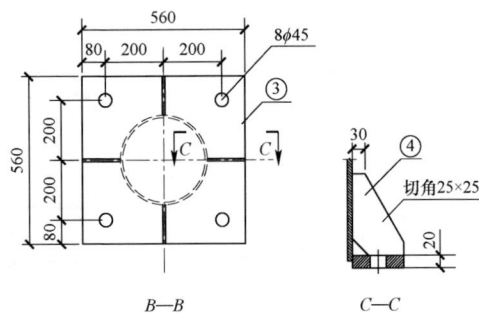

材 料 表

编号	名称	规格	数量	单重（kg）	总重（kg）	备注
①	钢管	$\phi300 \times 7990 \times 8$	1	460.3	460.3	
②	法兰	$-20 \times 460 \times 558$	1	40.3	40.3	
③	法兰	$-20 \times 560 \times 560$	1	49.2	49.2	
④	加劲板	$-8 \times 130 \times 200$	4	2.2	8.8	
⑤	角钢	$\angle 90 \times 8 \times 150$	5	1.64	8.2	
⑥	角钢	$\angle 80 \times 7 \times 355$	2	3.02	6.0	
⑦	角钢	$\angle 80 \times 7 \times 405$	3	3.45	10.4	
⑧	角钢	$\angle 80 \times 7 \times 350$	2	3.0	6.0	
⑨	角钢	$\angle 80 \times 7 \times 250$	3	2.13	6.4	
⑩	扁钢	$-4 \times 40 \times 630$	2	0.8	1.6	
⑪	扁钢	$-4 \times 40 \times 370$	3	0.46	1.4	
⑫	螺栓	$M16 \times 50$	30	0.15	4.5	4.8级
合计					603.1kg	

注 所有孔直径为ϕ17.5mm。

A—A

电缆固定支架

电缆保护管固定支架

B—B

C—C

图 10.3－23　110－EC21GD－DL－23　110－EC21GD－DL 终端杆立柱支架

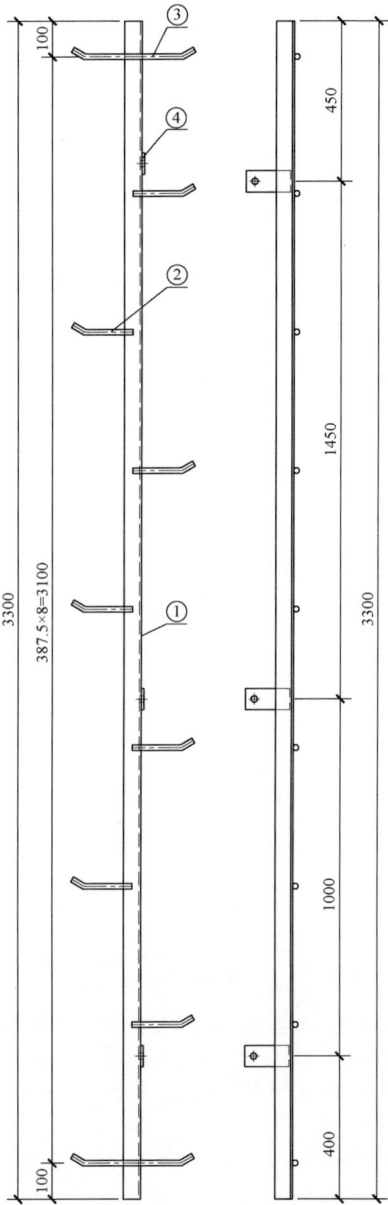
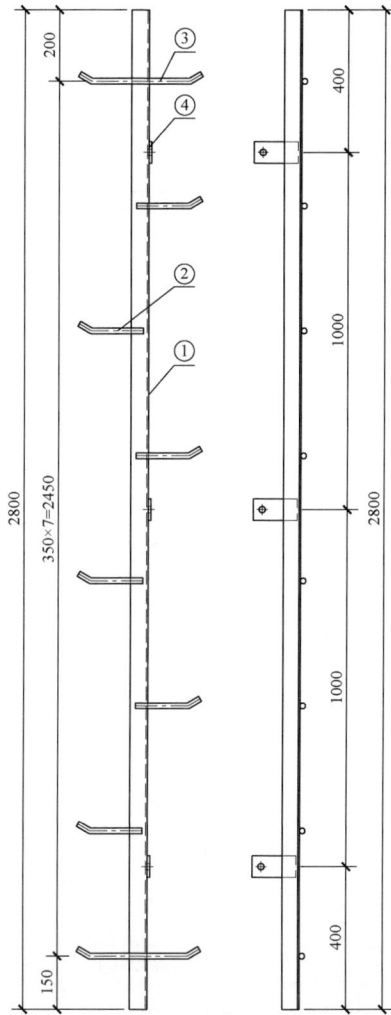
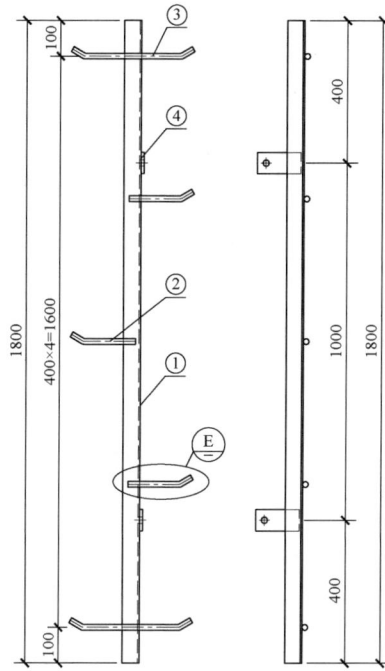

T3300

T2800

型号	编号	规格	数量	单重 (kg)	总重 (kg)	备注
T1800	①	L45×5×1800	1	6.1	6.1	
	②	φ16×220	3	0.3	0.9	
	③	φ16×415	2	0.7	1.4	
	④	−8×50×120	2	0.4	0.8	
	⑤	M16×40	2	0.1	0.2	
小计				9.4kg		
T2800	①	L45×5×2800	1	9.5	9.5	
	②	φ16×220	6	0.3	1.8	
	③	φ16×415	2	0.7	1.4	
	④	−8×50×120	3	0.4	1.2	
	⑤	M16×40	3	0.1	0.3	
小计				14.2kg		
T3300	①	L45×5×3300	1	11.2	11.2	
	②	φ16×220	7	0.3	2.1	
	③	φ16×415	2	0.7	1.4	
	④	−8×50×120	3	0.4	1.2	
	⑤	M16×40	3	0.1	0.3	
小计				16.2kg		

构 件 明 细 表

说明：1. 钢材采用 Q235，焊条采用 E43 系列。

2. 所有尺寸按实际放样确定。

3. 采用热浸锌防腐，锌层厚度不小于 86μm。

4. 连接螺栓采用 4.8 级螺栓，单帽单垫。

T1800

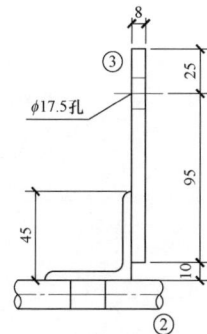

1—1

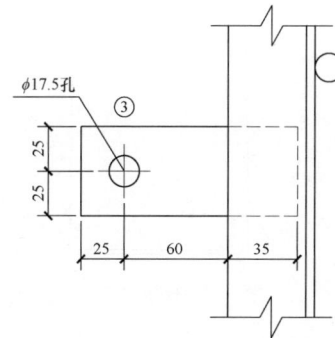

D详图

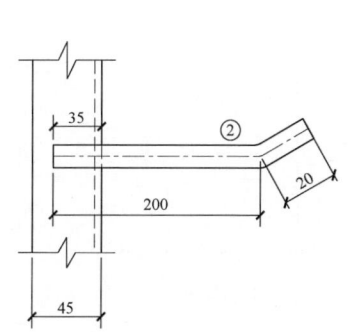

E详图

图 10.3−24　110−EC21GD−DL−24　110−EC21GD−DL 终端杆角钢爬梯加工图

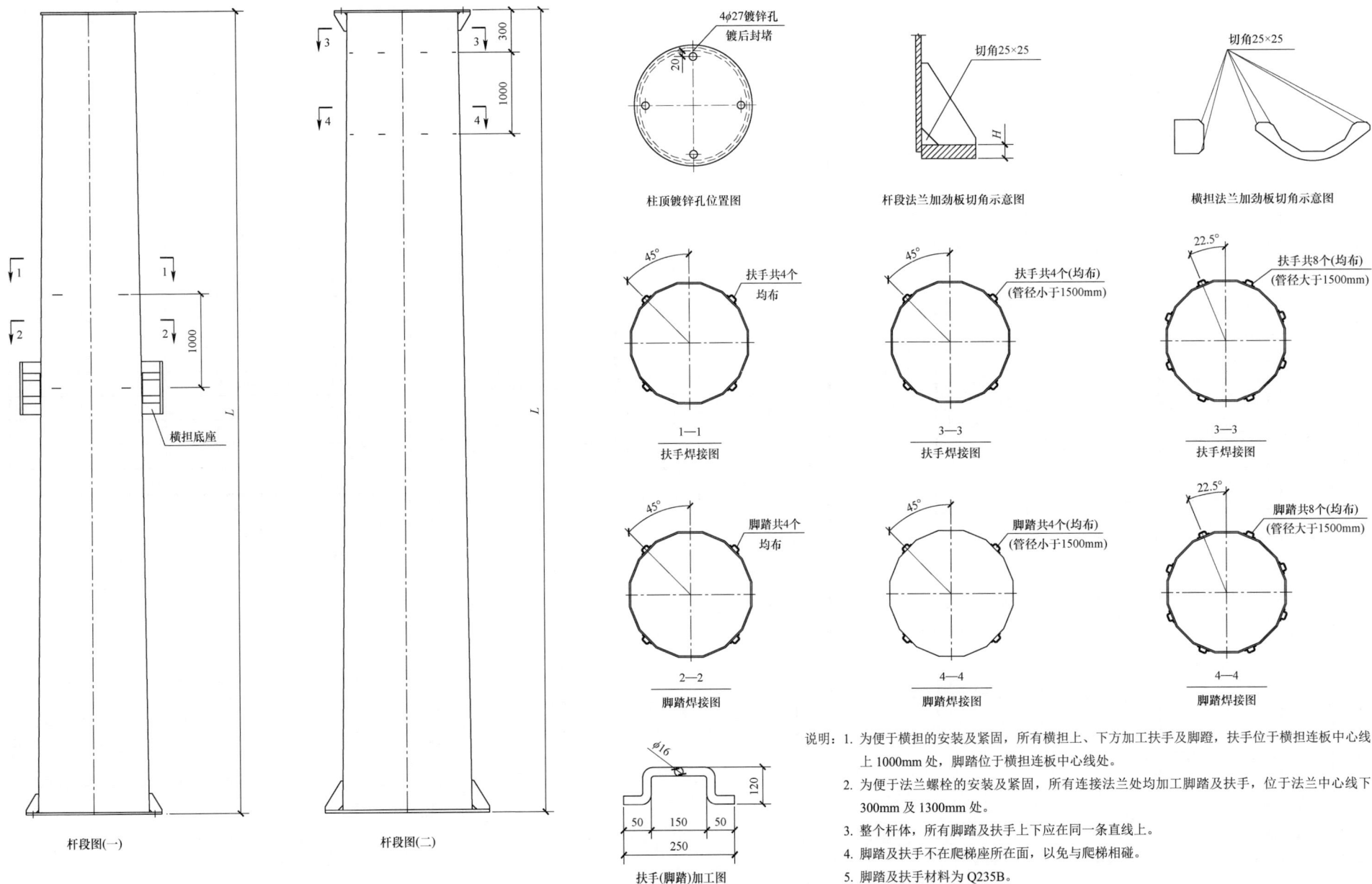

说明：
1. 为便于横担的安装及紧固，所有横担上、下方加工扶手及脚蹬，扶手位于横担连板中心线上 1000mm 处，脚踏位于横担连板中心线处。
2. 为便于法兰螺栓的安装及紧固，所有连接法兰处均加工脚踏及扶手，位于法兰中心线下 300mm 及 1300mm 处。
3. 整个杆体，所有脚踏及扶手上下应在同一条直线上。
4. 脚踏及扶手不在爬梯座所在面，以免与爬梯相碰。
5. 脚踏及扶手材料为 Q235B。

图 10.3-25　110-EC21GD-DL-25　110-EC21GD-DL 终端杆脚踏、扶手及镀锌孔位置图

10.4 110-EC21GS-DL 子模块

序号	图号	图名	张数	备注
1	110-EC21GS-DL-01	110-EC21GS-DL 终端杆总图	1	
2	110-EC21GS-DL-02	110-EC21GS-DL 终端杆地线横担①结构图	1	
3	110-EC21GS-DL-03	110-EC21GS-DL 终端杆导线横担②结构图	1	
4	110-EC21GS-DL-04	110-EC21GS-DL 终端杆导线横担③结构图	1	
5	110-EC21GS-DL-05	110-EC21GS-DL 终端杆导线横担④结构图	1	
6	110-EC21GS-DL-06	110-EC21GS-DL 终端杆身部⑤结构图	1	
7	110-EC21GS-DL-07	110-EC21GS-DL 终端杆身部⑥结构图	1	
8	110-EC21GS-DL-08	110-EC21GS-DL 终端杆身部⑦结构图	1	
9	110-EC21GS-DL-09	110-EC21GS-DL 终端杆身部⑧结构图	1	
10	110-EC21GS-DL-10	110-EC21GS-DL 终端杆 30.0m 腿部⑨结构图	1	
11	110-EC21GS-DL-11	110-EC21GS-DL 终端杆 24.0m 腿部⑩结构图	1	
12	110-EC21GS-DL-12	110-EC21GS-DL 终端杆 18.0m 腿部⑪结构图	1	
13	110-EC21GS-DL-13	110-EC21GS-DL 终端杆地线横担法兰结构图	1	
14	110-EC21GS-DL-14	110-EC21GS-DL 终端杆导线横担法兰结构图	1	
15	110-EC21GS-DL-15	110-EC21GS-DL 终端杆 30.0m 电缆平台下线示意图	1	
16	110-EC21GS-DL-16	110-EC21GS-DL 终端杆 24.0m 电缆平台下线示意图	1	
17	110-EC21GS-DL-17	110-EC21GS-DL 终端杆 18.0m 电缆平台下线示意图	1	
18	110-EC21GS-DL-18	110-EC21GD-DL 终端杆绝缘子固定支架连接件	1	
19	110-EC21GS-DL-19	110-EC21GD-DL 终端杆 2.0m 电缆固定支架	1	
20	110-EC21GS-DL-20	110-EC21GS-DL 终端杆电缆平台俯视图	1	
21	110-EC21GS-DL-21	110-EC21GS-DL 终端杆电缆平台框架示意图	1	
22	110-EC21GS-DL-22	110-EC21GS-DL 终端杆电缆平台支撑支架	1	
23	110-EC21GS-DL-23	110-EC21GS-DL 终端杆电缆平台支撑槽钢	1	
24	110-EC21GS-DL-24	110-EC21GS-DL 终端杆电缆平台花纹钢板	1	
25	110-EC21GS-DL-25	110-EC21GS-DL 终端杆电缆平台护栏	1	
26	110-EC21GS-DL-26	110-EC21GS-DL 终端杆立柱支架	1	
27	110-EC21GS-DL-27	110-EC21GS-DL 终端杆角钢爬梯加工图	1	
28	110-EC21GS-DL-28	110-EC21GS-DL 终端杆脚踏、扶手及镀锌孔位置图	1	

110-EC21GS-DL-00　110-EC21GS-DL 终端杆图纸目录

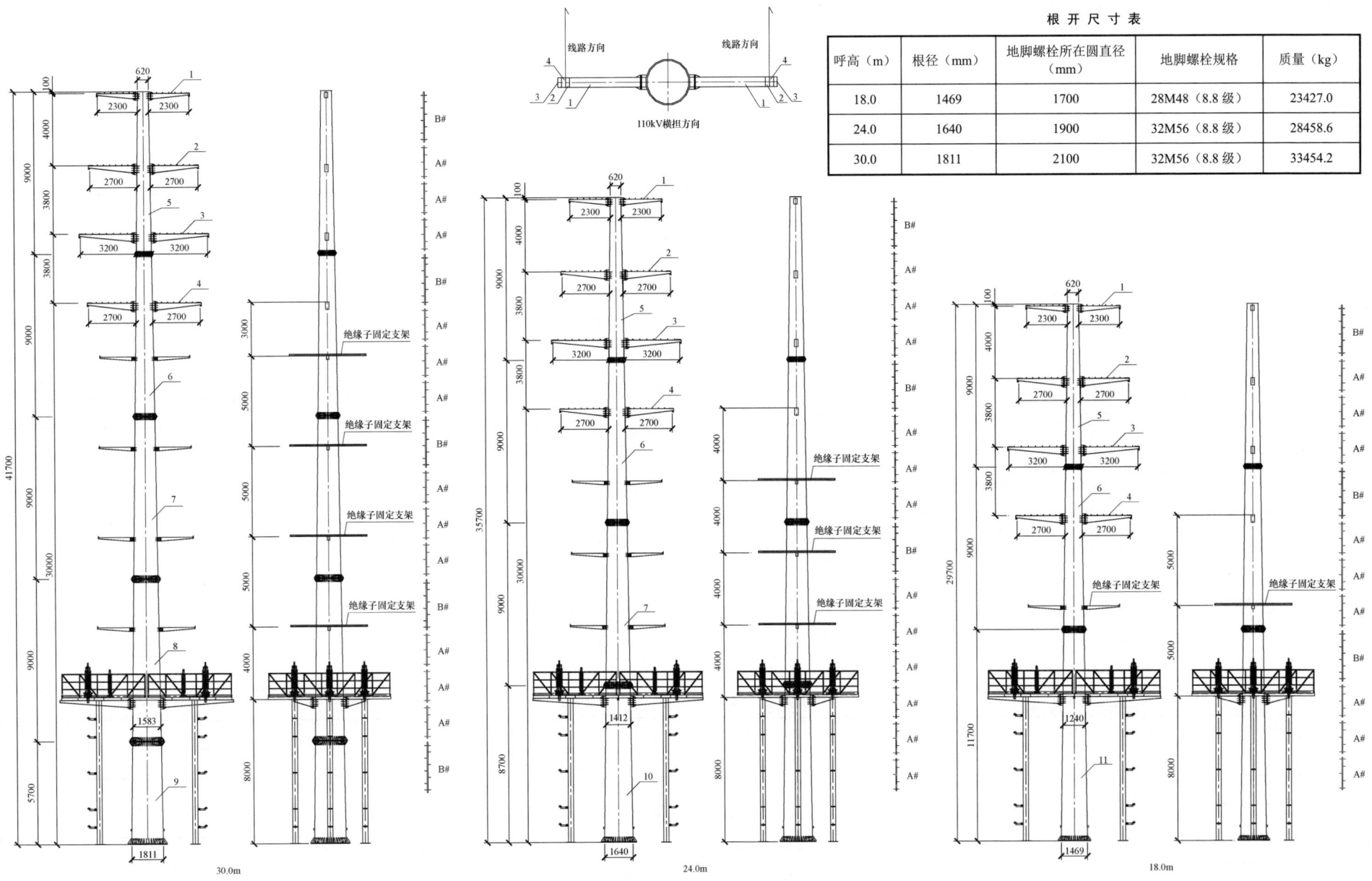

根 开 尺 寸 表

呼高（m）	根径（mm）	地脚螺栓所在圆直径（mm）	地脚螺栓规格	质量（kg）
18.0	1469	1700	28M48（8.8级）	23427.0
24.0	1640	1900	32M56（8.8级）	28458.6
30.0	1811	2100	32M56（8.8级）	33454.2

图 10.4-1　110-EC21GS-DL-01　110-EC21GS-DL 终端杆总图

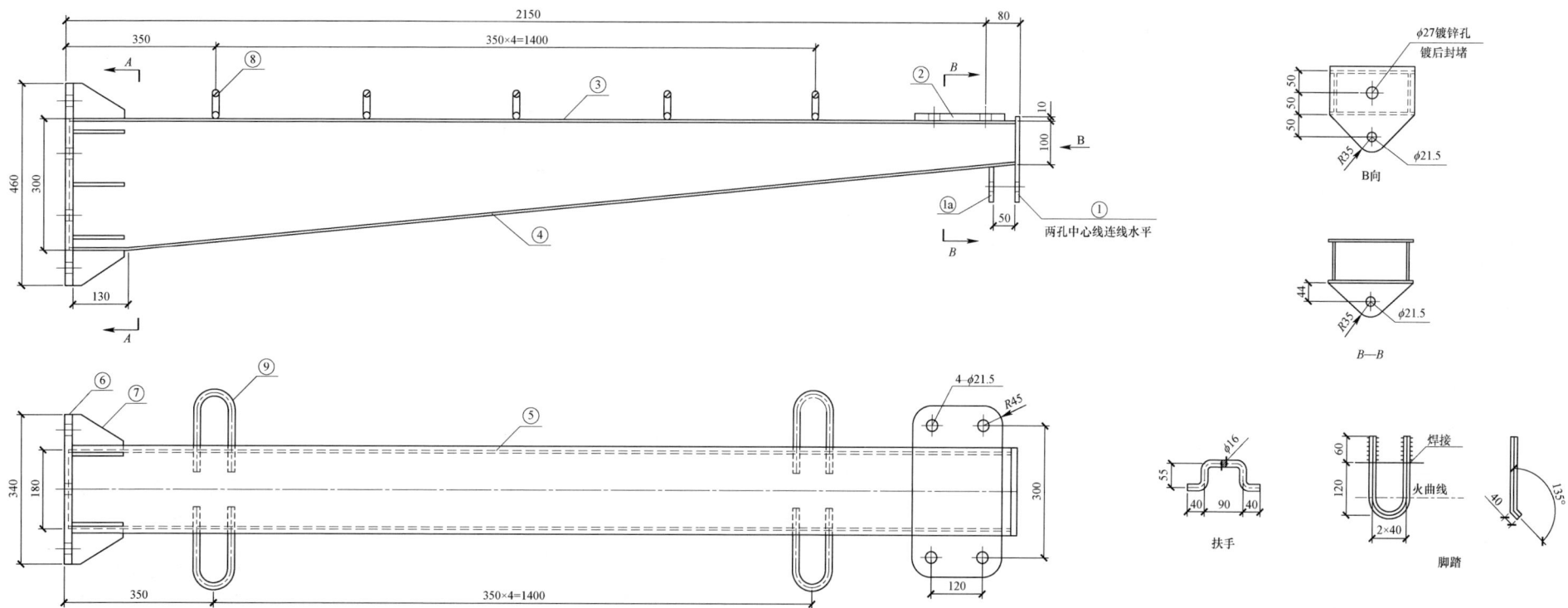

编号	名称	规格	数量	单重（kg）	总重（kg）	备注
①	下挂板	$-10 \times 195 \times 200$	1	3.06	3.1	
①a	下挂板	$-10 \times 79 \times 200$	1	1.25	1.3	
②	挂板	$-16 \times 210 \times 390$	1	10.29	10.3	
③	上板	$-6 \times 200 \times 2211$	1	20.81	20.8	
④	下板	$-6 \times 200 \times 2221$	1	20.92	20.9	Q355B
⑤	侧板	$-6 \times 288 \times 2211$	2	20.81	41.6	
⑥	法兰	$-18 \times 460 \times 340$	1	14.47	14.5	
⑦	加劲板	$-8 \times 80 \times 120$	10	0.4	4.0	
⑧	扶手	$\phi 16 \times 280$	5	0.4	2.0	
⑨	脚踏	$\phi 16 \times 406$	10	0.6	6.0	
⑩	螺栓	$M24 \times 100$	10	0.8	8.0	8.8 级
合计			132.5kg			

图 10.4-2　110-EC21GS-DL-02　110-EC21GS-DL 终端杆地线横担①结构图

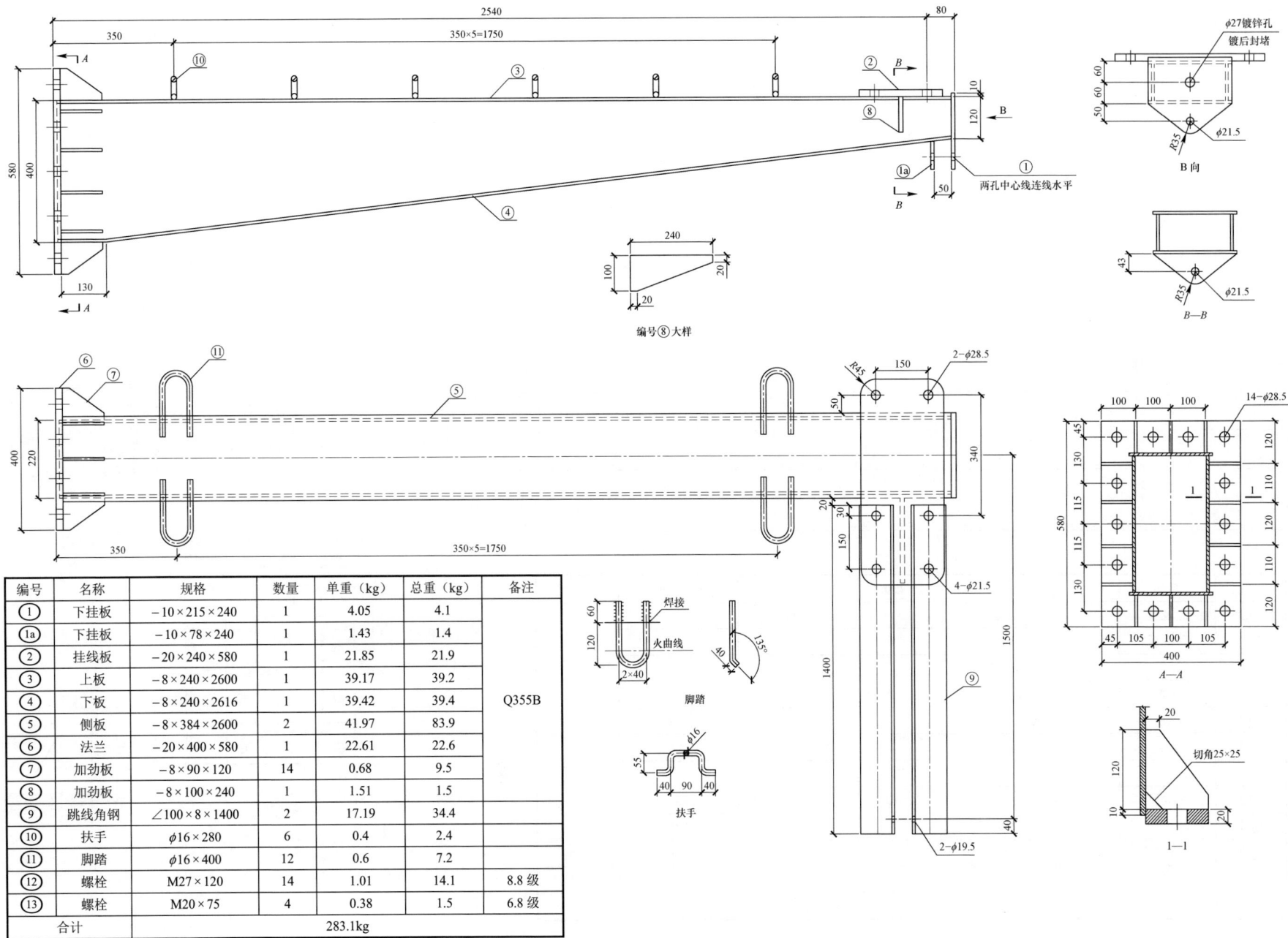

φ27镀锌孔
镀后封堵

B 向

B—B

编号⑧大样

两孔中心线连线水平

脚踏

扶手

编号	名称	规格	数量	单重（kg）	总重（kg）	备注
①	下挂板	−10×215×240	1	4.05	4.1	
①a	下挂板	−10×78×240	1	1.43	1.4	
②	挂线板	−20×240×580	1	21.85	21.9	
③	上板	−8×240×2600	1	39.17	39.2	
④	下板	−8×240×2616	1	39.42	39.4	Q355B
⑤	侧板	−8×384×2600	2	41.97	83.9	
⑥	法兰	−20×400×580	1	22.61	22.6	
⑦	加劲板	−8×90×120	14	0.68	9.5	
⑧	加劲板	−8×100×240	1	1.51	1.5	
⑨	跳线角钢	∠100×8×1400	2	17.19	34.4	
⑩	扶手	φ16×280	6	0.4	2.4	
⑪	脚踏	φ16×400	12	0.6	7.2	
⑫	螺栓	M27×120	14	1.01	14.1	8.8 级
⑬	螺栓	M20×75	4	0.38	1.5	6.8 级
合计					283.1kg	

图 10.4−3　110−EC21GS−DL−03　110−EC21GS−DL 终端杆导线横担②结构图

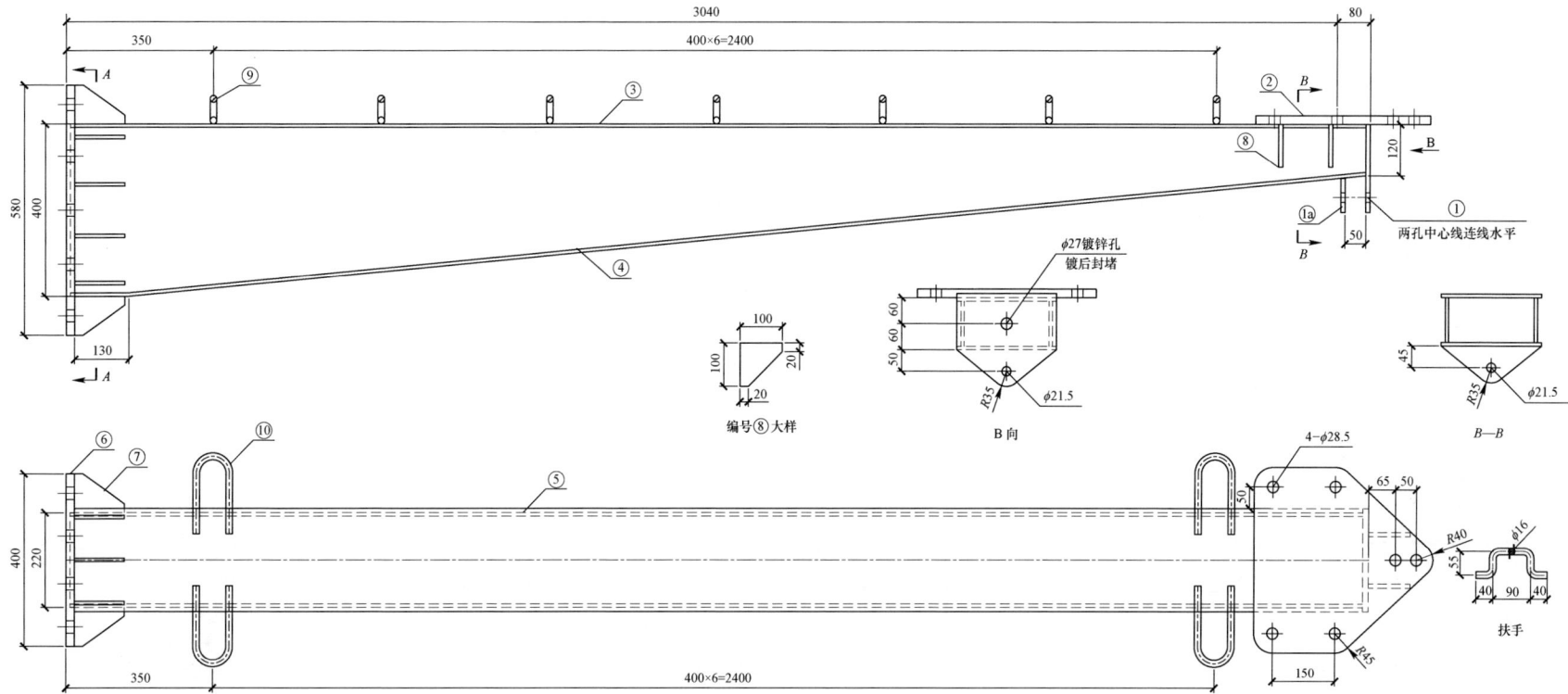

编号	名称	规格	数量	单重（kg）	总重（kg）	备注
①	下挂板	$-10 \times 205 \times 240$	1	4.05	4.1	
①a	下挂板	$-10 \times 80 \times 240$	1	1.43	1.4	
②	挂线板	$-20 \times 430 \times 430$	1	29.03	29.0	
③	上板	$-8 \times 240 \times 3100$	1	46.7	46.7	
④	下板	$-8 \times 240 \times 3113$	1	46.91	46.9	Q355B
⑤	侧板	$-8 \times 384 \times 3100$	2	49.63	99.3	
⑥	法兰	$-20 \times 400 \times 580$	1	22.61	22.6	
⑦	加劲板	$-8 \times 90 \times 120$	14	0.68	9.5	
⑧	加劲板	$-8 \times 100 \times 100$	2	0.63	1.3	
⑨	扶手	$\phi 16 \times 280$	7	0.4	2.8	
⑩	脚踏	$\phi 16 \times 400$	14	0.6	8.4	
⑪	螺栓	$M27 \times 120$	14	1.01	14.1	8.8级
合计					286.1kg	

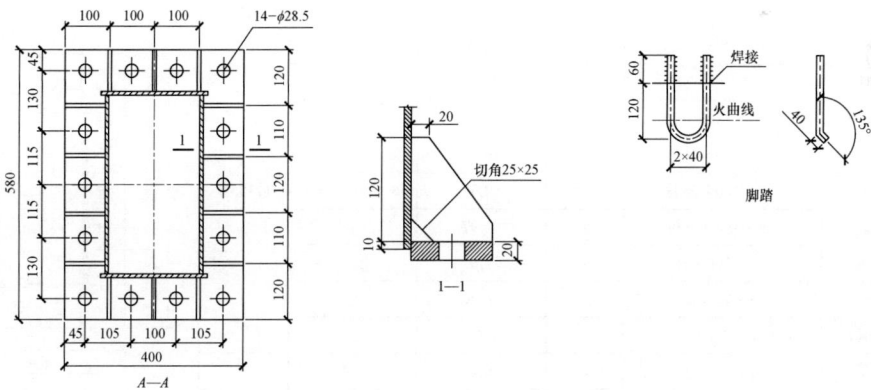

图 10.4-4 110-EC21GS-DL-04 110-EC21GS-DL 终端杆导线横担③结构图

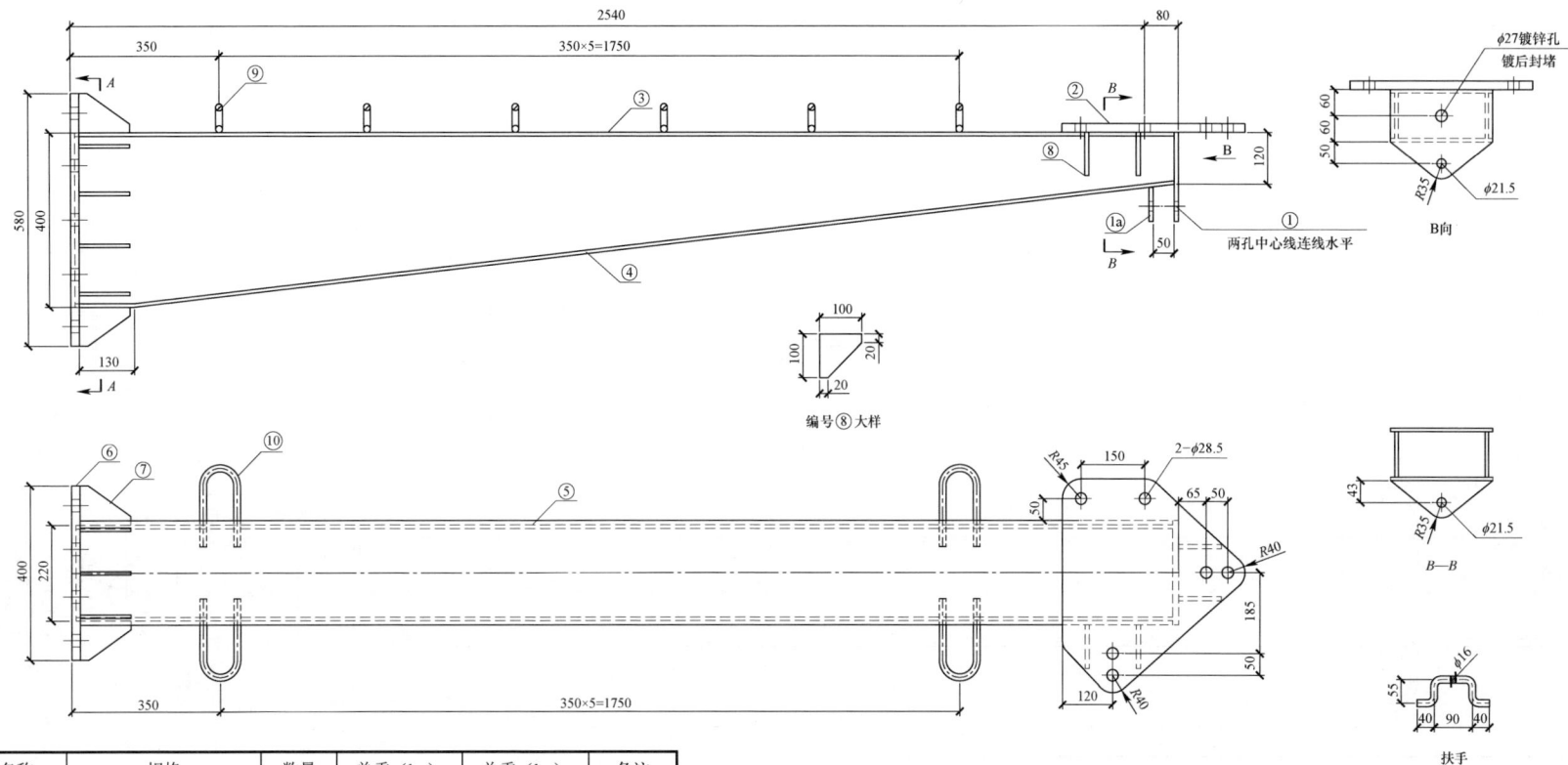

编号	名称	规格	数量	单重（kg）	总重（kg）	备注
①	下挂板	$-10 \times 205 \times 240$	1	4.05	4.1	
①a	下挂板	$-10 \times 78 \times 240$	1	1.43	1.4	
②	挂线板	$-20 \times 430 \times 490$	1	33.08	33.1	
③	上板	$-8 \times 240 \times 2600$	1	39.17	39.2	
④	下板	$-8 \times 240 \times 2616$	1	39.42	39.4	Q355B
⑤	侧板	$-8 \times 384 \times 2600$	2	41.97	83.9	
⑥	法兰	$-20 \times 400 \times 580$	1	22.61	22.6	
⑦	加劲板	$-8 \times 90 \times 120$	14	0.68	9.5	
⑧	加劲板	$-8 \times 100 \times 100$	4	0.63	2.5	
⑨	扶手	$\phi 16 \times 280$	6	0.4	2.4	
⑩	脚踏	$\phi 16 \times 400$	12	0.6	7.2	
⑪	螺栓	$M27 \times 120$	14	1.01	14.1	8.8 级
合计				259.4kg		

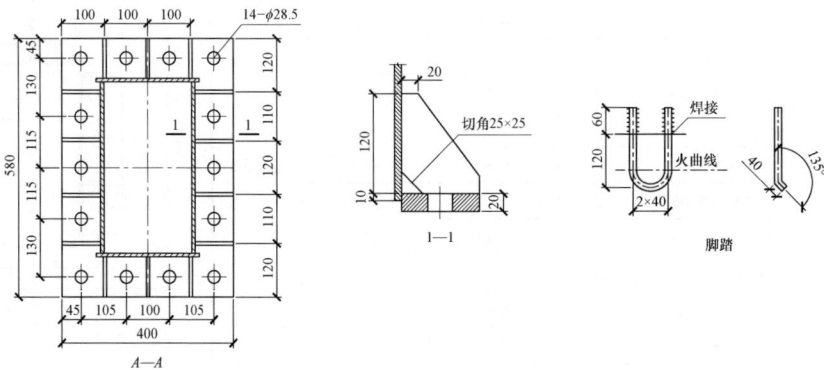

图 10.4－5　110－EC21GS－DL－05　110－EC21GS－DL 终端杆导线横担④结构图

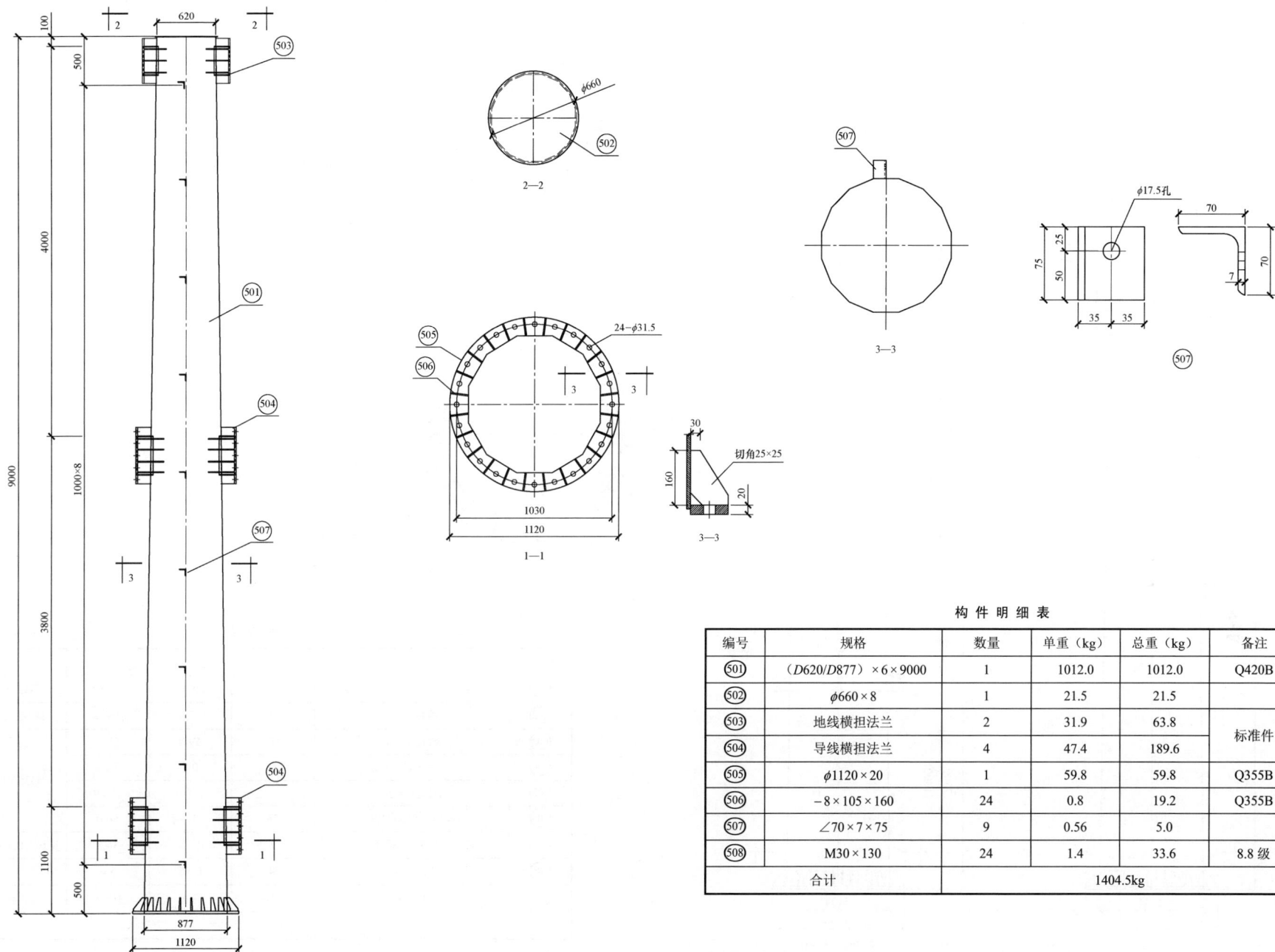

构 件 明 细 表					
编号	规格	数量	单重（kg）	总重（kg）	备注
501	（D620/D877）×6×9000	1	1012.0	1012.0	Q420B
502	φ660×8	1	21.5	21.5	
503	地线横担法兰	2	31.9	63.8	标准件
504	导线横担法兰	4	47.4	189.6	
505	φ1120×20	1	59.8	59.8	Q355B
506	−8×105×160	24	0.8	19.2	Q355B
507	∠70×7×75	9	0.56	5.0	
508	M30×130	24	1.4	33.6	8.8 级
合计				1404.5kg	

图 10.4−6　110−EC21GS−DL−06　110−EC21GS−DL 终端杆身部⑤结构图

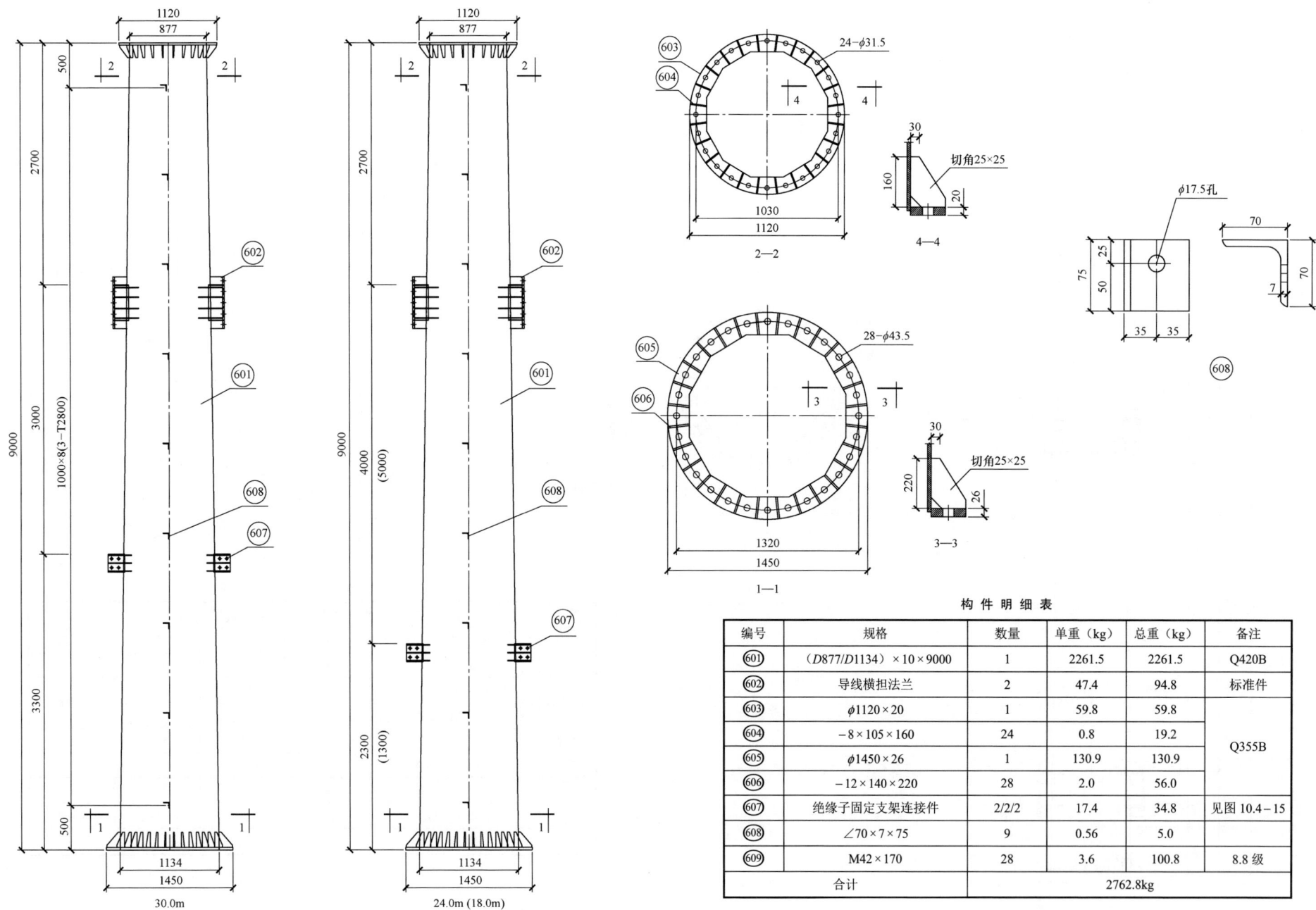

构 件 明 细 表

编号	规格	数量	单重（kg）	总重（kg）	备注
601	(D877/D1134)×10×9000	1	2261.5	2261.5	Q420B
602	导线横担法兰	2	47.4	94.8	标准件
603	ϕ1120×20	1	59.8	59.8	
604	−8×105×160	24	0.8	19.2	Q355B
605	ϕ1450×26	1	130.9	130.9	
606	−12×140×220	28	2.0	56.0	
607	绝缘子固定支架连接件	2/2/2	17.4	34.8	见图 10.4−15
608	∠70×7×75	9	0.56	5.0	
609	M42×170	28	3.6	100.8	8.8 级
合计				2762.8kg	

图 10.4−7　110−EC21GS−DL−07　110−EC21GS−DL 终端杆身部⑥结构图

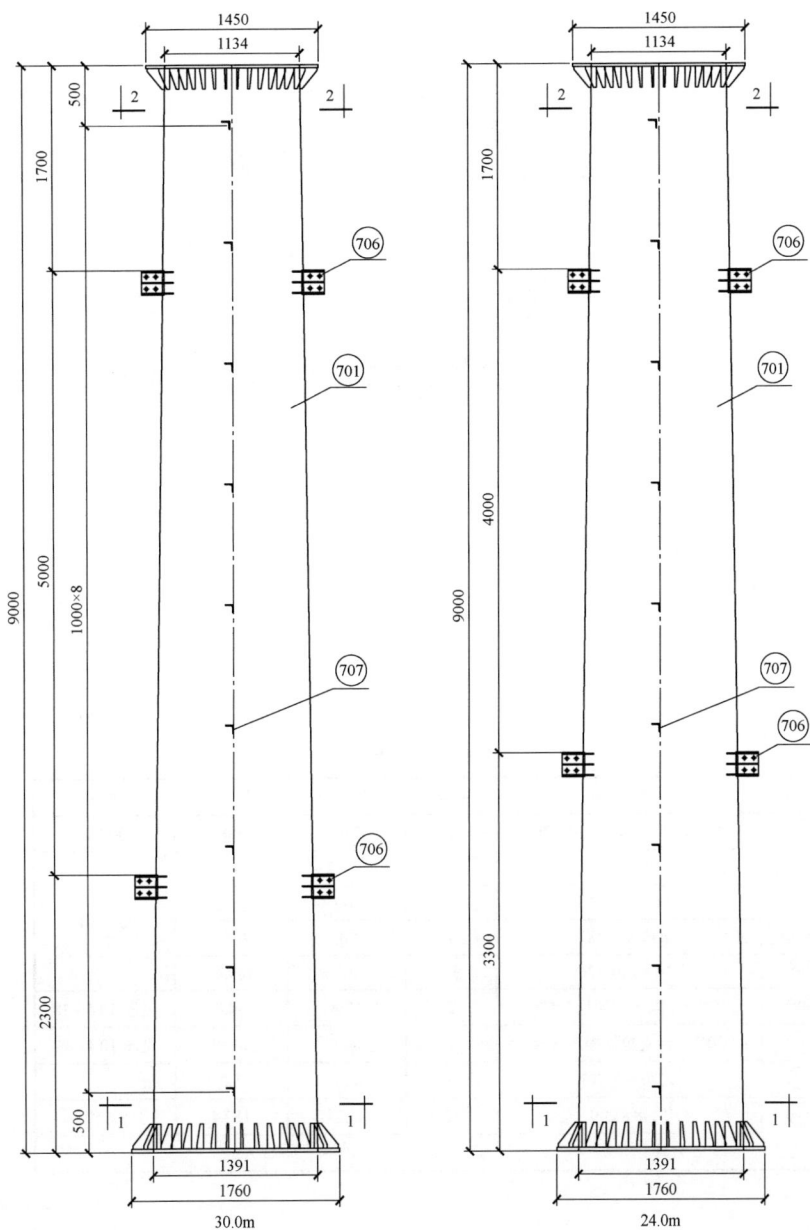

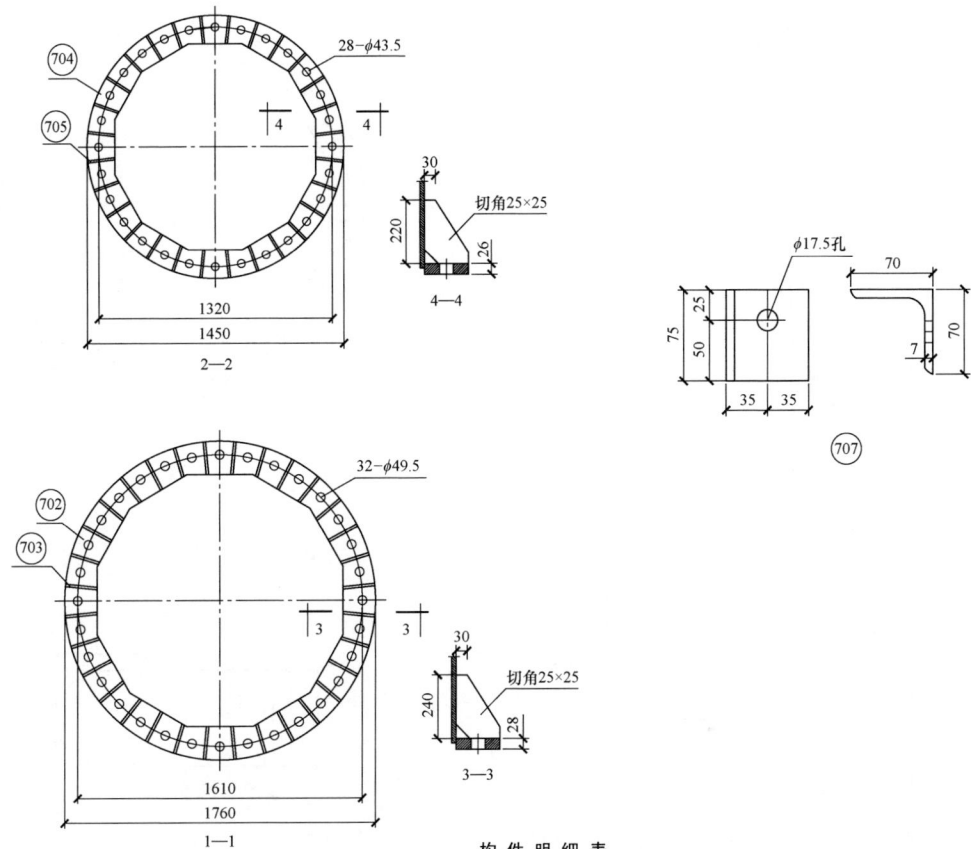

构 件 明 细 表

编号	规格	数量	单重（kg）	总重（kg）	备注
701	(D1134/D1391) ×12×9000	1	3408.9	3408.9	Q420B
702	φ1760×28	1	200.7	200.7	Q355B
703	−14×160×240	32	2.8	89.6	
704	φ1450×26	1	130.9	130.9	
705	−12×140×220	28	2.0	56.0	
706	绝缘子固定支架连接件	4/4	17.4	69.6	见图 10.4−18
707	∠70×7×75	9	0.56	5.0	
708	M48×200	32	5.7	182.4	8.8 级
合计				4143.1kg	

图 10.4−8　110−EC21GS−DL−08　110−EC21GS−DL 终端杆身部⑦结构图

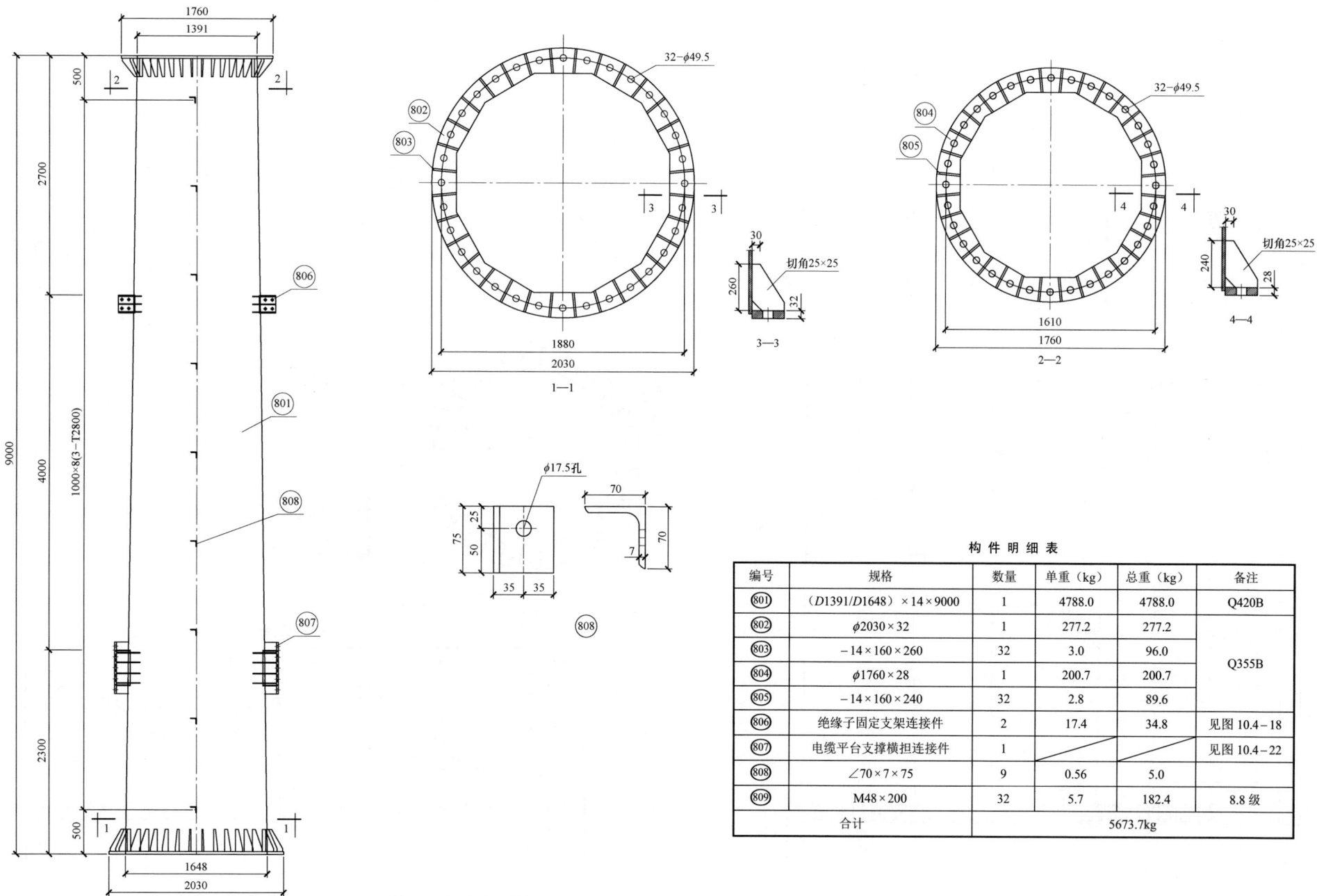

构 件 明 细 表					
编号	规格	数量	单重（kg）	总重（kg）	备注
801	（D1391/D1648）×14×9000	1	4788.0	4788.0	Q420B
802	$\phi2030\times32$	1	277.2	277.2	Q355B
803	$-14\times160\times260$	32	3.0	96.0	
804	$\phi1760\times28$	1	200.7	200.7	
805	$-14\times160\times240$	32	2.8	89.6	
806	绝缘子固定支架连接件	2	17.4	34.8	见图 10.4-18
807	电缆平台支撑横担连接件	1			见图 10.4-22
808	$\angle70\times7\times75$	9	0.56	5.0	
809	M48×200	32	5.7	182.4	8.8 级
合计				5673.7kg	

图 10.4-9　110-EC21GS-DL-09　110-EC21GS-DL 终端杆身部⑧结构图

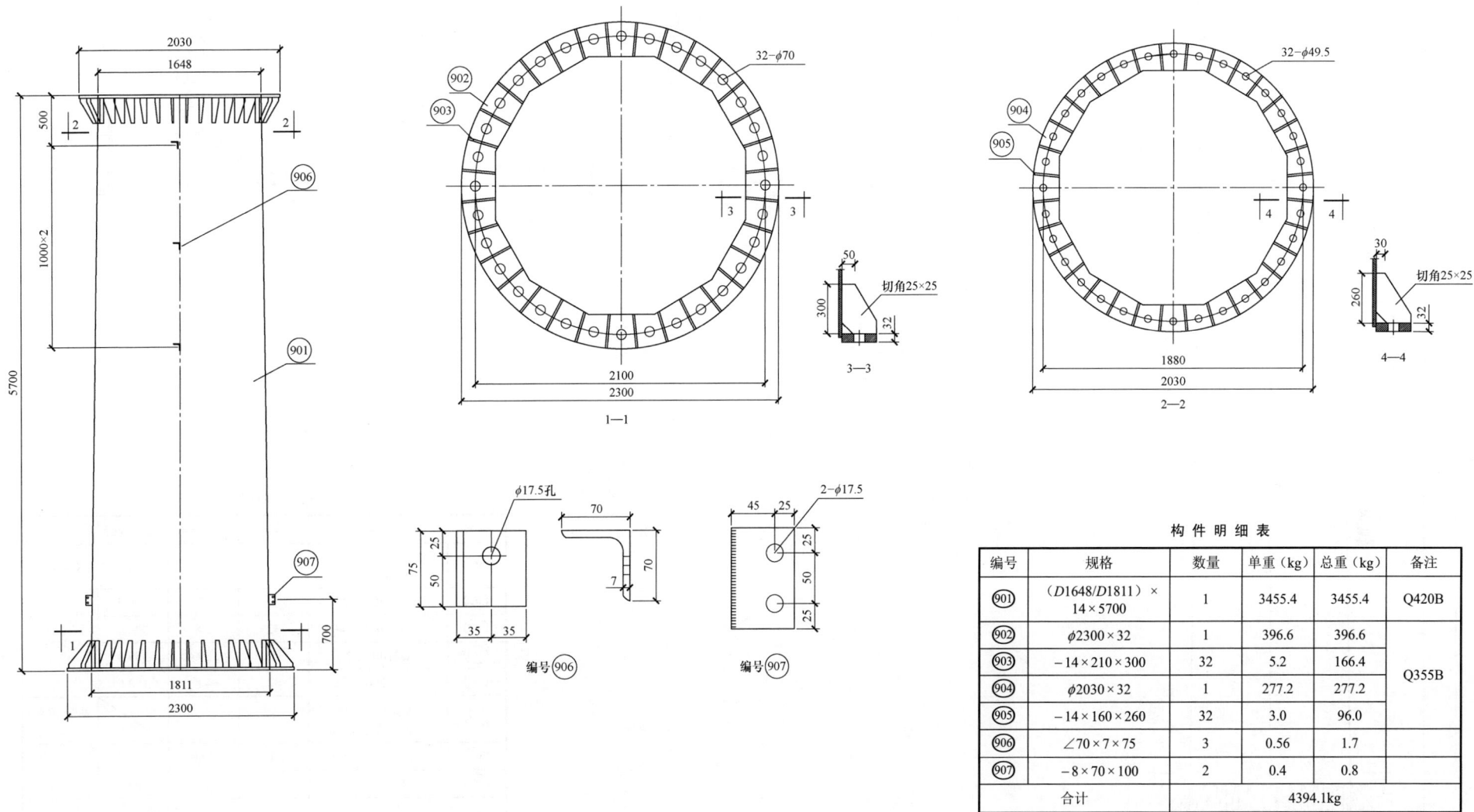

构 件 明 细 表

编号	规格	数量	单重（kg）	总重（kg）	备注
901	（D1648/D1811）×14×5700	1	3455.4	3455.4	Q420B
902	φ2300×32	1	396.6	396.6	
903	−14×210×300	32	5.2	166.4	Q355B
904	φ2030×32	1	277.2	277.2	
905	−14×160×260	32	3.0	96.0	
906	∠70×7×75	3	0.56	1.7	
907	−8×70×100	2	0.4	0.8	
合计				4394.1kg	

图 10.4−10　110−EC21GS−DL−10　110−EC21GS−DL 终端杆 30.0m 腿部⑨结构图

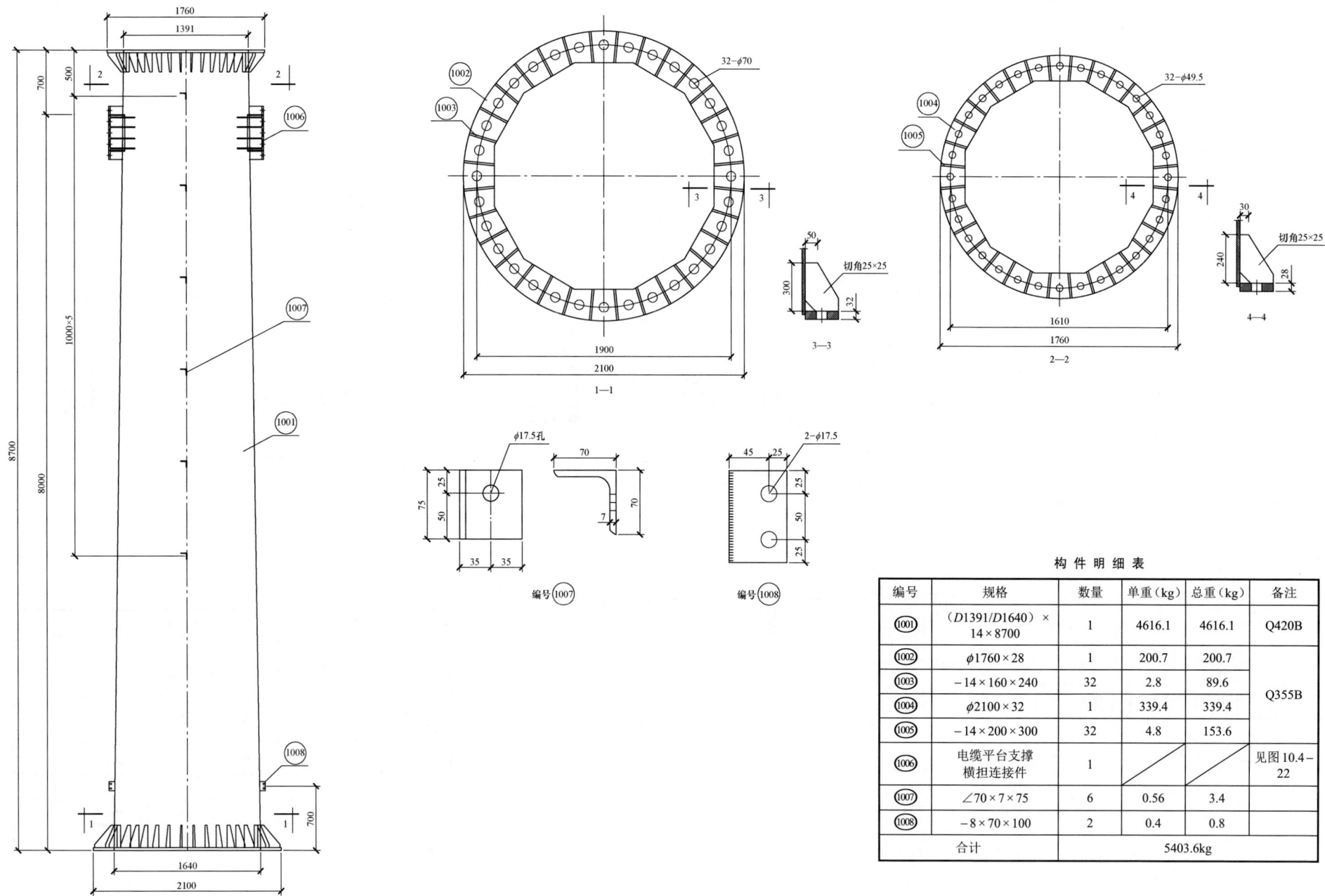

構 件 明 細 表

编号	规格	数量	单重（kg）	总重（kg）	备注
1001	（D1391/D1640）× 14×8700	1	4616.1	4616.1	Q420B
1002	φ1760×28	1	200.7	200.7	
1003	−14×160×240	32	2.8	89.6	Q355B
1004	φ2100×32	1	339.4	339.4	
1005	−14×200×300	32	4.8	153.6	
1006	电缆平台支撑横担连接件	1			见图10.4−22
1007	∠70×7×75	6	0.56	3.4	
1008	−8×70×100	2	0.4	0.8	
合计				5403.6kg	

图 10.4−11　110−EC21GS−DL−11　110−EC21GS−DL 终端杆 24.0m 腿部⑩结构图

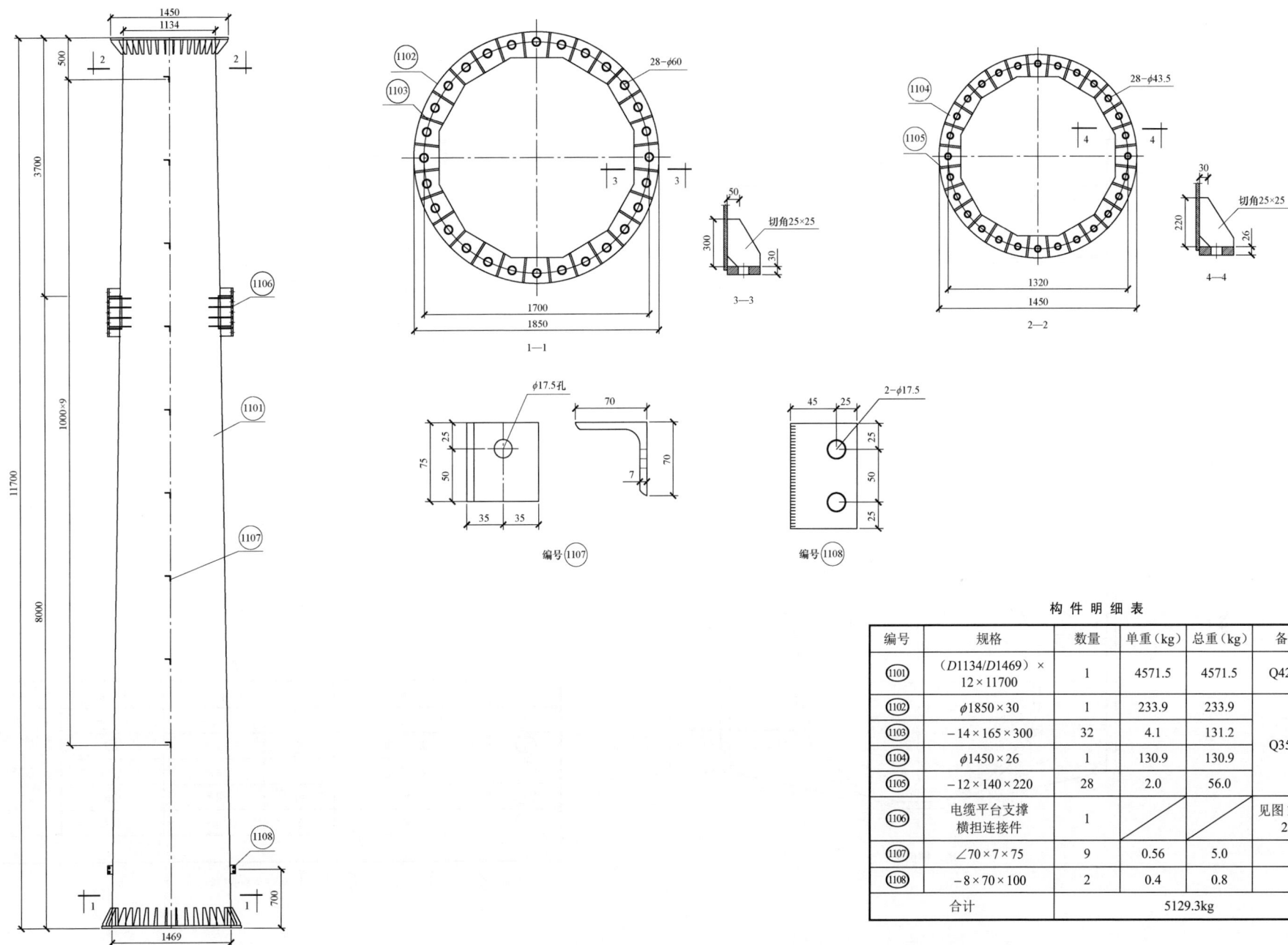

构 件 明 细 表

编号	规格	数量	单重（kg）	总重（kg）	备注
⑪⑴⑴	（D1134/D1469）× 12×11700	1	4571.5	4571.5	Q420B
⑪⑵⑵	φ1850×30	1	233.9	233.9	Q355B
⑪⑶⑶	−14×165×300	32	4.1	131.2	
⑪⑷⑷	φ1450×26	1	130.9	130.9	
⑪⑸⑸	−12×140×220	28	2.0	56.0	
⑪⑹⑹	电缆平台支撑横担连接件	1			见图10.4−22
⑪⑺⑺	∠70×7×75	9	0.56	5.0	
⑪⑻⑻	−8×70×100	2	0.4	0.8	
合计				5129.3kg	

图 10.4－12　110－EC21GS－DL－12　110－EC21GS－DL 终端杆 18.0m 腿部⑪结构图

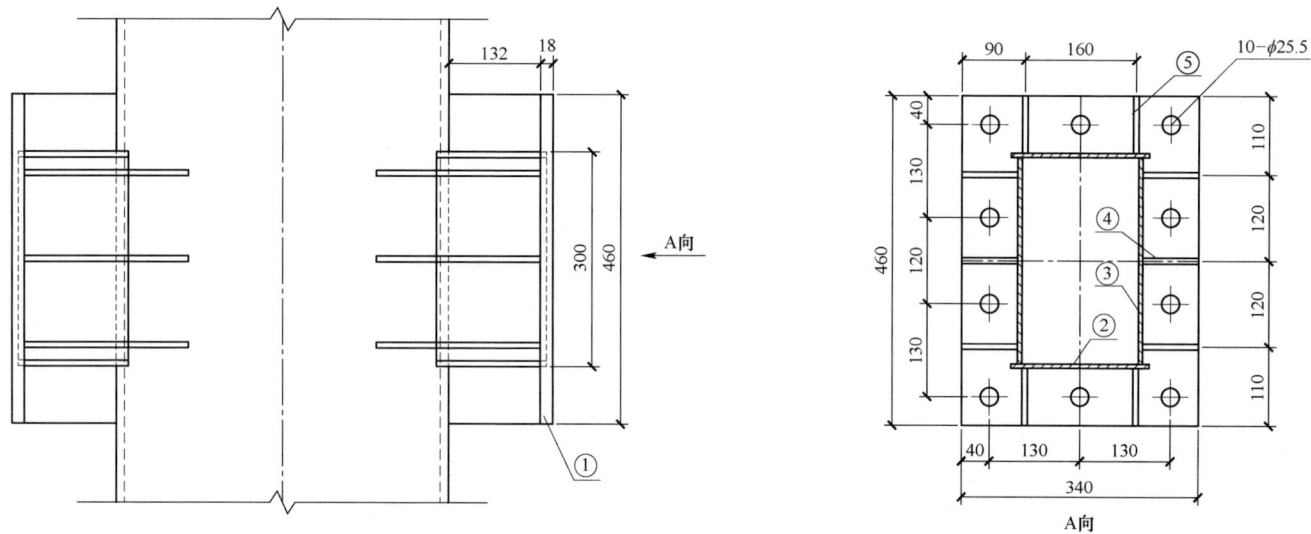

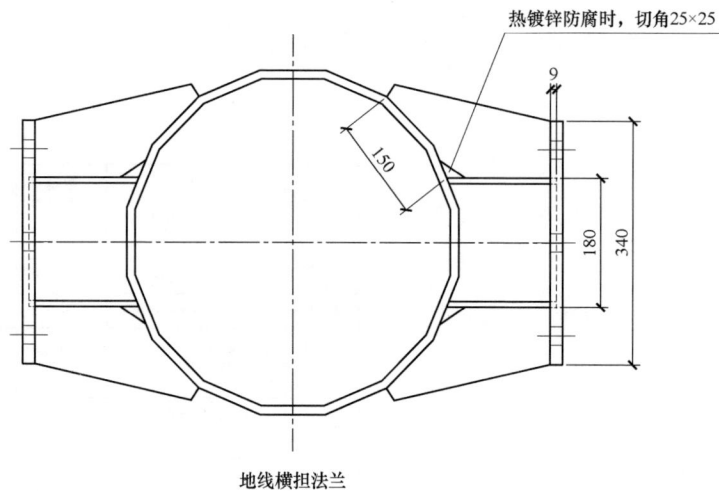

热镀锌防腐时，切角25×25

地线横担法兰

材 料 表

编号	规格	数量	单重（kg）	总重（kg）	备注
①	$-18 \times 340 \times 460$	2	14.5	29.0	
②	-8×200	4	1.8	7.2	
③	-8×284	4	2.9	11.6	Q355B
④	-8	12	0.8	9.6	
⑤	-8	8	0.8	6.4	
合计				63.8kg	

注 编号②、③、④、⑤尺寸以实际放样为准。

图 10.4－13　110－EC21GS－DL－13　110－EC21GS－DL 终端杆地线横担法兰结构图

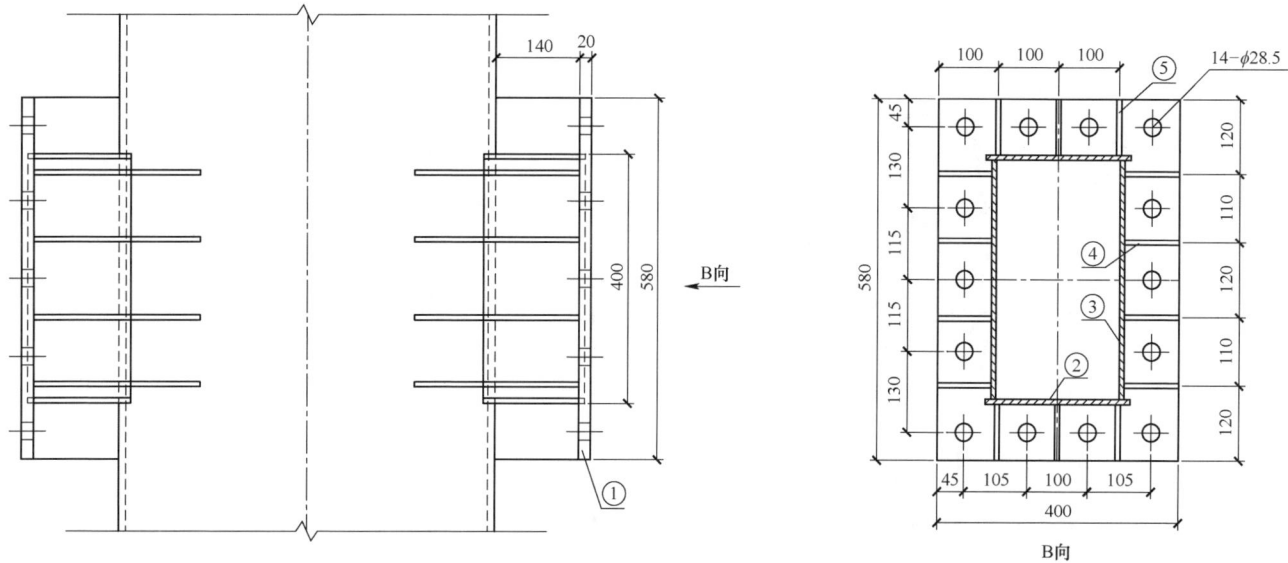

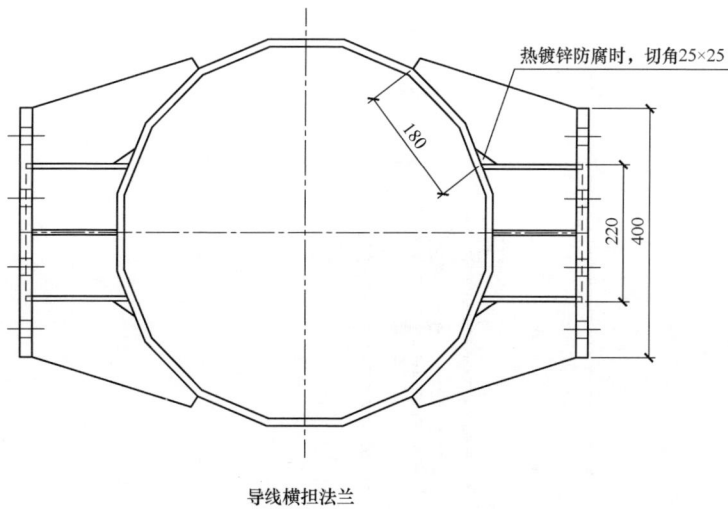

热镀锌防腐时，切角25×25

180

220

400

导线横担兰

材　料　表

编号	规格	数量	单重（kg）	总重（kg）	备注
①	$-20\times400\times580$	2	22.6	45.2	
②	-8×240	4	2.1	8.4	
③	-8×384	4	3.9	15.6	Q355B
④	-8	16	1.0	16.0	
⑤	-8	12	0.8	9.6	
合计				94.8kg	

B向

14-ϕ28.5

图 10.4-14　110-EC21GS-DL-14　110-EC21GS-DL 终端杆导线横担法兰结构图

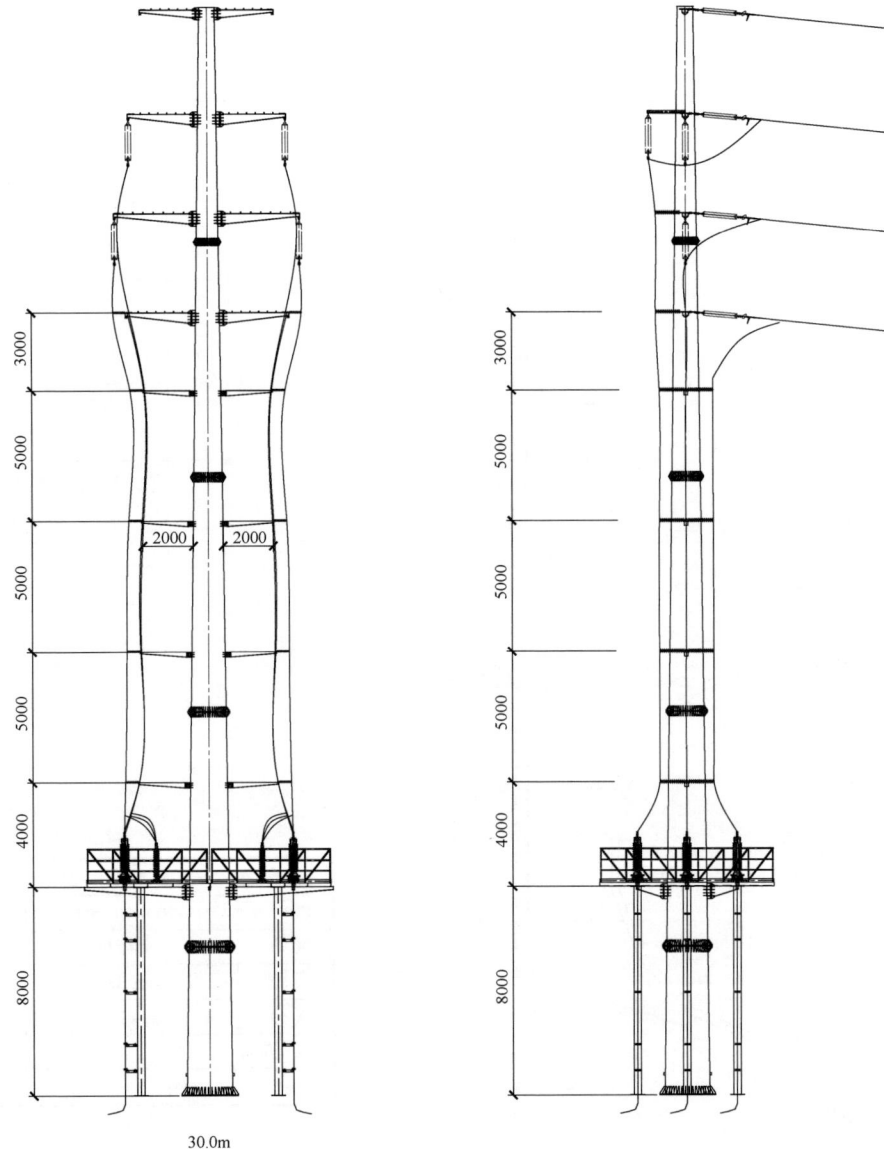

3000

5000

5000

5000

4000

8000

2000 2000

30.0m

3000

5000

5000

4000

8000

图 10.4－15　110－EC21GS－DL－15　110－EC21GS－DL 终端杆 30.0m 电缆平台下线示意图

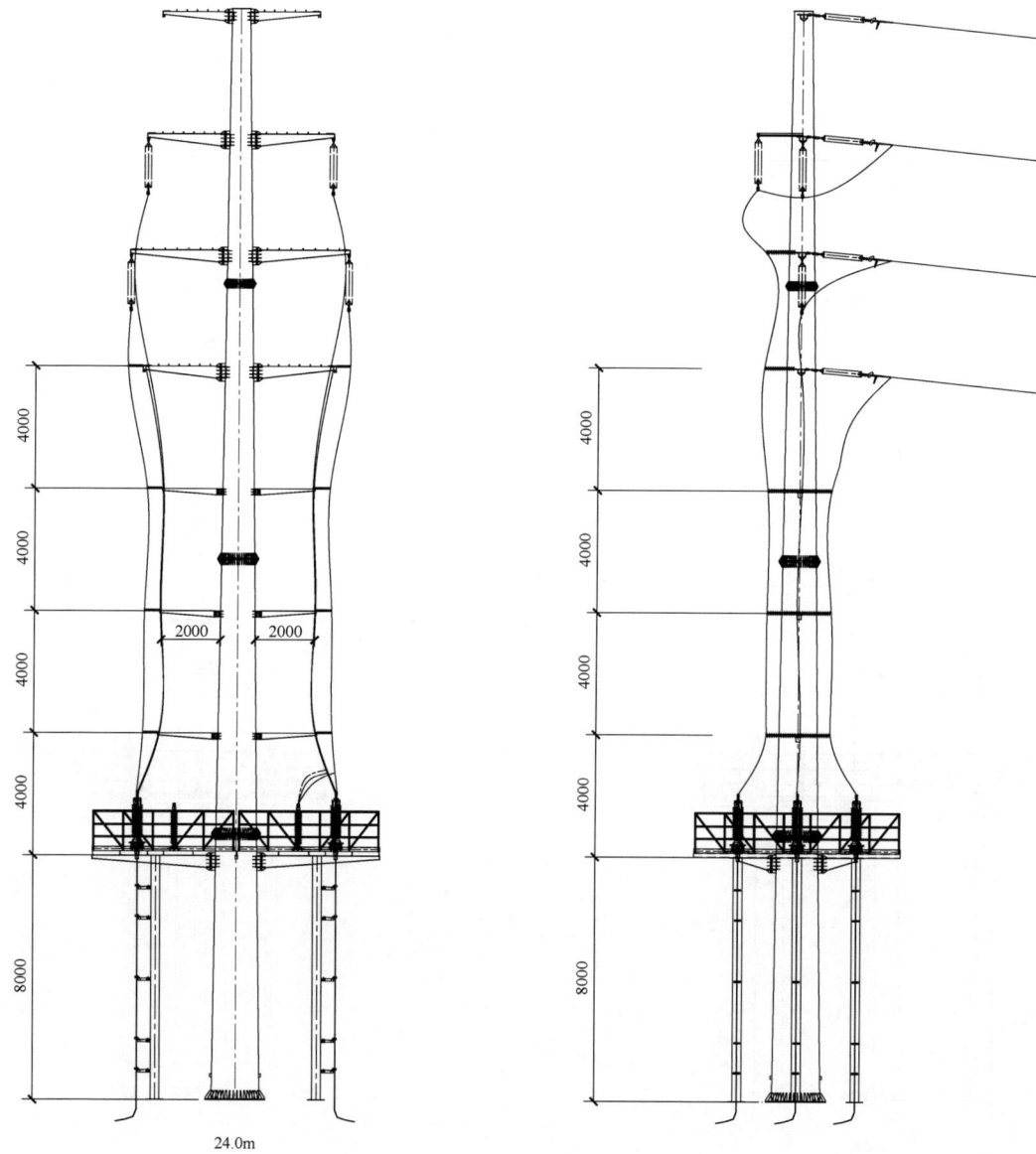

图 10.4－16　110－EC21GS－DL－16　110－EC21GS－DL 终端杆 24.0m 电缆平台下线示意图

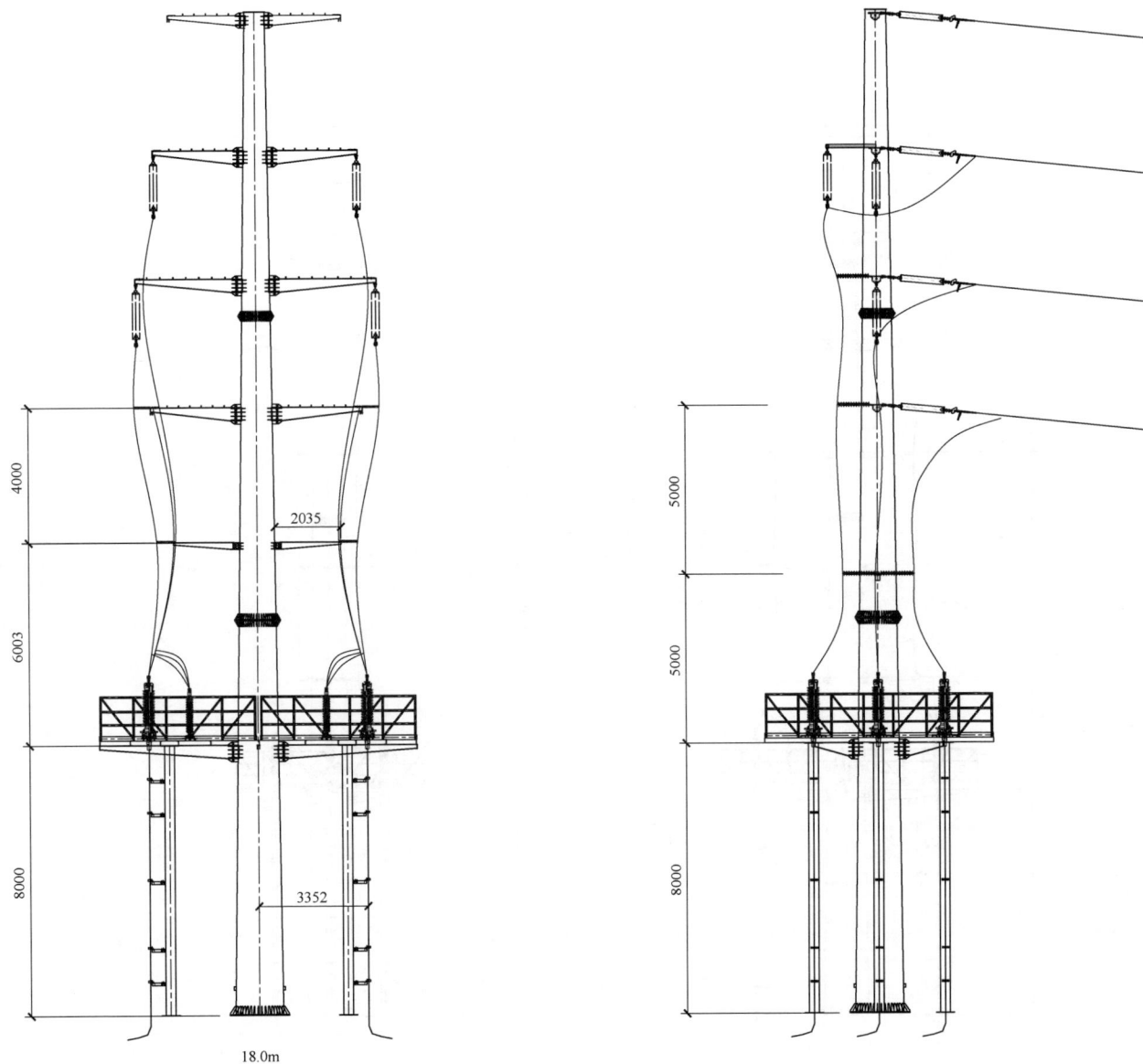

图 10.4-17　110-EC21GS-DL-17　110-EC21GS-DL 终端杆 18.0m 电缆平台下线示意图

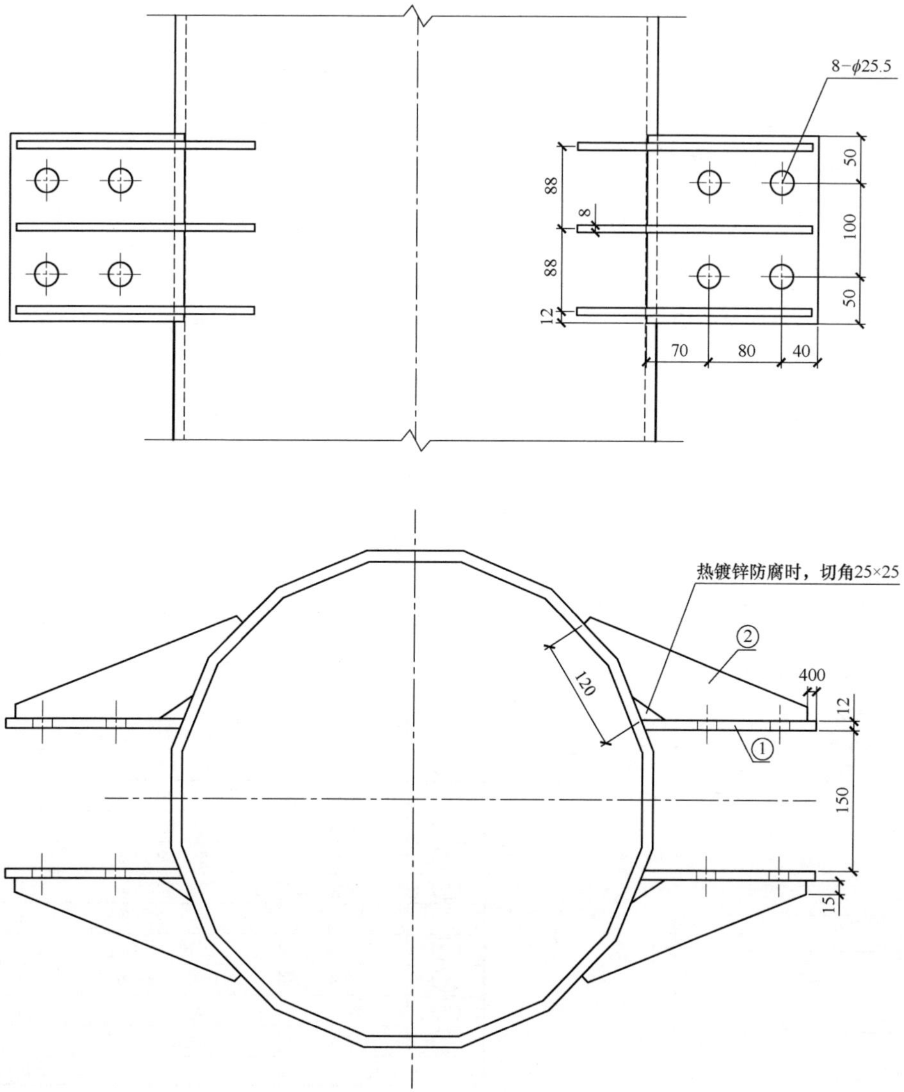

材 料 表

编号	规格	数量	单重（kg）	总重（kg）	备注
①	−12×200×190	4	3.6	14.4	34.8
②	−8	12	1.7	20.4	

注 1. 材质 Q355B。

  2. 编号 ② 尺寸以实际放样为准。

8−φ25.5

50

88

8

100

88

50

12

70 80 40

热镀锌防腐时，切角25×25

②

120

400

12

①

150

15

图 10.4−18 110−EC21GS−DL−18 110−EC21GD−DL 终端杆绝缘子固定支架连接件

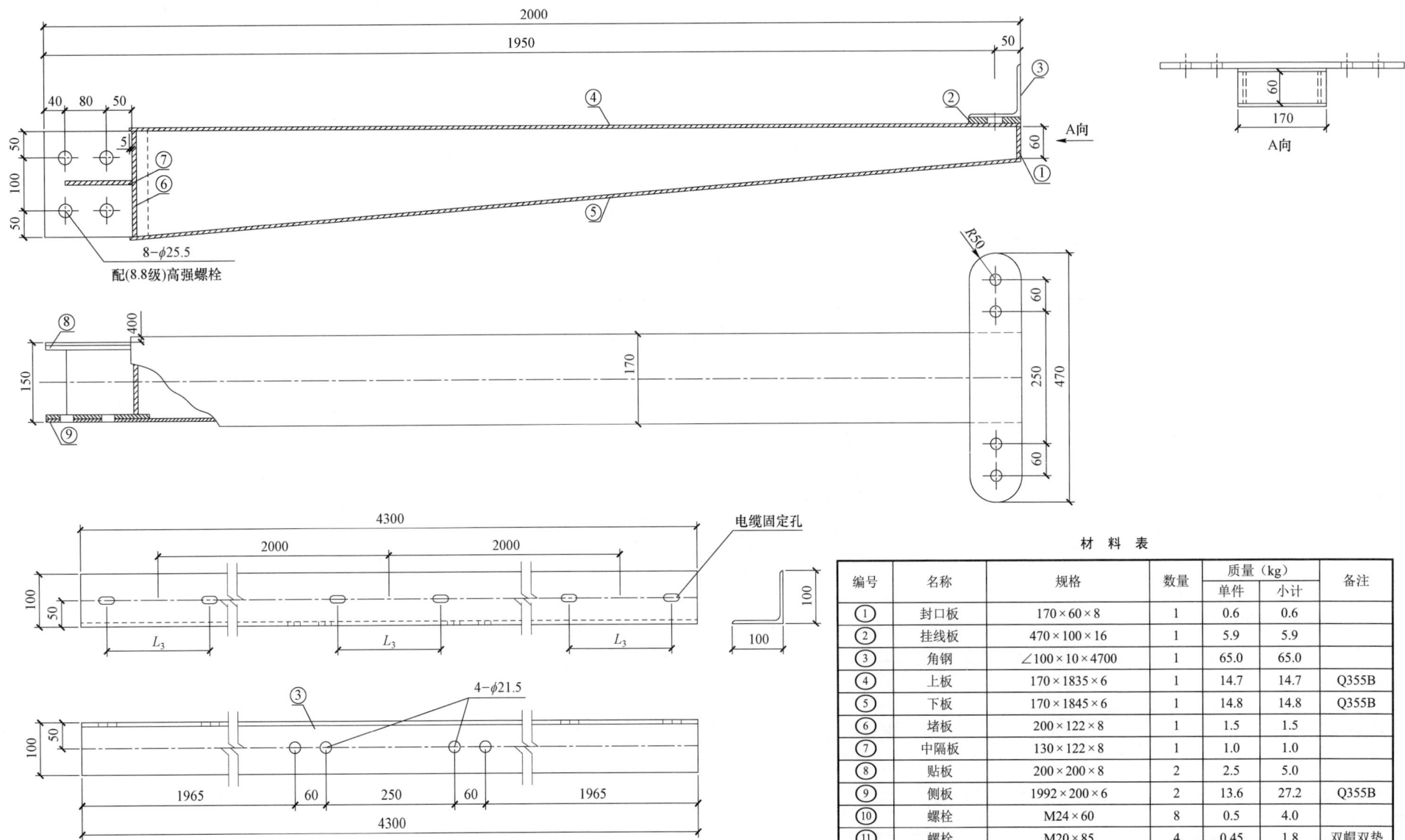

材 料 表

编号	名称	规格	数量	质量（kg）		备注
				单件	小计	
①	封口板	170×60×8	1	0.6	0.6	
②	挂线板	470×100×16	1	5.9	5.9	
③	角钢	∠100×10×4700	1	65.0	65.0	
④	上板	170×1835×6	1	14.7	14.7	Q355B
⑤	下板	170×1845×6	1	14.8	14.8	Q355B
⑥	堵板	200×122×8	1	1.5	1.5	
⑦	中隔板	130×122×8	1	1.0	1.0	
⑧	贴板	200×200×8	2	2.5	5.0	
⑨	侧板	1992×200×6	2	13.6	27.2	Q355B
⑩	螺栓	M24×60	8	0.5	4.0	
⑪	螺栓	M20×85	4	0.45	1.8	双帽双垫
合计					141.5kg	

说明：1. 横担加工完毕，再加工 8-φ25.5 孔。

2. 所有横担必须进行试组装。

3. 电缆固定孔大小和间距 L_3 待电气工程师确定后再加工。

图 10.4－19　110－EC21GS－DL－19　110－EC21GD－DL 终端杆 2.0m 电缆固定支架

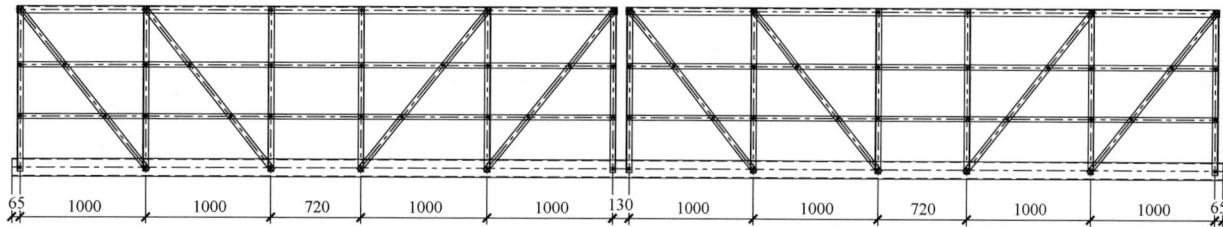

材 料 表

编号	规格	数量	单重（kg）	小计（kg）	备注
①～②	平台支撑支架	1组	2097.1	2097.1	详见－22 图
③～⑫	平台支撑槽钢	1组	2403.3	2403.3	详见－23 图
⑬～⑯	平台花纹钢板	1组	3188.8	3188.8	详见－24 图
⑰	平台护栏	1组	430.0	430.0	详见－25 图
合计				8119.2kg	

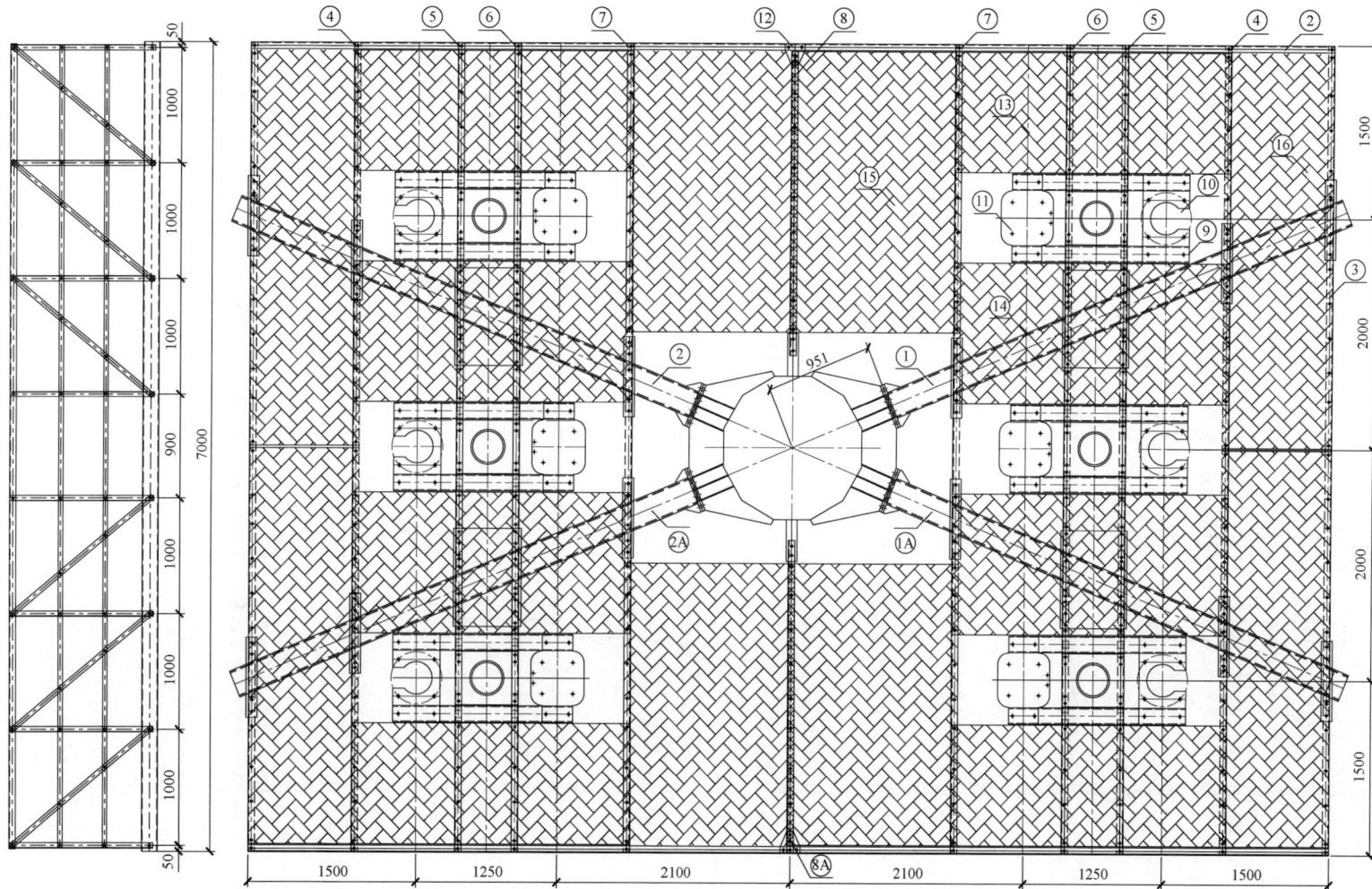

说明：1. ① 和 ①A ，② 和 ②A 对称加工。

2. 花纹钢板及护栏角钢对称加工。

3. 具体尺寸以实际放样为准，加工完成后要求工厂内试组装，试组合格方可批量加工。

4. 电缆头固定板 ⑩ 和避雷器固定板 ⑪ 孔大小、间距需和电气人员确认后方可加工。

5. 电缆卡具型号暂不确定，相关孔径暂不加工。

图 10.4－20 110－EC21GS－DL－20 110－EC21GS－DL 终端杆电缆平台俯视图

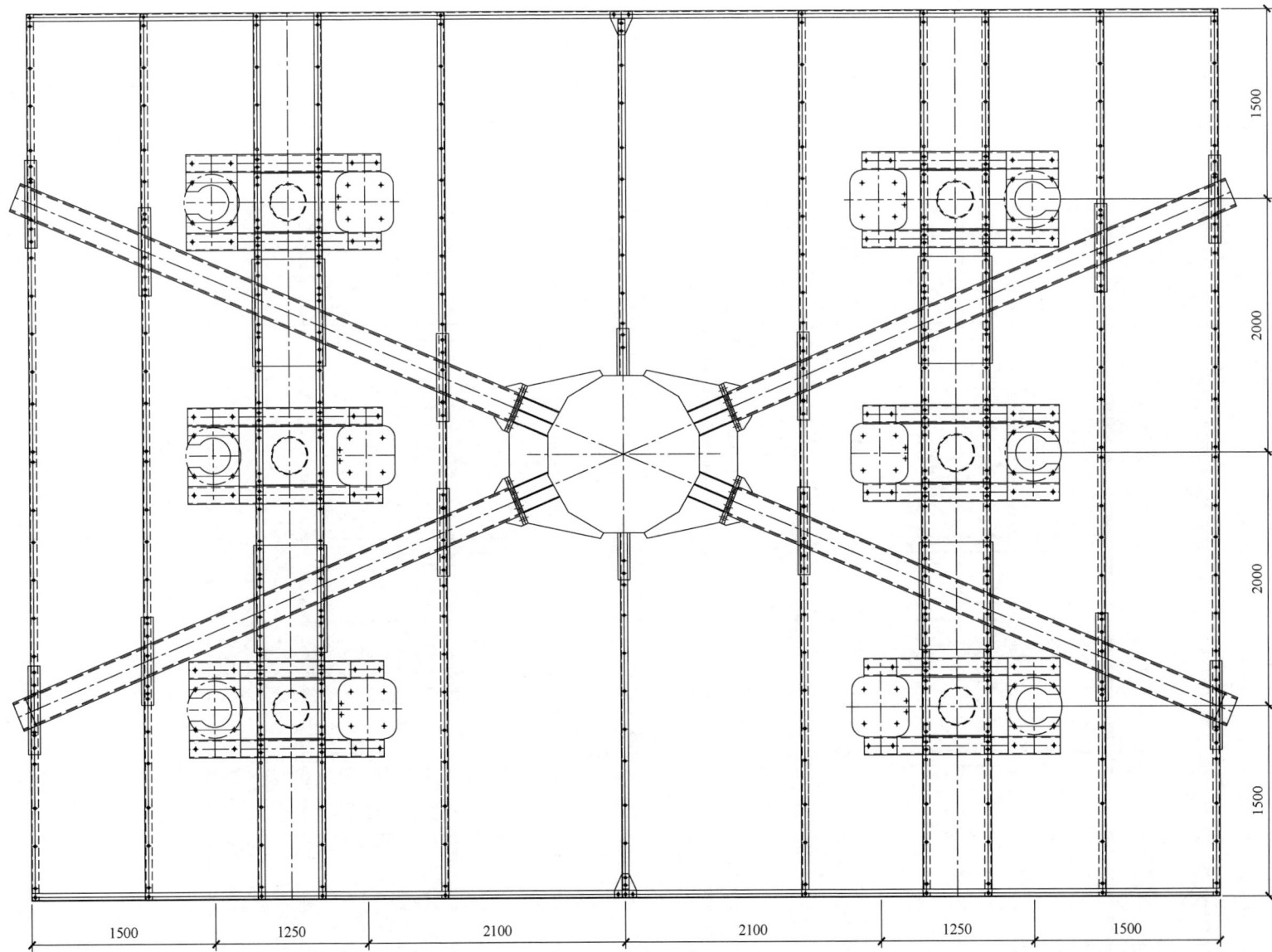

图 10.4-21　110-EC21GS-DL-21　110-EC21GS-DL 终端杆电缆平台框架示意图

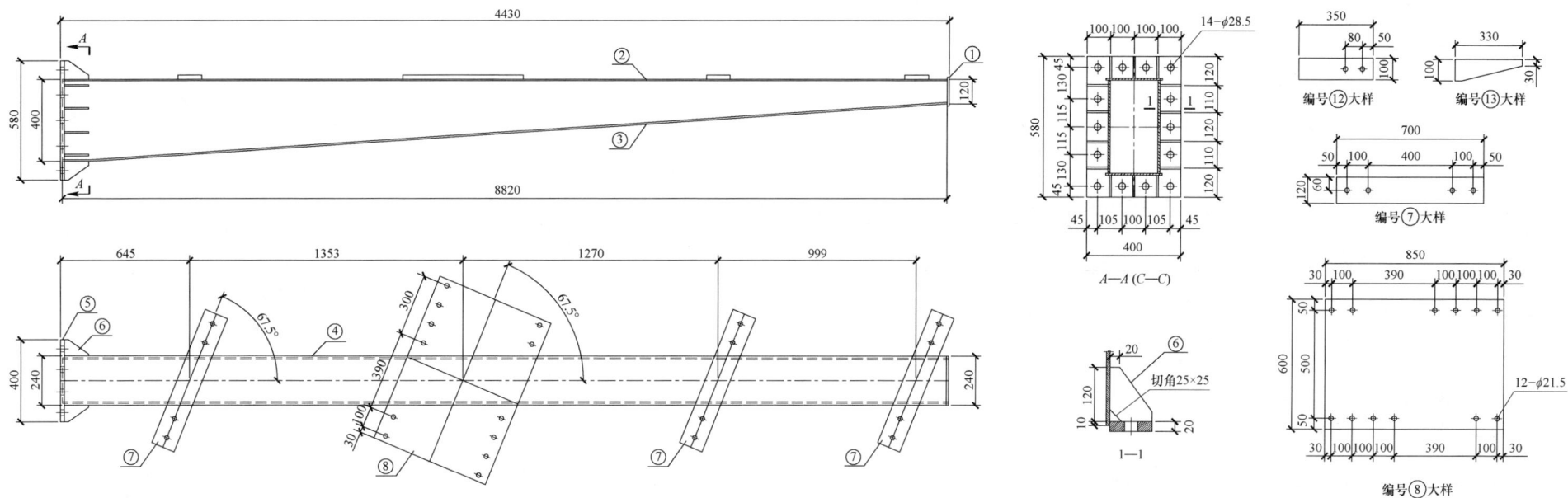

材 料 表

编号	名称	规格	数量	单重（kg）	总重（kg）	备注
①	封口板	$-10 \times 140 \times 240$	4	2.64	2.6	
②	上板	$-8 \times 240 \times 4410$	4	66.46	265.9	
③	下板	$-8 \times 240 \times 4425$	4	66.69	266.8	
④	侧板	$-8 \times 384 \times 4410$	8	73.95	591.6	
⑤	法兰	$-20 \times 400 \times 580$	8	22.61	180.9	
⑥	加劲板	$-8 \times 90 \times 120$	56	0.48	26.9	
⑦	支撑板	$-20 \times 120 \times 700$	12	13.19	158.3	Q355B
⑧	支撑板	$-20 \times 600 \times 850$	4	80.07	320.3	
⑨	加劲板	-8	16	6.78	108.5	
⑩	加劲板	-8	24	1.62	38.9	
⑪	加劲板	-8	8	7.87	62.2	
⑫	支撑板	$-16 \times 120 \times 350$	2	4.40	8.8	
⑬	加劲板	-8	4	2.20	8.8	
⑭	螺栓	$M27 \times 120$	56	1.01	56.6	8.8 级
合计					2097.1kg	

注 编号 ⑨、⑩、⑪、⑫、⑬ 钢板具体尺寸以实际放样为准。

图 10.4-22 110-EC21GS-DL-22 110-EC21GS-DL 终端杆电缆平台支撑支架

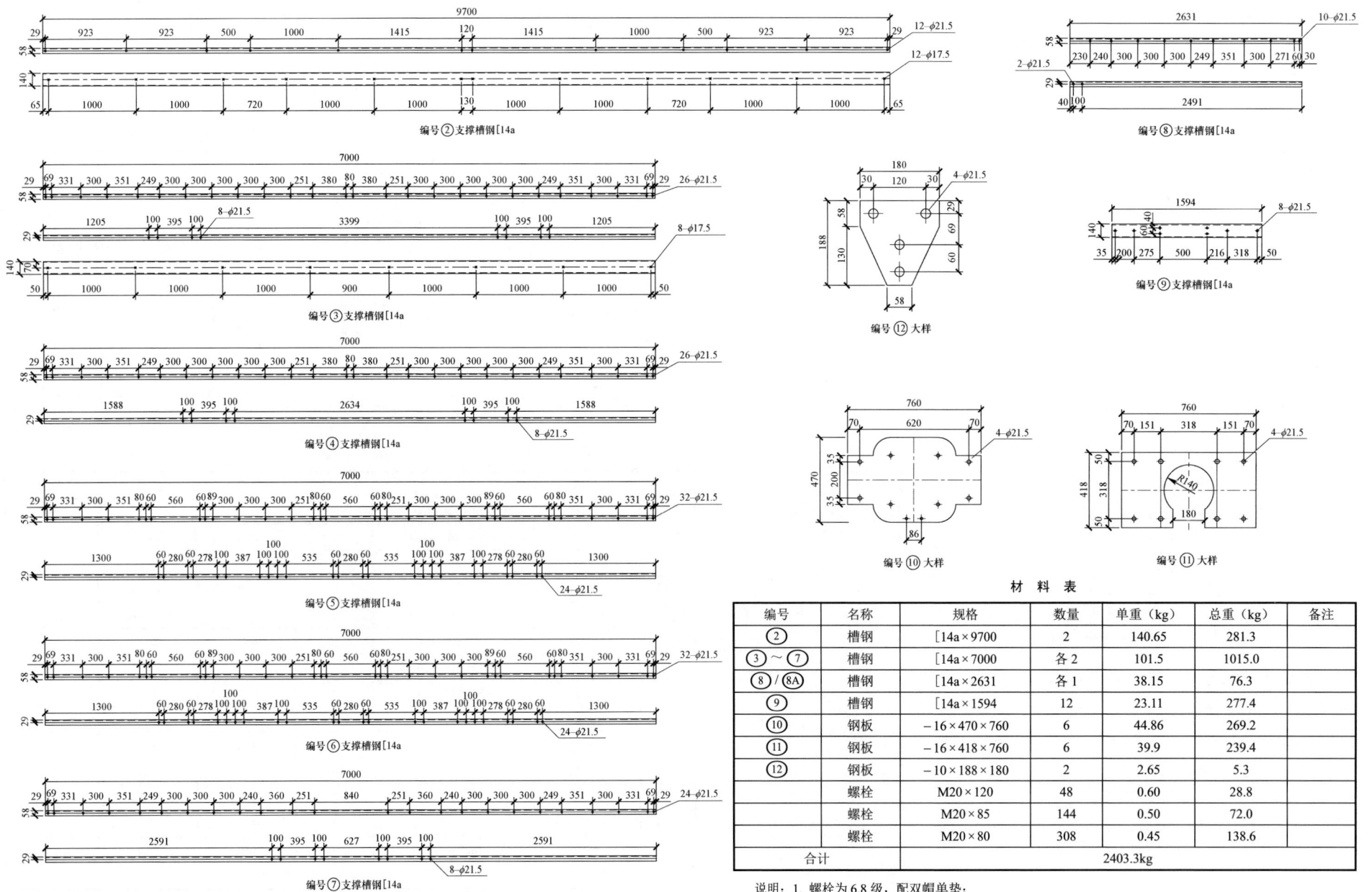

編号② 支撑槽钢[14a

编号⑧ 支撑槽钢[14a

编号③ 支撑槽钢[14a

编号⑨ 支撑槽钢[14a

编号④ 支撑槽钢[14a

编号⑫ 大样

编号⑤ 支撑槽钢[14a

编号⑩ 大样

编号⑪ 大样

编号⑥ 支撑槽钢[14a

编号⑦ 支撑槽钢[14a

材 料 表

编号	名称	规格	数量	单重（kg）	总重（kg）	备注
②	槽钢	[14a×9700	2	140.65	281.3	
③～⑦	槽钢	[14a×7000	各2	101.5	1015.0	
⑧/⑧A	槽钢	[14a×2631	各1	38.15	76.3	
⑨	槽钢	[14a×1594	12	23.11	277.4	
⑩	钢板	−16×470×760	6	44.86	269.2	
⑪	钢板	−16×418×760	6	39.9	239.4	
⑫	钢板	−10×188×180	2	2.65	5.3	
	螺栓	M20×120	48	0.60	28.8	
	螺栓	M20×85	144	0.50	72.0	
	螺栓	M20×80	308	0.45	138.6	
合计					2403.3kg	

说明：1. 螺栓为 6.8 级，配双帽单垫；

2. 编号 ⑩ 和 ⑪ 钢板设备连接孔径、孔距需和电气人员确认方可加工。

图 10.4−23 110−EC21GS−DL−23 110−EC21GS−DL 终端杆电缆平台支撑槽钢

材 料 表

编号	名称	规格	数量	单重（kg）	总重（kg）	备注
⑬	花纹钢板	$-8 \times 1042 \times 2481$	4	162.3	649.2	
⑭	花纹钢板	$-8 \times 1220 \times 2481$	4	190.1	760.4	
⑮	花纹钢板	$-8 \times 1533 \times 2431$	4	234.0	936.0	
⑯	花纹钢板	$-8 \times 981 \times 3422$	4	210.8	843.2	
合计				3188.8kg		

注 所有孔直径为$\phi 21.5mm$。

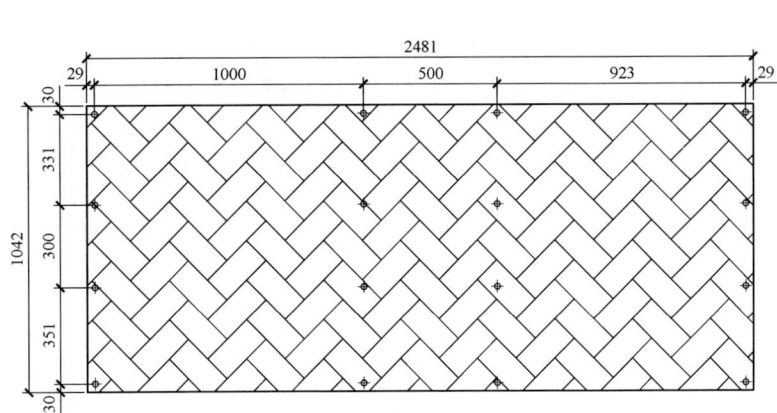

编号⑬花纹钢板

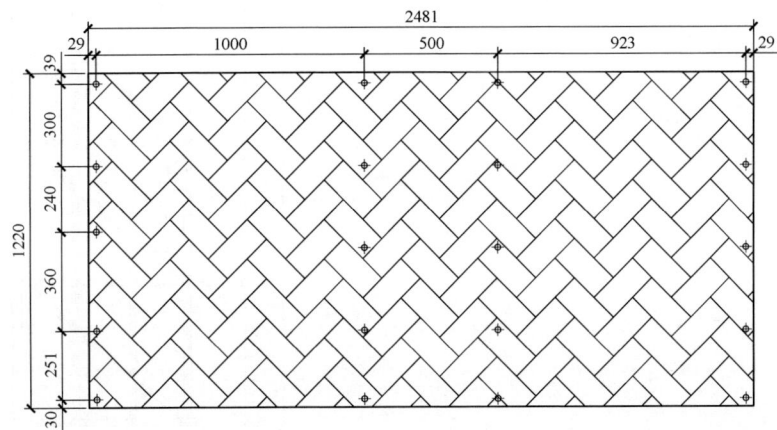

编号⑭花纹钢板

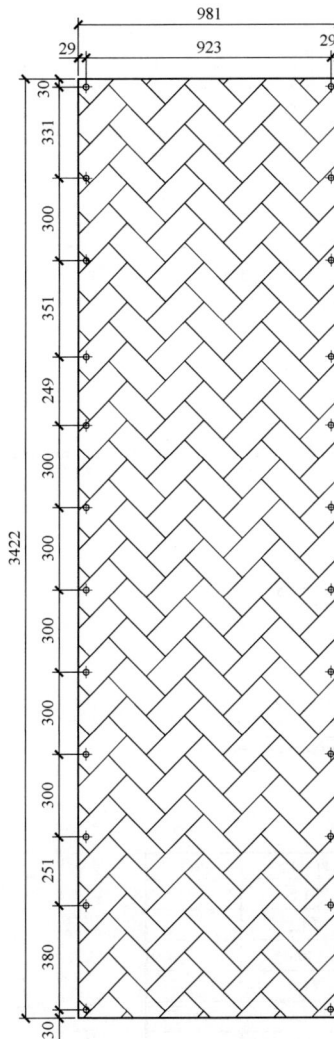

编号⑯花纹钢板

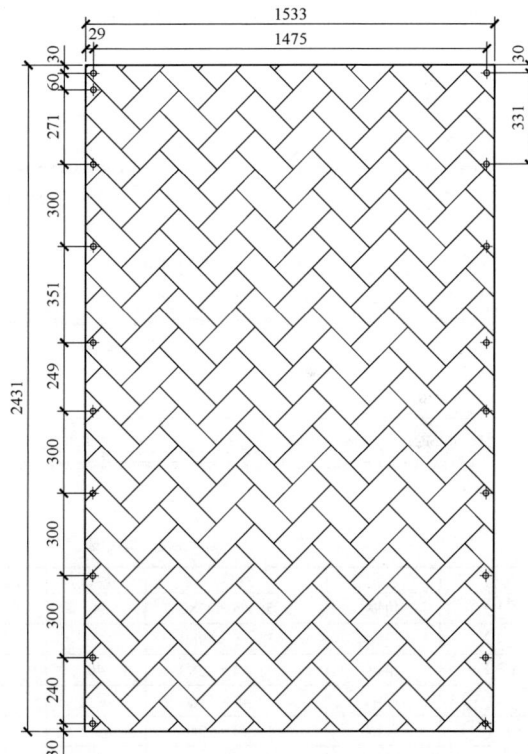

编号⑮花纹钢板

图 10.4−24 110−EC21GS−DL−24 110−EC21GS−DL 终端杆电缆平台花纹钢板

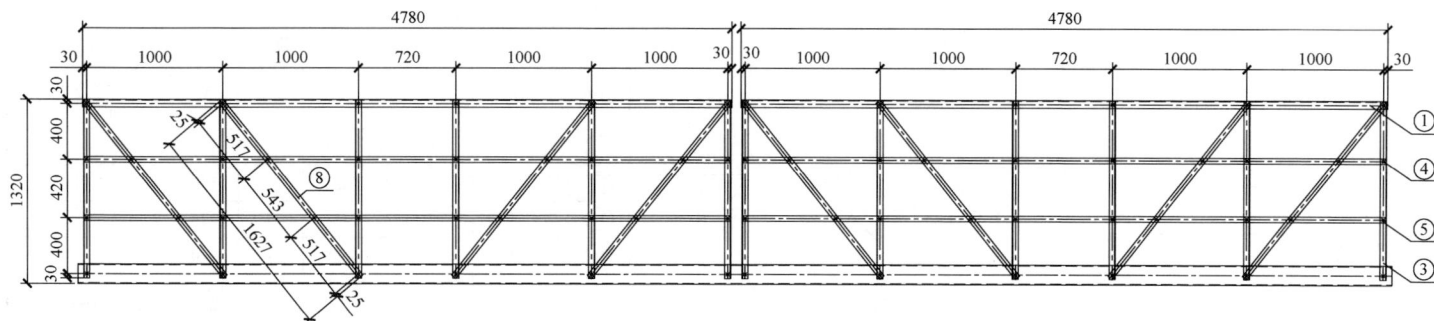

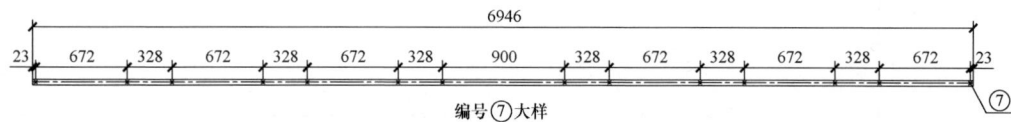

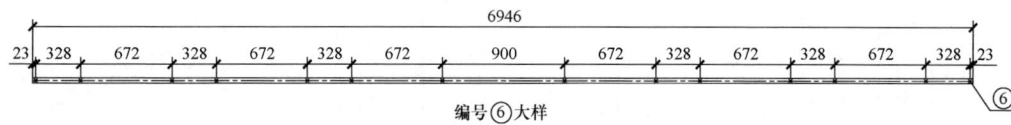

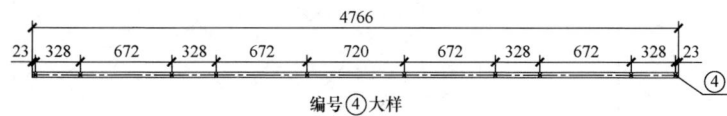

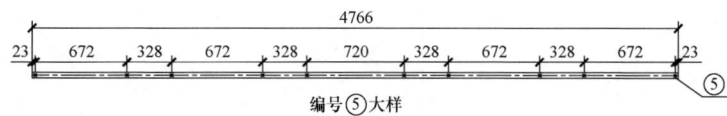

材 料 表

编号	名称	规格	数量	单重（kg）	总重（kg）	备注
①	角钢	∠56×5×4780	4	20.3	81.2	
②	角钢	∠56×5×6960	2	29.6	59.2	
③	角钢	∠45×4×1280	40	3.5	140.0	
④／⑤	扁钢	−4×40×4766	各2	6.0	24.0	
⑥／⑦	扁钢	−4×40×6946	各2	8.7	34.8	
⑧	扁钢	−4×40×1627	28	2.05	57.2	
	螺栓	M16×60	56	0.16	9.0	
	螺栓	M16×50	164	0.15	24.6	
合计					430kg	

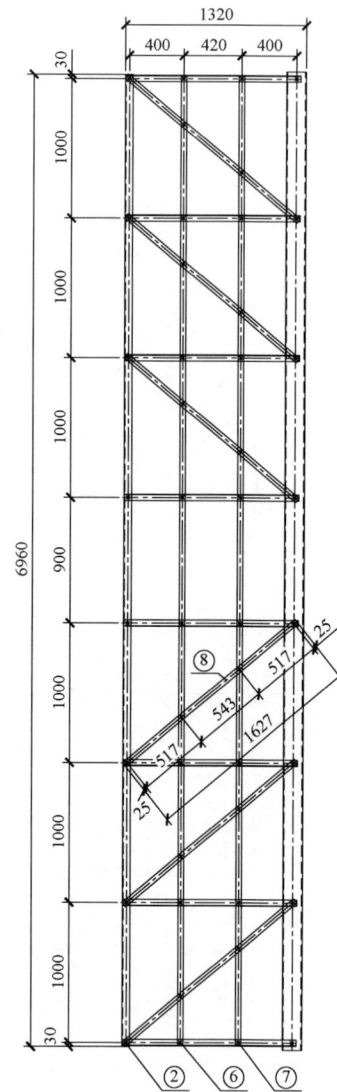

说明：1. 所有孔直径为 $\phi17.5$mm。

2. 螺栓为6.8级，配双帽单垫。

图 10.4－25　110－EC21GS－DL－25　110－EC21GS－DL 终端杆电缆平台护栏

材 料 表

编号	名称	规格	数量	单重（kg）	总重（kg）	备注
①	钢管	$\phi300\times7990\times8$	1	460.3	460.3	
②	法兰	$-20\times460\times558$	1	40.3	40.3	
③	法兰	$-20\times560\times560$	1	49.2	49.2	
④	加劲板	$-8\times130\times200$	4	2.2	8.8	
⑤	角钢	$\angle90\times8\times150$	5	1.64	8.2	
⑥	角钢	$\angle80\times7\times355$	2	3.02	6.0	
⑦	角钢	$\angle80\times7\times405$	3	3.45	10.4	
⑧	角钢	$\angle80\times7\times350$	2	3.0	6.0	
⑨	角钢	$\angle80\times7\times250$	3	2.13	6.4	
⑩	扁钢	$-4\times40\times630$	2	0.8	1.6	
⑪	扁钢	$-4\times40\times370$	3	0.46	1.4	
⑫	螺栓	$M16\times50$	30	0.15	4.5	4.8级
合计					603.1kg	

注　所有孔直径为$\phi17.5$mm。

电缆固定支架

电缆保护管固定支架

图 10.4−26　110−EC21GS−DL−26　110−EC21GS−DL 终端杆立柱支架

第 10 章　110kV 输电线路电缆终端杆塔子模块·*399*·

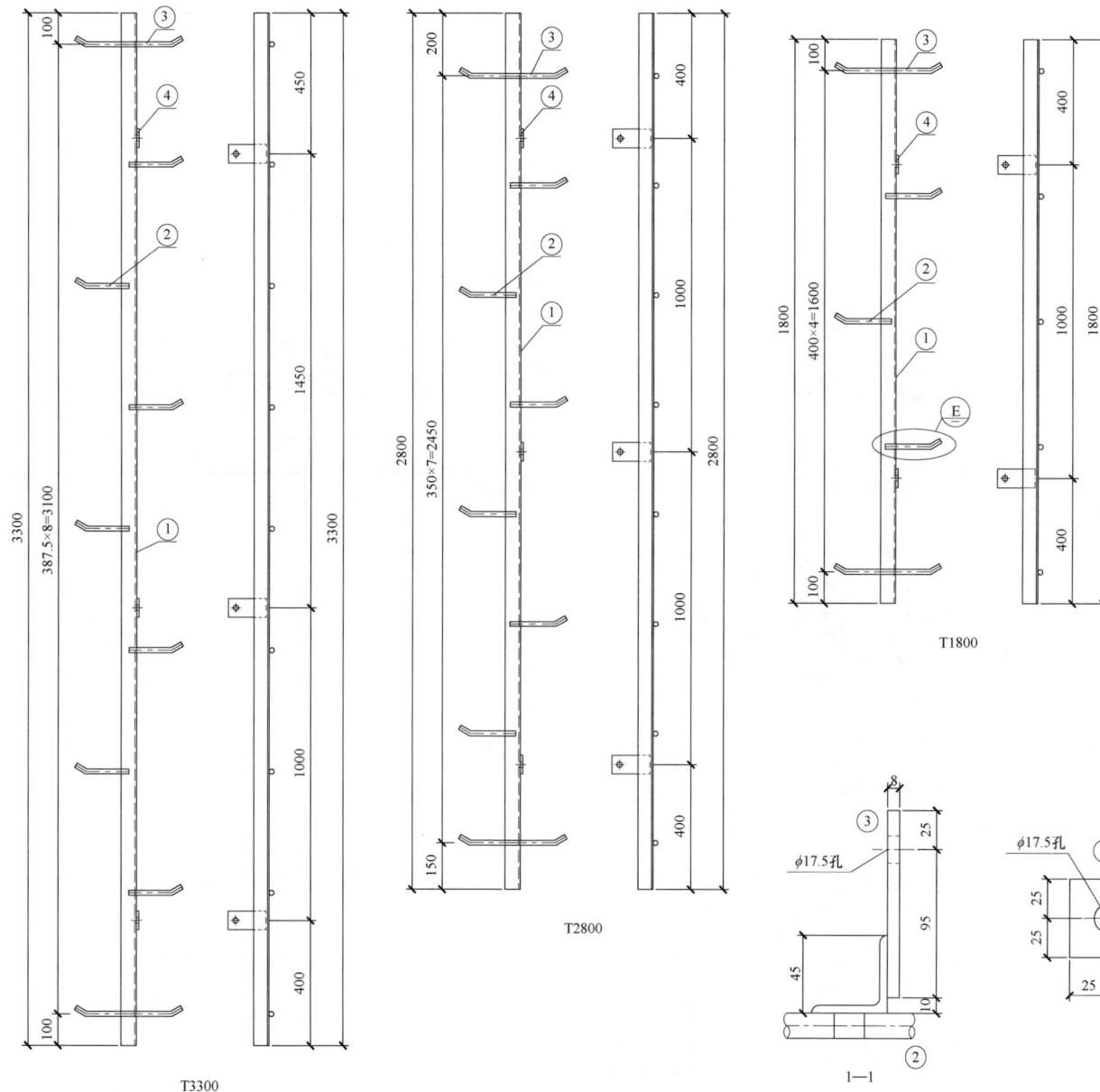

构 件 明 细 表

型号	编号	规格	数量	单重（kg）	总重（kg）	备注
T1800	①	L45×5×1800	1	6.1	6.1	
	②	φ16×220	3	0.3	0.9	
	③	φ16×415	2	0.7	1.4	
	④	−8×50×120	2	0.4	0.8	
	⑤	M16×40	2	0.1	0.2	
小计				9.4kg		
T2800	①	L45×5×2800	1	9.5	9.5	
	②	φ16×220	6	0.3	1.8	
	③	φ16×415	2	0.7	1.4	
	④	−8×50×120	3	0.4	1.2	
	⑤	M16×40	3	0.1	0.3	
小计				14.2kg		
T3300	①	L45×5×3300	1	11.2	11.2	
	②	φ16×220	7	0.3	2.1	
	③	φ16×415	2	0.7	1.4	
	④	−8×50×120	3	0.4	1.2	
	⑤	M16×40	3	0.1	0.3	
小计				16.2kg		

说明：1. 钢材采用 Q235，焊条采用 E43 系列。

2. 所有尺寸按实际放样确定。

3. 采用热浸锌防腐，锌层厚度不小于 86μm。

4. 连接螺栓采用 4.8 级螺栓，单帽单垫。

图 10.4−27　110−EC21GS−DL−27　110−EC21GS−DL 终端杆角钢爬梯加工图

柱顶镀锌孔位置图

4φ27镀锌孔
镀后封堵

杆段法兰加劲板切角示意图

切角25×25

横担法兰加劲板切角示意图

切角25×25

扶手共4个
均布

45°

1—1
扶手焊接图

扶手共4个(均布)
(管径小于1500mm)

45°

3—3
扶手焊接图

扶手共8个(均布)
(管径大于1500mm)

22.5°

3—3
扶手焊接图

脚踏共4个
均布

45°

2—2
脚踏焊接图

脚踏共4个(均布)
(管径小于1500mm)

45°

4—4
脚踏焊接图

脚踏共8个(均布)
(管径大于1500mm)

22.5°

4—4
脚踏焊接图

横担底座

杆段图(一)

杆段图(二)

说明: 1. 为便于横担的安装及紧固,所有横担上、下方加工扶手及脚蹬。扶手位于横担连板中心线上
　　　　 1000mm 处,脚踏位于横担连板中心线处。

　　　 2. 为便于法兰螺栓的安装及紧固,所有连接法兰处均加工脚踏及扶手。位于法兰中心线下 300mm
　　　　 及 1300mm 处。

　　　 3. 整个杆体,所有脚踏及扶手上下应在同一条直线上。

　　　 4. 脚踏及扶手不在爬梯座所在面,以免与爬梯相碰。

　　　 5. 脚踏及扶手材料为 Q235B。

扶手(脚踏)加工图

φ16

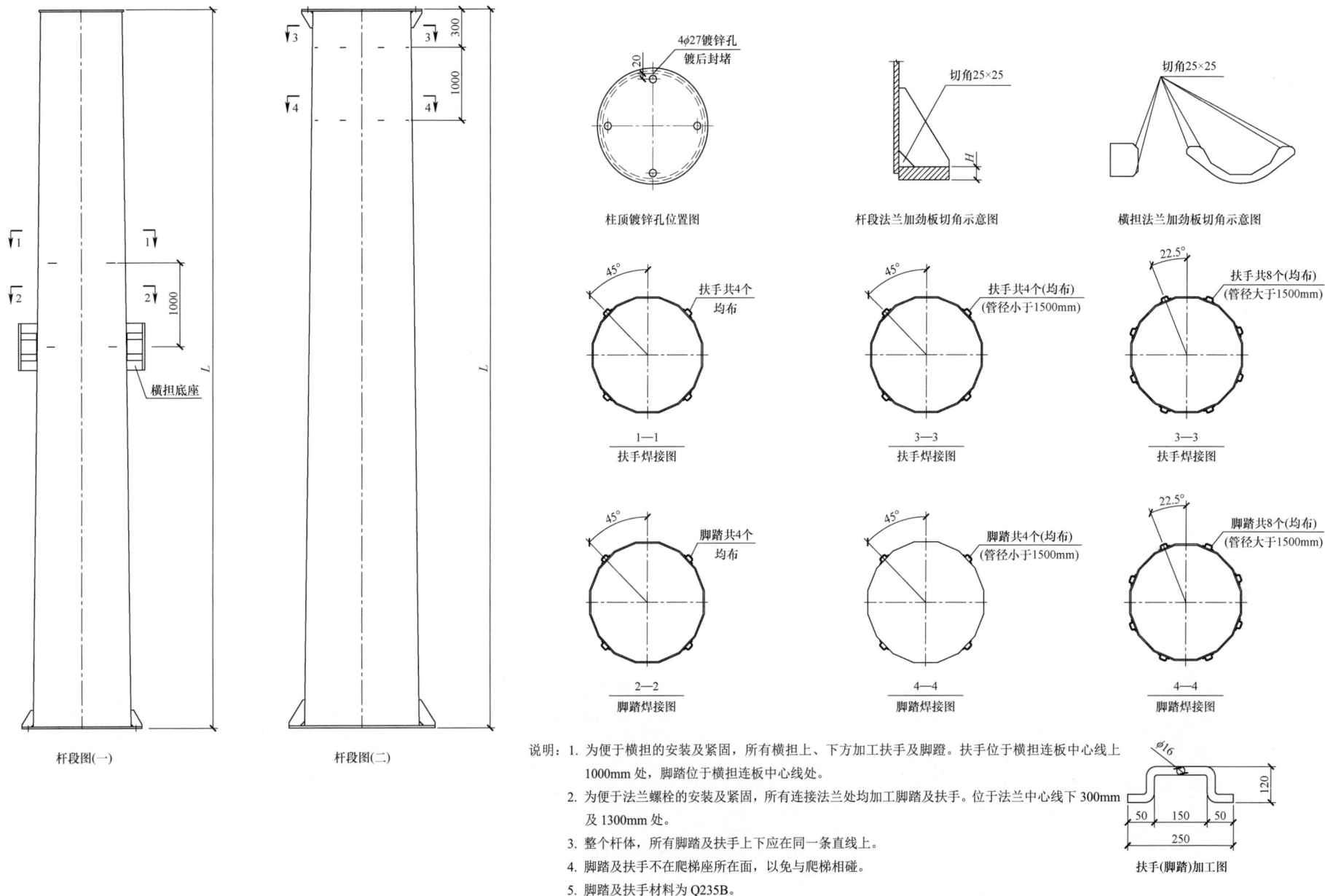

图 10.4-28　110-EC21GS-DL-28　110-EC21GS-DL 终端杆脚踏、扶手及镀锌孔位置图